国家自然科学基金委 · 青年科学基金项目资助成果
（项目编号：50508004）

中国传统剧场建筑

薛林平　著

中国建筑工业出版社

图书在版编目（CIP）数据

中国传统剧场建筑 / 薛林平著．—北京：中国建筑工业出版社，2009
ISBN 978-7-112-10730-8

Ⅰ.中…　Ⅱ.薛…　Ⅲ.剧场-建筑设计-中国　Ⅳ.TU242.2

中国版本图书馆CIP数据核字（2009）第017231号

责任编辑：费海玲　张振光
责任设计：郑秋菊
责任校对：安　东　王雪竹

国家自然科学基金委 · 青年科学基金项目资助成果
（项目编号：50508004）

中国传统剧场建筑

薛林平　著

*

中国建筑工业出版社出版、发行（北京西郊百万庄）
各地新华书店、建筑书店经销
北京嘉泰利德公司制版
北京中科印刷有限公司印刷

*

开本：880 × 1230 毫米　1 / 16　印张：38¼　字数：1193 千字
2009年5月第一版　2009年5月第一次印刷
印数：1—2500册　定价：128.00元
ISBN 978-7-112-10730-8
（17663）

序　言

中国传统戏曲是我国文化瑰宝之一，其艺术价值在世界戏剧史中独树一帜。与它共生的演艺场所，也相应地按自己的传统发展，故而在世界建筑史中形成一种独特的观演建筑。

中国戏曲约在12世纪形成了完整的形态，经过数百年的蓬勃发展，如今的戏曲剧种达到了317种之多（据中国大百科全书·戏曲曲艺卷，1990年版）。它们虽各有地域性文化特征，但都具相通的民族文化背景和艺术底蕴。戏曲的兴盛促进了表演场所——戏场建筑的发展而遍布全国。其中，与传统戏曲表现形制密切配合的戏台格局——三面敞开式的方形舞台，自唐宋以来基本定型，只是在规模、构造、构件装饰、建筑造型等方面有些变异。至于观众席部分则演变较多。早期的广场式演出是以无顶露台或有顶亭台为主体，三面围观的观众均处于露天场地上。后来，观演场所的建筑化趋于完备。在经济发达地区庭院式戏场渐多，观众在回廊中观剧可略避风雨日晒，半围蔽的观演建筑成为传统戏场的主流。清代中叶，开始出现全围蔽的厅堂式戏场，也为适应营业性演出之需，至今不过二百年历史。它们仍然保持着许多传统戏场的特点。但就其总量而言，并不太多。

浩瀚的传统戏场建筑曾经遍布各地，甚至穷乡僻壤。其数量之多，该以成千上万座计。它们分别设于庙宇、祠堂、会馆等处，成为公共文娱活动的重要部分。乃至皇宫、王府和大户宅院，也曾设有不同规模的私家戏场，成为喜庆应酬中的重要文娱内容。这些都说明在相当长的一段历史时期，戏曲文化在我国人民娱乐生活中的普及性和重要性。

我的一次亲身经历说明，即便如今，人们对庙会演戏的兴趣未减。2006年4月我去浙江象山县爵溪镇考察街心戏台途中，下午路过县城内姜毛庙，那儿正在演出传统戏曲，见其盛况出人意料，数百观众把殿堂和庭院挤得水泄不通。从门口所贴戏码得知，从4月11日至18日连演七天，日夜共14场，每场剧目各不相同。次日晚间我又路过，仍然座无虚席。我在其他报道中亦曾多次见到过类似热闹场面的实况图片，可见传统演剧方式仍受群众欢迎。

独特的中国传统戏曲文化造就了颇具特色的戏场建筑，可是在世界剧场史中未曾引起人们注意，即使在国内建筑历史教科书中也鲜有提及。不是因为乏善可陈，而是人们对此了解不够。随着岁月流逝，传统戏场的可寻古迹日渐湮没。以木结构为主体的众多传统戏场受到自然条件的侵蚀和战火毁坏而倒塌。近数十年来，虽处和平时期，但在全国城市化大建设中，不少古建遗迹消失在推土机下，传统戏场建筑也在所难免。再则，传统戏场的使用率往往仅限于少数节庆活动，也会因缺乏日常维护而日渐衰落。以上海郊县为例，1937年抗战之前曾有传统戏场62座，1930～1940年代毁于日寇炮火者22座。1949年新中国成立以后拆除者23座（引自《中国戏曲志·上海卷》，北京，文化艺术出版社1993年），如今已所存无几了。由于上述种种原因，传统戏场建筑日益败落而减少。在此情况下，我们如再不及时做些资料性研究工作，日后想进行也会更加困难了。

我因偶然的机会涉足这项课题已十年有余。缘起于 1994 年 6 月美国声学学会举办纪念建筑声学奠基人赛宾 (Wallace C. Sabine) 一百周年纪念报告会。我应邀作"中国建筑声学的过去和现在"的专题报告（英文稿收于美国声学学会出版的纪念文集，中文稿发表在《声学学报》1996 年 1 期），其中涉及些许中国传统戏场建筑声学而开始注意这个方面。随后，我们也在国内外学术会议和专业刊物上发表了一些戏场建筑和有关声学问题的研究报告和论文。但我们一直有这样的愿望，对丰富多彩的中国传统戏场应作全面的整理和介绍。如今，薛林平博士经数年努力，终于完成此一专著。我有幸得以在出版之前先期阅读全稿，欣慰无比。他在大量文献梳理基础上，又作了万里单身行的实地勘察，所获第一手资料甚丰，可谓洋洋大观。全书所收 1800 余幅插图中，80%以上的戏场建筑照片和平剖面图，均出自作者之手，难能可贵。本书另一特点是，作者非常注意有关碑刻记载的考证，有助于弄清相关戏场建筑的建造历史与变革过程，乃至当代的社会和人文资料背景。且不说深入村落的野外工作如何含辛茹苦，寻迹踏勘多么费力费时；就以浩瀚的文字工作而言，甘心情愿地在冷板凳上数度寒暑，没有很大的毅力和付出是难以完成的。

我们应该感谢国内戏曲艺文界在这方面的研究工作先走了一步。自 1980 年代以来，他们所发表的大量戏场文献资料和专著，为我们提供了许多有用线索和参考。也是他们先于建筑界从多个方面来研究传统戏场，使我们后来者受益匪浅。又如 1990 年代陆续出版的按各省分卷的中国戏曲志均列有《演出场所》一章，介绍了本省的传统戏场概况。这样，全国范围的戏场首次得以汇集。鉴于该丛书重点在戏曲文化方面，当然不可能对戏场建筑作大篇幅的深入介绍。本书的出版，当可作为很好的补充。如不对本书作求全的要求，中国传统戏场建筑的概貌阐述应该说大体上是完备了。

王季卿

撰于同济大学

2009 年元月春节佳期之中

目　录

第一章 绪 论

第一节 综论

一、中国传统戏曲文化

本书所论述的传统剧场，主要指从宋代到清末传统戏曲的演出场所。中国传统剧场是中国传统建筑的重要类型，也是世界古代剧场的重要组成部分。开篇之初，有必要对中国传统戏曲作简单的分析和说明。

中国传统戏曲根植民间，是古代民间最为重要的娱乐方式之一。传统戏曲历史悠久，在世界戏剧史上独树一帜，与希腊的悲剧和喜剧、印度的梵剧并称为世界上三种古老的戏剧文化。中国戏曲起源较早，萌芽于原始社会的歌舞，但其发育形成的过程却非常之漫长，直到宋代才融合民间乐舞、说唱、表演文学、舞台美术等多种艺术形式，形成完整的形态。就戏曲的内容而言，主要包括宋金杂剧、宋元南戏、元明杂剧、明清传奇以及各种地方戏等。

中国传统戏曲内容丰富，博大精深。据文化部 1956 ~ 1957 年统计，可以报出名目的戏曲剧目有 51867 个，记录下来的也有 14632 个[1]。据中国艺术研究院戏曲研究所 20 世纪 80 年代初统计，全国有戏曲剧种 317 种[2]，其中有代表性的剧种有京剧、昆曲、越剧、豫剧、湘剧、粤剧、秦腔、川剧、评剧、晋剧、汉剧、潮剧、闽剧、祁剧、河北梆子、安庆黄梅戏、湖南花鼓戏，等等。在 2006 年国务院公布的 518 项国家级非物质文化遗产中，戏曲就占了 92 项，占总数的 18%，也足见中国传统戏曲之丰富。

图 1—1 梅兰芳舞台像

取自：中国大百科全书 · 戏曲曲艺卷 · 彩版 . 中国大百科出版社，1992 年。

中国传统戏曲凝聚着中国传统艺术的美学精髓，也构成了独特的戏剧形式和戏剧观念，其主要艺术特征是综合性、虚拟性和程式性。

所谓综合性，是指中国传统以唱、念、做、打的综合表演为中心的戏剧艺术形式，其本质特征是歌、舞、剧三者高度统一。王国维（1877 ~ 1927 年）在《戏曲考原》（1909 年）中用简练的语言对戏曲作了界定：“戏曲，谓以歌舞演故事也”[3]。在戏曲表演中，各种艺术高度综合，各艺术要素之间有着内在的、有机的渗透和融合，其唱、念均已诗歌化和音乐化，做、打则已舞蹈化。

所谓虚拟性，是指中国传统戏曲不照搬生活，而通过表演，在有限的舞台上，把观众带到无限的生活联想中去，借观众的联想来完成艺术的创造。在戏曲舞台上，几乎所有的景物、动作都是虚拟的。各种境况都通过演员的

1 周育德 . 中国戏曲文化 . 中国友谊出版公司，1996 年，第 490 页。

2 马彦祥 . 余从 . 中国大百科全书 · 戏曲曲艺卷“中国戏曲剧种”条 . 中国大百科全书出版社，1983 年，第 588 页。

3 王国维 . 戏曲考原 . 王国维戏曲论文集 . 中国戏剧出版社，1957 年，第 201 页。

唱词、动作予以交代和呈现，瞬息之间可以自由转化。如骑马、徒步、行舟、坐轿、上楼下楼、上岭下坡，都通过虚拟动作实现。一个圆场，可以代表十万八千里；几声更鼓，可以夜尽天明；几个回合，可以意指一场千军万马的战争。在几乎一无所有的舞台，表现出异彩纷呈的场景和千姿百态的人物。

所谓程式性，就是指生活动作的规范化，并被赋予基本固定的格式。例如关门、推窗、上楼、上马、登舟等，都有一套固定的程式。这些程式动作，往往也是将生活动作舞蹈化、节奏化、优美化。如程式化的动作“起霸”，代表古代将士出征上阵前整盔束甲的情境，这是具体的生活动作，但在戏曲舞台上，已变成舞蹈性的表演了，集中了很多动作和技巧，组合成连续的舞蹈，用以展示武将的威风气概，烘托渲染战斗气氛。

二、中国传统剧场建筑的基本情况

从宋元到明清，各地演戏活动非常频繁。戏曲作为表演艺术，自然需要演出场所。这样，戏曲的兴盛也促进了传统剧场建筑的发展。中华大地剧场建筑绵延不绝，遍及城乡，星罗棋布，灿若星辰。作者根据《中国戏曲志》各省市卷，制作了中国传统剧场的统计表（表1–1）。从表中可以看出，到了清代，剧场建筑空前繁荣。以山西为例，在“文革”后，经文化部门普查，“仍存清代以前的庙台2887座，仅及原数十之二三”[1]。这样，山西清代的戏台，“据估计总数近万座”[2]。山西河津县，20世纪50年代普查时尚存传统戏台400座，旧县城内有24座，清涧一村就多达12座[3]。

但是，这些传统剧场毁坏者甚多，相比之下，留存于今者寥寥。以河南为例，根据《中国戏曲志 · 河南卷》编委会在20世纪80年代的调查，河南历史上曾有3483座传统戏台，“有的县多达百座以上，一般也有五六十座，少则二三十座”[4]，当时留存者有419座，占12%。根据《中国文物地图集 · 河南分册》（1991版）、《中国戏曲志 · 河南卷》（1993年版）等文献记载和作者实地调查，估计20世纪90年代初时，河南留存的传统戏台约100余座，仅为20世纪80年代的三分之一，毁坏者甚多。时至今日，其确切的数字不得而知，但不容乐观。

中国目前尚存的传统剧场相对集中，主要分布在山西、浙江、陕西、四川、河北、河南、江西等地。

以山西为例，2006年出版的《中国文物地图集 · 山西分册》收了2800余座传统戏台。但据作者所知，未收录者也甚多。这样，保守估计，山西现存的传统戏台估计有3000座。

浙江是除山西以外，现存传统剧场建筑最为集中的地区之一，数量众多。这些剧场多建于祠堂和庙宇中，设计考究，装饰精美，有很高的保护价值。2006年，东海之滨的宁海县，选了100余座现存戏台中的10座，被公布为“全国重点保护文物单位”。实际上，除了这10座，宁海县其余的那些剧场建筑同样有很高的价值，有很多与已经列入全国重点文物保护单位的那10座不分伯仲，十分精致。嵊州市为一县级市，同样尚存传统剧场100余座，也不乏精品。

而其他大部分省份，现存的传统剧场则屈指可数。如根据作者所掌握的资料，黑龙江、辽宁、吉林、海南、贵州、青海、宁夏、天津等地，全省（市）现存的传统剧场少于10座；如北京、内蒙古、甘肃、上海、江苏、湖北、湖南、广东、广西等地，全省（市）现存的传统剧场大约不会超过50座。

简单概括中国传统剧场基本情况的话，可以分三个方面说明：一是明清时期（特别是清代）曾经非常辉煌，甚为普及；二是现存的传统剧场分布集中，大部分省份现存的数量则相对较少；三是毁坏、改建的速度非常快，保护状况不容乐观。

1　中国戏曲志编委会 . 中国戏曲志 · 山西卷 . 北京：文化艺术出版社，1990年，第538页。

2　王福才 . 山西古戏台 . 文史知识，1996（4）。

3　河东戏曲文物研究 . 中国戏剧出版社，1992年，第62和260页。

4　中国戏曲志编委会 . 中国戏曲志 · 河南卷 . 文化艺术出版社，1992年，第499、530页。

全国部分省市戏场建筑分布情况　　表 1–1

（根据《中国戏曲志》各省分卷等文献整理）

序号	省市	戏场建筑概况
1	河北	张家口地区，“1958 年，据有关部门统计，当时保存明、清时代的戏台有 2000 多座”；“据涿鹿县宣统三年统计，共有戏台 326 座，县城内就有 22 座”；“1958 年调查统计，当时蔚县保存戏楼 700 多座”
2	山西	“文化大革命”后，经文化部门普查，山西仍存清代以前庙台 2887 座，仅及原数十之二三”；“其中河津一县，50 年代普查时尚存 400 余座”
3	内蒙古	“如地处偏远、交通不便的清水河县一地，仅据不完全统计就有庙台戏楼二十余座”，“土默川一带，更是有村有庙，有庙就有台”
4	辽宁	“康熙年间，辽宁修庙宇盖戏楼蔚然成风，奉天、辽阳、锦州、铁岭、海城、营口、复县、朝阳、喀左均有修建”
5	吉林	“经乾隆、嘉庆、咸丰、同治至光绪，吉林境内相继有 22 座戏楼兴建或重建”
6	黑龙江	“戏台多半建在庙宇正殿对面”
7	上海	清中叶以后，“有一百多家会馆、公所建造了戏台看楼”
8	江苏	“庙台发展至明、清两代，已如星罗棋布，遍及全省各地”；“仅苏州市内初步调查，现存的戏台便有 14 座之多”；“武进戏楼遍及全市城乡”
9	浙江	“遍及全省城乡的庙宇、宗祠、会馆中普遍建有专演戏曲的戏台，俗城‘万年台’”；“‘万年台’在绍兴地区城乡，几乎每一个自然村都设有一庙一戏台”
10	安徽	“明、清时期，皖南，淮北，各类戏台建筑较多”
11	福建	明代，“固定的庙台已大量存在，且成为各地民间戏曲活动的主要演出场所”；“入清后，福建地方戏曲更为繁荣，民间戏曲演出更为频繁，省内许多地方大批兴建庙台”
12	江西	“据普查结果，全省尚存明代戏台约 40 余座，而毁掉的明代戏台包括在内，则远超过这个数字”；“清代，演出场所进入成熟期，庙宇台和祠堂台迅速发展”；乐平“全市现有古戏台 240 余座，占江西全省古戏台总数的五分之一以上，其中不乏明清建筑”
13	山东	“仅临清一县就有戏楼 30 余座”
14	河南	“有的县多达百余座以上，一般也有五六十座，少则二三十座。有的地方在数十米内便有两三座乃至四座戏楼”；“全省古戏楼的遗存约布 300 座以上，其中主要分布在豫北、豫南，绝大多数在山区，而整个豫东地区所存无几”
15	湖北	“经乾隆盛世，戏楼遍及湖北城乡”；“在州政府所在地恩施，以前有 26 座古戏台，现在除了关王庙戏台（武圣宫内）外，其余已全部拆毁了”
16	湖南	“仅桃源一县，有庙台 300 余座”
17	广东	入清以后，“各式戏台遍及省内，其中以庙台居多”
18	海南	“清康熙、乾隆年间，海南各地的民间会馆、公祠、祠堂内，相继建起石戏台”
19	广西	广西北部的侗族人民爱看侗戏，“村寨中，每寨必有戏台”
20	四川	“特别是清中叶，建造庙台风气盛极一时”；“据查，泸州所属戏台总数在 567 个以上”
21	贵州	“明清时代有‘西南大都会’之称的镇远，在方圆不过 3 平方公里的小城里，有 8 个会馆、12 座戏楼”
22	云南	“从清代康熙、雍正年间到民国初年，随着云南经济的发展，外省来滇商人的增加，云南戏曲演出场所发生了较大的变化，这就是戏台的纷纷兴建”
23	西藏	“西藏各民族的地方戏几乎都在林卡、场坝或宫殿、庄园的院子里演出，没有专用场所”
24	陕西	“据 1980 年各地文化部门统计，全省清以前的戏台计有 3000 余座，现存者 130 余处”
25	甘肃	“全省各地戏楼总数在千座以上，现在保存下来的为数很少”
26	青海	“庙、观、祠、寺戏楼在西宁和东部农业县比较普遍”
27	宁夏	“清中叶以后，一些商会纷纷建立会馆，并在会馆里修筑了戏台”
28	新疆	“据不完全统计，迪化、巴里坤、吉木沙尔、奇台就有可供演出的戏楼四五十座”

三、中国传统剧场建筑的主要类型

中国传统剧场一个明显的特征就是，这些剧场多依附于其他建筑类型，一定程度上成为其他建筑的功能延伸和扩展。宋之前剧场自不待言，就是正式的剧场建筑形成后，仍有较强的依赖性。按其功能特点，大致可分为庙宇剧场、勾栏剧场、祠堂剧场、私宅剧场、会馆剧场、皇家剧场、商业剧场戏园等。这些剧场的演变过程和发展阶段不尽相同，在不同历史时期上所处的地位和所发挥的作用也有所区别。

中国传统剧场的主要类型　　表 1–2

序号	剧场类型	特征	基本情况
1	庙宇剧场	庙宇剧场附属于庙宇，为祭神而建，演出活动往往和赛社、庙会有关	中国庙宇文化一直是戏曲发展的有力推进者，在庙宇中进行祭祀奉神的戏曲演出活动贯穿了中国戏曲的整个历史。在中国剧场中，庙宇剧场起源最早、分布最广、影响最大。齐如山（1875～1962 年）在晚年所著的《国剧艺术汇考》中曰："乡间有演剧场所之建筑者，可以说都是在庙之前面，当然是预备敬神献戏所用。"[1] 这一论述虽过于绝对，但道出了当时乡村庙宇剧场之普及
2	勾栏剧场	瓦舍勾栏依附于商业街市，和各种商业活动混杂在一起	勾栏剧场是宋元时期重要的戏曲演出场所，多位于综合性娱乐场所"瓦舍"中。宋代孟元老在《东京梦华录》中述及宋代汴京时曰："街南桑家瓦子，近北则中瓦，次里瓦。其中大小勾栏五十余座。"[2] 南宋临安的瓦舍勾栏，在数量上超过北宋的汴京。元代统一全国后，随着北杂剧风行全国南北，瓦舍勾栏兴盛不衰。入明以后，瓦舍勾栏才逐渐衰弱消亡
3	祠堂剧场	祠堂剧场附属于宗祠，为祭祖而建，演出活动和宗族的各种重大活动有关	祠堂剧场主要盛行于明末、清代和民国时期。明嘉靖年间，皇帝下诏"许民间皆联宗立庙"，于是各族纷纷建立祠堂，祠堂建筑得到迅猛的发展，成为重要的建筑类型。由于当时祠堂中演戏非常流行，所以，祠堂中建造剧场也成为大势所趋。就地域而言，南方的宗祠剧场远远超过北方
4	私宅剧场	私宅剧场依附于宅院，为家庭堂会和娱乐而建，和家庭中的婚嫁、生子等喜庆活动有关	私宅剧场是建于大户人家私人宅院中的剧场，多建于清代。明代时，私宅中演剧就非常普遍，但当时私宅内建造固定剧场的并不多见。入清后，特别是清中叶后，私宅剧场得到较快的发展。私宅剧场在建筑上的特点主要表现为：规模较小，尺度宜人；空间的安排灵活自由，富有变化；演出空间和观众空间联系密切，观演关系亲切
5	会馆剧场	会馆剧场附属于会馆，为同一区域或行业的人士相聚、娱乐而建，和商业谈判、交流聚会融合在一起	会馆剧场是随着会馆的发展而产生的。会馆产生于明代中期，是旅居异地的同乡或同一行业者在京城、省城、商埠等地设置的机构。会馆受到庙宇文化的很大影响，一些会馆以"庙"命名。因此，在庙宇中建剧场的深厚传统的影响下，会馆中建剧场也就自然而然了。不过，明代会馆中是否建有剧场，还不得而知。清初（特别是清代中叶）开始，会馆中建剧场者增加。早期的会馆剧场多为庭院式，后期则兼有庭院式和厅堂式
6	皇家剧场	皇家剧场依附于宫殿，实际上一定程度上可看作是扩大了的特殊宅院剧场，和宫廷中的各种活动有关	皇家剧场是皇家宫廷中专门的戏曲演出场所。虽然皇家演剧的历史非常久远，但当时并没有专门的剧场，主要在殿堂、庭院中进行。到清代后，皇家剧场才得到较大的发展，主要分布在北京故宫、颐和园、圆明园、承德避暑山庄、沈阳故宫。皇家剧场建筑上的特点主要表现为：剧场的形式多样，既有厅堂式，也有庭院式；剧场的规模大小悬殊，既有宏大的三层大戏台以及尺度宜人的二层戏台，也有小巧精致的小戏台；一般装饰华丽；观演关系特殊，观众即皇亲贵族一般坐于戏台对面的专门建筑上，和民间剧场的形式明显不同
7	城市戏园	戏园源于茶楼、酒楼，虽然建筑上相对独立，在观戏的同时，饮茶、社交等活动仍占有重要成分。戏园的组织布局也不得不考虑这些功能，如将长凳纵向布置，观众面对而坐就是其他功能的体现，而非观戏的需要	戏园又被称为"茶园"，只收茶资，不售戏票。清代时，由于经济、商业、戏曲文化的发展不同，各地戏园发展情况也不尽相同。但到了清末，全国各地，从南到北，无论是大城市还是小城镇，几乎都有戏园。在中国剧场史上，清代戏园具有室内性、商业性、独立性等明显的特征，既是庭院式剧场的发展和改进，又为现代剧场作了很好的铺垫

1　齐如山．国剧艺术汇考（二）．辽宁教育出版社，1998 年，第 377 页。

2　孟元老（宋）撰，李士彪注．东京梦华录．济南：山东友谊出版社，2001 年，第 19 页。

四、中国传统剧场的主要形式

中国传统戏曲演出场所非常宽泛而灵活，多因地制宜，随处作场，只要有一块空旷之地即可表演。当然，对于固定的剧场而言，有相对稳定的形式。根据剧场的建筑形式和围合程度，中国传统剧场的基本构成形式大致可分为三种，即广场式、庭院式和厅堂式。

1. 广场式剧场

所谓广场式剧场就是戏台前有开阔之地的剧场形式。广场演出一直是中国戏曲的重要演出形式。早期的中国戏曲，正如世界上所有的原始戏剧那样，多在开阔地演出。这些开阔地往往不需要处理，或者只经过简单的处理（如简单的踏踩）。明清时期的那些临时性的剧场，也多采用广场式剧场的形式。清康熙三十三年（1694 年）《康熙南巡图》（图 1–2）和清乾隆年间（1736 ～ 1795 年）《万寿景点图》（图 1–3）中就绘制有不少广场式剧场。明清时期的一些乡村剧场也常常建在村落开敞的地方，采用广场式剧场的形式，如广西三江县平铺村戏台，就位于田字形布局的中心（图 1–4）。

图 1–2　清代《康熙南巡图》中的广场式剧场

图 1–3　清代《万寿景点图》中的广场式剧场

图 1–4　广西桂北三江县平铺戏台（左：戏台位置示意图；右：戏台正立面）

引自：李长杰．桂北民间建筑．中国建筑工业出版社，1990 年。

图 1–5　天津的广东会馆剧场

图 1–6　浙江武义县俞源村俞氏宗祠

2. 厅堂式剧场

厅堂式剧场是指室内封闭的剧场形式。专门的厅堂式剧场建筑则主要指宋元时期的勾栏剧场、清代商业性戏园、清代皇家室内剧场、清代会馆室内剧场。勾栏的具体建筑形式不得而知，一般认为勾栏为"全封闭式的建筑"[1]，但也有人认为勾栏有多种形式，全封闭式和露天式都有[2]。清代商业性戏园一般也采用厅堂式。清代宫廷有专门供皇帝看戏的室内剧场，规模很小。会馆剧场多为庭院式，但到清代中后期，则也有不少采用厅堂式，如天津的广东会馆剧场（图 1–5）。

3. 庭院式剧场

庭院式剧场是中国传统剧场最为重要的形式。中国古代建筑，如庙宇、会馆、宫殿、民居等，均主要采用庭院布局。依附于这些建筑的剧场，自然也主要采用庭院式布局。如浙江武义县俞源村俞氏宗祠剧场就是典型的庭院式剧场（图 1–6）。美国传教士明恩溥（1845 ~ 1932 年）于 1872 年来华，在其专著《中国乡村生活》中写道："除了几个大城市，中国没有我们西方意义上的有座位、围墙和屋顶的戏院。这里的舞台非常简单，完全可以公开参观。有时它建得像一个庙宇，前面开着一个门。"[3] 这里所指的就是中国当时普遍采用的庭院式剧场。

其中，庭院式剧场是中国传统剧场中最为多见的形式。但值得注意的是，这三种形式的剧场几乎一直在历史上并存并相互补充。如溯其演变过程，其大致承接关系是，广场式剧场为剧场的源头，庭院式剧场承袭广场式剧场，厅堂式剧场承袭庭院式剧场。

五、中国传统剧场建筑名称考论

古代戏曲的演出场所的名称杂乱纷呈，极不统一。仅山西古代碑刻中常见的戏台名称就有：舞亭、舞楼、舞厅、乐厅、舞庭、乐亭、舞榭、乐舞楼、乐舞亭、乐棚、歌台、戏楼、戏台等[4]。大致的情况是：宋元时期一般称戏台为"舞楼"、"舞亭"、"舞庭"等，前一字多取"舞"字；明代称"乐楼"者最为多见；清代戏台名称趋于多样化。

不同地域、不同时期戏台的名称往往有所区别。就是同一时期对同一座戏台的称呼也可能不同。如山西阳城县下交村成汤庙戏台，在明嘉靖十五年（1536 年）《重修乐楼之记》中称之为"乐楼"，曰：

1　廖奔．瓦舍勾栏考．中华戏曲（第 17 辑）．山西人民出版社，1996 年。

2　吴晟．瓦舍文化和宋元戏剧．北京：中国社会科学出版社，2001 年，第 33 页。

3　明恩溥（美）．中国乡村生活．时事出版社，1998 年，第 54 页。

4　冯俊杰．新发现的一通含舞庭文字的元人碑刻．中华戏曲第 21 辑．太原：山西古籍出版社，1998 年，第 1 ~ 21 页。

"重修乐楼，一高一底（低）"。而同年同月碑刻《重修正殿廊庑之记》中称这座戏台为"舞楼"，曰："首建舞楼一所，一高二底（低）"[1]。同一通碑刻中有时将不同的戏台命以不同的名称。如河南巩义市新中乡清康熙二年（1663年）《蔡庄三官庙戏楼碑》[2]中曰："其殿前乐楼已足壮观，而先辈特有荐享之乐。晚辈人心益善，故门外增之以戏楼"。此通碑刻中将庙宇内的戏台称为"乐楼"，而将庙宇前的戏台称为"戏楼"，值得玩味。

事物的名称往往反映了人们对事物的看法和认识。戏台名称中的"乐"、"舞"、"戏"表示戏曲特征和人们对戏曲的理念；而"台"、"楼"、"榭"、"亭"则表现戏台的建筑特征和人们对戏台形式的认识。河南巩义市圣水乡清乾隆二十年（1775年）碑刻《圣水乡增修乐楼记》提及给戏台命名之事，曰："今于其楼之落成也名以舞，惧其偏；谓之戏，惧其亵，故□命□曰□□乐楼云"[3]。将戏台称之为"乐楼"，多是从中国悠久的礼乐和祭祀文化传统中寻找演戏的合法性，提高其地位，认可其教化功能。一些碑刻甚至直接将戏台称之为"礼乐楼"。山西泽州县辛壁村汤王庙明弘治十四年（1501年）碑刻中曰："就此而建礼乐楼三楹"[4]。

值得注意的是，今人习惯的"戏台"和"戏楼"之称在剧场建筑发展的早期并不多见。据作者所知，宋元碑刻中未见有"戏台"和"戏楼"的字样，明代称戏台和戏楼者也很少，仅见于明代晚期的部分碑刻中。如山西长子县明嘉靖二十五年（1546年）碑刻《重修崔公庙记》中曰："界以砖墙，增以戏台。"山西武乡县南山神祠明万历三十四年（1606年）《重修佛神殿记》曰："因缺而加增者，则有若各殿廊房，□角道并戏楼等处。"[5]山西平顺县西青北村禹王庙明崇祯四年（1631年）碑刻《新修戏楼碑》中曰："禹王庙前新修戏楼三间。"[6]明刊《水浒》第一百零四回述及王庆闯到定山堡时，也提到戏台："那戏台却在堡东麦地上，那时粉头还未上台，台下四面，有三四十只桌子，都有人围着在那里掷骰赌钱。"[7]到了清代，"戏台"和"戏楼"之称则开始日渐多见，甚至成为当时的通称。

《中国大百科全书 · 建筑园林城市规划卷》将古代演戏场所泛称为戏场（Theatrical building）[8]，作者认为是比较确切的。一者，比之现代习惯称呼的"戏台"和"戏楼"，更注重强调观演空间和观演关系。实际上，戏台仅仅是演出时的舞台而已，而不是整个表演场所。再者，比之"剧场"，则突出了中国传统演出场所自身的特点，因为中国传统戏场多采用庭院的形式。在英文中，则有专门的词汇"Amphitheater"，意指露天剧场。

对于中国戏曲表演场所，作者更倾向于将之称为"戏场建筑"。"戏场"一词尽管源远流长，但在相当长的历史时期内，并非专指用作演出的建筑，而是非常宽泛的演出场所。庭院，广场，甚至一片开阔之地，只要较多的用于演出，就可称之为"戏场"。而我们着重从建筑上分析时，关心和研究的主要是专门为演出而构建的场所，这些场所已经建筑化了，其功能和形式相对固定。因此，为了和宽泛的戏场相区别，称之为"戏场建筑"也许更为合适。

但本书统称为剧场，主要考虑到三点，一是为了方便电子检索，因为"戏场"之称毕竟不为学界所熟悉，使用率也较低，而剧场一词已非常流行；二是"剧场"之称，虽不足以表现中国传统演剧场所的特性，但也能够涵盖其基本内容和各种形式；三是"戏场"一词似乎无法包含清代戏园等室内封闭式剧场。

---

1 冯俊杰．阳城县下交村汤王庙祭考论．民俗曲艺（台湾），第107/108辑．1997年，第4～34页。
2 杨健民．中州戏曲历史文物考．文物出版社，1992年，第182页。
3 杨健民．中州戏曲历史文物考．文物出版社，1992年，第190页。
4 作者2004年实地调研时抄录。
5 冯俊杰．山西戏曲碑刻辑考．北京：中华书局出版，2002年，第314页。
6 冯俊杰．山西戏曲碑刻辑考．北京：中华书局出版，2002年，第369页。
7 施耐庵，罗贯中著．水浒全传．岳麓书社，1988年，第791页。
8 王其明撰．中国大百科全书 · 建筑园林城市规划卷"戏场"条．中国大百科全书出版社，1988年。

第二节　中国传统剧场建筑研究现状

有关中国传统剧场建筑的文献，到目前为止主要集中于戏剧界。建筑界对剧场建筑的研究则比较薄弱。2001 年以来陆续出版的《中国古代建筑史》共分五卷，其中每卷约 120 余万字，可谓是中国建筑史研究的集大成者。但对于剧场建筑的论述较少，其中的不少问题也值得商榷。

《中国古代建筑史 · 第四卷 · 元明建筑》“戏台”一节述到：“戏台的朝向和一般建筑刚好相反，不管是独立的还是结合在建筑群中的，往往是坐南朝北，这是为了避免演出时产生眩光，完全是出于功能上的考虑所致。”[1] 实际上，戏台之所以选择坐南朝北，是古代戏曲演出的祭祀性所致。古代庙宇、宗祠、会馆等建筑群一般均坐北向南，而古代演出多为还愿祭祀（不少碑刻也直接表明这一点），这样，为了让“神灵”更好地观看演出，戏台也就只好坐南向北。

该书所引用丁明夷 1972 年发表的《山西中南部的宋元舞台》论到：“晋南现存四座元代舞台：临汾魏村西牛王庙舞台，临汾东羊村东岳庙舞台，石楼县张家河殿山寺舞台和万荣县四望村后土庙舞台。”[2] 实际上，现在所知的晋南元代戏台已绝非仅此而已，需补充者甚多。另外，丁文中写到万荣县四望村后土庙戏台“毁于日寇”，《中国古代建筑史 · 元明建筑》卷却还说存在，就不恰当了。

该书还引刘大鹏所著《晋祠志》：“晋祠水镜台建于明代”，并论到：“其形制为典型的明代前后分台式戏台”。应该指出的是，现存晋祠水镜台的后台部分是明代所建，前台部分则是清代增建。而且明代戏台的典型形式并不是“前后分台式”。文中最后写到：“由于（水镜台）坐落在晋祠智伯渠旁，可利用水面的反射音响，更加完善了舞台效果。”实际上，智伯渠仅是一很窄的渠道，且距水镜台较远，在声学上对水镜台不会有任何作用。

《中国古代建筑史 · 第五卷 · 清代建筑》中有“戏台和戏园”一节，其中论道：

> 元代在庙宇中已有戏台（乐台），往往和山门结合在一起。再有即是乡间村镇的独立式戏台，作为节日集会时演戏用，如山西临汾东羊村东岳庙戏台等。此时期的戏台形制多为在高台上建造一幢三开间的敞厅式建筑，观众露天观戏。明代戏台状况与元代类似，但在宫廷及官僚地主宅地内常设有戏厅，自养家班，内部演戏娱乐。[3]

在这段并不长的论述中，至少有六个问题值得商榷。

其一，文中说：“元代在庙宇中已有戏台（乐台）”。元代庙宇中确实存在戏台，但戏台的出现至少可上溯到宋代。山西现存的三通宋代碑刻确凿地证明宋代庙宇中已经有戏台[4]，而且从这三通碑刻所记载戏台的分布特点分析，当时戏台已经相对比较普遍了。

其二，根据作者所掌握的文献资料，元代并没有该书中所提到的“戏台和山门结合在一起的”山门戏台的建筑形式。作者几乎跑遍了现存的所有元代戏台，也未发现有采用这一形式者。实际上，文献和实物均表明山门戏台即山门之上建戏台的建筑形式，出现于明代。

其三，文中将山西临汾东羊村东岳庙戏台列为独立式戏台，并认为该台“作为节日集会演戏时用”，是不妥当的。东岳庙戏台确实位于山门之外。但是，此台建于东岳庙的中轴线上，台口正好

1　潘谷西主编．中国古代建筑史 · 第四卷 · 元明建筑．中国建筑工业出版社，2001 年。
2　丁明夷．山西中南部的宋元舞台．文物，1972 年，第 4 期。
3　孙大章主编．中国古代建筑史 · 第五卷 · 清代建筑．中国建筑工业出版社，2002 年，第 28 页。
4　黄竹三．从北宋舞楼的出现看中国戏曲的发展——山西中南部三通戏曲碑刻考述．曲苑第 1 辑．江苏古籍出版社，1984 年。

面向东岳庙，仍是为了祭祀演出而建，是东岳庙不可分割的有机组成部分。作者在实地调研中还发现，戏台所在的地面低于东岳庙，而此台台基高于元代一般的戏台，因此可以大致推测这座戏台之所以提高了台基，就是为了使东岳庙正殿和戏台台口之间的“视线”无阻，为了让“神灵”更好地看戏。

其四，文中论到，“此时期的戏台形制多为在高台上建造一幢三开间的敞厅式建筑”。应该注意到，现存的元代戏台一般均为单开间，偶有三开间者，如山西永济县三郎庙戏台和山西石楼县殿山寺戏台，也是后世改建或添加而成，其中有明显的添加痕迹。根据现存的遗迹，在元代末期才出现了三开间的戏台[1]。因此，至少可以认为三开间戏台不是元代戏台的主要形式。

其五，文中认为“明代戏台状况与元代类似”。实际上，明代戏台多有变革，如开间的变化，平面形式的变化，面积的扩充，构成形式的变化等[2]。

其六，文中提到“（明代）宫廷及官僚地主宅地内常设有戏厅，自养家班，内部演戏娱乐”。但根据现知的文献，明代宫廷中是否建有戏台，还是不得而知的[3]。

总之，从建筑史和建筑学的角度分析传统剧场，目前还是非常薄弱的环节。车文明在《二十世纪戏曲文物研究综述》一文中，将20世纪戏曲文物的研究分为三个阶段[4]。同样，对于中国传统剧场建筑的研究，也大致可分为三个阶段。

第一阶段是20世纪三四十年代，为中国剧场建筑研究的起步阶段。这一时期以剧场建筑的介绍为主，特别是齐如山、傅惜华在《国剧画报》上登载了不少戏台的图片，初步引起人们的关注。同时，对于剧场建筑的分析研究也初见端倪。

20世纪30～40年代发表（或出版）的有关传统剧场的重要论文（或论著） **表1–3**

序号	文章（或论著）名称	作者	内容简介	期刊、年份、期号
1	元代演戏的舞台	卫聚贤	文章介绍了万泉县（今属万荣县）西景村建于元至正十四年（1354年）的一座戏台，收录了宋、元、明、清有关戏台的碑刻各一通，并试图论述戏台名称和历代戏曲特征之间的关系。文章的结尾说：“我对于戏曲没有研究，建筑物也是不懂，不过我的家乡既有这可贵的古代建筑，特为介绍出来，请大家注意。”	清华大学文学月刊，2卷1期，1931年12月17日
2	晋汾古建筑预查纪略	梁思成，林徽因	文章述到：“山西中部南部我们所见的庙宇多附属戏楼，在平面布置上没有向外伸出的舞台。戏楼下部为实心基坛，上部三面墙壁，一面敞开，面向正殿，即为戏台。台正中有山柱一列，预备挂上帷幕可分成前后台。”同时，在这次调查中，发现了极为著名的戏曲演出壁画。梁思成在后来所著的《中国建筑史》中述及明应王殿时曰：“殿内壁画多幅，其一以演剧为题材，款题泰定元年（1324年）四月。”[5]	中国营造学社会刊，5卷3期，1935年3月
3	中国剧场史	周贻白	该书是中国第一部研究古代剧场的专著。全书含三章十四节：第一章为“剧场的形式”，包括“剧场”、“舞台”、“上下场门”和“后台”共四节；第二章为“剧团的组织”，分述“剧团”、“脚色”、“装扮”、“砌末”和“音乐”；第三章论“戏剧的演出”，内含“唱词”、“说白”、“表情”、“武技”、“开场与散场”。书中论到：“中国的戏剧，无疑地源出歌舞。即以现在的戏剧的形式，也还未脱离歌舞的范围。然则在未有戏剧之前，歌舞演出的地方，便当是剧场的前身了。”基于此，将中国剧场的起源追溯到戏剧尚未形成的汉代，并勾勒了中国剧场演进的轨迹。在“舞台”一节中归纳了庙宇戏台的四种类型。当然，现在看来，这种分类标准值得商榷。总体而言，周贻白精于戏剧史，征引大量古代文献，论述了中国剧场之基本情况	商务印书馆，1936年

1 田同旭，李来虎．新发现的沁水元代戏台遗址考察．中华戏曲第7辑．山西人民出版社，1988年。
2 薛林平，王季卿．山西明代传统剧场建筑研究．同济大学学报（自然科学版），2003年第3期。
3 廖奔．清宫剧场考．故宫博物院院刊．1996年，第4期，第28～43页。
4 车文明．二十世纪戏曲文物研究综述．中华戏曲第二十六辑．文化艺术出版社，2002年，第71～97页。
5 梁思成．中国建筑史．百花文艺出版社，1998年，第254页。

第二阶段是20世纪50～70年代，是中国剧场建筑研究的拓展阶段。这一时期，更多的学者开始了对剧场的研究，同时，研究范围也有了一定的拓展。

20世纪50～70年代发表的有关传统剧场的重要论文　表1—4

序号	文章名称	作者	内容简介	期刊、年份、期号
1	记几个古代乡村戏台	墨遗萍	文中介绍了文物、文献资料所记录的古代戏台14座，部分现在仍存，特别是首次公布了后来列为全国重点文物保护单位的山西临汾市魏村牛王庙元代戏台。此文的另一贡献是促使研究者对乡村剧场给予更多的关注。文中开篇明之："研究古代演剧场所者，每多念念不忘的提到宋代什么'勾栏院'呀，'瓦肆棚子'呀，甚或宋人张择端在他的《清明上河图》中所绘之临时搭的戏棚。这里所要谈的是我国几个古代乡村戏台"	戏剧论丛，1957（5）
2	元杂剧演出形式的几点初步看法——明应王殿元代戏剧壁画调查札记	刘念兹	文章对著名的山西洪洞县广胜寺明应王殿杂剧壁画作了考证，并分析了元杂剧的演出形式。他在1959年发表《中国戏曲舞台艺术在十三世纪初已经形成——金代侯马董墓舞台调查报告》[1]一文，分析了戏台模型的文化背景和认识价值	戏曲研究，1957年4月
3	山西中南部的宋元舞台	丁明夷	文中按年代提供了15座宋、金、元代戏台的相关资料，并认为山西中南部在宋代特别是金元以来，无论是乡村还是城镇，均普遍建立戏台。难得的是，文中勾勒出中国戏台发展演变的大致趋势："平地上演出到建立高出地面的台子；由上无顶盖的露天舞台到有屋顶的舞台；由演出的四面观到一面观"	文物，1972（4）

第三阶段是20世纪80年代初到现在，为中国传统剧场建筑研究的繁荣阶段。在这一时期，论著和论文的数量比前两个时期有明显增加，研究的水平和深度也有很大的提高。但遗憾的是，这一时期对于剧场建筑的研究工作大多集中在戏曲界，建筑史学者给予的关注相对较少。

20世纪80年代至今（截至2009年1月）发表的有关传统剧场的重要论文　表1—5

序号	文章名称	作者	期刊、年份、期号
1	平阳地区元代戏台	柴泽俊	戏曲研究第11辑，1984年
2	宋元明三代中国北方农村庙宇舞台的沿革	黄维若	戏剧，1986年第1～3期；1997年第1期
3	中国南方农村古舞台巡礼	黄维若	戏剧，1987年第4期；1988年，第1～2期
4	北京清代会馆剧场初探	王亦民	建筑史论文集第8辑，清华大学出版社，1987年
5	宋元戏台遗迹——中国古代剧场文物研究之一	廖奔	文物，1989年第7期
6	皖鄂边境古戏台探踪	孟晋	黄梅戏艺术，1989年第1期
7	大连地区戏台（戏楼）综述	丁希文	大连文物，1990年第2期
8	中国早期演剧场所述略	廖奔	文物，1990年第4期
9	中国早期剧场论	周华斌	中华戏曲第10辑，1991年
10	绵阳市的乐楼	陈永乐	四川文物，1992年第2期
11	晋西南地区的元代砖木结构戏台	张国维	戏曲研究第40辑，文化艺术出版社，1992年
12	浙江演出场所的类型和嬗变述略	谢涌涛	中华戏曲14辑，1993年

1　刘念兹．中国戏曲舞台艺术在十三世纪初已经形成——金代侯马董墓舞台调查报告．戏曲研究，1959年。

续表

序号	文章名称	作者	期刊、年份、期号
13	会馆戏楼寻踪	刘文峰	蒲剧艺术，1994 年第 1 期；1995 年第 1 ～ 4 期；1996 年第 1 期
14	略论和顺县戏台建筑的特点	常亚平	古建园林技术，1994 年第 3 期
15	泾县万年台	胡径生	东南文化，1994 年第 4 期
16	四川戏曲演出场所变迁述略	杜建华	戏曲艺术，1996 年第 3 期
17	武进农村的古戏楼	蒋仁良	东南文化，1997 年第 3 期
18	福建古剧场建筑及其装饰艺术	刘闽生	中华戏曲第 20 辑，山西古籍出版社，1997
19	乐平传统戏台	黄浩等	建筑历史和理论第 5 辑，中国建筑工业出版社，1997
20	泾川西阳万年台	崔先逵	古建园林技术，1998 年第 1 期
21	福建古代的戏台	曹春平	古建园林技术，2000 年第 3 期
22	奥西古戏台的建筑特色	王今等	古建园林技术，2000 年第 6 期
23	中国传统剧场建筑考略之一——历史沿革	王季卿	同济大学学报（自然科学版），2002 年第 1 期
24	中国传统剧场建筑考略之二——建筑特点	王季卿	同济大学学报（自然科学版），2002 年第 2 期
25	山西神庙与戏台调研小结	冯俊杰	中华戏曲第 26 辑，文化艺术出版社，2002 年
26	山西明代传统戏建筑研究	薛林平、王季卿	同济大学学报（自然科学版），2003 年第 3 期
27	山西元代传统戏建筑研究	薛林平、王季卿	同济大学学报（社会科学版），2003 年第 4 期
28	一曲昇平——徽州古戏台防火构建之记详	李俊	上海消防 ，2003 年第 9 期
29	清代宫廷和苑囿中的室内戏台述略	刘畅	故宫博物院院刊，2003 年第 2 期
30	山西清代传统戏场建筑研究	薛林平、王季卿	同济大学学报（社会科学版），2004 年第 2 期
31	浅析祁门古戏台——会源堂建筑布局	姚光钰	古建园林技术，2005 年第 4 期
32	绍兴古戏台的文化建构	高军	东方博物，2005 年第 1 期
33	镇江火星庙戏台研究	刘叙武	江苏科技大学学报（社会科学版），2006 年第 3 期
34	嵊州古戏台调查	王荣法	东方博物，2006 年第 1 期
35	清代洛阳的戏楼建筑与演出风俗	刘百灵	河南科技大学学报（社会科学版）2006 年第 5 期
36	宁波古戏台及其建筑艺术	黄定福	宁波通讯，2007 年第 6 期。
37	河南清代戏场建筑研究	薛林平	华中建筑，2007 年第 10 期
38	安徽传统戏场建筑研究	薛林平	华中建筑，2007 年第 8 期
39	湖北传统戏台	李德喜	华中建筑，2008 年第 4 期
40	北京清代皇家戏场建筑研究	薛林平	华中建筑，2008 年第 4 期
41	浙江传统祠堂戏场建筑研究	薛林平	华中建筑，2008 年第 6 期
42	江苏清代戏场建筑研究	薛林平	华中建筑，2008 年第 7 期
43	北京民国时期的剧场建筑	薛林平	中国近代建筑研究与保护（六），清华大学出版社，2008 年
44	中国传统戏台中的藻井装饰艺术	薛林平	装饰，2008 年第 11 期
45	中国传统戏台中的匾额艺术	薛林平	中国建筑装饰装修，2008 年第 11 期
46	陕西明涛戏场建筑研究	薛林平	华中建筑，2008 年第 12 期
47	上海清代晚期戏园研究	薛林平	华中建筑，2009 年第 1 期

应该特别关注的是，《中国戏曲志》在 1990 ～ 1999 年间每省一卷陆续出版，共 30 卷。每卷均有“演出场所”一节，罗列各省（市）主要的传统剧场建筑，提供了难得的资料和线索。其中，单独开条记述的演出场所就有 1832 处[1]。当然，由于各省市参编人员参差不齐，存在的问题也很多。

近年来，学界对中国传统剧场的声学问题也有了较多的兴趣，有代表性的论文如表所示。

近几年发表有关传统剧场声学问题的论文 **表 1–6**

序号	文章名称	作者	期刊、年份、期号
1	中国传统剧场声学问题初探	王季卿	声学技术，2002，1/2 合期
2	一个典型庭院式古戏场的音质测试与分析	刘海生等	应用声学，2003 年 7 月
3	两个戏台的混响特性及分析	罗德胤，秦佑国	华中建筑，2001 年 4 月
4	析古戏台下设瓮助声之谜	王季卿	应用声学，2004 年 8 月
5	江南八座传统庭院式戏场的音质测量和分析	薛林平、王季卿	第九届全国建筑物理学术会议论文集，中国建筑工业出版社，2004 年
6	中国传统庭院式戏场声学缩尺模型试验	薛林平、王季卿	第九届全国建筑物理学术会议论文集，2004 年
7	传统庭院式戏场厢房的响度分析	刘海生、盛胜我	同济大学学报（自然科学版），2004 年第 9 期
8	宋代“勾栏”声学特性考证	孟子厚	艺术科技，2004 年 12 月
9	传统民宅戏楼声学特性测量	石蓓等	艺术科技，2005 年 06 月
10	广东会馆戏楼的声学特性测量和分析	赵凤杰等	艺术科技 ，2005 年第 9 期
11	庭院空间的音质	王季卿	声学技术，2007 年第 4 期

20 世纪 90 年代开始，有关传统剧场的专著也陆续出版。

20 世纪 90 年代在至今（截至 2008 年 8 月）出版的有关传统剧场的论著 **表 1–7**

序号	著作名称	作者	内容简介	出版社及其出版年份
1	京都古戏楼	周华斌著	全书 22 万字，44 幅图片，包括序篇和五个章节，序篇为“中国早期剧场论”，第一章到第五章分别为：“北京地区的俳优散乐活动”、“金元京都的乐楼及妓馆勾栏”、“明代京都演剧场所”、“清代京都演剧场所”、“京都演剧场所旧迹一览表”。全书主要基于文献，论述了各演出场所的文化背景和相关情况	海洋出版社，1993 年
2	中国戏台	高琦华著	全书 12 万字，论述了庙宇戏台、城市戏台、宫廷戏台、私家戏台和临时戏台，初步探讨了戏台的特点以及戏台和戏曲之间的影响关系	浙江人民出版社，1996 年

1 刘文峰.《中国戏曲志》的资料价值、学术成就和对学科建设的影响.中华戏曲第 28 辑.文化艺术出版社，2003 年，第 249 ～ 274 页。

续表

序号	著作名称	作者	内容简介	出版社及其出版年份
3	中国古代剧场史	廖奔著	全书近25万字，附图片168幅，分12章。第一、二章分别为“剧场变迁”和“戏台沿革”，第三、四章分别为“汉魏场地”和“晋唐场地”，第五到十章分别为“勾栏演剧”、“堂会演剧”、“戏园演剧”、“神庙演剧”、“宫廷演剧”和“其他剧场”，第十一章为“近代变迁”，第十二章为“中外剧场比较”。作者以文献资料为主，结合文物，勾勒出中国古代剧场的概貌。但是，全书侧重于演出形式的文化背景和历史渊源，对剧场的建筑的分析则少。作者还大力呼吁发挥社会各方面的力量研究传统剧场：“一方面随着时代的进展我们已经不能容忍这一研究领域的缺憾继续存在，另一方面由于古代建筑有个保存问题，开展研究的时间越晚，所见到的实物资料就越少，越给研究带来困难。”	中州古籍出版社，1997年
4	清代以来的北京剧场	李畅著	全书19余万字，分三篇。第一篇“清代剧场”，第二篇“1912年至1949年之北京剧场”，第三篇“中华人民共和国时期北京的剧场”。其中第一篇共六章，分别为“清代宫廷剧场”、“府邸戏台及堂会”、“会馆及饭庄戏台”、“庙宇戏台和野台子”、“商业性茶园、戏楼”和“清代剧场习俗”，论述这些剧场的演出形式和建筑特点	北京燕山出版社，1998年
5	北京老戏园子	侯希三著	全书24余万字，按开业的年代顺序，述说了北京老戏园的经营方式、天灾人祸、历史变化、名伶演出、设备励末，但对戏园子建筑形式和特点则着墨不多	中国城市出版社，1999年
6	绍兴古戏台	谢涌涛、高军著	全书16余万字，共分七章，分别是“概述”、“绍兴古戏台的演变”、“绍兴的‘水乡舞台’”、“绍兴的庙宇戏台”、“绍兴的宗祠戏台”、“绍兴古戏台的文化建构”、“古戏台——‘堕民’艺术生命之所依”。书中用大量的图片介绍了绍兴市的传统戏台	上海社会科学出版社，2000年
7	徽州古戏台	陈琪、张小平、章望南著	全书近14万字，介绍了安徽徽州一带戏曲演出文化和现存的一些戏台	辽宁人民出版社，2002年
8	山西传统戏场建筑	薛林平、王季卿著	全书35万字，共十章，其中第一章山西概况；第二章中国传统戏场建筑绪论；第三章山西宋金时期的戏场建筑；第四章山西元代的戏场建；第五章山西明代传统戏场建筑；第六章山西清代和民国期间的戏场建筑；第七章山西传统戏场的空间分析；第八章山西传统戏台的建筑形制；第九章山西传统戏台的形式分析；第十章山西传统戏台的装饰	中国建筑工业出版社，2004年
9	江南戏台	韦明铧撰文；张锡昌等摄影	全书分为五章：“田野的回声——乡村草台忆旧”、“神祇脚下的世俗歌舞——寺祠庙台巡礼”、“金樽牙笏看氍毹——官衙舞台寻踪”、“赏心乐事谁家院”、“市井的乐园——都市戏台览胜”等	上海书店出版社，2004年
10	天津老戏园	周利成、周雅男编著	该书以翔实的档案史料和相关的图片，记载了天津戏曲、曲艺、电影及舞场等旧事逸闻，特别是向读者展示了天津老戏园子的人文背景和历史事件	天津人民出版社，2005年
11	宁海古戏台	徐培良，应可军著	全文分析介绍了浙江宁海县现存典型戏台的建筑形式、建造工艺、艺术特色、使用情况等	中华书局，2007年
12	山西神庙剧场考	冯俊杰著	本书主要选取山西神庙160余座剧场，重点考述各庙主神来历及其历史演变，神殿、献殿、戏台、看楼等建筑特征和演剧概况等	中华书局，2007年

进入 21 世纪后，相关的硕士（或博士）学位论文逐渐增多。如：

近几年有关传统剧场的学位论文　　表 1–8

序号	论文名称	作者	学校名称及其年份
1	巴蜀传统观演建筑	肖晓丽著	重庆建筑大学硕士学位，2002 年
2	四川传统观演建筑研究	邓位著	西南交通大学硕士学位论文，2002 年
3	中国传统庭院式戏场的建筑研究及其声学分析	薛林平著	同济大学博士学位论文，2003 年
4	传统戏场建筑研究及其音质初探：暨浙江传统戏场	毛万红著	浙江大学硕士学位论文，2003 年
5	中国古戏台建筑研究	罗德胤著	清华大学博士学位论文，2003 年
6	近代上海观演类建筑	侯斌超著	同济大学硕士学位论文，2004 年
7	临川古戏台研究	肖爱民著	江西师范大学硕士学位论文，2006 年
8	历史衍变下的清宫大戏台	周丰著	上海戏剧学院硕士学位论文，2007 年
9	福建民间信仰建筑及其古戏台研究	林然著	华侨大学硕士学位论文，2007 年
10	戏台与社会：明清山西戏台研究	段建宏著	华中师范大学博士学位论文，2008 年

尽管剧场的研究成绩斐然，但是研究者多为戏曲界学者，研究的角度多为历史文化、戏曲文化，研究的目的多服务于中国戏曲史的研究。《中国古代剧场史》的作者廖奔在序言中坦言：“作者写作中最大的弱点在于缺乏建筑学的专门知识，不能在这方面作出精确的测试和论述，没能从建筑结构上，各种建筑的剧场效应上，以及声音效果上，得出科学的数据和结论。”

建筑界则少有学者对传统剧场建筑的研究问津，更无从谈系统的研究了。因此，从建筑历史的角度分析中国传统剧场建筑就显得非常急迫了。同时，利用现代声学理论和测试手段分析和评价传统剧场的声学问题也是十分必要的。

第三节　研究的意义和方法

中国传统剧场建筑虽然逐渐不再承担演戏的功能，但是，这些剧场建筑是当时政治、经济和文化（包括戏曲、民俗等）的凝集和见证，可以勾起对当时文化、生活的回忆，是我们宝贵的历史文化遗产。

首先，传统剧场是中国古代建筑的重要类型，是构成中国建筑文化不可或缺的组成部分。根据现在的可靠史料，宋代已经有庙宇剧场和勾栏剧场。到了元代，山西中南部的庙宇剧场已经相对普遍，现存者就有近十处。清代时，中国传统剧场建筑非常普及，有些地方甚至“有村必有台”。

其次，这些剧场建筑是古代戏曲文化的载体。戏曲的演出和欣赏， 必须凭借一定的场所才能够进行。剧场是戏曲的演出空间，同时也是戏曲的构成要素。戏曲的变革和兴衰，都或多或少地通过戏曲的载体即剧场表现出来。剧场学是戏剧学的一个重要分支。剧场是以舞台和观众席为主体，以演员的表演艺术为主导的演出场所。剧场以及剧场中的舞台，是藕连演员与观众的媒介，是戏剧文化的载体，也是戏剧艺术发展变革的见证者。

其三，这些剧场建筑是乡村民众文化生活的“活化石”。看到矗立于乡村的戏台，使人想到当时民众欣赏戏曲演出的红火场面。这些戏台见证了民众的生活，见证了乡村的部分历史，是乡村生活的部分承载体。

但是，这些中国传统剧场建筑在以飞快的速度永远消失。作者在实地调研时，有“一怕”和“一愧”。所谓“一怕”，就是有一句最害怕听到的话：“戏台前两年刚刚拆除了。”当你打听了很长时间，带着希望，终于兴冲冲地前往某地剧场调研时，才发现由于这样或那样的原因，戏台早已被人拆除了。遗憾的是，在实地调研中这句话听到的概率实在是太高了。随着经济和文化的发展，拆除一部分是必然的，可如果这种拆除是无计划的、泛滥的，是由于无知、愚昧和落后，就无比可悲了。

所谓“一愧”，就是当到了某地调研时，民众充满自豪地不停地嚷嚷着：“很多意大利、美国、日本、韩国人都经常来我们这里考察戏台呢。”此时，我们就无比惭愧。当然，我们也不是小家子气，人家爱看就看吧，喜欢研究就研究吧，我们举手赞成。但令人不安的是，当你反问“中国人来的多吗”，回答往往是摇头。

因此，着手研究、保护这些传统剧场是非常必要的，也是非常迫切的。我们没有能力也没有必要保存所有的传统剧场建筑。但是，在偌大的土地上，留存一些有价值的剧场是非常明智的，也是我们责无旁贷的任务。对全国的剧场建筑进行广泛普查，系统调查，深入研究，制定正确的保护和利用措施，同时是非常重要的。

本书尝试从建筑学和建筑历史的角度分析中国传统剧场建筑。

首先，进行了大量的实地调查。在 2000 ~ 2008 年期间，作者实地现场了 30 余个省市的 300 余座传统剧场。现场调研的内容主要包括以下几个方面：一是文字资料的收集，包括碑文、题记、铭文等；二是形象资料的收集，包括摄影和录像；三是民俗调查，主要通过拜访老人调查旧时演剧情况、使用情况、演出习俗等；四是有条件时进行详细的建筑测绘。这些内容也成为本书的基本素材。

其次，进行了扎实的文献收集工作。有关演剧场所、演剧形式的文献记载浩如烟海，作者主要从几方面进行文献的收集。一是查阅各地地方志，自古及今，中国各地地方志非常丰富，数量奇多，有通志、府志、州志、县志、乡土志等，这些地方志横陈百科，包罗万象，其中有关演剧的记载也颇为丰富；二是收集碑文，古代比较大的修建，都会用碑刻予以记载，大凡庙宇、会馆、祠堂中都会有碑刻，这些碑文是研究中国传统剧场非常重要的历史资料。另外，明清笔记小说也是文献收集的重要内容。当然，有关中国传统剧场的现代研究成果，也是本书研究成果的重要基石。

其三，在研究方法上，将中国传统剧场更多的视为观演空间进行分析，不仅剖析戏台，还要剖析观众空间，注重观和演的统一。剧场建筑将戏台作为其舞台，将庭院、看楼作为其观众区，几者有机组合为一体。戏台是剧场中最核心的部分，是剧场中职能最为明确的部分，同时也是历来关注和研究的焦点。文献中对传统剧场建筑的研究，主要集中于戏台的研究，而对观众的组织以及观众区的形式则漠视之。其中的重要原因就是传统剧场中作为重要观众区的庭院仅在演戏之时才显观众区的特质，平时仅起组织空间的作用。实际上，单单戏台是无法称其为一完整功能建筑的，戏台仅仅是一个组成部分或构成要素。我们之所以采用“剧场建筑”这一名称，就是为了强调“观”和“演”的统一，强调剧场是观众和演员的互动空间。无“观”自然无“演”，只有剧场，才是具有独立功能的观演空间。脱离了剧场这一本源，而孤立地研究戏台，是不全面不合理的。

其四，研究中国传统剧场，必须首先分析这些剧场生长的“土壤”。中国传统剧场从其社会属性而言，主要为广大民众服务。固然皇宫、王府、宅院中的剧场不属此列（其服务于达官贵人、文人雅士、富商巨贾），可就传统剧场的主流而言，还是具有民众性的特征，是广大民众文化娱乐最主要的形式。这也要求在研究中国传统剧场时，要分析和研究不同类型剧场的不同的文化背景、发展沿革、建筑形式、观演关系等。

第二章　中国传统剧场的产生和发展

第一节　先秦到五代时期剧场的孕育

一、概论

研究中国传统剧场建筑，一个不可回避的问题就是“中国剧场建筑形成于何时”。这是一个非常棘手且有很多商酌之处的问题。实际上，一旦追究到事物的渊源，似乎一切问题都马上变得复杂起来。

戏曲是剧场存在的前提。如果没有戏曲演出活动，剧场自然就无从提起。剧场是随着戏曲演出活动的频繁而逐渐形成，其职能也逐渐明确。反过来，剧场是戏曲成熟的重要标志。剧场作为戏曲的演出场所，本身是戏曲的组成要素。戏曲演出只有有了相对固定的演出场所，才能形成完整的形态。对于戏曲的形成时期，学术界主流的观点，认为中国戏曲“直到宋金才形成完整的形态”。也正在这一时期，中国的勾栏剧场和庙宇剧场也逐渐形成，标志着中国传统剧场的正式形成。

和戏曲自身的产生发展一样，在剧场建筑正式形成之前，戏曲演出场所没有固定化、专门化、建筑化，具有临时性和随意性的特点。根据目前所掌握的资料，传统剧场建筑和中国戏曲类似，起源早，但经历了漫长的历史过程，最终才形成专门的剧场建筑。下文以时间为线索，分析中国传统剧场长久的孕育过程。

二、先秦时期（公元前 221 年以前）的表演场所

大约一万年前，神州大地完成了由旧石器时期到新石器时期的过渡，开始了以原始农业与畜牧业为主的生产经济。就在这些农耕阶段的原始部落里，由于祭祀鬼神，喜庆丰收，产生了最初的舞蹈。这种舞蹈多利用自然地形，在田野中表演。

青海省大通县上孙寨出土的新石器时代舞蹈纹彩陶盆（图 2–1），是迄今为止所知可估定年代的最古老的原始舞蹈图像，距今约 5000 余年，其内壁有三组舞者，每组五人，手挽手，舞者神态逼真，作有节奏的跳跃动作。先秦典籍《尚书 · 舜典》中记有：“击石拊石，百兽率舞。”这种表演大概都是在自然环境中进行。

图 2–1　青海省大通县上孙寨出土的新石器时代舞蹈纹彩陶盆

中国艺术研究院音乐研究所编 . 中国音乐史图鉴 . 人民音乐出版社，1988 年，第 2 页。

甘肃嘉峪关西北黑山石刻画像中有一幅三十人舞蹈的画面，表演者分上中下三层列队横排，头上均有尖长状饰物，有人一手叉腰，有人双手叉腰，有人持弓射箭，前面设有箭靶，有人作练武状。画面可能反映的是原始社会带有操练性质的军事舞蹈（图 2–2）。河南辉县出土的铜鉴乐舞图，约为战国时所制，上面有细如发丝的纹饰，上有宴乐、狩猎、草木等画面，中部房屋两边悬有编钟，演奏者双手执槌，姿态优美（图 2–3）。

今本《竹书纪年》云：“帝启十年，帝巡狩，舞《九韶》于大穆之野。”启为夏朝第一位君主，他所组织的大型叙事乐舞《九韶》并没有在宫廷内演出，而是在原野中进行。《诗经 · 陈风》记载“坎其击鼓，宛丘之下，

无冬无夏，值其鹭羽。”这种“宛丘”的地形特征是四周高，中央低，为自然的圆形剧场，大概类似古希腊时期的剧场形式。

三、秦汉（公元前 221 ～公元 220 年）时期的演出场所

秦代到汉代，中国建立了中央集权的封建社会。其中，汉代统治时期长达 400 余年，是中国历史上最强盛的王朝之一，社会相对稳定，农业、手工业得到较大发展。汉代盛行百戏。百戏是混合了体育竞技、杂耍游戏、歌舞装扮、杂技魔术等的表演艺术。汉代民间称艺人为优人、俳优，擅长讲唱民间故事，多带有滑稽讽刺意味，引人发笑。《汉书 · 霍光传》云：“击鼓歌唱，作俳优”。四川成都天回山东汉墓出土的击鼓说唱俑，就是典型的民间艺人形象，其左臂弯曲，持一小鼓，右手前伸执槌，双眼眯缝，表情风趣，动作夸张（图 2–4）。四川羊子山汉代击鼓说唱俑，左臂弯曲，抬起右腿，甚为生动（图 2–5）。

秦汉时期的演出场所的发展，主要表现在下面几个方面：

首先，汉代已有百戏演出场所的确切记载[1]。《汉书》卷六《武帝纪》曰：“夏，京师民观角抵于林平乐馆。”[2] 汉代张衡《西京赋》云：“大驾幸乎平乐，张甲乙而袭翠被……临回望之广场，程（逞）角抵之妙戏”[3]，其中描述的就是广场演出的情况。所谓“角抵”是当时重要的演出内容。平乐馆，又作平乐观，是汉代长安未央宫中的楼阙名，常用于观看百戏演出。

其次，阁楼成为当时重要的表演场所。汉代盛行修建阁楼。《汉书 · 郊祀志》云：“仙人好居楼”。这些阁楼二到六层不等，从下到上宽度相等或递减之，常常用作演出场所。如陕西西安新筑镇三里西村绿釉楼阁，上下二层，上层四面敞开，楼的四角各站一人，正张弓向天射箭，楼中有一男子挥动长袖而舞，旁边又有一人弹琴（图 2–6）。

图 2–2　甘肃嘉峪关西北黑山石刻画像
中国艺术研究院音乐研究所编 . 中国音乐史图鉴 . 人民音乐出版社，1988 年，第 4 页。

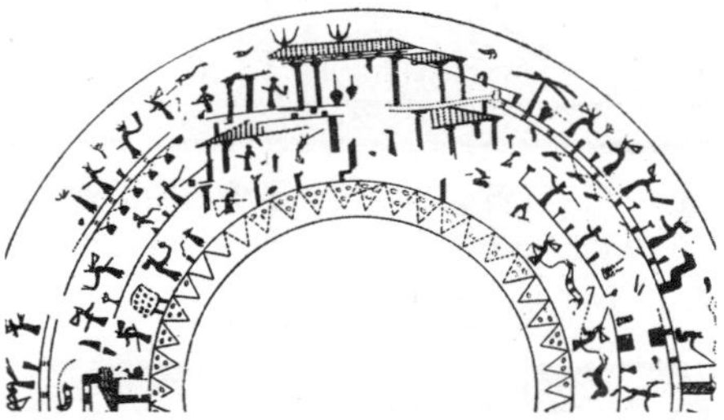

图 2–3　河南辉县出土铜鉴乐舞图
中国艺术研究院音乐研究所编 . 中国音乐史图鉴 . 人民音乐出版社，1988 年，第 7 页。

图 2–4　四川天回山东汉击鼓说唱俑
中国艺术研究院音乐研究所编 . 中国音乐史图鉴 . 人民音乐出版社，1988 年，第 40 页。

图 2–5　四川羊子山汉代击鼓说唱俑
中国艺术研究院音乐研究所编 . 中国音乐史图鉴 . 人民音乐出版社，1988 年，第 40 页。

图 2–6　陕西西安新筑镇汉代楼阁
吴钊著 . 追寻逝去的音乐踪迹：图说中国音乐史 . 东方出版社，1999 年，第 123 页。

1　吴钊著，追寻逝去的音乐踪迹：图说中国音乐史，东方出版社，1999 年，第 127 页。
2　汉 · 班固撰，颜古师注，汉书 . 中华书局，2000 年，第 141 页。
3　东汉 · 张衡，张震译校注，西京赋 . 张衡诗文集校注 . 上海古籍出版社，1986 年。

图 2–7　山东微山汉代一画像石中百戏演出图
中国艺术研究院音乐研究所编．中国音乐史图鉴．人民音乐出版社，1988 年，第 34 页。

图 2–8　江苏徐州汉代一画像石中百戏演出
中国艺术研究院音乐研究所编．中国音乐史图鉴．人民音乐出版社，1988 年，第 33 页。

图 2–9　江苏铜山县檀山集汉墓画像石
中国戏曲志编委会．中国戏曲志・江苏卷．中国 ISBN 中心出版，1992 年，第 755 页。

图 2–10　山东沂南东汉末年（或魏晋）画像石中的乐舞百戏图
中国艺术研究院音乐研究所编．中国音乐史图鉴．人民音乐出版社，1988 年，第 31 页。

再次，庭院也是当时重要的演出场所。汉代的许多画像石中，刻画出当时庭院演出时的情况。山东微山汉代一画像石中，正面为一座堂屋，主人端坐其中，仆人排列于旁，堂屋两侧为阙，伎人则在庭院中表演百戏（图 2–7）[1]。江苏徐州一汉代画像石中，左侧和右侧分别设有房屋，右侧屋中主人和仆人面向庭院，伎人在庭院中表演（图 2–8）。江苏铜山县檀山集汉墓画像石中，刻有多层斗栱楼房，观众居高临下，欣赏下面场地上艺人的演出（图 2–9）。

最后，厅堂也是当时重要的演出场所。山东沂南东汉末年画像石中，刻画了歌舞百戏表演的热闹场面，上部刻有帷幔，说明在帷帐内，左面有三人在表演，上侧有人在演奏乐器，下面为观众（图 2–10）。四川成都北郊羊子山 1 号东汉墓画像石中，演员在中间表演，贵族则在旁欣赏（图 2–11），画中悬挂帐幔，亦说明在厅堂之内。

秦汉时期的这些演出场所还没有固定化、专门化，是临时的。这些演出场所更注重的是对观众的安置。在庭院演出时，一般是观众坐在堂屋中宴饮，伎人在庭院中表演。这一观演形式和宋之后庭院式剧场建筑中的观演形式迥异。后世的庭院式剧场，是将演员安置在戏台之上，而大部分观众站立于庭院中。

四、魏晋南北朝时期（220 ～ 589 年）的演出场所

三国时期，各国战争频繁，但其内部相对稳定，所以经济有所恢复。十六国时期，中国北方陷入剧烈的战乱中，各国互相征伐，经济文化遭到极大破坏。南方的东晋虽相对稳定，但在与北方十六国对峙中，消耗较大。南北朝时期，南北方各统一于一个政权，政局相对稳定，经济和文化有多恢复。

尽管这一时期战乱频发，但各地区、各民族的乐舞、音乐还是得到一定的发展。南北朝时期佛教兴盛，大规模地开凿石窟，其中有不少反映了当时乐舞、音乐的发展状况。如山西大同云冈石窟的第 12 窟，称“音乐窟”，据统计该窟内雕有各种大小乐器就有 17 个种类、47 件之多，石窟前室正面凿成三间仿木构建筑的窟檐，正壁上端雕满了舞蹈伎群和

图 2–11　四川成都北郊羊子山 1 号东汉墓画像石中所绘厅堂内演出情况
廖奔．中国早期演剧场所述略．文物，1990 年第 4 期。

1　刘彦君．图说中国戏曲史．杭州：浙江教育出版社，2001 年，第 16 页。

乐伎群，伎者手中乐器包括了西凉、龟兹、天竺等国通用的乐器，该窟以音乐舞蹈为题材，场景隆重，气势磅礴，是反映北魏音乐和舞蹈的重要史料（图 2–12、图 2–13）。

在这一时期，百戏进一步发展，表演的内容更加充实。到北齐时，百戏表演的内容超过了百余种，可谓名副其实的“百戏”。根据史料分析，这些阶段演出场所的发展表现在下面几个方面：

首先，佛教寺院成为重要的演出场所。南北朝时期，佛教盛行，寺院在设斋时进行歌舞表演，吸引民众。北魏杨衒之在《洛阳伽蓝记》中提到景乐寺时曰：“至于六斋，常设女乐，歌声绕梁，舞袖徐转”；提到宗圣寺时曰：“妙伎杂乐，亚于刘腾。城东士女，多来此寺观看也”；提到景明寺时曰：“梵乐法音，聒动天地。百戏腾骧，所在骈比”；提到王典御寺时曰：“至于六斋，常击鼓歌舞也”[1]。这说明寺院成为当时重要的演出场所。这些寺院通过乐舞愉悦神佛，招徕香客，吸引民众。

其次，殿前的庭院亦是重要的演出场所。《晋书 · 乐志》曰：“舍利从西方来，戏于殿前。”[2] 所谓殿前，大概就是殿前的庭院。《魏书 · 乐志》述及当时百戏演出形式时曰：“大飨设立于殿庭，如汉晋之旧也。”[3]《隋书 · 音乐志》载北周时“鱼龙漫衍之戏，常陈殿前。”[4]

图 2–12　山西大同云冈石窟第 12 窟前室北壁

图 2–13　山西大同云冈石窟第 12 窟前室顶部

五、隋唐五代时期（589 ～ 960 年）的演出场所

隋唐五代时，特别是唐代，全国统一，政治稳定，经济文化发展，国力鼎盛，乐舞发展到其鼎盛时期。如莫高窟中的乐舞表演图以及五代时期的《韩熙载夜宴图》均反映了当时乐舞之兴盛。敦煌莫高窟 445 窟盛唐时期“弥勒经变”嫁娶图中乐舞表演画中，中间一人独舞，右上方有三人持奏箫、钹、拍板伴奏（图 2–14）。五代南唐顾闳中所绘《韩熙载夜宴图》中的乐舞部分琵琶独奏图中，右侧床上的韩熙载头戴高冠、留有胡须，和宾客正在欣赏教坊副使李嘉明的妹妹弹琵琶（图 2–15）。《韩熙载夜宴图》击鼓舞“六幺”画中，韩熙载击鼓为家妓王屋山表演“六幺”舞伴奏，该画为当时富贵人家乐舞表演和家宴的真实画面（图 2–16）。

图 2–14　甘肃敦煌莫高窟 445 窟盛唐时期“弥勒经变”嫁娶图中乐舞表演

中国艺术研究院音乐研究所编．中国音乐史图鉴．人民音乐出版社，1988 年，第 80 页。

中国戏剧这时还未成熟，尚不能表演完整的故事，其音乐结构亦未发展到程式化的阶段，表演的行当化也刚刚开始。但是，这一阶段，宫廷演剧甚为繁荣，优戏的戏剧

1　杨衒之（北魏）撰，周振甫译释．洛阳伽蓝记．北京：学苑出版社，2001 年。
2　房玄龄（唐）．晋书 · 乐志．中华书局出版，1974 年。
3　魏收（北齐）撰．魏书 · 卷一百九卷乐志．中华书局出版，1974 年。
4　魏征（唐）．隋书 · 音乐志．中华书局出版，1973 年。

图 2–15　五代南唐顾闳中所绘《韩熙载夜宴图》中的乐舞部分琵琶独奏图
中国艺术研究院音乐研究所编．中国音乐史图鉴．人民音乐出版社，1988 年，第 88 页。

图 2–16　五代南唐顾闳中所绘《韩熙载夜宴图》中的乐舞部分击鼓舞"六么"图
中国艺术研究院音乐研究所编．中国音乐史图鉴．人民音乐出版社，1988 年，第 88 页。

化很高，发展到新的水平，歌舞非常兴盛，这些都促进了戏剧的发展。

隋唐时期，其演剧场所的发展和特征主要表现在下面几个方面：

首先，出现了专门的"舞台"和"砌台"之称。这意味着"台"比较固定地用于演出。唐代崔令钦《教坊记》云："于是内妓与两院歌人，更代上舞台唱歌。"这种舞台的具体建筑形制尚不清楚，但其用途则应该是主要用于歌舞表演。唐代杜牧《寄远》诗云："向无罗袖薄，谁念舞台风"[1]，"罗袖"就是指舞蹈者的甩袖。

唐代文献里还有"砌台"一词。白居易《宴周皓大夫光福宅》诗云："何处风光最可怜，妓堂阶下砌台前。"诗中之所以提到"妓堂阶下"和"砌台前"最能吸引人，是因为这些地方时常有表演，最能娱目赏心。《太平广记》卷二一九"周广"条引《明皇杂录》具体描写了宫女在砌台上演出的情景："曲罢，觉胸中甚热。戏于砌台，乘高而下，未及其半，复为后来者所激，因仆于地。"从文中可知，这座砌台有阶梯上下，可见是比较高的，已经和后来寺庙中的露台形制类同。前面所说的"舞台"，可能也是这种砌台。唐人所绘的敦煌乐舞壁画中，已经有用于表演的台子，四周围有栏杆。画的内容是西方佛国境界，但大概以现实寺庙作为模本（图 2–17、图 2–18）。

实际上，早在六朝时期，已经出现了专门用于奏乐的木结构台子，称作"熊罴案"，创建于梁武帝时期（502 ~ 549 年）。隋炀帝又进行了进一步的加工美化，《隋书 · 音乐志》中有记载。这种台子拆装方便，被唐、宋宫廷沿用下来。宋代陈旸《乐书》"熊罴案"于"俗部 · 八音 · 匏之属"中曰：

图 2–17　甘肃敦煌 154 窟北壁中唐报恩经变乐舞图壁画
吴钊著．追寻逝去的音乐踪迹：图说中国音乐史．东方出版社，1999 年，第 231 页。

图 2–18　甘肃敦煌 85 窟北壁晚唐思益梵天经变乐舞壁画
吴钊著．追寻逝去的音乐踪迹：图说中国音乐史．东方出版社，1999 年，第 232 页。

1 《全唐诗》卷五二三。

> 熊罴案十二，悉高丈余，用木雕之，其上安板床焉。梁武帝始设十二案鼓吹，在乐悬之外，以施殿廷，宴飨用之。图熊罴以为饰故也。隋炀帝更于案下为熊罴抠豹腾倚之状，像百兽之舞，又施宝□于上，用金彩饰之，奏《万宇清》、《月重轮》等三曲，亦谓之十二案乐，非古人朴素之意也。[1]

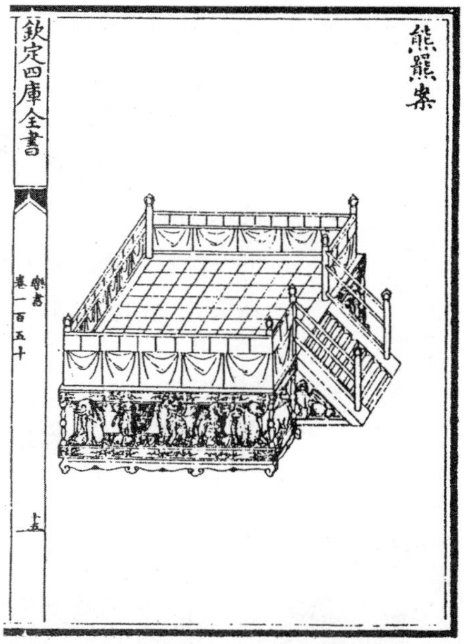

图 2–19　宋代《乐书》所载"熊罴案"

《乐书》中绘有“熊罴案”的示意图。由上述文字及图可以知道，熊罴案平面呈方形，有台阶上下，台周有木栏杆。这种台子主要用于宴飨的时候，放置在殿庭，奏乐助觞，不用的时候就可以撤去（图 2–19）。

其次，隋唐五代时出现了相对固定的演出场所。这就是设于寺院中或寺院外的演出场所。隋代费长房《历代三宝记》卷十二“论场”条曰：“譬世围场则五果百谷，戏场则歌舞音声，战场则矛甲兵仗，道场则幡华宝盖、种种庄严。”[2] 其中把“戏场”解释为“歌舞音声”，意示其为演出场所。这些所谓的戏场，多是百戏演出场所的泛称，而不是某一类特定场所，更不是专门的建筑。唐代李绰在《尚书故实》曰：“章仇兼琼镇蜀日，佛寺设大会，百戏在庭。有十岁童舞于竿杪。”[3] 宋代钱易《南部新书》述及唐代都城长安时曰：“长安剧场，多集于慈恩。小者在青龙，其次荐福、保寿。尼讲盛于保唐，名德聚之安国。”[4] 这里所提到的“慈恩”、“青龙”、“荐福”、“保寿”、“保唐”、“安国”等均是寺院之名。《太平广记》（宋）卷三九四“徐智通”条“集异记”中记述两人在桥上谈论，其中一人曰：“（郡龙兴）寺前素为郡之剧场，每日中，聚观之徒，通计不下三万人。”[5] 如果确如此，那么演出之频繁，观众人数之多，令人惊叹。但是，上述的这些演出场所笼罩在浓厚的宗教氛围之中，演出内容和形式也受到较大的限制。

其三，广场表演规模宏大。《隋书》卷十五《音乐志》曰：“每岁正月，万国来朝，留至十五日，于端门外，建国门内，绵亘八里列为剧场。百官起棚夹路，从昏达旦，以纵观之。”[6] 这无疑是规模宏大的广场演出。唐代常非月描述著名的歌舞戏《踏摇娘》在广场上表演时曰：“举手整花钿，翻身舞锦筵。马围行处匝，人簇看场圆。歌声齐声和，情教细语传。不知心大小，容得许多怜。”[7] 其中提到“马围行处匝，人簇看场圆”，说明人们四周围观，形成融洽的广场观演形式。

再次，演出时的观众空间中多设有专门的看棚。《隋书》卷十五《音乐志》记载广场表演时：“百官起棚夹路，从昏达旦，以纵观之”[8]，其中提到的“起棚夹路”就是官员在路两旁绑扎了众多的看棚。“看棚”中大概还有座位。如《隋书 · 裴矩传》曰“百官及民士女，列坐棚阁而纵观”。有时“看棚”的规模很大，《隋书》中形容为“高棚跨路，广幕陵云”。唐代袭其俗，将这种看棚作为观戏之所。这些看棚的具体形制和构造已不得而知。凭文献的记载大致推测为由木柱、木条、席苔等缚扎而成。应该注意的是，这些看棚是临时性的，演毕则拆，而且，看棚多为妇女小孩专用，只是为了避免男女混杂于一起。

1　转引自：廖奔．中国古代剧场史．中州古籍出版社，1997 年，第 8 页。
2　费长房（隋）．历代三宝记．转引自：廖奔，中国古代剧场史．中州古籍出版社，1997 年，第 37 页。
3　李绰（唐）．尚书故实．唐五代笔记小说大观（下）．上海古籍出版社，2000 年，第 1169 页。
4　钱易（宋）．黄寿成点校．南部新书．中华书局出版，2002 年。
5　太平广记．笔记小说大观．第二册．江苏广陵古籍刻印社，1995 年，第 160 页。
6　魏征（唐）等撰．隋书．中华书局出版，1973 年。
7　陈多、叶长海编．中国历代剧论选注．湖南文艺出版社，1987 年，第 49 页。
8　魏征（唐）．隋书第二册，卷一三至卷二一，中华书局，1973 年，第 381 页。

另外，庭院仍是重要的演出空间。崔佑甫（唐）在《全唐文 · 广丧朋友议》曰："郑卫之女，列于宾席之末；俳优侏儒，设于公堂之下"[1]，所谓公堂之下，也就是院落中。《五代 · 伶宫传》曰："庄宗尝与群优戏于庭。"[2]

尽管隋唐时期已经出现了一些演戏设施，也有相对固定的演出场所，但根据现在掌握的资料，尚不能确定当时已经产生专门的剧场建筑。这些演出场所更多的是利用广场、厅堂、庭院以及市井的空隙地段作为临时性的表演场所，其特点是表演场所一般没有建筑化、专门化。总之，中国戏曲在宋代之前并未形成成熟的形态，与之相应，剧场在宋之前也未正式形成。

第二节　宋金时期剧场建筑的产生

图 2–20
宋代张择端《清明上河图》中的说唱场面
中国艺术研究院音乐研究所编．中国音乐史图鉴．人民音乐出版社，1988 年，第 105 页。

一、宋代（960 ~ 1279 年）历史文化背景

公元 960 年，后周禁军统帅赵匡胤发动"陈桥兵变"，建立北宋王朝。宋朝结束了五代十国（907 ~ 960 年）长期战乱的局面，全国趋于统一和相对的稳定，农业生产得到恢复，手工业和商业也有了较大的发展，城市繁荣，人口激增。同时，文化艺术达到全面繁荣和高度成熟。中国历史学家邓广铭（1907 ~ 1998 年）论道："两宋期内的物质文明和精神文明所达到的高度，在中国整个封建社会的历史时期之内，可以说是空前绝后的。"[3] 当代法国著名汉学家谢和耐（Jacques Gernet）则认为宋代是中国的"文艺复兴时期"[4]。

宋朝统治者为了防止重臣重演兵变的故伎，极力鼓励他们沉湎酒色，贪欢作乐。宋代司马光《涑水纪文》曰：

> 上曰：人生如白驹过隙，所以好富贵者，不过多积金银，厚自娱乐，使子孙无贫乏耳。汝曹何不释去兵权，择便好田者宅市之，为子孙立永久之业。多置歌儿舞女，日饮酒相欢，以终天年。君臣之间，两无猜疑，上下相安，不亦善乎？[5]

这样，从皇室贵胄到官宦大户，动辄召取俳优乐人，歌舞堂前。这种社会风尚促进了歌舞、杂剧、说唱等伎艺的发展和繁荣。在这样的大背景下，中国戏曲经过漫长的孕育，融合了歌舞表演、优戏、说唱等艺术形式，终于在这一时期形成和成熟。

在这一时期，中国形成了三个戏曲文化繁荣的区域：一是以北宋京城汴梁为中心的北方戏剧圈，二是以南宋临安为中心的南方戏剧圈，三是以成都为中心的蜀中戏剧圈[6]。这些区域的演剧活动非常活跃（图 2–21 ~图 2–23）。以蜀中戏剧圈为例，关于当时演剧活动的记载颇多。四川双流县宇文氏家有姻礼时，"张乐命伎优伶之戏甚盛"[7]。宋代庄绰《鸡肋编》卷上描述成都从上元（元宵）到

1 《文苑英华》（第五册）"议"卷七六七，中华书局，1966 年。
2 《新五代史》卷三十七 · 伶官传 · 第二十五。
3 邓广铭．谈谈有关宋史研究的几个问题．社会科学战线，1986 年。
4 谢和耐（Jacques Gernet）（法国）著，耿升译．中国社会史．江苏人民出版社，1997 年，第 255 ~ 257 页。
5 转引自：中国戏曲志编辑委员会．中国戏曲志 · 山西卷．文化艺术出版社，1990 年。
6 景李虎．宋金杂剧概论．广东高等教育出版社，1996 年，第 10 页。
7 宋 · 洪迈．夷坚丙志．卷二"魏秀才"。

四月十八日演戏的情况："自旦至暮，唯杂戏一色。坐于阅武场，环庭皆府官宅看棚，棚外始作高凳，庶民男左女右，立于其上如山。"

经过较长历史时期的孕育，随着戏曲艺术和建筑技术的发展，到了宋代，在寺庙中出现了建有固定戏台的剧场建筑，在城市中出现了专门用于演出的勾栏建筑，标志着剧场建筑的正式形成。

图 2–21　山西繁峙县岩上寺金代演唱壁画

中国艺术研究院音乐研究所编．中国音乐史图鉴．人民音乐出版社，1988 年，第 104 页。

二、露台的发展

所谓露台就是高出地面的台子，是中国最早的演出设施，亦是中国传统戏台的雏形，在中国传统戏台的产生过程中发挥了很大的作用。

最初的演出对场地似乎没有什么要求，找一开阔之地，就可以作为演出场所，所谓"撂地为场"。其特点是观众和艺人处于同一平面上，表演者居于中心，观众四周围观。这种表演形式一直延续至今。晋西乡村的秧歌表演（图 2–24）以及贵州的傩戏表演，就利用了这一形式。但是，这种观演形式一旦观众增多，就产生了观众之间视线阻挡的问题。为了避免视线阻挡和突出表演空间，就产生了高出平地的台子，这样可以为观赏者提供充分的视野。开始的台子是用土垒成的。《尔雅注疏》卷四"释宫"中云："积土四方而高者名台"。《释名》卷五云："台，持也。筑土坚高，能自胜持也。"但是，这一时期的台子的用途更多用在军事和政治方面，诸如阅兵、招贤等，而是否用于表演不得而知。

露台之名，最早出现于汉代。西汉司马迁在《史记 · 孝文本记》载："（文帝）尝欲作露台，召匠计之，直百金，曰：'百金，中人十家之产，吾奉先帝宫室，尝恐羞之，何以为台？'"[1]但是，汉时的露台，主要是用于帝王祭祀方面的建筑。这种露台也偶用于表演。《汉书 · 郊祀志下》云："（王）莽篡位二年，兴神仙事，以方士苏乐言，起八风台于宫中，台成万金，作乐其上。"其中提到"台"的建造形制不详，但耗费金额巨大，想必规模较大。

从文献分析，露台相对固定地和表演艺术联系起来大约发生于五代。宋代张唐英《蜀梼杌》卷下述及后蜀孟昶广致三年正月上元观灯，"露台舞娼李艳娘有姿色，召入宫"[2]。所谓"露台舞娼"

图 2–22　南宋杂剧人物绢画《眼药酸》

中国艺术研究院音乐研究所编．中国音乐史图鉴．人民音乐出版社，1988 年，第 117 页。

图 2–23　南宋杂剧人物绢画

中国艺术研究院音乐研究所编．中国音乐史图鉴．人民音乐出版社，1988 年，第 117 页。

图 2–24　晋西临县乡村的秧歌表演

1　司马迁（西汉）著，邹强点校．史记卷十孝文本记．北京：学苑出版社，1999 年，第 97 页。

2　张唐英（宋）．蜀梼杌．转引自：薛瑞兆．宋代露台考．戏曲研究第八辑，1983 年。

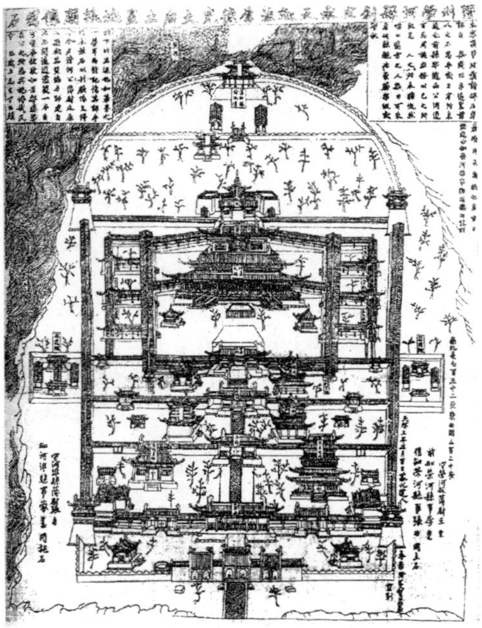

图 2–25　山西《蒲州荣河县创立承天效法厚德光大后土皇地祇庙像图石》（摹本）

摹本.引自：王世仁.记后土祠庙貌碑.考古，1963年5期。

大致同后来的露台弟子，可见露台的功能已经相对明确。

宋金元时期，露台得到很大发展。宋时京城就建有不少露台。宋代孟元老《东京梦华录》卷六曰："万姓皆在露台下观看，乐人时引万姓山呼。"[1]没有高出地面的台子，也就不会产生这种宏大的观演形式。宋代周密在《武林旧事》卷二曰："其下为大露台，百艺群工，竞呈奇伎。"[2]宋代吴自牧在《梦粱录》记载："顷有侍从陆游舟过作诗咏曰：'圣主忧民罢露台，春风侧苑昼常开'……高似孙《游园咏》曰：'翠华不向苑中来，可是年年惜露台'。"[3]

露台在乡村城镇的庙宇中也十分普遍。山西中南部宋金元时期的庙宇中就常常建有露台（表2–1）。山西万荣县庙前村后土庙现存金天会十五年（1137年）刻（明代重刻）的碑刻《蒲州荣河县创立承天效法厚德光大后土皇地祇庙像图石》（一般简称为《后土祠庙貌碑》）（图2–25）。据史料分析，此貌碑反映的是宋真宗时（998～1022年）后土庙的布局[4]。庙貌碑中正殿"坤柔之殿"前有一方形露台，用于敬献神灵，即为神灵表演歌舞杂耍艺术和陈放供品[5]。河南登封市中岳庙金承安五年（1200年）《大金承安重修中岳庙图》石碑中间有线刻的庙貌图，庙貌图中正殿前有一方台，采用须弥座形式，正面有供上下的台阶，上面题有"路台"[6]（图2–26）。

山西宋金露台一览表　　**表 2–1**

序号	地点和名称	内容摘录或说明	资料来源
1	万荣县宝井乡庙前村后土祠宋代露台	后土祠现存线刻庙貌图碑一通。由碑刻上的题记可知，这一通碑刻是金代初期刻立，明代重刻，反映的是宋代庙宇的布局。碑中于正殿"坤柔之殿"前有大方形台，即为露台	王世仁，记后土祠庙貌碑，考古，1963年第5期
2	高平市西李门村二仙庙金正隆二年（1157年）露台	露台和正殿台基相连，东西长13.40米，南北宽7.10米，高1.11米。正殿石制门楣上有金正隆二年（1157年）刻字。台侧面有乐舞、杂剧石刻图	景李虎，王福才，延保全，金代乐舞杂剧石刻的新发现，文物，1991年第12期。台基尺寸为作者2002年7月实地调研时测量
3	洪洞县尹壁村东岳庙金代露台	东岳庙内有金大定八年（1168年）《重修露台碑》	民国6年《洪洞县志》卷八
4	乡宁县后土庙金大定二十五年（1185年）露台	后土庙内碑刻《后土庙重修记》曰："创自金大定二十五年，移建于兹矣。修崇正殿，旁列诸神，露砌、山门，无不毕备。可谓一方祈赛归依之地"	清胡聘之，《山右石刻丛编》卷二十四，蒙古壬寅《后土庙重修记》，光绪二十七年刻本
5	芮城东岳庙露台	现存金泰和三年（1203年）《东岳庙新修露台记》碑云："惟有露台一所，累土为之。岁律迁□（徙），风颓雨圮，屡修屡坏，终不称于庙□。凡有时祭月享，当奏音其上，用荐庶羞。今以卑隘，不克行列□。人，乐失其备，□□格思，居民常以为憾"	夏杨，河东现存宋、金、元舞台碑碣资料校对与浅说，河东戏曲文物研究，中国戏剧出版社，1992年

1　孟元老（宋）撰，李士彪注.东京梦华录.济南：山东友谊出版社，2001年，第60页。
2　周密（宋）撰，傅林祥注.梦梁录／武林旧事.山东友谊出版社，2001年，第37页。
3　吴自牧（宋）撰，傅林祥注.梦粱录／武林旧事.山东友谊出版社，2001年，第37页。
4　刘敦桢.中国古代建筑史.中国建筑工业出版社，1984年，第197、201、201页。
5　车文明.后土祠庙貌碑中两方台的考释.考古，2001年第4期。
6　刘敦桢.河南省北部古建筑调查记.中国营造学社汇刊.6卷4期.1937年，第86～94页。

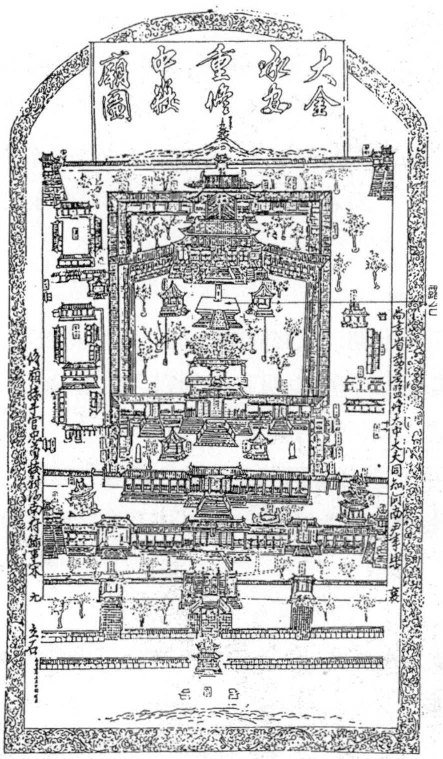

图 2–26 河南中岳庙金承安五年（1200 年）《大金承安重修中岳庙图》庙貌图

图 2–27 高平县西李门村二仙庙正殿及其金代露台

难能可贵的是，山西现仍有露台实物留存，即高平县西李门村二仙庙正殿前的一个金代露台[1]（图 2–27）。西李门村位于高平市西南约 5 公里，二仙庙坐落在村边的二仙岭上。二仙庙坐北向南，中轴线上从南到北依次建山门、露台、正殿和后殿。根据庙内金大定三年（1163 年）的碑刻记载，二仙庙始建于唐代，到了金代已经塌陷破坏，于是重修。正殿门楣上刻有金正隆二年（1157 年）的题记。露台的北面和正殿的台基连在一起，其余三面有台阶可上下。露台宽 13.40 米，深 7.10 米，周围布满杂剧人物等雕刻。这些杂剧雕刻反映了北宋末年和金代前期北方杂剧面貌的一个侧面[2]。

露台多为石、砖、土砌筑。《东京梦华录》卷六载："楼下用枋木垒成露台一所，彩结栏槛。"[3] 芮城县东关东岳庙金泰和三年（1203 年）《东岳庙新修露台记》碑非常详细地述说了露台的形式，曰：

> □岱岳者，首载于国家祀典。今则天下之广，一郡一邑，莫不卜地建立行祠，镇庇境界。迹夫芮城，乃古之让国也，风俗敦庞，崇敬□□□化使之然而。县□□东，营修岳庙□□者久矣。台址宏敞，殿宇廊庑制度完备，□□□丽。惟有露台一所，累土为之。岁律迁□（徙），风颓雨圮，屡修屡坏，终不称于庙□。凡有时祭月享，当奏音其上，用荐庶羞。今以卑隘，不克行列□。人，乐失其备，□□格思，居民常以为憾。数议兴修，奈何□□□久又寝其议。勇意完葺者，终乏其人。□□□下董公讳章，世居此邑，仰荷□□，□（不）忍坐视其弊，乃扯露肝诚，誓为经□□循旧贯，创用砖石增大其基，募工匠□□□费五百余贯。乡众闻之，竞喜为助。□□□□，一一棋布。自乎肇造，□□于今，周及二载，中间工匠日用馈饷，公□□应办，寒暑不避，始终如一，迩者方□（弥）厥功。□（露）台崇七尺五寸，方广二十四步，砖总万有六千数，边隅用石，一百五十□。□砻绝疵，细功鳞砌，荡人耳目。黄童白叟，□□□□，□□牲陈皿者得以展□（其）仪，流宫泛羽者得□（以）奏其雅。神人之心，由是知焉。余旅食兹邑，未几数旬。忽旦有夙契吕君讳□来予止舍，告之曰：经

1 冯来生．金代戏剧人物线刻画发现记．戏友，1988 年第 1 期。

2 景李虎．金代乐舞杂剧石刻的发现．文物，1991 年第 12 期。

3 孟元老（宋）撰，李士彪注．东京梦华录．济南：山东友谊出版社，2001 年，第 60 页。

守□此庙，以求永岁，今董公创兴露台，能事毕矣。求余为文，纪董公之志。余让之久而渠意益切。在于交情，义难固辞，□询始末，备□于前，俾后来者知作之之始。噫！吕君义士也，悃愊求文，成人之美而贤乎哉！余亦嘉诸，继书于石。时泰和三年岁次癸亥五月戊辰朔十一日戊寅，蒲中进士李鉴记。里人冯翊、雷亨书丹。管勾庙主吕经。砌石河津西王王显。石匠孙寺马忠、高头□进并刊。[1]

图 2–28　明崇祯（1628 ~ 1644 年）刻本《青州风物志》所绘制的法庆寺中用于演出的台子

从碑文可以看出，露台原来用土堆砌，想必简陋，也非常容易毁坏。后来财力允许，就“用砖石增大其基”。碑中也明确提到露台的用途：一是布牲陈皿，摆列珍馐；二是安置乐人，奏音其上。

宋金之后的元代，山西寺庙中建露台者仍非常多见。芮城县东吕村关帝庙元泰定五年（1328 年）《创修露台记》石碑一通，述及乡村庙宇修建露台的情况，曰：

伏以鸦翥遥空，乃望风而飘举。人祷其神，必获荫而隆福。夫芮邑忠孝乡东吕社故祀□昭惠灵显真君，殿宇雄壮，庙貌俨然，廊庑昔皆俱备，惟有露台阙焉。里人蒙古拈蛮，谨发□诚，愿为胜事，特舍所费之资，命工甃砖琢石，经营创建，不日而成。於戏！斯台既立，若不刻诸于石，恐以岁时绵远，无能光先启后，聊具真书，　以识□□云。泰定五年暮春中旬九日，□怡后人。刘士昭谨志。修台人拈蛮，母塔海氏，妻舍舍，男锁儿僧，女兜儿碗孝连。大元戊辰岁，砌匠许德成、王信刊。[2]

碑文中言及“惟有露台阙焉”，可见当时庙宇里面建造露台非常普遍，几乎成为定制。

值得注意的是，利用高出地面的台子作为表演空间，在中国演出史上一直存在。明崇祯（1628 ~ 1644 年）刻本《青州风物志》中绘有用于表演的台子，右侧为法庆寺（图 2–28）。《丹东市戏曲志》中“演出场所”条中论道：“在清代，安东地区农村的戏曲活动大都借助于庙会。有庙台的则在庙台上演出，没有庙台的则利用附近四周低、中间高的土台，或历史上遗留下的点将台，用土石稍加堆砌后用作舞台。这种露天演出场所，农民称为土戏台。”[3]

齐如山（1875 ~ 1962 年）在晚年所著的《国剧艺术汇考》中曰：

（中国戏台的）建筑式，虽大小不同，但形式则差不了多少，北方乡间，尤其简陋，最简单者，是近山的村庄，只是庙门外建一石台，长宽各不过两三丈，高约三五尺，演戏时就在台上演之。稍讲究一点的，在台上搭一席棚，在讲究的，则在台前亦搭席棚，以便替观众稍遮太阳。再讲究一些的，则在台上建筑一顶，且有后台化妆之处，这种戏台最多，全国庙前的戏台，大多数都是如此。最讲究的，则在庙门之内，建一戏场，不但演戏之前后台齐备，且台前三面有楼，以便观众落座。这算是中国最完备的戏台，只是大庙中或大城池中各省的会馆偶有之[4]。

1　廖奔．晋南戏碑偶录．戏曲研究第 22 辑．文化艺术出版社，1987 年。
2　冯俊杰编著．山西戏曲碑刻辑考．中华书局出版，2002 年，第 120 页。
3　丹东戏曲志编委会编．丹东市戏曲志．春风文艺出版社，1993 年 10 月。
4　齐如山．国剧艺术汇考（二）．辽宁教育出版社，1998 年，第 377 页。

其中提到的北方最简陋的戏台就是仅在“庙门外建一石台”。总之，高出地面的台子孕育了中国的戏台，也一直是中国传统“剧场建筑”的重要过渡形式。

三、从露台到戏台

露台的出现固然提供了相对固定的演出场所，改善了“观”和“演”的关系。可露台的缺陷也是显而易见的，定日献演之戏，一旦遇到雨天，就变得非常困难了。河南安阳市东岭西村清同治十年（1871年）碑刻《安邑东岭西村创修戏楼碑记》曰：“今东岭西村修戏楼之根基，历有年矣，未从筑石为墙，峻宇高楼。每当春祈秋报之日，忍遇烈雨迅风，神戏不能演，敬有所郁。”[1] 这虽说的是清代之事，可早期露台的情况同此。

为了解决这一矛盾，约在北宋露台大盛之时，寺庙中就出现了“亭榭式”戏台。从露台到有屋顶的戏台，应是水到渠成之事，一些文献也阐述了这一沿革过程[1~5]。

宋代孟元老《东京梦华录》卷八述及：“于殿前露台上设乐棚。”[2] 如果将乐棚固定化，即为戏台。万荣县太赵村稷益庙元至元八年（1271年）碑刻《舞厅石□》也间接佐证了这一沿革。碑曰：

> 今有本庙，自建修年深。虽有兵革，殿宇而在。既有舞基，自来不曾兴建。今有本村□□□等谨发虔心，施其宝钞二百贯，创修盖舞厅一座，刻立斯石矣[3]。

碑中所提到的“舞基”，大致可推断为寺庙原来就有的露台，后来在露台上建造戏台。明代时期，仍有在一些露台上加盖屋顶成为戏台者。明代于璞在《重修关帝庙》中曰：“殿前为献厅……亭前十步许为露台，台上亦建亭为三，岁时栖伶人，以拱丝竹。始工于辛卯春正月，讫工于夏六月。”[4] 此台大概也是在露台的基础上建造而成。阳城县河北村成汤庙清康熙三十五年（1696年）碑刻曰：

> 累计议修乐棚，堪舆云舞有碍文风，以致作舍道旁也，但乐台缺棚，每当作乐，衍神之期，风嗥雨啸，不能扩耀炼阅，宰庄戛乎其难之。谓、生二公，远想出宏域，高标□常伦，议建乐棚，谋诸阖社，众咸曰善。即举修理会首，共襄其事。[5]

可见这座庙宇当时仅有台而无棚顶，后来才在露台之上加盖棚顶。这些文献虽然记载的并不是戏台产生之初的情况，但从中窥视出，从“上无屋顶的露台”到“上有屋顶的戏台”的沿革过程是合理和必然的。

四、庙宇剧场建筑的产生

根据现知的文献和文物，中国最早的庭院式剧场建筑形成于北宋。山西万荣县桥上村后土圣母庙北宋天禧四年（1020年）碑刻《河中府万泉县新建后土圣母庙记》的碑阴“后序”中提到：“修舞亭都维那头李廷训等”（图2–29、图2–30）[6]。这是中国目前所知最早的庙宇戏台。碑阴还刻有修筑各单体建筑工匠的名字。值得寻味的是，“修舞亭”者达18人，而“修中三门”者仅3人，“修娘子殿”者

1　杨健民．中州戏曲历史文物考．文物出版社，1992年，第151页。

2　孟元老（宋）撰，李士彪注．东京梦华录．济南：山东友谊出版社，2001年，第60页。

3　夏杨．河东现存宋金元舞台碑碣资料辑校与浅说．河东戏曲文物研究．中国戏剧出版社，1992年。

4　民国6年（1917）铅印本《洪洞县志》卷十五明・于璞《重修关帝庙》。

5　转引自：常之坦．论山西宋金元“观演场所”的衍变．戏剧，1989年第1期。

6　王遐举．晋南万泉县宋初修舞亭的碑文．戏曲艺术（京），1982年第3期。

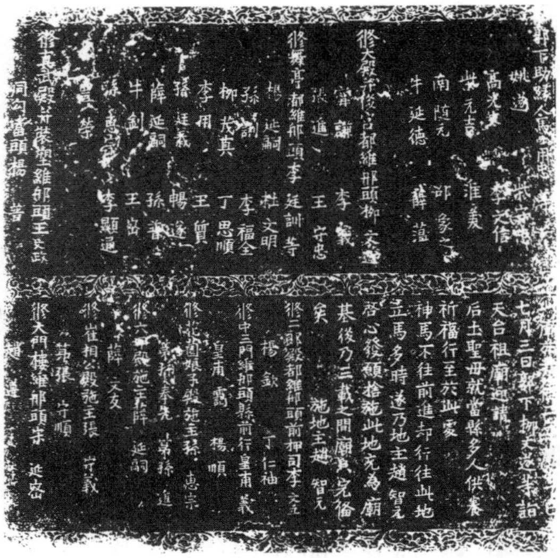

图 2–29　宋天禧四年立《河中府万泉县新建后土圣母庙记》石碑

中国艺术研究院音乐研究所编．中国音乐史图鉴．人民音乐出版社，1988 年，第 124 页。

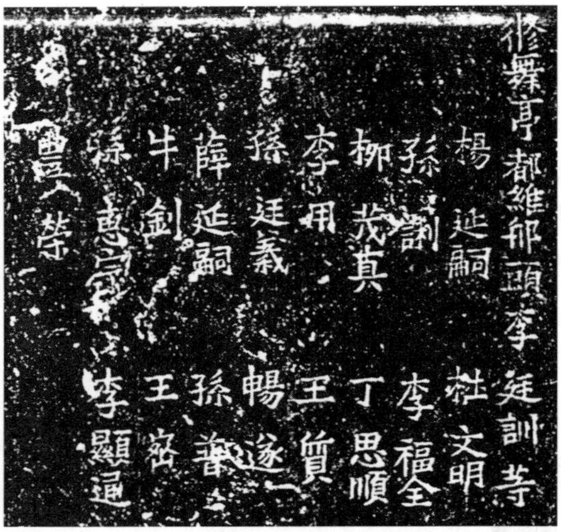

图 2–30　山西万荣县桥上村后土圣母庙碑刻（局部）

仅 3 人，“修六甲殿”者仅 2 人，“修崔相公殿”者仅 2 人，“修大门楼”者 2 人，就是“修大殿并后宫”者也不过 5 人。修戏台的工匠远远超过其他单体建筑的工匠，足见戏台在修筑过程中的重要性。

山西沁县城内宋元丰三年（1080 年）《威胜军新建蜀荡寇将 □□□□关侯庙记》曰：“正殿三间，舞楼一座，南北廊上下共二十□。”[1]

山西平顺县东河村九天圣母庙宋建中靖国元年（1101 年）碑刻《潞州潞城县三池东圣母仙乡之碑》曰：“再修北殿，创起舞楼……修舞楼维那一十五人。”[2]

山西中南部的这三通北宋碑刻，是目前已发现记载中国戏台建筑的最早文字实物，无可辩驳地证明了中国戏台的正式形成，其意义不可低估。虽然当时剧场的具体布局不得而知，但剧场采用庭院式当是无疑。值得注意的是，这三通碑刻分布的范围较广，所在地区在历史地理位置不属同一州郡管辖，这说明北宋时期山西中南部剧场建筑已经相对普及。而且，万荣县桥上村后土圣母庙戏台处于孤山之麓，平顺县东河村九天圣母庙位于环山之中。既然偏僻山区已有固定戏台，那么这一区域的发达便利之地自然更应有戏台。

宋时的巴蜀地区也应已产生戏台。宋代柳永《一寸金》（见《全宋词》）说成都“地胜异、锦里风流，蚕市繁华，簇簇歌台舞榭。雅俗多游赏，轻裘俊、靓妆艳冶”，其中的“歌台舞榭”，就应该是戏台。南宋释道隆（1213 ~ 1278 年）《大觉禅师语录》中有这样一首诗：“戏出一棚川杂剧，神头鬼面几多般。夜深灯火阑珊甚，应是无人笑倚栏”，记载了道隆童年在家乡四川涪州看戏的场面。

宋代戏台实物现已荡然无存，仅能知其有而不可窥其详。从字面上分析，碑中曰其“舞亭”、“舞楼”。“亭”者，乃台基四角立柱，四面透空；“楼”者，大概因其台基高，给人以高高在上之感，类似于寺庙中的钟鼓楼。

当然，后世将三开间戏台也称之为“乐亭”、“舞亭”者并不少见。河津真武庙内明万历六年（1578 年）碑刻《重修玄帝庙并增建洞阁记》中曰：“正南下则舞亭三间，倍以为乐舞赛剧之所”[3]。临汾尧陵乾隆五十二年（1787 年）碑刻《重修尧陵殿宇碑记》曰：“东西厢房六，碑坊一座，舞亭三间。”[4] 后世将采用普通高度台基的戏台称之为“舞楼”、“戏楼”、“乐楼”者也并不乏见，可见戏台的名称是复杂的，有时甚至有些随意。不过，事物产生之初，其名称还是或多或少地概括和总结了自身的一些特质。

翼城线武池村乔泽庙乾隆五十六年（1791 年）《栾池水例古规碑记》里，也提到该庙曾经有戏台建于宋熙宁年间（1068 ~ 1077 年）：

> 宋熙宁年间，南梁、涧峡始同下流运石修砌，合二池为一池，庙废坠又同下流修理嗣作，乃称

1　山西师大戏曲文物研究所编．宋金元戏曲文物图论．山西人民出版社，1987 年。

2　作者于 2003 年 1 月实地调研时抄录。

3　作者于 2002 年 1 月实地调研时抄录。

4　冯俊杰．山西戏曲碑刻辑考．北京：中华书局，2003 年。

为上三村也。殿前香亭，涧峡建焉。东殿子孙祠，西殿閆罗府，并山门、戏楼俱全南梁所建。两傍虽有下村廊房，而前后左右地基，则无尺土不属南梁焉。南梁发源之地，为十二村之首，所以南梁任意自在浇灌，不计时候，非别村可比。[1]

当然，由于这通碑是清代所刻，其所记载的宋代之事，不足为据。

五、宋代的勾栏剧场

两宋时期，随着城市商业经济的繁荣，市民阶层的壮大，特别是里坊制的废除以及宵禁的解除，百戏伎艺演出呈现一片繁荣景象，这时，专门的演剧场所——勾栏剧场应运而生。孟元老《东京梦华录》卷五说汴京勾栏里，“不以风雨寒暑，诸棚看人，日日如是”[2]。宋代张端义《贵耳集》云：“临安中瓦在御街，士大夫必游之地，天下术士皆聚焉。”遗憾的是，目前尚未发现勾栏的形象文物，只能通过一些文献记载，分析和研究勾栏剧场的历史沿革。

1. 瓦舍和勾栏释义

勾栏一般设在瓦舍之内。所谓瓦舍（或曰“瓦子”、“瓦肆”、“瓦市”等），是宋元时期城镇中的商业性游艺场所。至于“瓦舍”一词的来源，南宋耐得翁《都城纪胜》曰：“瓦者，野合易散之意也”，南宋吴自牧《梦粱录》亦云：“瓦舍者，谓其来时瓦合，去时瓦解之义，易聚易散也”[3]。可见，“瓦舍”之名，取意于其每天“聚”和“散”的性质。

“勾栏”（或曰“勾阑”、“钩栏”、“构肆”）是瓦舍里设置的演出场所。勾栏的原意是栏杆[4]。北宋李诫《营造法式》中载有“单钩栏”和“重台钩栏”（图 2–31），并详细记载了其样式、尺度、做法[5]。值得注意的是，宋元时期，亦用勾栏指代演出场所。胡继宗（宋）辑《书言故事 · 拾遗类》中云：“俳优棚曰钩栏。”

图 2–31　北宋《营造法式》所载“单钩栏”（左图）和“重台钩栏”（右图）

1　冯俊杰．山西神庙与戏台调研小结．中华戏曲第 26 辑．文化艺术出版社，2004 年。

2　宋 · 孟元老撰．东京梦华录，卷五“京瓦伎艺”．山东友谊出版社，2001 年，第 19 页。

3　南宋 · 吴自牧．梦粱录卷十九．山东友谊出版社，2001 年，第 272 页。

4　“勾”者，曲折也。段玉裁（清）注《说文解字》云：“凡曲折之物，侈为倨，敛为句”（句通勾——作者注）。“栏”者，栏杆也。顾野王（梁）撰《玉篇》云：“栏，栏槛，以木为之。”勾栏的名字出现于汉代。崔豹（晋）撰《古今注》说：“汉顾成庙槐树设扶老钩栏，其始也”，意指在庙里设栏杆，作为老人们用的扶手。郦道元（北魏）撰《水经注 · 河水》：“吐谷浑于河上作桥，谓之河厉……施勾栏，甚严饰。”王建（唐）撰《王建宫词》：“风帘水阁压芙蓉，四面钩栏在水中。”张鷟（唐）《朝野佥载》卷五提到石桥上的栏杆：“赵州石桥甚工，磨砻密致如削焉。望之如初日初升，长虹饮涧。上有勾栏，皆石也。”胡震亨（明）撰《唐音癸鉴》引《韵书》说：“勾阑，木为之，在阶除”，指的是建筑台阶旁的木栏杆。由于建筑中的栏杆往往装饰精美，所以唐代有许多诗句赞美栏杆，如元稹（唐）《连昌宫词》中云：“上皇方在望仙楼，太真同凭栏杆立。楼上楼前尽珠翠，炫转荧煌照天地”；李商隐（唐）《河内》诗曰：“碧城冷落空濛烟，帘轻幕重金钩栏”。

5　北宋 · 李诫．营造法式卷二十一，卷三十二，文渊阁《钦定四库全书》．人民出版社，2006 年，第 143 页，第 295 页。

至于为何用“勾栏”指代固定的演出场所，大概是由于早期的演出场所是用栏杆圈围起来的，故称“勾栏”。明方以智在《通雅》卷三十八考证说：“宋有京瓦，通谓之勾栏，其始名则犹栏杆也”，也指明了宋代勾栏名称的来源。但其中把瓦舍和勾栏混为一谈，是不正确的。

2. 宋代的勾栏剧场

关于瓦舍始设于何时，连南宋耐得翁在《都城纪胜》都说“不知起于何时”。但可推测，瓦舍勾栏应该兴起于宋代。因为在宋朝之前，实行里坊制，瓦舍勾栏很难存在。廖奔考证认为，“汴京的瓦舍勾栏兴起于北宋仁宗（1023 ~ 1063 年）中期到神宗（1068 ~ 1085 年）前期的几十年间”[1]。

关于北宋时汴京的勾栏，孟元老（宋）《东京梦华录》中提到九座，即桑家瓦子、中瓦、里瓦、朱家桥瓦、新门瓦、州西梁门外瓦、保康门瓦、州北瓦、宋门外瓦子[2]。从此可知，每座勾栏都有自己的名字。另外，当时的相国寺里也举办各种游艺活动，类似于瓦舍。北宋王安石《相国寺启同天道场行香院观戏者》诗云：“侏优戏场中，一贵复一贱。心知本自同，所以无欣怨。”[3] 宋代王栐《燕翼诒谋录》更是记载：“东京相国寺，乃瓦市也。”

各瓦舍中均有多座勾栏，数目不等。《东京梦华录》卷二述：“街南桑家瓦子，近北则中瓦，次里瓦。其中大小勾栏五十余座”[4]，平均每座瓦舍中约有 17 座勾栏。每座勾栏的大小亦各不相同。《东京梦华录》卷二说，汴京“内中瓦子莲花棚、牡丹棚；里瓦子夜叉棚、象棚最大，可容数千人”[5]。这里似乎有两种解释，一种解释是每座勾栏容纳数千人，另一种解释是四个勾栏一共能容数千人。即使按照后者计算，其规模也是颇大的。

施耐庵（1296 ~ 1371 年）在《水浒传》中多次提到瓦舍勾栏，如第二十一回描写山东郓城县的瓦舍勾栏活动：“平昔只爱去三瓦两舍，飘蓬浮荡，学得一身风流俊俏，更兼品竹弹丝，无有不会”；五十一回亦写道：“如今见在勾栏里，说唱诸般品调。每日那人山人海价看”；第三十三回写宋江来到青州清风镇，“那清风镇上也有几座小勾栏并茶房酒馆，自不必说得。当日宋江与这梯己人在小勾栏里闲看了一回”。《水浒传》虽为小说，必然会有很多虚构的成分，但一定程度上也是现实的写照。

值得注意的是，瓦舍亦集中了各类表演艺术。《东京梦华录》提到，瓦舍中表演有提小唱、嘌唱、杂剧、傀儡、杂手伎、球杖踢弄、讲史、小说、舞旋、相扑、掉刀、蛮牌、影戏、弄虫蚁、诸宫调、商谜、合生、说诨话、杂班、说三分、叫果子等[6]，可谓异常丰富。瓦舍中除了勾栏棚以外，还有许多其他商业活动。《东京梦华录》卷二载，“瓦子中多有货药、卖卦、喝故衣、探搏、饮食、剃剪、纸画、令曲之类，终日居此，不觉抵暮。”[7]

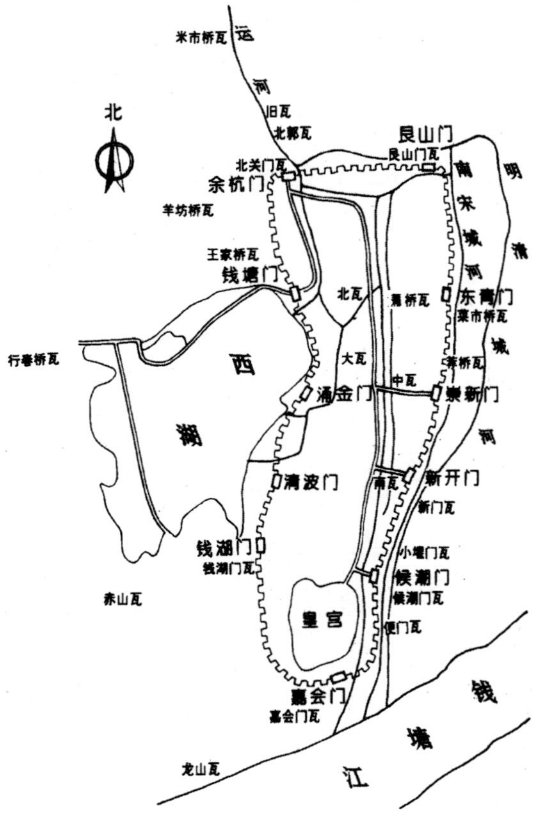

图 2–32 南宋临安瓦舍分布图

中国戏曲志编委会 . 中国戏曲志 · 浙江卷 . 中国 ISBN 中心，1997 年，第 612 页。

南宋时的临安，最初并没有瓦舍勾栏。在大量北方军士到了临安以后，才修建瓦舍勾栏。南宋潜说友《咸淳临安志》卷十九

1 廖奔 . 瓦舍勾栏考 . 中华戏曲第 17 辑，1994 年。
2 宋 · 孟元老撰 . 东京梦华录卷二 . 山东友谊出版社，2001 年，第 19 页。
3 宋 · 王安石（1021 ~ 1086 年）.《王文公文集》卷四十六。
4 宋 · 孟元老撰 . 东京梦华录卷二 . 山东友谊出版社，2001 年，第 19 页。
5 宋 · 孟元老撰 . 东京梦华录卷二 . 山东友谊出版社，2001 年，第 19 页。
6 宋 · 孟元老撰 . 东京梦华录卷五 . 山东友谊出版社，2001 年，第 48 页。
7 宋 · 孟元老撰 . 东京梦华录卷二 . 山东友谊出版社，2001 年，第 19 ~ 20 页。

记载："故老云：绍兴和议后，杨和王为殿前都指挥使。从军士多西北人，故于诸军寨左右，营创瓦舍，招集伎乐，以为暇日娱戏之地。其后修内司又于城中建五瓦以处游艺。"[1] 南宋临安的瓦舍数量，各种史籍记载不尽相同（表 2–2），剔除重复者，共有 24 座瓦舍的名字。可见，南宋临安的瓦舍勾栏，远远超过汴京。《中国戏曲志 · 浙江卷》载有南宋临安瓦舍分布图（图 2–32）。临安的每座瓦舍中勾栏的数量，要比汴京瓦舍中的勾栏要少一些。宋代西湖老人《繁胜录》中云，"惟北瓦大，

宋代史籍中记载的南宋临安瓦舍一览表　　表 2–2

序号	《梦粱录》	《武林旧事》	《西湖老人繁胜录》	咸淳临安志
1	清泠桥西熙春楼下，谓之南瓦子	南瓦：清冷桥熙春楼	南瓦	南瓦
2	市南坊北三元楼前，谓之中瓦子	中瓦：三元楼	中瓦	中瓦
3	市西坊内三桥巷，名大瓦子，旧呼上瓦子	大瓦：三桥街。亦名"上瓦"。	大瓦	大瓦（西瓦）
4	众安桥南羊棚楼前，名下瓦子，旧呼北瓦子	北瓦：众安桥。亦名"下瓦"。	北瓦	北瓦（下瓦）
5	盐桥下蒲桥东，谓之蒲桥瓦子，又名东瓦子，今废为民居	蒲桥瓦。亦名"东瓦"。	蒲桥瓦	蒲桥瓦（东瓦，废）
6	便门外北，谓之便门瓦子	便门瓦：便门外		便门瓦
7	候潮门外北首，名候潮门瓦子	候潮门瓦：候潮门外	候潮门瓦	候潮门瓦
8	保安门外，名小堰门瓦子	小堰门：瓦小堰门前（宋刻"门外"）	小堰门瓦	小堰门外瓦
9	新开门外南，名新门瓦子，旧呼四通馆	新门瓦。亦名"四通馆瓦"	四通馆瓦（新门瓦）	新门瓦（四通馆瓦）
10	崇新门外章家桥南，名荐桥门瓦子	荐桥门瓦：荐桥门前（宋刻"门外"）	荐桥门瓦	荐桥门瓦
11	东青门外菜市桥侧，名菜市瓦子	菜市门瓦：菜市门外	菜市瓦	菜市门瓦
12	钱湖门外南首省马院前，名钱湖门瓦子，亦废为民居	钱湖门瓦：省马院前	钱湖门瓦	钱湖门瓦（仅存勾栏一所）
13	后军寨前，谓之赤山瓦子	赤山瓦：后军寨前	赤山瓦	赤山瓦（惟存勾栏）
14	灵隐天竺路行春桥侧，曰行春瓦子	行春桥瓦	行春桥瓦	行春桥瓦
15	北郭税务，是北郭瓦子，又名大通店	北郭瓦。又名"大通店"。		北郭店瓦（大通店，惟存勾栏）
16	米市桥下，米市桥瓦子	米市桥瓦	米市瓦	米市桥瓦（惟存勾栏）
17	石牌头北麻线巷内，则曰旧瓦子	旧瓦：石板头	旧瓦	旧瓦
18		嘉会门瓦：嘉会门外	嘉会门外瓦	
19		北关门瓦：又名新瓦	北关门新瓦	
20		艮山门瓦：艮山门外	山门瓦	
21		羊坊桥瓦	羊坊桥瓦	
22	赤山瓦	赤山瓦	赤山瓦	赤山瓦（惟存勾栏）
23		龙山瓦	龙山瓦	
24	便门瓦	便门瓦		便门瓦
25	北郭瓦（大通店）	北郭瓦（大通店）		北郭店瓦（大通店，惟存勾栏）
26			独勾栏瓦市	

1　南宋 · 周密 . 武林旧事 . 山东友谊出版社，2001 年，第 108 页。

有勾栏一十三座”。《武林旧事》卷六“瓦子勾栏”也载：“如北瓦、羊棚楼等，谓之‘游棚’（宋刻‘邀棚’）。外又有勾栏甚多，北瓦内勾栏十三座最盛。”[1]

南宋时，临安周边的城镇纷纷效仿，亦建造瓦舍勾栏。如明州（今浙江宁波）有“旧瓦子”、“新瓦子”[1]，湖州（今浙江吴兴）有“瓦子巷”[2]，镇江有“北瓦子巷”、“南瓦子巷”[3]，平江（今江苏苏州）也有“勾栏巷”[4]、温州有瓦子巷一座[5]、建安（今福建建瓯）有“勾栏巷”一座[6]，等等。

六、宋元勾栏剧场空间形式和演出特点

关于宋元时期勾栏的建筑形式，由于缺乏形象的文物留存，文献又语焉不详，故很难下确切的结论，只能根据文字记载作一定的推测。下面根据几段重要的文献，分析勾栏的基本形式。

关于勾栏剧场的形式，宋代郭彖《睽车志》卷五也有一些描述：

> 朱藻，字元璋，徽人。某年南宫奏名，方待廷试，有士人同寓旅邸。士人便服，日至瓦市观优，有邻座者，士人与语颇狎，因问其姓字乡里，皆与元璋同，士人讶之。又云，某幸已过省，而又得及第，今却部中注授差遣，士人益怪之。未及详诘，适优者散场，观者哄然而出，士人与邻座者亦起，出门，将邀就茶肆中与语，而稠人中遂相失。

其中，从“有邻座者”可知，勾栏剧场内设有座位；从“观者哄然而出”、“出门”可知，勾栏剧场设有门和围墙。

元代陶宗仪《南村辍耕录》卷二十四“勾阑压”条云：

> 至元壬寅夏，松江府前勾栏邻居顾百一者，一夕，梦摄入城隍庙中，同被摄者约四十余人，一皆责状画字。时有沉氏子，以搏银为业，亦梦与顾同，郁郁不乐，家人无以纾之。劝入勾栏观俳戏，独顾以宵梦匪贞，不敢出门。有女官奴，习讴唱，每闻勾栏鼓鸣则入。是日入未几，棚屋拉然有声。众惊散。既而无恙，复集焉。不移时，棚阽压。顾走入抱其女，不谓女已出矣，遂毙于颠木之下。死者凡四十二人，内有一僧人二道士，独歌儿天生秀全家不损一人。其死者皆碎首折肋，断筋溃髓。亦有被压而幸免者，见衣朱紫人指示其出，不得出者，亦曲为遮护云。

“至元”年号中并无“壬寅”年，“至元壬寅”应是“至正壬寅”的误刻。从这段记载可知：元代至正二十二年（1326年）夏天，松江府衙署前的勾栏倒塌，当时是杂剧艺人天生秀[7]的家庭戏班在演出，当场压死42人，但是在戏台上演出的天生秀戏班一人未死。文中称勾栏为“棚屋”，并在倒塌时，落下“颠木”砸死观众，大概可以判断其为封闭的。另外，从文献中提及的勾栏，多以“棚”为名，既曰“棚”，顾名思义，上面应该是有屋顶。

元代杜仁杰的散套《庄家不识勾栏》对于元代勾栏的具体形式和演出情况，有较为详细的记载。该散套本是嘲讽一个庄稼人对城市生活的无知，但通过庄稼人的观察，对勾栏建筑的形式作了十分形象的描述。摘录部分内容如下：

---

1 见宋·梅英发《（开庆）四明续志》卷七。
2 见宋·谈钥《吴兴志》卷二。
3 见宋·卢宪《（嘉定）镇江志》卷二。
4 见王謇《宋平江城坊考》卷一。
5 见光绪《永嘉县志》卷三。
6 见嘉靖《建宁府志》。
7 元代夏庭芝《青楼集》记载了她的姓名，著名杂剧艺人天锡秀之女。

【耍孩儿】风调雨顺民安乐，都不似俺庄家快活。桑蚕五谷十分收，官司无甚差科。当村许下还心愿，来到城中买些纸火。正打街头过，见吊个花碌碌纸榜，不似那答儿闹穰穰人多。

【六煞】见一个人手撑着椽做的门，高声的叫"请请"，道"迟来的满了无处停坐"。说道"前截儿院本《调风月》，背后幺末敷《刘耍和》"。高声叫："赶散易得，难得的妆哈"。

【五煞】要了二百钱放过咱，入得门上个木坡。见层层叠叠团圆坐。抬头觑是个钟楼模样，往下觑却是人旋窝。见几个妇女向台上坐，又不是迎神赛社，不住的擂鼓筛锣。

作者杜仁杰，为元代早期豪放派曲家，才学宏博，工诗善曲。上述文字中，"见吊个花碌碌纸榜"大约就是勾栏外面的"海报"之类；"见一个人（手撑）着椽做的门"说明勾栏门是栅栏式的；"迟来的满了无处停坐"说明勾栏中有座席；"要了二百钱放过咱"说明进勾栏观剧需要付钱；"入得门上个木坡"中，"木坡"应为木质的坡道，大概由于观众席起坡，导致后排高于室外地面，所以观众需要进入观众区需要上个"木坡"；"见层层叠叠团圆坐"、"往下觑却是人旋窝"说明观众席为扇形布置，且坡道较大；"抬头觑是个钟楼模样"中的钟楼，应为神楼，大概是戏台对面的观众席，因庄家人未见过，误以为"钟楼"；"见几个妇女向台上坐"指表演开始之前，先有妇人在"乐床"（乐队伴奏的位置）上坐排场。

元杂剧《汉钟离度脱蓝采和》第一折中对勾栏剧场亦有详细的描述。摘录部分内容如下：

（旦同外旦引徕儿二净扮王李上，净云）俺两个一个王把色，一个是李薄头，俺哥哥是蓝采和，俺在这梁园棚内勾栏里做场。这个是俺嫂嫂，俺先去勾栏里收拾去，开了这个勾栏门，看有什么人来。（钟离上云）贫道按落云头，直至下方梁园棚内勾栏里走一遭，可早来到也。（做见乐床坐科净云）这个先生，你去那神楼上或腰棚上看去，这里是妇人做排场的，不是你坐处。（钟云）你那许坚末尼在家么？（净云）老师父，略等一等便来也。师父有甚么话说？（钟云）等他来时，我与他说话。（净云）师父略坐一坐，哥哥敢待来也。（正末上云）小可人姓许名坚，乐名蓝采和，浑家是喜千金，所生一子是小采和，媳儿蓝山景，姑舅兄弟是王把色，两姨兄弟是李薄头。俺在这梁园棚勾栏旦做场，昨日贴出花招儿去，两个兄弟先收拾去了。这早晚好勾栏里去。想俺做场的非同容易也呵！

（正末云）来到这勾栏里也，兄弟，有看的人么？好时候也，上紧收拾。（净云）我方才开了勾栏门，有一个先生坐在乐床上，我便道："先生，你去神楼上或腰棚上那里坐，这里是妇女每坐排场的坐处"。

【天下乐】或是做雪拥蓝关马不前。（钟云）别做一段。（正末唱）小人其实本事浅，感谢看官相可怜。（云）王把色，你将旗牌。帐额、神峥、靠背都与我挂了者。（净云）我都挂了。（正末唱）一壁将牌额题，一壁将靠背悬。（云）有那边方来看的见了呵，传出去说，梁园棚勾栏里末尼蓝采和做场哩。（唱）我则待天下将我的名姓显。

（正末云）我锁了勾栏门，看你怎生的出去。遮莫你驾云轩，白日升天，怎敢相饶到面前。（云）你若恼了我，十日不开门，我直饿杀你。你若恼了我，十日不开门。[1]

从这几个片段性的剧情可知，蓝采和演出的勾栏名曰"梁园棚"。从"俺先去勾栏里收拾去，开了这个勾栏门"、"我锁了勾栏门"可知，这座勾栏同样有门，且可上锁。"你去神楼上或腰棚上那里坐"，可知"神楼"和"腰棚"为观众席，且有坡度。

综合上述文献以及其他一些文献，可以总结勾栏的基本空间形式和演出特点：

(1) 一般认为，观众区分为神楼和腰棚。神楼是正对戏台位置较高的看台，腰棚是戏台前面逐

1　元杂剧《汉锺离度脱蓝采和》，据明刻本影印，藏国家图书馆。

渐升高的看台。《庄家不识勾栏》中提到的“人旋窝”大概就是腰棚。勾栏中的观众大概是成弧形布置。元明间无名氏所作《墨娥小录》提到“勾栏一圈儿”、“勾栏看杂剧一圈里睃末”[1]。观众区均设座位，大概没有站席。《庄家不识勾栏》说：“迟来的满了无处停坐。”明人小说《南宋志传》第十四回说到南京御勾栏里的演出情况：“三人一齐走近台边，皆坐满了”。

观众座也有特殊的座位，如其中的“青龙头”，就是勾栏中最上等的座位。《水浒传》第五十一回写郓城县都头雷横去县城勾栏里散闷，“入到里面，便去青龙头上第一位坐了”。艺人挨个收钱时，“托着盘子，先到雷横面前”，并说：“官人坐当其位，可出个标首”。可见，青龙头是上等的座位。不料，“雷横便去身边袋里摸时，不想并无一文”。从位置而言，“青龙头”似乎比戏台高而但与戏台相连，所以当艺人在戏台上辱骂雷横时，“雷横那里忍耐得住，从坐椅上直跳下戏台来”。

(2) 勾栏内有戏台，作为演出空间。《蓝采和》第二折：“戏台上呼我乐名”。第三折：“再不去戏台上信口开河。”《水浒传》第五十一回云：“便和那李小二径到勾栏里来看，只见门首挂着许多金字帐额，旗杆吊着等身靠背。入到里面，便去青龙头上第一位坐了。看戏台上，却做笑乐院本……那白秀英早上戏台，参拜四方，拈起锣棒，如撒豆般点动，拍下一声界方。”

(3) 戏台后部有戏房。宋代南戏《张协状元》第二十三出：“净在戏房作犬吠。”第三十五出：“生在戏房唱。”[2] 戏房通往戏台的通道为“古门道”。明初藩王朱权所著《太和正音谱》中云：“构栏中戏房出入之所，谓之‘鬼门道’。鬼者，言其所扮者，皆是以往昔人，故出入谓之‘鬼门道’也。愚俗无知，因置鼓于门，讹唤为‘鼓门道’，于理无宜。亦曰‘古门道’，非也。东坡诗曰:‘搬演古今事，出入鬼门道’，正谓此也。”

(4) 瓦舍勾栏一般全年开放。《东京梦华录》云:“不以风雨寒暑，诸棚看人，日日如是。”[3] 南宋《西湖老人繁胜录》说，临安市民“深冬冷月无社火看，却于瓦市消遣”。瓦舍勾栏内，一般白天演出，早上开演，晚上结束。《东京梦华录》记载汴京，“每日五更头回小杂剧，差晚看不及矣”[4]，“终日居此，不觉抵暮”[5]。甚至有的瓦舍勾栏通宵达旦，可谓热闹。《东京梦华录》云：“大抵诸酒肆瓦市，不以风雨寒暑，白昼通夜，骈阗如此。”[6]《西湖老人繁胜录》云:“尚有独勾栏瓦市，稍远于茶，中作夜场。”

(5) 临安的勾栏内，一般有相对固定的演出队伍。如临安北瓦中有勾栏十三座，“常是两座勾栏专说史书”[7]，而莲花棚里则“常是御前杂剧”；表演小说的小张四郎，“一世只在北瓦，占一座勾栏说话，不曾去别瓦作场。人叫做‘小张四郎勾栏’”[8]。

(6) 勾栏演出的收费实行两种形式。一种是付钱入勾栏。《庄家不识勾栏》散套所说：“要了二百钱放过咱。”高安道（元）《嗓淡行院》云：“把棚的莽壮真牛。”另一种是在演出过程中，演员向观众逐一讨赏。《水浒传》第五十一回艺人唱到中间时，指着道:“财门上起，利地上住，吉地上过，旺地上行。手到面前，休教空过”，其中就提到艺人到观众中转圈讨钱。

七、金代的戏台模型和现存遗构

中国戏台形象最早见于河南安阳蒋村金大定二十六年（1186 年）墓中的戏台模型（图 2–33）和山

---

1 《墨娥小录》卷十四“行院声嗽”。

2 宋代南戏《张协状元》，永乐大典三种戏文。

3 孟元老（宋）撰.《东京梦华录》卷五“京瓦伎艺”. 山东友谊出版社，2001 年，第 49 页。

4 孟元老（宋）撰.《东京梦华录》卷五“京瓦伎艺”. 山东友谊出版社，2001 年，第 49 页。

5 孟元老（宋）撰.《东京梦华录》卷二“东角楼街巷”. 山东友谊出版社，2001 年，第 20 页。

6 孟元老（宋）撰.《东京梦华录》卷二“酒楼”. 山东友谊出版社，2001 年，第 22 页。

7 南宋 ·《西湖老人繁胜录》。

8 南宋 ·《西湖老人繁胜录》。

西侯马市金大安二年（1210 年）董明墓戏台模型（图 2–34）[1]。

河南安阳西水冶乡蒋村墓为圆形单墓，墓壁上砖砌有仿木结构院落模型，墓中有碑记题年为“金大定二十六年”。墓室南壁有砖砌仿木构戏台，通高 1.5 米，台口宽 66 厘米，台面高 80 厘米，台深 10 厘米。戏台模型两边为两根立柱，檐下斗栱三朵。台上有五个戏俑，四男一女，大致呈一字排列开，女演员居中，稍稍靠前，身穿长衫，长袖下垂。两侧的四个男戏俑均头戴诨裹，身着圆领窄袖长袍。左面第一位两臂前屈，双手持钹；左面第二位左手托鼓，右手击鼓；右面两位均双手击钹。值得注意的是，四个男演员的注意力均集中于女演员，突出女演员的中心地位。墓的北壁为墓主夫妇，正坐在椅上观看对面戏台上五位戏俑的表演。两个男女侍仆站立于墓主夫妇身旁。墓门边站一位守墓门俑。墓中共有 10 个砖俑，砖俑上原均有彩绘。

山西侯马市牛村金大定二年董明墓中北壁也有一座戏台模型，戏台台基高 1.01 米，宽 0.77 米，单开间。戏台下面设矮柱和云板。台基两侧为小八角柱，柱上设大额枋。正面施斗栱三朵。屋顶山花向外，为十字歇山式，前面排山部分博风、悬鱼非常精致。台上雕有戏俑五个，一字形排列，矗立在台面前沿，面形和服饰均经过设计和化妆。离董明墓仅 25 米处，即为 104 号金墓，也有一仿木砖构戏台模型[2]。如此近的距离发现两座戏台模型，也说明当时戏台在日常生活中的重要性。

难能可贵的是，中国尚存一座金代戏台实物，即山西高平市王报村二郎庙戏台。二郎庙位于王报村北的一个高冈上，坐南朝北，现存戏台、正殿、献殿、东西配殿等。正殿面宽五间，悬山顶，筒瓦覆顶，前后七架椽，七架梁对前单步梁，脊枋有题记：“时皇清康熙四十年岁次辛巳十二月辛丑十七日己巳庠生杨”等字，由此可判定此殿重建于康熙四十年（1701 年）。正殿南为献殿，也是清代重建，面阔三间，悬山顶，灰脊筒瓦。

庙中的戏台位于山门西侧的倒座位置。单开间单进深，四角立柱，单檐歇山顶，举折十分平缓。平面为正方形，面阔 5.00 米，进深 5.00 米。台基呈长方形，宽 7.50 米，深 5.9 米。四角柱为木石对接柱，圆石柱露明部分高 0.50 米，圆木柱高 2.64 米，柱侧角明显。柱直径为 0.60 米。斗栱的立面高 0.60 米，为柱高的五分之一，略小于宋金时期的常见制制。柱顶施雀替，上承宽厚的大额枋，大额枋和替木都伸出柱子的外面，断面垂直截去，没有任何雕饰。大额枋下每面斗栱四攒，齐心斗，为四铺作琴面真下昂，昂身较短，昂嘴略近扁平。台基为须弥座式，束腰部分有许多线刻。其中，在

图 2–33　河南安阳县蒋村金墓戏台模型及其戏俑

中国戏曲志编委会．中国戏曲志 · 河南卷．文化艺术出版社，1992 年。

图 2–34　山西侯马市金大安二年（1210 年）董明墓戏台模型

中国艺术研究院音乐研究所编．中国音乐史图鉴．人民音乐出版社，1988 年，第 116 页。

1　畅文斋等．侯马金代董氏墓介绍．文物，1959 年，第 6 期。

2　杨富斗．山西侯马 104 号金墓．考古与文物，1983 年，第 6 期。

图 2–35　高平市王报村二郎庙戏台外观

图 2–36　高平市王报村二郎庙戏台前檐斗栱

图 2–37　高平市王报村二郎庙戏台台基

图 2–38　高平市王报村二郎庙戏台内部梁架局部

东侧第三块束腰石上刻有一条铭文："时大定二十三年岁次癸卯十有三日，石匠赵显、赵志刊。"

根据台基上的铭文，以及一些建筑特征，如柱头用绰木枋，真昂和昂形耍头，亭式结构、举折平缓，出檐较深等，可判断该戏台为金代的一座戏台，也是中国现存最早的戏台（图 2–35 ～图 2–38）。

根据北宋碑文所载戏台以及现存的金代戏台模型和遗构，可以大致推测出宋金时期戏台的基本建筑特征：平面四边基本相等，面阔和进深约 5 ～ 7 米；四角立柱，上承大额枋，内施斗八藻井；屋顶多为歇山式或十字歇山式。

宋金时期，中国传统戏曲逐渐成熟，演出形式基本完善。这一时期，产生了勾栏剧场和庙宇剧场，标志着中国传统剧场的正式形成，在中国剧场史上具有非常重要的意义。

第三节　元明清时期剧场建筑的发展

一、元代（1279 ～ 1368 年）的剧场建筑

中国在元代实现了空前的大统一，疆域辽阔，各民族之间相互促进和融合。同时，元朝实行了一系列奖励垦荒、减轻赋税的重农措施，使得农村的经济得到一定的恢复和发展，促进了手工业和商业的兴旺发达。

对于中国戏曲艺术而言，元代是一个黄金时期，剧本创作繁荣，舞台原则和表演手段也得到了丰富、完善和定型。所谓的"元曲"，和唐诗、宋词一样，历来被认为是一个时代的集大成者。它在我国艺术史和文学史上，都占有极为重要的地位。元代，也涌现了一大批剧作家（图 2–39）。据

元代钟嗣成在《录鬼簿》中的记载，他所知道的“名誉昭然”的曲作家 152 人中，除散曲作家外，杂剧作家就达 80 余人，作品计 450 余本[1]。王国维（1877 ~ 1927 年）在《宋元戏曲史》（1912 年）中论到：“而论真正之戏曲，不能不从元杂剧始也。”同书“余论”中又述到：“至元杂剧出而体制遂定，南戏出而变化更多，于是我国始有纯粹之戏曲。”[2] 当然，王国维有如此观点的重要原因就是当时南宋南戏之剧本尚未发现。吴梅（1884 ~ 1939 年）在《中国戏曲概论》（1926）中也论到：“戏曲至元代，可为最盛时期。”[3]

图 2–39　元代著名剧作家关汉卿像（今人李斛绘于 1958 年）

元杂剧的演出甚为兴盛。元代黄仲文《大都赋》中记载了京都的演剧情况：“华区锦市，聚万国之珍异；歌棚舞榭，选九州之浓芬”，并言：“若夫歌馆吹台，侯园相苑，长袖轻裾，危弦急管，结春柳以牵愁，凝秋月而流盼，临翠池而暑清，褰绣幌而雪暖”。其中提到“歌棚舞榭”、“歌馆吹台”就应为固定的演出场所，其演出几乎一年四季没有消停。

随着元杂剧的兴起和流行，元代剧场建筑也得到较大的发展，主要表现在下面几个方面：

图 2–40　山西万荣县太赵村稷王庙元至元八年（1271 年）碑文

中国艺术研究院音乐研究所编．中国音乐史图鉴．人民音乐出版社，1988 年，第 124 页。

首先，庙宇剧场得到进一步的发展和普及。元代元好问（1190 ~ 1257 年）《叶县中岳庙记》载：“吾尝见夫世俗之所以事神者矣：崇祠宇、严像设、封羊豕、具仪卫，巫觋倡优，杂然而前，拜跪甚劳，迎送甚勤。”其中的“倡优”，即指戏曲演员，可见当时演剧成为奉祀神灵的重要内容。山西东南部目前所知的元代庙宇剧场就有 20 余座，尚存者有近 10 座（详见本书第二章第二节“山西元代庙宇剧场”）。除山西东南部以外，各地也有有关元代戏台的记载（图 2–40）。如河南渑池县昭济侯庙元代碑刻《重修昭济侯献殿舞亭碑记》云：“韶峰之巅有雷公昭济侯庙，庙南有献殿，仅余故址。□里川社长茹义成重构殿亭，以备拜享”[4]。河南孟县元至元二十四年（1287 年）《重修天地水三官庙记》云：“邑中耆艾盖玉……乃恳舍己财，劝率里閈巨族段谨等十余家，鸠工聚财，□因基插殿……徐阙张乐之所。”[5] 陕西白水县雷公亚父庙元至正十二年（1352 年）《重修雷公亚父庙记》云：“又创起两廊、乐楼一十楹。”[6] 明代王祎的《谒周公庙记》，记载了明洪武四年（1371 年）所看到的周公庙：“正殿前有戏台，为巫觋优伶之所集”，并言此为元时旧貌[7]。

其二、勾栏剧场更为普及。元代统一中国后，随着北曲杂剧风行大江南北，瓦舍勾栏也遍及了全国各地。夏庭芝（元）《青楼集志》曰：“内而京师，外而郡邑，皆有所谓构栏者。辟优萃而隶乐，观者挥金与之”[8]。李好文（元）在《长安志图》中所绘的《奉元城图》中，就绘有百戏杂剧的演出场所“勾栏”的位置图[9]。《长安志图》虽然因多次传绘，有一些失实之处，但终究是元代人所记录的亲眼目睹的情景，应该是可靠的。

除此之外，真定、顺天、洛阳、松江等城市都有勾栏。元代葛逻禄乃贤《河朔访古记》卷上言：“真定路之南门曰阳和……左右挟二瓦市，优肆娼门，酒炉茶灶，豪商大贾并集于此。”元代元好问《遗山集》

1　张庚，郭汉城主编．中国戏曲通史．中国戏剧出版社，1992 年，第 124 页。

2　王国维撰，叶长海导读．宋元戏曲史．上海古籍出版社，1998 年。

3　吴梅撰，江巨荣导读．中国戏曲概论．上海古籍出版社，2000 年，第 138 页。

4　嘉庆十五年刻本《渑池县志》卷十一、十六。

5　陈垣．道家金石略．文物出版社，1988 年，第 1117 页。

6　《金石萃编未刻稿》卷下．《续修四库全书》“史部 · 金石类”．上海古籍出版社，1995 年。

7　清光绪十年刻本《岐山县志》。

8　夏庭芝（元）《青楼集志》。

9　奉元路即今之西安。元初置京兆府于长安城中，至元十年（1273 年）改为安西总管府，皇庆元年（1312 年）又改为奉元路。

卷三十三《顺天府营建记》里说，万户张德刚兴建顺天府时，在官衙军营街市铺户之外，曾在“亭榭香水中，为乐棚二”，这里所说的“乐棚”，就应指的勾栏。南戏《宦门子弟错立身》第四出里就描写了一个家庭杂剧班子来到洛阳，在勾栏里演出的情形:“老身赵茜梅，如今年纪老大，只靠一女王金榜，作场为活。本是东平府人氏，如今将孩儿到河南府作场多日。”元代陶宗仪《南村辍耕录》卷二十四记载说：“至元壬寅夏，松江府前勾栏邻居顾百一者。”

其三，戏台的形制逐渐完善。根据现存元代戏台实物、戏台遗址及其文献记载，可知元代戏台形成相对固定的形制。这些元代戏台多为单开间和单进深，四边基本相等，近似方形，四角立柱，无金柱（内柱），前檐无平柱，台面面积约 50 米，平面形式和尺寸相对统一，四角柱上架四根大额枋，形成巨大的井字形框架，支撑整个屋顶的荷载，梁架和斗栱的巧妙组合，构成“藻井”，用帷幔区分前后台。北宋戏台是否有前后台之分，还不得而知。到了元代，戏台用悬挂帷幕区分前后台的方式已经非常普遍。现存的元代戏台，在其两侧山墙面辅柱上或辅柱所承额枋上，大多有铁环等勾挂之物，推断用来悬挂帷幕，以区分前后台。总之，元代戏台已经具备了中国传统戏台的必要要素，标志着中国戏台建筑的成熟。

二、明代（1368 ～ 1644 年）的剧场建筑

明成祖（朱元璋）于公元 1368 年在应天（今南京）建立明朝。明朝在政治、军事、经济方面革故鼎新，社会经济很快恢复发展，达到较高水平。但是，进入明代之后，朱元璋为了维护尚不稳固的权力，竭力加强思想控制和文化专制，实行极为严格的文化政策，社会氛围因而变得正统而且保守，戏曲活动也受到很大限制。明王朝建国之初，《大明律》规定：“凡乐人搬做杂剧戏文，不许装扮历代帝王后妃、忠臣烈士、先圣先贤遗像。违者杖一百。官民之家，容与装扮者同罪。”[1] 清代李光池这样追记到：“元时人多恒舞酣歌，不事生产。明太祖于中街立高楼，令卒侦望其上，闻有弦歌饮搏者，即缚至倒悬楼上，饮水三日而死。”[2] 这一记载似乎传闻的成分较多，但其对娱乐歌舞的遏制可略见一斑。据明代余继登记载，直到明孝宗弘治时，“郎中顾谧在校尉张通家饮酒，令优人女装为乐，事觉，即令冠带闲住。”[3] 由于当时政治文化环境如此，明初剧坛呈现相对萧条的景象就势所必然了。

到了明中叶之后，随着商业的发达以及社会生活的奢靡腐化，演戏活动才兴盛起来。一些文人亦能串戏。据《万历野获编》记载，明代文人屠隆“亦能新声，颇以自炫，每剧场，辄阑入群优作技”。

明代剧场建筑的发展变化主要体现在下面几个方面：

第一，勾栏剧场逐渐销声匿迹。明代前期，仍有瓦舍勾栏。其中，南京有两座御勾栏，在洪武年间由官方建设，供宫廷教坊司专用，但也允许民间艺人进行商业性演出。另外，周宪王朱有燉（1379 ～ 1439 年）在描写现实社会生活的杂剧中亦提到当时勾栏演出活动，如《宣平巷刘金儿复落娼》里刘金儿自称：“我在宣平巷构栏中第一个付净色，我那发科打诨，强如众人”；《美姻缘风月桃园景》杂剧里橘园奴说自己“年小时，这城中做构栏内第一名旦色”。明代中期以后，勾栏演出逐渐偃旗息鼓。

第二，庙宇剧场得到较大的发展。明朝的统治者崇尚宗教，致使各地纷纷修建庙宇。特别是，“洪武三年，诏天下府州县立城隍庙”[4]。四川宣汉县《重修城隍庙碑记》记载“祈禳报赛，独祀城隍”[5]。隆庆年间的芦山县《飞龙山张公祠碑记》记载：“中元圣诞，演戏赛会，第见远近朝睹，老幼皆欢。”[6]

---

1 转引自：周育德．中国戏曲文化．中国友谊出版社，1995 年，第 275 ～ 276 页。

2 李光池（清）．榕树语录卷二十二历代。

3 明·余继登．典故纪闻（卷十六）。

4 明·胡广纂修．大明太祖高皇帝实录。

5 中国戏曲志编委会．中国戏曲志·四川卷．中国 ISBN 中心，1995 年，第 8 页。

6 中国戏曲志编委会．中国戏曲志·四川卷．中国 ISBN 中心，1995 年，第 9 页。

这样，庙宇剧场得到很大的发展。以四川为例，明洪武十四年（1381 年）修建黔江城隍庙戏台；永乐成化年间（1403 ~ 1487 年）修建犍为县川主庙戏台；成化二年（1466 年）修建汉源襄五瑴祠戏台、万历二年（1574 年）修建资中东岳庙戏台；崇祯十三年（1640 年）修建犍为县罗城镇戏台和成都天回镇金华寺戏台等[1]。以湖南为例，万历十九年（1591 年），长沙府城隍庙、善化县城隍庙、衡州桂王府相继建造戏场；明万历三十九年（1611 年），重建湘王庙时，于“祠门外百步许，竖歌楼一座，枋雄轩壮，豁金碧，凝光辉”[2]。另外，明代的戏台形式逐渐趋于多样化，出现了双幢前后勾连的形式，也出现了左右并列的形式，还出现了清代非常流行的山门戏台的形式。

第三，私宅演剧和剧场得到一定的发展。私宅演剧在明代得到长足的发展，多伴随宴会娱宾、喜庆哀丧、酬神许愿而进行。而且，明代中后期，勾栏剧场绝迹，而商业性戏园没有出现，这也促进了私宅演剧的发展。明代支大纶撰《支华平先生集》卷三十六记载：“优伶杂技，不惟蛊惑心志，亦多玷污家风，吾所常见。惟郡邑大夫宴款不敢不用。”可见，私宅宴会演剧已成为上层社会的时尚。《金瓶梅词话》第三十六回也描写了在厅堂中演剧的情况：“共三个旦、两个生，在席上先唱《香囊记》。大厅正面设两席，蔡状元、安进士居上，西门庆下边主位相陪，饮酒中间，唱了一折下来。”《金瓶梅词话》第六十三回述及西门庆为李瓶儿做丧事，在院里搭棚演剧的情况：“分付搭彩匠把棚起背，搭大着些，留两个门走，把影壁夹在中间。”搭建这座戏台所用材料有“六十根杉条，三十条毛竹，三百领芦席，一百条麻绳”。“棚子”还把整个庭院连影壁都罩在里面，面积很大。

第四，酒楼剧场得到初步发展。宋元时期，城市中有专门的演剧场所即勾栏剧场。民众看戏，一般都到勾栏中。明代中期，勾栏绝迹后，酒楼演剧承而代之，酒馆剧场亦随之产生。明代祁彪佳《祁忠敏公日记》经常提到在酒馆会饮观剧的情景，如崇祯五年（1632 年）五月二十日记曰：“羊羽源及杨君锡缑皆候予晤，晤后小憩，同羊至酒馆，邀冯弓闾、徐悌之、潘葵初、姜端公、陆生甫观半班杂剧。”明代天启《慈溪县志》记载：“东西廊皆有酒楼……宋元以来皆为戏台，歌鼓之声不断。台之四面皆有楼，楼前商泊云屯，往往于楼上宴乐。”可见，其空间格局是中间为戏台，四周环绕着酒楼，客人在楼上饮酒，往下即可以看戏。值得注意的是，这种酒楼内的演剧活动，主要是为了给宴饮助兴，而非专门的演剧空间，但其空间格局和后世商业性戏园非常接近，为其滥觞。

第五，临时剧场非常多见。明代中后期，随着演剧活动的兴盛，大量的演出在临时搭建的戏台中进行。这类戏台一般临时选址在空旷之处，用条木席布等捆绑搭架，采用颜色涂绘。《水浒全传》一百零三回曰：“这里西去一里有余，乃是定山堡内段家庄。段氏兄弟，向本州接得个粉头，搭戏台，说唱诸般品调。”明代张岱《陶庵梦忆》卷六“目莲戏”条记载：“余蕴叔演武场搭一大台，选徽州旌扬戏子，剽轻精悍，能相扑打者三四十人，搬演《目莲》，凡三日三夜。四围女台百什座。戏子献技台上，如度索舞絙、翻桌翻梯、觔斗蜻蜓、蹬坛蹬臼、跳索跳圈、窜火窜剑之类，大非情理。”非常著名的明代绘画《南中繁会图》（局部）反映了当时在庙外旷地搭台演戏的场面，其中有一座戏台，前台用布篷平顶，面宽三间，明间较大，后台为单檐歇山顶。前台中

图 2−41　明《南中繁会图》中的演戏场面
中国艺术研究院音乐研究所编．中国音乐史图鉴．人民音乐出版社，1988 年，第 158 页。

1　中国戏曲志编委会．中国戏曲志 · 四川卷．中国 ISBN 中心，1995 年，第 451 页。
2　清乾隆十二年《善化县志 · 艺文》，转引自：中国戏曲志 · 湖南卷．文化艺术出版社，1990 年，第 488 页。

图 2–42　清 · 沈容圃作《同光十三绝》画像摹本
取自《中国大百科全书 · 戏曲曲艺卷》，中国大百科出版社，1983 年，彩版。

间摆有桌椅，一男一女坐于桌旁，旁立侍女，左右各立乐队三人，隔扇下场门处桌旁坐一人在敲鼓，隔扇上场门处一人作舞蹈状，后台一男一女正准备上场。台前有观众数十人，右侧设看台，上面均为妇女（图 2–41）。

三、清代（1644 ~ 1911 年）的剧场建筑

清王朝是中国最后一个封建帝国，其间曾出现了“康乾盛世”，当时政权巩固，社会安定，生产恢复，经济繁荣，文化发展。清代初期时，由于顺治皇帝主张节俭，所以演戏活动进入短暂的低潮。到康熙初年时，演戏活动开始活跃，并一直持续到清末。清中叶及清后期，戏曲艺术得到高度发展，各地具有浓厚乡土色彩的地方戏如雨后春笋般纷纷出现，蓬勃发展。到了清末，中国戏曲剧种达到了鼎盛阶段，大约有 300 多个剧种流行于全国（图 2–42）。

清朝对演戏的态度是比较暧昧的。清朝统治者非常担心戏曲的负面影响，出台了一系列政令、圣旨，

清朝皇帝有关限制戏曲的记录一览表 [1]　　表 2–3

序号	年代	内容
1	康熙十年（1671 年）	清廷议准：京师内城禁止开设戏馆
2	雍正二年（1724 年）	四月，清世宗降旨，禁止旗人出入歌场戏园
3	雍正二年（1724 年）	十一月，严禁兵民出殡时聚集亲友，设筵演戏
4	雍正二年（1724 年）	十二月十八日，禁外官畜养优伶。申明：“既圣旨之后，督抚不细心访察，所属府道以上官员，以及提镇家中尚有私自畜养者，或因事发觉，或被揭参，定将本省督抚照循不报之例从重议处。”[2]
5	雍正三年（1725 年）	律定，凡乐人搬做杂文，不许妆扮历代帝王后妃及忠臣烈士、先圣先贤，违者杖一百。官民之家，容令妆扮者同罪。
6	雍正六年（1728 年）	雍正皇帝谕，“盖州县村堡之间，借演戏为名，招呼匪类，开设赌场，男女混杂，斗殴生事，种种不法，扰害乡愚，此则地方有司所当禁止。至于有力之家，祀神酬愿，欢庆之会，歌咏太平，在民间有必不容已之情，再国法无一概禁止之理。今但称违例演戏，而未分析其缘由，则是凡属演戏者，皆为犯法，国家无此科条也”[3]
7	雍正十三年（1735 年）	十二月，清世宗谕：民间丧葬之事，不许演戏聚饮、扮演杂剧。违者按律究处
8	雍正十三年（1735 年）	本年，清政府明令，城市乡村禁止当街搭台悬灯唱也
9	乾隆二十七年（1762 年）	清高宗准奏，禁五城寺观僧尼开场演剧；禁止旗人出入戏园
10	乾隆三十四年（1769 年）	十月二十一日，清高宗谕：禁外官蓄养优伶
11	乾隆四十一年（1776 年）	十一月，员外郎德泰等因赴戏园看剧，被参革送部，杖一百
12	乾隆四十二年（1777 年）	律定：凡旗员赴戏园看戏者杖一百，主管上司交部议
13	嘉庆四年（1799 年）	嘉庆皇帝下令，“嗣后各省督抚司道府内署内，俱不许自养戏班，以肃官箴而维风化”[4]
14	嘉庆四年（1799 年）	本年，清仁宗谕：京城九门以内，永远禁止开设戏园
15	嘉庆七年（1802 年）	七月，清仁宗重申内城不许开设戏馆
16	嘉庆七年（1802 年）	本年，清政府禁止城乡深夜悬灯唱戏
17	嘉庆八年（1803 年）	清仁宗谕：禁止官员微服至外城酒馆戏园
18	嘉庆十一年（1806 年）	十月，都御史和顺因经常到西单牌楼广成茶园听戏，被革去职务
19	嘉庆十二年（1807 年）	清世宗降旨，凡遇斋戒及祭日，所有戏园概不准唱戏，以昭肃穆
20	嘉庆十三年（1808 年）	六月，四品旗员椿龄，因微服出城听戏，被重责四十板，革去官职，发往伊犁充当苦差

续表

序号	年代	内容
21	嘉庆十六年（1811 年）	清世宗再次降旨，禁止官员入园看戏以及在内外城开设戏园
22	道光四年（1824 年）	禁太监在戏园听戏
23	道光四年（1824 年）	不许在外城新添设戏园戏庄。有请建设戏楼者，俱不准行
24	咸丰二年（1852 年）	严禁京师五城演戏
25	咸丰九年（1859 年）	禁止京师旗人演唱票戏
26	同治八年（1869 年）	十一月，清穆宗谕内阁，严禁妇女入庙观戏
27	同治九年（1870 年）	七月一日，清穆宗禁止在京师内城设立戏园
28	同治十一年（1872 年）	五月，清穆宗谕内阁，查禁太监在京城内外蓄养戏班到各戏园演戏
29	光绪七年（1881 年）	闰七月，清德宗谕：严禁内城开设茶园演戏
30	光绪三十一年（1905 年）	本年，规定旗员不许赴戏园看戏

1 本表根主要据文献整理而成：中国戏曲志编委会．中国戏曲志·北京卷．中国 ISBN 中心，1999 年，第 39 ~ 56 页。
2 参见《雍正上谕内阁》，《中枢政考》，转引自：朱家溍，丁汝芹．清代内廷演剧始末考．中国书店出版，2007 年，第 20 页。
3 参见《清世宗实录》卷六十七，转引自：朱家溍，丁汝芹．清代内廷演剧始末考．中国书店出版，2007 年，第 21 页。
4 参见《清仁宗实录》卷四五，转引自：朱家溍，丁汝芹．清代内廷演剧始末考．中国书店出版，2007 年，第 7 页。

限制有关的演戏活动（见表 2–3）。这些禁令，归结起来，主要表现在两方面。首先，是禁止旗人、官员观戏，禁止内城开设戏园，其用意是防止旗人和官员沉迷于其中，堕落腐化。其次，是禁止唱夜戏和禁止殡葬之时演戏，其用意是防止民风的败落。

如此多的禁令，从另一个角度说明清代演剧之频繁、普及，甚至泛滥。但是，清朝统治者总体上认同戏曲的教化功能，赞赏戏曲所宣传的“忠孝节义”的伦理道德。雍正皇帝就旗帜鲜明地指出，对于民间的祭神、庆贺演戏，“在国法无一概禁止之理”。清代皇帝对戏曲艺术也非常关注，大多热爱戏曲，是地道的戏迷。康熙皇帝还亲自命人修改宫中演出的剧本：“《西游记》，原有两三本，甚是俗气。近日海青觅人收拾，已有八本，皆系各旧本内套的曲子，也不甚好。尔都改去，共成十本，赶九月内全进呈。”[1] 从乾隆到慈禧，清代的许多最高统治者沉溺于看戏中。张次溪（1909 ~ 1968 年）在其编撰的《清代燕都梨园史料》自序中论道：“戏剧一道，有清一代为最盛。盖清室来自漠野，目所睹者皆杀伐之事，耳所闻者皆杀伐之声，一聆夫和平雅唱、咏叹淫佚之音，宜乎耽之、悦之。上以此导，下以此应。”[2] 这一分析也许不一定全面，但极有道理。

清代时，演剧被纳入内廷的各种礼仪活动中。礼亲王昭梿著《啸亭续录》载：“乾隆初，纯皇帝以海内升平，命张文敏制诸院本进呈，以备乐部演习，凡各节令皆奏演。”[3] 其中提到“凡各节令皆奏演”，根据清代宫廷史料的记载，确实如此。如在元旦、端午、中秋、冬至等节日，会演出节令类戏；皇子诞生、皇上结婚、册封嫔妃时会演出喜庆戏；皇帝大寿、皇后大寿时演出万寿节戏等。

清代的民间演出更是异常普及，无论是市井百姓，还是富商达官，多沉溺于戏曲之中；无论是婚丧宴客，还是敬神祭祖，无不要邀请戏班演出。《乾隆南巡图》中绘有涌金门外演剧图，戏台为歇山顶，台口三面敞开，台下站满观众，街上行人不断（图 2–43）。《乾隆南巡图》亦绘有西湖畔演剧图中，临水建有戏台，单檐歇山顶，台上正在演出，台前湖面上停泊有数艘船，船上有观众在看戏（图 2–44）。清代徐扬《盛世滋生图卷》绘有盘门和胥门之间的一座青楼歌台，前面卷棚顶，后面硬山顶，台上亦正在演出（图 2–45）。

这样，由于演剧之兴盛，就极大地促进了剧场建筑的发展。可以说，中国剧场建筑的发展到了清

1　见懋勤殿旧藏“圣祖谕旨”。转引自：朱家溍．清代内廷演戏情况杂谈．故宫博物院院刊，1978 年第 2 期。
2　张次溪．清代燕都梨园史料．中国戏剧出版社，1988 年，第 19 页。
3　昭梿（清）撰啸亭杂录／啸亭续录．上海古籍出版社，1996 年出版。

图 2–43 《乾隆南巡图》中涌金门外演剧图
中国戏曲志编委会 . 中国戏曲志 · 浙江卷 . 中国 ISBN 中心，1997 年。

图 2–44 《乾隆南巡图》中西湖畔演剧图
中国戏曲志编委会 . 中国戏曲志 · 浙江卷 . 中国 ISBN 中心，1997 年。

图 2–45 清 · 徐扬《盛世滋生图卷》青楼歌台
中国戏曲志编委会 . 中国戏曲志 · 浙江卷 . 中国 ISBN 中心，1997 年。

代时，全面进入繁荣鼎盛时期，主要表现在下面几个方面：

首先，剧场建筑的数量得到迅猛发展。以河北为例，河北省张家口地区 1958 年统计，当时保存明、清时代的戏台有 2000 多座。河北鹿县宣统三年（1911 年）统计，"共有戏台 326 座，县城内就有 22 座"[1]。河北蔚县 1958 年调查统计，当时保存戏楼 700 多座[2]，而当时蔚县一共才有 738 个自然村，名副其实的"有村必有庙，有庙必有台"。以陕西为例，陕西宝鸡全市（区）在新中国成立（1949 年）前约有戏台 903 座，其中宝鸡县就有 325 座[3]。咸阳全市（区）在新中国成立（1949 年）前有戏台 360 多座，其中长武县就有 98 座[4]。陕西安康地区根据府、县志等记载，从明末至 20 世纪 50 年代初的 400 余年间，全区共有戏台 240 多座，其中安康城内就有 22 座[5]。南方苏浙一带，清代时，剧场建筑也非常普及，如浙江绍兴城乡，"几乎每一个自然村都设有一庙一戏台"[6]。

清代余治《得一录》记载："各处城乡庙宇，多有戏楼。"[7] 河南巩义市温堂村洪山庙清乾隆二十六年（1762 年）《创建舞楼碑记》云："酬神因有舞楼之设，□舞楼之作不□通都大邑，为□□穷乡僻壤亦常有之。"[8] 在一些地方，戏台几乎成为庙宇不可或缺的组成部分。如山西孝义市黄文村康熙五十六年（1717 年）《新立戏台序》中记载："有神无献戏之所，其与无庙者也。"[9] 山西泽洲县府城村玉皇庙清乾隆二十九年（1764 年）碑刻曰："无戏台则庙貌不称，无戏台则观瞻不雅。"寺庙中没有剧场，人们总觉得遗憾，当然这是当时的观念使然。许多地方几乎是"有村必有庙，有庙必有台"，甚至一村有多座戏台的情况也非常普遍。

其次，剧场的地域空间非常广泛。到了清代，不仅中原地区的剧场建筑得到迅速发展，中国边域地区也陆续建造剧场。下面略举几例：

（1）黑龙江：康熙年间开始，宁古塔地区开始建造庙宇剧场。宁安城西沙兰站有一座关帝庙，"门前有演戏楼一座，康熙十年建"[10]。到康熙四十三年（1704 年），依兰县建关帝庙戏台[11]。乾隆二十一年（1756 年），旅居宁古塔的山西商人兴建关帝庙戏台。

（2）内蒙古：清代和民国时期，内蒙古有庙宇剧场、王府剧场、会馆剧场、城市戏园等不同类型

1 刘建华 . 张家口地区明清时代的民间戏台 . 文物天地，1989（3）：第 12 ~ 14 页。
2 吕由主编 . 尉县古戏楼大观 . 张家口旅游 . 中国青年出版社，1999 年。
3 鱼汛主编 . 陕西戏剧志 · 宝鸡卷 . 三秦出版社，1996 年，第 345 ~ 357 页。
4 鱼汛主编 . 陕西戏剧志 · 咸阳卷 . 三秦出版社，1994 年，第 301 ~ 316 页。
5 鱼汛主编 . 陕西戏剧志 · 安康地区卷 . 三秦出版社，第 301 ~ 316 页。
6 谢涌涛 . 越境"万年台"的衍变的格局蠡测 . 戏剧艺术，1991（4）。
7 清 · 余治辑 .《得一录》卷十一《翼化堂条约》. 同治八年刻本。
8 杨健民 . 中州戏曲历史文物考 . 第 189 页。
9 朱景义 . 从孝义的古乐楼看晋中的戏剧演出 . 山西省考古学会论文集 . 山西古籍出版社，2000 年，第 457 ~ 472 页。
10 民国 13 年《宁安县志》卷二。
11 民国 9 年《依兰县志 · 祀典门》。

的剧场。如阿拉善旗、耐曼旗、敖汉旗、喀喇沁旗都有王府剧场。现存的多伦县山西会馆水镜台剧场，建于清乾隆十年（1745 年），则是会馆剧场的典型代表，已被列入全国重点文物保护单位。城市戏园则集中在归化（今名呼和浩特）等城市。《古丰识略》对归化城的演剧情况有详细描述："归化仅弹丸之地，戏楼酒肆大小数十百区，镇日燔炙煎熬，管弦呕哑，择声择味，列坐喧呼。问之则曰，某店肆新开燕贺请客也；又问则曰，某店肆算账盈余请客也；再问则曰，某店肆歇业亏本抵债请客也。循环终岁，络绎不休。而开设戏楼酒肆之家，亦复彼此效尤。"[1] 庙宇剧场更是非常普遍，"仅清水县一地，仅不完全统计，就有庙台戏楼 20 余座"[2]。完成于民国 26 年（1937 年）的《绥远通志稿》记载农村的演戏非常普遍，"向来乡间酬神之台，几乎无村无之"，"酬神演戏之俗，夏秋两季殆无虚日"[3]。敖汉旗下洼镇清光绪十三年（1887 年）《大佛寺叙事碑记》云："四境之人，少长咸集，庙宇有章，而维演剧如不尽善，何八年□午不事，托钵造戏楼一座，焜耀外观，檐飞柱峙，厦广堂宽。"[4] 乾隆二十八年《小庙村建修戏楼碑记》云："楼以乐名演古也，实报功也。有圣像而无祠宇，则神圣曷安妥；建立祠宇而无报赛之楼，明禋奏假之诚意何所神？"[5] 道光二十九年《包头龙传藏碑记》甚至感叹道："且无乐楼，又何以为优人歌舞之场。"[6] 清咸丰年间《归绥识略》论道："按报赛之说，从古有之。演剧事神未详肇自何代。盖四民各有本业，自当追奉其先代创始之人。崇德报功，祈福答贶，即藉酬神之举，以为燕乐之期。桑柘影斜，家家扶醉，歌台舞榭，亦足以点缀升平。"[7]

（3）辽宁：清代和民国时，辽宁演剧甚为繁荣。民国 19 年铅印本《朝阳县志》载："（四月）三、八等日，凡赛会处必演戏敬神，近则多有不演者"。民国 22 年石印本《北镇县志》载："岁时祈报，演戏酬神，谓之'报赛'，如祈雨、谢降之类，或于农隙之时，演剧三五日，亦曰'赛社'，有古蜡遗风。"清初后，庙宇剧场也"遍及城乡"[8]。辽宁辽阳清乾隆四十二年（1777 年）《辽阳关帝庙重建旗杆补修戏楼及各工碑记》云："兹庙之有戏楼、旗杆由来已久，今晋人赵大智等从而新之，又补修牌楼、西山门及社房五间。观瞻益壮，而时时相与瞻拜祈祷，因以聚会歌舞，亦酬庸表德之意。"[9] 辽宁现存的庙宇戏台有：建于清乾隆年间的北镇关岳庙戏台（已列入全国重点文物保护单位）、建于清道光六年（1826 年）的东港市大孤山镇天后宫戏台（已列入辽宁省文物保护单位）等。另外，沈阳故宫尚存一座戏台。

（4）吉林：光绪十七年刻本《吉林通志》载："（三月）三月十六日，山神庙会，各参会醵资演戏，山村具牲醴祀神者尤众。二十八日，东岳庙会，祀神演剧，游人甚多。"吉林最早的庙宇剧场是建于清康熙四年（1665 年）的吉林城隍庙剧场和扶余镇关帝庙剧场。此后，庙宇剧场逐渐增多。《吉林通志》载，仅吉林（市）一地，就有戏台 16 座。吉林财神庙嘉庆十五年（1810 年）碑记云："昔时灵应庙貌巍然，又是一番创建，戏楼连照壁而修葺，高耸直上云霄。"[10]

（5）广东：清代时，广东一带演剧活动亦非常活跃。清顺治十八年（1661 年）《潮州府志》载："仲春，祀先祖，坊乡多演戏。"清乾隆十八年（1753 年）《佛山忠义乡志》载："自是月至腊尽，乡人各演剧以酬北帝，万福台中鲜不歌舞之日矣。"乾隆二十八年（1763 年）《博罗县志》载："会首为杂剧以娱神，观者填溢街巷。"清乾隆四十四年（1779 年）《揭阳县志》载："仲春，祀先祖，是月多演戏。谚谓'正月灯，二月戏'。"同治十三年（1874 年）《河源县志》载："建醮多沿年例，演戏不拘乎时。"清宣统五

1　中国戏曲志编委会．中国戏曲志·内蒙古卷．中国 ISBN 中心，1994 年，第 13 页。
2　中国戏曲志编委会．中国戏曲志·内蒙古卷．中国 ISBN 中心，1994 年，第 424 页。
3　中国戏曲志编委会．中国戏曲志·内蒙古卷．中国 ISBN 中心，1994 年，第 20 页。
4　中国戏曲志编委会．中国戏曲志·内蒙古卷．中国 ISBN 中心，1994 年，第 470 页。
5　中国戏曲志编委会．中国戏曲志·内蒙古卷．中国 ISBN 中心，1994 年，第 499 页。
6　中国戏曲志编委会．中国戏曲志·内蒙古卷．中国 ISBN 中心，1994 年，第 499 页。
7　中国戏曲志编委会．中国戏曲志·内蒙古卷．中国 ISBN 中心，1994 年，第 499 页。
8　中国戏曲志编委会．中国戏曲志·辽宁卷．中国 ISBN 中心，1994 年，第 288 页。
9　中国戏曲志编委会．中国戏曲志·辽宁卷．中国 ISBN 中心，1994 年，第 318 页。
10　中国戏曲志编委会．中国戏曲志·吉林卷．中国 ISBN 中心，1993 年，第 429 页。

年（1913 年）《从化县新志》载："小民喜演土戏赛祷，岁以为常。" 罚戏也成为重要的管理、惩处手段。广东大埔县百侯乡清乾隆十八年（1753 年）禁碑云："瘟畜不许屠杀，如敢混卖，查出罚戏一本。"[1] 大埔县湖寮莒村清乾隆三十六年（1771 年）禁碑云："禁流丐到家，不许私与米饭。若有私与者，罚戏一本。"[2] 海丰县大液港清道光二十五年（1845 年）禁碑云："近有不法匪徒罔念物各有主，辄敢肆忌行偷，吾等目击心伤，是以集众公议演戏，特申严禁。嗣后如有在嶍坪之处或借名拾洗嶍底而乘机以使盗窃，一经捉获，罚演戏二台。"[3]

乾隆年间后，广东各地开始大量建造庙宇剧场、会馆剧场等。广州乾隆二十七年（1762 年）梨园会馆创建碑言："置买会馆用银三百二十两；彩画油漆窗棂、戏台等项用银七十七两九钱七分。"[4] 广东陆丰县清咸丰五年（1855 年）玄武山寺重修碑碑云："今将癸丑年八月十五日，飓风损坏佛祖帝殿、宝塔、僧房、戏台、戏馆周围，暨珓准八月念五兴工重修，至乙卯年六月十八日竣工。"[5] 作者根据文献，统计到广东现存的戏台就约有 26 座。其中不乏颇有代表性的传统戏台，如佛山祖庙万福台，建于清顺治

广东清代戏台一览表　　　　表 2–4

序号	地点和名称	年代	备注
1	佛山市祖庙戏台	顺治十五年（1658 年）	全国重点文物保护单位
2	澄海县莲下镇李厝宫村戏台	乾隆年间	
3	南澳县深澳镇关帝庙戏台	清代	
4	揭阳县榕城镇关帝庙戏台	清代	省级文物保护单位
5	揭西县棉湖镇保生大帝庙戏台	清中叶	
6	潮州市中山路卓府戏台	同治元年 （1862 年）	市级文物保护单位
7	南雄县百顺镇百顺圩娘娘庙戏台	光绪六年 （1889 年）	
8	南雄县珠玑镇里东圩康王庙戏台	清乾隆年间（1736 ～ 1795 年）	
9	始兴县城南乡周前村戏台	清代	
10	始兴县马市镇马市圩戏台	清代	
11	乐昌县三溪镇垠头村戏台	清代	
12	大埔县西河镇大靖戏台	清嘉庆年间	
13	惠东县平山镇九龙峰公爷庙戏台	清道光三年（1823 年）	县级文物保护单位
14	博罗县义和乡天上园戏台	清中叶	县级文物保护单位
15	汕尾县田乾镇戏台	光绪年间重修	
16	海丰县田墘镇二王庙戏台	清雍正七年（1729 年）	
17	陆丰县博美镇天后宫戏台	清乾隆十八年 （1753 年）	
18	陆丰县南塘镇石佛村环山古寺戏台	清同治十年 （1871 年）	
19	陆丰县碣北乡碣石卫城隍庙戏台	清代	
20	陆丰县东海镇炎仔寨大帝庙戏台	清末	
21	徐闻县大黄乡旧墟戏台	重建于清光绪三十年 （1904 年）	
22	海康县韶山镇韶山村海庵戏台	清乾隆二十四年（1759 年）	
23	湛江市太平圩关帝庙戏台	清道光十年（1830 年）	
24	廉江县横山镇戏台	清道光年间	县级文物保护单位
25	连州市西岸马带村戏台	清光绪二十四年 （1898 年）	
26	新会区会城镇凌东路戏台	清乾隆十五年 （1760 年） 重修	区级文物保护单位

本表根据《中国文物地图集 · 广东分册》（1989 年版）、《中国戏曲志 · 广东卷》（1993 年版）、文物部门相关文件等整理而成。目前，有部分戏台（特别是未列入文物保护单位的）可能已经不存。

1 中国戏曲志编委会 . 中国戏曲志 · 广东卷 . 中国 ISBN 中心 1993，第 448 页。
2 中国戏曲志编委会 . 中国戏曲志 · 广东卷 . 中国 ISBN 中心 1993，第 449 页。
3 中国戏曲志编委会 . 中国戏曲志 · 广东卷 . 中国 ISBN 中心 1993，第 451 页
4 黄镜明 . 广东"外江班"、"本地班" 初考 . 戏曲研究 22 辑，1987 年。
5 中国戏曲志编委会 . 中国戏曲志 · 广东卷 . 中国 ISBN 中心 1993，第 451 页。

图 2–46　长沙岳麓书院修复前原状

湖南长沙岳麓书院线图引自：杨慎初编著．岳麓书院建筑与文化．湖南科学技术出版社，2003 年，第 67 页。

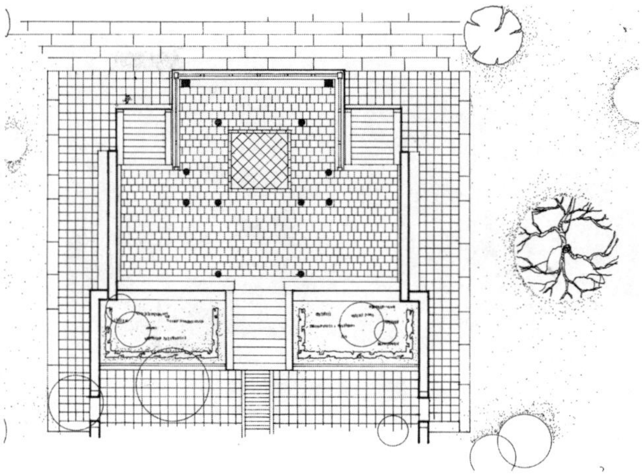

图 2–47　长沙岳麓书院赫曦台平面图

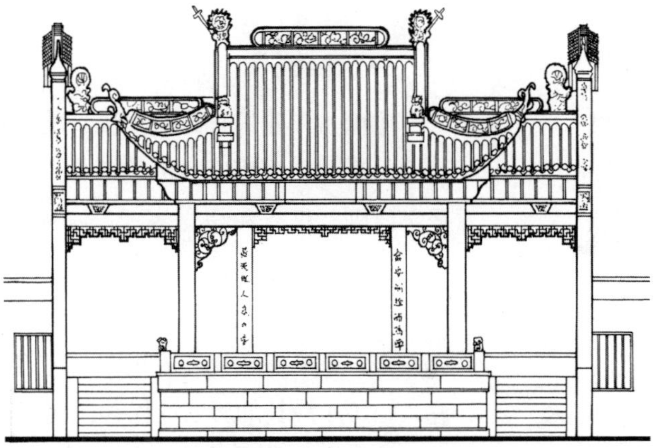

图 2–48　长沙岳麓书院赫曦台正立面

图 2–49　长沙岳麓书院赫曦台侧立面

十五年（1658 年），现被列入全国重点文物保护单位。揭阳县榕城镇关帝庙戏台，建于清乾隆四十二年（1777 年），现被列入省级文物保护单位。

其三，剧场的类型增多。清代时，除庙宇剧场外，祠堂剧场、会馆剧场、私宅剧场、商业戏园、皇家剧场都得到了空前的发展。对于这些剧场的具体发展情况，由于本书会有专门章节论述，此不赘述。除了上述剧场外，一些衙署中也出现了戏台。乾隆二十年（1755 年）续修的《琼山县志》载：“巡道谢迁、总兵黄有才、署琼州知府于霈、琼山县知县杨宗秉，协捐增建内朝用房十间，午门外照墙戏台一座。”道光八年（1828 年）编修的《万宁县志》载：“乾隆四十四年（1779 年），（万州）知州袁名器重建正堂、后堂、大堂、头门、甬道戏台。”[1] 甚至颇为严肃的书院中也出现了戏台。如湖南岳麓书院，轴线上依次为赫曦台、大门、二门、讲堂、御书楼等，其中的“赫曦台”即为戏台，位于大门前，承担演剧功能（图 2–46 ～图 2–50），维修时还发现了戏班题记，另外台中的雕刻亦多以戏曲故事为题材。

其四，剧场的形式丰富多彩，剧场性亦增加。清代的剧场不拘一格，形式多样，如将两座或三座戏台并连，形成“连台”；将两座戏台相对而建，形成“对台”；将三座戏台呈“品字形”格局，形成“品

1　中国戏曲志编委会．中国戏曲志 · 海南卷．中国 ISBN 中心，1999 年，第 504 页。

图 2–50　长沙岳麓书院赫曦台外观

字台”；一座戏台两面开有台口，可以向两个方向演出，形成“鸳鸯台”；戏台台基中间辟通道，只有在演剧时才在上面搭板，形成“穿心戏台”；过厅台基凹进，演剧时上面搭板，形成“过厅戏台”；将戏台和街亭融合为一体，形成街心戏台，如此等等，不一而足。总之，设计者因地制宜，观情察势，富有创造性，建造了丰富多彩的戏台形式。另外，清代时，剧场中设置看楼者逐渐增多，重视对观众的安排，重视观演关系，剧场性增强。

清末民初，受西方剧场的影响，砖木结构的新式剧场逐渐占据了主流，传统剧场逐渐衰落。但直到民国时期甚至解放后，乡村的庭院式剧场似乎一直发挥着重要的作用。

第四节　中国传统剧场历史沿革的主要影响因素

一、综论

中国古代建筑作为一个独特的体系，在汉代已经基本形成，唐代已发展到成熟阶段，在其沿革过程中并没有表现出明显的阶段性[1]。梁思成在《中国建筑史》中论道：“（中国）建筑之基本结构及部署之原则，仅有和缓之变迁，顺序之进展，直至最近半世纪，未受其他建筑之影响。数千年来无遽变之迹，渗杂之象。”[2]

剧场建筑作为古代建筑的一种类型，其基本形式也一脉相承。但是，其具体空间组织形式和构成方式，则多有变化，表现出一定的阶段性。中国传统剧场和戏曲一样，起源很早，但形成和成熟较晚，经历了漫长的历史过程。在这一过程中，剧场功能逐步明确，“剧场性”逐步增强。

全国各地剧场建筑的沿革既有历史的迂回，又有地域之差异。目前仅能在一定遗构和史料的基础之上粗线条地勾勒其大致轨迹。北宋之前，是剧场建筑萌芽和孕育时期，戏曲演出基本是因地制宜、随处作场的平地演出。宋代是剧场建筑正式形成时期，这一时期，露台成为重要的演出设施，并在庙宇中出现了四角立柱、上有屋顶、四面透空的的亭榭式戏台，标志着庙宇剧场建筑的正式形成。同时，宋代出现了商业性演出剧场，即勾栏剧场。元代是剧场的成熟时期，戏台从四面观发展到一面观或三面观，分设前后台，庙宇剧场的数量也明显增加。明代，特别是明代中后期，剧场建筑分布地域空前扩大，也拉开了清代剧场建筑兴盛的前奏。同时，这一时期，戏台发生了两个最明显的变化：北方戏台较多采用三开间的形式；戏台面积明显扩充。清代是剧场建筑全面繁荣的时期，剧场的数量剧增，分布范围明显扩充，戏台的形式也趋于多样化。

需要特别强调的是，中国传统剧场的发展演变是曲折的。一种形式和另一种形式的剧场建筑，不是严格的替代关系，而是继承和发展、互补和并存的关系。一种剧场形式的兴盛和另一种剧场形式的衰落需要漫长的历史过程，其间甚至有反复和迂回。以山西南部为例，元代时，这里的戏台已经相对成熟，可同时仍在修建露台。甚至到了明代，一些寺庙仍然建有露台。临汾市玉林村尧陵明嘉靖十年（1531 年）石刻《帝尧墓修祀典置守墓人户记》碑阴刻有庙貌图，图中正对献殿的就是一座露台，露台之南有一小河，在河的南岸才建有戏台[3]。

1 刘敦桢．中国古代建筑史（第 2 版）．北京：中国建筑工业出版社，1984 年，第 2 页。
2 梁思成．中国建筑史．天津：百花文艺出版社，1998 年，第 11 页。
3 冯俊杰．山西戏曲碑刻辑考．北京：中华书局 2001 年，第 233 ～ 234 年。

二、剧场发展的影响因素

事物的发展往往是多因子合力作用的结果。剧场的沿革自然也受到社会、经济、文化等各方面作用力的影响。下面分析几个影响传统剧场形制的主要的、直接的因素。

1. 戏曲文化

剧场是戏曲的表演所依赖的空间。剧场建筑的产生，既是戏曲发展的要求，也是戏曲演进的必然结果。反过来，剧场建筑的出现，是戏曲正式形成的重要标志。戏曲作为表演艺术，演出场所是其载体。同时，戏曲和剧场相互依赖、相互制约。戏曲兴，则剧场兴；戏曲衰，则剧场衰。如山西东南部目前所知的20余座庙宇剧场，就是当时元杂剧兴盛的结果和印证。明代戏台的变革，也是戏曲变化的客观要求；清代几乎有村必有台，自然是戏曲演出空前普及的体现。

传统戏曲虚拟和写意的表演形式给剧场建筑定了一个基调：无需写实布景的衬托。传统戏曲演出中内容的表述和情节的推进均靠演员的“唱念做打”来实现。演员演什么朝代，就是什么朝代，唱什么地方就是什么地方，所谓“三五步走遍天下”，“六七人百万雄兵”。这样，由于它对演出空间的要求不苛刻，致使中国戏曲从形成到19世纪末，一直在较为简捷的场所中演出。传统戏台虽不乏宏伟壮丽者，可其空间和设备非常简单，演出时往往仅设一桌二椅，几乎是裸台。

戏曲艺术的演进也促进了剧场建筑的变革。山西戏台从单开间到三开间，就是戏曲发展的客观要求。元杂剧一人主唱，角色较少，戏台一般为单开间。到了明清传奇剧，角色较多，场面宏大。单开间的戏台已经无法满足演出需要。这样戏台就增大为三间、五间，面积也增加到80平方米左右。显而易见，戏曲的发展有力地推动了剧场建筑的变革。

当然，剧场的建筑形式也对戏曲表演形式有直接的影响。传统戏曲采用高昂的唱腔，强烈的锣鼓乐器，夸张的化装造型，明快简洁的音乐节奏，大幅度的动作，这些艺术特征均和传统剧场多采用庭院式的建筑形式是相吻合的。

2. 建筑文化

剧场作为古代重要的文化娱乐建筑，自然要受到当时整个建筑文化的影响。剧场建筑的沿革是整个建筑系统发展演进的支流，无论是平面布局、空间组织，还是斗栱梁架、雕刻装饰均会刻上当时建筑文化的烙印。元代戏台和同时期的其他建筑一样，举折平缓，斗栱稀而硕大，造型简洁有力，雄厚壮丽；而清代戏台注重装饰，往往雕梁画栋，斗栱密而精小，精巧华丽，这些均是当时建筑文化的具体体现。

值得注意的是，修建于乡村城镇的大量戏台，似乎是更显地方手法。无论是宋代的《营造法式》，还是清代的《工部工程做法则例》，对这些戏台的影响均是有限的。戏台的平面布局和细部做法，各地之间的差异也比较明显。就是一省之内，戏台的形式也表现出明显的地域性。

以山西为例。清代时，山西东南部戏台，一般两侧建有耳房用作戏房，而山西的其他地区的戏台很少采用这一形式；山西中部阳泉、忻州一带热衷于卷棚歇山顶，而长治等地则常用硬山和悬山顶；山西中北部代县一带有不少戏台采用五开间，别处则少见。

以陕西为例，秦岭以南的汉中、安康、商洛等陕南地区，属长江流域，戏台的建筑形式体现出南方风格。如丹凤船帮会馆戏台及旬阳黄州会馆戏台的屋顶形式和装饰就具有明显的南方特色，造型曲折流畅，装饰华丽。这一带戏台的台基也一般用柱子架空，形成台面（参见本书第六章第五节插图）。而关中平原位于秦岭以北，其戏场建筑富有北方建筑风格，戏台的台基也多用砖石砌筑。陕北的戏台台基则较多采用窑洞。另外，同一区域的戏台，也表现出明显的地域性特征。如韩城一带乡村的戏台就表现出很强的地方特色：面宽三间，前檐用大额枋，形成“明一暗三”的减柱造；悬山顶；前檐斗栱五攒，每攒斗栱下均有垂花柱；砖石台基，不设通道（参见本书第三章）。

3. 庙宇文化

传统剧场建筑的发展中，庙宇文化一直是强有力的推动者。祭祀演剧是古代戏曲演出的主要方式，庙宇剧场是传统剧场的主流。鲁迅在1936年发表的《女吊》中述到："我所知道的是四十年前的绍兴，那时没有达官显贵，所以未闻有专门为人的演剧，凡做戏，总带有一点社戏性，供着神位，神是看戏的主体，人们去看，不过叨光。"[1] 从宋到清，城乡寺庙增加。有庙就得祭，而民间祈报祭祀的重要方式就是歌乐表演。这样，庙宇中建戏台就成为理所当然之事。山西盂县藏山神祠康熙五年（1666年）《重修碑记》曰：

> 朝殿前起盖乐楼，以为春秋时祈报之所。延及今兹，年虽未久而石台倾倒，卷棚斜侧，乐楼残破。皆因本境山高地窄，日月照晚，雨滋露润，庙宇易坏，遂致 祀无所祈，祈报无所为[2]。

碑中述到由于戏台残破，致使" 祀无所祈，祈报无所为"。总之，如果没有庙宇文化的推动，没有祭祀神灵的戏曲演出，剧场建筑的绵延和繁荣是不可想像的。

4. 观演关系

戏剧表演是表演过程和欣赏过程的统一，是"演"和"观"的协调。传统剧场的布局形式是一定观演关系的承载体。观演关系影响着剧场形式；剧场形式又限制着观演关系，剧场形制的演进都渗透着观演关系的微妙变化。

最初的"撂地为场"，大都利用自然地形和现成空间，观众空间和演出空间的区分是模糊的，对观众基本上没有明确的组织和安排；从"撂地为场"的平地演出到高出地面的露台演出，使观众空间和表演空间明确区分；从露台到上有屋顶的"亭榭式"戏台，将表演空间进一步界定；从"四面观"到"一面观"，标志着观众和演员交流形式的微妙变化；明清"看楼"的出现则体现了对特殊观众空间的初步有意组织。

随着社会经济和文化的发展，人们的需要逐步多样化，观演关系也逐渐多样化，反映到剧场建筑上，则形制更加丰富，造型更加多样。反过来，不同的剧场形式创造了不同的观演关系，适应了人们多样的需求。

5. 声学效果

传统戏曲中的"唱念做打"诸般技艺中，应该说"唱"是它的核心。演唱的效果又和音乐伴奏密不可分。这样剧场的音质自然特别重要。况且当时传统剧场没有扩声系统，而观众人数众多，如何有效地利用演员演唱所产生的有效声能，显得尤为重要。足够的响度成为演出效果的首要因素。古人虽没有系统科学的声学理论，但还是凭借直接感觉、实践经验，采取各种措施，想方设法改善剧场的音质。

南方浙江、江苏、江西等地的清代戏台，大部分设有藻井。藻井有聚拢声音的作用，有利于提高响度、清晰度，特别是有利于改善演员的自我感觉。当然，戏台中藻井是否为改善剧场音质而设，尚不得而知，因为藻井的结构形式见诸于其他建筑中。另外，各地戏台采用圆窗者颇为多见，是否和声音有一定的联系，也值得寻味。

明清的戏台台口还常常设置八字墙，可以提供早期反射声，改善剧场音质。八字墙的设置，作者认为是古人有意识地改善剧场音质的行为。如果不是出于这一目的，很难解释除了山门之外的古代单体建筑，均不设此物。也许有人指出戏台和山门往往组合而建，所以才设"影壁"。如果的确如此，那么为什么不将八字墙建在戏台的后檐，而是建在戏台台口两侧？因此，尽管八字墙在建筑艺术上有装饰和美化戏台的作用，但从其起源和初衷来说，也许是为了改善剧场的音质，而不同于和入口有机组合的一般"影壁"，其最主要的作用是强调空间和装饰美化。

1 鲁迅．且介亭杂文末编·女吊．人民文学出版社，1973年，第150页。

2 冯俊杰．赵氏孤儿和盂县藏山神祠．戏曲研究第59辑．中国戏剧出版社，2002年。

第三章　庙宇剧场

第一节　中国传统庙宇剧场概论

一、中国庙宇建筑

所谓庙宇剧场就是建造于庙宇中的传统剧场。庙宇剧场是中国传统剧场中数量最多、分布最广、最为普及的剧场类型。

中国古代庙宇建筑极为普及，这也是庙宇剧场兴盛的前提。宋代吴自牧《梦粱录》卷十四记载，南宋临安就有庙宇近100处[1]。明清时期，庙宇建筑更为多见，遍及城乡。山西翼城县曹公村四圣宫明嘉靖三十八年（1559年）碑刻《西阎曹公里重修尧舜禹汤之庙记》就论及“自隆古以及今日，由王都以达穷乡，无地无神，无神无庙”[2]，一定程度上表明了当时人们的认识。山西阳城县郭峪村并不大，但有近20座大小不等的庙宇[3]，满足民众不同的精神寄托和心理需要。李景汉20世纪30年代对河北定县调查后发现：“当时全县尚存庙宇至少879座，在城关者计22座，在453村内者857座”[4]，平均一个自然村落就有2座庙宇。美国传教士明恩溥于1872年来华，在中国生活了近50年，感叹道：“中国庙宇数量之多真是令人难以置信”[5]。遍及城乡的庙宇使得庙宇剧场的繁荣成为可能。

二、祀神活动中的演剧

中国戏曲一直和祭祀性演剧有着密切的联系。对于中国戏曲的起源有种种不同的说法，即所谓娱神说、娱人说、古乐说、综合说等等[6]。其中，娱神说颇有影响，并越来越得到学界的认可。王国维（1877～1927年）在《宋元戏曲考》（1912年版）中论及：“歌舞之兴，其始于古之巫乎？巫之兴也，概在上古之世”，认为中国戏曲起源于巫觋[7]。而巫觋的主要场所就是庙宇。不少学者也认为中国戏剧起源于宗教祭祀[8]。作者对戏曲的产生和发展不妄加评论，但在大量乡村剧场的实地调

1　吴子牧（宋）撰，傅林祥注．梦粱录．济南：山东友谊出版社，2001年，第186～196页。

2　曹占梅．明代嘉靖年间的一例赛社活动——山西翼城曹公村四圣宫考．民俗曲艺（台湾），第107/108辑。

3　李秋香等．中国乡土建筑，郭峪村．重庆出版社，2001年，第73页。

4　李景汉．定县社会概况调查．中国人民大学出版社重印本，1986年，第417页。

5　明恩溥（美）．中国乡村生活．时事出版社，1998年，第131页。

6　周育德．中国戏曲文化．中国友谊出版公司，1996年，第1～6页。

7　王国维撰，叶长海导读．宋元戏曲史．上海古籍出版社，1998年。

8　周贻白在《中国剧场史》中论及：“戏剧本起于祀神的仪式，故当时戏剧的演出，除了私人设有小型的舞台和内廷的专门建筑外，一般人要看戏，便得到神庙或逢有祭祀的其他地方。至于正式售卖客座的剧场，则还是最近的事实。”（周贻白《中国剧场史》上海商务印书馆，1936年）。曲六乙在《宗教祭祀仪式：戏剧发生学的意义》中提出：“戏剧脱胎于宗教祭祀仪式活动是世界古代戏剧的共生现象。”（曲六乙《宗教祭祀仪式：戏剧发生学的意义，西域戏剧与戏剧的发生》新疆人民出版社，1992年）中国戏曲当不例外。日本学者田仲一成在《中国戏剧史 · 中译本自序》中论到：“通过这些资料的收集和解读，我发现，中国的农村戏剧是结合农村祭祀而演出的，是作为祭祀礼仪一部分而举行的一种戏剧，可从这一点上来探究农村戏剧的本质，因而便创立了与历来的‘地方剧’概念迥异的‘祭祀戏剧’新概念，并以此作为研究的视点。”（日本 · 田仲一成，中国戏剧史，北京广播学院出版社，2002年）

研后，认为庙宇文化在戏曲的孕育、产生、发展和繁荣中有绝对不可低估的作用。

就庙宇而言，迎神赛社的戏曲歌舞和雄伟的建筑、洁净的牺牲（供品）一起构成庙宇祭祀的三个重要组成部分。襄汾县卧龙庙元延祐三年（1316 年）碑刻《重修卧龙庙》曰：

> 予以见天下无不可成之事，无不可动之众。今我民待食以生，我稼待雨以茂，为之宫室之杰，牲醪之洁，竹丝之节。固未足答神惠，其于义则宜也[1]。

其中提到的“宫室之杰，牲醪之洁，竹丝之节”就是对上述三方面的描述。演戏活动往往因庙宇的祭祀而频繁。蒲县东岳庙清乾隆十三年（1748 年）《捐赀买地入神用绵盛举碑记》曰：

> 时维三月□圣帝之诞辰也，阖邑士女朝谒进香者，骆绎不绝，彼东西朔南四乡各建醮以朝山。而在县之绅衿士□联为一会以祀神者二三百人，先期戒庖人，设牲醴，远择伶人歌舞以侑食。每岁所费不下五十金焉。佥谋买地入神，每岁计其所入之数，以为费，庶几费有出而用不匮。

其中提到“远择伶人歌舞以侑食”，就是把歌舞戏曲作为重要的祭品。作为乡村共同体的“社”，每年均会举行春祈秋报的赛社活动，其中戏曲演出往往是重要内容。清乾隆元年（1736 年）《平阳府志》云：“岁时社祭，冬夏两举，率多演剧为乐，随其村聚大小隆杀有差，盖犹报穑之遗云。乡镇立香火会，扮社火，演杂剧，招集贩鬻，人甚便之。然男妇聚观，识者恨之。”[2]清乾隆十八年（1753 年）《蒲县志》卷十云：“近古矣，惟尚淫祀，村必有庙，醵钱岁课息以奉神，享赛必演剧。”长子县白云山八里洼清光绪十二年（1886 年）《白云山禁止票传戏碑》曰：

> 从来庙堂之设，原所以奉祭祀。而祭祀之逆莫先若献诸戏。演戏奉神，自古为然也。缘二月十二日乃系三□神诞之期，九村轮转报赛，有献戏两班者，尽心力而奉神，诚盛世也[3]。

同时，庙会也是庙宇演剧的有力推动者。庙会演戏，名义上为酬神，同时也给庙会增添热闹气氛，渲染红火场面。云南宜良县草甸土官村土主庙清康熙四十六年（1707 年）碑刻《土主庙戏台碑记》曰：

> 各村之盛会不一，见寄之歌唱，妆以傀儡；游人如蚁，士女如云，熙熙攘攘，诚斯境之一会也。但会非戏则聚不久，聚不久则情不畅。然戏非台亦何足观，因村营之，远近不一，抬搭维艰。由是乡人会议，相工师、度工材，经营以建立，台成，名曰祈丰[4]。

无独有偶，河南汤阴县乾隆三年（1738 年）所刊的县志中论道：“非戏，则会不闹。会不闹，则趋之者寡，而贸易亦因之而少。甚矣，戏不可少也！”[5]

三、庙宇剧场和祀神演剧

正是由于戏曲演出是古代庙宇祭祀活动的重要内容，引导了戏曲和庙宇的结合，并促进了庙宇

1　李秋香等．中国乡土建筑，郭峪村．重庆出版社，20001 年，第 73 页。
2　胡聘之．山右古刻丛编．卷三十一．山西人民出版社，1988 年。
3　张振南，暴海燕．长子县戏曲文物两则．中华戏曲第 22 辑．山西古籍出版社，1999 年，第 214 页。
4　顾峰．云南戏曲碑刻文告参述．中华戏曲第 19 辑．山西古籍出版社，1996 年。
5　转引自：田仲一成（日本）．中国戏剧史．北京广播学院出版社，2002 年，第 294 页。

剧场的繁荣发展。反过来，庙宇演剧和庙宇剧场的繁荣，也有力地促进了戏曲的繁荣，又带动了其他剧场类型的发展。

大量碑刻述及古代庙宇构筑戏台的目的时，一般均将其归于祭祀神灵（表 3–1）。

提及建造戏台的目的的部分碑文　　表 3–1

序号	碑刻名称	内容摘录	资料来源
1	山西定襄县明代《重修城隍庙记》	邑耆议以享神不可无处，宜建乐楼，以备规制	康熙八年（1720 年）刻本《定襄县志》载明 · 乔光大《重修城隍庙记》
2	山西阳城县下交村汤王庙明嘉庆十五年(1536 年)《重修乐楼之记》	故庙所以聚鬼神之精神，而乐所以和神人也。此前人立庙祀神之由，乐楼所建之意也	作者 2004 年实地调研时抄录
3	明 · 杨守正在《重修城隍庙碑记》	庙后有神栖，宫前有张乐赛神之楼	光绪五年（1879 年）铅印本《吉县志》卷八载明 · 杨守正《重修城隍庙碑记》
4	清乾隆十七年（1752 年）重修的《海城厅志备遗》	穷山小区，以建方庙，以为祈报之地，春秋二次，亦共聚焉，力不能者演灯影以酬神	中国戏曲志 · 宁夏卷，中国 ISBN 中心，1996 年，第 8 页
5	河南新安县荆紫山清乾隆二十一年（1756 年）《创建玉皇庙舞楼碑》	从来享赛神圣，必须歌舞敬献，歌舞必须搭台	杨健民，中州戏曲历史文物考，文物出版社，1992 年，第 117 和 203 页
6	陕西宁陕县清嘉庆二十年(1815 年)《宁陕营建马棚庙宇乐楼碑》	然庙貌金容虽云巍显，而春秋庆演，奈无乐楼，殊非所以妥神灵而表诚敬也	陈显远，汉中碑石，西安：三秦出版社，1996 年，113 ～ 115 页
7	山西长子县清光绪十二年(1886 年)《白云山禁止粟传文戏碑》	演戏奉神，自古为然也	张振南，暴海燕，长子县戏曲文物二则，中华戏曲第二十二辑，山西古籍出版社，1999 年，第 214 页
8	陕西西乡县大王庙民国四年（1915 年）《大王庙新修乐楼碑》	惟乐楼所以赛神，巴人下里之词，敢汙神听，固作迎送曲，使年年六月六日巫师赓歌，庶合于《九歌》、《招魂》之遗意乎	陈显远，汉中碑石，三秦出版社，1996 年，第 389 ～ 390 页

其他史料也多有提及庙宇剧场的祭祀性。清代焦循《剧说》卷六引《蓴乡赘笔》述及：“枫泾镇为江、浙连界，商贾丛积。每上巳，赛神最盛。筑高台，邀梨园数部，歌舞达旦，曰：神非是不乐也。”[1]清代潘耒《救狂后语 · 再与石濂书》曰：“演剧酬愿，唯神庙有之。”[2]光绪二十一年（1895 年）9 月 20 日《申报》载：“沪南江西会馆昨日由董事雇天仙戏园优伶登台演剧，以酬神贶，并聚桑梓观剧为乐，以敦乡谊，袍笏登场，笙箫迭奏，洵一时之盛事也。”这些史料无可辩驳地说明庙宇中建剧场的明确目的是为了奉祀神灵。

很多在旷野、街道等开阔之地临时构建的戏台，也往往以祭祀神灵为名。清康熙二年（1663 年）《松江府志》卷五十四曰：“松俗颇尚淫祀，信师巫。城市乡镇多迎神祈赛……又当春月，遍处构木为台演剧，名曰神戏。”清代顾禄在《清嘉录》卷二“春台戏”中曰：“二三月间，里豪市侠，搭台旷野，醵钱演剧，男女聚观，谓之春台戏，以祈农祥。”[3]清代《钦定吏部处分则例》卷四十五《刑杂犯》载：“城市乡村，于当街搭台酬神者，止许白昼演戏。”[4]清代汤斌《汤子遗书》卷九《苏松告谕 · 江苏巡抚汤斌禁赛会演戏告谕》载：“吴下风俗如遇迎神赛会，搭台演戏一节……于田间空旷之地，高搭戏台，哄动远近男妇，群聚往观，举国若狂。”[5]可见祀神演剧之普遍。

1　中国戏曲志编委会 . 中国戏曲志 · 江苏卷 . 北京：中国 ISBN 中心，1992 年，第 16 页。

2　中国戏曲志编委会 . 中国戏曲志 · 江苏卷 . 北京：中国 ISBN 中心，1992 年。

3　清 · 顾禄 .《清嘉录》卷二“春台戏”. 上海古籍出版社校点本，1986 年。

4　《钦定吏部处分则例》卷四十五《刑杂犯》. 王晓传《元明清三代禁毁小说戏曲史料》. 作家出版社，1958 年，第 53 页。

5　《汤子遗书》卷九《苏松告谕》. 转引自：王晓传 . 元明清三代禁毁小说戏曲史料 . 作家出版社，1958 年，第 89 页。

四、庙宇中的剧场

由于演戏活动是祭祀的重要内容，庙宇中建造戏台就变得非常普遍，几乎成为庙宇中必不可少的组成部分。山西孝义黄文村康熙五十六年（1718 年）《新立戏楼序》碑中记载："有神无献戏之所，其与无庙者也。"[1] 山西泽州城村玉皇庙清乾隆二十九年（1764 年）碑刻中更是感叹道："无戏楼则庙貌不称，无戏楼则观瞻不雅。"

清代时庙宇中没有戏台，人们会觉得遗憾。山西蒲县东岳庙清雍正八年（1730 年）碑刻《改迁华池庙创建戏楼序》曰："邑之人士于每岁七月二十三日为华池真君圣诞之辰建醮设戏，每若其无以栖伶伦而举乐奏，众志歉然，思欲改迁庙宇，创立戏楼。"剧场破损者，民众同样为之遗憾。山西长子县东北陈村关帝庙清光绪五年（1879 年）碑刻《重修戏楼碑记》提到，由于戏台长年未修，残损破旧，"不惟戏无以演，神无以奉，抑且为一村之羞也。"[2] 这些碑刻非常坦白地表达了当时民众的观念。

庙宇中的戏曲演出活动，极大地丰富了当时民众的文化生活。识字的人可以欣赏剧本，不识字的人可以观看演出。民众在观戏时，感到愉悦，也获取了文化和历史知识，提高了艺术鉴赏能力。山西长子县石家庄村玉皇庙民国二年（1913 年）《重修戏楼并东西看楼碑记》曰：

> 人情不能有苦无乐，田家作苦勤劳终岁，若无一次团□破颜为笑，亦太减却社会之兴味。故外洋戏剧之字所造甚深，名称极多，别著专门称为小说家以其足资愚夫愚妇之观感也。况春祈秋报通常赛会之戏，吾乡最盛。一镇一村每年演剧多至四五次，以至数十次者，此戏楼之所由建也。邑之西南乡石家庄玉皇庙旧有戏楼一座，不知创于何时，考诸碑，前清咸丰五年重修，迄今已历五十余年矣。经风雨兮摧残，受风霜而剥蚀，栋宇半即凋零，垣址渐形崩裂。瞻之在前，吾何□而可观也！予先兄希陶等目击心伤，公议修葺。适值天气亢旱，遂中止。[3]

碑文中没有高谈阔论，却毫不掩饰地强调了戏曲活动在乡村生活的娱乐功能。近代诗人柳亚子在清末也有一段精辟的论述：

> 春秋报赛，演剧酬神，此本不可以为善良之风俗。然而父老杂坐，乡里剧谈，某也贤，某也不肖，一一如数家珍。秋风五丈，悲蜀相之陨星；十二金牌，痛岳王之流血。其感化也，何一不受之于优伶社会哉？

戏曲和宗教在中国是古代两种非常有影响的文化，均具有世俗性和大众性特点，二者相互促进，共同发展。庙宇和剧场相互促进，共同发展，其组合颇值寻味。戏曲为庙宇招揽香火，庙宇为戏曲提供场所。庙宇建剧场的公开目的，几乎无一不是为祭祀神灵。庙宇剧场之所以从宋元到明清以及民国的漫长历史中经久不衰，其主要原因是民众将戏曲作为祭祀神灵的工具，并且庙宇中的戏曲演出成为民众重要的娱乐内容。总之，庙宇文化和信仰是庙宇剧场建筑发展的强有力的推动者，庙宇剧场因此成为中国剧场建筑中最为重要的类型。

下文主要选取全国各省现存的典型实例，分节进行分析和论述。由于山西元代和明代的庙宇剧场数量较多，且价值很高，所以山西部分则单独设有"山西元代庙宇剧场"、"山西明代庙宇剧场"等章节。

1　朱景义．从孝义的古乐楼看晋中的戏剧演出．山西省考古学会论文集．山西古籍出版社，2000 年，第 457 ～ 472 页。

2　作者 2001 年 7 月实地调研时抄录。

3　作者 2004 年 7 月实地调研时抄录。

第二节 山西元代庙宇剧场建筑

一、引论

山西元代戏曲非常繁荣，因而这一时期剧场建筑得到了很大发展。中国现存的元代戏台主要集中于山西南部。当然，古代建筑的留存偶然性极大，近期尚不能肯定元代戏台的确切分布情况。但从现在所掌握的资料分析，可以大致判断元代戏台相对集中于平阳地区（今临汾和运城一带），表现出明显的地域性（图 3–1）。

二、山西元代杂剧和建筑的发展

山西（尤其是平阳地区）是北杂剧的主要形成和流行地区之一。陆续发现的一些戏曲文物即可为证，如芮城县永乐宫元中统元年（1260 年）潘德冲墓杂剧线刻石棺[1]、新绛县吴岭庄卫家墓元至元十六年（1279 年）社火雕砖[2]、稷山县店山村元至元二十六年（1289 年）杂剧砖雕[3]、新绛县寨里村元至大四年（1311 年）墓杂剧雕砖[4]、洪洞县广胜寺明应王殿元泰定元年（1324 年）杂剧壁画[5]、运城市西里庄元代墓戏曲壁画[6]等等。当时杂剧的主要演出活动在民间，被称为“散乐”。

元代山西陆续涌现出许多剧作家。王国维在《宋元戏曲考》（1912 年）中言及元杂剧作家中，“北人之中，大都之外，以平阳为最多”，并认为古平阳为元初除大都之外“文化最盛之地，宜杂剧家之多也”[7]。根据《录鬼簿》等史料著录，元代山西籍杂剧作家有白朴、郑光祖、乔吉、石君宝、李寿卿、于伯渊、赵公辅、李行甫、狄君厚、孔学诗、张鸣善、吴昌龄、罗贯中等十三人。《元史类编》中还有关汉卿是山西解州人的记载[8]。

在戏剧发展的同时，元代建筑一方面发展唐宋以来的传统形式，另一方面，又吸收了金代建筑的一些特征。在用材上，元代建筑比宋代的《营造法式》所示的建筑自由和灵活得多。不少建筑直接用原材，疏于装饰，显得粗犷质朴，朴实有力。元代建筑一些细部做法也颇具特色，如斗栱开始大量使用翼形栱，柱采用梭柱的形式，在柱头上砍出卷杀等等。

图 3–1 山西现知的元代戏台分布示意图（每一数字所代表的戏台见表）

1 李奉山等．山西芮城永乐宫旧址宋德方、潘德祖和“吕祖”墓发掘简报．考古，1960 年第 8 期。
2 黄竹三等．元初戏剧演出的重要史证——山西新绛元墓戏雕考述．山西师大学报，1981 年第 2 期。
3 廖奔．宋元戏曲文物与民俗．文化艺术出版社，1989 年，第 109 页。
4 山西文物工作委员会侯马工作站．山西新绛寨里村元墓．考古，1966 年第 1 期。
5 刘念兹．元杂剧演出形式的几点初步看法——明应王殿杂剧壁画调查札记．戏曲研究，1957 年第 2 期。
6 山西省考古研究所．山西运城西里庄元代壁画墓．文物，1988 年第 4 期。
7 王国维撰，叶长海导读．宋元戏曲史．上海古籍出版社，1998 年，第 77 页。
8 中国戏曲志编委会．中国戏曲志 · 山西卷．文化艺术出版社，1990 年，第 10 页。

三、祭神演剧活动

元代时，山西（特别是平阳）祭祀活动频繁，庙会香火旺盛，往往借娱神敬神之机，大搞戏曲演出。临汾市魏村牛王庙清光绪二十四年（1898年）重刊元碑《牛王庙元时碑记》曰："至于清和诞辰，敬诚设供演戏，车马骈集，香篆霭其氤氲，杯盘竞其交错，途歌俚咏，伛偻相携，往往来而不绝者，至日致祭于此也。"[1]碑刻中提到的场面可谓热闹。山西洪洞县明应王庙元延祐六年（1319年）《重修明应王殿之碑》也有类似的记载："远而城镇，近而村落，贵者以轮蹄，下者以杖履，挈妻子与老羸而至者，可胜慨哉。争以酒肴、香纸聊答神惠。而两渠资助乐艺牲币献礼，相与娱乐数日，极其餍饫，而后顾瞻恋恋犹忘归也。"[2]从中可看出城乡赛社演剧的盛况和戏曲活动的繁荣。

壶关县真泽宫元至元七年（1270年）《重修真泽庙记》记述了上党一带普遍建立庙宇以及每年规模盛大的赛社活动，曰：

> 上党之俗质直好礼，勤俭力穑，民勇于公役，怯于私门，自昔称为易治。然独非于事神，凡井邑聚落之间，皆有神祠，岁时致祭。其神非伏羲神农，尧舜禹汤，则山川之望也。……岁正月始和，农事作，父老率男女数十百人，会于里中祠下，丰牲洁盛，大作乐，置酒三日仍罢。香火相望，比邑皆然。至十月农事毕乃止，岁以为常[3]。

元中书左丞吕思成籍贯为山西平定，在至正十三年（1353年）为家乡所作的碑文《灵瞻王庙记》中记载了平定州祭祀迎神的情况：

> 四月四日献享庙上。前期一日迎神，六村之众具仪仗引导，幢幡宝盖，旌旗、金鼓与散乐、社火层见叠出，名曰"起神"。明日牲牢、酒醴、香纸既丰且腆，则吹箫击鼓，优伶奏技。而各社各有社火，或骑或步，或为仙佛，或为鬼神，鱼龙虎豹，喧呼歌叫，如蜡祭之狂。日晡复起，名曰"下神"。神至之处，日夕供祀惟谨。岁以为常。[4]

四、山西元代庙宇剧场的发展

由于庙宇中戏曲演出甚为兴盛，所以庙宇剧场建筑的大量兴建也就顺理成章了。宋金时期，山西庙宇中的一些碑刻已经提到"舞亭"、"舞楼"、"舞庭"，但到目前为止，还未发现有专门记载修建戏台的碑刻。元代出现了专门记载修建戏台的碑刻，说明剧场建筑在庙宇中的重要性提高。万荣县太赵村至元八年（1271年）《舞厅□碑》曰：

> 今有本庙，自建修年深。虽经兵革，殿宇而在。既有舞基，自来不曾兴盖。今有本村□□□等，谨发虔心，施其宝钞二百贯文，创建修盖舞厅一座，刻立斯石矣。时大朝至元八年三月初三日创建。砖匠李记[5]。

万荣县西景村东岳庙至正十四年（1354年）《施缘功》曰：

---

1 延保全，王福才．新发现的魏村元代戏台史料．中华戏曲第二辑．山西人民出版社，1986年，第32−40页。

2 刘念兹．元杂剧演出形式的几点初步看法——明应王殿元代杂剧壁画调查札记．戏曲研究，1957年第2期。

3 乾隆三十五年（1770）刻本《潞安府志》卷三十。

4 光绪八年（1882）刻本《平定州志》卷十。

5 夏杨．河东现存宋、金、元舞台碑碣资料辑较与浅说．河东戏曲文物研究，中国戏剧出版社，1992年，第11页。

施缘功德主，本老王二、男王九，同发善心，于岱岳庙内，舞厅周遭，压基台石四面，般载施功。众村人等，原各人春安、夏泰、秋吉、冬祥。时甲午年壬午月甲子日功毕。石匠西胡村费卜。景全官施钞十两，景小待诏施钞五两。卫庸德施钞二两半，柳李二施钞二两半。费卜大元国至正十四年五月初三日撰[1]。

这两通碑刻专门陈述庙宇剧场的建设，其意义不可低估。元代的一些庙宇，建有不同形式的演出场所。芮城县芮王庙元大德元年（1297 年）碑刻《芮王庙记》曰："门楼高敞，献有殿，舞有庭，戏有台，与夫左廊右庑，塑像焕然。"[2] 碑末云："救张弟之厄而露台建，此自有石碣具存，不复赘云。"说明早在此次重修之前，就已经存有露台。碑中所言"献有殿"即献殿，"舞有庭"即舞楼，同现在所谓的戏台；"戏有台"，实际指的是露台。

当然，元杂剧在山西绝非仅仅存在和流行于南部地区，而是从南到北，弥漫山西全境。如大同市雷山洞济侯祠元至正二十一年（1361 年）《□□感应碑记》记载："七日丁卯，陈祝币，具三牲，行三献之礼，张伎乐百戏，谢拜祠下。"[3] 这儿的"伎乐百戏"实际包括有多种演出形式，其中自然有杂剧戏曲演出。元代著名剧作家吴昌龄是大同人，想必大同元代戏曲演出也不会沉寂。对于山西元代杂剧以及剧场建筑而言，大概由于"平阳"这颗巨星已经照亮了山西，其他"小星"只能淹没于其中了。

同时，从现知的戏台还可看出（表 3–2），元代庙宇戏台的建造时间贯穿元代始终，未有间断。这自然也是元杂剧盛行的体现。

到了明代后期，仍有大量元代戏台留存。河津市樊家庄村明万历三十三年（1605 年）《重修乐楼记碑》曰："而剧赛惟元人为盛，善音调集南北蕃汉，而人少徭税，岁时辄以娱人为乐。舞亭、乐楼多属盛国之遗，此可为一验。"[4] 其中提到的"盛国"就是指元代。

山西元代戏台（包括现存者和虽不存但有据可查考者）一览表[5]　　表 3–2

序号	地点、名称和时间	内容摘录或说明	存毁情况	资料来源
1	山西平阳（今临汾）景行里岱岳行祠至元五年（1268 年）戏台	元王恽至元二十年（1283 年）《平阳路景行里新修岱岳行祠记》云："经始于辛卯岁之三月，落成于至元之戊辰……下至和乐有亭"	不存	《秋涧集》卷三十六，文渊阁《四库全书》本
2	万荣县南张乡太赵村稷益庙至元八年（1271 年）戏台	庙内至元八年（1271 年）《舞厅石口》云："今有本庙，自建修年深。虽经兵革，殿宇而在。既有舞基，自来不曾兴盖。今有本村□□□等，谨发虔心，施其宝钞二百贯文，创建修盖舞厅一座，刻立斯石矣。时大朝至元八年三月初三日创建"	不存	夏扬，河东现存宋、金、元舞台碑碣资料辑较与浅说，河东戏曲文物研究，中国戏剧出版社，1992 年
3	万荣县薛李村岱岳祠戏台	元至元十八年（1281 年）《重修岱宗祠碑》："正室七架，后以甬道通路寝屋……面正室乐亭三架……俶落于至元十一年甲戌之春"	不存	民国六年石印本《万泉县志》卷七"艺文志"
4	临汾魏村牛王庙至元二十年（1283 年）戏台	详见本节	现存	作者 2000 年 12 月、2002 年 7 月分别实地调研
5	芮城永乐宫至元三十一年（1294 年）龙虎殿	详见本节	现存	作者 2002 年 1 月实地调研。

1　夏扬．河东现存宋、金、元舞台碑碣资料辑校与浅说．河东戏曲文物研究，中国戏剧出版社，1992 年。
2　清代胡聘之．山右石刻丛编卷二十八．山西人民出版社影印本，1988 年。
3　清代胡聘之．山右石刻丛编卷四十．山西人民出版社影印本，1988 年。
4　转引自：杨太康．试探明代的山西戏曲．山西师范大学学报（社会科学版），1988 年第 1 期。
5　本表根据文献和实地调研结果整理而成。

续表

序号	地点、名称和时间	内容摘录或说明	存毁情况	资料来源
6	长治五龙庙元贞二年(1296年)戏台	元杨仁风元贞二年(1296年)《重修五龙庙记》云:"中门、舞榭,载起其楼;正殿、长廊,悉完所损"	不存	光绪二十年刻本《长治县志》卷四
7	阳城崦山白龙庙大德元年(1297年)戏台	大德元年(1297年)《重修显圣王庙记》云:"自元贞二年春经始,至大德元年丁酉夏告成,正、献二殿榱桷翠飞,池舞两庭檐楹轮奂,压栏、楹柱、池甓悉更之以石,期年之间,刮目一新"。戏台建于金代,元代重修,现已毁,存清代戏台	不存	2001年7月实地调研时摘录。此碑现存庙内
8	芮城芮王庙大德元年(1297年)戏台	元河南卿《芮王庙记》云:"门楼高敞。献有殿,舞有庭,戏有台,与夫左廊右庑,塑像焕然"	不存	(清)胡聘之《山右石刻丛编》(影印本)卷二十八,山西人民出版社1988年
9	万荣县孤山风伯雨师庙元代戏台	面阔7.8米,进深7.7米。庙毁于抗战时,戏台仅存两根石柱,高3.4米,下宽0.33米,上宽0.28米,上刻"尧都大行散乐人张德好在此作场,大德五年三月清明施钱十贯",又云:"盖闻风伯雨师之殿列宿祠官,起垒基止,划除荆棘,展修庙庭,抽梁换檐,移那舞庭,创建缠腰。开山拣材,琢磨成,造刊成之器上凿嵌花龙石树一对。"石柱在1958年被打碎,残片现存中国艺术研究院戏曲研究所。据明嘉靖二十七年碑载,"撤乐楼作小轩,洞开八窗"。据康熙四十七年碑云:"于轩之下增建舞楼一座。"说明清代又新建了戏台	不存	墨遗萍,记几个古代乡村戏台,戏剧论丛,1957年第2期
10	沁水下格碑圣王行宫大德六年(1302年)戏台	元至治二年(1322年)《创修圣王行宫之碑》云:"至大德六年甲寅,复有本村徐思、刘清等继乃先之功,修建舞庭一座,累年以年,不时施工,金碧杂焕,檐甓甍飞,轮焕一新"	不存	冯俊杰,新发现的一通含舞庭文字的元人碑刻,中华戏曲21辑,山西古籍出版社,1998年
11	洪洞安乐王庙大德八年(1304年)戏台	(明)邢大道《重修安乐庙记》曰:"元丁亥里人贯奇创构之,大德癸卯地震圮,明年重饰如故。明嘉靖壬辰竖会贤阁,为门壮其前。进而重门四楹、乐亭四楹,进而大殿四楹、两庑各十楹,又进而后寝堂四楹,皆元之旧,抵今三百余年"	保存	民国6年《洪洞县志》卷十五
12	襄汾县卧龙祠延祐三年(1316年)戏台	元张思敬延祐三年(1316年)《重修卧龙祠记》曰:"有以助至五千余缗,讫功而积,犹有□傍周乐亭之未逮者"	不存	清胡聘之《山右石刻丛编》卷三十一,山西人民出版社影印本,1988年
13	芮城县岱岳庙元延祐五年(1318年)戏台	元延祐六年(1319年)《岱岳庙创建香台记》碑云:"殿宇廊庑、献台舞殿,庙貌之设昔皆具备,惟香台阙焉。里人王玉、张仲诱谨启丹诚,同成胜事……不日而成"	不存	车文明,露台的兴衰,(台湾)民俗曲艺99期,1996年
14	永济董村三郎庙至治二年(1322年)戏台	详见本节	现存	作者2000年12月实地调研。
15	翼城武池乔泽庙泰定元年(1324年)戏台	详见本节	现存	作者2000年12月实地调研
16	洪洞景村牛王庙戏台	戏台仅存前台两根小八角石柱。柱高3.3米,下径0.43米,上径0.36米。柱距7.4米。柱上有纪年刻字,东角柱刻"南北曹村施般载石柱车牛人工张惠等石匠杨五卫",正面下方刻"至正二年岁次壬午",边刻"砌匠卫彦深"。西角柱上刻"南北曹村施般石柱车牛人工任伯川等"。庙已毁,仅献殿存石柱四根	仅存石柱两根	丁明夷,山西中南部的宋元舞台,文物,1972年第4期
17	长治五龙山五龙庙元至正三年(1343年)戏台	五龙庙元至正三年(1343年)碑刻《重修会应王庙记》曰:"华扁烂金碧之署,舞榭腾丹雘之妆"	不存	冯俊杰,山西戏曲碑刻辑考,北京:中华书局,2001年,第122~123页

续表

序号	地点、名称和时间	内容摘录或说明	存毁情况	资料来源
18	沁水县杏峪乡姚家河村天齐庙元至正四年(1344年)戏台	戏台仅存台基及石柱七根。明间檐柱前面刻“王秦村祖上阴阳先生母阿张□□愿施石益崇厚庙圣世国泰民安溙石”，后面刻“上元甲子至正四年岁次甲申七月十五日记”。前檐立三根,后檐竖一根，院中躺两根，院外躺一根，已断为两截。柱子为方形抹角石柱，有收杀，高2.52米，上径0.34米，下径0.42米。通面阔三间7米，其中明间2.9米，进深5.5米。台基高2.5米	仅存台基及石柱七根。	田同旭、李来虎，新发现的沁水元代戏台遗址考察，中华戏曲7辑，山西人民出版社，1988年
19	临汾东羊东岳庙至正五年(1345年)戏台	详见本节	现存	作者2000年12月、2002年7月分别实地调研
20	万荣县西景村岱岳庙至正十四年(1354年)戏台	庙内至正十四年(1354年)《岱岳庙修舞厅碑》曰：“施缘功施缘功德主本老王二、男王九，同发善心，于岱岳庙内舞厅周遭压基台石，四面般载施功。众村人甘愿各人春安、夏泰、秋吉、冬祥。时甲午年壬午月甲子日功毕。石匠西胡村贯卜。景全官施钞十两。景小待诏施钞五两。卫庸德施钞二两半。柳李二施钞二两半。贯卜。大元国至正十四年五月初三日撰。”戏台已毁，存照片	不存	夏杨，河东现存宋、金、元舞台碑碣资料辑较与浅说，河东戏曲文物研究，中国戏剧出版社，1992年
21	石楼张家河圣母庙戏台	圣母庙位于石楼县张家河殿山寺村北山巅上，庙内正殿和配殿就地取材，全为料石垒砌成窑洞式殿堂，惟戏台为砖木结构建筑。戏台台基高2.15米，片石垒砌，台身立柱除转角处外，两山施中柱中各一，将台深分为两间。后人于前后檐两角柱之间加设平柱两根，柱径甚细，显然不是原构。柱上不施大额枋而设阑额的普拍枋，枋上设斗栱承托屋檐，每面四朵，补间两朵，四铺作，单下昂，转角处施角昂和由昂。屋顶为单檐歇山式，举折和缓，翼角平直古朴。此楼规模较小，平面近似正方形，以柱中测之，台上面积仅及27平方米，是目前已知的元代戏台中最小的实例。戏台的结构在明清两代进行过补修，但整体结构（台基、柱子、斗栱、梁架等）基本为元代遗构	现存	柴泽俊，平阳地区元代戏台，戏曲研究第11辑，1984年2月
22	临汾王曲东岳庙戏台	详见本节	现存	
23	翼城曹公四圣宫戏台	详见本节	现存	
24	泽州冶底村东岳庙戏台	详见本节	现存	

五、山西元代庙宇剧场建筑实例

1. 临汾魏村牛王庙剧场

魏村位于临汾市西北约15公里，西南靠近姑射山，东南濒临汾水。牛王庙居于村的西北面山冈上，中轴线上从南到北依次为戏台、献殿、正殿等。1996年，牛王庙被公布为全国重点文物保护单位。

庙内现存清光绪二十四年（1898年）碑刻《忆我西社》，追述了该庙自元代二十二社到清末六社之沧桑，以及光绪时重修的经历。此通碑刻的碑阴重刊有元代碑文《牛王庙元时碑记》，其中述及庙宇的位置、戏台的雄姿和临汾一带红火的赛社活动，曰：

今有乡赛二十余村，岁时香火益盛。畴昔其庙枕村之北岗，姑峰秀于前，汾水环于左，地基奕垲，

图 3-2　临汾魏村牛王庙戏台外观

栋宇翚飞，石柱参差，乐厅雄丽。远近士庶，望之俨然，敬心慄慄，罔不祗畏，实一方之奇观也，目睹祀事，今罕有之。至于清和诞辰，敬诚设供演戏，车马骈集，香篆霭其氤氲，杯盘竞其交错，途歌俚咏，伛偻相携，往来而不绝者，至日致祭于此也[1]。

庙内现存的戏台为元代建筑（图 3-2、图 3-7）。砖石台基，高 1.15 米。面阔 7.45 米，进深 7.55 米，基本为方形，进深略大于面阔。为了减少两山面的负荷，在山面进深方向后三分之一处立辅柱，并从此处后侧起砌墙，前面敞开，观众可由三面观戏。辅柱顶端，原有铁环，用以悬挂帷幕区分前后台。

四角立柱，前檐石柱，后檐木柱。前檐石柱四角抹楞，正面雕以化生童子和牡丹图案，抹角处有铭文（图 3-3）。西柱铭文曰："蒙大元国至元二十年（1283 年）岁次癸未季春竖石泉南施石人杜秀。"柱头上方刻："交底都维那郭仲臣。"东柱铭文曰："维大元国至治元年（1321 年）岁次辛酉孟秋月下旬九月竖，石匠赵君王"。柱头上刻"交底众社人施石柱一条"[2]。两柱题记相差三十多年。大概西柱为创建时的原物，东柱为重修时的构件。元大德七年（1303 年）平阳一带发生大地震。《临汾县志》载："元大德七年八月因地大震，民房官舍多倾塌，地裂成渠，人民压死不可胜计。"地震中，牛王庙应是遭到严重的损坏。由此，可判断牛王庙戏台创建于元至元二十年（1283 年），重修于元至治元年（1321 年）。

戏台角柱均置大斗，斗口内施十字形雀替，上架四根大额枋，形成井字形框架。额枋上每面各施斗栱四朵，四面共十二朵，分补间和转角两种，均为双下昂五铺作（图 3-4）。斗栱上承檐出和梁架，转角处施抹角枋（图 3-5），上承井口枋，形成第二层井字形的框架。井口枋又辅梁架，上施第二层斗栱，每面四朵，共十二朵，每面中间的两朵斜栱之上，承抹角梁，形成一个扭转九十度的方框，抹角枋中心处设垂柱，上架小枋，四角抹去，形成八角形的框架，每面施斗栱各一，共八朵，汇合于中心，形成"八角形藻井"（图 3-6）。

图 3-3　临汾魏村牛王庙戏台石柱

图 3-4　临汾魏村牛王庙戏台斗栱

1　延保全，王福才．新发现的魏村元代戏台史料．中华戏曲第 2 辑，山西人民出版社，1986 年。

2　作者 2000 年 12 月实地调研时抄录。

图 3–5 临汾魏村牛王庙戏台梁架

图 3–6 临汾魏村牛王庙戏台藻井

戏台对面为献殿和正殿。献殿呈方形，面宽和进深均为一间，为 5.1 米。四角圆木柱略有收分和侧角。东北角柱柱础为覆莲式，其余角柱为素盆柱础。内顶有藻井。值得注意的是，檐下四周的十根柱子是光绪年间附加上去的。光绪二十三年（1897 年）《重刻广禅侯元时碑记》碑阴载：“且于献亭下辅立柱十根”。

图 3–7 临汾魏村牛王庙戏台正立面图

正殿面宽三间，悬山顶。檐柱为四根粗大的圆木柱，有侧角和收杀。门额上有匾“广禅侯殿”。殿内有牛王、马王、药王泥塑像，为清代所塑。牛王塑头上有短角，正视前方。马王和药王的头偏向牛王。梁上有墨书题记：“道光五年（1825 年）孟春二十六重修，阖社为安”；“道光五年随社纳会名开列于后：羊舌村、和村、□□庄、车辐村、山底村、西郭村、□□、官地里、潘家庄、□□、庄□村、魏村。众村同心协力，阖社均安，大吉大利。”虽然牛王庙在魏村，但参与落架大修的村庄有 12 个，正所谓“同心协力，阖社均安”。

旧时，每年四月初十庙会，会期三天，一般均会演戏。清明时期，成立“三王会”，各社轮流负责演剧。清同治十一年（1872 年）《三王会碑》记载了其“会规”，云：

> 每年逢会初十日，六社献牲，挨次转牌交社，本社人在中，交社人在东，接社人在西，甚勿紊乱。所写之戏，或是本县，或是外县，总要初九日早到迎神，十二日早刻送神为止。倘敢以官挟势，强行拉戏，六社公办，决意不准。三王之威名，反不如伊乎？逢会之期，天雨若大，误了日期，出钱四千文，入公修理山棚。上面要做五大名山，中间五马破曹，下层士农工商游山玩水之势。又，四外村中，不要停留贼匪，损人利己；如若强留者，六社公议，定要将窝主、贼人立送死地，以除其害，决不食言。为此谨志[1]。

1 作者 2004 年 8 月实地调研时抄录。

图 3-8　临汾东羊村东岳庙戏台正面

图 3-9　临汾东羊村东岳庙戏台背面

图 3-10　临汾东羊村东岳庙戏台石柱

图 3-11　临汾东羊村东岳庙戏台柱础

2. 临汾市东羊村东岳庙剧场

东羊村位于临汾市西北约 10 公里土门镇。东岳庙现存前后两进院落，坐南朝北，占地面积 2500 方米，中轴线上从到到北有山门、戏台、后殿等建筑。根据戏台石柱题记，东岳庙创建于元至正五年（1345 年）。庙内清顺治元年（碑末题云："大顺永昌元年"）（1644 年），云：

> 东羊村古有东岳庙，后有神宫，乃宫后土圣母暨娲皇、奶母，缤纷巍峨，森森整肃。其初嘉靖二年（1523 年）重修，又到万历四年（1576 年）亦复重修，四月二十八日开光。后因风雨倾圮，于大顺国永昌元年之秋，当事者倡率群善，各发虔心，捐资补塑，五彩绘饰，庙貌堂皇，上保国泰民安，风雨□而五谷登，孕育盛而惠泽流。神功昭然，在人耳目，岂其□哉！[1]

根据这通碑文以及庙宇内的其他题记，可知该庙在明嘉靖二年、万历四年、天启二年，清乾隆二年、光绪二年有五次大修。现存建筑中，戏台为元代遗构（图 3-8、图 3-9），其余则为清代重建。

戏台前檐西侧石柱上部刻有建年题记，曰："本村施主王子敬、男王益夫，施到石柱一条，众社般（搬）载，至正五年（1345 年）月日，本村石匠王直、王二"，可见戏台建于至正五年（1345 年）。现存戏台保持了元代建筑的特征，应是当时遗构。戏台单开间，单进深，面阔和进深均为 8 米，平面呈方形，台基高 2.0 米。前檐石柱抹楞，柱身正面雕刻着精细的牡丹花纹图案和化生童子（图 3-10），覆莲柱础（图 3-11）。后檐两侧为圆形木柱，柱头卷杀。两侧山墙内分别设辅柱两根，直径略细，前

1　作者 2004 年 8 月实地调研时抄录。

图 3–12　临汾东羊村东岳庙戏台斗栱

图 3–13　临汾东羊村东岳庙戏台藻井

侧的山柱距离前角柱 0.80 米，后侧的山柱约在山墙后部的三分之一处。除台口外的其余三面均筑墙。

戏台的四根角柱分别置大斗，斗口内施十字形雀替，四角柱子四向施大额枋结成框架，上面设斗栱（图 3–12），每面七朵，六铺作，重栱计心造，上面施蚂蚱形耍头与令栱相交，承撩檐枋和檐头椽上的负荷。斗栱后尾出华栱，上设耍头与实拍栱相交，承第二层额枋结成的框架。转角处有抹角梁承第二层额枋和大角梁之后尾，外端设仔角梁挑出。第二层框架之上，每面设斗栱五朵，除转角处外，每面补间三朵，五铺作，两跳华栱头上皆施异形栱，当心一朵左右各施斜栱，斜栱上的杠杆伸在大角梁上皮，形成与第二层额枋交错叠构的一个斜向方框。正出华栱上的杠杆和大角梁后尾均设斗，挑承着第三层斗栱，形成藻井（图 3–13）。藻井上设由戗八根，支撑着当心的雷公柱。整个梁架部分制作严谨，比例适度，结架玲珑，精巧富丽。台内后壁彩绘神兽一只，头成龙状，身为麒麟之形，牛蹄马尾。旁边绘一勇士，黑发黑须，手持匕首，正在降服神兽。

正殿已毁，现仅存台基和柱础。据老人回忆，原正殿面宽五间，单檐歇山顶。

后土殿建于明代，悬山顶，面宽三间，进深五架椽，灰脊筒瓦。柱头斗栱为四铺作单下昂，耍头呈蚂蚱头，出檐较深。补间铺作仅明间一朵。脊枋题记一条："时大清乾隆二年（1737 年）岁在丁巳，七月戊申二十六日，壬子吉时，重修主木人朱鹭，伏愿合村清吉。"门上有匾额"后土圣母"，匾的右侧竖写两行："时大明天启贰年（1622 年）岁次□壬□孟秋□吉立"；"大清光绪二年（1876）□秋月谷旦重修"。

3. 临汾市王曲村东岳庙剧场

王曲村位于临汾市北约 10 公里。东岳庙创建年代不详，坐北朝南。正殿的西壁上，镶有明嘉靖四十五年（1566 年）《重修岱庙建立碑记》，述及该庙"多年疏漏体坏，风雨所侵"，于是重修，主要修葺庙内殿堂。现仅存正殿和戏台。

戏台无建年题记，但按其规格式样与制作手法判断，台基、斗栱、梁架等均应系元代遗构，惟瓦顶部件经明代修补。

戏台（图 3–14）坐北朝南，平面呈正形，单开间单进深，均为 6.60 米。台基四角立柱，柱为圆形木质。柱高 3.62 米，下端柱径 58 厘米，上端柱径 50 厘米。柱头置栌斗，施朝绰木枋，上承大额枋。大额枋上每面施斗栱五朵，铺作为重栱计心造，单杪单下昂，耍头呈蚂蚱头。两山墙后部各设辅柱一根，辅柱直径略小于角柱。辅柱后面砌墙，前面敞开。值得说明的是，现存辅柱前面的山墙为后人砌筑[1]。台身前檐有抱厦，似为后人改制之物，附加于前侧。这座戏台结构简练，手法苍古，和魏村牛王庙戏台的形制多有相似之处，传说为同一师傅所设计。

1　因为山墙的前后两段规格不一，下肩高低亦不相等，显然是后人补筑上的。

图 3–14　临汾王曲村东岳庙戏台

图 3–15　翼城县武池村乔泽庙戏台外观

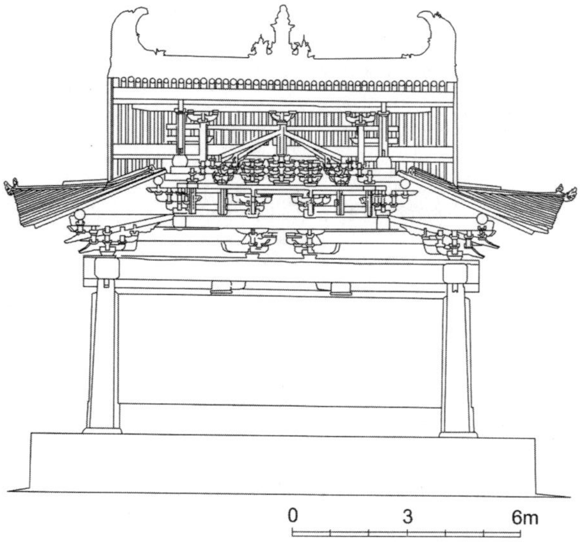

图 3–16　翼城县武池村乔泽庙戏台剖面

4．翼城县武池村乔泽庙剧场

武池村位于翼城县城东南 8 公里。庙内正殿、献殿和配殿等建筑相继毁于战乱和“文革”，惟戏台仍存。乔泽庙始建年代无考。庙内金大定十八年（1178 年）《重定翔皋水记》载：

今南梁村之东约二里有一泉，其源奋涌，清冷可爱。因其泉而有庙貌焉，亦甚严洁，凡有水旱疾疫之灾，祷之无不应者，福荫万室，泽润一方。考之图经所载，东西距县一十五里有山曰翔皋山，山之麓有泉曰翔皋泉者，即此水也。亘数千百年之绵邈，不知何代之所出也。自唐大历二年（767 年）始有碑记，多记灵异之迹。下迄于宋大观四年间，县宰王君迩，会合邑人，愿集神前后响应之实，以闻朝廷，至五年，赐号曰“乔泽庙”。时王君以秩满而归，新令尹田君灏莅事之初，以赐庙号之事，作记立碑焉[1]。

由此可知，庙内所供奉的是自然神，即翱皋山下的翱皋泉。庙在唐代时已经有碑记，宋大观五年（实为政和元年，即 1111 年）时，已经得到朝廷的赐号“乔泽庙”[2]。

清康熙五十二年（1713 年）《栾池水例古规碑记》中阐述了庙貌和水利情况，云：

翼邑东南翔山之下，古有东西二池。晋栾将军讳宾，生其傍，故以为姓。及栾将军讳成死晋哀侯之难，小子侯嘉其忠，以栾为祭田，令南梁、崔庄、涧峡立庙祀焉。唐大历二年，韩邑令讳佋重修。居民以三月初八日祭赛。宋熙宁年间，南梁、涧峡始同下流运石修砌，合二池为一池，庙废坠又同下流修理硐作，乃称为上三村也。殿前香亭，涧峡建焉。东殿子孙祠、西殿阎罗府并山门、戏楼俱全，系南梁所建。两傍虽有下村廊房，而前后左右地基，则无尺土不属南梁焉。南梁发源之地，为十二村之首，所以南梁任意自在浇灌，不计时候，非别村可比[3]。

碑文言及，自唐代以来，每年三月八日举行庙会。1985 年，县文物局对戏台进行落架大修时，在戏台西北转角斗栱的华栱下皮，发现了一条墨迹题记：“泰定元年（1324 年）十二月十七日，武池村创建舞楼壹座。都维那头：邢口、邢德；都维那头：李温、姪男李思谅。”这一发现，确定了戏台建造年代，表明乔泽庙是先建庙宇，而后补建戏台的。

戏台（图 3–15、图 3–16）坐南面北，台基东西宽 13.35 米，南北深 13.10 米，平面近于方形。

1　作者 2000 年实地调研时抄录。

2　关于乔泽庙的含义，乔泽庙元至元九年（1272 年）《重修乔泽神庙并水利碑记》中有解释，云：“邑之东山曰翱皋而极高，下有涌泉。盖乔者，高之称也。泉能泽其物而有神焉，故号曰乔泽。”

3　作者 2000 年实地调研时抄录。

图 3–17　翼城县武池村乔泽庙戏台藻井

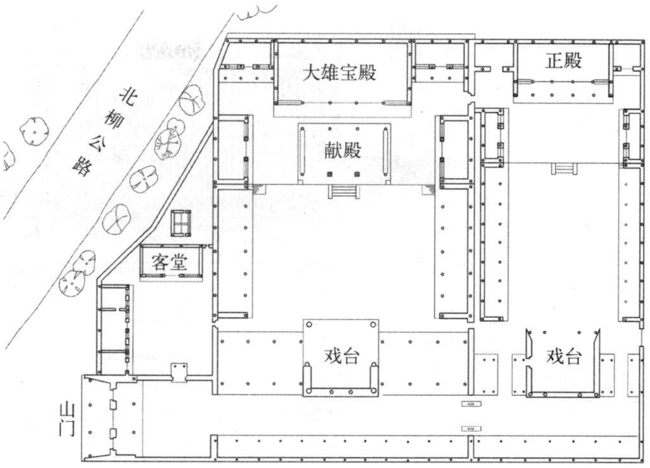

图 3–18　翼城县曹公村四圣宫平面图

四角各立柱子一根，面阔 9.33 米，进深 9.31 米，面积达 91.70 平方米，是普通元代戏台的二倍，为山西现存的元代戏台中规模最大者。山墙面距后柱三分之一处和后檐两角柱之间设辅柱。后檐平柱和角柱的直径一样。山墙面前面三分之二敞开，后面三分之一砌墙。

四角的四根木柱上设丁字形雀替，四面施大额枋结成“井”字形框架。额枋上施斗栱，上承抹角梁，抹角梁中间施十字形雀替，四面补间斗栱之上施抹角“井”字形梁架，上承第二层框架。环绕第二层框架施斗栱八朵，上承八边形框架，上设斗栱，斗栱之上八根叉手斜向汇合于中心，悬雷公柱（图 3–17）。其梁架造型美观，结构合理，构造严谨，非常难得。

图 3–19　翼城县曹公村四圣宫鸟瞰图

5. 翼城县曹公村四圣宫剧场

曹公村位于翼城县城东约 45 公里处，四周崇山峻岭，自然环境封闭。四圣宫构筑在曹公村东北的土垣上，坐南向北（图 3–18、图 3–19）。庙内主要供奉着尧、舜、禹、汤四位圣君，故曰“四圣宫”。四圣宫占地面积较大，由正殿、耳殿、配殿、廊庑（二层）、戏台以及山门等组成。四圣宫东院为关帝庙，由正殿、耳殿、廊庑、戏台、山门等组成（图 3–20）。

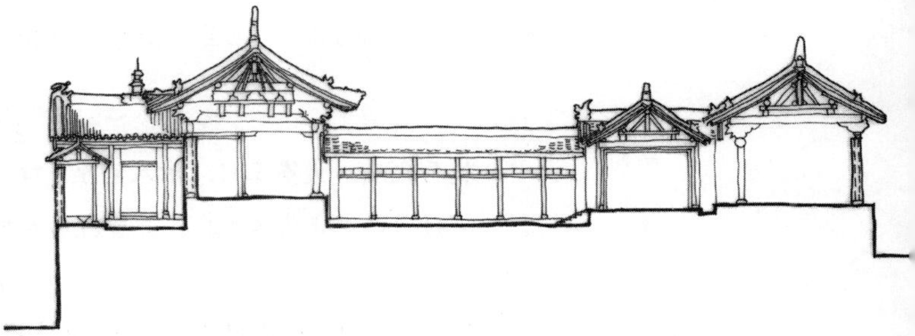

图 3–20　翼城县曹公村四圣宫纵剖面

根据碑文记载，四圣宫始建于元至正年间（1341 ~ 1368 年），明嘉靖三十八年（1559 年）重修。庙内明嘉靖三十八年《西阎曹公里重修尧舜禹汤王庙记》曰：

盖享祀所以尽春祈秋报之典，而庙宇所以为居□率神之地，其诸并行不悖之义也。自隆古以及今日由王都以达穷乡，无地无神，无神无庙，我里之神庙在此而不□彼，此其起于至正，建于村北。分社人为三甲，尽享祀□……在后之人当举行成规，遵守定礼。清明取水，半途邀盘。先日送□□，次日迎神。音乐为之喧哗，神马为之纵横，旗彩为之飞扬，带柳执扇、拖铁索者，各随所愿，而尽乃心。

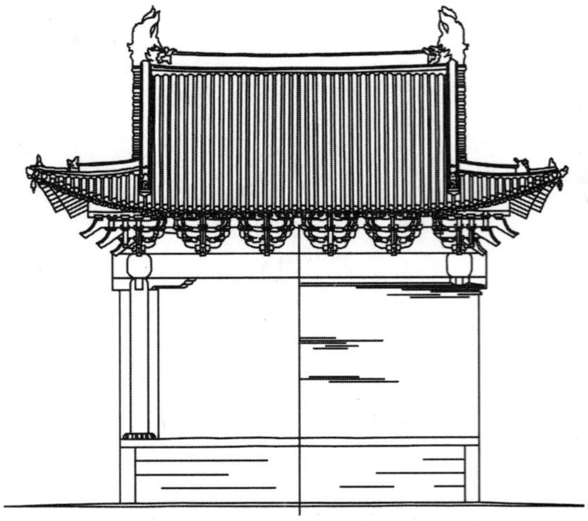

图 3–21　翼城县曹公村四圣宫戏台正（背）立面图

图 3–22　翼城县曹公村四圣宫戏台侧立面图

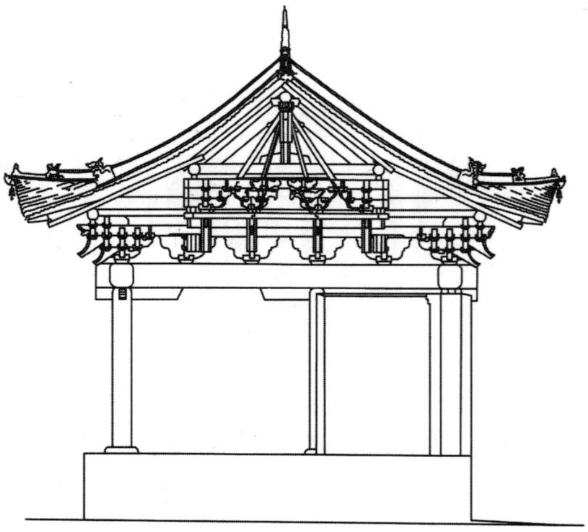

图 3–23　翼城县曹公村四圣宫戏台纵剖面图

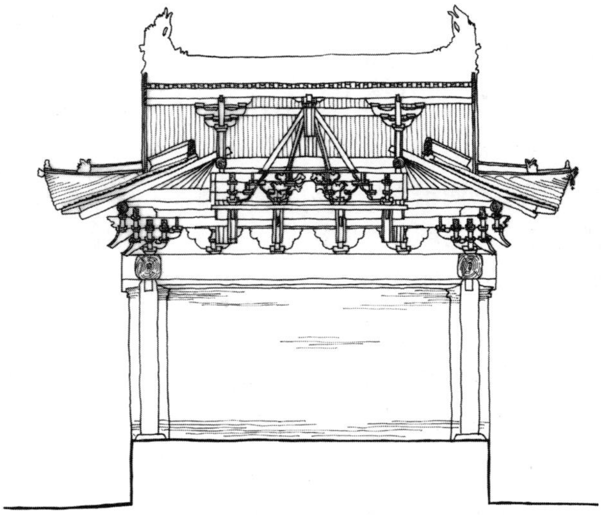

图 3–24　翼城县曹公村四圣宫戏台横剖面图

既而底庙，大赛三日，乐人动至百口，神筵□轮以三甲，饮食乐钱，依□散而不违。赛罢将软桉轮至何村，每岁献猪羊十二，此皆在后人世守之而勿失焉。……庙一修而众美咸集，则重修之举甚盛也[1]。

这通碑文是了解明代四圣宫迎神赛社、献戏祭神的重要资料。特别是提及“大赛”之时，“乐人动至百口”，想必会有规模较大的戏曲演出。碑中也提到庙创建的时间和位置：“此其起于至正，建于村北。”

四圣宫现存戏台（图 3–21 ～图 3–25）为元代始建，明嘉靖十八年重修。单开间，单进深，单檐歇山顶，平面呈方形。四角立圆形木柱，柱上架大额枋，雀替较长，大额枋上施斗栱，双下昂重栱计心造，转角各一朵，补间各四朵。四角设抹角梁，角梁承老角梁挑起垂柱承采步金与金桁。补间耍头后尾挑起八根垂柱承八条井口枋，枋上施斗栱，上承托梁架和藻井。藻井八角形，由八朵斗栱组成，下部设有阑额普拍枋和垂柱，由檐头斗栱后尾挑承，上施由戗八根，支撑着中心的雷公柱。

1　曹占梅．明代嘉靖年间的一例赛社活动——山西翼城曹公四圣宫考．民俗曲艺（台湾），第 107/108 期。

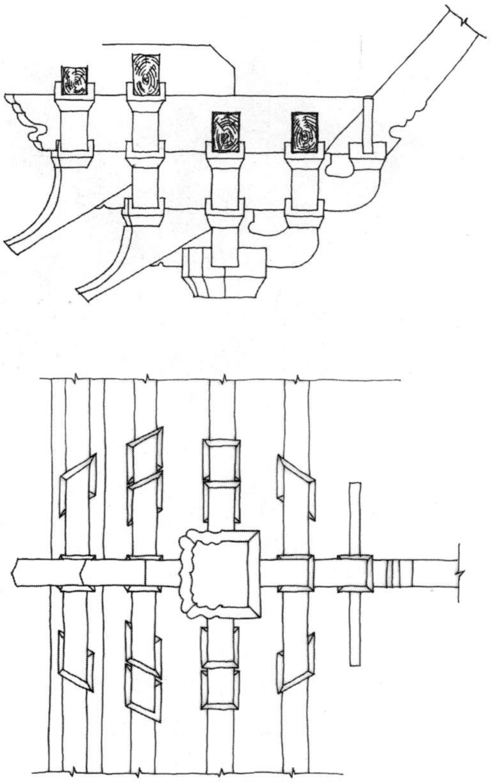

图 3–25　翼城县曹公村四圣宫戏台斗栱

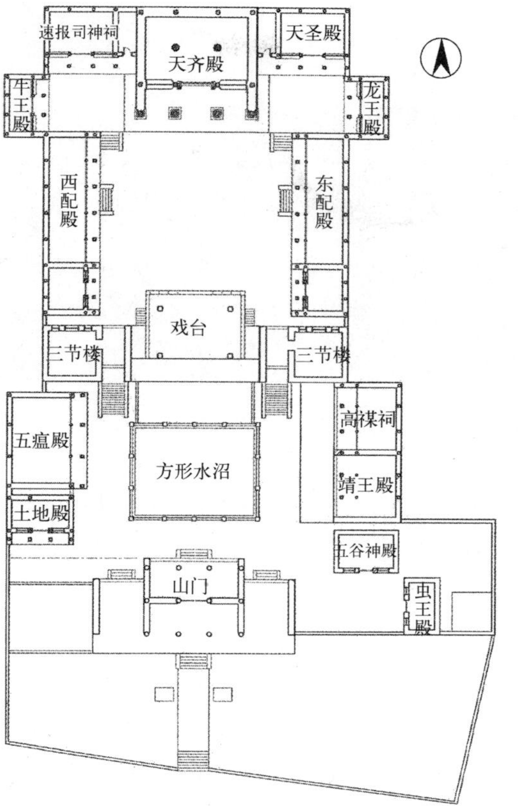

图 3–26　泽州县冶底村东岳庙剧场平面图
国家文物局主编．中国文物地图集 · 山西分册（上册）．中国地图出版社，2006 年，第 443 页。

山门坐东朝西，面宽三间，进深三间，单檐歇山顶，琉璃脊饰，悬“四圣宫”之匾，两侧旁门上分别书“则天”、“协帝”。献殿面宽三间，进深一间。正殿为元代遗构，面宽五间，进深四椽。

6. 泽州县冶底村东岳庙剧场

冶底村位于晋城市西南 20 公里，四周山川环绕。东岳庙创建年代不详，宋元丰三年（1080 年）重建，金大定年间（1161 ~ 1189 年）重修，清康熙、嘉庆年间亦有修葺。东岳庙坐北朝南，依山而建，二进院落，中轴线上有山门、戏台、正殿，两侧有配殿、朵殿（图 3–26）。

庙中有 10 通元、明、清石碑，其中有两通提到戏台。其中，明永乐二年（1404 年）《创建东岳速报司神祠记》曰：

> 泽州西南约一舍余地，所谓冶底里者，有庙在焉。依形胜奠基址，前有东西通道，自道而北升阶数尺入外门，门内而池。池方丈余，深如其方之数，缭砌以石，既方且乎，泉源澄澈，水甘以清澈，水甘以清。桧柏森森，乌栖而鸣，鱼以时泳，荷以夏荣。以俯以仰，信可以快意於神明。东西有厢各二，池之北左右堵，而升高丈余入左右二小门，二一小门之间有楼焉。南则俯临于池，悚然而觉其楼之高也；北则仰瞻于祠，恍然而悟其楼之卑也。东西庑各伍楹，依地势而渐隆其基焉。栋宇深以严，邃以敞。由东庑而北，有汉寿亭侯祠，南面神像俨然起人敬仰。又从而西上数级阶，乃东岳行祠之殿也。陛级肩齐，廉隅整饰，神像巍巍，是敬是式。门楣础柱莫非石也，上有元丰、大定重建等字焉。[1]

1　作者 2008 年 7 月实地调研时校对。

图 3–27　泽州县冶底村东岳庙戏台及其两侧建筑

图 3–28　泽州县冶底村东岳庙戏台外观

其中提到的“二一小门之间有楼焉。南则俯临于池，悚然而觉其楼之高也；北则仰瞻于祠，恍然而悟其楼之卑也”，陈述了戏台的位置和形象（图 3–27）。庙内明万历四十三年（1615 年）《重修东岳天齐庙舞楼三门记》曰：

> 我大明山西泽州治之西南三十里许，有镇曰冶底焉，乃山陕通衢，宦商交错，日无辙。镇西传有东岳天齐行宫，群山背绕，流水面前，规制隆峻。其中桧竹林森列，金鲤跃渊。记载家大人武进士公戊戌年重修文綦详。诚群景之最胜，高人乐观之所也。创久舞楼倾颓，三门破坏。偶有里人母病，祷而获佑，乃感乐施好善。乡耆董世南、董正谊、董朝边、董朝敬、趟仲义、董宠、董思厚、李添顺咸聚而议曰：“吾辈仰足俯给，庆有室家之乐，皆赖天地之恩，叨神灵之庇而获者，可不思所以报答之乎？”各先捐资，后复资众集工料计称时，兴理起于本年四月初一日，告成于本年仲秋望日。[1]

图 3–29　泽州县冶底村东岳庙戏台斗栱

这通万历年间的碑中述到“创久舞楼倾颓”，并“各先捐资，后复资众集工料计称时，兴理起于本年四月初一日，成于本年仲秋望”。

戏台台基高 1.0 米，东西宽 8.8 米，南北长 9.9 米（图 3–28）。台基四角立四根小八角柱，面阔、进深各 5.0 米，十字歇山顶。柱子素平础，柱头上施三根阑额（南檐没有阑额）。阑额上转角各有一朵斗栱（图 3–29），补间各有三朵斗栱。斗栱五铺作双假昂，昂嘴翘起，呈三角形。蚂蚱头要头承檐枋、檩。戏台三面有阑额，惟独南檐没有阑额，说明南面原来是有墙体的，呈三面观的形式。台内有藻井，从下到上有方形、八角形、方形三层井架，中心汇合于雷公柱（图 3–30）。

对于这座戏台的断代有一定的争议。寒声等在《泽州三座宋金戏台的调查》一文中认为：“从舞楼建筑结构上来看，虽明代重修过，但也还是沿袭旧制……（柱头上）隐约可辨认出‘正隆二’字样……这就给我们提供了大概的时间依据。可能是金代‘正隆二年’建造”[2]。但是，杨太康、车文明在《关于古代戏台考察和研究中的几个问题》认为此台“非宋金建筑，从结构上看，具有元代风格”[3]。作者同意后一看法。首先，戏台的斗栱为五铺作双假昂，

1　作者 2008 年 7 月实地调研时校对。
2　寒声、常之坦、栗守田、原双喜．泽州三座宋金戏台的调查．中华戏曲第 4 辑．山西人民出版社，1987 年。
3　杨太康，车文明．关于古代戏台考察和研究中的几个问题．中华戏曲第 11 辑．山西人民出版社，1991 年。

图 3–30　泽州县冶底村东岳庙戏台藻井

图 3–31　泽州县冶底村东岳庙正殿

假昂在元代建筑中才出现[1]，可见戏台的主要构件大致不会早于元代；其次，戏台的补间斗栱为三朵，而山西宋金时期的建筑补间斗栱一般不会多于两朵。因此，根据碑刻的记载以及现存的结构，可大致推断此台主要结构为元代遗构。

不过，值得注意的是，戏台仅四角设柱，没有辅柱。这种情况在元代戏台中并不多见，而有更早戏台的风格。因此，大致推断其具有宋金风格，仍留着亭榭式戏台的痕迹。

正殿名曰五岳殿，面宽三间，单檐歇山顶，筒瓦，黄琉璃脊（图 3–31）。前檐柱为方形抹角石柱（前面一排木柱系今人所加），覆盆莲花础。平柱柱头上刻有铭文，东柱刻："五岳殿王琮施石柱一条，元丰三年二月初三日记。"西柱刻："五岳殿石匠段高施石柱一条，元丰三年二月初三日记。"门砧上雕石狮，门楣铭刻："阳城县石源社郭润、门二施钱贰拾贯。时大定岁次乙巳月癸未日，本州石匠司贵同弟窦小二。"可见，正殿始建于宋元丰三年（1080 年），重修于金大定丁未即二十七年（1187 年）。结合其建筑特征和梁架结构，可判断其为金代建筑。

旧时，东岳庙每年春秋均会有两次戏曲演出。明万历二十六年（1598 年）《重修东岳神祠记》云："居民每岁春恪致虔敬，修礼节乐，以祈顺成；秋谷阜登，刑牲结彩，又以报之，所谓春祈秋报之意也。"其中的"修礼节乐"中，自然有戏曲演出。

7. 永济市董村二郎庙剧场

董村位于永济市东约 15 公里。村内二郎庙仅存戏台。戏台创建于元至治二年（1322 年），明天启年间，清康熙年间、乾隆年间、嘉庆年间以及光绪年间，均曾修葺。脊枋垫板有题记："大元国至治二年（1322 年）四月二十一日□□□建"。垂柱枋题记："大明天启三年（1623 年）十月……重修"；"大清乾隆二十六年（1761 年）二月初十日吉时重修"；大清嘉庆十四年（1809 年）正月中浣之吉重修"。台上后部西壁有小碑刻一通，撰刻年月模糊不清，云："尝闻有斯庙也，即有斯楼，庙与楼重修不一……乐楼重修，不一远离，俗考者，修于明天启间，复修于康熙十五年（1676 年）中旬告成，斯工者难云，旧堪□派，庀材鸠工……如创也"。

图 3–32　永济市董村二郎庙元代戏台外观

现存戏台（图 3–32）主要构件，如台基、柱础、柱子、大额枋等均是元代原构，但部分

1　祁英涛．怎样鉴定古建筑．文物出版社，1981 年，第 12 页。

梁架和瓦顶则有一定的改动。

戏台台基石砌，高 1.3 米，通面阔三间 8.20 米，其中明间 5.00 米，通进深四椽两间 6.5 米。四角圆木柱较粗，有明显的侧角和收杀，上径 0.36 米，下径 0.40 米。上施十字雀替，承大额枋。前后平柱较细。前后檐各五朵斗栱，五铺作双下昂，外计心转内偷心。转角五铺作双昂。山面五铺作双杪。四角用抹角梁，和老角梁后尾相交，一起承起垂柱，成交金垂柱。每山面中间铺作后尾又撑起一垂柱承金枋中部。台上以木隔断分前后台，设上下场门，横披书“遏云楼”，右题“光绪贰年岁次丙子中秋吉旦”，左下角落款为：“首人：痒生梁为本、张天宠、樊英士，监生张在元，痒生樊怀成、李志和”。

与山西的其他元代戏台不同的是，这座戏台并没有藻井。同时，屋架多有垂柱和枋条，略显繁琐，估计为清代重修时所为。

8. 泽州县东四义村清震观戏台

东四义村位于泽州县东。清震观位于村中，始建于唐代，清康熙四十七年（1708 年），乾隆十年（1745 年）、二十六年（1761 年），嘉庆十二年（1807 年）曾有扩建和修葺。清震观原来规模较大，现仅存山门、戏台、老君殿。

庙内现存六通清代石碑，记载了清震观的沿革和修葺情况。清乾隆十年（1745 年）《重修玉帝成汤二殿碑记》曰：“清震观者，吾乡之巨观也。不知创于何时。考之碑记，唐天宝年间即称焉。其中神祠约二十余所，每有破坏，辄为补葺修饰。”[1] 清乾隆十八年（1753 年）《创建四圣地藏神祠并东西两庑碑记》曰：“清震观，里中祈报之区也。前老子、中玉帝，经营布置皆井井有法……又于玉帝殿前立牌栅一围，以口祀祷。歌台之上易口槛一匝以辉豳鼓。”碑中提到修葺戏台栏杆之事。清嘉庆十三年（1808 年）《碾玉玉帝关帝真武汤帝碧霞圣母各殿并碾玉舞楼起造东西楼房上下十二间碑记》云：

> 创建庙宇原为妥神灵、祷风雨之计也，修造歌台原以报顺成、乐太平之福也……奈殿宇颓圮，歌台倾侧。若不及时修葺，愈久则愈难为力。六如见之而概然曰：“此吾责也。”因商诸绅士父老，鸠工庀材，千金不□，择吉而兴工焉。乡邻亦各输襄资，约得三百余金。六如一人总其成，诸父老督工课绩。又添造东西楼二所，经营劳瘁，不数月而告。

碑中提到戏台的修葺，并言“添造东西楼二所”，即应指东西看楼。现存戏台（图 3–33）平面呈方形，开间和进深均为单间 4.85 米，单檐歇山顶。台基高 0.71 米，宽和深均为 6.52 米。四角用方形抹角石柱，有收杀，覆盆柱础。石柱的截面为 0.36 米 ×0.38 米，上承大额枋，额枋下垫雀替。斗栱三踩单昂里转华栱，耍头昂形。转角辅作各一朵，补间各三朵。转角辅作相邻之平身科用真昂，耍头后尾承莲柱共八根，柱间以枋木相连。垂柱柱头再施华栱四跳，相簇至顶，中设雷公柱。老角梁后尾各挑起垂莲柱一根，上托金檩与承椽枋。所有横栱间均用井口枋连接，层层收缩，构成斗八藻井（图 3–34）。

图 3–33　泽州县东四义村清震观戏台外观

1　清震观碑文是作者 2004 年 7 月实地调研时抄录，现存清震观内。

这座戏台的断代有待斟酌。从其柱子的收分、雀替形式、真昂、方形平面、八藻井等建筑特点分析，判断此戏台具有元代特征。后世的重修更换也颇多，如藻井华丽繁琐，疑为清代改建；另外，屋顶、走兽等完全改变，台基更是铺以现代的瓷砖。

图 3–34 泽州县东四义村清震观戏台藻井

值得注意的是，著名的鸣凤班班主史宗经就是历史上东四义村太和寨人。史宗经，字六如，自幼喜爱戏曲，乾隆五十年（1785年）前后，在家乡组织成立戏班，因娶妻于阳城县鸣凤村，故命名为“鸣凤班”。他不惜重金聘请名角，添置行头，鸣凤班一鸣惊人。史宗经的儿子史溥，嘉庆八年（1803年）拔贡，官工部员外郎，曾任福建福宁知府。他告老还乡后，继承父业，锐意经营。鸣凤班影响更大，出现过许多名角，在山西戏曲史上占有重要地位。

作者此处赘述几句。古建的断代，向来争议颇多。中国古代木结构架建筑容易损坏，所以修补频繁。留存至今的古建筑，没有经过维修的极少。一些古建筑历经多次维修后，构件庞杂，时代特征几乎不存，成为各个时代的“混血儿”。

六、山西元代庙宇剧场的建筑形制

从山西现存元代戏台分析，其建筑特点主要表现在以下几个方面：

其一，元代戏台多为单开间和单进深，四边基本相等，近似方形。开间一般为 7 米左右，面积约 50 平方米，平面形式和尺寸相对统一（表 3–3)。

山西现存的部分元代戏台面阔和进深尺寸（单位：米） 表 3–3

序号	名称	面阔	进深
1	临汾魏村牛王庙至元二十年（1283 年）戏台	7.45	7.55
2	永济董村三郎庙至治二年（1322 年）戏台	8.20	6.50
3	翼城武池乔泽庙泰定元年（1324 年）戏台	9.31	9.33
4	洪洞景村牛王庙戏台	7.40	—
5	临汾东羊东岳庙至正五年（1345 年）戏台	8.00	8.00
6	石楼张家河圣母庙戏台	5.21	5.27
7	临汾王曲东岳庙戏台	6.60	6.60
8	翼城曹公四圣宫戏台	7.80	7.67
9	泽州冶底村东岳庙戏台	5.00	5.00

有人认为：“表演的严格程式化，必然导致戏台尺寸的规范化。”[1] 作者认为，元代戏台采用相对统一的尺寸，固然与元杂剧表演的程式化有关，可绝非仅此而已。事实上，中国戏曲从产生起，就一直非常重视表演的程式化。可从明到清，戏台形式和平面尺寸还是极其多样的，并没有套用某一模式。一个戏台的尺度，应该与诸多因素有关，譬如当地习俗、庙宇规模、经济状况等，戏曲表演的程式化对戏台大小的影响想必不会太大。实际上，现存元代戏台之所以采用相对统一的尺寸，主要和这些戏台相对集中于古平阳地区有关。特别是临汾市魏村牛王庙戏台、东羊村东岳庙戏台、王曲村东岳庙戏台和洪洞县景村戏台，相距仅为五、六里路。传说前三者还是师徒所设计。因此，

1 黄维若．宋元明三代中国北方农村舞台的沿革（续一）[J]. 戏剧，1986 年第 2 期，第 79–87 页。

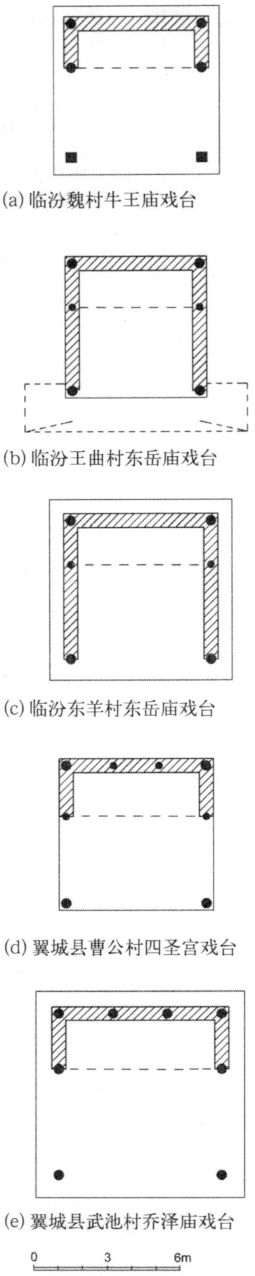

(a) 临汾魏村牛王庙戏台

(b) 临汾王曲村东岳庙戏台

(c) 临汾东羊村东岳庙戏台

(d) 翼城县曹公村四圣宫戏台

(e) 翼城县武池村乔泽庙戏台

图 3-35　山西部分元代戏台平面图

尺寸的一致性可能是地域建筑特征的体现。

当然，元代戏台的尺度不合上述尺度。如石楼县殿山寺戏台台基东西宽约为 5.21 米，南北长约 5.27 米，面积仅 28 平方米，只有普遍元代戏台的二分之一，是现存最小的元代戏台。翼城县武池乡乔泽庙戏台，角柱中心距离东西向为 9.31 米，南北向为 9.33 米，面积达 91.7 平方米，是普通元代戏台的两倍，为现存最大的元代戏台。黄维若先生认为这两座戏台超出常规尺寸是由于“利用了金代或更早的舞台台基翻改而来”，并言及石楼县殿山寺戏台“后墙下墙裙有旧砖，接近宋砖尺寸”。我们认为这样的解释有待商榷。从宋到元，砖的尺寸规格极多。《营造法式》（宋）规定砖的类型达 13 种 [1]，最常用的也有四五种 [2]。石楼县殿山寺戏台采用小的尺度，大概缘于特定的地形和落后的经济条件。中国庙宇建筑一般南北走向，而殿山顶峰是一条狭长的东西走向山梁，只能建造小的庙宇，地形使其然。石楼县又处黄土丘陵沟壑区，地瘠民贫，而且庙宇的建筑材料需大量的人力从山下搬运。建造规模宏大的庙宇，似乎不太现实。

其二，元代戏台一般四角立柱，承担屋顶荷载，无金柱（内柱），前檐无平柱，后檐或山墙面另加辅柱（图 3-35）。前檐不设平柱，有利于观众观看演出。现存永济县董村三郎庙戏台和石楼县殿山寺戏台的前檐平柱，是后人修葺时所加。

就支撑结构的演变而言，元代戏台和宋金“舞亭”相比，最大的改变是设置辅柱；和明清戏台相比，则最大的特点是无内柱和前檐平柱。元代戏台这种柱子的布置方式，沿袭前代，引导后代，承前启后，当然也结合了功能要求。辅柱之设，增加了稳固性，分散了屋顶荷载，适应了元代戏台前后台的分隔。辅柱的规格一般较角柱小。山墙面辅柱一般位于后三分之一之处或中间。

辅柱位于靠后墙大致三分之一处时，往往起区分前、后台的作用，前部三分之二为表演空间，后部三分之一为后台空间。临汾市魏村牛王庙戏台，四角各立柱子一根，出于建筑的稳固和合理分担负荷的需要，于山墙面后端三分之一处设辅柱（图 3-35-a）。辅柱头搭接的额枋内侧留有圆环铁钉，用于演出时悬挂帷幔。临汾市王曲村东岳庙戏台（图 3-35-b）、东羊村后土庙戏台（图 3-35-c）、翼城曹公村四圣宫戏台（图 3-35-d）、武池村乔泽庙戏台（图 3-35-e），均和魏村牛王庙戏台一样，四角各立柱子一根，山墙面距后柱三分之一处设辅柱。不同的地方是曹公村四圣宫戏台和武池村乔泽庙戏台还在后檐两角柱之间增设两辅柱。

还有一些戏台辅柱位于山墙面当中。石楼县殿山寺圣母庙戏台的四角各立柱子一根，两侧山墙当中各施辅柱。永济县董村三朗庙戏台也是四角立根，山墙当中设辅柱，后檐设平柱两根，将后檐面宽分为三开间，前檐平柱则是后人所加。

其三，元代戏台梁架结构多采用大额枋结构形式。四角柱上架四根大额枋，形成巨大的井字形框架，支撑整个屋顶的荷载。大额枋用材粗大，同时在角柱处连接。这种结构对于跨度大的元代戏台来说，尤其适用。根据戏台的功能要求，大额枋下的辅柱可随意设置和移动。

1　梁思成．梁思成全集（第八卷）．北京：中国建筑工业出版社，2001 年，第 278 页。

2　中国科学院自然科学史研究所主编．中国古代建筑技术史．北京：科学出版社，1985 年，第 256 页。

其四，元代戏台另一结构上的特点就是利用梁架和斗栱的巧妙组合，构成“藻井”。这些藻井结构严谨规整，构思奇特，精致玲珑，确实是难得的艺术品。至明清，山西戏台用藻井者大幅减少，可仍有少数戏台沿袭元代藻井形式。如稷山县南阳村法王庙明代戏台，和元代戏台相比，虽规模扩大，平面和造型也有大的变化，但在结构上仍采用藻井形式。

其五，元代戏台一般用帷幔区分前后台。北宋戏台是否有前后台之分，还不得而知。明代朱权在《太和正音谱 · 词林须知》释“鬼门道”时曰：

> 勾栏中，戏房出入之所谓之“鬼门道”。鬼者，言其所扮者，皆是以往昔人，故出入谓之“鬼门道”也。愚俗无知，因置鼓于门，讹唤为“鼓门道”，于理无宜。亦曰“古门道”，非也。东坡诗曰：“搬演古今事，出入鬼门道”，正谓此事[1]。

今人多引用这里提及的苏东坡（1037 ~ 1101 年）的诗句“搬演古今事，出入鬼门道”，来证明北宋已有前后台之分。作者翻及苏东坡的作品[2~5]，未发现含有此句的诗。当然，苏东坡的作品历代均有失佚，不能断定此诗之有无。北宋的其他文献中，还没有发现有记载“鬼门”或“戏房”之事的。

南宋已经有了前后台之分。南宋的南戏剧本《张协状元》[6]中曾多次出现“戏房”一词：

> （净在戏房作犬吠，净白）小儿去墙头看，怕有人来偷鸡！
>
> （生在戏房喝）甚么妇人直入厅前，门子当头何不止约？
>
> （生在戏房唱）甚么罗唣，何不打出去！

到了元代，戏台用悬挂帷幕区分前后台的方式已经非常普遍。现存的元代戏台，在其两侧山墙面辅柱上或辅柱所承额枋上，大多有铁环等勾挂之物，推断应为用来悬挂帷幕，以区分前后台[7]。

洪洞县水神庙明应王殿元代著名的戏曲壁画《大行散乐忠都秀在此作场》（图 3–36），则更为形象和确凿地证明元代戏曲演出时帷幕的设置。水神庙位于洪洞县城东北 17 公里的霍山脚下，左傍霍山，面临霍泉源头，是祭祀霍泉水神明应王的庙宇。水神庙始建于唐，后毁于地震，元延祐六年（1319 年）重建，明、清时重修了山门和仪门。水神庙现存前后两进院落，坐北朝南，沿中轴线往北依次为

图 3–36　山西洪洞县水神庙明应王殿戏曲壁画（摹本）
引自：中国艺术研究院音乐研究所编．中国音乐史图鉴．人民音乐出版社，1988 年，第 119 页。

1　朱权（明）．太和正音谱 · 词林须知．录鬼簿（外四种）．上海古籍出版社，1978 年，第 164 页。
2　王文诰（清）辑注．苏轼诗集（全八册）．上海：中华书局出版，1982 年。
3　苏轼．苏东坡全集（上下）．上海：中国书店出版，1986 年。
4　陈宏天．高秀芳点校．苏轼集（全四册），上海：中华书局出版，1990 年。
5　孔凡礼点校．苏轼文集（全六册）．上海：中华书局出版，1986 年。
6　张庚，郭汉城主编．中国戏曲通史．中国戏剧出版社，1992 年，第 304 页
7　柴泽俊．平阳地区元代戏台．戏曲研究，第 11 辑，1984 年。

山门、仪门和明应王殿。明应王殿位于寺内后部中轴线上，元延祐六年（1319 年）重建。殿内四壁绘有大型壁画，北面墙壁上为《尚食图》，南面墙壁上西侧为《唐僧回国图》，东侧为一副戏剧壁画。其中，这幅戏剧壁画绘成于元泰定元年（1324 年），反映了元杂剧兴盛时期的真实情景，是我国戏剧史上的重要作品，是研究我国戏曲发展史的珍贵史料。20 世纪 30 年代初，梁思成到洪洞水神庙考察时，发现“殿内壁画多幅，其一以演剧为题材，款题泰定元年四月，至于殿之建立，当在是年以前也”[1]。

这幅杂剧壁画面对神龛，高 5.4 米，上边宽 3.1 米，下边宽 3.2 米，面积为 17.1 平方米。画面中间大书“大行散乐忠都秀在此作场”十一字；左上角细字竖写“泰定元年四月”六字，上方有一布制的横额，横额右上角题写“尧都见爱”四字。其中，当时“散乐”一般指杂剧。“作场”即是表演，“尧都”指今临汾。“大行”的解释则颇有争议，理应指“太行山”，因为古时“太”字常写作“大”，意即太行山某州县的戏班。画上共有杂剧艺人 11 人，前后两排，前排 5 人，后排 6 人，七男四女，包括演员 7 名，乐队 3 名，后台 1 名（指画面中）[2]。画面中的壁画有绣花的帷幕，幕上有两幅绘图，右边一图以苍松、云雾作背景，画一黑龙，张牙舞爪，怒目而视；左边以参天古松为背景，绘一壮士，举剑作斩杀蛟龙状。画面下方是方砖砌铺地面，这与现存的元代戏台的实况相符。

其六，山西元代戏台造型的特点是端庄稳重，雄宏壮观，屋顶形式多用单檐歇山顶，偶用十字歇山顶，举折平缓。从一些碑刻中也可看出当时戏台的壮丽。阳城县崦山白龙庙元大德元年（1297 年）碑刻《重修显王庙记》曰：“池、舞两庭檐楹轮奂，压栏、楹柱、池甓悉更之以石。期年三间，刮目一新。”[3] 沁水县下格碑村圣王庙元至治二年（1322 年）碑刻《创修圣王行宫之碑》曰：“修建筑舞庭一座，累年，以年不时施工，金碧杂焕，檐甓甍飞，轮焕一新，使乡人望之，耸然知敬，无不交口称，心中悦服，盖有不期然而然者矣。”[4] 临汾魏村牛王庙清光绪二十四年（1898 年）重刊元代碑刻《牛王庙元时碑记》曰：“乐厅雄丽”[5]。长治县五龙山五龙庙元至正三年（1343 年）碑刻《重修会应王庙记》曰：“华扁烂金碧之署，舞榭腾丹膗之妆。”[6]

值得注意的是，元代末期，山西戏台发生了革命性的变革，产生了三开间的戏台。元末明初戏曲开始多人主唱，角色扩充，上场演员增加。元代遗留下来的戏台已经不能适应“演”的需要。为了满足演出的要求，就采用三开间的形式，明间宽敞。沁水县姚家河村元至正四年（1344 年）戏台的遗址，“前后两排八根石柱”，可判断已经采用三开间平面，通面阔 7 米，其中明间 2.9 米[7]。这是目前所知山西较早采用三开间的戏台。北方现存的大量明清戏台，多数为三开间。三开间戏台

1 引自：梁思成著．中国建筑史．百花文艺出版社，1998 年第一版，第 254 页。

2 前排左起第一人，身高 1.73 米，戴黑帽，净面无须，身着宫装，胸前绣金龙三条，腰系红带，一腿露出靴尖，一腿半露红边长裤及黑靴，右手执一宫扇，左手撩衣；第二人，身高 1.73 米，络腮胡须，粗眉大眼，张口露齿，袒露胸部，头戴黑色帽，着中黄底红蓝大花衣，脚穿黄色圆口布鞋，双手比划着，似乎正在述说着什么；第三人位居全场中心，身高 1.78 米，女扮男装，手持笏板，杏眼圆腮，面目清秀，头戴展翅幞头，红袍及地，仅露脚尖，鞋黑色，两耳有耳环孔，手指纤细修长，当为班主忠都秀；第四人，身高 1.73 米，双手抱拳，脚穿薄底乌靴，穿淡青滚边蓝底红花大袍，系有腰带，脸上用线吊悬假胡须（即清代称的“髯口”）。脚穿薄底黑靴，双手拱捧胸前，眼神注视左下方，作恭顺聆听状，腰间右侧横插一卷黄色物件；第五人，身高 1.73 米，身着土黄色圆领紧袖宫装，腰系玉带，净面无髯，袖长过手，两肩及胸腹绣有四只白鹤图案的花纹，左执宫扇，右持木刀，装扮侍从、仪卫的形象。后排左起第一人，红脸堂，络腮胡须，身穿白衣，头戴红色圆形蒙古帽，身旁置一大形皮鼓，右手掌着鼓架，左手击鼓；第二人，面孔红润，身着黄色蒙古装，头戴蒙古圆形宽边帽，作吹笛状；第三人，身高 1.65 米，着蓝色衲衣，腰系折裙，浓眉满须，脚穿茶色薄底鞋，头戴蒙古帽；第四人，身高 1.45 米，内着红色衣服，外罩黄色帔子及地，右脚着红色鞋，露出脚尖，双手执一物捧左胸前，似拍板，左耳有耳环孔，手指亦修长；第五人，身高 1.49 厘米，右鬓插一朵白色小花，着黄色内衣，外披淡青色帔子，两手执宫扇，眼注视左下方，当为女侍。另外，在左上方有一位女艺人正微微掀开帷幕，向外观看，右耳有明显的耳环孔，手指修长。

3 作者 2001 年 7 月抄录。

4 冯俊杰．新发现的一通含舞庭文字的元人碑刻．中华戏曲第 21 辑．山西古籍出版社，1998 年。

5 延保全，王福才．新发现的魏村元代戏台史料．中华戏曲第 2 辑．山西人民出版社，1986 年。

6 冯俊杰．山西戏曲碑刻辑考．北京：中华书局，2001 年，第 122 ~ 123 页。

7 田同旭，李来虎．新发现的沁水元代戏台遗址考察．中华戏曲第 7 辑．山西人民出版社，1988 年。

形制的流行主要是戏台面积扩大在支承结构上的体现。

总之，山西元代戏台已经具备了中国传统戏台的要素，标志着中国戏台建筑的成熟。元代戏台到了明清，由于演出规模的扩大，显出其面积狭小的缺点，可其浑重的造型和别致的藻井，仍吸引着后人，影响颇深。

第三节 山西明代庙宇剧场建筑

一、引述

元末明初，中国社会动荡，而山西保持相对稳定，临近几省的难民不断流入，导致山西人口急剧增加。明洪武、永乐年间曾多次组织移民，将山西晋阳、平阳、洪洞、绛、蒲、潞、泽等地的居民移向人口严重减少的地方。

就戏曲内容而言，明代的山西戏曲，北杂剧仍占有一席之地。明代中叶，弋阳腔、青阳腔、昆腔等剧种相继传入山西，促进了演剧活动的繁荣。

明代前期建筑多承袭宋元遗规。明代中晚期，建筑技术有了一定的发展，也出现了若干理论总结的著作。潘谷西在《中国古代建筑史 · 元明建筑》“总论”中述到：“（明代）是一个富有建筑成就和创新发展的时代，中国古代建筑的主要方面在明代都已达到成熟的高峰”[1]。山西明代建筑同样如此，在结构形式方面由繁到简，同时斗栱缩小，但在细部装饰方面则开始讲究，雕刻也趋于华丽。

二、山西明代剧场建筑的发展

就全国而言，明代山西中南部仍为中国剧场建筑相对集中的区域，仅河津县一地有文字记载的明代戏台就达 13 处之多[2]。但是，在山西剧场发展史上，明代是一个相对沉寂的时期，开始的 100 年尤为如此。从洪武元年（1368 年）至成化四年（1468 年）间所建的戏台，山西大概仅存河津市樊村关帝庙戏台和沁水县城关镇玉帝庙戏台。固然戏台之留存有多方面的原因，偶然性和随机性很强，但这一数目还是少得可怜。

一些碑刻提到山西明代修建戏台的情况。孝义市东辛壁村二郎庙碑刻记载：“大明洪武拾捌年建庙设楼，侑神登歌亦非一日。”[3] 平顺县东河村九天圣母庙明洪武十二年（1379 年）《东谷社增修武（舞）楼记》曰：

> 里人屡修屡补，俨然可畏，惟有斯楼（指戏台——作者注）基址未完。一旦耆宿常蒲谓众曰:‘正殿巍峨，犹足观瞻，楼址残缺，可无修补乎’，于是捐己赀，因众力，不期月而石花绚烂[4]。

河津市樊家庄明万历三十三年（1605 年）《重修乐楼记》碑云：

> 粤惟祠庙之设，晋地实繁，河东又其最者。或以为商尚鬼，耿为商都。耿乡一路遗风特盛。尝稽汴志所载，寺庙系以空名，俱遭兵燹，则晋地祠庙之独存，又缘僻险不多被兵故也。然各祠庙之碑碣，远不过元魏周隋，余不可考。而剧赛惟元人为盛，善音调集南北蕃汉，而人少徭税，岁时辄以娱神为乐。

1 潘谷西 . 中国古代建筑史 · 元明卷“总论”. 北京：中国建筑工业出版社，2001 年，第 5 页。
2 杨太康 . 试探明代的山西戏曲 . 山西师范大学学报（社会科学版），1988 年第 1 期。
3 朱景义 . 从孝义的古乐楼看晋中的戏剧演出 . 山西省考古学会论文集 . 山西古籍出版社，2000 年，第 457 ～ 472 页。
4 作者 2003 年 1 月实地调研时抄录。

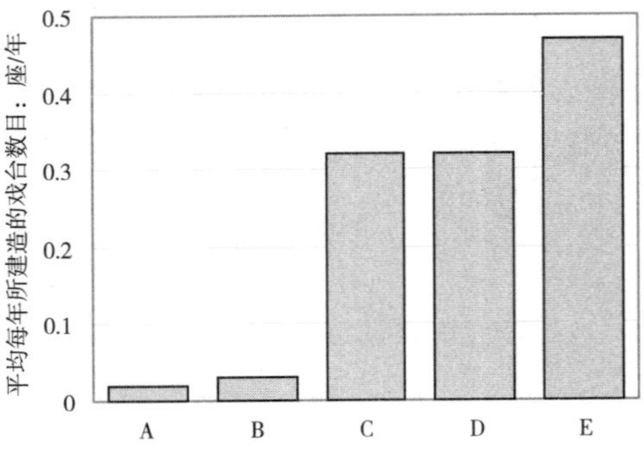

根据山西地方史志、碑刻以及现存戏台中可基本考证建造年代的 70 座明代戏台整理而成。
其中：
A：洪武年间到洪熙年间（1368 ~ 1425 年）
B：宣德年间到天顺年间（1426 ~ 1464 年）
C：成化年间到正德年间（1465 ~ 1521 年）
D：嘉靖年间到隆庆年间（1522 ~ 1572 年）
E：万历年间到崇祯年间（1573 ~ 1644 年）

图 3–37　山西明代戏台建造年代统计分析

> 舞亭、乐楼多属盛国之遗，此可为一验。南方平樊家庄有法王庙一所，前建乐楼，人代未悉，乃岁久倾颓，不蔽风雨。[1]

这通碑刻中提到，山西祠庙留存较多之原因："晋地祠庙之独存，又缘僻险不多被兵故也"，并坦言："舞亭、乐楼多属盛国之遗，此可为一验"。"盛国"指元代，这从另一方面说明明代剧场的建造似乎略逊于元代。

从图 3–37 中可看出，洪武年间至天顺年间（1368 ~ 1464 年），每年所修建的戏台极少。成化年间到正德年间（1465 ~ 1521 年），每年修建的戏台数量有大幅增加。实际上，明代初期的演戏场所，相当一部分利用元代遗留的剧场。

明中叶以后，随着戏曲演出的兴盛，民众对剧场建筑的需求越来越迫切。山西寺庙剧场开始革故鼎新，或修建新台，或改建旧台，相对兴盛起来。阳城县下交村汤王庙明嘉靖十五年（1536 年）的《重修乐楼之记》曰：

> 尝稽诸《易》，曰："先王以享帝立庙。"又曰："先王作乐崇德，殷荐之上帝，以配祖考。"故庙所以聚鬼神之精神，而乐所以和神人也。此前人立庙祀神之由，乐楼所建之意也[2]。

碑文阐释了建造戏台的缘由。宋、金、元以及明代早期，山西的佛教寺院中，一般是不建戏台的，因为佛教追求安静祥和，不承认民间戏剧的酬神功能。但在明中叶之后的一些佛教寺庙中，在佛诞之日演戏逐渐变得多了起来，一些寺院也陆续修建戏台。太谷县阳邑村净信寺天启二年（1622 年）《补修阳邑镇净信寺碑记》中提及净信寺在万历丙辰（1616 年）大修时，曾"将灰泉庙并乐亭悉毁之"。拆除戏台之后，民众甚感不便。天启三年（1623 年）碑刻《阳邑寺新建膳亭乐亭并砖天王殿墙记》曰："且栖神有所矣，祀神有期矣，乐亭何独缺"[3]。佛寺拒绝演戏活动，在一定程度上拒绝了施主和香客。这样，明中后期，一些佛寺也就只好对演戏活动睁一只眼闭一只眼了。

明代初期，城隍信仰列入国家祀典中。根据《明史 · 礼三》云："三年诏去封号，止称某府、州、县城隍庙之神。又令各庙屏去他神。定庙制，高广视官署厅堂。"山西各地也纷纷修建或扩建城隍庙。明成化十一年（1475 年）《山西通志 · 祠庙》载："城隍庙，各府州县、各边卫守御所俱建。本城内除阳曲、临汾、大同三县附郭不建，凡一百有三。"[4] 这些城隍庙规模宏大，往往设有壮观华丽的戏台。如榆次城隍庙、长治城隍庙等，庙中戏台均雄伟壮观，雕刻精致，装饰华丽。

根据现掌握的资料，山西现存明代戏台约 30 座（表 3–4），弥足珍贵，是中华民族的宝贵遗产。

除此之外，山西地方志和碑刻中提到了明代新建或重修的不少戏台（表 3–5），这些戏台现已不存。

1　许世杰．晋南戏剧舞台碑文选录．蒲剧艺术，1981 年第 1 期。
2　冯俊杰．阳城县下交村汤王庙祭考论．民俗曲艺（台湾）第 107/108 期，1997 年。
3　作者 2000 年 12 月实地调研时抄录。
4　转引自：董培良．平遥城隍庙．山西经济出版社，2001 年。

山西现存的明代戏台 表3–4

序号	年代	资料来源
1	忻州市东张村大关帝庙万历九年（1581年）戏台	见本节
2	忻州市游邀村黄堂庙嘉靖七年(1528年)戏台	曹占梅,黄堂庙及其附近的戏曲文物,民俗曲艺(台湾)，113期，1998年
3	太原晋祠万历元年（1573年）水镜台	见本节
4	榆次市城隍庙正德十五年（1520年）戏台	见本节
5	介休市后土庙正德年间(1516～1519年)重建的戏台	见本节
6	介休市源神庙万历十九年（1591年）戏台	见本节
7	黎城县城隍庙嘉靖十八年（1539年）戏台	冯俊杰，山西神庙与戏台调研小结，中华戏曲第26辑，文化艺术出版社，2002年
8	长治市城隍庙嘉靖三十四年（1555年）戏台	见本书第五章第四节
9	长治市南宋村玉皇观戏台	杨太康,试探明代山西的戏曲,山西师范大学学报,1998年第1期。
10	襄垣县城隍庙戏台	冯俊杰，山西神庙与戏台调研小结，中华戏曲第26辑，文化艺术出版社，2002年。
11	阳城县下交村汤王庙正德五年（1510年）戏台	同上
12	阳城县泽城村汤帝庙万历四十五年(1617年)戏台	杨太康,试探明代山西的戏曲,山西师范大学学报,1998年第1期。
13	高平县城关五龙庙天启五年（1625年）戏台	见本节
14	沁水县城关玉帝庙宣德七年（1432年）戏台	见本节
15	沁水县郭壁村崔府君庙嘉靖四十二年(1563年)重修戏台	杨太康,试探明代山西的戏曲,山西师范大学学报,1998年第1期。
16	襄汾县伯玉村关帝庙万历三十二年(1604年)戏台	同上
17	翼城县西贺水村嘉靖二十四年（1545年）戏台	冯俊杰，山西神庙与戏台调研小结，中华戏曲第26辑，文化艺术出版社，2002。(具有明显的明代建筑特征)。
18	翼城县樊店村关帝庙弘治十八年（1505年）戏台	见本节
19	稷山县南阳村法王庙弘治十五年（1520年）戏台	见本节
20	河津县贺家庄村关帝庙万历三十六年（1608年）戏台	杨太康,试探明代山西的戏曲,山西师范大学学报,1998年第1期
21	河津市小停村关帝庙万历四十八年(1620年)戏台	同上
22	河津市樊村关帝庙洪武二十四年（1391年）戏台	见本节
23	新绛县阳王镇稷益庙正德年间（1506～1521年）戏台	见本节
24	绛县范庄村将军庙万历十三年(1585年)戏台	杨太康,试探明代山西的戏曲,山西师范大学学报,1998年第1期
25	绛县董村东岳庙万历四十年(1612年)戏台	张国维，河东地区的古代路台和对台，河东戏曲文物研究，中国戏剧出版社，1992年
26	闻喜县吴吕村稷王庙戏台嘉靖二十五年(1546年)建	杨太康,试探明代山西的戏曲,山西师范大学学报,1998年第1期
27	夏县裴介镇关帝庙崇祯十六年（1643年）戏台	张国维，河东地区的古代路台和对台，河东戏曲文物研究，中国戏剧出版社，1992年
28	夏县大台村关王庙戏台	同上
29	运城市三路里村三官庙正德年间（1506～1521年）戏台	冯俊杰，运城三路里村三官庙戏台的断代问题，中国文化报，1999年10月27日
30	沁水县郭壁村府君庙天启三年（1623年）戏台	见本节
31	新降县城隍庙戏台	见本节

山西地方志和碑刻中提到的明代新建或重修的部分戏台（不包括现存者）[1] 表 3–5

序号	名称	碑刻年代	内容摘录	资料来源
1	河津市阳村乡连伯村后土庙戏台	景泰元年(1450年)《重修后土禹稷庙记》	碑云："每遇春祈秋报，三社拜香……不逾数载，重修正殿三楹、香亭一座、献亭五楹、乐楼三楹、外门三楹、廊庑二十余间"	霍建宇，河津连伯村后土庙明代舞楼碑刻考，中华戏曲24辑，文化艺术出版社，2000年
2	阳城县町店乡崦山白龙庙戏台	成化十四年(1478年)《重修白龙祠记》	碑云："旧祠仅三间五架皆木柱，狭隘不堪奉祀……重移修舞楼，侯家谷原安、增村陵昶"	延保全，阳城县北崦山白龙庙戏曲文物考论，中华戏曲21辑，1998年
3	万荣县四望村后土庙戏台	正德十五年(1520年)舞基碑	碑云："本村十第（弟）兄相里记等各发乾（虔）心，愿舍己财，自倍（备）饭食，许到武（舞）殿方元压台石一百三十尺，石狮子一对，共使钱二两。工成完备"	卫聚贤，元代演戏的舞台，清华大学中国文学会《文学月刊》第2卷第1期，1931年12月15日
4	孝义市城隍庙戏台	嘉靖四年(1525年)	张罘（明）《增修城隍庙记》曰："又病乐楼之湫隘，无以陈歌舞而乐神听也，撤而去之，更构以危楼三楹，高三丈，深三丈，广五丈有奇"	乾隆三十五年刻本《孝义县志》艺文卷
5	洪洞县关帝庙戏台	嘉靖十年(1531年)	于璞（明）《重修关帝庙记》曰："亭前十步许为露台，台之上亦建亭为三，岁时栖伶人以供丝竹"	民国6年铅印本《洪洞县志》卷十五
6	永济市泓龙庙戏台	嘉靖十三年(1534年)	明藩王朱成鍪《创建泓龙庙乐楼飨殿记》："移建乐楼以扩其襟抱，损高增卑，凿石作柱，和泥为瓦，炼石为灰"	光绪十二年刻本《永济县志》卷十九
7	运城市池神庙戏台	嘉靖十四年(1535年)	明嘉靖十四年(1535)《河东运司重修盐池神庙记》云："前岩廊合为间四十有八，为乐台二，为二门三，中门一，角门二"	作者2000年12月和2002年1月实地调研
8	长子县崔府君庙戏台	嘉靖二十五年(1546年)、四十一年(1562年)	光绪八年刻本《长子县志》卷五"祠祀"曰："明嘉靖二十五年重修，张美为记……增以戏台，皆故所无者也"	光绪八年刻本《长子县志》卷五"祠祀"
9	襄汾县汾城镇义勇武安王庙戏台	嘉靖四十年(1561年)	明嘉靖四十年(1561年)《太平县重修义勇武安王庙记》碑云："卜于本年七月兴工，修励殿壁，妆塑左右神像，创建牌坊，增制乐亭。檐廊饰以金碧，绘以丹表，视者焕然一新也"	作者2000年考察时抄录
10	定襄县城隍庙戏台	嘉靖三十二年(1553年)	明·乔光大《重修城隍庙记》云："嘉靖癸未……邑耆议以享神不可无处，宜建乐楼，以备规制……正殿五楹以奉神，寝殿三楹，献殿三楹，东西廊各六楹，以列诸司神，新建乐楼三楹"	康熙五十一年刻本《定襄县志》
11	文水县清源妙道真君庙戏台	嘉靖四十四年(1565年)	明·孙荣先《重修清源妙道真君庙记》："正殿三楹，左右有耳房，东西楹各三楹，乐楼三楹，二复道，周回咸虚明焉……工肇于嘉靖三十八季，落成于四十四季四月望焉"	康熙十二年刻本《文水县志》卷十
12	临猗县县城马燧庙戏台	嘉靖四十四年(1565年)	《重修马庄武王庙记》云："内建正殿五楹，重檐蔽日，石柱擎天。后为寝室三楹，前为乐楼三楹。楼外为三门，门外为大门各三楹。殿左右为两廊，春社商贾市焉。庙东偏为道院，守庙道人栖焉。大门外迤南至街为三门。庙建自唐，历宋元迄今，代有修葺，岁时享祀罔缺"	王汝鹏，山西地震碑文集，北岳文艺出版社，2003年，第295～296页。根据光绪年间《猗氏县志》卷下
13	长子县三□庙戏台	嘉靖年间(1522～1566年)	光绪八年刻本《长子县志》卷五"祠祀"："嘉靖年间创建舞楼，万历五年重修，刘永宁为记"	光绪八年刻本《长子县志》卷五"祠祀"
14	运城市解州镇关帝庙戏台	嘉靖年间(1522～1566年)	乾隆二十八年刻本《解州全志》卷三"坛庙"："嘉靖间……知州解清重修乐楼，都宪唐顺之记"	乾隆二十八年刻本《解州全志》卷三"坛庙"
15	泽州县周村镇东岳庙戏台	隆庆四年(1570年)	明隆庆四年(1570年)《泽州周村镇重修庙祀记》云："庙制弘敞，殿之左翼祀增福，右翼祀吴王，各三楹。东序祀二郎，西序祀关王，中为礼拜殿，南为乐舞亭，又南为庙门，楹数咸如正殿"	车文明，山西晋城周村东岳庙考，(台湾)民俗曲艺，110期，1997年

1 本表部分条目曾参考：车文明，20世纪戏曲文物的发现和曲学研究，文化艺术出版社，2001年，第38～39页。

续表

序号	名称	碑刻年代	内容摘录	资料来源
16	河津市城关九龙头真武庙戏台	万历六年(1578年)	明万历六年(1578年)《重修玄帝庙并增建洞阁记》云:“创始末悉何年,而历历修葺,则明兴尤著。上有正殿三间,以妥神灵。南则献殿五间,以供醮祭。正南下则舞亭三间,□以为乐舞剧赛之所。又有东西厢一十二间,社人歆神之余于是宴集,及住持道人居之”。碑存庙内	作者2002年1月实地调研
17	闻喜县后稷庙戏台	万历七年(1579年)	《重修后稷庙记》曰:“享堂、乐楼、大门亦各三楹……经始于万历四年十一月,落成于七年十月。”	乾隆三十年刻本《闻喜县志》卷十一
18	长治市马神庙戏台	万历七年(1579年)	光绪二十年刻本《长治县志》卷三“祠祀”:“明栗永禄记,弘治嘉靖间有祀重修,……舞楼之类皆用重造……落成于己卯春三月十日。”庙在县城	光绪二十年刻本《长治县志》卷三“祠祀”
19	屯留县三□庙戏台	万历七年(1579年)	明·李尚志《重修三□山神庙记》:“(万历)己卯六月朔日告成……增修西廊房十楹,舞楼三楹”	光绪十一年刻本《屯留县志》卷六
20	高平市城隍庙戏台	万历八年(1580年)	明·杨应中《重修城隍庙记》:“金大定癸卯创建……及万历庚辰……中为乐楼三楹”	乾隆三十九年刻本《高平县志》卷二十
21	武乡县明灵王庙戏台	万历九年(1581年)	明·魏之干《明灵王庙记》:“万历九年……大为增扩,拆建正殿三楹,舞亭三间,两翼庑各三间,其基则砖石取其坚也”	乾隆五十五年刻本《武乡县志》卷四“艺文”
22	汾阳市狄青庙戏台	万历十七年(1589年)	明·王缉《重修狄武襄公庙记》:“肇自万历十七年二月,至九月即告成。正殿五楹,左右翼为砖洞,东西庑各十楹,乐楼五楹,大门三楹,两旁各一楹。门内两厢各五楹”	乾隆三十七年刻本《汾阳县志》卷十二
23	襄汾县武安王庙戏台	万历二十七年(1599年)	明·王应吉《重修武安王庙记》:“前立坊为仪门,又前为乐亭,为大门……经始于万历二十二年,告成则二十七年也”	民国12年刻本《襄陵县志》卷二十四
24	襄垣县昭泽王庙戏台	万历三十九年(1611年)	明·王云龙《重修昭泽王庙记》:“乐亭台榭隆起,下开砖券正门”	民国17年铅印本《襄垣县志》卷七
25	和顺关帝庙戏台	万历四十一年(1613年)	明·杜甫才《重修关帝庙碑记》:“外有乐楼,大门竖以新加圣号……始于明神宗四十一年夏四月,告成于今岁之二月”	民国3年石印本《和顺县志》卷十
26	万荣县关圣庙戏台	万历四十四年(1616年)	明·董汝汉《关圣庙碑记》:“起工于乙卯之春,落成于丙辰之秋。正殿五架三间,穿廊五间,左右廊庑各九间,献殿二间,大门三间,左右角门各一间,乐楼三间,以至守宇之舍,无不悉备”	民国6年石印本《万泉县志》卷六
27	泽州县高都镇东岳庙戏台	万历四十六年(1618年)	明万历四十六年(1618)《创修拜殿三门记》碑云:“创立山门,上为舞楼,并构拜殿焉。征工之日,远迩输财,争为赴后,未日旬而厥功告成”	作者2004年调研时抄录
28	长治市崔府君庙戏台	万历年间(1573～1619年)	明·赵希夔碑记云:“于殿、亭、厦,于舞楼者为楹各四,则隆庆、万历中相继为之”	光绪二十年刻本《长治县志》卷三“祠祀”
29	应县关帝庙戏台	万历年间(1573～1619年)	清·左光图《重修关帝庙碑记》:“应城之内外建祠有三,而南门瓮城内其一区也。想改城后实始基之,阙后重修者不知其凡几,犹及见明之万历……建乐楼于南,栖行宫于北”	乾隆三十四年刻本《应州续志》卷九
30	武乡县南山神庙戏台	天启三年(1623年)	明·魏光续天启三年《重修南山神庙碑记》:“凡前殿、后寝、戏楼、东西门并袤周回、廊庑、大门、楼台、甬道……并增”	乾隆五十五年刻本《武乡县志》卷四
31	襄汾县伯益庙戏台	崇祯三年(1630年)	明·魏公韩《虞官伯益庙记》:“新增享殿一、乐亭一、门二”	道光五年刻本《太平县志》卷十三
32	榆社县城隍庙戏台	崇祯十三年(1640年)	明·李化龙《重修城隍庙记》:“肇于今上之十有二年九月,竣于次年之五月也。堂寝、门庑以焕以葺,式宏旧也;拜亭、乐楼以构以创,鼎取新也”	光绪七年刻本《榆社县志》卷九

明代山西专门记载修建戏台的碑刻也有所增加，如平顺县东河村圣母庙明洪武十二年（1379年）的《东谷社增修武（舞）楼》、稷山县南阳村法王庙明成化十一年（1475年）的《法王庙创建舞庭记》、泽州县辛壁村汤王庙明弘治十四年（1504年）的《创建礼乐楼记》、万荣县四望村后土庙明正德十五年（1520年）碑刻、阳城县下交村汤王庙明嘉靖十五年（1536年）的《重修乐楼之记》、河津市樊家庄村明万历三十三年（1605年）《重修乐楼记》等。值得一提的是，稷山县南阳村法王庙明成化十一年（1475年）《法王庙创建舞庭记》中刻有本县知县、县丞、主簿等重要的县衙官员。泽州县辛壁村汤王庙明弘治十四年（1504年）的《创建礼乐楼记》中也刻有知州、知儒、判官等主要官员的名字。这说明此时官员已经正面看待戏曲演出了，把剧场的修建也纳入自己的政绩中来。

三、山西明代庙宇剧场建筑实例分析

1. 河津市樊村镇关帝庙剧场

关帝庙位于樊村东街西口，庙内现仅存戏台，1985年被列入山西省文物保护单位。戏台脊枋有题记曰："明洪武贰拾肆年九月十八日阖村创建，至成化肆年四月十五日重修。"这座戏台虽经历次修葺，但主要构件仍为原物，是山西明代初期难得的戏台实例。

戏台（图3–38）通面阔三间11.6米，通进深四椽两间8.12米，单檐歇山顶，抬梁式结构（图3–39）。柱上承大额枋，同时在后檐二金柱上施内额。内额与前檐大额枋上承两根四架梁。四架梁置角背，上施丁字梁，丁字梁的另一端置于山墙面的斗栱之上。四架梁上承三架梁，三架梁上置蜀柱，蜀柱两侧有合踏，上承脊檩。移柱造，平柱向两侧偏移。由于明间跨度较大，后人在前檐额枋下加辅柱，形成现在的五开间。三踩为单昂斗栱，除角科外，前后檐各五攒，山面各一攒。北檐作为正面，额枋上下侧雕有小桥、流水、耕夫、麒麟、牡丹等木雕，雀替上雕有人物故事（图3–40）。这些雕刻应为清代重修时所加，并非明代原物。

2. 沁水县城关玉帝庙剧场

玉帝庙位于沁水县城西，创建年代不详，明宣德七年（1432年）、清乾隆三十年（1765年）重建。玉帝庙占地面积948平方米，坐北朝南，二进院落，中轴线上从南到北依次为山门、戏台、献殿、正殿，两侧有配殿，正殿两侧有耳殿。戏台为明代建筑，其余皆为清代建筑。正殿面阔三间，悬山顶，筒瓦覆顶。献殿面阔三间，卷棚顶。

庙内清乾隆三十一年（1766年）《重修舞楼记》详细陈述了重修戏台的由来、过程以及对戏台的认识等，曰：

图3–38　河津市樊村镇关帝庙戏台

图3–39　河津市樊村镇关帝庙戏台梁架

县治之西半里许，玉帝庙在焉，吾西关居民祈报处也。岁时伏腊，享祀有仪，行之祖父，传之子孙，相沿为古礼者。然尝溯厥所自，而志乘罕载，碑具无存，独明天启间余高王父有《供桌小记》，亦称鼎新于万历初年，而不知所创，则兹庙之远且久也从可知矣。庙之南向则为舞楼，盖前人所为，达神听邀来格也。奈岁月滋久，壁毁檐颓，岌岌乎有不支之势。岁之丁丑，修职朗樊公视社事，约同里卫君文铭、李君殿元等举西廊一带。更修之时，社众佥以舞楼谋公，公老且病，遂不果。社众曰："舞楼，大工也。修舞楼，重任也，非慷慨干练不可。"仔肩因推厥弟冕侯公总其事，而东社则张子业广，西社则李子一臣也。于是同心协力，首先捐银若干两，次举督工若干人，谘于有众，询谋佥同。乃卜日之良，大积厥材，大召匠氏，兴土工，斩板干，砻柱础，饰雕甍，不数月间而规制之雄，绘画之美，视昔为有加焉。工竣问序于余，余维吾西关居民，祭享于斯，祝祷于斯，每岁仲秋，演乐陈俎，少长咸聚于斯。矧舞楼之设，以导天地之和，以通神明之德，以类万物之情，安可任其颓敝而不为之所耶？[1]

图 3—40　河津市樊村镇关帝庙戏台檐下雕刻

碑称此庙位于"县治之西半里许"，是"吾西关居民祈报处也"，并述及"庙之南向则为舞楼，盖前人所为，达神听邀来格也。奈岁月滋久，壁毁檐颓，岌岌乎有不支之势"。碑中还表达了民众重修戏台的决定："社众曰："舞楼，大工也。修舞楼，重任也，非慷慨干练不可"，同时也抒发了对戏台作用的认识和对其重修的重视："矧舞楼之设，以导天地之和，以通神明之德，以类万物之情，安可任其颓敝而不为之所耶？"

此通碑刻碑阴还刻有"大明宣德七年（1432年）建舞楼，西社捐施石柱六根，姓名誉记于后"和"乾隆二十八年（1763年）重建舞楼"等文字。可见戏台建于明宣德七年（1432年）。

图 3—41　沁水县城关玉帝庙戏台

戏台坐南向北，平面近似方形（图 3—41）。通面阔三间 7.1 米，进深两间 6.8 米，单檐歇山顶。台基高 1.4 米。四角立方形抹角石柱，后檐加设二石质平柱，呈前檐单开间、后檐三开间的"明一暗三"形式。两山设二辅柱（木质）。柱上施阑额、由额，形成井字形框架。斗栱三踩单昂，正面补间五朵，其余柱头、补间各一朵。进深方向七架梁，前部施于大额枋上。由于大额枋跨度较大，中间已向下弯曲。

3. 稷山县南阳村法王庙剧场

法王庙位于稷山县县城西约 5 公里南阳村内。根据庙内梁架题记及碑文记载，在明弘治十五年（1502 年）、成化七年（1741 年），清乾隆六年（1714 年）、光绪十四年（1888 年）均有修葺或扩建。坐西朝东，一进院落，中轴线上现有山门、戏台、正殿，两侧有配殿。

庙内明成化十一年（1475 年）碑刻《法王庙创建舞庭记》的碑阴所刻的庙貌图[2]，示意出当

1　作者 2008 年 4 月实地调查时抄录。

2　庙貌图无纪年。庙内正殿柱廊上刻"弘治十五年"（1502 年）。值得注意的是，石柱上捐施人和庙貌碑中捐施人姓名多有相同。因此，大致可推断庙貌图约在弘治十五年（1502 年）绘制。

图 3-42　稷山县南阳村法王庙戏台

图 3-43　稷山县南阳村法王庙戏台背面

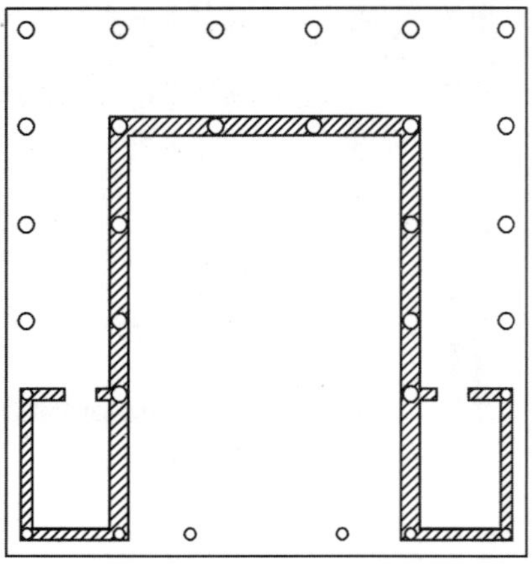

图 3-44　稷山县南阳村法王庙戏台平面示意图

时法王庙的布局，中轴线上依次有牌楼、山门、戏台（碑刻中标明为“乐楼”）、献殿、香亭、正殿等，正殿左右为垛殿，庭院两侧有配殿。庙貌图的格局和现存格局大致相同。

成化十一年（1475 年）《法王庙创建舞庭记》详细阐述了戏台建造的过程，也表述了对戏台的赞美，曰：

南阳为邑之巨里，人多乐善尚义，尤笃于事神。善士李文远早岁于本庙朝夕躬奉香火，尝会里中长者，议欲于正殿前建舞庭一座，佥曰：“宜”。暨向善多士协忠致力，纂缘乐就。材料既备，乃请良工而梓匠。苏姓而名亨者欣然应曰：“吾注意于斯已久，愿尽心竭力为之，不求其偿。”遂树舞庭三架转五，规模雄壮，制作工巧，廉隅整饰，无或尚焉。于是以陈列乐舞，奏格明神，有不宜哉？兴工于成化辛卯之仲春，落成于成化乙未之季夏。佥谓厥工既毕，当有以昭永远。而本村周瑾，亦好善者，躬诣北山之巅，求取美石，付之能匠，磨礲成碣。爰俾不肖，敬录造意兴缘之始末，勒诸石表，庶使后之乐善君子有所观感云[1]。

碑中言：“兴工于成化辛卯（1471 年）之仲秋，落成于成化乙未（1475 年）之季夏”，戏台历时四年多才完工。现存基本为明代遗构。戏台老角梁墨书题记曰：“时乾隆陆年（1741 年）六月初一吉时换梁重修，施工□□□祈保合村吉祥”，可见曾在乾隆年间重修。

戏台（图 3-42）坐东向西，重檐十字歇山顶，琉璃饰脊，翼角飞起，华丽壮观。整个建筑由台身和四周围廊两部分组成（图 3-43），台身面阔和进深均为三间，四周围廊各五间（图 3-44），即所谓的“三架转五”。台口廊檐两梢间，砌墙围合建耳房。台身四角为粗大圆木柱，素平柱础，柱上承大额枋，每面施斗栱七攒，五踩琴面双下昂（图 3-45），内托第一层井字梁，并在角科起第二攒斗栱上施抹角梁，梁上置大斗并施替木，承第一层井字梁的转角。井字梁上施的斗栱、耍头后尾、中间斜栱的伸出和老角梁共同托起第二层井字梁上的框架，框架上再施斗栱，上承构件汇合于中心（图 3-46）。

1　见庙内明成化十一年（1475 年）《法王庙创修舞庭记》，作者 2002 年 1 月抄录。

图 3-45　稷山县南阳村法王庙戏台斗栱

图 3-46　稷山县南阳村法王庙戏台藻井

值得注意的是，这座“规模雄壮，制作工巧，廉隅整饰，无或尚焉”的明代戏台，其承重方式和梁架结构受到元代戏台的较深影响。首先，台身部分四角设粗大的圆木柱，前檐无平柱，内无金柱。这种承重方式和元代戏台四角立柱，另加辅柱的方式极其类似；而和明清戏台惯用的前檐设平柱，内有金柱的支撑方式迥然不同。其次，梁架结构形成藻井。对于北方戏台而言，藻井似乎是宋元戏台的“专利”。明清的山西戏台，极少有采用藻井者。

戏台内墙壁上有题记，云：“光绪三十一年七月七、八、九日，祥盛班：《十五贯》、《盘陀山》、《阴阳树》、《春秋配》、《火焰驹》、《龙凤配》、《日月图》、《梅降雪》、《九龙柱》、《富贵图》、《抱洛（炮烙）柱》、《忠保国》、《乾坤报》、《鱼（渔）乐家》、《八义图》、《八腊（蜡）庙》、《九龙杯》”；“光绪三十四年北苏村德盛班到此，曲沃杨春信提笔”；“汾城县马村长盛班，民国九年五月念九日到此一乐”[1]。可见该戏台当时演剧较为频繁。

庙中的正殿，面宽三间，进深四架椽，悬山顶。殿前有廊，廊深两间。檐下斗栱为三踩单昂，柱头科、角科、平身科各一，耍头为蚂蚱头。廊柱上有纪念题记：“弘治十五年二月十六日”。正殿两侧有朵殿，各三间，悬山顶。北配殿面宽三间，单檐歇山顶，檐下斗栱为三踩单昂，应为明代建筑。山门面宽三间，进深两椽，硬山顶。脊枋上有题记：“时大清同治九年岁次庚午月建，己卯十五日辛亥吉时己丑立柱上梁。”

4. 翼城县樊店村关帝庙剧场

樊店村位于翼城县城西南约 7 公里处。村内关帝庙坐北朝南，一进院落，中轴线上有戏台和正殿。戏台檩枋下题记：“大明弘治十八年五月十三日创建，百福骈臻”；“大清道光十一年四月十二日重造，千祥云集”。可见。戏台创建于明弘治十八年（1505 年），而在清道光十一年（1831 年）“重造”，既曰“重造”，必然有一定的的改动，但主要结构应未改变。

图 3-47　翼城县樊店村关帝庙戏台

戏台采用前后勾连顶，前台卷棚歇山顶，后台硬山式（图 3-47）。通面阔三间 9.4 米，其中明间 4.1 米，通进深 8.8 米（图 3-48）。

1　冯俊杰．山西神庙剧场考．中华书局出版社，2007 年，第 160 页。

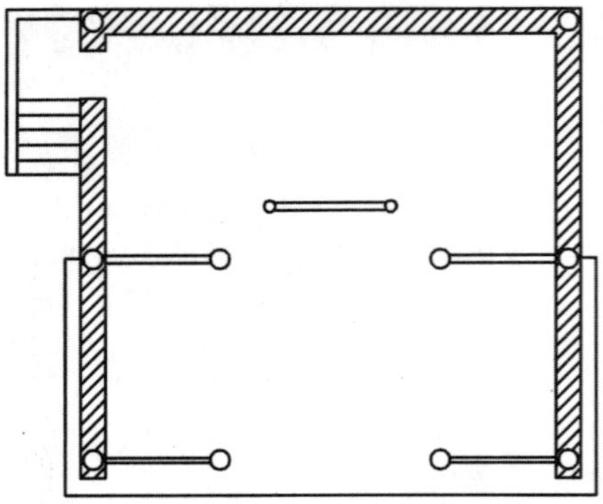

图 3-48　翼城县樊店村关帝庙戏台平面示意图

图 3-49　翼城县樊店村关帝庙戏台所谓的扩音设备

前檐圆木柱，柱础较高。两面山墙直出台口，并设有圆窗，墀头有砖雕戏文故事。台上圆木柱三排，鼓墩式柱础，石礅采用须弥座。柱上承由额、垫板、额枋，中间有雀替。雀替、由额、垫板、额枋，均饰以彩绘和雕刻，非常华丽。斗栱为单翘三踩，明间中间一攒出斜栱，耍头呈龙头，三踩单昂。前台四角施抹角梁，上置驼峰承耍头后尾。耍头后尾挑起垂莲柱以承采步金与金檩。金柱后侧施二辅柱，与金柱形成八字形，使得表演区呈凹形。隔扇区分前后台，隔扇上嵌横匾书"神听和平"。后台进深两椽，平梁分别搭在后檐斗栱和大内额上。台基前原立有 12 根石雕小望柱，并嵌 11 根石条，惜现已不存。次间还施较高的木栏杆，其后空间为文武场面。台上内壁布满戏班题记，多为民国年间所题。其中可辨最早者是："大清光绪十九年（1893 年）七月十三日申时，降州南关二班"[1]。

《中国戏曲志 · 山西卷》记载关帝庙戏台，"两边乐床下台基内各埋一列音缸，并有于台基立面相应处各嵌入青石镂空的音穴，是为舞台的音响设备"[2]。作者实地调研时，仅见台基立面上所谓的"音穴"（图 3-49），且里面已经堵死，并没有发现应与此相通的"音缸"。

5. 新绛县阳王镇稷益庙剧场

阳王镇位于新绛县西南 20 余公里。稷益庙供奉后稷与伯益，创建时期已不可考。在元至元年间（1335 ~ 1340 年）、明弘治年间（1488 ~ 1340 年）、正德年间（1506 ~ 1521 年）以及清代屡有扩建或修葺。庙内明嘉靖二年（1523 年）碑刻《重修东岳稷益庙之记》曰："（稷益庙）罔知肇自何代，元至元间重修正殿。"清光绪二十七年（1901 年）《重修东岳庙暨关帝土地诸神庙碑记》曰："（东岳庙）南界嵋山钟毓之灵，北萃汾川精华之气，西含稷峰之清秀，东望郡墉之崚嶒，前后辉映而巍峨居中，洵一方之保障。"可见，旧时这里环境优美。

稷益庙原来是一座建制完备的庙宇，有正殿、献殿、戏台、山门、配殿。明嘉靖二年（1523 年）碑刻《重修东岳稷益庙之记》记述了当时稷益庙的情况，云：

> 正殿旧三楹，国朝弘治间恢复为五楹，增左右翌室各四楹，正德间复增先门三楹，献庭五楹，舞庭五楹，缭以周垣，架以长廊，隐以佳木，百工殚巧，金壁摛辉，宛乎舞雩之幽致，而轮奂之美谅过之。[3]

现在稷益庙仅存正殿和戏台，均为明代遗构。据上述碑文可知，明正德年间（1506 ~ 1521 年）增建了五开间的戏台。清光绪二十七年（1901 年）《重修东岳庙暨关帝土地诸神庙碑记》也记述了扩建后稷益庙的情况，云：

1　所谓申时，为下午场演出的时间，相当于下午 3 点到 5 点。

2　中国戏曲志 · 山西卷 . 文化艺术出版社，1990 年，第 548 页。

3　所引稷益庙碑文均为作者现场调研时抄录，石碑现存庙内。

> 庙以内正殿为尊，盘盘焉，囷囷焉，各抱地势，钩心斗角；殿旁左圣母而右关帝，堂构森严，檐牙高啄；西则土地、财神诸殿，哙哙哕哕，正冥俱尽善尽美；由殿而下东西两廊，俱各建盖市房，约共六十余间，尽安生意；庙中间建设戏楼，上栋下宇，朴斫既勤，丹臒又至；戏楼左右钟楼枞焉，鼓楼隍喤焉，缮修无异于创建；至庙外诸房，规模虽云褊浅，实与庙内相联络。缺者补之，漏者窒之，亦足以壮观瞻焉。是役也，肇基于乙未之春，告竣于辛丑岂秋，数年间趋事赴功，不待朝诰夕诫而适观厥成。

戏台历经修葺，但基本保持了明代的建筑风格和主要结构构件（图 3–50）。结构采用“明三暗五”减柱造，使得前檐明间达 10.0 米，明间平柱施大额枋（今人在原来的大额枋下加水泥梁和柱），次间 3.63 米。明间几乎为次间的 3 倍，使得表演区非常宽敞。进深两间，前台进深 4.50，后台进深 2.80 米。前檐斗栱 11 攒，三踩单昂，昂形琴面。进深方向中间的三根五架梁通长，两侧的五架梁则在约后三分之一的地方对接，对接处施辅柱，并安隔扇，惟隔扇现已毁坏。戏台四角设抹角梁，山墙面中间搭扒梁，共同支撑歇山顶的山面。

图 3–50　新降县阳王镇稷益庙戏台

这座戏台在山西剧场史上有具有重要的意义，也具有鲜明的建筑特征。其一，面积特别大。通面阔 17.26 米，通进深 7.31 米，面积约 120 平方米，为现已知的明代戏台中的规模最大者。实际上，就是在清代也极少有这样宽的单幢戏台。其二，明间特别宽。该戏台由于采用“明三暗五”减柱造，使得明间的面阔达 10.0 米。就当时的建筑技术而言，这是有一定的风险的，但保证了表演区的宽敞。其三，整座建筑造型宏伟。由于戏台用材粗大，使建筑显得粗犷有力，古朴雄壮。

正殿面阔五间，进深三间六椽，单檐悬山顶，灰筒瓦覆顶，琉璃饰脊。正脊中间为阁楼，阁楼两侧是狮子驼宝珠。正脊两侧有琉璃鸱吻，尺度较大。殿内梁架上有题记，云：“时弘治拾伍年（1502 年）岁次壬戌三月□□□，奉训大夫知降州事徐，重建竖柱，大吉。”殿内东、西、南三壁上，有壁画 130 余平方米。壁画主要表现后稷、伯益为民造福的事迹。东壁绘《朝圣图》，画面中有农民、侍女、百官、武将等。其中农民占据主体，或手持五谷，或肩扛农具，或手捧果盘。画面技法精湛，布局严谨，笔力劲健，色彩纯朴，为明代壁画中的佳品。

6. 长治市城隍庙剧场

城隍庙原为潞安府城隍庙，位于长治大北街庙道巷，是国内现存府级城隍庙中规模最大、保存最完好的一座。庙始建于元至元二十二年（1285 年），明洪武五年（1372 年）重建，其后明成化年间（1465 ～ 1487 年）、正统年间（1436 ～ 1450 年），清道光年十四年（1834 年）都曾修缮。清道光十四年《重修潞安府城隆神庙碑记》云：“城陛神祀于三国，祠于唐，天下通祀于宋，潞安府庙则创于元而续修于明。”2001 年被国务院公布为全国重点文物保护单位。现存三进院落，占地 6950 平方米，建筑 176 间。现在中轴线上自南向北有山门、二道山门、戏台、献殿、正殿和寝宫（图 3–51）。

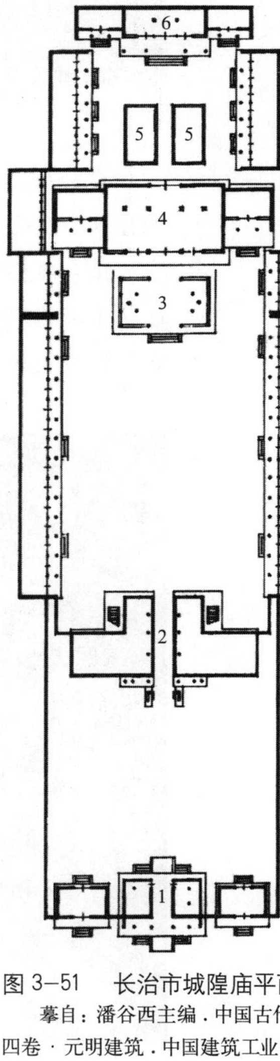

1. 大门（清）
2. 戏台（明）
3. 献殿（清）
4. 大殿（元）
5. 水池
6. 寝殿（明）

图 3–51　长治市城隍庙平面图

摹自：潘谷西主编．中国古代建筑史·第四卷·元明建筑．中国建筑工业出版社，2001 年，147 页。

山门正门面阔五间，进深四间，重檐歇山顶，琉璃脊筒瓦。正门两侧各有侧门，悬山顶三间。二道山门三间，单檐歇山顶，琉璃屋脊筒瓦，上下二层。底层明间

图 3-52　长治市城隍庙二道山门（戏台背面）

图 3-53　长治市城隍庙戏台外观

图 3-54　长治市城隍庙戏台正脊

为通道，歇山顶门楼一间。二道山门内即为戏台，两侧耳房为戏房。献殿明三间暗五间，前后七檩六椽，单檐歇山顶，琉璃屋脊，筒瓦覆布，为清代建筑。正殿创建于元至元二十二年（1285年），面宽五间，单檐悬山顶，外檐柱均为石柱，殿内采用减柱造，仅用四根柱，收杀、侧角明显。正殿两侧有侧殿，悬山顶各三间。寝宫为府城隍夫妇之所居，悬山顶，明三间暗五间，为明代建筑。

戏台和二道山门组合为一体（图 3-52、图 3-53）。戏台正脊火珠下琉璃方瓦正中有铭文："大明嘉靖岁次乙卯"（图 3-54），知其创建于明正德三十四年（1555 年）。

前台单檐歇山顶，通面阔三间 12.20 米，其中明间 5.21 米，进深 6.53 米。斗栱七踩双杪单昂，昂头上卷为象鼻状。柱头、补间各一攒（图 3-55），明间补间出斜栱。由于移柱，平柱不在斗栱下。雀替雕龙头和花卉（图 3-56）。顶部施有天花。台上三面设栏杆，安活动门，可随时拆装。整座戏

图 3-55　长治市城隍庙戏台斗栱

图 3-56　长治市城隍庙戏台雀替雕刻

图 3-57　长治市城隍庙第二进院落

图 3-58　长治市城隍庙第二进院落配殿

图 3-59　忻州市东张村大关帝庙戏台

图 3-60　忻州市东张村大关帝庙戏台

台规模宏伟，华丽精致。戏台左右有耳房，单檐歇山顶，上下两层。南向有窗无门，北向上层一门二窗，底层则一门一窗。

台前庭院相对开阔（图 3-57、图 3-58），宽（即两厢房檐柱之间的距离）35.08 米，长（即戏台前檐柱到献殿前檐柱）41.12 米，面积为 1442.48 平方米。如果假设每 0.4 平方米站一人，那么可容纳 2800 多人。旧时，潞安府城隍庙四月十五日举行庙会，会期三天，唱戏三天，非常热闹。

7. 忻州市东张村大关帝庙剧场

东张村位于忻州市东南 20 公里。村内关帝庙坐北向南，东西并列两组院落。东院现存单进院落，有东西配殿、正殿；西院现存二进院落，有山门、前殿、后殿、鼓楼、配殿等。戏台位于东西院的对面。

戏台梁下有题记："大明万历九年四月初一日初建万载当存"；"大清乾隆四十六年三月二十九日重移建千年不朽"；"民国三年五月二十七日重移建"。可见戏台建于明万历九年（1581 年），后在乾隆四十六年（1781 年）和民国 4 年（1914 年）分别移建。

戏台（图 3-59、图 3-60）为前后勾连式，前台卷棚歇山顶，后台悬山顶，相互勾连。后台高大，前台相对低矮。前台通面阔三间 5.9 米，其中明间 3.9 米，进深二间六椽 4.2 米，三面透空。由于平柱采用移柱造，所以台口开敞，而次间很窄。台口现存望柱二根，原有低矮的栏杆。檐柱四根，上承额枋。额枋上角科二攒，柱头科二攒，平身科三攒，三踩单昂。中间的平身科正中出大斜栱，居中耍头为含珠龙头，两侧的耍头则雕为象头。斗栱上承托撩檐枋。额枋下原有"二龙戏珠"雀替，惜现已不存。前后台之间用木隔扇分隔，现仅存木框架。隔扇中间上面书"异史传真"，上下场门上侧分别书"琴音"、"瑟韵"，门外侧各有圆形窗。

后台面阔 7.9 米，进深四椽 3.3 米。稍间砌墙，开有圆窗。梁架为五架梁承三架梁，三架梁上施童柱、角背、叉手，支撑脊枋和脊檩（图 3-61）。后台山墙前接砖砌八字墙，墙端设木柱。八字

图 3–61　忻州东张村大关帝庙戏台梁架

图 3–62　忻州东张村大关帝庙戏台八字墙

墙上设悬山顶，檐下斗栱重重（图 3–62）。

整座戏台屋顶形式丰富，前台的卷棚歇山顶、后台的悬山顶、八字墙的悬山顶，形成视觉上的高低错落。

8．介休市洪山镇源神庙剧场

源神庙位于介休市东南 12 公里的洪山镇境内的洪山山坡上，坐东南而面西北，依山势而建。庙旁有“鸑鷟”泉，为全市之水源，又称源泉，庙因泉名，故得名“源神庙”。源神庙现存有十余通碑刻，主要记述了源神庙修建和扩建过程，也涉及当时的不少民俗活动，有较高的史料和艺术价值。源神庙现为山西省重点文物保护单位。根据庙内碑文记载，源神庙创建年代已无考，北宋至道三年（997 年）、元至大二年（1309 年）两次重建，明洪武十八年（1385 年）、万历十六年（1588 年）、清道光八年（1828 年）、光绪三十三年（1907 年）屡有修葺。

源神庙现存东西两组院落，其中东院为主体。东院中轴线上有木牌坊、龙虎殿、山门（戏台）、正殿、配殿等。

龙虎殿前为 33 级石台阶。石阶上有木牌坊一座，单檐歇山顶，外额题有“有本者如是”，为明代理学家王阳明所题；内额题有“溥博源泉”，为明代介休知县王一魁所题。台阶上为龙虎殿，面宽三间，单檐硬山顶，设有前廊，不施斗栱，山墙前斜砌八字影壁。山门为拱形门，上悬“源神庙”匾，前有披檐。戏台和山门勾连而建。正殿建于高台之上，面宽五间，进深六椽，单檐硬山顶。斗栱耍头雕作含珠龙头等，并饰以彩画。明间雀替雕两条龙，龙头伸向明间，而龙尾伸至次间；梢间雀替则作象头。院落两侧有配殿，均面宽三间，进深四椽，带前廊。东殿供奉孔子，题曰“礼授尼山”；西殿供奉老子，横披曰“上善若水”。东院西侧有西院，为二进院落，有圣母殿等建筑。

在明万历十六年（1588 年）到万历十八年（1590 年）间，在介休县知县王一魁主持下，源神庙迁于现址，并在山门之前创建了戏台。王一魁在明万历十九年（1591 年）《新建源神庙记》中有详细的描述，择其要点摘录如下：

> 县治东南三十里许，有山名洪山，下有泉，俗谓之源……卒迁庙于南，负离抱坎，水泉居前。夫坎，水也，而庙当之，固其所也。况泉水前注，视瞻爽垲，岂天造地设与？正殿五楹，塑三神像其中，东西庑各五间。殿前数步，甓券门五洞，洞上扣砌为台，台上反宇，回栏陕（狭）而修曲，为楼额曰“鸣玉楼”。外有门以木为之，与楼周缭俱粉堞相属，可散步其上[1]。

地方的主要官员主持修建戏台，并为戏台命名，这在明中叶以前是极少见到的。这也说明明中叶以后，地方政府对民间演戏活动的逐渐认可。康熙二年（1663 年）《重修源神庙碑记》中也提到迁庙之事，曰：

1　源神庙碑文为作者 2005 年 4 月现场调研时抄录，并于 2006 年进行校对。

明季县令王公□万历十六年始迁庙于此，构正殿五楹，左右翼以廊庑；前造砖窑五眼，上起乐楼名曰“鸣玉”；东西构钟鼓楼二所；外建三门，砌以崇台，左口左构轩日“趋稼”；以及官亭、廊房、厨舍，靡不毕举。其规模弘敞，加于曩昔。

源神庙迁建之后所建的戏台规模宏伟，造型别致。清代张鼎五在道光八年（1828年）撰的《重修源神庙乐楼记》中就有不少赞誉之词，云：

庙之作，余不知创自何时，考碑志自宋来已有之。前明王邑侯始改建于池东。相其阴阳，观其流泉，遂揽邑治东南一带之奇胜。其间正殿五楹，东西两庑各三间，其下则券门五洞，洞上砌石为台，则乐楼在焉。王邑侯所额“鸣玉楼”，昔人所称天然韵者是。呜呼，是楼也，松涛谷应，山水音清，其泉莹莹然若玉镜初开，其声泠泠然若丝桐乍聆，斯不亦极胜矣乎！余尝壮游荆楚，登黄鹤望江水汪洋，登岳阳窥湖光潋滟。以与斯楼相比拟，则斯楼也，虽不能上下天光，一碧万倾，而造化自然之秘，亦不待镂剔剪刈，已自得于狐岐胜水之间。

碑文中将该戏台与黄鹤楼、岳阳楼并论，足见其自身之壮丽及环境之优美。

这座创建于明万历年间的戏台，后来历经多次修葺和完善。值得注意的是，清光绪三十一年（1905年）重新修建了戏台的后楹，并修葺了前楹。清光绪三十一年（1905年）《重修源神庙碑记》曰：

重新建修，则乐楼后楹，前门龙虎殿，与门外之缭垣与旗杆也；补葺者，则正殿及东西庑，乐楼之前楹，门首与桥梁之牌坊也；改创者，则龙虎殿前之出檐，殿后之屏门，与殿左之便门，通内正殿之耳门也。

戏台（图3-63）下有券门三孔，中间一洞为山门（图3-64），门外题“源神庙”，其余二孔洞外侧封砌成为窑洞，作为道士居所。戏台为前后勾连式，面阔三开间，圆木柱支撑。前台悬山顶，六檩五椽，施天花。后台硬山卷棚顶，彻上露明造，四檩三椽。台基高3.58米，通面阔10.04米，其中明间面阔4.21米，次间面阔3.11米。通进深8.68米，其中前台进深3.67米。阑额下明间雀替雕以龙头，次间雀替接以龙尾，角柱雀替则雕以象头。柱头也伸出龙状雕刻。次间栏杆各有望柱6根，高0.71米，雕有狮子，形态各异（图3-65、图3-66）。望柱间砌以石板，云拱高0.45米，并雕刻图案[1]。前后台

图3-63 介休洪山镇源神庙戏台

图3-64 介休洪山镇源神庙戏台背面

1 明万历十九年（1591）碑刻《新建源神庙记》中描述戏台“回栏陕（大致取‘狭’之意）而修曲”，可知戏台建造之初，就设有栏杆。

图 3–65　介休洪山镇源神庙戏台前的栏杆

图 3–66　介休洪山镇源神庙戏台匾额

之间有隔扇区分，隔扇凹向后台，扩大了表演区。隔扇上施精致彩绘。后台有窗，临窗瞭望，景色秀丽。

旧时，每年三月三日、八月初一，源神庙举办祭赛演戏活动。光绪二十一年（1895 年）《源神庙碑》载：“岁于上巳之期，各河值年董事所称水老人者，率各村渠长，协备盘灶，演剧酬神。县镇长官监临祀典，洵称盛会”。

当地碗窑行曾一度占据源神庙，每年演戏专祭庙内的老君殿。民国 5 年补记的《公同义合碗窑行公议规条碑记》中规定：“公派敬神演戏，脱杂货派钱伍佰文，打杂派钱叁佰文，脱酒罇派钱贰百文，打短工派钱贰佰文”；“阳城黑货、琉璃货等，不管几人做工，酬神演戏派钱壹吊文。如做碗俸雇工做，酬神演戏该把中派钱壹吊文，旋匠派钱壹吊文”；“行内化费，六四俸公出。酬神演戏照以上各宗派款，各出各钱，勿得推阻”。

9. 高平市王何村五龙庙剧场

五龙庙位于高平市西北 5 公里处，坐北向南，单进院，创建年代不详。现存有山门、戏台、正殿、看楼、配殿等。

山门（戏台背面）（图 3–67）门额横披石刻“古庆云”，落款为“时天启五年六月吉旦”，可见戏台创建于明天启五年（1625 年）。这一题记和正殿脊枋题记“天启五年（1625 年）岁次”的年代相同。

戏台（图 3–68）单檐悬山顶。通面阔三间 7.63 米，其中明间 2.6 米，进深 4.85 米。东西耳房各三间，二层与戏台相通，作后台之用。下层砖券门洞高 1.99 米，宽 2.00 米，为出入庙宇的山门。前檐施三踩单下昂斗栱，耍头呈麻叶云头状。台口现已封闭，并在台口两侧增设了上下台面的踏步，有失原貌。

庭院两侧为二层硬山顶看楼，各九间。正殿面阔五间，进深五椽，单檐悬山顶，柱头科为五踩单昂，平身科出 45° 斜栱。筒瓦覆布，琉璃脊饰。

图 3–67　高平市王何村五龙庙山门（戏台背面）

图 3–68　高平市王何村五龙庙戏台

10. 太原晋祠水镜台剧场

晋祠位于太原市西南25公里，保留了宋、元、明、清、民国等时期的建筑，其中圣母殿、渔沼飞梁、献殿、水镜台等古代建筑和宋代侍女塑像、周柏、唐太宗《晋祠之铭并序》碑等尤为珍贵。刘大鹏（1857～1942年）在《晋祠志》中写道："三晋之胜，以晋阳为最，而晋阳之胜，全在晋祠。"

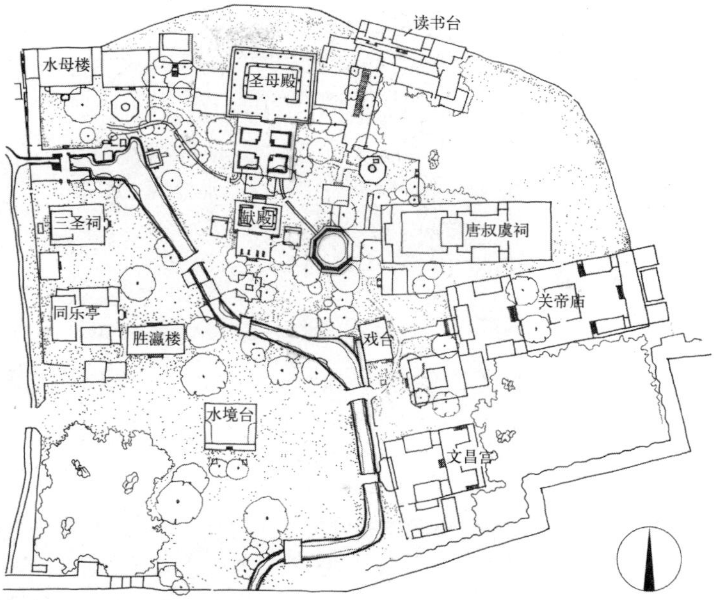

图3–69 太原晋祠平面图

晋祠的整体布局错落有致，自东向西形成一条轴线。中轴线上从山门起，依次有水镜台、会仙桥、金人台、对越坊、钟鼓楼、献殿、鱼沼飞梁、圣母殿。北部随地势自然错综排列，有文昌宫、东岳庙、关帝庙、唐碑亭、唐叔虞祠、朝阳洞、待凤轩、三台阁、读书台和吕祖阁等（图3–69）。南部具有江南园林风格，有胜瀛楼、白鹤亭、傅山纪念馆、三圣祠、真趣亭、难老泉亭、水母楼和公输子祠等。在祠区最南部还有奉圣寺、浮屠院、舍利塔和翰香馆等。

图3–70 太原晋祠水镜台匾额

从晋祠大门进入后的第一座建筑就是戏台，名曰"水镜台"。"水镜台"之名出自《前汉书·韩安传》"清水明镜，不可以形逃"之句，谓忠奸是非尽人皆知。水镜台坐南向北，背向山门，悬有"三晋名泉"横匾（图3–70），字迹清秀雄劲，为康熙年间（1662～1722年）晋祠人杨廷翰所书。

清代刘大鹏在《晋祠志》中记载道：

（水镜台）创建年月未详，道光二十四年重修，土人呼为旧乐台，在会仙桥东，规模宏壮，气象雄巍，螭盘画栋，鹤绘雕梁，俨如五岳千霄而律岌，对若三山出海而崔巍。西乡圣母庙，后壁辟门，门外设磴，通游人之陟降。中楹悬水镜台额，杨给谏之笔，若龙腾于川，端倪莫测[1]。

可见，水镜台创建年代已无考，清道光二十四年（1898年）重修。水镜台采用前后勾连式（图3–71、图3–72）。后台正脊题记有"万历元年六月吉"等字样，应未明代所建。前台则为清人补建。前台为单檐卷棚歇山顶，后台为重檐歇山顶，后台略高于前台。所以，从正面观看，高低错落，造型丰富。

水镜台台基高1.3米，宽18.1米，深17.2米，平面接近方形。前沿排列0.6米高的石望柱，并用石条衔接。前台通面阔三间9.6米，其中明间5.4米，进深6.2米。后台进深4.8米。前后檐阑额上施六架梁。所用木柱皆无侧角和生起，无明显收分。柱上施由额、阑额、翼形拱等，雕刻华丽（图3–73）。雀替雕有二龙戏珠等。前后台之间用木隔扇分隔，隔扇上侧悬"水镜台"匾额，是清代重修后，书法家杨二酉在乾隆二十二年（1757年）书写。木隔扇上彩绘戏曲故事"木兰归乡"等。后台三面设廊，形式别致。

1 刘大鹏著，慕湘，吕文幸点校．晋祠志．山西人民出版社，2003年，第70页。写成于光绪二十八年到三十二年期间（1902～1906年）。

图 3–71　太原晋祠水镜台背面

图 3–72　太原晋祠水镜台

图 3–73　太原晋祠水镜台装饰

前台有楹联两副。其中一副为刘大鹏所书，云："临回望之广场，飘轻裾曳长袖舞，虽云优孟衣冠，而君君臣臣，父父子子，兄兄弟弟，夫夫妇妇，大伦理都从丝竹管弦中抑扬绘出；呈角抵诸妙戏，著假面拗真腰标，只属侏儒伎俩，则文文武武，鬼鬼神神，是是非非，奇奇怪怪，众情形竟自清词丽曲里婉转传来。"[1]

前台另外一副楹联云："笙歌韵管弦，皆是写炎凉世态；艳质回风雪，罔非传冷暖人情"，阐述了戏剧的特质，说明戏剧可以反映冷暖人情，同时也赞扬了戏曲音乐的动听、演员的美丽、舞蹈的优美。后台背面也有楹联一副，云："水秀山明无墨无色图画，鸟语华笑有声有色文章"。

1　这副楹联中的上下联均用东汉张衡《西京赋》描写百戏的词句开头，中间的"优孟衣冠"、"侏儒伎俩"之句也是汉代文献中描写早期戏剧的词语。

图 3–74 河津市古垛村后土庙戏台

图 3–75 河津市古垛村后土庙戏台侧面

11. 河津市古垛村后土庙剧场

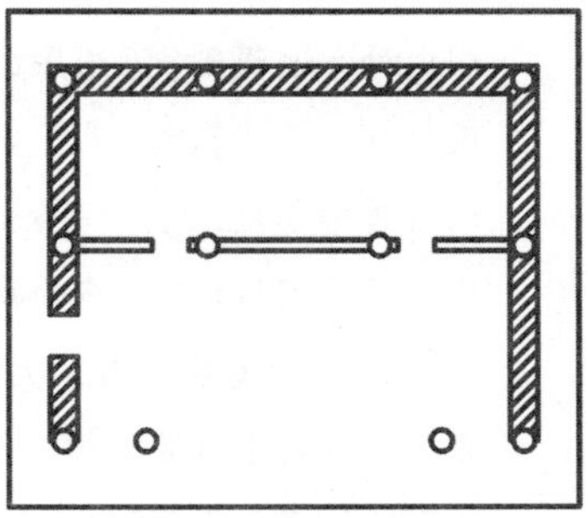

图3–76 河津市古垛村后土庙戏台平面示意图

后土庙位于河津市东北 20 公里的古垛村东，创建年代不详，元贞元元年（1295 年）、明代、清乾隆十二年（1747 年）均有修葺。后土庙坐北朝南，一进院落，现仅存戏台与正殿。正殿面阔三间，进深三间，悬山顶，灰脊筒瓦。殿前有前廊，廊下为圆木柱，鼓镜础。

据清嘉庆二十一年（1816 年）刻立的《重修圣母庙碑记》所述，戏台创建于元延祐五年（1318 年）[1]。根据现存的木结构断定，该台历经修葺，具有明代建筑的风格，同时保留了元代建筑的一些特点。

戏台位于正殿南面，坐南向北，悬山顶，灰脊筒瓦（图 3–74、图 3–75）。为扩大台口活动面积，明间平柱向两侧外移，成移柱造。面阔三间，前檐明间 5.40 米，次间 1.50 米，中排柱明间 3.15 米，次间 2.63 米。进深两间四椽，其中前台 3.57 米，后台 2.76 米（图 3–76）。台基高 1.22 米。檐柱为圆木柱，素平柱础。柱头置圆木大额枋。柱头科为三踩单昂，耍头凹脸蚂蚱头，拱面不抹斜。平身科各一攒。额枋上置四铺作单下昂斗栱七朵承托檐檩（图 3–77）。明间由额扁细，次间由额则较为宽厚。次间由额直接伸进明间作为雀替，刻作含珠龙头。屋顶檐椽、飞椽齐全。台内中后部有隔屏，将台深分为前、后台。

戏台梁架为典型的抬梁式（图 3–78）。前后檐斗栱上承五架梁。五架梁上施驼峰，上承三架梁，中间有童柱承脊檩。三架梁上有叉手和角背。五架梁下面隔扇位置处立辅柱二根。脊枋上有：“大清乾隆”；“丁卯三月甲辰望朔壬子日子时竖柱上梁重修”等字，应为最后一次落架大修时所题。

图 3–77 河津市古垛村后土庙戏台斗栱

图 3–78 河津市古垛村后土庙戏台梁架

1 王大高主编．河东名胜．山西古籍出版社，1996 年，第 46 页。

后台尚存题记，“宣统三年（1911年）正月廿九日，陕西同州府合阳县同盛班李双盛提（题）”[1]；“宣统三年正月廿捌日同盛班到此”；“民国十年（1921年）伍月廿伍日长盛班道（到）此，老生红清提笔”。

12. 沁水县郭壁村崔府君庙剧场

郭壁村位于沁河西岸。崔府君庙位于村东，坐北向南，紧邻沁河，二进院落。所奉祀的崔府君，传姓崔名珏，字子玉，初唐祁州鼓城（今河北晋县）人，是东岳大帝的首席辅臣，所以世称亚岳、府君、护国显应王等。相传崔府君曾任长子（属山西）县令，政绩卓著，所以晋东南有甚多崔府君庙。崔府君庙在明代时已颇具规模。明万历四年（1576年）《重修府君神祠记》记载：

> 郭壁镇，去县城东百里，居民数百家。镇之南，旧有神祠一所，创于宋，重修于金元，而恢宏于国朝之永乐、成化、正德，上下盖五百有余岁矣。祠正宇祀府君神；左祠二：白龙神、武安神，右祠二：子孙神、牛王神。其东为庑，为厨舍；其西为庑，为李公祠。其中为拜堂，次乐舞楼，次二门。门之外有地藏殿、五道殿，居左右焉。至其南为大门，门之内又有厦数间，列于门之两傍。然岁时既远，俱圮坏，日就欹侧，实无以妥灵。乃里中会推辰溪公宰其社，公诣庙四顾，太息曰：“兹固祈报之所籍，以劝善惩恶之区也，可令如是乎？”遂率众会资，聚群材，饬百工。出其身以当其难，即置家务不遑恤。修葺前后殿宇，东西廊庑，拜堂、舞楼、厨舍，悉如旧制。相旧府君祠陋隘，乃为高大之。既拓既峻，祠始巍焕倍昔。大门故止一门，制甚俭，仅容出入，而屋于其傍者，亦卑而陋焉。公以为不克称，乃创建门楼三楹，下辟而为三门。其左右廊房，悉更新之，增有创无，制益充拓。又视诸祠中，宜有咸缺者，辄营治之。凡春秋祈祷、岁时伏腊之仪，百尔器备，悉治如式。更以其黝垩丹漆，饬诸内外而新之。自是规模焕整，庙貌森严可观。计工始于嘉靖癸亥（1563年）五月，至万历丙子（1576年）三月[2]。

碑文阐述了崔府君庙的历史沿革和格局，并记载在明嘉靖二十四（1563年）五月至万历四年（1576年）五月期间，“修葺前后殿宇，东西廊庑，拜堂、舞楼、厨舍，悉如旧制”。

现崔府君庙并非原址。明天启三年（1623年），洪水暴涨，侵入崔府君庙，迁建于现址。清康熙五年（1666年）邑人韩仰斗在《补修府君庙记》云：

> 郭壁镇原在今河之东南，府君庙在西南旧子孙祠，原庙之西角殿也。天启三年，河涨侵庙，先通政君集众议，改瓶渭沟之北，其费给予庙柜，经营方定，众口既兴府君，捐馆人各为政，以有余之钱粮，大势谨完而终亏一溃，历年正殿忽漏，合力修补，而舞楼三门渐坏，容于王太公，继先人赠公之志起，盖三门，加二舞楼三门，力创西廊四楹并戏台，前后院俱墁以砖，计费百余。

郭壁人王纪（顺治九年进士）在康熙八年（1669年）所写的《郭壁镇改建大庙记》也记载了其事：

> 天启乙丑（五年，1625年），余养终里居。余兄通政公亦请告回籍，每与余言其事。一日约余，集诸富有力者合议焉。时庙有柏数株，皆合抱，货得银数百两，不烦募化捐助，则经费其有资矣。周行相度，定基于渭沟址，周比其余镇南北为适中也。第居稍湫隘，干大社地，祠因徙而巽之隙地，坎邻旧茔，银□铺坤有缺；主者皆乐为迁就离，逼沟则驾而过焉。一经充拓裁割，遂成巨址，则建置

1 其中提到的同州（今大荔）属陕西，是梆子声腔发源地之一。

2 崔府君庙碑文为作者2005年实地调研时抄录，2007年7月实地调研时校对。

其有地矣。举生员王用学董其役，而以寿官韩焕、赵光启偕佐之，则综理其有人矣。庙制旧颇称善，只议改仪门为关帝殿，后西址隅为文昌祠，东南隅为五道将军，前东址隅为子孙祠。大门左右起钟鼓二楼，门以南造桥一孔，以通往来。其间卑者升之，狭者广之，缺者补之，方位失宜者正之。随方逐圆，大都不易其故。且合计前后左右工程之大小繁简，分为十余工，每一工以一人总，二人副，而随各列名于中，以著其劳。擘画既定，众遵行惟谨，并力一心，鸠工庀材，争先趋事也。益以丹垩漆绘，角耀竞爽。故环丽庄严，方畴昔为倍异也。猗欤盛哉！经始于天启丁卯（七年，1627 年）之孟夏，越三载至崇祯庚午（三年，1630 年）仲秋告竣。

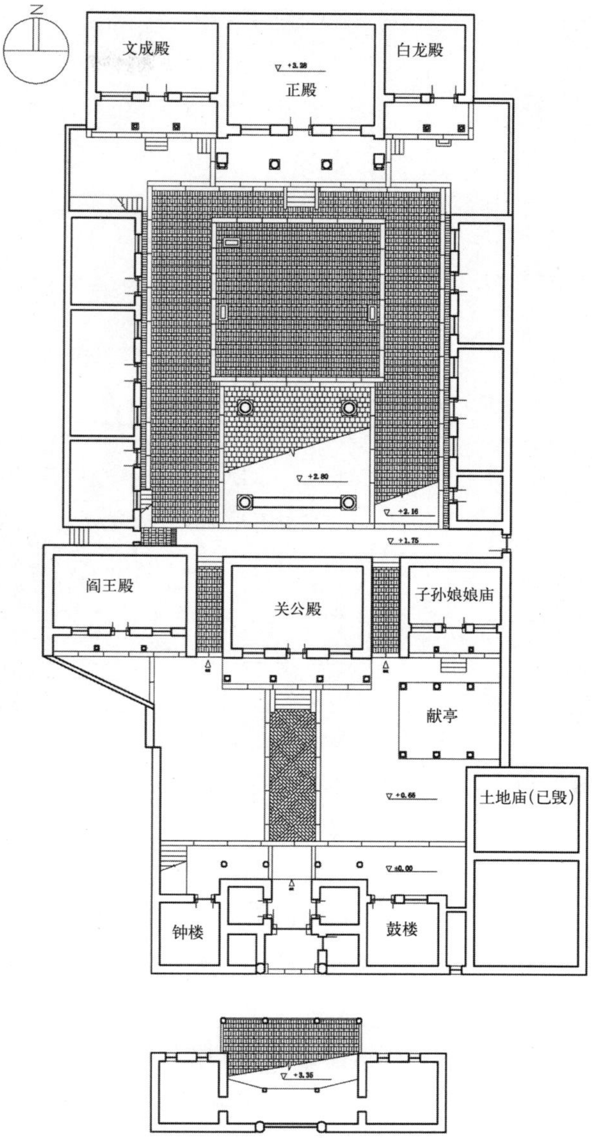

图 3–79　沁水县郭壁村崔府君庙平面图

这次搬迁重建后，庙的格局也有变化，将关王殿移至前院正北，创建了山门内之西廊和门上戏台，这样形成了内院、外院两处戏场的格局，使得关帝和崔府君有各自的戏台（碑中则分别称为舞楼、戏台），不偏不倚，耐人寻味。综上史料可知，后院崔府君庙戏台是明天启三年搬迁后重建的。前院关帝庙山门上的戏台则建于康熙五年（1666 年）。

现存崔府君庙坐北面南，东西宽 26.5 米，南北长 65 米，为两进院落，前一进为关帝庙，后一进为崔府君庙，中轴线上有山门（上有戏台）、关帝殿、后院戏台、正殿等（图 3–79）。

山门前有文昌阁，单檐悬山顶，阁下有砖砌通道。山门上书“府君庙”匾，山门前有石桥，饰以石栏杆（图 3–80）。

前院戏台虽为清建，因关系整体格局，亦在本节作简单论述。该戏台建于山门之上，悬山顶。面宽三间 8.1 米，其中明间宽 2.5 米（图 3–81）；通进深七檩六椽 6.3 米。戏台两侧有阁楼，高三层，二层用作化妆间，一层和三层可供艺人食宿。底层用小八角石柱，上层前檐用石柱，后面则用圆木柱。台内有戏班题记（图 3–82）。

戏台北侧的关帝殿建于明代，位于高台之上，面宽三间，进深两间，前出廊，悬山顶（图 3–83）。前檐为四根方形石柱，上置大额枋、平板枋，正脊用彩色琉璃装饰。关帝殿两侧有子孙祠、阎王殿。前院东南隅有土地庙。

图 3–80　沁水县郭壁村崔府君庙山门

图 3–81　沁水县郭壁村关帝庙戏台

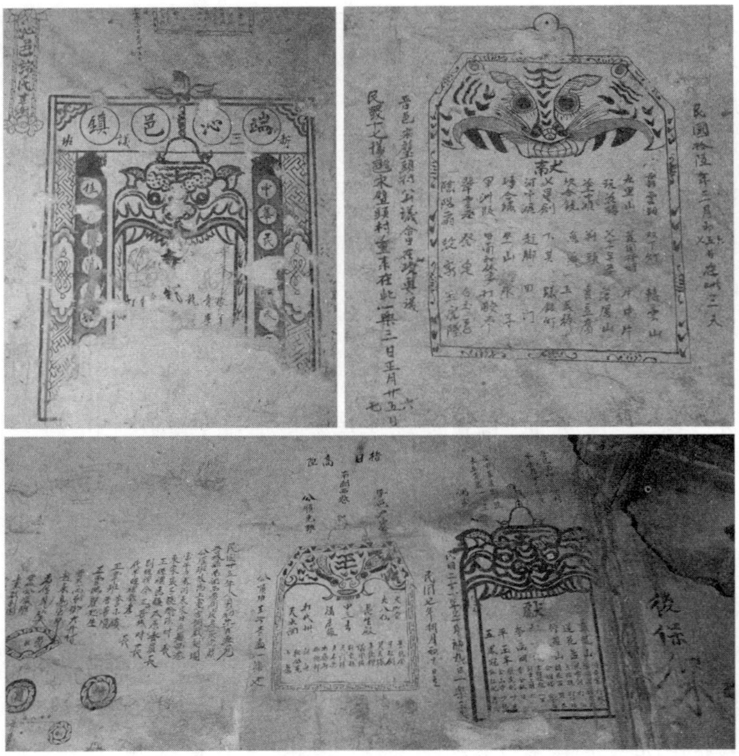

图 3-82　沁水县郭壁村崔府君庙关帝庙戏台题记

图 3-83　沁水县郭壁村关帝殿

图 3-84　沁水县郭壁村崔府君庙戏台

后院戏台为明代建筑，但具有元代风格。戏台面宽一间 6.1 米，进深一间 6.2 米，平面为正方形，单檐歇山顶，山花向前（图 3-84）。四角用粗大的圆木柱，高 2.9 米，鼓镜柱础。柱上施十字交叉绰幕枋，上承大额枋，再上有平板枋。斗栱为单下昂三踩（图 3-85），每面五攒，正中一攒出 45° 斜栱（图 3-86）。梁架采用藻井形式（图 3-87），四周斗栱的耍头尾上施八角井，每角均悬一垂柱。每一垂柱之下，左右均斜着向下各施一木枋，搭入临近的两朵斗栱昂尾之上的斗口中。每一垂柱之上，再施斗栱三踩，承托第二层八角井。同时，间隔的斗栱向上施斜撑四根，插进雷公柱中。雷公柱四周则是第三层小八角井，下施垂柱。整个藻井枋木交错，略显繁琐，但其结构极富逻辑性。

图 3-85　沁水县郭壁村崔府君庙戏台藻井

图 3-86　沁水县郭壁村崔府君庙戏台斗栱

图 3-87 沁水县郭壁村崔府君庙戏台斗栱

图 3-88 沁水县郭壁村崔府君庙正殿

图 3-89 新绛县城内戏台外观

图 3-90 新绛县城内戏台前台阶

府君殿（图 3-88）面宽三间，进深两间，单檐悬山顶，前出廊，两侧施小八角石柱，中间施两木柱，有侧角，收分明显。正脊琉璃件刻铭文“府君殿”三字。两侧有耳殿。

旧时，每年农历六月六日祭府君，五月十三日祭关帝，均会演戏，一前一后两座戏台同时演出，互相辉映，热闹非凡。

13. 新绛县城内剧场

新绛县城的钟楼、鼓楼、城隍庙戏楼，被称为“绛州三楼”。城隍庙已不存，仅存戏台。戏台创建年代不详。县志记载建于明代，历代重修。脊枋题有“中华民国三年（1914 年）七月重修”等字。但主要构件保持明代风格。

戏台坐南朝北，分为上下两层，均可用于演戏（图 3-89、图 3-91）。面阔五间 16.0 米，进深 7.6 米。明间凸起二层抱厦一间，进深两架椽，歇山顶，灰脊筒瓦。上下的圆木柱为通柱，鼓镜础。上下的两次间均作为艺人临时栖息之所，朝北开直棂窗。下层次间的前面用作文武场。明间的前面和抱厦用作表演区，明间的后部用作后台。台基依山坡而筑，东高西低，中间高 2.6 米。明间额枋上雕有牡丹、荷花图案。柱头科为三踩单翘蚂蚱形耍头；次、梢间平身科为单翘麻叶形耍头，两侧角科为龙形耍头。三种斗栱形制不同，相互媲美。《中国戏曲志 · 山西卷》中曰：“戏中如有神仙鬼怪，则上下两层同时使用，即神在上层，鬼在下层，格局迥异。”

图 3-91 新绛县城内戏台外观

别具一格的是，戏台前顺应山势修筑台阶93级，成为戏场的自然看台，和整个环境非常协调（图3-90）。

四、山西明代庙宇剧场的建筑形制

对于山西庙宇剧场的发展过程而言，明代应该是一个摸索和探索的时期。明中叶以前，山西传统剧场的建筑形式相对单一，平面往往采用规则的正方形或长方形，梁架结构大多是四角立柱，内设藻井，屋顶大多用单檐歇山顶，偶用十字歇山顶，其他形式则较为少见。而从明代成化到隆庆年间（1465～1572年），剧场形式进入了一个变革的时代，主要表现在下面几个方面：

其一，戏台面积增加，规模扩大。元代戏台面积一般往往是50平方米左右。根据实测，统计了山西现存的18座（见表3-6）明代戏台的面积，其平均值为76.2平方米，是元代戏台面积的1.5倍。其中，新绛县阳王镇稷益庙戏台，面积达120平方米，是常见元代戏台的2.4倍。

戏台面积增加的直接原因是演出内容和形式发生变化，需要较大的演出空间，小的台面已不能满足要求，不得不扩建。明代于璞在《重修关帝庙》中论到孝义关帝庙时曰："又病乐楼之湫隘，无以陈歌舞而乐神听也，撤而去之，更构以危楼三楹，高三丈，深三丈，广五丈有奇。"[1]而高大雄伟的戏台逐渐成为当时的时尚，并引以为豪。介休城隍庙明隆庆六年（1572年）《重修城隍庙碑》曰："乐楼高耸，厨舍广设，视昔美且宏焉。金碧辉煌，映一方之景象；规模恢弘，昭四境之光华。固足以为神之栖依，亦足以为民之信仰。"[2]

其次，山西明代戏台普遍采用三开间，平面一般呈长方形。元杂剧一般情节简单，一人主唱，角色较少。与之相应，元代戏台往往四角立柱，面阔和进深均为一间。明代戏曲开始多人主唱，角色扩充，上场演员增加。元代遗留下来的戏台已经不能适应"演"的需要，需要扩大，故普遍采用三开间的形式（少数也有采用五开间的）。河津市连伯村后土庙景泰元年（1450年）《重修后土禹稷庙记》曰："乐楼三楹"[3]。泽州县辛壁村成汤庙弘治十四年（1501年）《创建礼乐楼记》曰："建礼乐楼三楹"[4]。河津市真武庙万历六年（1578年）《重修玄帝庙并增建洞阁记》曰："又南下则舞亭三间，倍（备）以为乐舞剧赛之所。"[5]高平市侯庄村天启元年（1621年）《侯庄增修馆庙记》曰："舞楼三间"[6]。平顺县西青北村禹王庙崇祯四年（1631年）碑刻曰："禹王庙前新修戏楼三间。"[7]定襄县城隍明嘉靖三十二年（1553年）《重修城隍庙记》曰："新建乐楼三间"[8]。也有的戏台采用五开间的形式。襄汾县城隍庙《新修城隍庙记》载："仪门外乐楼五间，皆重檐累拱，绘以五彩。"[9]汾阳县万历十八年（1590年）《重修乡贤狄公祠记》载："乐楼五楹，大门三楹，两旁各一楹，门内两厢各五楹。仍旧鼎新，随缺增补，栋宇巍峨，规模宏敞，诚足以昭崇奉而妥神灵矣。"[10]作者认为，三开间和五开间戏台形制的流行，是戏台面积扩充在支承结构上的体现。

---

1 乾隆三十五年（1770年）刻本《孝义县志艺文卷一》明于璞《重修关帝庙》。

2 张晋平．晋中碑刻选粹．山西古籍出版社，2001年，第197页。

3 霍建宇．河津连伯村后土庙明代舞楼碑刻考．中华戏曲第24辑．文化艺术出版社，2000年，第213～227页。

4 樊淑敏．泽州辛壁成汤庙明代乐楼碑刻考述．中华戏曲第24辑．文化艺术出版社，2000年，第258页。

5 作者 2002年1月实地调研时抄录。

6 冯俊杰．山西戏曲碑刻辑考．北京：中华书局，2003年，第346-347页。

7 冯俊杰．山西戏曲碑刻辑考．北京：中华书局，2003年，第369-370页。

8 康熙五十一年刻本《定襄县志》明乔广大《重修城隍庙记》。

9 民国12年（1923年）刻本《襄陵县志》（今山西境内）卷二十四明刑霖《新修城隍庙记》。

10 乾隆三十七年（1773年）刻本《汾阳县志》卷十二明王绢《重修狄武襄公庙记》。转引自：郝胜芳主编．汾阳县金石类编．山西古籍出版社，2000年，第338～140页。

山西部分遗存的明代戏台平面相关尺寸　　表 3–6

序号	名称	通面宽（米）	通进深（米）	面积（平方米）	明间宽（米）	次间宽（米）	明次间宽度比
1	河津县樊村关帝庙戏台	11.7	8.5	99.5	7.6	2.1	3.6
2	沁水县城关玉皇庙戏台[1]	8.2	8.0	65.6	3.7	2.3	1.6
3	稷山县南阳村法王庙戏台	7.7	7.7	86.8	4.0	1.9	2.1
4	翼城县樊店村关帝庙戏台	8.5	8.4	72.1	4.4	2.1	2.0
5	阳城县下交村汤王庙戏台[2]	8.4	5.5	46.2	3.5	2.5	1.4
6	新绛县阳王镇稷益庙戏台	16.8	7.2	120	10	3.4	2.9
7	运城市三路里村三官庙戏台[3]	10.2	10	95.7	4.3	1.6	2.7
8	介休市后土庙戏台	12.9	9.2	103	5.5	/	/
9	忻州市游邀村黄堂庙戏台[4]	8.5	5.9	50.2	4.5	2.0	2.3
10	翼城县武池乡西贺水村戏台	11.3	8.0	90.4	5.9	2.7	2.2
11	闻喜县吴吕村稷王庙戏台	10.5	6.7	70.4	/	/	/
12	长治市城隍庙戏台	14.3	6.2	88.7	7.2	3.6	2.0
13	忻州市东张村大关帝庙戏台	6.3	8.0	50.4	3.9	1.3	3.0
14	介休市源神庙戏台	10.2	8.7	88.7	4.2	3.0	1.4
15	河津市贺家庄村关帝庙戏台	8.9	6.3	58.8	4.3	2.3	1.9
16	降县董封村东岳庙戏台	9.4	7.6	71.4	5.5	2.0	2.3
17	河津市小停村后土庙戏台	8.3	6.4	53.1	4.3	2.0	2.2
18	夏县裴介镇关帝庙戏台	8.8	6.8	59.8	3.8	2.5	1.5

说明：(a) 除引注者，均为作者实地测绘的结果；

(b) 戏台面积按角柱中心为距计算；明间和次间以前檐柱尺寸为准；

(c) 稷山县南阳村法王庙戏台通面阔和通进深未计四周外廊，戏台面积未计左右后三面外廊面积。

从表 3–6 中还看出，更多的明代戏台采用长方形平面，而元代戏台平面几乎全部为正方形。明代戏台的通面阔一般大于通进深。当然，应该注意的是其平面形式呈多样性，有的长和宽基本相等，如翼城县樊店村关帝庙戏台（表 3–6 中 4 号）；有的戏台长为宽的 2 倍还多，譬如新绛县阳王镇稷益庙戏台（表 3–6 中 6 号），长和宽的比例达 2.3。

其三，山西明代戏台梁架结构由元代戏台的亭榭式结构演化为抬梁式结构。明代戏台平面形式的变化，客观上要求戏台采用抬梁式结构。现存元代戏台大多是四角立柱，柱上架大额枋，大额枋上施斗栱，斗栱上承梁架，层层收拢，形成藻井。当戏台面积由正方形变为长方形，面阔由单开间变为三开间时，如果仍然采用亭榭式扒梁结构，就变得不合理。因为这种结构在横向扩展时，构造将变得非常复杂。明代戏台适应平面的变化，开始采用抬梁式结构。现在看来，抬梁式结构取代元代戏台所采用的亭榭式扒梁结构，乃理所当然，顺理成章之事。可实际上正像所有事物的发展不是一蹴而就一样，戏台普遍地采用抬梁式结构，也不是一帆风顺的，要突破传统观念的束缚。如稷山县南阳村法王庙戏台仍采用了藻井形式。

其四，山西明代戏台出现了双幢前后勾连式（前台和后台相互勾连）和三幢左右并列式（戏台两侧另建耳房，作为后台的一部分）。如忻州市东张村大关帝庙戏台（参见图 3–60），前台歇山卷棚顶，三开间；后台面宽五间，悬山顶，空间上分隔，梁架相互独立。

1. 常之坦．玉帝庙舞楼并非元代建筑．蒲剧艺术，1992 年第 1 期，第 62 ～ 64 页。
2. 冯俊杰．阳城县下交村成汤庙戏曲文物考．民俗曲艺（台湾），第 97/98 期。
3. 冯俊杰．运城三路里村三官庙戏台的断代问题．中国文化报，1999 年 10 月 27 日理论版。
4. 曹占梅．黄堂庙及其附近的戏曲文物．民俗曲艺（台湾），第 113 期，1998 年。

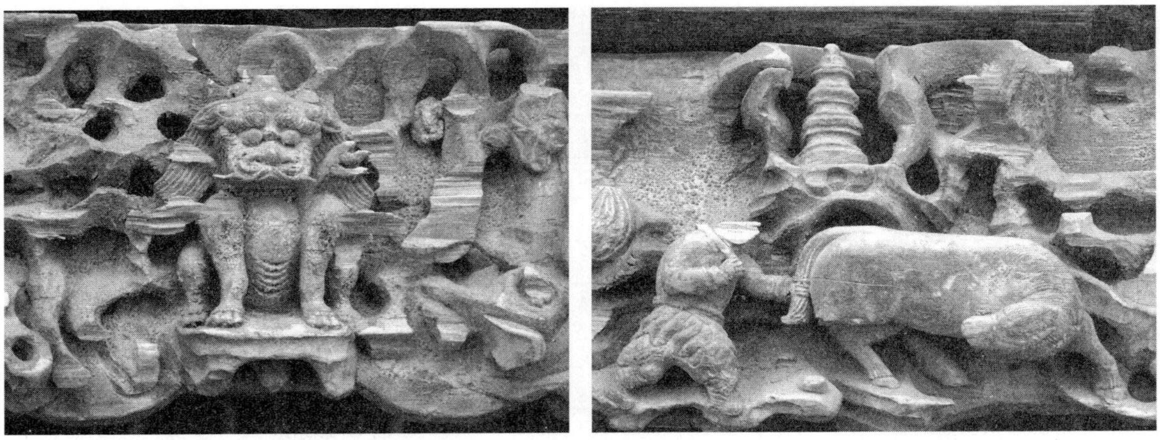

图 3—92　河津市樊村戏台前檐雕刻

沁水县南阳村玉皇庙戏台，采用三幢左右并联的形式，戏台两侧设耳房，作为后台，供演员化妆、休息用。这样，戏台的隔扇可后移，扩大了表演区的面积。阳城县下交村汤王庙明嘉靖十五年（1536年）《重修乐楼之记》曰："于是鸠工萃材，各输资力，重修乐楼，一高二底（低），四转角并出厦三间，功成于正德十年己亥。栋宇台榭，高大宏伟。金碧丹青之饰，焕然一新。其功倍于昔矣。"[1] 其中"一高二底（低）"就是指戏台以及戏台两侧的耳房。

其五，山西明代戏台开始较多地采用"山门戏台"的形式。现存的元代戏台，无一采用这一建筑模式。明代出现"山西戏台"，到明清后来居上，成为重要的形式。如清徐县徐沟镇调研城隍庙戏台，建于山门之上，三层重檐，甚为壮观。康熙五十一年（1712 年）刻本《徐沟县志》卷三"祠庙"载，"成化年间（1465 ~ 1487 年）知县杨翱重修，庙门上建乐楼一座"。志书所记载的"乐楼"是否为现存的戏台，作者无从考证。可成化年间"庙门上建乐楼一座"当是无误的。这是较早的关于"山门戏台"的记载。长治市明万历二十四年（1594 年）《重修府君庙碑记》曰："洞上为舞榭，下洞出则山门"[2]。晋城市高都镇东岳庙明万历四十六年（1618 年）碑刻《创修拜厅山门记》载："创立山门，上为舞楼"[3]，表明其也为"山门戏台"。

其六，山西明代戏台更为注重装饰。这在上述很多实例中有所体现。山西明代戏台和中国同一时代的其他建筑一样，一定程度上改变了宋金元时期简洁有力的风格，转而开始注重雕刻与装饰。有些戏台雕梁画栋，琉璃饰顶，变得精巧华丽。阳城县泽城村成汤庙明万历四十五年（1617 年）碑刻《重修成汤圣帝神庙记》曰："一时改造，焕然□目，独舞庭称最"[4]。河津市南阳村法王庙戏台，前檐明间阑额雕有双凤戏麒麟、双狮戏龙等，次间刻有卷草，柱头科出卷叶耍头。河津市樊村戏台檐枋也雕刻华丽（图 3—92）。当然，明代戏台中，也有雄厚壮实、简洁朴实者，如新绛县阳王镇稷益庙戏台，檐柱和梁枋用材粗大，柱有侧脚，素平础，无过多的装饰。

山西有些明代戏台周围设廊。稷山县南阳村法王庙戏台，重檐十字歇山顶，四周设廊，华丽壮观。平遥县东卜宜村先师庙戏台，多层次丁字歇山顶，台身三面设廊，造型奇特，富有变化。太原市晋祠水镜台后台（系明代所建）周围也设廊，丰富了造型。

其七，山西明代剧场建筑的另一进步就是看楼的设置。从现存剧场建筑分析，看楼的出现大约在明代末期。高平县王何村五龙庙戏台和山门均建于明天启五年（1625 年）[5]，东西建有硬山顶二

1　冯俊杰．阳城县下交村汤王庙祭考论．民俗曲艺（台湾）第 107/108 期，1997 年。

2　碑存山西长治市博物馆，作者 2001 年 7 月实地调研时抄录。

3　冯俊杰．山西戏曲碑刻辑考．北京：中华书局，2003 年，第 369 ~ 370 页，第 326 ~ 327 页。

4　延保全．阳城县泽城村汤帝庙及赛社演剧题记考．民俗曲艺（台湾），第 107/108 辑，1997 年。

5　山门（戏台背面）门楣刻"时天启五年六月吉旦"，和正殿脊枋所题年月相同。可见，戏台和山门均应建于明天启五年（1625 年）。

层看楼各九间，其建筑风格和正殿、戏台一致，可判断应为同时所建。如果确系同时所建，那么五龙庙看楼就是现存较早的剧场看楼，其意义不可低估。不过，明代史料、碑刻中目前还未发现有关看楼的确切记载。

设置看楼，使得戏台所在庭院的"剧场性"明显增强，也标志着对观众逐步重视。戏曲演出的发展演变过程，实际上就是由"娱神"逐步向"娱人"转变的过程。看楼作为妇女观戏之所，它的出现，一方面是受"男女授受不亲"观念的影响在空间上的反映，让妇女获得参与社会文化娱乐活动的机会；另一方面则标志着戏曲演出活动"娱人"的明朗化和公开化。

综上，为了适应戏曲表演和观演关系的发展，山西明代戏台在借鉴前朝的基础上，探索新的形式。总的来说，明代戏台似乎是开拓多于继承，发展多于沿袭。明代戏台上承元代戏台成熟完善的建筑形制，并逐步改革丰富，是清代剧场建筑兴盛的序幕。

第四节 山西清代庙宇剧场建筑综论

一、山西清代戏曲的发展

明末清初，山西未遭大的战乱。虽然明末李自成领导的农民起义两次入晋，但除了宁武关一战外，均未遇到认真抵抗。清朝统一后，也只有大同总兵姜瓖一度反叛，带来的破坏并不严重，社会相对稳定。与此同时，清代山西商人依靠多年的经营，财力和势力扩大，促进了山西经济和文化的发展。

清代的山西戏曲，呈现百花竞艳的态势。高雅的昆曲、新腔，新兴的梆子腔，古朴的锣鼓杂戏、对戏、赛戏，由说唱发展而成的道情，民间歌舞搬上舞台的秧歌，外来的清戏、二黄、罗罗腔等等，诸腔杂调并存。不同地区，不同场合，不同观众，不同需要，不同层面，上演着不同的剧种表演。

清代初期，山西流行着弋阳腔。康熙年间（1662 ~ 1722 年）沁水县人樊度中所作的《东岳庙赛神曲》中云："台上弋阳唱晚晴，台前百戏闹童婴"[1]。昆腔也继续在山西流行。

就在北杂剧、弋阳腔、昆曲以及各种赛戏百花争艳的时候，山西南部与河南、陕西交界的地方形成一种新的声腔，即梆子腔。梆子腔在全国各地的流布，和山西商人有密切的联系。明代中叶后，山西商人崛起。《清稗类钞》中云："山西富室多经商起家，亢氏号称数千万两。"曾经有一句谚语"商路即戏路"。商路的媒介作用，使得梆子戏不仅传播面广，而且速度快。凡是山西商人聚集的地方，一般就有梆子腔的演出；只要是梆子腔盛行的地方，一般也是山西商人云集之处。漂泊在外地的山西商人远离亲人，离乡背井，精神生活非常贫乏。这时，为了寄托思乡的情感，为了解除生活中的寂寞和空虚，就不惜重金聘请家乡的戏班来演出。

二、山西清代庙宇演剧活动的兴盛

关于山西清代演戏活动，无需多叙，翻阅清代和民国年间的地方志（表 3-7）[2]，就可完全体味当时演戏活动的兴盛。

1 雍正十三年（1735 年）《泽州府志》。

2 清代特别重视地方志的编写和修撰工作，朝廷多次下旨要求重修地方志。地方官员也乐此不疲，将其看为留名千古的好事。这样，清代地方志多如牛毛，成为一代文化盛事，也为后人研究历史提供了最丰富的史料。

山西清代和民国地方志中有关祀神或报赛演剧的记载[1]　　表 3–7

序号	县志的名称	内容摘录
1	雍正十二年（1734 年）《朔州志》	乃朔、宁风俗，夜以继日，唯戏是枕。淫词艳段，丑态万状。正人君子所厌见恶闻，而愚夫愚妇方且杂沓于稠人广众中，倾耳注目，喜谈乐道，僧俗不分，男女混淆，风俗不正，端由于此
2	乾隆元年（1736 年）《平阳府志》	岁时社祭，冬夏两举，率多演剧为乐，随其村聚大小隆杀有差，盖犹报穑之遗云。乡镇立香火会，扮社火，演杂剧，招集贩鬻人，人便之。然男妇聚观，识者恨一焉
3	乾隆十八年（1753 年）《蒲县志》卷十	近古矣，惟尚淫祀，村必有庙，醵钱岁课息以奉神，享赛必演剧
4	乾隆十九年（1754 年）《广灵县志》卷十	县属三月十七日，远近男女，负戴香（楮）登千福山神祠，拜祷祈嗣。四月初十日，合邑士民献戏，设供祭享关帝，凡三日。六月初六日，社台山祭赛神龙，凡三日。六月十三日，水神堂祭九江圣母，士女骈集乡村。二、三月春祈，八、九月秋报，在神庙前，扮乐享赛。若夫二月初三文昌圣诞，诸生献戏享祭，则衣冠士林之会也
5	乾隆二十一（1756 年）《浮山县志》卷八	（四月）八日，各村多迎神作戏，以祈年。东南乡多办社火，合数十村，各妆演故事，观者如堵，大约仿角抵戏云[1]
6	乾隆三十九年（1774 年）《高平县志》卷二十二	春祈、秋报，礼也。城乡迎神赛社，鼓吹鸠众，戏优杂沓，按月（期）恒有。东关每年四月八日，享赛炎帝大会，十日、九月十三日，享赛关帝于炎帝庙内。诸货骈罗，远近士女云集。其于米山各处，赛会尚多，不必悉载
7	道光六年（1826 年）《直隶霍州志》卷二十五	岁时伏腊，祭其先，品不多，具节。士大夫家亦不以三牲五鼎为时。祭外神，面物数种，香（木者）而外，无他焉。社祭夏秋两举，率多演剧为乐，随村落大小，隆杀有差。犹报啬之遗也
8	道光十年（1830 年）《大同县志》卷二十	六月，凡有菜园之处，俱敬龙神，延宾共享神福，曰“开园”。游观者，其丽不亿。二十三日，布行祀关帝，仪极丰隆，献戏之外，又扮架戏十数出；举国若狂，颇有虑男女同途者，惟礼义自守之家，能自禁约
9	同治年间所修的《续猗氏县志 · 风俗》条	猗重报赛，动辄演戏
10	光绪六年（1880 年）《左云县志稿》卷十	（六月）朔日，享祭龙神。初六日，曝衣。南门外龙神庙演戏，多有妇女踏青于此。十八日，享祀蜡神。二十四日，俗传为“关帝圣诞”，邑人建斋设醮，或演戏酬神
11	光绪七年（1881 年）《榆社县志》卷七	十月终，各乡祭赛，亦有演戏剧者，曰“谢农神”，即秋冬报赛之遗意也
12	光绪八年（1882 年）《平定直隶州志》卷十六	（十月一日）起乡赛，各乡演戏，报神赐也
13	光绪八年（1882 年）《寿阳县志》卷十三	（三月）一日起，乡赛以祈谷实雨泽，具备肴馔，演杂剧，费辄不赀
14	民国 18 年重印光绪十六年（1890 年）《辽州志》卷八	春祈秋报，率多演戏，祀先穑也
15	光绪三十一年增补续刻：清光绪九年刻本《怀仁县新志》卷十二	至士子祀先师、文昌；农夫祀龙神；市人祀城隍、财神，各从其类。然多敛资演戏，四时不绝，伤财废业，荡人心志，非美俗也，宜急变之
16	光绪年间《繁峙县志》卷一地理志•风土曰	祈年报赛，演剧酬神，事虽俗，义则古也。百室之邑，必有社会，则以城中及砂河为盛也。皆以三月十八日大祀后土，士女游观，商贾云集，盖即社祀之遗
17	民国 3 年（1914 年）《和顺县志》卷十	（九月）各社择吉演戏，报土功

1　由于民国时期的方志中，多记载清代的情况，所以本表收录了民国时期的方志。

续表

序号	县志的名称	内容摘录
18	民国8年（1919年）《闻喜县志》卷二十五	“各村皆有神庙，置神头数人，轮充者多，间有举充者，司演戏、说书、祀神诸事”
19	民国8年（1919年）《闻喜县志》卷二十五	麦秋已过，仓箱既盈，稍大之村皆演戏酬报。久旱祈得甘露，亦多演戏谢雨。小村间有延瞽说书者……不赛神之村，无几也。常演之戏，秦声最多，他种亦间有之
20	民国《续修昔阳县志》卷一“风俗”	人多薄于饮食衣服，而丰于事神，大抵以演戏上会为隆重之礼，无论城镇乡村每年每村皆演神戏或一两台或三四台不等，又各村定期接送神驾，演剧上会糜费至数十百千，而多数人且称心得意焉”
21	民国18年（1929年）《翼城县志》卷三十八	邑俗迷信鬼神，由来已久，村各有庙，户各有神。其最普遍者，为岁首之祭，而结社迎神、演戏赛会之事，平时多有行之者，但不必村村皆然耳
22	民国18年（1929年）《翼城县志》	三月十六日，为城内后土圣母庙大会。四乡男女，多于是日进城谒庙，焚香求子，观剧往来拥挤，道为之塞
23	民国18年（1929年）《翼城县志》	四月二十二日，为城隍庙会期。旧俗，房班书吏于是日抬神巡街，演剧酬神，而街道街两旁摆草编帽扇、农器、竹帘等，颇形热闹。迨民国改革，班房全裁，城隍神驾遂不出庙，所有会务改移何将军庙内，由商会经管，演剧虽在何将军庙内，仍是为城隍演剧，并且书城隍牌位置于案上
24	民国18年（1929年）《翼城县志》	七月二十二，为财神大会，冀俗，城关商家均于是日用色布搭神棚，饰以鲜花，五彩门楼，极为壮观。沿街搭布台，唱皮人小戏，而大戏亦有之，至少不下十余台。市面游人往来观看，拥挤不堪，颇为热闹
25	民国18年（1929年）《新绛县志》	本县迎神赛社之盛，无如三月者。三月，为药王节。八日，为圣母节。清明，为孚惠圣母节。十五日，为土地节，为龙王节。二十二日，为三皇节。二十八日，为东岳泰山节。每逢赛社，必演剧数日，扮演各种故事……（六月）按六日县城内一大会期，邻县商贾云集，赴会者不远数百里而至，约至二十日始罢。且是日，东街府君庙妆演各种故事，下午三、四点钟，游行街市，男女聚观，评语亵渎。虽彰商务之盛，亦为风俗之忧
26	民国20年（1931年）《永和县志》卷二十四	惟各村旧有古庙，多非祀典所有，亦复不名神之功德何在，辄相与纷纷致祭。迩来虽致祭少衰，然陋俗相沿，亦非即时所能尽废。望士君子勤为劝导纠正，久则见识开而迷信自除
27	民国20年（1931年）《太谷县志》	村民于里庙祀神演剧，四乡商贾以百货至，交易杂遝。终日而罢者，为小会；赁房列肆，裘绮珍玩，经旬匝月而市者，为大会。城乡岁凡五十五
28	民国20年（1931年）《太谷县志》	（五月）十三日，关岳庙会。是日祀神中演戏设供，商民竞以商醴奠献
29	民国23年（1934年）《灵石县志》卷十二	（七月）十五日，祭祖考，亦有拜墓者，名曰“秋祭”。又，是日东乡介庙香火会，演剧酬神，邻近各邑居民前往与会者，络绎不绝
30	民国24年（1935年）《浮山县志》	乡镇立香火会，扮社火演剧，男女游观，招集贩鬻，人甚便之。府邑地处僻壤，商贾不通，购置货物甚艰，惟每岁三月二十八日，东门外东岳庙会，七月十五日，城隍庙逢会，十月初六日，南门外关帝庙、张公祠逢会，招集远近商贾，鬻诸般货物，邑人称便焉

这些地方志正面记载演戏活动，说明当时演戏活动空前兴盛，地方正史也不能再忽略之，也表明主流社会对演戏活动态度的微妙变化。

上面从山西各地清代和民国的地方志中，我们了解了当时山西演戏活动的兴盛。现在把视野缩小，重点看一下山西晋祠一带的演剧情况。清代刘大鹏《晋祠志》中详细地记述了晋祠一带一年四季演戏活动的情况（表3–8）[1]。

1 刘大鹏（1857～1942年）著．慕湘，吕文幸点校．晋祠志．山西人民出版社，2003年。

《晋祠志》中提到晋祠一带的演剧活动　表 3–8

序号	时间	内容摘录
1	正月初八日	晋祠商民致祭忠义神武灵佑仁勇威显护国保民精诚绥靖翊赞宣德关圣帝君于昊天神祠，演剧凡三日，开市贸易。是日五更烛炬辉煌，鼓乐喧阗。绅商士庶均肃衣冠，跻殿拜祝。钧天乐台唱戏一出
2	二月初三	晋祠、赤桥、纸坊、塔院、长巷、大寺、王索等村绅士致祭文昌帝君于文昌宫……隔岁演剧一次
3	二月十九日	士人致祭白衣大士于南门外白衣庵，并祭关圣帝君于凌霄阁，演剧赛会凡三日
4	三月三日	为上巳辰，土人设脯醴祀真武大帝于北门楼。是日，堡东真武庙纸坊村人亦演剧致祭
5	三月二十日	土人致祭于子孙圣母等神于苗裔堂，演剧赛会凡三日
6	三月二十八日	本镇绅耆致祭东岳大帝于东岳祠，演剧三日，献花烛者纷如
7	四月十四日	本镇绅耆致祭纯阳真人于吕祖阁，演剧赛会凡三日。远近人民献牺醴花烛匾额者，踵趾相接，香火极盛
8	四月二十八日	为药王神诞，药市中人系牲设醴，酬金演剧，谓之药王会
9	五月五日	致祭关圣帝君于昊天神祠，演剧凡三日
10	五月十八日	土人致祭于关圣帝君于北门外关帝庙，演剧赛会凡三日，所鬻货物农具为最多
11	六月朔起至七月初五日	晋祠总渠甲暨四河各村渠甲致祭敷化水母于晋水之源。祭毕而宴于昊天神祠
12	六月初八日	小站营、小站村、马圈屯、五府营、金胜村各渠甲演剧，合祭水母于晋水源。祭毕而宴集昊天神祠
13	六月初九日	华塔、县民、南城角、杨家北头、罗城、董茹等村渠甲演剧，合祭水母于晋水源。祭毕而宴集昊天神祠
14	六月初十日	古城营渠甲演剧，致祭水母于晋水源。祭毕而宴集文昌宫之五云亭。上为北河上河，初八、初九、初十等日所演之剧，系华塔村都渠长张某写定，发知单转达古城、小站、罗城、董茹村、五府营，届期各带戏价交付
15	六月十五日	晋祠镇、纸坊村、赤桥村渠甲合祭水母于晋水源，演剧凡三日。祭毕宴集于同乐亭
16	七月二日	有司斋戒沐浴，躬至晋祠，致祭广惠显灵昭济沛泽翊化圣母之神，于圣母殿神案陈设羊一、豕一，并祝帛行礼如仪，演剧赛会凡五日
17	七月十一日	古城营人民演剧赛会。前一日，由南关厢龙王庙恭迎圣母至该营之九龙庙（十七日龙王随之而至），虔诚致祭
18	九月三日	晋祠农氓演剧致祭黑龙王于三圣祠。前一日自纸坊村恭迎出行神像至献殿。六日末，本镇绅耆演剧致祭唐叔虞于本祠，赛会凡六日，百货辐辏，商贾云集，岁之末赛也，遂为之胜
19	九月六日	演剧祭叔虞神，赛会之日，百货辐辏，商贾云集，岁之末一会也，且为晋祠之第一大会，遂为之盛
20	九月秋获毕	晋祠纸坊等十数村，各备旗伞抬搁，恭送黑龙王神归于天龙山。前一日周游各村以祭，名曰“遛号”。牛家口村亦于是日演剧报赛

从中可看出演出之频繁。一年之中，唱戏演出至少 50 多天，多以祭祀神灵为由头，但其实也许主要在于娱人。其中，七、八、九月份是演戏的高潮，一些地方有不少村落同时演戏。

在庙宇演剧的缘由也是多种多样，每年谢雨、迎神、春祈、秋报、神诞，以及新庙落成或大修竣工之时，一般均要演戏。其中，春祈和秋报一般在每年的二三月份和七八月份。长治二贤庄村二仙庙乾隆五十三年（1788 年）《重修二仙庙碑记》曰：“三村公议：公社每年三月二十日、七月十五日献戏三天，三村写戏。草料点照，并戏子所用，一切备办。”沁水县南瑶村玉皇庙清道光十二年（1832 年）碑刻《致祭诸神圣诞条规》则将诸神诞辰和祭祀规格刻于碑上，其中提到演戏的有：“四月初三，致祭玉皇大帝，戏三台，猪一口，依地亩摊钱……七月初三，致祭玉皇大帝，戏三台，猪一口，依地亩摊钱。”蒲县东岳庙的 10 余通碑刻详尽地记载了酬神演戏活动，其中清康熙七年（1668

年）碑刻《献戏碑记》曰："三月廿八日乃圣诞辰也，蒲之士女匍匐进香，竭诚享献，不独一岁为然……献戏三台，声彻两间。凡所以享祀而洽神人者，靡不至焉。"

一些地方志也提到春祈秋报时的演戏活动。清康熙七年（1668年）《沃史》卷二十五曰："又里社，有春祈秋报，自是古雅。惟多聚娼优，扮演杂剧，连日累夜，甚非美俗，且易启事端，多耗财货，所宜戒止"[1]。清康熙五十六年（1717年）《解州志》卷二十二曰："（十月）十日，旧有牛、马王会，醵金置牲醴以赛神，杂以优戏，村社皆行之。"[2]清康熙四十年（1701年）《永宁州志》卷八曰："（七月）社日，各乡赛社，有演戏致祭，以报秋成；然亦有不拘社日而祭者。"[3]

为了规范民众的行为，维护社会的稳定，"罚戏"也成为重要的管理手段。例如赌博要罚戏。平顺县东河村乾隆三十八年（1773年）《重修九天圣母庙记》曰："合社公议：庙内永不许赌钱，不遵名者罚戏三日。维首仝具。"屯留县石室村玉皇庙乾隆五十五年（1790年）《为合村商议秉公禁赌志》曰："敢藐视法纪，横行强赌，一人被知，罚戏三朝。"陵川县岭常村光绪三十二年（1897年）《重修真泽宫碑记》曰："凡宫中地界内，永禁牛羊入松坡放牧，如违者有人扯至社里，得赏钱三千文；罚坡者献戏三天。"长治县北天河村民国十五年（1916年）《重修玉皇庙碑记》曰："禁赌之后，再有仍蹈故辙者，绅士社约罚戏五天，村人罚戏三天。如敢抗违，定行送究"。沁水县南瑶村玉皇庙清道光二十九年（1849年）《南沟村修工碑记》曰："社众共议，严谨赌博，规条犯者，罚窝场同场之人献戏三台敬神，违者合社送官治"[4]。

上面资料显示了清代山西各地庙宇演剧的繁荣场景，这也极大地促进了庙宇剧场的繁荣。

三、清代庙宇剧场的发展

1．戏台的重要性提高

随着演戏活动的日益频繁，戏台几乎成为庙宇中必不可少的组成部分。孝义市黄文村康熙五十六年《新立戏台序》中记载："有神无献戏之所，其与无庙者也。"[5]泽州县府城村玉皇庙乾隆二十九年（1764年）碑刻曰："无戏台则庙貌不称，无戏台则观瞻不雅。"庙宇中没有剧场，人们总觉得遗憾，当然这是当时的观念使然。孝义市胡家窑村清雍正四年（1726年）《重修九江圣母并乐楼碑记》中记载："而面对乐楼杳然无踪，叹诚敬之无彰，因聚众谋议，募化资材壹佰贰拾叁两捌钱，乃建乐楼。"[6]

如果庙宇没有剧场，每次演戏均得临时构台，不胜麻烦。如此之下，就四处募化，终于建造了戏台。民众对剧场的重要性提到从未有的高度，对剧场的营建，也表现出极大的热心。泌水县城关玉帝庙清乾隆三十一年（1766年）碑刻《重修戏台记》曰："戏台，大工也。修戏台，重任也，非慷慨干练不可。"[7]介休市小靳村东岳庙清乾隆二十七年（1762年）《重修乐楼碑志》中记载："夫乐者，所以昭示豫顺，□□神人者也。所以乐楼之兴废，一庙之盛衰繫焉。一庙之盛衰繁，因即一乡之气运开焉……是乐楼之兴，实一庙之盛也，而一庙之盛，即一乡之隆也"，表明民众对修造戏台的态度和认识。

民众对戏台颇加爱护和珍惜。介休市小靳村东岳庙清嘉庆二十年（1815年）《重修乐楼栏杆记》中记载："如兹村乐楼规模宏丽，既完美矣。惟台前围板，以木为之，屡经风雨，难免朽腐之。虞

1　丁世良，赵放主编．中国地方志民俗资料汇编・华北卷．北京图书馆出版社，1989年，第661页。
2　丁世良，赵放主编．中国地方志民俗资料汇编・华北卷．北京图书馆出版社，1989年，第691页。
3　丁世良，赵放主编．中国地方志民俗资料汇编・华北卷．北京图书馆出版社，1989年，第595页。
4　王福才．阳城县润城村东岳庙《润城社新制神伞仪仗记》碑考述．中华戏曲第24辑，文化艺术出版社，1999年。
5　朱景义．从孝义的古乐楼看晋中的戏剧演出．山西省考古学会论文集．山西古籍出版社，2000年，第457～472页。
6　朱景义．从孝义的古乐楼看晋中的戏剧演出．山西省考古学会论文集．山西古籍出版社，2000年，第457～472页。
7　仁孝温．沁水县城关玉帝庙《重修戏台记》碑考．中华戏曲第24辑．北京：文化艺术出版社，2000年。

公人起意造作旧木者，今易以石，所费无几而焕然一新，非惟壮观瞻，亦且多历年所矣。爰刻石以记之”。

2. 戏台的数量空前增加

清代时，山西庙宇剧场的数量剧增，分布范围迅速扩充。清代以前，尽管有一些庙宇中设有戏台，但是，有戏台的庙宇所占的比例毕竟有限。入清以后，山西庙宇中建戏台的比例显著上升。不少碑刻中提到“旧无戏台”、“创建戏台”，就说明剧场建设的红火。梁思成、林徽因在20世纪30年代山西考查时，也提到：“山西中南部我们所见庙宇多附属戏台”[1]，这些庙宇中的戏台就多为清代所建。

清代初期庙宇剧场经过短暂的低迷后迅速进入繁荣时期，并从此兴盛不衰，高潮迭起，贯穿清代始末，延至民国。从康熙初年开始，庙宇剧场建筑开始恢复和兴起，创修戏台者颇多。朱景义在《从孝义的古乐楼看晋中的戏剧演出》一文中论及：“据有关文献记载，孝义的乐楼，最早产生于宋天圣二年，金、元继之，发展到明初，兴于明万历至乾隆之间，尤以康熙年间最盛。现存131座乐楼实物，康熙年间创建的45座，占三分之一还强”[2]，说明山西的一些地方在清初已经大量建造剧场建筑了。

清代山西，无论是乡野村落还是繁华城镇，无不集财力、动人力修筑戏台。陵川县关帝庙康熙四十七年（1708年）《重修武曲关帝庙碑记》曰：“旧迹大门三椽，正殿三楹，东西廊庑各三楹，今则大门增建九楹，中即奉神之台。”[3]泽州县西四村雍正十年（1732年）碑刻提道“创修戏台三间”。阳城县郭峪村汤帝庙顺治九年（1652年）《郭峪镇重建大庙记》中曰：“旧无正门，无戏台，肇为三门而戏台在其上，其旁两楼以藏社物。”朱景义在《从孝义的古乐楼看晋中的戏剧演出》一文论及山西孝义一带的剧场建筑：“全县所辖350多个较大的村庄，80%的地方有乐楼。有些较小的村庄，不建大乐楼，小影戏台也要盖一座。有些较大的村子，建有两个和三个，甚至四个戏台。城南20华里下栅村龙天庙、娘娘庙、老爷庙、子方庙都建有乐楼。”[4]

清代经常在一座或相邻的庙宇中建多座戏台。山西万荣县庙前村后土庙有三座戏台，相传过去每逢庙会，同时聘请两个戏班同台演出，甚至有三个戏班同时演出的情形[5]。蒲县东岳庙在清初建一座山门戏台，并陆续在山前之华池庙、北坡之太尉庙、南坡之土地祠各建戏台一座，后来又将东西厢房二层看楼中部各三间作为戏台，从而形成一山之中六座戏台[6]，布局特殊。

清代一村多台的现象也比较普遍。1956年晋东南四县进行文物普查时，发现多数村庄存有古代祠庙戏台，“大的村庄往往有二三座庙宇戏台”[7]。高平市康营村是一个不太大的村落，竟然现存清代庙宇戏台三座，令人惊叹。作者去调研时一位老人讲，在村边原来还有一座戏台，惜已毁。一庙多台，一村多庙，足以说明清代戏曲演出之红火，供奉神灵之虔诚，剧场建筑之兴盛。或连台，或对台，或品字台，多台并存，成为清代剧场建筑一道奇特的风景线。

清代，更多的佛教寺院也开始建造戏台。佛教寺院作为演出场所由来已久，在北魏的《洛阳伽蓝记》中就多有记载。但是，在戏曲正式形成之后，从宋到元以及入明之后较长的时间内，戏台多建于道教宫观和民间诸神的庙宇中，正规或大型的佛教寺院主张清修，一般不作为演剧场所，自然

1 梁思成，林徽因．晋汾古建筑预查纪略．中国营造学社会刊5卷3期，1935年。

2 朱景义．从孝义的古乐楼看晋中的戏剧演出．山西省考古学会论文集．山西古籍出版社，2000年，第457～472页。其中，论到“孝义的乐楼，最早产生于宋天圣二年”，作者心存疑问。但是，文中在大量实地考察的基础上，认为康熙年间创建的戏台占总数的三分之一还强，还是可信的。

3 晋城市地方志丛书编委会．晋城金石志．海潮出版社，1995年，第722页。

4 朱景义．从孝义的古乐楼看晋中的戏剧演出．山西省考古学会论文集．山西古籍出版社，2000年，第457～472页。

5 中国戏曲志编委会．中国戏曲志 · 山西卷．文化艺术出版社，1990年。

6 车文明．山西蒲县东岳庙及其戏曲文物考述．中华戏曲第21辑．太原：山西古籍出版社，1998年，第35～71页。

7 古代建筑修整所．晋东南潞安、平顺、高平和晋城四县的古建筑．文物参考资料．1958年第2期，第26～42页。

也不建戏台。明中叶之后，随着戏曲的发展，民间个别寺院开始设置剧场。到了清代，寺院建剧场者更为多见。高平县米山镇定林寺乾隆二年(1737年)碑刻《定林寺创建戏台记》曰："寺旧无戏台，浴佛日则砌台演剧，住持恒厌其烦苦，而力未逮也。适善信居士牛翔、王乘轩等，有五台进香社余银，爰发善念，创建戏台，齐心同愿，众咸曰可。"[1]不过，定林寺戏台位于庙外西侧，且相对简陋，可见祭神演戏并未被其完全接受。

清代不仅修建大量戏台，而且改建旧台也非常多见。中国古代建筑多采用木构，极易损坏，所以需要经常维修。一些戏台或日久颓旧，或形制狭小，不能适应戏曲演出的需要，不能满足人们炫财爱美之心，就改建之。没有剧场，民众为之遗憾；有剧场而破损者，民众同样为之遗憾。长子县东北陈村关帝庙清光绪五年(1879年)碑刻《重修戏台碑记》提到，由于戏台长年未修，残损破旧，曰："不惟戏无比演，神无以奉，抑且为一村之羞也。"[2]高平市炎帝行宫清光绪三十四年(1908年)碑刻《重修演奇楼碑记》曰："渐今乐楼年久，风雨飘摇，坍塌损坏，村人日夜忧心。合社公议，捐金积谷，共襄盛事，重修乐楼三间。"[3]垣曲县尧乐村黑龙庙清道光三年(1823年)曰："年湮世远，墙尾颓坏，孰不忧演戏之乏台也？于是合社人等不忍坐视，同心协力，增其益制。有财者无惜物之心，有力者存果敢之志，争先恐后，不数日而功告成焉。"[4]

总之，清代庙宇剧场建筑，得到了很大的发展。修建戏台之风盛行，剧场数量明显增加。山西清代到底有多少庙宇剧场，其确切数字永远不得而知。作者根据2008年出版的《中国文物地图集 · 山西分册》，整理出了山西现存的清代剧场一览表。但是，根据作者近几年的调查，其中未收录者也不少。综此，山西现存的清代庙宇剧场大概不会少于3000座。其中列入文物保护单位的戏台有600余座[5]。

四、山西清代庙宇剧场的形制

清代和民国期间，山西庙宇剧场除了数量明显增加、分布的范围也逐渐扩大之外，庙宇剧场的建筑形制也更加完善和成熟。其中主要表现在下面几个方面：

第一，戏台的面积明显增加，更好地满足了演出的需要。上一章论及明代戏台的面积明显大于元代戏台。但是，明代戏台面积的增加主要表现在戏台从元代以单开间为主流，转变成明代戏台以三开间为主流。而清代戏台面积主要通过两座建筑前后串联或三座建筑左右并列的方式增加戏台的面积。

清代山西戏台扩建的原因仍然是戏曲演出发展的需要。如霍州市白龙镇寺庄村三圣庙康熙三十五年(1696年)《三圣庙戏台重修碑》云："当建庙之始，造乐楼一座焉，神寿奏响之所。后因乐楼近古，兼奏响有不便之外，于顺治十八年更盖戏台，其经营规模甚盛也。"[6]襄汾县北关村火神庙清乾隆十九年(1774年)《重修乐楼远门碑记》曰："第远门乐楼历年久远，栋盈彩饰倾圮剥落，故虽神辇出入，和平神听，而观听者尚觉为之减色。其时既思修理，奈工费屡兴，力有未逮也。壬申之春三院社首鸠工庀材，即旧址而扩其垣墉，高其栋桷，视前更觉耸然巍然。"[7]高平县谷头村济渎庙嘉庆七年(1802年)碑刻《增修庙宇神池改作歌舞台碑记》曰："外有歌舞台一座，局势秋(湫)隘，则改清爽垲，恢弘而扩大之。"[8]太谷县阳邑村净信寺道光六年(1826年)碑刻《杜大经独修戏台碑》

1 冯俊杰．山西戏曲碑刻辑考．北京：中华书局，2003年，第392页。
2 作者2001年7月实地调研时抄录。
3 王福才．高平炎帝陵及其行宫演奇楼考．中华戏曲第26辑．北京：文化艺术出版社，2002年。
4 曹飞．山西垣曲县黑龙庙戏台碑刻考．中华戏曲第21辑．山西古籍出版社，1985年。
5 作者有详细的名单，惟限于篇幅，本书所能收录。
6 王汝雕编著．山西地震碑文集．北岳文艺出版社，2003年，第443页。
7 作者2001年7月实地调研时抄录。
8 作者2001年7月实地调研时抄录。

曰："道光癸未冬，镇人议定重修寺宇，并欲改建戏台，恢阔其基"[1]。

戏台扩建的主要原因就是梆子戏的成熟和盛行。北杂剧和昆曲在艺术表现上均以唱为主，剧目也多为才子佳人之间的爱情故事，所需戏台的面积相对较少。而梆子戏的传统剧目多数是表现战争故事和宫廷斗争的，在艺术表现上更注重再现这些宏大场面。这样，原有的戏台往往无法满足演出要求。因此，戏台的扩建就非常必要了。

而且，戏台在民众心中的重要性逐渐增加，往往借以骄傲，所以也追求宏大的效果。平顺县东河村九天圣母庙同治五年（1866 年）《重修戏台窑亭记》碑曰：

> 第昔之戏台规模卑狭，墙垣壅蔽，不足以壮观瞻，不足以舒耳目，历年既久，雨蚀风漂，檐瓦飞残，眉梁突出，倾圮之形几不可以终日……后惘戏台之崩坏，会议重修，奈功大费繁，难胜任。因敦请牛公联奎等十余人，募化总理，按亩扇谷，捐钱四百七十千有奇，远近募化钱八七十串有余。卜吉兴工……功成之日，予驰观焉，睹斯楼也，两墙并一，三面珑珑，轮焉奂焉，高矣美矣，不啻海市蜃楼，目前宛在。

戏台面积扩充的常见方式有两种。其一，将原有的单开间戏台改建为三开间。其二，在原来的戏台前面加接前台，或者在原来的戏台后面加接后台。太原晋祠水镜台（戏台）后台部分为明代所建，前台则是清代扩建。

除了三开间的戏台外，清代五开间的戏台占有一定的数量。如长子县色头镇王晃村成汤庙乾隆四十五（1780 年）《重修成汤大帝庙碑记》里也说："门出离方，建戏台五间于其上，此旧制也，不知创始何时，重修几次，无碑记可考，春秋祀报在乎是矣。"[2]

第二，戏台的形式多样化。山西清代戏台不但数量剧增，分布范围扩充和面积增加，同时，建筑形式也趋于多样化。元杂剧情节短，角色少，所以相应的元代戏台一般仅 50 平方米左右。可明清传奇演出时，角色众多，乐队庞大，狭小的戏台已经无法满足功能要求。明代戏台就往往用三开间，甚至五开间的平面，以扩大戏台面积。但明代五开间（或明三暗五）的平面，虽扩大了戏台面积，但梢间利用率低，因此到了清代，戏台的平面形式不再限于单一的长方形或正方形，而更多地采用组合平面。单幢式、双幢勾连式以及三幢并列式等戏台形式并存。当然，后两种戏台形式在明代已经出现，但当时并不多见。入清以后，才逐渐风行起来。

清代剧场的布局形式也呈现多样化的趋势。设计者也因地制宜、不拘一格创建了形态各异的戏台建筑形式。诸如三座戏台并列相连，形成"三连台"；二座戏台并列相连，形成"二连台"；以屏风为界，顺应不同方向演出，互为前台和后台，形成"鸳鸯台"；三座戏台按"品"字布置，构成"品字台"；一座戏台可面向三个不同的方向演出，形成"三面开台"。这些戏台形式设计巧妙，构思奇特。

清代山西戏台比较普遍地在台口设置八字墙。对于戏台八字墙的起源和沿革，作者囿于历史记载之匮乏而不可考证。不过可以肯定的是，现存的元代戏台均没有八字墙，而到了清代，戏台设八字墙才变得较为多见。八字墙的形态多样，造型繁简不同，尺寸大小各异。

第三，山西清代戏台特别讲究装饰。如果说元代戏台质朴壮实，明代戏台开始追求高大华丽，那么清代戏台则把雕饰艺术发挥到了极致。特别是梁枋、斗栱、雀替等多施以彩绘或雕以图案。

第四，清代剧场的庭院面积也明显扩充。清代戏曲兴盛，观众数量增加。特别是庙会之时的演戏活动，往往人头涌动。这样，原来的剧场庭院显得狭窄，不得不扩建之。如孝义市角盘村乾隆十九年（1754 年）《重修龙天庙碑序》中记载：

1　张晋平编著．晋中碑刻选粹．山西古籍出版出，2001 年。

2　冯俊杰．略论明清时期的神庙山门戏台．文艺研究 .2001 年第 4 期。

殿前设乐楼一座，以为神献戏之所……金大定间（1161～1180年）建庙设楼，元至正间独但屯田姓献金字牌。越及国朝康熙八年（1669年）重修补葺，至今垂八十余年。庙移进前，固其址也，楼移退后，广其院也，增其窑制，扩其度也，筑其垣墙，壮其观也[1]。

孝义市居义村关帝庙坐南向北，根据庙内的碑刻记载，该庙修建于明万历十九年（1591年），至乾隆二十三（1758年）年重新修建。到乾隆六十年（1795年），则将乐楼南移三丈余，扩楼广院。现存的戏台曾于嘉庆二十年（1815年）修葺[2]。孝义市西安生村同治七年（1868年）《增修五圣庙碑记》中记载：

优人伶工往往栖息正殿神位前，及两耳殿，殊属不敬，识者叹之。并于庙之西南，增置地基，添修砖窑二孔，乐楼后增置地基，移后一丈有余，庙院颇宽阔，优人有栖所。[3]

第五，山西清代剧场建看楼者增多，“剧场性”明显增强。看楼大约出现于明代末期。到了清代，特别是清中叶以后，逐渐风行起来。尤其那些规模大、形制高的剧场，没有看楼似乎不够完善。山西碑刻中，也有不少提及修建看楼（表3–9）。值得注意的是，山西剧场中的看楼多见于清代中叶以后的晋东南地区，表现出较强的阶段性和地域性。看楼的出现和流行，标志着对观众空间的有意组织，其意义不可低估。

山西中南部剧场建筑中记载看楼的清代碑文　　表3–9

序	碑名	内容摘录
1	泽州县大东沟北村乾隆二十七年（1762年）《大社重修岩垣看楼戏台山门碑记》	/
2	泽州县陟椒村三教堂乾隆四十年（1775年）《重修三教堂碑序》	东西看楼上下十□间
3	泽州县东四义村嘉庆十三年（1808年）《辗玉玉帝关帝真武汤帝碧霞圣母各殿并辗玉戏台起造东西楼房上下十二间碑记》	起造东西楼房上下十二间
4	蒲县东岳庙嘉庆二十一年（1816年）《续修东神山太尉庙等处各工碑序》	次及庙院之东西看楼
5	泽州县辛壁村嘉庆二十二年（1817年）《重修成汤殿碑记》	东西厢房之上南为看台
6	泽州县陟椒村三教堂道光十二年（1832年）《重修三教堂碑序》	东西楼庭上下十四间
7	阳城县狮峰村玉皇庙道光十九年（1839年）《重修西看楼上下碑记》	重修西看楼
8	阳城县崦山白龙庙道光二十二年（1842年）《创建斋宫并重修四社公所碑记》	东西四舍
9	晋城市南石店村咸丰六年（1856年）《虫王庙新建拜殿山门戏台看楼》[1]	看楼一律整新
10	屯留县寺底村亚岳庙光绪十六年（1890年）《重修社庙碑记》	改为东西看楼十四楹
11	泽州县清代中期周村镇《重修土地祠碑文》	东西上下为看楼

说明：除引注者外，均为作者实地调研时抄录。

1. 李跃忠．晋城南石店村虫王庙戏台看楼碑刻考述．中华戏曲第24辑，北京：文化艺术出版社，2000年，第202～212页。

第六，戏房的面积增加，不少剧场增建了演员的“寓所”，剧场的形制更为完善。演戏活动一直是剧场发展的主要动力，剧场形式的变化往往也是戏曲演出形式变化的结果。早期的戏班，特别是乡村戏班，演员不多，服饰道具简单。宋代耐得翁在《都城纪胜 · 瓦舍众伎》中曰：“杂剧中，末泥为长，每四人或五人为一场。”[4]南宋吴自牧在《梦粱录》卷二十“妓乐”条中曰：“且谓杂剧中末泥为长，每一场四人或五人。”[5]这时，仅在戏台后面分隔出一定空间，作为后台，就可满足要

1、2、3　朱景义．从孝义的古乐楼看晋中的戏剧演出．山西省考古学会论文集．山西古籍出版社，2000年，第457～472页。

4　耐得翁（宋）．都城纪胜 · 瓦舍众伎．梨园撷英．东方出版社，1999页，第9页。

5　吴自牧（南宋）著．傅林祥注．梦梁录．山东友谊出版社，2001年，第286页。

求。后台往往面积不大。随着戏曲的发展，一些戏班扩大了演员阵容，丰富了脚色行当，增添了砌末。晋城《五聚堂纪德碑》曰："查戏班子弟，有多至七、八十人，少至二、三十人不等。"[1]这样，戏房增加是必然的。

随着戏曲的发展和演出的需要，邀请外地戏班演出也变得普遍。这就产生了演员住宿问题，为此，剧场就需要有足够的空间以安置演员。一些剧场不仅在戏台的后侧或两侧建戏房，另建戏房或演员的寓所。这样的事明代已有。晋城市贺坡村玉皇庙《创建玉皇大庙完工勒石碑记》曰："东偏小院堂房三间，东房三间，为神之所，乐工之寓也。是工起于万历三十九年之秋，而告成于四十一年之春哉。"[2]清代时，另建戏房的情况更为多见（表 3-10）。

山西清代提及另建戏房的碑文选录　　表 3-10

序号	碑文名称	内容摘录	资料来源
1	平遥城隍庙《重修城隍庙碑记》	东偏场内又新修戏房一，院大门一间，正房、东房各三间，南马棚二间。西小院内亦修戏房三间，厨房二间	董培良，平遥城隍庙，山西经济出版社，2001 年第 81 页
2	泽州县高都镇东庙清乾隆五年（1740 年）碑刻《补修诸殿立东西二阶后殿隔扉碑记》	兼营东北戏房二间	王福才，山西省泽州县高都镇东岳庙赛社演剧考，太行神庙及赛社演剧研究，民俗曲艺编辑部（台湾），2000 年
3	孝义市苏家庄清康熙四十三年(1704 年)《迁建龙天庙碑记》	殿之南增建戏台三楹，殿之西增建禅窑二眼，住持侍奉香火，优人更衣，伶工小憩	朱景义，从孝义的古乐楼看晋中的戏剧演出，山西省考古学会论文集，山西古籍出版社，2000 年，第 457 ~ 472 页
4	孝义市杏野村康熙五十三年(1714 年)《创立三义庙碑志》	修正殿五楹，乐楼一座，右有砖窑一眼，供优人更衣	同上
5	孝义市居义村乾隆二十三年(1758 年)《重修关帝庙碑志》	爰稽其史，明万历十有九年（1591 年），但年深日久，殿宇损坏，圣像淋漏，戏台倒塌，庙貌不隆，神以不显也。纠首住持等，目睹心伤，重新整理……戏台后新添小房二间，以为优人处所	同上
6	孝义市贾家庄嘉庆二十年(1795 年)《重修关帝、文昌、财神碑志》	迁建乐楼三楹于正南，以为演戏酬神之所。又于庙西，买舍基壹块，计柒分贰厘，亦无粮税。修马棚、戏房，为梨园子弟所栖身	同上
7	孝义市贾家庄道光九年(1829 年)《增修三皇庙并金妆圣像碑记》	西社幸有其地，因并力修营。将乐楼移至于东北，廊房亦移尽于北。又庙之东北，增置戏院一所，开便道于本庙旁，增修房数椽，与优人侨寓一所	同上
8	孝义市梁家庄村关帝庙光绪十三年(1887 年)《重修立碑记》	乐楼移置南面数武，东面新设看楼三楹，西面增修房舍数椽，为办公寓所。又于西南筑室，备演戏时优人停止	同上

可见，剧场为了适应戏曲活动的需要，修建用于演员生活之需的戏房和寓所也变得多见了。

总之，山西传统剧场建筑，经过宋金的孕育和发展，元代的构建和开拓，明代的探索和充实，到了清代已经成熟。无论是建筑形制、空间组织，还是建筑造型、雕刻装饰，均达到较高的水平。

1　李近义．泽州戏曲史稿．山西人民出版社，1989 年，第 32 页。

2　黄维若．宋元明三代中国北方农村庙宇舞台的沿革，戏剧，1986 年第 3 期。

第五节　山西清代庙宇剧场实例分析

1. 太原市上兰镇窦大夫祠剧场

窦大夫祠位于太原市北郊上兰镇西，旧属阳曲县。祠背靠二龙山，前濒汾河，西依烈石谷，故又名烈石神祠。窦大夫祠是为了纪念春秋末期晋国窦大夫而建[1]。据碑文记载，唐代已有此祠，原建于汾水河畔。宋元丰八年（1085 年），祠被汾水所淹，遂北移重建，并改称“英济祠”。元至正三年（1343 年）重建，明清均有修葺、扩建。

窦大夫祠占地面积约 24864 平方米，坐北向南，中轴线上依次建有戏台、山门（南殿）、献殿、后殿（图 3–93）。戏台位于山门外，始建于道光十八年（1838 年）。道光十八年《窦公祠新建乐楼碑记》云：“向有祠宇而无乐楼，何以彰神教而肃观瞻？近因众倡义举，踊跃兴工，祠前高建乐楼，焕然一新”[2]。光绪二十六年（1900 年）《重建乐楼碑记》亦提道：“至道光年间，楼之宜成也，村人不谋而合，一倡百和，半为阖村风水，半为演剧酬神”，并确定：“每岁七月望日，献剧一期，以为永久之例”。

现存戏台重修于光绪二十六年（1900 年）。同年《重建乐楼碑记》载：“光绪十八年六月六日，汾水怒发，汹涌异常，越坝襄陵，折堤摧洞，将此楼冲刷殆尽，基址半存。”可见，道光十八年修建的戏台在光绪十八年（1892 年）被洪水冲毁。光绪二十六年，开始重建戏台，并留存于今。

戏台采用前后勾连式，前台卷棚歇山顶，后台单檐硬山顶，琉璃脊筒瓦（图 3–94、图 3–95）。前台移柱造，面宽三间 8.5 米，其中明间 4.5 米。两侧有八字影壁，西壁壁心浮雕“福”字，

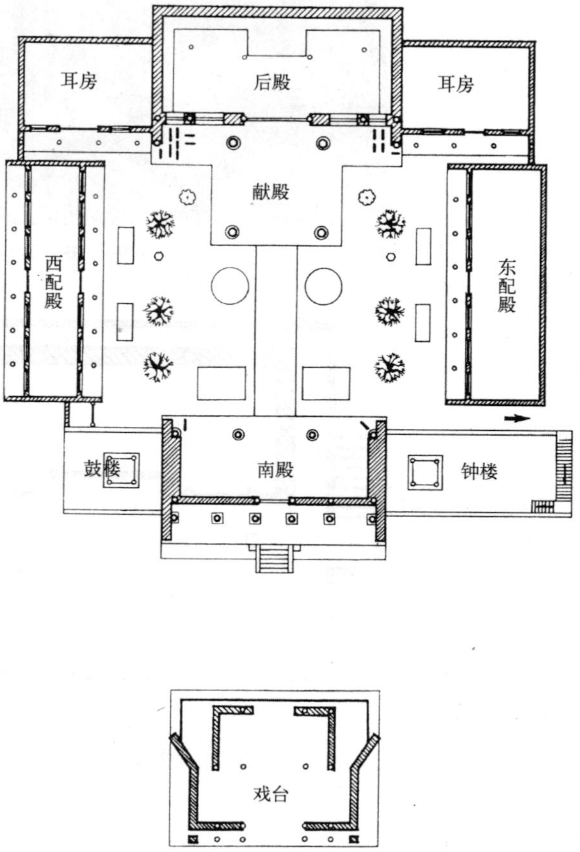

图 3–93　太原市上兰镇窦大夫祠平面图

图 3–94　太原市上兰镇窦大夫祠戏台外观

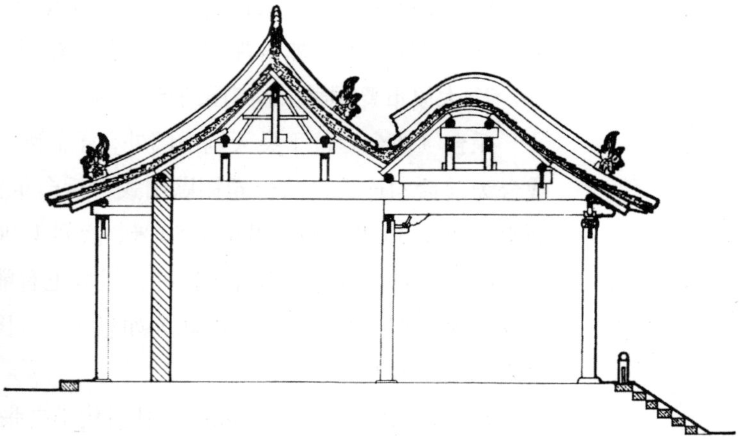

图 3–95　太原市上兰镇窦大夫祠戏台剖面图

1　窦大夫，名犨 (chou)，字鸣犊，春秋晋国贤大夫，因与晋国权臣赵简子政见不和而被杀，宋时被宋神宗加封为英济侯。

2　作者 2004 年实地调研时抄录。

图 3-96　太原市上兰镇窦大夫祠戏台前檐柱头雕刻

图 3-97　太原市晋祠昊天祠钧天乐戏台外观

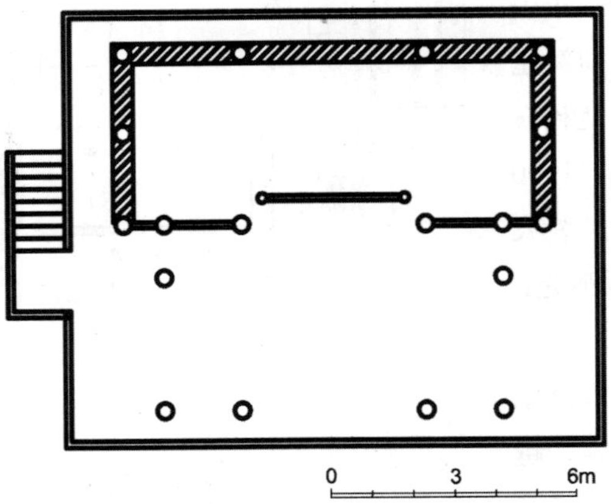

图 3-98　太原市晋祠昊天祠钧天乐戏台平面示意图

图 3-99　太原市晋祠昊天祠钧天乐戏台内檐斗栱

东壁已被拆除。台沿有石栏杆，施望柱。前檐木柱顶头有精致的雕刻。柱头科、平身科均为斗口跳，耍头雕作龙头或象头。额枋平铺在圆木柱的柱头上。额枋上透雕龙、凤、牡丹等。柱头与额枋接缝处，施有泥塑的龙头护朽（图 3-96）。前台内转角处抹角梁上承老角梁，采步金梁前端与前金檩在老角梁上相交，后端置于后檐额枋上。采步金枋和前金枋从两侧插入老角梁中。采步金梁之上再竖二童柱，上端承月梁，支撑双脊。后台面宽五间 12.0 米，五架梁上竖二童柱，支撑三架梁，三架梁上再竖童柱一根，加角背、叉手，支撑脊檩。后侧有一排廊子。

2. 太原市晋祠昊天祠钧天乐台剧场

乐台（戏台）位于昊天祠山门外，背靠智伯渠，面向山门，创建于乾隆年间（1736 ~ 1795 年）。戏台为前后勾连式，前台卷棚歇山式，后台单檐歇山顶（图 3-97）。石砌台基，高 1.75 米。前台面宽三间 8.30 米，其中明间 4.50 米，次间 1.90 米，进深两间 4.6 米，五椽六架梁，后台进深 4.18 米（图 3-98）。前台三面有石栏杆，栏板上有雕刻有图案。前台前檐用大额枋，上施斗栱七攒，五踩双昂内转十一踩华栱，当心间为如意斗栱（图 3-99）。内檐斗栱直承四架梁，省去六架梁，使戏台内部空间增大。

前后台间以隔扇相隔。隔扇上悬当代学者张颔篆书“钧天乐台”横匾。“钧天”二字出自《列子 · 周穆王》中“钧天广乐，帝之所居。”[1] 金代诗人元好问《步虚词》曰：“人间听得吁霓裳惯，犹恐钧天是梦中”。隔扇上有楹联两幅：“音人妙时，如蟾宫绝调；像传神处，似才子奇书”和“其浩浩天，

1　张湛注云“秦穆公疾，不知人。既寤，曰：‘我之帝所，甚乐，与百神游。钧天广乐，九奏万舞，不类三代之乐，其声动心’”。参见：列子 · 周穆王第三，诸子集成第三册，中华书局，1954 年，第 32 页。

图 3-100　太原市古城营村九龙庙戏台背面（山门）

图 3-101　太原市古城营村九龙庙戏台外观

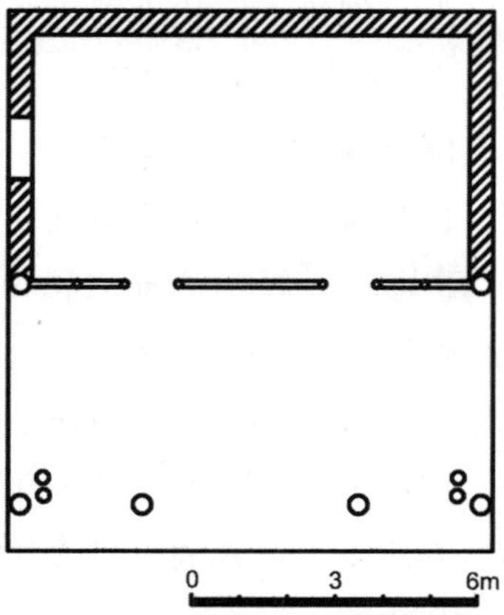

图 3-102　太原市古城营村九龙庙戏台平面示意图

图 3-103　大同市云冈石窟外戏台

尽人登寿域；果熙熙世，率土是春台”。

3. 太原市古城营村九龙庙剧场

九龙庙位于古城营村北。据金大定十六年（1176 年）《重修九龙庙记》所载，该庙始建于宋初，金皇统七年（1147 年）、大定十六年（1176 年）重修。之后，元、明、清亦均有修葺。民国 17 年（1928 年）再修，现存建筑保持清代风格。

九龙庙坐西面东，占地面积约 2400 平方米，有山门、戏台、钟鼓楼、南北配殿、正殿等建筑。山门呈三门形式。正门面宽三间，上悬“九龙庙”横匾，悬山顶，砖雕门楼。正门兼为戏台的后台，两侧各开一圆窗。两旁门呈拱形，分别镌刻“仙露”、“明珠”。山门立面方圆结合，高低错落，虚实对比，构图别致（图 3-100）。

戏台采用前后勾连的形式，前台为单檐歇山顶，后台（即山门）为卷棚悬山顶（图 3-101）。前台面宽三间，其中明间 4.55 米，次间 1.87 米，移柱造（图 3-102）。进深二间五架椽，其中前台进深 5.62 米，后台进深 5.20 米。前檐角柱附加辅柱。台基石砌，高 1.95 米。台面下面中间为山门，门洞宽 1.50 米。前檐斗栱雕成龙状，下面又悬雕琢华丽的垂柱。雀替也雕刻为龙状。额枋上布满木雕，显得华丽堂皇。明间悬“胜瀛洲”匾，隔扇上侧悬“传真楼”匾，上下场门分别题写“阳春”、“白雪”。

4. 大同市云冈石窟外剧场

云冈石窟之戏台位于山门外，建于清顺治八年（1651 年），乾隆、道光及民国时期多次重修。戏台采用前后勾连式（图 3-103）。前台面宽三间 8.65 米，明间宽 3.6 米，歇山卷棚顶，四架椽，深 6.0 米，举折平缓。后台面宽五间，四架椽，深 3.5 米，硬山顶，举折较陡。台基高 1.05 米。

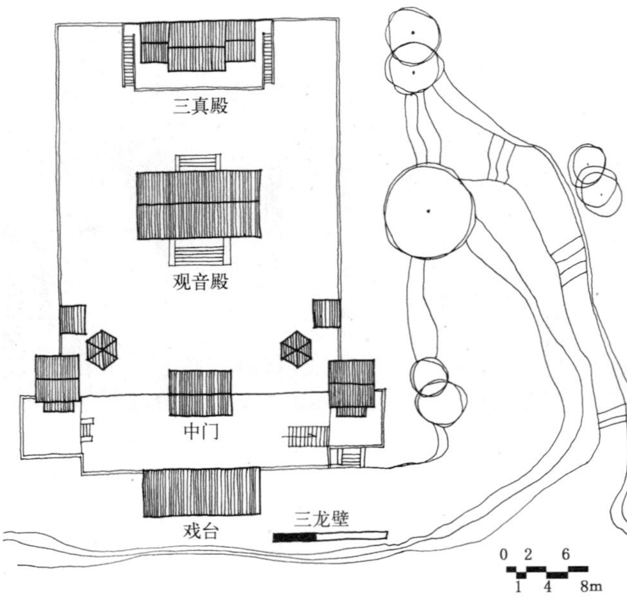

图 3–104　大同市观音堂屋顶平面示意图

图 3–105　大同市观音堂建筑群及其照壁

图 3–106　大同市观音堂戏台背面

台上施圆木柱，覆莲柱础。后台的前侧和山墙上均开圆窗。檐枋不作雕饰，雀替则施雕花。前后台之间以隔扇分区，两侧为上下场门。

台前的空地开阔，可容纳数千名观众。旧时，每年四月初八浴佛日，均会举行庙会，僧人在石窟内作法事、奏法乐，俗众则在外面观看戏台上的热闹演出。

5. 大同市佛子湾观音堂剧场

观音堂位于大同城西 8 公里的一座小山岗上，创建于辽代重熙六年（1037 年）。辽保大二年（1122 年），金兵攻陷大同，观音堂毁于兵火。明宣德三年（1428 年）、万历三十五年（1607 年）重修。清顺治六年（1649 年），再次遭焚毁。顺治八年（1651 年），总督佟养量在旧址重建。此后，康熙五十二年（1713 年）、乾隆二十八年（1763 年）、嘉庆末、道光间以及光绪二十六年（1900 年）、宣统三年（1911 年）均有重修。

观音堂坐北向南，前后两进院落，布局紧凑，占地约 2000 平方米，中轴线上由前至后有照壁、戏台、献殿、正殿、三真殿等（图 3–104、图 3–105）。

观音堂中的戏台建于 8 米高的砖台之上，坐南朝北。砖台下有东西向券形门洞，高达 5.9 米（图 3–106）。戏台所在的外院东西南三面砌筑花墙。戏台面宽三间 8.95 米，明间宽 3.24 米，进深二间四架椽 7.2 米，前台深 5.2 米，后台深 2.0 米，卷棚顶（图 3–107）。圆木柱，素平柱础，柱头不施斗栱。东西山墙上各有圆窗。

台内墙壁上原有丰富的清代戏班题记，如双庆班于嘉庆十二年（1808 年）六月十一九日演出《十五贯》，三和班、六和班等戏班演出《灵芝草》、《满床笏》等。但作者实地调查时，这些题记均已不存。旧时，每年六月十九日，观

图 3-107　大同市观音堂戏台

图 3-108　大同市皇城街戏台外观

音堂均会举行庙会，届时会有戏曲演出。

6. 大同市皇城街九龙壁剧场

皇城街戏台位于九龙壁对面，清雍正年间（1723 ~ 1735 年）在明代代王府遗址上修建，为了向九龙壁祈雨酬神献戏而建，具有祀神性，所以归入庙宇剧场中。戏台（图 3-108）坐北朝南，平面凸字形，面宽三间，进深六椽，前台为单檐硬山顶，后台为歇山顶。石砌台基，高 1.85 米。正脊有砖雕龙纹和莲花装饰。檐下斗栱为五踩单翘单昂（图 3-109）。

图 3-109　大同市皇城街戏台转角斗栱

7. 右玉县马营河村五圣庙剧场

马营河村位于马营河北面，故得名。五圣庙始创年代不详。正殿脊枋有两条题记。其中一条是："大清康熙岁次癸巳年（1713 年）仲月壬子日，崇修殿宇。正蓝旗协领六十，监功官拖逻、拨什库、口达子、口达子，兵丁特黑纳、廊兆、□黑谷楞，住持僧人明宗、明心。"另一条是："大清乾隆四年（1739 年）岁次己未季夏，正蓝旗协领关福，会首信官哈达、五住儿、三住儿、孟都宋，信士招得把、陀陀户、牙起、观音保、龙住、常五、六十四。"据此判断，正殿应建于清初。五圣庙坐北向南，两进院落，中轴线上有戏台、过殿、正殿。正殿和过殿均面宽三间，进深六椽。

戏台东西墙上，各嵌有一方乾隆九年（1744 年）的石碑，记载重修戏台事情[1]。碑文开篇记载了重修工程牵头的满族官员：

> 前任协领关福，现任协领定住；前任佐领舒书，佐领三住儿、神保住、保住、达赖、漫图、孟都宋；防御观音保、诸神保、达拉太、吴金太、世袭拖沙拉哈番兼防御事双喜口、海哥、福明、世袭拖沙拉哈番七十、世袭拖沙拉哈番四十一、防御吒世查楞崩太口、世袭拜他喇布勒哈番兼防御事享禄、世袭拖沙拉哈番兼防御事永得；骁骑校马拉赛、观音保、千主、六十五、破脸、茶汉扣、千佛、世袭拖沙拉哈番兼骁骑校事我勒金。

正蓝旗是满洲八旗之一，协领、佐领、防御、骁骑校等，则是八旗驻守边防的军职名称[2]。碑

1　这两通实为一通碑文，碑额题"山西朔平府右玉县城北马营河正蓝旗五圣庙重修乐楼施财众善人等姓名勒石开列于后"。作者 2005 年 8 月实地调查时抄录。

2　根据清朝的军队制度，协领为从三品，佐领为正四品，防御为正五品，骁骑校为正六品。

图 3–110　右玉县马营河村五圣庙戏台

图 3–111　右玉县马营河村五圣庙戏台斗栱

图 3–112　右玉县马营河村五圣庙戏台背面雕刻

文开篇之后，则记载了捐资者，其中有商号、信士等。碑末署名者有："创建功德主佐领哈拉扣男六十五、哈什暨孙托尔金布、胡图哥"；"本庙监院住持明心、明亮，徒净成"；"道人王钦、周茂盛"；"塑匠简肇福（助银十两）、画匠简肇禄、石匠武德明、木匠储锡成、泥匠王凤呈、铁匠彭泽俊、灰头邵彬、窑匠高祥"；"云中弟子麻生兰沐手书撰"等。从这该通碑文可以看出，这座庙宇是清兵长官牵头、众多满族人参加修复的汉式庙宇。碑中所记载的捐资者，满族人占绝大多数。

戏台采用前后勾连式，前台为卷棚歇山顶，后台歇山顶（图 3–110）。面宽三间 9.5 米，其中明间 3.5 米。通进深五间 8.6 米，其中前台深 5.0 米。台基宽 11.2 米，深 10.3 米，高 1.0 米，平面近方形。前、后台之共用一排柱，柱间安装隔扇。前檐柱头上承额枋。柱头科为三踩单翘（图 3–111），平身科各一攒，耍头均刻作华栱形。梁架采用抬梁式，前台三架椽，后台为五架椽。前台不设抹角梁，只有仔角梁。顶部施天花。后台的东西墙上，各开圆窗，西山墙下的台基中留有排污口。后台背墙嵌照壁，圆形壁心内有黄色方砖雕刻的两条游龙（图 3–112）。

8. 阳泉市大阳泉村五龙宫剧场

大阳泉村位于阳泉市西南郊，北依杨家岭，南临漾泉河。五龙宫是村民祈雨的一座庙宇，内供奉龙母及四海龙王。五龙宫始建年代不详，于乾隆二十一年（1756 年）迁建于现址。乾隆二十一年《改建五龙王庙记》载："吾州阳泉村旧有五龙庙，或居村右或置村南，迁徙靡常，率皆不得其地，非斩以崇正中而隆昭报也。嗣有合村善性等众，谋佥同改建北方夫址为坎水，而阳泉更饶，其前庙新于斯，可谓得其地矣。第见殿宇辉煌，金碧曜目。从此春秋祈报，致五风十雨之祥，以润我禾苗，以泽我桑田，以食我农人，以谷我妇子"[1]。嘉庆年间（1796 ~ 1820 年），重修五龙宫，并在五龙宫左面建大王祠。嘉庆二十年（1815 年）《重修五龙宫碑记》云："大阳泉五龙宫祠，古迹也。至乾隆二十一年移建于此祠，院凿池深丈许，嘉水潺潺，鲜鱼泼泼，号龙池焉，为神灵休息所，又曰龙宫。祈祷雨泽无不立应，天产其秀，地放其灵，乡人承受钧福，诚壮观也。奈何历年久远，风雨剥蚀，恐益致倾圮，无以荐馨香而妥神灵。士民等善积募，鸠工庀材，仍其旧制，重新丹垩，于祠左复建大王祠，不日而厥工告竣"。

五龙宫占地面积 870 平方米，建筑面积 276 平方米，中轴线从南到北依次有戏台、山门、正殿，两旁有钟鼓楼（图 3–113）。正殿面宽五间，进深五椽，单檐硬山顶。

戏台位于山门外，名曰"遏云楼"，建于道光三年（1823 年）。面宽三间 9.0 米，进深 8.5 米。前台为卷棚歇山顶，明间高出，后台为硬山顶（图 3–114 ~ 图 3–116）。石砌台基，台沿有石条，望柱雕石狮（图 3–117）。台中有八根石柱。抬梁结构（图 3–118）。正面额枋下有柱头科四攒，补

1　五龙宫的碑文为作者 2008 年 7 月实地调研抄录。

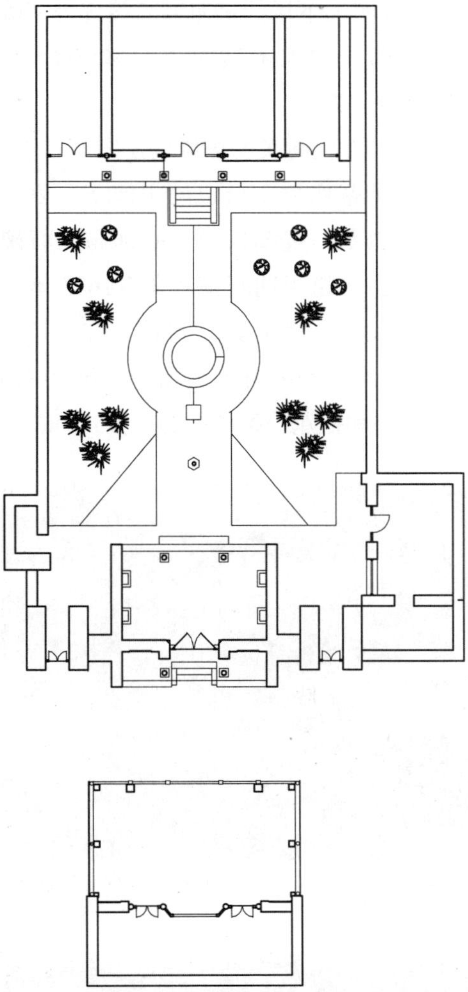

图 3–113　阳泉市大阳泉村五龙宫平面图

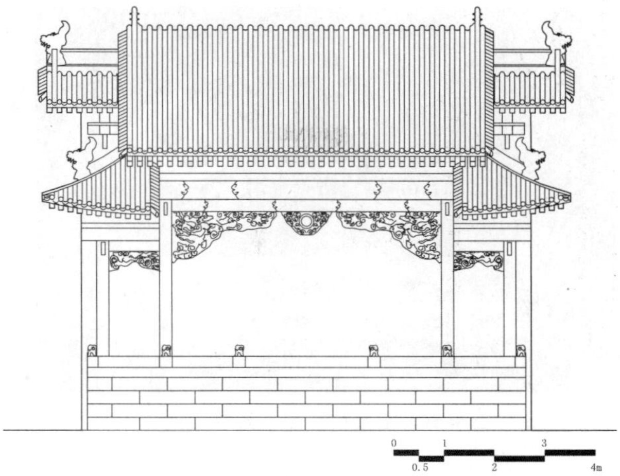

图 3–114　阳泉市大阳泉村五龙宫戏台正立面图

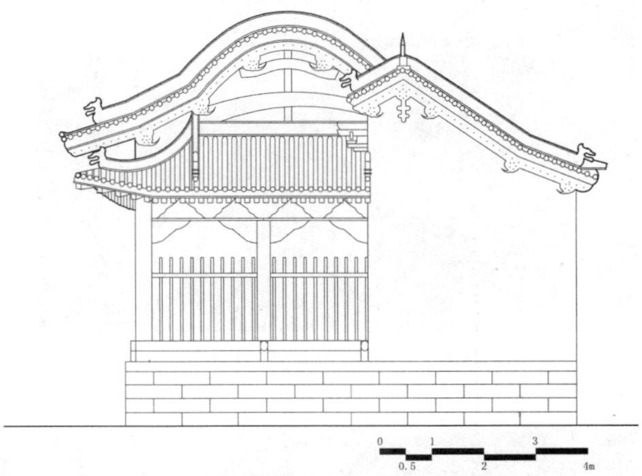

图 3–115　阳泉市大阳泉村五龙宫戏台侧立面图

图 3–116　阳泉市大阳泉村五龙宫戏台侧面

图 3–117　阳泉市大阳泉村五龙宫戏台台沿栏杆和雕刻

间科四攒，为五踩七要云龙彩雕，非常精致。雀替用多层镂空木雕，其中明间雀替长 1.6 米，呈鸟翼状曲线，图案为“三龙戏珠”，宝珠居正中，内雕五蝠（福）捧寿，两边的金龙昂首吞云吐雾，呼之欲出（图 3–119）。次间雀替饰凤凰双展翅（图 3–120）。正脊、垂脊和戗脊均装饰精致，有仙人走兽和挑角风铃。

台中有隔扇，分隔前后台。隔扇上悬“遏云楼”之匾，匾上首书：“大清道光三年”；下首是“岁次癸未春月”；下边自右向左书写：“经理人：张钺，常瑛，白树德，兰丕振，刘和中，姚谓，郗振风，石狱，李翼，刘鹤，冯步先，乡地李如林，冯旭”。“遏云楼”典出晋代《博

图 3–118　阳泉市大阳泉村五龙宫戏台梁架

物志》[1]。两侧上下场门书匾额“按部”、“就班”(图 3–121)。再侧有矮墙,书匾额“竹月”、“松风”(图 3–122)。

9. 阳泉市小河村关帝庙剧场

小河村关帝庙位于村边的山冈上，依山而建，高低错落，规模恢宏。根据庙内石碑记载，关帝庙始建于明崇祯八年（1635 年)，清康熙四十六年（1707 年)、乾隆二年（1737 年)、嘉庆十三年（1707 年)、光绪十一年（1895 年）分别重修和扩建，始成今日规模。

图 3–119　阳泉市大阳泉村五龙宫戏台明间雀替

图 3–120　阳泉市大阳泉村五龙宫戏台右次间骑马雀替

图 3–121　阳泉市大阳泉村五龙宫上下场门匾额

图 3–122　阳泉市大阳泉村五龙宫戏台匾额

1　传说在周朝末年，有一个叫韩娥的人，去齐国投亲，走到临淄的雍门时，非常饥饿，实在无法前行，就拿出随身携带的乐器在城门洞唱歌，引来众人围观，嘹亮的歌声和优美的乐曲，令很多人感动得留下了银两。第二天，有人想念韩娥的歌声，聚集雍门下，仿佛听到门梁上还有唱歌的余音，第三天再去，仍隐约有余音。此后，人们就把这个余音绕梁，三日不绝的故事流传下来，并用“遏云绕梁”来形容歌声嘹亮，声犹未尽。唐《初学记 · 乐部上 · 歌第四》中“传谷 / 遏云”载：“盛弘之《荆州记》曰：临贺马乘县有老姥，善歌，余音传谷数日。”晋代张华《博物志》曰：“薛谈学讴于秦青，未穷青之技而辞归。青饯于郊，乃抚节悲歌，声振林木，响遏行云，乃谢求反。”

关帝庙占地1850平方米，前后共五进院落，依山势而建，坐西朝东(图3–123)。中轴线从前到后分别建有戏台、山门、过厅、关帝殿等。

图3–123　阳泉市小河村关帝庙

戏台位于中轴线线的最东侧，面宽三间，明间高出。前面卷棚歇山顶，后面悬山顶（图3–124），梁枋施以彩绘，前檐四柱均为石柱。为了演出的需要，明间明显宽于次间。台中有木隔扇，两侧有上下场门，再旁分别有照壁，各悬匾额“竹月”、“松风”。台沿设低矮的石栏杆。台前有宽阔的场地，演剧时可作为观众空间。

图3–124　阳泉市小河村关帝庙戏台

10. 阳泉市苇泊村天齐庙剧场

苇泊村古称苇瀑村，位于阳泉市区以北约15公里处，今属河底镇。庙始建年代无考。现存有元泰定二年（1325年）奠盘，上有铭文。从庙内现存碑文记载可知，天齐庙在元、明、清乾隆、嘉庆、光绪间屡次修葺。

天齐庙位于村东北的高冈上（图3–125），坐北向南，四周为石砌的陡壁，占地面积923平方米。经过山门前狭窄陡峭的石阶，方能进入庙内。由于庙院建于狭隘的山冈之上，所以不得不将戏台建在庙外，四周围以砖墙，相对独立。

光绪十八年（1892年）《重修天齐庙并新建乐楼台碑记》记载：

> 又苦无乐楼以妥神也，每值春秋报赛之期，椽杆帷帐大费人工，若遇风吹雨洒，歌舞无依，非特神灵不畅，即人心亦为之不安。村中耆老拟欲整旧鼎新，苦于资财不给，未敢轻举。辛卯（光绪十七年，1891年）春，村中募银千有余两，又于外乡邻村左右募银千有余两，由是鸠工，不数月而旧者新，新者建矣。暨自今祀事克休，礼乐并举，□鼓轩舞，所谓民和而神降之福者胥。于是乎，在经始于季春月，落成于孟夏月，共费金二千有余两[1]。

图3–125　阳泉市苇泊村天齐庙

可见，天齐庙过去一直是搭建临时戏台唱戏，直至光绪十七年，才起建这座戏台，并留存至今。

戏台坐北向南，屋顶采用多种形式组合，前台明间是高出的悬山卷棚顶，次间是略低的单檐歇山顶，后台是悬山半坡顶，两侧耳房则采用硬山顶（图3–126）。前台面宽7.20米，明三间暗五间，其中明间5.23米，进深四架椽5.49米，抬梁结构（图3–127）。台上为方形抹角砂石柱。台前设有石制矮栏杆，望柱上雕狮子。

明间柱上施额枋，额枋尺度较大，上有三踩单下昂斗栱，耍头为梁头伸出，雕为麻叶云，昂身均为浪花形状（图3–128）。

图3–126　阳泉市苇泊村天齐庙戏台

1　作者2008年7月实地调研时抄录。

图 3–127　阳泉市苇泊村天齐庙梁架

图 3–128　阳泉市苇泊村天齐庙斗栱

图 3–129　阳泉市苇泊村天齐庙戏台明间雀替

明间大额枋有骑马雀替，透雕两条大龙（图 3–129）。次间骑马雀替雕一凤，头向上再向后摆动（图 3–130）。明间平身科正中一攒出斜栱，雕四个龙头，两大两小。次间则雕两个较小的龙头，一上一下。次间平板枋、大额枋、由额均伸出柱外。平板枋上施斗栱，三踩单昂，雕龙形或龙头变体。角科用材较小。

台中有隔扇。隔扇两侧柱头施平板枋、大额枋，并施斗栱，五踩双昂，平身科三攒，出斜栱。隔扇处明间额枋下施骑马雀替，上雕葡萄、云朵等（图 3–131）。隔扇两侧有上下场门，门侧各有照壁，东壁额刻“绝调”，西壁额刻“新声”，为张贴剧目海报之处（图 3–132、图 3–133）。

后台面宽五间，进深三架梁。后台两侧各有一间耳房，通过小门和后台相通。

旧时，每年三月二十八日、七月十五日两次庙会，每次五天，均有演出唱戏。

11. 平定县娘子关镇大口村关帝庙剧场

大口村位于娘子关南门内。关帝庙一进院落，由正殿、戏台、钟楼、配殿等围合而成（图 3–134）。正殿面宽三间，硬山顶，进深六檩五架椽，带前廊，灰脊筒瓦，墀头有花卉砖雕。钟楼一间，悬山顶，灰脊筒瓦。楼内悬挂明嘉靖四十三年（1564 年）铸造的铁钟。

关于戏台的创建年代，康熙十年（1671 年）《关圣庙碑记》有确切记载：“夫直隶真定府治西，有古娘子军之旧地，迄今设一关焉，有官以守之……关中之胜地也。署前旧

图 3–130　阳泉市苇泊村天齐庙次间雀替

图 3–131　阳泉市苇泊村天齐庙隔扇上面的雀替和斗栱

图 3–132　阳泉市苇泊村天齐庙戏台两侧的影壁

图 3–133　阳泉市苇泊村天齐庙戏台影壁上面的匾额

建关圣庙，年深就倾，是非所以妥神也”。于是有人倡议重修，当年即“为之阔完殿宇，崇巩台基，新盖戏楼三间……庙貌焕然改观矣，诚可嘉也”。碑末刻有捐银者：固关守备梁士仪施银五两；娘子关把总王公重施银五两十二钱；前任娘子关把总丁国柱施银三钱；前任娘子关把总徐必迷施银一两。碑的最后还附刻“庙宇戏楼不许放物作践”[1]。从碑文可知，戏台建于清康熙十年。乾隆五十五年（1790 年）《重修戏楼碑记》亦有详细记载：

> 娘子关旧有关帝庙一所，内有戏楼三间，历年久远，风侵雨潇，不无倾塌。后合城官长居民公议，重修于庚戌年，事成于壬午月。属余作文以志不朽，余曰：“关圣忠义之气兴，此关形□之胜，孙辈名公□士，早已言之鉴鉴矣，余亦曷敢多赘。至于立庙祭祀，焚香祷祝，祈福免灾，献戏酌神之玩，此又时俗所尚，非吾儒之敢言。”独是因戏建楼，楼为戏设，是戏也，胡为乎求戏？盖自《霓裳》曲奏，而梨园子弟遂具。后世之舞袖翩跹、歌喉婉转者，

图 3–134　平定县娘子关镇大口村关帝庙

1　作者 2005 年 8 月实地调研时抄录。

图 3–135　平定县娘子关镇大口村关帝庙戏台

图 3–136　长治县南大掌村都城隍庙剧场

图 3–137　长治县南大掌村都城隍庙戏台

更不可胜道。然以此敬神，吾不知神果聆其节奏、听其和平□否耶？即曰祭祀必奏乐，而俳优、侏儒、扰杂子女乐，终不可以语，况关圣正气参天，必不乐夫百般狐媚；丹心贯日，岂留神于一曲阳春。而兹之捐资效力，庀材鸠工，扩其基址，高其閎闳，父老子弟，欢欣趋从，不□□而尚□成功者[1]。

碑文阐释了重修关帝庙的必要性，同时还表达了对祭神演戏的反对。但无奈当时演戏非常兴盛，也只得称其“有其举之，莫敢废也”。

戏台（图 3–135）面宽三间 5.1 米，明间宽 2.4 米，进深五架椽 8.2 米，前台深 5 米。歇山卷棚顶，灰脊筒瓦，举折平缓。背后出厦，作为戏房，采用单坡顶。前檐为方形抹角石柱，素平础。平柱阴刻楹联，云：“舞袖翩跹，影摇千尺龙蛇动；歌喉婉转，声撼半天风雨寒。”角柱也阴刻楹联，云：“虚迹作实，假笑啼中真面目；摹情正景，新声歌里旧衣冠。”砖砌台基，台面高 1.2 米，台沿有低矮石护栏。檐下斗栱为三踩单下昂。

12. 长治县南大掌村都城隍庙剧场

南大掌村位于长治县城东南 20 余公里，北面有北大掌村，同属东火乡。城隍庙建在两个村子中间的天子岭上，坐北向南。关于都城隍庙的历史沿革，清光绪十年（1884 年）《重修都城隍庙碑记》记载，该庙在唐、元、明、清均有重修。

庙分上下两院，中轴线上从南到北有山门、戏台、献殿、正殿，两侧有看楼、配殿、钟鼓楼等（图 3–136）。山门前有 108 级台阶，山门内为戏台。戏台的创建年代不详。现存的八通清代石碑中，只有光绪十年的碑文提到：“又加看楼六间，院东西楼房四间，乡约亭一所”。既有看楼，想必当时已经存有戏台。清末，义和团曾经聚集于此，戏台遭到焚毁。民国 23 年（1934 年）时，重建戏台。

戏台（图 3–137）面宽三间 9.2 米，其中明间宽 3.94 米。进深六檩五椽 5.7 米，其中前台进深 4.0 米，后台进深 1.7 米。悬山顶，筒瓦覆顶，琉璃饰脊。台面高 2.8 米。台面上下均为方形石柱，方墩柱础，柱础束腰处雕动物等图案（图 3–138）。明间雀替中间雕戏曲故事，两端雕二龙戏珠。次间雀替分别雕“狮子滚绣球”和“双凤与牡丹”等。台中有木隔扇，分隔前后台。上场门题“阳春歌”，下场门题“霓裳舞”。戏台两侧有耳房和钟鼓楼。耳房面宽三间，悬山顶，用作戏房。

戏台前庭院两侧有东西看楼，面宽三间，硬山顶，方形石柱。看楼和戏房之间各有二间楼阁，名曰乡约亭，为总社首办公之所。

13. 长治县原家庄村东泰山庙剧场

原家庄村位于长治县城南 4 公里。村里有两座泰山庙，其中一座在村东北，称东泰山庙；另一座位于东泰山庙之西，供奉东岳大帝的女儿碧霞元君，称西泰山庙。西泰山庙仅存正殿、后殿，原

1　作者 2005 年 8 月实地调研时抄录。

图3-138 长治县南大掌村都城隍庙柱础

图 3-139 长治县原家庄村东泰山庙戏台

有戏台，但已毁。东泰山庙则基本保留原有格局。

东泰山庙始建年代不详。庙内仅存光绪十二年（1886 年）《重建东泰庙广生殿碑》，云："盖观于原家庄广生殿者，东泰山庙之南配殿也，创建之年无考焉。我朝嘉庆二十五年（1820 年），村人原口等捐资重修，立有碑记。"[1]

东泰山庙现存三进院落，占地面积 3890 平方米。中轴线上有山门、阁楼、戏台、香亭、正殿、后殿。

关于戏台的建造年代，由于没有脊枋题记和碑刻记载，仅能根据其形制特点，判断其为清代建筑。面宽三间 8.4 米，其中明间宽 3.8 米，通进深 6.1 米，单檐歇山顶，筒瓦覆顶，琉璃饰脊（图 3-139）。台面下有南北向的通道。台面上的柱子采用移柱造，用以扩大表演区的面积。两山墙并未砌到前面的端头，演出时观众可三面观。柱头科为三踩单下昂，耍头呈龙头，平身科各一攒，耍头麻叶云。

戏台前侧有宽敞的庭院。旧时，每年正月十八日东泰山庙庙会，均唱戏三天。

14. 平顺县东河村九天圣母庙剧场

九天圣母庙位于平顺县城西 10 公里处的东河村村西，耸立于山冈之上，南、北、西三面均为悬壁，东面与场院相连，地势险要。庙内祭祀九天圣母，相传九天圣母是道教中老子（太上老君）的母亲，地位仅居西王母之下，称"玄妙玉女"，又称"太乙元君"。九天圣母庙始建年代不详。庙内现存宋、元、明、清各个时期的建筑，并存有宋代到民国之间的碑碣共 32 通。

九天圣母庙坐北朝南，总面积 1712 平方米，中轴线上由南向北依次建有山门（上有戏台）、献殿、圣母殿，东西两侧有李靖王殿、三宫殿、阎君殿、十帅殿、关公殿、子孙殿及梳妆楼等建筑（图 3-140、图 3-141）。

庙内有 10 通碑文提到戏台创建、修葺、重建的情况，记载甚详[2]。从这些碑文可知，从宋至今，庙内几乎一直有戏台，并屡次修葺。其中，宋建中靖国元年（1101 年）碑刻《潞州潞城县三池东圣母仙乡之碑》曰："再修北殿，创起舞楼。"这是目前已发现记载中国戏台建筑的最早文字实物之一，证明了中国戏台的正式形成，弥足珍贵。

现存的戏台重修于同治四年（1865 年）。东平柱铭曰"同治四年岁次乙丑闰五月二十二日立"。脊枋则题"大清同治四年岁次乙丑七月初六辰时上梁大吉"。

1 作者 2005 年 8 月实地调研时抄录。

2 有兴趣的读者参阅：薛林平，王季卿．山西传统戏场建筑．中国建筑工业出版社，2005 年，第 168 ~ 169 页。

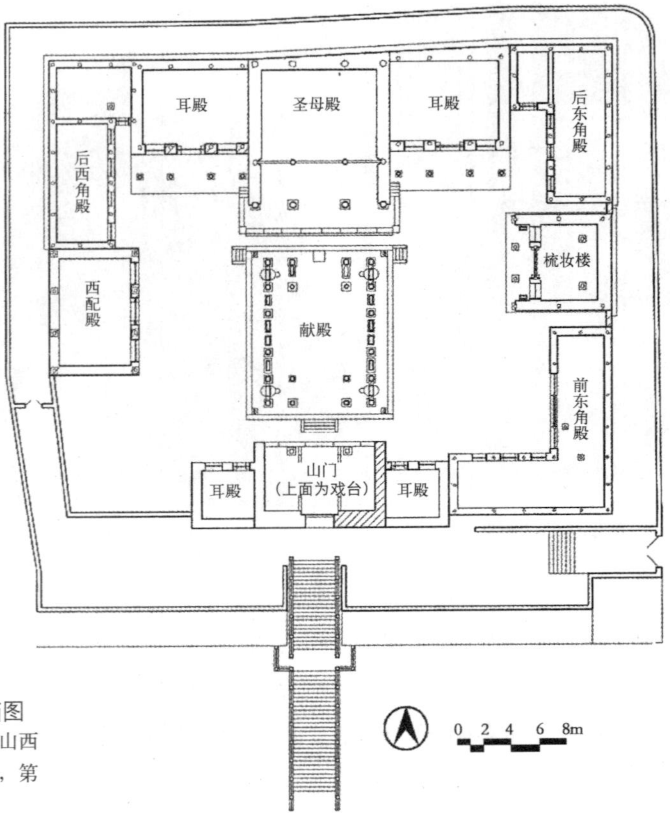

图 3–140　平顺县东河村九天圣母庙图

国家文物局主编．中国文物地图集 · 山西分册（上册）．中国地图出版社，2006 年，第 451 页。

图 3–141　平顺县东河村九天圣母庙

戏台和山门组合而建（图 3–142、图 3–143）。戏台底层施方形抹角柱 4 根，柱顶石呈须弥凳形，收煞明显，束腰处线刻花草。戏台面宽三间 8.50 米，其中明间 3.90 米，进深 4.40 米，抬梁结构（图 3–144）。前檐为四根圆木柱，鼓镜础。柱头施计心造五踩斗栱，单杪单下昂，上雕龙头，昂身雕龙身，华栱则作龙尾，整个斗栱雕龙状（图 3–145）。额枋上既有雕刻，又有彩画，内容为琴棋书画、花鸟禽兽之类，华丽精致。东西台口敞开，观众亦可从两侧看戏。

图 3–142　平顺县东河村九天圣母庙山门（戏台背面）

图 3–143　平顺县东河村九天圣母庙戏台及其耳房

图 3-144　平顺县东河村九天圣母庙戏台梁架

图 3-145　平顺县东河村九天圣母庙戏台斗栱

戏台两侧设耳房，各两间，所谓“两墙并一”，连同舞楼三间正好是“七间缥缈”。耳房硬山顶，四架椽，筒瓦灰脊。东西山墙各有小门，通向耳房。值得注意的是，晋东南地区比较大的庙宇剧场多设看楼，但是，九天圣母庙并没有设看楼。戏台内壁有题记，如“长邑□□，民国二十年（1931）四月初三日、四、五日，清连（廉）传忠节传”，“潞邑双乐□。戏贾（价）五石米。合班□友所见□□。生死由命，富贵在天。《泰山图》、《沙陀国》、《清风山》，中华民国叁拾年（1941）六月十七、十八、十九日演戏三天”，“黎邑北坊村三乐班主王照荣出笔。民国二十七年四六月到此”等。

庙中的碑刻也提到演戏等相关情况。清乾隆三十八年（1773 年）《重修九天圣母庙碑记》云：“合社公议，庙内永不许赌博，不遵命违者罚戏三日。”清道光十四年（1834 年）《重修十阎君殿羡并金装神像以及创修东南石窑碑记》云：“意欲献戏开展神光，又虑费资不继，仍集众妥议，按地捐钱以毕乃事。”清道光十五年（1835 年）《禁止空取树上水果禁碑》云：“今合社公议，每年逢六月二十四日圣诞吉期，献戏三天，所有花费，按水果树均为摊派，额外善施者贴账书名。”

15. 壶关县集店村东岳庙剧场

集店村原名籍店，位于壶关县城以北 3.5 公里。东岳庙位于村东，坐北朝南，创建年代无考，但在元代已经存在。明万历二年（1574 年）《重修东岳庙记》云：“壶邑西北七里，村曰籍店，有天齐仁圣帝庙一所，创始世代无所考焉。稽之旧迹，延祐丁巳（1317 年）、至正丙戌（1346 年），皆重修时也。”

东岳庙原有两进院落。现内院相对完整，有正殿、配殿，外院仅存戏台。戏台创建于明万历元年（1573 年）。万历二年《重修东岳庙记》载，万历元年“建舞佾楼三楹”。入清以后，将原来三开间的戏台重建为五开间。乾隆四十七年（1782 年）《集店村东岳庙重修两廊佾楼角门碑记》载：

> 集店村东岳庙，自乾隆癸未（1763 年）春被火灾，一时创建，工极浩大，两庑、佾楼、角门未暇修葺。及乾隆己亥（1779 年），不数年，遂渐次就颓……至动工之日，材木大半朽烂难支，幸少心甚齐，立募劝捐，生意、地亩、人口、牲畜，各竭力捐输……次年即修佾楼、角门。佾楼古乃三停棚，太高，嫌不宏亮，更改旧制，而规模一新。往昔神会，每于东庑寓优人，楼下拴牲畜，人烟杂踏，粪土狼藉，殊不雅洁。又收拾余材，于二门外东补戏房五间，钟棚一所；西补马棚三楹。东院修堂房三间，然后斯庙内外整齐，焕然更新。

碑文中所说的“佾楼”即为戏台。这次重修，还在外院“补戏房五间”，解决了戏班住宿等问题。

戏台（图 3-146）位于庙外，坐南朝北，和正殿在同一中轴线上。通面宽五间 16.16 米，其中明间宽 4.2 米，次间宽 2.8 米，进深 7.32 米，台高 1.85 米。明间和次间高出梢间。中间四柱上承

图 3–146　壶关县集店村东岳庙戏台外观

大额枋，抬梁结构（图 3–147）。枋上除了柱头施斗栱外，明间和补间各施斗栱二攒，次间各施一攒(图 3–148)。檐下额枋、雀替雕刻华丽(图 3–149)。隔扇已毁，惟余框架。

檐柱为六根方形抹角石柱，高凳柱础（图 3–150）。石柱刻楹联三副，其中明间的楹联云："荣辱穷通宛然经济，嬉笑怒骂俱是文章。"次间的楹联云："旧代衣冠从新演出；今人面目仿古装成。"梢间的楹联云："收天下春奇正无非者个；演古来事贤愚即在其中。"

旧时，每年三月十五日、七月十五日、九月十五日有庙会，每次三天或五天，必演剧助兴。乾隆四十七年（1782 年）重修碑的碑阴载："三社共议，嗣后本庙内及本村各庙内，永不许匿匪聚赌，犯者罚令神前献戏三日"。

16．高平市康营村成汤庙剧场

成汤庙坐南朝北，前后两进院落，占地面积 2130 平方米。前院为岱岳祠，后院为成汤庙，当地居民通称成汤庙。前后院各有一座戏台。根据碑文记载，庙创建年代不详，明崇祯八年（1635 年）、清雍正十一年（1733 年）、咸丰九年（1859 年）、民国 12 年（1923 年）均有修葺庙内有 14 通明、清、

图 3–147　壶关县集店村东岳庙戏台梁架

图 3–148　壶关县集店村东岳庙戏台斗栱及其雕刻

图 3–149　壶关县集店村东岳庙戏台雕刻

民国时期的碑刻，惟民国12年《补修成汤庙碑记》提及戏台，云："据父老传闻，后院舞楼暨前之东西两殿、厢房、看台，盖增修于清同治十二年间"。如果这一记载可靠，那么后院的戏台建于清同治十二年（1873年）。

前院岱岳祠院中有高差，中间有五级台阶。庭院南为戏台，北为正殿。东南侧和西南侧有看楼。戏台面宽三间，明间3.62米，次间2.86米，单檐硬山顶（图3–151）。通进深六椽5.8米，其中前台进深5.0米，后台进深0.8米。前檐方形石柱四根，方形柱础。柱上承枋，枋上施斗栱七攒，除了柱头科外，各有一攒平身科。砖砌台基，高2.23米，台前沿有石条。七架梁上施二童柱，上承平梁。童柱中间，向前和向后各施单步梁，搭于金檩上，从而省掉五架梁。木制隔扇分隔前后台，两侧有上下场门。金柱上有楹联，云："极奸巨恶转眼终归失败，忠臣孝子到头毕竟团圆。"台内墙壁上有一些题记。

戏台两侧有耳房，用作后台，单檐硬山顶，略低于中间的戏台。由于两侧耳房承担扮戏房功能，这样极窄的后台仅起到通道的作用。两侧耳房的面宽均为6.70米，进深均为4.17米。值得注意的是两侧耳房的面积之和略大于中间戏台的面积。说明尽管戏台后台不再是扮戏房，但由于耳房用作扮戏房，和一般戏台相比，扮戏房的空间还是明显增大。

岱岳祠庭院两侧有二层看楼，面宽四间，卷棚顶，通面宽9.67米，进深4.50米，底层架空，上层现已用窗封闭（图3–152）。

成汤庙位于后院，通过后院戏台两耳房下面的通道和岱岳祠连通。院正北为成汤庙正殿，正殿东西两侧有耳房，庭院东西两侧有配殿，庭院正南为戏台。

后院戏台面宽三间，明间3.35米，次间2.17米，单檐悬山顶，灰脊筒瓦（图3–153、图3–154）。通进深六椽，前台进深3.86米，后台进深1.87米。台基高1.54米。前檐四根方形石柱，柱间有石制矮栏杆。柱上承枋，枋上施斗栱七攒，三踩单昂。除了柱头科外，补间也各有一攒。木制隔扇保存较好，呈凹字形布置。明间六扇书范仲淹《岳阳楼记》，挥洒自如。两边有楹联，云："桓温喜怒虚若实，优孟衣冠假作真"。隔扇两侧有上下场门，分别书"阳春"、"白雪"。次间隔扇也有一副楹联，云："假笑啼中真作假，新声歌里旧衣冠"。楹联后题有："民国壬戌八年（1919年）八月中浣，梦庄南蔚华题。"

戏台两侧建有耳房，上下二层，悬山顶。耳房底层有进入后院的通道，方形石柱支撑。二层是化妆间，有

图3–150　壶关县集店村东岳庙戏台柱础

图3–151　高平市康营村岱岳祠戏台

图3–152　高平市康营村岱岳祠看楼

图 3-153　高平市康营村成汤庙戏台梁架

图 3-154　高平市康营村成汤庙戏台梁架

图 3-155　泽州县辛壁村汤王庙戏台外观

小门和戏台连通。

旧时，每年三月二十八（祭东岳大帝）、四月十五日（祭成汤大帝）、六月初九日（祭高禖），均有庙会，每次庙会唱戏三到四天。

17. 泽州县辛壁村汤王庙剧场

辛壁村位于泽州县西 30 里。成汤庙建于村的中心，其西南有太平观，西北有玉皇庙，正北有佛寺。四座庙宇呈田字形布局，但以成汤庙为主。

成汤庙坐北向南，占地面积 1935 米，中轴线上从南到北有山门、戏台、正殿，东西两侧有钟鼓楼、看楼等。

山门和戏台结合为一体，南为山门，北为戏台。山门外观呈重檐。山门面宽三间，进深两椽，檐柱为圆石柱（图 3−155）。柱头科为五踩双下昂，耍头雕三幅云。平身科耍头含珠龙头。正殿面宽三间，进深七椽，檐柱为石柱。柱头科为五踩双昂，平身科各一攒，明间平身科出斜栱。两侧有耳殿，均面宽三间，深四椽，悬山顶。

关于成汤庙的历史，庙内明弘治十四年（1501 年）刻立的碑刻《创建礼乐楼记》曰：

> 泽城之西距三十余里，有社曰辛壁。背山临流，土淯民富。厥中古有成汤庙，乡闾葺理，代有其年。左接民居，起敬□宫墙之下；右依琳馆，瞻□于咫尺之间。殿宇巍峨，扉户曜目，廊庑掩翕，宏广重深。肇自金大定二十一年也。内有苍□一株，周逾合抱，高出环丛，阴幕境城之家，望览四周之远，根源莫测其宗盘，薄不□□□。尝闻父老相传，宁山建卫之初，官采不果所从。迨弘治辛亥间，宗支爱才□□□□求未谐，强欲亲伐。梦警居民，竖旦，老稚拥□，阻辔而还。忆树□□有神司之，安□□是载？耆老李贵议众曰："此树见危，居民必险。"率领二十余家，就此而建礼乐楼三楹，栏护四傍，用主礼乐以事神，社□响诺。自斯校力者子来，施财□□圣。□于□□之冬，成于辛酉之夏。尔来十载，经营络绎不绝，其用功也深，费财也庶。[1]

可见，成汤庙创建于金大定二十一年（1181 年），明弘治十四年曾重修。碑文中还提道："率领二十余家，就此而建礼乐楼三楹，栏护四傍，用主礼乐而事神，社□响诺。"成汤庙在明弘治年间（1488 ~ 1505 年）已经修建了戏台。明万历二年（1574 年）、清康熙二十一年（1682 年）、嘉庆年间曾重修或扩建。碑刻中将戏台称为

1　成汤庙碑文为 2004 年 7 月实地调研时抄录。

“礼乐楼”，是在强调戏曲的教化功能，旨在宣告演戏酬神的合理性。“礼乐”向来是中国传统文化的核心内容，如孔子曰：“兴于诗，立于礼，兴于乐。”[1]

现存戏台为嘉庆年间（1796 ~ 1820年）重修后的遗构。庙内清嘉庆二十二年（1817年）《重修成汤殿碑记》中提到“舞楼南退数尺，左右配以钟鼓楼”。“南退”是为了扩大戏台前的庭院。

戏台面宽三间，明间3.32米，次间2.26米。进深两间四椽，前台进深3.27米，后台进深2.60米。单檐悬山顶（图3–155）。台面高出地面3.00米，台上前檐柱为四根石柱，方凳础。台口施矮栏杆，明间望柱雕石猴，姿态各异（图3–156）。斗栱三踩单杪，耍头麻叶头，平身科各一攒（图3–157）。木雕布满由额、雀替和台基。台中用隔断分前后台，前台设天花。

图3–156 泽州县辛壁村汤王庙戏台台基前沿石栏杆雕刻

戏台和钟鼓楼之间有小夹屋，亦二层，两侧均有拱门，和钟鼓楼、戏台连通。钟鼓楼面宽和进深均三间，高三层，第一层和第二层用砖砌筑，第三层用木构，东西砌墙，南北敞开。钟鼓楼二层起化妆间的作用。院东西各建有看楼七间，通面宽16.0米，通进深4.6米，硬山顶，上下两层，均有前廊，廊柱为圆木柱（图3–158）。上层施木栏杆，雕饰华美。

图3–157 泽州县辛壁村汤王庙戏台斗栱

旧时，每年正月十三日、十六日、二月初二日、初七日、七月十五日、九月九日都有祭祀活动，演戏是其中必有的内容。

18. 沁水县上半峪村关帝庙剧场

上半峪村关帝庙坐北朝南，一进院落（图3–159）。根据碑文的记载，关帝庙创建年代无考，乾隆四十年（1775年）开始筹备重修，到嘉庆年间（1796 ~ 1820年），付之实施重修。

现存之戏台，重修于道光五年（1825年）。道光六年《重修舞楼及各殿彩画碑记》记载：“至于舞楼仍旧残缺，每逢春秋之节，莫不凄然长叹曰：前人半途而废也。至道光元年，庆贺元宵，村众咸积，有先时总理胡有贡曰：吾欲重修舞楼，以成从前未完之事，奈同事已无，独立难成，尔辈肯与同事否？于事有为先时总理之后者，亦急成先人之志，遂欣然向风，共让其事，复举慷慨从应者数人。为兴工之计，念村中皆以农为业，神功故不可不成，而农业亦不敢有伤。因思为收秋夏之种，积演戏之资，功计可成，民亦不伤，洵善计也。

图3–158 泽州县辛壁村汤王庙戏台看楼

1 引自：杨伯峻注释．论语译注．中华书局，1980：81。

图 3-159　沁水县上半峪村关帝庙外观

图 3-160　沁水县上半峪村关帝庙戏台

图 3-161　沁水县上半峪村关帝庙戏台台沿

图 3-162　沁水县上半峪村关帝庙看楼

遂免装修东西厅，又积数年，度工可兴，于是，于道光五年开工。不数日，工已告竣”[1]。

关帝庙内中轴线上有戏台和正殿，两侧为东西配殿、东西厢房、东西看楼。正殿面宽三间，进深二间，单檐硬山顶。戏台面宽三间，悬山顶（图 3-160），石砌台基，方形抹角石柱（图 3-161）。戏台两侧有耳房，作为戏房。台前庭院两侧有二层看楼，面宽三间，前有栏杆（图 3-162）。

19. 沁水县上半峪村山神庙剧场

山神庙位于上半峪村中半峪河南岸，背水面山，现存正殿和戏台。正殿面宽三间，进深二间，单檐硬山顶（图 3-163），殿内存清代壁画。庙始建于顺治年间。乾隆二十六年（1761 年），上半峪村、下半峪村、胡嘉掌村合力重修。戏台建于雍正十三年（1735 年）。乾隆二十六年《重修碑志》记载：“上半峪青流之南，旧有都山神宝殿一区，时当祭祷，只有陈俎之地，而无献戏之所。殊觉末便，众于此不过随时应酬，以毕其神是而已。幸而于雍正十三年，将舞楼创建，昔无今有，何快如之。”[2] 戏台面宽三间，石砌台基，单檐硬山顶，方形石柱，台沿施石条栏杆（图 3-164）。

20. 沁水县西文兴村关帝庙剧场

关帝庙创建年代不详，现存正殿为明代建筑，余皆为清代建筑。从庙内碑文可知，庙原址在现关帝庙的西边。因为原址沙崖日益受到侵蚀，危及庙的廊柱，所以只能在东边重建。乾隆三十二年（1767 年），因“风雨飘零，墙垣颓毁”，重修关帝庙。道光三十年（1850 年），又因风吹雨淋，檐倾墙侧，进行了较大规模重修。

1、2　作者 2005 年 7 月实地调研时抄录。

图 3–163　沁水县上半峪村山神庙正殿

图 3–164　沁水县上半峪村山神庙戏台

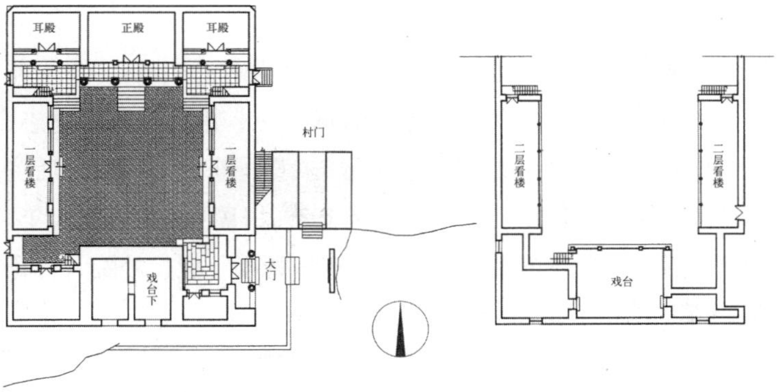

图 3–165　沁水县西文兴村关帝庙平面图

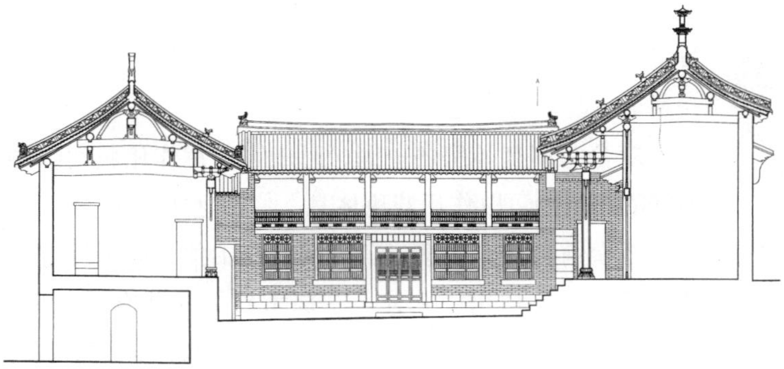

图 3–166　沁水县西文兴村关帝庙平纵剖立面

关帝庙测绘图引自：李秋香主编．庙宇．三联书店出版，2006 年，92 ~ 96 页。

图 3–167　沁水县西文兴村关帝庙山门

关帝庙（图 3–165 ~ 图 3–167）坐北朝南，一进院落。戏台面宽三间，进深四椽，单檐悬山顶（图 3–168）。砖石台基，高 1.5 米。前檐四根方形石柱，方凳柱础，台沿有矮的石条栏杆。两侧有耳房，用作戏房。庭院东西有看楼，上下二层，各五开间。

21．泽州县府城村关帝庙剧场

关帝庙位于泽州县金村镇府城村东的土岗上，坐北朝南，占地面积 4200 平方米，前后四进院落。中轴线上依次建有山门（已毁）、二道山门、仪门（和戏台组合而建）、关帝殿和三义殿，两侧建有药王殿、八仙殿、奶奶殿、鲁班殿、老君殿、孔子殿、财神殿等十多个殿宇。关帝庙创建年代不详，清乾隆二十一年（1756 年）重建，四十七年（1783 年）修葺。

图 3–168　沁水县西文兴村关帝庙戏台

图 3–169　泽州县府城村关帝庙戏台正面

关帝庙原有两座戏台，其中一座在第一进山门之上，现已毁。另外一座在第三进院南侧，和第二进北面的仪门勾连而建。

庙内戏台的沿革，有两通碑文提及。乾隆二十年（1755 年）《重修关帝庙碑记》云："予于乾隆十二年四月二十九日贸易回籍，修理后殿暖宫三间，后见山门戏楼残破无色；因鼓动重修之志，然独力恐未逮也……于十九年后四月二十四开工。先修大殿，随瓦山门、戏楼、东西厢房以及后院石梯二架，东西小院四间。"可见，仪门戏台重修于清乾隆十九年（1754 年）。民国 10 年（1921 年）《重修府城村关帝庙藉创高小学校碑文序》记载："中院东西斋舍各八楹……舞楼三楹，外院月台花墙一所，舞楼九楹。"碑文中出现了外院（第一进院）的戏台，当为清末民初增建。

仪门戏台面宽三间 8.9 米，其中明间宽 3.2 米，通进深四椽 5.8 米（图 3–169）。台面上下均用方形抹角石柱。柱础上有浮雕人物故事。柱头直接支撑梁头，不施斗栱。檐下木构件比较简朴。平柱阴刻楹联，云："移步换形，漫说炎凉都是假；描头画角，须知喜怒尽成真。"[1] 边柱也阴刻有楹联，云："纬文经武，衣冠郁郁昭云汉；叶律应吕，歌舞雍雍应斗牛"，肯定了戏曲的正面作用。后台左右各辟一通道，与戏房相通。

图 3–170　泽州县府城村关帝庙后殿柱子雕刻

戏台两侧有耳房各一间，悬山顶，用作化妆间。钟鼓楼的二层则可以作用戏班休息、住宿之所。

戏台前两侧有看楼，各三间，硬山顶，底层用方形抹角石柱，二层用圆木柱。二层木柱之间曾有木栏杆。看楼、戏台、正殿围合成庭院，宽 17.8 米，深 18.4 米，可容纳千余名观众。另外，正殿前的月台宽 10 米，深 7.6 米，高 0.9 米，可作为"贵宾席"。后殿石柱上有民间演出雕刻（图 3–170）。

府城关帝庙过去每年有两次庙会。一次是九月十三日，祭祀关羽；另一次是六月二十四日，祭祀公输子（鲁班）。庙内同治八年（1869 年）《公输子圣会碑记》记载："盖在曩时，村中石工甚繁，积蓄颇广，自道光十四年（1834 年）演戏酬神，又典地七亩，积谷若干。"[2]

1　这副楹联表述了尽管台上演出的人情冷暖和炎凉世态都是假的，但是，这些真真假假的故事是社会现实的反映。其中提到"移步换形"、"描头画角"也概括了戏曲表演的艺术特征。

2　作者 2007 年 6 月实地地调研时抄录。

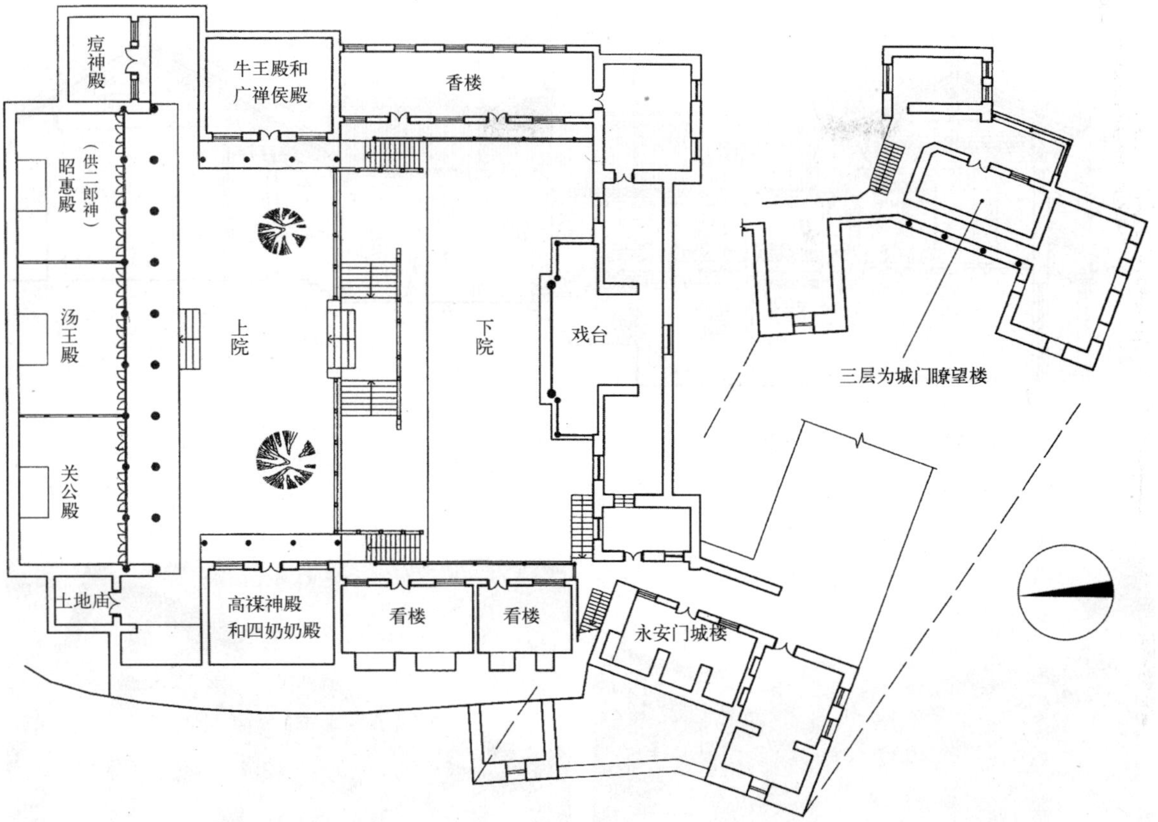

图 3–171　阳城县郭峪村汤帝庙二层平面图
汤帝庙测绘图引自：李秋香主编．庙宇．三联书店出版，2006 年，74 ～ 76 页。

22．阳城县郭峪村汤帝庙剧场

汤帝庙居于郭峪村西南的山坡上。明万历九年（1581 年）《重修汤帝庙舞楼记》称，汤帝庙在“郭峪镇之西南隅，地势峻而风脉甚劲”。关于成汤庙的历史沿革，清顺治十年（1653 年）《郭峪镇汤帝庙公约》碑有较为详细的记载：

> 郭峪镇大庙创于元之至正，修于明之正德。后灾于嘉靖，又修于万历，其补葺者亦时有之。迨今日，乃尽撤其旧而重建焉。既落成，不以余不文，俾记之以告于后。於戏！记以记其事耳，乌用文为？记其制：正殿九间，东西殿各三间，东西角殿各三间，视旧率高五尺，深五尺。殿前石台增以石阑，改其路之旁行者而中之。台下东楼上下十间，西如之。上以便观会者，下以待宾客及居汛扫之人。其中几凳毕具。旧无正门，无戏楼，肇为三门而戏楼在其上。其旁两楼，以藏社物。门外厦五间。其旁两楼以置钟鼓。雕甍绣桷，绚采流丹，神像森严，作礼生悟。记其费金，一千八百两。记其时，起于客岁之十月，竣于今岁之七月。[1]

根据碑文，汤帝庙创建于元代，正德年间重修，嘉靖二十一年（1542 年）毁，万历又重修。上述碑文中提及“旧无正门，无戏楼”。顺治九年（1652 年），修缮重建庙宇时，才建造起山门上的戏台，并修东西看楼。

汤帝庙坐北朝南，上、下两院，以台阶分隔。下院有山门、戏台、看楼；上院有正殿、配殿等（图 3–171 ～图 3–173）。

1　作者 2005 年 8 月实地调查时抄录。

图 3–172　阳城县郭峪村汤帝庙纵剖面

图 3–173　阳城县郭峪村汤帝庙正殿

图 3–174　阳城县郭峪村汤帝庙山门及其两侧的钟鼓楼

图 3–175　阳城县郭峪村汤帝庙戏台外观

图 3–176　阳城县郭峪村汤帝庙戏台斗栱

山门重檐歇山顶，檐下施圆木柱（图 3–174）。山门内即为戏台，坐西面东，面对正殿。戏台面宽 5.5 米，进深 5.6 米，平面呈方形，单檐歇山顶（图 3–175）。前檐圆木柱上承大小额枋。斗栱五踩双昂，转角各一攒，平身三攒（图 3–176）。四角设抹角梁，上承老角梁，梁上安大斗，承金檩与采步金，上施斗八藻井。脊枋有咸丰年间重修题记。斗栱层层出挑，翼角高翘，色彩绚丽。台前有木制矮栏杆。

戏台前面两侧设 2.4 米 ×2.4 米的副台，作为文武场面（图 3–177）。副台前檐为通柱，木质圆形。戏台左右各设耳房，作为后台及化妆室、道具间，不演戏时存放社事用品。耳房旁为鼓楼，歇山顶。戏台高低错落，虚实对比，轮廓起伏，构图十分丰富。

下院东西有看楼，各五间，悬山顶，筒瓦琉璃脊，二层柱间安装木栏杆，为观众观戏之处（图 3–178、图 3–179）。

正殿九间，悬山顶，其中中间三间奉成汤，东三间奉关帝，西三间奉二郎。檐柱用圆木柱，覆莲柱础。中门悬匾，题："大清顺治八年梅月二十九日重修"。

旧时，每年七月七日，庙内均会唱戏三天。

23．阳城县北崦山白龙庙剧场

北崦山位于阳城县城北 20 公里处，海拔 1024 米，山上翠柏环绕，郁郁葱葱，泉水流淌。白龙庙居北崦山的山巅。根据庙内碑记，白龙庙创建于唐长寿年间（692 ～ 694 年），元贞元二年至大德元年（1296 ～ 1297 年）及清康熙四十八年到五十六年（1709 ～ 1717 年）重修。

白龙庙坐北向南，三进院落，占地面积 2702 平方米。中轴线上从南到北有山门、戏台（兼二道山门）、献殿、正殿、后殿，两侧有东西看楼、配殿等。现后殿以及部分配殿已毁。

关于庙内戏台的沿革，碑文中有详细记载。金泰和二年（1202 年）《复建显圣王灵应碑》记载，金章宗明昌三年（1192 年），"上东庑，延及门里，下舞庭"。元大德元年（1297 年）《重修显圣王庙记》曰："自元贞二年春经始，至大德元年丁酉夏告成，正、献二殿榱桷晕飞，池、舞两庭檐楹轮奂"。明成化十四年（1478 年）《重修白龙祠记》"重移修舞楼侯家谷原安、增村陵袒"。既然曰"重移修"，说明是移动了戏台的位置，想必在建筑形式上也多有变化。清乾隆二十九年（1764 年）《补修中殿檐角后宫前檐以及西房后墙碑记》："缘是择于乾隆二十九年肆月十九日良辰开工……因而督众鸠工，倍加振励。中殿檐牙、后宫楹桷，更新完固，圣王牌面、舞楼遮羞、西房根基，整理备全"。其中提到的"舞楼遮羞"，应该是指区分戏台前后台的隔扇。清道光二十二年（1842 年）《创建斋宫重修四社公所碑记》述及白龙庙的重修时曰："又以其余财，攘四社之公房而新之，上□舍楼各九楹，并高舞台，以肃瞻仰"。其中"舍楼"就是指两侧的看楼。碑文中也提及"并高舞台"。现存的戏台，应该说主要是这次重修后的遗构。戏台的脊枋下也有墨书题记可为证："时大清道光二十一岁次……协力重修舞楼三间。"

戏台下面为二道山门，台面高 2.97 米，前檐有方形小抹棱石柱四根，中间设二木金柱。山门之上的戏台三开间，通面宽 7.72 米，其中明间 3.12 米，悬山顶（图 3–180）。进深四架椽（图 3–181），通进深 5.30 米。明间檐柱与后檐

图 3–177　阳城县郭峪村汤帝庙戏台两侧副台

图 3–178　阳城县郭峪村汤帝庙看楼

图 3–179　阳城县郭峪村汤帝庙看楼梁架

图 3–180　阳城县北崦山白龙庙戏台

图 3–181　阳城县北崦山白龙庙戏台梁架

图 3–182　阳城县北崦山白龙庙剧场看楼

图 3–183　阳城县山头村水草庙鸟瞰

柱承四椽栿，后三分之一处设二金柱，金柱间上部有隔扇，惟现已不存在。左山墙靠后处有小门，通向左右耳房。博风板上有悬鱼和惹草。屋脊和鸱吻皆用琉璃修饰。前檐的四根木柱上端，各施丁头拱以承额枋。额枋上为圆形枋，上施斗栱七攒。柱头科为假昂五踩出双跳，补间各施一较为相大的斜栱。昂嘴为象鼻形，耍头呈龙首。耍头后尾挑起童柱承下金枋。

庭院左右设二层看楼（图 3–182）。东看楼 12 间，长 33 米。西看楼部分已毁坏，现存 9 间。看楼上下檐柱均为木柱，外挑檐廊。上层檐柱间设直棂式木栏杆。

白龙庙的一些碑刻记载了祀神演戏的情况。乾隆二十年（1755 年）《邑侯青天杨老爷断明四社各遵照合同旧规德政》述道："凡通县大小村庄，每岁四月初三日，杀牲献戏，始自唐时，传之今日。"同治十一年（1872 年）《补修关帝殿并重建东廊上下二十四楹西廊后墙开渠碑记》述道："祀神演戏使钱一百七十一千二百四十四文"。宣统元年（1909 年）《重修正殿香亭关帝庙高楼东社房楼碑记》述道："宣统元年四月初四日，邑侯李大老爷奉御祭，驾临此山，面谕显圣王殿前演戏，不准滥索戏捐钱文。遵谕勒志，违者禀究。"

24. 阳城县山头村水草庙剧场

山头村位于阳城县东北 2 公里。水草庙位于村后鹭岭脚下，坐北向南，单进院落（图 3–183），地势南低北高。庙应当创建于元代，清嘉庆五年（1800 年）《补修广禅侯祠碑记》云："残碑故额间，犹有元明遗迹焉……每清明、七夕，邑令虔奉谕祭，至今不废。"庙内原有山门、戏台、献殿、正殿、配殿、看楼等。现戏台（背面为山门）和献殿保存较好。庙内南侧为山门，山门上有戏台。戏台两侧建有耳房。庭院东西两侧建有二层看楼。院落北侧有石砌台阶，台阶上建献殿，献殿后为广禅侯大殿（已不存）。献殿面宽三间，单檐歇山顶，琉璃脊筒瓦，尚存正脊鸱吻、楼阁。前后两排石柱，方形抹角，柱础雕狮子，伸首露尾，非常可爱。柱头科为单下昂三踩，平身科各一攒，明间出大斜拱。脊枋有题记，云："大清嘉庆二十四年岁次乙卯闰四月朔十六日丁未宜用，巳时上梁。总理督工、社长并合社人等，创修拜殿三间。百世康宁，永为记耳"。庙内还存有 12 通碑刻。

图 3–184 阳城县山头村水草庙戏台外观

庙内乾隆二十一年（1756 年）《本村大社重修碑记》云："因于戏台下开为正门，以便神人之往来，门以外则建造照壁。"可见，此前已有戏台。但由于当时只有侧门，没有中轴线上的正门，以致"神人之往来"多为不便，因此不得不改建戏台，使其台面下面成为通道。现存戏台应当是乾隆二十一年改建后的遗构。道光二十三年（1843 年）《增修舞楼戏房东西禅房碑记》提及建"两戏房、看楼十五间"。可见，水草庙剧场是先有戏台，过若干年后再建戏房、看楼，逐步完善。

戏台采用前后勾连式，前台歇山顶，后台单檐悬山顶（图 3–184）。台基高 1.83 米，台面下中间辟为通道（图 3–236）。前台明间 3.97 米，次间 1.94 米，采用移柱造。通进深 7.28 米，其中后台仅深 1.71 米。檐柱用方形抹角石柱，双层鼓凳础。台沿矮栏杆，用长石条制作，栏杆明间中间竖望柱，柱头雕一狮子。檐下有大额枋。柱头科为三踩单昂，平身科各一攒。脊枋题记曰："大清道光二十二年岁次壬寅二月庚辰二十日己亥宜用，总理社长卫意、王言、李元、陈万通并合社人等，重建舞楼三楹，永为记耳。"正脊中间雕大象，上置宝珠。

戏台两侧有耳房，上下两层，各三间，通过东西山墙的小门与戏台相通。其中上层作为化妆间，朝外开二窗；底层为寝室和伙房，朝内开设一门一窗。戏台背面的山门，采用二柱歇山顶门楼的形式。门前竖一影壁。

庭院东西的看楼各五间，上下两层，悬山顶。

25. 榆次区后沟村菩萨殿剧场

菩萨殿位于后沟村村中，现存正殿和戏台。戏台创建于乾隆年间（1736 ~ 1795 年），重修于咸丰六年到七年（1856 ~ 1857 年）。清咸丰七年《重修乐亭碑记》记载：

> 我村酬神赛社，旧储乐业亭，坐震面兑，巍峙中区，其创建之初，邈不□□□□□□□可考，而更□□□□今百有余岁，栋宇渐至毁折，瓦石亦将凋零，众佥伤焉，议重葺之。于是量力劝捐，刻日鸠工局势虞狭隘□□□□□□□□□□□□□浩繁，计税亩均派额以足资，斧亭右系长途之冲，车行碍辔，自改作而余裕矣。社屋界河干之旁畔，隔私庐□□□□□□□□□□□□□美毕备，较诸旧制，颇为扩充。丙辰九月程功，丁巳十月告竣，甫越寒暑，而气象已不相侔。

戏台采用前后勾连式（图 3–185），平面呈凸字形。前台面宽和进深均单间，抬梁结构，卷棚悬山顶。后台面宽三间，单檐硬山顶。砖砌台基，边沿镶以条石。前后台连接处两侧有八字墙。台内为圆木柱，鼓镜柱础。前檐斗栱六攒。

26. 介休城隍庙剧场

城隍庙位于介休市区东大街。根据庙内碑刻记载，城隍庙始建于明洪武三年（1370 年）。明弘治八年（1495 年）、嘉靖、隆庆年间，清雍正二年（1724 年）曾重修。

图 3–185　榆次区后沟村菩萨殿戏台

图 3–186　介休城隍庙戏台

图 3–187　介休城隍庙山门（戏台背面）

图 3–188　介休市洪山村关帝庙戏台

现存一进院落，占地面积 3145 平方米，坐北朝南，中轴线上有山门、戏台、正殿，两侧有钟鼓楼、配殿等。正殿面宽七间，进深六椽，重檐歇山顶，琉璃脊饰。戏台采用前后勾连的形式，前台为歇山顶，后为硬山卷棚顶（图 3–186）。前台面宽三间，进深四椽，黄绿琉璃脊刹、吻兽，斗栱为三踩单昂。后台面宽五间。戏台背面为山门，出厦一间，单檐悬山顶（图 3–187）。

27. 介休市洪山村关帝庙剧场

关帝庙位于洪山村村北，创建年代不详。根据碑刻记载，清乾隆四十五年（1780 年）重修。前后二进院落，坐南朝北，占地面积 1754 平方米。中轴线上有牌楼、戏台、过殿和正殿，两侧有钟鼓楼、配殿。戏台面宽三间，进深四椽，单檐硬山顶（图 3–188）。砖石台基，高 1.5 米。圆木檐柱，鼓镜柱础。明间出抱厦，檐下施柱头科一攒，平身科二攒。屋顶用黄绿琉璃瓦。

28. 介休市张壁村二郎庙剧场

张壁村，又称张壁古堡，位于介休市东南 10 公里处。古堡随塬傍沟而建，南高北低，三面临沟，地势险要。二郎庙位于古堡北端，占地约 2700 平方米。二郎庙与真武庙前后建于一条轴线，左右又有吕祖阁、三大士殿（图 3–189、图 3–190）。

嘉庆版《介休县志》记载："（二郎庙）明成化十八年建，一在张壁村、一在东湛泉镇。"根据庙内乾隆十一年（1746 年）《本村重修二郎庙碑记》记载，北门外原来就有二郎庙，在风水上起着北门外的屏障作用。堪舆家说，幸而有了这座二郎庙，才使得张壁村成为"富庶之乡哉"，并说"倘此庙而再高数仞"，就可以更加兴盛。于是村人纷纷施财，并到南方募捐，重建二郎庙。

二郎庙山门在古堡北门后瓮城北侧，坐北面南，面宽三间，前后设廊，硬山顶，灰瓦脊兽。山门内为小院，东为砖墙，北为影壁，照壁两侧有小拱门，分别书"云蒸"、"霞蔚"，往西为二

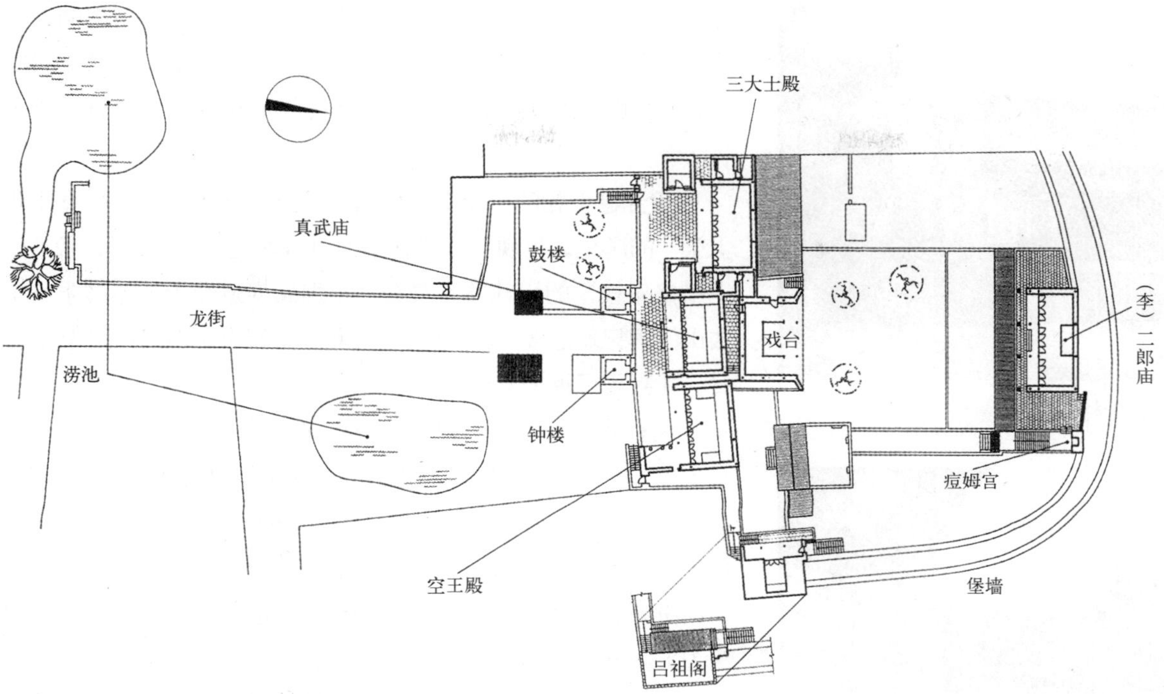

图 3–189　介休市张壁村二郎庙平面图

二郎庙测绘图引自：李秋香主编．陈志华撰文．庙宇．三联书店，2006 年，第 65 ~ 71 页。

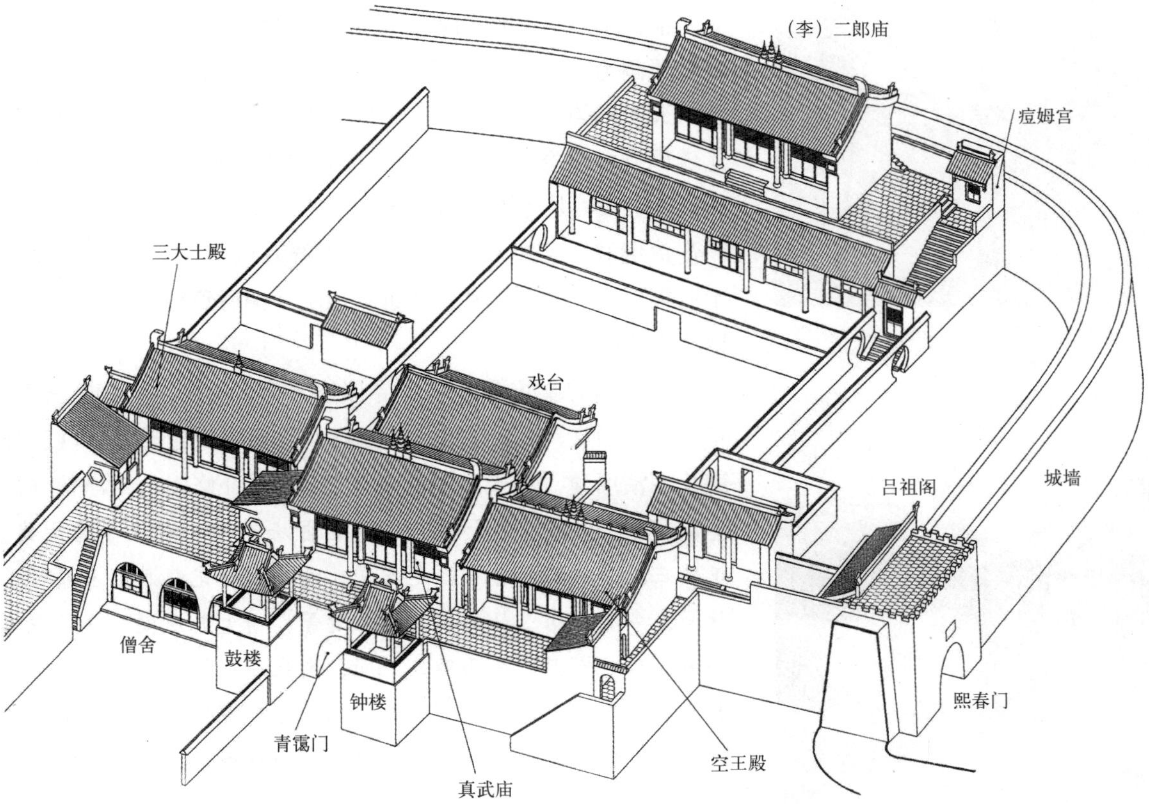

图 3–190　介休市张壁村二郎庙鸟瞰图

图 3-191 介休市张壁村二郎庙

图 3-192 介休市张壁村二郎庙戏台八字墙

图 3-193 太谷县阳邑镇净信寺前院

郎庙的主院。院北为正殿，上下两层，下层为三孔窑洞，上层为三间木构。殿内原供奉吕祖。正殿明间脊枋底面有题字："时大清乾隆捌年岁次癸亥闰四月戊午十八日辛未午时上梁大吉大利"。

戏台建于乾隆十年（1745 年），台中脊枋上有"乾隆十年上梁"的题记。但现存的戏台下面没有通道，和当时的记载"门上增修乐楼"的记载并不符合。根据庙内道光十一年《重修奎楼山门碑记》记载，大约在道光五年（1825 年）"新建山门三间"时，才封闭了原来戏台下面的通道。

现存戏台面宽三间，进深四椽，砖石台基，单檐硬山顶（图 3-191）。檐柱为圆木柱，前檐斗栱七攒，明间和次间各有平身科一攒。前台两侧出八字墙（图 3-192）。台内山墙上有戏班题记，依稀可辨，如有一条为同治十三年（1874 年）三月十四日，山西汾州府介休县城和盛班"到此一乐也"，演出的剧目有《回头关》、《回荆州》、《八义图》等，另外还有一条是光绪十二年（1886 年）四月初二日，德盛班在次演出，剧目有《金沙滩》、《法门寺》、《龙凤配》等。

29. 太谷县阳邑镇净信寺剧场

净信寺位于太谷县东 10 公里处的阳邑村西南隅，坐北向南，分前后两进院落，占地面积约 3629 平方米，南北长 85 米，东西宽 38 米。中轴上从南到北依次建照壁、戏台、天王殿、大雄宝殿。

前院宽 18.8 米，深 45.9 米（图 3-193）。南面为戏台，戏台两侧为山门。庭院两侧有白衣殿、灰泉殿、钟鼓楼等。院北的天王殿为二道山门，区分前后院，面宽三间，悬山顶，筒瓦琉璃脊，屋脊正中琉璃件上有铭文"道光四年"。后院正北的大雄宝殿，是寺内主体建筑，面宽五间，进深三间，悬山顶，筒瓦琉璃脊，斗栱双抄双下昂。正脊有琉璃铭文："大明嘉靖十七年"，为其重建年代的佐证。后院两侧有碑廊、观音菩萨殿、地藏菩萨殿，东西相对。

据寺内碑文记载，净信寺创建于唐开元年间（713 ~ 741 年），明正德、万历年间，清康熙、道光年间曾重修。现存建筑为明清所建。明天启二年（1622 年）《补修阳邑镇净信寺碑记》记载："西南隅古寺一区，创自唐开元，重修于金大定。正殿三楹，东西南各三楹尼僧居，元山门碑记载焉。至我明正德间，乡耆杜甫、杜文舆、僧吕爱等，增大其规模，以正殿作南殿，后补大殿、东西廊各五间，灰泉庙一间，乐亭一座。视昔大矣，而未备焉，观者不无遗憾，迄今百年来未有议工者"。碑文详细记载了净信寺的历史沿革和布局形式，亦提到明正德间（1506 ~ 1521 年），净信寺增大规模，"以正殿作南殿，后补大殿、东西两廊各五间"，并建"乐亭一座"。

万历四十四年到四十七年（1616～1619年）间，“废者修，无者补，脊兽换新，墙垣重整”，但由于重新规划庙宇，则将“灰泉庙并乐亭悉毁之”。缺少戏台，民众甚感不便。明天启三年(1623年)《阳邑寺新建膳亭乐亭并砖天王殿墙记》碑刻提到：

> 旧庙在寺殿隅，规制狭小。万历四十三年修寺，改于三门内，西半东建白衣□豫□□□□□□灰泉，利及一另，大士广嗣天下。每岁三月十五、二十五会马，是为淫祀乎？是为□□□□□□□□彩布为甚烦扰。且寺去镇远不便，守人皆虑马。遗酒商杜希楼等，谒□□曰寺□□□□□□□□以砖矣，天王殿何不砖？且栖神有所矣，祀神有期矣，乐亭何独缺？予应又募三千金，乡人纵好施，连岁不登□舟□□菑未晚。礼等慨然曰：村中不□□□□□□□□十余，募数十金何如？至州果会银一二十二两七伐，买树五株，斤三间，并砖□□□□□□□□□□就是工也，虽曰神佑，匪礼等不能完。

碑刻中责问：“且栖神有所矣，祀神有期矣，乐亭何独缺？”于是重新修建戏台，并在清康熙十八年（1679年）大修和清道光四年(1824年)重建。道光六年《重修净信寺碑记》亦记载道光四年（1824年）重修之事，云：“(外院）增修看亭各三闻，东西便门二座，其南戏楼饵旧址而恢阙之……戏楼两旁修山门二座。”

戏台（图3-194、图3-195）为前后勾连式，平面呈凸字形。前台卷棚歇山顶，通面宽三间11米，进深5米，三面观，抬梁架构（图3-196)。后台悬山顶，通面宽三间15米，进深4米。砖砌台基，高1.8米。前台檐下用圆木柱，鼓镜柱础。斗栱五踩双下昂，昂嘴刻作如意形，耍头呈龙头（图3-197)。双下昂、由昂均刻作龙头或龙头变体。大额枋向外伸出柱外，雕虎头（图3-198)。除柱头科外，仅明间有平身科。檐下布满雕刻，额枋下雀替雕为整龙。台上隔扇两侧为上下场门，左题“金声”，右题“玉振”。隔扇中间题“昭假”二字，耐人寻味。山墙前端出八字矮墙，上搭牌楼式屋顶(图3-200)。檐下斗栱密布(图3-199)，耍头三幅云或龙头，壁心砷雕“寿”字。戏台前檐正中悬“神听和平”匾额（图3-201)。上题“侯铨同知杜大经率男县丞焕发、焕旺，孙南翊唐、安唐、□唐、绍唐，熏沐谨”，下题“大清道光四年桂月，多伦诺尔合顺成造”。戏台背面有排水设施。

30. 太谷县胡家庄村剧场

胡家庄位于太谷县城南1公里。庙已毁，仅存戏台。戏台位于胡家庄村口，坐北向南，清嘉庆七年（1802年）重建。平面呈倒“凸”字形，屋顶为单檐悬山顶(图3-202)。面宽三间9.65米，进深二间，其中前台进深4.75米。檐下木柱四根，上承大额枋，

图3-194 太谷县阳邑镇净信寺戏台

图3-195 太谷县阳邑镇净信寺戏台背面

图3-196 太谷县阳邑镇净信寺戏台梁架

图3-197 太谷县阳邑镇净信寺戏台斗栱

图 3–198　太谷县阳邑镇净信寺戏台梁头

图 3–199　太谷县阳邑镇净信寺戏台八字墙

图 3–200　太谷县阳邑镇净信寺戏台八字墙斗栱

图 3–201　太谷县阳邑镇净信寺戏台匾额

图 3–202　太谷县胡家庄村戏台外观

图 3–203　太谷县胡家庄村戏台雀替

枋上施斗栱八攒。前台敞开，两侧无山墙，而设八字墙，中间刻 1.40 米 ×1.40 米的“福”字。前后台之间用木隔扇区分。后台有专门用于排水的水槽。雀替透雕龙状（图 3–203）。

31. 太谷无边寺剧场

无边寺，名取“佛法无边”之义，位于太谷城西南之南寺街。根据《太谷县志》记载，无边寺创建于西晋泰始八年（272 年），宋治平间（1064 ~ 1067 年）重修，并改名“普慈寺”，元

图 3-204　太谷无边寺戏台外观

图 3-205　太谷无边寺戏台背面

图 3-206　太谷无边寺戏台梁架

图 3-207　太谷无边寺戏台雀替

祐五年（1090 年）又重修，此后历代屡加修葺。清同治间（1862 ~ 1874 年）毁于大火。光绪二十二年重建，并恢复旧名。

无边寺坐北向南，前后三进院，占地约 3500 平方米，中轴线上依次建有山门、戏台、献殿、白塔、天王殿和大雄宝殿，东西两侧有配殿、藏经楼、厢房、禅房、碑廊等。其中，白塔建于北宋元祐年间，其他建筑多建于光绪年间。

戏台（图 3-204、图 3-205）重建于光绪二十二年（1896 年）。砖砌台基，平面呈凸字形，台基高 1.90 米，台基中间辟拱券式山门。前台卷棚歇山顶，后台单檐硬山顶，前后勾连，抬梁结构（图 3-206）。后台山墙面上分别开一拱券式门洞。前台单开间，面宽 6.04 米。后台面宽三间 10.38 米。前台前檐为两根圆形木柱，鼓镜柱础，上施大额枋，安木雕护朽。额枋上有斗栱六攒。角科五踩双昂，由昂雕作龙头，两侧的耍头雕作象头，其余为龙头变体（图 3-207）。平身科二攒，蚂蚱头，双翘而无昂。前檐雀替采用透雕，雕作龙状。西侧墀头砖雕“福”字，东侧为“禄”字。戏台两侧分别开侧门。

32. 平遥县财神庙剧场

平遥财神庙是城隍庙的附属庙宇，位于城隍庙西侧，占地 729 平方米，坐北朝南，中轴线上有山门、戏台、献殿、财神殿、真武殿等，两侧有看楼（图 3-208、图 3-209）。

据光绪《平遥县志》载，财神庙建于清康熙八年（1669 年），咸丰九年（1859 年）六月的庙会时，发生火灾，“除寝殿未焚外，自大门内至正殿暨两廊，前后神宇并庙之西院真武楼、财神殿，悉为

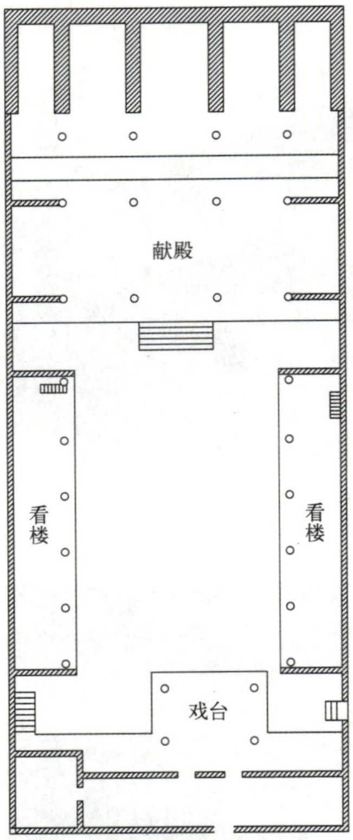

图 3–208　平遥县财神庙平面图

灰烬”。清代王佩玉在《重修城隍庙碑记》中，记载了同治年间重修后财神庙的情况，“寝宫西院上真武楼五间，下财神窑三孔，卷棚五间，左右看楼各五间，戏台一座，台后门楼一座。”[1] 同时，碑文中提到这次除了修建城隍庙戏台、财神庙戏台外，在“东偏场内又新修戏房一”，在“西小院内亦修戏房三间，厨房二间”。现存财神庙修建于同治三年至八年（1864 ~ 1869 年）。

戏台采用前后勾连式，和山门组合而建（图 3–210、图 3–211），台面下明间辟拱门作为山门通道。前台一间 4.85 米，歇山顶，山花向前；后台四间 15.05 米，其中中间一间，东侧一间，西侧两间，硬山顶。筒瓦覆顶，绿琉璃脊。前台檐下角柱为圆木通柱，鼓镜柱础。柱上施额枋，上置斗栱。角科为五踩双下昂，平身科一攒，出斜栱（图 3–212）。雀替雕龙形，龙口含珠，龙身四周雕花卉。次间前有木栏杆。台上隔扇保存较好，布满字画。上下场门分别题“海市”、“蜃楼”。顶部施天花，中央置八卦藻井。藻井为五重八角井，从下到上逐渐向内收缩。最下一重井架是由额枋、平板枋、垂莲柱（每角一根）组成。最上一重中心绘有阴阳八卦。每重之间，各角施以斗栱，中间亦有平身科（图 3–213）。

台基下有拱形门洞。门洞两侧有木楼梯可登台面。台前东侧有

图 3–209　平遥县财神庙献殿、正殿及看楼

图 3–210　平遥县财神庙山门（戏台背面）

图 3–211　平遥县财神庙戏台及其两侧的看楼

图 3–212　平遥县财神庙戏台平身科斗栱

1　董培良著．平遥城隍庙．山西经济出版社，2001 年，第 80 ~ 81 页。

图 3–213 平遥县财神庙戏台藻井

图 3–214 平遥县梁村观音堂戏台

图 3–215 平遥县梁村观音堂戏台内部

图 3–216 平遥县梁家滩村关帝庙正殿

一小门，通往城隍庙正殿。台前庭院进深 21 米，宽 7.5 米。东西两侧有看楼，硬山单坡顶，上下各五间，圆木通柱，通面宽 14.77 米，进深 2.9 米，琉璃脊筒瓦。上层柱间施以木栏杆，底层则敞开。

旧时，每年农历五月二十七日至六月二十七日，城隍庙就有庙会，会期一个月。届时，城隍庙戏台、财神庙戏台均会唱戏，非常热闹。

33. 平遥县梁村观音堂剧场

梁村观音堂现存正殿和戏台。正殿建于清代，面宽三间，为窑洞形式，前有木檐，殿内原塑观世音菩萨像和十八罗汉像。戏台（图 3–214）重建于民国时期，砖石台基高 1.5 米。前台为木构，面宽三间，卷棚硬山顶。后台则采用窑洞的形式（图 3–215）。木格顶棚上彩绘各种戏曲人物。台沿有石条栏杆，高 30 厘米。檐柱为方形石柱，阴刻楹联。鼓镜柱础，线刻花卉等。台中有木隔扇，两侧上下场门书匾额“莫来由”、“怎结果”，耐人寻味。前台檐下有斗栱九攒，明间平身科三攒，次间平身科一攒。

34. 平遥县梁家滩村关帝庙剧场

梁家滩村关帝庙坐北朝南，单进院落，中轴线上有戏台和正殿。正殿（图 3–216）上下两层，下层为七孔窑洞，上层为玉皇楼。东西各有四孔窑洞作为配殿。戏台（图 3–217）面宽三间，砖砌台基，卷棚顶。台中有隔扇，书“风仪亭”，两侧上下场门亦有匾额，惟已模糊不清。

35. 平遥县彭坡头村关帝庙剧场

彭坡头村关帝庙位于村北口，建于康熙五十二年（1713 年）。庙内《康熙岁次癸庚孟夏癸丑日勒碑刻铭》记载“卯年正月初一日，会请纠首彭加科、彭加虎、王永兴、彭加靖、彭登取、彭登殿、彭登锦、彭登坛、彭启国、彭登兴等，于初五日具陈佳宴，会□悉临，闻言欣然量力捐资，砌修轨

图 3–217　平遥县梁家滩村关帝庙戏台

图 3–218　平遥县彭坡头村关帝庙正殿

图 3–219　平遥县彭坡头村关帝庙戏台

图 3–220　平遥县西赵村观音堂正殿

窑三间，上修玉皇坐关，下修关圣坐堂，二圣金体，一盖雕完，工程成就。”[1]

关帝庙坐北朝南，一进院落，占地面积 1105 平方米。中轴线上有山门（上为戏台）、正殿，两侧有配殿。正殿（图 3–218）上下两层，下层为三孔窑洞，中间窑洞供奉关帝像。上层为木构，供奉玉皇像。院中有高差，分为上下院，上下院东西各有窑洞三孔。下院窑洞上面东西分别有钟楼和鼓楼。庭院种千年古柏。戏台（图 3–219）面宽三间，单檐歇山顶，圆形木柱，砖砌台基，中间辟通道。

36. 平遥县西赵村观音堂剧场

西赵村观音堂位于村北，始建年代失考，创建于清康熙年间（1662 ~ 1722 年），嘉庆七年（1802 年）又重修，后屡有葺修。[2]

观音堂坐北朝南，一进院落，占地面积 864 平方米，中轴线上有戏台和正殿（图 3–220），东西两侧各有砖拱窑三孔。正殿原为木构建筑，清嘉庆七年重修时改建为砖拱十字窑洞，有前檐，殿内原供“三大士”（文殊、善贤、观音）和十八罗汉塑像。

关于观音堂的历史沿革，清宣统三年（1911）《为云翘公倡修观世音庙独立碑记》记载：“贵村旧有观世音庙，创自国朝康熙间，嘉庆年复加修葺，迄今又一百余载，摧残剥蚀，坍塌不堪，父老久欲振理而屡议屡梗，无由兴办。云翘公概捐五百金以为□，倡首□经营，数年以来，殚厥□力，功亏一篑。云翘公遂歿令嗣□，踵而成之，竟焕然一新，竟举人所不能为者而敢然为之，皆云翘公之力”[3]。

1　作者 2005 年实地调研时抄录。

2　庙内存有民国 12 年（1923 年）十月二十一日所立的《平遥县第二区西赵村整理并创筑三渠碑记》，为三通高大的连体石碑，由平遥城内人清光绪二十年（1894 年）进士出身的武王文撰文。

3　作者 2006 年实地调研时抄录。

图 3-221　平遥县西赵村观音堂戏台

图 3-222　平遥县西赵村观音堂戏台柱础

图 3-223　平遥县西赵村观音堂戏台匾额

戏台面宽三间，进深四椽，单檐硬山顶（图 3-221），重修于清光绪三十三年（1897 年）。砖砌台基，高 1.55 米。圆木柱，鼓镜与须弥座组合柱础（图 3-222）。正中檐下书“春秋明志”，以颂关圣之品德（图 3-223）。檐下雀替雕“二龙戏珠”，并雕有“蝴蝶杯”、“斩颜良”戏曲场面（图 3-224、图 3-225）。天花板上绘汉光武帝刘秀的二十八员大将，俗称“二十八宿”。隔扇两侧有上下场门，隔扇上原有匾额，书“警鉴楼”，现已不存。墀头雕农耕图（图 3-226）。

37. 襄汾县汾城镇城隍庙剧场

明清时期，汾城（原名“太平”）为太平县的治所，民国 3 年（1914 年）改名为“汾城”。城隍庙实际是太平县城的城隍庙，位于原县城西门内街北。据碑文记载，城隍庙创建于明洪武二年（1369

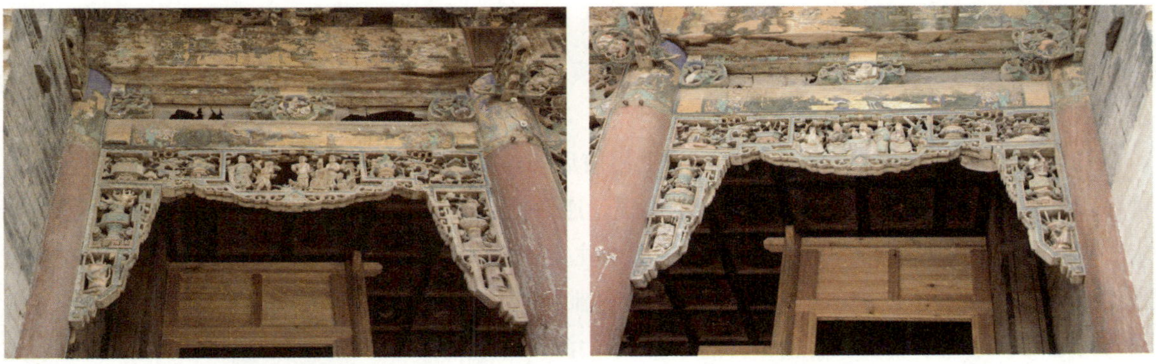

图 3-224　平遥县西赵村观音堂戏台次间骑马雀替

图 3-225　平遥县西赵村观音堂戏台明间雕刻

图 3-226　平遥县西赵村观音堂戏台墀头雕刻

图 3-227　襄汾县汾城镇城隍庙山门

图 3-228　襄汾县汾城镇城隍庙戏台

图 3-229　襄汾县汾城镇城隍庙戏台台基预留搭板用的凹槽

图 3-230　襄汾县汾城镇城隍庙戏台檐下斗栱和雕刻

年），明天启三年到七年（1624 ~ 1627 年）、清乾隆三十四年（1769 年）年曾重修。城隍庙坐北朝南，占地面积 2540 平方米，中轴线上现有照壁、山门、戏台、献殿、大殿，两侧有牌坊、钟鼓楼、厢房等。

戏台脊枋题记曰："大清光绪十六年，岁次庚寅，辛巳月，辛卯日，辛卯时，知太平县事归安朱光寿重建"。归安为今浙江省吴兴县。

戏台坐南面北，平面呈"凸"字形，采用前后勾连的形式（图 3-227、图 3-228）；前台为重檐歇山顶，后台为悬山顶；东西两侧为歇山顶。通面宽五间 13.03 米，明间 3.89 米，次间宽 1.04 米。明间通进深五架椽 10.04 米。台面上为圆木柱，八角柱础。两翼角各加辅柱一根，石雕花瓶柱础。台中有隔扇，两侧有上下场门，上场门额题"抢雅"，下场门额已失，明间书"金汤巩固"。台基中间辟为通道，两侧条石上留有槽口，高 12 厘米，深 9 厘米（图 3-229）。演剧时在上面搭板，形成完整的台面。上檐明、次间平板枋承上檐梁头，不施斗栱。下檐分内外两檐，外檐斗口挑龙头，大额枋底部施雀替，并悬四根垂柱，角科由昂雕作龙头，内檐密布七踩三昂斗栱（图 3-230）。明间、次间大额枋雕仙人、凤凰、喜鹊、牡丹等。梢间大额枋雕云龙。

台前庭院宽 18.81 米，深 17.44 米。庭院中间从戏台到献殿间设甬道，宽 2.45 米，两侧分别为男女观众区。

38. 蒲县柏山东岳庙剧场

柏山又名"翠屏山"，环境幽静，青山柏树覆盖。元至正二十年（1360 年）《重修东岳庙铭碑》曰："有山曰翠屏，其西、其东、其北则有清湍鸣涧，其南则有培缕罗列若伯仲。然青松苍柏环于四周，上及于巅，下及于趾，郁郁然，森森然，无虑千万章，孤峰巍然，有以超众山。"[1] 东岳庙

1　蒲县东岳庙的所碑文引自：蒲县文管所编．东岳庙碑文．内部读物．1995 年。作者在实地调研时，对一些碑文进行了校对。

位于柏山之巅。

东岳庙的创建年代无考。庙内献殿柱础刻有金泰和六年（1206），可知其创建年代不应晚于金代。元至正二十一年（1361年）《重修东岳庙碑铭》云：“斯宫之筑旧矣，碑文剥落，无以考其兴建所自。闻之邑人，殿旧制壮丽，盖蒲邑名祠。元大德癸卯，心思不虑，地遂以震，致宫一倾为瓦砾之场。”[1]之后进行重建，“建殿若干楹”。不料，延祐三年（1316年），“工未讫”，又发生地震，“栋宇再摧”。延祐五年（1318年）“复作大殿五楹，前为香亭，以祠仁圣帝，后宫以圣妃。东西庑七十有四楹，以祠诸神。门有卫神。高禖、若崔府君、若十王咸有殿，以安神栖。宫西筑庐数楹以居道流。”可见，元代东岳庙已颇具规模。明清至民国经历多次修缮。

图 3–231　蒲县柏山东岳庙山门戏台背面

东岳庙坐北向南（总平面参见本书第九章第一节），占地8900多平方米，建筑面积7000余平方米，前、中、后三进院，前院有东西跨院，后院又分为上下两重，中轴线上有山门（门上建天堂楼）、凌霄殿、戏台、看厅、献殿、东岳行宫大殿、后土圣母殿、子孙娘娘殿、清虚宫、地藏祠、十八层地狱。现存建筑中，行宫大殿及其献殿盘龙柱为元代遗构，献殿柱础为金代刻石，其余则为明、清建筑。

图 3–232　蒲县柏山东岳庙山门戏台

戏台的创建年代并无明确记载。清康熙三十六年《补修东神山碑记》云:“将正殿、后土、子孙、华池并戏台五处次第修理”。可见当时已有戏台。

庙内中院山门上现有一座戏台（图 3–231、图 3–232），东华门、西华门又各有一座戏台。这样，南、东、西的三座戏台，形成“品”字形，甚为独特。

图 3–233　蒲县柏山东岳庙山门戏台梁架

其中山门戏台为主要的戏台，面宽三间，通面宽 9.30 米，其中明间 3.93 米，前檐石柱四根，高 3.04 米。进深五檩四椽，其中前台进深 4.34 米，后台进深 2.33 米，左右砌山墙。砖砌台基高 2.14 米，中辟通道。台口设条石栏杆，条石上盘卧二石狮，雕刻刀法流畅，神态逼真。结构为四架梁对前单步梁，用童柱承平梁（图 3–233）。硬山顶，灰脊筒瓦，举折陡峭，具有清代建筑风格。明间台沿两侧雕一对小石狮，不设栏杆。骑马雀替镂刻人物、鸟兽、花卉（图 3–234），其中明间为“八仙庆寿”，东次间为“渔樵”，西次间为“耕读”。前檐柱头上皆雕牛头。平柱楹联曰：“几声脆来余音绕画梁，风鸣竹管和松籁；数回舞罢长袖扬华栋，影荡芒林带柏香。”山墙上也有楹联，曰：“白鹤歌仙曲，幻同阳羡口中人；青鸯舞翠环，奇比公公耳内国。”后金柱间置隔扇，明间六扇，雕刻精美（图 3–235）。隔扇上悬“神人以和”之匾，落款云：“皇清乾隆十七年（1752 年），邑武生曹补天敬书。皇清乾隆五十二年（1787 年）岁次丁未季春妆”。次间安上下场门，门上有悬山屋檐。上场门悬匾“昭华”，下场门悬匾“云和”。上场门上方题“月中来”，下场门上

1　清代胡聘之，山右石刻丛编，卷三十九。

图 3–234　蒲县柏山东岳庙山门戏台雕刻

图 3–235　蒲县柏山东岳庙山门戏台隔扇

图 3–236　蒲县柏山东岳庙看厅

方题“天上有”。隔扇还绘有戏曲故事。东西山墙共有壁画 12 幅，东山墙壁题“蜃中楼”，西山墙壁画题“海上市”。

戏台后台墙壁上留存有大量题记。[1] 戏台两侧均有耳房一间，硬山顶，辟有六角形窗，为演员化妆间。耳房和戏台中间有小门。耳房底层则是三道山门的侧门。

中院东华门和西华门上的戏台，均面宽三间 8.13 米，卷棚顶，其中明间宽 2.72 米，通进深 6.45 米，其中前台深 5.21 米。前后廊各一架，圆木通柱。台口设木栏杆。东华门和西华门南侧均为看楼。东西看楼通面阔各 16.3 米，卷棚顶，进深三椽 4.0 米，各间宽度基本相等。

戏台北侧中轴线上为看亭（图 3–236），原名议亭，为庙会主持者议事场所。清代建起山门上的戏台后，自然变成了看亭。看厅面宽和进深均为一间，四面无墙，单檐歇山顶。四角为四根粗大的圆木柱，上承四面大额枋，枋下施替木。大额之上每面施斗栱五朵，均为五铺作单杪单下昂。亭内设藻井，中心的雷公柱雕成带叶的牡丹花形。

三座戏台所在的中院宽约 26 米，深约 74 米。院内四周有二层廊子，四角建有角楼，其中东西角楼题“迎旭”、东南角楼题“望翠”，西南角楼题“栖霞”，西北角楼题“卧龙”，均为六角攒尖顶。

旧时，东岳庙每年有三次庙会，分别是三月二十八日（祭祀东岳），五月某日（祭祀太尉），七月二十三日（祭祀华佗）。会期各三天，均会演戏酬神。

东岳庙的祀神祈报，特别是每年三月二十八的庙会，极为热闹。明正德八年（1513 年）《重修

1　有兴趣的读者可以参阅：车文明．山西蒲县东岳庙及其戏曲文物考述．中华戏曲，第二十一辑．山西人民出版社，1998 年，第 57 ~ 59 页。

图 3-237 河津县真武庙戏台背面（山门）

图 3-238 河津县真武庙山门（戏台背面）前台阶

图 3-239 河津县真武庙戏台

图 3-240 河津县真武庙戏台雕刻

东岳庙记》云：“每岁三月二十八日一会，合晋地遐迩之人，虔诚祈报者，肩之摩，踵之接。”清康熙七年（1668 年）《献戏碑记》亦云:“三月廿八乃圣诞也。蒲之士女匍匐进香,竭诚享献,不独一岁为然。而今岁董其事者则生员曹风翥，信士阎承禄、张彦秀、李文魁纠率同人，虔修祀典。粢盛必期其丰洁，牺牲必期其肥脂。而且献戏三台，声彻两间。凡所以尽享祀而洽神人者，靡不至焉。”

39. 河津县真武庙剧场

真武庙古称九龙庙，位于河津县城北面的九龙山上。据碑文记载，庙建于元末明初，明清历有修葺。中轴线上有山门、献殿、正殿等。正殿面宽三间，进深四椽，单檐歇山顶。

明万历六年（1578 年）《重修玄帝庙并增建洞阁记》记载：“创始未悉何年，而历历修葺，则明兴尤著。上有正殿三间，以妥神灵。南则献殿五间，以供醮祭。正南下则舞亭三间，□以为乐舞剧赛之所。又有东西厢一十二间，社人歆神之余于是宴集，及住持道人居之。”[1] 碑阴绘庙貌及所处环境图，图中有“乐楼”。可知，真武庙明代已经有戏台。可惜屡修屡毁，现存戏台除前檐两角柱柱础为明代原物外，梁架结构皆为清代重修时所改建。

戏台位于山门之上（图 3-237）。山门前有近百级台阶（图 3-238）。戏台（图 3-239）面宽三间，其中明间面宽 4.80 米，次间面宽 2.65 米，抬梁结构，单檐歇山顶。进深两间，其中前台进深 3.60 米，后台进深 3.00 米。砖石台基，高 1.69 米，前侧设有矮栏杆，并有栩栩如生的人物雕刻（图 3-240）。

1 作者 2006 年实地调研时抄录。

图 3-241　河津县真武庙剧场庭院

真武庙剧场的观众空间非常别致（图 3-241），庭院从高到低分为上、中、下三级："上级俯视是官绅名人雅座；中级可置板凳平视，供老幼妇孺观瞻；下级为一般男性立站而仰视之。"[1]

40. 临县碛口镇黑龙庙剧场

碛口镇距临县城约 50 公里，居湫水河和黄河交汇处。关于碛口镇的历史，民国《临县志》曰："碛口古代无镇，清乾隆年间，河水泛滥，冲没县川南区之侯台镇及黄河东岸之曲峪镇，两镇商民大都移居碛口。"[2] 清末和民国初年，这里交通便利，商铺林立，货物山积，成为商业重镇。《临县志》述及碛口镇曰："民国五年（1916 年）挂号的店铺有二百零四个。多数店铺系本县人经营。"正是碛口镇商业的发达，使得黑龙庙的修葺和繁荣有了充足的资金保证。黑龙庙位于碛口镇卧虎山巅，依山势而建。

据庙内碑文记载，黑龙庙创建于明代，清雍正年间（1723 ~ 1735 年）增修戏台，清乾隆二十一年（1756 年）、道光年间以及民国 5 年（1916 年）屡有修葺。根据乾隆二十一年（1756 年）碑刻《□修黑龙庙碑记》记载，相传明代时黄河漂来木植，创建黑龙庙；雍正年间增建戏台、东西两廊等；乾隆年间，又大兴土木，修建东西窑洞、钟鼓楼。至此，黑龙庙的规制基本完备。道光二十七年（1847 年）《卧虎山黑龙庙碑》云："其庙制之壮丽，结瑶构琼，图云画仙，台雕榭楼，木广对阁连。董事者陈刘两姓云，此庙创始于乾隆初陈三锡公。兹重修起道光癸卯秋，讫丙午夏。"[3]

值得注意的是，民国 4 年（1915 年）以前，黑龙庙的戏台高于正殿。这从庙宇建设的主旨和戏台的公开功能而言，似乎于礼不合，让历代主事者常常感到恐慌和不安。民国 5 年（1916 年）碑刻《重修黑龙庙碑记》曰：

> 且曰：是庙规模壮阔，昭然人目，惟下院乐楼较正殿轩高，体制不合，亦无可讳言。先父在时，即发愿重修，值时局纠纷，未敢率兴口鼓鼓，临终犹谆谆属勇曰："尔能成吾志，吾死亦瞑目矣。"勇铭心刻骨不敢忘。民国三年七月，勇邀集社首绅商，公同筹议，众皆鼓掌赞成也，并推勇为工程主干。迴念先人遗命，不敢固辞，遂于是年秋冬两季，购备材料，次年春兴工。先从正殿始，掀高四尺余，木石之朽者易之，坚者仍之。此外风神、河神，财神、仓官，以及金龙大王，下至乐楼，重施丹雘，焕然改观。

可见，当时碛口商会的副会长陈懋勇继承乃父的遗志，于民国 4 年（1915 年）春季兴工，将正殿的台基抬高，从而形成正殿鸟瞰戏台之势。这次重修保留了戏台高大雄伟的建筑形式。因此，现存的戏台，虽经历几次较大的维修，其形制和大多数构件并没有替换，仍属于雍正年间（1723 ~ 1735 年）的遗构。

黑龙庙原具上下两院（图 3-242）。后院是关帝庙，于 1941 年拆毁。现仅存一院，坐北面南。中轴线上有山门、戏台和正殿（图 3-243），两侧有钟鼓楼、配殿等。庭院两侧有窑洞式配殿（图 3-244）。

1　中国戏曲志编委会 . 中国戏曲志 · 山西卷 . 北京：文化艺术出版社，1990 年。

2　临县志编委会 . 临县志 . 海潮出版社，1994 年。

3　作者 2000 年 12 月调研时抄录。

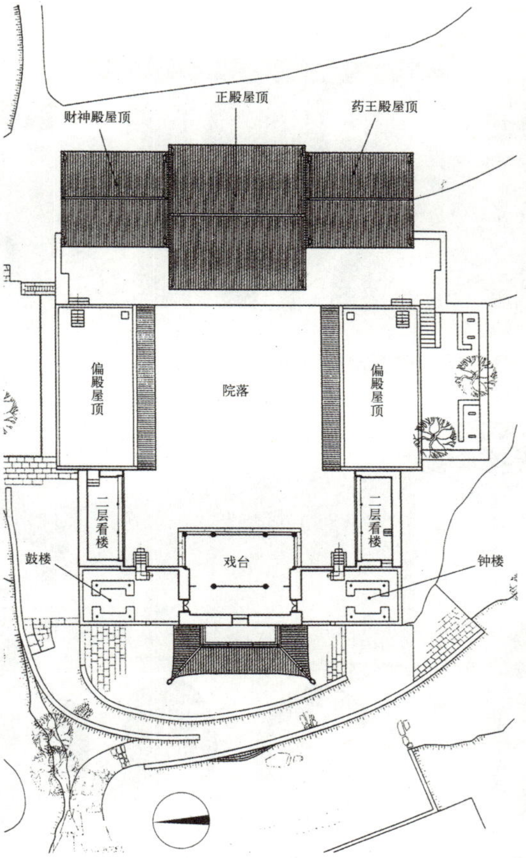

图 3–242　临县碛口镇黑龙庙二层平面图

黑龙庙测绘图引自：李秋香主编，陈志华撰文．庙宇．三联书店，2006 年，第 84 页。

图 3–243　临县碛口镇黑龙庙正殿

图 3–244　临县碛口镇黑龙庙配殿

图 3–245　临县碛口镇黑龙庙山门（戏台背面）

戏台位于山门之上，和山门融合为一体，建筑造型十分宏伟壮观（图 3–245）。山门面宽三间，重檐歇山顶。檐柱为四根粗大的木圆柱，大鼓镜柱础。柱头科为三踩单昂，平身科各一攒，耍头呈龙头。山门左门额题“流霞”，道光癸卯年（1843）题，自署“考亭”。右门额题“拱秀”，也题于道光癸卯，自署“晦翁”。山门外悬两副楹联，其一：“物阜民熙小都会；河声岳色大文章”，为郡人崔炳文于道光癸卯年（1843 年）撰书（图 3–246）；其二：“山河厉带人文聚；风雨祥甘物气和”，为永宁州知州王继贤于清道光乙巳年（1845 年）撰书。

戏台（图 3–247）台基高 2.50 米，三开间，通面宽 8.59 米，其中明间 4.07 米，前台表演区进深 4.21 米，后台进深 2.34 米。戏台前后共六檩五椽，前台为两架半，后台为一架半，后台之后有一小戏房另占一架。小戏房三小间，面宽 5.80 米，进深 1.58 米，高 2.00 米，作为演员化妆、休息之处。这个小的戏房单独出挑，形成山门的重檐，使山门气势恢弘。

图 3–246　临县碛口镇黑龙庙山门

图 3–247　临县碛口镇黑龙庙戏台外观

图 3–248　临县碛口镇黑龙庙看楼

戏台前檐为圆木柱，大鼓镜础。柱头斗栱挑龙头，平身科明间三攒，次间一攒。明间雀替雕二龙戏珠，次间则雕刻花牙子形。前后台用隔扇分隔，并均嵌以实板，特别之处是明间隔扇用横向构图。两侧为上下场门，门楣分别书“扢雅”、“扬风”，中间格扇上侧书“鱼龙出听”，题“黔阳王继贤题”[1]。

戏台两侧设平台，和后台的小门连通，可作为演员活动休息之处。从平台向外俯瞰，黄河和碛口镇尽收眼底。平台上建钟鼓楼，均为十字歇山顶，四角立柱。平台下为窑洞，是演员住宿之处，相当宽敞。戏台前的庭院是演戏时民众观戏之处。庭院地面依山势略有坡度，可以在一定程度上避免观众之间视线的阻挡，也有利于演戏时声音的传播。庭院两侧各建窑洞三孔，相当于一般寺庙的配殿。窑洞上面再建看楼（图 3–248），硬山卷棚顶，通过小门和戏台两侧的平台相通。看楼为当时妇女儿童观戏之处。看楼北面分别有配殿，呈窑洞形式，各三孔。檐下无廊，石刻梁头和撩檐枋上承檐口。

41. 临县李家山村关帝庙剧场

李家山村关帝庙依山而建，戏台紧靠山崖（图 3–249 ~ 图 3–251）。庙内同治五年（1866 年）《重修庙宇碑记》曰：

> 余李家山村，神虽有庙宇，献戏实无亭台。因而庙坡前有余李氏宗亲之地一处，情愿施舍公社，为后修乐楼计也。迨至咸丰五年，村人共议，筮日动工，先修正面石窑三眼，又修下面石窑亦三眼。及同治五年，两廊□石窑三眼，向北盖乐楼一座，重建关帝、观音之堂，补葺喜、贵、财神之宇，则

1　王继贤为清道光年间（1821 ~ 1850 年）永宁知州。

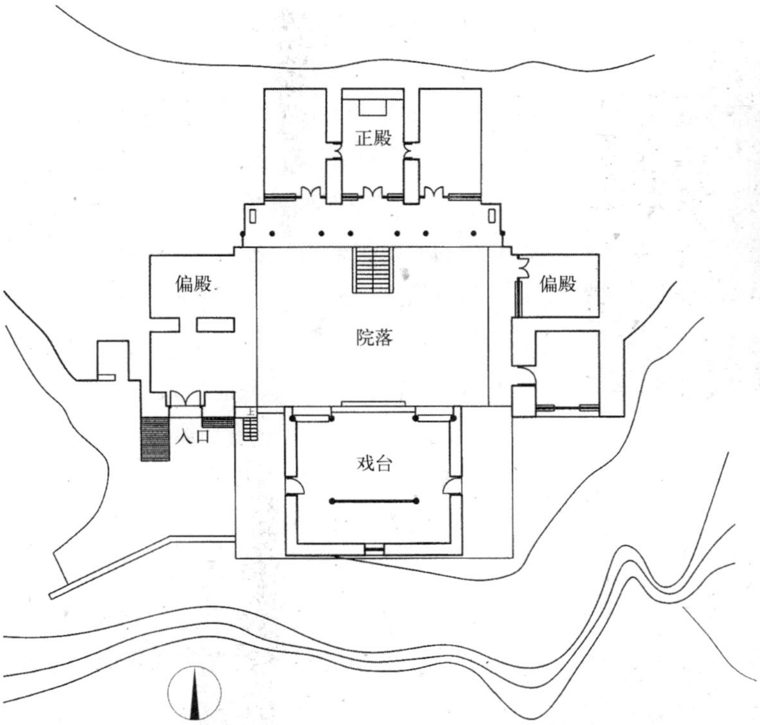

图 3-249 临县李家山村关帝庙平面图

关帝庙测绘图引自：李秋香主编，陈志华撰文 . 庙宇 . 三联书店，2006 年，第 87 页。

图 3-251 临县李家山村关帝庙

图 3-252 临县李家山村关帝庙戏台

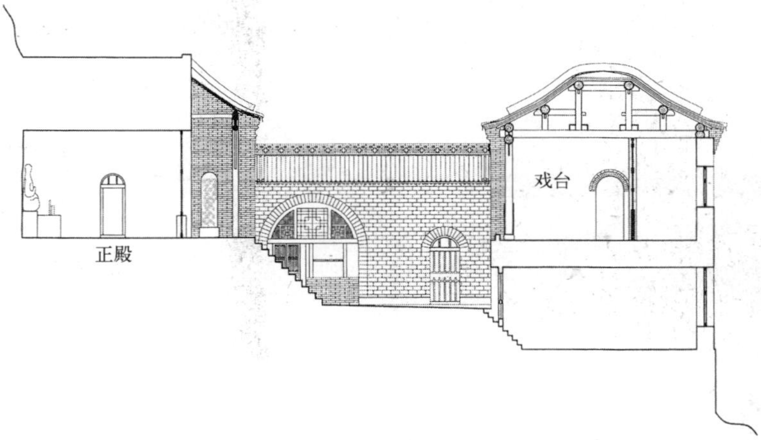

图 3-250 临县李家山村关帝庙纵剖面图

图 3-253 临县李家山村关帝庙戏台隔扇匾额

神安人庆，永享其福矣。又东面向南修石窑一眼，乃李氏独施钱六拾千文，以祀先祖，不与公社相干。是家庙也，原与陈崔二姓公议，实非李氏一家私为。而且功程浩荡，殊非独立所能。即今告厥成功之日，谨将施钱信士之名勒石竖珉以垂百世不朽云。[1]

从此可知，关帝庙先有庙宇，并在清咸丰五年（1855 年）重修，同治五年（1866 年）增建了戏台。

戏台为典型的单幢式（图 3-252），卷棚顶山顶。面宽三开间，进深两间，抬梁结构。山墙砌砖，为一面观式。台基砖砌，背面利用高差建窑洞。前檐施圆木柱，鼓镜柱础，前后台之间用隔扇分隔，隔扇上书“鱼龙出听”（图 3-253）。

1 作者 2004 年 7 月实地调研时抄录，此碑现存于关帝庙内。

图 3-254　临县樊家沟村戏台外观

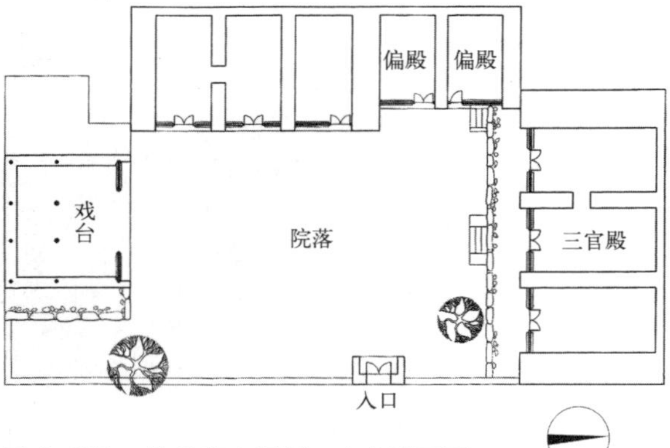

图 3-255　临县高家坪村三官庙平面图

42. 临县樊家沟村香炉寺剧场

据戏台脊枋上的题记，戏台建于同治年间（1862 ~ 1874 年）。台基石砌，台基中设有拱券式山门。屋顶为卷棚硬山顶（图 3-254）。面宽三间，其中明间面宽 3.53 米，次间面宽 1.65米。进深两间，其中前台4.14米，后台2.53米。明间枋上施如意斗栱。前后台之间用木格扇区分，两侧有上下场门。戏台背面两侧分别开小圆窗，使得背立面显得活泼。

43. 临县高家坪村三官庙剧场

三高家坪村官庙位于村北山下，坐北朝南，一进院落（图 3-255 ~ 图 3-257）。正殿为三间单层石箍窑。当心间窑房的后墙上有三个小龛，正中间供天官，东边供地官，西边供水官。东侧窑内供奉龙王，西侧间窑内供奉蚆蛾神。正殿西侧有厢房五间，单层石箍窑，用作存放祭祀器物和守庙人居住，庭院东边仅有围墙和山门。

戏台（图 3-258）与正殿相对而建。石砌箍窑台基，箍窑作为演戏时的化妆室。台上为木构，面宽三间，单檐歇山顶。檐柱为圆木

图 3-256　临县高家坪村三官庙纵剖面图

三官庙测绘图引自：李秋香主编，陈志华撰文．庙宇．三联书店，2006 年，第 86 页

图 3-257　临县高家坪村三官庙

图 3-258　临县高家坪村三官庙戏台背面

图 3–259　柳林县高家塔村老爷庙

图 3–260　柳林县高家塔村老爷庙正殿

图 3–261　柳林县高家塔村老爷庙戏台

柱。旧时，演戏时规定男人们在厢房、院内看戏，女人只能在正殿箍窑和厢房箍窑、正殿箍窑的窑顶上观看。

44. 柳林县高家塔村老爷庙剧场

高家塔村老爷庙位于村内山冈上（图 3–259），约建于清初。庙中现存有两通碑文，提及施地于庙的情况。其中清乾隆五十五年（1790 年）碑文载："高家塔有庙由来久矣，历百余年，村人增修而更筑之，但念庙宇徒存而养赡缺地，神灵有赫而祀事无人，几何不以风扫地、月代灯也乎。因而纠首高生贵暨庠生泽厚仝典地施焉。日后地主典赎，即以价银施焉。爰请善人以供香火，著之于壁，以俟同心。"[1]

老爷庙为一进院落，中轴线上有山门（上为戏台）、正殿，两侧有厢房。正殿上下两层，下层为三孔窑洞，前有廊；上层为木构，面宽五间，单檐硬山顶（图 3–260）。

戏台和正殿相对而建，面宽三间，卷棚硬山顶（图 3–261）。砖石台基，中辟通道。台内天花有彩绘（图 3–262）。两侧有耳房，用作戏房。台口山墙墀头饰吉祥图案（图 3–263）。顺应山势在山门外构筑窑洞。戏台二层背面开小圆窗，两侧耳房背面及侧面亦开圆窗。

图 3–262　柳林县高家塔村老爷庙戏台天花

图 3–263　柳林县高家塔村老爷庙正殿墀头

1　作者 2005 年 12 月实地调研时抄录。

第六节　河北清代庙宇剧场

一、河北清代祀神型演剧及其庙宇剧场概论

清初，清廷疲于剿灭全国各地的反清势力，战乱不断。这时，京都周边河北一带的演剧活动降到明中叶以来的最低点。到康熙年间，政局趋于稳定，经济发展，商业开拓，演剧活动逐渐活跃起来，并延续到民国时期。关于祀神性演剧的记载，在河北清代和民国时期的地方志中比比皆是（表 3–11）。

河北清代和民国地方志中有关祀神性演剧的记载[1]　　表 3–11

序号	名称	内容摘录
1	康熙十年《保定府祁州、束鹿县志》	俗喜俳优，正月八日后，淫词设会，高搭戏场，遍布闾里，以多为胜
2	康熙五十一年《龙门县志》	俗尚龙神，凡村堡城市多建龙神庙。秋熟无不作会，唱戏赛神，其祭尤谨
3	乾隆四年《蔚县志》	当春秋祈报日，里社率备牲醴祀神，召优人作乐娱之
4	乾隆十年《广平府志》	遇春祈、秋报时，乡人醵钱谷，具牲醴，盛张鼓乐，扮杂剧于神庙前
5	乾隆十二年《赤诚县志》	俗尚龙神，各城堡俱建庙。秋成后，必醵钱演戏
6	乾隆二十二年《沙河县志》	（祭礼）若乡村赛神遇春祈、秋报时，村民醵钱谷，具牲醴，盛鼓乐，杂扮戏剧于神庙前
7	乾隆三十九年《永平府志》	“上元”夕，通街张灯、演剧，或影戏、驱戏之类，观者达曙
8	乾隆三十九年《永平府志》	（十月十六日）赛祭宴享，竞尚影戏，妇女群观，竟夕焉
9	光绪元年《永清县志》	（二月）初三日，“文昌诞辰”，演戏庆贺
10	光绪元年《永清县志》	（六月）县西关庙，演戏祭赛八蜡神庙
11	光绪十二年《保定府志》	（四月）二十八日，三皇庙期，演剧拜祀
12	光绪十六年《定兴县志》	乡众醵钱致祭，各有常仪。惟秋后报赛，每招优人演剧，观者甚众
13	民国 11 年《宣化县新志》	俗尚龙神，各城堡俱建庙。秋成后，必醵钱演戏，以报神庥
14	民国 18 年《新河县志》	各村庙宇多有年会。届期，商贩咸集，游人如织，丰收之年，辄演剧助盛
15	民国 22 年《满城县志略》	会降雨，则以为应验，演剧赛神，名曰“谢雨”
16	民国 22 年《沧县志》	（乡民祈雨）九日内微有雨，则归功于羽，演剧以酬之
17	民国 22 年《南皮县志》	（祈雨）遇天旱之时，农民有求雨之举。请关帝或龙王像，设坛三日，舁像铙鼓游行，门插柳枝，人戴柳帽，且执柳洒水作雨状；雨降则演戏酬神
18	民国 22 年《邱县志》	（三月）三日，祀北极庙，演剧。二十三日，祀城隍庙，大会演剧，妇人有诣香者
19	民国 22 年《邱县志》	（四月）八日，“佛诞”，演剧。十八日，祀碧霞元君洞，演剧，妇女亦有诣香者
20	民国 22 年《邱县志》	（五月）十三日，祀关帝庙，演剧
21	民国 22 年《邱县志》	（十一月）二十三日，刘将军庙大会

1　由于民国时期的方志中，多记载清代的情况，所以本表收录了民国时期的方志。

续表

序号	名称	内容摘录
22	民国 23 年《万全县志》	每岁醵资演剧，借以酬神。每年大村三、五次，小村一、二次，视年景之丰欠多少不等
23	民国 23 年《大名县志》	四乡有力者，好作佛事，甚至演戏、作杂剧，远近聚观，若游胜会，殊属恶俗
24	民国 24 年《阳原县志》	富贵之家，子至十二岁之生辰，广延宗戚，飨以酒宴，贺者来临并赠礼物；特种富室或系独子，酒席之外，往往佐以戏剧，一以酬宾，一以酬神
25	民国 24 年《阳原县志》	往岁各会，均各演戏以佐兴，三日至九日不等。所演之腔，乃山西北路梆子（有时亦演弦子腔，略近昆曲，但百不一次），与蒲陕调大同而小异。所演故事，概多忠臣孝子一类，庄严悲烈，适合吾县民性，故社会颇欢迎之，虽在农忙，台下亦无隙地。观剧时，男立于前，女坐于后，大家眷属则各坐于自备轿车中，秩序井然，无须官宪维持也
26	民国 26 年《滦县志》	寺会多在四、五月间，如四月初八、十八、二十八等日，五月初五、十三、十七等日。至期演杂剧，陈百货，男女杂沓
27	民国 26 年《滦县志》	此外，又有各村所自主之庙神，各有诞期，多荒谬不经。其村或遇诞日演戏为会，借以申明条约
28	民国 29 年《肥乡县志》	春祈秋报在所不禁。乡人醵钱谷，具牲牢，张鼓乐，演杂剧，则失古人吹豳鼓蜡之风
29	民国 29 年《沙河县志》	至若春秋祈报，醵钱演剧，士女群集，荒废本木，积年陋俗，改革殊非易易
30	民国 32 年《固安县志》	（五月）十三日，俗称“关公单刀赴会”，城内关帝庙时于是日演剧

祀神性演剧的活跃，必然带动庙宇剧场的发展。特别是到了乾隆年间（1736 ~ 1795 年），庙宇剧场的建设和重修已经如火如荼。井陉县头泉村马王庙乾隆六年（1741 年）《戏楼碑记》记载：“大清国直隶正定府井陉县永泉村建立戏楼三间。”[1] 内邱县郊台村牛王庙内乾隆二十九年（1764 年）碑文记载：“郊台村牛王庙重修戏台一座。”[2] 蔚县南留庄镇单堠村关帝庙乾隆二十五年（1760 年）《重修正殿禅房及创建戏楼碑记》云：“乾隆五年（1740 年）间创建戏楼台座，以为祈福献戏之备，故合村共助其役，告成已久，勒之于碑以示不朽。”[3] 井陉县头泉村马王庙嘉庆四年（1799 年）《戏台碑记》：“吾乡此地曾有戏台一座，创于乾隆六年，至五十六年，而风雨凋谢，木料损坏，无以为怡神之所。有武诚、武备等目睹心伤，不忍坐视，嫌其卑陋而不复巩固焉。爰集乡众，公同计议重为修葺，而且增其式廓焉。”[4] 内邱县郊台村牛王庙道光二年（1822 年）《重修戏楼碑记》“牛王寨昔有戏楼一座，所建不知何时，乾隆二十九年重修，迄今六十余载。每岁三月十五奉歌舞骚。”[5] 上述碑文均提到乾隆年间创建或重修戏台。

此后，庙宇剧场延续了蓬勃发展的势头，成为村落的重要组成部分，得到村民的呵护。蔚县崔家寨村关帝庙嘉庆二十一年（1816 年）碑文云：“我堡建此一台，各捐资财，劳心劳力，诚非易也，今此功程告竣，焕然改观，宁可不互相保护任其毁伤乎？固而合堡公议，以后管各子，不许无故登台肆意践足留□，如有无知之徒在其上下四面损坏一砖一木少为毁画者，一经察出，不论老壮幼稚，小者罚油一斤，大者罚油一坛，或有亲见故隐者加倍论罚，此乃事属公事议出公议，并非一人之臆见也，故勒此石永垂不朽。”[6]

1、2、4、5 《中国戏曲志 · 河北卷》，中国 ISBN 中心 1993，第 562 页。

3 邓幼明主编 . 张家口独特的古戏楼 . 党建读物出版社，2006 年，第 122 页。

6 邓幼明主编 . 张家口独特的古戏楼 . 党建读物出版社，2006 年，第 127 页。

图 3-264 蔚县白河东村戏台外观

图 3-265 蔚县白河东村戏台局部

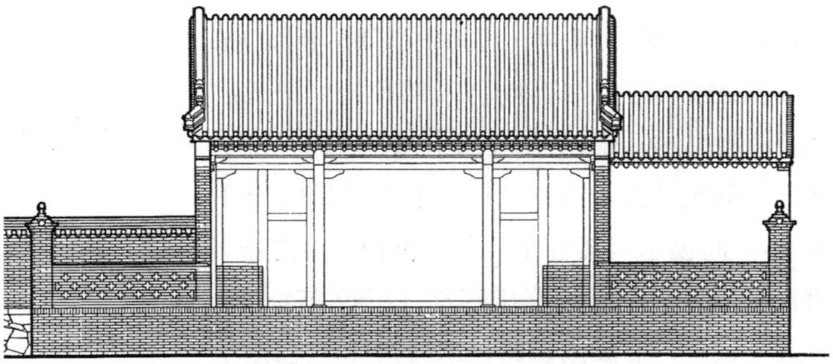

图 3-266 蔚县北方城村戏台立面图

李秋香主编，陈志华撰文．庙宇．三联书店出版，2006年，第55页。

图 3-267 蔚县北方城村戏台外观

庙宇剧场的形制也更为完善，特别是重视戏房的建造，改善了演员住宿、休息条件。蔚县重泰寺光绪二十九年（1904年）碑云："山门外又有戏楼一座，而无下处，进而献戏即居禅堂，夫重泰寺原属法戒清规之所，倘戏房而在禅堂，将所谓洁净者奚当也，于是二者不节，寺僧慨然，即邻近诸堡亦重恶之，是以道光二十一年（1841年）春季，住持智阔愿修神路，以便香火，愿益戏房，以清规模……终于而建神路两丈余高，戏房一所。"[1] 碑文中因僧人反对演员居住在禅堂，于是建"戏房一所"。

河北清代庙宇剧场数量众多，极为普及，根据张家口文化局戏剧研究室的调查统计，1958年，蔚县保存有戏台700多座，当时蔚县的自然村落也仅约700个，可见名副其实的"有村必有庙，有庙必有台"。1986年复查时，蔚县尚存300多座戏台。当然，由于各种原因，近20年来毁坏者甚多。

二、河北清代庙宇剧场实例分析

1. 蔚县白河东村剧场

庙已不存，仅存戏台。戏台卷棚硬山顶（图3-264）。砖砌台基，高1.10米。面宽三间，其中明间面宽3.48米，次间面宽2.20米。进深三间，其中前台进深两间4.15米，后台进深2.76米。台口处用小柱支撑檐口（图3-265）。

2. 蔚县北方城村龙王庙剧场

龙王庙建于清中期，位于北方城村堡门楼外正南。戏台（图3-266、图3-267）采用抬梁结构（图3-268），卷棚硬山顶，面宽三间，其中明间2.84米，次间2.30米。进深两间，其中前台进深3.88米，后台进深2.70米。砖砌台基，高1.00米。四架梁和六架梁上有彩绘。圆木檐柱，鼓镜柱础。雀替雕草龙。台中原有木隔扇，惟毁坏严重，仅存其框架。后台东侧山墙开一砖券门，上题"清净室"三字，落款为"光绪五年"（1879年）。后台两山墙有"临潼斗宝"、"伍子胥举鼎"彩绘，笔法细腻，线条流畅。

1 邓幼明主编．张家口独特的古戏楼．党建读物出版社，2006年，第126页。

图 3–268　蔚县北方城村戏台梁架

图 3–269　蔚县崔家寨村戏台侧面外观

图 3–270　蔚县崔家寨村戏台梁架

图 3–271　蔚县崔家寨村戏台梁架

图 3–272　蔚县崔家寨村戏台雕刻

图 3–273　蔚县代王城村财神庙戏台

3. 蔚县崔家寨村剧场

庙已不存，仅存戏台（图 3–269）。戏台采用抬梁结构（图 3–270、图 3–271），卷棚硬山顶。砖砌台基，高 1.70 米。面宽三间，其中明间面宽 4.07 米，次间面宽 2.60 米。进深三间，其中前台进深两间。台口处用小柱支撑檐口。木隔扇区分前后台，隔扇中间为圆形图案，两侧设上下场门。梁头雕龙头状（图 3–272），雀替雕花。

4. 蔚县代王城村财神庙剧场

戏台（图 3–273）建于清代，位于蔚县代王城村十字路北侧，西面紧临民居，其余三面均为街

图 3-274　蔚县代王城村财神庙戏台梁架

图 3-275　蔚县关帝庙戏台外观

图 3-276　蔚县关帝庙戏台梁架

图 3-277　蔚县水西堡村戏台外观

道。戏台原三面设有台口，其中东侧为主台口，南北二面为副台口。主台口面对财神庙，北面台口面对龙王庙；南面台口对灶王庙。戏台面宽三间，进深三间，明间 2.90 米，次间 1.55 米。卷棚歇山顶，抬梁结构（图 3-274）。面宽和进深方向尺寸相同。砖砌台基，周边石砌，高 0.95 米。四周檐柱 12 根，并无金柱。戏台上有楹联一副："看不清莫嚷，请问前头高见者；站得住便罢，须留余地后人观"，耐人寻味，精辟地描绘了当时人们蜂拥看戏的热闹场面。

5. 蔚县关帝庙剧场

关帝庙又被当地人称为"三义殿"，东临释迎古寺。中轴线上有戏台、前殿、中殿、后殿等。戏台建于清代，采用前后勾连式。前台卷棚歇山顶，后台单檐硬山顶（图 3-275）。面宽三间，其中明间 3.10 米，次间 2.70 米。进深三间，其中前台两间 3.40 米，后台一间 4.60 米，前后各置五架梁（图 3-276）。石砌台基，高 0.80 米。前台明间减掉金柱，扩大了表演区的面积。梁架下设垂柱。

6. 蔚县水西堡村戏台

西堡村古戏台位于西古堡的南瓮城内，建于清顺治年间（1644 ~ 1661 年），两侧的耳房续建于清同治十年（1871 年）。

戏台（图 3-277）坐南朝北，面宽三间，进深二间，抬梁结构（图 3-278）。台中有隔扇，绘有人物故事，两侧有上下场门。额枋上雕有荷花、鲤鱼等，雀替雕龙首形，惟龙头已被锯掉。

图 3-278　蔚县水西堡村戏台梁架

旧日演出时，妇女坐于戏台对面正殿的高台上，前有花栏墙围护。男性则紧靠戏台坐于庭院中，分区明确。

7. 蔚县下平油村泰山庙剧场

戏台位于泰山庙对面，建于清末民初。戏台（图 3-279）坐南朝北，面宽三间，进深二间六架梁。前檐柱为鼓形柱础，雕“万”字纹（图 3-280）。明间楣子板的中间为云海龙宫图，两侧雕博古图，连檐雀替则木雕草龙。次间楣子板雕“四鹿灵芝拥寿图”和“五蝠捧寿图”，连檐雀替为“狮子绣球”（图 3-281）。

8. 蔚县阎家寨村重泰寺剧场

重泰寺位于蔚县城西北 10.5 公里处的涌泉庄乡阎家寨村北。相传为辽国的一位太子在此出家修行而建。寺选址于两条沟壑交汇处的高台上，三面临崖。重泰寺坐北朝南，中轴线上有戏台、山门、弥勒殿、千佛殿、观音殿、地藏殿、释迦殿、三教堂等（图 3-282）。戏台（图 3-283、图 3-284）位于山门外，面宽三间，硬山卷棚顶，抬梁式结构（图 3-285）。

图 3-279　蔚县下平油村泰山庙戏台外观

图 3-280　蔚县下平油村泰山庙戏台柱础

图 3-281　蔚县下平油村泰山庙戏台雕刻

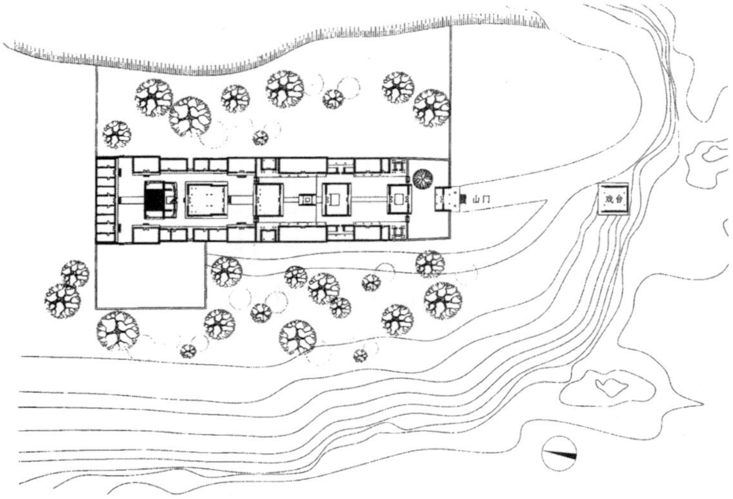

图 3–282　蔚县阎家寨村重泰寺平面

李秋香主编，陈志华撰文．庙宇．三联书店出版，2006 年，第 126 页。

图 3–283　蔚县阎家寨村重泰寺戏台外观

图 3–284　蔚县阎家寨村重泰寺戏台背面

图 3–285　蔚县阎家寨村重泰寺戏台梁架

第七节　江苏清代庙宇剧场

一、江苏清代的演剧活动

江苏的戏曲文化博大精深，清代地方剧种颇多，仅现存的剧种就达 20 余个。其中，发源于江苏的昆剧为中国现存最古老的剧种之一，有“百戏之祖”的美称。同时，江苏清代演戏活动非常兴盛。清代常熟人王应奎在《剧场记》一文中描述了当地农村演戏的盛况：“观者方数十里，男女杂沓而来至。”[1] 清代戴熙艾在《五湖异闻录》中也记载了太湖乡村社戏的情况：“演唱最认真，自晨及暮，必演三四十出之多。四方驰名来睹者不计其数，填港塞路，热闹已极。”[2] 苏州和扬州更是清代中国戏曲的中心之一，演戏之风尤甚。清人沈起凤在《谐铎》卷四中感叹道：“梨园乐部，吴门最盛。”[3] 清代《坚瓠集》载：“康熙癸酉（1693 年）春，苏城搭台演戏，几无隙地。”[4]《扬州府志》载，乾隆年间（1736 ~ 1775 年），“（扬州）若士庶寻常聚会，亦必征歌演剧”。

1　王应奎（清）撰．柳南文钞．卷四“观剧场”，乾隆刊本。

2　武新立编．明清稀见史籍叙录．江苏古籍出版社，2001 年，第 93 页。

3　清 · 沈起凤．谐铎．人民文学出版社，1999 年。

4　清 · 褚人获．坚瓠集．全国图书馆文献缩微复制中心，2002 年。

在各种演剧场，祀神性和祈福性演剧更是频繁。清代和民国的地方志对这种演出也有很多记载（表3–12）。

江苏清代和民国时期祀神演剧的记载[1] 表3–12

序号	地方志名称	内容摘录
1	光绪六年（1880年）《六合县志》	（五月）十三日乃“关帝诞辰”，官民祭享，演戏建醮，龙舟游舫如五日。
2	光绪八年（1882年）《周庄镇志》	（三月）二十八日，“天齐王诞辰”，东岳庙左演戏三日，近乡田作多停工来游，俗称“长工生日”。入春以来，各乡村次第演春台戏，几无虚日，所谓迎神赛会则乐趋，醵钱演剧则不吝也。
3	光绪八年（1882年）《周庄镇志》	（十月）朔日，“下元节”。府县城隍神开光演戏，有寝浦庙城隍来会，向岁一行，故有大、小年之称。
4	光绪十三年（1887年）《平望志》	（正月）十四日至十六日，昭灵侯庙，俗称城隍庙，悬灯演剧。
5	光绪十三年（1887年）《平望志》	自正月至二月，各坊及各乡村祠庙俱应迎神，投刺贺岁，亦有演剧设席者。既毕，城隍复演剧设席，遍请各神，名曰“团席”。
6	光绪十三年（1887年）《平望志》	（四月）八日，相传“城隍神诞辰”，各坊拜祝演剧于庙，曰“太平会”。
7	光绪十三年（1887年）《平望志》	（五月）十三日，“关帝诞辰”。各坊拜祝，演剧于庙。
8	民国14年（1925年）《盛湖志》	（四月）“小满”及前后日，蚕皇殿必演剧三日，谓之“小满戏”。十八日，“东总管金神诞”。士女拈香于东庙，司其事者派股演剧酬神，谓之“生日戏”。
9	民国14年（1925年）《盛湖志》	（八月）初八日，“城隍神诞”。士女拈香于两城隍庙，或预祝，或补祝，亦必演剧酬神。
10	民国14年（1925年）《盛湖志》	（九月）十三日，关圣帝君上升；十六日，“西总管金神诞”，与会者必拈香演剧，两庙皆然。
11	民国22年（1933年）《吴县志》	二、三月间，里豪市侠搭台旷野，醵钱演剧，男女聚观，谓之“春台戏”。

二、江苏清代庙宇剧场建筑留存情况

由于清代祀神性演非常频繁，这些活动多在庙宇中进行，所以庙宇剧场随之兴建。由于自然毁坏和人为破坏，大部分庙宇剧场建筑已经不复存在，仅有为数极少的剧场建筑留存下来。作者根据文献和实地调查，整理了江苏现存清代庙宇剧场一览表（表3–13）。

江苏现存清代庙宇剧场建筑一览表（按地域排序） 表3–13

序号	名称	年代	戏台形式	藻井	通道	资料来源	备注
1	高淳县刘家陇村祠山庙戏台	乾隆十四年（1747年）	前后勾连式	有	有	作者实地调查	省级文物保护单位
2	高淳县沧溪乡三元殿戏台	重建于民国时期	前后勾连式	有	有	作者实地调查	省级文物保护单位
3	高淳县东坝镇东岳庙戏台	民国6年（1917年）重建	前后勾连式	有	有	作者实地调查	省级文物保护单位
4	南京市江宁区麒麟镇窦村戏台	清代	/	/	/	政府文件	区级文物保护单位
5	苏州市财神殿戏台	道光年间(1821～1850年)	/	/	/	政府文件	苏州市控制保护建筑
6	苏州况公祠戏台	同治二十一年（1882年）	前后勾连式	有	无	作者实地调查	苏州市文物保护单位
7	苏州春申君庙戏台	同治五年（1866年）	前后勾连式	有	有	作者实地调查	苏州市控制保护建筑
8	苏州蒋侯庙戏台	同治十年（1871年）	/	/	/	政府文件	蒋侯庙现为苏州市控制保护建筑
9	苏州火神庙戏台	同治六年（1867年）	/	/	/	政府文件	苏州市控制保护建筑

1 由于民国时期的方志中，多记载清代的情况，所以本表收录了民国时期的方志。

续表

序号	名称	年代	戏台形式	藻井	通道	资料来源	备注
10	苏州外安齐王庙戏台	光绪五年（1879年）	/	/	/	政府文件	苏州市控制保护建筑
11	苏州吴江市芦墟城隍庙戏台	清代	/	/	/	文献	/
12	无锡市西水仙庙戏台	同治年间(1862～1874年)	前后勾连式	有	有	作者实地调查	无锡市文物保护单位
13	无锡市城隍庙戏台	咸丰九年(1859年)	前后勾连式	有	有	作者实地调查	无锡市文物保护单位。
14	无锡市张中丞庙戏台	同治八年(1869年)	前后勾连式	有	有	作者实地调查	无锡市文物保护单位
15	无锡市青荡村植福庵戏台	清代	前后勾连式	有	有	作者实地调查	无锡市文物保护单位
16	无锡市南水仙庙戏台	清代	前后勾连式	有	有	作者实地调查	无锡市文物保护单位
17	常州市武进区万绥镇东岳庙戏台	道光二十六年(1846年)	前后勾连式	有	有	作者实地调查	以“常州戏楼群”（共6座）公布为省级文物保护单位
18	常州市新北区西夏墅梅村戏台	清代	前后勾连式	有	有	作者实地调查	同上
19	常州市天宁区阳湖城隍庙戏台	清代	前后勾连式	有	有	作者实地调查	同上
20	常州市武进区礼嘉乡烈帝庙戏台	清代	前后勾连式	有	有	作者实地调查	同上
21	常州市武进区顺庄村东岳庙戏台	清代	前后勾连式	有	有	作者实地调查	同上
22	镇江市火星庙戏台	同治初(1862年)	前后勾连式	有	有	政府文件	镇江市文物保护单位
23	镇江市城隍庙戏台	同治十三年(1874年)	前后勾连式		有	《中国戏曲志》	/
24	镇江市谏壁镇东岳庙戏台	清代	/	/	/	《中国文物地图集》	县文物保护单位
25	丹徒县王巷村三太尉庙戏台	清代	前后勾连式		有	同上	/
26	扬州市永宁宫戏台	清代	/	/		同上	扬州市文物保护单位
27	泰州市都天行宫戏台	康熙四年(1665年)	前后勾连式	/	有	同上	泰州市文物保护单位
28	泰县上溪村观音阁戏台	光绪年间(1875～1908年)	前后勾连式	/	有	同上	/
29	泰县姜埝镇东岳庙戏台	乾隆年间(1736～1795年)	前后勾连式	/	有	同上	/
30	泰兴市过船乡玄坛庙戏台	嘉庆四年(1799年)	前后勾连式	有	有	同上	泰兴市文物保护单位

说明：本表主要根据作者2007年4～5月实地调研整理而成。同时，部分剧场参考了相关的政府文件以及20世纪90时代后发表的文献，想必会有个别疏漏。

三、江苏清代庙宇剧场实例分析

1. 高淳县沧溪乡三元殿剧场

三元殿位于高淳县沧溪乡，始建于东吴赤乌二年（239年）[1]。清康熙年间，三元殿内已有戏台。台中原有匾额（现有匾额为仿制），书“沧浪一曲”四字，据考为康熙六十一年（1722年）桐城派创始人方苞应沧溪进士张士超之邀书写。咸丰三年（1853年），戏台毁于兵燹，同治三年（1864年）重建。民国34年（1945年）又毁于火，民国三十六年重建。

戏台采用前后勾连式（图3-286、图3-287），平面呈凸字形，前台单开间，单檐歇山顶；后台三间，硬山顶。两旁有副台。台中柱上书楹联：“功名富贵一时事，离合悲欢千古情”，为清时高淳县书法名家邢鹤所书。上下场门分别书“出将”、“入相”。藻井有“踏雪寻梅”、“羲之爱鹅”

1 光绪七年（1881）《高淳县志》载，沧溪道士蒋常泰募修关圣殿、文昌阁时，于土中得断碑，其上载有“赤乌二年建”等字。

等彩绘（图 3–288）。前檐斜撑雕刻精致（图 3–289）。后台山墙开窗，造型别致（3–290）。

旧时，每年农历三月初六至初八，三元殿举办三天庙会，邀请戏班在此演出。

2. 高淳县刘家陇村祠山庙剧场

祠山庙位于高淳县固城乡刘家陇村，为祭祀汉治水功臣张勃而建。据清乾隆十四年（1749 年）《祠山腾会碑》和清嘉庆《万寿会碑》记载，祠山庙重修于明嘉靖年间（1522 ～ 1566 年），戏台则重建于清乾隆十四年，并于清光绪年间和民国 20 年（1931 年）两次重修。庙内现仅存戏台。

戏台采用前后勾连的形式，平面呈凸字形（图 3–291、图 3–292）。前台单间 6.6 米，深 2.92 米，歇山顶；后台三间，硬山顶。台顶为四方形藻井。隔扇上原有题记，为清光绪三十一年（1905 年）农历七月二十日高淳全福班演出时所书，其中的剧目有《天关楼》、《龙凤旗下》、《白虎堂》、《定军山》、《女绑子》、《置田庄》、《磨豆腐》、《北良关》等。

3. 高淳县东坝镇东岳庙剧场

东岳庙位于东坝镇胥河北岸。光绪七年（1881 年）《高淳县志》载："东岳宙，县东五十里，广通镇之北，明隆庆二年（1568 年）汤玉、曹永恺倡修。乾隆五年（1740 年）七姓重建，咸丰毁于燹，同治年间重建。"光绪三十年（1904 年）毁于火，民国 6 年又（1917 年）重建。1982 年，东岳庙被列为江苏省文物保护单位。

戏台坐北朝南，采用前后勾连的形式，平面呈"凸"字形（图 3–293、图 3–294）。前台单间，歇山顶，后台面宽三间，硬山顶，有马头墙（图 3–295）。前檐有斗栱七攒。檐柱顶置斜撑，雕"凤凰展翅"、"狮子戏珠"等（图 3–296）。台中立隔扇，区分前后

图 3–286　高淳县沧溪乡三元殿戏台

图 3–287　高淳县沧溪乡三元殿戏台背面

图 3–288　高淳县沧溪乡三元殿戏台顶棚

图 3–289　高淳县沧溪乡三元殿戏台

图 3–290　高淳县沧溪乡三元殿戏台

图 3-291　高淳县刘家陇村祠山庙戏台

图 3-292　高淳县刘家陇村祠山庙戏台墀头

图 3-293　高淳县东坝镇东岳庙戏台外观

图 3-294　高淳县东坝镇东岳庙戏台背面

图 3-295　高淳县东坝镇东岳庙戏台马头墙

图 3-296　高淳县东坝镇东岳庙戏台斜撑

图 3–297　武进县万绥镇东岳庙山门

图 3–298　武进县万绥镇东岳庙戏台外观

图 3–299　武进县万绥镇东岳庙戏藻井

图 3–300　武进县万绥镇东岳庙戏台台面支撑结构

台，两侧有上下场门，分别额题“入云”、“唱月”。隔扇上方悬横匾，书“柱岳擎天”。台顶有八字藻井，原绘《借东风》、《赤壁战》、《群英会》、《空城计》、《审王魁》、《铡美案》等，1981 年修葺时改绘花卉。前檐柱书楹联一副：“绝顶一呼众山皆应响，宏图再造大厦总还魂。”后檐柱书楹联两副：“六朝金粉无愁曲，十里银林不夜天”；“神仙上界排云出，箫鼓南湖打桨来”。原楹联和匾额为晚清高淳解元王嘉宾所书，现存楹联和匾额为现代仿制。

相传每年农历正月初五、三月二十八，均会举行庙会，各演戏三天。

4. 武进县万绥镇东岳庙剧场

东岳庙位于常州武进县万绥老街。庙内康熙三十九年（1700 年）《万岁东岳行宫碑记》言及该庙创建于唐贞观五年（631 年），明永乐、嘉靖、清康熙年间均曾扩建或修葺。据咸丰四年（1854 年）《重修东岳行宫碑记》载，道光元年至三年（1821 ~ 1823 年）重修，并在道光二十六年（1846 年）“复修大殿，改建大殿”。现存戏台建于道光二十六年（1846 年）。

戏台位于山门（图 3–297）内，坐西向东，单檐歇山顶，平面呈凸字形，采用前后勾连式（图 3–298）。前台一间 4.6 米，进深 5.0 米，单檐歇山顶，翼角高翘。四角为抹脚梁，梁中间立瓜主，承四檩，组成一个框架，内施天花（图 3–299）。台面用木梁柱支撑（图 3–300）。台中有隔扇，区分前、后台（图 3–301），两侧有上下场门（图 3–302）。后台硬山顶，通面宽三间 14.5 米，进深五檩 4.6 米。后台有木楼梯，可达地面（图 3–303）。台口两檐柱上有楹联，书：“离合悲欢，天下事如斯而已；生旦丑净，世间人尽乎此矣。”台口檐下悬匾额，书：“作如是观”。右侧有子台，供乐队演奏（图 3–304）。台前有宽敞的庭院。

图 3–301　武进县万绥镇东岳庙戏台后台

后台板壁上有题记，记载了清末民初戏班名称、剧目、主角姓名等，有一定

图 3–302　武进县万绥镇东岳庙戏台上下场门

图 3–303　武进县万绥镇东岳庙戏台楼梯

图 3–304　武进县万绥镇东岳庙戏台乐台

史料价值。如光绪二十四年（1898 年）某月初八夜戏，“福胜班”演《凤凰山》、《祭宝塔》等；光绪二十八年福胜班、民国 7 年（1918 年）大金秀班及淮阳全福班等均曾在此演出。

5. 无锡城隍庙剧场

城隍庙位于无锡市后西溪 32 号，始建于明洪武二年(1369 年),清咸丰九年(1859 年)重建。咸丰十年毁,仅存头门仪门。同治八年(1869 年),重建内殿。光绪二年（1876 年），邑人吴汝渤等集资增建戏台，光绪十三年（1887 年）重修。现庙宇已毁，仅存戏台。

图 3–305　无锡城隍庙戏台

戏台（图 3–305）与仪门合二为一，正对大殿。平面呈凸字形。砖石台基，高 2.7 米，中间辟通道。前台单开间，面宽 4.67 米，进深 3.7 米，歇山顶。后台面宽三间，亦歇山顶。前檐额枋上雕有人物山水，形态逼真，并饰以木雕狮子、垂莲柱等。台口两侧立花岗岩方柱，镌刻楹联一副，上联为“神听和平雅奏重燔新乐府”，题款为“清咸丰九年（1859 年）岁次己未七月署无锡县事陆以贤撰句”；下联为：“民钦正直崇台式焕旧规模”，落款为“里人顾翰沐手敬书”。顶棚设藻井，其形式为上圆下方。

第八节　浙江清代庙宇剧场

一、浙江清代庙宇演剧概论

浙江是中国戏曲史上著名的南戏的发源地，也是重要剧种越剧的发源地，戏曲文化深厚。清代，浙江戏曲文化达到鼎盛时期，出现了李渔、洪昇等著名的传奇作家。清初，浙江的演出以昆曲为主。清中叶后，乱弹、皮簧逐渐兴起和繁荣。

清代，浙江民间的祭神性演出非常兴盛，庙宇碑文中关于演戏的记载甚多（表 3–14）。

浙江清代碑文中有关祀神性演剧的记载　　表 3–14

序号	地方志明名称	内容摘录	
1	临海市大左村大左庙乾隆五十一年（1786 年）《重建大王庙碑》	每年圣寿诞辰，务要一体奉觞荐俎，设諆献牲，演戏庆祝，以彰前代忠孝节义之德，亦庶酬谢庇佑呵护之功	中国戏曲志 · 浙江卷，中国 ISBN 中心，1997 年，第 628 页。
2	嵊州市上江村清乾隆五十九年（1794 年）《戏田碑记》	上江村向有赵、叶、杨、滕、陈五老姓，贤者□以为新春境庙演戏之资。惟杂姓无田，则照丁敛资，亦演戏一台，以庆赏元宵。是口春祈之意也。至于秋、叶老姓杂姓均无戏田，演戏时不论男女老幼，每丁捐钱二十五文，共演戏四台	吴戈、施玉兴，清乾隆年间的《戏田碑记》，中华戏曲第 13 辑，山西古籍出版社，1993 年。
3	绍兴县双江溪村舜王庙同治八年（1869 年）《禁潭碑》	会同各庄耆绅于舜庙演戏，置酒公议，重整禁规	作者现场调研时抄录
4	温州光绪十六年（1890 年）《关帝庙碑记》	俟开垦以后修租之日，酌议演戏叁台，以昭诚敬	温州历代碑刻二集（下），上海社会科学出版社，2006 年，第 214 页
5	温州光绪二十六年（1900 年）《奉宪谕禁》	每逢神寿演戏，中十、十二各旋状元，拔签、掷骰等名目，无不与赌相似	同上，第 227 页

有关浙江民间的祀神性演剧，亦可从清代和民国时期的地方志中的记载略见一斑（表 3–15）。

浙江清代和民国时期地方志有关祀神性演剧的记载[1]　　表 3–15

序号	地方志明名称	内容摘录
1	康熙十四年（1675 年）修、二十二年续修《海宁县志》	（二月）会无定期。至有竞为优戏以乐神者，名“平安戏”，观者盈衢，渐启里中游闲好事之渐，亦弊习之所宜禁也
2	康熙五十四年（1715 年）《定海县志》	俗尚报赛，如正月八日祀城隍神，男女尽往拜奠。四月朔祀状元桥神，合东南境演剧设祭
3	嘉庆四年（1799 年）《桐乡县志》	（二月）乡村好事者醵钱演戏酬神，号“春台戏”
4	光绪五年（1879 年）《泰顺分疆录》	（六月）各乡以农隙迎社神，巡村演戏祭赛，或有用“上元”及九、十月者

1　由于民国时期的方志中，多记载清代的情况，所以本表收录了民国时期的方志。

续表

序号	地方志明名称	内容摘录
5	光绪六年（1880年）《玉环厅志》	（二月）二十二日为"城隍神寿诞"。邻境商贩骈集，百货杂陈，农家器具及家常什物终年所需用者多取给于此。庙中召优人演剧，市肆皆悬灯，四乡男女此往彼来，骆绎如织，凡七日而罢
6	光绪八年(1882年)《归安县志》	（十月）"立冬"至岁底数月，乡村皆演戏酬神，谓之"社戏"
7	光绪十二年（1886年）《常山县志》	（九月）二十二日演戏社庙，以报土功
8	光绪二十五年（1899年）《余姚县志》	（十一月）"冬至"前后，各乡村祠庙鼓乐演剧，名曰"堂戏"
9	光绪二十七年（1901年）《忠义乡志》	冬十月，祠庙多有演戏者。家家具牲醴祀神祖，谓之"报赛"，亦以备亲朋饮馔也
10	光绪二十八年（1902年）《宁海县志》	（正月）市庙里社结彩张灯，演剧敬神，至二十乃止（正月十五，谓"元宵"。城中演剧十四起，乡间十三起）
11	民国2年(1913年)《于潜县志》	（十月）初二日，"城隍会"，演剧三日。各项货物沿街作市，庙中筵供灯彩，颇为繁费。次日迎神赛会，上午出南门，将晚至北门外行宫看剧，初更迎灯入殿。观灯之人，各乡咸集，拥挤喧哗，此夕为盛。嗣后，各土谷祠皆演剧酬神
12	民国6年(1917年)《双林镇志》	（正月十一日太君神诞）是日，自朝至晚演戏，包头业及黑坊中人主其事，余亦结社祝献，纷纷不绝。士女如云，庙旁湖舟密泊
13	民国6年(1917年)《双林镇志》	（三月）二十八日为"东岳神诞"，士民祝献于庙。数日前，鼓乐喧阗，骆绎不绝。按，岳庙社会最盛，镇人结社者可数十起，大小各业皆有职司于庙。二十六日，尽夜演戏（今改夜戏于二十七日昼）
14	民国6年(1917年)《双林镇志》	（五月）十三日为"武帝诞"。绅士至碑亭、武圣宫祝献，屠户敛钱演戏
15	民国6年(1917年)《双林镇志》	（七月）乡民醵钱演戏祝献，舁神像巡行各村并至镇
16	民国13年（1924年）《定海县志》	商店酬神之戏多在春间演之，沿街用木板搭台，上盖芦席，点缀灯彩，在上演唱，谓之"街戏"
17	民国13年（1924年）《宁海县志》	民间所立之各庙会则在各庙中演之，谓之"庙戏"。城区多在仲夏间，有在秋间演之者。一庙之戏，如都神殿等往往多至十余日。各乡境庙报赛之戏则自夏徂冬，依地之远近次第演之。渔人报赛之戏多在各海山演之，谓之"谢洋"，其时期多在季夏。民间因祷疾免灾等而酬神之戏，谓之"愿戏"，多在境庙演之
18	民国13年（1924年）《宁海县志》	演剧之时，合境老稚男女多往观之，各家多自备高椅或度板为台以便妇女坐观。拥挤之时，往往毁台倒椅，妇女有至坠钗遗舄者。无业游民多在庙侧摆设赌具，诱人往搏，抽取头钱，而商贩亦皆设摊陈列食品、玩具等以逐利。喧嚷之声，常闻数里
19	民国19年（1930年）《寿昌县志》	二月十，是日城中迎神赛会（按，神为萧、铁、刘三圣），前后共三日。邑庙、宣灵庙、关岳庙并演戏剧，沿街爆声震耳，冀博神欢，谓可多得财利
20	民国24年(1935年)《嵊县志》	（二月）"社日"：用牲醴延巫祈于社庙，谓之"烧春福"。巨族演戏，先后不以期限。秋报亦如之
21	民国24年（1935年）《萧山县志稿》	乡俗，岁必祀社公，春秋必演戏以报赛，往往联属各村敛钱置产以为会者
22	民国25年（1936年）《乌青镇志》	（二月）乡村好事者醵钱演剧，名"春台戏"
23	民国25年（1936年）《山阴县志》	（二月）"社日"，乡有社祭，必演戏以祀土谷神

二、浙江清代庙宇剧场实例分析

1. 嵊州市城隍庙剧场

城隍庙位于嵊州市城关镇鹿胎山东南面，始建于清嘉庆九年（1809 年）。现存戏台修建于晚清，具体年代不详。

戏台（图 3–306）与山门明间勾连而建，前台面宽和进深均为 5.16 米。四角柱石质，下方上圆，通为一体。前檐牛腿雕单个人物，其中“刘海戏金钱”，笑态自若，活泼生动（图 3–307）。后檐柱牛腿雕“狮子绣球”（图 3–308）。重檐歇山顶，青灰筒瓦。正脊龙吻双尾作“S”形上翘，古朴生动。正脊和垂脊饰镂空雕刻，纤丽而庄重。正脊两端置雕龙吻兽。藻井分两层，下层设十六组斗栱，向上收拢，富有动感；上层以八组斗栱和八条倒挂游龙相间，汇合于中心，圆心又雕一盘龙，与八条倒挂游龙相呼应。

图 3–306 嵊州市城隍庙戏台外观

图 3–307 嵊州市城隍庙前檐柱牛腿雕刻

西山墙有班社艺人题壁，如“嘉庆九年荣华班到此”、“道光五年四月初二大如意班在此叙”、“道光五年安徽大如意班四月初四、初六三日内”、“道光十五年广福班”等。

民国时期该剧场曾一度辟为“戏馆”，售票看戏。其中天井和大殿的前座为上等席，上面搭有凉棚；大殿的后座和两侧廊楼下为次等席；两侧廊楼上则是妇女和儿童的专座。廊楼栏杆上悬挂演员名次牌。

2. 嵊州市清风庙剧场

图 3–308 嵊州市城隍庙后檐柱牛腿雕刻

清风庙位于嵊州城北 40 里，下临剡溪。传说为缅怀南宋烈女王氏所建。庙内戏台 1989 年从嵊州天后宫（又名福建会馆）迁来。天后宫原坐落于嵊州城关镇东前街。据清同治九年（1870 年）《嵊县天后宫碑记》，福建商人于乾隆四十五年（1780 年）捐资开始兴建，历时 25 年，于嘉庆十年（1805 年）告成。咸丰十年（1860 年），“大殿及檐下势将倾圮”，其时，太平军过境，“又悉毁焉”。同治元年（1862 年），“寇退，三业复议捐资重修”，并于同治九年（1870 年）“宫功告成”。

戏台单檐歇山顶，台面呈方形（图 3–309）。四角柱通体石柱，花篮形柱础。隔扇雕“福、禄、寿”三星。台沿雕有狮子。藻井四周为卷轩式弧形，斗栱与梁枋承托，上部为八角形，有八条直线作辐射状，每条十斗，层层叠进，精致美观，颇具特色（图 3–310）。牛腿雕以夔龙回形图案，间插牡丹、菊花等。

图 3-309　嵊州市清风庙戏台（原天后宫戏台）

图 3-310　嵊州市清风庙戏台（原天后宫戏台）藻井

图 3-311　新昌县城隍庙正殿

图 3-312　新昌县城隍庙戏台外观

3. 新昌县城隍庙剧场

城隍庙原址在新昌县城西门（今县文化馆），现迁移至千佛岩保护区（图 3-311）。据民国 7 年（1918 年）重修的《新昌县志》，城隍庙始建于宋，元丰三年（1310 年）毁于兵火，明洪武三年（1307 年）重建。明、清两代，历经修缮。光绪十六年（1890 年）重修。光绪十九年（1893 年）城隍庙后殿毁于火，幸未殃及戏台。清光绪十七年（1891 年）《重修城隍庙碑记》载："将前后正殿、两侧楼廊、台门、一律整修，制仍旧宇，门创新模，金碧璀璨，壮丽倍昔。"

戏台（图 3-312）台面呈方形，歇山顶。面宽 4.25 米，进深 5.6 米 ，台面高 1.55 米。覆盆式柱础。藻井为斗栱叠架式，层层缩小，汇合于顶心，共十二行九层。牛腿为倒挂蛟龙及狮子，造型瘦长，雕刻精美。民国年间，城隍庙开设"戏馆"。

4. 绍兴市火神庙剧场

绍兴火神庙于 1997 年移建于府山公园越王殿西侧。火神庙万历二十六年（1598 年）《重建火神庙碑》碑文曰："吾越之有火帝庙也，盖始大梁杨公，当隆庆口中，火实为厉，蔓延遍邑，公令会稽。"庙内清道光九年（1829 年）碑文："吾越自前明隆庆时创立火帝庙……外加装修神像暖阁神座、石桌、烛桥、铁铸五事、琉璃、金龙点锡、香盘供花、口烛、彩画门神。"

戏台（图 3-313）单檐歇山顶。面宽和面宽均为 4.90 米。四角柱为通造石柱，下方上圆。前柱镌刻楹联一副："父老闲观消白昼，儿童归去话黄昏。"花芽形雀替。藻井由 16 圈斗栱构成（图 3-314）。未迁移前，后侧有后台，深约 2 米。牛腿雕狮子（图 3-315）。

图 3-313 绍兴市火神庙戏台

图 3-314 绍兴市火神庙戏台藻井

图 3-315 绍兴市火神庙戏台牛腿

图 3-316 桐乡县乌镇修真观戏台（王季卿摄）

5. 桐乡县乌镇修真观剧场

修真观位于乌镇中市观前街。北宋咸平元年(998 年)，道士张洞明主持修建。元末毁于朱元璋、张士诚之战。明朝洪武年间得到修复。天顺年间（1457 ~ 1464 年），住持邱玉岩重建。清康熙十五年(1676 年)，道士徐绎铭应召入都，得到裕亲王的青睐，赐题“修真观”额。康熙二十二年(1683 年)，在中殿东偏建玉皇阁。乾隆十四年（1749 年），增建山门和戏台。咸丰十年（1860 年），毁于太平天国战争，仅存东偏两殿。同治四年（1865 年），里人吴学浚集资重建大殿、山门、戏台、玉皇阁和旁月楼等，并增设瘟元帅殿。光绪十一年（1885 年），布业捐助在前殿东侧建财神殿和城隍殿；民国 22 年（1933 年）重修。

修真观中轴线上有戏台、山门、大殿、玉皇阁。山门正上方悬挂一大算盘，两旁楹联云：“人有千算，天则一算”。山门两边供青龙、白虎二将。大殿正中供奉东岳大帝，两边为十二生肖，中有柱联一副：“红日无私，贫富一般照顾；青天有眼，善恶两样看待。”玉皇阁二层供玉皇，一层供观音。玉皇阁左侧是城隍殿，右侧是瘟元帅殿。

修真观戏台是乌镇清代四个戏台（另有东寺、西寺、城隍庙戏台）中仅存的一个。据《桐乡县志》记载，修真观戏台始建于乾隆十四年(1749 年)：“鼎建山门，临河辟地，创建戏台。”咸丰十年(1860 年)遭毁，同治四年(1865 年)重建，同治十年(1871 年)和民国 8 年又经两次修缮。

修真观戏台（图 3-316、图 3-317）位于山门外，台前广场十分开阔，是看戏的地方，也是旧

图 3–317 桐乡县乌镇修真观戏台后台一角（王季卿摄）

图 3–318 宁海县清潭村双枝庙剧场庭院内景

图 3–319 宁海县清潭村双枝庙山门（戏台背面）

图 3–320 宁海县清潭村双枝庙戏台

时乌镇的文化娱乐中心。旧时每年举办香市，非常热闹，周围乡间民众云集庙会[1]。

戏台采用前后勾连的形式，平面呈凸字形。前台面宽和进深均一间，面宽 6.6 米，进深 4.3 米，单檐歇山顶。后台面宽三间，硬山顶。石砌台基，高 2.4 米。柱上镌有题记："宪奉禁演淫戏，台下毋许堆积。"前台施轩顶，中间有悬柱八根，均有浮雕，一面悬匾，上书"以古为鉴"四字。前柱楹联书："锣鼓一场，唤醒人间春梦；宫商两音，传来天上神仙。"

旧时，正月初五迎财神会，三月廿八迎东岳庙会，五月十五迎瘟元帅会等，都会在演戏，甚为热闹。

6. 宁海县清潭村双枝庙剧场

清潭村位于宁海县城西北 25 公里处，因清溪流经此处形成十余处清澈的深潭，故得名。双枝庙原名灵隐庙，是深甽镇里岙片清潭、上张、横山、孔家等六个自然村的张、竺、孔三姓祭祀神灵的场所。明正德年间，由张世赏、张廷玉为首倡建，时代变迁，屡有兴废，后易名为"双枝庙"。明万历年间（1573 ~ 1619 年）、民国元年（1912 年）和民国 22 年（1933 年），里岙的张、竺、孔三姓先后集资重修。

双枝庙坐南朝北，中轴线上从南到北依次为仪门、戏台、大殿（图 3–318），总建筑面积 804 平方米。仪门（图 3–319）通面宽七间 25.2 米，通进深 12.2 米。柱头科和平身科各七踩。檐廊施月梁。门上彩绘门神，手持鞭锏。正殿面宽五间，通面宽 24 米，通进深 6.4 米。牛腿用凤、狮、

1 镇上出生的茅盾（1896 ~ 1981 年）在他的《香市》中曾再现这一场景："临时的茶棚，戏法场，弄缸弄瓮，走绳索，三上吊的武技班，老虎，矮子，提线戏，髦儿戏，西洋镜，——将社庙前五六十亩地的大广场挤得满满的。庙里的主人公是百草梨膏糖，花纸，各式各样泥的纸的金属的玩具，灿如繁星的'烛山'，熏得眼睛流泪的檀香烟，木拜垫上成排的磕头者。庙里庙外，人声和锣鼓声，还有孩子们手里的小喇叭、哨子的声音，混合成一片骚音，三里路外也听得见。"

图 3-321　宁海县清潭村双枝庙戏台藻井

图 3-322　宁海县清潭村双枝庙戏台隔扇

图 3-323　宁海县清潭村双枝庙通达戏台台面中的木楼梯

图 3-324　宁海县清潭村双枝庙看楼

图 3-325　宁海县清潭村双枝庙看楼前的雕刻

龙彩绘贴金。梁架用大柁四根。殿内地坪分高低三层，以便看戏。

戏台平面呈方形，面宽和进深俱 4.9 米，单檐歇山顶（图 3-320）。正脊塑有双龙抢珠，上有两只石狮。台面高 1.4 米。藻井用牛毛纹螺旋叠涩盘筑，明镜之中雕一麒麟（图 3-321）。平身科七踩，各间施以护拱板。角科角昂，由昂重叠，左右悬垂花柱。前檐柱楹联："一曲阳春唤醒今古梦，两班面目演尽忠奸情。"后檐柱楹联："价值千金春一刻，愁消万古曲三终。"台沿围以低矮栏杆。栏杆用工字格棂，上嵌圆心板，每板一字，台前为"戛"、"玉"、"鼓"、"瑟"，东侧为"吹"、"笙"，西侧为"敲"、"金"。栏板雕"双虎相搏"、"童子踢球"、"双鱼嬉水"、"双鹿逢春"、"双马扬蹄"、"双犬富贵"、"童子击砖"、"福禄寿喜"等。台中有隔扇，两侧设上下场门（图 3-322）。台面后侧有木楼梯可达地面（图 3-323）。

东西看楼俱上下二层，面宽三间（图 3-324）。二层栏杆雕戏剧故事（图 3-325）。柱头牛腿均

图 3–326　宁海县清潭村双枝庙看楼内的台阶

图 3–327　宁海县城隍庙剧场庭院

图 3–328　宁海县城隍庙戏台斗栱、梁头雕刻及其铁柱

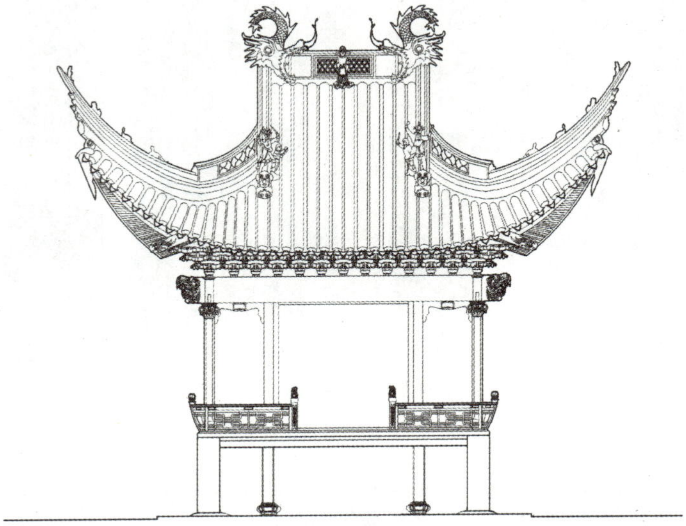

图 3–329　宁海县城隍庙戏台正立面图

城隍庙测绘图引自：徐培良，应可军著．宁海古戏台．中华书局出版，2007 年，第 86 页。

为垂狮。值得注意的是，为了方便看戏，二层地面设有台阶（图 3–326）。

7. 宁海县城隍庙剧场

宁海城隍庙始建于唐永昌元年（689 年），后屡经废兴。南宋隆兴三年（1164 年），县令薛抗重建。元代时庙废，明洪武三年（1370 年）重建。现存建筑为清嘉庆 24 年（1819 年）重修，光绪年间亦有修葺。民国 24 年（1935 年），城隍庙又经历较大规模的维修，特别是将戏台前檐的四根方柱替换为两根铁柱，改善了看戏的视线（图 3–327）。

图 3–330　宁海县城隍庙戏台

城隍庙坐北向南（图 3–328），总建筑面积 1600 平方米，中轴线从南到北依次有照墙、五凤楼、戏台、泛轩、大殿、后宫等。五凤楼面宽五间，檐廊为卷棚顶，梁头雕有花纹人物图案。南北厢房均面宽五间，单檐硬山顶，穿斗式结构。泛轩面宽三间，歇山顶，穿斗抬梁混合式结构。

戏台台面近方形，面宽 5.25 米，进深 5.15 米，单檐歇山顶（图 3–329、图 3–330）。台面高 1.66 米。正脊为龙吻吞脊，前面塑一人物，头戴宫花，

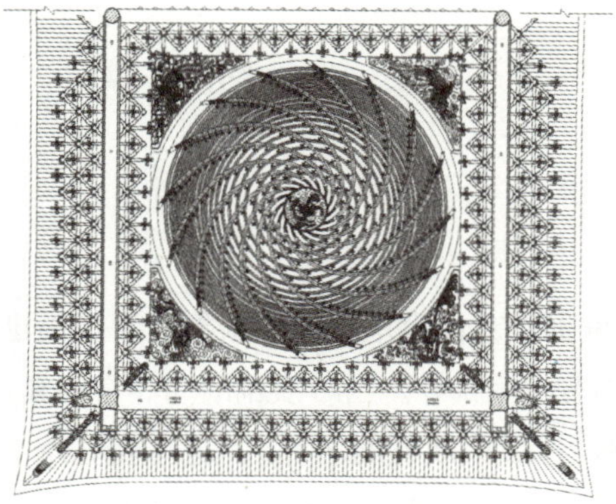

图 3–331　宁海县城隍庙戏台藻井仰视图

图 3–332　宁海县城隍庙戏台藻井

图 3–333　宁海县城隍庙戏台台沿栏杆

图 3–334　宁海县城隍庙戏台山花

图 3–335　宁海县城隍庙剧场庭院两侧的看楼

身穿状元袍，眉清目秀，应为状元。两垂脊上分别塑红将军和白将军，手执兵器，威风凛凛。状元和将军分别代表文臣和武将。额枋上的鸳鸯如意栱向内层层出跳，承托着藻井。藻井呈圆形，由斗栱螺旋叠涩盘筑，井口以 16 个龙头状座斗向上重叠（图 3–331、图 3–332）。台面围以“美人靠”（图 3–333）。柱顶枋端分别有狮子和人物木雕。额枋上有一幅彩画，绘制于民国 24 年，真实地反映了当年军官和士绅们看戏的情景。屋顶山面雕花卉（图 3–334）。庭院两侧有看楼，各五间，上下二层（图 3–335）。

旧时每年农历正月十四至十九日，城隍庙要演“灯头戏”。庙内台上锣鼓阵阵，台下人群攒动，甚为热闹。农历二月初九相传是城隍生日，演出“祝寿戏”。农历三月则有迎神赛会，也会演戏。

第九节　福建清代庙宇剧场

一、福建清代庙宇演剧

清初，朝廷执行休养生息的政策，福建经济得到较大的发展，戏曲也呈现繁荣景象。清代福建有代表性的地方剧场就有莆仙戏、闽剧、高甲戏、梨园戏、南音、潮剧等。当时演剧活动非常频繁。莆田县瑞云祖庙清乾隆二十七年（1762 年）《志德碑》中，列有 32 个戏班的名称[1]。这些戏班经常下乡演出，受到群众的热烈欢迎。估计整个莆田县当时不仅这 32 个戏班，从中可窥其时莆田演剧的繁荣景象。这其中，民间祀神性演剧，亦非常频繁。现将地方志中记载的这些祀神性演剧活动整理如下（表 3–16）。随着祀神性演剧活动的活跃，庙宇剧场开始大量兴建。如罗源县，清代几乎每村都有庙宇剧场[2]。

福建清代和民国时期地方志中关于祀神性演剧的记载[3]　　表 3–16

序号	地方志名称	内容摘录
1	康熙五十八年（1719 年）刻本《平和县志》	八月，望日，凡里社各备物以祀土神，即古者秋报遗意也。坊间神祠敛钱致祭，或演杂剧；村落间群以酒肉祀于田间，逐处皆然
2	康熙五十八年（1719 年）《平和县志》	十二月，自冬成后，村社人家皆演剧赛神，谓之“赛平安”，盖人家以春日祈祷，至暮岁而酬报焉。或有建设斋醮者
3	清乾隆二十七年（1762 年）《龙溪县志》	八月，八月祭土地，穷乡僻壤悉演剧，亦古秋报之遗也
4	道光十九年（1839 年）《厦门志》	居丧作浮屠，巳（已）属非礼，厦俗竞至演戏，俗呼杂出
5	道光十九年（1839 年）《厦门志》	事竞，各渡头敛钱演戏，□仔船为生，或十余日乃止
6	道光十九年（1839 年）《厦门志》	八月，“中秋”，街市乡村演戏，祀土地之神，与二月同，春祈而秋报也。夜荐月饼、芋魁祀神及先，亲友相馈遗
7	民国 11 年（1922 年）《永泰县志》	（二月）仲春二日，乡民祝“土地诞”，城中以十二日致祝，演戏为乐
8	民国 18 年（1929 年）《同安县志》	昔人演戏，只在神庙，然不过上路下南及七子班而止
9	民国 18 年（1929 年）《霞浦县志》	柘洋乡每各祠堂、宫庙暨以秋初演戏，名曰“神节”，逾此恐妨农也
10	民国 25 年（1936 年）《漳浦县志》	八月　“中秋日”，各坊里祀土神，盖古秋报遗意。城市凡后土祠皆演传奇以娱神；村落间，群以酒肉祀田祖，无虚日
11	民国 32 年（1943 年）《明溪县志》	逢佳节及神会期，寺庙每有演剧，亦娱乐而兼社会教育者也

二、福建清代庙宇剧场实例分析

1. 永安市青水乡永宁桥剧场

永宁桥位于青水乡青水池和寨兜两个自然村交界之处，长 22.7 米，为单拱石桥（图 3–336）。桥上建阁，桥的一端为戏台，另一端是灵元宫，祀奉赵公元帅神像，所以永宁桥剧场又名灵元宫剧场。戏台前面左右和灵元宫左右都有出入口（图 3–337），和永宁桥一起形成完整的剧场，形式独特（图 3–338）。

1　即：日鸣盛、敲金、翔鸾、书仓、碧兰、八阳、泮水、揖瑞、双珠、锦树、瀛珠、锦和、瑞金、玉珠、壶兰、珍玉、锦林、金兰、克聚、云翘、荣招、树梨、武亭、胜凤、集锦、庆顺、凤仪、集瑞、兴隆、八艳、雪阳、沐芳。参见：中国戏曲志编委会．中国戏曲志 · 福建卷．文化艺术出版社，1993 年，第 583 页。

2　中国戏曲志编委会．中国戏曲志 · 福建卷．文化艺术出版社，1993 年，第 554 页。

3　由于民国时期的方志中，多记载清代的情况，所以本表收录了民国时期的方志。

图 3-336　永安市青水乡永宁桥剧场外景

图 3-337　永安市青水乡永宁桥戏台侧门

图 3-338　永安市青水乡永宁桥戏台及其观众区

图 3-339　永安市青水乡永宁桥戏台屋脊

戏台建于雍正二年（1724 年）。桥阁梁枋有题记：“大清雍正二年岁次甲辰建，庚午朔越十四丙辰日壬辰时鼎建。”光绪十四年（1888 年）曾翻修。

戏台面阔一间 6 米，进深三间，穿斗式构架。台面高 1 米，前后台以土墙分割，两侧有上下场门。墙体是以竹篾为骨架的泥灰土墙。屋顶瓦上装饰有燕尾、狮子、双龙戏珠等（图 3-339）。墙壁记载有清光绪至民国年间十几个戏班演出的剧目，如《白兔记》、《小腔戏》、《双进宫》、《满堂红》、《乾坤配》、《龙凤阁》等。

桥上建阁，宽 6 米。桥两边有木栏杆。柱间有纵向固定长凳。演戏时在长凳上横向搭板，即为观众席。旧时，每年农历正月、三月、七月初一至十五日，有戏班从早至晚不间断演出，场面十分热闹。

2. 永定县西陂村天后宫剧场

天后宫位于永定县高陂乡西陂村，始建于明嘉靖二十一年（1542 年）。初建时立名为“印心塔”，后因当地人信奉妈祖，而改称“天后宫”。天后宫坐南朝北（图 3-340），占地面积为 6435 平方米，有山门、戏台、正殿、塔等建筑（图 3-341）。其中塔高七层，40 余米，底层为正殿，供奉天后（妈祖）。

图 3-340　永定县西陂村天后宫正殿

宫内戏台建于清顺治十七年（1660 年），雍正、道光、同治年间进行过三次较大规模的重修。戏台和山门组合而建（图 3-342），面向正殿。台基高 2.0 米。前台一间，单檐歇山顶，面阔 5.39 米，进深 4.8 米。鼓镜柱础（图 3-343）。台中

图 3–341　永定县西陂村天后宫剧场内

图 3–342　永定县西陂村天后宫山门及塔

图 3–343　永定县西陂村天后宫山门（戏台背面）

图 3–344　永定县西陂村天后宫戏台柱础

有隔扇（图 3–344），区分前、后台（图 3–345）。隔扇上彩绘人物（图 3–346），两侧有上下场门（图 3–347）。藻井呈圆形（图 3–348）。庭院两侧有看楼（图 3–349）。

庭院东西为二层看楼。每年圣母圣诞，在此祈祷演戏，甚为热闹。

3. 永定县抚市镇天后宫剧场

天后宫中轴线上有山门、戏台、献殿、正殿等，两侧有厢房。根据宫内碑文记载，天后宫及其戏台建于乾隆五十四年（1789 年），道光二十年（1840 年）重修。

图 3–345　永定县西陂村天后宫戏台隔扇

图 3-346　永定县西陂村天后宫戏台的后台

图 3-347　永定县西陂村天后宫戏台上下场门

图 3-348　永定县西陂村天后宫戏台藻井

图 3-349　永定县西陂村天后宫看楼

戏台和山门组合而建（图 3-350、图 3-351），平面呈凸字形。前台一间，面阔 5.85 米，进深 3.35 米，单檐歇山顶。后台三间，通面阔 13.85 米，进深 3.14 米。前台顶部设藻井。庭院用卵石铺成，宽 20.8 米，长 16.5 米。两侧为单层廊庑（图 3-352）。

图 3-350　永定县抚市镇天后宫山门

图 3-351　永定县抚市镇天后宫戏台

图 3-352　永定县抚市镇天后宫廊庑

第十节　山东清代庙宇剧场

一、山东清代演剧和庙宇剧场发展情况

清初，山东一带连年灾荒，经济萧条。《清世祖实录》卷十三曾记载："(山东) 地土荒芜，有一户中，只存一二人者；十亩之中，只种一二亩者。"统治者为了维护和巩固其统治地位，实施奖励开垦的政策，积极恢复农业生产。康熙年间（1662 ~ 1722 年）起，山东政局趋于稳定，商业和手工业日渐兴盛和繁荣。社会的稳定和经济的繁荣，极大地促进了戏曲艺术的发展，演戏活动亦非常活跃。清代地方志中有许多演戏的记载。宣统三年（1911 年）的《清平县志》中，更是提及一年之内演戏 14 次，按每次三日计算，一年中至少有 42 日在演戏，可谓频繁[1]。曲阜《孔府档案》记载，在乾隆年间(1736 ~ 1795 年)，孔府就养过 15 个戏班[2]。特别是祀神性演出非常多见(表 3–17)。

山东清代地方志祀神性演剧的记载　　表 3–17

序号	地方志名称	内容摘录
1	清道光二十年 (1840 年) 重修的《山东府志 · 风俗》	济南水陆辐辏，贸易发达，倡优颇多
2	康熙四十七年 (1708 年)《巨野县志》	正月间，各村镇多演戏、杂耍，庆贺庙神
3	乾隆十四年 (1749 年)《平原县志》	(二月) 社前，四邻各醵钱演戏，以祈年
4	乾隆十八年 (1753 年)《博山县志》	(三月) 二十五日，俗谓"城隍神诞辰"，奉神者咸集庙酬醮，即于是日奉神出巡，并陈优戏三日。(四月) 十八日至二十日，凤凰山麓碧霞元君行宫香会，设优戏，商贷云集
5	乾隆四十九年 (1784 年)《新泰县志》	(正月元夕) 城市多设灯棚，又有竹马、杂剧，间以梨园笙歌，虽小民嬉戏，自具太平景色
6	光绪七年 (1881 年)《增修登州府志》	(四月) 十八日，俗谓是日为"碧霞元君生辰"，各属多结彩演剧，商贾贩鬻百货，游人如织，谓之"赶会"
7	光绪十八年 (1892 年)《泗水县志》	如验，即具牲醴祭之，或演剧以报赛
8	宣统三年 (1911 年)《滕县续志稿》	(龙王庙祈雨) 祷而应焉，则演戏以报之

祀神性演剧活动的兴盛，必然带动庙宇剧场建筑的大量兴建。一些碑文也记载了剧场建筑的建设情况。如乾隆十七年(1752 年)，郑板桥撰《新修城隍庙碑记》[3]，云："而于大门之外，新立演剧楼居一所……今城隍既以人道祀之，何必不以歌舞之事娱之哉？况金元院本，演古劝今，情神刻肖，令人激昂慷慨，欢喜悲号，其有功于世不少。"[4] 碑文中提到这次重修时"新立演剧楼居一所"，并明确提出修建"演剧楼"的真正目的不是为了娱乐神灵，而是借助娱乐神灵之名而"演古劝今"。

作者根据实地调查和查阅文献，整理了山东清代庙宇剧场建筑一览表（表 3–18），其中多数为庙宇剧场。惟现存者寥寥无几，令人遗憾。

1　丁世良，赵放主编．中国地方志民俗资料汇编（上）．书目文献出版社，1992 年，第 317 ~ 318 页。

2　转引自：中国戏曲志编委会．中国戏曲志 · 山东卷．中国 ISBN 中心，1994 年，第 13 页。

3　郑板桥（1693 ~ 1765 年）为"扬州八怪"的代表人物，以诗、书、画而著名。时任潍县（今潍坊市）县令的郑板桥倡捐重修城隍庙，竣工后亲自撰写了这通碑文。

4　郭建芬等编著．石刻造像．山东友谊出版社，2002 年，第 257 ~ 261 页。

山东清代剧场建筑一览表（包括现存者和已毁者，按地域排列）　　表 3–18

序号	名称	修建年代	资料来源	备注
1	济南市督城隍庙剧场	同治八年（1869 年）	2007 年 12 月实地调查	现存。济南市文物保护单位
2	青岛市天后宫剧场	同治四年（1865 年）	2006 年 3 月实地调研	现存。1982 年被列为青岛市文物保护单位
3	高密县城隍庙剧场	清代	《中国戏曲志·山东卷》，第 606 页	已毁
4	淄博市城隍庙剧场	清初	同上，第 586 页	已毁
5	淄博市青龙山白衣庙剧场	咸丰年间	同上，第 590 页	已毁
6	淄川县城隍庙剧场	清代	同上，第 606 页	已毁
7	淄博市周村三星庙剧场	清代	同上，第 606 页	已毁
8	烟台市芝罘岛阳主庙剧场	约清代	2006 年 3 月实地调研	现存。1992 年被列为省级文物保护单位
9	烟台市大庙剧场	咸丰十一年（1861 年）	2006 年 3 月实地调研	现存
10	潍坊市城隍庙剧场	乾隆十七年（1752 年）	《中国戏曲志·山东卷》，第 589 页	已毁
11	青州市上庄村铁佛寺剧场	约清代	同上，第 585 页	不详。1990 年被列为青州市文物保护单位
12	青州市苏峪寺村剧场	约清代	同上，第 585 页。	现存。1990 年被公布为青州市文物保护单位
13	昌邑市城隍庙剧场	乾隆年间初	同上，第 583 页	已毁
14	昌邑市龙池瓦乡孙子庙剧场	光绪年间	同上，第 592 页	已毁
15	昌邑市角兰村剧场	乾隆年间（1736 ~ 1795 年）	同上，第 605 页	已毁
16	昌邑市柳疃镇玉皇庙剧场	康熙四十一年（1735 年）	同上，第 586 页	已毁
17	昌乐市城隍庙剧场	清代	同上，第 592 页	已毁
18	平度县城隍庙剧场	嘉庆年间（1796 ~ 1820 年）	同上，第 606 页	已毁
19	平度县古砚镇府君庙剧场	清代	同上，第 606 页	已毁
20	平度县古砚镇大朱毛村剧场	清代	同上，第 606 页	已毁
21	邹县大元村玉皇山剧场	乾隆六年（1741 年）	同上，第 586 页	不详
22	邹县峰山白云观剧场	咸丰年间	同上，第 582 页	已毁
23	邹县峄山火神庙剧场	雍正年间（1723 ~ 1735 年）	同上，第 605 页	已毁
24	汶上县城隍庙剧场	清初	《中国戏曲志·山东卷》，第 605 页	不详
25	嘉祥上花林村关帝庙剧场	咸丰年间（1851 ~ 1861 年）	同上，第 590 页	不详
26	泰安市城隍庙剧场	乾隆二十四年（1759 年）	《国剧画报》2 卷 23 期，1933 年	已毁

续表

序号	名称	修建年代	资料来源	备注
27	泰山市关帝庙剧场	清初	2006 年 3 月实地调研	现存。2006 年被列为全国重点文物保护单位
28	肥城县过村剧场	道光年间(1821 ~ 1850 年)	《中国戏曲志 · 山东卷》,第 590 页	不详
29	肥城县南大留村剧场	康熙三年（1664 年）	同上，第 605 页	已毁
30	肥城老城关帝庙剧场	康熙年间（1662 ~ 1772 年）	同上，第 605 页	已毁
31	肥城县老城东关剧场	乾隆年间（1736 ~ 1795 年）	同上，第 605 页	已毁
32	肥城县石横村剧场	嘉庆年间（1796 ~ 1820 年）	同上，第 606 页	已毁
33	肥城县北仪仙村剧场	道光年间（1821 ~ 1850 年）	同上，第 606 页	已毁
34	肥城县石坞村剧场	咸丰十一年(1861 年)	同上，第 606 页	已毁
35	威海市刘公岛海龙王庙戏台	清代	同上，第 591 页	现存。1988 年被列为全国重点文物保护单位
36	威海市关帝庙剧场	道光元年(1821 年)	同上，第 589 页	已毁
37	荣成县成山秦皇庙剧场	嘉庆年间(1796 ~ 1820 年)	同上，第 589 页	不详。1988 年被列为荣成县文物保护单位
38	临清县西魏村真武庙剧场	清初	《中国戏曲志 · 山东卷》,第 586 页	已毁
39	临清县漳王庙剧场	清初	同上，第 605 页	已毁
40	临清县太平街关帝庙剧场	乾隆年间（1736 ~ 1795 年)	同上，第 605 页	已毁
41	临清县二闸口大王庙剧场	乾隆年间（1736 ~ 1795 年)	同上，第 605 页	已毁
42	临清县行宫庙剧场	清代	同上，第 606 页	已毁
43	临清县天齐庙剧场	清代	同上，第 606 页	已毁
44	临清县东辛北村三义庙剧场	清代	同上，第 606 页	已毁
45	禹城市旧城故城里剧场	嘉庆二年（1737 年）	同上，第 606 页	已毁
46	沾化县古城镇城隍庙剧场	光绪年间	同上，第 592 页	已毁
47	博兴县关帝庙剧场	清代	同上，第 586 页	已毁
48	菏泽市佃户屯李集剧场	道光年间（1821 ~ 1850 年)	同上，第 606 页	已毁
49	菏泽市辛集镇剧场	清代	同上，第 606 页	已毁
50	东平县沙站镇剧场	清代	同上，第 606 页	已毁
51	蓬莱天后宫剧场	清代	实地调查	清代

二、山东清代庙宇剧场实例分析

1. 蓬莱市天后宫剧场

天后宫（图 3−353）坐南朝北，四进院落，中线上从南到北依次建有山门、戏台、前殿、垂花门、正殿、寝殿等。戏台（图 3−354、图 3−355）正对前殿，采用前后勾连式。其中前台面宽和进深均为单开间，卷棚歇山顶，三面敞开。后台面宽三间，硬山顶。惟后台在民国 26 年（1937 年）被日机炸毁，于 1958 年重修。前台石柱上有楹联，云：“乐奏钧天潮汐声中喧岛屿，宫开碣石笙歌队里彻蓬瀛”，横批“观之矣”。后台的前侧和山墙均设有圆窗。戏台台面下为通道。台前有宽敞的庭院，演剧之时可容纳千余观众。

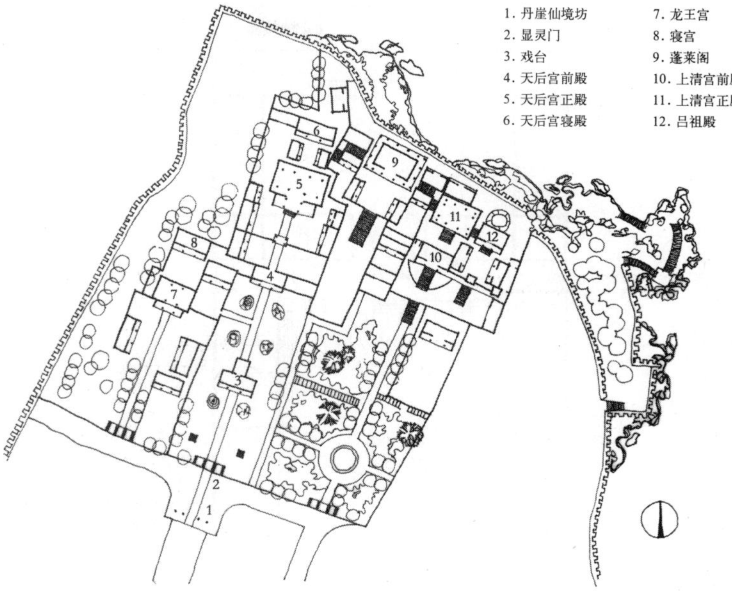

图 3−353　蓬莱阁平面图（中轴线上为天后宫）

图 3−354　蓬莱天后宫戏台外观

图 3−355　蓬莱天后宫戏台前台

2. 青岛天后宫剧场

天后宫始建于明成化三年（1467 年），明崇祯十七年（1644 年）、清雍正十一年（1733 年）、同治年间（1862 ~ 1874 年）、光绪二十四年（1898 年）均有较大的扩建和修葺。同治十三年（1874 年）重修石碑记云：“墨邑青岛口，旧有天后宫以妥神灵，不过粗具规模，未足以壮观耳……宏舸连触，巨舰接舶，乃增其旧制，敞之以庭堂，峻之以阶级，节棁耀彩，金碧腾辉，可谓威镇四海。”可见当时天后宫规模之大，装饰之精美。

天后宫现占地面积约 3400 平方米，坐南向北，二进院落，中轴线上有戏台、门楼、正殿，两侧有配殿、钟鼓楼等（图 3−356）。

现存戏台建于清同治四年（1865 年）。同年《募建戏楼碑记》云：“窃闻青岛开创以来，百有余年，迄今旅客商人鳞集而至……天后殿前旧有戏楼遗址，而栋宇全无，不堪适观……故旧春诸公，捐资胜举，募建成戏楼一座。”[1] 惟 20 世纪 40 年代重修时，屋顶有所改动。

戏台（图 3−357、图 3−358）面宽三间，单檐歇山顶，覆黄绿琉璃。台面下为拱形通道。檐柱外侧悬楹联一副，云：“看出将入相袍笏登场，无非借古处衣冠，要妆点神灵圣迹；就福善祸淫现身说法，岂为炫世人耳目，只宣化菩萨心肠。”[2] 清人胡存约在光绪二十二年（1896 年）农历正月

1　中国戏曲志编委会．中国戏曲志 · 山东卷．中国 ISBN 中心，1994 年，第 591 页。

2　另一副楹联则为今人书写。

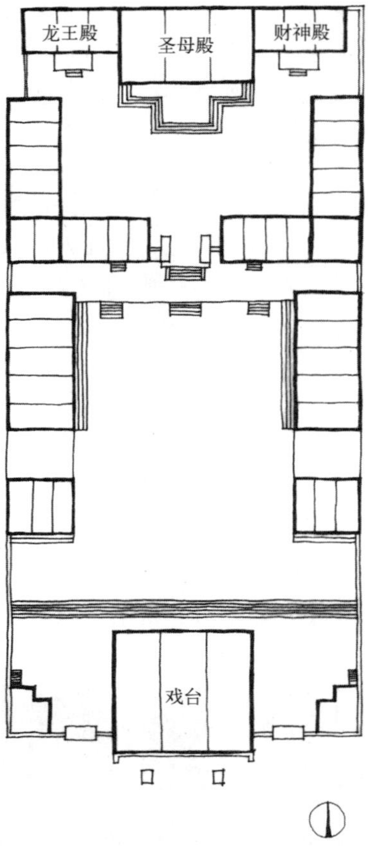

图 3–356　青岛天后宫平面图

图 3–357　青岛天后宫山门（戏台背面）

图 3–358　青岛天后宫戏台

图 3–359　烟台大庙戏台

图 3–360　烟台大庙戏台梁架

十三日写道 ：“天后庙（即今天后宫）则设台‘耍景’（指唱戏），间或两台，多时亦设于总镇衙门南侧”。[1] 从此可知，天后宫有同时演出两台戏的情况。

3．烟台大庙剧场

大庙现已毁，仅存戏台。碑文载：“咸丰十一年（1861 年）修戏楼。”戏台采用前后勾连式（图 3–359）。前台面宽单间，进深单间，四周用四根石柱支撑，三面敞开，单檐歇山顶，抬梁结构（图 3–360）。檐柱阳刻楹联，云：“慈航通渤海五音兢响答神庥；宝筏渡迷津万顷安澜彰永德”。后台面宽三间，硬山顶。檐下施斗栱。额枋上有花卉、人物等木雕（图 3–361）。

1　见清 · 胡存约所著《海云堂随记》，该书采用“日记体”随笔，全书约两万字，主要记述了从 19 世纪末到 20 世纪初青岛地区的商业、渔业、军事、税收、世情及风俗等。

图 3–361　烟台大庙戏台雕刻

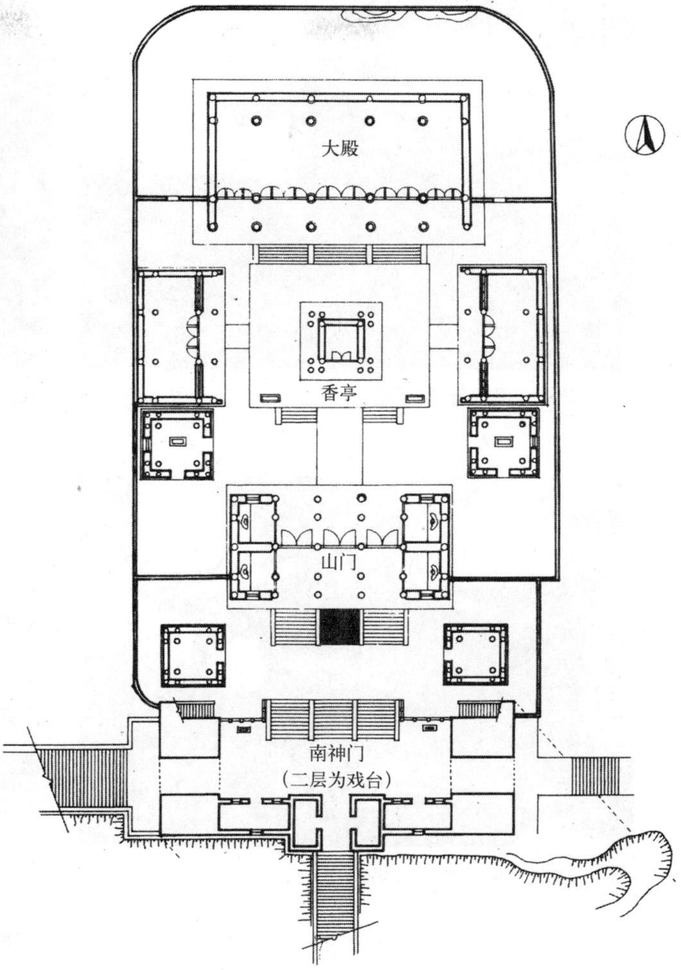

图 3–362　泰山碧霞祠平面图

陈从周编著．岱庙．山东科学技术出版社，1992 年，第 68 页。

4．泰山碧霞祠剧场

碧霞祠位于泰山玉皇顶南，分前后两院，中轴线上有南神门、山门、香亭、大殿，左右分列东西神门、钟鼓楼、御碑亭、东西配殿等（图 3–362、图 3–363）。南神门（图 3–364）位于碧霞祠前院南侧，与东、西神门一起构成碧霞祠的出入口。戏台（图 3–365）位于南神门之上，增建于清顺治十八年（1661 年）。面阔三间 9.79 米，进深六架梁 4.95 米，卷棚歇山顶。檩檐、额枋、雀替均饰施沥金彩绘，色泽亮丽。戏台下面的通道（即南神门）为石砌方形门洞，平铺条石。台面东西山墙各开一拱形门，和祠外东西平台相通。

图 3–363　泰山碧霞祠鸟瞰

图 3–364　泰山碧霞祠山门（戏台背面）

图 3-365　泰山碧霞祠戏台

图 3-366　泰山关帝庙戏台背面

图 3-367　泰山关帝庙戏台

5. 泰山关帝庙剧场

关帝庙位于泰山南麓，东侧即为登泰山的盘道。关帝庙原名关帝祠，又称山西会馆，创建年代无考。清代时，山西商人曾捐资扩建，并将该庙宇作为祭祀、庆典和聚会议事的场所。关帝庙分东西两部分。其中东半部是主体，中轴线有影壁、山门、拜殿、正殿。

戏台建于山门通道上，面向拜殿和正殿。山门前有廊，面宽三间，前檐有四根方形石柱（图 3-366）。戏台（图 3-367）重修于清咸丰九年（1859 年），采用前后勾连的形式。前台面宽一间，卷棚歇山顶。后台（其背面即为山门）面宽三间，卷棚硬山顶。台前庭院东西两侧有厢房。庭院北侧有 20 余级台阶。台阶上的平台中建拜殿，面宽三间。

第十一节　河南清代庙宇剧场

一、河南清代演剧概论

清代，河南一带政治稳定、经济发展，人口迅猛增加，商业日趋繁荣。商业的繁荣为戏曲的蓬勃发展提供了非常好的条件。各种演戏活动更加频繁，香火庙会、敬祖还愿、喜庆筵席、商业聚会等均借演戏渲染气氛，民众也趋之若鹜。康熙十八年（1679 年），阳阴县知县到任数月后所写文告中论道："优俳演戏，以游惰之人，耗耕夫之获，废时失事，男女若狂，莫此若甚。"[1] 康熙二十九年（1690 年）前后，上蔡县知县在《禁戏详文》中论道："两河风土，自秋成以后，冬月以至新春三四月间，无处不以唱戏为事。"[2] 曾任河南巡抚的田文镜论道："查访豫省，每于集镇冲要处所，扎搭高台，演唱啰戏，动辄三五日不散。"[3] 乾隆十八年（1753 年）《郾城县志》也记载了当时的演戏情况："百货俱集，男女杂逐，一村演戏，众村皆至，各招亲厚者，流连宴乐。移他村，亦如之。"[4]

1　见《阳阴县志》卷八《风俗物产考》。
2　见《上蔡县志》卷一《地舆志》。
3　见田文镜《抚豫宣化录》卷之三（上）"特揭保甲之要法以课吏治事"。
4　清乾隆十八年（1753 年）《郾城县志》。

各种祀神性演剧更是非常频繁。乾隆十二年（1747 年）《原武县志》论道：“春祈秋报，每好演戏赛庙为盛会。”[1] 嘉庆十八年（1813 年）《洛阳县志》论道：“俗喜祀神，多结里社，演戏无节，禳瘟、禳火，贺雨、贺晴，重叠举行。太平和乐，固属胜事，但虚靡有用之财，亦宜杜其渐也。”[2] 道光十五年（1835 年）《舞阳县志》论道：“每逢修庙修路及一切造作工程，凡化缘上布施，必欲唱戏，并厚待斋公，习俗相沿，牢不可破。”[3] 有时，演出规模也很大，光绪七年（1881 年）《宜阳县志》记载该县的一次城隍庙庙会上，同时有七八台戏在演出。由于祀神性演剧的兴盛，庙宇剧场建筑也得到极大繁荣，各地纷纷建造庙宇剧场建筑。

二、河南清代庙宇剧场综述

根据 20 世纪 80 年代的统计，河南历史上曾有近 3500 座剧场建筑，“有的县多达百座以上，一般也有五六十座，少则二三十座”[4]。这些剧场建筑大致可分为庙宇剧场、会馆剧场、祠堂剧场等，其中以庙宇剧场最为多见。

建造庙宇剧场的公开目的大多是为了祭祀神灵。新安县荆紫山乾隆二十一年（1756 年）《创建玉皇庙舞楼碑》中论道：“从来享赛神圣，必须歌舞敬献，歌舞必须楼台。”[5] 偃师市寺沟村乾隆五十五年（1790 年）《创建大王庙前舞楼碑记》中论道：“从来有庙宇以妥神灵，即有乐楼以壮观瞻。”新县安江屯村新安嘉庆十年（1805 年）《创修关帝庙乐楼碑记》中论道：“新邑江屯旧有关帝庙，春秋享祀有自来矣。而乐楼未修。村民欲献歌舞者，心皆缺然。”安阳县东水村嘉庆二十年（1815 年）《创建戏楼碑记》中论道：“今而后春祈秋报，演唱歌舞，休明赖以鼓吹，太平用以点缀，咸于斯楼。”辉县楼子村光绪二十九年（1903 年）《戏楼碑》中论道：“春祈秋报，供奉神圣，庶不患无歌唱之地也。”当然，大量庙宇剧场建筑的兴建和民众对戏曲演出的热衷有关，或多或少利用“奉神”作为幌子。

随着演出规模的扩大和观众的增多，河南清代扩建戏台和台前庭院的情况也非常普遍。新安县滩子沟村康熙五十七年（1718 年）《重修舞楼碑记》中述及：“旧有舞楼一座，乃规模狭小，风雨难蔽，每当享赛献戏，多嫌其隘，因而扩大之。”洛宁县城关镇乾隆二十三年（1758 年）《重修关帝庙舞楼碑记》中述及：“夫子之庙有舞楼仅一楹，创于雍正五年，风雨飘摇，墙壁倾颓，时有信士郭□□重修，易一殿而为三楹焉。”辉县高庄乡苏村火神庙乾隆四十六年（1781 年）《重建戏楼碑记》中述及：“改建戏楼三间，较前规模廓广。”巩义市新中乡咸丰十年(1860 年)《创建宝泉山舞楼碑记》中述及：“乃前之舞楼，后隅山阿，前通祠宇，其中隙地逼仄特甚。每值演戏，杂□喧阗未足以客游者……择祠外宏敞之区而创建焉。”辉县西平罗乡同治元年（1862 年）《天爷庙戏楼碑》中述及戏台“规模浅狭，难堪畅舞”，于是“集匠兴工，宽其基、高其楼”。巩义市鲁庄乡苏家庄村同治三年（1864 年）《武当华岳圣社□地修墙碑》中述及：“念其庙貌狭小，欲广大其规模。因将庙南增其地亩，广墙垣修而备。移舞楼于后，使庙宏阔而拜谒有以壮观瞻焉。”从上述史料可以看出，清代剧场纷纷扩大规模，将原来一间的戏台改为三间，同时扩大观众区的面积，以适应日益增多的观众。

作者根据《中国文物地图集 · 河南分册》（1991 版）、《中国戏曲志 · 湖南卷》（1993 年版）、文物部门相关文件以及实地调研，整理了河南传统戏台建筑一览表（表 3–19）[6]，基本上收录了河南现存的清代庙宇剧场建筑。

---

1 清乾隆十二年（1747 年）《原武县志》十卷：“春祈秋报，每好演戏赛庙为盛会。”

2 清嘉庆十八年《洛阳县志》六十卷。

3 清道光十五年（1835 年）《舞阳县志》六卷。

4 中国戏曲志编委会 . 中国戏曲志 · 河南卷 . 文化艺术出版社，1992 年，第 499、530 页。

5 本节所引用的碑文主要来自作者实地调研时所抄录以及文献《中州戏曲历史文物考》（文物出版社，1992 年）、《中国戏曲志 · 河南卷》（文化艺术出版社，1992 年）等。为了节省篇幅，下面就不再一一列出。

6 目前，有部分戏台可能已经不存，特别是未列入文物保护单位的。

河南现存清代庙宇剧场一览表　　表 3–19

序号	地点和名称	年代	备注
1	郑州市商城东路城隍庙戏台	清代	省文物保护单位
2	郑州市古荥乡纪公庙村纪公庙戏台	清代	
3	郑州市大冶乡沙沟村关帝庙戏台	清代	
4	郑州市王村乡王村老君庙戏台	清代	
5	郑州市南河渡乡神北村大王庙戏台	清代	市文物保护单位
6	郑州市米河乡高庙村戏台	清代	市文物保护单位
7	郑州市涉村乡后村关帝庙戏台	清代	市文物保护单位
8	郑州市康店乡山头村芦医庙戏台	清代	市文物保护单位
9	郑州市平陌乡白龙庙村白龙庙戏台	清代	县文物保护单位
10	郑州市老城西街城隍庙戏台	清代	县文物保护单位
11	郑州市芶堂乡山刘寨村圣地庙戏台	清代	
12	郑州市老城西关关岳庙戏台	清代	
13	开封市财政厅东街火神庙戏台	清代	
14	平顶山市汝阳市区城隍庙戏台	清代	县文物保护单位
15	平顶山市襄城县城关城隍庙戏台	清代	县文物保护单位
16	平顶山市鲁山县二郎庙乡二郎庙村二郎庙戏台	嘉庆十二年（1807 年）	县文物保护单位
17	平顶山市叶县洪庄杨乡洛岗村戏台	清代	
18	洛阳市老城区定鼎南路周公庙戏台	清代	省文物保护单位
19	洛阳市关林镇关林戏台	清代	省文物保护单位
20	洛阳市老城区中州中路府城隍庙戏台	清代	市文物保护单位
21	洛阳市洛宁县故县乡隍城村隍城庙戏台	清代	县文物保护单位
22	洛阳市洛宁县赵村乡东山底村山神庙戏台	清代	县文物保护单位
23	洛阳市洛宁县河底乡河底村关帝庙戏台	清代	县文物保护单位
24	洛阳市洛宁县杨坡乡西原村千佛寺戏台	清代	县文物保护单位
25	洛阳市洛宁县中河乡下河堤村关帝庙戏台	清代	县文物保护单位
26	洛阳市洛宁县马店乡张村张村关帝庙戏台	清代	县文物保护单位
27	洛阳市洛宁县马店乡马东村泰山庙戏台	清代	县文物保护单位
28	洛阳市洛宁县下峪乡崇阳村居仙庙戏台	清代	县文物保护单位
29	洛阳市洛宁县底张乡草庙岭村娘娘庙戏台	清代	县文物保护单位
30	洛阳市宜阳县县城中大街城隍庙戏台	清代	县文物保护单位
31	洛阳市嵩县城关镇上仓村财神庙戏台	清代	县文物保护单位
32	洛阳市嵩县库区乡安岭村三圣庙戏台	清代	县文物保护单位
33	洛阳市嵩县德亭乡德亭街德亭关帝庙戏台	清代	县文物保护单位
34	洛阳市嵩县大章乡大章街天地庙戏台	清代	县文物保护单位
35	洛阳市汝阳县内埠乡大安村火神行宫戏台	清代	
36	洛阳市栾川县冷水乡龙王庙村龙王庙戏台	清代	
37	洛阳市栾川县石庙乡石庙村黄大王庙戏台	清代	
38	焦作市龙洞乡西张庄村龙王庙戏台	清代	
39	焦作市百间房乡桶张河村老君庙戏台	清代	
40	焦作市济源市承留乡南姚村汤帝庙戏台	清代	县文物保护单位
41	焦作市济源市承留乡下观村灵都观戏台	清代	县文物保护单位
42	焦作市济源市邵原乡神沟村汤帝庙戏台	清代	

续表

序号	地点和名称	年代	备注
43	焦作市孟县石庄乡马吉岭村清牛观戏台	清代	
44	焦作市武陟县二里铺乡南贾村玉皇庙戏台	清代	
45	焦作市武陟县城关乡万花村青龙宫戏台	清代	
46	焦作市修武县岸上乡一斗水村牛马王庙戏台	清代	
47	焦作市沁阳市山王庄乡万善南街汤帝庙戏台	清代	
48	焦作市沁阳市西万乡景明村红果寺戏台	清代	
49	焦作市沁阳市老山王庄乡盆窑村君庙戏台	清代	
50	焦作市沁阳市西万乡石庄三圣庙戏台	清代	
51	焦作市沁阳市山王庄乡大郎寨村牛王庙戏台	清代	
52	鹤壁市鹿楼乡白龙庙村白龙庙戏台	清代	
53	新乡市东大街关帝庙戏台	清代	市文物保护单位
54	新乡市东郊平原乡刘庄营村戏台	清代	市文物保护单位
55	新乡市北站区何屯村戏台	清代	市文物保护单位
56	新乡市辉县市东大街城隍庙戏台	清代	县文物保护单位
57	新乡市辉县市薄壁乡大王庙村大王庙戏台	清代	
58	新乡市辉县市平甸乡平甸村玉皇庙戏台	清代	
59	新乡市辉县市三郊口乡孙石窑村龙王庙戏台	清代	
60	新乡市辉县市南寨乡张台寺村张泽寺戏台	清代	县文物保护单位
61	新乡市卫辉市太公泉乡芳兰村戏台	清代	县文物保护单位
62	安阳市龙泉乡白龙庙村白龙庙戏台	清代	市文物保护单位
63	安阳市南关戏台	清代	
64	安阳市安阳县马家乡北齐村北禅寺戏台	清代	
65	许昌市禹州市神垕镇西大街伯灵翁庙戏台	清代	省文物保护单位
66	漯河市舞阳县北舞渡镇马王庙戏台	清代	
67	漯河市舞阳县保和乡卸店村关帝庙戏台	清代	
68	三门峡市交口乡南梁村万寿宫戏台	清代	市文物保护单位
69	三门峡市卢氏县城内城隍庙戏台	清代	省文物保护单位
70	三门峡市卢氏县官道口乡大岭村汰淙庙戏台	清代	县文物保护单位
71	三门峡市卢氏县城郊乡胡家寨村汰淙庙戏台	清代	县文物保护单位
72	三门峡市卢氏县沙河乡三角城村大明寺戏台	清代	县文物保护单位
73	三门峡市卢氏县范蠡乡范蠡村结义庙戏台	清代	县文物保护单位
74	三门峡市卢氏县潘沙乡下河村乾明寺戏台	清代	县文物保护单位
75	三门峡市卢氏县范蠡乡涧底沟紫虚观戏台	清代	县文物保护单位
76	三门峡市卢氏县杜关乡杜关村关帝庙戏台	清代	县文物保护单位
77	信阳市罗山县河口寨村金龙寺大王庙戏台	清代	县文物保护单位
78	信阳市潢山县城关镇南花庙戏台	清代	
79	南阳市镇平县城关镇城隍庙戏台	清代	县文物保护单位
80	南阳市西峡县军马河乡长探河村娘娘庙戏台	清代	
81	南阳市西峡县丹水镇戏台	清代	
82	南阳市西峡县二郎坪乡戏台	清代	
83	南阳市内乡县王店乡显圣庙村显圣庙戏台	清代	县文物保护单位
84	南阳市方城县四里店乡维摩寺村维摩寺戏台	清代	县文物保护单位
85	南阳市社旗县城中心街火神庙戏台	清代	县文物保护单位

图 3–368　禹州市神垕镇伯灵翁庙戏台背面(山门)

图 3–369　禹州市神垕镇伯灵翁庙山门石狮及其石柱

图 3–370　禹州市神垕镇伯灵翁庙戏台正面

图 3–371　禹州市神垕镇伯灵翁庙戏台台面下的柱础

图 3–372　禹州市神垕镇伯灵翁庙戏台明间雕刻

三、河南清代庙宇剧场实例分析

1. 禹州市神垕镇伯灵翁庙及其关帝庙剧场

伯灵翁庙位于禹州市神垕镇西大街路北。戏台建在山门之上，坐南面北，正对大殿（现今大殿已毁，仅存台基）。戏台背面门额上有题记“康熙年重建，光绪年重修”。

戏台和山门组合而建，戏台背面一间出厦作为山门（图 3–368）。山门出厦一间，石柱，柱上阴雕楹联。梁枋上雕有人物故事、山水花鸟，玲珑剔透。山门前有一对石狮（图 3–369），雕刻精美。进入山门，回头即见戏台（图 3–370）。

戏台台基高 2.3 米，短木柱支撑台面，台面由木板铺成。面宽三间 9.7 米，其中明间 3.8 米，进深 8.9 米。前台三面敞开，歇山顶。台面用短木柱支撑（图 3–371）。屋顶铺绿色琉璃瓦，饰有鸱吻、脊兽等琉璃饰件，正脊中间置宝瓶(已残)。西侧有一砖石台阶，通向台面。檐枋下的斗栱玲珑秀丽，雕刻精致，耍头雕成龙状，雀替亦雕刻精美（图 3–372、图 3–373）。柱间枋木上雕有山水、人物、云龙、花卉等。

与伯灵翁庙相邻有关帝庙。关帝庙中亦有戏台（图 3–374、图 3–375）。两庙的戏台并排而建，仅距三米。关帝庙戏台重修于清嘉庆十五年（1810 年）。庙中清嘉庆十五年《重修关帝庙碑记》提到：“自戊辰岁有首领十余人……捐己财，募鸠工焉。庙貌巍峨如故……由是而隔扇，而墙垣，而门楼，而戏台，莫不

图 3–373　禹州市神垕镇伯灵翁庙戏台次间雕刻

图 3–374　禹州市神垕镇关帝庙戏台正面

图 3–375　禹州市神垕镇关帝庙戏台背面

涂塈之。又丹之，又金妆之。”[1] 另外，庙内还有清道光十一年（1831 年）《重修关帝庙拜殿砌客室戏楼记》石碑[2]。关帝庙戏台坐南面北，面宽三间，台基高 2.5 米，前台为歇山顶，后台为硬山顶，前后勾连在一起。

2. 郑州城隍庙剧场

城隍庙位于郑州老城区东北隅，创建于明初，明弘治十四年（1501 年）重修，其后又有多次修葺。该庙坐北朝南，中轴线上现存山门、前殿、戏台、大殿（图 3–376）和寝殿等。

图 3–376　郑州城隍庙大殿

戏台前檐石柱上有纪年题记“雍正乙卯”，可初步判断其建于清雍正十三年（1735 年）。后来，在光绪年间（1875 ~ 1908 年）经过较大规模的重修。时任郑州知州的汤似慈在光绪二十四年（1898 年）《重修城隍庙戏楼记》碑文中述道：“独酬神演剧之台颓废不治”，于是倡议重修，“鸠工庀材，镂楹刻桷，输□为美，丹漆外敷，巩然焕然而成是台。继自今邑牺尊调风律。举凡忠孝节义，可钦可慕之事一二，穷形画□于是台，□以感触梼昧，振发馈聋”[3]。

1　杨健民．中州戏曲历史文物考．文物出版社，1992 年，第 222 页。
2　杨健民．中州戏曲历史文物考．文物出版社，1992 年，第 223 页。
3　作者 2002 年 7 月实地调研时抄录。

图 3–377　郑州城隍庙戏台

图 3–379　社旗县火神庙山门

图 3–378　郑州城隍庙戏台楹联

戏台坐南面北，平面呈凸字形，重檐歇山顶，采用前后勾连的形式（图 3–377）。前台面宽单间，后台面宽三间。戏台的北、东、西三面均出厦。琉璃瓦饰顶，正脊中间有宝瓶，两端有鸱吻。垂脊和戗脊上有多个走兽。台口两根方形石柱上刻有楹联："传出幽明报应彰天道，演来生死轮回醒世人"（图 3–378）。台前沿围有刻花石栏杆。檐下施斗栱。台面下设阶梯可达台面。台基南北辟门洞作为通道。

台前东西两侧各有二层看楼，均面宽七间，旧时为妇女儿童观戏之处。

3．社旗县火神庙剧场

图 3–380　社旗县火神庙木牌楼外观

火神庙位于社旗县城内。据碑记铭文，火神庙始建于清雍正二年（1724 年），竣工于雍正六年（1728 年）。坐北向南，东西宽 34 米，南北长 85 米，占地面积为 2890 平方米，中轴线自南向北有山门（图 3–379）、戏台、木牌楼（图 3–380）、大殿、后殿等。大殿面宽三间，硬山卷棚顶。

戏台位于庙的最南端，和山门组合而建，采用前后勾连形式，前台卷棚歇山顶，后台硬山顶（图 3–381）。前台通面宽三间 10.1 米，其中明间 4.25 米，进深 4.8 米；

图 3–381 社旗县火神庙戏台外观

图 3–382 社旗县火神庙戏台台沿石雕

后台面宽五间，进深 4.5 米。台基高 2.3 米，中间辟为山门。台沿雕各种花卉（图 3–382)。前台石柱有三副楹联：“对月清歌不亚广陵大曲；当花妙舞何殊西子尔□”；“剧戏当场假笑啼中真面观；解人寓意外留连处内心知”；“烛间细领究之着着皆真耳；其中大观那得头头都是边”；其中前两副楹联雕于前檐角柱的正面和侧面。台口现被封闭，整体结构保存较好。

图 3–383 禹州城隍庙戏台

4. 禹州城隍庙剧场

城隍庙位于禹州市区西北角，现为市级重点文物保护单位。戏台平面呈凸字形，前后勾连式，均为单檐歇山顶，面宽三间，木柱支撑(图 3–383、图 3–384)。檐下施斗栱（图 3–385)。前台两侧有台阶，可通台面。台面高 2.6 米，下面为通道。戏台翼角翘起明显。惟台口现封闭，作为他用。

图 3–384 禹州城隍庙戏台背面

图 3–385 禹州城隍庙戏台角科

图 3–386　洛阳关林戏台外观

图 3–387　洛阳关林山门（和戏台遥相呼应）

图 3–388　新密城隍庙戏台

图 3–389　新密城隍庙山门（戏台背面）

5. 洛阳关林剧场

关林位于洛阳城南 7 公里处的关林镇，相传是埋葬三国蜀将关羽首级的墓冢，故又称关帝冢。因在冢前建庙，亦称关帝庙。关林始建于明万历二十四年（1596 年），清乾隆年间（1736 ~ 1795 年）扩建和增修。占地面积约 6 万平方米，中轴线依次有戏台、山门、仪门、拜殿、大殿、二殿、三殿、石牌坊、林碑亭、关墓等。

戏台（图 3–386）位于山门外（图 3–387）。庙内清乾隆五十六年（1791 年）石碑提到："今将添建关林庙前戏楼、月台、甬道、东西牌坊，在洛行商山陕商人所捐银数姓名开列于后。"[1] 根据该通石碑记载，戏台应是当年所建。

戏台平面呈凸字形，前台面宽三间 8 米，进深一间 4.8 米，重檐歇山顶；后台面宽五间 14 米，进深一间，单檐硬山顶，前台和后台前后勾连。后台两侧山墙有圆窗。整座戏台造型优美，装饰精致。台前广场开阔，演剧时可容纳数千观众。

6. 新密城隍庙剧场

城隍庙位于新密市老城城关镇南街村。中轴线上有山门（通道上面为戏台）、献殿和大殿等。清顺治九年（1652 年）《密县志》记载，"城隍庙，县治西，洪武四年建"，但文中未言及戏台的修建时间。从现存戏台特征看，应是清代所建。

戏台（图 3–388、图 3–389）坐南向北，单檐歇山顶，抬梁结构（图 3–390）。通面宽三间

1　2006 年 2 月实地调查时抄录。

图 3-390　新密城隍庙戏台内的梁架

图 3-391　新密城隍庙戏台背面正中的圆窗

图 3-392　新密城隍庙献殿和正殿

图 3-393　新密关帝庙戏台外观

10.34 米，通进深 5.5 米，其中前台进深 3.0 米。台基高 2.25 米，中间为砖砌门洞。后台两侧与钟鼓楼相连。戏台背面正中，有一莲花砖雕，构图巧妙。砖雕两侧开圆窗（图 3-391）。

大殿前有宽敞的月台（图 3-392），原兼作妇女观剧之处。民国《密县志》载："二月二十八日祀城隍，居民醵钱演戏，商贾云集，士女如云。"可见旧时演戏活动非常兴盛。

7. 新密关帝庙剧场

关帝庙位于新密市老城西街。据顺治《密县志》卷四《创建关帝庙碑记》记载，顺治五年（1648 年）密县知县李芝兰将东门外的关帝庙迁建于西门外，庙内设有戏台。碑文提到："建造大殿、拜殿各三楹，左右庑、乐楼、大门、墙垣、禅室逐经完备。"庙内现仅存戏台。

戏台（图 3-393、图 3-394）坐南向北，通面宽三间 10.3 米，明间明显宽于次间，通进深 6.3 米，其中前台 4.5 米。前台为单檐歇山顶，后台为硬山顶，前后勾连在一起。前台三面敞开（现封闭）。砖砌台基，留有三孔门洞，作为进出庙宇的通道。台面

图 3-394　新密关帝庙戏台背面

图 3-395　新密关帝庙戏台角科

图 3-396　安阳白龙庙村白龙庙戏台外观

图 3-397　安阳白龙庙村白龙庙戏台背面

图 3-398　安阳白龙庙村白龙庙戏台梁架

高 2.85 米。檐下施斗栱（图 3-395）。戏台和大殿之间的院落是观众观戏之处。原大殿前有月台，宽 12 米，深 6 米，为妇女观剧之处[1]。

8. 安阳市白龙庙村白龙庙剧场

白龙庙位于安阳市西南 12 公里的白龙庙村。白龙庙坐北朝南，始建于元泰定年间，明、清曾多次扩建或修葺。中轴线上有山门（和戏台组合而建）、白龙殿、寝殿，两侧有厢房。

戏台位于山门之上（图 3-396、图 3-397），面宽三间 5.3 米，进深 7.5 米，其中前台 4.1 米，抬梁结构（图 3-398）。砖砌台基，中辟门洞。前檐方形石柱刻有两副楹联："弦奏春夏惟祈甘霖时布；歌舞江屡画愿大泽无疆"和"略迹厚情俱是镜花水月；设身处地阁非海市蜃楼"。隔扇上书"神怡楼"。内壁有题记："咸丰二年十一月初七日；其仲叶头在此一乐也；一本蓝稿；二本花墙；三本借香；四本沙滩；五本双换；六本昆山；七本满堂红；八本合花；九本拐马；十本舞齐寿（受）四天；曹画南乡郭□□刘（留）字人北乡□□村□□。"[2]

1　中国戏曲志编委会 . 中国戏曲志 · 河南卷 . 文化艺术出版社，1992 年，第 504 页。

2　引自：杨建民 . 中州戏曲历史文物考 . 文物出版社，1992 年，第 12 页。作者实地调研时已模糊不清。

第十二节　湖北清代庙宇剧场

一、湖北清代庙宇剧场概论

入清以后，湖北的经济、商业逐渐恢复并日趋繁荣。在戏曲方面，随着昆曲盛行，秦腔南下，汉剧（源于湖北）风行，湖北各地的演剧开始频繁，并一直延续到清末民初。湖北清代地方志中有关演戏的记载也颇多，特别是各种祭祀、祈福性演剧更是非常多见。

庙宇是清代民间最重要的演出场所。乾隆五十八年版《江夏县志》中金口镇图(图3–399)中，张王庙、东王庙前建有戏台。光绪三年(1877年)，沙市刘竹荪所写的《沙律竹枝词》云：“酬神各庙常多戏，惟有忌辰锣不开，今日有无台演剧，老郎庙首看牌来。”[1]

图3–399　乾隆五十八年版《江夏县志》中金口镇图

湖北清代地方志中有关祀神性演剧的记载　　表3–20

序号	地方志名称	内容摘录
1	乾隆二十八年(1763年)《东湖县志》	每年生辰曰“散生”，虽卑幼亦演戏延宾，群相酬答
2	同治四年（1865年）《房县志》	（十一月）“冬至日”，大户开祠堂，张筵演剧，大会宗族以祭
3	同治五年（1866年）《郧西县志》	城市征优演剧，农家为“报赛会”，酒食丰设，尽醉饱焉
4	同治五年（1866年）《郧西县志》	（六月）沿河祀神演剧，各舟子赛会争胜
5	同治五年（1866年）《郧西县志》	（十月）二十八日为“城隍诞辰”。征优演剧，香火满道，士女杂踏，靡费不赀
6	同治六年（1867年）《谷城县志》	二月朔，祀文昌，“演戏大会”
7	同治六年（1867年）《谷城县志》	三月三，“祖师大会”，演戏，设酒亭、客馆
8	同治七年（1868年）《通山县志》	城东演剧于三间祠。城西演剧于祠
9	光绪六年（1880年）《蕲水县志》	（秋社）五乡俱演剧报赛
10	光绪六年（1880年）《蕲水县志》	（二月）十九日，男女辐辏谒观音大士，张幕列市，备百戏，极聚会之盛
11	光绪六年（1880年）《蕲水县志》	（三月）三日，漕船齐帮于田镇演戏酬神
12	光绪六年（1880年）《蕲水县志》二	（六月）初六日，祀城隍神，市人分段醵钱，赛会演戏。先一日，出会扮故事，男妇聚观如堵
13	光绪六年（1880年）《荆州府志》	（二月）“社日”，村农醵钱扮赛，街市各坊建醮演戏。

作者根据《中国文物地图集 · 湖北分册》、《中国戏曲志 · 湖北卷》、《湖北传统戏台》等文献，结合作者实地调查，整理了湖北现存清代庙宇戏台一览表。

1　中国戏曲志编委会．中国戏曲志 · 湖北卷．文化艺术出版社1993，第7页。

湖北现存庙宇戏台一览表[1]　　表 3-21

序号	地点与名称	时代	屋顶及山面
1	房县泰山庙戏台	乾隆二十八年（1763 年）	单檐歇山灰瓦顶
2	随州市解河戏台	乾隆三十二年（1767 年）	单檐歇山灰瓦顶
3	钟祥市石牌镇戏台	乾隆四十二年（1777 年）	单檐歇山琉璃瓦顶
4	襄樊市襄阳区牛首镇戏台	乾隆四十六年（1781 年）	单檐歇山灰瓦顶
5	孝感市孝南区陡岗镇戏台	乾隆五十九年（1794 年）	单檐歇山灰瓦顶
6	黄冈市团风县回龙镇戏台	乾隆六十年（1795 年）	单檐歇山灰瓦顶
7	恩施市武圣宫戏台		单檐歇山灰瓦顶
8	应山县徐店村戏台	嘉庆四年（1799 年）	单檐歇山灰瓦顶
9	广水市徐店村戏台	嘉庆四年（1799 年）	单檐歇山灰瓦顶
10	荆州市沙市区春秋阁	嘉庆十一年（1806 年）	单檐歇山琉璃瓦顶
11	宣恩县晓关集镇禹王宫戏台	嘉庆二十五年（1820 年）	单檐歇山灰瓦顶
12	襄樊市谷城县三神殿戏台	道光二十三年（1843 年）	单檐歇山灰瓦顶
13	郧西县侯王庙戏台	同治八年（1869 年）	单檐歇山釉、灰瓦
14	郧县罗公庙戏台	同治十年（1871 年）	单檐歇山灰瓦顶
15	竹溪县药王庙戏台	光绪七年（1881 年）	单檐歇山灰瓦顶
16	蕲春县万年台戏台	光绪十年（1884 年）	重檐歇山灰瓦顶
17	浠水县福祖寺万年台	清	单檐歇山灰瓦顶
18	丹江口市六里坪镇蒿口泰山庙戏台	清	单檐歇山灰瓦顶
19	郧县白桑关镇高庙戏台	清	单檐歇山灰瓦
20	郧县白桑镇柏营村戏台	清	单檐歇山灰瓦
21	竹山县大庙乡戏台	清	单檐歇山灰筒瓦
22	竹山县城关火神庙戏台	清	单檐歇山灰瓦
23	随州市殷店镇东岳庙村戏台	清	庑殿琉璃瓦
24	随州市万和镇九里湾村戏台	清	单檐歇山灰瓦
25	鄂州市城隍庙戏台	清	单檐歇山灰瓦
26	丹江口市孙家湾过街楼	清	单檐歇山灰瓦

二、湖北清代庙宇剧场实例分析

1. 浠水县马垅镇福主村福主庙剧场

福主庙位于浠水县马垅镇福主村。相传旧时外地商人来这里时一般乘船，为祈求神灵保佑平安，修建福主庙及其戏台。现庙已毁，仅存戏台。

戏台建（图 3-400、图 3-401）于道光九年（1829 年），平面呈“凸”字形。石砌台基，高 1.8 米。前后台相勾连。前台面宽一间 6.1 米，进深 4.95 米，重檐歇山灰瓦顶。前台两侧设低矮的木栏杆（图 3-402）。后台面宽三间 12.04 米，进深一间 6.2 米，单檐歇山灰瓦顶，抬梁式构架（图 3-403），封火山墙。檐柱原有楹联：“八脚妆成宛尔君臣父子，一声鼓出居然儿女夫妻”，现已佚。前台檐下施如意斗栱（图 3-404），额嵌“云管阳春”木匾。额枋间浮雕戏剧人物故事（图 3-405）。台内梁

1　李德喜．湖北传统戏台．华中建筑．2008 年第 4 期。由于戏台尚不能判断其为庙宇戏台。

图 3-400　浠水县马垅镇福主庙戏台外观

图 3-401　浠水县马垅镇福主庙戏台台口

图 3-402　浠水县马垅镇福主庙戏台栏杆

图 3-403　浠水县马垅镇福主庙戏台梁架

图 3-404　浠水县马垅镇福主庙戏台如意斗栱及其雕刻

图 3-405　浠水县马垅镇福主庙戏台额枋雕刻

图 3–406　浠水县马垅镇福主庙戏台雕刻

图 3–407　浠水县马垅镇福主庙戏台藻井

图 3–408　浠水县马垅镇福主庙戏台牛腿

图 3–409　浠水县马垅镇福主庙戏台牛腿

枋亦布满人物、花卉等木雕，非常华丽（图 3–406）。顶内有八方盘龙藻井（图 3–407）。牛腿雕狮子、祥凤等（图 3–408、图 3–409）。前、后台之间有隔扇分隔。台基前侧雕图案（图 3–410），并饰竹节状短柱（图 3–411）。台基两侧留通风口（图 3–412）。隔扇上原有彩色屏风，共十六扇，上绘人物故事，现存于县博物馆。

图 3–410　浠水县马垅镇福主庙戏台台基雕刻

图 3-411　浠水县马垅镇福主庙戏台柱础

图 3-412　浠水县马垅镇福主庙戏台台基内的通风口

图 3-413　蕲春县横长镇长石村戏台外观

图 3-414　蕲春县横长镇长石村戏台藻井

2. 蕲春县横长镇长石村剧场

长石村戏台（图 3-413）始建于乾隆十年（1745 年），光绪十年（1884 年）扩修。平面“凸”字形，抬梁式构架，前、后台勾连，分别为单檐歇山顶和硬山顶。前台一间面宽 5.5 米，进深 5.0 米。后台面宽三间 8.93 米，进深一间 4.32 米。青石台基，台面高 1.8 米。顶部有八角藻井（图 3-414）。屋脊镂空，墀头雕狮子（图 3-415）。

3. 钟祥市石牌镇关帝庙剧场

关帝庙位于钟祥市区西南约 30 公里石牌镇。现庙已毁，仅存戏台。戏台始建年代不详，梁上有题记“乾隆四十二年重修”。平面呈“凸”字形，前后台勾连，前台面宽一间，后台面宽三间，均为歇山琉璃瓦顶（图 3-416、图 3-417）。后台明间为抬梁式构架，两山为穿斗式构架。檐下施斗栱（图 3-418）。台面用梁柱结构支撑（图 3-419）。隔扇、枋柱上有 20 余条戏班题记，如“嘉庆八年金翠班”、“嘉庆九年湖南长德府武陵县泰瑞班”、“道光二年六月廿四日永泰班”、“道光十二年七月十二日洪福班”、“咸丰六年协成班”、“咸丰六年太和班”、“同治六年襄阳洪兴班”、“光绪四年三月十三日连生班”、“光绪廿四年三月十三日继泰班”、“光绪三十三年郢南高升班”、“光绪三十四年洪兴班”、“光绪三十四年鸿泰班”等。

图 3-415　蕲春县横长镇长石村戏台屋脊和墀头

图 3-416　钟祥市石牌镇关帝庙戏台外观

图 3-417　钟祥市石牌镇关帝庙戏台屋顶

图 3-418　钟祥市石牌镇关帝庙戏台斗栱

图 3-419　钟祥市石牌镇关帝庙戏台台面支撑结构

第十三节　湖南清代庙宇剧场

一、湖南清代演剧情况

湖南的戏曲历史非常悠久。春秋时，这里的歌舞就非常昌盛。东汉 · 王逸《楚辞章句 · 九歌序》云："昔楚国南郢之邑，沅、湘之间，其俗信鬼而好祀。其祀，必作歌舞以乐诸神。"宋代时，湖南的戏曲百戏演出活动非常活跃。《浏阳县志》"发放青苗"条记载，北宋绍圣元年（1094 年），杨时当县知事时，"散青苗钱，凡酒肆食店与俳优戏剧之罔民财者，悉禁之"[1]，意指在青黄不接时，官府发放一定的钱来接济乡民，但禁止将这些钱用在酗酒、看戏等方面，足见当时演戏

1 《浏阳县志》有关杨时的记载，是根据《宋史》本传、《龟山文集》、《年谱》、《一统志》及旧县志编。

之普及。明代时，弋阳腔、青阳腔、昆腔等重要声腔传入湖南，促进了湖南戏曲的繁荣。尤其是明代王府中的演戏非常兴盛，对民间戏曲产生了重要影响。明末时，衡阳桂王府中，“笙歌之盛，不减京畿”[1]。

明末清初，湖南连年战乱，社会动荡，经济衰退，文化沉寂，“城无完堞，市遍蓬蒿”，一片萧条景象。直到康熙十七年（1678 年），吴三桂在湖南衡州落败后，湖南才逐渐趋于稳定，经济文化也逐渐恢复。到乾隆五十五年（1790 年），湖南人口达到一千六百多万，是康熙初年的十余倍。演戏活动在这时也逐渐兴盛起来，并延续到清末。这一点从湖南清代地方志中也显而易见（表 3–22）。

湖南清代和民国时期地方志中有关演戏的记载 表 3–22

序号	县志名称	内容摘录
1	康熙十年（1671 年）《衡州府志 · 风土》	吾衡之俗，每岁五月朔，七月中，必崇台演戏，浃旬不休，观者如堵，日耗材为厉不少
2	康熙四十四年（1705 年）《沅陵县志》	辰俗巫作神戏，搬演孟姜女故事，以酬金多寡为全部或半部，全者演至十余日，荒诞不经，里中习以为常
3	嘉庆十六年（1811 年）《宁远县志》十卷	好演戏，亦曰“酬愿”。优人于春夏间遍演各乡，名曰“写戏”，订至秋冬月，如期而至。酬愿者有会首，有信士，先期设高台，多在遍衢广庭，士庶喧阗
4	嘉庆十七年（1812 年）《祁阳县志》二十四卷	祠庙不一，如真武、寿佛、关圣、岳圣、水神、火神，所在俱有。公会每岁诞辰结彩张灯，建醮演剧，为费滋多，然亦城市为然
5	嘉庆二十二年（1817 年）《湘潭县志》四十卷	二月初三日祀文昌。三月十五日祀财神。五月十三日祀关帝。五月十八日祀天符，其庙有上天符、下天符，张灯演戏，两庙相夸，惟恐不若
6	道光元年（1821 年）《辰溪县志》四十卷	秋成岁稔，乡民醵钱建醮，或演傀儡，或集优人作剧，以酬神
7	《嘉禾县志》收录的咸丰元年（1851 年）《竹枝词》	元宵节近鼓鼙鼙，歌舞台前兴欲腾；正月新春无个事，大家同去看花灯
8	同治六年（1867 年）《宁乡县志》四十四卷	（五月）二十八日，介寿饮福，百数十筵，演戏自二十五至六月中旬，通计所费，不下三千串
9	同治七年（1868 年）《武陵县志》三十二卷	二月，俗传“土地生辰”。里人各醵牲醪祀之，官署则演剧祈福
10	同治八年（1869 年）《安仁县志》十六卷	农务既毕，城市乡村沿僧道设醮，锣钹喧野，或摊钱演戏，有一年一次，三年一次，五年、十年一次者，此亦报赛之遗意也。但台面铺张，渐增华丽，支费不少
11	同治十一年（1872 年）《巴陵县志》三十卷	惟近岁竞演小戏，农月不止；村儿教习成班，宛同优子，荒弃作业，导引淫媟，实为地方大患，则士绅与官府所宜急急禁绝之焉
12	同治十一年（1872 年）《巴陵县志》三十卷	沅湘之间，其俗信鬼而好祀，必使巫觋作乐歌舞以娱神
13	同治十一年（1872 年）《巴陵县志》三十卷	乡民搬演小戏，终日不休，误工作，启淫乱，尝以请于侯而禁之
14	光绪元年（1875 年）《兴宁县志》十八卷	更有一等非礼之礼，堂前建台演剧，则名之曰“唱孝戏”，今此风久泯
15	光绪元年（1875 年）《兴宁县志》十八卷	农务既毕，乡村沿僧道设醮，锣钹喧野，或摊钱演戏，谓之“报赛”
16	光绪二年（1876 年）《零陵县志》十五卷	黄溪神以重九日生，凡奉是祠者率多宰牲设宴，就祠演剧。乡村皆然，在城尤盛
17	光绪八年（1882 年）《华容县志》十五卷	至于沿村古庙，赛会演戏，歌舞太平，亦所不禁。

1 乾隆年间《衡阳县志》，转引自：中国戏曲志 · 湖南卷．文化艺术出版社，1990 年，第 83 页。

演戏之时，士绅和民众均趋之若鹜。清 · 杨恩寿《坦园日记》记载，他在同治元年（1862 年）三月初四日路过衡阳时，"早起探得财神殿演老天源部，午间遂独步河街入睿门，由集贤巷而至剧场，人山人海，万头攒动"[1]。该书还记载了作者同治六年在长沙城内的 50 多个庙台看过的演出。清 · 王闿运《湘绮楼日记》载："同治九年十月十六日，晴。召泰益班演戏于李真人祠"；同治十年八月二十七日，在衡阳"看戏于屠夫会馆"；"光绪二年丙子三月十四日，前时省城，唯善化城隍祠戏最多，今乃歇绝，而火祠日日有戏"。又据《郭嵩焘日记》载："同治十二年八月十五日，善化城隍庙演早戏，人肩相摩，肩舆不能入。"[2]

随着演戏的普遍，出现了"罚戏"。湘潭乾隆四十六年（1781 年）碑文《棉花行规》中有规例八条，违者则罚戏一本，如"行秤砝码，俱较准画一，如有故轻故重者，查出公罚戏一本"；"远近水客店铺买花，必收样交单为定。过后不得□□反悔，如违，公罚戏一本"[3]。湘潭同治十二年（1873 年）《冶坊规章》碑中，大多违规条者要被罚戏，如："议客投坊置价，不许托人勾引他方，如违，罚戏一本敬神；议各坊工匠人等，该坊言定一年，该年未满另帮别坊，公议罚戏一本敬神；议各坊工匠人等支一年工价外，长支坊钱，下年不得帮别坊瞒雇，如违，各罚银一两，一品堂演戏敬神。"[4]

演戏之时的秩序也逐渐得到重视，一些禁令甚至通过"规条"的形式确定下来。祁阳县关岳殿嘉庆十九年（1814 年）《六庙禁革碑记》中列有"公议禁革规条"，其中有一条规定："唱戏上下亭禁止赌博，恐引境外匪"；另外有一条则规定："酬完戏愿，六庙美事，看戏者不许拥挤。"[5]大庸县关帝庙道光二十七年（1847 年）《公议条规》碑论及有关剧场的多条规矩："公议条规：一、演戏不准烟火熟食担入内，熏坏殿宇；一、庙内不准晒谷并打夯麦，损坏石板；一、看台上不准人寄放什物，以免污亵；一、观剧男子不得占上阶石，坐靠栏杆；一、观剧妇女有茶担板凳或自备以外，男妇不准私摆板凳讹索。"[6]

二、湖南清代庙宇剧场建设以及现存情况

清代，湖南演戏活动的兴盛，促进了剧场建筑的发展。至清乾隆年间，"凡祠庙必造优台"[7]。清代各府、州、县志以及碑刻记载庙宇剧场者甚多。如湘潭关圣殿清乾隆四十五年（1780 年）《重建春秋阁碑记》载："创自明初，越年以来，时加修葺，乾隆三十九年（1774 年）修大殿，重建舞楼。"[8]据统计，仅桃源一县，"有庙台三百余座"[9]。比较普遍的形式是一庙一台，但也有一庙两台、三台，甚至更多。如益阳"万寿宫"内外，竟有九座戏台[10]。清代晚期，社会动荡，但演戏之风仍非常风靡，"无祠之所，架棚为优场"[11]。所谓"架棚"，就是搭建临时演戏的"草台"，通常就地取材，在空坪隙地，用竹木、稻草、松枝等搭架而成。

由于自然毁坏和人为拆除等因素，湖南大部分庙宇剧场建筑已经不存。作者根据实地调查和文献，整理了湖南现存戏台一览表（表 3–23）。

---

1 杨恩寿（清）.《坦园日记》. 上海古籍出版社，1983 年。

2 中国戏曲志编委会 . 中国戏曲志 · 湖南卷 . 文化艺术出版社，1990 年，第 527 页。

3 即《北五省众商议立湘潭棉花行规脚力仍照旧额碑记》，见：《中国戏志 · 湖南卷》. 文化艺术出版社，1990 年，第 526 页。

4 中国戏曲志编委会 . 中国戏曲志 · 湖南卷 . 文化艺术出版社，1990 年，第 529 页。

5 中国戏曲志编委会 . 中国戏曲志 · 湖南卷 . 文化艺术出版社，1990 年，第 527 页。

6 中国戏曲志编委会 . 中国戏曲志 · 湖南卷 . 文化艺术出版社，1990 年，第 528 页。

7 湖南调查局编 .《湖南民俗民情报告书》. 民国元年（1912 年）刊印。

8 作者 2008 年 5 月实地调查时抄录。

9、10 中国戏曲志编委会 . 中国戏曲志 · 湖南卷 . 文化艺术出版社，1990 年，第 485 页。

11（清）王汝惺等修，（清）邹俊杰纂，同治《浏阳县志》。

湖南现存清代（包括民国重修者）戏台一览表[1] **表 3–23**

序号	地点和名称	年代	藻井	屋顶	备注
1	长沙市榔梨镇陶公庙戏台	民国 21 年（1932 年）重修	藻井描双龙戏珠	单檐歇山顶	省级文物保护单位
2	湘阴县濠河口镇黄花岭村舜帝庙戏台			歇山顶	县级文物保护单位
3	醴陵市栗山坝乡冷水村戏台	光绪二十年（1894 年）	八角藻井	歇山顶	市级文物保护单位
4	湘潭市鲁班殿戏台	乾隆五十七年(1792 年)	有藻井	单檐歇山顶	省级文物保护单位
5	衡阳县金屏乡水口街戏台	光绪年间		四角攒尖顶	县级文物保护单位
6	衡阳市东岳区南乐庙奎星阁戏台	光绪八年（1882 年）		单檐歇山顶	全国重点文物保护单位
7	衡东县鱼形乡南湾村戏台	光绪二十九年（1903 年）	八角藻井	歇山顶	县级文物保护单位
8	衡东县杨林老街戏台	清代			县级文物保护单位
9	常宁县衡头乡衡市村戏台	光绪十四年（1888 年）	圆形藻井	四角攒尖顶	
10	耒阳市小水镇洲里村里王庙戏台	清代	有藻井	歇山顶	
11	祁东县鸣鹿乡排山村祖师殿戏台		有藻井	重檐歇山顶	
12	桂东县沙田镇万寿宫戏台	清代		歇山顶	省级文物保护单位
13	郴州市文昌宫戏台	明			市级文物保护单位
14	宜章县东风乡水尾村文昌宫戏台	道光二十六年（1846 年）重修		歇山顶	
15	邵阳市区下河街水府庙戏台	道光二十六年（1846 年）	有藻井	三重檐六角攒尖顶	省级文物保护单位
16	新宁县塘尾头乡杨田村岳爷庙戏台	清代	有藻井	重檐六角攒尖顶	
17	新宁县西冲乡三渡村戏台	咸丰五年（1855 年）		重檐歇山顶	县级文物保护单位
18	绥宁县新桥戏台	清			县级文物保护单位
19	永州市河西区柳子庙戏台			重檐歇山顶	全国重点文物保护单位
20	永州市新宅里乡落脚底村戏台	清代		青瓦重檐歇山顶	市级文物保护单位
21	冷水滩市杨村甸乡回龙村回龙祠戏台	咸丰二年（1552 年）			
22	祁阳县九泥坝古戏台	清			县级文物保护单位
23	宁远县冷水乡百美村公祠戏台	光绪二十三年(1897 年)		重檐歇山顶	
24	宁远县上宜乡骆家村戏台	光绪二十五年(1899 年)		单檐歇山顶	县级文物保护单位
25	宁远县双板桥乡新车村戏台	光绪二十五年(1899 年)		单檐歇山顶	
26	宁远县云潭乡奉家村戏台	清代		单檐歇山顶	
27	宁远县上宜乡琴棋村戏台	清代		单檐歇山顶	
28	宁远县上宜乡神下村戏台	清代		单檐歇山顶	
29	双牌县城关镇良村良仙寺戏台	乾隆四十九年（1784 年）	六角藻井	重檐歇山顶	县级文物保护单位
30	新田县茂家乡五柳塘村戏台	清代	有藻井	歇山顶	
31	江永县回龙圩农场彭家村戏台	清代		重檐歇山顶	
32	江永县上江圩乡甘益村戏台	清代		重檐歇山顶	

1 本表根据作者实地调查结果、《中国文物地图集 · 湖南分册》（1997 版）、文物部门相关文件等整理而成。目前，有部分戏台（特别是未列入文物保护单位的）可能已经不存。其中主要为庙宇戏台，但也有部分戏台尚不能判断其为庙宇戏台。

续表

序号	地点和名称	年代	藻井	屋顶	备注
33	凤凰县廖家桥村天王庙戏台	嘉庆三年（1798年）	四角藻井	歇山顶	县级文物保护单位
34	凤凰县沱江镇万寿宫戏台	咸丰四年（1854年）	四角藻井	歇山顶	县级文物保护单位
35	龙山县民安镇南岳宫戏台	道光二十五年(1845年)			县级文物保护单位
36	龙山县民安镇东岳宫戏台	道光年间			
37	芷江县城江西街天后宫戏台	清代			省级文物保护单位
38	沅陵县官庄镇界亭驿村戏台	同治年间重修		单檐歇山顶	
39	通道县坪阳乡马田村鼓楼戏台	咸丰三年（1853年）			省级文物保护单位
40	通道县甘溪乡张里村戏台	清代			市级文物保护单位

三、湖南清代庙宇剧场实例分析

1. 长沙县陶公庙剧场

陶公庙又名陶真人庙，位于长沙市东郊三十里的朗梨镇。据《晋书》和《长沙县志》记载，陶公庙始建于南朝梁天监四年（505年）。传说东晋太尉陶侃之孙陶淡、侄孙陶煊二人结庐于此修炼，羽化成仙，后人念其诚，建庙祀之。清咸丰二年（1852年），又册封陶淡为孚佑真人，陶恒为福佑真人，予以祭祀。

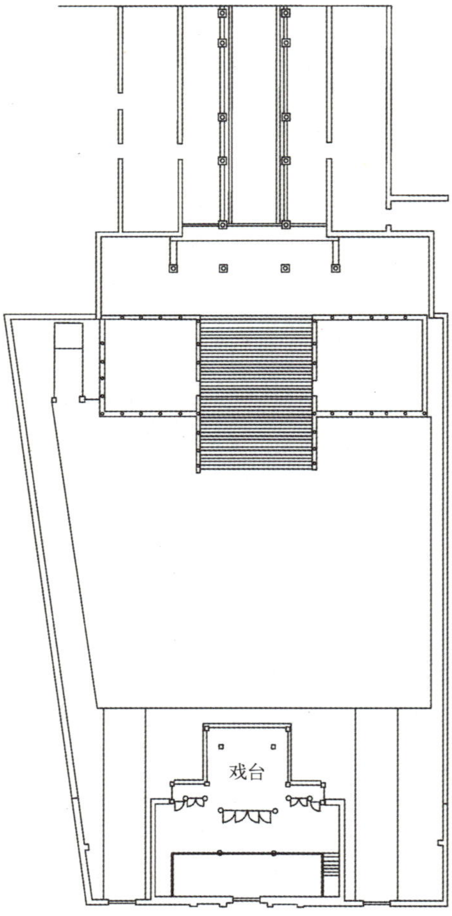

图3—420　长沙县陶公庙平面图

陶公庙测绘图引自：杨慎初主编．湖南传统建筑．湖南教育出版社，1993年，第67页。

该庙自创建以来，历代均有修葺。乾隆四十二年（1777年），重修后殿。道光十九年（1839年），重修前殿及东配殿。

陶公庙依湘山而建，坐北朝南，总占地面积6000多平方米，建筑面积1500多平方米。轴线上从南到北依次为山门、戏台、前殿、后殿（图3—420、图3—421），东侧有一配殿，均为清代遗构。其中，前殿为该庙的主体建筑，面宽五间，进深二间，抬梁式构架，小青瓦顶，檐下作卷棚，额枋上雕刻华丽。

图3—421　长沙县陶公庙从前殿看戏台

图 3-422　长沙县陶公庙戏台匾额

图 3-423　长沙县陶公庙戏台背面（山门）

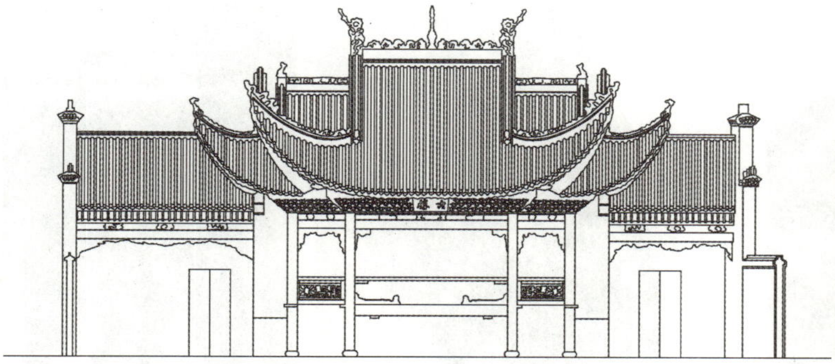

图 3-424　长沙县陶公庙戏台立面图

图 3-425　长沙县陶公庙戏台外观

戏台始建何时不详，唯存有清乾隆、嘉庆年间楹柱题联。道光二十六年（1846 年）“续修戏台”，曾由“庆福堂公捐房屋三栋”，作山门内至后台地基。戏台前额的“古楼”二字，是清末书法家、光绪皇帝的老师翁同龢的手迹（见《临湘县志》）（图 3-422）。民国 21 年（1932 年），捐款重修。

戏台和山门（图 3-423）勾连而建。戏台（图 3-424、图 3-425）平面为凸字形，前后台勾连。前台面宽一间，单檐歇山顶，后台面宽三间。黄色琉璃覆顶（图 3-426）。檐下设如意斗栱（图 3-427），并插有龙凤头假昂。藻井天花有描金双龙戏珠图案（3-428）。额枋和矮栏均镂雕山水人物故事。脊饰雕龙神人物故事。山墙面雕狮子（图 3-429）。墀头雕人物（图 3-430）。后台设两天井。正中枋上悬“金石谐和”匾。前后台共有楹联六副[1]。

图 3-426　长沙县陶公庙戏台山花面装饰

图 3-427　长沙县陶公庙戏台檐下斗栱

1　其中外侧楹联云：“四百八十寺都付劫灰，山水结奇缘，上留得两晋衣冠，隐逸神仙看合传；三万六千场无非戏剧，春秋多佳日，好演出历朝人物，忠奸贤佞看分明”；台前石柱楹联云：“世事何需认真，境过追维成梦幻；人心莫以为戏，眼前法戒当箴规”；台上楹联云：“邪正忠奸，眼前轩舞皆声鉴；疾徐高下，曲中清婉泼元音”；台内侧楹联云：“楼阁重新，五千年之乱兴衰，昭于众目；竹林高会，亿万载神灵赫濯，光被群升”；左右上下场门楹联云：“子弟阅五朝，依旧唐宫歌舞；神仙独千古，长留晋代衣冠”；台后楹联云：“凡事莫需当前，看戏何如听戏好；为人需顾后，上台终有下台时”。惟这些楹联为当代书法家所书。

图 3-428　长沙县陶公庙戏台藻井

整个剧场充分利用自然地形，沿山坡修建 48 级石台阶上达山顶，形成能容数千人观剧之巨大看台。台前亦有宽阔的平地，同样可容纳甚多观众。

旧时，每逢陶公圣诞（农历正月十三和八月十七日），都要举办盛大的庙会，每次庙会长达 10 天左右。庙会期间，好戏连台，商贾云集，人涌如潮，热闹非凡。

图 3-429　长沙县陶公庙戏台山墙雕刻

图 3-430　长沙县陶公庙戏台雕刻

2. 湘潭市自立街鲁班殿剧场

鲁班殿位于湘潭市自力街[1]，始建于清乾隆年间（1736 ~ 1795 年），民国元年（1912 年）被焚，民国四年（1915 年）由泥木工人集资重修。

鲁班殿一进院落，由山门、戏台、正殿及其厢房组成（图 3-431）。山门（图 3-432）门楼上面有“湘潭古城全景图”泥塑（图 3-433）[2]，中间额题“鲁班殿”，两侧饰四幅图案（图 3-434）。

据现存《重建戏楼碑记》可知，戏台始建于乾隆五十七年（1792 年），民国 4 年（1915 年）重修。戏台采用前后勾连的形式。前台面宽单间 6.0 米，单檐歇山顶。后台面宽三间。台面高 2.25 米，中间辟通道。戏台藻井、柱栏、门窗均有精致圆木雕。

正殿原供奉鲁班像，两厢原供奉有关公、财神像。相传，旧时每年农历五月七日为鲁班诞辰纪念日，泥木工人云集于此，开展纪念活动，也会演戏。

1　鲁班为战国时著名的工匠，被后人奉为泥木工匠之始祖。

2　其中，右部为文昌阁至小东门图景；中部为城内至窑湾图景，有蜿蜒的城墙以及城墙外半边街的吊脚楼；左部是大埠桥的石拱、万寿宫的高墙、关圣殿的飞檐、石嘴垴唐兴寺、唐兴桥、窑湾，再左为杨梅洲图景，市街房屋；下部是浩浩湘江，百舸争流。

图 3-431　湘潭市自立街鲁班殿戏台

图 3-432　湘潭市自立街鲁班殿山门（戏台背面）

图 3-433　湘潭市自立街鲁班殿山门（戏台背面）装饰

图 3-434　湘潭市自立街鲁班殿山门（戏台背面）雕刻

图 3-435　湘潭市万寿宫戏台

图 3-436　湘潭市万寿宫戏台藻井

3. 湘潭市万寿宫剧场

万寿宫为江西商人所建，位于湘潭市平政路，始建于清顺治七年（1650 年），现仅存戏台（图 3-435）。戏台修筑于池中。石砌台基，下面有拱形通道，上有石桥通岸。四周围以石栏，内外石柱共八根。平面呈方形，面宽和进深均为一间，重檐歇山顶。台内饰藻井（图 3-436）。梁枋上雕《游湖借伞》、《嫦娥奔月》、《天女散花》、《西厢记》等戏曲故事。雀替上亦有精致的木雕（图 3-437）。

4. 衡山县南岳庙奎星阁剧场

南岳庙始建于唐初，宋、元、明、清屡毁屡建，现存大部分建筑为光绪年间（1875 ~ 1908 年）重修。南岳庙坐北朝南，中轴线依次有棂星门、奎星阁（图 3-438）、正川门（上为开云楼）、御碑亭、嘉应门、御书楼、正殿、寝宫和北后门等。

图 3-437　湘潭市万寿宫戏台雀替雕刻

图 3-438　衡山县南岳庙内从"开云楼"看奎星

图 3-439　衡山县南岳庙奎星阁戏台外观

图 3-440　衡山县南岳庙奎星阁戏台台沿雕刻

奎星阁（图 3-439）即戏台，亦名盘龙亭，始建年代不详，现存建筑为光绪八年（1882 年）重建，民国十二年(1923 年)修缮。奎星阁面宽三间 14.0 米，进深三间 12.0 米，重檐歇山顶，黄色琉璃覆顶，脊饰绿色葫芦。藻井中悬有木雕盘龙，故称盘龙亭。天花板上还有八龙腾飞彩绘。檐下置如意斗栱。石砌台基，高 2 米，中间为十字通道，内设阶梯，上达台面。台沿四周有石栏板饰浮雕（图 3-440）。四周檐柱饰楹联（图 3-441）。檐下饰仙鹤（图 3-442）。

台前庭院为麻石铺地，可容数千观众。戏台之北有“开云楼”，为士绅观剧之处。每年四月二十八南岳圣帝诞期，必邀请戏班演剧。

图 3–441　衡山县南岳庙奎星阁戏台楹联

图 3–442　衡山县南岳庙奎星阁戏台雕刻

5. 永州柳子庙剧场

柳子庙位于永州市河西柳子街，前临愚溪，背靠西山，为纪念唐代著名的思想家、文学家柳宗元而建[1]。

北宋时，永州郡守柳拱辰留有《柳子厚祠堂记》，说明柳子庙最晚建于北宋仁宗至和三年（1056年），初名柳子祠堂。南宋绍兴十四年（1144年），迁建现址，后经明正德、嘉靖、清雍正、同治等多次修建，先后命名为“柳子祠堂”、“柳先生祠堂”、“柳司马先生庙”、“柳司马祠”等。现存建筑为光绪三年（1877年）重建，并在重建后改称柳子庙。

柳子庙占地面积2805平方米，宽44米，深64米，建筑面积1534平方米，中轴线上有山门、戏台、前殿、正殿等（图3−443、图3−444），依山而筑，逐渐升高。如以戏台前面的庭院为基准计算，山门和戏台的地平低下0.75米，前殿高出2.4米，正殿高出4.4米。前殿，面宽三间，硬山顶。两旁有厢房，各三间，硬山顶。前殿后面有十余级台阶，并布置过亭。正殿面宽三间，硬山顶，室内饰以天花藻井，悬“文贯八家”、“都是文章”、“福我寿民”等匾。正殿东有财神庙，西有娘娘庙。

山门为三个拱门（图3−445），正门上端嵌着一块大青石，刻有“柳子庙”三字（图3−446），并雕五龙双狮。两侧有石刻楹联：“山水来归黄蕉丹荔；春秋报事福我寿民”，集韩愈荔子碑佳句而成的，系清代书法家杨翰书写。右侧门额题“清莹”，左侧门额题“秀彻”。

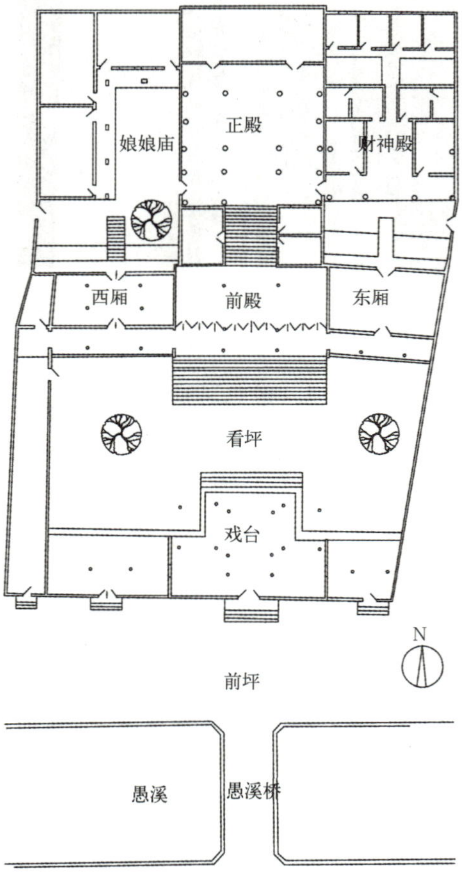

图3−443　永州柳子庙平面图

杨慎初主编．湖南传统建筑．湖南教育出版社，1993年，第152页。

图3−444　永州柳子庙戏台对面的前殿

图3−445　永州柳子庙戏台背面

1　柳宗元（773～819年），字子厚，唐河东人（今属山西），唐宋八大家之一，因参与王叔文革新活动失败被贬为永州司马，谪居十年，写有《永州八记》、《江雪》、《捕蛇者说》等大量诗文，同时因心系民众而广受百姓爱戴。

图 3-446　永州柳子庙背面（山门）

图 3-447　永州柳子庙戏台正面

图 3-448　永州柳子庙戏台正脊雕刻

图 3-449　永州柳子庙戏台藻井

图 3-450　永州柳子庙戏台匾额

戏台（图 3-447）和中门前后勾连而建，始建年代无考，重檐歇山顶，现存建筑为清光绪三年（1877年）所建。台基三面置低矮的栏杆，台面下为通道。屋脊上塑“狮子戏麒麟”、“双凤呈祥”、塑“鳌鱼归海”（图 3-448）。顶饰斗栱藻井，甚为华丽（图 3-449）。檐下有“山水绿”之匾（图 3-450）。檐柱上端斜撑雕有麒麟和凤凰（图 3-451），其中麒麟牵绳玩闹，神态尤妙，呼之欲出。墀头雕鸟禽之类（图 3-452）。重檐之间的木横枋上，塑有太上老君携八仙图（图 3-453）。台沿饰有木雕花卉、鸟兽等（图 3-454）。山墙面开圆窗（图 3-455）。

前殿前有 13 级石阶，形成看台，可容千余人观剧。每年春秋社日，永州百姓都来虔诚膜拜。尤其是每年七月十三日柳宗元的生辰之时，最为隆重，杀猪宰羊，拜神演戏，热闹非凡。

图 3-451　永州柳子庙戏台墙头雕刻

图 3-452　永州柳子庙戏台斜撑雕刻

图 3-453　永州柳子庙重檐间的雕刻

图 3-454　永州柳子庙戏台台沿雕刻

图 3-455　永州柳子庙戏台山墙面的圆窗

6. 芷江县城天后宫剧场

芷江县天后宫位于舞水北岸，与芷江县城隔河相望，为福建客商所建。关于天后宫的历史沿革，《重修本馆殿宇并各祀众芳名乐捐序》中有详细记载："本郡自康熙年间先辈创造斯馆……孰意辛酉口发逆窜境，陡遭兵焚之虞，毁已罄尽。续加重修……迨甲戌秋功成造竣。遂使庙貌森严，焕

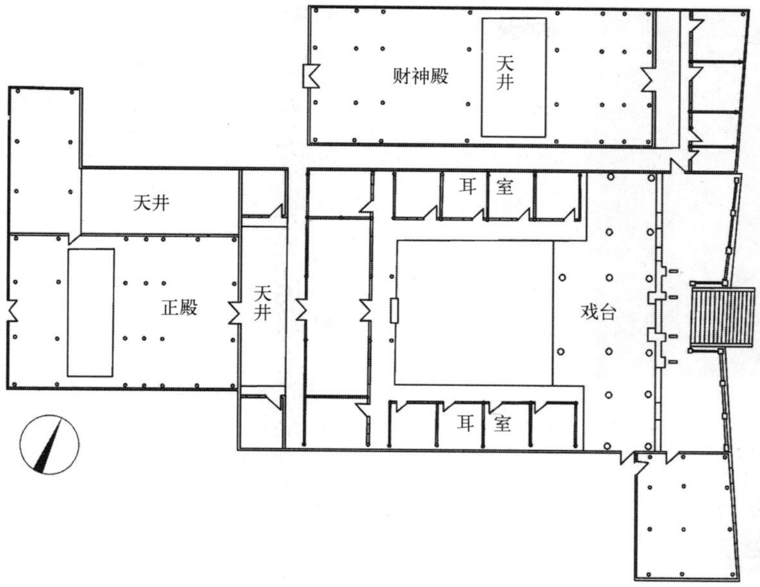

图 3–456　芷江县城天后宫平面图

杨慎初主编．湖南传统建筑第．湖南教育出版社，1993 年，第 162 页。

图 3–457　芷江县城天后宫戏台背面（山门）

然维新。亦可以绥圣母暨诸神之灵，更足以展屡朝之天章宠锡、祀典攸隆，聊酬慈恩于万一耳。今将各祀众并乡翁乐捐芳名……庶几为口千秋金鉴，作万古之屏藩。岂不著城为雉堞，锁桥龙津以壮潭阳之观瞻者哉。”[1] 碑文所称“本馆”和“斯馆”，均指福建会馆；“殿宇”和“庙”均指天后宫；“圣母”即指天后；“发逆”即指太平天国运动。从碑文可知，福建会馆始建于清康熙年间（1662 ~ 1722 年），天后宫始建于乾隆十三年（1748 年）。咸丰十一年（1861 年），会馆与天后宫遭兵焚而毁。同治十三年（1874 年）重建。

图 3–458　芷江县城天后宫戏台背面（山门）雕刻

天后宫占地面积 3700 平方米，建筑面积 1970 平方米，坐西朝东，中轴线上有戏台、正殿、观音堂，北面有财神殿，南面有武圣殿和五通神殿（已毁）（图 3–456）。

山门（图 3–457）两侧雄狮蹲踞，石鼓对峙。山门上有非常精致的砖雕，共 95 幅[2]。这些青石浮雕画面清晰流畅，形象生动逼真，构思巧妙，雕刻精细。如门楣两侧的右面的“武汉三镇”中，长江、汉水之上帆樯林立，船上人物清晰可见，武昌蛇山、黄鹤楼，汉阳龟山、晴川阁以及三镇的民居建筑等均历历可观（图 3–458）。门楣右面的“洛阳桥”中，波涛连天，一小舟穿行其间，乘船之人或用力划船，或屏息观势，桥上有数十人，桥头城池，旗杆耸立，旗上书“泉州府”，一边桥头礁石垒垒，石上刻有“洛阳楼”三字（图 3–459）。

图 3–459　芷江县城天后宫戏台背面（山门）雕刻

1　详见：张涛．芷江“天后宫”在清代的发展．怀化师专学报，1993 年第 1 期。

2　山门砖雕的具体内容如下：山门中间书“天后宫”，左右雕“文臣武将”，再外为“连升三级”；上面为“琴棋书画”、“护国佑民”、“五龙拱圣”、“现身说法”；下面为“八王巡天”、“二龙争珠”、“魁星点斗”等。门拱左右两侧有“宠锡天章德泽宏敷闽海；重新端貌威灵远振潭阳”。门楼左右从上到下分别对称雕刻：“喜鹊寒梅”对“春华秋实”；“武汉三镇”对“洛阳桥”；“王子求仙”对“仙翁弈棋”；“古松灵芝”对“孤桐劲竹”；最外面是八仙过海。

图 3-460　芷江县城天后宫戏台

戏台（图 3-460）和山门采用前后勾连式。前台面宽一间，伸出于庭院中，圆木柱支撑。台面下为通道。檐下施斗栱，额枋和雀替上有各种精致的雕刻。台沿有木栏杆。台中有隔扇，分隔前后台，饰八卦图，两侧有上下场门。

第十四节　广西明清庙宇剧场

一、广西明清庙宇剧场概论

据地方志和碑文的记载，广西在明代中叶后陆续建造庙宇剧场。如明万历四年（1576 年），昭平县黄姚镇建造珠宝观戏台；万历年间，全州县建造湘山寺戏台；万历三十一年，恭城县建造武庙戏台；崇祯八年（1635 年），吴宣县建造武庙戏台；崇祯年间，北流县城建造将军庙戏台等[1]。

入清以后，各种戏曲声腔传入广西，演剧活动甚为活跃，庙宇剧场也迎来建设高峰。一些碑文亦提到戏台修建之事。隆安县儒浩村大王庙嘉庆元年（1796 年）《施石狮碑记》记载："自新建祠宇以来，庙貌巍峨，灵声赫濯，有足以耸动人心，乐然祇事故既有为之建戏台，又有为之设神阁。"[2] 贵县东龙镇同治七年（1868 年）《金仙寺碑》载："山东石龙市之有金仙寺，由来久矣……自乾隆四年间重修，嗣修于道光丙午年（1846 年），并添两房辅廊及前面戏台。"[3] 北流县将军庙同治七年（1868 年）《重建戏台收支碑记》记载：

> 庙前旧有戏台，以为岁时歌舞之所，体制亦无不备具。但岁久榱题剥落，无以整饬。岁在壬戌，善信首事者等谋于众，欲更新之。于是，鸠工庀财，踊跃庀事。经始于甲子年七月，越十二月而工竣。于庙宇则黝垩之、粉饰之，戏台则从新更置之。费金八百有余，遂已无役，'前人顿改旧观矣。窃尝谓，吾人生际盛时，得享升平之福何？莫非神明默佑所致。则思所以崇极功德者，其敢不竭力乎？今幸斯役告成，瞻貌之辉煌，睹歌台之巨丽，不特春秋享祀，对几筵而生敬。而四时歌舞，听和平之曲，亦藉以昭格神明而欲扬功德。[4]

作者根据《中国戏曲志 · 广西卷》等文献及实地调研，整理了广西清代庙宇戏台一览表（表 3-24）。从目前掌握的资料来看，和山西、浙江、陕西、河南等省份相比，广西清代庙宇戏台并不算多，现存者更是屈指可数。

1　中国戏曲志编委会 . 中国戏曲志 · 广西卷 · 演出场所 . 中国 ISBN 中心出版，1995 年。
2　中国戏曲志编委会 . 中国戏曲志 · 广西卷 . 中国 ISBN 中心出版，1995 年，第 439 页。
3　中国戏曲志编委会 . 中国戏曲志 · 广西卷 . 中国 ISBN 中心出版，1995 年，第 441 页。
4　中国戏曲志编委会 . 中国戏曲志 · 广西卷 . 中国 ISBN 中心出版，1995 年，第 483 页。

广西清代庙宇戏台一览表（包括已毁者）[1] 表 3–24

序号	戏台名称	建造时间	备注
1	桂平县城三界庙戏台	康熙八年（1669 年）	
2	陆川县平乐镇戏台	康熙年间（约 1700 年）	
3	忻城县城城隍庙戏台	乾隆年间（约 1736 年）	
4	桂平县城隍庙戏台	乾隆三年（1738 年）	
5	忻城县城三界庙戏台	乾隆年间（约 1740 年）	现存
6	忻城县周安镇万应寺戏台	乾隆二十六年（1761 年）	
7	阳朔县碧莲峰万寿宫戏台	乾隆二十八年（1763 年）	
8	南宁市邕宁区孟莲村北帝庙戏台	乾隆五十八年(1793 年）	现存，文物保护单位
9	田阳县田州镇戏台	嘉庆十三年（1808 年）	
10	临桂县茶洞乡财神庙戏台	道光年十五年（1835 年）	1974 年拆除
11	武鸣县腾翔乡文昌庙戏台	道光十九年(1839 年）	
12	平乐县同安圩药王庙戏台	道光二十年（1840 年）	
13	恭城县西岭乡万年台	道光二十五年(1845 年）	
14	贵县东龙镇金仙寺戏台	道光二十七年（1846 年）	
15	贵县桥圩镇三界庙戏台	道光年间	已改建
16	荔浦县双江圩万年台	道光末（约 1850 年）	
17	宜州市庆远镇二侯庙戏台	道光末（约 1850 年）	
18	宜州市庆远镇李真人庙戏台	咸丰初年（约 1855 年）	
19	阳朔县高田圩关帝庙戏台	咸丰年间（约 1858 年）	
20	恭城县龙虎关街戏台	咸丰年间（约 1860 年）	
21	全州县锦塘四板桥村精忠祠戏台	咸丰年间(1851 ～ 1861 年）	
22	桂林市榕湖边老郎庙戏台	咸丰末（约 1861 年）	
23	恭城瑶族自治县武庙戏台	同治元年(1862 年）	现存，广西壮族自治区文物保护单位
24	武宣县三里乡北帝庙戏台	同治十二年(1873 年）	
25	崇宁县驮卢圩魁星楼戏台	同治十二年(1873 年）	已被拆毁
26	象州县罗秀街甘王庙戏台	同治六年(1867 年）	
27	平南县大成乡戏台	同治年间	1958 年拆除
28	贺州市黄田圩黄田文武庙	光绪元年(1875 年）	
29	象州县妙皇圩街心戏台	光绪三年（1877 年）	
30	忻城县古蓬镇戏台	光绪六年(1880 年）	
31	钟山县西安乡莲花村戏台	光绪九年(1883 年）	现存，广西壮族自治区文物保护单位
32	来宾县龙岩圩戏台	光绪十年（1884 年）	
33	武宣县文庙戏台	光绪十一年(1885 年）	
34	田阳县那满圩戏台	光绪十五年（1889 年）	
35	田东县城观音庙戏台	光绪十六年(1890 年）	
36	宜山县庆远镇三界庙戏台	光绪二十年(1894 年）	
37	三江县独峒乡林略屯寨鼓楼戏台	清代	现存
38	阳朔县兴坪圩关帝庙戏台	清代	
39	钟山县公安乡大田村水口苗戏台	清代	现存，广西壮族自治区文物保护单位
40	隆安县儒浩村大王庙戏台	清代	1954 年拆除
41	临桂县六塘镇关帝庙戏台	清代	1958 年拆除

1 本表根据作者实地调查结果、文物部门相关文件等整理而成。其中主要为庙宇戏台，但也有部分戏台尚不能判断其为庙宇戏台，且由于缺乏资料，不能确定部分戏台的现存情况。

图 3–461　昭平县黄姚镇宝珠观戏台侧面

图 3–462　昭平县黄姚镇宝珠观戏台背面

图 3–463　昭平县黄姚镇宝珠观戏台隔扇

二、广西明清庙宇剧场实例分析

1. 昭平县黄姚镇宝珠观剧场

宝珠观位于昭平县黄姚镇东。戏台位于宝珠观外，背倚小河，与宝珠观同创建于明代万历四年（1576 年），后在清乾隆十年（1745 年）、道光年间（1821 ~ 1850 年）、民国 5 年（1916 年）和建国后，历经修葺。

戏台（图 3–461、图 3–462）采用前后勾连的形式，前台单檐歇山顶，后台硬山顶。台基用长方形料石砌成，高 1.6 米。通面宽三间 11 米，其中明间 8.7 米。通进深 8 米，其中前台进深 5 米。前后台之间设木制隔扇，隔扇中央开一长方形窗口（图 3–463）。隔扇两侧设有上下场门（图 3–464），分别悬匾额“飞燕”、“惊鸿”（3–465）。隔扇中间悬匾，书“可以兴”（图 3–466）。内柱悬楹联，书：“锣鼓喧天，管弦悦耳，共庆清平乐；霓裳曼舞，羽曲高歌，齐乎可以兴。”前檐柱亦悬楹联，书：“闻其声乐则生矣，不妨既竭耳力；观其色人焉瘐哉，正须继以心思。”（图 3–467）匾额和楹联为清乾隆十年（1745 年）维修时，当地举人林作揖（曾任江西安远县知县）所题。前檐柱柱础均作雕刻（图 3–468）。檐椽头饰以各色人物、花鸟木雕。梁枋间亦有木雕装饰（图 3–469）。正脊则饰以各种砖雕，非常华丽。

2. 恭城县武庙剧场

武庙又称关帝庙，位于恭城县城西的印山麓，祭祀三国名将关羽。武庙始建于明万历三十一年（1603 年），清康熙五十九年（1720 年）重修，清咸丰四年（1854 年）毁于兵燹，清同治元年（1862 年）再度重修。

武庙（图 3–470）坐北朝南，占地面积 2100 平方米，建筑面积 1033 平方米，中轴线上有戏台、正殿、协天宫、后殿等，两侧有配殿。

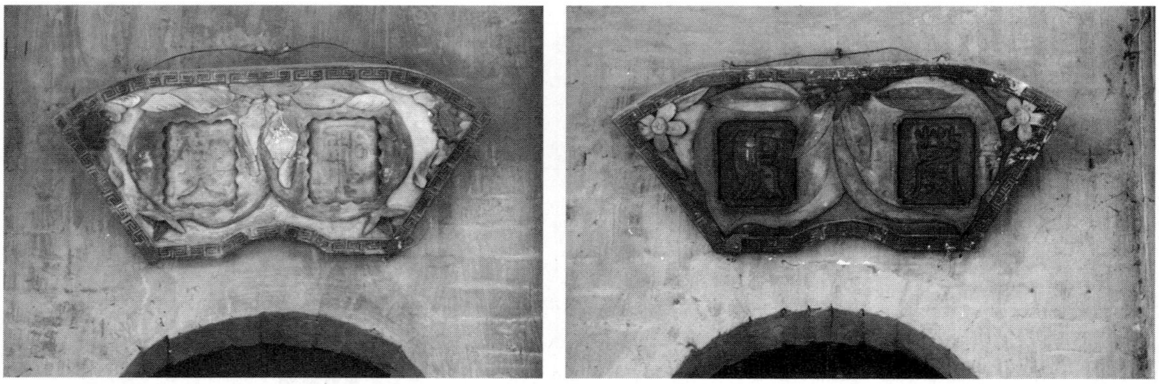

图 3–464　昭平县黄姚镇宝珠观戏台上下场门上的匾额

图 3–465　昭平县黄姚镇宝珠观戏台上下场门及其两侧楹联

图 3–466　昭平县黄姚镇宝珠观戏台隔扇匾额

图 3–467　昭平县黄姚镇宝珠观戏台檐柱楹联

图 3–468　昭平县黄姚镇宝珠观戏台柱础

图 3–469　昭平县黄姚镇宝珠观戏台梁架

图 3–470　恭城县武庙建筑群

戏台采用前后勾连的形式，前台为重檐歇山顶，后台为单檐硬山顶（图 3–471）。台基由青石砌成，高 1.32 米，前面镶有石刻三幅，分别为《渭水访贤》、《魁星点斗》、《三顾茅庐》（图 3–472）。台沿有石条栏杆，高出台面 25 厘米。前台台中四根金柱直通重檐。台中藻井形似倒挂大钟，明镜处绘太极图饰，意味阴阳相济（图 3–473）。隔扇区分前后台，两侧设上、下场门（图 3–474），分别悬门横额和楹联。上场门横额书“观今”，下场门首横额书“鉴古”（图 3–475）。上场门楹联书：“鼙鼓频催豪杰现；珠帘微动玉人来。”下场门楹联书：“不是归鞭因性急；须妨恋战讨人嫌。”前檐柱楹联云：“世事等浮云，古往今来皆为此；英雄留本色，淡妆浓抹总相宜。”雀替雕花卉和人物图（图 3–476）。屋脊山花饰有泥塑（图 3–477）。屋脊镂空，墀头雕塑像（图 3–478）。

图 3–471　恭城县武庙戏台

图 3–472　恭城县武庙台基前侧的雕刻

图 3–473　恭城县武庙戏台藻井

图 3–474　恭城县武庙上下场门

图 3–475　恭城县武庙戏台上下场门匾额

图 3-476　恭城县武庙戏台雀替雕刻

图 3-477　恭城县武庙戏台屋顶山花面雕刻

图 3-478　恭城县武庙墀头及其屋脊雕刻

图 3-479　钟山县莲花村龙王庵戏台正面

3. 钟山县莲花村龙王庵剧场

龙王庵位于钟山县两安瑶族乡的莲花村，建于清光绪九年（1883 年）。

图 3-480　钟山县莲花村龙王庵戏台台基雕刻

戏台位于龙王庵外，采用前后串联式，平面呈凸字形，前台为重檐歇山顶，后台为硬山顶（图 3-479）。前台面宽三间 7.9 米，进深 5.4 米。后台面宽 12.0 米，进深 4.5 米。后台山墙呈马头墙的形式（图 3-480）。青石台基，高 1.73 米，台沿有石条，饰以龙凤花卉及人物的石浮雕。台基前侧嵌以碑文和人物像（图 3-481）。前台上方有八角藻井，绘有八宝图案（图 3-482）。雀替雕倒挂狮子（图 3-483）。台中有隔扇（图 3-484），分隔前、后台（图 3-485），隔扇上饰仙女手托琵琶起舞图画，上方原有“河清海晏”四字匾额。隔扇两侧有上下场门，分别有“龙飞”、“凤舞”木雕横匾。正脊饰鳌鱼及宝珠，二层正面上饰二龙戏珠。屋顶翼角用黄绿琉璃（图 3-486）。

图 3–481　钟山县莲花村龙王庵戏台后台山墙

图 3–482　钟山县莲花村龙王庵戏台藻井

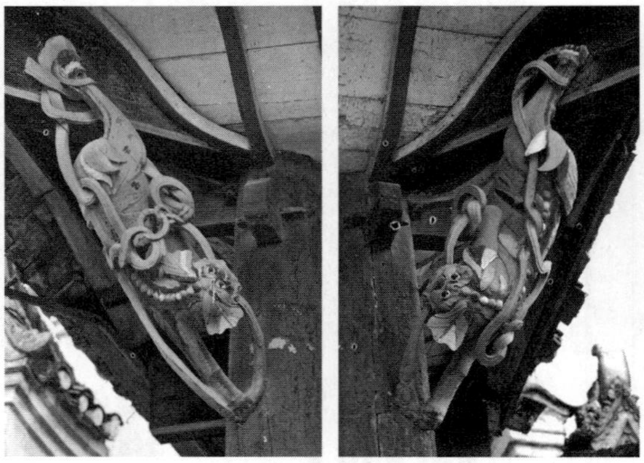

图 3–483　钟山县莲花村龙王庵戏台正面斜撑雕刻

图 3–484　钟山县莲花村龙王庵戏台隔扇

图 3–485　钟山县莲花村龙王庵戏台后台空间及其梁架

图 3–486　钟山县莲花村龙王庵戏台正面翼角雕刻

图 3–487　钟山县大田村水口庙

图 3–488　钟山县大田村水口庙戏台正面

图 3–489　钟山县大田村水口庙背面

图 3–490　钟山县大田村水口庙戏台后台空间

图 3–491　钟山县大田村水口庙戏台台基前侧的雕刻

图 3–492　钟山县大田村水口庙台沿雕刻

4. 钟山县大田村水口庙戏场

水口庙（图 3–487）位于钟山县公安镇大田村西南角，始建年代不详，重修于清光绪四年（1878 年）。

戏台位于水口庙外，坐西朝东，平面呈凸字形，采用前后勾连式，前台重檐歇山顶，后台单檐硬山顶，后台有封火墙（图 3–488、图 3–489）。前台面面宽 6.4 米，进深 5.5 米。后台面宽 10.2 米，进深 3.6 米（图 3–490）。青石台基，高 1.8 米。台基前侧雕十一幅八仙与盆花图（图 3–491）。台沿筑以条石，条石浮雕鸟兽、花草浮雕（图 3–492）。台基转角上踞石狮，下雕石虎。前台有六根木柱，鼓镜柱础。台中有隔扇，雕有楼阁山川、彩凤仙鹤、牧童樵夫及文臣武将等，构图和谐（图

图 3-493　钟山县大田村水口庙戏台隔扇

图 3-494　钟山县大田村水口庙殿宇隔扇上面的匾额

图 3-495　钟山县大田村水口庙戏台藻井

3-493)。隔扇两侧有楹联："优孟传形敬祖德；太师制乐颂神功。"（图 3-494）前台上方为八角形藻井（图 3-495）。

第十五节　四川清代庙宇剧场

一、四川明清庙宇剧场概论

元代中后期，四川战乱不断，经济遭到破坏，社会动荡不安，戏曲演出也非常萧条。明初开始，四川社会日趋稳定，经济繁荣，演戏逐渐增多。一些庙宇陆续修建剧场。永乐年间，犍为县川主庙修造戏台，并于"元夕演戏剧，结彩棚，箫鼓达旦"（《犍为县志》）。成化二年（1466 年），汉源县九襄镇五瞉祠兴建戏台；万历二年（1574 年），资中县东岳庙重修戏台；崇祯十三年（1640 年），犍为县罗城镇修建戏台。

清初，政局稍定，清政府实行"湖广填四川"的移民政策，促进了四川经济迅速发展。戏曲演出也趋于兴盛。康熙年间，就有昆曲、秦腔、吹腔在四川流行。随着庙会演出和酬神娱人的需要，庙宇内纷纷建造戏台。特别是清中叶，建造庙宇剧场的风气盛极一时。嘉庆间成都举人杨燮在《锦城竹枝词》中曾这样写到："新修庙宇佛光开，钟楼焚香会首来，优扮灵官斋戒后，八台迎上万年台。"乾隆十七年（1752 年）《新建文昌宫碑记》云："罗江县北之三十里曰河村，有山名月峰，上起文昌宫。而余之家在南村，与河村隔一水。当二月二日帝君降诞，则两村之人及附近各村并走，相与焚香祝献，优伶歌舞以为乐。"[1] 清代和民国时期，四川地方志中有关演戏的记载更是比比皆是（表 3-25）。

由于祀神性演戏的活跃，庙宇剧场的建设也颇为兴盛。作者耙梳了四川清代和民国时地方志等文献，整理了清代提及庙宇剧场的碑文（包括铭文等）（表 3-26），从其中也可以看出四川当时庙宇剧场建造之普遍。

1　嘉庆年间《罗汉县志 · 艺文 · 记》。

四川清代和民国时期地方志中有关庙宇演戏的记载　　表 3–25

序号	地方志名称	内容摘录
1	嘉庆元年《井研县志》	（二月）初三日，祭梓潼帝君。乡村有演戏者，城内各官致祭，绅士颁胙。十二为“城隍会”，阖邑市镇醵金演戏，至十余日。民气和乐不倦，商贾亦习而相忘
2	嘉庆元年《井研县志》	（五月）“单刀会”，故老相传，庆祝关帝，由来已久。市镇好事者或令梨园演水淹七军故事。傍江边搭戏棚，看周将军水中擒操将庞德、于禁为欢谑
3	嘉庆元年《井研县志》	六月二十四日，川主会。川主者，我朝锡封通佑王李公讳冰之次子显英王也，俗称曰“二郎”。相传李公凿离堆，引江水溉田有功，故蜀人处处祠之。是期演戏，或三五日，而灌江前后，凡经月余
4	嘉庆十八年《峨嵋县志》	二月朔，旧请城隍出郊祭赛，作彩楼，演梨园为神寿，至初十日送神归庙乃止
5	嘉庆十八年《洪雅县志》	（二月）初三日，祀文昌，遂有娱神演剧者
6	嘉庆十八年《彭县志》	每值各神诞，民间集钱致祭，亦有演剧者
7	嘉庆十九年《彭山县志》	（二月）初二为“衔神、土地降诞”，书役、乡民演剧庆祝
8	嘉庆十九年《彭山县志》	（三月）初三日为“彭女降诞”,四方男女朝拜,祭赛者前后十日骆绎不绝。又为“媒神圣母降诞”，士人名为“三婆会”，演剧庆祝，妇女求子杂沓
9	嘉庆十九年《彭山县志》	（六月）六日为“镇江神降诞”。楚人会馆演剧庆祝,凡舟楫、贩商者多攒金祭赛。又为“川主会”，乡民于二十四日演剧庆祝
10	嘉庆十九年《彭山县志》	（八月）初三日为“六祖会”，粤省人演剧庆祝
11	嘉庆十九年《彭山县志》	（十月）初一日为“牛王神诞”期，农民演剧庆祝
12	嘉庆二十年《温江县志》	（五月）十三日，俗传关帝单刀赴会之期，民间演戏庆贺
13	嘉庆二十一年《华阳县志》	（二月）三日，“梓潼帝君诞辰”，城乡文昌祠咸演剧祀神，东郭江上灵宫为尤盛
14	嘉庆二十二年《汉州志》	（正月）“上元”，“天官会”，演剧于城隍庙
15	嘉庆二十二年《汉州志》	（三月）十八日，城内圣母宫进香，演剧赛神者众
16	嘉庆二十二年《汉州志》	（四月）乡人于栽种毕，农工休闲，建坛为“青苗会”，祀青苗土地。击鼓烧钱，舁神周巡四隅，间有演剧者，此迎猫祭虎遗意
17	嘉庆二十二年《汉州志》	（五月）二十八日，“城隍庙会”。相传是日为州城隍生日，阖州士民以次演剧，视邻邑为最
18	嘉庆二十二年《汉州志》	（八月）是日，街巷“土地会”，各演剧
19	嘉庆二十二年《汉州志》	至报赛演剧，大约西人用秦腔，南人用昆腔，楚人、土著多曳声，曰“高腔”
20	嘉庆二十三年《邛州直隶州志》	（二月）朔三日，“文昌寿诞”，近入祀典，士子亦有演戏庆祝者
21	嘉庆二十三年《邛州直隶州志》	（五月）十三日，谓之“单刀会”，城市乡场俱演戏庆祝
22	道光九年《新津县志》	（正月）县东广福寺有“上元会”，演剧数日
23	道光九年《新津县志》	（五月）十三日,俗谓关帝磨刀之辰,城市乡场多演戏庆祝。二十八日为“城隍诞辰”,演戏辄匝月，为邑中神会之最
24	道光九年《新津县志》	邑中每逢神会，必演戏庆祝，祈福还愿者皆携香楮、酒肴致敬尽礼焉。日久而繁盛者，则以五月之城隍会为最
25	道光十七年《德阳县新志》	村市赛会，则正月初九日为“上九会”，以县西姜孝子祠为最。先数日，祠外竖彩台，令乐部演戏于其上。场列百肆，邻境云集，有远自数百里者。货如山积，百戏杂呈，进香人骈肩累踵，于于而来
26	道光十七年《德阳县新志》	五月十三日为“磨刀会”，俗谓关圣磨刀之辰，前后数日必有雨，以为验。各市村有庙像处，莫不演戏礼敬焉
27	道光十七年《德阳县新志》	五、六月之间，又有“青苗会”。各里首事恒募钱演戏于社祠中，以祈谷于土谷之神
28	道光十七年《德阳县新志》	六月六日为“晒经会”。释子陈佛经晒于日中，礼佛者亦云集，惟县西高斗寺演戏最盛
29	道光十七年《德阳县新志》	十月初二日为“牛王会”，农家尤重之。城市则皆有牛王庙，乡村则寺观亦塑有牛王像，比户合钱演戏以酬神，彼此争先，乐部为之增价
30	道光十七年《德阳县新志》	又有衔神、城隍神、火神、龙神诸庙，及县城市镇之各省会馆，岁时演戏，皆有常期，以为其神之诞辰云
31	道光二十年《江油县志》	（二月）初三日，祭文昌帝君。乡村有演戏者，城内各官致祭，绅士颁胙
32	道光二十年《江油县志》	（五月端午节）市镇好事者，彼此醵金，或令梨园演戏，或造龙舟竞渡，连朝欢会。民气和乐不倦，商贾亦习而相忘
33	咸丰元年《阆中县志》	赛台会者，城东之太清观，古香城寺旧址也。内之为殿者五，外之为戏台者三,三月二十七日至二十九日各台同时演戏，互相夸耀
34	咸丰元年《阆中县志》	醮毕，演戏十日

续表

序号	地方志名称	内容摘录
35	咸丰七年《南充县志》	（二月）二日，城市乡村凡建有文昌宫者，无不演戏迎神，以祈福庇
36	咸丰七年《南充县志》	六月“王爷会”。相传杨四将军斩蛟得道封为镇江王，凡村市建有王爷庙者，是日率演戏酬神，醵饮而散
37	咸丰七年《南充县志》	（八月）一日，“许真君会”，凡城市建有万寿宫者，是日必酬神演戏
38	同治十年《仪陇县志》	（三月）二十八日为“东岳会”。以优伶一部演剧数日，香火不绝
39	同治十年《仪陇县志》	（四月）八日为“城隍会”，演剧如前
40	同治十年《仪陇县志》	（五月）至“瘟祖会”，较诸会为盛，神像出游亦如“城隍会”之仪，而演剧倍之
41	同治十二年《直隶绵州志》	（二月）又，碧水岩、西山观亦各有戏会，距城密迩，士女如云
42	同治十二年《直隶绵州志》	地方又示禁酬神庙戏不得过三日，意亦云然
43	同治十二年《直隶绵州志》	雨水足，禾苗畅茂，则各村演戏酬神，以祈谷。至冬成收获，宰牲报享，尚有古蜡祭遗意
44	同治十三年《彰明县志》	（二月）二日，演高台。各乡场建清醮，城内演剧祀龙王
45	同治十三年《彰明县志》	（三月）“清明节”，常山墦间，演戏祭孤
46	同治十三年《彰明县志》	（五月）二十八日，祀城隍，演剧十数日
47	光绪十二年《增修灌县志》	（十月）朔日，乡间以糯米蒸熟，捣为糍粑以饲牛，谓是日“牛王诞”。间有兴设“牛马会”，演戏庆祝者
48	民国16年《广安州新志》	（正月）三日为“药王会”，观临江馆演剧
49	民国16年《广安州新志》	寺外石台演剧，数日方止。乡镇妇女皆至庙观拜佛。十三日为“禹王会”，城中湖广馆观剧，乡镇各办会
50	民国16年《广安州新志》	（二月）二日及八月二日为“社公、社母诞辰”，城市临街搭台演剧。三日，“文昌帝君诞辰”。各官致祭颁胙，绅士集会，演剧，今停
51	民国16年《广安州新志》	（三月）十五日为“帝主诞辰”，黄州馆赛会演剧，九月二十九日同
52	民国16年《广安州新志》	（四月）一日，江西馆向有迎萧公之会，备极观瞻，今但设筵演剧
53	民国16年《广安州新志》	男子插秧，三耨既毕，合村醵酒，择日演剧，祈田祖，去蟊贼，曰“秧苗戏”
54	民国16年《广安州新志》	（六月）二十四日，祀祝融，南丹宫各街演剧一本
55	民国16年《广安州新志》	戏剧之风，繇来者远，汉曰乐人，唐曰教坊，较之巴觎歌舞，非正声矣。城乡庙观祝诞、集会，富赏大家科名、寿喜，凡开筵宴客，俗必以戏帖，曰“彩觞”焉
56	民国16年《广安州新志》	至城乡民乐戏会多矣：春日有春台戏，庙观新成集资有彩台戏，城隍、紫云宫诞、祭日有神会戏，祭祀酬神日愿戏，祈祷雨泽有东窗戏，驱逐疫厉有目连戏
57	民国16年《雅安县志》	城内惠泽宫三月二十日；东城外惠泽宫三月二十二日，均迎神演戏，岁率为常
58	民国16年《雅安县志》	三月一日，巧制花舆，由城隍祠舁二神像分出东西城，演戏于行台，士女聚观，道路阗塞
59	民国19年《名山县新志》	（二月）城隍暂居行宫，演戏以乐之，而玉烛则供之城隍祠
60	民国19年《大邑县志》	（二月）三日为“文昌帝君圣诞”，士庶演剧庆祝
61	民国19年《大邑县志》	（三月）“清明日”，簪柳扫墓，士民咸诣赵顺平侯祠墓祭扫，演剧侑神
62	民国21年《渠县志》	乡村祭祀，以土地祠为最盛。乡人醵金为土地会，每届仲春祀期与青苗会，辄各演戏经月，此亦先世并祀社稷之意也
63	民国23年《乐山县志》	川俗多赛神拜忏，信巫祀神，曰“盘香会”，亦有所谓祀坛神者。巫觋伐鼓歌舞，自暮达旦，大似优伶演戏
64	民国23年《乐山县志》	正月初三日，土主会。十八日，二郎会。二月，妇女祀蚕神，以祈蚕。十六日，城隍会。三月十五日，财神会。二十八日，东岳会。四月初一日，萧公会。五月初一日，炎帝会。六月初六日，镇江王会，又祀青苗土地，以祈年。十四日，川主会。七月初二日，壁山会。八月二十四日，张爷会。九月初一日，火神会。初九日，葛翁会。十月初一日，牛王会。至期，乡人醵资演戏酬神，旗帜鼓吹，周游街市
65	民国28年《巴县志》	戏剧，旧俗皆演于各会馆或寺观，城乡间皆建万年台，官署则临时为之。时节庆会，召优伶，曰“班子”，任人自由入场观剧。清末始设剧园，演电影戏，卖客座
66	民国33年《重修彭山县志》	（四月）初十日“城隍会”，岁必演戏，供大烛拜香，迎神出巡，来观者云集
67	民国33年《重修彭山县志》	（六月）初六日“王爷会”，双江口王爷庙岁必演戏。二十四日“川主会”，往时川主宫必演戏数十部
68	民国36年《新繁县志》	（六月）县之河屯场旧有銮华会，演剧为神寿
69	民国36年《新繁县志》	（十一月十八日城隍诞日）庙中则演剧酬神，牲牢交错；街衢则高张彩幔，缀以华灯，累累然望之无际
70	民国36年《新繁县志》	清以来各寺庙、会馆赛神必演戏，任人观览，其后遂改设戏园，购票入座，岁不过二三次，远不如昔年之戏剧多矣

四川清代提及庙宇剧场的碑文（包括铭记）一览表　　表 3–26

序号	碑文名称	内容摘录	资料来源
1	清乾隆三年（1738 年）《重建显英通佑祈嗣三殿钟铭》	朝思五载，于雍正九年，议请劝首等募请上宪，蒙各府州县善士信女共同捐助，前后大殿、娘娘大殿、戏楼、牌坊、两廊共计六十余间，剖费十方檀越五千余金，不觉兴工几载告竣	《都江堰文物志》
2	乾隆六年（1741 年）《修城隍庙并筑平云亭碑记》	雍正乙卯，邑侯楚黄进士画先、张公易源访平云亭旧址，于荒烟野蔓中得之，乃捐俸倡修，谕邑之善士杨君麟升，何翁成隆等董其事。醵金重茸，塑文昌朱衣奎星其中，而祀忠文、放翁于左右。凡以存文献，崇文教也。又念城隍祠前，工歌无榭，又鸠工庀材，歌台云构，益增拜厅三楹，丹雘绚烂，以为寮佐会献之所	民国《大邑县志》
3	乾隆年间《给孤寺乐楼碑记》	我国家承平百余年，寺僧有如禄、性戒、照元三人者，心性明见，色相浑忘，谈空之暇，辄举前后殿宇，东西廊坊，竭力丕振。惟山门、乐楼、垣墙未经修理，尚不足壮大观	道光《南部县志》
4	嘉庆年间《重修武庙碑志》	今太平蕞尔弹丸，自连年教匪滋事以来，攻扰城垣不止一次，竟得安如磐石，百姓无惊，是非神灵之威镇，曷克臻此。某虔诣武庙展礼，庙在南门外里许，先经经略大臣额捐资，重建大殿；复经参赞大臣德以规模不甚宏敞，商予董率文武，捐廉添建。于正殿两旁添造钟鼓楼两间，三面绕以围墙，门外建立旗杆，修造乐楼，并塑神马，用壮观瞻	民国《万源县志》
5	罗江乐平《牛王庙乐楼碑》	略平牛王庙本无乐楼，现今之乐楼乃嘉庆元年（1796）十月某日众士民捐资所立	清·李调元《童山文集》卷八
6	嘉庆十年（1805 年）《移建文昌宫记》	安岳文昌宫，旧在文庙东，左偪山麓，右傍宫墙，殿廊庙貌隘如也。予落成文庙，爰与邑绅相度兹地，恢廓其基，殿前建抱厅及左右长廊，殿后启圣祠，东则颜公祠，西则藏礼器以及庖湢之所。重阶之下，则镌雁塔而对竖之，当面则建歌台，以备邑人士岁时报赛	道光《安岳县志》
7	嘉庆十一年（1806 年）《建离明宫碑记》	余以阛署日用所需，悉准市价，而何可独以此扰吾民也。用是罢其役，以存项买南城地一区，建正殿五楹，翼以抱厅。殿中祀火神像，西祀川主，东祀张、葛二仙，从业油者志也。两厢建楼房二，殿前修乐楼一，庙外环缭以墙	民国《荣县志·金石》
8	嘉庆十二年（1807 年）《补修甘露寺碑记》	前今春，道宪黎公巡阅此地，又捐金百两，命清宽崔公董其役。时以工资尚歉，未敢兴工。七月，郡守黄公至此邦，与县尹王公朝夕勤政，肫然为地方计。首于此处捐俸倡修，加以孙公、唐公、崔公所储款，共成盛举。上则增建殿阁，改塑神像；下修大殿、乐楼，瓦壁龛座概事培整。维时人心欢畅踊跃，图功月余，即克蒇事，似有神灵之默助者然	民国《新修南充县志》
9	嘉庆十五年（1810 年）《通贤场万寿宫重修歌台募疏》	通贤场有万寿宫久矣，今夏嘉庆庚午，其领袖等来告曰：吾地之作万寿宫、在乾隆五十六年，而庙制未备。顷年来肖真君像及萧公镇江二神，续伐石以固庙址，今岁复修歌台、门陛。内备房序，外建华表，与夫垣墉彩饰之属，焕然新矣	光绪《级修安岳县志》
10	嘉庆十七年（1812 年）《显英宫创建大殿东楼碑记》	因乾隆三十八年，父老辈杯酒闲谈，肇兴此会。至五十四年，孝廉王公播、陈公乃猷、陈公修及首事等，捐募数百金，买置庙基两旁街房。五十七八年暨嘉庆十三年，乡耆朱公子尧、陈公仪，文生刘公士中及同等捐募，建修大殿、乐楼、文昌楼、抱厅，约费二千余金。迄今数十年，而未勒石以彰众善，是即于心之一歉耳	民国《什邡县志·艺文·金石》
11	约嘉庆三十年（1825 年）《重修五圣宫碑记》	曩以年久颓坏，议更新之。众皆乐助，乃鸠工庀材，经之营之。自嘉庆己卯春兴工，越明年而工竣。厥殿陛、乐楼、阶墀、廊庑、官房、客厅、周遭垣墉，无一不崇宏坚固，金碧辉煌，视向之庙貌，规模焕然丕新	民国《达县志》
12	清道光二年《石梯坎建修文昌宫序》	幸老会积金数百余两，邀请绅耆等会集同人，禀恳兴造。为之劝捐以资其用，为之披垦以阔其基，为之甃砌以固其址，为之鸠工以程其材。其正殿则有筵、有闲，肃穆辉煌；其魁楼则其楹其庭，高敞雄峻；其歌台则美轮美奂，足以大歌舞而洽神人。是役也，约费三千余金。自嘉庆十六年中和月创始，道光二年清和月落成	民国《达县志》

续表

序号	碑文名称	内容摘录	资料来源
13	约道光年间《增修齐眉寺碑记》	是刹未知创自何世，在都某之舍野也。其殿宇建于国初。颇多荒废，益以狂寇之酷，则有待于作新者多矣。然先人民而后致力于神，故涯之又久。至嘉庆戊辰年间主持净瀚乃募四方，约得三百金有奇，而湫隘者，高厂矣；尘暗者，辉煌矣。中楹为现音大士，堂东以普陀，前建乐楼，环以龙池，极壮丽	民国《万源县志》
14	道光十四年(1834年)《陈家坪文昌宫补修白衣庵碑记》	迨道光九年六月，总领刘新德等始议建修文昌宫，四境街民咸乐。第古庙倾颓，弃其旧而谋其新，非善也。因别采木料，将古庙之狭隘者，扩而大之，更建帝君庙，塑圣容，及左右厢房于后，凡老庙佛台、神像、龛匾、装绘生新，前则修乐楼、石梯、海面，以壮其现。是举也，费近千金，岁越五载，兹值落成，问序于余	民国《达县志》
15	道光二十七年(1847年)前《富顺场武圣宫碑》	因咸泉之旧址，建武圣之神功。乐楼寝庙，高插云天；抱厅厢房，缦回隔地	民国《三台县志·文征上》
16	咸丰元年(1851年)《重建古圣寿寺碑记》	嘉庆己卯，居民锄地，得观音像，祈祷颇灵，众以为异。盐茶道奇公成额捐金为舍以妥之，而命愚董其役。鉴营甫肇，奇公以忧去官，不能不终其事也。计自捐广募，为大殿五楹，寺门、乐楼及垣墉、佃屋等，已费三千余金，而廊庑阙如	清《槐轩杂著》卷四
17	约咸丰初年(1850年)《重修川主庙碑记》	什邑西关外，自前明已有川主庙，献逆后化为邱墟。国初里人重寻旧址，作室三楹，肖川主像，招僧焚献。历乾隆、嘉庆间，叠加培补，已有正殿、两廊、乐楼、山门、玉皇楼	民国《什邡县志·艺文·金石》
18	雅安咸丰八年(1858年)《重修台阁碑记》	盖闻有功必录，有善必漳，理故然也。兹于昝村有文昌惠泽宫戏台一座。殆世远年湮，不无倾崩塌，四班会首人等目击，应感于修资不敷，于咸丰四年捐息募化，善男信女杨文喜为首，共工修建以壮观瞻，今已功完告竣，革碑刻铭永垂不朽矣。咸丰八年二月吉日立	《中国戏曲志·四川卷》，第501页。
19	咸丰十一年(1861年)后《改建城隍祠记》	始咸丰丁巳冬，迄戊午五月落成。凡为后殿三楹，两庑塑十王像。正殿五楹，翼以抱厅、回廊、转阁、宴亭、歌楼。镂金错采，渥然而丹，垩然而黝。过宇下者，望之畏、肃然敬	光绪《续增乐至县志》
20	约同治四年(1865年)《武圣宫碑》	镇之有是宫也旧矣，岁久倾颓，里人张君时亭，谋所以新之。新夫子之庙者，心夫子之心者也。矧屡蒙夫子之眷，欲不新不得也。其用财富，取资不得不广。惟举事顺乎人心，一时之踊跃输将，益无不争先恐后。于是废者起，坏者易，缺者补，不足者增。期月之间，自殿寝、门庑、垣阙、乐楼，靡不金碧焜耀，丹漆辉映，焕然为之一新	民国《三台县志·寺观》
21	约同治四年(1865年)《重修高山寺碑记》	高山寺，俗你老銮华。故明德岩禅师之塔院也。距具城北六十余里。寺前松篁夹道，石磴如梯，梯而上，山门巍然，两厢乐楼翼然焕然。其巃然高矗者，新殿三间也；其窈然深邃者，旧殿一向也	民国《重修什邡县志》
22	约同治元年(1862年)《募赀培修川主庙序》	元兴场旧有川主庙宇，黟剥倾圮，上雨旁風，几无以蔽。里人酬神演戏之台，亦支拄不堪，其外石台陀陁下颓，曼衍平芜，历久而不容以步，于是相率祷焉。既而民物清夷，烽燧告熄，疲者以苏，迁者以复，危者以宁。幸而即于无虞，是非会之适然，抑惟神之赐也	民国《合江县志·舆地》
23	光绪六年(1880年)《培修禹庙碑序》	我场乾隆中始建庙，嘉、道、咸、同迭加补修。维时俗见未泯，皆来川较迟者董其事，他无问焉，以故乐楼倾圮，尚未议及。岁庚辰，首事等欲易而新之，集众筹款，一时来川之迟与早者，皆倾囊相助。鸠工庀材，建台铺石，华饰正殿及两廊，不半载而告成	民国《达县志》
24	约光绪六年(1880年)《重修金华山殿宇捐资记》	于是年六月命匠庀材，旋述郡尊廉宪给示，爰自山门起，至正殿，止大小祠宇，乐楼、船房、官厅、静室共若干间，易颓为固，易朽为坚，甓筑经营，黝垩丹雘。至庚辰七月，统阅一年之久，次第告竣，焕然一新	光绪《射洪县志》
25	光绪十八年(1892年)《创修三圣宫碑序》	己丑年，李廷东见场市买卖兴旺，施去庙地，尹君一诚等倡首募化，于辛卯年二月，创修三圣宫，尚未刊碑。于壬辰年九月，歌台二款功果，一齐勒诸贞珉，永垂不朽	光绪《续修安岳县志》

图 3-496 绵阳市东宣乡东岳庙戏台外观

图 3-497 绵阳市东宣乡东岳庙戏台背面

图 3-498 绵阳市东宣乡东岳庙戏台台面下支撑结构

图 3-499 绵阳市东宣乡东岳庙戏台支撑台面的短柱

图 3-500 绵阳市东宣乡东岳庙前台梁架

图 3-501 绵阳市东宣乡东岳庙戏台隔扇

二、四川明清庙宇剧场实例分析

1. 绵阳市东宣乡东岳庙剧场

东岳庙位于绵阳市东北 38 公里。庙内戏台建于清康熙四十七年（1708 年）。梁上有楷体题记："首维皇清康熙四十七年岁次戊子十二月十八日申明黄道辰时竖立。"

戏台平面呈凸字形，建筑面积 117 平方米，前面面宽三间，单檐歇山式（图 3-496、图 3-497），木质通柱造。明间为抬梁结构（图 3-498），进深六架，两侧耳楼进深四架。台基高 2.2 米。台面由 20 根八角形石柱支撑，石柱高 1.2 米，直径为 0.5 米，分五排（图 3-499、图 3-500），柱面彩绘有几何状云纹图案。台中有隔扇（图 3-501），分隔前后台。隔扇两侧有上、下场门，均有用青

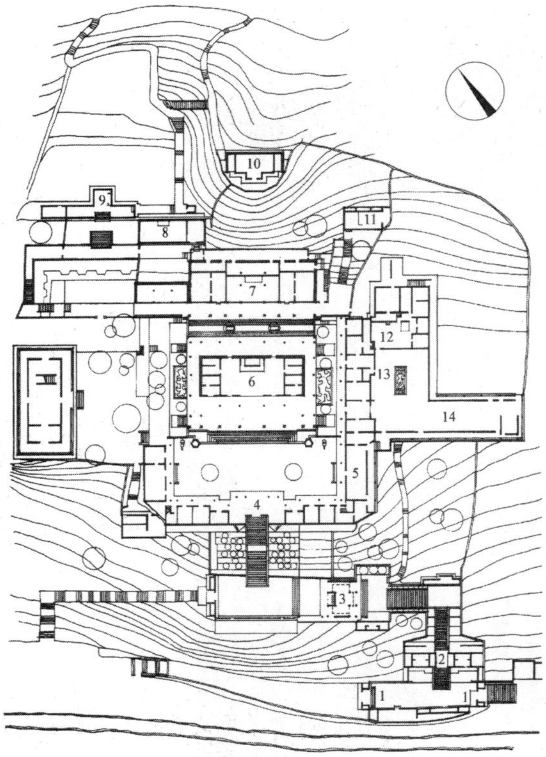

1. 山门　5. 客堂　9. 圣母殿　13. 食堂
2. 乐楼　6. 李冰殿　10. 老君殿　14. 茶楼
3. 灵官楼　7. 二郎殿　11. 铁龙殿
4. 戏楼　8. 祖堂　12. 厨房

图 3–502　都江堰市二王庙平面图

摹自：四川省建设委员会、勘察设计协会、土木建筑学会编．四川科学技术出版社，1992 年，第 153 页。

莲色题写的楹联，上场门上的楹联剥蚀不清，下场门楹联依稀可辨："英雄底蕴□□□，富贵归来是□□"。戏台隔扇正中 2.5 米高处书写捐资修建戏台的人名和所捐数量的清单，正中悬"乐奏天钧"匾额一块，长 3.0 米，宽 1.4 米，落款为同治三年（1864 年）。左右场门上方也挂有宽约 0.6 米的扇形匾额各一道，分别书"出将"、"入相"，惜在 1966 年被毁。天花板上布满彩绘戏画，内容有《樊梨花》、《算粮登殿》、《西游记》、《舌战群儒》、《错斩于吉》、《战长沙》、《天水关》、《火烧战船》、《长坂坡》、《泗水关》等，每块约 0.8 米见方。檐口上雕有《青梅记》、《杀狗》、《佟文正闹都堂》、《黄金窑》、《引凤楼》等戏画。屋顶两边脊尾上原雕有白龙两条，龙身上有戏曲《白蛇传》中的白素贞、青儿、许仙、法海等人物塑像，高约 0.5 米，非常精致。

旧时，每年五月五日，东岳庙均设庙会，有敬神、还愿、演戏的活动，最热闹的是东岳神出驾。近百人化装的"鬼神"队伍由旗锣伞幛开道，用肩舆抬着东岳神和东岳夫人的塑身像，后面跟着长长的队伍。

2. 都江堰市二王庙剧场

二王庙位于都江堰岷江东岸玉垒山麓。2000 年，青城山和都江堰风景名胜区被联合国教科文组织确定为世界自然和文化遗产。二王庙原为纪念蜀王杜宇的"望帝祠"。南北朝齐建武年间（494 ～ 498 年），为了纪念李冰父子治水有功，而更名为"崇德祠"。宋开宝五年（972 年）重修，后毁于宋政和七年（1117 年）大火，不久再建。宋、元两代，李冰父子先后敕封为王。清雍正五年（1727 年）崇德祠正式更名为二王庙。清雍正九年（1731 年），重建了正殿、后殿等。民国 14 年（1925 年），庙内大部分建筑毁于火灾，同年再建，历时十年建成。

二王庙依山就势，布置灵活，中轴线上的主体建筑有戏台、李冰殿、二郎殿、老君殿等（图 3–502）。其中李冰殿为庙内主体建筑，殿内供奉李冰父子像（图 3–503）。

戏台位于李冰殿对面（图 3–504），经历修建和毁坏。根据康熙四十五年（1706 年）"郡民许建戏楼"的记载，可知二王庙当时已有戏台。雍正九年（1731 年），该庙道士又募请善士信女对庙内戏台进行重建。民国 14 年（1925 年），戏台又毁于火。同年又开始重建，历时十年才竣工。

图 3–503　都江堰市二王庙正殿

图 3–504　都江堰市二王庙戏台和正殿两侧的厢房

戏台（图 3–505）和山门勾连而建。平面呈凸字形，面宽三间，前檐为四根通柱。台面高 2.6 米，宽 9.6 米，前台进深 4.5 米。台中木质隔扇区分前后台，两侧有上下场门。台沿、额枋、斜撑皆有花草、几何图案和戏曲人物的彩色木雕（图 3–506、图 3–507）。戏台背面为山门，呈双重檐牌楼式。门前有台阶通向山下（图 3–508）。山门上书有“二王庙”三字，为民国三十年（1941 年）冯玉祥将军来都江堰时所写。

除了李冰殿前的戏台外，二王庙还有一座小乐楼，歇山式顶，建于清乾隆八年（1743 年）。该小乐楼横骑于入口石台阶通道上，左右为青龙、白虎二殿。

旧时，二王庙每年六月二十四日会举行庙会，民众扶老携幼，带着祭品，来庙祭祀，人山人海。清代《灌县乡土志》中说：“每岁插秧毕，蜀人奉香烛，把李王，络绎不绝。”

3．自贡市王爷庙剧场

王爷庙位于自贡市中区的釜溪河畔，背倚龙凤山，建于清末，现仅存戏台和看楼。

戏台（图 3–509）建于清光绪三十二年（1906 年），采用前后勾连的形式。前台抬梁结构，单檐歇山顶，面宽 8.90 米，进深 8.85 米。台面高 2.8 米。台沿饰以上、中、下三层木雕，分刻山川水石、异卉奇花、历史人物、戏剧故事、古玩钱币、诗词集句等，非常精致。檐柱为圆木通造柱，上承额枋，柱端施斜撑（图 3–510）。台中室内顶部饰藻井（图 3–511）。正脊两端是鸱吻，中间置火龙宝珠。戏台两侧有看楼（图 3–512）。

图 3–505　都江堰市二王庙戏台

图 3–506　都江堰市二王庙戏台额枋雕刻

图 3–507　都江堰市二王庙戏台斜撑雕刻

图 3–508　都江堰市二王庙戏台背面（山门）

图 3–509　自贡市王爷庙戏台

图 3-510　自贡市王爷庙戏台斜撑雕刻

图 3-511　自贡市王爷庙戏台藻井

图 3-512　自贡市王爷庙戏台两侧的看楼

图 3-513　自贡市夏洞寺山门

图 3-514　自贡市夏洞寺戏台外观

图 3-515　自贡市夏洞寺戏台梁架

4．自贡市夏洞寺剧场

夏洞寺始建于清顺治十年南明永历年（1654 年），清道光二十七年(1847 年)重建，坐北向南，占地近 1600 平方米，四合院布局，有前殿、后殿、戏台等，四周回廊相连。

戏台和山门组合而建（图 3-513、图 3-514），前后勾连。台面高 3.15 米，短柱支撑，台面下为通道。面宽三开间 8.1 米，进深 7.2 米，单檐歇山顶，穿斗式木构（图 3-515）。檐下密

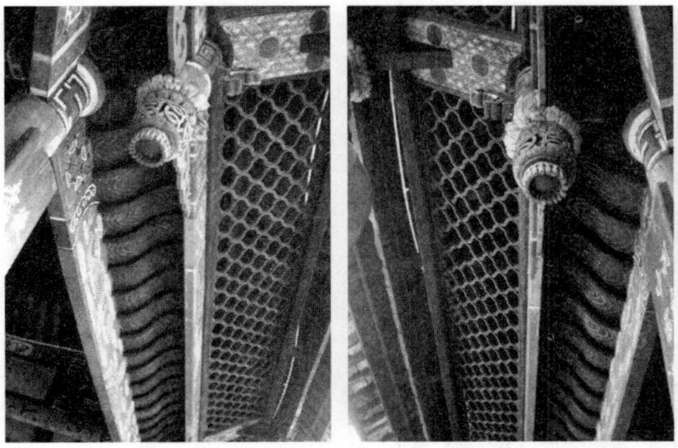
图 3–516　自贡市夏洞寺山门檐下装饰

图 3–517　自贡市夏洞寺前殿及其台阶

图 3–518　成都市天回镇金华寺戏台

图 3–519　成都市天回镇金华寺山门

布如意斗栱（图 3–516）。戏台对面有台阶，可作为看戏时的看台（图 3–517）。

5. 成都市天回镇金华寺剧场

金华寺位于成都北郊天回镇，始建于明崇祯年间（1628 ~ 1644 年），明末毁于兵灾。乾隆五十九年（1794 年）重建。

庙内戏台建于道光十九年（1839 年）。道光二十年《新建乐楼碑记序》云："遂于道光十五年（1835 年）春，执事经理等为修建乐楼计与各执事等公共相商，暂停演戏以成盛举，大功既就仍复旧规。斯时闻者无不欣悦。自是岁起，越五寒暑，迄十九年成。"

图 3–520　成都市天回镇金华寺戏台梁架

戏台和山门组合而建（图 3–518、图 3–519），均为歇山顶，前后勾连。台面高 2.36 米，下面为通道。前台面宽三间 9.3 米，后台面宽 15.5 米，通进深 10.1 米。抬梁和穿斗混合结构，其中后台山墙为穿斗结构（图 3–520）。台沿及其额枋均用木雕图案装饰。台前四根石柱镌刻两副楹联，其中一副云："弄假传真，随他演来，无非扬清激浊；移宫换羽，自我听去，都是教愚化贤"；另一副楹联云："欲知世上观台上；不识今人看古人。"（图 3–521）

图 3–521　成都市天回镇金华寺戏台楹联

第十六节　云南清代庙宇剧场

一、云南清代演剧及剧场建设

清初的云南，有各种政治势力活动，社会动荡。康熙二十年，清王朝平定吴三桂叛乱后，在云南实施安抚政策，使得云南政治趋于稳定，经济和商业得到较大的发展，戏曲艺术逐渐呈现繁荣景象。宜良县草甸土官村康熙四十六年（1707 年）《土主庙戏台碑记》载："各村之盛会不一，见寄之歌唱，妆以傀儡。游人如蚁，士女如云，熙熙攘攘，诚斯境之一会也。但会非戏则聚不久，聚不久则情不畅。然戏非台亦何足观，因村营之，远近不一，抬搭维艰。由是乡人会议，相工师，度木材，经营以建之。台成，名曰祈丰。"[1] 施甸县姚关镇雍正三年（1725 年）《东岳庙常住碑记》载："递年圣诞，设祭祀，荣显全身，装扮社火、迎神赛会，扮演戏文，神人共庆……乃姚关古迹俗风之胜会也。"[2] 澄江县西龙潭龙王庙乾隆二十年（1755 年）《轮流演戏碑记》更是记载了各村轮流演剧的情况，云：

澄江府河阳县正堂加三级纪录三次王示意：照得每年各村营演戏事。头龙立夏及龙王庆诞，牌到，分定轮着村营演戏一天报答。神庥灵佑万民，理宜敬□□悃俟候应办，不得抗拗。各宜尽心，凛之慎之。如违，严拿重究。特示。计开：西街阜明村演戏一天。团营演戏一天。许营、许家村演戏一天。廖营、赵旗村演戏一天。高楼房、旧街子、大西城演戏一天。朱官营演戏一天。小洋村、小里村、猫耳村演戏一天。上左所演戏一天。上右所演戏一天。黄家营、田家营、沙田演戏一天。矣落村、水碾、果子园演戏一天。撒马都、前师家村、后师家村演戏一天。前香村、后香村演戏一天。前所、大营演戏一天。前小营、后小营、高七营、矣草村演戏一天。万家营、曹家营演戏一天。大河□、正海营演戏一天。马家村、哈家村演戏一天。百祥、马家村演戏一天。前吉里村、后吉里村演戏一天。鲁溪营演戏一天。洋潦营、新河□演戏一天。乾隆二十年三叁月□日示派定[3]。

1、2　顾峰．云南戏曲碑刻文告考述．中华戏曲第 19 辑．山西古籍出版社，1996 年。

3　中国戏曲志编委会．中国戏曲志 · 云南卷．中国 ISBN 中心，1995 年，第 494 页。

碑文的记载甚为详细，各村之演戏有周密的计划。演剧成为民间娱乐的重要手段。通海县扬广三队土主庙道光二十二年（1842 年）《高抬会碑》记载：“吾乡之中，每岁春初，设立土主会道场，一供昭其敬也。然有会以妥神灵，复演戏以口口虑寂寞。又设一高抬会以壮观瞻。”[1] 光绪二十九年（1903 年）《浪穹县志略》记载：“二月迎佛。各乡演剧迎神，谓之‘春台’，自正月起俱各有其日。”

随着演剧活动的频繁，大量民间庙宇剧场建筑开始兴建或修葺。宣威县楚圣宫清乾隆五十五年（1790 年）《共培明礼碑》载：“从来乐以恪神和人。迨及唐代，因游月殿，得观霓裳羽衣，遂演梨园，溯建戏楼，无非恪和之雅意也。今我楚圣宫之戏楼，其新建也，已数十年矣。”[2] 宜良县草甸土官村道光四年（1824 年）《重修土主庙碑记》载：“每岁春仲，讽经演戏，阖乡咸集，俎豆馨香，极称盛焉。……上年□，戏台崩颓，佥曰：非所以敬神而祈福也，乃事修葺。”[3] 师宗县保太村道光十四年（1834 年）《关帝庙新建戏台碑记》载：“每岁季秋，县主临仓征收，谒庙拈香，欲敬戏文，奈无台阁，此乃前人缺陷”，于是道光十年兴修戏台，四年后竣工[4]。

云南清代庙宇剧场的确切数量已不得而知。作者根据文献资料，整理了云南现存的清代庙宇剧场（表 3–27）。

云南传统戏台一览表[5] 表 3–27

序号	地点和名称	年代	备注
1	昆明市安宁市青龙寺乡青龙寺村戏台	清代	
2	昆明市嵩明县白邑乡白邑村青龙宫戏台	清代	县文物保护单位
3	昭通市昭阳区北闸镇大龙洞前龙神祠戏台	清代	市文物保护单位
4	昭通市昭阳区城关镇西街西岳宫戏台	清代	市文物保护单位
5	昭通市昭阳区城关镇永安街陕西庙戏台	清代	
6	昭通市昭阳区城关镇崇义街南华宫戏台	清代	
7	昭通市昭阳区城关镇北正街东岳庙戏台	清代	
8	昭通市昭阳区城关镇北顺城街川主庙戏台	清代	
9	昭通市巧家县新华镇四川街川庙戏台	清代	
10	昭通市永善县景新镇四龙街万寿宫戏台	清代	县文物保护单位
11	昭通市永善县莲峰乡莲峰村城隍庙戏台	清代	
12	曲靖市师宗县玉龙乡保太村戏台	清代	县文物保护单位
13	曲靖市会泽县钟屏镇江西街万寿宫戏台	清代	省文物保护单位
14	曲靖市会泽县钟屏镇文昌宫戏台	清代	县文物保护单位
15	曲靖市会泽县娜姑镇云峰村云峰寺戏台	清代	
16	曲靖市会泽县钟屏镇财神庙戏台	清代	县文物保护单位
17	曲靖市会泽县金钟乡金钟村黑神庙戏台	清代	县文物保护单位
18	楚雄彝族自治州双柏县大庄乡大庄村内文昌宫戏台	清代	
19	楚雄彝族自治州禄丰县妥安乡琅井村开宁寺戏台	明—清	
20	楚雄彝族自治州禄丰县舍资镇草溪井村戏台	清代	
21	楚雄彝族自治州禄丰县罗川乡溪村戏台	清代	
22	楚雄彝族自治州禄丰县妥安乡高家村家寿庵戏台	清代	县文物保护单位
23	楚雄彝族自治州禄丰县勤丰镇鸡街戏台	清代	

1、2、3、4 顾峰．云南戏曲碑刻文告考述．中华戏曲第 19 辑．山西古籍出版社，1996 年。

5 表中个别戏台尚不能确定是否是庙宇戏台，但为了方便读者查阅，暂列于此表中。

续表

序号	地点和名称	年代	备注
24	楚雄彝族自治州禄丰县腰站乡腰站村戏台	民国	
25	红河哈尼族彝族自治州蒙自县十里铺村关圣庙戏台	清—民国	
26	红河哈尼族彝族自治州建水县临安镇新桥街大兴寺戏台	清代	
27	红河哈尼族彝族自治州建水县岔科乡岔科村戏台	清代	
28	红河哈尼族彝族自治州建水县东山乡水寨村戏台	清代	
29	文山壮族苗族自治州文山县古木镇南街川主庙戏台	清代	
30	文山壮族苗族自治州丘北县锦屏镇西关门外城隍庙戏台	清代	
31	思茅地区景东锦彝族自治县屏镇龙泉寺戏台	清代	县文物保护单位
32	大理白族自治州海东乡武曲村戏台	清代	
33	大理白族自治州湾桥乡古生村戏台	清代	市文物保护单位
34	大理白族自治州七里桥乡观音堂村戏台	清代	市文物保护单位
35	大理白族自治州大理市喜洲镇周城村戏台	清代	市文物保护单位
36	大理白族自治州大理市郊乡上村斜阳峰麓下关将军庙戏台	1919 年	市文物保护单位
37	大理白族自治州宾川县平川乡新生邑村观音寺戏台	明—清	县文物保护单位
38	大理白族自治州弥渡新街镇西庄街五十三村玉皇阁戏台	清代	县文物保护单位
39	大理白族自治州剑川县沙溪乡仕登村兴教寺前戏台	清代	县文物保护单位
40	大理白族自治州剑川县沙溪乡仕登村城隍庙戏台	清代	县文物保护单位
41	保山市金鸡镇戏台	清代	市文物保护单位

本表根据作者实地调查结果、《中国文物地图集 · 云南分册》(2001 年版)、文物部门相关文件等整理而成。目前，有部分戏台（特别是未列入文物保护单位的）可能已经不存。

二、云南清代庙宇剧场实例分析

1. 剑川县沙溪镇兴教寺剧场

兴教寺位于沙溪镇四方街（图 3—522）。旧时，这里集庙宇（兴教寺）、戏台、商铺、马店于一身，功能齐备，每隔三天有一个集市，非常热闹。

兴教寺坐西朝东，中轴线上有戏台、山门、中殿、大殿等。正殿即大雄宝殿，俗称万佛堂，重檐歇顶殿。中殿为天王殿，悬山顶。戏台位于山门（图 3—523）外，戏台和山门之间的广场用作观戏空间（图 3—524）。

戏台建于嘉庆年间(1796 ~ 1820 年)，光绪六年(1880 年)重修。戏台和魁星阁组合建(图 3—525、图 3—526、图 3—527、图 3—528、图 3—529、图 3—530)。三层为魁星阁，供魁星老爷。前台面阔

图 3—522　剑川县沙溪镇兴教寺前广场

图 3—523　剑川县沙溪镇兴教寺山门

图 3-524　剑川县沙溪镇兴教寺戏台及其前面的广场

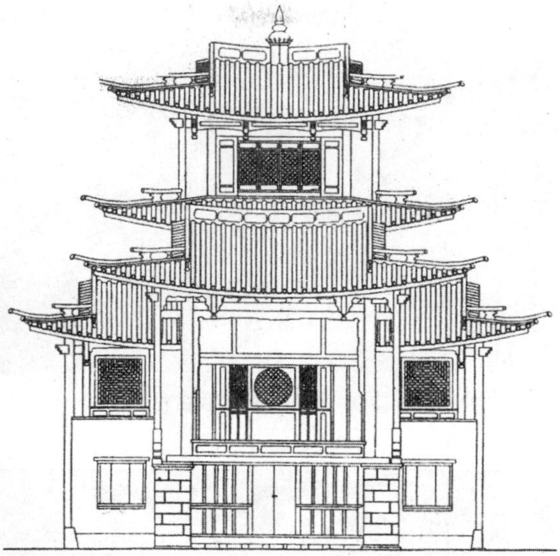

图 3-525　剑川县沙溪镇兴教寺戏台正立面
兴教寺戏台测绘图摹自：当地宣传展板。

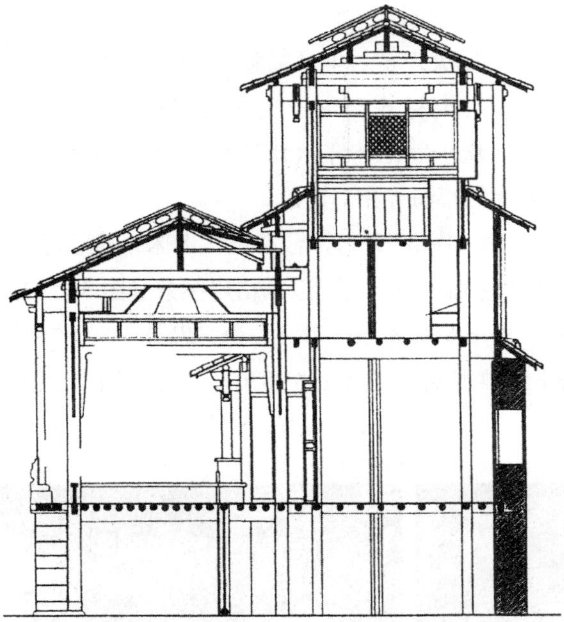

图 3-526　剑川县沙溪镇兴教寺戏台纵剖面

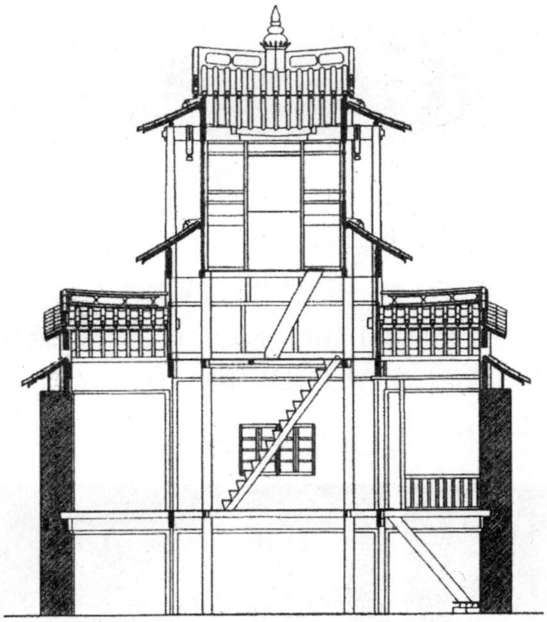

图 3-527　剑川县沙溪镇兴教寺戏台横剖面

图 3-528　剑川县沙溪镇兴教寺戏台外观

图 3-529　剑川县沙溪镇兴教寺戏台台内

图 3–530　剑川县沙溪镇兴教寺戏台台基

图 3–531　大理市古生村福海寺戏台外观

图 3–532　大理市古生村福海寺戏台隔扇和藻井

和进深各一间，歇山顶，平面呈方形，均 8.6 米。前台两侧加盖檐厦，可安置伴奏的乐队，同时丰富了戏台造型。

旧时戏台上载歌载舞，精彩纷呈；四方街上人头涌动，人山人海；兴教寺里善男信女敬拜神佛，虔诚严肃。

2. 大理市古生村福海寺剧场

古生村戏台位于大理市湾桥乡古生村中部，建于同治十年（1871 年），坐东向西，和西面的福海寺相对而建。

戏台采用抬梁式木构，平面呈凸字形，单檐歇山顶（图 3–531）。台基高 1.8 米，宽 7.7 米，前台深 5.5 米。石质檐柱，阴刻楹联（图 3–532），鼓镜柱础。前后台间以木格扇区分（图 3–533），两侧开上下场门（图 3–534）。后台西墙上雕有花卉。檐下左右各书一字，右为“忠”，左为“孝”，并有垂花及浮雕花板装饰（图 3–535）。左右八字墙上浮雕青龙、白虎（图 3–536）。后台用土墙围合，仅开小窗。

图 3–533　大理市古生村福海寺戏台楹联

图 3–534　大理市古生村福海寺戏台上下场门

图 3–535　大理市古生村福海寺戏台檐下雕刻

图 3–536　大理市古生村福海寺戏台八字墙

图 3–537　大理市周城村戏台外观

图 3–538　大理市周城村戏台额枋雕刻

3. 大理市周城村剧场

周城村戏台位于喜洲镇周城村中部，坐东向西，建于清光绪二十一年（1895 年）。戏台（图 3–537）采用前后勾连的形式，抬梁式结构，前台单间，4.12 米见方，单檐歇山顶。后台面宽 9.15 米。台基高 2.5 米。檐下额枋被划分为小格，各雕一个戏曲场面（图 3–538）。角柱为八角形石柱，上刻楹联，书：“周常尚文礼乐宏模新景运，城不名武歌舞雅化庆升平”，上款为“光绪乙未季夹钟月上浣吉旦”，下款“邑人段凌云撰并书”（图 3–539）。前台顶部为八角藻井（图 3–540）。后台用土墙围合，相对封闭，仅开小窗。

图 3–539　大理市周城村戏台楹联

4. 丽江市神龙祠剧场

神龙祠位于丽江城边黑龙潭内，坐北朝南。戏台位于山门外，坐南朝北，重建于道光十年（1830年）。梁枋上有题记：“岁大清道光十年十一月十八日吉旦，署丽江军民府事楚雄府曲沃裴聪，特授丽江县正堂汪逢泰，率同丽郡绅耆军民人等重建。”

戏台（图 3–541）采用前后勾连的形式，平面凸字形。前台单间，单檐歇山顶，宽 6.0米，深 4.5米。台中有匾额，草书“高山流水”，为“清光绪辛巳正义和乡绅耆人等同立”。檐下施彩绘和雕刻。（图 3–542）屋顶正脊镂空。后台三间，宽 11.5米，深 2.5米，歇山顶。

图 3–540　大理市周城村戏台天花

图 3–541　丽江市神龙祠戏台

图 3–542　丽江市神龙祠戏台檐下雕刻

第十七节　陕西明清庙宇剧场

一、陕西明代庙宇剧场的发展

根据目前掌握的史料，陕西在金元时期已经有固定的庙宇剧场建筑。《耀州三原县荆山神泉谷后土庙记》记载后土庙在金泰和五年（1205年）重修后，已经建有固定的“乐台”。碑文云：“过乐台，正殿曰坤柔。”[1]白水县元至正十二年（1352年）《重修雷公亚父庙记》中提到：“又创起俩廊、乐楼一十楹”[2]。

明代是陕西庙宇剧场建筑的发展时期，也为清代庙宇剧场建筑的兴盛做了很好的铺垫。明代初期，国力衰弱，百废待兴，演戏活动相对沉寂。明中叶之后，商业开始活跃，演戏活动逐渐兴盛，更多的庙宇也开始修建剧场建筑。

明代的城隍信仰被列入国家祀典中，并要求城隍庙“高广视官署厅堂”[3]。这些城隍庙规模宏大，往往设有壮观华丽的戏台。一些地方志和碑文记载了陕西明代城隍庙修建剧场的情况。明代《户县志》中提到：“城隍庙为洪武四年修……月台前为剧场……左右有门，为演剧时众所出入者。”《韩城县志》所引明代张仕佩《城隍庙记》中提到：“戏楼始隆庆辛未夏，成于壬申之秋。”《蒲城县志》所引清代原衷载的《重修城隍庙碑记》中提到：“万历二年，大殿、戏台告竣。”《淳化县志》中提到：“明建城隍庙乐楼三楹。”彬县城隍庙现存碑刻记载，庙中戏台为“明宣德四年（1429年）十二月二十七日重修”[4]。户县明万历十九年（1591年）《城隍庙新修看垣记》碑言：“其所阙而未竟者，乐楼前东西二墙也。”[5]由于当时几乎所有的城隍庙均建有戏台，所以陕西至今仍流传“城隍庙对戏楼”的谚语。

当然，其他的庙宇中也有很多修建戏台。户县天启二年（1622年）《重修观音庙记》碑言：“乐楼屏立，山门拱峙，缭以周垣，植以众木。”[6]明·王祎的《谒周公庙记》，记载了明洪武四年（1371年）所看到的周公庙：“正殿前有戏台，为巫觋优伶之所集。”[7]白水县仓颉庙明《重修仓颉庙碑记》中记载：“正德七年（1512年）增其乐楼。”[8]但是，陕西现存的明代剧场建筑则较少，仅存韩城城隍庙戏台、彬县城隍庙戏台等。

二、陕西清代庙宇剧场的兴盛

清代是陕西庙宇剧场的繁荣时期。这一时期，演戏之风更盛，民间的红白喜事、祈雨求丰、祈神免灾，均会约请戏班演出。康熙二十年（1681年）《重修周至县志》云：“邑民赛神演剧，谓之作会。四季皆有之。”[9]嘉庆年间《汉中府志》卷二十七中提到：“近年以来，每逢城关内各庙宇赛会演戏，老幼妇女，三五相结，饮酒观剧，聚居终日。”[10]正是由于演戏之风极盛，乾隆年间陕西巡抚陈宏谋甚至多次出示檄文，禁止演夜戏等。其中乾隆十年（1745年）《陕西巡抚陈宏谋巡历乡村兴除事宜檄》中云：“陕省向有演夜戏恶习，于广阔之地，搭台演唱，日唱不足，继以彻夜，聚集人众，

1　王昶（清）．金石萃编．卷一百五十八．耀州三原县荆山神泉谷后土庙记．清嘉庆十年刻本。
2　金石萃编未刻稿卷下，续修四库全书，史部·金石类．上海古籍出版社。
3　张廷玉等著．明史·卷四十九·志第二十五·礼三．中华书局，1974年。
4　作者2001年实地调研抄录。
5　何炳武主编．户县碑刻．三秦出版社，2005年，第374～375页。
6　何炳武主编．户县碑刻．三秦出版社，2005年，第391～392页。
7　清光绪十年刻本《岐山县志》。
8　转引自：白水县志编纂委员会主编．白水县志．西安地图出版社，1989，第268页。
9　转引自：焦文彬著．古都西安．西安出版社，2000年，第309页。
10　转引自：中国戏曲志·陕西卷．中国ISBN中心，1995年，第815页。

男女杂众，奸良莫辨。”[1]

由于演戏非常活跃，庙宇剧场建筑随之大量兴建。安康市咸丰六年（1856年）《重修兴宁寺碑》言：“因庙无戏楼，不便演戏，而所积的又不足以修建，于是始造台架一副，使秋收报享之日，不烦人力搭台。”[2]其中论及由于没有戏台，只好利用临时性的“台架”，用于演出。潼关市嘉庆二十四年（1819年）《四圣庙创修乐舞亭碑记》言：“吾乡□祖传遗规，麦后沿堡演戏报赛，以答神庥。而此四圣神殿历年深久，后虽续增飨堂三间，而堂前空闲隙地尚少乐舞亭一所。每遇报赛时，率皆垒木筑架，曲应故事，合堡之人，俱未惬心。于是商诸同社会长一十八家，款邀四方会众捐金助工，不数年而乐舞亭焕然夺目矣。”[3]绥德县娘娘庙乾隆九年（1744年）《新建乐楼序》碑文记载了创建戏台情况，并述及娘娘庙“每遇三月初八圣诞日期”，“舞榭歌楼报赛”，“声彻云霄，共咏季札之观止”[4]。铜川市陈炉镇清凉寺碑文云：“歌舞台，为报赛，齐明盛，祭如在，人心谁不快。”[5]

清代陕西，戏台几乎成为庙宇中必不可少的组成部分。无论是乡野村落还是繁华城镇，无不集财力、动人力修筑庙宇剧场。西乡县光绪二十年（1894年）《金洋堰庙修戏房序》道：“沿至近今，歌管楼台，寺前多有，每于乐楼之下，即修戏房，取其至便。”[6]一些庙宇没有戏台，似乎就不合规制。咸阳市乾隆二十二年（1757年）《城隍庙创建乐楼碑记》感叹道：“原邑自创建土主，不知几历修补，而戏楼独缺焉。”[7]

由于民众热爱戏曲，所以演戏之时，观众数量众多。特别是庙会时，往往人头涌动。这样，有些剧场庭院显得狭窄，不得不扩建之。潼关县高桥村同治元年（1862年）《重修观音关帝庙并移建戏楼碑记》言：“城门南边又有乐舞楼一座，每年麦后村众报赛之所，年深月久，亦不知何时所建。但逼近城门，演戏时纷纷□□，往来不便，且规模狭隘，窄小难容”，于是，“廓其基址，创建戏楼三间。观者悉乐其宽广”[8]。而且，一些戏台也开始扩大规模。商洛道光八年（1828年）碑文追忆道：“显神庙由来久远，自古小庙一间，戏楼土台一座”，到清乾隆十三年（1748年）时，“移修戏楼三间”[9]。

随着戏曲的发展，邀请外地戏班演出也变得普遍。许多庙宇不仅在戏台的后侧或两侧建戏房，而且另建戏房或演员的寓所。西乡县光绪二十年（1894年）《金洋堰庙修戏房序》道：“戏房告竣，常招佃客看守，演戏有处札，台板有处磊，催戏又极便，一劳永逸，岂不美哉。”[10]耀县《太元洞碑文》言：“南山崖下，旧有戏楼，为祭时伶人献技之所……又于戏楼西面崖下创修窑一只，以便祭赛时伶人楼止处。”[11]

关于陕西传统剧场建筑的总体情况，20世纪90年代出版的《陕西戏剧志》提供了较为准确的数字。《陕西戏剧志 · 宝鸡市卷》论及，宝鸡市全市解放前（1949年前）曾有戏台900余座[12]，该书还一一列出戏台的名称和地理位置。《陕西省戏剧志 · 商洛市卷》收录了商洛市77座清代剧场建筑的基本情况[13]。《陕西省戏剧志 · 渭南地区卷》，论及渭南市“几乎村村镇

---

1 培远堂偶存稿文檄．卷十九，转引自：中国戏曲志 · 陕西卷，中国ISBN中心，1995年，第814页。

2 陕西戏剧志 · 安康地区卷．三秦出版社，1994年，第247页

3 吴刚主编．潼关碑石．三秦出版社，1999年，第183～184页。

4 中国戏曲志 · 陕西卷．中国ISBN中心1995，第632页。

5 陕西省戏剧志 · 铜川市卷．1996年，三秦出版社，第273页。

6 陈显远．汉中碑石．三秦出版社，1996年，第84页。

7 王友怀主编．咸阳碑刻．三秦出版社，2003年，第620～621页。

8 吴刚主编．潼关碑石．三秦出版社，1999年，第207页。

9 陕西省戏剧志 · 商洛市卷．1997年，三秦出版社，第274页。

10 陈显远．汉中碑石．三秦出版社，1996年，第84页。

11 陕西戏剧志 · 铜川市卷．三秦出版社，1996年，第272页。

12 陕西省戏剧志 · 宝鸡市卷．1996年，三秦出版社，第335页。

13 陕西省戏剧志 · 商洛市卷．1997年，三秦出版社，第283～285页。

镇均有戏楼”[1]。《陕西省戏剧志 · 榆林市卷》列举了约150座清代剧场建筑[2]，实际数目应远远超过该数。《陕西省戏剧志 · 安康市卷》：“据府、县志记载，庙碑殿梁留字及口碑调查：从明末至本世纪50年代初的400余年间，全区共修建各类庙宇戏楼、外埠商帮会馆戏楼240座，其中能知道建造年代者100余座。”[3]《陕西省戏剧志 · 铜川地区卷》：“至民国20年，全区仍有40余座戏楼保存完好。”[4]《陕西省戏剧志 · 汉中地区卷》：“到清代，古戏楼已达数百个，凡大庙前必有乐楼，供每年祀神报赛演戏之用。”[5]《陕西省戏剧志 · 咸阳市卷》收录了清代300余座剧场建筑的基本情况[6]。《中国戏曲志 · 陕西卷》论及：“据1980年各地文化文物部门普查，陕西全省清以前的剧场建筑计有3000余处。”[7]这些文献统计到的剧场建筑绝大多数为清代庙宇剧场建筑，其数据应是基本可靠的，反映了陕西清代庙宇剧场建筑数目之多。

三、陕西清代庙宇剧场现存情况

关于陕西庙宇剧场建筑的现存情况，似乎很难得出确切的结论。20世纪90年代出版的《陕西省戏剧志 · 安康市卷》论及：“许多戏楼被拆除或毁坏，已经所剩无几，迄今粗计仅存20余座。”[8]《陕西省戏剧志 · 延安地区卷》也论及：“现在有残迹可见者，仅只38处。”[9]《陕西省戏剧志 · 汉中地区卷》：“古戏楼多已拆除或毁坏，已所剩无几。”[10]《陕西省戏剧志 · 铜川地区卷》：“至1989年，全市仅存古戏楼10座。”[11]从上述文献可以看出，大部分传统剧场建筑已经毁坏不存。

作者根据《中国文物地图集 · 陕西分册》（1998版）等文献以及政府文件等相关资料，结合实地调研，整理了陕西20世界末留存的庙宇剧场一览表（表3–28）。但由于自然和人为因素，表中部分戏台（特别是未列入文物保护单位者）可能已毁不存。

陕西庙宇剧场一览表[12]　　　　**表3–28**

序号	地点和名称	年代	备注
1	西安市莲湖区大学习巷城隍庙戏台	光绪十三年（1887年）	全国重点文物保护单位
2	西安市长安县五合乡留村张良庙戏台	清代	2002年被列为长安区文物保护单位
3	西安市长安县鸣犊乡鸣犊村瘟神庙戏台	清代	
4	西安市长安县韦兆乡韦兆村戏台	清代	
5	西安市蓝田县蓝桥乡蓝桥街戏台	光绪十二年（1886年）	
6	西安市蓝田县史家寨乡肖家坡村戏台	道光六年（1826年）	
7	西安市户县庞光乡化羊村化羊庙戏台	清代	
8	西安市户县甘河乡甘河堡村东岳庙戏台	光绪年间	1981年东岳庙被列为户县文物保护单位
9	西安市周至县哑柏镇上阳化村戏台	同治年间	
10	西安市周至县竹峪乡兰梅塬村戏台	清代	

1 陕西省戏剧志 · 渭南地区卷 .1994年，三秦出版社，第319页。
2 陕西省戏剧志 · 榆林地区卷 .1998年，三秦出版社，第183～187页。
3 陕西省戏剧志 · 安康地区卷 .1994年，三秦出版社，第247页。
4 陕西省戏剧志 · 汉中地区卷 .1996年，三秦出版社，第271页
5 陕西省戏剧志 · 汉中地区卷 .1997年，三秦出版社，第226页。
6 陕西省戏剧志 · 咸阳地区卷 .1994年，三秦出版社，第301～317页。
7 中国戏曲志 · 陕西卷 . 中国ISBN中心，1995年，第583页。
8 陕西省戏剧志 · 安康地区卷 .1994年，三秦出版社，第248页。
9 陕西省戏剧志 · 延安地区卷 .1997年，三秦出版社，第228页。
10 陕西省戏剧志 · 汉中地区卷 .1997年，三秦出版社，第226页。
11 陕西省戏剧志 · 汉中地区卷 .1996年，三秦出版社，第271页。
12 表中个别戏台尚不能确定是否是庙宇戏台，但为了方便读者查阅，暂列于此表中。

续表

序号	地点和名称	年代	备注
11	西安市周至县侯家村乡中旺堡村戏台	同治年间	
12	铜川市郊区黄堡镇梁家塬村戏台	清代	
13	铜川市宜君县五里镇榆舍村四圣宫戏台	道光二十三年	1990年被列为县级文物保护单位
14	宝鸡市渭滨区马营镇黄家山村三官庙戏台	清代	
15	宝鸡市千阳县崔家头乡刘家塬村戏台	清代	
16	宝鸡市千阳县南寨乡邓家塬村五圣宫戏台	咸丰四年	
17	宝鸡市麟游县九成宫镇城关村城隍庙戏台	乾隆年间	县文物保护单位
18	宝鸡市麟游县阁头寺乡南庄村戏台	清代	
19	宝鸡市麟游县常丰乡苏家村戏台	清代	
20	宝鸡市岐山县大营乡南郭村陀严寺戏台	清代	
21	宝鸡市岐山县北郭乡庙王村周公庙戏台	清代	2006年周公庙被列为全国重点文物保护单位
22	宝鸡市岐山县大营乡玉丹村玉丹庙戏台	清代	
23	宝鸡市岐山县益店镇郑家村戏台	清代	
24	宝鸡市岐山县安乐乡唐家岭村戏台	清代	
25	宝鸡市岐山县祝家庄乡西庄村戏台	光绪年间	
26	宝鸡市岐山县北郭乡西杨村戏台	清代	
27	宝鸡市扶风县城关镇东大街扶风城隍庙戏台	清代	2006年城隍庙公布为全国重点文物保护单位
28	宝鸡市扶风县法门镇齐东村齐村庙戏台	清代	
29	宝鸡市扶风县黄堆乡阁老村戏台	清代	
30	宝鸡市眉县城关镇王长官寨村永庆庄戏台	光绪年间	
31	咸阳市秦都区钓台乡西庄村关帝庙戏台	清代	
32	咸阳市永寿县渠子乡永寿坊村戏台	清代	
33	咸阳市永寿县马坊乡马坊村戏台	清代	
34	咸阳市彬县城关镇街城隍庙戏台	清代	1982年被列为彬县文物保护单位
35	咸阳市彬县新堡子乡三里台村神庙戏台	清代	
36	咸阳市彬县碳店乡水北村寺庙戏台	同治十三年（1874年）	1993年被列为彬县文物保护单位
37	咸阳市彬县龙高乡老户村中田家河戏台	清代	
38	咸阳市彬县龙高乡龙马村戏台	清代	
39	咸阳市彬县北极镇里村戏台	清代	
40	咸阳市长武县巨家乡佛爷殿村戏台	清代	
41	咸阳市旬邑县丈八寺乡丈八寺村戏台	清代	
42	咸阳市三原县城关镇东渠街城隍庙戏台	清代	2001年城隍庙被列为全国重点文物保护单位
43	咸阳市乾县王村乡上官村戏台	清代	
44	咸阳市武功县苏坊乡蔚村城隍庙戏台	清代	
45	渭南市韩城市芝川镇薛村三圣庙戏台	不详	市文物保护单位
46	渭南市韩城市大池埝乡西塬村玉皇后土庙戏台	不详	2006年被列为全国重点文物保护单位
47	渭南市韩城市王峰乡王峰村玉皇庙戏台	清代	市文物保护单位
48	渭南市韩城市韩城城区隍庙巷城隍庙戏台	明	2001年城隍庙被列为全国重点文物单位

续表

序号	地点和名称	年代	备注
49	渭南市韩城市北营庙戏台	清代	2006年北营庙被列为全国重点文物保护单位
50	渭南市韩城市芝阳乡北寿寺村关帝庙戏台	清代	1998年被列为韩城市文物保护单位
51	渭南市韩城市独泉乡石家峪村菩萨庙戏台	清代	1998年被列为韩城市文物保护单位
52	渭南市韩城市西庄镇薛庄村戏台	清代	1998年被列为韩城市文物保护单位
53	渭南市韩城市盘龙乡寨坪村戏台	清代	1998年被列为韩城市文物保护单位
54	渭南市韩城市嵬东乡东高门村菩萨庙戏台	清代	1998年被列为韩城市文物保护单位
55	渭南市韩城市西庄镇南塬村戏台	清代	1998年被列为韩城市文物保护单位
56	渭南市韩城市西庄镇西贯村戏台	清代	1998年被列为韩城市文物保护单位
57	渭南市韩城市芝阳乡东赵庄村药王庙戏台	清代	1998年被列为韩城市文物保护单位
58	渭南市韩城市嵬东乡堡安村戏台	清代	1998年被列为韩城市文物保护单位
59	渭南市蒲城市永丰镇唐家堡村东岳庙戏台	清代	
60	渭南市白水县史官乡史官村仓颉庙戏台	清代	2001年仓颉庙被列为全国重点文物保护单位
61	渭南市白水县大杨乡义会村戏台	清代	
62	渭南市白水县雷牙乡沟南村戏台	清代	
63	渭南市合阳县路井镇北党村关帝庙戏台	清代	1980年被列为县级文物保护单位
64	渭南市合阳县北护难村戏台	清代	同上
65	渭南市合阳县东吴村戏台	清代	同上
66	渭南市合阳县百里村圣贤庙戏台	清代	同上
67	渭南市合阳县董家河村戏台	清代	同上
68	渭南市合阳县良石村戏台	清代	同上
69	渭南市大荔县朝邑镇大寨子村东岳庙戏台	明代	省文物保护单位
70	渭南市华阴市敷水镇夫南村太白庙戏台	清代	1989年被列为县级文物保护单位
71	渭南市华县高塘镇朱张村戏台	光绪十三年（1887年）	县文物保护单位
72	榆林市青云乡青云山村青云寺戏台	清代	市文物保护单位
73	榆林市神木县高家堡镇雷家墕村关帝庙戏台	清代	
74	榆林市神木县万镇万镇村戏台	道光年间	
75	榆林市神木县马镇乡马镇北街关帝庙戏台	清代	
76	榆林市府谷县庙沟门乡沙梁村关帝庙戏台	道光五年（1825年）	
77	榆林市府谷县黄甫乡下川口村观音庙戏台	同治五年（1874年）	
78	榆林市府谷县黄甫乡西王寨村云阳寺戏台	清代	
79	榆林市府谷县孤山乡城南村关帝庙戏台	清代	
80	榆林市府谷县墙头乡墙头村关帝庙戏台	清代	
81	榆林市府谷县新民乡新民村城隍庙戏台	清代	
82	榆林市佳县峪口乡任家畔村白云山庙戏台	清代	2001年白云观被列为全国重点文物保护单位
83	榆林市米脂县米脂镇盘龙山李自成行宫戏台	清代	2006年“盘龙山古建筑群”公布全国重点文物保护单位
84	榆林市米脂县杜家石沟乡西常家渠村真武庙戏台	清代	
85	榆林市绥德县满堂川乡高家坬村真武祖师庙戏台	清代	县文物保护单位

续表

序号	地点和名称	年代	备注
86	榆林市绥德县四十里铺镇三十里寨村青阳寺戏台	清代	县文物保护单位
87	榆林市绥德县义合镇街紫台山娘娘庙戏台	清代	县文物保护单位
88	榆林市绥德县田庄乡田庄村祖师庙戏台	清代	
89	榆林市绥德县田庄乡一步岩村薪王庙戏台	清代	1982年薪王庙被列为绥德县文物保护单位
90	榆林市清涧县郝家塌乡卧龙寺戏台	清代	
91	榆林市横山县南塔乡张村有地村隐龙寺戏台	清代	
92	榆林市横山县石窑沟乡石窑沟村戏台	清代	
93	延安市安塞县高桥乡高桥村戏台	清代	
94	延安市子长县余家坪乡庙砭村戏台	道光年间	
95	延安市延长县张家滩镇下畔村菩萨庙戏台	清代	
96	延安市延长县雷赤乡门山村戏台	清代	
97	延安市延长县罗子山乡石佛村戏台	光绪二年(1876年)	
98	延安市延长县安河乡下芙蓉村戏台	清代	
99	延安市宜川县高柏乡郭下村戏台	清代	
100	延安市宜川县壶口乡昝家山村戏台	乾隆五十三年(1788年)	
101	延安市宜川县高柏乡高柏村戏台	嘉庆三年（1798年）	
102	延安市宜川县秋林乡宋家村戏台	嘉庆二十四年(1819年)	
103	延安市宜川县云岩镇永宁村戏台	道光十一年（1831年）	
104	延安市宜川县壶口乡桑白村戏台	咸丰五年（1855年）	
105	延安市宜川县集义镇麻岔沟村戏台	光绪二年（1876年）	
106	延安市宜川县秋林乡枭家村戏台	光绪三十三年(1907年)	
107	延安市宜川县秋林乡良子伸村戏台	光绪三十四年(1908年)	
108	延安市宜川县秋林乡上合兑村戏台	清代	
109	延安市宜川县交里乡李家塬村戏台	清代	
110	延安市宜川县集义镇坡头村戏台	清代	
111	延安市宜川县集义镇石台寺村戏台	清代	
112	延安市宜川县牛家佃乡公城村戏台	清代	
113	延安市宜川县党湾乡景阳村戏台	清代	
114	延安市洛川县槐柏乡东头村戏台	清代	
115	延安市洛川县百益乡仁里府村戏台	清代	1990年被列为县级文物保护单位
116	延安市洛川县石泉乡下兰庄村戏台	清代	
117	延安市洛川县百益乡百益村戏台	清代	
118	延安市洛川县槐柏乡枣林村戏台	清代	
119	延安市洛川县石泉乡上兰庄村戏台	清代	
120	延安市洛川县秦关乡曹家还塬村戏台	清代	
121	延安市洛川县武石乡统将村戏台	1930年	
122	延安市富县羊泉乡八合村戏台	清代	
123	延安市富县洛阳乡晢河村戏台	清代	
124	汉中市留坝县庙台子乡枣木兰村回龙寺戏台	不详	
125	汉中市留坝县城关镇街火神庙戏台	民国	
126	汉中市洋县华阳镇县坝村东岳庙戏台	道光九年（1829年）	

续表

序号	地点和名称	年代	备注
127	汉中市洋县长溪乡梁河村观尔岭庙戏台	清代	
128	汉中市洋县城关镇西街城隍庙戏台	光绪年间	1982 年被列为洋县文物保护单位
129	汉中市洋县华阳镇街华阳戏台	清代	1982 年被列为洋县文物保护单位
130	汉中市镇巴县碾子乡碾子垭村关帝庙戏台	清代	
131	汉中市镇巴县泾洋乡荒田嘴村戏台	清代	
132	汉中市南郑县安坎乡五泉寺村五泉寺戏台	光绪年间	
133	汉中市和南郑县界牌乡灌沟坝村戏台	咸丰三年（1853 年）	
134	汉中市宁强县南沙河乡店子上村戏台	清代	
135	汉中市宁强县玉泉坝乡玉泉坝村戏台	民国 7 年（1918 年）重修	
136	汉中市勉县老城乡武侯镇街武侯祠戏台	清代	1956 年武侯祠为公布为省级文物保护单位
137	汉中市勉县武侯墓戏台	清代	1996 年武侯墓被列为全国重点文物保护单位
138	汉中市略阳县城关镇南街邮局巷江神庙戏台	清代	1992 年，江神庙被列为省级文物保护单位
139	汉中市略阳县城关镇高台村紫云宫戏台	清代	2003 年，紫云宫被列省级文物保护单位
140	安康市双溪乡双溪村关帝庙戏台	清代	
141	安康市枧沟乡麻衣庙村麻姑庙戏台	清代	
142	安康市河西乡汪家台村泰山庙戏台	同治年间	
143	安康市旬阳县枫树乡老庄沟口村龙王庙戏台	清代	
144	安康市旬阳县竹筒乡回龙寺戏台	清代	
145	安康市旬阳县蜀河镇南街口杨泗庙戏台	清代	县文物保护单位
146	旬阳县南蜀河镇杨泗庙戏台	清代	2003 年，杨泗庙被列为省级文物保护单位
147	安康市紫阳县瓦房镇街关帝庙戏台	清代	
148	安康市紫阳县蒿堰镇小街戏台	清代	县文物保护单位
149	安康市紫阳县三台镇三台山村戏台	清代	县文物保护单位
150	安康市汉阴县石条街乡黑龙洞庙戏台	清代	
151	安康市汉阴县双乳乡三同村吉祥庵戏台	清代	
152	安康市宁陕县城隍庙戏台	清代	2003 年，宁陕县城隍庙为省级文物保护单位
153	安康市宁陕县泰山庙戏台	清代	2002 年，泰山庙被列为宁陕县文物保护单位
154	商洛市商州市城关镇祖师殿村戏台	清代	
155	商洛市商州市刘湾乡李家村关帝庙戏台	清代	
156	商洛市商州市黑山乡樵湾村武圣宫戏台	清代	
157	商洛市商州市杨峪河乡北秦湾村降龙庙戏台	清代	市文物保护单位
158	商洛市商州市麻池河乡下桃园村兴隆寺戏台	清代	
159	商洛市商州市仁治乡庙坪村显神庙戏台	清代	
160	商洛市洛南县寺坡乡楼底村关帝庙戏台	清代	
161	商洛市洛南县白洛乡陈台村万寿宫戏台	清代	县文物保护单位

续表

序号	地点和名称	年代	备注
162	商洛市洛南县上寺店乡上寺店村戏台	清代	
163	商洛市洛南县灵口乡宋川村童砭村戏台	清代	
164	商洛市洛南县麻坪乡农兴村白龙庙戏台	清代	
165	商洛市洛南县陈墹乡马家村观音庙戏台	清代	
166	商洛市洛南县陈墹乡黄龙铺街戏台	清代	
167	商洛市洛南县驾鹿乡高山河村玉皇庙戏台	清代	
168	商洛市洛南县柏峪寺乡杨河村药树庙戏台	清代	
169	商洛市洛南县柏峪寺乡薛湾村戏台	清代	
170	商洛市洛南县高耀乡高耀村关帝庙戏台	清代	
171	商洛市洛南县庙坪乡双庙村戏台	清代	县文物保护单位
172	商洛市洛南县页山河乡柏庵村南栖霞观戏台	清代	县文物保护单位
173	商洛市丹凤县铁峪铺镇寺底铺村寺园庙戏台	清代	
174	商洛市丹凤县武关乡武关村关帝庙戏台	清代	
175	商洛市丹凤县龙驹寨镇北街紫阳宫戏台	清代	县文物保护单位
176	商洛市丹凤县蔡川乡瓦屋村百神庙戏台	清代	
177	商洛市丹凤县龙驹寨镇街金山寺戏台	清代	
178	商洛市丹凤县梨园岔乡楼房村寺庙戏台	清代	
179	商洛市丹凤县土门乡土垭子村火神庙戏台	清代	
180	商洛市丹凤县河南乡黄庙村玉皇庙戏台	清代	
181	商洛市丹凤县蔡川乡牛家沟村火神庙戏台	清代	
182	商洛市丹凤县大峪乡商山村四皓庙戏台	清代	县文物保护单位
183	商洛市丹凤县龙王庙河乡石板房村戏台	清代	
184	商洛市丹凤县大峪乡上河村戏台	清代	
185	商洛市丹凤县留仙坪乡双店村火神庙戏台	清代	
186	商洛市丹凤县庾家河乡灯塔村祖师庙戏台	清代	
187	商洛市商南县石柱河乡百子堂村戏台	清代	
188	商洛市商南县太吉河乡殷家湾村普济宫戏台	清代	
189	商洛市商南县曹营乡曹营街北关帝庙戏台	清代	
190	商洛市商南县太子坪乡太子坪村戏台	清代	
191	商洛市山阳县王阎乡碾盘村丰川关帝庙戏台	清代	
192	商洛市山阳县中村镇土桥村三圣殿戏台	清代	县文物保护单位
193	商洛市山阳县中村镇梅岔街关帝庙戏台	清代	
194	商洛市山阳县中村镇戏台	清代	
195	商洛市镇安县岩屋乡白庙子村戏台	清代	
196	商洛市镇安县白塔乡花水河村戏台	民国	
197	商洛市柞水县石瓮乡东干沟村祖师庙戏台	清代	县文物保护单位
198	商洛市柞水县乾佑镇石镇街碧霞宫戏台	清代	县文物保护单位
199	商洛市柞水县红岩寺街东岳庙戏台	清代	2003年，被列为省级重点文物保护单位

四、陕西清代庙宇剧场典型实例

1. 西安市城隍庙剧场

西安城隍庙位于西安市西大街，清代“理事厅署”和“长安县署”之间。根据《陕西通志》卷二十九的记载，城隍庙始建于明洪武二十年（1387年），由朱元璋二子秦王朱樉所建，原在东门内。明宣德八年（1433年）移建现址。《西安地名志》亦载：“（城隍庙）始建于明洪武二十年（1837年），原在城内九曜街（今光辉巷－作者注），宣德八年（1433年）移建朝元观（即今址－作者注）。”雍正元年（1723年），毁于火灾。同年由川陕总督年羹尧修葺。后来，在乾隆、嘉庆、道光、咸丰年间也曾先后修葺。西安城隍庙建筑规模宏大，布局齐整，坐北朝南，由南向北依次为文昌阁、钟鼓楼、二山门、戏台、牌坊、大殿、二殿、牌楼、寝殿等。现存主要建筑（图3–543）有戏台、牌坊（图3–544、图3–545）、大殿等。大殿为清雍正元年（1723年）移用明秦王府砖石木材重建，面宽五间，进深三间，单檐歇山顶，周围设廊。

坐南向北，面对大殿，背靠山门，创建于清乾隆十三年（1768年）。嘉庆年间《长安县志》卷十六“祠祀志”载：“（城隍庙）乾隆三十三年（1768年）重修，建乐舞楼。”光绪十三年（1887年），因商民不慎失火，烧毁了戏台、二门、钟鼓楼等。同年，重修了被烧毁的建筑（包括戏台）。民国《咸宁、长安两县续志》卷七载：“都城隍庙在城内西大街，道咸间募资重修。光绪十三年（1887年）又重修”，立有“重修城隍庙二门、钟鼓楼、东庑、乐舞楼碑”。

戏台采用前后勾连式戏台（图3–546、图3–547），抬梁结构（图3–548）。

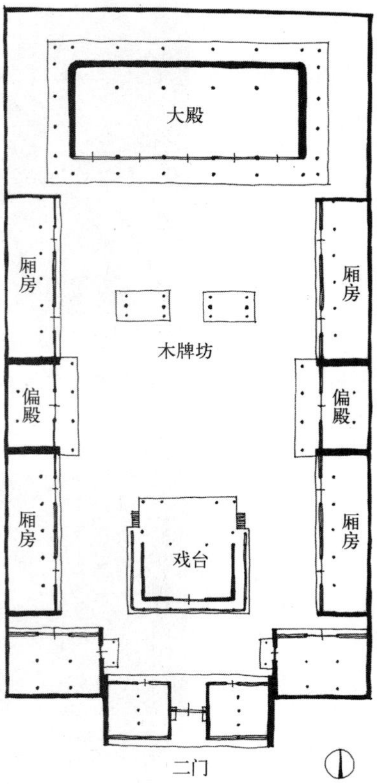

图3–543 西安市城隍庙现状平面图

摹自：赵立瀛主编．陕西古建筑．西安：陕西人民出版社，1992年。

图3–544 西安市城隍庙大殿

图3–545 西安市城隍庙牌坊

图3–546 西安市城隍庙戏台背面

图3–547 西安市城隍庙戏台

图 3–548　西安市城隍庙戏台前台梁架

图 3–549　西安市城隍庙戏台前台次间立柱

前部通面宽 11.2 米，后部通面宽 13.2 米，通进深五架梁 13.2 米。东南西三面有回廊环绕，深 1.15 米。后台为重檐歇山顶，前部突出歇山卷棚顶。台基用青砖砌筑，高 2.45 米。前檐为 4 根木柱，高 4.18 米，柱径 0.43 米。中部立内柱 2 根。明间柱距 5.7 米（台口宽），次间柱距 2.15 米，檐柱至内柱（前台深）5.17 米，表演区为 31 平方米。后台三间，回廊外沿立檐柱 10 根，角柱 4 根。

戏台雕梁画栋，装饰华丽。前台东面次间雀替雕“双凤朝阳”（图 3–549），西面次间雀替雕“双狮戏球”。廊檐梁枋下均施花牙子或骑马雀替。明间檐柱头上贴龙首雕花板（图 3–550），两角柱头上贴凤头雕花板。额枋额头浮雕花纹，额枋头加一兽面板。栏额上施斗栱九攒（图 3–551、图 3–552）。正中施七踩斗栱，角柱施转角五踩斗栱，耍头雕龙首，斗栱周围也浮雕云纹。其余六攒则为五踩斗栱，明间两攒，两次间与两柱头各一攒。

旧时每年农历四月初八与八月中秋城隍庙举行庙会，会期三天，一般均会酬神演戏。平时也有不定期的演戏，是西安重要的祀神演出场所。特别是清末民初，常常作为公演的场所。

2. 岐山县周公庙剧场

周公庙是纪念西周时周公的庙宇，[1] 位于岐山县城西北 6.5 公里的凤凰山南麓。这里东、西、北三面环山，只有南面为平地，依山傍水、古木参天、风景秀丽。

图 3–550　西安市城隍庙戏台明间雕刻

图 3–551　西安市城隍庙戏台斗栱

1　周公生于岐邑，是周文王的第四个儿子，周武王的弟弟，曾辅佐周武王伐纣灭商，建立周朝。周武王死后，武王的儿子周成王即位，由于周成王年少，就由周公摄政。在此期间，周公率军东征，平定管蔡之乱，稳定周初政局，为周王朝的巩固和兴盛作出了卓越贡献。

图 3—552 西安市城隍庙戏台前台转角斗栱

图 3—553 岐山县周公庙戏台外观

图 3—554 岐山县周公庙戏台背面

图 3—555 岐山县周公庙戏台对面的八卦亭

唐武德元年（618 年），高祖李渊为了缅怀周公的勤政德贤，下诏在此为周公建祠立庙，始称周公祠。庙内现存唐大中二年（860 年）《润德泉记》中提到："当府岐山县凤栖乡周公祠旧有泉水。"[1] 北宋时，周公被封为文宪王，周公祠也就变成周公庙。该庙在宋元明清均有修葺和扩建。庙内现存清代和民国时期的建筑 30 余座，100 余间，其中中轴线上有山门、戏台、八卦亭、献殿、正殿等。

戏台（图 3—553、图 3—554）坐南向北，和八卦亭（图 3—555）、献殿、正殿相对，始建年代不详。清光绪十年刻本《岐山县志》收录了明王祎的《谒周公庙记》，记载了明洪武四年（1371 年）所看到的周公庙："正殿前有戏台，为巫觋优伶之所集。"可见，周公庙最晚在明洪武四年已经建有戏台。

现存戏台为清代建筑，硬山顶，面宽三间 9.2 米。台面高 2.44 米，下为通道。明间斗栱出龙头。明间两柱有楹联："父兄王道圣功善继善述；姜召帝师皇属一心一德。"

旧时，周公庙的庙会和演戏活动非常兴盛。庙内道光十三年（1833 年）《姜嫄圣母感应记》中提到："每逢暮春报赛，远近祈嗣者肩摩踵接。"[2] 民国 25 年《重修阿卷碑记》载："前代每岁春秋，地方官以三猪三羊致祭，国之公祭也。每岁三月十五日，演戏致祭，民之祭也。"[3]

3. 扶风县城隍庙剧场

城隍庙位于扶风县城东大街东头北侧，始建于明洪武三年（1370 年），正德十年（1518 年）重修，嗣后屡有扩建或修葺。总面积 6668 平方米，坐北朝南，中轴线上从南到北有戏台、山门、木牌坊、

1、2、3 作者 2007 年 8 月 27 日实地调研时抄录。

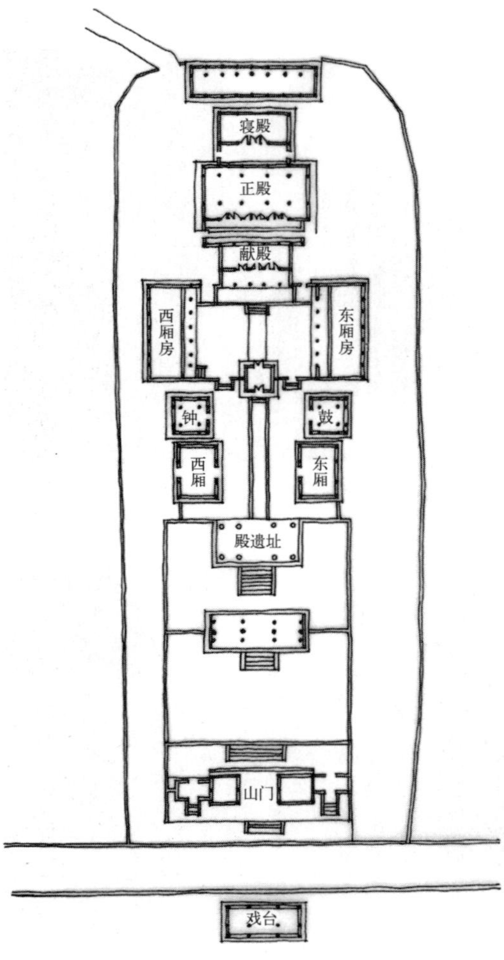

图 3–556　扶风县城隍庙平面图

摹自：赵立瀛主编．陕西古建筑．西安：陕西人民出版社，1992 年。

图 3–557　扶风县城隍庙内景

图 3–558　扶风县城隍庙戏台

图 3–559　扶风县城隍庙斗栱

八卦亭、献殿、正殿、寝殿等，东西两侧有钟鼓楼、厢房等（图 3–556、图 3–557）。正殿面宽五间，进深四间，七架梁。单檐歇山顶。献殿面宽五间，进深三间，单檐歇山顶。木牌坊为四柱三间三楼式。八卦亭面宽、进深各一间，四角攒尖顶，南北两面各辟门。

据清嘉庆二十四年（1819 年）《扶风县志》卷六载："城隍庙在东街，洪武三年主簿金渊建……崇祯六年知县王国训建戏台及大门内画廊。"可见戏台创建于明崇祯六年（1633 年）。庙内现存道光二十五年《重修戏楼碑记》云："楼以戏名，祈以彰□神庥也，可不綦重乎？自十三年倾圮，余不忍坐视，□绅耆劝捐侑，数月而工竣，共费金三百余两，其捐资之姓名不可湮没，勒诸项珉以志不朽。"[1] 现存戏台为清代所建。

戏台（图 3–558、图 3–559）位于山门外。面宽三间 9.6 米，进深两间 7.0 米，前台进深 3.8 米，台基高 2.0 米，单檐歇山顶。前台顶部有两组八卦式藻井，斗栱重叠。金柱间有槅扇分隔前后台，槅扇上匾额书"钧天奏雅"，两侧有上下场门。上场门书"妙舞"，两侧分别绘有"牧羊万世忠"

1　作者 2007 年 8 月 27 日实地调研时抄录。

和“挂剑千古仙”。下场门上书“清歌”，两侧分别绘有“孔融让梨”和“人欲全孝道耕田学大舜”。

4. 三原县城隍庙剧场

城隍庙位于三原县城东渠街，创建于明洪武年间（1368 ~ 1398 年）。庙内明嘉靖四十一年（1562 年）《重修城隍庙碑记》：“三原故有城隍庙，在邑治之中，创建于洪武之初，遵制额也。”[1]

整个建筑群由五重院落组成，前廊后庑，沿中轴线左右对称，布局严谨，建筑宏伟，后人称之为“殚土木之功，穷造型之巧”。中轴线上从南到北依次为砖雕照壁、木牌坊、山门、石牌坊、戏台、木牌坊、拜殿、献殿、明礼亭、寝宫等（图 3–560）。

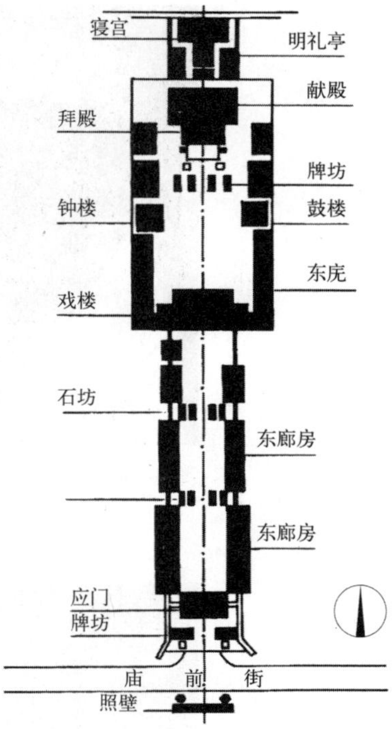

图 3–560　三原县城隍庙平面示意图

潘谷西主编．中国古代建筑史 · 第四卷 · 元明建筑．中国建筑工业出版社，2001 年，第 148 页。

庙内清乾隆二十二年（1757 年）《城隍庙创建乐楼碑记》言：

> 盖闻鬼神者，天地之功用而造化之迹也。又曰：鬼者，阴之灵也；神者，阳之灵也。然幽有鬼神，明即有礼乐。礼乐者，所以享祀而娱祭。人非神，罔为福庇，是神与人有合一之机也。顾神之有感而彻应者，未有不由人之精诚贯而通焉者也。原邑自创建土主，不知几历修补，而戏楼独缺焉。每遇赛神之期，往往为霖雨所阻，无所藉以报神明者，即无所恃以舒民人悃忱也。首事目犹可有容戏楼之基，□为久远赛神之所，因请命邑侯蔡老爷，印修缘簿以募化，而□时四方客商，暨阖邑绅衿士庶，各诚心输资，勷成其功。因择吉于丙子岁动工营造，逾一年，为能成功迅速如是者哉。是知庙貌之辉煌，神所□依；戏楼之巍峨，人神爱戴。今于丁丑岁其功告竣，特作记以识之，永垂不朽[2]。

碑中提及修建戏台之事。现存戏台为前后勾连式，前台单檐歇山顶，后台重檐歇山式，琉璃筒瓦覆盖（图 3–561、图 3–562），抬梁结构（图 3–563、图 3–564）。台面下为通道。台面呈“凸”字形，通面宽 11.3 米，深 8.0 米。台基高出地面 3.3 米，由四排木柱支撑。台面上的柱础为鼓镜形，台面下柱础为蔓草纹八角形。前檐通柱四根，上托柱头枋、平板枋和栏额枋。平板枋上置

图 3–561　三原县城隍庙戏台

图 3–562　三原县城隍庙戏台背面

1　王友怀主编．咸阳碑刻．三秦出版社，2003 年，第 545 ~ 546 页。

2　王友怀主编．咸阳碑刻．三秦出版社，2003 年，第 620 ~ 621 页。

图 3–563　三原县城隍庙戏台梁架

图 3–564　三原县城隍庙戏台梁架及其斗栱

图 3–565　三原县城隍庙戏台歇山顶山花

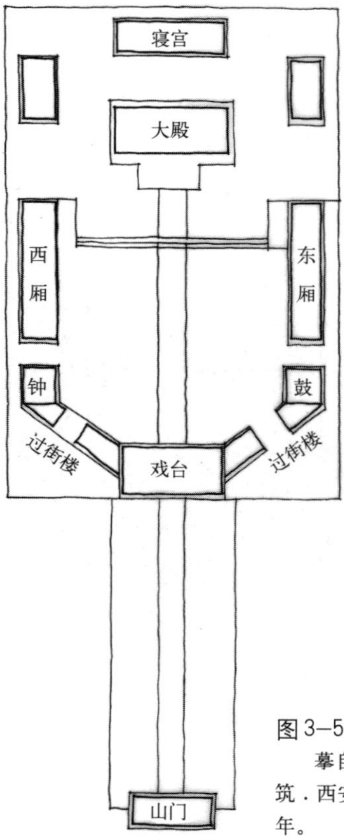

图 3–566　彬县城隍庙平面图
摹自：赵立瀛主编．陕西古建筑．西安：陕西人民出版社，1992年。

如意斗栱两攒、三踩双昂斗栱三攒。前檐枋上饰有“海水潮阳”、“夔花对舞”等彩绘图案。中间隔扇区分前后台，隔扇中间书“伶人献技”四字。顶部为藻井。前檐柱上书楹联一副，曰：“假貌写真情莫闲看镜花水月，新声传旧事须认作暮鼓晨钟。”前台脊上雕龙形兽吻，两边是琉璃山花（图 3–565），中立“明月楼”避雷器。

旧时，每年农历八月十二日为其庙会，一般均会约戏班演出。戏台前的庭院为观戏场。正殿前月台旧时设有雅座，为达官贵人看戏之处。

5．彬县城隍庙剧场

彬县城隍庙（图 3–566）位于彬县城内东大街路北，坐南向北，现仅存戏台。戏台始建年代不详，据庙内碑刻记载，为“明宣德四年（1429 年）十二月二十七日重修”。

戏台（图 3–567、图 3–568）主台通面宽三间 10 米，前台深 6.6 米，后台深 1.7 米，台基高出地面 2.6 米。中间设木隔扇，区分前后台。顶部为八藻井。檐柱上承柱头枋、平板枋和挑檐枋，枋上彩绘花卉图案。檐下施三踩双昂斗栱九攒。上层柱础为鼓镜式，下层柱础为八角式。戏台两侧建有耳房，作为戏房。整座建筑的屋顶富有变化，南面为重檐歇山顶，北面为三层重檐，两侧的钟鼓楼为四角攒尖顶，灰色筒瓦覆盖，高低错落。戏台背面即为二道山门，台面下面为进入庙院的通道。

图 3–567　彬县城隍庙戏台正面

图 3–568　彬县城隍庙戏台背面

旧时，每年农历正月十五、四月初八、七月二十二日有庙会，一般均会有戏曲演出。

6. 韩城市城隍庙剧场

城隍庙位于韩城市东街内，始建年代不详。明万历三十五年刻本（1607 年）《韩城县志》中收录了邑人薛亨在万历年间所写的碑文，其中记载城隍庙："初制朴简，后添钟鼓二楼、明礼亭及诸坊翼廊，亦云盛也，但始建年代久远无稽，故无所知。"其中记载明代时城隍庙的规模已经颇为壮观。

城隍庙占地 15498 平方米，坐北向南，南北长 200 米，东西最宽处 76 米，中轴线上有屏门、照壁、山门、政教坊、威名门、化育坊、广荐殿、德馨殿、灵佑殿、含光殿等建筑（图 3–569）。

在广荐殿和威明门之间的庭院中，原来东西两侧分别建有戏台，建于明隆庆五年到六年（1571 ~ 1672 年）。明万历十八年（1590 年），张士佩在《城隍庙记》中述道："广荐殿前左右持楼复檐巍峨……楼始隆庆辛未五年夏，成于壬申六年秋。"[1] 其中提到的"楼"即指"戏楼"。根据现存的捐金碑，清道光二十一年（1841 年），又重修戏台。

东台台口向西，西台台口向东，共用观剧场，二者相"对"而存在。每年农历八月二十，是城隍庙庙会始日，当地民众必请两戏班于此对台演出。两戏台同时演出，声音的干

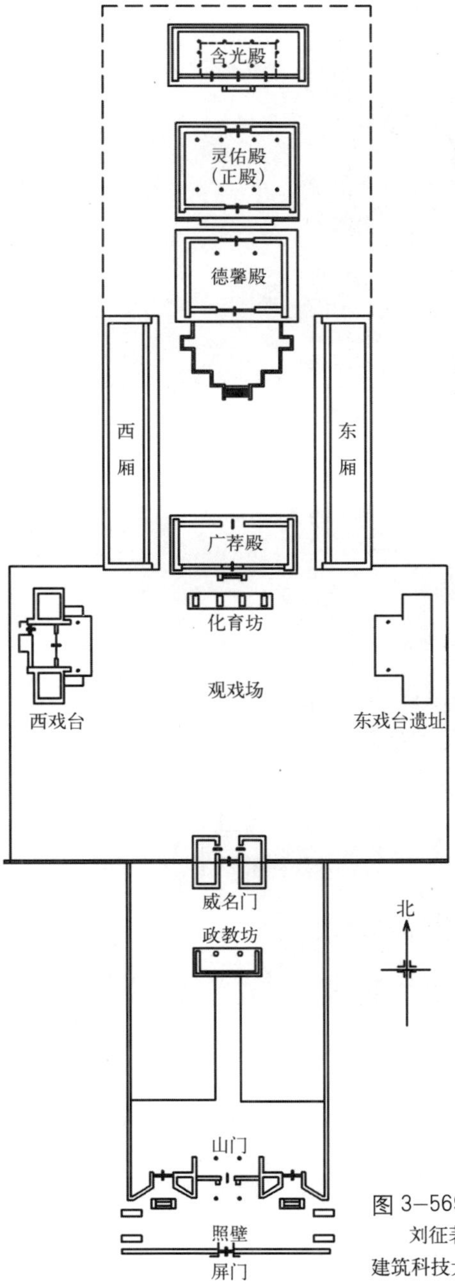

图 3–569　韩城市城隍庙平面图

刘征著 . 西安城隍庙建筑研究 . 西安建筑科技大学硕士学位论文，2006 年。

1　明万历三十五年刻本（1607 年）《韩城县志》，张士佩，苏进著。

图 3-570　韩城市城隍庙戏台外观

图 3-571　韩城市城隍庙戏台背面

图 3-572　韩城市城隍庙戏台檐下斗栱和雕刻

图 3-573　韩城市城隍庙戏台藻井

扰自然严重，如此剧场布局使听戏条件非常糟糕。可民众似乎更注重的是场面的热闹。为了渲染气氛，也就不再苛求听闻条件了。遗憾的是，东台已毁，现仅存西台。

《重修城隍庙钟楼记》记载：“东向者曰泫歌楼，乃陈大伦首倡而创者也。”[1]可见西戏台有“雅号”，曰：“泫歌楼”。现存的西戏台保持明代建筑特征，但部分构造已为清代做法。屋顶采用十字重檐歇山顶，上面覆盖筒瓦，并饰以琉璃脊（图 3-570、图 3-571）。面宽三间 8.47 米，进深五架 8.22 米，台基高出地面 1.40 米。前侧左右有台阶可上台面，背面也有台阶可直接上后台。前檐两柱为边长 0.56 米的方柱，柱高 4.62 米。柱子上施大额枋和小额枋，二者之间使用由额垫板。前檐斗栱五攒，中心平身科呈如意状，装饰性极强。前檐额枋下悬垂柱，并有花卉木雕，雀替雕龙状（图 3-572）。木槅扇区分前后台。槅扇中间上侧书有“歌舞台”三字。顶部为八角藻井，中心为球形蟠龙顶（图 3-573）。

戏台两侧各有耳房一间，面宽 4.15 米，进深 4.37 米，单檐歇山顶。耳房的体量和高度小于中间的戏台，突出了戏台的主体地位。

东戏台仅存遗址。根据梁思成先生在 20 世纪 30 年代拍的照片，东戏台为重檐歇山顶，明间很宽，前檐施大额枋。

1　明万历三十五年刻本（1607 年）《韩城县志》，张士佩，苏进著。

7. 韩城市北营庙剧场

北营庙则位于韩城北大街西侧，创建年代不详。庙内现存《历代名医之图》碑，记载了三皇五帝、周秦、两汉、三国、两晋、南北朝、隋唐、五代、宋金时期的名医，最晚记载到金代，并未涉及元明清三代。由此可以初步推断北营庙应始建于金代。所谓“营庙”，最初应为守护城池将士的兵营，分别位于东、西、南、北、中五个方位，其中东、西、南、北四座营庙位于在四个城门附近，而中营庙则靠近邑署。到后来才演变成庙宇。庙内光绪十八年（1892 年）碑刻记载：“庙之称营者五，北营居其一，庙在北街中间……前之首事者欲重为修葺，而工费浩繁，殊难矣”，但最后还是筹凑资金，“缺者补之，破者修之”[1]。

北营庙坐北面南，东西宽 36 米，南北长 46 米，占地面积约为 1700 余平方米。庙中轴线上从南到北依次有戏台、过殿、献殿、寝殿。其中，过殿、享殿和寝殿三座殿宇连在一起，屋顶形成卷棚、硬山、歇山顶相勾连的形式。庙内建筑保留明代风格，但是屋面、门窗、斗栱、雕刻等则具有清代痕迹。

戏台坐南向北，采用前后勾连式，进深四架椽（图 3–574）。前台为单檐歇山顶，面宽三间 8.1 米，后部为卷棚悬山顶。屋顶为灰色筒瓦。台基为长方形，砖石砌筑，高出地面 1.45 米。前檐两侧的柱子呈方形，上置额枋，两端施以雀替。台内梁架采用抬梁式结构，五架梁上托三架梁，蜀柱上施脊檩。檐下施斗栱（图 3–575），当心间为如意斗栱（图 3–576）。斗栱之间，施以彩画，或者用雕刻装饰。斗栱上托随梁枋与挑檐枋，举折较为平缓。前檐两端角梁斜出，翼角起翘深远。檐下雕刻装饰甚为精美（图 3–577）。天花下悬垂柱，中间为藻井形式。

戏台的装饰非常精美。在普拍枋下挂有五个垂花柱。垂花柱之间有精美的透雕，内容是“二龙戏珠”、“双凤戏牡丹”等。翘角部位分别置有垂花柱。阑额、平枋、立枋上也无所不雕，内容丰富多彩，如亭台楼阁、小桥流水、仙人走兽、香鼎宝器、凤飞云天等。阑额的两端分别雕有狮子头像（现一侧已毁）。

图 3–574　韩城市北营庙戏台外观

图 3–575　韩城市北营庙戏台角科

图 3–576　韩城市北营庙戏台明间斗栱

1　作者 2007 年 8 月实地调研时抄录。

图 3–577　韩城市北营庙戏台檐下雕刻

图 3–578　韩城市堡安村马王庙戏台外观

图 3–579　韩城市堡安村马王庙戏台檐下斗栱

图 3–580　韩城市堡安村马王庙戏台斗栱

8. 韩城市堡安村马王庙剧场

马王庙位于堡安村中部，庙已毁，仅存戏台（图 3–578）。戏台建造年殿不详，具有清式特征，面宽一间，进深两间，单檐悬山顶。砖砌台基。前檐施大额枋，上有斗栱五攒，七踩单下昂（图 3–579）。中间斗栱采用如意形（图 3–580）。斗栱下设垂柱。山墙前两侧有八字影壁。

图 3-581　韩城市堡安村土地庙戏台外观

图 3-582　韩城市堡安村土地庙戏台梁架

图 3-583　韩城市堡安村土地庙戏台斗栱

图 3-584　韩城市堡安村土地庙戏台残存的隔扇

图 3-585　韩城市堡安村土地庙戏台上下场门匾额

图 3-586　韩城市堡安村土地庙戏台台口两侧的八字墙

9. 韩城市堡安村土地庙剧场

土地庙剧场现仅存戏台（图 3-581）。戏台建造年代不详，面宽三间。抬梁结构（图 3-582），前檐用大额枋，形成减柱造。前檐下有五攒斗栱，其中中间的斗栱为如意形（图 3-583）。屋顶为单檐悬山顶，灰瓦覆盖。木制隔扇区分前后台，惟隔扇仅存上面部分（图 3-584）。两侧原有上下场门，上侧分别书“青云”、“白社”（图 3-585）。砖砌台基，台沿砌石条。山墙两侧有八字影壁，分别雕有“凤凰戏牡丹”、“鹭子戏莲”（图 3-586）。顶部置天花（图 3-587）。

图 3-587　韩城市堡安村土地庙戏台天花

图 3-588　韩城市东高门村戏台外观

图 3-589　韩城市东高门村戏台梁架

图 3-590　韩城市东高门村戏台檐下斗栱

图 3-591　韩城市东高门村戏台上下场门匾额

10. 韩城市东高门村菩萨庙剧场

菩萨庙已毁，现仅存戏台（图 3-588、图 3-589）。戏台面宽三间，前檐用大额枋，形成减柱造。前檐下有五攒斗栱，其中中间的斗栱为如意形（图 3-590）。每攒斗栱下均悬垂柱。单檐歇山顶，举折较大。砖砌台基，台沿用石条。两侧山墙前均有八字影壁。木质隔扇区分前后台，隔扇中间上侧题有四字，但已看不清楚。隔扇两侧有上下场门，门额分别题“出风”、“入雅”（图 3-591）。

11. 韩城市西贾村剧场

庙宇已毁，仅存戏台（图 3-592 ～图 3-594）。戏台坐北向南，面宽三间，进深两间，三梁架，前带单步梁。前檐用大额枋，形成减柱造。前檐下有五攒斗栱，每攒斗栱下均悬垂柱，檐下雕刻精致（图 3-595）。单檐歇山顶，举折较大。砖砌台基。木质隔扇区分前后台，隔扇中间题“歌舞楼”（图 3-596）。隔扇两侧有上下场门，门额分别题“求知”、“藏往”。后墙中间开一圆形窗。

图 3–592　韩城市西贾村戏台外观

图 3–593　韩城市西贾村戏台背面

图 3–594　韩城市西贾村戏台梁架

图 3–595　韩城市西贾村戏台匾额

图 3–596　韩城市西贾村戏台檐下雕刻

12. 韩城市薛庄村观音庙剧场

观音庙已毁，仅存戏台（图 3–597 ～图 3–599）。戏台又名“借镜台”，始建于乾隆二十八年（1763 年），重修于道光十二年（1832 年）。面宽三间，进深两间，前檐用大额枋，形成减柱造。前檐下有五攒斗栱，其中中间的斗栱为如意形（图 3–600）。每攒斗栱下均悬垂柱。单檐歇山顶，举折较大。砖砌台基。木质隔扇区分前后台，隔扇中间题“借镜台”。隔扇两侧有上下场门，门额分别题“出作”、“入息”（图 3–601）。后墙中间开一圆形窗。

图 3–597　韩城市薛庄村观音庙戏台外观

图 3-598　韩城市薛庄村观音庙戏台背面

图 3-599　韩城市薛庄村观音庙戏台梁架

图 3-600　韩城市薛庄村观音庙戏台斗栱

图 3-601　韩城市薛庄村观音庙戏台隔扇

13. 白水县史官镇仓颉庙剧场

仓颉庙与墓冢位于白水县史官村北[1]。庙内现存东汉延禧五年（162 年）的《仓颉庙碑》，说明仓颉庙至迟建于东汉，现存建筑多为明清时期所建[2]。庙院内的古柏参天，各具姿态。砖雕也堪称一绝。

现存的仓颉庙占地面积 1.1 万平方米，坐北朝南，中轴线上依次分别有照壁、山门、献殿、报厅、正殿、后殿、墓冢（图 3-602）。山门两侧建有东、西两座戏台，布局可谓独特（图 3-603、图 3-604）。

仓颉庙明代已有戏台。明《重修仓颉庙碑记》中记载："正德七年（1512 年）增其乐楼，使降神之有趋止。壮其庙仪，而三门建焉。"[3] 清咸丰七年（1857 年）《重修仓颉庙碑记》曰："岁己酉，鸠工庀材，募金重修，自正殿、后殿暨演剧台、仪门、围墙，咸焕然为之一新。"民国 8 年（1919 年）《重修圣庙增补碑记》曰："辛亥之秋，群雄并起，有赵树熏者，以豪强举事，一二年间，拥众数百，本敬神奉圣之心，行除暴安良之事，偶谒圣庙，惜其制度狭小，捐钱千缗，于是补修殿宇，绘画墙壁，而神像庙貌焕然一新；创立廊房，新增卷棚，添筑戏楼，社众优人欣然以悦……戏楼之旁，各筑砖窑，乃优人寝息之地。"[4]

1　传说仓颉是黄帝的史官，中国象形文字的创造者，终结了"结绳记事"的历史。《淮南子》云："昔者仓颉作书。"东汉许慎《说文序》云："黄帝之史仓颉，见鸟兽蹄迒之迹，知分理之可相别异也，初造书契。"

2　庙内尚存近 20 通石碑，其中东汉延熹五年的《仓颉庙碑》、十六国时的《广武将军碑》、清乾隆十九年（1754 年）《仓颉鸟迹书碑》最为珍贵等，是我国书法史上的珍贵实物。

3　转引自：白水县志编纂委员会主编．白水县志．西安地图出版社，1989，第 268 页。

4　作者 2007 年 8 月 24 实地调研时抄录。

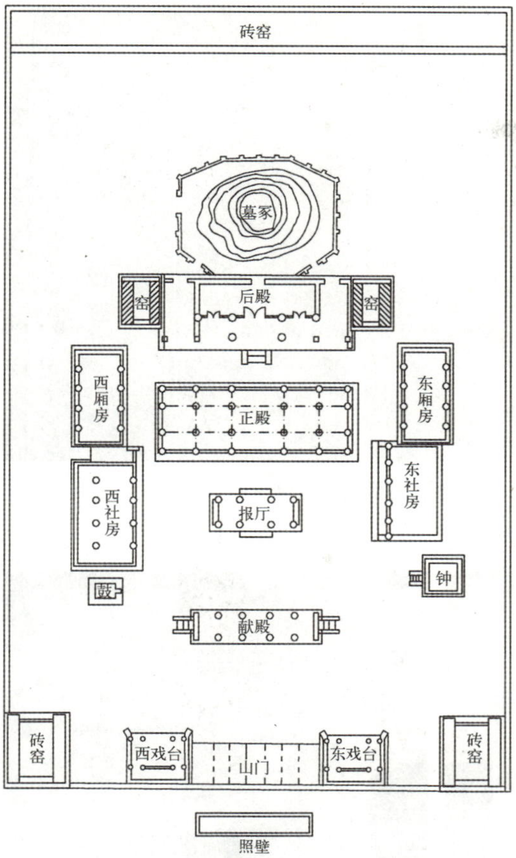

图 3–602 白水县史官镇仓颉庙平面图

摹自：赵立瀛主编．陕西古建筑．西安：陕西人民出版社，1992 年。

图 3–603 白水县史官镇仓颉庙东戏台和西戏台背面（中间为山门）

图 3–604 白水县史官镇仓颉庙东戏台（左）和西戏台

图 3–605 白水县史官镇仓颉庙东戏台梁架结构

图 3–606 白水县史官镇仓颉庙东戏台隔扇

现存东戏台（图 3–604 左、图 3–605）建于清嘉庆二年（1797 年），民国时重修。通面宽三间 8.9 米，通进深两间 8.6 米，台基高 1.54 米。木制隔扇分隔前后台，两侧有上下场门。隔扇的中间雕有花卉圆形图案（图 3–606），两侧有楹联："画栋雕梁响遇洛阴云雨；鸾飞凤舞钟毓龙阳杰灵"，横批曰："飞凤家"。上下场门旁还有一副文字较长的楹联："栽治乱，知兴衰，遥想昔日事业蒙创，鸟章而开化，方汤历□□□；寓褒贬，别善恶，试看当局妆演非易，结绳以为书，□□□□□□。"两侧山墙前面向外倾斜，形成八字形墙。八字墙下面各饰以照壁，上面则高出屋面（图 3–607）。整座戏台多有彩绘、木雕等（图 3–608 ～图 3–610）。

图 3-607　白水县史官镇仓颉庙东戏台台口两侧的八字壁

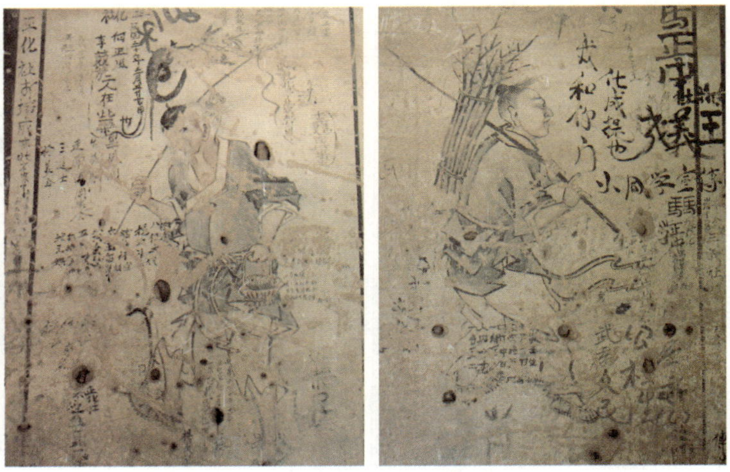

图 3-608　白水县史官镇仓颉庙东戏台墙壁壁画和题记

图 3-609　白水县史官镇仓颉庙东戏台下场门（右侧）上面绘画

图 3-610　白水县史官镇仓颉庙东戏台檐下次间的雕刻

图 3-611　白水县史官镇仓颉庙西戏台

图 3-612　白水县史官镇仓颉庙西戏台梁架

西台（图 3-611、图 3-612）建于清咸丰元年（1856 年）。脊檩上有题记："咸丰元年岁次辛亥桐月上浣十日卯时上梁大吉合社创建。"西戏台的形式和东戏台形似。通面宽三间 8.22 米，进深 8.31 米，台基高 1.37 米。梁架多用扁方木，结构富有逻辑性。前台两侧设八字影壁，均雕花木动物（图 3-613）。山墙墀头雕琴棋书画等（图 3-614）。斗栱端头雕有各种造型，极富装饰性（图 3-615）。木质隔扇区分前后台。隔扇中间雕花卉图案（图 3-616），上侧有四幅器皿图案，两侧有楹联，曰："下里巴人四目顾视；阳春白雪六书衍传"，横批曰："衍神楼"。隔扇两侧设上下场门，门楣上各有人物故事雕刻（图 3-617），非常传神。上、下场门旁有楹联，云："闻弦歌之声郁郁荡荡，借衣冠描出四室偈教；见羽族之美济济跄跄，因干戈□□□□□□。"山墙柱间布满线描人物绘画，造型质朴而生动（图 3-618）。

图 3–613　白水县史官镇仓颉庙西戏台八字墙雕刻

图 3–614　白水县史官镇仓颉庙西戏台山墙墙头

图 3–616　白水县仓颉庙西戏台槅扇

图 3–617　白水县史官镇仓颉庙西戏台上下场门上面的绘画

图 3–615　白水县史官镇仓颉庙西戏台檐下异形斗栱雕刻

图 3–618　白水县史官镇仓颉庙西戏台墙壁上的绘画

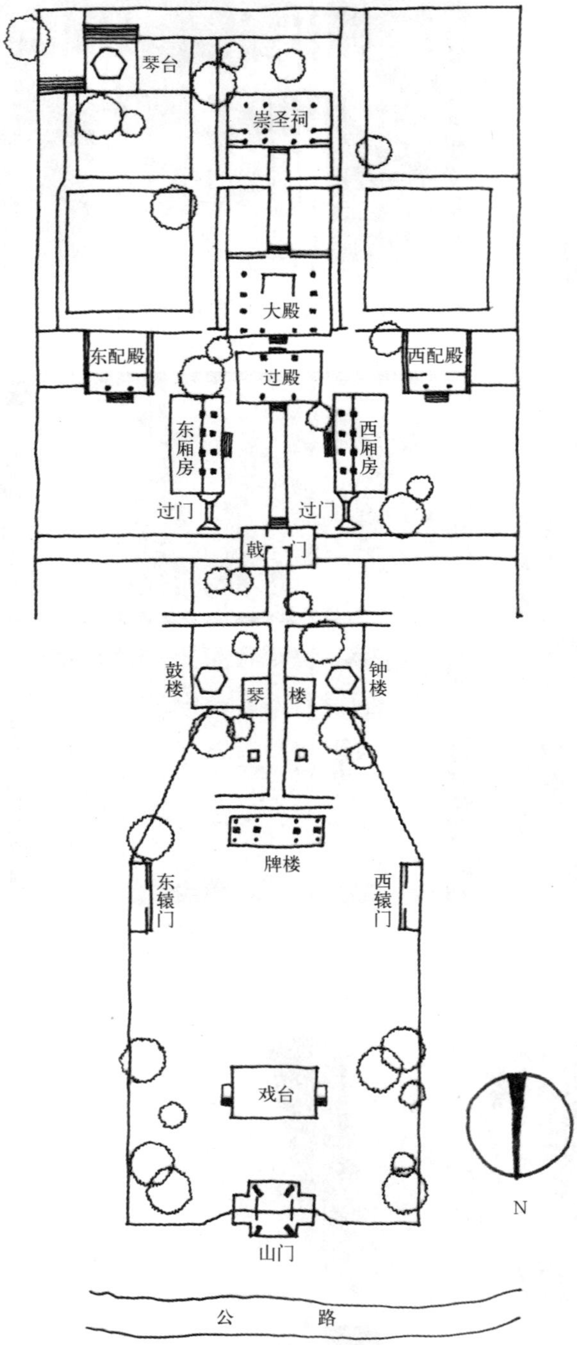

图 3–619　勉县武侯祠平面图

武侯祠线图摹自：张璐著．勉县武侯祠建筑研究．西安建筑科技大学硕士学位论文，2004年。

两座戏台的后台墙面上均布满题记和线图，是研究中国戏剧史的重要资料，弥足珍贵。其中，最早的题记内容是蒲邑裕盛班光绪三十二年三月二十日演出《春秋配》、《八义图》。题记中提到的戏班有蒲邑（今蒲城县）裕盛班，城邑（今澄城县）林成班、茂盛班、共和班、洛邑（今洛川县）福盛班、朝邑（今属大荔县）懋盛班、合阳民生学社、澄合同乐会、蒲城维新学社、蒲邑竞化学社、蒲城培风社、朝邑觉民社、鸣化社等；提到的剧目有《甘露寺》、《渔家乐》、《富贵图》、《美人图》、《日月图》、《三品官》、《黑风洞》、《火焰驹》等数十本；提到的演员的名字有鸣化社赵崇礼、朝邑觉民社张福禄等[1]。

旧时，仓颉庙的庙会非常热闹。唱戏是庙会时的重要内容。民国八年《合社碑记》曰："一乡之风俗，随地面殊；一世之事功，因人而异。即如圣庙，本为春秋祭祀而建，其后遂有清明演戏之举。行之既久，乃移清明于谷雨。清季之末，天下大乱，报赛之事，几乎停息。有赵子建念仓圣之神灵，表虔心之恳切，联络四里之人，集齐各村之众，派就十社之名，轮流过赛，团结千家之体，挨户敬神。"[2]白天的戏一般是"东起西落"，即东侧的戏台先开台，西面的戏台后停止。

由于有两座剧场，旧时经常演出对台戏。对于表演优胜者，庙会执事在鼓乐的伴奏声中，送上贺帖和肉菜，以示嘉奖和慰劳。而表演的相对不好的，就可能遭遇台下观众涌向对方台下的尴尬。

14．勉县武侯祠剧场

武侯祠位于勉县县城南3公里处，奉祀三国时诸葛亮[3]，始建于蜀汉景耀六年（263年），根据现存的碑文记载，当时的庙址在汉江南岸下武侯坪上，靠近墓所。北魏时祠毁圮。唐代重修。明正德八年（1513年）迁建于现址。明万历至清咸丰年间屡有扩建或修葺。

武侯祠坐南朝北，占地约2万平方米，南北长200米，东西宽约120米，共80余间。中轴线上有山门、戏台、牌楼、琴楼、钟楼、鼓楼、戟门、过殿、大殿、寝殿（崇圣祠）等（图3–619）。

戏台始建于正德年间（1506 ~ 1521年），清嘉庆十四年（1809年）重修。戏台（图3–620 ~ 图3–623）坐北向南，歇山顶。通面宽三间，其中明间7.55米，次间3.1米。通进深两间5.2米，其中后台进深3.7米。台基为石砌，东西长13.75米，南北宽8.71米，高1.23米。次间前面用墙封闭，仅开六边形窗，原来应为乐队伴奏之处。檐柱高5.52米，生起不明显，檐柱径36厘米，木制隔扇区分前后台。梁架为彻上露明造，七架梁，上立圆形瓜柱，并辅以角背进行稳定（图3–624）。七架梁的梁头连

1　题记内容根据文献整理：陕西省戏剧志 · 渭南地区卷．三秦出版社，1994年，第322页。作者2007年8月实地调查时核对。

2　作者2007年8月24实地调研时抄录。

3　诸葛亮（181 ~ 234年），字孔明，汉末徐州琅琊阳都人（今山东沂南县）。诸葛亮才华横溢，鞠躬尽瘁，为世人所敬仰，在他死后，朝野上下俱敬其"德范遐迩"，念其"勋盖季世"，纷纷要求修建祠庙。

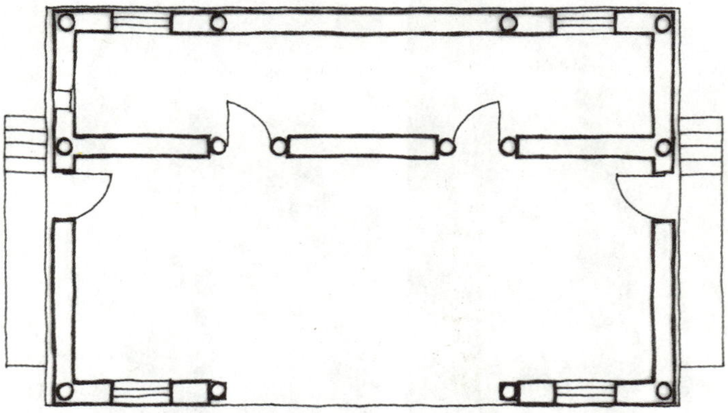

图 3–620　勉县武侯祠戏台平面图

图 3–621　勉县武侯祠戏台外观

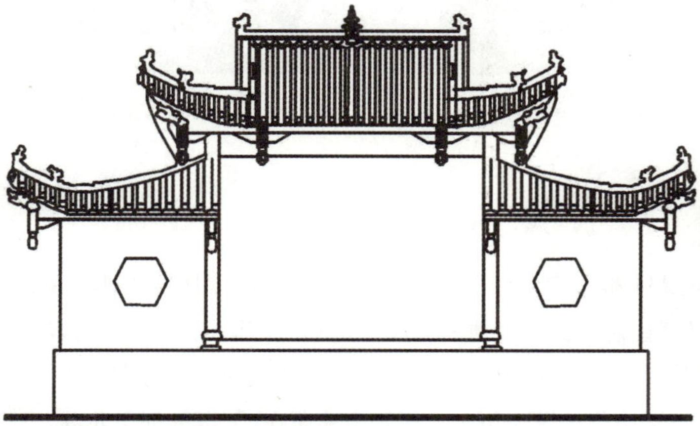

图 3–622　勉县武侯祠戏台正立面图

图 3–623　勉县武侯祠戏台背面

图 3–624　勉县武侯祠戏台梁架结构

接悬空的垂莲柱，垂莲柱之间用花板连接。梁架均用圆木，明间为典型的抬梁式，次间的梁架非常复杂，但其结构极有逻辑性。檐柱上托柱头枋、额枋、平板枋和挑檐枋。平板枋上斗栱五攒，檐下均有花卉和人物彩绘。台口两侧斜撑上各有上下两组浮雕戏剧人物（图 3–625）。屋顶为重檐歇山顶，灰色筒瓦覆盖。翼角高翘，出檐深远。明间屋顶高，两次间屋顶低，所以形成高低错落的形式。

旧时，每年农历八月二十四日，会在此演戏。《忠武侯祠墓志》记载："祠堂祭期，里中社会，每年八月二十三日起为忌辰，二十四日演戏，三、七日为赛神享胙。"

图 3-625　勉县武侯祠戏台斜撑及其上面的雕刻

15. 勉县武侯墓剧场

武侯墓位于勉县城南五公里处。公元 234 年，诸葛亮在第五次北伐曹魏时，因积劳成疾，病逝于五丈原[1]军中。陈寿（233 ~ 297 年）《三国志》云："亮遗命葬汉中定军山，因山为坟，冢足容棺，敛以时服，不须器物。"[2] 蜀国朝廷遵其遗愿，归葬于定军山下。北魏 · 郦道元所著《水经注》云："遗令葬定军山，因及地势，不起坟垅，惟深松茂柏攒蔚川阜，莫知茔墓所在。"可见到了北魏，已经不知道武侯墓的确切位置。

墓上建筑始建于景耀六年（263 年）。三国志记载："景耀六年春，诏为亮立庙于沔阳（今陕西勉县）。"以后各代均有修葺，尤是唐、明、清三代。庙内现存古建筑 70 余间，大部分建于清嘉庆七年至八年（1802 ~ 1803 年）。

戏台位于山门外东北方向，重修于清同治七年（1868 年）。台面槅扇上悬一匾，书"永依终古"，落款为"同治七年阖会士庶重修"。庙内光绪八年（1882 年）《重修诸葛武侯祠墓碑记》中云："同治七、八年间，幸得武侯坪三牌首事人等力任其劳，远迩募化，修拜殿三间，戟门三间，廊房九间，戏台壹座。"[3]

戏台（图 3-626、图 3-627）面宽三间，进深两间，歇山顶，前面两侧有披檐。前檐柱上承柱头枋、平板枋等，并有雕刻精致的雀替。梁架为抬梁式，次间梁架复杂，但富有逻辑性（图 3-628）。柱础上下分为三层，上层为鼓镜式，中间为八棱形，下层为四方形，中间一层雕有各种人物、器皿、花卉等（图 3-629）。

旧时，这里每年均会有盛大的演戏活动。光绪三年（1878 年）《重修忠武侯庙碑记》云："每年清明、七月二十三日酬神演戏，凡绅士及读书之人均要衣冠整齐，早临拈香，即日饮福，违者有罚。"[4]

1　地名，位于陕西岐山县城南约 20 公里

2　晋 · 陈寿，《三国志》卷三十五"诸葛亮传"。

3　作者 2007 年 8 月实地调研时抄录。

4　作者 2007 年 8 月实地调研时抄录。

图 3–626　勉县武侯墓戏台外观

图 3–627　勉县武侯墓戏台背面

图 3–628　勉县武侯墓戏台梁架

图 3–629　勉县武侯墓戏台柱础

16. 陕西旬阳县蜀河镇杨泗庙剧场

杨泗庙位于蜀河镇后坡南端，坐西向东，背依山坡，南临汉江，面对蜀河。杨泗庙多见于湖南、湖北、陕西等地。关于杨泗，有多种说法：一说是一位因治水有功而被封的将军；一说是晋朝一位敢于斩杀孽龙的勇士；一说是南宋农民起义领袖杨么。

蜀河镇的杨泗庙为清代汉江船帮所建。蜀河船运的兴盛，促进了船帮的发展。船帮是由船主们自发组建起来的民间协会组织，处理公共事务，维护船运秩序和船员利益。根据庙内残存的石碑，[1] 可知该庙建于乾隆三十年（1765 年），清咸丰二年（1852 年）重修。

庙内现存建筑主要有山门、戏台、正殿（图 3–630）。山门（图 3–631）两侧有楹联，云：“福德庇洵州看庙宇巍峨云飞雨卷，威灵昭汉水喜梯航顺利浪平□□”，寄托了当年船帮的愿望。

戏台采用前后勾连式（图 3–632）。前台单开间，单檐歇山顶，翼角高翘。后台面宽三间，山墙为防火墙形式（图 3–633）。前台顶棚采用藻井，惟损害严重（图 3–634）。后

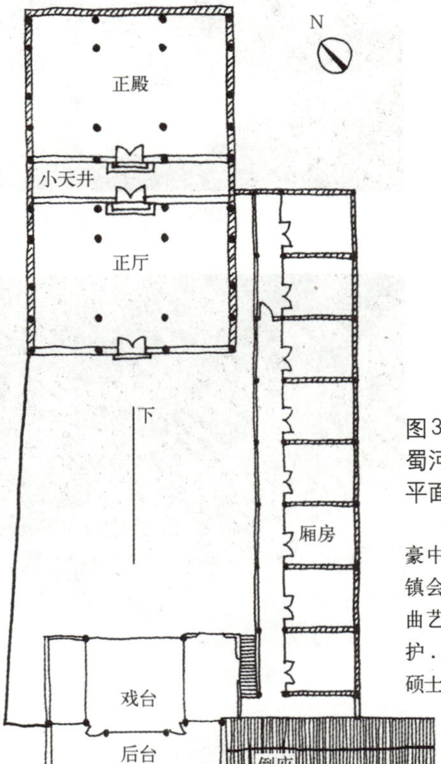

图 3–630　旬阳县蜀河镇杨泗庙现状平面图

摹自：袁静著，杨豪中指导．旬阳蜀河镇会馆建筑及其民俗曲艺文化的研究与保护．西安建筑科技大学硕士学位论文，2007 年。

1　作者 2007 年 8 月实地调研时抄录。

图 3-631　旬阳县蜀河镇杨泗庙山门

图 3-632　旬阳县蜀河镇杨泗庙戏台

图 3-633　旬阳县蜀河镇杨泗庙山门侧面

图 3-634　旬阳县蜀河镇杨泗庙戏台藻井

图 3-635　旬阳县蜀河镇杨泗庙戏台后台梁架

图 3-636　旬阳县蜀河镇杨泗庙戏台台面下的支撑结构

台抬梁结构（图 3-635）。台面上下均用木柱支撑（图 3-636）。台面下的通道利用山势，设有多步台阶，也构成巧妙的空间（图 3-637）。

每逢节日庆典、重大集会，船帮都要在杨泗庙演剧，其中有汉剧、二黄、豫剧、秦腔、地方小戏等，人山人海，热闹非凡。

17. 略阳市江神庙剧场

图 3-637 旬阳县蜀河镇杨泗庙戏台台面下的通道

江神庙，又名王爷庙，位于略阳县城嘉陵路中段，为古代船帮聚会和祭祀而建，重修于清道光二十年（1840 年）。据《略阳县志 · 艺文志》载："王爷庙（即江神庙或水神庙）岁已亥庚子（道光十九、二十年）间重加丹垩，金碧辉煌。"

江神庙占地 2000 平方米，坐西向东，现存古建筑 51 间，中轴线上有戏台、过厅、江神殿、后殿等（图 3-638、图 3-639）。

戏台（图 3-640 ～图 3-643）面宽三间 9.4 米，进深两间 5.2 米，台面高 2.6 米，两边有耳房。单檐歇山顶，坡度较大，翼角高翘。檐下无斗栱，大额枋雕有"八仙庆寿"（图 3-644）。翼角斜撑上雕虎，凶猛威严。台面栏杆柱头雕形态各异的石狮。顶部饰斗八藻井，外两层呈八卦形，中央呈圆形，向上聚拢于一点（图 3-645）。台沿栏板上雕"鸿门宴"等戏文七幅（图 3-646），甚为精致。台中以隔扇（图 3-647）区分前、后台（图 3-648），隔扇上侧亦有精美雕刻（图 3-649）。后台两侧连耳房，作为演员化妆空间。戏台下面为通道，背面为山门。山门上书"江神庙"匾（图 3-650）。山门前面依山就势，构筑多层台阶。

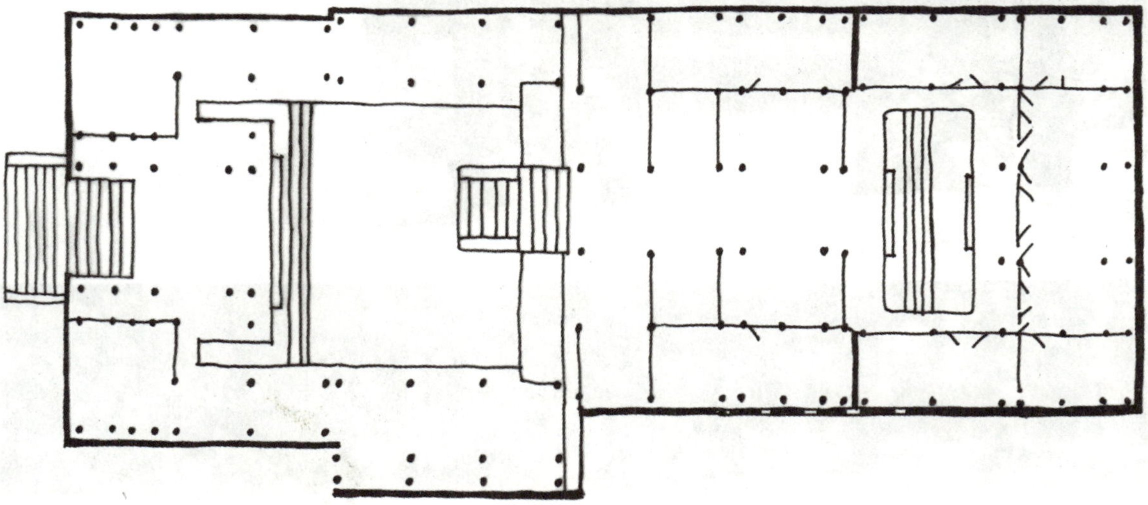

图 3-638 略阳市江神庙平面图

图 3-639 略阳市江神庙过厅及其戏台前的院落

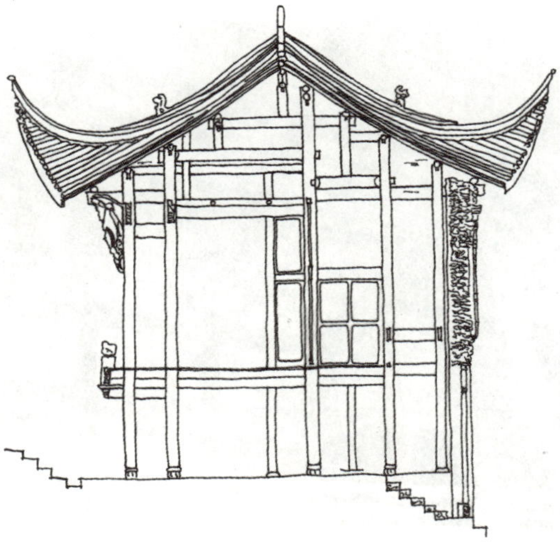

图 3-640 略阳市江神庙戏台纵剖面

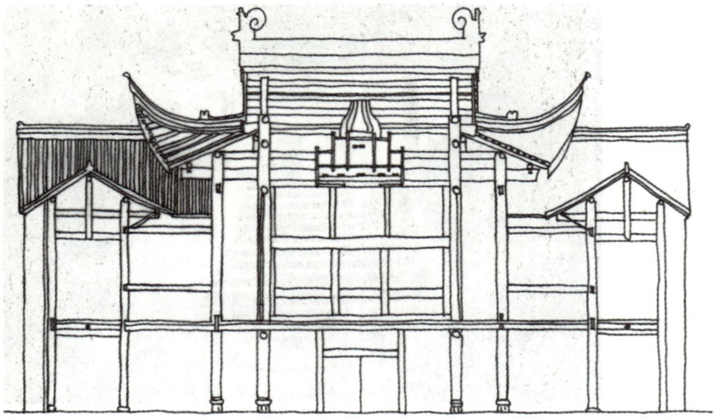

图 3-641　略阳市江神庙戏台横剖面

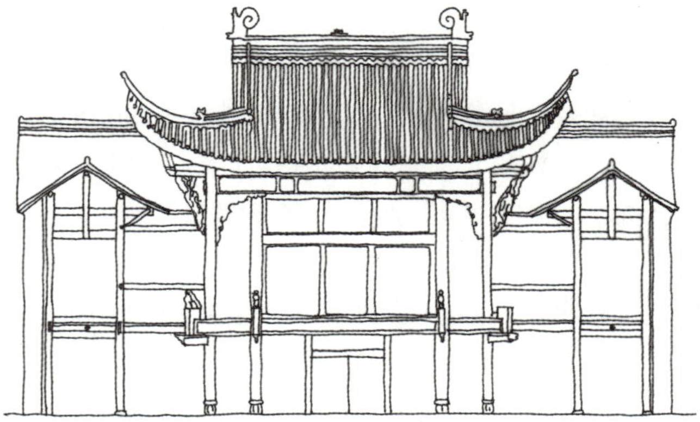

图 3-642　略阳市江神庙戏台正立面图

图 3-643　略阳市江神庙从过厅看戏台

图 3-644　略阳市江神庙檐下的雕刻

图 3-645　略阳市江神庙台口

图 3-646　略阳市江神庙戏台后台结构

图 3–647　略阳市江神庙戏台台沿雕刻

戏台前庭院两侧建有看楼，各五间（图 3–651）。庭院面积约 170 平方米。戏台、看楼、过厅一起围合形成封闭的庭院，也构成完整的观演空间。

18. 略阳市紫云宫剧场

紫云宫又名新江神庙，重修于道光二十四年（1844 年），坐北向南，占地约 1200 平方米，由山门、戏台、看楼、正殿、钟鼓楼等围合成四合院。

图 3–648　略阳市江神庙戏台台面

山门和戏台组合而建（图 3–652、图 3–653）。山门中间用通柱，三层重檐，翼角高翘。戏台面宽三间，明间明显宽于次间，单檐歇山顶，上下均为木柱支撑。檐下斜撑上雕有人物。台沿阳刻有花卉、器皿等（图 3–654），下面悬垂花柱。

戏台前面为庭院，演戏之时作为观剧场。庭院两侧分别有二层看楼和三层钟鼓楼。看楼面宽五间。

图 3–649　略阳市江神庙戏台隔扇上的雕刻

图 3–650　略阳市江神庙山门

图 3–651　略阳市江神庙戏台侧面的看楼

图 3–652　略阳市紫云宫及其山门

图 3–653　略阳市紫云宫戏台外观

图 3–654　略阳市紫云宫戏台台面前沿雕刻

第四章　祠堂剧场

第一节　祠堂剧场概论

一、祠堂概述

中国的祖先崇拜由来已久。《礼记 · 郊特性》云:“万物本乎天,人本乎祖。”汉代时,出现了“祠堂”一词。《汉书 · 张安世传》云:“赐茔杜东,将作穿复土,起冢祠堂。”因当时的祠堂均建于墓所,故曰“墓祠”,且仅用于王公贵族和士大夫阶层,一般庶民则只能在自家厅堂举行祭祀活动。北宋时产生了家庙性质的祠堂。南宋朱熹《家礼》卷一“通礼 · 祠堂”里规定:“君子将营宫室,先立祠堂于正寝之东,设四龛以奉先世神位。”值得注意的是,当时修建祠堂有等级之限,民间不得立祠。

明嘉靖年间(1522 ~ 1566 年),皇帝下诏“许民间皆联宗立庙”。于是各族纷纷建立祠堂,祠堂建筑得到迅猛的发展。也就是说,尽管祠堂的历史悠久,但是在明中叶后才迅猛发展,成为重要的建筑类型。就地域而言,明清时期,南方的宗祠超过北方。

中国传统社会是一个宗族社会。每个家族多有相应的“祠堂”,供奉宗族的祖先。祠堂的基本功能是供奉祖先,加强宗法共同体,除此之外,也是议事中心。每遇修谱、纠纷、惩戒等大事,由族长召集族众,先拜祖先,再议事决定。宗祠还兼有礼仪中心的作用,族人遇到婚丧等大事时,一般在本族宗祠内举行。

二、祠堂演剧

祠堂演剧,至少有三个方面的作用,一是可以娱乐族人,丰富生活;一是可以维系宗族血缘关系,尊祖敬上,使人感到宗族的荣耀;一是体现宗族的威严,通过演戏既处罚了违法和触犯村规民约的族人,又教育了族人,起到警世作用。正由于此,明清时期,祠堂(特别是南方)演剧是非常普遍的。永嘉县岩头镇渠口村有一块光绪年间《重修渠川叶氏大宗祠碑记》记载:“族人致祭,岁时伏腊,团结一堂,演剧开场,以古为鉴。仲忠孝节义之心,枨触而油然以生。”江苏江都县《卞氏宗谱》收录了清乾隆十三年(1748 年)“卞家港祭田三分租余充费碑记”,其中曰:“旧例,五月初四日,始祖寿诞演戏庆祝,适值丧期未满,礼停音乐,之铨等,愿将演戏费银,予垫修祖祠费。”清人瞿炳育《箴俗臆说》记载:“各城镇村落每建一神龛,必襄金立会,置买田租,少者不下数十担,多者或至数百担,岁岁皆为演剧消耗,甚至强宗之祖祠,亦复如是。”

江西杏花村《黄氏宗祠五修主谱》收录了“道光甲辰公议条规”,其中曰:

一、本祠建自乾隆丙子(二十一年)。坐落杏花村。房屋狭窄,地址低洼,历久朽坏。至嘉庆丙子(二十一年),合省同宗,酌议重新创建。填高地基数尺,添造先儒黄子祠、尚义堂。

一、祠内租钱,除每年春秋祭祀,逐日香灯,并各处检盖修理,及文武乡试荐举,祀祖演戏用费,暨添买床板、桌凳等项外,所余租费,作为散胙、卷价。

一、文场荐举，定期八月初一日，大祠祀祖，演戏全部。八月初二日，尚义堂祀祖，酬庸，演戏全部。武场荐举，定期十月初一日，合祠祭祖，大祠演戏全部。

从中得知，黄氏每年的八月初一，在大宗祠中演戏庆贺文科科举合格者，连续两天，且“演戏全部”，为耗时很长的大戏。对于武科合格者，规格稍低，在十月初一日演戏一天。

三、祠堂剧场

明末、清代和民国时期，由于祠堂中演剧非常流行，祠堂中大量兴建剧场。如浙江温州道光二十三年（1843 年）《重建祠堂记》记载：“第前祠之创，迄今甲申已经六十年矣，渐就崩颓。时敦书、敦伦、必盛诸公偕族众日坚、日基、日耀、日新、汝珊、日宗辈重建享堂，更翼两庑，再作大门及中道，演剧台一座，工告功竣。”[1] 浙江温州光绪二十三年《蓬溪诸祠堂记》记载：“初，大厅圮而基存，故演戏与焰宵化灯必于此处，惟五月十三在关帝庙演戏。道光初年，众修大宗，建前进并建戏台，始在大宗演戏。”[2]

作者根据《中国文物地图集》、《中国戏曲志》等文献和现场调研，整理了中国现存传统祠堂戏台一览表。但由于篇幅所限，本书未能收录。但从这些资料可以看出，中国传统祠堂剧场分布最明显的特点是：南方祠堂剧场的数量远远超过北方，特别是浙江、湖南、江西等地，祠堂剧场非常普及，占同地区所有传统剧场的一半以上。而北方文物大省山西现存的约 3000 座传统剧场中，仅有 6 座是祠堂剧场，所占比重甚小。

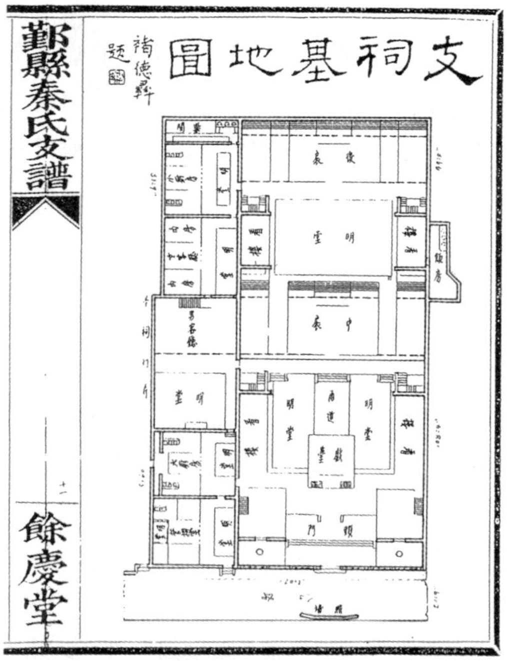

图 4–1 浙江鄞县秦氏支祠基地图

孙大章著．中国民居研究．中国建筑工业出版社，2004 年，第 524 页。

四、祠堂剧场的格局

中国传统祠堂的格局有其基本形式。按照中国传统文化中视“死”如“生”的思想，祠堂就是祖先的住宅，所以祠堂的格局一般也是“前堂后寝”，坐北朝南，中轴线上从前到后依次是门厅、戏台、下堂（或称正厅、拜厅）、上堂（寝厅）等。浙江鄞县秦氏家谱中所载的支祠中，戏台位于中轴线，台口面向正厅（图 4–1）。

祠堂内门厅和戏台的位置关系大致可以分为两种，一种是戏台设置在门厅的明间内；另一种是戏台向内突出于门厅，伸向庭院内。其中后者在祠堂剧场中更为多见。戏台伸出于庭院，被门厅、正厅、两侧看楼包围，中间为天井，形成庭院式的剧场。天井在演戏之时承担观众区的功能。一般天井和正厅前檐下为男子观戏场所，正厅的前檐柱之后则为妇女观戏场所。二者之间可用临时矮栏杆隔开。

祠堂剧场庭院的两侧一般建有看楼，系妇女和儿童专席。旧时讲究男女授受不亲，男女界线非常严格。绍兴双江溪村舜王庙清同治十二年（1873 年）碑刻《禁碑》中提到：“公禁两廊看楼上，不许男人混入。如违，罚瓦一千张。”[3] 虽然指的是庙宇中的事，但宗祠的情况大致相同。

1 吴明哲编．温州历代碑刻二集（下）．上海社会科学出版社，2006 年，第 864 页。
2 吴明哲编．温州历代碑刻二集（下）．上海社会科学出版社，2006 年，第 223 页。
3 谢涌涛，高军．绍兴古戏台．上海：上海社会科学出版社，2000 年，第 48 页。

为了说明祠堂剧场的空间格局，下文略举几例：

福建福安市楼下村刘氏宗祠，前后两进，五开间，总面阔约16.3米，前进明间面阔5米。两侧由夯土山墙承重，没有边榀梁架。戏台位于中轴线上，面向祭厅（图4–2～图4–4）。平时大门关闭，通过梢间出入祠堂。每逢重大祭日运送祖宗祖牌时，卸去戏台中央的一排台板，形成通道，并打开大门。前、后台之间有隔扇，上方悬匾，书“莺歌燕舞”。台内顶棚有一个八角藻井，前檐为卷棚轩。后台向两侧扩大，以次间的夹层为化妆室。

福建连城市培田村吴氏宗祠“衍庆堂”，原为祖居老屋，初建于明中叶，清乾隆三十二年（1767年）改为祖祠堂，后在嘉庆、道光、咸丰年间多次修葺扩建。宗祠前后两进，五开间，坐西朝东，中轴线上有戏台、下厅、上厅、后厅等，两侧有厢房（图4–5～图4–7）。戏台面宽一间，台旁有小楼梯直通上下。下厅三开间，小天井后有上厅，中间一间祀奉历代祖先牌位，两侧各有两个房间。

浙江永嘉县岩龙村季氏祠堂规模较小，一进院落，面宽五间，中轴线上有大门、戏台、祭厅，大门内为戏台，戏台面向祭亭（图4–8～图4–10）。明万历五年（1577年）《季氏祠堂碑记》：“祠建宅东，地临水面山，正堂峻翼，应以曹门，两庑廊轩，四周垣墙而通衢绕之，盖捐已资。”

从上可知，祠堂内的戏台一般坐南朝北，台口面向正厅祖宗灵位。因旧时宗祠演戏，主要目的是为了祭祖，所以演戏的方向需要面向祖先的牌位。

本章后面几节将选取现存祠堂剧场集中的区域，分别论述。

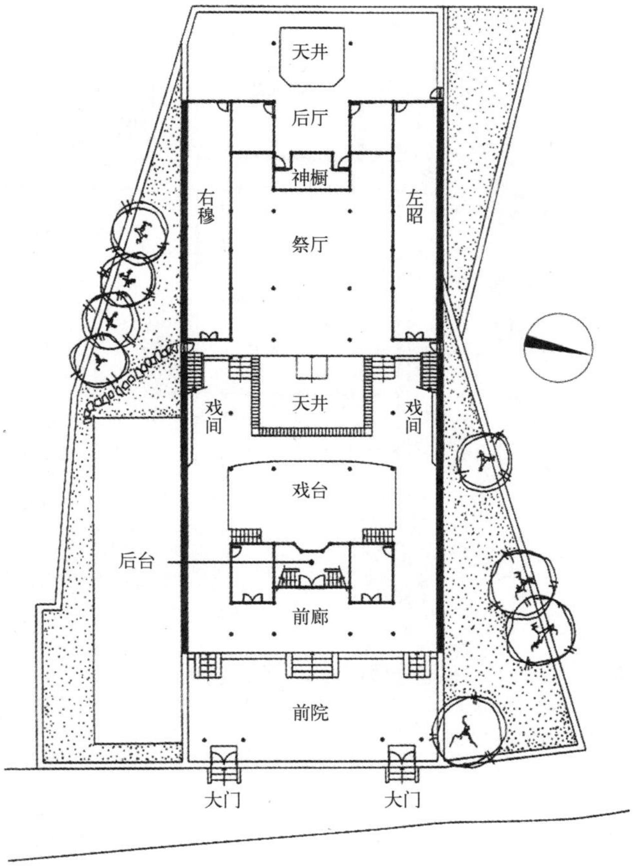

图4–2　福建福安市楼下村刘氏宗祠一层平面
刘氏宗祠测绘图引自：李秋香主编，陈志华撰．宗祠．三联书店出版，2006年，第188页。

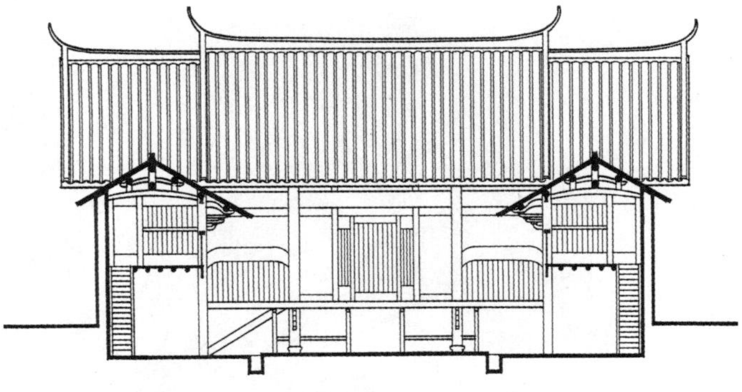

图4–3　福建福安市楼下村刘氏宗祠戏台立面

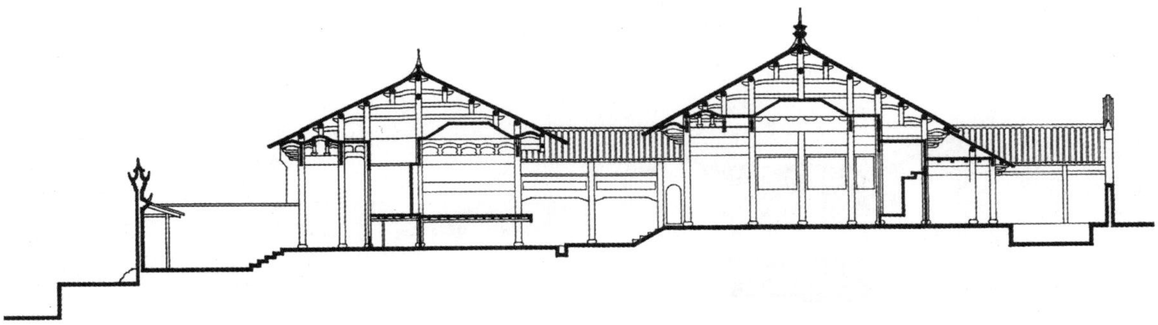

图4–4　福建福安市楼下村刘氏宗祠纵剖面

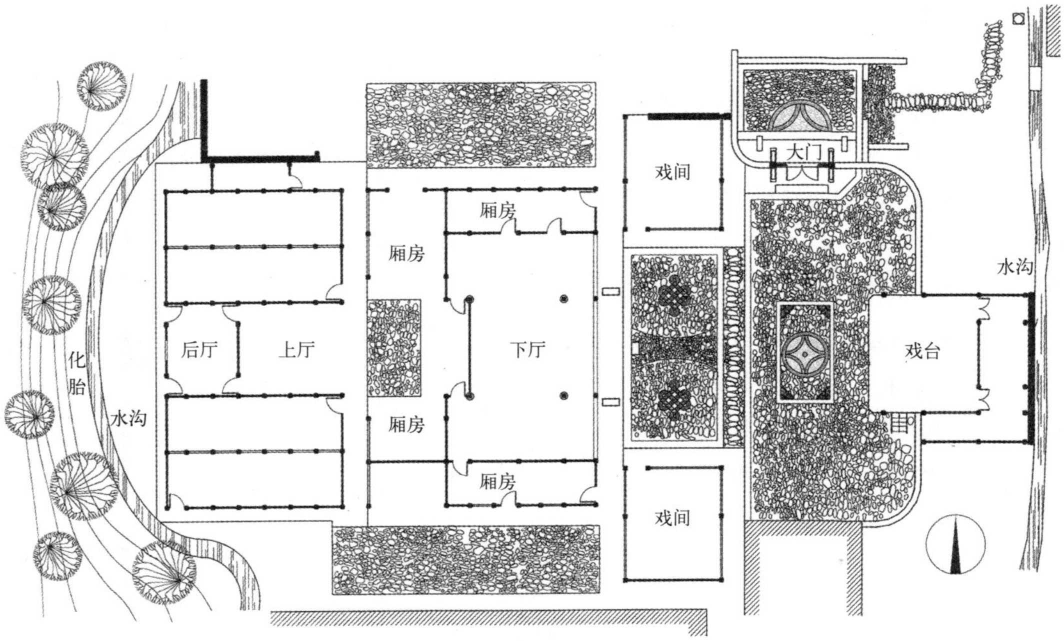

图 4–5　福建连城市培田村衍庆堂平面

衍庆堂线图引自：李秋香主编，陈志华撰．宗祠．三联书店出版，2006 年，第 167 页。

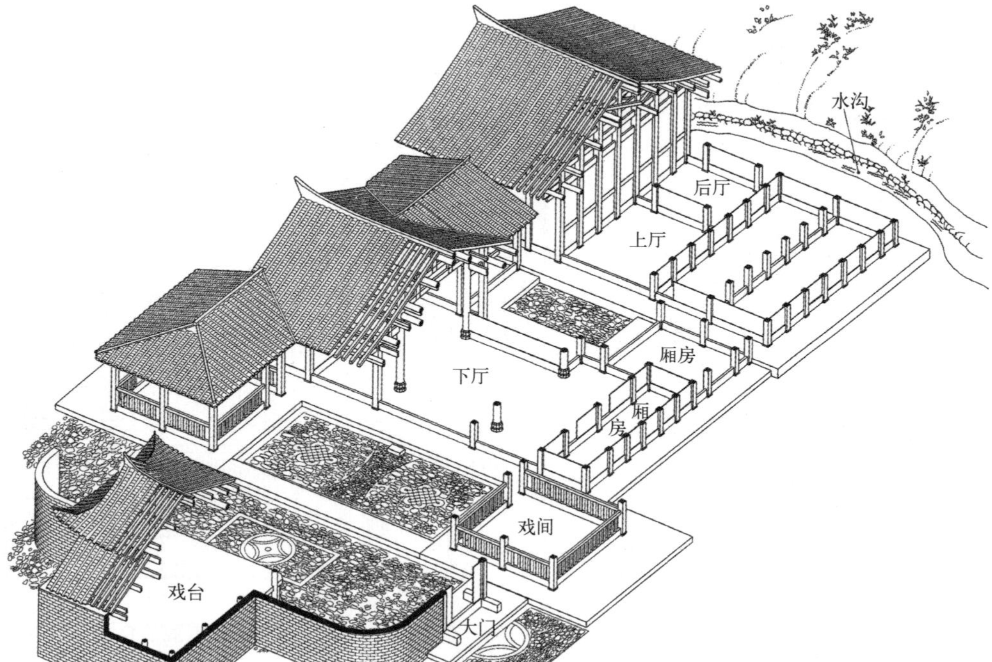

图 4–6　福建连城市培田村衍庆堂剖轴测图

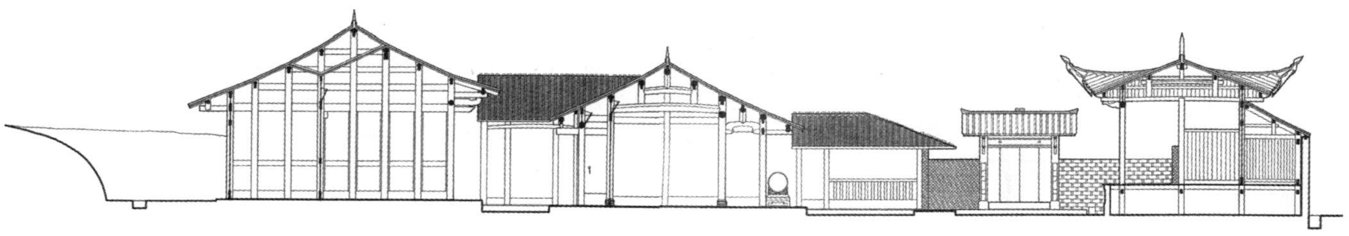

图 4–7　福建连城市培田村衍庆堂上厅横剖面

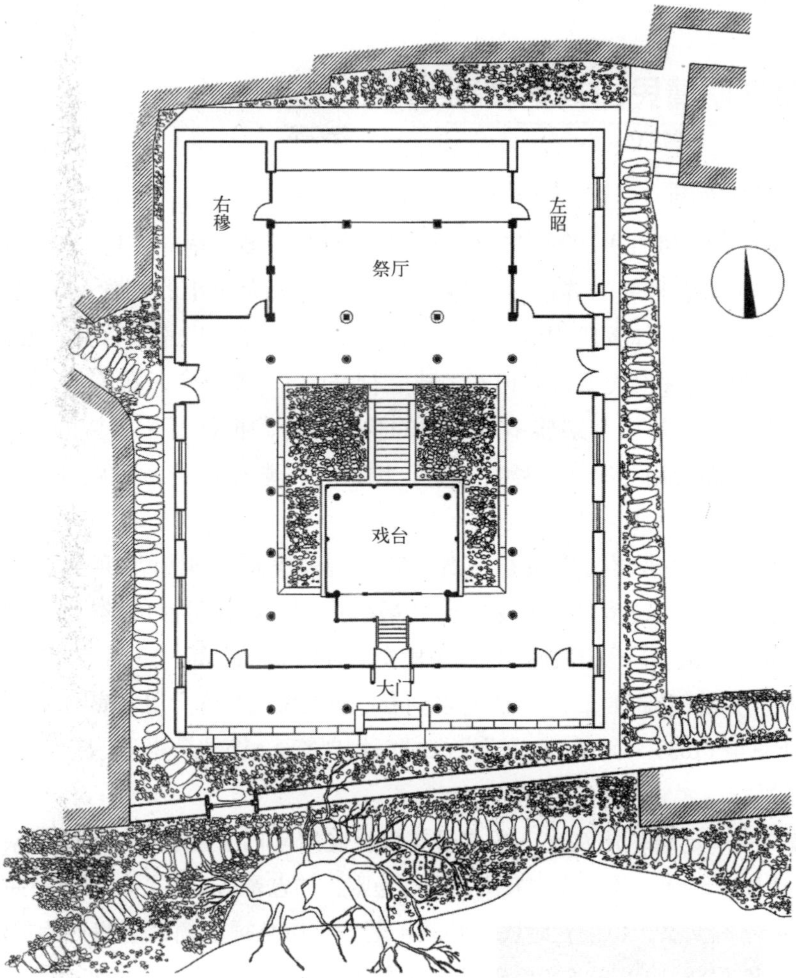

图 4–8　浙江永嘉县岩龙村季氏祠堂平面

季氏祠堂测绘图引自：李秋香主编，陈志华撰．宗祠．三联书店出版，2006 年，第 141 页。

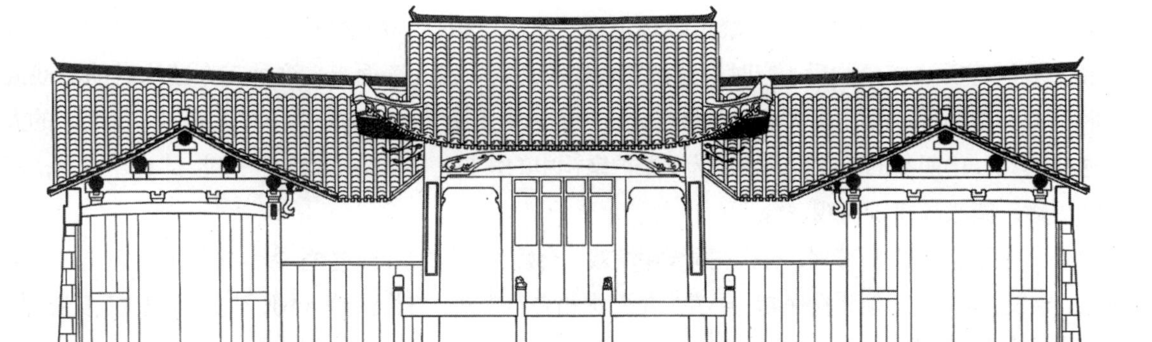

图 4–9　浙江永嘉县岩龙村季氏祠堂戏台

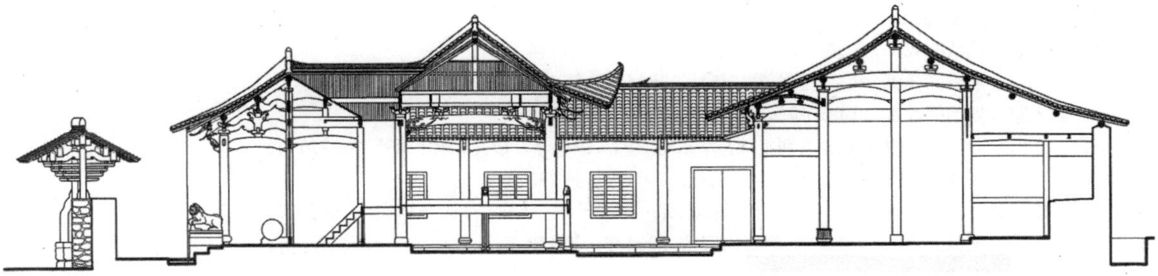

图 4–10　浙江永嘉县岩龙村季氏祠堂纵剖面

第二节 浙江明清民国祠堂剧场

一、浙江祠堂演剧

明末到民国时期，浙江几乎每村均建有祠堂。一村有多座祠堂者也十分多见。如兰溪市诸葛村的诸葛氏，在其鼎盛时期的族谱中，记载有 40 余座大大小小的祠堂[1]。家族对祠堂的建设非常重视，如兰溪市西姜村《姜氏宗谱》云："盖闻天子坐明堂，以临长百官；祖宗安祠宇，以福庇子孙。"[2] 武义县郭洞村《何氏家谱》记载，建宗祠是为了"尊祖宗，联族党，表彝伦而树纲常"[3]。可见，祠堂建筑在当时是一个宗族不可或缺的组成部分，也是一个宗族的象征。作为祭祖的神圣场所，宗族一般都会用尽财力、物力建设，因此，祠堂往往是村镇中规模最宏阔、装饰最华丽的建筑群。

祠堂中奉祀祖先的重要"供品"就是演剧。萧山县《汪氏大宗祠祭规》所载嘉庆七年（1802 年）"春秋演剧例"中记载："故于秋分祭毕，演戏二台，以敬祖先。"[4] 余姚县同治十三年（1874 年）《黄氏宗谱》载："凡敬祖之礼，莫大乎演剧。"[5] 宁波府《四明朱氏支谱内外编》述道："正月二十日夜，演戏安祖。"[6] 清光绪三年（1877 年）《鄞县志》云："巨族有宗祠者，洁牲醴祀其先，用乐演剧。"[7] 余姚县《魏氏宗谱》中，书于道光十三年（1833 年）的"灯祭会"云："吾祠自冬至，演戏敬祖外，族人或立特祭会、蒸祭会，以祀其祖与父。"[8]

祠堂中演剧有一定的教化意义。永嘉县渠口村光绪年间《重修渠川叶氏大宗祠碑记》云："族人致祭，岁时伏腊，团结一堂，演剧开场，以古为鉴。俾忠孝节义之心，怅触而油然而生。"[9] 其中演戏的理由，未免冠冕堂皇。但清代时民众热衷于看戏，应是祠堂频繁演戏更为重要的原因。会稽县钟氏清光绪十四年（1888 年）的《寿祭碑记》就直言："祠中召优演戏。请族中长幼，而燕乐之。"[10]

祠堂中最常见的演剧是时节性祭祖演剧。如元宵、春风、清明、秋祭、冬祭等时节，祠堂中常会演戏。浙江宗谱中关于这些演剧的记载比比皆是（见表 4–1）。

宗族往往会制定各种禁约，如禁止破坏土地、水源、山林、祠堂建筑等。在宣布这些禁约时，也多会演戏。违反这些禁约后，有时也会把罚戏作为惩罚手段。表面上，这种宣布禁约时的演戏或惩处时罚戏，是为了向祖先立誓盟约，谢罪认错。实际上更重要的目的是为了扩大宣传，让更多的人知道这些禁约。山阴县的《赵氏宗谱》为了保护宗祠中的建筑，在"宗祠禁约"规定："自今以后，不准仍踏故辙。倘敢故违，罚戏一台。"[11]

另外，祖先神位入祀祠堂时，亦会在祠堂中演戏。余姚县《毛氏宗谱》卷首"大宗祠规例"就记载："宗祠进主，宗长、董事人，须将村民房分，并上年已进祖各行查实，方许演戏入祠。"[12] 余姚县《黄氏宗谱》

---

1 陈志华、楼庆西、李秋香著．诸葛村．河北教育出版社，2003 年。

2 见（民国）水链重纂《姜氏宗谱》中，清康熙五十六年（1717 年）"辞祠任事说"，民国 30 年（1941 年）木刻活字印本。作者在西姜村调研时抄录。

3 转引自：朱连法，风水郭洞．上海：世界出版集团发行，2006 年，第 40 页。

4 田仲一成（日）．明清的戏曲．北京广播学院出版社，2004 年，第 144 页。

5 田仲一成（日）．明清的戏曲．北京广播学院出版社，2004 年，第 153 页。

6 田仲一成（日）．明清的戏曲．北京广播学院出版社，2004 年，第 138 页。

7 丁世良、赵放主编．中国地方志民俗资料汇编，华东卷（中）．1995 年，数目文献出版社，第 776 页。

8 田仲一成（日）．明清的戏曲．北京广播学院出版社，2004 年，第 135 页。

9 李秋香主编．宗祠．三联书店出版，2006 年，第 26 页。

10 田仲一成（日）．明清的戏曲．北京广播学院出版社，2004 年，第 130 页。

11 田仲一成（日）．明清的戏曲．北京广播学院出版社，2004 年，第 115 页。

12 田仲一成（日）．明清的戏曲．北京广播学院出版社，2004 年，第 157 ~ 158 页。

浙江清代和民国时期宗谱中有关时节性演剧的记载[1]　　表 4–1

序号	内容摘录	资料来源
1	元宵前几日，演戏二台	山阴县《胡氏宗谱》中所载，嘉庆十七年（1812 年）刊“祭仪”
2	宗祠，每岁春分，演戏全台，社神一本，宗祠一本	绍兴《陈氏宗谱》“礼典”
3	吾祠元宵良辰，向有新老灯祭两会，演戏肆筵	余姚县《魏氏宗谱》中所载，同治三年（1864 年）“宗报会碑记”
4	是年清，应于家庙内，订班演戏。日夜两台	萧山县《陈氏宗谱》中所载“六房年规祭祀”
5	自祠宇告竣后……设筵演戏，首敦春祀之典。世世子孙，各尽诚敬。相传勿替	余姚县《沈氏宗谱》中所载，乾隆四十九年（1784 年）“祀祖源流记”
6	每年中秋，设奠演戏一台，补前人之所缺。意以祖宗祠庙，百世不毁	绍兴《陈氏宗谱》中所载乾隆五十二年（1787 年）“冯太君田碑记”
7	余剩钱十千文，值年家存，于秋祭日，宗祠前演戏两台	萧山县《沈氏续修宗谱》中刊载的乾隆六年（1741 年）的“宗约”
8	冬至节，在大宗祠前，演戏一台	绍兴《陈氏宗谱》中所载，嘉庆元年（1796 年）“释慧山为本生祖先设立祀产碑记”
9	吾祠自创造以来，春冬祭会，不一而足……每届冬至，于老特祭后，演戏致敬	余姚市《魏氏宗谱》所载清同治八年（1869 年）“新特祭会碑记”
10	每逢冬至，挨日演戏。计日夜二台，戏金，油烛，一并堂众开销	龙游县《余氏家谱》中所载，康熙二十七年（1688 年）所立的“议约”
11	吾祠自建造以来，四时皆有祭。惟冬至一节，演戏设筵，子姓等称觞瞻拜。其礼为独隆	余姚县《魏氏宗谱》中所载，嘉庆五年（1800 年）“特祭会碑记”
12	冬至演戏。值年者会集各房众议。戏金，写立包票。定于冬至前一夜，起戏。如若过期，罚值年者，演戏一台	江山县民国 19 年（1930 年）续修《毛氏宗谱》中所载“规条”
13	昔怀忠公创建宗祠……公配施孺人助出田地十三亩零，为每岁冬祭演戏之资	余姚县《黄氏宗谱》中所载，道光三十年（1850 年）“群望公重修宗祠暨助田地碑记”
14	粤稽我祠，自乾隆壬戌年（七年）始创，冬祭事，则肇于用周诸公。次年，玘二公派下，十二房，折祭演戏	余姚县丰山《毛氏宗谱》中所载，道光九年（1828 年）“重订祭簿叙”

中“公定条约”记载:“凡牌位入祠，宜演戏祭祖，以成祔庙之礼。”[2]余姚县同治十三年（1874 年）修《黄氏宗谱》“公定条约”里云:“向缘祠产有限，惟进主之年，演剧祭祖，以致敬。”[3]萧山县《壬氏家乘》（嘉庆十二年刊）载顺治年间制定“从祀规例”记载：“文武杂职，曾经朝选等官，暨族中生平制行端方者，捐银三十两，演戏设席，送牌入祠。其祖父，又欲入祠，例同。”[4]

二、浙江祠堂剧场实例分析

在浙江现存的传统剧场中，祠堂剧场占了一半以上。如《嵊州古戏台调查》[5]一文，统计了嵊州现存的 108 座剧场，其中祠堂剧场为 68 座，占 62%。本节选取浙江部分有代表性的祠堂剧场，进行分析探讨。

1　本表根据文献整理而成：田仲一成（日）．明清的戏曲．北京广播学院出版社，2004 年；中国戏曲志编委会，中国戏曲志·浙江卷，中国 ISBN 中心出版，1997 年。

2　田仲一成（日）．明清的戏曲．北京广播学院出版社，2004 年，第 158 页。

3　田仲一成（日）．明清的戏曲．北京广播学院出版社，2004 年，第 153 页。

4　田仲一成（日）．明清的戏曲．北京广播学院出版社，2004 年，第 155 页。

5　王荣法．嵊州古戏台调查．东方博物，2006 年 01 期。

图 4-11　衢州市车塘村吴氏宗祠山门

图 4-12　衢州市车塘村吴氏宗祠剧场庭院

图 4-13　衢州市车塘村吴氏宗祠戏台

图 4-14　衢州市车塘村吴氏宗祠戏台梁架

1. 衢州市车塘村吴氏宗祠剧场

吴氏宗祠位于衢州市北 12 公里的车塘村。明景泰七年（1456 年），吴氏昆仲可荣、可隆因“输粟二千斛以赈通州歉”（古代十斗为一斛），“皇上嘉其义”而修建宗祠。明嘉靖庚寅（1530 年）腊月十七日，被火烧毁。后由族长吴廷善联合诸家子侄进行重建，于嘉靖十一年（1532 年）建成。吴氏宗祠重建的情况，明嘉靖十一年（1532 年）《吴氏重新居第记》中有较为详细的记载，云：“求梁于括苍之境，问柱于铜峻之源，石采于黄坛，杉市于停埠；征梓匠于茜淤，募陶工于徽婺，经营朴斫，口周有期……相其时之宜，随其势之便，若远若近，若重若轻，皆尽于诸贤”，并述及宗祠建成于“嘉靖壬辰（1532 年）之冬十月二十有一日”[1]。根据碑文可知，吴氏在建造祠堂时，精选工料，寻觅良匠，精心设计。1989 年，吴氏宗祠被列为省级文物保护单位。

吴氏宗祠坐南朝北，前临一塘，一进院落，占地 810 平方米。祠前有一门楼，石柱支撑，顶额有“圣旨”二字，额下镌刻：“旌表吴荣隆尚义之门”，东侧小字竖书：“景泰四年（1453 年）春，恩敕敬立”（图 4-11）。可见，这座门楼应为景泰皇帝赐建。

吴氏宗祠呈四合院形式，坐北向南，中轴线上有门厅与正厅，二者之间隔一天井（图 4-12）。门厅和正厅均面宽三间，进深四间，十檩五柱，悬山顶。天井两侧为边厅，面宽各八间。

门厅明间设一座戏台。戏台朝北，面对天井。台宽 7.0 米，深 7.0 米，呈方形，通柱构造（图 4-13）。台面高 1.22 米，用 12 根短木柱支撑，结构简单，便于拆卸。台面伸出于柱外，扩大了表演区的面积。门厅梁架采用穿斗式，构架简洁（图 4-14）。明间用五架梁，彻上露明造，两端卷杀。上施斗栱，承三架梁。三架梁中间承脊枋。戏台的结构基本为明代原构，部分构件则经过重修。

1　作者根据车塘村委会所提供的资料整理而成。

图 4-15 龙游县御厅村雍睦堂山门

图 4-16 龙游县御厅村雍睦堂戏台剖面
摹自：中国戏曲志编委会，中国戏曲志·浙江卷，中国ISBN中心出版，1997年。

图 4-17 龙游县御厅村雍睦堂戏台

图 4-18 龙游县御厅村雍睦堂梁架

2. 龙游县御厅村雍睦堂剧场

雍睦堂（图 4-15），又名“邵氏花厅”，位于龙游县城北 24 公里处的御厅村。雍睦堂建于明中期，坐北朝南，前后五进。雍睦堂三开间，明间略宽于次间，占地面积约 756 平方米，具有明代建筑特征，如覆盆式柱础，梁坊两头卷杀到底，梁、柱、枋、檩间俱用丁字栱连接。

图 4-19 龙游县御厅村雍睦堂戏台后侧的楼梯

戏台建在山门后金柱与前檐柱之间，属活动戏台，用二座台面拼成，南北纵向排列（图 4-16）。台面东西宽 5.0 米，南北深 5.6 米，高 1.43 米。整个台面用 16 根短木柱支撑（图 4-17），其中四周台沿有 12 根木柱。穿斗结构（图 4-18）。台面后侧有木楼梯可达地面（图 4-19）。柱头施斜撑（图 4-20）。台前为天井，对面为正厅（图 4-21）。

3. 龙游县儒大门村三槐堂剧场

三槐堂，又名王氏宗祠，位于龙游县城北 28 公里的志棠乡儒大门村。[1] 据明万历《龙游县志》以

1 “三槐堂”出自《宋史·王旦传》。北宋初年，尚书兵部侍郎王祜写文章、做官都很出众。他相信王家后代必出公相，于是“手植三槐于庭，曰：‘吾之后世，必有为三公者，此其所以志也’”。“三槐”喻三公，《周礼·秋官·朝士》中有“面三槐，三公位焉”的记载。所谓三公，为当时朝廷中三种最高官衔的合称。后来，王祜的儿子王旦果然做了宰相，时人称“三槐王氏”。宋代文学家苏轼曾写《三槐堂铭》，被编入《古文观止》一书，被广为流传。

图 4–20　龙游县御厅村雍睦堂戏台斜撑

图 4–21　龙游县御厅村雍睦堂台前天井

图 4–23　龙游县儒大门村三槐堂山门

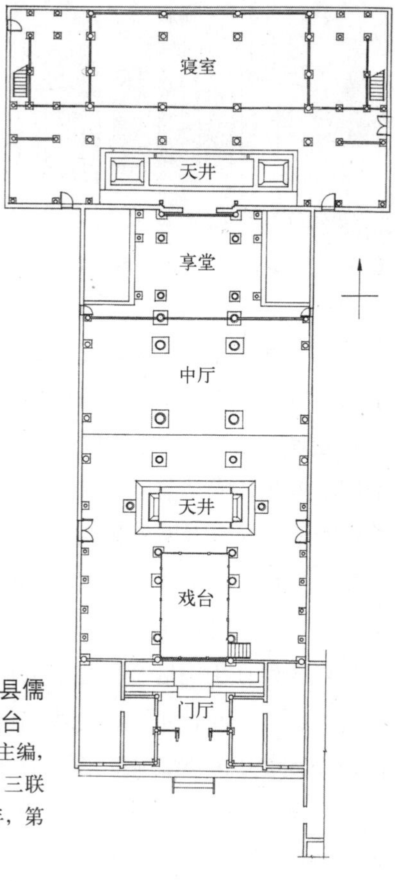

图 4–22　龙游县儒大门村三槐堂戏台
摹自：李秋香主编，陈志华撰，宗祠，三联书店出版，2006 年，第 84 页。

及王氏宗祠原有“三槐堂”匾可知，三槐堂建于明万历二十三年（1595 年）之前。现存建筑保持明末风格，但清代更换部分木构件。

三槐堂坐北朝南，轴线上从南到北依次为门厅、戏台、中厅、享堂、寝室，南北总长度 50 米，前四进面宽三间 14.30 米，第五进面宽七间 29.82 米，占地面积为 842 平方米（图 4–22）。山门悬“岁进士”之匾（图 4–23）。门前竖旗杆，门两侧竖抱鼓石。第五进楼前为廊，廊上原衬有天花板 42 块，上彩绘花卉、鸟兽图案。现尚存 28 块，每间有方形楼栅十根，每两根交接处均有一象鼻斗栱作支点。

图 4–24　龙游县儒大门村三槐堂戏台

图 4–25　龙游县儒大门村三槐堂戏台

图 4–26　龙游县儒大门村三槐堂戏台台面

图 4–27　龙游县儒大门村三槐堂戏台斜撑

戏台伸出于门厅明间，面向天井（图 4–24、图 4–25）。前台宽 4.66 米，深 7.18 米。台面高 1.36 米，用二十根短柱支撑，其中四周台沿有十四根木柱。台面前沿四柱皆有柱头，上雕如意形花纹，柱头间又插有矮栏板。台面中间的木板平时拆掉，演戏之时安装在预留的槽上面(图 4–26)。檐下柱端的斜撑雕刻精美(图 4–27)。台面两侧有隔扇，雕有吉祥动物、花卉等（图 4–28）。明间梁架为抬梁式，三架梁接前后单步梁(图 4–29)。次间则用穿斗式(图 4–30)。

4. 武义县郭洞村何氏宗祠剧场

郭洞村何氏宗祠建于明万历三十七年(1609 年)。嘉庆《武义县志》卷五“祠祀篇”记载：“郭洞何祠在南十八庄，祀元广东按察司副识何渊，万历己酉建祠。”《何氏家谱》记载，建造这座宗祠，是为了“尊祖宗，联族党，表彝伦而树纲常”[1]。

何氏宗祠坐北面南，中轴线上从南到北有门厅、戏台、正厅、寝厅，两侧有厢房，占地 1084 平方米(图 4–31、图 4–32)。门厅门额凸书楷书“何氏宗祠”（图 4–33)。门厅前立有三对功名旗杆。入口门上悬匾额“源泓派造”四字，传为靖南王耿精忠题赠。匾额下方突出四根门当，分别雕“福、寿、康、宁”四字。

戏台位于门厅内，坐南面北，和正厅相对而建。戏台（图 4–34、图 4–35）面宽和进深均一间，四角用圆木通柱，鼓镜柱础。牛腿雕花卉和人物故事(图 4–36)。台面下有短柱支撑。

1　转引自：朱连法．风水郭洞．上海：世界出版集团发行，2006 年，第 40 页。

图 4–28　龙游县儒大门村三槐堂戏台雕刻

图 4–29　龙游县儒大门村三槐堂戏台明间梁架

图 4–30　龙游县儒大门村三槐堂戏台次间梁架

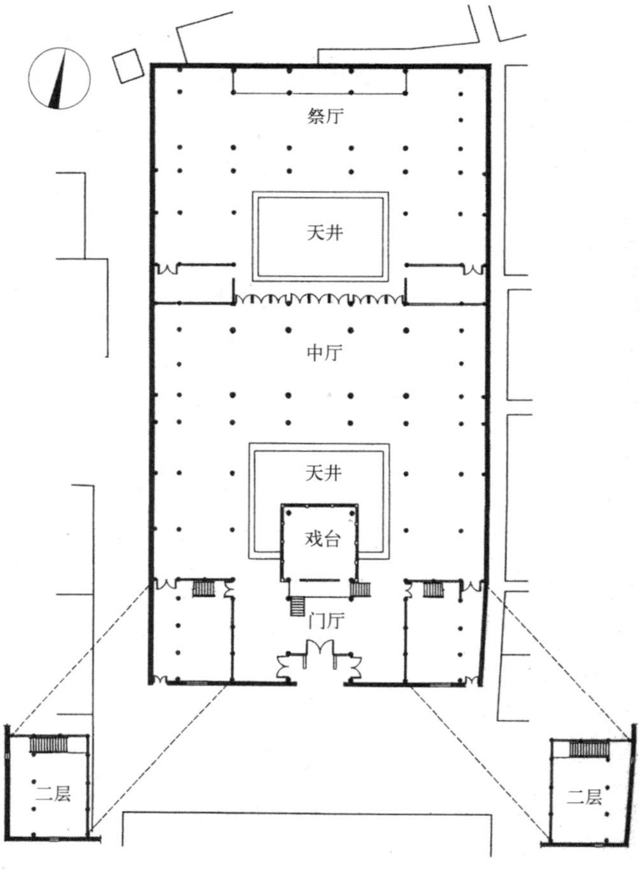

图 4–31　武义县郭洞村何氏宗祠剧场

何氏宗祠线图摹自：李秋香主编，陈志华撰．宗祠．三联书店出版，2006 年，第 99 和 103 页。

图 4–32　武义县郭洞村何氏宗祠正厅

图 4–33　武义县郭洞村何氏宗祠山门

图 4-34　武义县郭洞村何氏宗祠戏台

图 4-35　武义县郭洞村何氏宗祠戏台正立面

图 4-36　武义县郭洞村何氏宗祠戏台牛腿

图 4-37　武义县郭洞村何氏宗祠厢廊

飞檐翼角塑“鳌鱼入海”，正脊两端雕“倒立飞龙”。前台作八角藻井。隔扇分隔前后台，彩绘“唐明皇游月宫”，并悬“清平乐”之匾。上下场门分别书：“出风”、“入雅”。檐柱书楹联，云：“永团圆全福五星聚；春富贵双红百子图。”后柱亦书楹联，云：“莫虚作传奇演旧；须学他耀祖光宗。”

正厅中布满匾额，多为根据家谱重新制作。其中 5 块为旧匾真迹，书：“义重儒林”、“敬教劝学”、“画荻懿风”、“松筠俱贞”、“为国捐躯”。庭院两侧有厢廊（图 4-37）。

5. 武义县俞源村俞氏宗祠剧场

俞氏宗祠位于武义县俞源村内。明代洪武七年（1374 年），俞涞的四个儿子为父合建了俞涞祠，取名“孝思庵”。同时，购地百亩，作为祠产，取其收入，维持开支。明景泰三年（1452 年），孝思堂遭山寇劫掠，被焚毁。明嘉靖年间（1522 ~ 1566 年），俞氏家族达到鼎盛。于隆庆元年（1567 年），大兴土木，重建俞氏宗祠。隆庆二年，宰相严讷赠送“壬林堂”匾。清顺治十三年（1656 年），盗贼蜂起，宗祠前厅、戏台、东西厢房等遭毁。清嘉庆十六年（1811 年），复建宗祠。清道光二十年，修复二寝、二厢。

俞氏宗祠坐北朝南，前后三进院落，共 51 间，占地 3176 平方米（图 4-38）。宗祠大门前立旗杆，左右各五根（图 4-39、图 4-40）。门两侧竖抱鼓石。门板上书“事在人为，人定胜天”，应为 20 世纪 60 年代所书，具有鲜明的时代特征。第一进为门厅，五开间。第二进为正厅（图 4-41），正厅对面建戏台，东西有厢房，各三间（图 4-42）。第三进为享堂，面宽五间，东西两边有厢房，亦各三间。

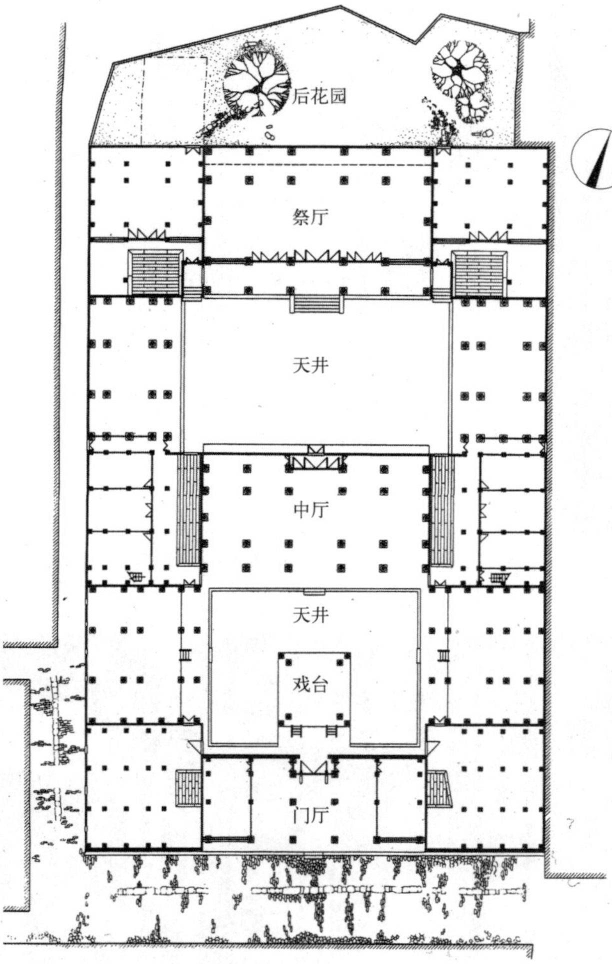

图 4-38　武义县俞源村俞氏宗祠戏台
摹自：李秋香主编，陈志华撰．宗祠．三联书店出版，2006 年，第 115 页。

图 4-39　武义县俞源村俞氏宗祠山门

图 4-40　武义县俞源村俞氏宗祠山门

图 4-41　武义县俞源村俞氏宗祠正厅

图 4-42　武义县俞源村俞氏宗祠从戏台上看侧廊

戏台坐南朝北，面对正厅，呈伸出式。前台面宽和进深均一间，单檐歇山顶(图 4-43)。隔扇上悬“碧云天”匾。上场门上悬“金声”匾，下场门上悬“玉振”之匾(图 4-44)。后柱上有楹联，云：“假笑啼中真面目；新声歌里旧衣冠”。檐柱有楹联，云：“水爱风流高格调；且看忠孝大文章”。顶部是八卦形藻井(图 4-45)，上下三层，均饰以彩画(图 4-46)，非常华丽。台柱的牛腿、雀替上俱雕鸟兽虫鱼，技艺精湛(图 4-47)。台后置两临时木梯，可到台面(图 4-48)。

图 4–43　武义县俞源村俞氏宗祠戏台

图 4–44　武义县俞源村俞氏宗祠戏台隔扇

图 4–45　武义县俞源村俞氏宗祠戏台藻井

图 4–46　武义县俞源村俞氏宗祠戏台天花壁画

图 4–47　武义县俞源村俞氏宗祠戏台牛腿

图 4–48　武义县俞源村俞氏宗祠戏台后侧

清代的俞氏家谱中也有有关演戏的记载，规定："每年春冬二场平安戏，由祠内开支。" 家谱中还有罚戏的记载，如"不可滥伐山林，凡未经族许，私自上山伐木者，视情节处以罚金演戏外，每砍一株罚植树百株"[1]。

1　转引自：俞初发编著．松楼笛韵——中国历史文化名村俞源史料选编，第 122 ~ 123 页，内部资料。

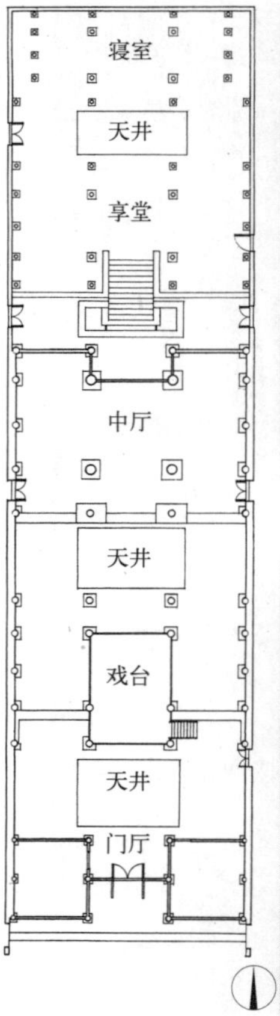

图 4–49　龙游县志棠乡后邵村东陵侯府平面图

摹自：李秋香主编，陈志华撰．宗祠．三联书店出版，2006 年，第 76 页。

图 4–50　龙游县志棠乡后邵村东陵侯府正厅

图 4–51　龙游县志棠乡后邵村东陵侯府山门

图 4–52　龙游县志棠乡后邵村东陵侯府戏台

图 4–53　龙游县志棠乡后邵村东陵侯府戏台后侧

图 4–54　龙游县志棠乡后邵村东陵侯府戏台梁架

图 4–55　龙游县志棠乡后邵村东陵侯府戏台斜撑

6. 龙游县志棠乡后邵村东陵侯府剧场

东陵侯府为志棠乡后邵村邵氏宗祠，又名“三和堂”，位于龙游县城北 24 公里处。东陵侯府坐北朝南，总平面呈长方形，中轴线对称布局，前后共五进，均为三开间（图 4–49、图 4–50）。正门两侧有抱鼓石，门上悬木匾，书“东陵侯”（图 4–51）。

戏台位于第二进的明间，前后均临一天井（图 4–52、图 4–53）。东西宽占一间，南北深占二间，均用粗大的圆木柱。台面高 1.37 米，东西宽 4.9 米，南北深 6.0 米。台面用 12 根短方木柱支撑，其中东西方向四排，南北方向三排，均施柱础。边柱有方形柱头，但无雕饰，柱头间插有很矮的栏杆。明间梁架用抬梁式（图 4–54），山墙面的梁架则采用穿斗式。月梁的梁头作雕饰，显得非常华丽。柱端施斜撑，斜撑上再施斗栱（图 4–55）。

图 4—56　宁海县龙宫村陈氏宗祠戏台

图 4—57　宁海县龙宫村陈氏宗祠戏台藻井

图 4—58　宁海县龙宫村陈氏宗祠戏台隔扇

图 4—59　宁海县龙宫村陈氏宗祠看楼

戏台东侧为厢房，额枋上留有题记，长约 120 厘米，宽约 30 厘米，用毛笔书："乾隆三十五年二月二日集秀班在此六叙，沈德文、童德华二人"，还有"嘉庆四年二月初乙，金邑三秀班到此一叙，好乐也，永砥题"等。可见，戏台的建造时间不应晚于清乾隆三十五年（1770 年）。这些题记也记载了婺剧昆腔的两个重要班社曾在此活动。旧时，每年二月二日为土地菩萨生日，在此演戏酬神。

7. 宁海县龙宫村陈氏宗祠剧场

陈氏宗祠位于深甽镇龙宫村村口。据《陈氏宗谱》记载："始祖陈忡良（1091 ~ 1153 年）于北宋末年由新昌平湖迁居龙宫村。"陈氏宗祠建于清初，周边环境优美，南临龙溪，北坐狮山。中轴线上从南至北依次为照壁、前天井、仪门、中天井、中厅、戏台、后天井、正厅。

戏台前台呈方形，面宽和进深均一间，单檐歇山顶（图 4—56）。台面下用短木柱支撑。檐柱为圆木通柱，鼓镜柱础。藻井呈圆形，上下 12 圈，每二圈一组，竖向由龙拱昂组成十六道，等距离向上延伸，呈降龙状，其中八条升至第六层连拱板，其余八条皆直达顶部明镜。明镜上彩绘阴阳太极图（图 4—57）。台中有隔扇，分隔前后台，两侧有上下场门（图 4—58）。戏台两侧有看楼，各三间，二层有木栏杆（图 4—59）。

8. 宁海县潘家岙村潘氏宗祠剧场

潘氏宗祠位于潘家岙村中。清乾隆四十九年（1784 年），由潘家兴、家思、家瑜等倡建，当时有三间享堂，一座戏台。清嘉庆十五年（1810 年），又加建前厅五间。民国 11 年（1922 年），宗长潘达品偕首事大修戏台、看楼。

戏台屋顶向正厅纵向延伸，呈两开间（图 4—60、图 4—61），采用双藻井的形式。台面呈方形，用短木柱支撑，面宽和进深均为单间，歇山顶，山花向前。俱用圆木柱，鼓镜柱础。台中有隔扇，区分前后台，中间匾额，书"半入云"，上下场门悬匾额，分别书"来兮"、"归去"。额枋上各置平身科四攒，枋下用龙凤雀替。台面上藻井呈圆形，小坐斗勾连成十六条降龙，汇合于中心。靠近正厅的藻井外围呈轩的形式，内外八边形，用小重翘小坐斗逐层升高，汇合于中心，坐斗之间，用镂空彩绘连栱板横向连接。

图 4-60 宁海县潘家岙村潘氏宗祠戏台及其两侧的看楼

图 4-61 宁海县潘家岙村潘氏宗祠戏台及其对面的正厅

图 4-62 衢州市北淤村兰氏宗祠山门

图 4-63 衢州市北淤村兰氏宗祠戏台

戏台两侧有看楼，上下二层，各三间，硬山顶。一层和二层前沿俱有栏杆。正厅面宽三间，进深三间。

9. 衢州市北淤村兰氏宗祠剧场

兰氏宗祠位于衢州市区西十三公里的航埠镇北淤村，为少数民族畲族兰姓祠堂。据明崇祯十五年（1642 年）《北川兰氏宗谱》载，兰氏宗祠始建于明崇祯十五年（1642 年）。此后，清嘉庆十七年（1812 年）曾经大修。民国时也有修缮。

兰氏宗祠坐北朝南，占地 550 平方米，有门厅、戏台、正厅、前院东西看楼、后厅、后院东西厢房，现保存完整。门厅三间，正面明间作重檐门楼，上书“大宗祠”，下书“汝南望族”（图 4-62）。

戏台（图 4-63、图 4-64）位于门厅北侧，和门厅勾连，前临一天井。台面宽 7.7 米，深 8.0 米。台面高 1.86 米，台面下为进入宗祠的通道。整个台面用 30 根短木柱支撑（图 4-65）。台顶有天花板，中间为八角形简易藻井（图 4-66）。天花板和藻井皆有彩绘，如“暗八仙”（葫芦、团扇、宝剑、莲花、花笼、鱼鼓、横笛、阴阳板）图案。枋额上有匾，书“韵叶阳春”。上下场门上额分别悬木匾，书“金声”、“玉振”眉匾。檐柱牛腿雕人物塑像，非常形象。额枋中间雕人物故事，富有装饰性（图 4-67）。台口两侧亦有精美的雕刻（图 4-68）。

戏台东柱上有一块用漆墨写的题壁：“浙江金华白度塘人氏，人名阿顺，亡在新关皇（王）庙，归址司房门口，死丧（葬）在樟树脚坟暮（墓），倘有贵班到此讨奉□□水饭一餐，合班清吉□光绪立，供奉，光绪十四年（1888 年）拾月初九日亡故。”这条题记是戏班为了悼念同行而写，其中有艺人的籍贯、人名、亡故和丧葬地点。

戏台两侧有厢房，供演员化妆用。东西两侧有看楼，各面宽三间 10.4 米，进深一间 2.3 米（图 4-69、图 4-70）。最南面的一间，位于台面的两侧。看楼二层楼面比台面高 0.62 米。看楼二层牛腿雕有吉祥动物等。

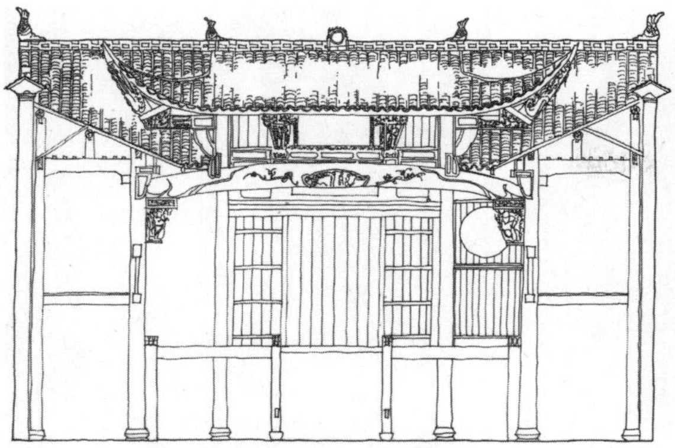

图 4–64　衢州市北淤村兰氏宗祠戏台立面图

摹自：中国戏曲志编委会 . 中国戏曲志 · 浙江卷 . 中国 ISBN 中心出版，1997 年，第 620 页。

图 4–65　衢州市北淤村兰氏宗祠戏台台基

图 4–66　衢州市北淤村兰氏宗祠戏台藻井

图 4–67　衢州市北淤村兰氏宗祠戏台雕刻

图 4–68　衢州市北淤村兰氏宗祠戏台雕刻

图 4–69　衢州市北淤村兰氏宗祠看楼

图 4–70　衢州市北淤村兰氏宗祠看楼内部

图 4–71　新昌县溪西村何氏祠堂戏台外观

图 4–72　新昌县溪西村何氏祠堂戏台台面后木楼梯

图 4–73　新昌县溪西村何氏祠堂戏台牛腿

图 4–74　宁海县加爵科村林氏宗祠仪门

正厅三间。后厅亦三间，明间供神龛。兰氏宗祠是畲族祠堂，但其空间布局与汉族祠堂已没有大的区别，惟其木雕装饰的内容有明显的民族特征。

10. 新昌县溪西村何氏祠堂剧场

何氏祠堂位于镜岭镇溪西村。据《溪西何氏宗谱》记载，约建于清咸丰年间（1851 ~ 1861 年）。

何氏祠堂坐北朝南，前后二进，占地面积 650 平方米。中轴线上有照壁（已毁）、门厅、戏台、正厅。门厅面宽三间，檐柱牛腿透雕倒挂狮子。正厅面宽五间 20.60 米，进深 10.00 米，五架抬梁结构。正厅檐柱牛腿雕瑞兽和人物故事等。

戏台坐南朝北，后檐和门厅勾连。面宽和进深均为单间，单檐歇山顶（图 4–71）。四角均为石柱，方凳柱础。台后侧有木楼梯可达地面（图 4–72）。前檐柱有两副牛腿，雕刻为古代服饰人物，手执宝瓶、如意等器物，含有吉祥如意的寓意。柱上施额枋。台内施八卦藻井，菱角牙子层层叠叠，顶部中心有明镜（图 4–73）。

戏台两侧有看楼，上下两层。戏台对面为正厅。

11. 宁海县加爵科村林氏宗祠剧场

林氏宗祠位于强蛟镇加爵科村。加爵科村林氏于南宋嘉定年间（1208 ~ 1224 年）从杭州仁和里迁到这里。宗祠创建年代无考，现存建筑建于清道光年间，由仪门、戏台、看楼、正厅组成。仪门面宽五间，单檐歇山顶（图 4–74）。

图 4-75　宁海县加爵科村林氏宗祠戏台

图 4-76　宁海县加爵科村林氏宗祠戏台隔扇

图 4-77　宁海县加爵科村林氏宗祠戏台雀替

图 4-78　宁海县加爵科村林氏宗祠戏台藻井

图 4-79　宁海县加爵科村林氏宗祠看楼

戏台前台面宽 5.30 米，进深 4.75 米，单檐歇山顶。台面高 1.30 米（图 4-75）。前台后侧有隔扇。前台后檐（即隔扇）额枋上悬匾，书“今古奇观”（图 4-76）。圆木柱，鼓镜柱础。额枋在柱头相交，枋头不作修饰。枋下雀替雕吉祥人物图案（图 4-77）。三面额枋上均铺平板枋，各施平身科三攒。台柱上书楹联，云：“事异忠奸，看人心各判；报分善恶，知天道无差”，上款为“道光戊戌桂月”，落款为“秉可、有道、德风同立”。藻井呈三层，第一层呈八角形，红底板，不作雕饰，其上四周绕竖向轩形木条；第二层也呈八角形，井口刻连枝花卉，井壁呈八角弧形，转角间饰斗栱八攒，俱九踩五跳，层层上挑，其中第三跳以花结代替华栱；第三层为圆形，四周环绕透雕花板，井口内均用葵花盘花结与下层华栱相接。井顶平铺木板，正中雕“团寿图”，周围绕以透雕五蝠，意为“五福捧寿”（图 4-78）。

两侧看楼各三间，单檐歇山顶，一层有石栏板，二层为木栏杆（图 4-79）。

12. 宁海县大蔡村胡氏宗祠剧场

胡氏宗祠位于深甽镇大蔡村（原名“象原村”）。胡氏宗祠始建于南宋，后几经兴废。嘉庆十四年（1809 年）选址新建“追远堂”，嘉庆十六年完工。宗祠坐南朝北，沿中轴线依次为照壁、前天井、仪门、戏台、后天井、正厅。照壁上刻有“帝王钦望”四字。仪门面宽五间，设三门，单檐硬山顶（图 4–80）。正厅面宽五间，单檐硬山顶（图 4–81）。

戏台屋顶向正厅纵向延伸，呈两开间（图 4–82、图 4–83），采用双藻井的形式。台面呈方形，面宽一间 4.8 米，进深一间 5.8 米。台面四周无栏杆，台中有隔扇。前柱上有楹联，书：“明眼人直视观我；慧心人可当读书。”台面用短木柱支撑。角柱则用通柱，鼓镜柱础。台后有木楼梯可达地面（图 4–84）。角科为如意形（图 4–85）。藻井用异形小坐斗设栱昂相承托，异形栱昂组合成螺旋形，共十六条，翘昂逐级相连，刻成龙凤状，在井内口层层收缩，逐层升高，用连栱板联络。其中八条升至顶端，汇合于明镜，其余八条则只升到中部（图 4–86）。靠近正厅的藻井则呈八角形，汇合于明镜，两侧设小轩棚（图 4–87）。

天井两侧有看楼，上下两层，面宽三间，单檐硬山顶（图 4–88、图 4–89）。

《象原风俗记 · 岁令》载：“正初迎神于祖庙，张灯演剧，自初五夜起，至初九夜乃熄。”

13. 宁海县马岙村俞氏宗祠剧场

俞氏宗祠位于宁海县深甽镇马岙村。据传，马岙村俞氏在五代后周显德四年（957 年），由五峰俞氏的支派迁入此地。俞氏宗祠创建于明万历八年（1580 年）。清顺治五年（1648 年），因族人俞抒素领导“白头翁”反清起义，宗祠被清兵烧毁。康熙九年（1670 年），在原址上重建。宣统二年（1910 年），又遭火灾被毁。民国元年（1911 年），族人推俞民承为经理筹款重建。戏台亦建于民国元年。

宗祠坐南朝北，中轴线上从南到北依次有照壁、仪门、戏台、正厅（图 4–90），两侧有看楼。仪门面宽五间，门上绘有彩色门神。正厅面宽三间，硬山顶，抬梁穿斗式。

图 4–80　宁海县大蔡村胡氏宗祠仪门

图 4–81　宁海县大蔡村胡氏宗祠正厅及其庭院

图 4–82　宁海县大蔡村胡氏宗祠戏台

图 4–83　宁海县大蔡村胡氏宗祠戏台

图 4-84　宁海县大蔡村胡氏宗祠戏台后侧的台阶

图 4-85　宁海县大蔡村胡氏宗祠戏台斗栱

图 4-86　宁海县大蔡村胡氏宗祠主台藻井

图 4-87　宁海县大蔡村胡氏宗祠主台前侧的藻井

图 4-88　宁海县大蔡村胡氏宗祠看楼

图 4-89　宁海县大蔡村胡氏宗祠看楼内部

图 4-90　宁海县马岙村俞氏宗祠剧场

图 4-91　宁海县马岙村俞氏宗祠戏台

图 4–92　宁海县马岙村俞氏宗祠戏台后侧的台阶

图 4–93　宁海县马岙村俞氏宗祠戏台栏杆装饰

图 4–94　宁海县马岙村俞氏宗祠藻井

图 4–95　宁海县马岙村俞氏宗祠看楼

图 4–96　宁海县岙胡村胡氏宗祠剧场

图 4–97　宁海县岙胡村胡氏宗祠戏台

戏台面宽一间 4.7 米，进深亦一间 4.6 米，单檐歇山顶，无脊饰（图 4–91）。四角为圆木通柱，鼓镜柱础。台面后侧有木楼梯（图 4–92）。台面呈方形，用短木柱支撑。台沿有木栏杆。栏杆中雕人物故事图案，形象逼真（图 4–93）。藻井（图 4–94）由异形拱昂组合呈十六条旋涡螺旋上升，汇合于明镜，极富动感，非常优美。每条底部设一龙首，龙首之下雕一狮子代替小坐斗，上面由十三个假昂组成。藻井中共有 208 只昂和 16 只龙首。井口雕有一周蝙蝠，寓意为“福”。庭院两侧有看楼，上下两层，每层各四间，二层施栏板（图 4–95）。

14. 宁海县岙胡村胡氏宗祠剧场

胡氏宗祠，又名“积庆堂”，位于梅林街道岙胡村。清嘉庆二年（1797 年），邑庠生胡元实（1729 ~ 1812 年）建，当时前厅较为简陋。咸丰四年（1854 年），以胡寅阶为首事，由族内各房捐助，将前厅三间平屋改建成五间楼房。民国初期（20 世纪 20 年代），改造戏台和勾连廊，并增设三连贯藻井。

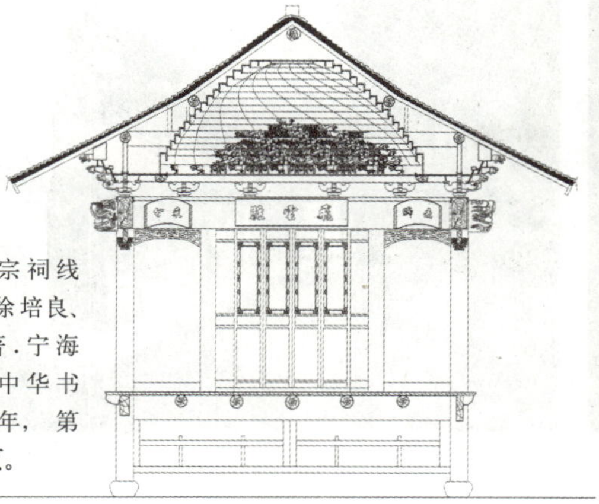

胡氏宗祠线图引自：徐培良、应可军著．宁海古戏台．中华书局，2007年，第44～45页。

图 4–98　宁海县岙胡村胡氏宗祠戏台剖面图

图 4–99　宁海县岙胡村胡氏宗祠戏台牛腿

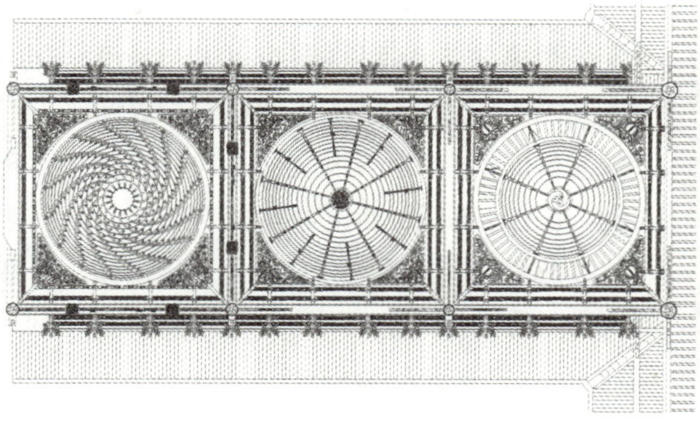

图 4–100　宁海县岙胡村胡氏宗祠戏台藻井仰视图

图 4–101　宁海县岙胡村胡氏宗祠戏台台面上藻井

图 4–102　宁海县岙胡村胡氏宗祠戏台第二个藻井

图 4–103　宁海县岙胡村胡氏宗祠戏台第三个藻井

胡氏宗祠朝西偏北，中轴线上依次为仪门、戏台、正厅。仪门面宽七间，单檐硬山顶。正厅面宽五间，单檐硬山顶。

戏台贯通正厅和仪门，呈纵向三开间的形式，形式别致（图 4–96、图 4–97）。台面面宽和进深均为单间，俱 4.85 米（图 4–98）。圆木柱支撑，鼓镜柱础。牛腿雕花卉和人物（图 4–99）。檐柱刻楹联，云：“一方平台，演尽古今风流；数尺之基，走遍天南海北。”台中槅扇中间书：“飞云驻”，上下场门分别书“来凤”、“去跸”。额枋、梁架上绘有彩画，非常华丽。台两侧有七级台阶，可达台面。

纵向的三开间均有藻井，呈三连贯式藻井（图 4–100）。台面上藻井为螺旋式（图 4–101），以十六个龙头状坐斗向上重叠，龙尾归结于井顶圆形明镜，有蛟龙腾海之势，动感很强，也非常华丽。井壁连栱板上雕刻水草花纹，清晰可辨，体现了“藻由水生，水能灭火”的寓意。第二个藻井（图 4–102）呈八卦盘香式，以八龙、八凤形坐斗逐层升起，凤尾停在第八道连栱板上，龙尾则汇合于井顶的圆

图 4-104　宁海县岙胡村胡氏宗祠看楼

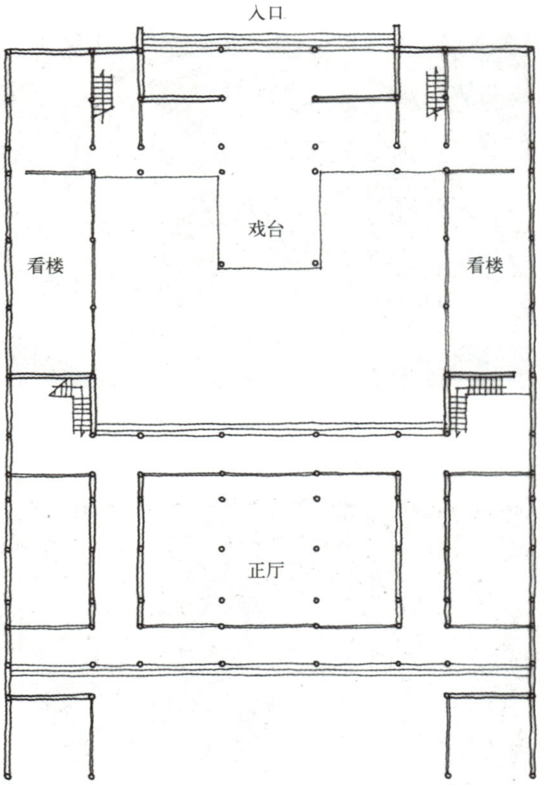

图 4-105　宁波市天一阁秦氏支祠平面图

图 4-106　宁波市天一阁秦氏支祠戏台

形明镜中。镜中彩绘一条盘龙，意指龙生九子。第三个藻井亦呈圆形（图 4-103），外沿绘有如意花鸟图案，非常细腻。井口分内外两道。下层呈轩的形式，上层则是八个鱼状坐斗逐层升起，汇合于明镜，明镜中彩绘双鱼。

庭院两侧有看楼，各三间，硬山顶，二层突出，前侧有栏杆（图 4-104）。

15. 宁波市天一阁秦氏支祠剧场

秦氏支祠建于民国十二年到十四年（1923 ~ 1925 年），由秦氏后裔秦君安出资修建，耗银元二十余万。宗祠坐北朝南，由照墙、门厅、戏台、正厅、后厅、左右厢房等组成（图 4-105），占地面积 2000 平方米。第一进门厅面宽七间，穿斗式，重檐硬山顶。门厅内接戏台。第二进正厅，面宽七间，重檐硬山顶，明间为抬梁式，其余各间均为穿斗式。第三进为后厅，面宽七间，重檐硬山顶，明间为五架梁抬梁结构，其余各间为穿斗式，梁枋上雕刻各种花鸟、人物等。

戏台伸出于庭院中，面宽单间 6.1 米，进深 5.9 米，单檐歇山顶（图 4-106）。檐柱为铁柱，直径 12 厘米，显得轻巧灵活。台内有藻井，由十六个盘旋而上的斗栱昂嘴拼接而成，每个斗栱都雕成如意形状，盘旋而上，汇合于穹窿顶中间的“明镜”。檐枋、斗栱、隔扇等的装饰均非常精美，集雕刻、金饰、油漆于一体，流光溢彩，熠熠生辉。戏台后侧二层用作戏房，作为演员化妆、休息之处。庭院两侧有看楼。

秦氏支祠装饰非常精美，其朱金木雕、石雕、砖雕和贴金等工艺甚为精湛。雕饰的具体内容

图 4–107　奉化市溪口镇蒋氏宗祠戏台

图 4–108　奉化市溪口镇蒋氏宗祠戏台藻井

既有龙凤呈祥、喜鹊登梅、渔樵耕读等吉祥图案，也有岳飞传、三国演义中的人物故事。特别是梁柱、雀替、额枋、美人靠等多采用浮雕或透雕手法，并借助线刻造型和浮凸的块面，饰以大漆，贴以金箔，取得金碧辉煌之效果。

16. 奉化市溪口镇蒋氏宗祠剧场

蒋氏宗祠又名“报本堂”、“永思堂”，在溪口镇下街，创建时间不详。清康熙五十五年（1716 年）曾进行一次大修。民国十九年（1930 年），蒋介石（1887 ~ 1975 年）扩建祠堂，并题写匾额“忠孝传家”。

蒋氏宗祠坐北朝南，面临剡溪，占地 3000 余平方米。祠堂门厅前有天井，天井中有戏台。戏台和门厅勾连而建，正对正厅。

戏台面宽和进深均为一间，单檐歇山顶（图 4–107）。前檐柱为石柱，扁鼓镜柱础。檐柱上悬楹联，云：“好文章祗此人情物理；名将相无非孝子贤孙。”柱顶承额枋，额枋上施斗栱。额枋下有花芽雀替。台沿设矮栏杆，并施望柱。台内顶部有藻井，呈八角形（图 4–108）。屋顶雕有骑马战士等。

戏台两侧有看楼，各三间。戏台对面是正厅，立蒋氏祖先牌位。正厅正中高悬“永思堂”之匾。

第三节　安徽清代祠堂剧场

一、安徽明清祠堂演剧

安徽传统祠堂演剧始于何时，现已很难考证。但明中叶后，家族演戏活动十分活跃。休宁县茗州吴氏在明万历二年（1574 年）《家典记》“戒靡费”中提道：“吾族喜搬演戏文，不免时届举赢，诚为糜费。”[1] 大概是由于家族演戏活动频繁，以至于耗费太大，不得不用家规加以制约。同时，似乎也可以说明演戏活动呈现出宗族化的特点。

家族演戏多和祈福有关。民国 21 年（1932 年）祁门县环砂村陈氏家族在演戏前，聚集商议，立下文书：

> 我族自民国开基以来，于兹念戴大局变迁，散财源而村风落薄，损壮丁而户口寥稀，见此情形，不忍坐视，观斯现象，谁不寒心，于是欲挽回运地之兴隆，莫如功德，人丁繁衍，特发善良。兹经合族人等告许目连一台，公议择期开演，此宗善愿，费用当先，此种良因，人力是赖，要皆籍众志以成城，持众掌而易举，公同筹款，集千狐可以成裘，四股醵资，聚多数由于少积，人人鼎力，个个倾心[2]。

1　休宁明万历十九年（1591 年）抄本《茗州吴氏家记》，转引自：田仲一成（日）. 明清的戏曲 . 北京广播学院出版社，2004 年，第 39 页。
2　陈琪，祁门县环砂村最后一次目连戏演出过程概述，徽学，2000 卷。

其中提到“散财源而村风落薄，损壮丁而户口廖稀”，因此希望通过演戏，使得“挽回运地之兴隆”。

值得寻味的是，罚戏是明清家族管理中常用的处罚手段，从侧面反映了演戏之活跃。歙县大程村乾隆四年（1739年）抄本《（歙）受祉堂大程村支谱》“公捐祠归条禁”中提到：“堆贮物件，纵放猪牛，作践宗祠社房者，罚戏一本。”[1] 祁门县塔坊乡和田村黄氏家族乾隆三十二年（1767年）禁立坟山合约中提到：“纵火烧松杉桩脑，如违罚戏一台。”[2] 石台县占大镇联盟村乾隆五十二年（1787年）罚戏碑中提到：“窝藏交结花子者，查出罚戏两部。”[3] 祁门县彭龙乡环沙村叙伦堂嘉庆二年（1797年）石碑中提到：“纵火烧山者，罚戏一台。”[4] 祁门县新安乡叶源村聚福堂嘉庆十八年（1813年）石碑中提到：“丑内毋许私买入境，违者罚戏一部。”[5] 祁门县新安村“聚福堂”嘉庆十八年（1813年）“永禁碑”中提到：“坟林水口庇木毋许砍斫，违者罚戏一部。”[6] 祁门县渚口乡滩下村道光十八年（1838年）石碑中提到：“毋许入山，以防弊卖偷窃，如违，罚戏一台。”[7] 宣城市水东乡小胡村戏台民国五年（1916年）石碑中提到：“戏楼上下不准堆积柴草、树木等项，违者罚大戏一本。”[8] 上述碑文或家谱中提到罚戏的原因很多，有的是禁止砍伐，有的是禁止在祠堂堆放杂物，等等。这种罚戏的乡规民约，增多了演剧的机会，反映了徽州群众对戏剧的特别嗜好。“罚戏”的效果也很好，通过演戏，谁违背了乡规民约就得到最大范围的示众。从这些偏僻山区村落的罚戏中也不难看出，当时的宗族演剧活动非常普遍。这些罚戏多在祠堂中进行，大量的祠堂剧场建筑随之涌现。

二、安徽清代祠堂剧场

1. 宣城市小胡村剧场

小胡村戏台原位于村中胡氏祠堂中，现祠堂已毁，仅存戏台。戏台采用前后勾连式。前台三面敞开，面宽三间，单檐歇山顶（图4-109）。明间为主要表演区，次间采用披檐的形式。后台面宽三间，硬山顶。台顶右方形藻井（图4-110）。前檐斜撑雕成倒挂狮子状（图4-111）。额枋中间雕戏剧故事（图4-112）。

戏台台基前侧有民国五年（1916年）石碑一通，提道：

图4-109　宣城市小胡村胡氏宗祠戏台外观

图4-110　宣城市小胡村胡氏宗祠戏台藻井

1　田仲一成（日）. 明清的戏曲 . 北京广播学院出版社，2004年，第70页。
2　陈琪，古徽州民间“罚戏护林”习俗，安徽林业，2006年第4期。
3　《池州日报》2005年8月30日。
4　朱万曙，明清两代徽州的演剧活动及其与区域文化的互动关系，戏曲 · 民俗 · 徽文化论集，安徽大学出版社，2004年，第124页。
5　作者2006年12月实地调研时抄录。
6　作者2006年12月实地调研时抄录。
7　陈琪，古徽州民间“罚戏护林”习俗，安徽林业，2006年第4期。
8　作者2006年11月实地调研时抄录。

图 4–111　宣城市小胡村胡氏宗祠戏台牛腿雕刻

盖村之有戏楼，犹龙之有云雨也。龙有云，可以凌霄□，荡江河。村有楼，亦可为阻风水、接龙脉之故耳。惟我村之戏楼，创自土民之手，延接前清光绪末年，朽坏不堪，狼狈已极，业经土客同议，合力修整采料，不料艺人得此误工，未及告竣而庆。故未数年，毁败如前，土客见此景况，又爰合□力，集□财，众姓乐输不吝，资财重修斯楼，以壮地灵人杰之观。今当告竣之日，众托余述，并将乐输众姓之名勒之于石，以垂不朽，云□□，并附禁□于后。一、戏楼上下不准堆积柴草、树木等项，违者罚大戏一本，酒五席；二、楼下四周墙角不准栓牛、堆粪，小儿扔石打瓦，违者罚大戏一本，酒五席；三、剧场四围以内不许堆积瓦砾、污染之物，违者罚款如前。[1]

碑文提到："盖村之有戏楼，犹龙之有云雨也。"足见戏台之重要性。

图 4–112　宣城市小胡村胡氏宗祠戏台额枋雕刻

2. 泾县金溪村胡氏祠堂剧场

清代胡姓聚居的西阳乡金溪村和西阳村均建有胡姓祠堂，祠堂内建有戏台。非常遗憾的是，作者 2006 年 11 月去实地调查时，西阳村的戏台已经不存，仅存金溪村戏台。金溪村戏台精美华丽，有很高的保护价值。

据《径川西阳胡氏家乘》记载，金溪村戏台始建于清咸丰五年（1855 年）。平面呈"凸"字形，三面伸出，观众可以从三面观看演出。台基高 2 米，通面宽 12.5 米，台深 10 米，重檐歇山顶（图 4–113 ~图 4–117）。台面中间用木隔扇区分为前后台，表演区进深 5.3 米，约占总深的二分之一。木隔扇正中为一个大"福"字，上方悬匾。从屋顶平面看，正脊分三层，层层向前推移，因此形成正立面上的三层屋檐。正脊饰以鸱吻，六个翘角分三层起翘，飞檐斗栱，造型别致。

这座戏台装饰非常华丽，几乎所有的露明的构件，如梁架、斜撑、柱、梁、枋、檩、屏门、隔板、童柱等，均有精细的木雕戏文图案，引人入胜（图 4–118 ~图 4–120）。天花有穹窿藻井，九层斗栱层层收拢，非常精致（图 4–121）。

金溪村戏台木板隔扇背面有部分题记，如"光绪二十一年三月二十六日上元班寅时破台"，"要认真唱"，"不认真，罚戏三本"，及"吴正乔在此一乐也"等。从这些题记中可以得知，当时演出的主要

1　作者 2006 年 11 月 27 日抄录。

图 4–113　泾县金溪村胡氏祠堂戏台外观

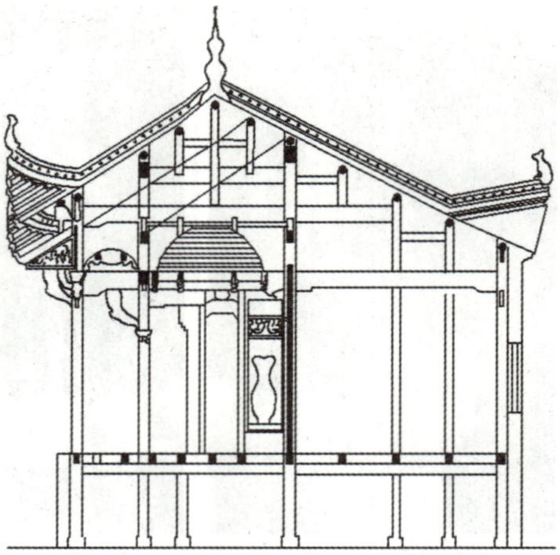

图 4–114　泾县金溪村胡氏祠堂戏台剖面

金溪村戏台线图摹自：翟光逵，泾川西阳万年台，古建园林技术，1998 年第 1 期。

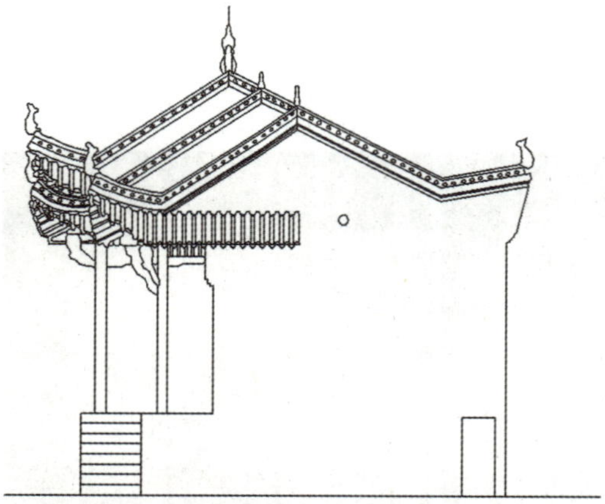

图 4–115　泾县金溪村胡氏祠堂戏台侧立面

图 4–116　泾县金溪村胡氏祠堂戏台正立面

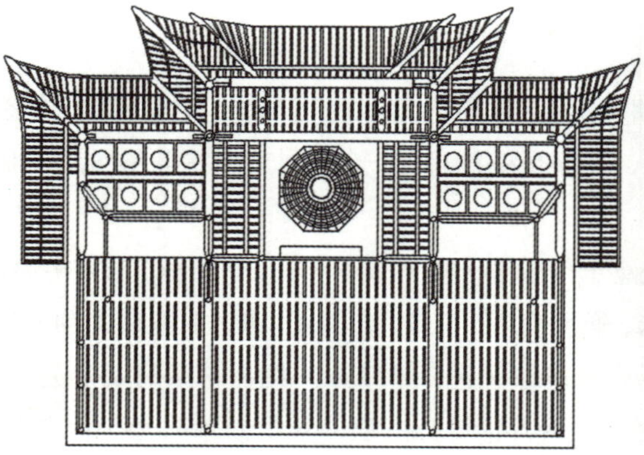

图 4–117　泾县金溪村胡氏祠堂戏台仰视图

图 4–118　泾县金溪村胡氏祠堂戏台额枋雕刻

图 4–119　泾县金溪村胡氏祠堂戏台雕刻

图 4–120　泾县金溪村胡氏祠堂戏台斜撑雕刻

剧目有《大保国》、《渭水河》、《落马湖》、《龙虎斗》、《采石矶》、《百寿图》、《双尽忠》、《卖胭脂》等[1]。

图 4–121　泾县金溪村胡氏祠堂戏台藻井

旧时每年农历三月十六日（据传为赵公明诞辰日），全族都会唱戏以示庆祝。有时从三月初一一直演到二十日，长达二十天，热闹非凡。胡姓居住的十二甲每年轮流负责组织演戏活动。金溪村胡姓人多，大概每三年负责组织一次演戏。演戏的场所就是这座剧场。其他支系，则多在原来的西阳剧场演出。

1　作者调研时题记已模糊不清，相关内容引自文献：中国戏曲志编辑委员会．中国戏曲志·安徽卷．中国 ISBN 出版中心，1993 年，第 523 页。

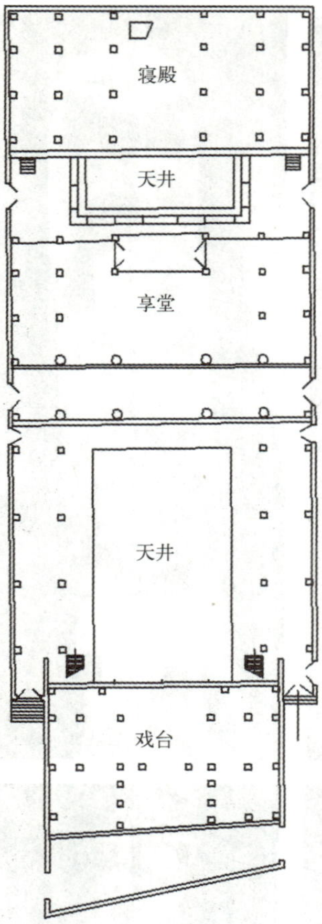

图 4-122　祁门县珠林村余庆堂平面图

摹自：姚光钰，浅析祁门古戏台——会源堂建筑布局，古建园林技术，2005 年第 4 期。

图 4-123　祁门县珠林村余庆堂剧场

图 4-124　祁门县珠林村余庆堂享厅

3. 祁门县珠林村余庆堂剧场

祁门县位于安徽南端，与江西景德镇毗邻，现存的传统剧场共 11 处[1]。余庆堂剧场位于新安乡珠林村赵氏家族的祠堂余庆堂内。珠林村赵氏一世祖的名字为“友善”，因有“积善之家，必有馀庆”之说，故将祠堂命名为“余庆堂”。珠林村四面环山，龙溪河绕村而过，环境优美。余庆堂位于村落的中心，建于清代末期。祠堂坐西朝东，前后三进，中轴线上前为戏台，中为享堂，后为寝堂，总占地面积为 504 平方米，其中戏台占地面积 98 平方米（图 4-122、图 4-123、图 4-124）。宗祠东面有正门，南北两边的中间享堂部位各有一道边门。

戏台位于宗祠东面主要入口的上面，坐东朝西，与享堂相对。戏台（图 4-125、图 4-126）面宽五间，卷棚歇山顶，结构采用穿斗式。明间脊檩施于檐柱和中柱所承梁的两童柱上，次间脊檩安于中柱之上，梢间脊檩又安于中柱和后檐柱所承梁的童柱上，这样，明间、次间、梢间的正脊前后错开，高低错落，使得屋顶富有变化（图 4-127）。明间和次间外檐斗栱仅起装饰作用，明间出五挑，次间出四挑。木制隔扇区分前、后台，隔扇设“出将”、“入相”二门。前台又分正台和副台，正台为演员表演之处，副台为乐队、锣鼓伴奏所用。台面高 2 米，台下用 32 根短木柱支撑，台面上铺木地板，前沿有低矮的栏板，装饰精美。值得一提的是，栏板的设置主要是为演员的安全考虑，但又不能太高，否则影响观众的视线，因而，设计者将明间栏板高度设计为 0.2 米，而梢间是乐队伴奏空间，不涉及视线问题，所以梢间的栏板逐渐变高，其设计可谓巧妙。

1　其中新安乡 8 处，分别是珠林村“余庆堂戏台”、叶源村“聚福堂戏台”、上汪村“叙伦堂戏台”、李坑村“大本堂戏台”、长滩村“和顺堂戏台”、良禾仓村“顺本堂戏台”、洪家“敦化堂戏台”、新安的“新安戏台”；闪里镇 3 处，分别是坑口村“会源堂戏台”、磻村“敦典堂戏台”和“嘉会堂戏台”。2004 年，这 11 座戏台以“祁门古戏台群”被公布为省级重点文物保护单位。2006 年，珠林村“余庆堂古戏台”、坑口村“会源堂古戏台”、磻村“敦典堂古戏台”和“嘉会堂古戏台”又被国务院公布为第六批全国重点文物保护单位。

图 4-125　祁门县珠林村余庆堂戏台

图 4-126　祁门县珠林村余庆堂戏台

图 4-127　祁门县珠林村余庆堂戏台梁架

图 4-128　祁门县珠林村余庆堂戏台藻井

戏台的装饰非常精致，额枋、雀替、月梁、博风板、台沿上面均镂雕有精巧的戏剧人物、花鸟、动物等（图 4-128 ~图 4-130）。可惜这些精美木雕在“文革”中遭到一定的破坏，人物面部被削平。台中顶部有穹隆天花藻井，分成上、下两部分，下面部分四周均匀布置 32 根“S”形木筋，上面部分均匀布置 24 根“S”形木筋，上部的木筋端头层层里收，汇聚于井顶。最上一层中间为八卦图案，装饰性较强（图 4-131）。台中隔扇柱上刻有楹联，云：“太

图 4-129　祁门县珠林村余庆堂戏台明间雕刻

图 4-130　祁门县珠林村余庆堂戏台次间雕刻

图 4–131　祁门县珠林村余庆堂戏台台沿雕刻

图 4–132　祁门县珠林村余庆堂戏台看楼

图 4–133　祁门县珠林村余庆堂戏台看楼雕刻

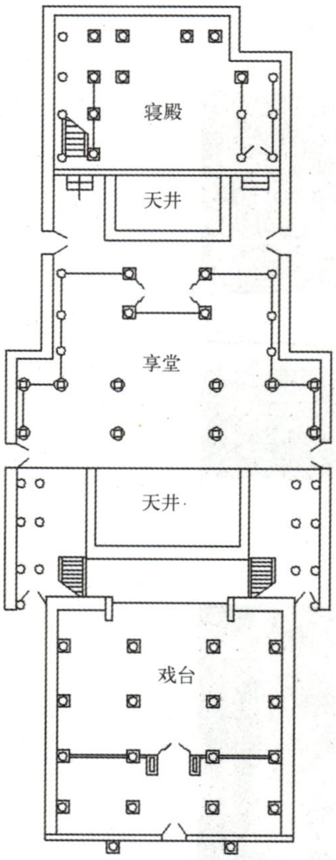

图 4–134　祁门县坑口村会源堂平面图

摹自：姚光钰。浅析祁门古戏台——会源堂建筑布局。古建园林技术，2005 年第 4 期。

平调调好龙箫韵，天有歌歌谐凤响音。”左右小间有“和合二仙”的壁画，画前配有花瓶形装饰门。

戏台上有丰富的题壁，如“光绪十年十月二十日进门乐也，新同广理”；“光绪二十五年九月初三日□□也，黄邑同光班，□□松箱，夜丑□本《赶子图》”；“光绪二十六年栗里复兴班又二十二日到此乐也，目连肆彩班□合旺新同兴班”；“光绪二十九年□望月进门，《天泉配》”；“合义班民国 7 年”；“秋浦郑同福班，民国 16 年小阳月进门，《解宝》、《逼生》、《看女》、《十八扯》，夜《芦口河》、《黄鹤楼》、《长河打刀》，十一日《乾坤带》、二十六日《跑城》、《走广》，夜《青宫册》、《章台》、《三司》、《开店》”等。

两侧看楼左右对称，上下两层，面宽三间，外檐各立有两根方形石柱（图 4–132）。二层的栏板上均有彩画，梁上的木雕也非常精致（图 4–133）。

戏台上最早的题壁为光绪十年（1884 年），可见建造时间不晚于光绪年间。同时，余庆堂的建筑特点体现了晚清风格，推知其建筑年代当在同治末年或光绪初年。

4. 祁门县坑口村会源堂剧场

坑口村，古名“竹溪”，又名“竹源”。“会源堂”位于村落东面，为村中陈氏宗祠，坐北朝南，背山面水。会源堂始建于明万历十五年（1587 年），后由陈枝山兄弟重建，享堂为民国 11 年（1922 年）重建。

会源堂中轴线上从南到北依次为戏台、前天井、享堂、后天井、寝堂，两侧有厢房，总面积 600 平方米（图 4–134、图 4–135）。祠堂前面（即祠堂南墙）不设大门，可谓独特。第一进两侧各有一道耳门，西耳门的门楣上书有“水源”（图 4–136），东耳门的门楣书有“木本”，取“水有源，木有根，人之于祖亦然”之意。祠堂正面靠近文闪河，沿河有一条通往邻村潘村的石板古道，古道正好穿过祠堂的前院，两边各有一道半圆门洞，西门洞的门楣上书“竹源古里”，东门洞的门楣上书“颍川世族”。

戏台（图 4−137、图 4−138）坐南朝北，面宽 9.3 米，进深 10 米，面向天井，和享堂相对。台面高 1.7 米，台基用砖石围砌，短木柱支撑台板。明间结构为抬梁式，山墙面结构为穿斗式。木制隔扇区分前、后台（图 4−139、图 4−140）。前台明间为演出区，两侧各有一间小厢房，均有花瓶式的景门，是乐队伴奏之处。后台两侧亦各有小厢房，为男女化妆间。台基前沿考虑到演员的安全，设有石雕栏板。戏台正中央顶部有穹形藻井，分上、下两部分，均匀分布 30 根“S”

图 4−135　祁门县坑口村会源堂正厅

图 4−136　祁门县坑口村会源堂剧场侧入开口

图 4−137　祁门县坑口村会源堂戏台及其两侧的看楼

图 4−138　祁门县坑口村会源堂台面

图 4−139　祁门县坑口村会源堂戏台上下场门

图 4–140　祁门县坑口村会源堂戏台的后台

图 4–141　祁门县坑口村会源堂戏台藻井

图 4–142　祁门县坑口村会源堂戏台雕刻

图 4–143　祁门县坑口村会源堂戏台额枋雕刻

图 4–144　祁门县坑口村会源堂看楼

形木筋，井顶是莲花结（图 4–141）。前檐雕刻有各种戏曲人物和吉祥图案，非常精致，栩栩如生（图 4–142）。戏台后壁（祠堂的正面外墙）上部开有四樘漏空的砖制景窗。

前天井用青石板铺地。天井两侧设看楼（图 4–143），上下面宽均为三间，采用半敞开的形式，前檐柱为方形石柱。看楼栏杆正立面饰有各种木雕（图 4–144）。两侧看楼均有楼梯和戏台相连（图 4–145）。

图 4–145　祁门县坑口村会源堂剧场两侧看楼的雕刻

图 4–146　祁门县磻村敦典堂剧场

图 4–147　祁门县磻村敦典堂剧场

戏台四周有丰富的戏班题壁，时间上自咸丰三年（1853 年），下至1986 年，戏班有皖赣两省的彩庆班、和春班、四喜班、同乐班等，是研究戏曲史的重要史料。[1]

5. 祁门县磻村敦典堂剧场

磻村地处安徽和江西交界处，村庄三面被河水环抱。“敦典堂”为村中陈氏宗祠，与坑口陈姓同属一宗。这个只有两三百人的小山村，竟有两座戏台，其中一座是“嘉会堂戏台”，另一座是“敦典堂戏台”。

敦典堂祠堂（图 4–146、图 4–147）坐北朝南，由门厅、戏台、享堂、寝楼和两侧的廊庑组成，总面积 340 平方米，其中戏台占地面积 86 平方米。祠堂开有七道门，一道正门，二道耳门，四道边门，疏散方便。正门三开间，在中轴线上，门前有一对抱鼓石和一道木栅栏门，两侧各有一道耳门。进门则为活动式戏台，即如遇有重大活动，可拆去台板，打开祠堂正门。戏台两侧台面用活动短柱支撑，关闭大门，装上台板，就是一座完整的戏台。

1　题壁的具体内容有：“光绪六年九日彩广班到此”；“光绪五年九月初二长春班到此一乐，开台，《天河配》、《战马超》、《寻□□》”；“同治二十年九月十九日，祁栗里班到此一乐也”；“同治十二年彩庆班到此”；“咸丰三年四月二十二日，德庆班《大辞店》，二十八日《送姑娘看灯》、《二堂罚戏》、《莲子卖身》、《会兄》、《三家店》”；“丙辰年二月二十一日，春一班”；“光绪五年五月十二日，四喜班进门，《纷河雁》，潜邑，宋桂珍”；“喜庆班，五月十二日到此一乐，十二日夜《珍珠塔》，十三日《马金记》，夜《长□记》，十四日《罗裙记》、《西厢记》”；“辛丑三年五月二十三日鄱邑，□□《天仙配》、《李广擢员》、《空城计》、《三司大审》、《太白风》、《□□□》、《逼主》，二十四日《罗裙记》、《起舞》，二十五日《文王上□》、《太白登仙》、《大战长沙》、《鲁纲夺母》《莫台登坟》、《白玉带》、《藏相王》、《火棍》、《打棍片箱》、二十六日《梦里□□》、《花园得子》、《和谷跑楼》、《九龙骨》、《李七管庆》、《辕门射戟》”；光绪二年闰五月初八日鄱邑老双红班，至此乐也，进门，《天仙配》、《罗裙记》、《打莲蓬》、《战马超》、《劝细姑》、《蓝桥会》、《卖长女》、《父子会》、《孝义坊》、《会口》、《辞店》、《装疯》、《别妻》”；“新同春班，光绪廿五年九月十九日、老权邱永庭、谢焕。邱正保”；“乙丑年杏月朔日，江西同乐班到此一乐，主人江少宾”。

图 4–148　祁门县磻村敦典堂戏台

图 4–149　祁门县磻村敦典堂戏台藻井

图 4–150　祁门县磻村敦典堂戏台额枋雕刻

图 4–151　祁门县磻村敦典堂戏台雕刻

图 4–152　祁门县磻村敦典堂戏台雕刻

戏台（图 4–148）采用穿斗式结构，木制隔扇区分前后台。前台中央为表演空间，两侧为乐队伴奏处。台面前沿有木制低矮栏板，为保证演员演出时的安全而设。前台顶部正中设有穹形藻井（图 4–149），分为二层，28 根“S”形构件贯穿到顶，井口外方内圆，四个角上各有一块精美的蝙蝠木雕，井壁上悬“一曲昇平”匾。藻井饰淡黄色，鲜艳明快。明间额枋上刻有“五福捧寿”等装饰（图 4–150）。柱头、斜撑、雀替、平盘斗等构件刻有纹饰，内容包括神仙人物、吉祥图案等（图 4–151、图 4–152、图 4–153）。

图 4-153　祁门县磻村敦典堂戏台额枋两侧及其雀替雕刻

图 4-154　祁门县磻村敦典堂廊庑

图 4-155　祁门县磻村敦典堂廊庑檐下雕刻

戏台前是天井，两侧原设有看楼，后被雷击损毁，民国时复建为廊庑（图 4-154、图 4-155）。天井地面用大块青石板铺砌，四周的排水沟边沿有凹槽，演出时在水沟面铺上木板，防止观众踏空，其设计可谓细致。

6. 祁门县磻村嘉会堂剧场

嘉会堂（图 4-156）位于祁门县闪里镇磻村，坐北朝南，前后三进，建于清同治年间，占地面积 505 平方米，由门厅、看楼、耳门、享堂、寝殿组成。现中间一进的享堂已毁，仅存柱基。前后天井东西两侧均有耳门，与外面的巷道相通。

图 4-156　祁门县磻村嘉会堂外观

戏台（图 4-157 ~ 图 4-160）通面宽 10.3 米，进深 7.6 米，抬梁与穿斗混合式结构，梁架作月梁状，梁下用雀替承插梁头，檐口老椽上铺望板。戏台台面中间的地板可随时拆装，平时拆去台板可以作为祠堂门厅的通道；演戏之时，装上台板，就是完整的戏台。戏台中央上方用藻井，28 根“S”形构件直通井顶，四个角上各雕刻有一只蝙蝠，姿态优美，边上悬有匾额，上书“一曲昇平”。该古戏台建筑朴实小巧，梁架用料硕大，木雕不多，但线条流畅。

图 4-157　祁门县磻村嘉会堂戏台

图 4–158　祁门县磻村嘉会堂戏台左次间雕刻

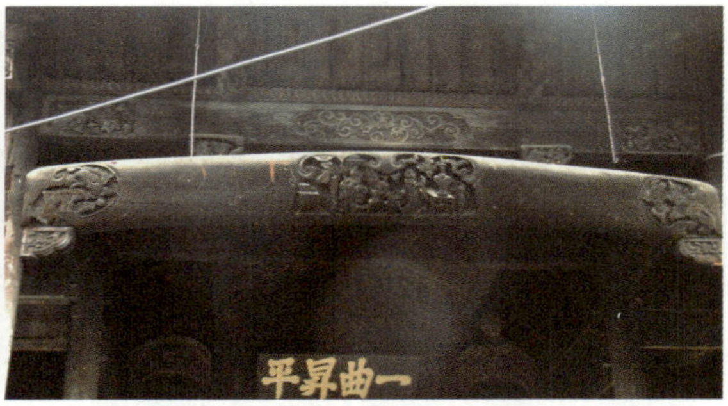

图 4–159　祁门县磻村嘉会堂戏台明间雕刻

图 4–160　祁门县磻村嘉会堂戏台右次间雕刻

图 4–161　祁门县洪家村敦化堂剧场

图 4–162　祁门县洪家村敦化堂从享堂看戏台

图 4–163　祁门县洪家村敦化堂享堂

7. 祁门县洪家村敦化堂剧场

敦化堂（图 4–161）为祁门县新安乡洪家村洪氏宗祠，建于清道光年间。祠堂坐北朝南，前后三进，占地面积 187 平方米，中轴线上有门厅、戏台（图 4–162）、享堂、寝堂等（图 4–163）。

戏台中间为过道（图 4–164），演戏之时，在上面搭板，即形成完整的台面。两侧的台基用木短柱支撑，台面用木板。梁枋上雕有花卉等（图 6–165、图 6–166），斜撑上雕有人物，雀替雕有倒挂狮子（图 6–167），隔扇也非常精致。屋顶用卷棚顶。戏台墙壁上有丰富的题记[1]。

1　如“建邑乐善堂，民国二十年十月初五日到此一乐也，汪加士箱主北脚，陈荣章正生、常玉璋小生、汪焰宽□□、毕成桃小丑、江月明正旦、汪加文花旦、范五台闺门、祝四美□、汪小老管帐、檀得安皱板、小胡管衣箱。初五，日川戏一本，夜《告京臣》上下本；初六，日《双合镜》一本，夜《白扇》上下本；初七，日《□□□》全本，《大辞店》，夜川戏一本，《闹花灯》、《□□□》；初八，日川戏一本，夜《血□□》全本。”

图 4-164　祁门县洪家村敦化堂戏台

图 4-165　祁门县洪家村敦化堂戏台额枋雕刻

图 4-166　祁门县洪家村敦化堂戏台雕刻

图 4-167　祁门县洪家村敦化堂雕刻

8. 祁门县上汪村叙伦堂剧场

叙伦堂为祁门县新安乡上汪村汪氏祖祠，建于民国十六年（1926 年），坐北朝南，前后共三进，中轴线上为祠前巷、门厅、戏台、前天井、享堂、后天井、寝殿等，占地面积约为 291 平方米。祠堂南面（即正面）设主要入口，前天井东西两侧有耳门。祠堂现仅存第一进的戏台、看楼和享堂等。享堂正面原悬挂“叙伦堂”字匾，前檐额梁上原来还分别悬挂“贡元”、“四世同堂”、“春萱并茂”三块镏金字匾。

戏台（图 4-168）位于祠堂的南端入口处（图 4-169）。平时为通道，演戏之时搭板即为戏台。戏台两侧的台基用木短柱支撑，上面铺设木板。牛腿雕倒挂狮子（图 4-170）。前檐的雕刻非常精致（图 4-171、图 4-172），梁架作月梁状。

戏台前天井两侧有看楼（图 4-173），上下两层，下面一层为单开间，用木通柱，二层分为三间，外侧设有栏板。看楼上雕有各种人物和花卉（图 4-174）。

图 4–168　祁门县上汪村叙伦堂戏台及其两侧的看楼

图 4–169　祁门县上汪村叙伦堂戏台台基

图 4–170　祁门县上汪村叙伦堂戏台牛腿雕刻

图 4–171　祁门县上汪村叙伦堂戏台额枋雕刻

图 4–172　祁门县上汪村叙伦堂戏台雕刻

图 4–173　祁门县上汪村叙伦堂看楼

图 4–174　祁门县上汪村叙伦堂看楼雕刻

图 4–175　祁门县李坑村大本堂山门

图 4–176　祁门县李坑村大本堂从享堂看戏台

图 4–177　祁门县李坑村大本堂戏台台基

图 4–178　祁门县叶源村聚福堂山门

祠堂内有民国 16 年（1926 年）所立的捐资修建祠堂的石碑一通，列举了捐资者的姓名和捐资数额。

9. 祁门县李坑村大本堂剧场

大本堂位于祁门县新安乡李坑村，为陈氏宗祠，坐北朝南，建于清同治十三年（1874 年），前后共三进，占地面积 341.8 平方米，中轴线上有门厅（图 4–175）、戏台（图 4–176）、前天井、享堂、后天井、寝堂、神龛等，前天井东西两侧设有耳门。享堂正面原来悬“大本堂”匾额，惜今已不存。

戏台两侧为活动式台基，演戏时在中间搭木板，即为演出空间（图 4–177）。台前天井地面由条石砌筑。祠堂内现存清同治十三年（1874 年）石碑《永垂不朽》和清光绪十一年（1885 年）石

图 4–179　祁门县叶源村聚福堂从戏台看享堂

图 4–180　祁门县叶源村聚福堂戏台

图 4–181　祁门县叶源村聚福堂戏台通道

图 4–182　祁门县叶源村聚福堂戏台台面

图 4–183　祁门县叶源村聚福堂戏台斜撑雕刻

碑《昭兹来许》。石碑《永垂不朽》中提到："同治二年四月二十七日，祠遭贼毁，村宇为墟，建宗庙于煨烬之余，越数年而告竣，秩丁之脂膏已竭，而祖宗之祭器尚属缺如。"[1]

10. 祁门县叶源村聚福堂剧场

聚福堂位于祁门县新安乡叶源村，坐北朝南，建于清同治年间（1862 ~ 1874 年），前后共三进，中轴线上有门厅（图 4–178）、戏台、前天井、享堂（图 4–179）、后天井、寝堂等，占地面积 332 平方米。除了祠堂南面有主要入口外，还在前天井东西两侧有耳门。享堂正面原有匾额"聚福堂"，现已不存。

戏台(图 4–180) 为过道式,平时中间为通道(图 4–181、图 4–182)。通道两侧为木短柱支撑的台基。演戏之时，上面搭木板，即为演出空间。斜撑和月梁装饰非常精致（图 4–183、图 4–184）。祠堂现存有清嘉庆十八（1813 年）所立的石碑《勒石永禁》，其中提道："合族公议滨右扶禁合源规条，违者照

1　作者 2006 年 12 月实地调查时抄录。

图 4–184　祁门县叶源村聚福堂雕刻

约处罚……官惩治所有各项禁条开列于后。一、坟林水口庇木，毋许砍斫，违者罚戏一部，倘风雪压鸣众公取或正用告众采取；二、境内毋许屯留赌博，违者罚钱一千文，伙赌者罚戏十部，拿获者给币二百，知情不举照窝赌罚；三、丑内毋许私买入境违者罚戏一部；四、己众苗山毋许樘斫，违者罚戏一部；五、失火焚山祸截者罚币二百文至烧满筒栗子不救者罚钱伍佰入库；六、各家猪毋许散放，残害青苗违者初次鸣口，贰次罚币五十文入库，至残害三次者，田园内听凭打毙毋词；各家有门前住后田园照田夹篱遮槎以免残害……皇清嘉庆十八年仲夏日合源公立。”[1]

第四节　江西清代祠堂剧场

一、江西清代演剧及其祠堂剧场

顺治元年（1644 年），明亡清兴。顺治六年（1649 年），清兵攻破南昌。由于战乱，江西的社会和经济受到严重破坏和摧残。清顺治十一年（1654 年）《天香阁笔记》云：“广信一府，县无完村，村无完家，家无完人，人无完妇。”康熙年间，清政府采用措施，稳定社会，发展经济。到乾隆年间，人口“较之康熙年间，计增十余倍”[2]。这时，江西的经济亦发展到鼎盛期，被称为江西“四大名镇”的景德镇、吴城镇、樟树镇及河口镇和省会南昌均非常繁荣，商贾云集。

随着经济的兴盛，清代戏曲艺术亦空前繁荣，演戏活动极为活跃。作者耙梳了江西清代地方志，发现有许多有关演戏的记载。清同治十年《安义县志》云：“（五月）各村镇演戏，而城隍祠为盛，每以五月初起，六月中止。”清同治十一年《广丰县志》云：“十月，各乡演戏，农人以报土功。”同治九年刻本《上高县志》云：“（正月）各祠庙有演戏者，有造鳌山灯者。”同治八年《东乡县志》云：“（八月）是月，田禾既登，乡村各赛神，召优俳相聚会，意本为秋报，后遂有聚赌之举，然非演夜戏亦无此也。”清同治十一年《会昌县志》云：“邑城内外铺户，各敛钱齐赴赖侯神祠，备香楮、牲醴，设供神前，兼唤优人演剧为乐；或时建醮，亦设坛福神庙，斋戒，延僧道焚表。”同治十一年《会昌县志》云：“八月十二日许真人诞辰，各虔设斋供至庙稽首，唤优人演戏，城乡皆然。”同治十一年《安远县志》云：“报

1　作者 2006 年 12 月实地调查时抄录，惟碑文模糊不清，仅能抄录部分内容。

2　见《清史稿 · 食货志》，中国戏曲志编委会，中国戏曲志 · 江西卷，中国 ISBN 中心 1998，第 21 页。

赛神祇，在所必有。夏秋间，城市内外合集同会入庙焚香，演戏饮酒。”

随着演戏活动的兴盛，祠堂剧场逐渐增多。星子县清雍正十二年（1734 年）《铁门时祖祠堂记》中云：“雍正甲寅夷月二十七日之吉起功，庙堂竣束妥。乃考主歌台响彻，宴及先灵。”[1] 江西清代祠堂剧场中多有修建看楼者，作为妇女和儿童观戏之处。修水县上源村《余家宗谱》述及余氏宗祠剧场的修建情况，云：“光绪十六年（1890 年）春起造，不数月间庙貌告成。中有享（厅），春秋以注礼也。前有台，笙管以衍神。推之两廊有楼而宴会，两旁有房于公事而栖，此等照仿古人宗庙之意也。”[2] 其中“两廊有楼而宴会”应指看楼。当然，也有些地方不许妇女入祠看戏，如光绪二十五年（1899 年）《冯氏宗谱》记载：“诸妇女必须要祥和恭敬，无故不出中门，夜行以烛……男女有别，不得混乱，至若谒庙看戏，时节出游极是坏俗，最当严禁。”[3] 另外，较多采用晴雨台的形式，如高安县棠氏黄氏宗祠戏台[4]。

1998 年出版的《中国戏曲志 · 江西卷》论及：“据普查结果，全省尚存的又具有保留价值的（清代）庙宇台和祠堂台就有 102 座。”[5] 时至今日，江西留存下来的完整祠堂戏台的数目不得而知，但估计不会太多。有许多戏台已经改建，其文物价值消失殆尽。

二、典型实例分析

1. 婺源县阳春村方家宗祠剧场

方家宗祠（图 4–185）位于婺源县镇头乡阳春村，名曰“树德堂”。据《方氏家谱》载，树德堂为明代中期所建，清代重修。戏台（图 4–186、图 4–187）与享厅相对，中间为庭院。台屋呈三重檐形式，十六对飞檐，左右前后对称。台面宽 12.5 米，进深 8.0 米。台面有 8 根圆形柱，28 根方形柱。台中以隔扇区分前后台，两侧有 8 个门上下场设置，其中正面有 4 门，两侧亦有 4 门，为演出武打大戏时所用。表演区上面有圆形尖角藻顶。檐下施斗栱。檐梁斗栱伸出处嵌有一对龙头。正面梁枋上雕有戏剧人物（图 4–188、图 4–189）。后台有众多戏班演出题记，如“乾隆十五年七月趁邑詹春班到此一叙”、“光绪三十年四月二十三日万春班”、“民国庚午年景德镇三老同乐班”、“婺邑荷岸王新仙舞台班”、“江西同春班”和“祥麟班”等。

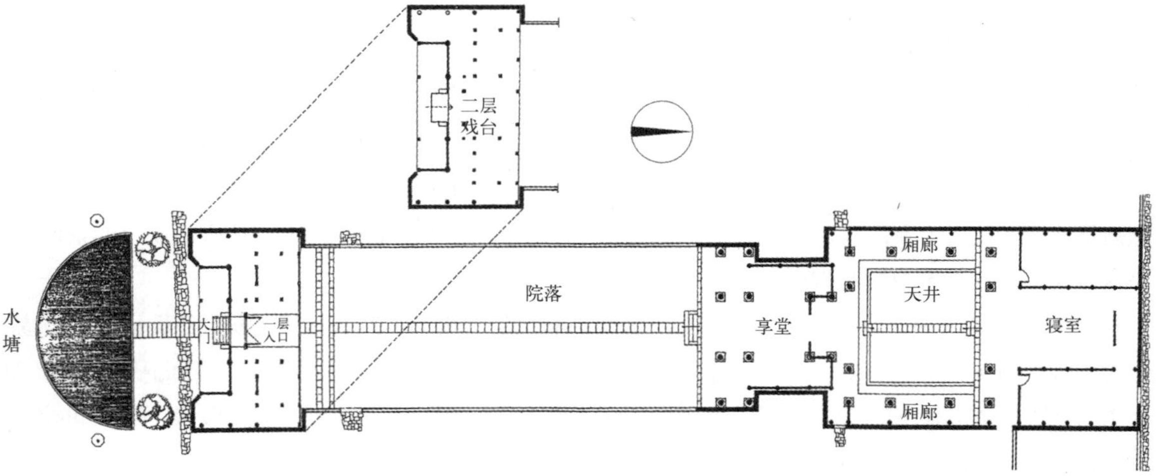

图 4–185　婺源县阳春村方家宗祠平面图

方家宗祠线图摹自：李秋香主编，陈志华撰．宗祠．三联书店出版，2006 年，第 164 页。

1　见星子县铁门程村《程氏宗谱》，中国戏曲志编委会．中国戏曲志 · 江西卷．中国 ISBN 中心 1998，第 660 页。

2　中国戏曲志编委会．中国戏曲志 · 江西卷．中国 ISBN 中心 1998，第 676 页。

3　中国戏曲志编委会．中国戏曲志 · 江西卷．中国 ISBN 中心 1998，第 672 页。

4　中国戏曲志编委会．中国戏曲志 · 江西卷．中国 ISBN 中心 1998，第 658 页。

5　中国戏曲志编委会．中国戏曲志 · 江西卷．中国 ISBN 中心 1998，第 645 页。

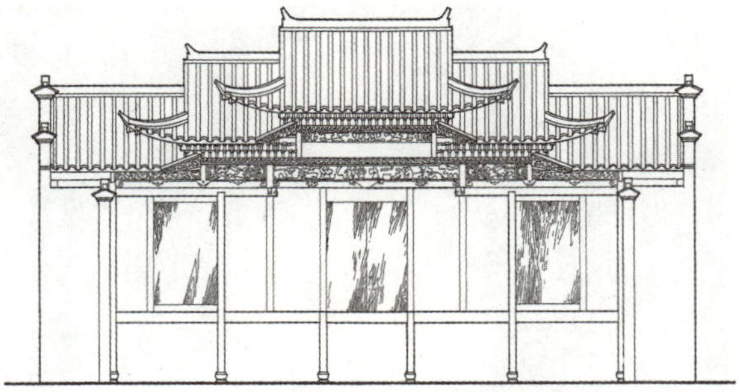

图 4-186 婺源县阳春村方家宗祠戏台立面图

图 4-187 婺源县阳春村方家宗祠内从享堂看戏台

图 4-188 婺源县阳春村方家宗祠戏台檐下斗栱和雕刻

2. 乐平县镇桥镇浒崦村程氏祠堂剧场

浒崦村程氏祠堂（图 4-190、图 4-191）坐南面北，清同治十二年（1873 年）建，占地 2500 平方米。祠内戏台为鸳鸯台，当地称之为“晴雨台”。中间的隔扇将台面一分为二，可向南北两个方向演戏，互为前后台。晴天在北面演出，观众在广场观剧，宽阔的广场可容纳更多观众；雨天在南面演出，观众在院内观剧，看楼、正厅均可为避雨之所。两台相互背依，浑然一体，形制、构造基本相同，但在用料、装饰方面，晴台更高一筹。

戏台北面通面宽三间 9.85 米，其中明间阔 5.4 米，南面面宽一间 5.9 米。通进深 9 米，南北各深 4.5 米。台基高 1.5 米。南北两面内部均设藻井。北面顶部由金柱与垂柱支撑起一井口枋，井口枋内以如意斗栱组成螺旋形穹窿藻井，顶部为一小圆面，上浮雕“二龙戏珠”，同时，藻井内还悬和尚骑狮圆雕及云朵 8 组（图 4-192）。台中以木质雕花隔扇区分前后台，为晴雨两用台（图 4-193）。走马板上悬一匾：“久看愈好”，匾面浮雕十八罗汉。两金柱挂木牌，上书楹联云：“入耳务须平气听；当场顿觉笑颜开。”外檐柱木牌楹联云：“浒崦拥春台媲联程灏文章久看愈好；鸣山峙面镜欲照古公业绩焕发英姿。”台中央两侧各有两间相通的耳房，面宽 2.23 米，与次间同宽，进深 4.1 米，为南北两台的戏房。整座戏台布满雕刻，多以戏曲故事为题材（图 4-194 ~图 4-198）。屋脊中央

图 4-189 婺源县阳春村方家宗祠戏台檐下雕刻

图 4-190 乐平县镇桥镇浒崦村程氏祠堂外面

图 4-191 乐平县镇桥镇浒崦村程氏祠堂内景

图 4-192　乐平县镇桥镇浒崦村程氏祠堂戏台藻井

图 4-193　乐平县镇桥镇浒崦村程氏祠堂戏台隔扇

图 4-194　乐平县镇桥镇浒崦村程氏祠堂戏台牛腿雕刻

图 4-195　乐平县镇桥镇浒崦村程氏祠堂戏台月梁雕刻

图 4-196　乐平县镇桥镇浒崦村程氏祠堂剧场戏台月梁雕刻

图 4–197　乐平县镇桥镇浒崦村程氏祠堂戏台额枋雕刻

图 4–198　乐平县镇桥镇浒崦村程氏祠堂看楼雕刻

图 4–199　乐平市镇桥镇坑口村戏台外观

图 4–200　乐平市镇桥镇坑口村戏台背面

立一硕大彩釉瓷瓶，中插巨形铁叉，瓶颈以四根铁链系到屋檐四角。

两侧看楼各三间，通面宽 10.5 米，进深 3.14 米。二层前面设高 1 米左右的栏杆。看楼不施斗栱，挑枋与檐柱间置撑栱。

3. 乐平市镇桥镇坑口村剧场

坑口村属镇桥镇，和浒崦村相邻。村内戏台（图 4–199、图 4–200）始建于清道光二十五年（1845 年）。山墙顶部呈马头墙的形式（图 4–201）。屋顶翼角高翘（图 4–202），正脊宝顶用不同的颜色（图 4–203）。后墙开花格窗，构图精美（图 4–204）。

4. 乐平市南岸村余家祠堂剧场

余家祠堂始建于乾隆年间，属晴、雨两用台（图 4–205、图 4–206）。翼角高翘，内侧雕刻有戏曲人物（图 4–207）。墀头亦有精美的砖雕（图 4–208）。

图 4–201　乐平市镇桥镇坑口村戏台屋顶马头墙

图 4–202　乐平市镇桥镇坑口村戏台屋顶翼角

图 4–203　乐平市镇桥镇坑口村戏台屋顶正脊宝顶

图 4–204　乐平市镇桥镇坑口村戏台窗饰

图 4–205　乐平市镇桥镇南岸村戏台内侧（雨台）

图 4–206　乐平市镇桥镇南岸村戏台外侧（晴台）

图 4–207　乐平市镇桥镇南岸村戏台翼角雕刻

图 4–208　乐平市双田镇南岸村戏台墀头雕刻

图 4–209　乐平市双田镇横路村戏台

图 4–210　乐平市双田镇横路村戏台背面

图 4–211　乐平市双田镇横路村戏台雀替雕刻

图 4–212　乐平市双田镇横路村戏台额枋雕刻

5. 乐平市双田镇横路村剧场

横路村戏台面宽三间（图 4–209），重檐顶，封火墙（图 4–210）。台面有隔扇，区分前后台，两侧有上下场门。檐下施如意斗栱。雀替、额枋等处有精美的木雕（图 4–211 ~图 4–213）。

图 4–213　乐平市双田镇横路村戏台雕刻

图 4–214　乐平市双田镇龙珠村戏台

图 4–215　乐平市双田镇龙珠村戏台斗栱

图 4–216　乐平市双田镇龙珠村戏台檐下雕刻

6. 乐平市双田镇龙珠村剧场

龙珠村戏台（图 4–214）面宽三间，重檐顶，封火墙。台面有隔扇，区分前后台，两侧有上下场门。台内顶部有藻井。檐下施斗栱（图 4–215）。额枋、雀替等处有精美的木雕（图 4–216 ~ 图 4–218）。

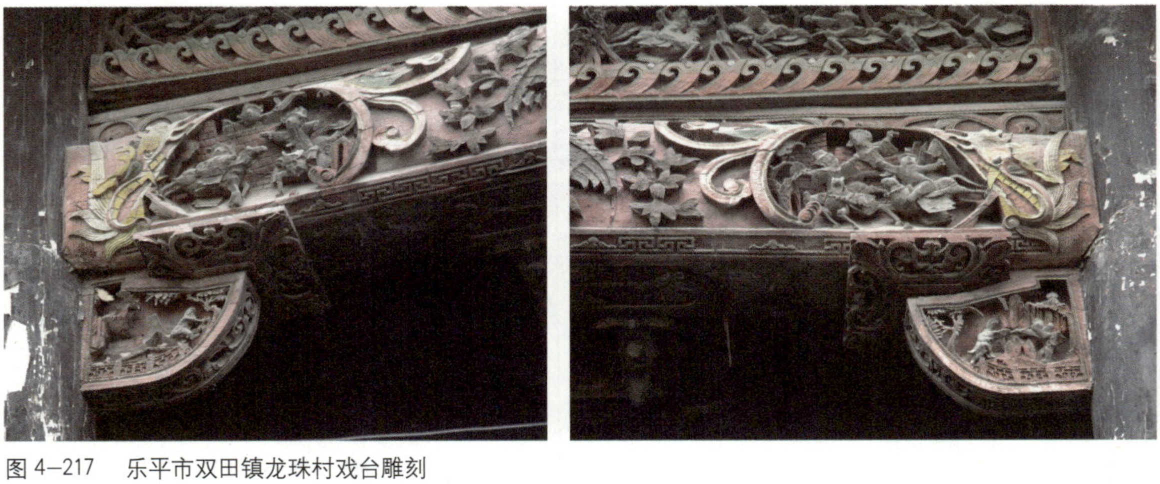

图 4–217　乐平市双田镇龙珠村戏台雕刻

图 4–218　乐平市双田镇龙珠村戏台雕刻

图 4–219　乐平市双田镇田里村戏台

图 4–220　乐平市双田镇田里村戏台梁架

图 4–221　乐平市双田镇田里村戏台隔扇

图 4–222　乐平市双田镇田里村剧场内的看楼

7. 乐平市双田镇田里村剧场

田里村戏台（图 4–219）面宽三间，明间为表演区，两侧为伴奏处。梁架为穿斗式（图 4–220）。台中有隔扇，分隔前后台，两侧有上下场门（图 4–221）。檐下呈轩的形式，不施斗栱。庭院两侧有看楼，各九间（图 4–222）。

8. 乐平市镇桥镇徐家村剧场

徐家村戏台（图 4–223、图 4–224）面宽三间，穿斗式。台中有隔扇，分隔前后台，两侧有上下场门。山墙呈马头墙的形式（图 4–225）。翼角高翘，内侧雕戏曲人物（图 4–226）。墀头亦雕戏曲人物，

图 4-223　乐平市镇桥镇徐家村戏台

图 4-224　乐平市镇桥镇徐家村戏台

图 4-225　乐平市镇桥镇徐家村戏台马头墙

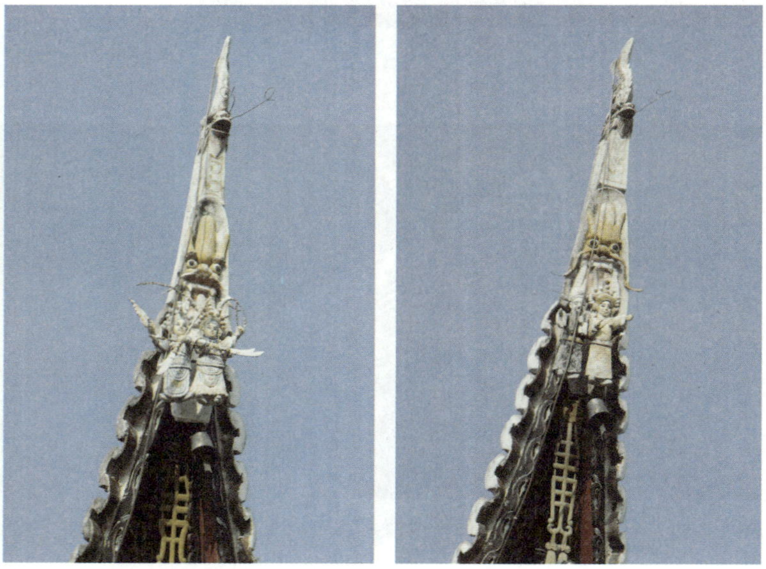

图 4-226　乐平市镇桥镇徐家村戏台翼角

似正在表演（图 4-227）。

9. 弋阳县曹溪镇东港村汪公祠剧场

汪公祠坐南朝北，现仅存戏台。戏台（图 4-228）面宽五间 14.0 米，其中中间三间为表演区，两梢间为小耳房。通进深 8.44 米，其中前台深 4.31 米。台基高 1.77 米。台中有隔扇，分隔前后台（图 4-229）。穿斗结构（图 4-230）。檐下和梁枋上布满各种木雕，非常精美（图 4-231 ~图 4-238）。

图 4-227　乐平市镇桥镇徐家村戏台墀头雕刻

图 4-228　弋阳县曹溪镇东港村汪公祠戏台

图 4-229　弋阳县曹溪镇东港村汪公祠戏台

图 4-230　弋阳县曹溪镇东港村汪公祠戏台

图 4-231　弋阳县曹溪镇东港村汪公祠戏台明间

图 4-232　弋阳县曹溪镇东港村汪公祠戏台明间雕刻

图 4–233　弋阳县曹溪镇东港村汪公祠戏台左次间雕刻

图 4–234　弋阳县曹溪镇东港村汪公祠戏台左次间雕刻

图 4–235　弋阳县曹溪镇东港村汪公祠戏台右次间雕刻

图 4–236　弋阳县曹溪镇东港村汪公祠戏台右次间雕刻

图 4–237　弋阳县曹溪镇东港村汪公祠戏台上下场门的雕刻

图 4-238　弋阳县曹溪镇东港村汪公祠戏台台内雕刻

图 4–239　弋阳县西李村祠堂剧场

图 4–240　弋阳县西李村祠堂梁架

图 4–241　弋阳县西李村祠堂戏台

图 4–242　弋阳县西李村祠堂戏台隔扇

10. 弋阳县西李村祠堂剧场

据《九川李氏宗谱》“重修九川李氏祠堂记”载，西李村李氏于宋初由饶州府的德兴永泰迁到这里，分为前李、后李、东李、西李四支分派。其中，后李一派子孙录奎偕兄文彬，“概祀事之久废，乃纠族人”，于明宣德二年（1427 年）建构祠堂三间，祠内“翼以两厢，缭以周垣”。明景泰年间重修时，增建后厅和走马楼。后于清代重修。

李氏祠堂（图 4–239、图 4–240、图 4–241）坐南朝北，为封闭式建筑，南北深 29.0 米，东西宽 14.0 米。祠堂正门石猊一对，甚为古朴。进门即为戏台台基的下面，木柱支撑台面，鼓形红石柱础。台面高 1.90 米，其正面用红石垒砌。左侧有台阶，可达台面。台前有四根石柱，八角形石础。通面宽三间 10.50 米，其中明间宽 4.67 米；通进深 7.16 米，其中明间深 5.00 米。台中有隔扇，区分前后台，两侧有上下场门。其中隔扇（图 4–242）中间后退，形成“凹”字形，各宽 1.04 米，作为伴奏之地。上下场门两侧为副台，以板相隔，副台各宽 2.7 米，深 4.3 米，也对应有门，宽不足 1 米。台中顶棚为八角花纹藻井。梁柱用材较为硕大。斗栱衔接处多有云卷雕刻。

第五节　其他区域祠堂剧场实例

如前所述，中国现存的祠堂剧场主要分布于浙江、安徽、江西、湖南等地。除了这些区域外，亦有一些祠堂剧场，下文选取一些典型实例，予以分析说明。

1. 山西榆次常家祠堂剧场

常家原有“北祠堂”和“南祠堂”，现仅存“北祠堂”。北祠堂建于清光绪五年（1879 年），历时三年，

图 4–243　山西榆次常家祠堂入口

图 4–244　山西榆次常家祠堂戏台

图 4–245　山西榆次常家祠堂戏台角科

图 4–246　天津市李纯祠堂戏台

耗银二万余两。

祠堂大门面宽七间（图 4–243），正中悬挂“常氏宗祠”匾额，由常氏十三世常立德书写。左边悬“艺舟仪济”之匾，为清代山西巡抚曾国荃所赠。右边悬“乐善好施”，书于光绪二十九年（1903 年），是山西巡抚赵尔巽为了表彰常氏捐款赈灾之举，奉朝廷旨意所赠。

戏台（图 4–244）位于祠堂前院，面宽三间。平时可用作进入祠堂的通道，故又称“过道乐亭”。台中两侧有两个小门，是演戏时的上下场门。平时台中间的门关闭，出入祠堂只能走旁边的两小门。檐下悬匾额“义关风雅”，亦为山西巡抚曾国荃所赠。檐柱悬楹联，书：“双蜚雕鹗云霄志，累叶缥缃忠孝经”，为清人郭棻所书[1]。檐下施斗栱（图 4–245）。

常家商业鼎盛时期，每年年终有上百家商号交账，这时会在祠堂内演剧，一来酬谢各号的掌柜，一来告慰先祖家业兴盛。

2. 天津市李纯祠堂剧场

李纯祠堂位于南开区南丰路，是民国时期江西督军李纯的家祠[2]，由砖砌照壁、石牌坊、石拱桥、大门、前殿、戏台、中殿、后殿、配殿及回廊组成。

李纯祠堂的修建颇有戏剧性。民国 2 年（1913 年），李纯在北京以数十万元巨资购得明朝大宦官刘瑾旧宅（后为清庄王府宅第），将拆下的建筑构件运抵天津构建祠堂，历时 10 年才建成。因工程浩大，袁世凯曾派人调查，李纯用重金行贿，才免于处罚。

戏台（图 4–246）坐南朝北，采用前后勾连式，前台面宽一间，歇山顶；后台三间，硬山顶。台

1　楹联中“蜚”，意同飞，“雕”、“鹗”皆为善飞翔的大鸟；“累叶”意指累世，“缥”指淡青色的丝织物，“缃”，浅黄色的帛，古代常用淡青色与浅黄色的丝帛做书套。该楹联寄望子孙能有雕鹗凌云的志向，有历代相传的忠孝书籍。

2　李纯（1874 ~ 1920 年），字秀山，直隶（今天津市）人，北洋军阀。

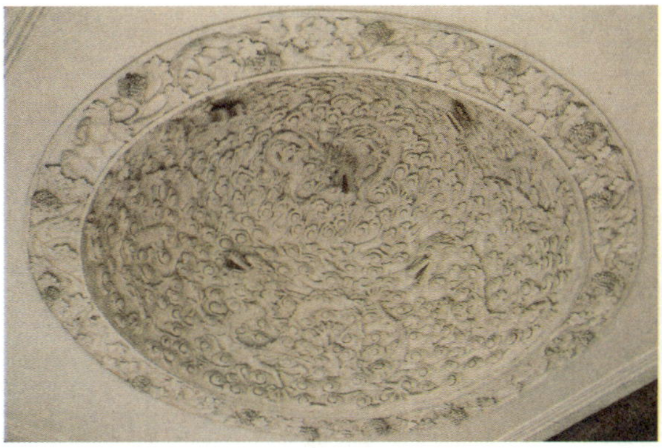

图 4-247　天津市李纯祠堂戏台藻井

图 4-248　高淳县吴氏宗祠戏台背面（山门）

图 4-249　高淳县吴氏宗祠戏台

图 4-250　高淳县吴氏宗祠戏台藻井

图 4-251　高淳县吴氏宗祠戏台斜撑雕刻

口两侧为台阶。台顶有“鸡笼式”藻井，藻井内塑五条龙，每条龙头部都悬于壁外，龙口悬挂吊灯的钩（图 4-247）。

3. 江苏高淳县吴氏宗祠剧场

吴氏宗祠位于高淳县淳溪镇淳熙老街迎燕门左侧，始建于乾隆四十六年，占地面积 2700 平方米。正门朝官溪河，背靠老街，分为前、中、后三进，前进为戏台，中进为享堂，后进为祭殿，两侧有厢房等。

戏台和山门组合而建。山门两侧有八字墙，并置抱鼓石（图 4-248）。山门背面即为戏台。戏台平面呈凸字形（图 4-249）。台中有隔扇，隔扇两侧有上下场门，分别书“出将”、“入相”。隔扇上浮雕“双凤戏牡丹”图。前台两次间前侧，设有“乐台”。台顶正中构筑八角形藻井，上下三层（图 4-250）。台前立柱与横枋之间的斜撑上木雕雄狮，狮头下俯，狮尾上翘，狮背上站立文武百官。柱础石雕人物（图 4-251）。

图 4–252　高淳县吴氏宗祠戏台柱础雕刻

4. 凤凰县沱江镇陈家祠堂戏场

陈家祠堂又名朝阳宫，位于凤凰城西北侧的西门坡，民国 4 年（1915 年）由乡绅陈炳、陈开藩等发动族人捐资兴建。民国 12 年（1923 年），时任湘西巡防军统领的国民党中将、凤凰籍人陈渠珍又率族人扩建。

陈家祠堂为典型的四合院，由大门、戏台、正殿、看楼等组成（图 4–253 ~图 4–256）。大门呈拱券式，两旁镌有楹联："瑞鸟起蓬蒿翼搏青云高万里；嘉宾莅边隅眼看楼阁总多情"，并有花鸟浮雕 12 幅（图 4–257）。

大门背面即为戏台。戏台与正殿相对，平面呈凸字形，重檐歇山青瓦顶（图 4–258、图 4–259）。台面下面为通道，台面高 2.1 米。檐下悬"观古鉴今"之匾，檐柱悬楹联："数尺地方可家可国可天下；千秋人物有贤有愚有神仙。"台中隔扇彩绘"福禄寿"三星。台顶藻井彩绘戏剧人物九幅。檐下置斗栱（图 4–260）。正脊中间置宝顶（图 4–261）。

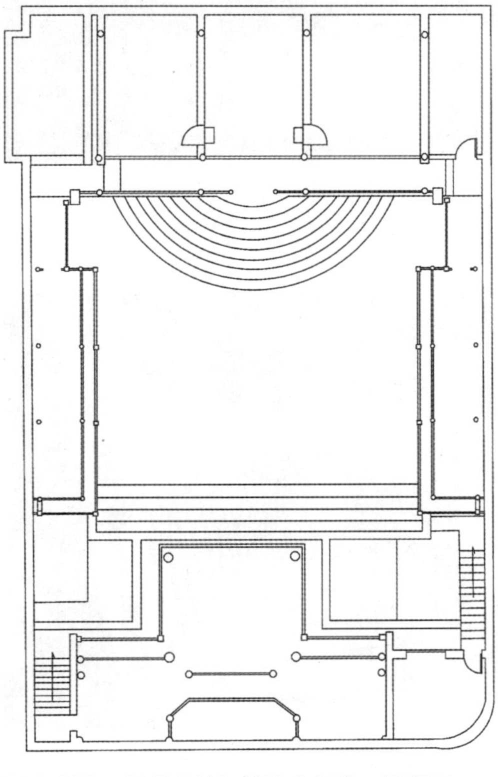

图 4–253　凤凰县沱江镇陈家祠堂二层平面

陈家祠堂线图引自：魏挹澧等编．湘西城镇与风土建筑．天津大学出版社，1995 年。

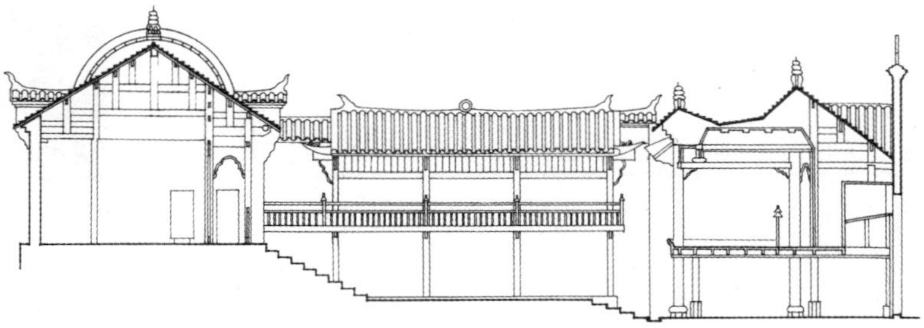

图 4–254　凤凰县沱江镇陈家祠堂纵剖面

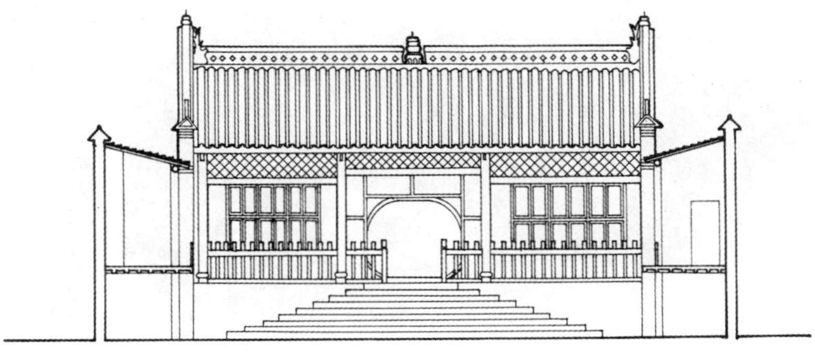

图 4–255　凤凰县沱江镇陈家祠堂正厅立面

图 4-256　凤凰县沱江镇陈家祠堂戏台前的庭院

图 4-257　凤凰县沱江镇陈家祠堂山门

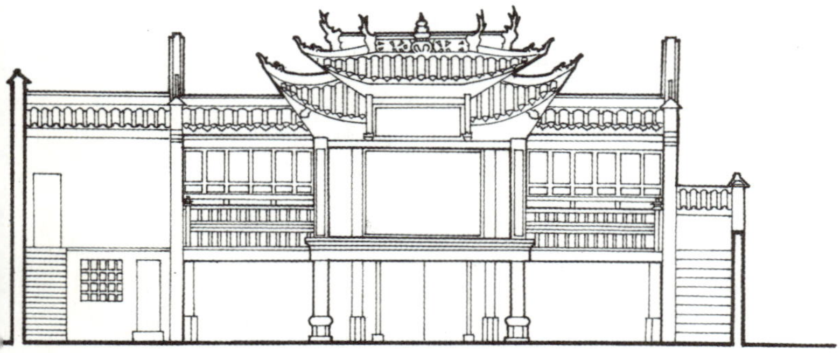

图 4-258　凤凰县沱江镇陈家祠堂戏台立面

图 4-259　凤凰县沱江镇陈家祠堂戏台

图 4-260　凤凰县沱江镇陈家祠堂戏台斗栱

图 4-261　凤凰县沱江镇陈家祠堂正厅前的台阶

图 4–262　凤凰县沱江镇陈家祠堂戏台正脊装饰

图 4–263　凤凰县沱江镇陈家祠堂看楼内部

图 4–264　凤凰县沱江镇杨家祠堂经过改造后的山门

图 4–265　凤凰县沱江镇杨家祠堂内景

图 4–266　凤凰县沱江镇杨家祠堂戏台外观

戏台前面为庭院，用方形青石板铺成。戏台对面为正殿，面宽三间。正殿的明间前面设扇形石阶，共九级（4–262）。内檐开圆形月拱大门，拱门四周镂冰纹花格。正殿次间设有前廊。廊前有木栏杆，为旧时达官贵人看戏之地。

庭院两侧有二层的看楼，面宽三间，前侧有雕花木栏杆（图 4–263）。

5. 凤凰县城杨家祠堂戏场

杨家祠堂（图 4–264）位于凤凰县城沱江北岸。清道光十六年（1836 年），由杨芳率族人开始建筑，[1] 建筑面积 770 平方米，合院形式，由大门、戏台、过厅、廊房、正厅组成（图 4–265）。

戏台（图 4–266）面向正厅，单檐歇山顶，穿斗式结构，檐下施如意斗栱，四根台柱雕刻龙凤。台中隔扇上有“杨母教子”彩绘，并书“威震三关”。隔扇两侧上有上下场门，分别书“出将”和“入相”。

1　杨芳（1770 ~ 1846 年），原籍贵州松桃，行伍出身，曾统辖部队镇守凤凰，道光六年（1826 年）参加平息张格尔叛乱，被晋封为太子太傅、果勇侯。《清史稿》有其传（见《清史稿 · 三百六十八 · 列传一百五十五》）。

图 4–267　凤凰县沱江镇杨家祠堂戏台檐下额枋雕刻

图 4–268　凤凰县沱江镇杨家祠堂戏台台沿雕刻

图 4–269　凤凰县城田家祠堂山门

图 4–270　凤凰县城田家祠堂从正厅看戏台

戏台额枋、台沿有精致的木雕（图 4–267、图 4–268）。两边有耳房，用作戏房。

戏台前为小天井，约 40 平方米，红砂石铺地。两侧有二层看楼，为族中长辈看戏之处。正殿正中供奉杨家祖先牌位，两侧有杨氏家训：“祖宗明德远矣；子孙勿替引之。”

6. 凤凰县城田家祠堂戏场

田家祠堂位于凤凰县城沱江北岸的老营哨街，建于清道光二十一年（1841 年），为时任钦差大臣、贵州提督的凤凰籍苗族人田兴恕率族人捐资兴建。民国年间，湘西镇守使、国民党中将田应诏（田兴恕之孙）又筹资扩建。田家祠堂中轴线上有山门（图 4–269）、戏台（图 4–270）、正厅等。

图 4–271　凤凰县城田家祠堂戏台外观

图 4–272　凤凰县城田家祠堂戏台台面

图 4–273　凤凰县城田家祠堂戏台后台

图 4–274　凤凰县城田家祠堂戏台后台梁架

图 4–275　凤凰县城田家祠堂戏台斗栱

戏台（图 4–271）采用前后勾连式，前台单檐歇山顶，面宽单间（图 4–272）。后台硬山顶，面宽五间（图 4–273、图 4–274）。木构台面，下面为通道。台面三侧有木栏杆，惟前沿的栏杆很低，不妨碍观众视线。檐下施如意斗栱（图 4–275）。台中有方形藻井。台面下有木楼梯，直通后台。墀头雕器皿等（图 4–276）。台沿有精致的木雕（图 4–277）。台前有台阶，可作为观众的座位。

图 4–276　凤凰县城田家祠堂戏台雕刻

图 4–277　凤凰县城田家祠堂戏台台沿雕刻

第五章　私宅剧场

第一节　私宅演剧和私宅剧场概论

一、私宅演剧历史溯源

私宅中演剧的历史非常悠久。汉代 · 桓宽《盐铁论 · 散不足》记载："夫民家有客，尚有倡优奇变之乐。"五代 · 范资《玉堂闲话》记载了唐代营丘富民陈癞子家里为祝寿而进行的演剧，云："唐营丘有豪民姓陈，藏银巨万……每年五月，值生辰，颇有破费，召僧道，启斋筵，伶伦百戏毕备。"

唐代甚至有官僚贵族蓄养家班，在私宅中演剧。唐 · 无名氏《玉泉子真录》载："崔公铉之在淮南，尝俾乐工集其家僮，教以诸戏。一日，其乐工告以成就，且请试焉。铉命阅于堂下，与妻李坐观之。"文中述及崔铉家班刚刚学成时，就在私宅的"堂下"演出。所谓"堂下"，即堂前阶梯下，也就是在庭院中，主人崔铉则和妻子坐在堂屋里观看演出。

宋代也有关于在私宅中演剧的记载。宋 · 洪迈《夷坚三志》壬卷第九"诸葛贲致语"条曰："叔祖母戴氏生辰，相招庆会，门首内用优伶杂剧。"所谓"门首内"，应指门内的庭院中。河南荥阳县东槐西村出土的北宋石棺上，阴刻有一幅私宅演剧图（图 5–1）。图中棺主人夫妇拱手坐在桌子后面，边饮酒边观赏，桌前有四个演员正在演出，桌上摆馒头、点心、酒注、碗勺、筷子等物。棺盖竖镌正楷一行："大宋绍圣三年十一月初八日朱三翁之灵，男朱允建。"[1]

金代私宅演剧的情况，也有一些形象文物留存。山西省稷山县马村段氏家族的金代墓群，采用仿木结构，墓室四壁多用青砖雕出柱额、斗栱、屋檐等，四壁组成四合院形式，前后是厅堂，左右有厢房。各墓的北壁多雕墓主人夫妇，端坐堂屋正中，有的前面设有宴席，面朝南看戏，南壁则雕有演员演出（图 5–2）。古时，墓被认为是"阴宅"，往往仿照生前的"阳宅"建造。所以，这些墓的形式，大致可以反映出当时私宅的演剧空间。

图 5–1　河南荥阳县东槐西村出土的北宋石棺演剧图

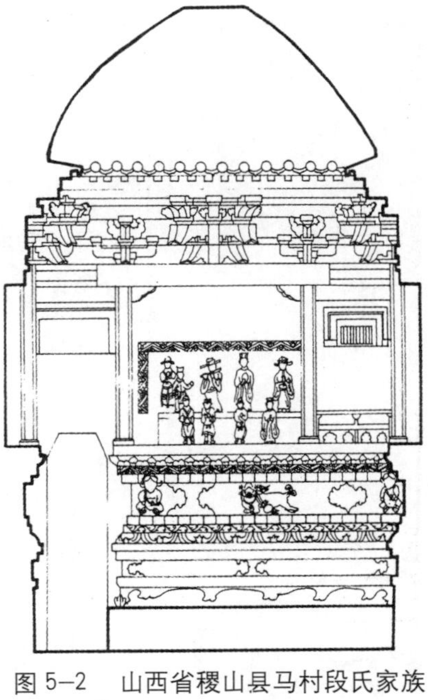

图 5–2　山西省稷山县马村段氏家族的金代墓

1 吕品．河南荥阳北宋石棺线画考．中原文物．1983 年第 4 期。

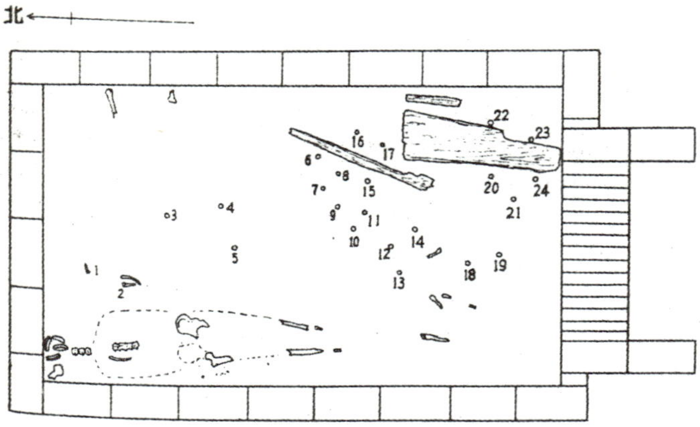

1、2. 铁钉 3–24. 铜钱

图 5–3 山西省运城市西里庄元墓平面图

图 5–4 山西省运城市西里庄元墓壁画

中国戏曲志编委会．中国戏曲志 · 山西卷．文化艺术出版社，1990 年彩版。

图 5–5 崇祯本《金瓶梅词话》厅堂演剧图

中国艺术研究院音乐研究所编．中国音乐史图鉴．人民音乐出版社，1988 年，第 154 页。

山西省运城市西里庄元墓壁画（图 5–3、图 5–4），亦反映私宅演出的情况。该墓平面呈长方形，四壁遍绘壁画。其中北壁绘墓主人，旁有侍女，前有香炉、烛台、帐幔等。东西二壁则为演员演出图，共 12 人。值得注意的是，所有演员都向北壁侧立，表示面向墓主人演出。

自汉以来，私宅演剧比较多见，但据目前掌握的资料，尚未发现明代之前的私宅剧场实例。

明代私宅演剧达到鼎盛时期。明代支大纶撰《支华平先生集》卷三十六记载：“优伶杂技，不惟蛊惑心志，亦多玷污家风，吾所常见。惟郡邑大夫宴款不敢不用。”可见，宴会演剧已成为上层社会的时尚。这种私宅演出，多在厅堂中进行，中间铺上红“氍毹”作为演员演出的舞台，厅三面设宴席，安置观众，另外一面则为乐队伴奏和演员化妆、候场之用。需要说明的是，这些演出场所并非专门的剧场建筑，而多是择宽敞之厅堂临时用作演出场所。

清代承袭明代私宅演剧的风气，并有所发展。凡是戏曲兴盛之地的大户人家，多会在各种婚嫁丧喜、节日祭祀之时，安排演剧。清代小说《歧路灯》载，巫翠对丈夫说：“像俺东邻宋指挥家，比您家还小么？一年唱十来遭堂戏哩。”可见，宋指挥家一年唱十几次戏，可谓频繁。随着私宅演剧的兴盛，私宅剧场也在清中叶后开始大量建造。

私宅演剧受到一些道学者的极力反对，有所谓“妇人不垂帘观剧”之说教。清 · 钱德苍《新订解人颐广集》卷八《谠言集》云：“伶优戏剧，止可供宾客之娱，妇女垂帘观之，粉气发香，依依帘下，罗袜弓鞋，隐隐屏下，甚至品评坐客，高谈嬉笑。优人之目，直透其中，坐客之心，回光其内，此犹其次者。”可见私宅女眷观剧的空间，需用帘子隔开。如崇祯本《金瓶梅词话》第六十三回厅堂演剧图中，演员在中间表演，男性观众三面围坐，画面上侧帘子之后则是女性观众（图 5–5）。

二、明清私宅演剧场所类型

私宅演剧主要有两种场所，一种是利用现有建筑或临时搭建的剧场；一种是固定的剧场。

（一）临时性演出场所

临时性演出场所一般利用现有的室内厅堂或室外庭院，或在室外临时搭建。

1. 临时利用厅堂演出

私宅演剧具有很大的灵活性。实际上，相当多的私宅演剧是在厅堂中进行，并没有专门的戏台，只是在厅堂中间摆上地毯（被称为“氍毹”）作为场地，周围设桌席供宾主欣赏。“氍毹”是一种有一定厚度、印有图案的毛织物，起到美化和强调表演空间的作用，也是最简单的舞台设施。明崇祯刊本《荷花荡》中有一幅插图（图5−6），反映的是厅堂中演剧的情景。画中正表演《连环记》，主角“王允”站立于“氍毹”上，左面是已经化好妆的“吕布”、“貂婵”、“董卓”正在候场。

图 5−6　明崇祯刊本《荷花荡》传奇中昆山腔演戏图

中国艺术研究院音乐研究所编．中国音乐史图鉴．人民音乐出版社，1988 年，中国音乐史图鉴，第 156 页。

《金瓶梅词话》第三十六回也描写了在厅堂中演剧的情况：“共三个旦、两个生，在席上先唱《香囊记》。大厅正面设两席，蔡状元、安进士居上，西门庆下边主位相陪，饮酒中间，唱了一折下来。”清 · 焦循《剧说》卷六引《菊庄新话》描写演员陈明智在厅堂演出时的场景：“振臂登场，龙跳虎跃，傍执旗帜者威手足忙蹙而勿能从。耸喉高歌，声出征鼓铙角上，梁上尘上嵌嵌坠肴馔中”，而“座客皆屏息，颜如灰”[1]。

清 · 陈恒庆（刻者误为陈庆湝）的《谏书稀庵笔记》中非常详细地记载了厅堂演剧的情况：

演剧之厅，原为吾家厅子，后归尚书（按：立山曾官户部尚书），予为布置，可坐四五百人。时鸦片烟盛行，设榻两侧，可卧餐烟霞，静听词曲。男伶如玉，女伶如花，迭相陪侍。戏剧有不雅训不合故事者，予为改正之，群呼我为顾曲周郎。凡冠盖而来者，冬初则一色鸡心外褂，深冬则一色貂褂。王府女眷，珠翠盈头。小内监二人，扶掖而至，相见以搴鬓为礼，脂粉之香，馥郁盈室。复有时花列案，蓓蕾吐芳，春则牡丹、海棠、碧桃之属，谓之唐花，夏则兰芷木香，秋则桂花满院。犹有沪上佳卉，来自海舶者。雕檐之下，鹦鹉、八哥、葵花等，悬以铜架，喃喃作人语，与歌声互答。时已四鼓，宾散戏止，优伶各驱快车出城而去，此可谓盛矣[2]。

因文中述道“演剧之厅，原为吾家厅子，后归尚书，予为布置，可坐四五百人”，可知这个演剧场所也是由厅堂临时改造而成。

2. 临时利用庭院演出

厅堂内表演，由于空间狭窄，演出规模受到很大影响。这时，私宅中的庭院往往成为重要的演剧空间。《金瓶梅词话》第四十三回中云：“阶下戏子鼓乐响动，乔太太与众亲戚又亲与李瓶儿把盏祝寿。”演员在庭院内表演，观众（主人和客人）则在厅堂里饮酒、畅谈、观剧。和厅堂相比，庭院空间明显的优点是演出空间相对宽敞，但又容易受气候影响。

中国传统建筑中的合院非常适合“改造”成演剧空间。常见的做法是将正厅对面的倒座拆去窗格，作为表演空间。正厅则是主人和客人欣赏演出的观众空间。清 · 《歧路灯》第十九回云：“把箱筒抬在东院对厅，满相公叫把格子去了，果然只像现成戏台。”文中提到的这一剧场就是把正厅前的过厅拆去格子墙板，作戏台之用。两侧的耳房或厢房则作为戏房。清 · 焦循《剧说》卷六引《菊庄新话》记载：“至演剧家，则衣筒俱异列两厢……少顷，群优饭于厢……陈至厢，众方惊谢，

1　清 · 焦循著．剧说．上海古典文学出版社，1957 年。

2　转引自：张明芳．民国笔记中的戏曲掌故．中国戏曲第 22 辑．山西古籍出版社，1999 年，第 454 页。

忽以盥水去粉墨。”可见，演员在厢房内可以做准备工作、卸妆等。《金瓶梅》第四十二回也说：“西门庆分付，西厢房做戏房，管待酒饭。”

3. 临时搭建戏台

私宅中临时搭建戏台也非常多见，多搭建在庭院中或大门外。《歧路灯》第七十七回谭绍闻添子，盛希侨吩咐管家说：“到明日扎彩台子，院里签棚，张灯挂彩，都是你老满的事。”同书第七十八回写道：“整整的三天工夫，把谭宅打扮的如锦屋绣窝一般。门前一座戏台，布栏干，锦牌坊，悬挂奇巧帐幔，排列葱翠盆景。”《金瓶梅词话》第六十三回述及西门庆为李瓶儿做丧事，在院里搭棚演剧的情况：“分付搭彩匠把棚起背，搭大着些，留两个门走，把影壁夹在中间”，所用材料有：“六十根杉条，三十条毛竹，三百领芦席，一百条麻绳”。“棚子”把整个庭院连影壁都罩在里面，面积很大，“在大棚内放十五张桌席……点起十数枝高檠大烛来，厅上垂下帘，堂客便在灵前，围着围屏，放桌席往外观戏”。

（二）固定的剧场

明清之际，有些私宅中开始建造固定的剧场。清 · 《清稗类钞》记载：“居之安李氏其家有小戏台，凡就宴者，可命其登台歌舞，亦可出外演剧。”[1] 光绪年间韩庆邦所作《海上花列传》中记载：“只见客堂板壁全行卸去，直通后面亭子间。在亭子间里搭起一座小的戏台，檐前挂两行珠灯，台上屏帷帘幕俱洒绣的纱罗绸缎，五光十色，不可殚数。”

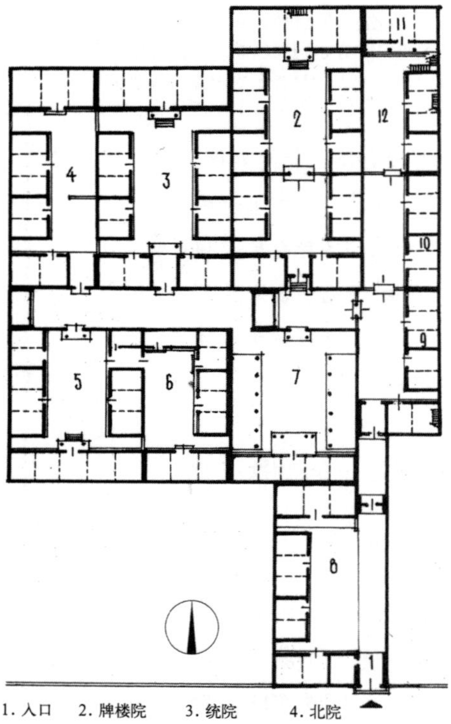

1. 入口　2. 牌楼院　3. 统院　4. 北院
5. 南院　6. 书房院　7. 戏台院　8. 客厅院
9. 灶房　10. 杂用院　11. 藏经楼　12. 穿堂院

图 5–7　山西祁县渠家大院平面图

引自：孙大章主编．中国民居建筑研究．中国建筑工业出版，2004 年，第 248 页。

中国著名古典小说《红楼梦》中的贾府中有多座戏台，如宁国府会芳园戏台、荣国府大观园戏台、荣庆堂戏台、大花厅戏台等。有时也临时搭建戏台，如宝钗过生日，就在贾母内院搭小戏台演戏。戚本《石头记》第二十二回“搭了家常小巧戏台”之句下有批注云：“另有大礼所用之戏台也，侯门风俗，断不可少。”小说自然离不开虚构，但其素材多立足于现实。

私宅剧场根据戏台位置的不同可分为两种，一种位于庭院中，形成庭院式剧场；一种位于厅堂中，形成厅堂式剧场。

1. 固定的庭院式剧场

这种剧场的戏台位于院落的一方，一般是坐南向北，面向院落。戏台上有顶棚，用来遮挡风雨。观众则在戏台对面的厅房或者两侧的厢房观看演出。

江西乐平县塔前村洪汝仪宅中，就在庭院中设有戏台，建于清雍正年间（1723 ~ 1735 年）。洪汝仪热爱看戏，又担心妻妾女媳外出看戏会招惹是非，于是在宅院中建造这座戏台。洪宅前后三进，戏台设在入口大门处，面向天井，过厅则作为观剧空间。[2]

山西祁县渠家大院，始建于乾隆年间（1736 ~ 1795 年），后陆续扩建。渠家大院原有几十个大院，千余间房屋，占地 3 万多平方米，人称“渠半城”，目前尚存八座院落（图 5–7）。清同治七年（1868 年）前后，随着渠家票号的兴旺，热爱戏曲的渠氏当家人用重金招揽了许多名角，组成两个戏班，即“上、下聚梨园”，并修筑戏台。[3] 戏台位于主轴线上戏台院南端，

1　清 · 徐珂，清稗类钞“戏剧类”，北京：中华书局，1986 年，第 5052 ~ 5053 页。
2　中国戏曲志编委会．中国戏曲志 · 江西卷．中国 ISBN 中心，1998 年，第 660 页。
3　中国戏曲志编辑部．中国戏曲志 · 山西卷．文化艺术出版社，1990 年，第 450 页。

前台面阔三间，后台面阔五间。

江苏苏州天官坊陆宅是清代光绪朝工部、吏部尚书、大学士陆润庠的故宅。陆润庠（1841 ~ 1915 年），字凤石，元和县人，同治十三年（1874 年）状元，光绪二十二年（1896 年）任苏纶纱厂、苏经丝厂总董，光绪二十二四年任内阁学士。该宅有七条南北向轴线，各院落之间相互联系。主轴线上轿厅和大厅之间建戏台（图 5–8）。

上海花米行业主胡仲甫私宅中也建有戏台[1]，建于民国 2 年（1913 年）。戏台坐南朝北，建于宅门上面，面向天井。台面高 2 米，约 7 米见方。台正面雕有狮子、凤凰、双龙戏珠、戏文人物等木雕图案。戏台顶部有一弯隆状的藻井，中心是一圆形明镜，四周 28 只金鸟展翅欲飞，藻井装饰华丽，结构合理。戏台对面是“还云楼”，为贵宾观剧之处。天井两侧有看楼，上下两层，为普通观众观剧之处。

四川大英县罗都复庄园中也建有剧场。罗都复庄园建于清咸丰、同治年间（1851 ~ 1874 年），其主人罗都复（1792 ~ 1875 年）是当地制盐起家的大地主。现存建筑面积为 4000 余平方米，中轴线对称，前后分隔，内外有序。戏台位于前部，和大门组合而建（图 5–9）。

四川江安县夕佳山黄氏宅院中也设有固定的剧场。夕佳山宅院最早的主人黄应江，原本是湖北江夏人。明万历四十年（1612 年），“湖广填四川”时迁居于此。这里楠木成林，引来群群白鹭安营筑巢，每当傍晚夕阳西照时，白鹭就回巢，千鸟归林，因而得名“夕佳山”。清顺治年间（1644 ~ 1661 年）开始，直到民国 19 年（1930 年），陆续扩建。夕佳山宅院中部为主人会客、居住的地方；西边两个跨院为客房、剧场、私塾等；东边两个跨院为柴房、厨房、厕所、马厩等（图 5–10）。宅院四周围以高墙，四角有四座碉楼。戏台位于西边两个跨院之间，开间和进深都较大。底层作为前后两进院落的过厅，上为戏台。台前立柱上有一幅楹联：“移影换形俨然君

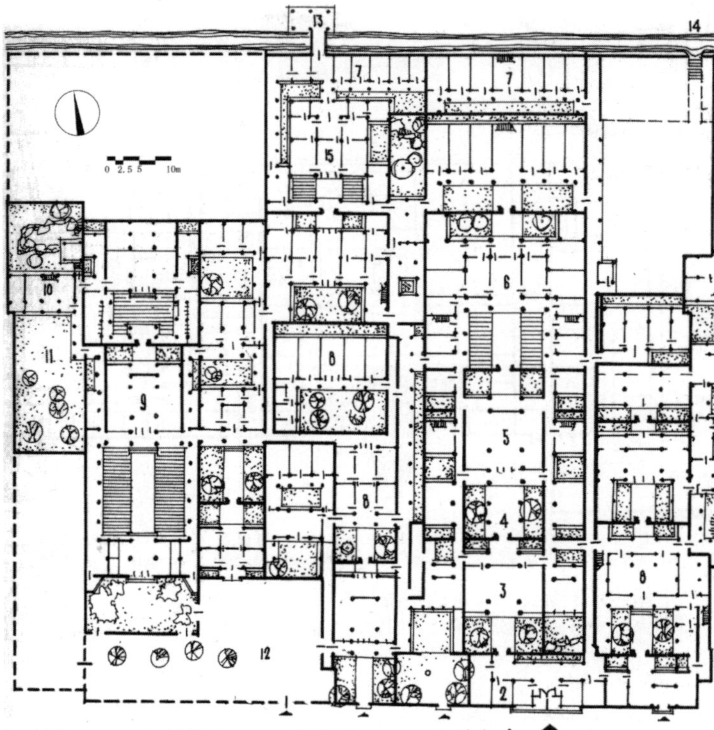

1. 大门 2. 门房 3. 轿厅 4. 戏台
5. 大厅 6. 女厅 7. 仆人用房 8. 住房
9. 祠堂 10. 藏书楼 11. 花园 12. 晒谷场
13. 后门 14. 码头 15. 大厨房

图 5–8 苏州天官坊陆润庠宅平面图
孙大章主编．中国民居建筑研究．中国建筑工业出版，2004 年，第 239 页。

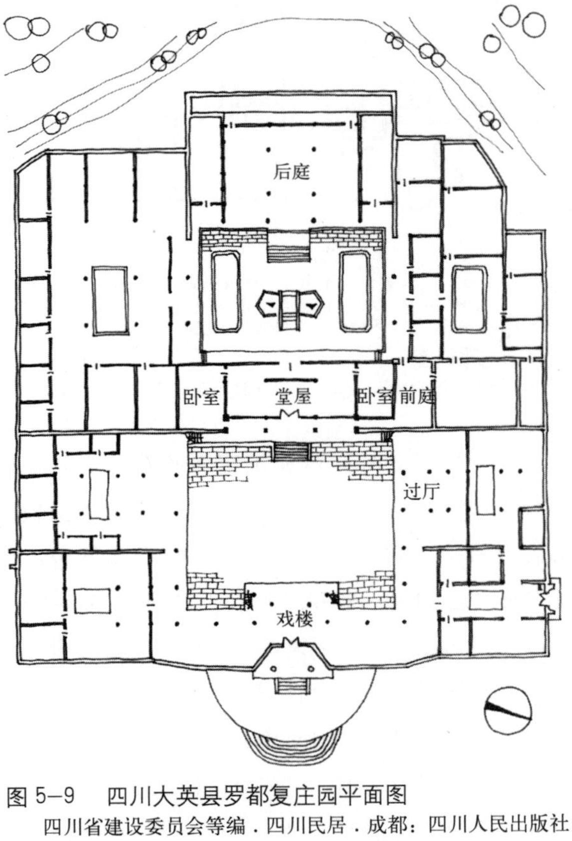

图 5–9 四川大英县罗都复庄园平面图
四川省建设委员会等编．四川民居．成都：四川人民出版社，2004 年，第 99 页。

1 中国戏曲志编委会．中国戏曲志 · 上海卷．中国 ISBN 中心，1996 年，第 633 页。

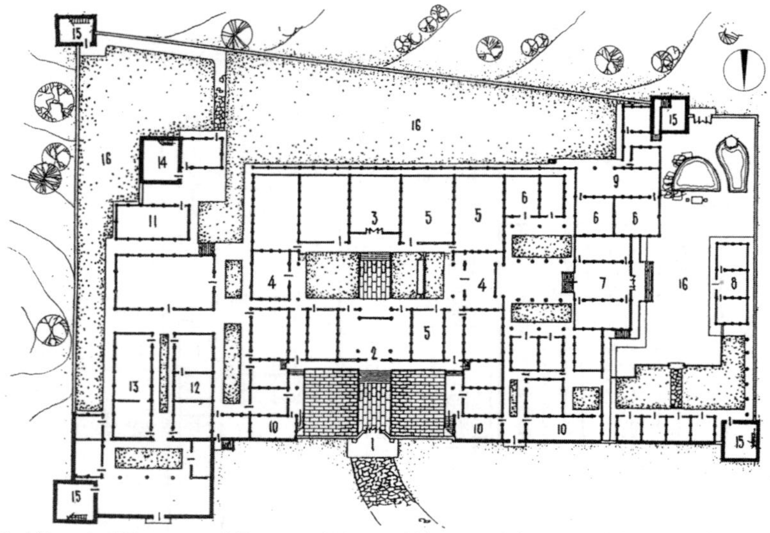

1. 大门　2. 过厅　3. 堂屋　4. 客厅　5. 居室　6. 客房　7. 戏台　8. 书房
9. 花厅　10. 西洋楼　11. 绣楼　12. 仓房　13. 厨房　14. 财宝库　15. 碉楼　16. 花园

图 5–10　四川江安县夕佳山黄氏宅院平面图

孙大章主编．中国民居建筑研究．中国建筑工业出版，2004 年，第 254 页。

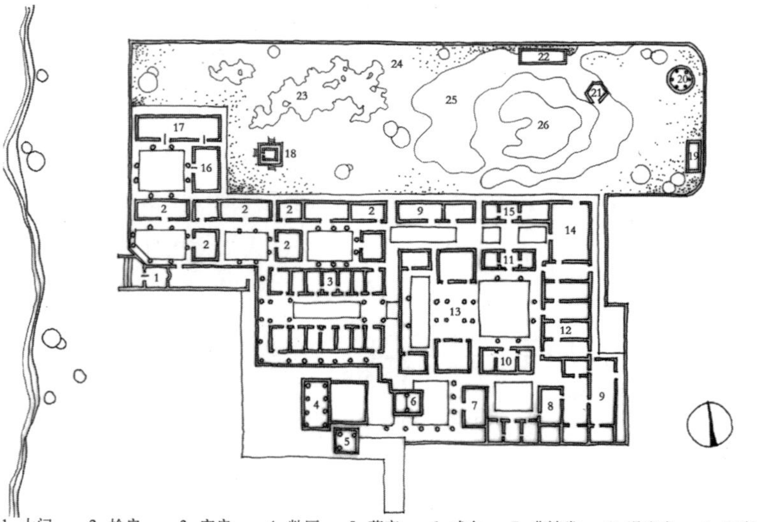

1. 大门　2. 枪房　3. 客房　4. 敞厅　5. 蓑亭　6. 戏台　7. 燕禧堂　8. 退省庐　9. 厨房
10. 左厢房　11. 右厢房　12. 上房　13. 轿厅　14. 书房　15. 宜宾馆　16. 米仓　17. 碾米房　18. 沁亭
19. 厕所　20. 草亭　21. 木亭　22. 船房　23. 果木林　24. 木槿花　25. 红花池　26. 百花池

图 5–11　四川乐山贺宗田宅平面图

摹自：四川省建设委员会等编．四川民居．成都：四川人民出版社，2004 年，第 87 页。

臣父子，假哭真笑表达离合悲欢”，言简意赅，表达出演剧的真谛。台口左右华板上分别雕刻着《白蛇传》中的“船舟借伞”和《西厢记中》的“莺莺听琴”。

四川乐山贺宗田宅，也建有剧场。贺宗田宅名曰“太和全”，位于乐山市五通桥区竹根镇涌斯河畔，建于光绪初年，占地面积约 6000 平方米。贺宗田为清代五桥盐商首富，曾重金捐得“道台”之官位。大门匾额“四明世第”，会客厅称“燕禧堂”、休息室曰“退省庐”、读书馆称“宜多、穸馆”，池上亭曰“沁亭”、“菱亭”。在会客厅“燕喜堂”对面建有戏台（图 5–11）。

2. 固定的厅堂式剧场

私宅中的厅堂式室内剧场在清中叶后逐渐发展起来。这种剧场的戏台位于厅堂一侧，最大的优点是不受刮风下雨的影响，也容易装饰得富丽堂皇。如现存的北京恭王府剧场、天津杨柳青石家大院剧场等，均采用室内厅堂式。

北京炒豆胡同忠王府也有室内剧场，平时用作大厅。如果要演戏，就将隔扇卸掉，把戏台栏杆的榫子安在下坎，西山墙的两门挂起台帘，相当于上下场门，中间挂台账，就构成演出空间。[1]

3. 固定的园林式剧场

明清时私家园林甚为兴盛，在园林中构筑戏台非常多见。园林中的观演空间一般较为开阔，又有自然空间环境作为背景。观演效果颇佳。

扬州私家园林中就构筑有多座戏台。如《扬州画舫录》卷十记载洪园“轩后筑歌台十余楹，台旁松、柏、杉、槠，郁然浓荫”；卷十二记载黄园：“循小廊出为澄碧堂，左筑高楼，下开曲室，暗通光霁堂。堂右为面水层轩，轩后为歌台；”卷十三记载东园：“改筑得树厅、春雨堂、夕阳双寺楼、云山阁、菱花亭诸胜。其园之东面子云亭，改为歌台。”[2]

民国年间王振世所著的《扬州览胜录》中提到庾园和棣园中的“歌台”。其中述及“庾园歌楼”时曰：“庾园，在南河下江西会馆对门，赣省鹾商筑以觞客者。园基不大，而点缀极精，花木亭台，各擅其胜，颇有庾信小园遗意。园南故有歌楼一座，每年正月二十六日，为许真人圣诞，鹾商张灯演剧，以答神庥，座上客为之满；”述及“棣园歌台”时曰：“棣园，在南河下湖南会馆内……园西故有歌台，一日，鹾商开樽演剧，为文正（按即曾国藩）寿，台中悬有一联曰：‘后舞前歌，此邦三至；出将

1　朱家溍．旧京第宅，故宫退食录．北京出版社，1999 年，第 722 页。

2　清 · 李斗撰．扬州画舫录．中华书局出版，1960 年。

入相，当代一人。'文正阅竟，掀髯一笑，盖江阴何太史廉昉手笔也，至今传为佳话。"这些剧场依山傍水，花木掩映，再加之歌舞声声，令人心驰神往。

苏州铁瓶巷22号任道熔私宅"颐寿堂"园林中亦设有剧场。任道熔(1822～1906年)，字砺甫，别字筱沅，晚号寄鸥，江苏宜兴人。清光绪二十七年（1901年）退居苏州，购得徽商汪氏废园，开始营建。任宅原占地4000余平方米，建筑面积4400平方米。中路建筑略偏西，依次有门厅、轿厅、颐寿堂。东南角为园林，园南有戏台，用作演剧场所（图5–12）。戏台两侧风景优美，在东花厅的观众既能看戏，又可观景。

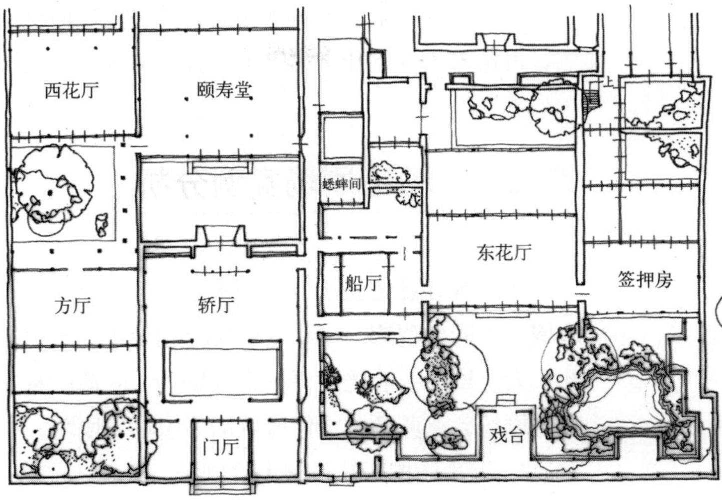

图5–12　苏州铁瓶巷22号私宅东花园及其西部庭院平面图
刘敦桢著．苏州古典园林．中国建筑工业出版社，2005年，第80页。

云南建水县朱家大院花园中也设有戏台。朱家大院为民国时期云南省中将参议员、南防司令朱朝瑛（字渭清）家族私宅。光绪初年开工建造，光绪三十年竣工。朱家大院占地面积2万余平方米，模仿《红楼梦》大观园三横四竖的布局。戏台位于朱家大院东北角花园莲池后，面阔三间，台口呈八字形，伸延于池中（图5–13）。戏台两旁有耳房，用作戏房。台前水池长14米，宽12米，约有168平方米。戏台对面建有看戏厅，面阔三间，共90平方米，能容纳百余人看戏。隔水看戏，花木掩映，别有情趣。朱家每逢红白喜事、生日庆祝等，均会请戏班来演出。

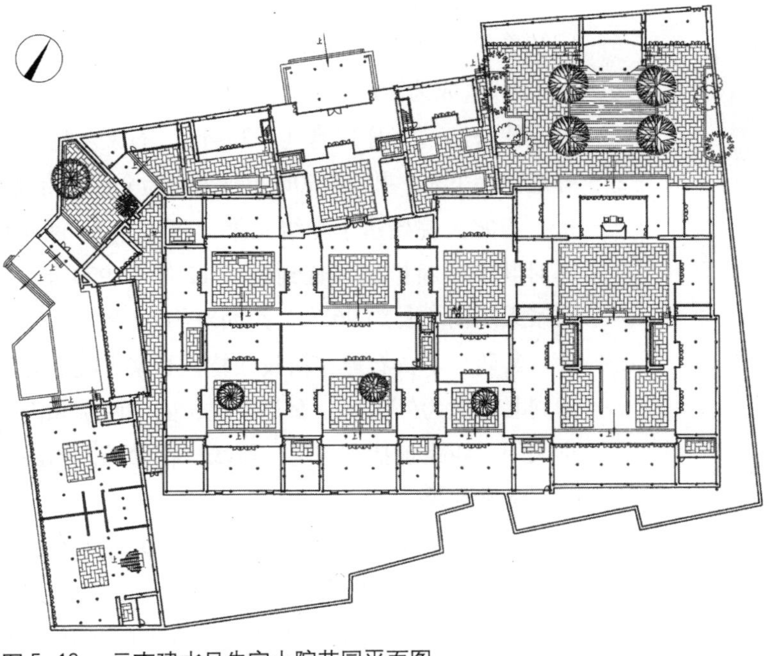

图5–13　云南建水县朱家大院花园平面图
引自：蒋高宸著．建水古城的历史记忆．北京：科学出版社，2001年，彩图63。

清·俞询庆《荷廊笔记》中提到广州潘氏园中的戏台，云：

> 潘氏园，园有一山，冈坡峻坦，松桧翁蔚，石径一道，可以拾级而登。闻此山本一高丘，当创建斯园时，相度地势，担土取石，堆而案之，朝烟暮雨之余，俨然苍岩翠岫。一大池广约百亩许，其水直通珠江，隆冬不涸，微波渺渺，足以泛舟。面池一堂极宽敞，左右廊庑回绕，栏干周匝，雕镂藻亥，无不工致。距堂数武，一楼峙立水中，为管弦歌舞之处，每于楼中作乐，则音出水面，清响可听。由堂而西，接以小桥为凉榭，轩窗四开，一望空碧。三伏时，藕花香发，清风徐来，顿忘燠暑，园多果木，而荔枝树尤繁。

文中所述的戏台建在水中，周围亭台轩榭，树木繁郁，再加上演出时的优美歌声，整个气氛如诗如画，宛若人间仙境。

园林式剧场的最大特点是环境优美，可以边赏阅花木，边听赏剧曲。其中，演员之轻歌曼舞与优美的园林融为一体，让人赏心悦目。

上述五种私宅演出场所中，前两种是临时性的，后三种则是永久性剧场。本章第二节将结合实例，讨论永久性剧场；第三节则分析特殊的私宅剧场，即王府剧场。

第二节　私宅剧场实例分析

中国现存私宅剧场数量众多，而且广泛分布。其中不乏保存完好，价值较高者。下文列举不同地域、不同类型的七座私宅剧场分别论述，其中天津杨柳青镇石家大院剧场为厅堂式；山西太谷县孔家大院剧场、北洸村曹家大院剧场、安徽歙县郑村乡堨田村吴宅剧场为庭院式；江苏无锡薛福成私宅剧场、江苏扬州市何园剧场为园林式剧场。

1. 天津杨柳青镇石家大院剧场

石家大院位于天津西郊杨柳青镇，南临河沿大街，北至估衣街。石家祖籍山东东阿县，清雍正年间（1723～1735年），石氏先人从山东来到天津一带，以漕运粮食为业，盈利渐丰。到石万程和其子石献廷时，由于善于经营，成为巨富。道光三年（1823年），石献廷又将四子各立堂名，其中长门福善堂，二门正廉堂，三门天锡堂，四门尊美堂。四门石宝珩及其子石元俊、石元仕等治家有方，财丁兴旺，成为津西第一家，并新建"尊美堂"宅院，即现在俗称的"石家大院"。民国八年（1919年），石元仕去世；民国12年（1923年），石家从杨柳青镇迁于天津市内，石家逐渐衰落。但石家大院较好地保存下来，并于2006年被公布为全国重点文物保护单位。

石家大院始建于光绪元年（1875年），两年后主要建筑完工，总耗白银30万两。之后，石家还对其宅不断扩建，直到民国12年（1923年）石家迁居天津市内，前后建设时间累计近50年。石家大院南北长约96米，东西宽约62米，占地约6080平方米，建筑面积约2945平方米，规模宏大，其砖、木、石雕亦精致独特。石家大院的总体格局由东路、西路和跨院组成。东路为内宅，从南到北依次为外账房、女花厅院、内宅两院和内账房院等。东路以东还有跨院，最南端是石家大院车大门。西路包括客房院、剧场、祠堂等。西路以西有长廊，长廊以西从南到北有石家花园、家丁院、学堂院等。

剧场位于西路的中间，为室内厅堂式（图5–14、图5–15），长33.3米，宽12.3米，立柱54根。戏台位于厅堂的一侧，面积约20平方米。戏台木柱悬楹联，书"梓泽兰亭逢盛世，绽桃杨柳庆升平"。后台面积约57平方米，供演员化妆休息之用。后台还保留上梁诗，云："门庭焕彩振家声，阀阅光辉绵世泽。"戏台两侧的东、西廊各五间，每间面宽2.6米，进深2.35米。廊柱为方形抹角柱，内廊柱为两层通柱，外廊柱高一层。内廊柱高出部分安装玻璃窗，供剧场内部采光之用。回廊作为观

图5–14　天津杨柳青镇石家大院剧场内景

图5–15　天津杨柳青镇石家大院剧场后台内景

众席。旧时演出时，靠近戏台为“官座席”，后面则为“女眷席”。清末著名京剧表演艺术家孙菊仙、余叔岩等曾在这里唱过堂会。

石家大院剧场的特点是采用固定的厅堂式剧场形式，且规模较大，座席能容纳近百人。剧场的室内装饰较为精致，即使是后台，也有雀替等作为装饰。其高窗采光的做法在当时可谓创举。

2. 山西太谷县孔家大院剧场

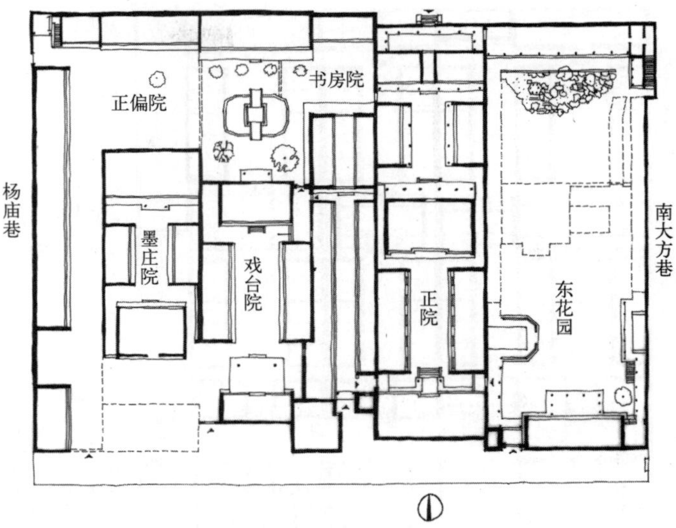

图 5–16　太谷县孔祥熙宅院平面图
根据孔祥熙宅院所提供的资料绘制。

孔家大院位于太谷县城内，始建于清乾隆年间（1736 ~ 1795 年），至咸丰年间（1851 ~ 1861 年）告竣。宅主孔祥熙（1880 ~ 1967 年），字庸之，号子渊，山西太谷人，银行家和富商，民国时期南京国民政府行政院长，兼财政部长。民国 14 年（1925 年），孔祥熙从当时没落的富商孟广誉手中购买，之后进行维修。整个宅院有正院、书房院、厨房院、戏台院、墨庄院、西偏院和东花园等（图 5–16）。

戏台（图 5–17）坐南向北，台基高 0.35 米，平面呈凸字形。前台单开间 4.30 米，单进深 5.00 米。后台三开间 9.8 米，单进深 3.4 米。前台单檐歇山顶，后台硬山顶，前后勾连。前台前檐的两角柱柱头施五铺作斗栱各一攒，正面和两侧各施平身科各一攒。斗栱耍头呈龙首状，昂嘴雕成如意形，雀替雕有梅花喜鹊（图 5–18）。

和戏台正对的是正房三间。庭院两侧各有厢房五间，是家人观戏之处。每逢庆寿、婚嫁等大事，就演戏庆贺。

3. 山西太谷县北洸村曹家大院剧场

曹家大院位于太谷县城西南五公里处北洸村东北角，占地面积 10638 平方米，建筑面积 6348 平方米。外墙雄伟高大，形似城堡。曹氏世代经商，生意兴隆，清道光（1821 ~ 1850 年）、咸丰年间（1851 ~ 1861 年）达到鼎盛，在全国拥有商号达 640 余处。当时曹氏七门中，有五桂堂、怀义堂、福善堂、三多堂等多支，尤以三多堂一门最为显赫。现存的曹家大院（即指三多堂）。大院分为南北两部分，中间为东西向的巷道。北部为三主院二偏院，其中三座主院寓意“多子”、“多福”、“多寿”，取“三多”之意。南面为戏台院、账房院、服务院（图 5–19）。主要大门设在南面。戏台位于西南角，面阔一间 3.13 米，进深一间 2.44 米（图 5–20）。戏台后面为五开间的后台。东西厢房作为观众空间。

图 5–17　太谷县孔祥熙宅园戏台外观

图 5–18　太谷县孔祥熙宅园戏台雀替

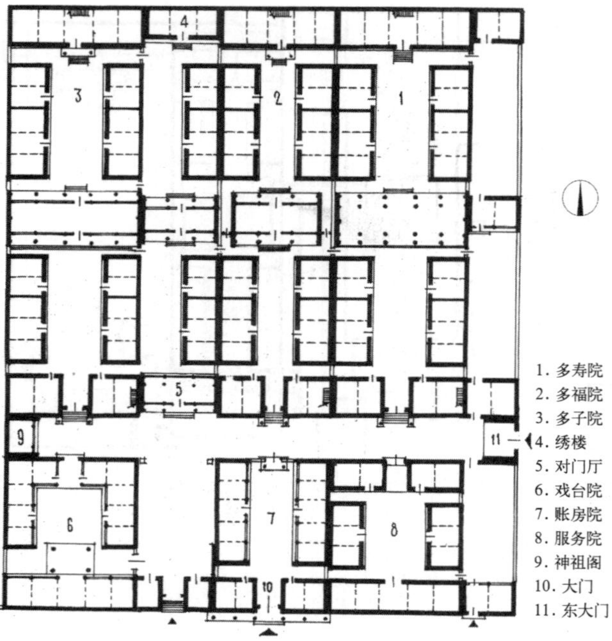

图 5–19　山西太谷县北洸村曹家大院平面图

孙大章主编．中国民居建筑研究．中国建筑工业出版，2004 年，第 249 页。

4．安徽歙县郑村乡堨田村吴宅剧场

吴宅位于歙县郑村乡田村，建于清光绪元年（1875 年），为举人吴筱晴所建。吴筱晴为当时歙县四大才子之首，才华横溢，为人儒雅。剧场位于吴宅的后院，吴筱晴亲题匾额叫“凹凸山房”，因其戏台为“凸”形，而看楼为“凹”形。据说当时每逢春节，或遇喜事，吴家都要聘请著名戏班来演戏，亲朋好友以及地方官员绅士都被邀来看戏，一演就是三日五夜，热闹非凡。

整个剧场由戏台、庭院、看楼等组成。戏台面宽 11 米，进深 4.5 米，台面高 2 米（图 5–21）。台前檐有各种表示喜庆吉祥的装饰图案。木槅扇区分前后台，前台中间为表演区，两侧副台为乐队伴奏之处。看楼宽 9.9 米，深 4.2 米，分上下两层，楼上为“雅座”，是专供夫人、小姐们看戏的地方（图 5–22）。楼下是一般家人看戏之处。

该剧场设计的巧妙之处正是这一“凸”一“凹”。“凸”的戏台不仅增加了演出面积，也提供了多方位的观演视角，而“凹”的看楼则增加了观看戏剧的角度。这一设计不仅提升了观演效果，亦增加了空间趣味性。

5．江苏无锡薛福成私宅剧场

薛福成故居又名“钦使第”，位于无锡城内健康路西侧，南起学前街，北接前西溪。薛福成（1838 ～ 1894 年），字叔耘，江苏无锡宾雁里人，是我国近代史上影响卓著的思想家、外交家和资产阶级早期维新派代表人物。薛福成宅始建于光绪十六年（1890 年），建成于光绪二十年（1894 年）。总体布局有三条轴线，中轴线由照壁、门厅、正厅、房厅、转盘楼及后花园组成；东侧轴线为花厅、仓厅、廒仓等；西侧轴线为偏厅、杂屋及藏书楼等。

戏台建于后花园水池之上，隔池正对主厅（图 5–23），距主厅 6.9 米，中间凿有小池（图 5–24），四周缀以假山花木。戏台（图 5–25）台基高 3.0 米，单开间 4.5 米，单进深 3.7 米。单檐歇山顶，飞檐翘角。两侧柱上有李鸿章所书的一副楹联：“桃花流水在人世；风月笙箫坐夜间。”台檐下四周悬垂花柱，雕刻精美（图 5–26）。戏台两侧为游廊（图 5–27）。薛家每逢喜庆活动或接待亲朋好友之时，均会在这里演戏娱乐。据记载，民国 8 年（1919 年），薛南溟的夫人吴氏六十寿庆时，曾在此大唱堂会，三天三夜，吸引了许多无锡市民前来观看。

图 5–20　太谷县北洸村曹家大院戏台

图 5–21　歙县郑村乡堨田村吴宅戏台

图 5–22　歙县郑村乡堨田村吴宅观众席

图 5–23　无锡薛福成私宅戏台对面的正厅

图 5–24　无锡薛福成私宅戏台前面的小池

图 5–25　无锡薛福成私宅戏台外观

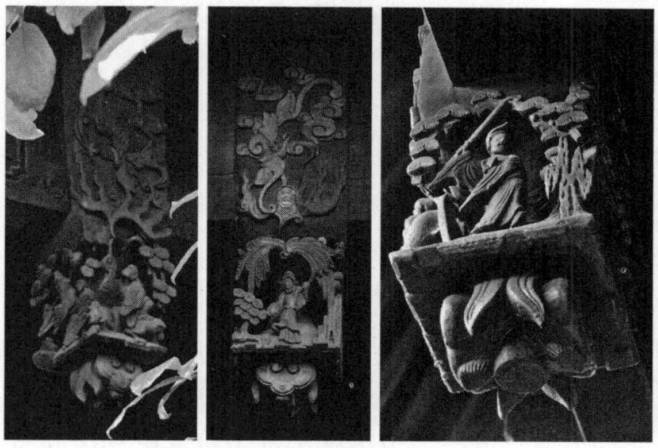

图 5–26　无锡薛福成私宅戏台雕刻

图 5–27　无锡薛福成私宅戏台两侧的游廊

6. 江苏扬州何园剧场

扬州何园因园主人姓何而得名。清光绪年间（1875 ～ 1908 年），道台何芷刀辞官后，购买吴氏“片石山房”旧址，并加以扩建而得。何园又名“寄啸山庄”，取意于东晋大诗人陶渊明的《归去来辞》，集“倚南窗以寄傲”，“登东皋以舒啸”中的“寄”、“啸”两字为山庄之名。1988 年，何园被公布为全国重点文物保护单位。

何园西部空间开阔，设有水池，中间建水心亭。水心亭同时兼做戏亭（图 5–28 ～图 5–30）。

戏亭平面呈方形，边长 6.5 米，四角攒尖屋顶。柱间有座椅相连，外围四周有白矾石花栏。戏亭北面以湖石和池边相接，南有石板桥通到池边。戏亭前有一个小平台，天晴时，可以在平台上演剧，下雨时则在戏亭中演出。池子四周都是两层的楼阁，楼上皆有栏杆，可供人观看戏亭内的演出。池

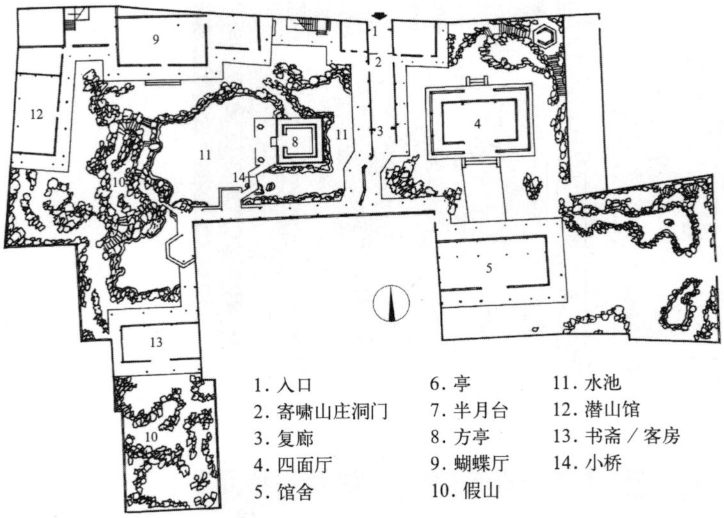

图 5–28　扬州何园平面图

何园线图引自：潘谷西编著．江南理景艺术．东南大学出版社，2001 年。

西桂花厅正对戏台，是主要的观戏场所。池北是七间二层楼厅，因其屋角反翘，形态似蝶，俗称蝴蝶厅。厅两端与廊连接，通向西南部的赏月楼。池南是读书楼。西南部有大型湖石假山，山上峰峦起伏，山上有小径通向读书楼边。

陈从周在《扬州园林》中曰：“此戏亭利用水面的回音，增加音响效果，又利用回廊作为观剧的看台。在封建社会，女宾只能住在宅内贴园的复道廊中，通过疏帘，从墙上的什锦空窗中观看。”[1] 尽管在封建社会，观看戏剧会受种种社会习俗的限制，但该观演建筑却堪称园林式剧场的典范，并完整地被保存下来。

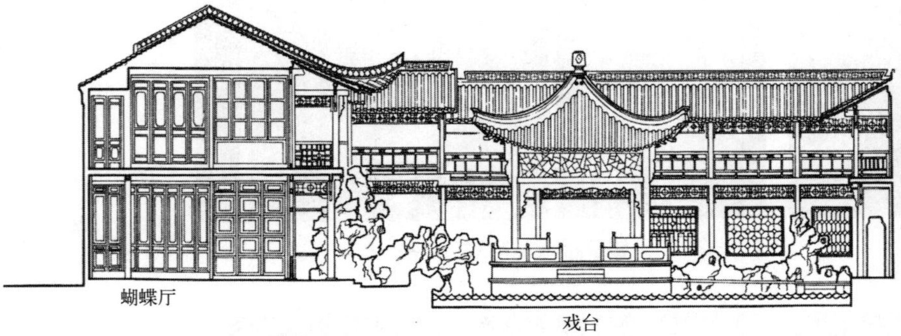

图 5–29　扬州何园剧场剖面图

图 5–30　扬州何园戏亭

第三节　清代王府剧场

一、清代王府演剧

清代的皇帝多热衷于欣赏戏曲演出，宫内经常锣鼓喧天，笙歌不息。皇帝在看戏时，王公大臣往往陪侍左右。这样，王公大臣耳濡目染，对戏曲的热情与日俱增。但清朝不准王公大臣到民间看戏。于是，各王府就自建戏班，在王府内演出，就是所谓的王府戏班[2]。

清初顺治年间（1644 ~ 1661 年），战乱不断，社会动荡，官吏蓄养戏班的情况并不多见。从康熙年间（1662 ~ 1722 年）社会、经济趋于稳定，于是不少官吏开始蓄养戏班。清 · 王应奎《柳南随笔》卷六：“诸亲王及阁部大臣，凡有宴会，必演此剧，而缠头之赏，其数悉如御赐，先后所获殆不赀。”可见这时王府演剧已露端倪。到了清代后期，王府演剧之风更是愈演愈烈，甚至王公大臣自己都常登台演出。罗瘿庵《菊部丛谈》载：“肃亲王善耆，全家皆能演剧，常见父子兄弟登台。”[3] 老艺人侯玉山回忆肃亲王载涛酷爱戏剧表演的往事时说：“他除在家里养着戏班，日必奏戏外，也不囿于体统所限，经常面敷粉墨，亲登歌台，作优孟衣冠之嬉，这是大家都知道的。”[4]

1　陈从周．扬州园林．上海科学技术出版社，1983 年，第 6 页。

2　这种戏班是由王府买来童伶训练，由王府出资蓄养的戏班，其所有权属于王府，具有非营利性的特征。

3　杨懋建．清代燕都梨园史料．北京：中国戏剧出版社，1988 年，第 792 页。

4　侯玉山口述，刘东升整理．优孟衣冠八十年，北京：中国戏剧出版社，1988 年，第 72 ~ 73 页。

清代对地方官蓄养戏班，有较为严格的禁令。康熙十八年（1679年），御史罗人琮在《敬陈末议疏》云："今之督抚司道等官，盖造房屋，置买田园，私蓄优人壮丁不下数百，所在皆有，不可胜责。"雍正二年十二月曾有谕旨称："外官蓄养优伶，殊非好事，朕深知其害。"[1]乾隆三十四年又"严禁官员蓄养歌童"。[2]嘉庆四年，有更为严厉的圣旨："地方官偶遇年节，雇觅外间戏班唱戏，原所不禁。若署内自养戏班，则习俗攸关，奢靡妄废，并恐启旷废公事之渐。"[3]但是，这些禁令并不适合于一些本身是皇室成员的王公大臣。如雍正年间，怡亲王就曾有戏班，清宫曾有谕旨称："查得永宁寺、弘仁寺每年四月初八献戏一日，如遇皇上在圆明园，永宁寺系南府学生承应，弘仁寺系怡亲王之系承应。"[4]可见，怡亲王有戏班，显然是得到雍正皇帝认可的。光绪帝的父亲醇亲王奕譞为道光皇帝的第七子，就曾先后养有"恩庆"、"恩荣"两个戏班。晚清的肃亲王也有"安庆"戏班。

虽然关于禁止私蓄戏班的命令一再下达，但似乎是一直是禁而不止。《红楼梦》中有多处反映当时官吏私蓄戏班的描述，如第十七回写道："此时王夫人那边热闹非常。原来贾蔷已从姑苏采买了十二个女孩子，并聘了教习以及行头等事来了。那时薛姨妈另迁于东北上一所幽静房舍居住，将梨香院早已腾挪出来，另行修理了，就令教习在此教演女戏。"

值得注意的是，清初期和中期，王府戏班都是只为王府服务。但到晚清时，即便是王府自蓄的戏班，也常常到外面进行商业演出。崇彝在《道咸以来朝野杂记》中写道："早年王公府第，多自养高腔班或昆腔班，有喜寿事，自在邸中演戏。他府有喜寿事，亦可借用。"[5]光绪年间，醇王府的两个戏班，除了为醇王府演出外，也到其他府邸及其一些公共剧场演出。清末，肃亲王府邸的戏班平时也在东安市场内的"东庆茶园"公开卖座。周明泰编《道咸以来梨园系年小录》记载了醇贤亲王蓄养戏班的情况："时王公大臣不得入戏馆听戏，故王府钜第多自养戏班以相娱乐，除在邸中演唱而外，有时亦在外间戏馆演出。"[6]

由于清代王公大臣多集中在北京，因而北京也成为王府戏班最为集中的场所。北京的许多王府内设有剧场，如庆王府、肃王府、豫王府、端王府、涛贝勒府、洵贝勒府、恭王府、醇王府等。其他如内蒙古喀喇沁旗王府、阿拉善左旗王府剧场等亦建有剧场。[7]

二、北京清代王府剧场实例

北京王府剧场中，现仅有恭王府剧场完整地保存下来。恭王府位于什刹海西北角（现前海西街17号），曾是乾隆后期大学士和珅的私宅。[8]和珅死后，嘉庆帝把和珅的这座私宅第改成王府，赐给庆郡王永璘。咸丰初年，又改赐为恭亲王奕訢的王府[9]。咸丰、同治年间（1851～1874年），恭亲王奕訢重修王府。清末，奕訢之孙溥伟及溥儒先后将府邸及花园出售给辅仁大学作为校舍及宿舍。解放后（1949年后），曾作为北京艺术师范学院校舍及中国艺术研究院办公和教学地点。1982年，被国务院列为全国重点文物保护单位。

恭王府前为府邸，后为花园。府邸分为东、中、西三路，中路的三座建筑（即大殿、后殿、延楼）是府邸的主体，东路和西路各有三个院落，和中路建筑遥相呼应（图5－31、图5－32）。王

1　引自《雍正上谕内阁 · 中枢政考》，转引自《元明清三代禁毁小说戏曲史料》。

2　《东华续录》乾隆七十年。

3　引自《清仁宗实录》卷四五。

4　恭王府管理中心编．清代王府及王府文化．文化艺术出版社，2006年，第263页。

5　崇彝．道咸以来朝野杂记．北京：北京古籍出版社，1982年。

6　周明泰．畿礼居戏曲丛书（第三种）．民国21年版。

7　中国戏曲志编委会．中国戏曲志 · 内蒙古卷．中国ISBN中心，1994年，第433～434页。

8　和珅（1750～1799年），字致斋，乾隆宠臣，文华殿大学士，后因罪赐死。

9　奕訢（1833～1898年），宣宗（即道光皇帝）第六子，咸丰元年（1851年）遵道光皇帝的遗诏受封恭亲王，同治元年（1862年）任议政王，后任军机大臣。

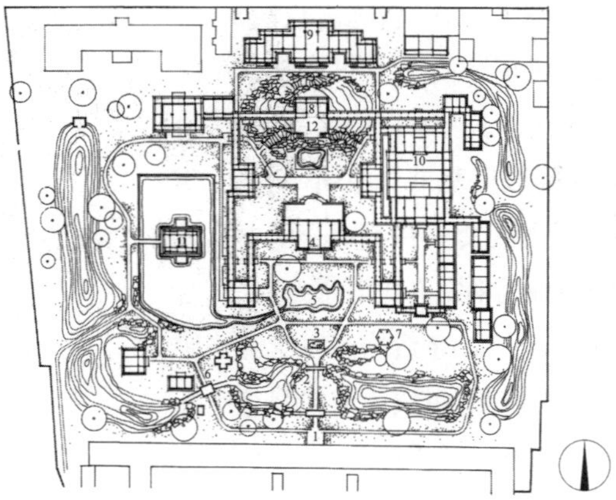

1. 园门　2. 曲径通幽　3. 飞来石　4. 安善堂　5. 蝠河　6. 榆关
7. 沁秋亭　8. 绿天小隐　9. 蝠厅　10. 大戏楼　11. 观鱼台　12. 邀月台

图 5–31　北京恭王府萃锦园平面图

潘谷西主编．中国古代建筑史 · 第四卷 · 元明建筑．2001 年，第 119 页。

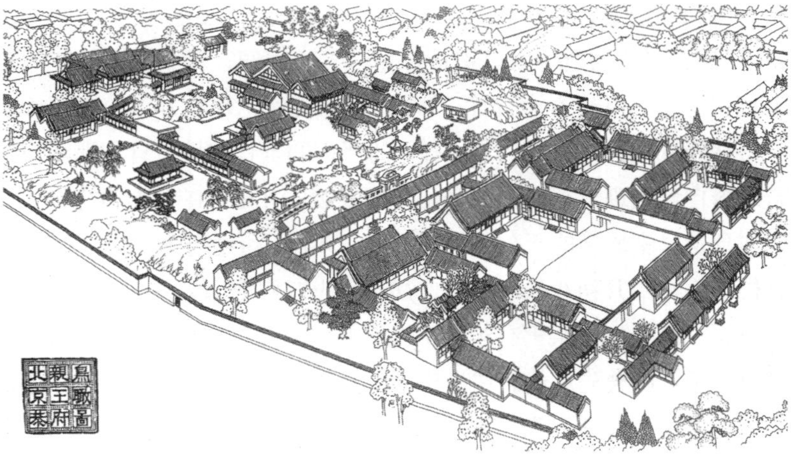

图 5–32　北京恭王府鸟瞰图

孙大章主编．中国民居建筑研究．中国建筑工业出版，2004 年，第 86 页。

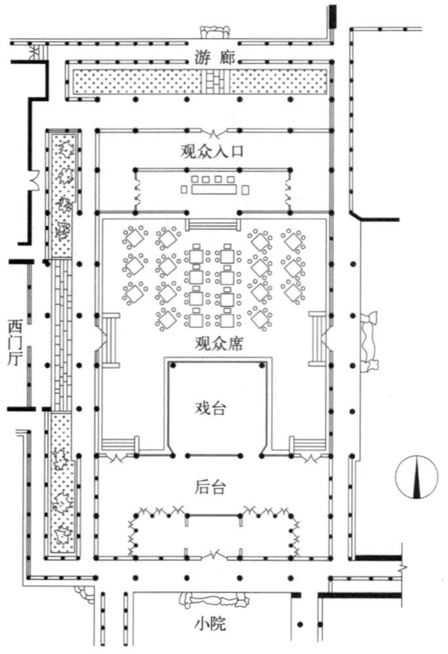

图 5–33　北京恭王府剧场平面图

摹自：李畅著．清代以来的北京剧场．北京：北京燕山出版，1998 年。

府后部花园，名萃锦园，占地约三万平方米，东、南、西三面被马蹄形的土山环抱，园中景物别致精巧。

剧场位于花园中，为咸丰年间（1851 ~ 1861 年）恭亲王奕訢重修王府时所建。该剧场采用室内厅堂式，建筑面积 685 平方米，平面分为门厅、戏台（包括后台）、观众席、观戏阁等几部分（图 5–33、图 5–34、图 5–35、图 5–36、图 5–37）。

戏台位于厅堂南侧，坐南北向。戏台台基高 0.5 米，宽 7.92 米，深 7.1 米。台口二柱，四周有栏杆。戏台上方悬一块金字黑匾，书“赏心乐事”四个篆体字。上场门和下场门上方有匾额，篆书“始作”、“以成”，出自《史记 · 孔子世家》：“乐其可知也。始作翕如，纵之纯如，皦如，绎如也，以成。”观众席宽 16.15 米，深 17.2 米。置于观众席后侧的“怡神所”与戏台等高，共五间，用木落地罩与观众席隔开。“怡神所”之匾，为康熙所书。奕訢之子载滢光绪三十年（1904 年）年所作的《怡神所闲坐》诗中形容道：“怡神最轩敞，堂构费经营，胜日繁华多。昔为先忠王演剧宴会之所。”[1]

恭亲王府之所以建如此精美宏大的剧场，是因为恭亲王世家都热

图 5–34　北京恭王府剧场内景图（从观众席看戏台）

图 5–35　北京恭王府剧场内景（从戏台看观众席）

1　转引自：恭王府管理中心编．清代王府及王府文化．文化艺术出版社，2006 年，第 24 页。

图 5-36　北京恭王府剧场内戏台上下场门

图 5-37　北京恭王府剧场梁架

爱戏曲，尤嗜昆曲。据《南亭笔记》载“恭忠亲王嗜酒，喜唱昆曲，即侍者皆精熟此道”[1]。恭亲王的孙子溥伟亦喜欢昆曲。《清稗类钞》“戏剧”记载：“恭亲王溥伟喜观昆剧，能自唱，其左右亦能和之。每遇小饮微醺，辄歌舞间作。偶倦，即令左右赓续以为乐。曲罢，恒赐以酒。”[2]同治十二年（1873 年），恭王府成立全福昆腔科班，后于同治十三年（1874 年）停办。

朱家溍也曾于 1937 年春夏之交，在恭王府剧场听过一次堂会，并有详细的记载：

> 那一次堂会戏就是弟兄二人（指溥心畬和溥叔明——作者注）为母亲项太夫人七旬大庆祝寿的戏。那一天，我进的是东随墙门。过了山口，到了戏楼，从东隔扇门进去。先到正厅给老太太拜寿，照例主人在旁陪着还礼，然后招待入座听戏。北京宅门堂会戏给来宾预备的桌椅陈设方式是这样的：一张方桌，正面两张官帽式椅并列，两侧各有大方凳两张共四张，这叫做一份“官座”。在正厅台阶下，中间留出一条走路的过道，左右对称各陈设若干份“首座”，都有桌围、椅帔。在靠近戏台的地面上山是左右对称各陈设若干张春凳（又名“二人凳”，相当于两张大方凳联在一起），也有凳套，不设桌子，只是一排一排的摆二人凳。午晚两次酒筵另设于别院，一般都不在看戏的场所摆筵。午前开戏，晚饭后如果继续演出，习惯称为“带灯”或“灯晚”。凡带灯则午晚两筵之外，还招待一次点心，称为“灯果”，不另设席，只在听戏的场所每桌摆四碟包子、黄糕、小八件之类，茶则随时更换。这一天的堂会戏，也是如上述的陈设和待客方式[3]。

文中除记载了观演的传统习俗外，还主要记载了民国期间堂会戏演出时庭院中座位的布置形式。恭王府剧场的建筑等级较高，保存完整，具有很高的历史价值和科研价值，其观演形式和布置方式亦可为现代剧场设计所借鉴。

三、太平天国苏州忠王府剧场

禁止演戏是太平天国国策之一。《太平条规》明确规定“凡邪歌邪戏一概停止，如有聚人演戏者，全行斩首”。这大概因为太平军初期战乱纷飞，严格禁戏也是战争的需要。但后来，禁令渐松，演戏变得非常普遍。

苏州忠王府属太平天国时期的建筑群（图 5-38、图 5-39），和明代御史王献臣以及太平天国将领李秀成密切相关。明正德四年，御史王献臣归隐，营建“拙政园”。当时该园“茂树曲池，胜甲天下”。此后，拙政园几易其主。咸丰七年（1857 年）六月，太平天国忠王李秀成率军攻克了苏州，

1　转引自：恭王府管理中心编．清代王府及王府文化．文化艺术出版社，2006 年，第 264 页。

2　清代徐珂编撰．清稗类钞．中华书局，1986 年，第 5064 页。

3　朱家溍．记恭王府堂会戏．燕都．1988 年第 6 期。

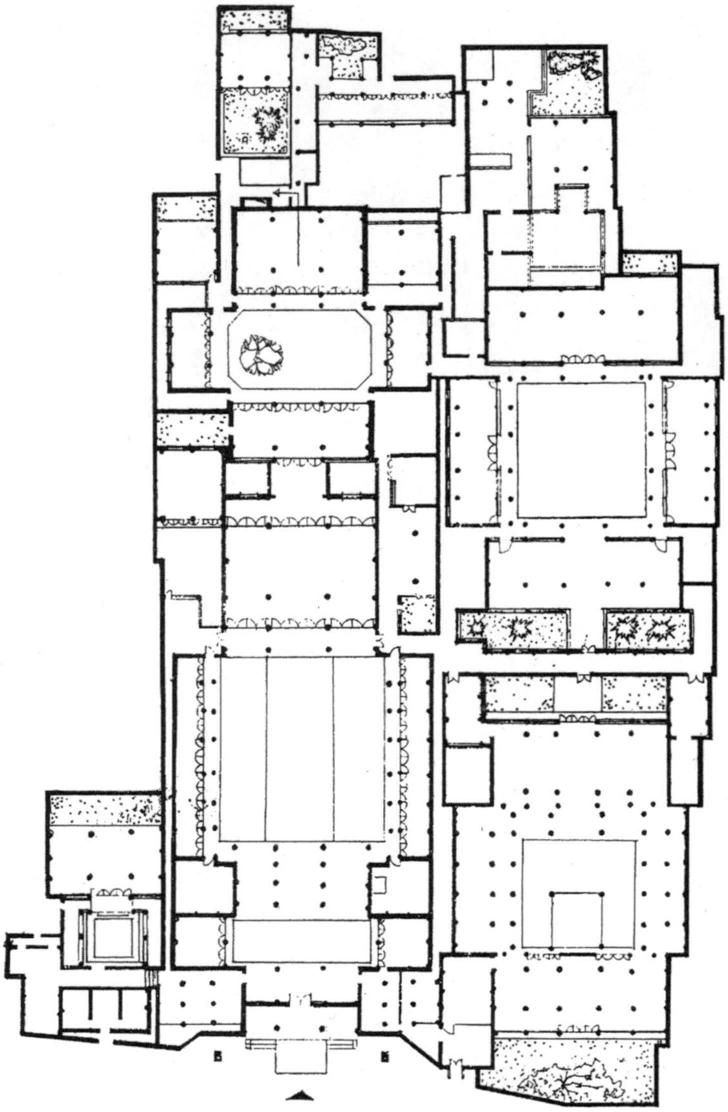

图 5-38　苏州太平天国忠王府平面图
孙大章主编．中国民居建筑研究．中国建筑工业出版，2004 年，第 236 页。

图 5-39　苏州太平天国忠王府山门

图 5-40　苏州太平天国忠王府剧场内景

图 5-41　苏州太平天国忠王府戏台隔扇

并以苏州为中心建立了苏福省。同年八月，李秀成以拙政园为基础，大兴土木，历时三年，建成了集公署、住宅、园林为一体的“忠王府”。史载：王府“绵亘里许”，西面占用汪氏宅，东面没收潘氏宅，并“毗连拙政园结构”，可见其规模宏大。同治二年（1863 年），李鸿章镇压太平军，攻陷苏州，占据忠王府。忠王府随被改作巡抚行辕、善后局，汪姓房屋归旧主。据李鸿章致其弟李鹤章信中称，“忠王府琼楼玉宇，曲栏洞房，真如神仙窟宅”，“花园三四所，戏台二三座，平生所未见之境也”。

忠王府现存一座剧场（图 5-40、图 5-41），位于东南角，始建年代难以考证。这座剧场是在原有桥厅、大厅及其四合院的基础上改建扩建而成，为室内厅堂式。整个剧场面积达 450 平方米，南北二厅各五间，南厅作为戏房。戏台台基高 0.5 米，平面呈方形，宽 7.92 米，深 7.10 米。台角有四根圆柱，顶部设天花，小歇山顶。台中挂着一块写有“普天同庆”的匾，木隔扇雕花，中间是一个可以开合的月洞门。格扇左右是扇面形的“出将”、“入相”上下场，挂着门帘。剧场四面是回廊，廊上有一排玻璃明窗，用于室内采光。

清末忠王府演剧活动较多。《磷血丛抄》记载：“静轩入天朝后……遂另忠府‘典采’张老全习教梨园一部，选童男女一百二十人以习之，己亦学度昆曲。五月初五日，居然至忠府开台，静轩扮《絮阁、惊变》中唐元（玄）君，颇为忠王许可。中秋后，又选四十人习武戏，合为一班，时常唱演宴客。”

第六章　会馆剧场

第一节　会馆剧场概论

一、会馆发展及其会馆内的演剧

会馆是明清时期同省、同府、同县或同业的人在京城、省城或大商埠设立的机构，主要以馆址的房屋供同乡、同业聚会或寄寓。会馆的功能是多方面的，它既是商帮行会组织的常设机构和活动场所，又是同乡聚会、寓居、商议的地方。会馆的出现可以上溯到明永乐年间（1403 ~ 1424 年）。《芜湖县志》记载："京师芜湖会馆在前门外长巷上三条胡同。明永乐间邑人俞谟捐资购房数椽并基地一块创建。"[1] 该县志中提到的芜湖会馆是目前所知最早的会馆。清代会馆得到迅速发展，这些会馆多建于政治中心和商业重镇，如北京、上海、天津、开封、济南、福州、广州、苏州、芜湖、扬州、洛阳、汉口、佛山、潮州等地，在清代均有数量众多的会馆。

会馆在宴会、娱乐之时，往往伴随有戏曲演出。会馆和剧场为何能融合为一体，是一个值得深思的问题。这似乎是由会馆"联桑梓，敦乡谊"的性质决定的。会馆作为聚会和庆典祭祀的场所，可以沟通商情，联络乡谊，增强商人的凝聚力。每逢节日，各大会馆便竞相演戏以渲染气氛。客居异乡的商旅，往往也以观看家乡戏曲来慰藉乡愁别绪。清代中后期，会馆逐渐商业化和娱乐化，在会馆中演戏也更为多见。清嘉庆年间定晋岩樵叟《成都竹枝词》云："会馆虽多数陕西，秦腔梆子响高低，观场人多坐板凳，炮响酬神散一齐。"

会馆内演剧的由头很多。如每逢会馆修葺竣工后，照例要演戏庆贺。苏州清道光八年（1828 年）《烛业创建东越会馆题末记》载："三年秋，修葺工竣，呼优演剧，供奉圣帝神像。"[2] 上海清光绪十九年（1893 年）《上海县为沪北钱业会馆工竣禁止诸色人等任意作践碑》载："沪北钱业会馆一所业已竣工，兹于八月内涓吉落成。祀神演戏，诚恐观者人多，拥挤喧扰，甚或作践地方，毁坏窗壁铁栏。"[3]

但凡有商铺新开张之时，也要在会馆中演剧。北京清道光二十九年（1849 年）《豬行公议条规碑》载："新开豬店者，在财神圣前献戏一天，设筵请客，同行之人方许上市生理。"[4] 从这一行规可以看出，当时商铺开张之时，在会馆中演剧已经制度化了。

各种节日之时，会馆也会演剧庆贺。河南赊旗县山陕会馆清乾隆五十年（1785 年）《会议杂货行规碑记》中说："每年正月十五日演戏敬神，各家俱要齐备，如故违者不许开行。"洛阳山陕西会馆清道光十八年（1838 年）《东都马市街山西、陕西众商积金建社碑记》载有："四月初旬间，隆肸蠁之仪，张乐迎醮，乐输至诚。"据益三《欣斋杂记》载，扬州的江西会馆"每逢诞日，往常恒演剧高会"。

另外，许多会馆行规还把罚戏作为重要的行业处罚手段。清末《湖南商事习惯报告书》"制造商类"中，载有乾隆三十一年（1766 年）长沙京刀店条规，其中规定："带学徒者，三年为满，出

---

1 《芜湖县志》卷十三"建置"，转引自：王日根，中国会馆史，东方出版中心，2007 年，第 39 页。

2 苏州历史博物馆著．明清苏州工商业碑刻集．南京：江苏人民出版社，1981 年，第 269 页。

3 江苏省博物馆编．江苏省明清以来碑刻资料选集．北京：三联书店，1959 年，第 498 页。

4 李华编．明清以来北京工商会馆碑刻选编．北京：文物出版，1980 年，第 151 ~ 152 页。

一进一，公议出备上行钱五串文归公，如违不遵，罚戏一台敬神。”北京清光绪三十二年（1906 年）《糖饼行北案重整行规碑》也载有：“如有帮案、烧炉，散去徒弟、半角接做活者，工价送钱一律照旧；如不照旧，赚者罚该柜神戏一台。”[1]

清同治年间的《汀龙会馆志》记载了从正月初五日到十二月二十四日的二十六次神祭活动，演戏是其中的必要内容：

正月初五日，福纸纲祈神，午刻饮福，演戏壹台。

二月初一日，运河纲祈神，午刻饮福，演戏壹台。

三月十八日，上杭纲分祭，预祝圣母诞辰，午刻饮福，演戏壹台。

三月十九日，运河纲分祭，预祝圣母诞辰，午刻饮福，演戏壹台。

三月二十日，九洲纲分祭，预祝圣母诞辰，午刻饮福，演戏壹台。

三月二十一，本立纲分祭，预祝圣母诞辰，午刻饮福，演戏一台。

三月二十二，龙岩纲分祭，预祝圣母诞辰，午刻饮福，演戏一台。

三月二十三日，汀龙众帮公祭，庆祝圣母千秋诞辰。预期各纲董理公择帖，请主祭与祭各执事前一夜习仪，众办主与祭执事二便席。是夜演戏，各纲分办酒席预祝，二十三日卯刻致祭，辰刻主与祭执事二面席，午争刻饮福二席，由众办，其余各纲早晨观祭，午刻饮福，酒席俱各纲自行分办。是日演戏连宵，亦各纲自办夜席庆祝。

三月二十四日，篓纸纲分祭，庆祝圣母诞辰，午刻饮福，演戏壹台。

三月二十五日，福纸纲分祭，庆祝圣母诞辰，午刻饮福，演戏壹台。

三月二十六日，履泰纲分祭，庆祝圣母诞辰，午刻饮福，演戏壹台。

三月二十七日，武平纲分祭，庆祝圣母诞辰，午刻饮福，演戏壹台。

三月二十八日，莲峰纲分祭，庆祝圣母诞辰，午刻饮福，演戏壹台。

六月初三日，福纸纲预祝土地福德神诞，午刻饮福，演戏壹台。

每年秋九月，汀龙众帮公祭，庆祝圣母飞升，章程与春季。

九月初六日，上杭纲分祭，预祝圣母飞升，午刻饮福，演戏壹台。

九月初七日，运河纲分祭氦预祝圣母飞升，午刻饮福，演戏壹台。

九月初八日，九洲纲分祭，预祝圣母飞升，午刻饮福，演戏壹台。

九月初九日，汀龙众纲公祭，庆祝圣母飞升，午刻饮福，演戏壹台。

九月初十日，汀龙众纲预祝财神诞辰，午刻饮福，演戏壹台。

九月十一日，莲峰纲分祭，庆祝圣母飞升，午刻饮福，演戏壹台。

九月十八日，运河纲庆祝财神诞辰，午刻饮福，演戏壹台。

九月二十二日，福纸纲补祝圣母飞升，午刻饮福，演戏壹台。

九月二十三日，本立纲补祝圣母飞升，午刻饮福，演戏壹台。

十二月初一日，运河纲酬神，午刻饮福，演戏壹台。

十二月二十四日，福纸纲酬神，午刻饮福，演戏壹台。

换袍季，每年演戏壹台，午刻饮福。

根据上述记载，这座会馆内每年所进行的二十六次神祭活动中，二十五次有演剧活动。

光绪年间开始，会馆不仅承担同乡联谊演剧，而且转向经常性、营业性演出。清 · 王闿运《湘

1　李华编．明清以来北京工商会馆碑刻选编．北京：文物出版，1980 年，第 148 ～ 149 页。

绮楼日记》记载："光绪五年正月十五日，阴……饭后出游江南馆，有昆曲，意欲不听，至浙江馆，看四川土戏，亦甚可厌。"

二、会馆剧场建筑的产生

会馆演剧如此频繁，搭建临时剧场是非常不经济的，这也促进了会馆剧场建筑的形成。会馆剧场一定程度上是庙宇剧场的衍生和发展。清代的会馆建筑，或多或少有酬神祭祀的功能。如河南洛阳清道光十八年（1838 年）《东都马市街山西、陕西众商积金建社碑记》云："余嘉众商崇祀建社，酌费积金，深得古人祭祀之式之遗也。"碑文中的"社"即指山陕会馆。山东聊城清嘉庆十四年（1809 年）《山陕会馆众商重修关圣帝君大殿》记载："东昌为山左名区，地临运漕，四方商贾云集者不可胜数，而吾山陕为居多，自乾隆八年创建会馆以祀神明而联桑梓，迄嘉庆八年，从而修之。"北京的颜料会馆嘉庆二十四年（1819 年）《重修仙翁庙碑记》记载：

> 京师庐草园之街北，旧有平遥会馆，乃吾乡颜料一行祀神之所。创建年月碑记无靠，无庸缕述焉。馆之后院，正殿为真武宫，关圣帝君、玄坛、财神列于左，梅、葛仙翁列于右。神光显赫，灵佑昭彰，锡兹祉福，吾乡在京商贾，托庇宁有穷哉。[1]

上述碑文中均提到会馆的祭祀功能。同庙宇一样，会馆在祭祀时，又必然有各式各样的演戏活动。从这个意义上说，会馆剧场是庙宇剧场的衍生、分支和发展。北京颜料会馆清嘉庆二十四年（1819 年）《重修仙翁庙碑记》记载："他如乐亭厢廊，楼阁层叠，凡所以委神灵而肃拜瞻者，前人之缔造，其谋盖深且远矣。"[2] 北京浮山会馆清咸丰五年（1855 年）《浮山会馆金妆神像碑记》记载："我浮山会馆建自雍正七年，其馆北位五圣像，神德灵应，佑我商人；南建演乐亭，依永和声，仰答神庥。我乡贸易诸公，每遇朔望，咸集于此，敬修祀神。虽异地宛若同乡，皆得以敦亲睦之谊，叙桑梓之乐矣。"[3] 当然，由于会馆多具有商业性，所以会馆一般供奉关帝、财神。

会馆剧场除了酬神功能外，还是客商排遣乡愁、同乡联谊的重要场所。北京清同治四年（1865 年）之《重修正乙祠碑记》载："正乙祠在正阳门外护城河之西偏，其始于康熙六年，浙人懋迁于京者创祀之。以奉神明，立商约，联乡谊，助游燕也。每至春秋假日，祀神饮福，冠裳毕集，献酬□错，相与为欢。"[4]

由于会馆剧场具有多重功能，且身居异地的客商非常热衷于欣赏家乡的戏剧，所以会馆剧场在清代迅速发展起来。各地方戏也尾随商帮，在会馆剧场中广为传播。

三、会馆剧场的发展

明代会馆中是否有剧场，尚不得而知。但是，到了清代，随着会馆建筑的发展和戏曲文化的繁荣，不少会馆，特别是规模较大的会馆，大多建有剧场。

清康熙年间，会馆中建造剧场者已逐渐增多。安徽亳州山陕会馆康熙十五年（1676 年）《关帝祠前创建戏台题名记》就提及建造戏台之事。上海光绪十八年（1892 年）《重修商船会馆碑记》也明确记载："吾邑商船会馆，崇奉天后圣母，其大殿、戏台创建于康熙五十四年。"[5] 乾隆四十九年（1784 年）《潮州会馆记》记载：

---

1 李金龙、孙兴亚主编．北京会馆资料集成．学苑出版社，2007 年，第 1046 页。

2 李金龙、孙兴亚主编．北京会馆资料集成．学苑出版社，2007 年，第 1046 页。

3 李金龙、孙兴亚主编．北京会馆资料集成．学苑出版社，2007 年，第 956 页。

4 李金龙、孙兴亚主编．北京会馆资料集成．学苑出版社，2007 年，第 1333 页。

5 上海博物馆图书资料室编．上海碑刻资料选辑．上海人民出版社，1980，第 196 页。

> 我潮州会馆，前代创于金陵，国初始建于苏郡北濠，基址未广。康熙四十七年，乃徙上塘之通衢。列层五楹，为殿者一，为阁为台者各一，闬闳高敞，单艧翚飞，敬祀灵佑关圣帝君、天后圣母、观音大士。以复买东西旁屋，别祀昌黎韩夫子，兼设客厅厨舍，凡岁时伏腊，祝厘受祉，宾朋叙会，饮爵献酬，咸集于是，规制焕然一新矣。

碑中所提到的“台”，应当指戏台。周口市山陕会馆清乾隆四十八年（1783年）《重修关圣庙诸神殿香亭钟鼓楼并照壁僧室戏房及油画诸殿铺砌庙院碑记》记载，该会馆“创自康熙三十二年。五十二年傍建河伯、炎帝二殿。丁酉年建药王殿并东廊房……雍正九年，重修大殿，建香亭，十三年建舞楼、山门”[1]。

乾隆年间，会馆剧场得到进一步的发展。北京平遥会馆清乾隆六年（1741年）《建修戏台罩棚碑记》云：“今于乾隆六年，岁次辛酉，凡我同侪，乐输己资，共成胜事。于大厅前，建造戏台罩棚一所。”[2]山东聊城山陕会馆清乾隆三十一年（1766年）《山陕会馆重修戏台建立看楼碑记》云：“山陕会馆之设，创自乾隆八年，中祀关圣帝君，殿宇临乎上，戏台峙其前，群楼列其左右，固已美轮美奂，炳若矞皇矣。”

清中叶以后，会馆剧场得到更快的发展，并延续到民国时期。全国各地，除了青藏高原、海南岛等地外，基本都有会馆剧场，数量亦非常可观。以苏州为例，清代时就有至少10余座会馆剧场。作者根据《江苏省明清以来碑刻资料选集》等文献，整理了苏州清代的会馆剧场一览表（表6–1）。

苏州清代会馆剧场一览表　　表6–1

序号	会馆名称	历史资料	资料来源
1	济宁会馆	康熙六十一年（1722年）《大王殿置田立庙建楼台南月碑记》记载该会馆大殿建于康熙十八年，“二十七年建造戏楼”，“三十六年造东西看楼六间，两过楼”	《江苏省明清以来碑刻资料选集》，第444页
2	江西会馆	雍正十二年（1734年）《江西会馆万寿宫记》记载，该会馆建于清康熙二十三年，完备于康熙四十六年，“祠大门稍进，则分中门、东西两角门。中门阈内，则设演戏台，拱立北面，以祝寿诞，以歌太平有道休征，奏敷功也”	《江苏省明清以来碑刻资料选集》，第359页
3	潮州会馆	乾隆四十九年（1784年）《潮州会馆碑记》记载“甲寅春，恭届銮辂重临，敬设歌台灯彩，众商踊跃相将，输诚欢庆”	《江苏省明清以来碑刻资料选集》，第340页
4	允金公所	嘉庆二十二年（1817年）《重建见宁公所碑记》记载，“缘因头门戏台楼房坍颓将倾”，于是拟定重修	《江苏省明清以来碑刻资料选集》，第171页
5	任城会馆	嘉庆二十二年（1817年）《重修任城会馆碑》记载，济宁会馆建于康熙十六年，乾隆三十年重修大殿，“嘉庆十一年丙寅，重造戏台山门”	《江苏省明清以来碑刻资料选集》，第445页
6	高宝会馆	嘉庆二十二年（1817年）《海州邦公商修建高宝会馆碑记》记载，会馆建成已逾百年，多有残破，于是集资重修，其中包括修葺戏台和两侧看楼	《江苏省明清以来碑刻资料选集》第409页
7	三山会馆	道光十年（1830年）《重修三山会馆襄助姓名碑》记载，道光十年十月间重修，“自水马道头石碑坊、左右鼓亭、头门、仪门、戏台、看楼、大殿、梳妆楼”	《江苏省明清以来碑刻资料选集》，第355页
8	金华会馆	道光十六年（1836年）《重修金华会馆碑》记载，乾隆初年在阊门外南缘地创建会馆，至道光时，多有破败，“三门缭垣以及庥亭歌台，尤为挠敝”，于是兴工重修，数月完成	《江苏省明清以来碑刻资料选集》，第367页

1　杨健民．中州戏曲历史文物考．文物出版社，1992年，第225页。

2　李华编．明清以来北京工商会馆碑刻选编．北京：文物出版社，1980年，第1～3页。

续表

序号	会馆名称	历史资料	资料来源
9	嘉应会馆	道光二十七年（1847年）《重修嘉应会馆碑志》记载，会馆建于嘉庆年间，并在道光年间“革故鼎新，将圣帝殿移东一丈八尺，伸进一丈二尺，后接一架六尺，升高一尺。后进及墙门戏台”	《江苏省明清以来碑刻资料选集》，第354页
10	太和公所	光绪十八年（1892年）《药皇庙太和公所记》记载，药业公所始建于咸丰九年，同治十二年五月同业集资重建，光绪九年添造两庑，十五年起造大门楼音乐台并旁落东墙门等	《江苏省明清以来碑刻资料选集》，第223页
11	光裕公所	光绪二十五年（1899年）《重建宫巷第一天门三皇祖师殿碑记》记载，光绪甲午，造头门，又“公议集资增建戏台、两庑，吊古今，聊继前人之志”	《江苏省明清以来碑刻资料选集》，第329页
12	全晋会馆	现存	

有的清代会馆建有多座剧场，如汉口山陕会馆（又称“西会馆”）就建有大小七座剧场。光绪二十二年（1896年）修《汉口山陕会馆志》载：“西会馆者，为山陕两省士商办公之所，坐落于汉皋循礼坊夹街后，创始于康熙癸亥（1683年），被毁于咸丰甲寅（1854年），复兴于同治庚午（1870年），工讫于光绪乙未（1895年）。”会馆（图6–1）分东，中，西三路，共建10座院落和一座花园，其中在正殿前、正殿两侧、财神殿、天后殿、七圣殿、文昌殿前均建有戏台，共七座。据《汉口山陕会馆志》载，会馆管理条规定有十三条，其中有两条和演剧有关：“不准外帮借馆演戏，如有徇情私借情事，从重议罚”；“会馆重地灯火最宜小心，嗣后我各帮字号如遇在馆做会演戏，客散戏终主人务将庙院戏台一应灯烛亲查熄灭始准回号以昭慎重，如违议罚”。惟会馆及其会馆内的剧场，于1938年日本侵略军攻占汉口时被摧毁。

大部分会馆剧场随着时间的流逝，已无迹可寻，亦无史料可以考证。要罗列中国清代的全部会馆剧场，已经不可能了。作者仅根据文献记载和现存实物，整理了现所知的会馆剧场一览表（表6–2）。

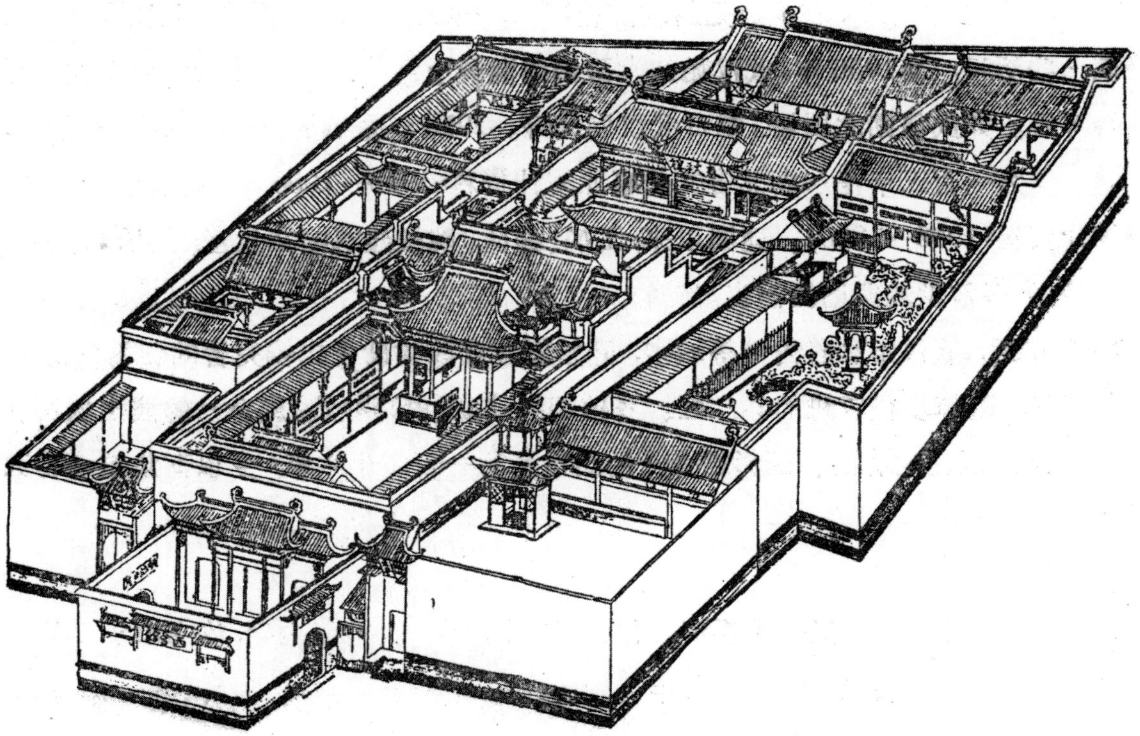

图6–1 清代汉口西会馆全图
中国戏曲志编委会．中国戏曲志·湖北卷．文化艺术出版社，1993年，第454页。

清代会馆剧场一览表　　表 6-2

序号	名称	地址	时间	历史资料（或文献）来源	现存情况
1	精忠庙梨园会馆剧场	北京	清代	《清代燕都梨园史料》，第 912 页	已毁
2	惠济祠梨园馆剧场	北京	清代	同上，第 1213 页	已毁
3	药行会馆剧场	北京	嘉庆二十二年(1817 年)	《明清以来北京工商会馆碑刻选编》，第 92 页	已毁
4	汾阳会馆剧场	北京	清代	《北京会馆资料集成》，第 953 页	已毁
5	洪洞会馆剧场	北京	清代	同上，第 986 页	已毁
6	潞安东馆剧场	北京	清代	同上，第 1030 页	已毁
7	浮山会馆剧场	北京	雍正七年（1729 年）创建	《明清以来北京工商会馆碑刻选编》，第 99 页	已毁
8	平介会馆剧场	北京	嘉庆二年(1797 年)	《京都古戏楼》，第 131 页	已毁
9	平阳会馆剧场	北京	约顺治初年	/	现存
10	平遥会馆剧场	北京	乾隆六年(1741 年)	《明清以来北京工商会馆碑刻选编》，第 1 ～ 3 页	已毁
11	临汾东馆剧场	北京	乾隆三十二年(1767 年)	同上，第 86 页	已毁
12	三晋会馆剧场	北京	康熙六年（1667 年）	碑存北京石刻艺术博物馆	已毁
13	河东会馆剧场	北京	清代	《明清以来北京工商会馆碑刻选编》	已毁
14	晋翼布行会馆剧场	北京	道光十七年(1837 年)	同上，第 37 页	已毁
15	晋翼会馆剧场	北京	清代	《北京会馆资料集成》，第 1006 页	已毁
16	正乙祠剧场	北京	康熙五十一年（1712 年）	/	现存
17	全浙会馆剧场	北京	清代	/	已毁
18	浙绍乡祠剧场	北京	乾隆年间	《清代燕都梨园史料》，第 357 页	已毁
19	安徽会馆剧场	北京	同治十年（1871 年）	《北京会馆资料集成》，第 8 页	现存
20	延邵会馆剧场	北京	道光十六年(1836 年)	《明清以来北京工商会馆碑刻选编》，第 98 页	已毁
21	福建会馆剧场	北京	光绪三年（1877 年）	《北京会馆资料集成》，第 206 页	已毁
22	江西会馆剧场	北京	清末	《京都古戏楼》，第 150 页	已毁
23	湖广会馆剧场	北京	嘉庆十二年（1807 年）创建	《北京会馆资料集成》，第 551 页	现存
24	湖南会馆剧场	北京	光绪十三年（1887 年）	同上，第 640 页	已毁
25	广东会馆剧场	天津	清光绪三十三年（1907 年）	《山陕商人与梆子戏》，第 267 页	现存
26	三晋会馆剧场	河北保定	乾隆五十六年（1791 年）	《山陕商人与梆子戏》，第 222 页	已毁
27	浙绍会馆剧场	河北保定	同治光绪年间	《中国戏曲志 · 河北卷》，第 529 页	已毁
28	山西会馆剧场	河北蠡县大百尺镇	清中叶	《山陕商人与梆子戏》，第 223 页	已毁
29	山西会馆剧场	河北大城县	咸丰年间	《山陕商人与梆子戏》，第 223 页	已毁
30	山西会馆（关帝庙）剧场	河北永清县南关镇	清初	《山陕商人与梆子戏》，第 223 页	已毁
31	山西会馆剧场	河北吴桥县城	康熙五十九年(1720 年)	《山陕商人与梆子戏》，第 224 页	已毁
32	山西会馆剧场	河北任丘县	清初	《山陕商人与梆子戏》，第 224 页	已毁

续表

序号	名称	地址	时间	历史资料（或文献）来源	现存情况
33	太谷会馆剧场	河北张家口	清代	作者2001年实地调查	现存
34	山西会馆剧场	河北张家口	清代	作者2001年实地调查	现存
35	山西会馆剧场	河北故城县	乾隆二十五年(1790年)	《山陕商人与梆子戏》，第224页	已毁
36	三屯营三义庙剧场	河北迁西县	不详	《山陕商人与梆子戏》，第227页	现存
37	山西会馆剧场	内蒙多伦县	乾隆十年（1745年）	《山陕商人与梆子戏》，第227页	
38	山西会馆剧场	辽宁海城市	康熙二十一年(1682年)	《中国戏曲志·吉林卷》，第290页	已毁
39	山西会馆剧场	辽宁朝阳市	乾隆二十年（1755年）	《中国戏曲志·吉林卷》，第291页	已毁
40	山西会馆（关帝庙）剧场	辽宁辽阳市	清代	《中国戏曲志·辽宁卷》，第288页	已毁
41	山西会馆（关帝庙）剧场	辽宁铁岭市	康熙二年（1663年）	《中国戏曲志·吉林卷》，第289页	已毁
42	山东会馆（天后宫）剧场	辽宁大连市金州区	不详	《山陕商人与梆子戏》，第269页	已毁
43	山西会馆剧场	吉林省吉林市	康熙五十年（1711年）	《中国戏曲志·吉林卷》，第429页	已毁
44	山西会馆剧场	黑龙宁安市	乾隆五年（1740年）	《中国戏曲志·黑龙江卷》，第324页	已毁
45	关帝庙水镜台剧场	黑龙江五常县拉林镇	咸丰年间	《中国戏曲志·黑龙江卷》，第325页	已毁
46	江西盱南会馆剧场	福建漳州市	道光二十年（1840年）	《中国戏曲志·福建卷》，第560页	已毁
47	都昌会馆剧场	江西景德镇	清中叶	《中国戏曲志·江西卷》，第667页	已毁
48	饶州会馆剧场	江西景德镇	乾隆年间	《中国戏曲志·江西卷》，第667页	已毁
49	湖北会馆剧场	江西景德镇	道光年间	《中国戏曲志·江西卷》，第668页	已毁
50	徽州会馆剧场	江西景德镇	嘉庆年间	《中国戏曲志·江西卷》，第668页	已毁
51	抚州会馆剧场	江西樊城市	嘉庆七年之前	《山陕商人与梆子戏》，第276页	已毁
52	吉安会馆剧场	江西永修县吴城镇	嘉庆年间	《中国戏曲志·江西卷》，第667页	已毁
53	山陕会馆剧场	山东聊城市	乾隆八年（1743年）	《中国戏曲志·山东卷》，第586页	现存，全国重点文物保护单位
54	福建会馆剧场	山东烟台市	光绪三十二年（1906年）	《中国戏曲志·山东卷》，第591页	
55	山西会馆剧场	山东菏泽市	道光十六年（1836年）	《山陕商人与梆子戏》，第240页	已毁
56	山西会馆剧场	山东泗县	乾隆二十八年(1763年)	《中国戏曲志·山东卷》，第525页	已毁
57	山西会馆剧场	山东曲阜市	清代	《中国戏曲志·山东卷》，第592页	
58	山陕会馆剧场	安徽亳州市	康熙十五年（1676年）	《中国戏曲志·安徽卷》，第520页	现存，全国重点文物保护单位
59	泾川会馆剧场	安徽六安市	约清末所建	《中国戏曲志·安徽卷》，第525页	已毁
60	山西会馆剧场	江苏徐州市	康熙年间	《中国戏曲志·江苏卷》，第762页	现存
61	全晋会馆剧场	江苏苏州市	清末	《中国戏曲志·江苏卷》，第765页	现存，全国重点文物保护单位
62	潮州会馆剧场	江苏苏州市	清康熙四十七年（1708年）	《中国戏曲志·江苏卷》，第766页	现存
63	济宁会馆剧场	江苏吴江市	康熙二十七年	《江苏省明清以来碑刻资料选集》，第444页	已毁

续表

序号	名称	地址	时间	历史资料（或文献）来源	现存情况
64	江西会馆剧场	江苏苏州市	雍正年间	《江苏省明清以来碑刻资料选集》，第 359 页	已毁
65	允金公所剧场	江苏苏州市	嘉庆年间	《江苏省明清以来碑刻资料选集》，第 171 页	已毁
66	任城会馆剧场	江苏吴江市	嘉庆十一年（1806 年）	《江苏省明清以来碑刻资料选集》，第 445 页	已毁
67	高宝会馆剧场	江苏苏州市	嘉庆二十二年(1817 年)	《江苏省明清以来碑刻资料选集》，第 409 页	已毁
68	三山会馆剧场	江苏苏州市	道光十年(1830 年)	《江苏省明清以来碑刻资料选集》，第 355 页	已毁
69	金华会馆剧场	江苏苏州市	道光十六年(1836 年)	《江苏省明清以来碑刻资料选集》，第 367 页	已毁
70	嘉应会馆剧场	江苏苏州市	道光二十七年(1847 年)	《江苏省明清以来碑刻资料选集》，第 354 页	苏州市文物保护单位
71	太和公所剧场	江苏苏州市	光绪十八年(1892 年)	《江苏省明清以来碑刻资料选集》，第 223 页	已毁
72	光裕公所剧场	江苏苏州市	光绪二十五年(1899 年)	《江苏省明清以来碑刻资料选集》，第 329 页	已毁
73	武安会馆剧场	江苏苏州市	光绪十五年（1889 年）		苏州市控制保护建筑
74	山三会馆剧场	上海南市	清末民国初	《中国戏曲志 · 上海卷》，第 632 页	现存，上海市文物保护单位
75	商船会馆剧场	上海南市	乾隆二十九年(1764 年)	《中国戏曲志 · 上海卷》，第 629 页	现存，已被公布为上海市文物保护单位
76	钱业会馆剧场	上海塘沽路	光绪十四年（1888 年）	《中国戏曲志 · 上海卷》，第 632 页	现存，迁建到嘉定
77	四明公所剧场	上海淮河东路	嘉庆二年（1797 年）	《中国戏曲志 · 上海卷》，第 654 页	现存，迁建到上海大观园
78	浙绍公所剧场	上海福佑路	乾隆初年(1736 年)	《中国戏曲志 · 上海卷》，第 653 页	已毁
79	徽宁会馆剧场	上海斜桥南	乾隆十九年(1754 年)	《中国戏曲志 · 上海卷》，第 653 页	已毁
80	泉漳会馆剧场	上海咸瓜街	乾隆二十二年(1757 年)	《中国戏曲志 · 上海卷》，第 653 页	已毁
81	潮州会馆剧场	上海阳朔路	乾隆二十四年(1759 年)	《中国戏曲志 · 上海卷》，第 653 页	已毁
82	钱业公所剧场	上海邑庙内园	乾隆四十一年(1776 年)	《中国戏曲志 · 上海卷》，第 653 页	已毁
83	建汀会馆剧场	上海翠微庵	道光五年（1825 年）	《中国戏曲志 · 上海卷》，第 654 页	已毁
84	饼豆业公所剧场	上海豫园	道光二十三年(1843 年)	《中国戏曲志 · 上海卷》，第 654 页	已毁
85	豫章会馆剧场	上海妙莲桥	道光二十一年(1841 年)	《中国戏曲志 · 上海卷》，第 654 页	已毁
86	浙宁会馆剧场	上海荷花池街	嘉庆二十四年(1819 年)	《中国戏曲志 · 上海卷》，第 655 页	已毁
87	鲁班殿剧场	上海福佑路	道光二十三年(1843 年)	《中国戏曲志 · 上海卷》，第 655 页	已毁
88	潮惠会馆剧场	上海大关南	道光十九年(1839 年)	《中国戏曲志 · 上海卷》，第 655 页	已毁
89	木商会馆剧场	上海北门内	咸丰八年（1858 年）	《中国戏曲志 · 上海卷》，第 655 页	已毁
90	山陕甘会馆剧场	河南开封市	乾隆三十年（1765 年）	《中国戏曲志 · 河南卷》，第 508 页	部分存
91	山西会馆剧场	河南开封朱仙镇	清初	《山陕商人与梆子戏》，第 246 页	已毁
92	潞泽会馆剧场	河南洛阳市	乾隆九年（1744 年）	《中国戏曲志 · 河南卷》，第 507 页	现存，全国重点文物保护单位

续表

序号	名称	地址	时间	历史资料（或文献）来源	现存情况
93	山陕会馆剧场	河南洛阳市	清代	《山陕商人与梆子戏》，第 248 页	现存
94	山陕会馆剧场	河南伊川县	清代	《山陕商人与梆子戏》，第 249 页	现存
95	山陕会馆剧场	河南郏县	康熙三十三年（1693 年）	《中国戏曲志 · 河南卷》，第 505 页	现存
96	怀帮会馆剧场	河南禹县	清代	《山陕商人与梆子戏》，第 249 页	现存
97	山西会馆剧场	河南禹县	清代	《山陕商人与梆子戏》，第 249 页	已毁
98	十三帮会馆剧场	河南禹县	清代	《山陕商人与梆子戏》，第 249 页	已毁
99	山陕会馆剧场	河南周口市	道光十三年（1833 年）	《中国戏曲志 · 河南卷》，第 505 页	现存，全国重点文物保护单位
100	山陕会馆剧场	河南社旗县	嘉庆元年（1796 年）	《中国戏曲志 · 河南卷》，第 510 页	已毁
101	山陕会馆剧场	河南宜阳市白杨镇	清代	《中国文物地图集 · 河南分册》，第 139 页	
102	山西会馆剧场	河南武陟县	清代	《中国文物地图集 · 河南分册》，第 195 页	县文物保护单位
103	关帝庙剧场	河南新乡市	清代	《中国文物地图集 · 河南分册》，第 237 页	市文物保护单位
104	山西会馆剧场	河南辉县	清代	《中国文物地图集 · 河南分册》，第 245 页	县文物保护单位
105	山陕会馆剧场	河南淅川县荆紫关镇	清代	《中国文物地图集 · 河南分册》，第 556 页	
106	山陕西会馆剧场	湖北汉口	康熙二十二年（1683 年）	《中国戏曲志 · 湖北卷》，第 454 页	已毁
107	江西会馆剧场	湖北襄阳市牛首镇	乾隆年间	《中国戏曲志 · 湖北卷》，第 456 页	已毁
108	川主宫剧场	湖北沙市	乾隆年间	《中国戏曲志 · 湖北卷》，第 457 页	
109	江西会馆剧场	湖北来凤县卯洞镇	乾隆二十年（1755 年）	《山陕商人与梆子戏》第 277 页	已毁
110	江西会馆剧场	湖北谷城县	乾隆年间	《中国戏曲志 · 湖北卷》，第 458 页	已毁
111	抚州会馆剧场	湖北樊城市	不晚于嘉庆初年	《中国戏曲志 · 湖北卷》，第 458 页	现存，省级文物保护单位
112	山陕会馆剧场	湖北襄樊市	清	《中国文物地图集 · 湖北分册》	已毁
113	黄州会馆剧场	湖北襄樊市	清	《中国文物地图集 · 湖北分册》	现存
114	河南会馆剧场	湖北郧西上津镇	清	《中国文物地图集 · 湖北分册》	现存
115	江西会馆剧场	湖南湘潭市	清代	《中国戏曲志 · 湖南卷》，第 491 页	现存
116	江西会馆剧场	湖南益阳市	清代	《中国戏曲志 · 湖南卷》，第 492 页	已毁
117	江西会馆剧场	湖南泸溪县	清代	《中国戏曲志 · 湖南卷》，第 496 页	已毁
118	粤东会馆剧场	广西北流县	清代初期	《中国戏曲志 · 广西卷》，第 459 页	已毁
119	湖南会馆剧场	广西临桂县	同治十年（1871 年）	《中国戏曲志 · 广西卷》，第 460 页	已毁
120	江西会馆剧场	广西融安县	光绪九年（1883 年）	《中国戏曲志 · 广西卷》，第 461 页	
121	五省会馆剧场	广西三江县富禄镇	光绪二十年（1894 年）	《中国戏曲志 · 广西卷》，第 461 页	
122	湖南会馆剧场	广西贺州市黄田村	咸丰十一年（1861 年）	《中国戏曲志 · 广西卷》，第 440 页	现存，省级文物保护单位
123	湖南会馆剧场	湖南阳朔县	清咸丰初年	《中国戏曲志 · 广西卷》，第 460 页	已毁

续表

序号	名称	地址	时间	历史资料（或文献）来源	现存情况
124	山西会馆剧场	新疆巴里坤县	道光十二年（1832 年）	《中国戏曲志 · 新疆卷》，第 493 页	已毁
125	甘肃会馆剧场	新疆哈密市	清代	《中国戏曲志 · 新疆卷》，第 493 页	已毁
126	山陕西会馆剧场	甘肃榆中县	不详	《中国戏曲志 · 甘肃卷》，第 559 页	已毁
127	武威大会馆剧场	甘肃武威市	清初	《中国戏曲志 · 甘肃卷》，第 563 页	已毁
128	武威小会馆剧场	甘肃武威市	清代	《中国戏曲志 · 甘肃卷》，第 588 页	已毁
129	山西会馆剧场	甘肃张掖市	雍正二年（1724 年）	《中国戏曲志 · 甘肃卷》，第 531 页	现存，全国重点文物单位
130	敦煌北会馆剧场	甘肃敦煌县	嘉庆十年（1810 年）	《中国戏曲志 · 甘肃卷》，第 569 页	已毁
131	山陕会馆剧场	甘肃甘谷县	嘉庆十五年（1815 年）	《中国戏曲志 · 甘肃卷》，第 569 页	已毁
132	陕西会馆剧场	甘肃兰州市	咸丰五年（1855 年）	《中国戏曲志 · 甘肃卷》，第 534 页	已毁
133	陕山会馆剧场	甘肃景泰县正路乡	咸丰五年（1855 年）	《山陕商人与梆子戏》，第 258 页	已毁
134	陕西会馆剧场	甘肃张掖县	光绪二十六年（1900 年）	《山陕商人与梆子戏》，第 258 页	已毁
135	山陕会馆剧场	甘肃临夏市	清代	《山陕商人与梆子戏》，第 258 页	已毁
136	山陕东会馆剧场	甘肃永昌县	清中叶	《中国戏曲志 · 甘肃卷》，第 536 页	已毁
137	山西会馆剧场	甘肃酒泉市	清代	《中国戏曲志 · 甘肃卷》，第 585 页	已毁
138	五省会馆剧场	甘肃酒泉市	清代	《中国戏曲志 · 甘肃卷》，第 586 页	已毁
139	陕西会馆剧场	甘肃酒泉市	清代	《中国戏曲志 · 甘肃卷》，第 588 页	已毁
140	山陕会馆剧场	甘肃古浪县土门镇	清代	《山陕商人与梆子戏》，第 258 页	已毁
141	山陕会馆剧场	甘肃古浪县大靖镇	清代	《山陕商人与梆子戏》，第 258 页	已毁
142	山陕会馆剧场	青海西宁市	光绪二十六年（1900 年）	《中国戏曲志 · 青海卷》，第 419 页	已毁
143	陕西会馆剧场	宁夏银川市	道光十四年（1834 年）	《山陕商人与梆子戏》，第 259 页	已毁
144	三晋会馆剧场	宁夏银川市	光绪年间	《山陕商人与梆子戏》，第 259 页	已毁
145	两湖会馆剧场	宁夏银川市	光绪十六年（1890 年）	《山陕商人与梆子戏》，第 280 页	已毁
146	山西会馆剧场	陕西西安市	不详	《山陕商人与梆子戏》，第 259 页	已毁
147	药材会馆剧场	陕西西安市	不详	《山陕商人与梆子戏》，第 260 页	已毁
148	武昌会馆剧场	陕西紫阳县	同治七年（1868 年）	《山陕商人与梆子戏》，第 279 页	已毁
149	河南会馆剧场	陕西汉中市	清代	《中国戏曲志 · 陕西卷》，第 460 页	已毁
150	浙江会馆剧场	四川宜宾	不详	《山陕商人与梆子戏》，第 278 页	已毁
151	西秦会馆剧场	四川自贡市	乾隆十六年（1747 年）	《中国戏曲志 · 四川卷》，第 457 页	现存，全国重点文物单位
152	关圣宫剧场	云南晋宁县	清末民初	《中国戏曲志 · 云南卷》，第 475 页	现存
153	江西会馆剧场	云南会泽县	重建于乾隆年间	《中国戏曲志 · 云南卷》，第 475 页	现存，全国重点文物单位
154	四川会馆剧场	云南华坪县	道光年间	《山陕商人与梆子戏》，第 279 页	已毁

从建造时间分析，会馆剧场发展趋势是：北方是由西北向西南、东南蔓延；南方是由南海岸向东南沿海、胶州湾推进。在东部则形成南北交汇的区域。值得注意的是，北方商人所建会馆剧场往往在长江流域以南很少。而南方籍的会馆剧场在北方非常多见[1]。

就会馆的所属原籍而言，北方的会馆剧场以山西、陕西商人所建者最多。尤其规模宏大者，如现存的社旗山陕会馆、洛阳潞泽会馆、山陕会馆、开封山陕甘会馆、亳州山陕会馆、聊城山陕会馆等，均为山陕商人所建。南方会馆剧场则多为南方各地商人所建，分布较为平均。长江流域为南北商业交汇地带，所以兼有南北的会馆。如汉口，既有山陕商人所建会馆剧场，亦有安徽、江西等地商帮所建会馆剧场。

就会馆剧场的数量而言，以山陕会馆剧场最多，雄踞第一。其次，江西会馆剧场位居第二。这主要决定于这些地方商帮的兴盛和戏曲文化的繁荣。但是，颇有影响的徽州商人所建的会馆剧场极少，耐人寻味。大概是由于徽州商人人数较少，且主要活动在长江流域，而这些地域气候潮湿，不利于古建筑的长期保存。

四、会馆剧场的特征

会馆剧场的特征突出表现在两个方面：

首先，会馆剧场在建筑风格上表现出不同文化的融合。会馆为一地商人在另一地所建，所以，其建筑既有当地的风格，又不免受到商人原籍地域文化的影响，往往表现为两者的融合。有的会馆不惜从千里之外的家乡运来建筑材料，并请乡里匠人，按家乡建筑风格，在旅居地构建一个乡土的环境，使乡人有如归之感。如山西明清建筑多用琉璃瓦，而晋商所建的会馆也将琉璃瓦作为重要的建筑材料。

其次，会馆剧场一般规模宏伟，装饰华丽。这自然是由于会馆剧场多由商人集资所建，财力充足。清人沈德符在《野花编》中盛赞北京湖广会馆“壮丽不减王公”。[2]河南现存的会馆剧场也由于规模宏大，装饰精美，大多列为全国重点文物单位或省级文物保护单位。

本章后面的内容，将主要根据实地调查的结果，分析中国各地现存的一些重要会馆剧场。

第二节　北京清代会馆剧场

一、北京明清会馆建筑

明清会馆建筑首先在北京得到较大的发展。明代沈德符（1578 ~ 1642 年）在《野获编》中曰：“京师五方所聚，其乡各有会馆，为初至居停，相沿甚便。”[3]明代刘侗在《帝京景物略》卷四《嵇山会馆唐大士象》曰：“会馆之设于都中，古无有之，如嘉、隆间，盖都中流寓十土者，四方日至，不可以户编而数。凡之也，用建会馆，士绅是至。”[4]到了清康熙、乾隆年间，北京的会馆发展到顶峰。乾隆年间（1736 ~ 1795 年），汪启淑在《水曹清暇录》中曰：“数十年来，各省争建会馆，甚至大县亦建一馆，以至外城房屋地基，价格腾贵。”[5]清末及民国时期，北京的会馆的发展虽有所衰落，但数量仍十分可观，所谓“会馆充斥遍寰宇，半为游民之栖止”。[6]

1　参见：王强著．会馆戏台与戏剧．台北：文津出版社，2000 年，第 76 页。
2　汤锦程著．北京的会馆．北京：中国轻工业出版社，1994 年，第 29 页。
3　沈德符，万历野获 · 编正篇原序卷二十四。
4　刘侗（明）．帝京景物略．卷四．嵇山会馆唐大士像．北京古籍出版社，1980 年。
5　汪启淑著．水曹清暇录．北京古籍出版社，1998 年。
6　胡朴安．中华全国风俗志：下篇．石家庄：河北人民出版社，1986 年，第 35 页。

北京的会馆究竟有多少，各时期的统计不尽相同。光绪十二年（1886 年）《朝市从载》记载，北京的会馆有 384 座。光绪《顺天府志》记载，北京大小会馆有 414 个。清末笔记《清稗类钞》曰："各省人士侨寓京都，设馆舍以为联络乡谊之地，谓之会馆。或省设一所，或府设一所，或县设一所，大都视各地京官之多寡贫富而建设之，大小凡四百余所。"据北京市民政局 1949 年的调查，北京当时有会馆 391 所[1]，多数为清代所建。2007 年出版的《北京会馆资料集成》收录了明永乐十三年（1415 年）至 1949 年之间，北京所建的 647 座会馆[2]。从这些统计可知，清代北京会馆的数量是非常可观的。

北京之所以有如此众多的会馆建筑，主要有两方面的原因。其一，每三年一次的会试，促进了北京会馆建筑的发展。明清两朝，北京作为京师之地，每三年要进行一次会试，大量文人墨客云集于此。为方便这些人的食宿，各地纷纷在北京设立会馆。其二，商业的繁荣促进了会馆建筑的发展。北京自明清以来，不仅是全国的政治文化中心，也是经济商业中心。随着经济的繁荣和商业的发展，工商业者为了联络感情、协调商务、维护利益，需要经常集会、商议、宴饮，也促使各地商人在北京建立会馆。

就北京会馆的具体分布而言，这些会馆主要分布在城外的宣南地区，究其原因，一方面是由于清初规定内城只准住旗人；另一方面是由于中原和南方各省的人员进京时，一般是经过涿州向北过卢沟桥进入广安门，途经宣南一带。

二、北京清代会馆内的演戏活动

目前尚未发现关于北京明代会馆内演戏活动的记载，但有关北京清代会馆中演戏的记载则颇多。清·《燕都杂咏》注云："外城有各省郡邑会馆，每年新春团拜，及公车庆贺，具于此演剧，所以敦桑梓也。"[3]清·《京尘杂录》载："宣武门外大街南行近菜市口有财神会馆，少东铁门有文昌会馆，皆宴集之所，西城命酒征歌者多在此，皆戏园也。"[4]光绪三十四年（1908 年）《北直文昌会馆碑》云："前六家值年，轮流经理，每岁二月初三日文昌圣诞，演剧团拜，共襄盛举。庶人力尽而神以妥灵，神道彰而人必获福矣。"[5]光绪四年（1878 年）《嵩云草堂条规》碑云："同乡团拜在此演剧，由值年经理。如庆贺演剧添赁桌椅，皆主人自行照应。"[6]民国 26 年（1937 年）编著的《北平风俗类征》云："凡得鼎甲省分，是日同乡京官开会馆，设宴演戏，遍请以前各科鼎甲，迎新状元，其榜眼探花亦如之，鼎甲传胪用大红长条贴门，与得试差同。"[7]从这些记载可看出，节庆、宴饮、拜神、乡人中榜时，会馆内都会有演戏活动。

到了清末时，堂会演戏也经常在会馆内进行。夏蔚如民国年间所著的《旧京琐记》云：

> 堂会演戏，多在宣外财神馆、铁门文昌馆。至光绪甲午后，则湖广馆、广州新馆、全浙会馆继起，而江西馆尤为后进，率为士大夫团拜宴集之所，以此记载观之，是财神馆当时本为堂会演戏之所，非专属于闽人，他省人亦可借用之。郑稚辛孝廉孝柽亦云，同光间常至该馆观剧，闽浙总督巡抚新到任者，出京时，闽之同乡京官，恒借此演剧饯之，成为定例。光绪初年，始改作福建会馆，是王可庄殿撰之所倡也[8]。

1 王世仁．会馆烟云．北京规划建设，1999 年第 2 期。
2 李金龙、孙兴亚主编．北京会馆资料集成"凡例"．学苑出版社，2007 年。
3 转引自：李嘉瑞编．北平风物类徵．上海艺文出版社（据 1937 年商务印书馆影印本），第 399 页。
4 转引自：李嘉瑞编．北平风物类徵．上海艺文出版社（据 1937 年商务印书馆影印本），第 318 页。
5 李金龙、孙兴亚主编．北京会馆资料集成．学苑出版社，2007 年，第 178 页。
6 周华斌．京都古戏楼．海洋出版社，1993 年，第 133 页。
7 李家瑞著．北平风俗类征·宴集。
8 李景铭编．闽中会馆志·福建会馆卷．民国 32 年（1943 年）。

一些会馆甚至有固定的戏班演出。《庚子纪事》记载："英美两界所辖各街巷，生意买卖暂多开市，彰仪门大街河东会馆演福寿班，洪洞会馆演宝胜班。虎坊桥浙绍会馆演四喜班，鹞儿胡同平介会馆演太平和班，东晓市精忠庙演义顺班，均每日开觞卖戏，并卖堂客。"[1]

三、北京清代会馆剧场实例分析

北京现存较为完整的会馆剧场，有平阳会馆剧场、正乙祠剧场、湖广会馆剧场、安徽会馆剧场等，下面分别分析论述。

1. 平阳会馆剧场

平阳会馆位于崇文区小江胡同，约在清初由山西平阳府客商集资兴建，原为三进院落。乾隆时吴长元《宸垣识略》记载："东城会馆之著者，小蒋胡同曰阳平（应为"平阳"——作者注）、晋翼、旌德。"《光绪顺天府志》亦载："小蒋胡同，有河东、平阳、晋翼、旌德诸会馆。"

图 6–2　平阳会馆剧场外观

平阳会馆剧场采用厅堂式。戏台在剧场的南侧，坐西面东，悬山顶（图 6–2）。戏台平面为正方形，上下两层结构，两层之间有方形天井相通。上层可置放道具、服饰等物，通过天井吊上吊下。这种设有天井的戏台，除了清中叶以后的宫廷戏台外，民间较为少见。底层为演出空间，伸出式，三面敞开，面宽 7.55 米，进深 6.10 米，台基高 0.60 米。额枋正面有仿伊斯兰风格的花格。两侧山墙各有一幅壁画，一幅绘小姐丫鬟，一幅绘书生琴童。前檐有两根通顶木柱支撑。后台进深 1.05 米。

戏台的东、南、北三面有三个相对独立的看楼，中间部分扣以屋顶罩棚，形成完整格局。正面看楼面宽三间，中间一间突出，面积宽敞，上有木雕垂花罩棚装饰，应为会首和贵宾看戏的包间。三面看楼上下层之间的楣枋均用木雕莲花装饰。两侧（南、北）二楼的观众席均有隔断分开。客人可凭栏看戏，互不干扰。

平阳会馆现存有一块匾额，书"警世铎"，落款为"王铎"。王铎（1592 ~ 1652 年）为明末清初著名书法家，豫西之孟津人，明天启二年进士（1622 年）。[2] 王铎书法艺术出众，而且，他的家乡河南孟津与山西临汾（古为平阳）相邻，因此，他为平阳会馆题匾是顺理成章的。那么依据王铎题匾，平阳会馆的建造时间就不会晚于顺治九年（1652 年）。平阳会馆剧场应是中国目前所知最早的一座室内剧场，在中国剧场建筑史上有着重要地位。

2. 正乙祠（银号会馆）剧场

正乙祠，又名银号会馆，始为浙江会馆，现位于宣武区大栅栏街道前门西河沿街 220 号。正乙即"正一"，道家流派之一。正乙祠的沿革，碑文中有详细的记载。康熙五十一年（1712 年）浙江藉进士诸起新所撰碑文《正乙祠记》中曰：

> 吾越介居浙东，山深土瘠，其民淳朴无文，然安力作而务居业，不肯少休，以自窘其中，盖其俗使然也。其世家巨族，读书而务实学；而其次者，则商贾江湖，以阜其财；而其又次者则操其赢，榷子母，以搏三倍之利。逐所便易，则不惮涉山川、背乡井，往远至数十年而不返。京师正阳

1　汤锦程著．北京的会馆．中国轻工业出版社，1994 年，第 54 页。

2　明末时，王铎曾为东阁大学士，顺治年间降清，官职复到礼部尚书。

左右列肆而居，强半吾之乡人居多焉。向之居于是者，未尝有集会之所、饮食燕乐之地。岁庚寅（康熙四十九年，1710 年）之夏，乡人同志而谋曰："吾越之在版图中，犹太仓一粟，沧海一苇也。然来于是者，垒垒若若，实繁有徒。不创造一公所，则吾乡之人，其何以敦洽比，通情愫，且疾痛疴痒，其何以相顾而恤。"于是闻者咸以为然，遂各出所有，量力资助，乃购地于西河之通衢，鸿工庀材，为堂三楹，后室称之，以妥神象。周其廊庑，辟其户牖，其年而落成[1]。

从上可知，康熙四十九年（1710 年），开始谋议购地营建正乙祠，到康熙五十一年（1712 年）年正乙祠落成。乾隆年间吴长元《宸垣识略》卷十〈外城西〉亦载："正乙祠，在西河沿，康熙五十一年建有诸起的新碑。"

正乙祠创建之后的二百余年间，历经扩建和修葺。同治四年（1865 年）《重修正乙祠碑记》中有"乾隆五十七年（1792 年）兴修、鉴修各号姓氏"的名单，其中集资之银号达 25 家[2]。根据碑文推断，正乙祠剧场也应建于乾隆五十七年（1792 年）。日军侵华后，正乙祠变成日军仓库。1949 年后被政府接管，作为北京市教育工会的招待所。1995 年，正乙祠进行修葺。2001 年，正乙祠被公布为北京市文物保护单位。

正乙祠剧场（图 6–3）为室内厅堂式，南北向，卷棚歇山顶，平面正方形，边长约 18 米，面积约 320 平方米。戏台坐北朝南，台基高 0.95 米，6 米见方，四角立柱。戏台（图 6–4）顶高 4.3 米，顶部有天井，配有升降铁滑轮，台板下有地井。后台约 50 平方米。剧场中心为池座；东、西、北三面为二层看楼，进深各 2.2 米。

清末及民国初期，正乙祠演戏十分活跃。清末倦游逸叟《梨园旧话》记载了同治年间（1862 ~ 1874 年）观剧的情景，云：

余友王君镜泉，一日具柬邀在正乙祠观堂会戏。王君在银号经商，盖其同业于是日演剧酬神也。午后一点钟开演，不带灯戏。程长庚演《昭关》，徐少香演《射戟》，卢胜奎演《空城计》，何桂山演《五台会兄》，黄润甫演《取洛阳》，春兰演《祭江》。末出武戏为《五人义》，麻得子饰周文元。本班名伶以次登场，真有千岩竞秀、万壑争流、应接不暇景象。程尝谓：'应人之召，将戏排定，无论班主班众，均当出场。'而一日所费戏价，只当十钱六七百缗耳。承平之世，如此盛会，需款不过尔尔，则当时公事私事之一切舒宽，概可想见，何其幸也。

周明泰《道咸以来梨园系年小录》亦载："光绪七年辛巳（1881 年），本年二月十七日，张文达等团拜，假西河沿钱行会馆正乙祠演堂会，用四喜班底，班主为梅巧玲。"另外，民国 8 年（1919 年）9 月 11 日，京剧名角余叔岩为其母祝六旬寿，曾在此举办堂会，名角云集[3]。

3．湖广会馆剧场

湖广会馆位于宣武区虎坊桥路口西侧，为清代湖北、湖南人所建。湖南会馆之沿革，1947 年北平湖广会馆董事会编印之《北平湖广会馆志略》中有详细的记载。湖广会馆旧址为明万历年间大学士张居正的相府。清嘉庆十二年（1807 年），湖南长沙籍的在京官员刘云国等，创议修建湖广会馆。创建之初，规模并不大。道光十年（1830 年）重修时，增建戏台。道光十年（1830 年）《重修湖广会馆碑记》云：

嘉庆丁卯年，刘云国相国、李少松少宰创议公建湖光会馆，用以联南北乡谊，诚善举也。惟时

1　李金龙、孙兴亚主编．北京会馆资料集成．学苑出版社，2007 年，第 1333 页。

2　李金龙、孙兴亚主编．北京会馆资料集成．学苑出版社，2007 年，第 1334 页。

3　著名演员余叔岩、芙蓉草、钱金福、王长林等荟萃一堂，演出剧目有《百寿图》、《八蜡庙》、《春香闹学》、《琼林宴》等。

规制未尽崇闳，又经风雨剥蚀，每岁团拜，咸称不便，今春正月，公议重修，升其殿宇，以妥神灵，正建戏台盖棚，为公宴所，其旧料拆盖于西偏宝善堂之前，以为余屋，费资耗银五千余两，料坚工石，甫五月而工竣[1]。

道光二十九年（1849 年）又重修会馆，并布置庭园。光绪十八年至二十二年（1892 ~ 1896 年）又大修，历时四载，耗银 18994 两余，工程浩大。现存有 1927 年实测的总平面图，反映了光绪二十二年（1890 年）重修后的状况。按照 1927 年的测绘图，会馆占地共 4305 平方米，建筑面积约 2400 平方米。光绪年间，湖广会馆转为两广总督叶名琛的私宅。光绪二十六年（1900 年），八国联军入京，该会馆一度成为美军提督的司令部。解放后，又长期被企业、机关、居民占用。1984 年，湖广会馆被列为北京市文物保护单位。20 世纪 90 年代得到大修，并辟为北京市戏曲博物馆。

根据《1947 年各省会馆总登记表》，当时湖广会馆有如下建筑："正院楼房三间即乡贤祠，前院东房六间、南房三间，后院北房五间，南楼一大间，西院北房三间，又西院南北房六间，东院房十二间，戏楼一座，又临街铺房二十五间。"[2]

湖广会馆分东、中、西三路。现存的大部分建筑为原构，如中部的剧场、文昌阁、风雨怀人馆，西院的楚畹堂，东院的北房（原倒座厅）、东厢房、垂花门、小南房，以及中院、东院游廊等。而南部部分平顶游廊为后来陆续添建。剧场位于中路南端，为两湖同乡集会、公宴之地（图 6–5、图 6–6）。

剧场采用室内厅堂式，面积约 430 平方米，双卷棚勾连悬山式屋顶，四角出重檐（图 6–7 ~ 图 6–12）。戏台面积共约 45 平方米，重檐悬山顶，上檐双卷高跨为十檩卷，低跨为六檩。台基高 0.94 米，台宽 7.08 米，台深 6.38 米。柱间面宽 5.68 米，进深 5.68 米。柱子上端以雕花额枋连结成正方形，额枋下以木格组成垂花。台口二柱原有楹联（现佚）"魏阙共朝宗，气象万千，宛在洞庭云梦；康衢皆舞蹈，宫商一片，依旧白雪阳春"。扮戏房由两部分组成：一为戏台南面五间房；另加同样尺寸的五间披檐房，向南开三间隔扇门。

观众厅面宽五间，进深七间。一层中部为池座，东、西、北三面为二层看戏廊，进深均为 3.75 米。北面明间有隔扇门三间。东面为板门一间，后又开辟一门。西面向西突出二小间，原为场面（乐队）位置。楼上包厢正面五间，两侧每面六间，北面二间为附属用房。北面二隅设窄陡的楼梯。楼上下有房共四十间，

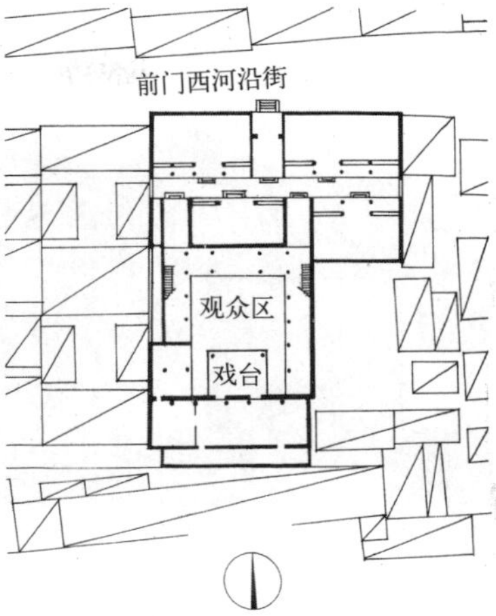

图 6–3　正乙祠平面图

引自：王世仁主编．宣南鸿雪图志．中国建筑工业出版社，1997 年。

图 6–4　正乙祠剧场内部

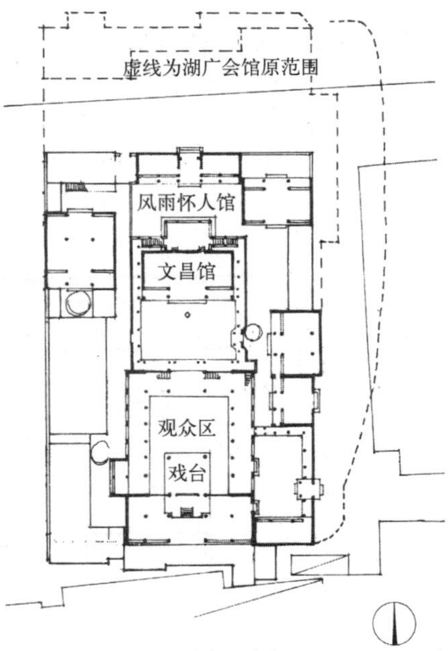

图 6–5　湖广会馆总平面

湖广会馆线图引自：王世仁主编．宣南鸿雪图志．中国建筑工业出版社，1997 年。

1　李金龙、孙兴亚主编．北京会馆资料集成．学苑出版社，2007 年，第 556 页。

2　李金龙、孙兴亚主编．北京会馆资料集成．学苑出版社，2007 年，第 550 页。

图 6–6　湖广会馆外观

图 6–7　湖广会馆剧场内部

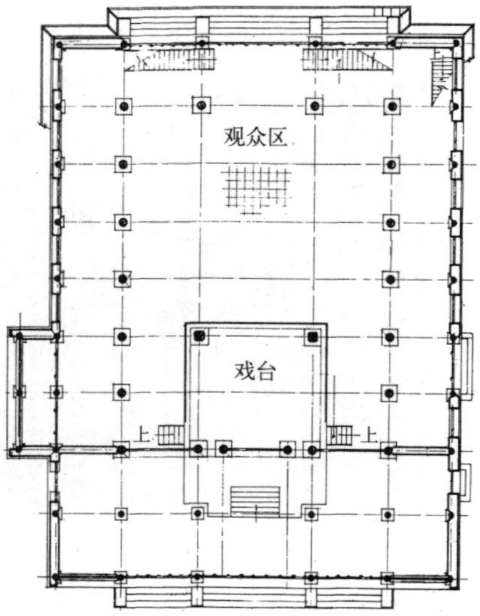

图 6–8　湖广会馆剧场一层平面图

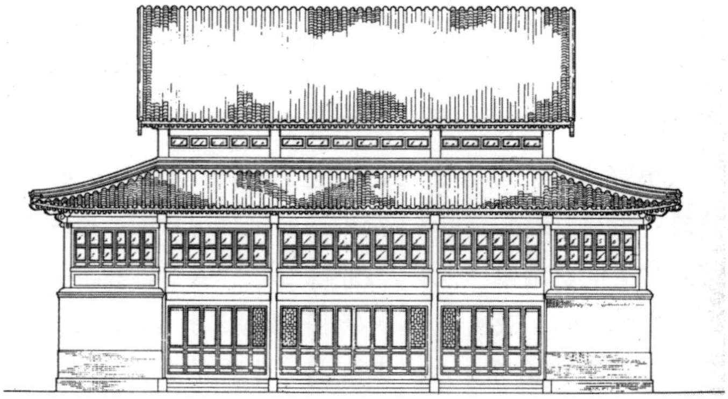

图 6–10　湖广会馆剧场北立面

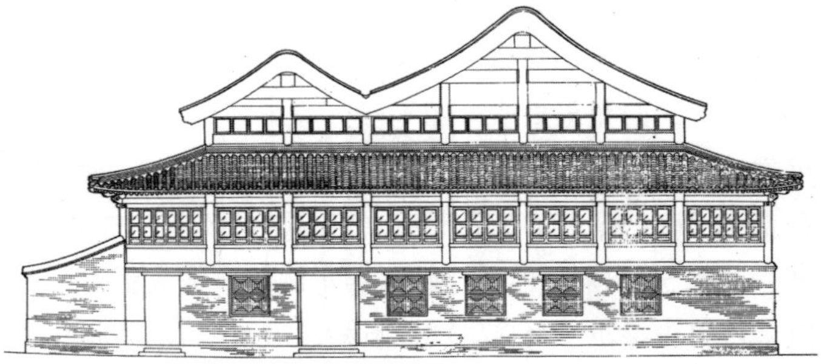

图 6–11　湖广会馆剧场东立面

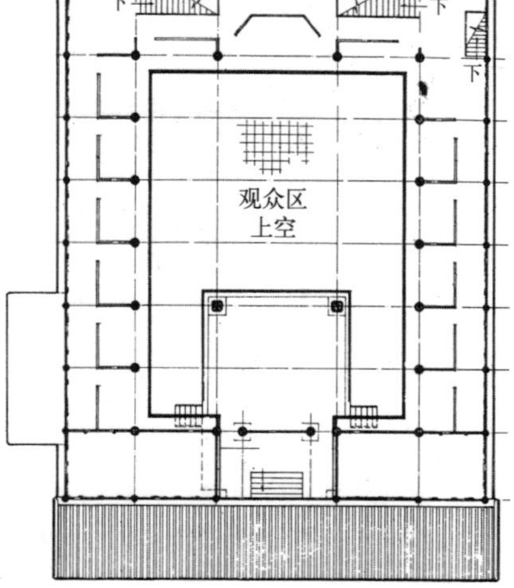

图 6–9　湖广会馆剧场二层平面图

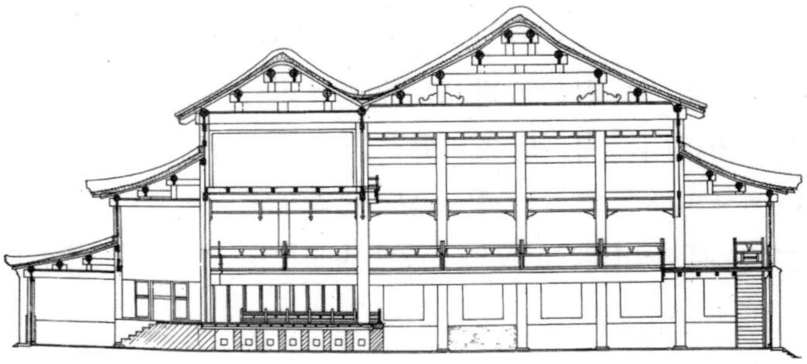

图 6–12　湖广会馆剧场纵剖面

全场可容观众约千人。

清末民初，常有戏班在此演出，尤以湖北籍演员最多。《道咸以来梨园系年小录》载，光绪二十二年(1896 年)，“二月丁丑，同年团拜，在湖广会馆公宴昆，中堂堂会”，剧目包括《定军山》、《探母》、《捉放》、《乌龙院》等二十出，京剧名角有叫天（谭鑫培）、孙怡云、许处、罗百岁等。民国三十六年（1947 年）《北京湖广会馆志略》载：“戏台：楼在正院之前，围以看楼。前清文人团拜时，演剧联欢，为一时盛会。他省喜庆彩觞，亦多假此举行。民国以后，曾演义务戏数次。谭鑫培、余叔岩诸名伶亦楚人也，皆曾经出演。”

4．安徽会馆剧场

安徽会馆现位于宣武区后孙公园胡同 25 号。清同治七年（1868 年），时任直隶总督兼北洋大臣的李鸿章等人发起，邀同乡的吏部侍郎、工部侍郎、四川总督、内宫侍读等官吏及“皖人之宦于四方者”，集资二万八千两银兴建。同治八年（1869 年）二月动工，历时两年半，于同治十年（1871 年）八月落成。

李鸿章（1823 ～ 1901 年）同治十一年（1872 年）撰《新建安徽会馆记》，记载了会馆建造情况，云：

> 度地正阳、宣武之间，地名‘孙公园’，退谷别业故址在焉。地势衍旷，水木明瑟，池馆为宜。以价得李氏故宅，廓而新之披剃𣃁疏，夷涂设切，宎廇、柱础，土石瓴瓦颜甗甗之类，铢积充牣，筮日鸠工，捄陾筑登，斲虔垩墁，规制一新。中正室，奉祠闵、朱二子，岁时展祀。前则杰阁飞甍，嶕峣耸擢，为征歌张宴之所。又前曰文聚堂，阂伟壮丽。东偏若思敬堂，藤间吟屋，宽闲深靓，可以觞宾。其后曰龙光燕誉，则以待外吏之朝觐税驾者也。迤北有园，广数亩，叠石为山，捎沟为池，花竹扶疏，嘉树延荫，亭馆廊榭，位置帖妥。凡馆之中，屋数百楹，庖湢悉备，经始于八年二月，落成于十年八月，共糜白金二万八千有奇[1]。

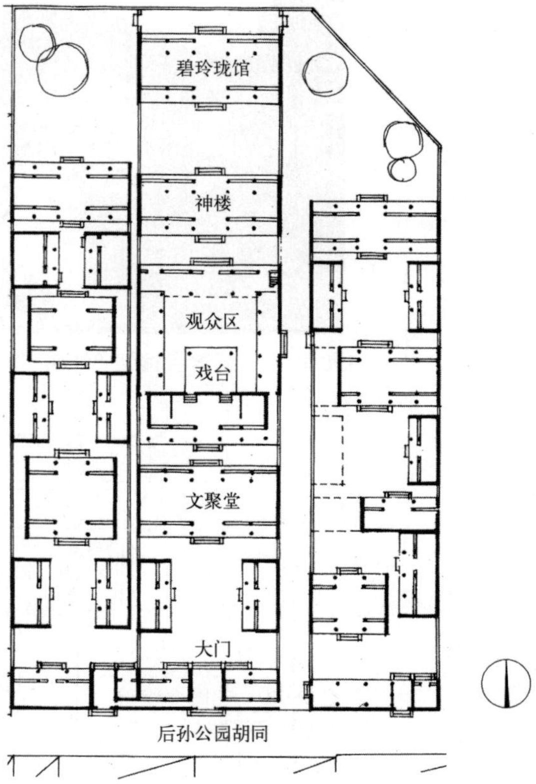

图 6–13 安徽会馆总平面图

安徽会馆测绘图引自：王世仁主编．宣南鸿雪图志．中国建筑工业出版社，1997 年。

可见，安徽会馆择址孙公园“退谷别业”，又购买相邻的“李氏故宅”，“廓而新之”，改建而成。碑文中所言：“杰阁飞甍，嶕峣耸擢，为征歌张宴之所”，指的就是剧场。

会馆分为中、东、西三路，每路均为四进院落（图 6–13）。中路为节日聚会、议事、酬神演戏的场所，主体建筑为文聚堂和剧场。东路为乡贤祠，有思敬堂、奎光阁。西路为接待居住用房。各路之间用夹道联系。东夹道作为主要交通路线，其宽度也远大于西夹道。最北部原为一座大型园林，有假山亭阁，池塘小桥，现仅存一座“碧玲珑馆”。整组建筑群除花园已毁外，基本格局保存较好。

剧场（图 6–14 ～图 6–16）位于中路正中央，是中路规模最大的建筑，占地约 430 平方米。面宽五间，双卷勾连搭悬山顶，前为六檩，后为八檩。戏台（图 6–17）坐南朝北，台基高约 0.95 米，6 米见方，四角立柱。戏台檐枋有精致的木雕（图 6–18）。戏台原悬匾额，书“清时钟鼓”

1 李金龙、孙兴亚主编．北京会馆资料集成．学苑出版社，2007 年，第 550 页。

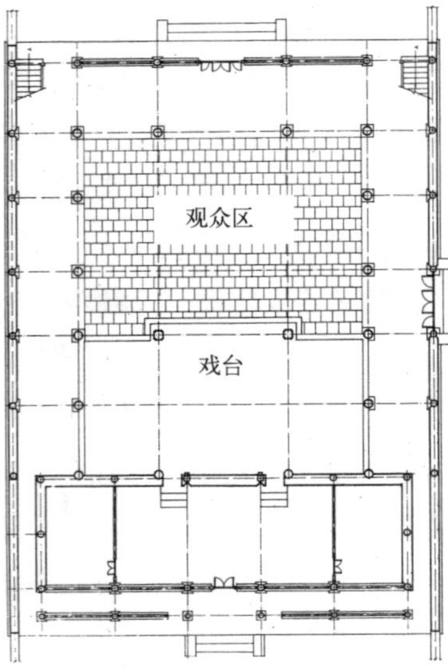

图 6–14　安徽会馆剧场平面

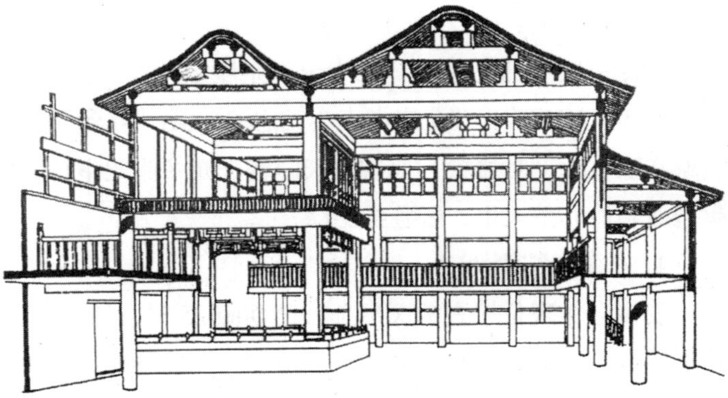

图 6–15　安徽会馆剧场内

引自：王亦民．北京清代会馆剧场初探．建筑史论文集第 8 辑．清华大学出版社，1987 年。

图 6–16　安徽会馆剧场外观

图 6–17　安徽会馆剧场内的戏台

图 6–18　安徽会馆戏台檐枋正面雕刻

四字，并有“出将”“入相”小匾。台口二柱曾挂楹联：“冠盖萃江南，尽东南宾主之欢，粉社筵开，古谊犹存乡饮酒；楼台演歌舞，极丝竹管弦之盛，梨园美具，世情且看戏登场。”上款署“光绪庚寅（1890 年）仲春上浣”，下款署“定远方汝绍撰，方浚益书”（现佚）。东、西、北三面为二层看戏廊。东西两侧各六间，进深约三米。北侧较宽，设“神楼”，进深约十米。

清同治、光绪时期，徽班艺人如三庆班程长庚、刘赶三多次在此演出，著名京剧演员谭鑫培亦演出于此。[1]

1　现存光绪十二年（1886 年）安徽会馆三庆班演出戏单，标明“三月初六日安徽会馆演三庆部请票外串代灯”。“请票外串”，指演出中有票友客串。“代灯”，指带有灯火照明。

四、北京清代会馆剧场的形式和特征

清代会馆剧场既有厅堂式，亦有庭院式，以厅堂式为主。如现存的平阳会馆剧场、湖广会馆剧场、安徽会馆剧场、正乙祠剧场均为厅堂式剧场。大量碑刻中可看出，北京清代会馆剧场中，在庭院上空设罩棚者亦甚多（表 6–3）。

北京清代和民国时期关于会馆剧场中罩棚的记载　　表 6–3

序号	名称	内容摘录	资料来源
1	颜料会馆（平遥会馆）乾隆六年（1741 年）碑刻《修建戏台罩棚碑记》	于大厅前，建造戏台罩棚一所	李华，明清以来北京工商会馆碑刻选编，北京：文物出版社，1980 年，第 1 页
2	河东会馆乾隆三十五年(1770 年)碑刻《建立罩棚碑序》	建立罩棚使钱玖百两；修理戏楼使银叁拾两	李金龙、孙兴亚主编，北京会馆资料集成，学苑出版社，2007 年，第 996 页
3	浮山会馆清嘉庆二年(1797 年)《重修会馆碑》	唯舞台以前之罩棚三间，神殿以前之院地新起为罩棚三间，幸之者唯如是，皆系会中之士商聚财源，以成其德。致以竭力，以感神灵而洽人欢。月余而功成告竣	周华斌，京都古戏楼，北京：海洋出版社，1993 年，第 131 页
4	晋翼布商会馆清光绪八年（1882 年）碑刻《重修晋翼会馆碑记》	殿前有卷棚、大厅、罩棚、戏台，无不细备焉	李金龙、孙兴亚主编，北京会馆资料集成，学苑出版社，2007 年，第 1006 页
5	炉神庵民国 9 年（1920 年）碑刻《潞郡会馆纪念碑文》	民国 7 年一月二十二日，朱兰田曾将所租广渠门内东兴隆街炉神庵一所，共四十七间，并戏台罩棚，占交刘伯川接收	李华，明清以来北京工商会馆碑刻选编，北京：文物出版社，1980 年
6	临襄会馆民国 21 年（1932 年）碑刻《临襄馆山右馆财神庵三公地重修落成记碑》	山右会馆，于民国 3 年改修罩棚、后台	李金龙、孙兴亚主编，北京会馆资料集成，学苑出版社，2007 年，第 1026 页

这些碑刻语焉不详，未述及罩棚的材料、形式和构造。但可以推定，罩棚是建筑改造的一种方式，即在戏台和看楼外再罩上一层结构，起着屋顶的作用，使得在露天的庭院式剧场变为室内的厅堂式剧场。

虽然现存的北京会馆剧场寥寥无几，令人遗憾，但可喜的是，现存的这些会馆剧场逐渐得到应有的重视和保护[1]。

第三节　上海清代会馆剧场

一、概况

清中叶以后，上海经济日趋繁荣。外地商人涌入上海，陆续兴建会馆。会馆演剧在当时十分常见。上海建汀会馆光绪九年（1883 年）《重订建汀会馆章程》云："议向例每逢圣诞演剧称觞。"[2]会馆建有剧场者甚多，如现存的三山会馆剧场、钱业会馆剧场（两座）、商船会馆剧场、四明公所剧场等。当然已毁者更多，作者根据相关文献，统计了上海已毁的清代会馆（公所）剧场一览表（表 6–4）。

1　湖广会馆、安徽会馆、平阳会馆、正乙祠均被列入北京市文物保护单位。其中，安徽会馆在 2006 年还被列入全国重点文物保护单位。这些会馆剧场也逐步得到修缮和合理的利用。20 世纪 90 年代修缮后的湖广会馆被开辟成北京市戏曲博物馆。正乙祠前几年修缮后作为传统戏曲的演出场所。安徽会馆和平阳会馆则正在修缮之中。

2　上海博物馆图书资料室编．上海碑刻资料选辑．上海：上海人民出版社，1980 年，第 279 页。

上海已毁的清代会馆（或公所）剧场一览表[1]　　表 6-4

序号	名称	地址	会馆（或公所）创建年代	历史资料（或基本情况）
1	浙绍公所（永锡堂）	穿心街（今福佑路）	乾隆初年（1736 年）由浙绍钱业、炭业、豆业商绅置地创建	据清光绪元年（1875 年）仲冬月立《浙绍永锡堂关帝诞辰典礼捐款姓氏碑》记载："爰集同人商议捐资，每名各出洋蚨十元，存庄生息，以为十三日演剧设席之需用，以仰答神，共联乡谊"
2	徽宁会馆（思恭堂）	斜桥南	乾隆十九年（1754 年）由徽州宁国两府绅商捐资暨茶商捐田兴建	戏台似为清嘉庆二十二年（1817 年）或道光十六年（1836 年）会馆扩建时所建。咸丰年间毁于战事。同治九年（1870 年）重修
3	泉漳会馆	咸瓜街	乾隆二十二年（1757 年）由福建泉、漳两郡商船户、洋船户捐资兴建	1895 年 2 月 14 日《申报》载："月之十八九日，常年在泉漳会馆演敬神戏两全台"
4	潮州会馆	洋行街（今阳朔路）	乾隆二十四年（1759 年）广东潮州八邑商民契买市屋创建	乾隆二十八年（1763 年）至嘉庆十五年（1810 年）屡次扩充，戏台当为这一时期内创建。据 1889 年 10 月 3 日《申报》载，新丹桂（农历）九月初九日在此会馆戏台演出
5	钱业公所（晴雪堂）	邑庙内园	乾隆四十一年（1776 年）	1883 年 4 月 23 日《申报》载："三月十五日为财神诞辰……钱业公所邀天仙茶园伶人于十四日开演，至昨日而止。各董事衣冠跄跻，送客迎宾，居民之观剧者亦复不少"
6	建汀会馆	翠微庵西南	道光五年（1825 年）由建宁、汀州两郡商号创建	《重订建汀会馆章程碑》载："议向例每逢圣诞演剧称觞，现因经费不敷，暂行停止。候稍充裕，再议举行"
7	饼豆业公所（萃秀堂）	豫园	道光二十三年（1843 年）扩建落成	该公所坐落于城隍庙侧，供奉城隆神像，道光十六年（1836 年）戏台被火焚毁，由豆业同人捐款重建
8	豫章会馆，又称江西会馆	妙莲桥境	道光二十一年（1841 年）建	咸丰二年（1852 年）所立《像章会馆竣功碑》载有修建戏台所费工料清单及费用清单
9	浙宁会馆	荷花池街蔑竹弄东	嘉庆二十四年（1819 年）由甬地在关外山东等处贸易之众商集资创建	光绪九年（1883 年）重建时筑有戏台，并演剧庆贺持续半月有余
10	鲁班殿（亦称水利工业公所）	福佑路	道光二十三年（1843 年）由水木、雕锯、石匠等同业集资创建	同治九年（1870 年）八月所立《石竹同业先后重修公输子庙乐输碑》："咸丰陆年间，捐铺庙戏场石板全堂及戏台石柱"
11	潮惠会馆	大关南（今外马路会馆弄）	道光十九年（1839 年）由广东潮阳、惠来帮糖烟洋药各商号自潮州八邑会馆析出后创建	1889 年 4 月 18 日至 20 日《申报》载，农历十七、十八、十九日留春戏园和丹桂戏园在此会馆台接演三天敬神戏
12	木商会馆	北门内	咸丰八年（1858 年）	创建时称木商公所。光绪二十四年（1898 年）重建，改称会馆，其戏台当立于重建之时

二、上海清代会馆剧场现存实例

1. 三山会馆剧场

三山会馆位于上海市中山南路 1551 号，由福建旅沪水果商人集资兴建，因福州城内有三座山而得名。会馆祭祀天后，因此也被称为天后宫。1985 年，因辟通中山南路，将三山会馆按原样移位重建，于 1989 年竣工。

会馆主体建筑占地 1000 余平方米，中轴线上有山门、戏台和正厅。山门由清水红砖砌筑，门额及墙基均嵌大块花岗岩，并镂刻花卉等浮雕图案。山门门额题“三山会馆”（图 6-19），上方题有“天后宫”。正厅（图 6-20）采用歇山顶，前有廊，厅内原供奉一尊天后神像。

1　根据文献整理：中国戏曲志编委会．中国戏曲志 · 上海卷．中国 ISBN 中心出版，1996 年，第 653 ~ 656 页。

图 6–19　上海三山会馆山门

图 6–20　上海三山会馆内从戏台看正厅和看楼

图 6–21　上海三山会馆戏台及其两侧的看楼

图 6–22　上海三山会馆戏台雕刻

戏台和山门勾连而建，坐东向西，台面下为进出会馆的通道，台基高 2.5m。前台面宽 7.3 米，进深 6.0 米，单檐歇山顶（图 6–21）。前檐为两根方形石柱。石柱上刻有一副楹联："集古今大观时事虽异；得管弦乐趣情文相生。"戏台顶部有精致的饰金藻井，下面五层斗栱组成二十二条盘旋式放射线，上半部为半球形，中央饰木雕花一朵，上下两部相接处雕有八组八仙图案。藻井与内柱相连处的四个三角形平面上，雕有饰金福寿图案。前角柱雀替雕有饰金透雕舞龙，后部两柱间雀替为饰金透雕牡丹，台口上部有透雕木笼。正面和两侧额枋上有饰金雕花图案，台口及两侧屋顶有饰金双凤戏牡丹图案（图 6–22）。庭院两侧是两层的看楼，各十间。

2. 钱业会馆剧场（迁建于豫园者）

钱业会馆原位于闸北塘沽路，原有两座戏台。现会馆已拆，其中的一座戏台于 1974 年移建于豫园内，另外一座于 1976 年迁建于嘉定汇龙潭公园。

迁建于豫园（图 6–23）的戏台始建于光绪三十一年（1905 年）。当年《上海县为沪北钱业会馆工竣禁止诸色人等任意作践碑》中曰："沪北钱业会馆一所业已竣工，兹于八月内涓吉落成。祀神演戏，诚恐观者人多，拥挤喧扰，甚或作践地方，毁坏窗壁铁栏。以及江湖卖艺之流，牌骰赌博之类。或在门前空地，聚众喧哗，碍路滋事。环求给

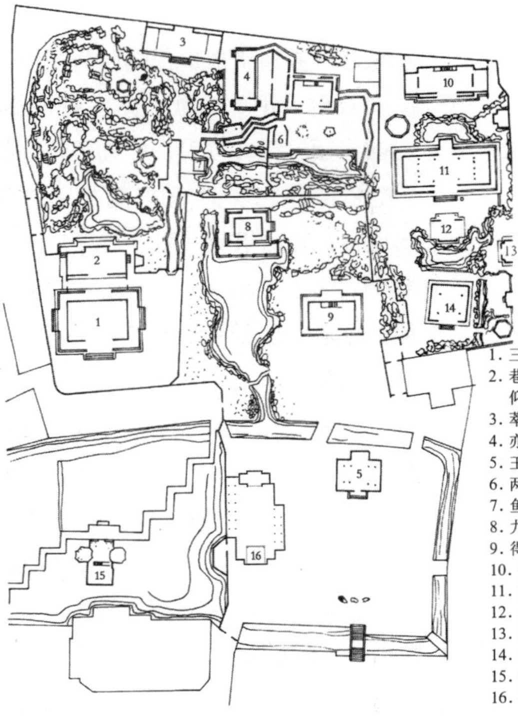

1. 三穗堂
2. 卷雨楼（上）仰山堂（下）
3. 萃秀堂
4. 亦舫
5. 玉华堂
6. 两宜轩
7. 鱼乐谢
8. 九狮轩
9. 得意楼
10. 藏宝楼
11. 点春堂
12. 打唱台
13. 快阁
14. 和熙堂
15. 湖心亭
16. 戏台

图 6–23　上海豫园平面图

改绘自：潘谷西编．江南理景艺术．东南大学出版社，2001 年。

图 6–24　上海钱业会馆戏台（迁建于豫园）

图 6–25　上海钱业会馆戏台（迁建于豫园）石柱及其台沿的栏杆

图 6–26　上海钱业会馆戏台（迁建于豫园）藻井

图 6–27　上海钱业会馆（迁建于汇龙潭公园）戏台外观

示申禁。并请责成地保随时弹压驱逐等情。"[1]

戏台采用单檐歇山顶（图 6–24），面宽 6.7 米，进深 6.4 米，台基高 2.25 米。四根方形石柱支撑屋顶（图 6–25），柱础雕花饰纹，非常精细。前檐石柱镌刻楹联一副，曰："天增年月人增寿，云想衣裳花想容。"[2] 顶部藻井呈穹窿状，上有竖向的 20 道弧线，四周有 28 只金鸟，中间是一面圆形明镜，装饰华丽（图 6–26）。台顶天花四角，饰狮子滚绣球浮雕四幅，额枋内外雕历史故事图案，共十六幅。正面中间雀替雕有双龙戏珠，两侧雀替雕凤戏牡丹。屋脊中饰青砖浮雕戏文图一幅，两侧饰龙形吻兽。

旧时每年农历三月十五财神诞辰之日前后，均有戏班在此演剧酬神。光绪九年（1883 年）四月二十三日《申报》载："三月十五日为财神诞辰，本埠老闸地方钱业公所邀天仙茶园伶人于十四日开演，至昨日而止。各董事衣冠跑跻，送客迎宾，居民之观剧者亦复不少。"

3. 钱业会馆剧场（迁建于汇龙潭公园者）

钱业会馆的另一座戏台于 1976 年由上海塘沽路迁至于嘉定镇汇龙潭公园。

该戏台始建于光绪十四年（1888 年），单檐歇山顶（图 6–27），坐南面北，面宽 6.6 米，进深 6.6 米。台基高 1.5 米。四角为四根方形石柱，正面题有楹联一副："鼓吹颂升平壤叟衢童消永昼，

1　苏州历史博物馆著．明清苏州工商业碑刻集．南京：江苏人民出版社，1981 年，第 498 页。

2　楹联为昆曲艺术大师俞振飞（1902 ~ 1993 年）手笔。

春秋崇报赛吴俞越唱遏行云。”圆形藻井构造十分精致，龙形斗栱二十组，每个斗栱上雕有凤凰，共 440 只之多，四角饰有凤凰图案的角蝉，顶部镶嵌着一面明镜（图 6–28）。四面的额坊上刻十二幅浮雕，内容为三国演义故事（图 6–29）。台口倒悬精雕木笼两只，木笼与台柱间雀替透雕单凤牡丹，台口中央雀替为六幅双龙双兽戏珠透雕。四扇隔门两面下部共雕关羽故事八幅。屋顶正脊中央雕有“赵云单骑救阿斗图”。四垂脊下缘分别立有关羽、黄忠、张飞、马超带兵塑像四组。

图 6–28　上海钱业会馆（迁建于汇龙潭公园）戏台藻井

4．商船会馆剧场

商船会馆位于上海南市会馆街，始建于康熙五十四年（1715 年），乾隆二十九年（1764 年）修大殿和戏台，嘉庆十九年（1814 年）增建看楼。光绪十六年（1890 年），戏台因大风损坏严重而加以修葺。清光绪十八年（1892 年）《重修商船会馆碑记》云：

图 6–29　上海钱业会馆（迁建于汇龙潭公园）戏台檐下雕刻

> 吾邑商船会馆，崇奉天后圣母，其大殿、戏台创建于康熙五十四年，自乾隆二十九年，重加修葺，填造南北两厅，祀福山太尉诸大神于北厅，祀成山骠骑将军縢大神于南厅。嘉庆十九年……崇明同人建两面看楼……道光二十四年，众商号建造拜厅、钟鼓楼及后厅内台等所。至光绪十六年庚寅七月，飓风大作，戏台头亭渗漏，估匠重修，三阅月而工竣……十八年壬辰九月，更易戏台新梁。[1]

戏台坐东面西，歇山顶（图 6–30）。平面呈凸字形，台面高 2.9 米，下为通道。原有藻井，现已毁。台沿浮雕花卉图案。两角柱为圆石柱。正面额枋中央雕有双龙抱珠图案，两侧雕民间故事，雀替及其两侧额枋雕有龙纹及花卉图案。

图 6–30　上海商船会馆戏台

旧时，每年农历三月二十三日为天后诞辰，商号均要在此演剧敬神。而且，每当商船在航行中遇险，均会许愿演剧，安全脱险后会到此演戏还愿。

5．四明公所剧场（现迁建上海大观园）

四明公所是宁波商人在上海所建的同乡会馆，建于清嘉庆二年（1797 年），原位于人民路 852 号，现移建于青浦淀山湖畔的大观园内。

该戏台采用单檐歇山顶，台面为伸出式（图 6–31）。面宽一间 6.1 米，进深两间 5 米。前檐用圆石柱，后檐角柱和中柱则用圆木柱。前檐角柱有楹联一副：“辨忠奸不外人情天理；思果报即在目见耳闻。”台面两侧各有一间，略高于台面，为伴奏处（图 6–32）。一层明间设转角木梯，通上、下场门及左

图 6–31　上海四明公所戏台（迁建于大观园）外观

1　上海博物馆图书资料室编．上海碑刻资料选辑．上海人民出版社，1980，第 196 页。

图 6–32　上海四明公所戏台（迁建于大观园）伴奏处

图 6–33　上海四明公所戏台（迁建于大观园）藻井

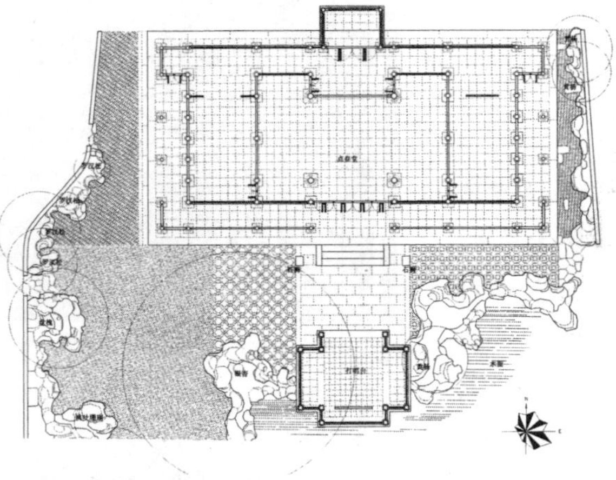
图 6–34　上海市豫园点春堂及其打唱台和点春堂平面图
打唱台测绘图引自：本书编委会编．上栋下宇：历史建筑测绘五校联展．天津：天津大学出版社，2006 年，208 ～ 209 页。

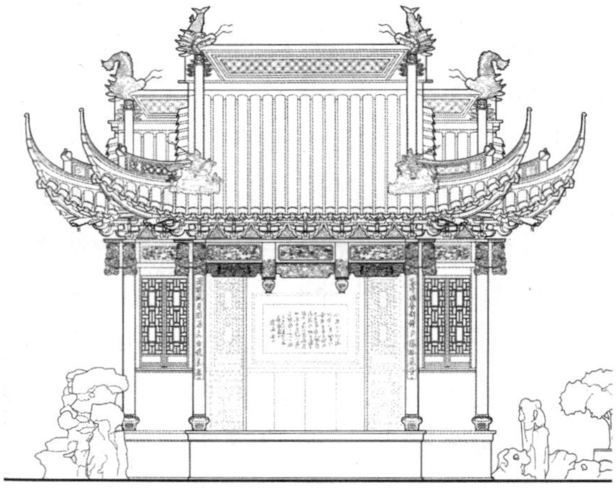
图 6–35　上海市豫园打唱台立面图

图 6–36　上海市豫园打唱台

右耳房。一层次间辟门，二层次间为戏房（耳房）。前檐斗栱为五踩单抄单昂，昂嘴为象鼻子。藻井由 16 条 10 层斗栱层层收缩形成，横向连枋，枋上立板，藻井中为八角形明镜（图 6–33）。戏台背面为山门，卷棚顶，面宽三间。

6．糖业公所打唱台剧场

糖业公所位于上海豫园内，主要建筑为点春堂，于道光初年由福建花糖业商人所建，是典型的园林式剧场。

点春堂对面建有一座小戏台（图 6–34 ～图 6–36），俗称“打唱台”，雅称“凤舞鸾吟”，咸丰年间（1851 ～ 1861 年）重修。平面为“十”字形，面积较小，只能清唱曲子或演奏丝竹。这座小戏台依山临水，半跨池上，歇山顶，小巧别致。正面雀替透雕双龙戏珠，两侧雕双凤戏牡丹。额枋雕刻戏文图三幅。四周柱子和额枋交接处均雕刻狮子舞绣球，共十六尊。尤其是台前的垂檐，雕刻细腻，涂金染彩，金碧辉煌。两侧有副台。台上设槅扇分隔前后台，槅扇两侧的上下场门宽 0.70 米。四周为花岗岩石柱，分别有描绘春夏秋冬四季景色的楹联。北面台口书：“遥望楼台斜倚夕阳添暮景；闻鼓风月同浮大白趁良辰。”东面台口书：“大地春回看处处柳眼花笑；小园客住听声声燕语莺影。”南面台口书：“一曲熏风允矣阜财能解愠，三生拳石宛然尔笑共争妍。”西面台口书：“花移斜阶仰仙子凌波来去，榻悬高阁迟诗人扶杖遨游。”

第四节　河南清代会馆剧场

一、河南清代会馆剧场概论

河南东与山东安徽为邻，西与陕西接壤，南与湖北毗邻，北与河北、山西相邻，是东西南北交汇处，也是各路商人必经之地。同时，河南又是明清多种原料的产地以及南方手工业品、生活用品的重要销售地。这些均促进了河南商业的发展，大量会馆建筑随之兴建。清乾隆、嘉庆年间，河南的会馆建筑达到鼎盛，数量众多。1996 年出版的《简明河南通史》中记载：省内山陕会馆 32 处，山西会馆 32 处，江西会馆 6 处，湖广、湖北会馆各 5 处，福建会馆 4 处，江浙、四川会馆各 3 处，江南、山东会馆各 2 处，江宁、湖南、两江会馆各 1 处[1]。

河南清代会馆多建有剧场。到 2006 年底，共有 8 座建有剧场的会馆被公布为省级以上文物保护单位（表 6–5）。值得注意的是，这些会馆均为山西、陕西商人所建，其中的戏台非常精美，如社旗山陕会馆戏台、洛阳潞泽会馆戏台、洛阳山陕会馆戏台、周口市关帝庙戏台、辉县山西会馆戏台、淅川县荆紫关镇山陕会馆戏台均气势雄伟，特别是社旗山陕会馆戏台，恢宏壮观，雕刻精致，是中国古代建筑中的精品。

河南已经列入省级以上文物保护单位的设有戏台的会馆　　表 6–5

序号	名称	地点和名称	年代	备注
1	山陕甘会馆	开封市徐府街	乾隆三十年（1765 年）	全国重点文物保护单位
2	山陕庙	平顶山市郏县城关镇西关街	康熙三十三年（1693 年）	省级文物保护单位
3	山陕会馆	洛阳市老城区南关九都路	清代	全国重点文物保护单位
4	潞泽会馆	洛阳市瀍河区新街南头	乾隆九年（1744 年）	全国重点文物保护单位
5	山西会馆	新乡市辉县市南关	清代	省级文物保护单位
6	怀帮会馆	许昌市禹州市城内	清代	省级文物保护单位
7	山陕会馆	南阳市淅川县荆紫关镇	清代	全国重点文物保护单位
8	山陕会馆	南阳市社旗县	嘉庆元年（1796 年）	全国重点文物保护单位

二、河南清代会馆剧场实例

1. 社旗县山陕会馆剧场

山陕会馆位于社旗县城区中心，坐北朝南，南对旧时繁华的磁器街，北靠五魁场街，东邻永庆街，西接绿布场街。1988 年，山陕会馆被公布为全国重点文物保护单位。

社旗镇原名赊旗，历史上经济繁荣，为河南四大名镇之一。清顺治年间（1644 ~ 1661 年），山陕商人的生意非常红火，萌生在此建立会馆的念头，但由于财力所限，未能如愿，仅修建了关帝庙。清雍正二年（1724 年）刊立的石碑《同行商贾公议戥秤定规》中提到：“是以合行商贾会同集头等，齐集关帝庙，公议秤足十六两戥。”清乾隆四十七年（1782 年）《创建春秋楼碑记》中也提到：“镇兴伊始，立庙之初，即谋卜地为建楼之基，而未逮者，以事巨用广，工大费奢，倘施有不给，

1　张文彬著．简明河南通史．河南人民出版社，1996 年，第 234 页。

胡以观成。”到乾隆中叶，经过数十年发展，山陕商人实力大增，开始集巨资修建山陕会馆。乾隆四十七年（1782年）《创建春秋楼碑记》中述及：“或效奔走，取材于楚，泛江河而来宛郡；或周知四方，遍访匠师，集工锤之技于庙建。凡数阅寒暑，百物备，五材具，然后辇山而石，金地而陶，巍然落成。”

嘉庆（1796～1820年）和道光年间（1821～1850年），又陆续修建了大殿、两廊、群房、悬鉴楼和琉璃照壁等，并铸造铁旗杆。嘉庆二十年（1815年）《山陕会馆铁旗杆记》中曰：

> 赊旗镇在县治之东百里，地属水陆之冲，商贾辐凑，而山陕之人为多。因醵金构会馆，中祀关圣帝君，以帝君亦蒲东产，故专庙貌而祀。加处其余金，则缮廓庑，岁时伏腊，同人展乡□，请公事成在乎□，落成有日矣。而我朝邑一属之所募，除公用外，独赢三千余金，庙之壮丽不可有加。又□□□□□□入私□因铸铁旗杆二株，重五千余金，树于大门之左右。会馆为西省之公所，而是举也则我朝邑一□属□人所得自□其区区者也。山陕之馆，遍天下皆宏敞可观，第朱仙镇有铁杆，今于赊旗镇再□□□□□□□惟□□□，神之诚可卜其邀福之厚，斯不可以无记也。

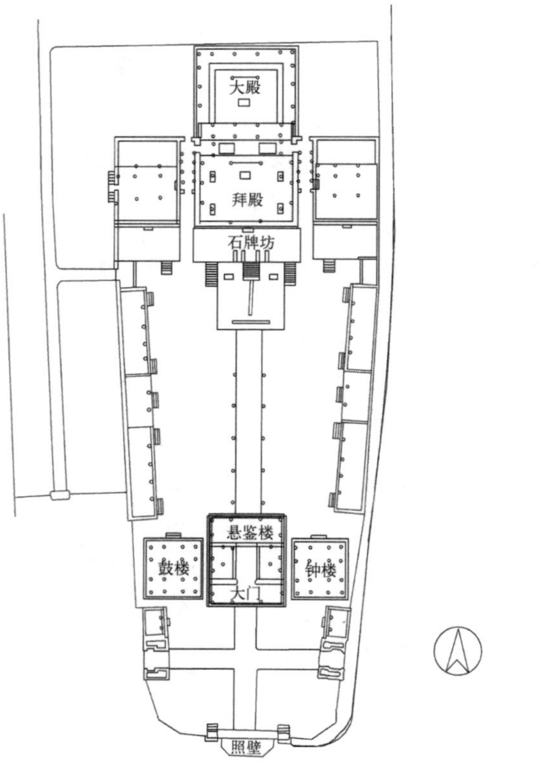

图6–37 社旗山陕会馆平面图

山陕会馆线图引自：河南省古代建筑保护研究所，社旗县文化局编著．社旗山陕会馆．北京：文物出版社，1999年。

从碑文记载可知，到了嘉庆年间（1796～1820年）后期，会馆的主体建筑已基本形成。但清咸丰七年（1857年），捻军为惩罚躲于春秋楼中的富绅，放火焚烧春秋楼，大火延及大殿、拜殿以及东西廊房，会馆的大部分建筑被毁，而位于会馆最南端的悬鉴楼等得以幸免。同治八年（1869年），山陕商人集资重建山陕会馆，光绪十八年（1892年）竣工。民国12年(1923年)《重建山陕会馆馆碑记》中详细叙述了山陕会馆烧毁、重建之事，云：

> 赊旗镇山陕会馆由来已久，遐迩驰名。慨咸丰七年八月，捻匪蹂躏，焚及会馆大殿、廊房、春秋楼，荦荦大者，俱化灰烬。嗣经山陕商贾连年抽厘，希图积少成多，以为重修之资，奈工程浩大，缓不济急，又经同乡大宗捐输，始得鸠工。上建关帝大座殿，中设大拜殿，前筑大月台，环以石牌坊拜殿两旁。马、药王神殿各三间，东西小腰楼各一间，东西两楼廊各十三间，对面大戏楼，两旁左以钟鼓两楼。南、东、西马廊各三间，东西辕门两洞，楼前跨琉璃大照壁，后树霄汉铁旗杆，虽比旧时尚少春秋楼一座，而厥功亦伟，气宇宏大，楼阁辉煌，实戛戛乎不易原当。告竣之日，理应勒石刻铭，以垂永久，只因码头中衰，继起无人，一切手续，竟□历年空悬，□以厘务承之。到镇谬荷同乡官秦公紫剑、张公益齐，并诸乡友，协力整理，爰记其巅末，胪列捐项于两碑阴，以记不朽云。

这次除春秋楼未能重建之外，基本恢复了会馆的原貌。山陕会馆的总平面呈前窄后宽，东西最宽处62米，南北长156米，总占地面积12885平方米，现存建筑152间，共有前、中、后三进院落，中轴线上从南到北有琉璃照壁、悬鉴楼（戏台）、石牌坊、大拜殿、春秋楼等（图6–37、图6–38）。

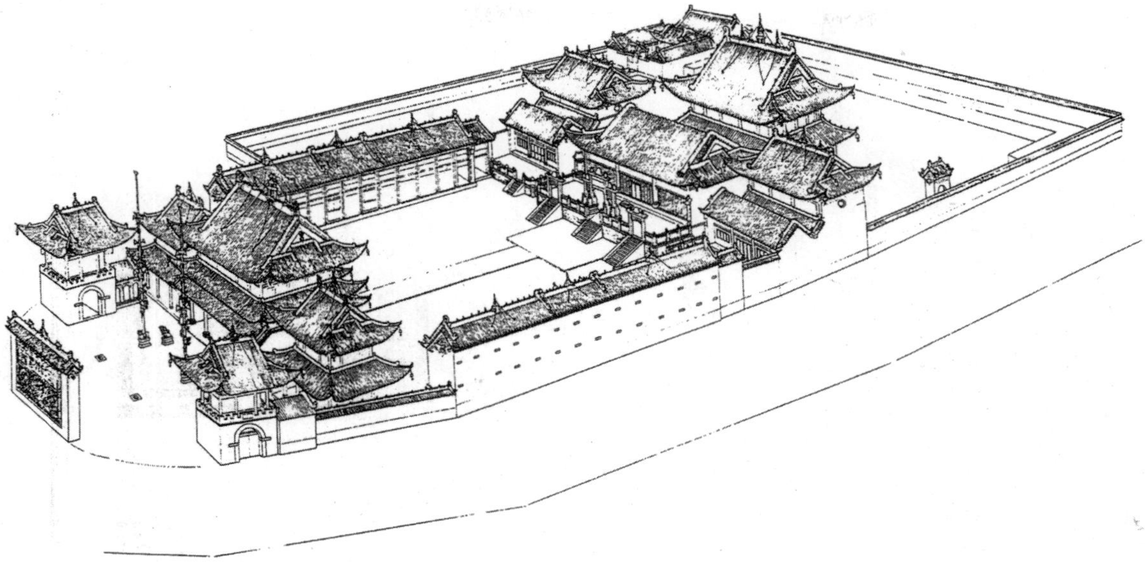

图 6–38　社旗山陕会馆鸟瞰图

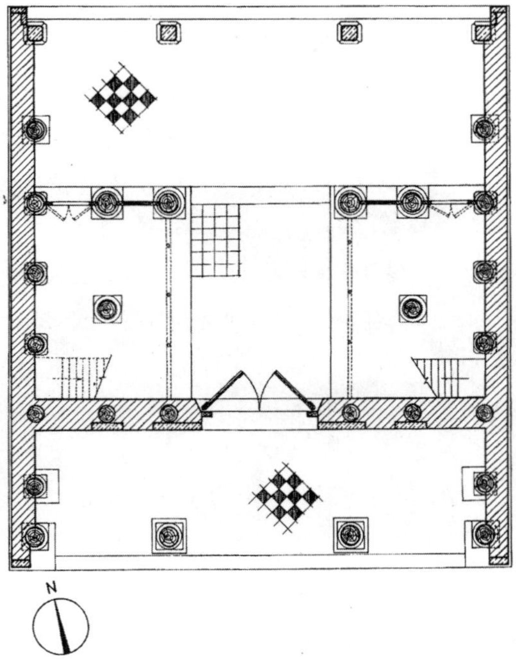

图 6–39　社旗山陕会馆悬鉴楼平面图

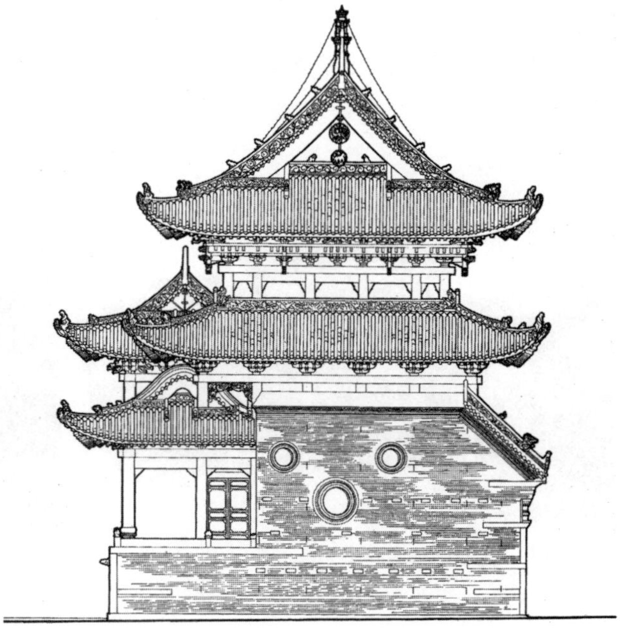

图 6–40　社旗山陕会馆悬鉴楼侧立面图

中轴线上的悬鉴楼即为戏台[1]，坐南面北，与大拜殿遥相对应，创建于清嘉庆元年（1796 年），道光二十一年（1841 年）重修。脊枋题记曰："大清道光岁次辛丑七月初六日山陕众商贾重建舞楼上梁大吉大利。"

戏台通高约 30 米，台面高 3 米，面宽三间 15.7 米，三层重檐歇山顶，黄绿琉璃瓦，规模宏大，雄伟壮观，雕刻精致（图 6–39 ~ 图 6–44）。

整个戏台用二十四根巨柱高高撑起，其中正面为四根 40 厘米见方的石柱。檐下四周皆置单昂五踩斗栱，雕刻有奔狮走虎，柱头科的正侧两面各出九踩计心造斗栱。台面下为通道，用短柱支撑。

1　"悬鉴"出自《新唐书》"魏征传"："帝后临朝，叹曰：'以铜为鉴，可正衣冠；以古为鉴，可知兴替；以人为鉴，可明得失。朕常保此三鉴，内防己过。今魏征失，一鉴亡矣'。"这里把戏台比作高悬之"鉴"，大概意指戏曲的教化功能，让人们品评前人的成败得失，引以为鉴。

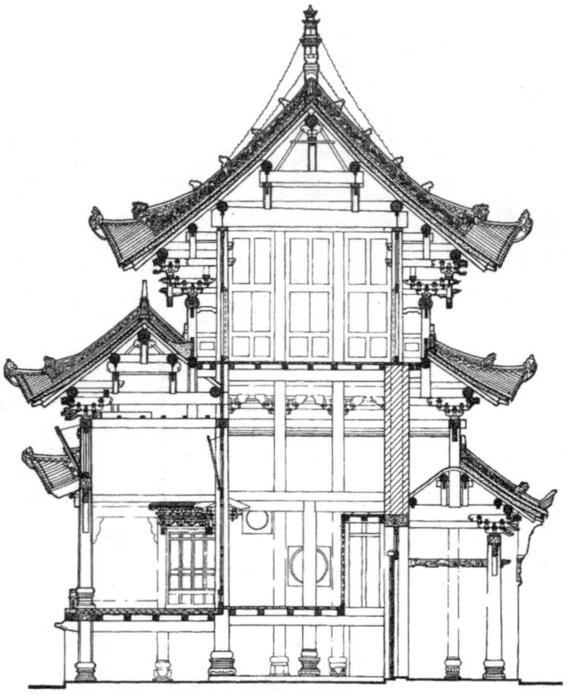

图 6-41　社旗山陕会馆悬鉴楼纵剖面图

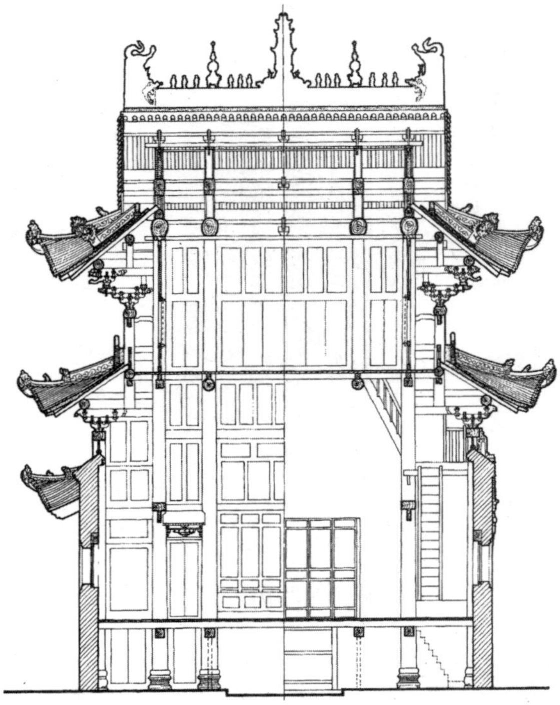

图 6-42　社旗山陕会馆悬鉴楼横剖面图

图 6-43　社旗山陕会馆戏台

图 6-44　社旗山陕会馆戏台背面

图 6-45　社旗山陕会馆戏台匾额

石柱上用行草镌刻两副楹联，内联是：“幻即是真世态人情描写得淋漓尽致；今亦犹昔新闻旧事扮演来毫发无差”；外联是：“还将旧事从新演；聊借俳优作古人”。这两副楹联以戏为主题，论及戏剧创作、表演，阐释了戏台的深层文化内涵。

前檐正中挂有“既和且平”的金字牌匾，撷于《诗经》“既和且平，依我磬声”，借喻戏曲演出和谐一致，并暗喻经商的生财之道，耐人寻味。二层飞檐下有“悬鉴”巨匾，额题“大清道光二十四年”，下落“浩生社立”。该匾为黑底阳刻，周边饰以“暗八仙”和各种吉祥器物。“悬鉴楼”三字铿锵有力[1]，字面涮金，衬以黑底，格外夺目（图 6-45）。

1　据考证，“悬鉴楼”二字为明末清初大书法家傅雷所书，从山西拓来；“楼”字则是河南叶县举人许靖补写。

图 6–46　西次间额枋雕刻

图 6–47　东次间额枋雕刻

图 6–48　山墙面额枋雕刻

图 6–49　社旗山陕会馆戏台台沿雕刻“六国封相”

图 6–50　社旗山陕会馆戏台台沿雕刻“舜耕历山”

图 6–51　社旗山陕会馆戏台台沿雕刻“朱买臣砍樵”

图 6–52　社旗山陕会馆戏台台沿雕刻“渔家乐”

图 6–53　社旗山陕会馆戏台台沿雕刻“卖华山”

戏台明间、次间以及东、西两侧的额枋、雀替雕有“二龙戏珠”、“缠枝牡丹”、“龙凤牡丹”、“鹿鹤同春”等图案，生动形象（图 6–46 ~ 图 6–48）。“悬鉴楼”匾下的平板枋则雕有六折《白蛇传》[1]。画幅间以山水树木为隔断，构图优美，十分精致。

戏台台沿前面栏板雕有十一幅戏曲人物故事。其中明间五幅分别是“六国封相”（图 6–49）、“舜耕历山”（图 6–50）、“朱买臣砍樵”（图 6–51）、“渔家乐”（图 6–52）、“卖华山”（图 6–53），前四幅组合成传统的装饰题材图“渔樵耕读”。“六国封相”位于十一幅图的正中，展示了苏秦学有成效、荣归故里的场面，画面右上角窗内还有“孟母教子”图；“舜耕历山”刻画《尧王访贤》的内容，画面中舜在扶犁而立，右三人有的席地而坐，有的靠树休息，左侧有一小孩正赶一小

1　从左自右依次是“游园遇雨”、“还伞归家”、“卖药道人”、“金山寺上香”、“水漫金山”、“断桥痛别”。

图 6-54 社旗山陕会馆戏台台沿雕刻"职贡图"

图 6-55 社旗山陕会馆戏台台沿雕刻"走马荐诸葛"

图 6-56 社旗山陕会馆戏台台沿雕刻"商旅图"

图 6-57 社旗山陕会馆戏台台沿雕刻"戍边图"

图 6-58 社旗山陕会馆戏台台沿雕刻"程咬金三挡杨林"

图 6-59 社旗山陕会馆戏台台沿雕刻"押囚图"

图 6-60 社旗山陕会馆戏台一层檐柱柱础

狗，后面有农妇肩挑罐筐赶来送饭；"朱买臣砍樵"中朱买臣行于小桥上，肩挑扁担，依然不忘读书，身后的几位，有的休息，有的挑柴前行；"渔家乐"画面中左侧四渔夫正在拉网、提篓、捕鱼，右侧四人则围坐野餐，渲染了渔家快乐的景象；"卖华山"刻画了陈抟老祖赢棋后怡然自得，而宋太祖赵匡胤输棋后颓然懊悔，图中雕有小桥、流水、石桌、古树，反映了"卖华山"之重"信"，体现了"商以信为本"的立意。

西次间石栏板有木雕三幅，分别是"职贡图"（图 6-54）、"走马荐诸葛"（图 6-55）、"商旅图"（图 6-56）。"职贡图"刻画了西域各国派使者供奉各种珍宝的情景；"走马荐诸葛"画面中右侧为两人骑马，左侧有数人，或立或坐，刻画了徐庶向刘备推荐诸葛亮的场景；"商旅图"中有的回首告别，有的匆匆行走，有的劳累休息，人物形态表情各异。

东次间石栏板也有三幅木雕，分别是"戍边图"（图 6-57）、"程咬金三挡杨林"（图 6-58）、"押囚图"（图 6-59）。栏板之间的望柱柱头雕有蹲狮，其中明间的狮子视线向前，次间的狮子视线靠向中间。

戏台一层前檐为四根方形石柱，柱础为双层方形，束腰分别浮雕供桌、供器、罗汉、经钟等，下皂浮雕太极图、蝙蝠、菊花、夔龙等图案（图 6-60）。

戏台屋顶的装饰亦非常精致（图 6-61）。正脊两端装饰龙吻，龙身上卷，鳞飞爪舞，造型生动。正脊正面饰"龙游牡丹"，背面饰"双凤朝阳"。正脊上面饰八仙、葛仙、仙酒等仙人造型，中间是一座三重檐琉璃阁楼，阁楼中层和下层内部有塑像，门楣则悬匾"天五尺"、"如是观"[1]。琉璃阁楼北面二层中柱书楹联："玉帝门前三尺雪，广寒宫中一枝梅"；边柱楹联云："千江有水千江月，万里无云万里天"。正脊阁楼两侧立二狮，狮背插法轮、宝瓶。

戏台前是可容纳万人的庭院，也是会馆的核心庭院（图 6-62）。庭院两侧有看楼，分上下二层，为昔日看戏的包厢（图 6-63）。庭院内用 0.3 米见方的青石砖铺地。中间铺甬路，甬路宽为 4.2 米，高出庭院，由戏台下直通大拜殿石牌坊前。

关于山陕会馆的演戏，也有一些记载。如会馆内乾隆五十年《公议杂货行规碑记》云："每年正月十五日演戏敬神，各家俱要齐备，如故违者不许开行。"

1 "天五尺"意指楼之高耸入云，夸张地形容距离天只有五尺。

图 6–61　社旗山陕会馆悬鉴楼屋脊

图 6–62　社旗山陕会馆悬石牌坊和大拜殿

图 6–63　社旗山陕会馆看楼

2. 周口市山陕会馆剧场

周口山陕会馆又称关帝庙，位于周口市内沙河北岸富强街。山陕会馆始建于康熙三十二年（1693 年），由山西新绛、长治、蒲州，陕西大荔、澄城等地的商贾集巨资创建。乾隆四十八年（1783 年）《重修关圣庙诸神殿香亭钟鼓楼并照壁僧室戏房及油画诸殿铺砌庙院碑记》云：

> 旧有山陕会馆，中祀大帝。创自康熙三十二年。五十二年傍建河伯、炎帝二殿。丁酉年建药王殿并东廊房……雍正九年，重修大殿，建香亭，十三年建舞楼、山门。乾隆八年建老君殿，十五年建钟鼓楼，三十年建马王、酒神、瘟神殿及石碑坊、马亭、戏房。四十六年重修香亭、钟鼓楼、药王瘟神殿及马亭、舞楼、照壁、僧室、戏房，并彩画诸殿……至四十八年大功告竣。

山陕会馆在清康熙三十二年（1693 年）创建以后，在雍正、乾隆、嘉庆、道光年间分别进行了扩建，于咸丰二年（1852 年）全部落成，其中雍正十三年修建戏台。每次重修和扩建，均费资颇多。如《重修关帝庙岁积厘金记》记载，道光十八年（1838 年）重修关帝庙耗资 2 万余两。

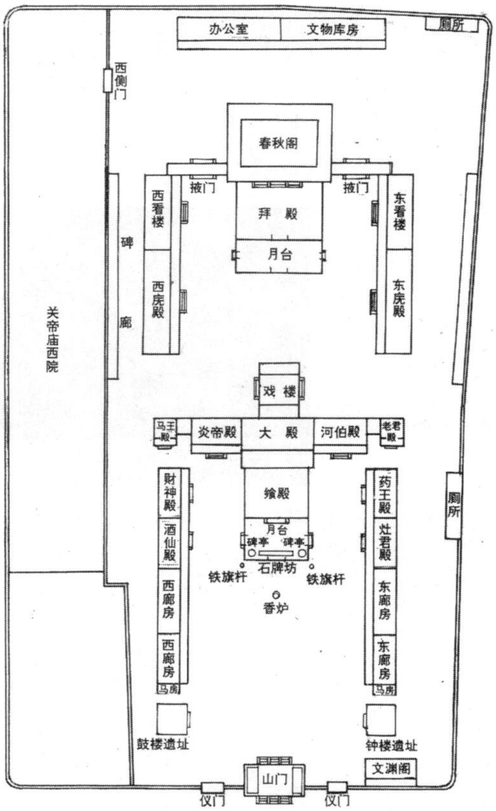

图 6–64　周口市山陕会馆平面示意图

现存会馆为三进院落，坐北向南，东西宽 105 米，南北长 158 米，占地面积 16590 平方米，中轴线上有照壁、山门、钟鼓楼、铁旗杆、石牌坊（图 6–72）、碑亭、飨亭、大殿、河伯殿、黄帝殿、戏楼、拜殿、春秋阁等建筑（图 6–64）。清光绪三年（1877 年）《山陕会馆碑记》云：“周

图 6–65　周口山陕会馆戏台外观图

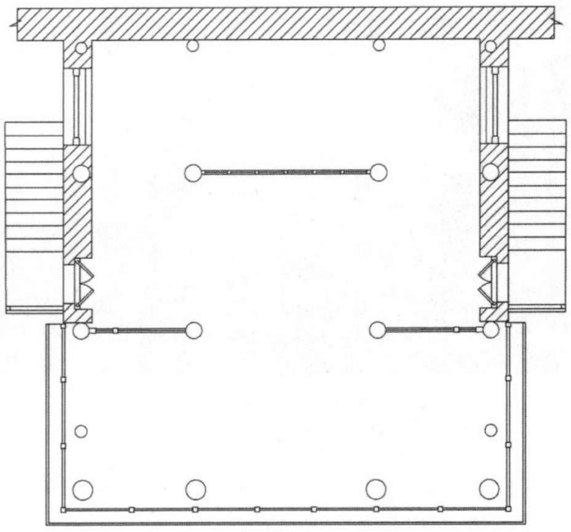

图 6–66　周口山陕会馆戏台平面图

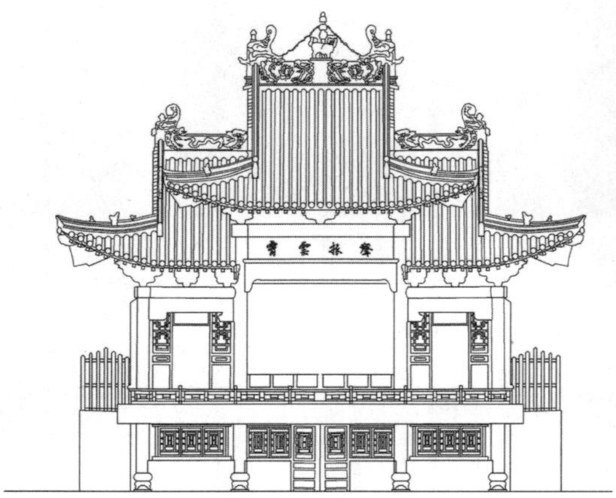

图 6–67　周口山陕会馆戏台正立面图

图 6–68　周口山陕会馆戏台梁架

图 6–69　周口山陕会馆斗栱

口旧有山陕会馆……内奉关帝。祠左配大王，右配火帝。东庑药王、灶君，西庑财神、酒仙。中门外东西廊、钟鼓楼、歌舞楼。后宫则春秋阁、东西配楼、东西廊。歌舞楼东偏为老君马王殿，西偏乃客舍僧僚也。”整个建筑群布局严谨，巍峨壮观。

现存戏台建于清道光十七年（1837 年），脊檩上有“大清道光十七年三月初八口时上梁大吉”等字，位于第二进院，坐南向北，重檐歇山顶，与春秋阁遥相对应。

戏台（图 6–65 ~图 6–67）面宽三间 11.30 米，进深三间 11.25 米，台基高 2.30 米，台面用木板铺成，三面敞开。檐下斗栱为五踩重昂（图 6–69）。梁架用抬梁式结构，悬有垂柱（图 6–68）。明间屋顶高出，楼顶覆盖黄绿琉璃瓦，正脊中间置狮子宝瓶，两端饰以龙头大吻，垂脊上均饰以小

图 6–70　周口山陕会馆戏台雀替

图 6–71　周口山陕会馆厢房和看楼

图 6–72　周口山陕会馆石牌坊

兽。雀替（图 6–70）、匾额、平板枋上布满山水、云龙、人物、花卉透雕，故有“花戏楼”之称。戏楼中间上方悬有“声震云霄”四字横匾。整座戏台比例适当，造型优美，雕刻精致，是剧场建筑中的精品。

图 6–73　民国年间所书“潞泽会馆”之匾

戏台前面为宽敞的庭院，青色方砖铺地。庭院东西两侧均建厢房和看楼（图 6–71）。看楼建于嘉庆二十年（1815 年），悬山顶，带有前廊，施五踩斗栱，装六抹隔扇。

3. 洛阳潞泽会馆剧场

洛阳现存有两座由山西商人建造的会馆，一座是由山西、陕西两省商人于康熙年间（1662 ~ 1722 年）兴建的山陕会馆（又名西会馆），位于南关菜市东街；另一座是由山西潞安府（今长治市）、泽州府（今晋城市）商人于乾隆年间（1736 ~ 1795 年）建造的潞泽会馆（又名关帝庙，后改称东会馆），现位于老城东关西街（图 6–73）。嘉庆《洛阳县志》卷十七记载：“山西东会馆在东郭，山西西会馆在南郭，并祀关帝”，指的就是这两座会馆。

潞泽会馆始建于乾隆九年（1744 年），初名关帝庙。乾隆二十一年（1756 年）《关帝庙新建碑文》中记载道：“洛阳城外东南隅之关帝庙，建自潞泽商人崔万珍等，规模宏远，状貌巍峨，极翚飞鸟之奇观，穷丹楹刻桷之伟望，捐金输粟，取次成功。”建设耗资巨大，据乾隆二十四年（1759 年）《建修关帝庙潞泽众商布施碑记》的记载，当时捐资的棉布商有 48 家、布店商有 38 家、杂货商有 14 家、

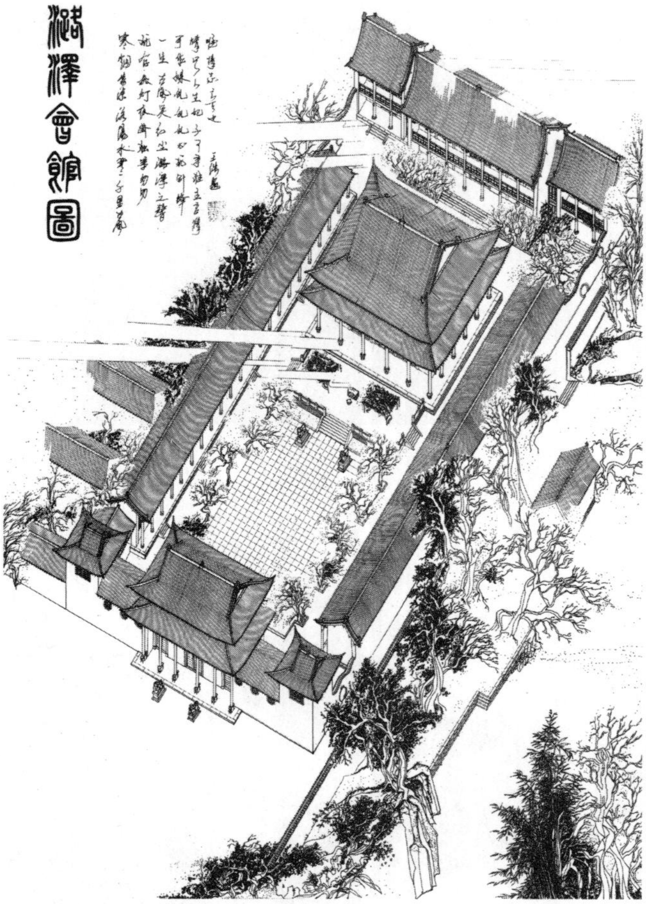

图 6–74　洛阳潞泽会馆鸟瞰图

潞泽会馆线图（除总平面图外）摹自：上栋下宇：历史建筑测绘五校联展，天津：天津大学出版社，2006 年，第 247 页。

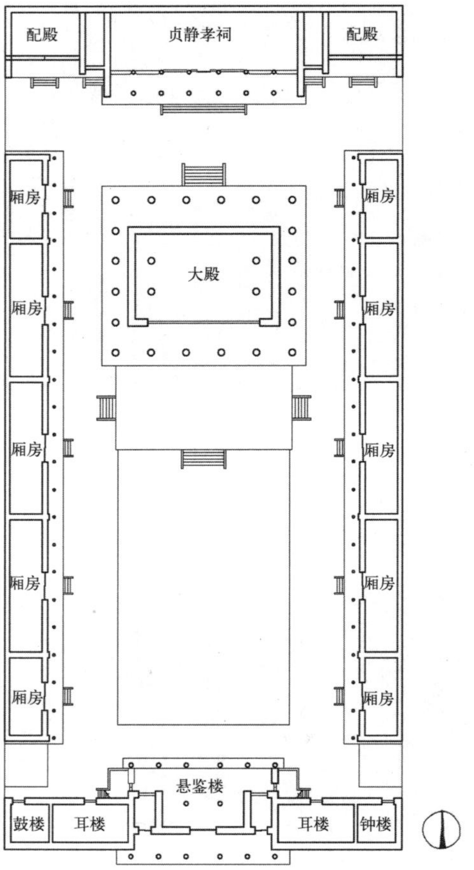

图 6–75　洛阳潞泽会馆总平面图

摹自：马骁著，河南晋商会馆建筑研究，河南大学硕士学位论文，2006 年，第 20 页。

图 6–76　洛阳潞泽会馆山门及其两侧的钟鼓楼

图 6–77　洛阳潞泽会馆大殿

铁商有 5 家、广货商有 12 家、扣布坊有 46 家、油坊商有 57 家。

潞泽会馆坐北向南，中轴线依次建山门戏台、大殿、贞静孝祠，两侧有钟鼓楼、廊房等，占地面积 1.5 万平方米，建筑面积 4200 平方米（图 6–74 ~ 图 6–76）。

图 6–78　洛阳潞泽会馆配殿

图 6–79　洛阳潞泽会馆戏台

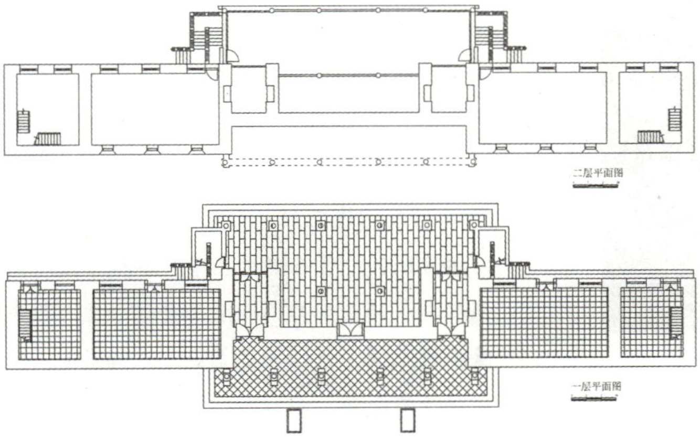

图 6–80　洛阳潞泽会馆戏台平面图

洛阳潞泽会馆线图由同济大学建筑与城市规划学院提供。

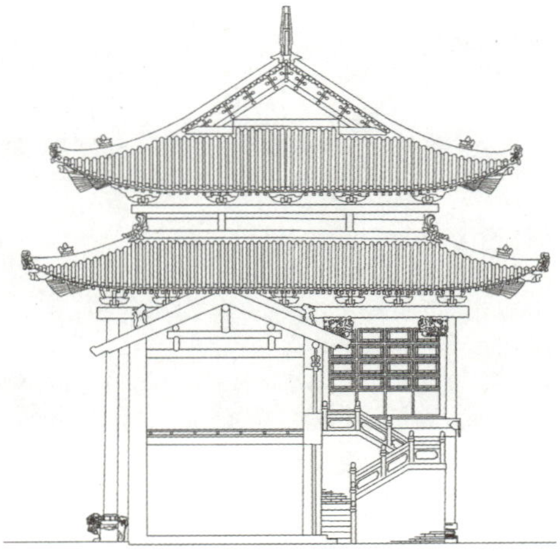

图 6–81　洛阳潞泽会馆戏台侧立面

戏台（图 6–79、图 6–80、图 6–81）坐南面北，和山门组合而建，重檐歇山顶，两侧和鼓楼、钟楼连为一体。通面宽五间 16.8 米，通进深两间 6.9 米，其中前台进深 4.6 米。台面呈凸字形，台口三面敞开，高 3.8 米，侧面有台阶，可通台面（图 6–82）。下层前檐明间金柱用石柱，其余皆施木柱，双层柱础，饰以雕刻（图 6–83）。上层顶部施天花（图 6–84）。前檐额枋、雀替透雕龙、鹿、牡丹等图案（图 6–85）。斗栱五踩双抄，柱头、补间各一攒。补间出斜栱。博风板、斗栱、天花板、大小额枋均施彩绘。台内金柱上有楹联一副：“人为鉴即古为鉴且往观乎，鼓尽神兼舞尽神必有以也。”整座戏台尺度较大，气势雄伟。

戏台左右为稍矮之二层耳房，再左右为钟鼓楼。台前庭院南北长 35 米，东西宽 20 米，和厢房内廊以及大殿前的月台一起构成观众空间。

图 6–82　洛阳潞泽会馆戏台侧立面

图 6–83　洛阳潞泽会馆戏台柱础

图 6–84　洛阳潞泽会馆戏台天花

图 6–85　洛阳潞泽会馆戏台雀替雕刻

4. 洛阳山陕会馆剧场

山陕会馆，又称西会馆，位于洛阳老城南关马市街。道光十五年（1835 年）《东都山陕会馆碑记》记载：

东都四达之府，西接崤函，北望太行，为秦晋门户。两省懋迁之畴，荟萃于兹，由来旧矣。城南廓外山西陕西会馆一座，创自康熙雍正间，计什一之盈余，积锱累铢，殆经始十有余载，而后成功，阅数十年未有纪之金石者。嘉庆中雨风剥蚀颇有倾颓，两省之人惧其烟废，重葺而辨之。经营又廿余年，而今始告蒇事。适余来守是邦，董事者砻石来为文以经之。予，秦人也。与晋素联梓谊，因从其请，为述其缘起而书诸丽牲之石。馆中正殿五间，祀关圣帝君；拜殿五间，前牌坊一座，对面舞楼五间，照壁一座，东西门楼四间，配殿东西各三楹，官厅各三间，香火僧住屋四院，山门三间，修廊二十间，俱依旧式。木之朽者易之以坚；林垣之缺者完之以立致石。费凡贰万五千有奇云。

碑文言及，山陕会馆始建于康熙（1662 ~ 1722 年）、雍正（1723 ~ 1735 年）年间，历时十余载。而这次重修，自嘉庆年间（1796 ~ 1820 年）至道光十五年（1835 年），长达 20 余年，耗银 25000 余两。山陕会馆现保存基本完整，2006 年，被公布为全国重点文物保护单位。

图 6-86 洛阳山陕会馆照壁所雕"苍龙"

图 6-87 洛阳山陕会馆戏台背面

图 6-88 洛阳山陕会馆大殿

图 6-89 洛阳山陕会馆戏台背面拱门额题和雕刻（局部）

图 6-90 洛阳山陕会馆戏台外观

图 6-91 洛阳山陕会馆戏台台基

山陕会馆坐北朝南，中轴线上从南到北依次建有琉璃照壁（图 6-86）、山门（图 6-87）、戏台、大殿（图 6-88）、拜殿，东西两侧有配殿、厢房等，占地面积约 1.0 万平方米，建筑面积约 0.5 万平方米。

会馆南面开东、西仪门。两仪门中间有黄绿琉璃照壁，中间一块雕“二龙戏珠”，左右的两块分别雕“麒麟”和“苍龙”。山门呈三门形式，面阔三间，中门额题“河东夫子”[1]。东侧偏门题额“圣居”，西侧偏门额题“帝域”（图 6-89）。每两门之间的上侧均开圆窗，立面造型丰富。山门背面即为戏台。

戏台（图 6-90）坐南向北，台面下为通道。前台面宽三间，进深一间，单檐歇山顶。后台面

1 “河东夫子”指关公，关公是诚信的象征，敬奉他代表着商人要以诚信为本。

图 6–92　洛阳山陕会馆戏台雀替

图 6–93　洛阳山陕会馆戏台正脊雕刻以及"山陕庙"题字

图 6–94　洛阳山陕会馆戏台走兽

宽五间，进深二间，单檐庑殿顶，前台和后台屋顶相互穿插。台面上层和下层均为木柱（图 6–91），台面用木板铺成。屋顶用琉璃装饰，富丽堂皇。檐下施斗栱，柱间梁枋和雀替饰以精美的木雕（图 6–92）。戏台背面正脊中间题"山陕庙"，雕以兽和宝瓶（图 6–93）。屋顶上装饰有各种走兽（图 6–94）。根据旧志记载，山陕会馆每年农历四月初均要举行盛大的祭典，演戏奏乐，热闹非凡。

戏台对面为正殿，面阔五间，进深五间，歇山顶。正殿前有一对石狮，昂首挺胸，威风凛凛。正殿后为后殿，面阔五间。

5. 辉县山西会馆剧场

山西会馆位于辉县市区南关大街西端，创建于清乾隆二十五年（1760 年），扩建于嘉庆年间（1796 ～ 1820 年）。中轴线上现存有山门、戏台、献殿、正殿，两侧有钟鼓二楼、东西厢房等，总面积 2700 平方米。

山门面阔三间，和戏台组合而建，呈重檐形式。山门内即为戏台。戏台通面宽三间 10 米，进深 6.7 米，单檐悬山顶（图 6–95）。台面高 2.7 米，戏台下面为出入会馆的通道。两侧耳房各三间，用作戏房。雀替上雕有花鸟、

图 6–95　辉县山西会馆戏台及其前面的庭院

图 6-96　辉县山西会馆戏台雕刻

图 6-97　辉县山西会馆戏台雀替

图 6-98　辉县山西会馆二门（戏台背面）

图 6-99　辉县山西会馆献殿和正殿

人物故事等，生动形象（图 6-96、图 6-97）。戏台背面出厦三间，作为二门（图 6-98）。整座戏台尺度较大，雕刻精致。

戏台两侧有钟鼓楼，均为单开间单进深，歇山顶。戏台对面为献殿，面阔三间，单檐歇山顶，前檐为石柱（图 6-99）。石柱上雕刻两幅楹联：“秉烛春秋当日名高汉室；存心忠义至今威镇清时”；“锡福锡命锡时绥万姓神功无极；司离司坎司艮宁四维庙食有常”。献殿后的正殿亦三间，悬山顶。正殿北墙有一幅彩画，绘关公像，红脸张目，一手捻须，一手持书。正殿两侧有耳殿。庭院两侧则为配殿。

6. 开封山陕甘会馆剧场

山陕甘会馆位于开封徐府街。开封古为宋都，位居中原，四通八达，商业繁荣。从明至清的数百年间，山西、陕西商人在开封一直非常活跃。乾隆年间，陕西与山西旅汴商人商定联合建立山陕会馆，并选址于明代徐府旧址。会馆的前半部为关帝庙，西部和后半部为办公场所。

山陕会馆始建于乾隆四十一年（1776年）。嘉庆十七年（1812年）年《山陕会馆晋蒲双厘头碑记》曰：

伏以汴省徐府街有山陕商民创建会馆，修立大殿祀关圣帝君，接檐香亭五间，旁构两庑，前起歌楼，外设大门，庙貌赫奕，规模闳敞。每逢圣诞，山陕商民奉祀惟谨。渐次日久，风剥雨蚀，丹青焕漫，庙貌日久倾圮矣。

碑文记载了会馆建议初期的主要建筑和基本格局。道光四年（1824年），扩建山陕会馆。道光十四年《重修山陕会馆增制宝幔銮仪碑记》曰：

中州山陕会馆道光丁亥岁所修葺焉。美哉轮哉！焕巍乎为中州之盛观。太平商民贾易于兹土者，人既□，生理日臻茂盛，莫下仰林神庥咸被默佑也。既洁齐而将事，必隆仪以告□。合会等众踊跃输诚各解囊橐，共襄盛事，不旬日之间而捐钱□陆拾有奇。诚哉！祈福报功之典重，乡里尚义之心同也。因敬制神前宝幔，台殿彩檐以及旗帜、伞盖、銮舆、仪仗俱美备焉。离离乎金碧交辉，缦缦乎倚罗相映悦神灵而壮观瞻，庶乎备矣。事既成，因纪其事于石并勒诸方名于左。

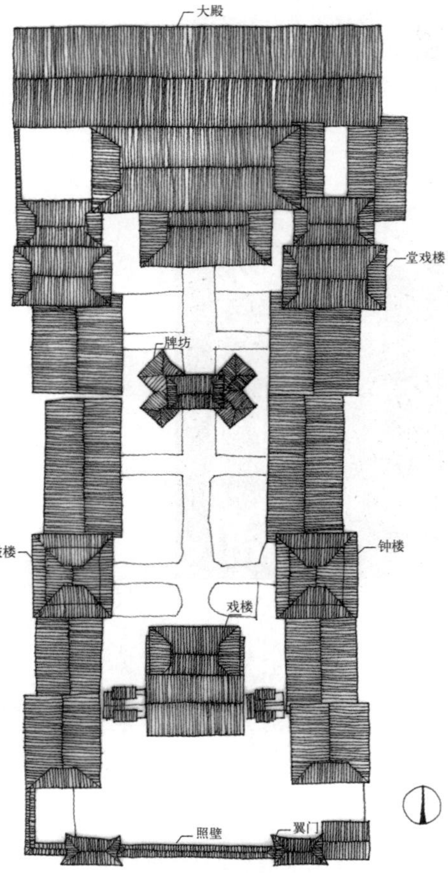

图 6–100　开封山陕甘会馆屋顶平面图

根据文献改绘：马骁著．河南晋商会馆建筑研究．河南大学硕士学位论文，2006年，第49页。

光绪年间（1875～1908年），甘肃商人加入，遂易名为山陕甘会馆。光绪二十八年（1902年），增建春秋楼。

山陕甘会馆坐北朝南，原有房屋300余间，占地面积14万平方米，中轴线上现存有照壁、戏台、牌坊、拜殿和大殿，两侧有左右翼门、钟鼓二楼、东西配殿等（图6–100）。

关于戏台的创建时间，清嘉庆十七年（1812年）《山陕会馆晋蒲双厘头碑记》中云：“前起歌楼，外设大门。”同治三年（1864年）《重修后道院碑记》又云：“汴省帝君庙为我山陕会馆，由来久矣，其中正殿五楹……前则有台榭，悠游歌咏以和神。”

山陕甘会馆原来的戏台毁于20世纪50年代，现在的戏台是东火神庙戏台迁建于此。该戏台坐南面北，面向大殿，平面呈“凸”字形，采用前后勾连的形式，前台为单檐歇山顶，后台为硬山顶（图6–101、图102）。前台面宽一间6.80米，进深4.50米；后台面宽三间9.60米，进深5.00米。前后台之间有木槅扇分隔。前台额枋上雕有“云鹤图”，平板枋上雕有“丹凤朝阳”。

值得注意的是，会馆东西偏院中原各有一座剧场，专为会馆内眷属妇女观戏所建，小巧典雅。现仅存东偏院的剧场。戏台前台为卷棚顶，后台硬山顶，黄绿琉璃瓦盖顶。平面呈凸字形，三面敞开，方砖铺台面，石条砌边，台基高0.4米。前台宽5.8米，深4.7米，宽8.7米，后台深4.3米。前后台之间有木槅扇，两侧设上下场门，门楣上分别题“管雅”、“琴风”。

山陕会馆中的演戏情况，成书于乾隆四十二年（1777年）小说《歧路灯》

图 6-101　开封山陕甘会馆戏台外观

图 6-102　开封山陕甘会馆戏台背面

图 6-103　淅川县荆紫关镇山陕会馆山门

图 6-104　淅川县荆紫关镇山陕会馆过道厅及其钟鼓楼

中有多处描述。《歧路灯》创作于乾隆年间，作者李绿园在乾隆年间久居开封，对开封甚为熟悉。书中第四回写道：“那遭山陕庙看戏，甬路西边一大片妇女，只显得这巫家闺女人才出众”，又写道：“孝移见王氏说话毫无道理，正色道：‘你不胡说罢，山陕庙里，岂是闺女们看戏地方？’”第四十九回写道：“谭邵闻与王隆吉中表兄，与妗母说些家常，耳朵内只听得锣鼓喧天，谭邵闻道：‘那里唱哩？’王隆吉道：‘山陕庙。’”该回还描述了在山陕庙看戏的情景“进的庙院，更比瘟神庙演戏热闹，院落也宽敞，戏台也高耸。不说男人看戏的多，只甬路东边女人，也敌住瘟神庙一院子人了”。其中提及的“山陕庙”应指开封的山陕甘会馆。

7. 淅川县荆紫关镇山陕会馆剧场

山陕会馆位于荆紫关古街，由山西和陕西两省商人创建于清道光年间（1821 ~ 1850 年）。山陕会馆坐东向西，占地 400 平方米，现存建筑有山门（图 6-103）、戏台、过厅、钟鼓楼（图 6-104）、春秋阁（中殿）、后殿等。

戏台面宽五间 11.9 米，其中明间 5.2 米，通进深 8.8 米，其中前台进深 4.8 米。前台为单檐歇山顶，后台为硬山顶，前后勾连（图 6-105、图 6-106）。戏台前后檐均有精美的雕刻。台面高 2.1 米，下面为三条通道，中间门洞石条上线刻花鸟图案（图 6-107）。台面两侧有八字墙（图 6-108）。圆形木柱，六边形柱础（图 6-109）。檐下为如意斗栱（图 6-110）。戏台背面附建一小阁，小阁两侧的耳房外墙有圆窗，圆窗下有拱形门洞。

图 6-105　淅川县荆紫关镇山陕会馆戏台外观

图 6–106　淅川县荆紫关镇山陕会馆戏台背面

图 6–107　淅川县荆紫关镇山陕会馆戏台通道上面的石条雕刻

图 6–108　淅川县荆紫关镇山陕会馆戏台八字墙

图 6–109　淅川县荆紫关镇山陕会馆戏台柱础

图 6–110　淅川县荆紫关镇山陕会馆戏台如意斗栱

图 6–111　禹州市怀帮会馆戏台背面

8. 禹州市怀帮会馆剧场

怀帮会馆位于禹州市西北角，清代时由怀庆（今沁阳）一带的药材商人集资兴建。会馆南北长 120 米，东西宽 78 米，总面积达 9360 平方米，由照壁、山门、戏楼、钟鼓楼、大殿等建筑组成。怀帮会馆现为河南省文物保护单位。

戏台建于清同治年间（1862 ~ 1874 年），坐南面北，面宽三间 10.9 米，进深二间 4.6 米，单檐歇山顶，黄绿琉璃瓦覆顶(图 6–111)。台基高 2.37 米，下面为门洞。

图 6–112　禹州市怀帮会馆戏台墀头雕刻

墀头雕吉兽（图 6–112）。惟戏台正面台面下改动较多，但梁架等主体结构则为原构。

9. 山东聊城市山陕会馆剧场

聊城旧称东昌府，位于山东省西部，京杭大运河中段，地处南北要冲。明清时期，这里商业繁荣，商贾云集。明弘治年间（1488 ~ 1505 年）尚书刘广衡记载了当时聊城的繁荣景象，云："皇华使客往来络绎，纲运之经过，漕输之通达，万物之毕贡，馆谷应需，丁夫递接，微有酬应，不及诃谴，随至为邑之繁剧者如此。"[1] 清乾隆年间（1736 ~ 1795 年），聊城的漕运达到鼎盛，商贾云集，异常繁荣。山陕会馆内清同治十三年（1874 年）《旧米市街太汾公所碑记》云："摄为漕运通衢，南来商舶络绎不绝，以故我乡之商贩者云集焉，而太汾两府尤夥。自国初至康熙间，来者踵相接，侨寓旅社几不能容。"乾隆十一年（1746 年）《山陕会馆碑记》云："齐河密迩聊摄，侧闻其地，当水陆之冲，阛阓喧阗，衽帏汗雨，士大夫游历兹土者，可谓壮哉。"[2] 其中以山西商人为最多。清宣统二年（1910 年）《聊城县志》云："殷商大贾，晋商人最多，昔年河运通时，水陆云集，利益悉归外省，土著无与焉。"山西商人所经营的种类也非常庞杂，有银号、药铺、金店、染坊、茶店、杂货等。

随着山西和陕西商人势力的扩大和商业的发展，山陕商人联合修筑了山陕会馆。会馆中现存的近 20 通清代和民国时期的碑刻记载了山陕会馆修建或扩建的历史。清乾隆三十一年（1766 年）《山陕会馆重修戏台建立看楼碑记》云：

> 山陕会馆之设，创自乾隆八年，中祀关圣帝君，殿宇临乎上，戏台峙其前，群楼列其左右，固已美轮美奂，炳若离皇矣。岁时伏腊，凡我商贾，或割牲以报神，或饮醵而赏胜，于时言言，于时语语，犹木之欢同根，水之欣同源也。迄于今历二十有一年矣。第岁月既久，戏台不无飘摇之意，大厦将倾，众议欲修葺之，且艮巽二隅，一望无涯，未免有泄而不蓄之憾，并议欲增修之。兹则张君裕如，倡声率先，翕然者闻风景从，遂庀材鸠工，陶甓取椠，因前制而缮焉。旁增看楼二座，以乾隆二十八年辛未（1763 年）兴工，作于仲春，考庆成于季秋。

从这通碑文中可知，山陕会馆创建于乾隆八年（1743 年），当时规模不大，建筑也不多，只有正殿、戏台和群楼。乾隆二十八年（1763 年），重修和扩建，主要修葺了戏台，并增修了看楼。

1　转引自：张竞放主编，聊城，金陵书社出版，2002 年，第 42 页。

2　山陕会馆的碑文引自：陈清义、刘宜萍编著，华夏文化出版社，2003 年。

乾隆三十二年到三十七年间(1767～1772年),山陕会馆经历了又一次重修。乾隆三十七年(1772年)《重修山陕会馆碑记》云:"前人创建山陕会馆,甚盛事也。乃历有年所,风雨摧残,以致关圣帝君殿宇脊檩折损,柱梁损坏,丁亥(即乾隆三十二年—作者注)之春,刘君于重,靳君广文,刘君克明等,集我同乡,用彰公议,捐资重修,届兹壬辰(乾隆三十七年—作者注)秋季,其功告成。"碑文还记载了捐钱的商号和银两。

乾隆四十二年(1777年),山陕会馆再次重修。乾隆四十二年(1777年)《山陕会馆建修南北亭厦立两楼游廊以及补修各处碑》记载了这次重修,从碑文可知主要修建了南北亭厦、两楼游廊。

嘉庆八年到嘉庆十四年(1803～1809年),山陕会馆经历了第四次重修,也是最大的一次重修。嘉庆十四(1809年)年兵部尚书温承惠所撰的碑文《山陕会馆众商重修关圣帝君大殿、财神大王北殿、文昌火神南殿及戏台、看楼,并建享亭、钟鼓楼序》云:

> 迄嘉庆八年复从而修之。诸乡友持其图记诣署,中求序于余。时余寻蒙国恩,总督直北,犹忆丙寅岁奉旨镇抚江西,路出于此,迩时鸠工未毕,而工程之浩大,规模之宏整,已略可观,未始不心窃喜之。夫莫为之前,其美费彰;莫为之后,其盛弗传。天下事皆然,而会馆飨神为尤著。余以为兹之重修,非第故者新之、缺者补之等寻常之经营已也。盖有修而求其新者,焉有修而求其修者焉。中殿祀关帝君,其后建春秋阁,已勒诸贞珉,兹不复赘。北殿祀财神、大王,南殿祀文昌、火神。三殿居西,正大高明,为诸神凭依之所。其东有演戏台,而看楼对峙,山门屏列,此仍旧制而新之者也。殿前飨亭九间,陈俎豆于此,肃跪拜于此,联乡谊而饮福酒亦于此。至若礼动于上,乐应天下,则钟鼓二楼,列于戏台之左右,此则增旧制而备美者矣。其经营也,起癸亥迄已巳,七年而工告竣。

从这通碑文的记载,可知这次重修增建了春秋阁、飨亭、钟鼓楼等,使得会馆更为完备。另外,清嘉庆十四年(1809年)《会馆大工告竣碑记序》中对这次重修感叹道:"次拨厘头而绳绳继继,有加无已者,曾累而日进上,至因前人之基址而扩充建造,俄而阁楼峰起,俄而殿宇辉煌光明峻伟,焕然一新,休哉,何功之隆也!"这通碑的背面阴刻有各247家商号名录及其所捐的银两。

清道光二十五年(1845年),山陕会馆经历第五次重修。聊城知县李正仪在清道光二十五年(1845年)所撰碑文《重修山陕会馆戏台山门钟鼓亭记》中记载:

> 道光庚子(道光二十年)宰茌时,仪犹见其全,越明年辛丑(道光二十一年),仪以茌任交案,又至自营陵,再诣馆,则主殿前荡然灰烬,不堪瞩目矣。询其故,则曰:'正初演剧,优人不戒于火,延烧戏台、山门及钟鼓二亭'。嗟乎!数载经营,一朝毁之,物之难成易败也,如是哉。过此以往,求如前日之崇隆壮丽将不可复得。仪秦人贫,不能施金,徒相与徘徊,观望于其侧,愧何如矣!今年春奉檄移宰斯邑,甫下车即虔叩帝君前,为邑民,非仅以山陕重也。礼毕,与董事者下阶,遍观其戏台,基广十数弓,高出云表,前三楹与正殿对峙,上可容梨园子弟百余。岁时报赛,霓裳羽衣,争辉于金碧璀璨中,虽天上之琼楼玉宇何让焉?其山门钟楼亦雄壮胜昔时。

碑文中述及,会馆中的戏台、山门、钟鼓二楼,因正月演戏时,演员不慎,失火烧毁,后集资重建。现存的戏台、山门、钟鼓楼,就是这次重修时所建。需要注意的是,这次所用木料是从陕西的终南山运来的,木匠是从山西汾阳府请来的,实属不易。该通碑阴刻有250余家商号名录及其各自所捐银两。清道光二十五年(1845年)《重建山门戏台左右二门南北殿小鼓棚重修春秋楼墨摩油洗各处见新一应使开列于后碑》中记载了这次重修时所费的22项开支,共耗白银14851.81两。

清同治六年（1867 年），第六次重修山陕会馆。这一年所立的《重修旗杆大门一切使费与司事之家暨众号乐输银两咸列于左碑》记载了这次重修了旗杆和大门，碑文列举了 87 家商号所捐银两，共白银 467 两，也即在这次重修的各项支出，总计 3437.22 两。

清光绪二十年（1884 年），第七次重修山陕会馆，增加了山门外的石栏杆。这年所立的《重修山门外石栏杆序》云："山陕会馆山门外，环以木槛，原为借兹护卫，非徒壮其观瞻。因历年久远，腐朽者故多，为人所折毁者，亦复不少。意欲仍旧贯不必改作，乃不数年而新者旧，而旧者复坏。功虽至微，有不胜其烦渎者矣。遂公议易之以石，所费无几而其益甚大，比一劳永逸之盛举也。"碑后列举了商号及其所捐的银两，共捐银 164 两，而支出 199.2 两。

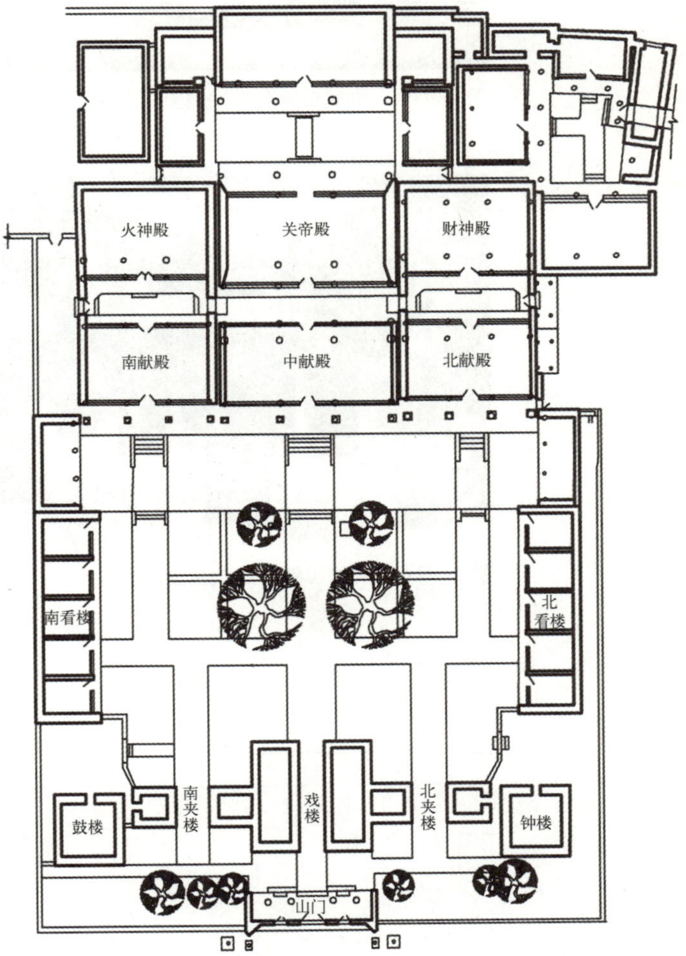

图 6–113　聊城山陕会馆平面图

山陕会馆线图引自：陈清义、刘宜萍编著，华夏文化出版社，2003 年。

解放后，1978 ～ 1985 年之间，以及 1994 ～ 1999 年之间，也曾重修山陕会馆。至此，山陕会馆及其剧场的历史沿革很清晰了。

山陕会馆坐西朝东，东西长 77 米，南北宽 43 米，占地 3311 平方米，共 160 余间。中轴线上从东到西有山门、戏台、献殿、关帝殿、春秋阁，两侧有钟鼓楼、看楼等(图 6–113)。戏台创建于清乾隆八年(1743 年)，当时"中祀关圣帝君，殿宇临乎上，戏台峙其前，群楼列其左右"。在乾隆二十八年(1763 年)第一次重修时，增加了看楼，即碑文中所谓"旁增看楼两座"。后来戏台被烧毁，在道光二十五年（1845 年）重修。现存戏台即重修于道光二十五年（1845 年）。

山门（图 6–114、图 6–115）采用三间牌坊式，琉璃歇山顶，由八根木柱支撑。其中山门外四根柱子的柱础均雕有麒麟。牌坊下辟一正门和两个侧门。正门上方有石匾一方，楷书阳刻"山陕会馆"四字。正门门框中间雕凤凰麒麟，两侧刻飞鹤彩云。额枋上饰木刻透雕，中间刻大象，左侧刻狮子，右侧刻骆驼，另外还刻有人物、山水、瀑布、树木等。正门两侧木柱阳刻楹联一副，云："本是豪杰作为，只此心无愧圣贤，洵足配东国夫子；何必仙佛功德，惟其气充塞天地，早已成西方至人"，赞誉了关羽之功德。左右侧门上各有一方石匾，左侧曰"履中"，右侧曰"蹈和"。侧门门框上雕刻有香炉、宝鼎、剑、棋、书、画、彩云、蝙蝠等。中门和侧门均为木质朱门，门扇上都饰以铁箍和圆钉。侧门两侧又各有八字照墙，左侧八字墙上书"精忠贯日"，右侧书"大义参天"。山门外左右两侧各有一座正方形的石墩，为插旗杆之用。

图 6–114　聊城山陕会馆山门

戏台和山门之间有遮雨过楼连接，单檐硬山顶。戏台背面门上有"岑楼凝霞"石雕横匾（图 6–116），四周有砖雕。门两侧又有大幅石刻照壁，左刻松鹤，

图 6–115　聊城山陕会馆山门上面的匾额和斗栱

图 6–116　聊城山陕会馆戏台背面的匾额

图 6–117　聊城山陕会馆戏台正面

图 6–118　聊城山陕会馆戏台侧面

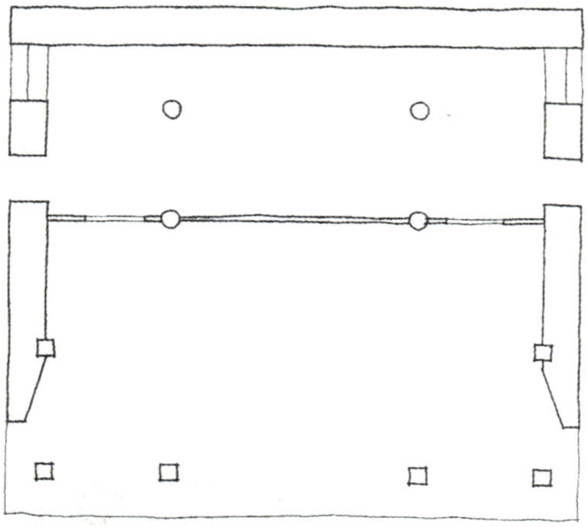

图 6–119　聊城山陕会馆戏台平面

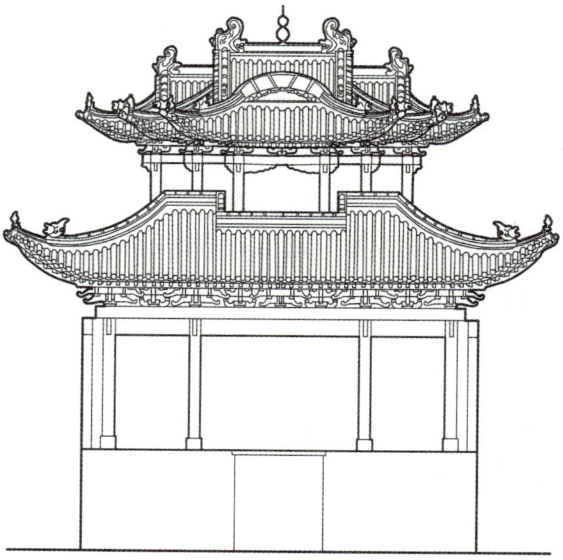

图 6–120　聊城山陕会馆戏台正立面

右刻梅鹿[1]。照壁下有精致的石刻，饰以砖刻垂花壁罩，雕有琉璃制黄牡丹、绿麒麟和万年青等。门楣上有五幅人物线刻图画。

戏台（图 6–117 ~ 图 6–120）采用重檐歇山顶，前、左、右三面又各出厦，形成十个翼角，如雄鹰展翅，造型别致。砖砌台基，高 2.37 米。通道上铺 0.06 米厚的木板。面阔三间，明间 3.3 米，

1　松鹤象征长寿，而“鹿”者，禄也，指多财，均体现了商人的心愿。

次间1.75米，进深三间，前金柱后移，并安装格扇，前台深4.0米，后台深2.45米。前檐为四根方形石柱，高2.91米，上置平板枋，柱头科为双下昂五踩斗栱。正脊饰龙吻，绿黄琉璃瓦覆顶。

图6–121　聊城山陕会馆戏台檐下明间

戏台檐下明间雕福、禄、寿三星故事（图6–121），次间雕飞龙、花卉、人物等，做工精细，形象生动（图6–122）。额枋上面的檩条上有彩绘《三结义》、《三战吕布》、《三顾茅庐》、《斩良》、《赠赤兔马》、《挂印封金》、《灞桥挑袍》、《夜观春秋》、《兄相会》等颂扬关羽的戏画，栩栩如生。

戏台四根檐柱均有石刻楹联，其中明间的楹联云："宫商翕奏，赏心是金榜题名、洞房花烛；扮演成文，快意在坦道骏马，高帆顺风"，次间的楹联云："结五万春花，奏雅宣和，无戾风骚称杰构；谱大千秋色，镂金错彩，有裨世教即奇观"。柱础上雕有各种图案（图6–123）。前台两侧为八字形墙，墙上各镶石刻工笔图画，高1.8米，宽0.5米，其中左为"海市蜃楼"，右为"天台胜景"。隔扇上原绘有4幅大型花卉。左右木柱上阳刻有楹联，云："响遏行云，一曲笙簧欣乐利；歌翻白雪，八方舞蹈荷升平。"隔扇上方悬挂着木刻匾额"云霞绚采"（图6–124）。藻井上绘有多种花卉、人物、鸟兽图案，非常精美。

戏台两侧有耳房，与戏台连为一体，上下二层，面宽三间，单檐建筑。其中中间的一间屋顶高起，下有拱门连通内外。拱门上各有石雕匾额，南为"对岳"，北为"望海"。这里原为演戏之时演

图6–122　聊城山陕会馆戏台次间额枋雕刻

图6–123　聊城山陕会馆戏台柱础雕刻图案

图 6–124　聊城山陕会馆戏台隔扇

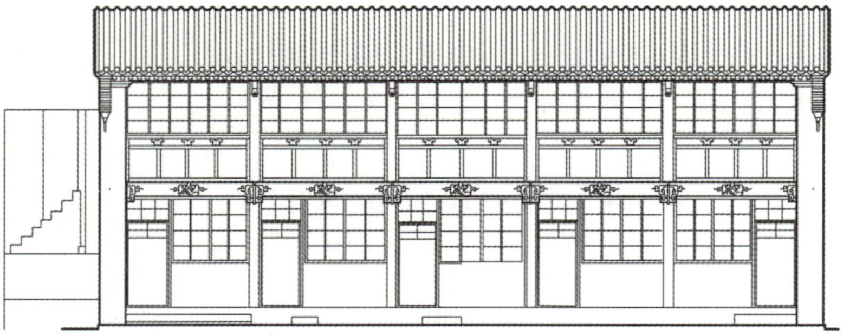

图 6–125　聊城山陕会馆看楼立面图

员化妆室和休息室。

值得注意的是，戏台的后台及其两侧耳房的墙壁上留存许多戏班的墨笔题记，对研究中国戏剧史有重要价值。作者实地调查时，这些题记多已漫漶，也有一些较为清晰。这些题记的时间包括道光、咸丰、同治、光绪以及民国时期[1]。

从这些题记也可看出当时山陕会馆演剧之频繁、演出内容之丰富、演出戏班之众多。

后台题记中还有一首打油诗，描写了当时演员的生活，诙谐有趣，云："山陕会馆戏实早，未曾天明开饭了，清晨就把神来参，掌板（班）还在夏（下）处吵。风里也得这里跑，下了大雨也得跑，开场唱了六大曲，掌板（班）口内还赚（嫌）少。谁知又把戏来添，会里未到王三老，掌板（班）内里吃中棵（绰、施舍），无人就把耳朵咬。"

戏台两侧有钟鼓楼，筑于砖石高台基上，单间二层，重檐十字歇山顶。北侧为钟楼，门楣上有石刻匾额"振聋"，两侧石柱上阴刻楹联一副："其声大而远，厥竟深且长。"南侧为鼓楼，门楣上有石刻匾额"警聩"，两侧石柱上亦阴刻楹联一副："当知听思聪，岂可耳无闻。"

戏台前面的庭院，东西深 23 米，南北宽 33 米。纵向（东西向）中央有一条平直的甬道。甬道两侧各有百年古槐一株。庭院正面的大殿台阶下，有一对石狮，高大雄健。根据会馆内石碑的记载，这对石狮从山西选料精凿细刻而成，耗银 633 两。

庭院南北两侧建有看楼（图 6–125），各面阔五间 16.5 米，深 5.0 米，上下二层，灰瓦卷棚顶。看楼的西侧均为碑亭，各面宽三开间，正面敞开，筒瓦歇山顶。碑亭额枋绘有日出、龙虎、瓜果和人物图案。

庭院的正面（西侧）为大殿，由献殿和正殿前后勾连而成。献殿为卷棚顶，正殿为悬山项。正殿中间为关帝殿，南为火神殿，北为财神殿，均面宽三间。前檐均为方形石柱，侧面刻有仙鹤祥云的图案，正面刻楹联，柱础雕有大象、麒麟等。殿与殿之间均有独立的山墙。

第三进院落正面（西侧）有春秋阁，面宽三间，上下二层，抬梁式结构，灰筒瓦单檐歇山顶。

1　摘录一些如下："道光廿六年六月廿一□□德义班在此乐□□也"；"咸丰贰年八月拾肆日邱县四喜班"；"咸丰五年正月德凤班一叙也，二府五县子弟班，会馆唱了正（整）六天，戏价京（钱）十八吊，还有二千点心（钱）"；"同治三年正月初一日安徽同庆班"；"光绪八年三月十七日喜寿班"；"光绪十年四月十四日四盛班在此乙乐也，头天：五福堂，富贵图；二天：黄金台，过午，春秋笔；三天：日月图，过午，美人图；四天：老金阁，过午，紫金镯；五天：宇宙锋，过午，壹捧雪"；"山西泽州府凤台县全盛班，光绪口年十月初六日，一捧雪，二进宫，三上殿，四才子，五神宫，六人节，七人贤，八仙图，九连灯，十美镜"；"光绪拾四年六月廿日茌平县城北冯官万庆班在此一乐也"；"民国柒年六月口七日唱戏四天"；"易俗社开化国民"，等等。说明：有关聊城山陕会馆戏台的题记为根据文献整理：陈清义，刘宜萍编著，聊城山陕会馆，华夏文化出版社，2003 年，第 78 ~ 81 页。作者 2007 年 5 月 26 日实地调查时，做了一定的校对。但遗憾的是，大多题记已经漫漶不清。

前廊额枋雕刻精致，有人物和牡丹、金瓜、花卉等。春秋阁左右各附设一座望楼，上下各一间。两望楼券门上有匾额，南侧的曰“接步”，北侧的曰“登阶”。

整个山陕会馆布局紧凑，其石雕、木雕、砖雕和绘画非常丰富，对于研究中国的古代剧场史和建筑史具有重要的价值。

10. 湖北襄樊市抚州会馆剧场

抚州会馆位于襄樊市樊城沿江中路陈老巷口，坐北朝南。据清嘉庆七年（1802 年）《奉宪永禁》碑所记，会馆的修建年代不晚于清嘉庆初年。原会馆已毁，现仅存戏台。

戏台背面为山门，山门上石刻匾书“抚馆”二字（图 6–126、图 6–127）。戏台面阔三间 12.4 米，进深 8.4 米，三重檐歇山顶。台面高 2.8 米，下面为通道。台内梁架明间为抬梁结构，两山为穿斗结构。檐下置如意斗栱（图 6–128）。明间和次间的额枋均雕有各种装饰图案（图 6–129）。正面匾题额“峙若撅岘”。天花彩绘已模糊，中间为八角藻井，饰有垂柱。

11. 广西贺州市黄田村湖南会馆剧场

湖南会馆位于广西贺州市黄田村南侧，建于咸丰十一年（1861 年），民国 6 年（1917 年）重修。中轴线上有戏台、前殿、中亭（两侧附有廊庑）和后殿。

戏台平面呈凸字形，面阔 11.2 米，进深 9.1 米（图 6–130、图 6–131）。前台略窄于后台。前台为单檐歇山顶，后台为硬山顶，前后勾连。台面高 2.2 米，下面为通道。台内有藻井（图 6–132）。台沿有花卉栏杆。八根大圆木通柱支撑台面和屋顶。

戏台对面为前殿（图 6–133），三开间。前殿屋脊正中有琉璃宝塔，两侧为龙形雕塑，栩栩如生。其墙基石正面雕人物（图 6–134），侧面雕动物和人物（图 6–135），甚为生动。

图 6–126　襄樊市抚州会馆戏台

图 6–127　襄樊抚州会馆山门

图 6–128　襄樊抚州会馆戏台檐下斗栱和匾额

图 6–129　襄樊抚州会馆戏台明间额枋雕刻

图 6–130　贺州市黄田村湖南会馆戏台

图 6–131　贺州市黄田村湖南会馆戏台侧面

图 6–132　贺州市黄田村湖南会馆戏台藻井

图 6–133　贺州市黄田村湖南会馆戏台对面的前殿

图 6–134　贺州市黄田村湖南会馆前殿墙基石正面雕刻（左）

图 6–135　贺州市黄田村湖南会馆前殿墙基石内侧雕刻（下）

12. 四川自贡市西秦会馆剧场

西秦会馆又名武圣宫，主供关帝神位，亦称关帝庙，俗称陕西庙，位于自贡市解放路，后倚风景秀丽的龙凤山。西秦会馆开始兴建于乾隆元年（1736年），乾隆十七年（1752年）竣工，历时16载。道光七至八年（1827～1828年），又进行较大规模的维修与扩建，“较旧地址拓出十数丈，依山另辟一正殿”，“共费四万有奇，殿宇崇阁，体制严肃，廊庑整秩，金碧交辉”，“壮丽倍前”[1]。

西秦会馆中轴线上有武圣宫大门、献技楼（戏台）、抱厅、参天阁、中厅、正殿，前院两侧有贲鼓、金镛二阁（图6-136、图6-137）。

武圣宫大门和献技楼（戏台）为一体。大门重檐歇山屋顶，檐角成行，依次加宽，如人字形飞雁列队空中（图6-138）。

戏台（献技楼）为攒尖三重檐（图6-139），下檐成两翼状左右高翘飞出，中间无檐。戏台两个歇山式屋顶重叠并与大门屋顶连为一体，而在靠正脊处又加建一个六角攒尖顶，其后两角插入大门歇山屋顶之中。戏台和山门勾连而成的屋顶上有三个宝顶，分别位于二道正脊中间和一个攒尖顶上，呈纵向分布。正脊两端鸱尾为形态生动的跳鱼。屋顶下环列二十四檐角，起翘修长，参差起伏。戏台上下共分三层，第一层为主要演出区，面阔三间，宽9.0米，前台深

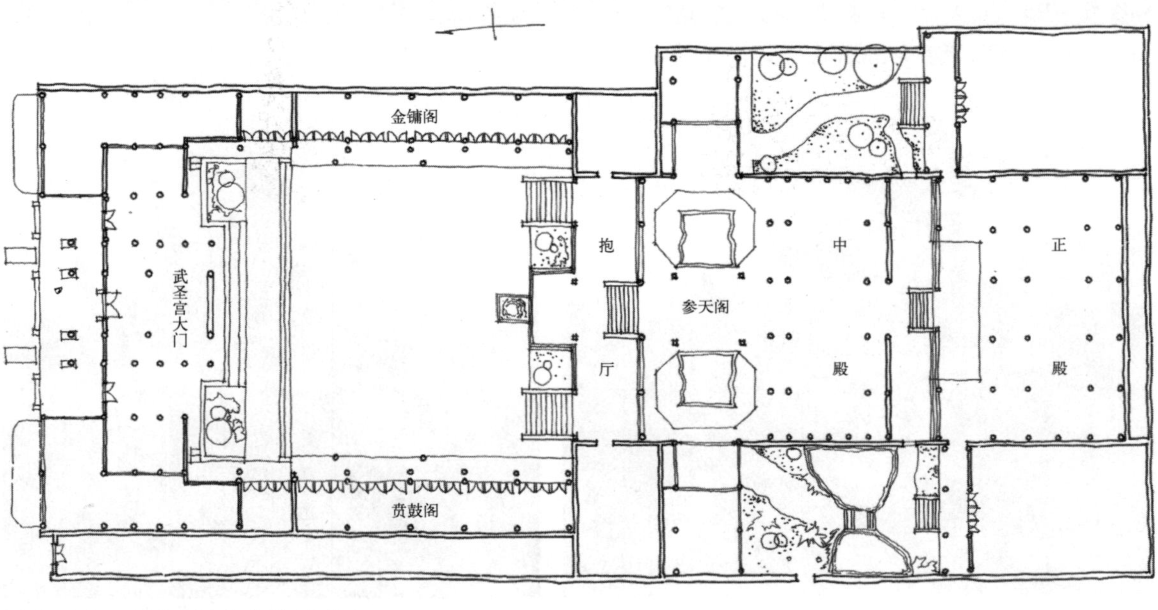

图6-136　自贡市西秦会馆平面图
西秦会馆线图根据西秦会馆管理处所提供的资料绘制。

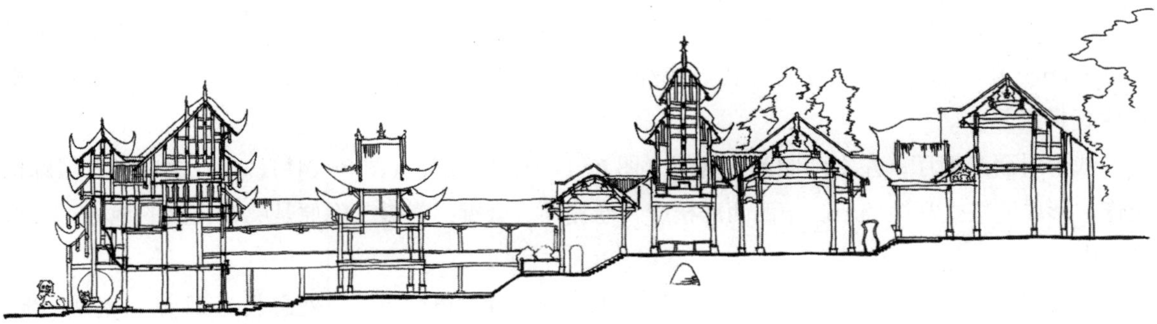

图6-137　自贡市西秦会馆纵剖面

1　见《重修西秦会馆关帝庙碑记》。

图 6-138　自贡市西秦会馆山门

图 6-139　自贡市西秦会馆戏台

图 6-140　自贡市西秦会馆金镛楼

图 6-141　自贡市西秦会馆贲鼓楼

4.15 米，后台深 3.2 米。上面两层分别命名“大观”、“福海”，空间收拢。若逢盛典或者重要人物入场观剧，“大观”上有跳加官等特殊表演。整座戏台由 22 根粗大石柱支撑，其中有两根石柱直贯三层。

戏台对面为抱厅，左右两侧为金镛阁（图 6-140）、贲鼓阁（图 6-141），相互之间以二层廊楼相连，形成庭院式观演场所。东西两厢楼廊为卷棚顶。金镛、贲鼓二阁原是鸣钟击鼓的地方，为重檐歇山顶。

在戏台以及金镛、贲鼓二阁楼的台基边沿上，分别置木雕栏板，三处总长为 23 米，宽 0.7 米，高 0.6 米。栏板分为上、中、下三层，分割为大小不等的画面 208 幅，刻 350 余人物。其中，戏台台沿下长 8.00 米，雕刻有戏曲场面、历史故事、山川木石、屋宇车马、花卉静物等（图 6-142）。台沿所雕戏文故事有《追潘》、《辨琴》、《忠义堂》、《失秦州》、《游月宫》、《王母献寿》等。

图 6–142 自贡市西秦会馆戏台雕刻

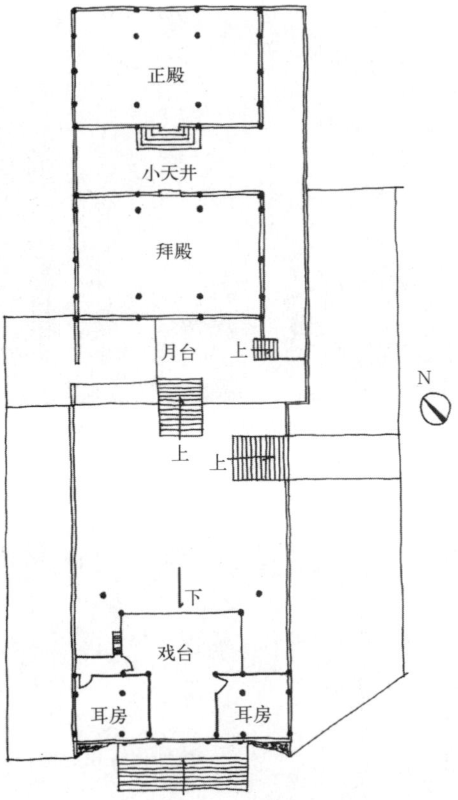

图 6–143 旬阳县蜀河镇黄州会馆现状平面图

摹自：袁静著，杨豪中指导．旬阳蜀河镇会馆建筑及其民俗曲艺文化的研究与保护．西安建筑科技大学硕士学位论文，2007 年。

整个会馆建筑，结构精巧，规模宏大，装饰华丽，为陕西商人聚会和观赏戏曲的中心。每逢盛大庆典，过年过节，或遇红白事，陕西商人便要邀请戏班在戏台上演出。

13. 陕西旬阳县蜀河镇黄州会馆剧场

清代时，蜀河镇是商业重镇，位于汉江、蜀河交汇处，旧时船运非常兴盛。由汉口沿汉江至蜀河口，再经双河口到西安，是湖北等地通往关中的一条重要交通线路。得天独厚的地理位置，吸引着富商巨贾纷纷来此做生意。

黄州会馆坐西朝东，背依山坡，南靠汉江，面对蜀河。根据碑文记载，黄州会馆为“（黄州）在蜀贸易之诸君倡举而成”，原来仅有“正殿三间，祀帝王神灵”，清道光二十七年（1847 年），“修正殿、拜殿”。

黄州会馆现存山门、戏台、拜殿、正殿，依山势而建，逐渐升高，并左右对称（图 6–143、图 6–144）。山门为三间五楼式八字形牌楼（图 6–145），呈三重檐，竖书“护国宫”，两侧有匾，分别题“玉局”、“金墉”（图 6–146）。门框上有精致的石雕（图 6–147），门前台阶上有对称的抱鼓石（图 6–148）。山门墙面上的许多砖上阴刻“黄州馆”三字。

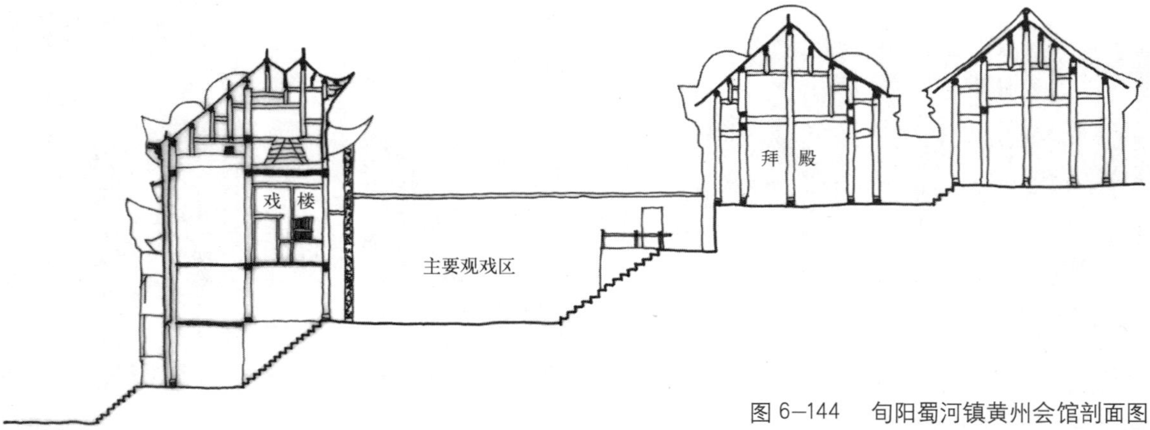

图 6–144　旬阳蜀河镇黄州会馆剖面图

图 6–145　旬阳县蜀河镇黄州会馆山门

图 6–146　旬阳县蜀河镇黄州会馆山门上面的匾额

图 6–147　旬阳县蜀河镇黄州会馆山门两侧的抱鼓石

图 6–148　旬阳县蜀河镇黄州会馆山门门洞上面的雕刻

图 6–149　旬阳县蜀河镇黄州会馆戏台

戏台建于同治十二年(1873 年)。梁上有梁枋题记“清同治十二年岁次癸酉黄州阖属阳元班建立”。会馆内现存清光绪元年(1875 年)《修建蜀河口黄州会馆碑》记载:“由是我等同人，复行计议，积公房之租税，抽合帮之□□□,至同治十二年,计算颇余数百金。乃又乞解四方之囊，引为将伯之助，始乃迎大匠，选良工□□□蜃气之嘘；刻桷丹楹，颇慰仙人之好。同心协力，几费经营，罄数千金而乐楼始成。经营虽未□□，规模实已备焉。”[1]

戏台建于山门内的通道之上，面向拜殿，采用前后勾连式，前台歇山顶，后台硬山顶（图 6–149）。前台的歇山顶翼角翘起，两侧下面又出一层屋檐，成重檐之势（图 6–150）。台面向前突出，呈凸字形。台面用短柱支撑(图 6–151),柱端饰木雕(图 6–152)。天花作八卦藻井,图案上下错落,交替重叠(图 6–153)。牛腿雕动物造型，并与角科相结合（图 6–154)。台

图 6–150　旬阳县蜀河镇黄州会馆山门和戏台屋顶

图 6–151　旬阳县蜀河镇黄州会馆戏台下的短柱

图 6–152　旬阳县蜀河镇黄州会馆台面下短柱顶雕刻

图 6–153　旬阳县蜀河镇黄州会馆戏台藻井

图 6–154　旬阳县蜀河镇黄州会馆牛腿雕刻

1　张沛编．安康碑石．三秦出版社，1991 年。

图 6–155　旬阳县蜀河镇黄州会馆戏台两侧的雕刻

图 6–156　旬阳县蜀河镇黄州会馆台沿雕刻

图 6–157　旬阳县蜀河镇黄州会馆戏台正脊

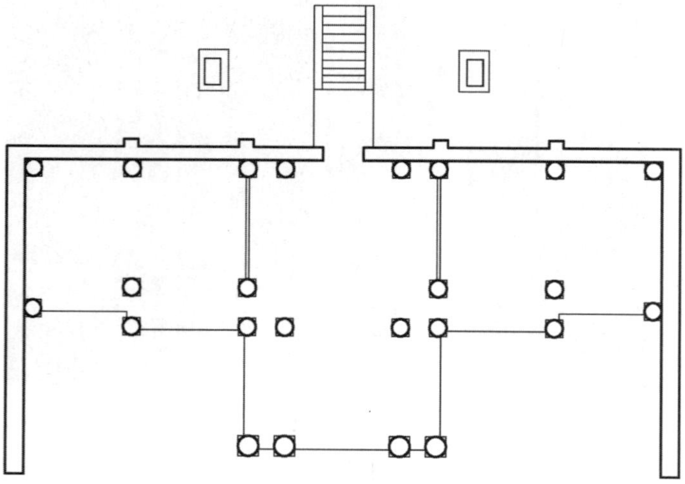

图 6–158　丹凤县船帮会馆戏台一层平面图

口上方中间有匾额，楷书“鸣盛楼”三字。“鸣盛楼”两侧斜面上有大型场景木雕（图 6–155）。戏台两边有耳房，耳房之山墙向前伸出，形成围合之势。台沿阳刻有木雕，内容多为吉祥动物（图 6–156）。屋顶正脊中间立宝瓶，两侧有吻兽，均雕刻精致（图 6–157）。

台前庭院两侧有对称的二层看楼，各六间。庭院北部有踏步，踏步两侧为石栏杆。再往北即为拜殿和正殿。正殿为硬山顶，拜殿则采用封火墙形式。戏台、看楼、拜殿、正殿以及台阶、庭院，一起构成完整的剧场空间。

14. 陕西丹凤县船帮会馆剧场

丹凤古称“龙驹寨”，自古便是“北通秦晋，南结吴楚”的交通要冲，久有水旱码头称誉。船帮会馆又名明王宫，位于丹凤县城西南隅的丹江岸上。由于其建筑华丽，工艺精湛，所以民间称其为“花戏楼”。这座会馆修建时资金通过船上每件运货中抽取三枚铜钱获得。就这样日积月累，集腋成裘，建起这座宏伟壮观的会馆。

会馆坐北向南，面临丹江。中轴线上有戏台和大殿，东西建有配殿。据《续修商县志》载，戏台始建于清嘉庆十年（1815 年）。后于咸丰十七年（1867 年）、同治八年（1869 年）、光绪十七年（1891 年）重修。

戏台背面为山门，青砖六柱五楼牌坊式，两侧有楹联，云：“继夏禹称王福庇九江，后元夷受封德昭千古。”

戏台（图 6–158、图 6–159）采用单檐歇山顶，左右山面重檐。额枋上置横批，书“和声鸣盛”，上部悬“秦镜楼”牌匾（图 6–160）。“秦镜”典出《西京杂记》：“秦始皇有方镜，照人灼见心胆”[1]。平面呈品字形。前台宽 8 米，深 5.5 米。顶部雕有八卦藻井。东西两侧封火墙耸立（图 6–161）。额枋（图 6–162）、雀替（图 6–163）上有丰富的木雕[2]。

图 6–159　丹凤县船帮会馆戏台

图 6–160　丹凤县船帮会馆戏台匾额

图 6–161　丹凤县船帮会馆戏台

图 6–162　丹凤县船帮会馆戏台额枋雕刻

图 6–163　丹凤县船帮会馆戏台雀替雕刻

1　唐太宗李世民说：“以铜为镜，可正衣冠；以人为镜，可明得失；以古为镜，可知兴替。”

2　包括山川河流、车马船舶、鸟兽虫鱼、花草树木、六畜兴旺、庄稼丰收、两军战场、农家耕田、君臣聚会、两军鏖兵、大禹耕田、文王访贤、囊萤映雪、赤壁怀古等，场面恢宏。

第五节　其他区域清代会馆剧场

除了北京、上海、河南外，全国其他地区也留下来数量众多的会馆剧场，本节选取一些典型实例进行论述和分析。

1. 天津广东会馆剧场

广东会馆位于天津市旧城鼓楼南大街，建于光绪三十三年（1907 年）。清代中叶，广东、福建商人结成船队到天津经商。每年春天，商人便满载货物，沿海北上，浩浩荡荡，沿海河进入天津。这些船的船头一般为红色，上面画有大眼鸡，被称做“大眼鸡船”。随着广东和福建商人增多，集资兴建了“闽粤会馆”。后来，广东商人的贸易脱颖而出，影响更大，同时粤籍官僚在天津官居要职者增多。于是由旅津粤籍商人唐少川倡议，凌润苔、梁炎卿等 44 人发起，开始单独兴建广东会馆，于清光绪二十九年（1903 年）十二月破土动工，光绪三十三年正月竣工。会馆现保存完整，2001 年被公布为全国重点文物保护单位。

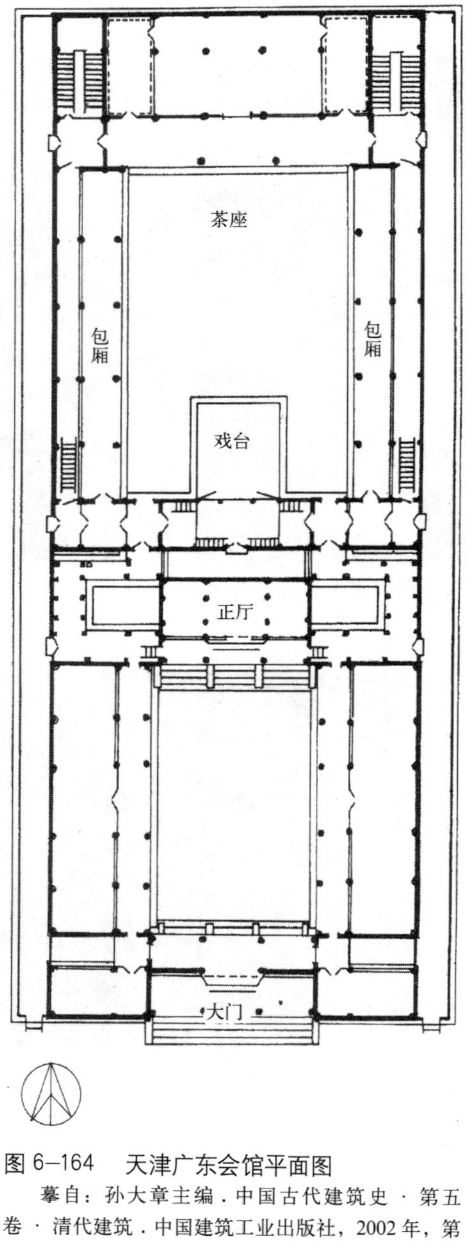

图 6–164　天津广东会馆平面图

摹自：孙大章主编．中国古代建筑史 · 第五卷 · 清代建筑．中国建筑工业出版社，2002 年，第 27 页。

会馆建筑采用四合院格局，由门楼、春秋楼、祭殿、剧场等组成（图 6–164、图 6–165）。由于会馆地处北方的天津，而建造者是南方的广东人，所以建筑风格兼有南方与北方特色。

会馆门楼（图 6–166）檐下正中高悬“岭海珠辉”匾额。山门上端砌成五层阶梯状，有“五岳朝天”之说。入内是一组四合院，正房配房均有外廊。

剧场是会馆的主体建筑之一，为室内厅堂式（图 6–167）。戏台坐南朝北，采用伸出式，平面近正方形，前檐无木柱，靠悬臂式拉杆固定，视线良好（图 6–168）。藻井用百余根变形斗栱堆砌接榫，螺旋而上，工艺精美。正中悬一横匾，上书“熏风南来”。匾下镶大幅镂空木雕。前台横楣圆雕“狮子滚绣球”的连续图案，东西两角倒悬楣子，雕有欲放之莲花。隔扇及各处墙板也都雕有四季花卉及“凤穿牡丹”、“松鼠葡萄”、“蝙蝠蟠桃”、“松鹿麒麟”、“八宝”等图案。隔扇左右两边为上下场门，可通后台（图 6–169）。

台前设散座，可容纳五百余名观众。戏台对面及东西两廊的楼上，设 15 个包厢，可容纳二百余名观众（图 6–170）。剧场北侧廊柱有一副黑漆金字楹联，云：“粉墨辨忠奸曼舞轻歌皆世态，筝笆弹喜怒繁弦急管尽人情。”

广东会馆剧场建成后，成为旅津粤籍商人演戏、聚会和娱乐的场所。清末民初，许多著名演员如孙菊仙、杨小楼、梅兰芳、谭富英、王凤卿、德珺如、龚云甫、尚小云等都曾在这里演出。

2. 浙江宁波庆安会馆剧场

庆安会馆，又名“甬（宁波简称）东天后宫”，位于宁波市江东区江东北路 156 号，地处奉化江、余姚江、甬江汇合的三江口东岸。庆安会馆由宁波、慈溪、镇海商贾共同出资建造，旧时每年春秋二季聚集会馆进行祭祀活动，求告“生意兴隆”、“海运平安”，也是同业（舶商航工）处理重大事务、娱乐聚会、同乡救济以及货物中转、销售的场所。

会馆坐东向西，占地面积 3900 平方米，中轴线上原有照壁、接使（给水）亭、宫门、仪门（连前戏台）、大殿（连后戏台）、后殿，左右布置厢房（图 6–171）。会馆始建于道光三十年（1850 年），咸丰三年（1853 年）建成。

图 6–165 天津广东会馆外侧

图 6–166 天津广东会馆山门

图 6–167 天津广东会馆内景

图 6–168 天津广东会馆戏台

图 6–169 天津广东会馆戏台隔扇

图 6–170 天津广东会馆剧场侧廊

整座建筑群布局规整，雕刻精美[1]。庆安具有行业会馆、祭祀妈祖的双功能特点。同时，一座会馆内有两座戏台，较为少见。惟前戏台毁于 20 世纪中叶，现在的前戏台是根据 1953 年南京工学院（现东南大学）测绘简图和 1956 年当地房管处测绘草图修复而成。后戏台则基本为原构。

后戏台面宽和进深皆一间，单檐歇山顶（图 6–172 ～图 6–174），筒瓦覆顶，屋脊雕有“双龙吞脊”以及宝葫芦。内顶藻井为穹窿式结构，俗称“鸡笼顶”，由十六条斜昂螺旋式盘索顶部明镜（图 6–175、图 6–176）。台面三侧围以矮栏杆。台中有木隔扇，左右为上下场门。檐下施斗栱（图 6–177）。前檐柱子上书楹联：“房中奏乐节协寿人歌；海上灵驱情移水仙操。”戏

1 2001 年，庆安会馆被公布为全国重点文物保护单位，其文物价值主要体现在宁波传统工艺的“三金”（泥金彩漆、朱金木雕、金银彩绣）、“三雕”（砖雕、木雕、石雕）技术。

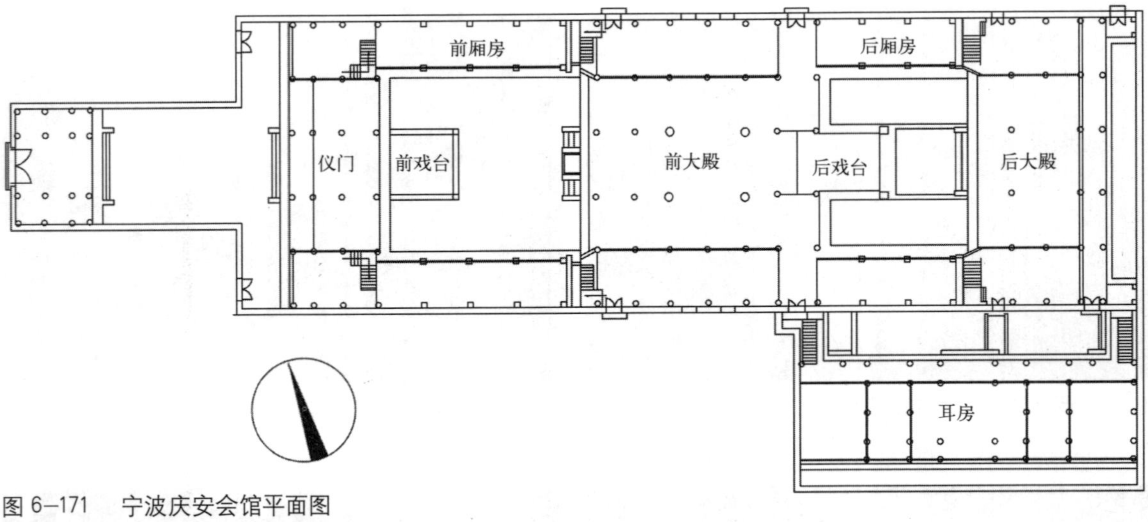

图 6–171　宁波庆安会馆平面图
庆安会馆测绘图由庆安会馆管理处提供。

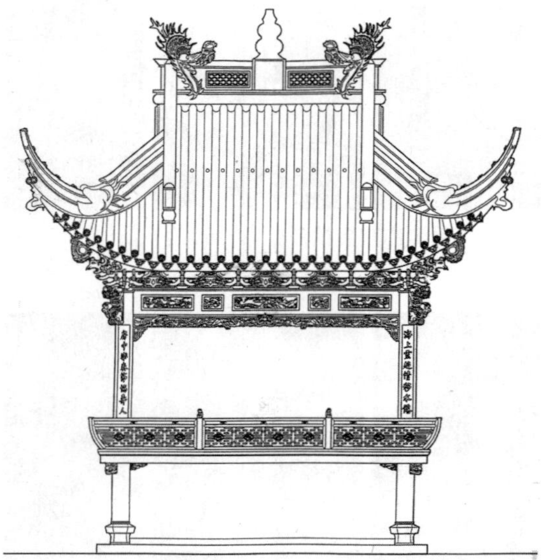

图 6–172　宁波庆安会馆后戏台正立面图

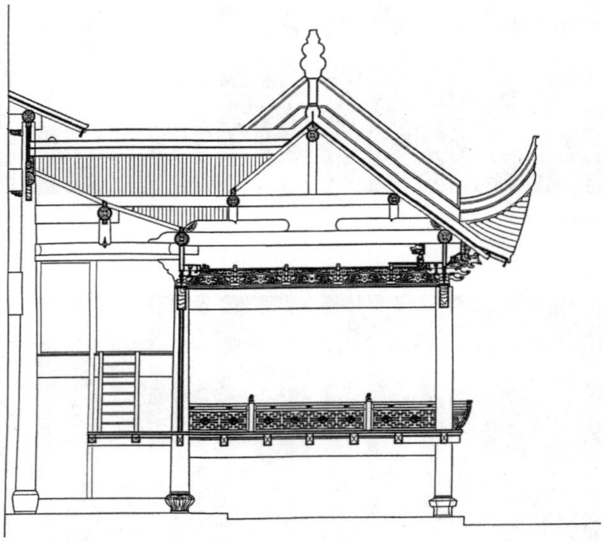

图 6–173　宁波庆安会馆后戏台剖面图

图 6–174　庆安会馆后戏台

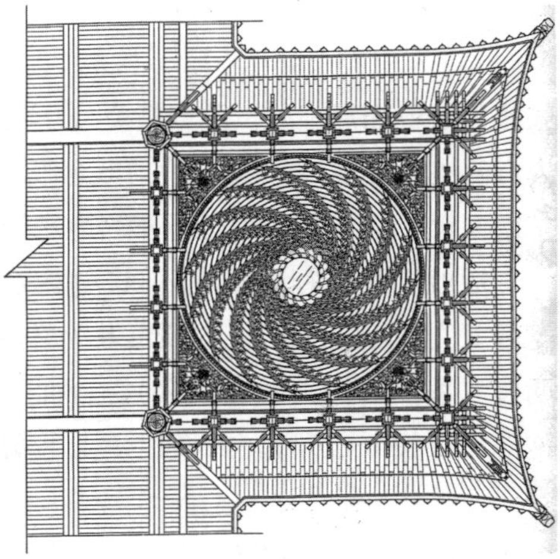

图 6–175　宁波庆安会馆后戏台藻井仰视图

图 6–176　庆安会馆后戏台藻井

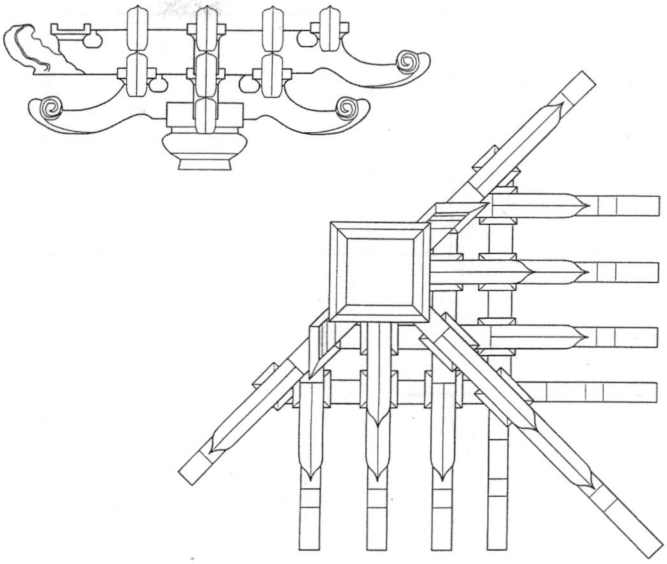
图 6–177　宁波庆安会馆后戏台斗栱

台前的庭院两侧各有看楼两间，上下二层（图 6–178）。

3. 江苏苏州全晋会馆戏台

明清时期，苏州的商业甚为繁荣，会馆建筑也纷纷兴建起来。碑刻记载，苏州“为东南一大都会，五方商贾，辐辏云集，百货充盈，交易得所，故各省郡邑贸易于斯者，莫不建立会馆”[1]。清初来自京师的官宦纳兰常安感叹道：“南廒在苏州阊门外，为水陆冲要之区。凡南北舟车，外洋商贩，莫不毕集于此。居民稠密，街弄逼隘，客货一到，行人几不能掉臂，其各省大贾，自为居停，亦日会馆，极壮丽考观。”[2]

图 6–178　庆安会馆后戏台两侧的看楼

山西商人在苏州颇有影响。康熙皇帝南方巡幸后感叹曰：“今朕行历吴越州郡，查其市肆贸迁多系晋省之人，而土著者盖寡。”[3] 乾隆年间，山西商人在苏州开设的商号已不下百家，仅钱行就达 66 家。

乾隆三十年（1765 年）春，由李日升、宋泰福、宋昌顺等山西商号集资，在苏州山塘半塘桥开工兴建山西会馆，于乾隆四十二年（1777 年）秋天竣工。咸丰十年（1860 年），清军在攻打被太平军据守的苏州时，将山西会馆烧毁。光绪五年（1879 年），山西商人再次集资，购置城内张家巷旧厅园宅修建全晋会馆，直至民国元年（1912 年）才告成。会馆规模宏大，当代学者余秋雨在《抱怀山西》一文中述及苏州全晋会馆剧场时感叹到：“尤其是那个精妙绝伦的演出场所，连贝聿铭这样的国际建筑大师都视为奇迹，但整个博物馆的原址确是‘全晋会馆’，即山西人到苏州来做生意时的一个聚会场所。说起来苏州也算富庶繁华的了，没想到山西人轻轻松松来盖了一个会馆就风光占尽了。”

会馆占地面积约 6000 平方米，分中东西三路建筑。中路建筑是会馆的主体，有山门、戏台与

1　江苏省博物馆编．江苏省明清以来碑刻资料选集．北京：三联书店，1959 年，第 351 页。

2　清 · 纳兰常安《宦游笔记》卷十八。

3　见《清实录》康熙二十八年二月乙卯条。

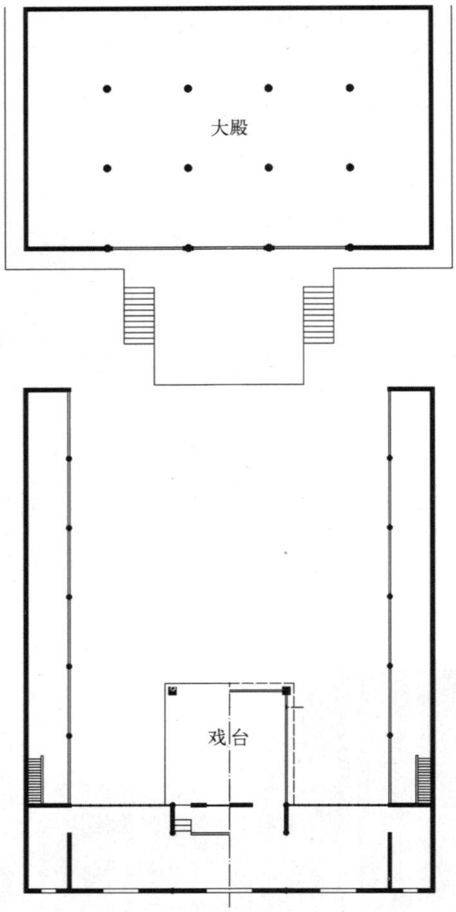

图 6–179　苏州全晋会馆平面示意图

图 6–180　苏州全晋会馆内从戏台看大殿

图 6–181　苏州全晋会馆戏台

大殿等（图 6–179、图 6–180）。

戏台坐南面北，采用前后串联式。前台伸出于庭院中，与关帝殿对应，单开间单进深，均为 6.10 米，单檐歇山顶（图 6–181）。后台（图 6–182）五开间，进深 4.50 米。台面高 2.7 米，三侧置矮栏杆（图 6–183）。台面下为石柱，上为木柱，台面铺木板。后檐为通长的圆木柱。四角柱上承额枋，额枋上施七踩斗栱，角科各一攒，补间各六攒（图 6–184）。昂嘴呈象鼻形，耍头呈龙头状。额枋下悬垂花柱，雕戏曲故事（图 6–185）。台顶穹窿藻井由 632 片木构件榫合而成，从下而上盘旋 18 圈，栱头雕成的 24 只黑蝙蝠和 306 朵金黄色云头，在大红底色烘托下显得富丽堂皇（图 6–186）。前后台以木隔扇相隔，并设有上下场门（图 6–187）。

后台为演员化妆、休息的地方，与两

图 6–182　苏州全晋会馆戏台的后台

图 6–183　苏州全晋会馆戏台台沿栏杆

图 6–184　苏州全晋会馆戏台檐下雕刻

图 6–185　苏州全晋会馆戏台垂柱雕刻

图 6–186　苏州全晋会馆戏台藻井

图 6–187　苏州全晋会馆戏台隔扇

侧看楼相连。东西看楼上下两层，各六间。中间的庭院长 26.32 米。宽 22 米，可容纳近千名观众。

4. 安徽亳州山陕会馆剧场

亳州位于安徽西北部，与河南、山东相邻，原为水陆交通要塞和商品集散地。大关帝庙又名山陕会馆，位于亳州城西北隅。

据庙内碑刻记载，关帝庙建于清顺治年间，戏台建成于康熙十五年（1676 年）。庙内康熙十五年（1676 年）《关帝祠前创建戏台题名记》曰：

> 古谯邑之城北，俯涡水，秦、晋、燕、齐、楚、豫、吴，越商贾辐辏，舟车云集，盖汴之北河之南一大都会也。涡水之阳□□□□□□□圣帝君祠在焉。乃皇清世庙间，山陕诸商所创立也。庙貌巍然，威神显赫。古者，行者无不竭诚尽资而俎豆之□□□□□攀龙附凤□筹聚族而□□□□愿镀金□□材鸠工毕力遂于祠前，刻日而成，轮哉奂哉，鸟革翚飞，所以摅报所之诚，而翼神听之，和于今□无遗憾□□□命劳于南北东西之涂者，凡二十有三年，所见通邑大都与穷乡僻野，无□不有帝之祠宇阁台在焉。□□□□□帝之德。兴建□□□□□将□□明勇功□奇事业麟麟炳炳，易与尔。

碑文描述了亳州商业的繁荣以及修建关帝庙的情况。乾隆四十九年（1784 年）《重修大关帝庙碑记》曰：“至乾隆三十一年，建新大殿，增置圣楼，藻彩歌台。”后由于洪水淹没两岸民房，居民咸来庙中投宿，对建筑又有损坏，故再次重修。

山陕会馆坐北面南，建筑面积 3163 平方米，中轴线上有山门、戏台、献殿、大殿，两侧有钟鼓楼、看楼（图 6–188、图 6–189）。

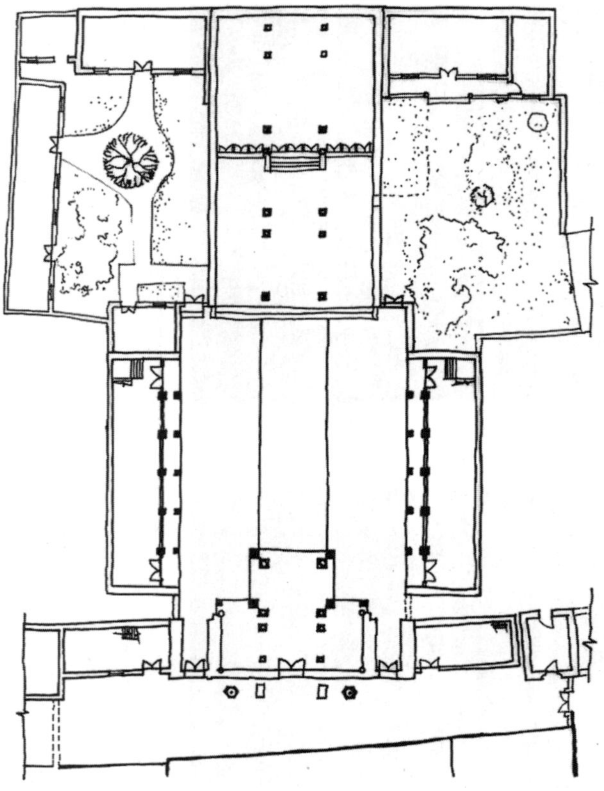

图 6–188　亳州山陕会馆一层平面图

关帝庙线图摹自：陈从周，亳州大关帝庙，同济大学学报，1980 年第 2 期。

山门外有旗杆一对，高 16 米，其中一旗杆座上铭文曰："时大清道光元年（1821 年）岁次辛巳秋吉日铸造旗杆一对，重二万四千斤，陕西众药材帮弟子敬献铁杆一对，永保四方平安吉庆有余。"一旗杆座上铭文曰："陕西众药材帮弟子为敬关圣君老爷位前旗杆一对，重二万四千斤，永保四方平安。陕西同州府华阴县金火匠人。"（图 6–190）

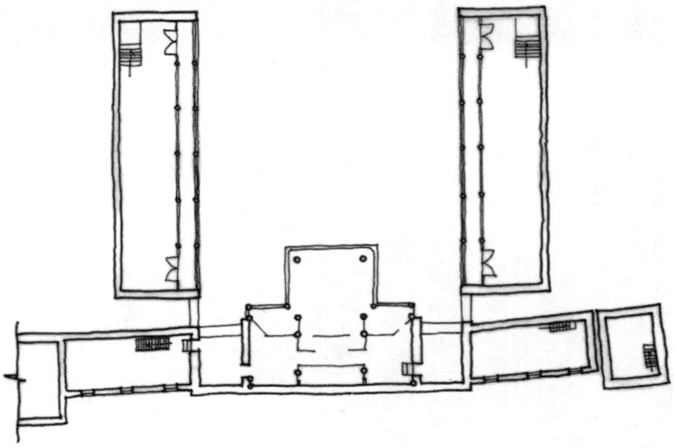

图 6–189　亳州山陕会馆二层平面图

图 6–190　亳州山陕会馆旗杆基座铭文

戏台与山门连为一体。山门是一座仿木结构砖雕牌坊式建筑，中间为三间四柱五楼式门楼，拱形券门，门额砖刻"大关帝庙"，上端镶嵌"参天地"。两侧皆为二柱单楼式门楼，以拱门相承，额曰"钟楼"、"鼓楼"（图 6–191）。门楼和钟鼓楼上有多幅雕刻（图 6–192、图 6–193）[1]。

这些砖雕将各种人物场景融合于自然环境之中，戏文、轶事、花鸟、鱼虫、神仙尽在其中，刀法娴熟细腻，栩栩如生，惟妙惟肖，层次分明，井然有序，给人以强烈的立体感，艺术感染力极强。如中间门楼上的"郭子仪上寿"（图 6–194），中间坐的是唐代名将郭子仪，他的七子八婿纷纷前来祝寿，画面上雕有楼台廊庑、车马人流，非常热闹，场面恢宏，人物神态各异，举止不同，

1　中间的门楼明间雕有"二龙戏珠"、"松鹤延年"、"郭子仪上寿"、"麟吐玉书"、"天禄书镇"、"文昌帝君"、"魁星点状元"、"甘露寺"、"三酸图"、"吴越之战"、"老君炼丹"、"达摩渡江"、"福禄寿三星高照"、"鱼龙漫衍"、"鹰扬宴"、"龙腾致雨"等。右次间雕有"一品当朝"、"五世共昌"、"鲁隐公观鱼"、"陶渊明爱菊"、"三羊开泰"、"怒蟾斗狮"、"六合同春"等。左次间雕有"万象更新"、"犀牛望月"、"九世同居"、"周敦颐爱莲"、"王羲之爱鹅"、"虎落平原"、"鹿骇狼顾"等。钟楼上雕有"龙凤呈祥"、"鸡鸣戒旦"、"传胪赐宴"、"福寿图"、"白蛇传"、"燕黎休妻"、"蟠桃孝母"、"大梁城范雎逃秦"、"松鹤延年"等。鼓楼上雕有"龙凤呈祥"、"鸳鸯戏莲"、"梅占花魁"、"李娘娘住寒窑"、"玉质烂柯"、"燕山教子"、"三顾茅庐"、"凤凰戏牡丹"、"寿比南山"等。

图 6–191　亳州山陕会馆山门及其两侧的钟鼓楼

图 6–192　亳州山陕会馆山门左次间的雕刻

图 6–193　亳州山陕会馆山门左次间的雕刻

图 6–194　亳州山陕会馆山门“大关帝庙”之匾下面的雕刻

图 6–195　山门右边的“钟楼”之匾及其下面的雕刻

图 6–196　山门左面的“鼓楼”之匾及其下面的雕刻

在不大的面积上将祝贺喜庆的场面表现得淋漓尽致，惟妙惟肖；钟楼的“白蛇传”雕刻（图 6–195），为传统戏曲剧目，取材于民间神话传说，图左上方为雷峰塔，塔前站立者为白蛇，右为法海和尚，面前下跪者为许仙，中间为断桥；鼓楼上的“三顾茅庐”（图 6–196），再现了刘备礼贤下士，终得诸葛亮的佳话，画面中左边三人是刘备、关羽、张飞，中间一位是诸葛亮的弟弟诸葛均出来迎接，右边是诸葛亮高卧草堂，书童在升火烧茶。

山门内即为戏台。戏台（图 6–197、图 6–198）坐南向北，向前伸出，呈“凸”字形，与大殿遥相呼应，背部与山门巧妙地融为一体。木制隔扇区分前后台，前台的主台宽 6.75 米，深 10 米，两侧副台各宽 2.75 米，深 5.85 米。前台台面用六根通柱造贯通上下。台基高 2.7 米，台面下面就是出入会馆的通道。歇山顶，四翼角飞翘（图 6–199）。前檐设四垂莲柱，山面设二垂莲柱，不施斗栱。角柱和辅柱之间斜搭一梁，下面为狮子状的木雕斜撑。台前抱柱上书有

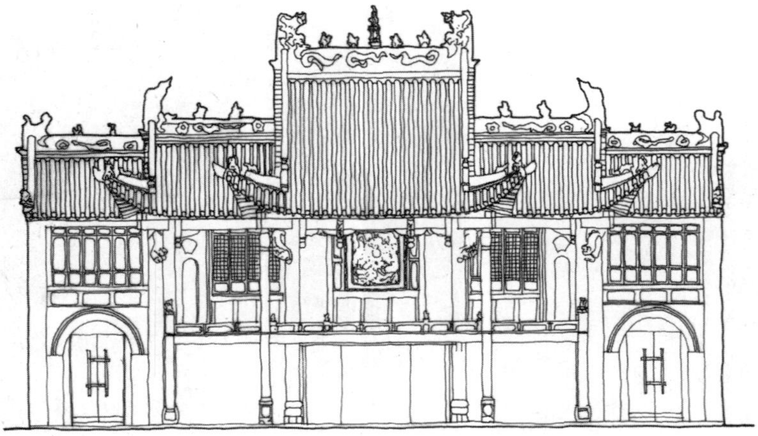

图 6–197　亳州山陕会馆戏台正立面图

图 6–198　亳州山陕会馆戏台

图 6–199　亳州山陕会馆戏台屋顶

楹联：“一曲阳春唤醒今古梦，两般面貌做尽忠奸情。”台顶饰藻井，雕刻华丽，用福、禄、喜、财、如意等的谐音图案。

戏台柱础（图 6–200）形式多样[1]，雕刻丰富，形象逼真，惟妙惟肖。隔扇上雕有二龙戏珠图案，上悬“演古吟风”木匾额，上下场门楣上书有“想当然”、“莫须有”和“阳春”、“白雪”。檐柱柱顶环绕柱子雕有“八仙上寿图”，张果老、汉钟离、曹国舅、蓝采和、铁拐李、韩湘子、何仙姑、吕洞宾等八位仙人立于莲花须弥座上，举止各异，神态自若。

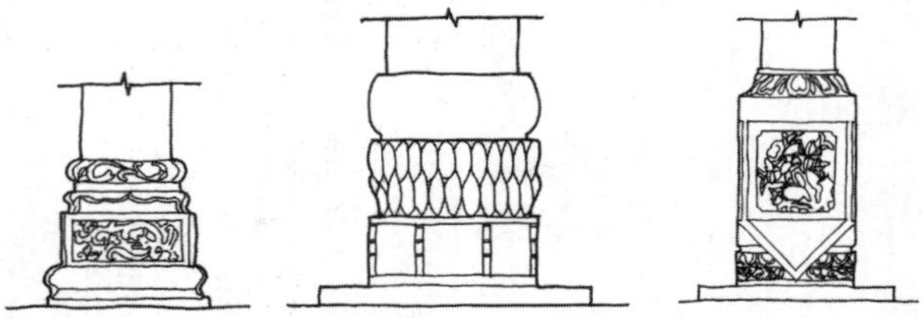

图 6–200　亳州山陕会馆戏台柱础雕刻

檐枋上雕有十八出三国戏文[2]。这些木雕作品，色彩明快，造型生动，人物传神，形象逼真，构图简练，是难得的雕刻精品，具有极高的艺术价值。如“火烧司马懿”（图 6–201），又名“上方谷”，展现了发生在上方谷的一场惊心动魄的战争场面。上方谷又名“葫芦峪”，位于祁山之南（今甘肃宝鸡西北一带），呈葫芦形，只有一个狭小的出口，山势险要，画面中司马懿和儿子司马师、司马昭三人站立于上方谷中，战马和武器弃于一旁，蜀中大将魏延骑马横刀，威风凛凛，同时蜀兵从四面八方向谷中放箭，诸葛亮则在山头摇扇俯视。

1　柱础的雕刻内容有“麒麟送子”、“文殊菩萨”、“王冕放牛”、“刘海戏金蟾”、“任重道远”、“杨香打虎”、“牛不出头”、“象耕鸟芸”、“乘黄鹤”、“招贤兽”等，

2　有“长坂坡”、“曹操濮阳战吕布”、“割须弃袍”、“舌战群儒”、“击鼓骂曹”、“许住褚裸衣战马超”、“刺董卓”、“三气周瑜”、“蒋干盗书”、“诸葛亮用计破兵”“火烧司马懿”、“吕布刺丁原”、“空城计”、“阚泽密献诈降书”、“张飞夜战马超”、“张松反难杨修”、“诸葛亮智取三城”、“孔明七擒孟获”等。

图 6–201　亳州山陕会馆戏台额枋木雕之一

图 6–202　亳州山陕会馆戏台台沿"三英战吕布"木雕

戏台台沿雕有"三英战吕布"（图 6–202），画面中的吕布、刘备、关羽、张飞均骑战马，甚为生动。

戏台的彩绘也非常丰富。[1] 整座戏台就是一件砖雕、木雕、石雕、彩画集聚的艺术精品，特别是"三雕"艺术，秀丽玲珑，精湛完美，形神兼备，情景交融，雅俗共赏，鬼斧神工，令人叹为观止，在古代建筑艺术、戏曲发展史上均占有重要位置。

大殿分前后殿，前殿为卷棚顶，进深五架。后殿进深七架，前部山墙开两便门，西为"便禅门"，东为"通神道"。

5. 安徽亳州市江宁会馆剧场

江宁会馆位于亳州市古泉路中段北侧，原为圆觉寺，相传始建于唐贞观年间（627 ~ 649 年）。清康熙三十六年（1697 年）《重修圆觉寺碑》记载："城碑有寺，名圆觉寺，去城不许里，南带河流，北禁陆野，堂廊净敞，庭院清幽，既可群游，尤堪独赏，颇为临观圣地。相传创自唐贞观时。"清康熙五十二年（1713 年），在此处竖有"江宁义冢处"。从碑文记载，康熙年间，圆觉寺已由南京商人管理使用。嘉庆十二年（1807 年），南京药材商人在圆觉寺的基础上集资改建为会馆。会馆内石碑记载："江宁会馆于嘉庆十二年大工告竣，自大殿、戏台以及后楼、廊舍，深院重阶，规模宏敞，气象巍峨。"道光十年（1830 年），江宁会馆又经历修葺。1989 年，江宁会馆被公布为省级文物保护单位。

1　彩绘有"赵子龙力斩五将"、"秦琼表功"、"蟠桃会"、"伯牙碎琴谢知音"、"大破金锁阵"、"草船借箭"、"渭水访贤"、"三盗芭蕉扇"、"马跃檀溪"、"苦肉计"、"诸葛亮借东风"、"夜观春秋"等，琳琅满目，色彩绚丽，构图优美。

图 6–203　亳州市江宁会馆山门

图 6–204　亳州市江宁会馆山门匾额

图 6–205　亳州市江宁会馆戏台

图 6–206　亳州市江宁会馆戏台柱子及其柱础

会馆坐北朝南，现存山门、戏台、配楼、钟楼、鼓楼、看楼、正殿、偏殿等，共 52 间。山门面宽三间，明间正门匾额镶嵌砖刻“江宁会馆”四个大字，东西次间亦有匾额，分别镶嵌“钟山”、“分秀”（图 6–203、图 6–204）。

戏台和山门组合而建，并与大殿南北相对。戏台平面呈凸字形，前台面宽三间，后台五间，均为歇山顶（图 6–205）。木制隔扇上彩绘“二龙戏珠”图案，上悬“秀接钟山”匾额，两侧设上下场门。台面以下前面为方形石柱（图 6–206），其余均为木柱。

戏台前面为宽敞的庭院，为普通民众和商人观戏之处。庭院东西两侧设看楼（图 6–207），为富商、妇女、小孩观戏处。

6. 山东烟台市福建会馆

福建会馆又称天后行宫，修建于清光绪十年到三十二年（1884 ~ 1906 年）之间，历时二十二年。当时修建会馆大部分部构件预制于泉州，后经海运至烟台，进行安装，所以整座建筑具有浓郁的闽粤风情。中轴线上有门厅、戏台、二门、大殿、后殿（图 6–208），惟后殿在 1958 年修南大街时拆除。

门厅前有五级台阶，两侧有偏门。门厅之南则为戏台，门厅和戏台前后勾连。门厅兼作后台，硬山顶。

戏台平面呈方形，三面开敞，面宽一间 7.2 米，进深 7.1 米，重檐歇山顶（图 6–209、图 6–210）。砖砌台基，高 1.3 米。正脊两头翘起，成凹曲屋面。檐柱为石柱，柱头承下檐金檩。前

图 6–207　亳州市江宁会馆看楼

后柱间设额枋。额枋穿过前后檐柱，其中前檐穿过柱子而挑檐檩及垂悬柱，后檐穿过柱子与门厅前檐柱搭接。前檐柱子上有楹联，云："以八百英里航路通来，揭耳鼓闻韶，是真邹鲁海滨，何分乐界；把二十世纪国魂唤起，放眼帘阅史，直等衣冠优孟，同上舞台。"[1]

需要指出的是，戏台的构件原本也在泉州预制，再船运到烟台，其雕刻也非常精致。不幸运送构件的帆船遭遇风浪，构建沉入大海。无奈之下，就在烟台就地取材，由福建工匠重新雕刻。所以，戏台的雕刻逊色于山门和大殿。

二门（图 6–211）面宽五间，进深两间，悬山顶，集雕刻、绘画、楹联艺术于一体（图 6–212）。作者在实地调研时，通过清点发现，二门上有禽兽雕刻 400 余件，人物雕刻近 500 件，花卉近 300 件，几乎无木不雕，无石不凿。

二门一侧有青石浮雕"苏武放牧"（图 6–213），画幅中左下侧雕苏武，右下角为两只羊，上侧为云、山、植物等[2]。二门西侧门一侧有青石浮雕"游金山寺"（图 6–214）[3]。

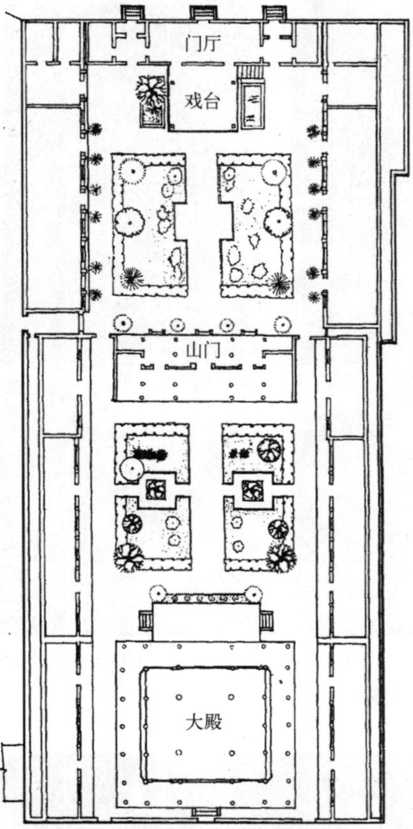

图 6–208　烟台市福建会馆平面图

引自：于建华，烟台福建会馆及其勘察测绘，古建园林技术，2002 年 02 期刊。

图 6–209　烟台市福建会馆戏台外观

图 6–210　烟台市福建会馆戏台雕刻

1 "八百英里"指从泉州到烟台的海上航程。

2 关于苏武（公元前 140 ～前 60 年）牧羊的故事，流传了 2000 余年，在艺术作品中多有反映，妇孺皆知。苏武不屈不挠、顶天立地的爱国精神，为后人所感动。京剧《苏武牧羊》中有两句唱词云："被困番邦十五载，乾坤正气徒壮哉。"福建会馆修建时，正为中国内忧外患的时刻，设计者就把这一故事雕刻于山门，可谓用心良苦。

3 这幅浮雕描绘的是宋代大文学家、唐宋八大家之一苏轼夜宿金山寺的故事。宋熙宁四年（1071 年）十一月，苏轼因与王安石政见不合，就请求到杭州任太守，途经镇江，到金山寺拜访宝觉、圆通二僧，夜宿金山寺，并写诗《游金山寺》一首。

福建会馆大殿亦称天后圣母殿，为福建会馆的主体建筑，面宽五间，进深六间，四周有围廊，重檐歇山琉璃瓦屋面（图 6–215），木雕装饰同样非常精美（图 6–216）。

旧时，每年春秋两季，会馆内都会举行演剧酬神活动。另外，每年七月晦日会举行“盂兰盛会”，设坛祭祀同乡之亡灵。

图 6–211　烟台市福建会馆二门

图 6–212　烟台市福建会馆二门雕刻

图 6–213　烟台福建会馆二门雕刻“苏武放牧”

图 6–214　烟台福建会馆二门雕刻“游金山寺”

图 6–215　烟台福建会馆大殿背面

图 6–216　烟台福建会馆大殿雕刻

第七章　皇家剧场

第一节　皇家演出场所概论

早期的皇家演剧，多在殿前的庭院中进行。《晋书 · 乐志》载：“后汉正月旦，天子临德阳殿受朝贺，舍利从西方来，戏于殿前。”《魏书 · 乐志》载：“大飨设之于殿庭，如汉晋之旧也。”《五代史 · 伶官传》也说：“（后唐）庄宗尝与群优戏于庭。”上述提及的“殿前”、“殿庭”、“庭”，都是指建筑中的庭院。这些庭院只是临时作为演出场所，并不具有剧场的建筑特征。

唐宋时期，一些殿前庭院或广场相对固定地用作演出场所。比较有代表性的实例是唐代长安大明宫（图 7–1）的麟德殿，具有演出、宴会、接见使臣等多重功能。在麟德殿前庭院中演出的记载也颇多。《旧唐书》卷一百九十六《吐蕃》记载：“长安二年（702 年），赞普率众万余人寇悉州，都督陈大慈与贼凡四战，皆破之，斩首千余级。于是吐蕃遣使论弥萨等入朝请求和，则天宴之于麟德殿，奏百戏于殿庭。”《旧唐书》卷十三《德宗纪》记载，“（贞元四年，788 年）宴群臣于麟德殿，设《九部乐》，内出舞马，上赋诗一章，群臣属和。”《旧唐书》卷十三《德宗纪》：“（贞元十四年，792 年）上御麟德殿，宴文武百僚，初奏《破陈乐》，遍奏《九部乐》，及宫中歌舞妓十数人列于庭。”《旧唐书》卷十八《文宗纪》曰：“太和六年（832 年）二月，己丑寒食节，上宴群臣于麟德殿。是日杂戏弄孔子，帝曰：孔子，古今之师，安得侮渎。巫命驱去。”《资治通鉴》卷二三五记载，德宗贞元十二年（796 年），“庚辰，上生日，故事，命沙门、道士讲论于麟德殿，至是，始命以儒士参之。”从这些记载可知，麟德殿前的庭院相对固定的用作大明宫中的演出场所。这一点从大明宫总平面图也可看出。大明宫除了轴线上的殿前广场外，麟德殿前的广场非常宽敞，适宜用作演出用

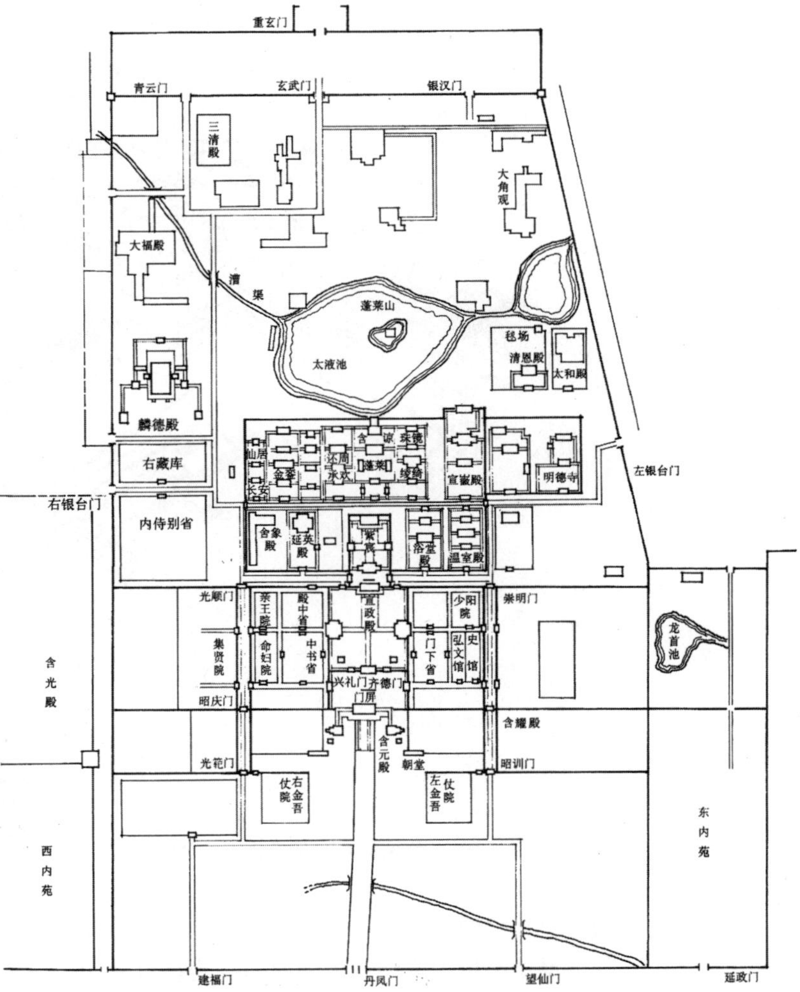

图 7–1　唐长安大明宫平面复原图

大明宫及其麟德殿线图引自：傅熹年主编．中国古代建筑史 · 第二卷（两晋南北朝隋唐五代建筑）．中国建筑工业出版社，2001 年，第 379 ~ 387 页。

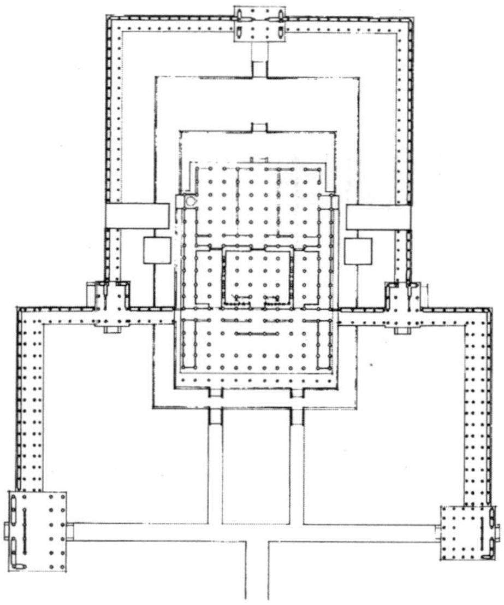

图 7–2　唐长安大明宫麟德殿一层平面复原

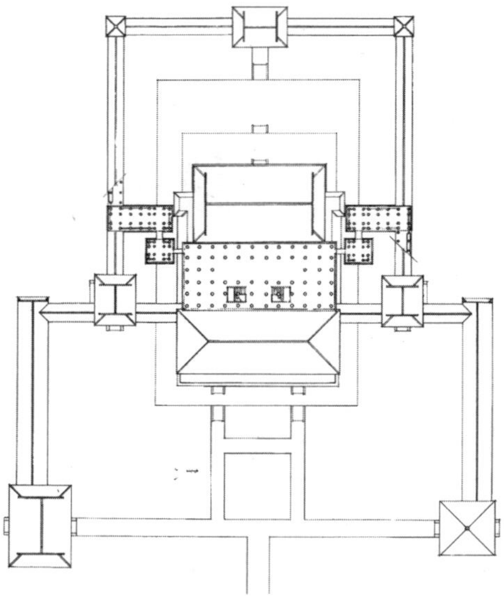

图 7–3　唐长安大明宫麟德殿二层平面复原

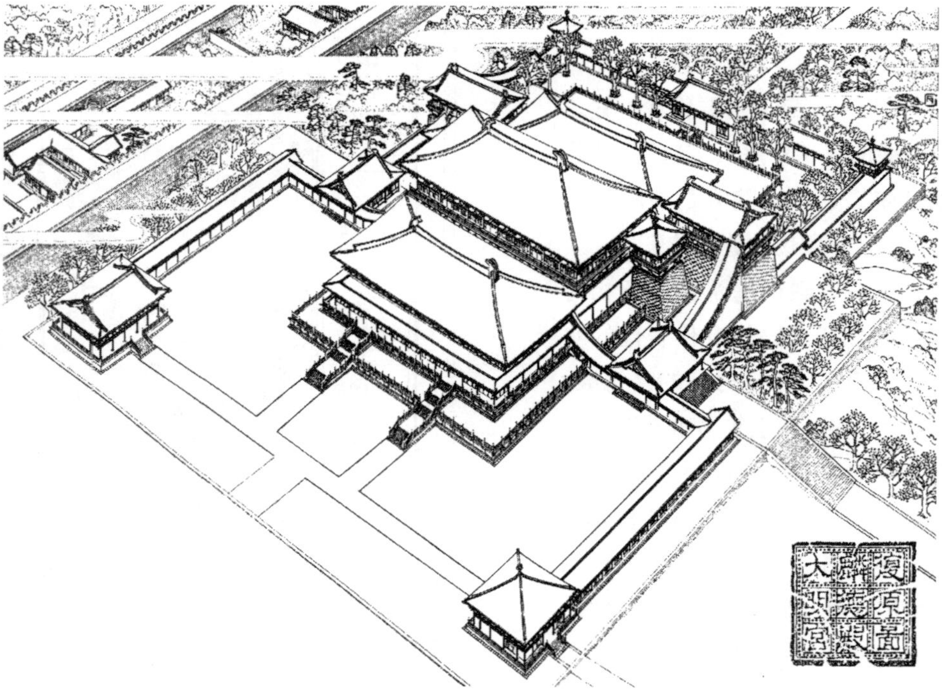

图 7–4　唐长安大明宫麟德殿全景复原图

地，而且麟德殿正面及其两侧的围廊均适宜安置观众。

麟德殿位于大明宫太液池西侧的高地上，由前中后三殿组成，故俗称“三殿”（图 7–2 ～图 7–4）。三殿共用二层的台基，面阔均九间，前殿进深四间，中殿和后殿进深五间。前、后殿均为单层建筑，中殿则为二层楼阁。总面阔 58.2 米，总进深 86 米。需要说明的是，麟德殿前庭院只是较多的用作演出场所，职能尚未专门化，不具备专门剧场的特性。

北宋时期，宫城南门“宣德门”外的广场（御街）则是重要的演出场所（图 7–5）。宣德门是北宋东京（开封）宫城南三门之中门（图 7–6 ～图 7–9）。宣德门向南延伸的街道被称为御街。御街宽二百多步（合现在 300 多米）。御街两侧有御廊，中心为御道，不许人马通行。从宣德门到州桥之间的御街两侧，布置礼制建筑和行政官署。同时，这一段御街承担皇家广场的功能，也多用作演出场所。

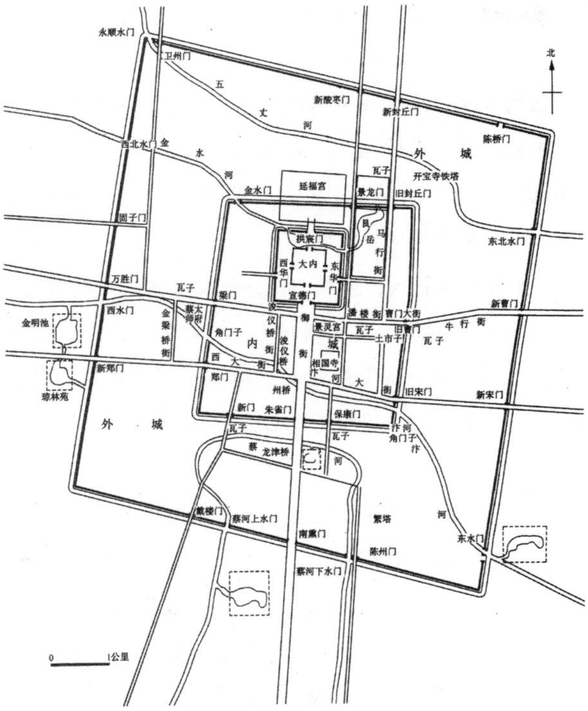

图 7–5　北宋东京城市结构图

东京城市结构图及其宣德楼线图引自：郭黛姮主编．中国古代建筑史·第三卷(宋辽金西夏建筑)．中国建筑工业出版社，2003 年，第 22 页；第 103 ~ 104 页。

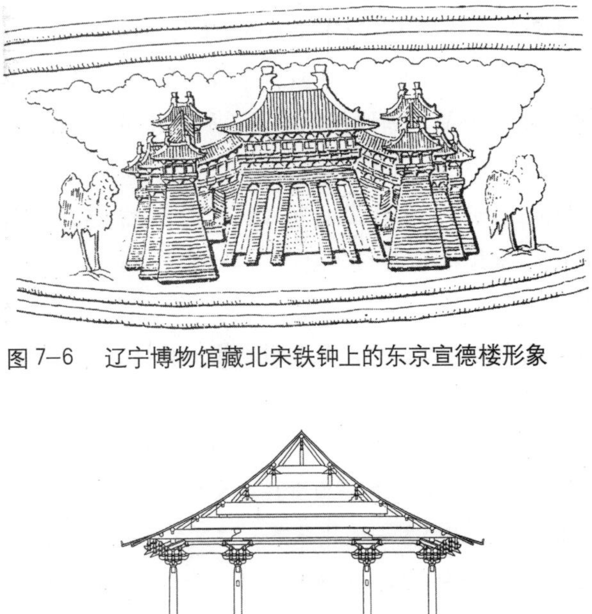

图 7–6　辽宁博物馆藏北宋铁钟上的东京宣德楼形象

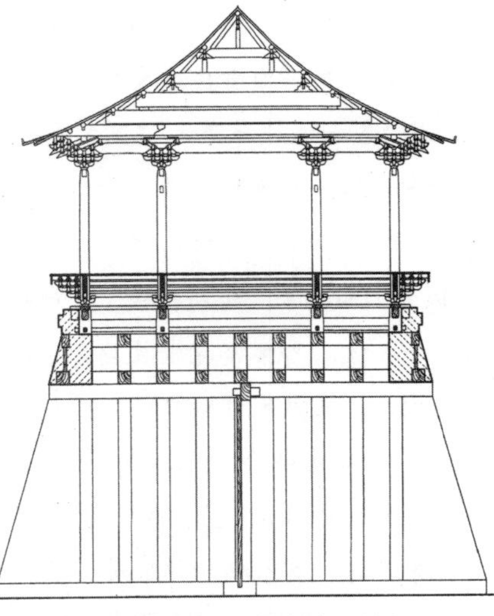

图 7–7　北宋东京宫城城门宣德楼复原剖面图

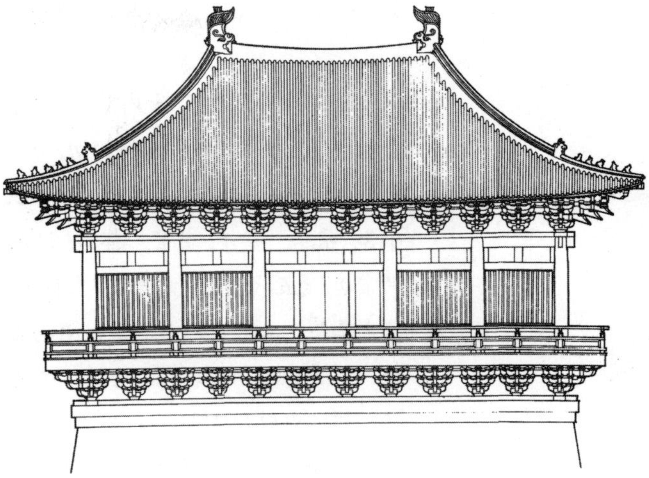

图 7–8　北宋东京宫城城门宣德楼复原立面图

图 7–9　宋代汴京宣德楼前演象图（故宫博物院藏）

宋 · 孟元老《东京梦华录》卷六“元宵”条记载了北宋元宵节前后在宣德门下演出的盛况：

正月十五日元宵，大内前自岁前冬至后，开封府绞缚山棚，立木正对宣德楼，游人已集御街两廊下。奇术异能，歌舞百戏，鳞鳞相切，乐声嘈杂十余里，击丸蹴踘，踏索上竿。赵野人，倒吃冷淘。张九哥，吞铁剑。李外宁，药法傀儡。小健儿，吐五色水、旋烧泥丸子。大特落，灰药。榾柮儿，杂剧。温大头、小曹，稽琴。党千，箫管。孙四，烧炼药方。五十二，作剧术。邹遇、田地广，杂扮。苏十、孟宣，筑球。尹常卖，《五代史》。刘百禽，虫蚁。杨文秀，鼓笛。更有猴呈百戏，鱼跳刀门，使唤蜂蝶，追呼蝼蚁。其余卖药，卖卦、沙书地谜，奇巧百端，日新耳目。至正月七日，人使朝辞出门，灯山上彩，金碧相射，锦绣交辉。面北悉以彩结，山沓上皆画神仙故事。或坊市卖药卖卦之人，横列三门，各有彩结金书大牌，中曰“都门道”，左右曰“左右禁卫之门”，上有大牌曰“宣和与民同乐”。彩山左右，以彩结文殊、普贤，跨狮子白象，各于手指出水五道，其手摇动。用辘轳绞水上灯山尖高处，用木柜贮之，逐时放下，如瀑布状。又于左右门上，各以草把缚成戏龙之状，用青幕遮笼，草上密置灯烛数万盏，望之蜿蜒如双龙飞走。自灯山至宣德门楼横大街，约百余丈，用棘围绕，谓之“棘盆”，内设两长竿高数十丈，以绘彩结束，纸糊百戏人物，悬于竿上，风动宛若飞仙。内设乐棚，差衙前乐人作乐杂戏，并左右军百戏，在其中驾坐一时呈拽。宣德楼上，皆垂黄缘，帘中一位，乃御座。用黄罗设一彩棚，御龙直执黄盖掌扇，列于帘外。两朵楼各挂灯球一枚，约方圆丈余，内燃椽烛，帘内亦作乐。宫嫔嬉笑之声，下闻于外。楼下用枋木垒成露台一所，彩结栏槛，两边皆禁卫排立，锦袍，幞头簪赐花，执骨朵子，面此乐棚。教坊钧容直、露台弟子，更互杂剧。近门亦有内等子班直排立。万姓皆在露台下观看，乐人时引万姓山呼。

从其记载看出，当时表演的内容异彩纷呈。皇帝在宣德楼上有专门的“御座”，且隔帘观看。宣德楼下，“用枋木垒成露台一所”，露台弟子“更互杂剧”，百姓“皆在露台下观看”。整个演出盛况空前，也体现了帝王将相与黎民百姓同乐的祥和气氛。但是，需要指出的是，御街上的舞台设施更多的是临时的，也不具备专门剧场的特征。

北宋都城除御街外，宫城内集英殿前也经常作为演出场所。宋代孟元老《东京梦华录》卷九“宰执亲王宗室百官入内上寿”条记载了集英殿前进行的一次规模颇大的演出：

十二日，宰执、亲王、宗室、百官，入内上寿大起居。乐未作，集英殿山楼上教坊乐人效百禽鸣，内外肃然，止闻半空和鸣，若鸾凤翔集。百官以下谢坐讫，宰执、禁从，亲王、宗室、观察使已上，并大辽、高丽、夏国使副，坐于殿上。诸卿少百官，诸国中节使人，坐两廊。军校以下，排在山楼之后。皆以红面青俐黑漆黑漆矮偏钉。每分列环饼、油饼、枣塔为看盘，次列果子。惟大辽加之猪羊鸡鹅兔连骨熟肉为看盘，比以小绳束之。又生葱韭蒜醋各一楪。三五人共列浆水一桶，立杓数枚。教坊色长二人，在殿上栏杆边，皆诨裹宽紫袍，金带义襕，看盏斟御酒。看盏者，举其袖唱引曰“绥御酒”，声绝，拂双袖于栏干而止。宰臣酒则曰“绥酒”，如前。教坊乐部，列地山楼下彩棚中，皆裹长脚幞头，随逐部服紫绯绿三色宽衫，黄义襕，镀金凹面腰带，前列柏板，十串一行，次一色画面琵琶五十面，次列箜篌两座，箜篌高三尺许，形如半边木梳，墨漆镂花金装画。下有台座，张二十五弦，一人跪而交擘之。以次高架大鼓二面，彩画花地金龙，击鼓人背结宽袖，别套黄窄袖，垂结带金裹鼓棒，两手高举互击，宛若流星。后有羯鼓两座，如寻常番鼓子，置之小桌子上，两手皆执仗击之，杖鼓应焉。次列铁石方响明金，彩画架子，双垂流苏。次列箫、笙、埙、篪、觱篥、龙笛之类，两旁对列杖鼓二百面，皆长脚幞头、紫绣抹额、背系紫宽衫、黄窄袖、结带黄义襕。诸杂剧色皆诨裹，各服本色紫绯绿宽衫，义襕，镀金带。自殿陛对立，直至乐棚。每遇舞者入场，则排立者叉手，举左右肩，动足应拍，一齐群舞，谓之“挼曲子”。

这段文字详细生动地描述了演出时的座位布置、陈设内容、演出内容。特别是文中述及：“教坊乐部，列于山楼下彩棚”、“诸杂剧色皆浑裹，各服本色紫排绿宽衫义襕镀金带，自殿陛对立，直至乐棚”，其中的“彩棚”、“乐棚”都是为了演出而搭建的，可以为乐人遮避风雨。但是，这种彩棚、乐棚依然是临时性的。

宋代朱彧《萍洲可谈》卷三记载，熙宁间（1068 ~ 1077 年），“其时多引人上殿，伶人对上作俳，跨驴直登轩陛。左右止之，其人曰：将谓有脚者尽上得”。这段话的社会背景是，王安石不拘一格引荐人才，引起一些人的不满。优人（演员）骑着毛驴要冲上殿前的台阶，并谓：“将谓有脚者尽上得”，对王安石不满者借此暗讽他当时“胡乱”引荐人才。而我们从中亦可知，优人（演员）是在殿前的台阶下（庭院内）表演的。

这种殿前庭院或广场演出是演员露天表演，观众（皇帝和大臣）在殿内观看，容易受天气影响。宋 · 曾慥《类说》卷十五引《丁晋公谈录》“御宴值雨”记载：

太祖大宴，雨暴作，上不悦。赵普奏曰：“外面百姓正望雨。官家大宴，何妨只是损得些陈设，湿得些乐官衣裳。但令雨中作杂剧，更可笑。此时雨难得，百姓快活时，正好饮酒。”太祖大喜，宣令雨中奏乐，宜助满饮。尽欢而罢。

这段文字记载了皇帝赵匡胤在大宴演出时，大雨突降，导致无法演出，赵匡胤极为扫兴。从其可以了解到，在这种演出场所中，演员露天表演，而皇帝和大臣则是在室内或廊内观看。

唐宋时期，皇家宫廷中是否有固定的剧场，尚不得而知。到了元代，则有明确的关于固定剧场的史料记载。当时皇家宫廷内出现了永久性的舞台，如厚载门前就有一座固定舞台（图 7–10）。厚载门为元大都大内四门之一（南为崇天门，东为东华门，西为西华门，北为厚载门）。元 · 熊梦祥《析津志》曰：“厚载门前为舞台。”明初，工部郎中萧询曾受命毁掉元代宫城建筑，他在《故宫遗录》中记载了厚载门前的舞台：“厚载门上建高阁，环以飞桥、舞台于前，回阑引翼。每幸阁上，天魔歌舞于台，繁吹导之，自飞桥而升。市人闻之，如在霄汉。”

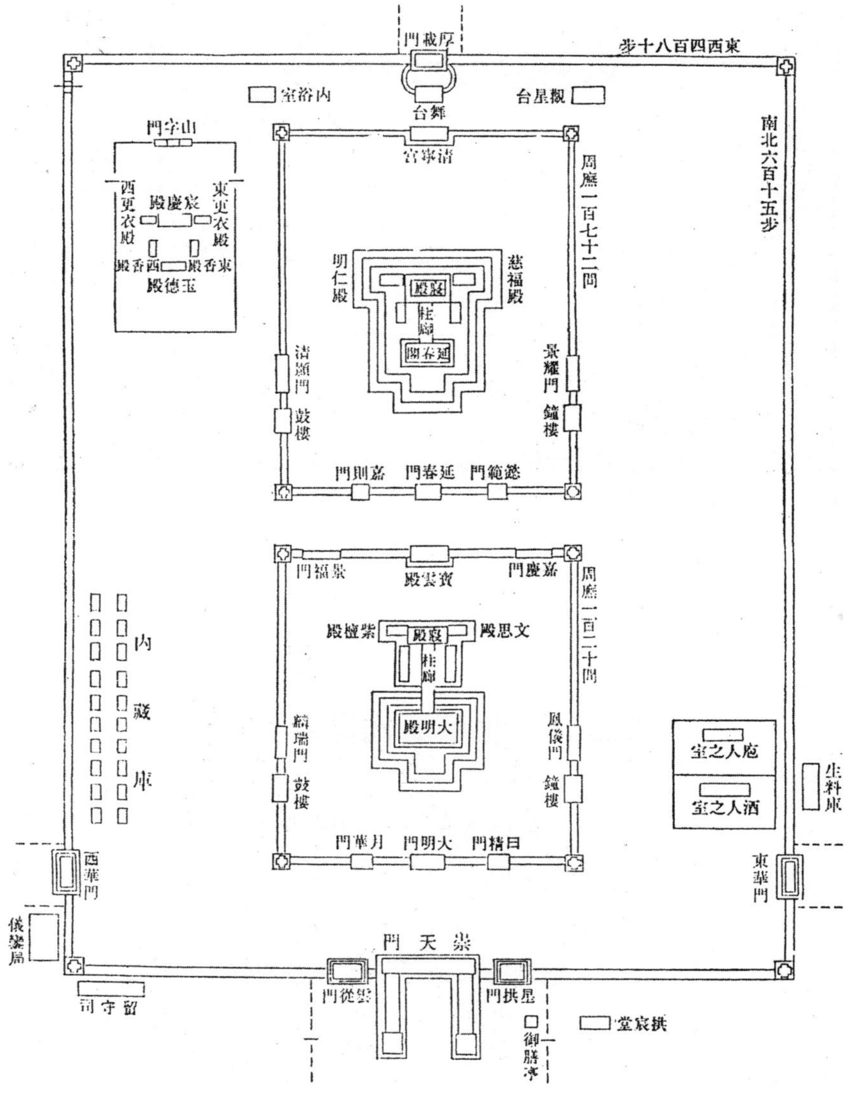

图 7–10　元宫城图

取自：朱偰．元大都宫殿图考．北京古籍出版社，1990 年。

图 7–11　明刊本《水浒全传》第八十二回插图所载御殿演出场面

中国艺术研究院音乐研究所编．中国音乐史图鉴．人民音乐出版社，1988 年，第 154 页。

明初，都城南京曾有两座御勾栏。明 · 王俊华《洪武京城图志》记载："勾栏：一在武定桥东，一在会同桥南。"这两座御勾栏，实际上建于宫城以外，只具有半皇家的性质。除了皇上临幸以外，平时也允许平民百姓在此观看演出，也允许进行商业演出。

明代北京是否有皇家剧场建筑，尚不得而知。不过，皇家宫廷内演戏甚为常见。明 · 沈德符《野获编补遗 · 卷一》记载，万历年间（1573 ~ 1619 年），"内廷诸戏剧俱隶钟鼓司，皆习相传院本，沿金元之旧。今上始设诸剧于玉熙宫以习外戏，如弋阳、海盐、昆山诸家俱有之。其人员以三百为率，不复属钟鼓司。"从其可知，钟鼓司、玉熙宫是专门负责内廷演戏的机构，玉熙宫是皇帝经常观看演出的场所。清 · 杨恩寿《词余丛话》卷三说："明烈帝每宴玉熙宫，作过锦水嬉之戏。一日宴次，报至，汴梁失守，亲藩被害，遂大恸而罢。自是不复幸玉熙宫矣。"明 · 蒋之翘《天启宫词》原注云："上好阅武戏，于懋勤殿设宴，多演岳忠武传奇，至风魔骂秦桧，忠贤辄避之。"文中的懋勤殿就是皇帝观看演出的场所。明刊本《水浒全传》第八十二回插图载有御殿演出场面（图 7–11）。

总体而言，从汉代到明代，似乎都是皇家剧场的铺垫和序幕。直到清代，皇家剧场才得到极大的发展，其数量众多，形式多样，设计成熟，堪称中国剧场史中的瑰宝。本章后面两节将主要论述北京、承德、沈阳的清代皇家剧场。

第二节　北京清代皇家剧场

一、北京清代皇家剧场历史文化背景

北京作为清朝的京都，既是当时的政治、经济、文化中心，也是重要的戏曲文化中心，演出活动非常活跃。清朝统治者并非对所有戏剧全盘否决，一些宣扬"忠孝节义"等伦理道德的戏曲还是倍受皇室赞赏的。雍正皇帝就旗帜鲜明地指出，对于民间的祭神、庆贺演戏，"在国法无一概禁止之理"[1]。清代皇帝对戏曲艺术也非常关注，大多是地道的戏迷。康熙皇帝还常下旨修改宫中演出的剧本："《西游记》，原有两三本，甚是俗气。近日海青觅人收拾，已有八本，皆系各旧本内套的曲子，也不甚好。尔都改去，共成十本，赶九月内全进呈。"[2] 关于清朝统治者热爱戏曲的原因，张

1　见清世宗实录，卷六十七。

2　见懋勤殿旧藏"圣祖谕旨"。转引自：朱家溍，清代内廷演戏情况杂谈，故宫博物院院刊，1978 年第 2 期。

次溪（1909 ~ 1968 年）在其编撰的《清代燕都梨园史料》自序中论道："戏剧一道，有清一代为最盛。盖清室来自漠野，目所睹者皆杀伐之事，耳所闻者皆杀伐之声，一聆夫和平雅唱、咏叹淫佚之音，宜乎耽之、悦之。上以此导，下以此应。"[1] 这一分析虽不全面，但也极有道理。

清代时，演剧还被纳入内廷的各种礼仪活动中。礼亲王昭 著《啸亭续录》载："乾隆初，纯皇帝以海内升平，命张文敏制诸院本进呈，以备乐部演习，凡各节令皆奏演。"[2] 其中提到"凡各节令皆奏演"，意指各种节日时，内廷均会演剧。根据清代宫廷史料的记载，在元旦、端午、中秋、冬至等节日，会演出节令类戏；皇子诞生、皇上结婚、册封嫔妃时则会演出喜庆戏；皇帝大寿、皇后大寿时又会演出万寿节戏等。演剧活动的频繁，促使皇家剧场在清代得到快速发展。

二、北京清代皇家剧场总体情况

根据《中国戏曲志 · 北京卷》[3] 等文献所提供的资料，作者统计到清代北京 27 座皇家剧场建筑（表 7–1）。虽然难免遗漏，但从中已足见皇家演剧之频繁。

清代皇家剧场建筑一览表 表 7–1

序号	名称	修建年代	剧场形式	戏台形式	现存情况
1	故宫畅音阁剧场	乾隆四十一年(1776 年)	院落式	三层	保存完好
2	故宫寿安宫剧场	乾隆二十五年(1760 年)	院落式	三层	嘉庆四年拆除
3	故宫漱芳斋室外剧场	乾隆年间	院落式	二层	保存完好
4	故宫漱芳斋室内剧场	乾隆年间	室内式	单层	保存完好
5	故宫倦勤斋剧场	乾隆年间	室内式	单层	保存完好
6	故宫景祺阁剧场	乾隆八年（1743 年）	室内式	单层	现存
7	故宫长春宫剧场	光绪年间	室内式	单层	不存
8	故宫丽景轩剧场	光绪九年（1883 年）	室内式	单层	不存
9	圆明园同乐园剧场	雍正年间初	院落式	三层	毁于清咸丰十年
10	圆明园长春园含经堂剧场	嘉庆年间	院落式	二层	同上
11	圆明园恒春堂剧场	嘉庆年间	院落式	二层	同上
12	圆明园万方安和轩内剧场	约雍正年间	室内式	一层	同上
13	圆明园绮春园敷春堂剧场	嘉庆年间	/	/	同上
14	圆明园关帝庙剧场	道光四年前	/	/	同上
15	圆明园九州清晏之慎德堂内剧场	道光十年（1831 年）	室内式	一层	同上
16	圆明园绮春园战诗应律内剧场	道光年间已有	室内式	一层	同上
17	圆明园绮春园生冬室内剧场	道光年间已有	室内式	一层	同上
18	圆明园九州清晏内剧场	咸丰五年（1855 年）	/	/	同上
19	颐和园德和园剧场	光绪十九年（1893 年）	院落式	三层	保存完好
20	颐和园听鹂馆剧场	光绪十九年（1893 年）	院落式	二层	保存完好
21	西苑纯一斋剧场	康熙年间	院落式	二层	已改建
22	西苑南府剧场	乾隆年间	院落式	二层	基本完好
23	西苑清音阁剧场	乾隆年间	院落式	二层	完好，迁于陶然亭
24	西苑晴栏花韵剧场	乾隆年间	院落式	单层	基本完好
25	西苑颐年殿剧场	康熙年间	庭院式	单层	现存，但已改建
26	西苑八克谐乐亭剧场	康乾时期	/	单层	现存

1 张次溪．清代燕都梨园史料．中国戏剧出版社，1988 年，第 19 页。
2 清 · 昭梿撰啸亭杂录 / 啸亭续录．上海古籍出版社，1996 年出版。
3 中国戏曲志编委会．中国戏曲志 · 北京卷．中国 ISBN 中心，1999 年，第 877 ~ 884 年。

上述27座北京清代皇家剧场，主要分布于故宫（8座）、圆明园（11座）、颐和园（2座）和西苑（6座）。现幸存13座，其中保存较好的有故宫畅音阁剧场、漱芳斋室内和室外剧场、倦勤斋剧场、颐和园德和园剧场、听鹂馆剧场等。

从建造年代分析，这些皇家剧场建筑的建造持续整个清朝。表7–1所列的27座皇家剧场建筑中，除了3座的建造年代不明确外，其余24座中，有3座建于康熙年间，2座建于雍正年间，9座建于乾隆年间，3座建于嘉庆年间，2座建于道光年间，1座建于咸丰年间，4座建于光绪年间。其中乾隆年间所建的剧场建筑最多，占33%。特别是，清代的5座皇家三层大戏台（其中4座在北京）中，有3座建于乾隆年间。乾隆皇帝喜欢歌功颂德，粉饰升平，所以不惜一切人力、物力和财力来演出宫廷大戏，并且大规模地修建剧场建筑。到了清末的光绪年间，虽然内忧外患，但演戏活动却异常活跃，王公大臣、朝廷要员均以看戏为时尚，京城日日笙歌延绵。掌控实权的慈禧太后更是对戏曲热爱有加，经常观看戏曲演出。所以，建于光绪年间的剧场建筑数目也较多。

三、北京清代皇家剧场建筑形式

清代的皇家剧场建筑，按照戏台的形式和规模，大致可分为四类，即设有三层大型戏台的室外剧场、设有二层中型戏台的室外剧场、设有一层小型戏台的室内剧场、临时剧场建筑等。

1. 设有三层戏台的室外剧场

清代皇家的三层大型戏台，先后出现过五座，分别是北京圆明园同乐园大戏台、故宫寿安宫大戏台、故宫畅音阁大戏台、承德热河行宫大戏台和北京颐和园德和园大戏台。除承德热河行宫大戏台外，其余四座均建在北京。从建造时期看，雍正年间（1723 ~ 1735年）修建一座，即圆明园同乐园大戏台，毁于清咸丰十年（1860年）英法联军之手；乾隆年间（1736 ~ 1795年）修建三座，即故宫寿安宫大戏台（嘉庆四年奉嘉庆皇帝的命令被拆除）、故宫畅音阁大戏台、承德热河行宫大戏台（毁于20世纪上半叶）；光绪年间（1875 ~ 1908年）修建一座，即颐和园德和园大戏台。在这五座戏台中，现仅存两座，即故宫畅音阁大戏台和颐和园德和园大戏台。

这几座三层大戏台的规模、形式、空间基本相同。下面以现存的故宫畅音阁剧场、颐和园德和园剧场为例，分析三层大型戏台及其剧场。另外，圆明园同乐园三层大戏台虽已不存，但在国家图书馆现存清代样式雷的图纸，本节根据其资料，也作一定的分析。

（1）故宫宁寿宫畅音阁剧场

宁寿宫位于故宫的东侧，是乾隆皇帝为其归政后作太上皇而建造的。乾隆皇帝继位之初即声明："至乾隆六十年乙卯，予寿跻八十有五，即当传位皇子，归政退闲。"[1]据档案记载，乾隆皇帝于乾隆三十五年下旨内务府修建宁寿宫，"待归政后，备万年尊养之所。"[2]至乾隆四十一年全部工程基本完成。

畅音阁剧场位于宁寿宫阅是楼院内（图7–12）。关于畅音阁的修建年代，《清宫述闻》中有较为详细的记载。其中提道："养性门之东为畅音阁，阁东为南十三排，北十三排。阁北相对者是阅是楼，楼东为竹院楼，后为寻沿书屋，屋后为庆寿堂。畅音阁、阅是楼、寻沿书屋、庆寿堂，清乾隆三十七年添建，嘉庆七年修，光绪十七年重修。"《清宫述闻》还提到："嘉庆二十二年，畅音阁后台接盖两卷抱厦扮戏台三间，西边添修牌楼门一座，两边添砌掐子墙二通"，二十三年遵旨，"畅音阁前东西配楼楼座拆去，上一层改盖围房。扮戏台后，南面添盖值房二座，各计三间"[3]。可见，畅音阁戏台修建于清乾隆三十七年（1772年），后来屡有扩建[4]。

1 见《清高祖实录》卷一百六七。

2 见《国朝宫室续编》卷五九，宫殿九，编撰于嘉庆十一年。

3 章乃炜．清宫述闻．北京古籍出版社，1988年。

4 《清宫述闻》多依据档案、诗文、史志整理而成，其记载较为可靠。

畅音阁剧场主要用于演出承应大戏和举行盛大仪典（图 7–13）。王芷正在《清代伶官传》中云："逢大典则演于宁寿宫畅音阁上，则同乐园毁后之事矣，迨慈禧当国后，始常有于长春宫承应之举，台址今存，尚可考也。"[1]

畅音阁戏台北面（正面）为三层重檐，建筑总高为 20.7 米。这从下到上分别称为"寿台"、"禄台"和"福台"（图 7–14、图 7–15）。福、禄、寿三台总面积 685 平方米。下层寿台，为主要表演区，台基高 1.2 米，平面近方形，边长为 14 米。面阔三间，台口设栏杆。二层称禄台，这一层前部表演区的面积不到寿台的 1/3，后部则隔为后台。三层为"福台"，表演区更小，仅为檐下之一小块，

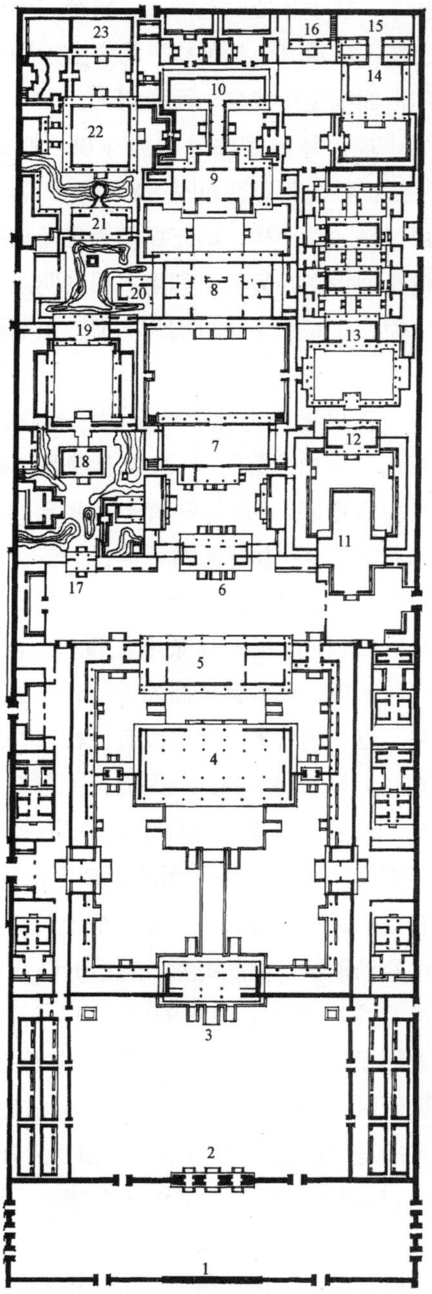

1. 九龙壁
2. 皇极门
3. 宁寿门
4. 皇极殿
5. 宁寿宫
6. 养性门
7. 养性殿
8. 乐寿堂
9. 颐和轩
10. 景祺阁
11. 畅音阁
12. 阅是楼
13. 寻沿书屋
14. 景福宫
15. 梵华楼
16. 佛日楼
17. 衍祺门
18. 古华轩
19. 遂初堂
20. 三友轩
21. 萃赏楼
22. 符望阁
23. 倦勤斋

图 7–12　北京故宫宁寿宫平面图

引自：孙大章主编．中国古代建筑史 · 第五卷 · 清代建筑．中国建筑工业出版社，2002 年，第 57 页。

图 7–13　故宫畅音阁剧场庭院

图 7–14　故宫畅音阁戏台外观

1　王芷正．清代伶官考 · 例言．中华印书局，民国 26 年（1937 年）版。

图 7–15　故宫畅音阁戏台屋顶局部

图 7–16　故宫畅音阁戏台一层及其仙楼

图 7–17　故宫畅音阁戏台梁头雕刻

后方也隔为后台。福台呈半圆形，可能有时用来放置乐队。一层表演区宽敞，二、三层的表演区则相对狭小。其原因大概是由于上层演出区观众视线不易到达的缘故。一层靠近后台的地方有类似夹层的小台，称“仙楼”，也是表演区域（图 7–16）。值得注意的是，仙楼前有四部木楼梯（宫中称为“塔垛”或“踏垛”）和一层的寿台相连，另外有两部木楼梯和二层的禄台相连。楼梯设有扶手，扶手各处画有祥云，象征“仙楼”为仙人之境。各层（包括仙楼）均有上下场门。上下场门后面则是扮戏房，面积很大。

戏台每层檐柱上均施斗栱，形制各异。第一层檐柱上用单翘单昂五踩斗栱，第二层檐柱上用单昂三踩斗栱，第三层则为重昂斗栱。各层斗栱排列较密，第一层和第二层的明间平身科均为八攒，次间的平身科均为六攒。山墙面梁头饰虎头状（图 7–17）。

三层福台上挂“畅音阁”横匾，二层禄台额题“导和怡泰”，一层寿台额题“壶天宣豫”，左右有楹联：“动静叶清音，知水仁山随所会；春秋富佳日，凤歌鸾舞适其机。”

二层禄台的前部中央有一个天井，每边长 4.5 米，上面用一条条木板覆盖，四边有栏杆。揭起木板，可看到下面的寿台。三层福台也有天井，边长约 3 米，四边设有栏杆，四角木柱支撑着高 1.6 米的木架，上面放置铜芯滑车。栏杆的东、北、西三方都有木制的辘轳，直径为 0.25 米。特别的是，天井的南面的辘轳上每隔 0.35 米设有把柄。每个辘轳上可容八至十人一字排开，通过卷动辘轳上面的绳索，可以升降穿过铜滑车悬吊着的“云兜”。这里的“云兜”，就是上下两层之间运送砌末或演员的工具。作者 2003 年实地调研时，还见福台边上放着一个已生锈的铁架，可能是“云兜”的部件。这和《清升平署志略》的记述是一致的：“绒绳子上端合为一，与粗长绳接，上绳上绕于木贯井架上所钉之铜轴而斜引至辘轳梃上，作无数之回匝，用人搬动辘轳，即可将云兜下降至台上，长绳上刻有记号，放至所记之点，而云兜适已至台。”[1]

1　王芷章编．清昇平署志略（全二册）．商务印书馆，2006 年。

一层的寿台设有五口“地井”，上面有活动地板。地井可以升降砌末、演员。其中中间的一口地井为水井，可能作为特殊演出时汲水之用。据宁寿宫太监耿进喜等的述说，演出承应戏《罗汉渡海》、《地涌金莲》时用水井[1]。人们常说这水井常用作共鸣，但作者未能亲自听到演出，因此不能确定水井除汲水之外的作用。

戏台对面为两层的阅是楼，面宽五间，带有前廊。皇帝和后妃一般坐在下层堂屋里观看演出。东西两侧各有庑房和回廊十三间，与扮戏房相通，是侍臣们看戏之处。四周建筑围合成四合院。翁同龢的日记中有一条记述了在阅是楼听戏的情况：“光绪二十三年万寿节，群臣行礼，退诣阅是楼，恭entity人座听戏处。慈驾至，跪迎。太后在阶上立，恭邸跪奏数语，率首领跪奏。臣于阶下偏东摘帽碰头。”[2]

（2）颐和园德和园剧场

德和园（图 7–18 ～图 7–20）三层大戏台是在原清漪园怡春堂遗址上修建的，建于光绪十六年底至光绪二十年（1891 ～ 1894 年）。这座三层戏台与畅音阁戏台构造极为相似。从《清漪园地盘图样》中可以看到，未毁时的怡春堂，前后两进，主殿名怡春堂。德和园中国第一历史档案馆中现藏光绪朝《颐和园工程档案》记载：“光绪十六年十二月，大戏台院起刨余土、土山。”其中提到的“起刨余土”是指原遗址中多余的土；“起刨土山”则是因为原遗址占地面积小，不得不开挖北面土山（指万寿山山脚）以满足新设计所需。

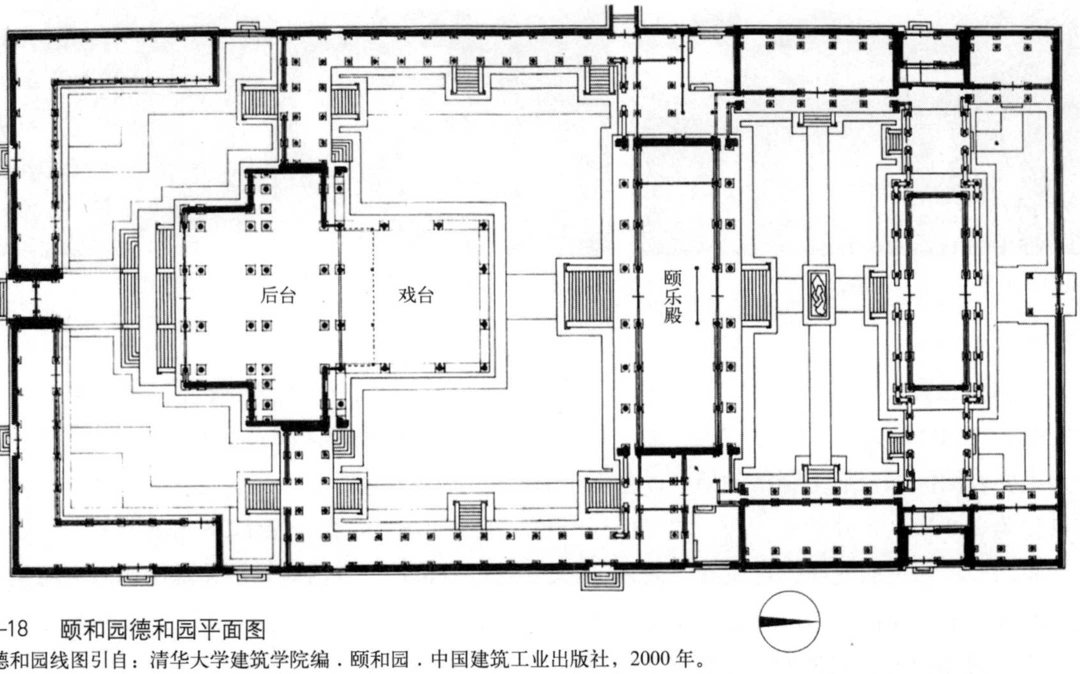

图 7–18　颐和园德和园平面图

德和园线图引自：清华大学建筑学院编．颐和园．中国建筑工业出版社，2000 年。

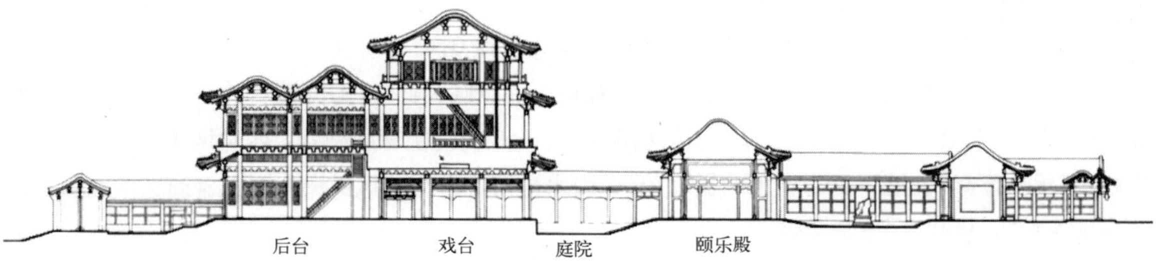

图 7–19　颐和园德和园剧场图

1　转引自：朱家溍．故宫退食录．北京出版社，1999 年，第 552 页。

2　转引自：朱家溍．故宫退食录．北京出版社，1999 年，第 546 页。

图 7–20 颐和园德和园戏台前面的庭院

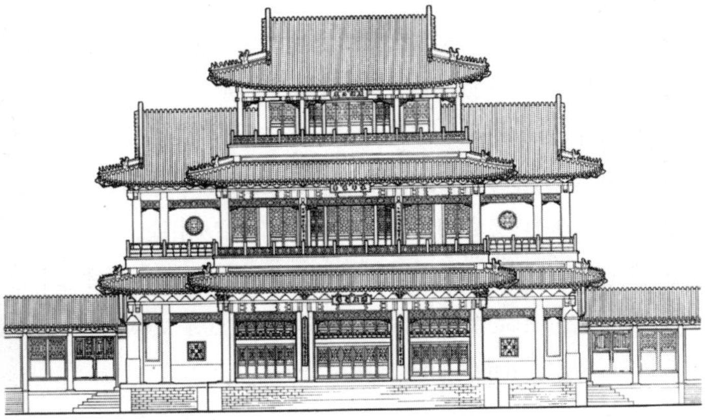
图 7–21 颐和园德和园戏台正立面图

图 7–22 颐和园德和园戏台外观

图 7–23 颐和园德和园戏台"仙楼"及其前侧的台阶

德和园三层大戏台分福、禄、寿三层（图 7–21、图 7–22）。一层为“寿台”，台口四柱。近后台处亦有“仙楼”（图 7–23）。二层“禄台”、三层“福台”的表演区面积也逐层递减。其中一层寿台为主要表演区，台面上铺活动地板，台面中央有一口砖井，深 10.1 米，上侧口径为 1.1 米，下侧口径为 2.8 米。砖井的东、西、北三面还开挖了五个见方约1米，深 1.28 米的水池。一层和二层之间，二层和三层之间，均设有“天井”。天井处设有辘护、铁滑轮，供特殊演出时升降运送演员和砌末之用。戏台后部为两层的扮戏台，面阔五间，后出抱厦三间。金柱通高 12 米，柱径 0.48 米。

关于德和园戏台的尺度，清光绪十六年（1890 年）的《德和园工程做法册》中有详细的记载：三层戏台高 21 米，每层面北各三间，明间面阔 5.6 米，下层戏台宽 17 米，进深 16 米，檐柱高 4.48 米，柱径 0.58 米。中层戏台宽 12 米，周围廊深 2.29 米，柱径 0.45 米，第三层上戏台宽 10.18 米。[1]

德和园戏台三层檐柱上均有楹联。第三层福台上的楹联为：“八方开域皆为寿；兆姓登台总是春”，横联：“庆演昌辰”。第二层禄台上的楹联为：“七政衍巩衡珠联璧合；四时调律吕玉节金和”，横联：“承平豫泰”。第一层寿台上的楹联为：“山水协清音龙会八风凤调九奏；宫商谐法曲象德流韵燕乐养和”，横联：“驩胪荣曝”。

戏台对面为颐乐殿，又称看戏殿，前后出廊，面宽七间，是帝妃看戏之处。东西两侧各有十四间看戏廊，是专供王公大臣、公主福晋们看戏之处。

1 转引自：翟小菊．德和园戏台研究．中国紫禁城学会论文集．紫禁城出版社，2002 年，第 163 页。

光绪年间（1875 ~ 1908 年），这里演戏频繁。慈禧每从紫禁城到颐和园，必开锣唱戏。光绪三十四年（1908 年），慈禧临终前最后一次看戏也是在此。根据升平署档案记载，光绪年间除承应戏“天官赐福”、“恭祝无疆”、“福寿双喜”、“丹桂飘香”、“九华品菊”等以外，曾在此演出过连台本戏《昭代箫韶》（光绪二十六年）、《铁旗阵》（光绪三十二年）、《锋剑春秋》（光绪三十二年）、《雁门关》（光绪三十三年）等。

清 · 陈夔龙在《梦焦亭笔记》中描写了一次在颐和园德和园大戏台看戏的情景，曰：

> 我朝恭遇万寿，王公大臣入坐听戏，载于会典，诚重之也。余以外吏两次入京陛见，均值庆辰，恭逢巨典，耳聆仙乐，不可谓非荣幸。癸卯六月，以汴抚入京，适值德宗景皇帝万寿，在颐和园随班行朝贺礼。先期传令入坐听戏，上驻颐和园，即于园中德和园排演。台凡三层楼，北向，规制崇闳。两宫正殿坐，南向。东西各楹，诸王大臣以次坐。凡近支王、贝勒、贝子、公，满汉一品大臣，暨内廷行走者均预；在外将军、督抚、提镇适在京者亦预。其京中一品之各旗都统，及二品满汉侍郎，均不得列入。东第一间，近支王公，次军机大臣、大学士、各部尚书、都察院左都御史等。西第一间，御前大臣，次内务府大臣，南书房、上书房翰林。将军、督抚、提镇之在京者，居于西末一间。此其大较也……内监承旨，命张大幕二，一由北而东，一由北而西，名曰隔座。三面各不相见，仅见台上歌舞耳。[1]

由此可见，宫廷演戏座位的排列非常讲究。因为有两宫皇后在座，为避免有伤风化，则在庭院里搭上大幕，遮挡视线。

（3）圆明园同乐园剧场

同乐园位于圆明园中部，北邻佛寺“舍卫城”，西临“买卖街”，约建于雍正四年（1726 年），咸丰十年（1860 年）被英法联军所毁。关于同乐园的使用，清代吴振棫《养吉斋从录》记载：

> 同乐园在圆明园大宫门东，转东楼门，乘舟里许乃至。乾隆间，年例自正月十三日起，在园酬节。宗室王公及外藩、蒙古王公、台吉、额附、属国陪臣，具命入座赐食听戏。又万寿庆节前后数日，亦于此演剧。正屋凡五间，圣驾临莅，主位亦从观焉……（宗室、王公、大臣）例坐于东西厢，某某同屋一间，亦先期指定。皆赐茶酒果物。[2]

同乐园建筑群共有三进院落。其中第二进院落是建筑群的主体，院南为戏台，院北为看戏殿“乐园殿”，周围设廊庑连接，形成合院形式，围合感很强（图 7−24、图 7−25、图 7−26）。

根据样式雷绘制的同乐园的图样和《圆明园四十景图》看，戏台为上下三层，分别被称为福台、禄台、寿台，面阔三间，平面呈方形，歇山顶（图 7−27、图 7−28、图 7−29）。底层寿台的后部还建有一个夹层，名为仙楼。这样，整个戏台实际上有四层表演区。每层表演区都有自己的上下场门，而各层之间又有楼梯联系。另外，各层台面之间有天井上下，可表演升天或降落人世的情节。其中，二层禄台有七个天井，中间一个最大。天井井口上安装有扶手栏杆。后台上下二层，面阔五间，悬山顶。前台和后台建于同一台基之上，前台南端与后台北端共用四檐柱。

一层面阔和进深均为 14.5 米，台面 16.8 米见方。一层台面上装有活动地板，说明下部应有供演出使用的空间。二层檐柱轴线内面积与一层相同，但表演区则相对狭小，仅有靠近前面的 40 平

1　清 · 陈夔龙 . 梦焦亭笔记 . 民国笔记小说大观（第二辑）. 山西古籍出版社，第 111 ~ 112 页。

2　清 · 吴振棫 . 养吉斋从录 . 北京古籍出版社，1983 年。

图 7–24　同乐园（圆明园四十景图局部）

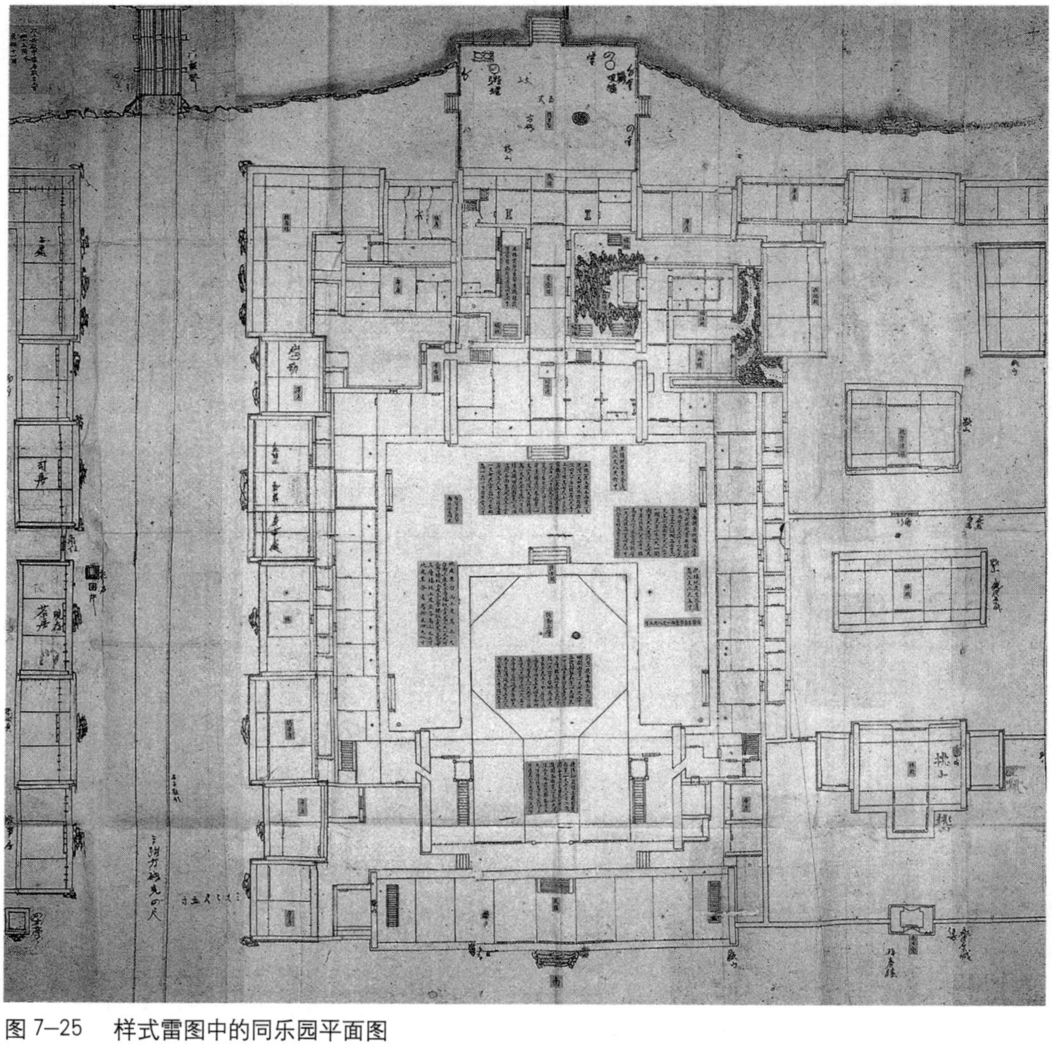

图 7–25　样式雷图中的同乐园平面图

圆明园线图现藏国家图书馆，转引自：郭黛姮编．乾隆御品圆明园．浙江古籍出版社，2007 年，第 169 ～ 178 页。

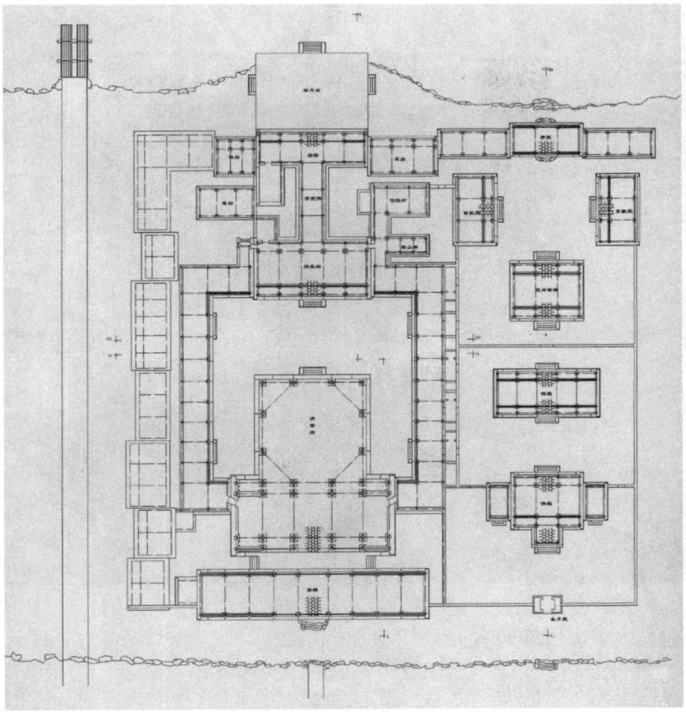

图 7–26　样式雷图中的同乐园殿平面图

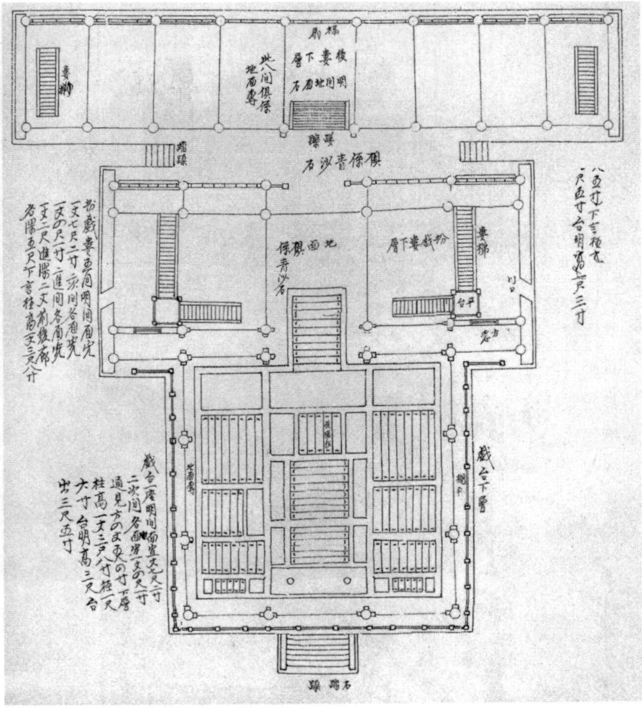

图 7–27　样式雷图中的同乐园大戏台一层平面图

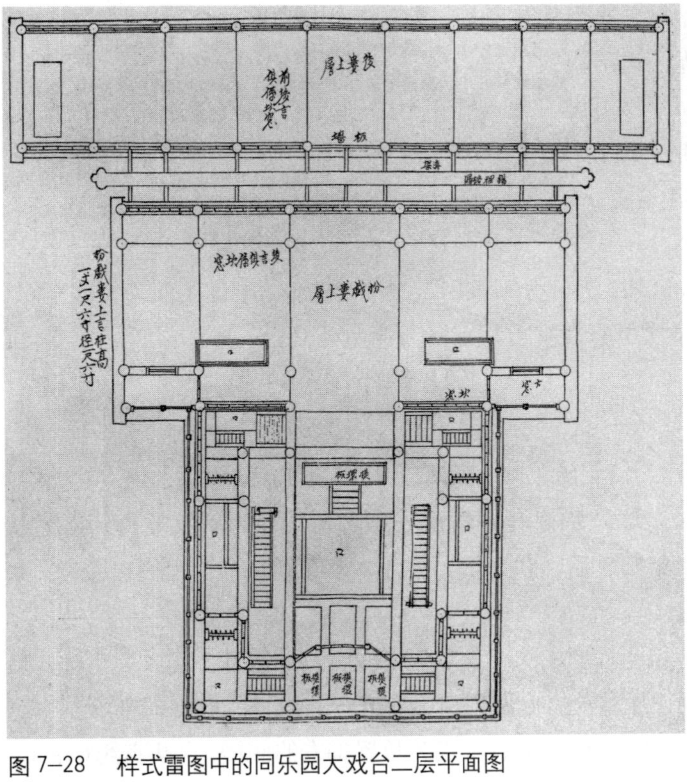

图 7–28　样式雷图中的同乐园大戏台二层平面图

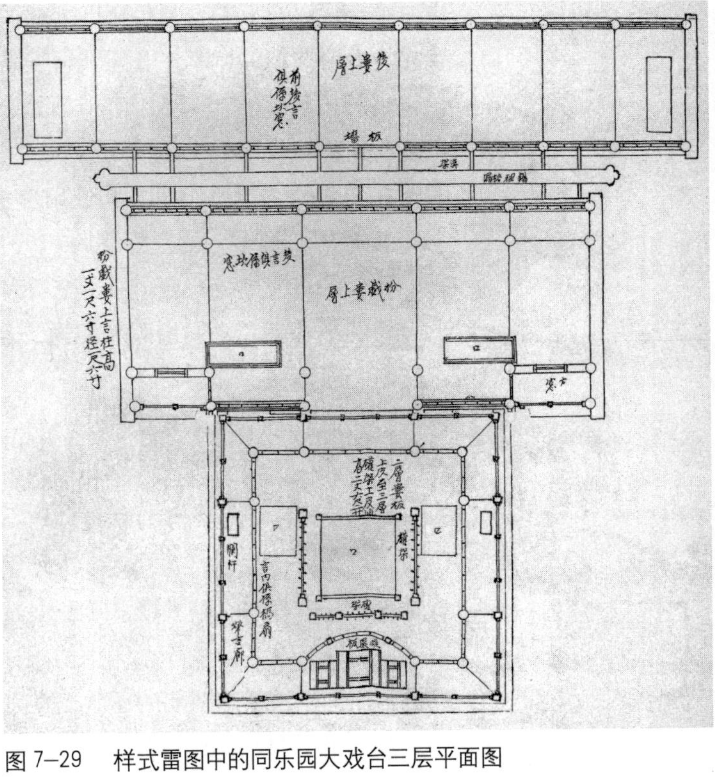

图 7–29　样式雷图中的同乐园大戏台三层平面图

方米作为演出空间，占整个二层面积的 1/5。表演区通过隔扇门和后台空间区分，隔扇在明间位置呈内凹的曲折形。三层擎檐柱轴线同样也是 14.5 米见方，但表演区的面积更小，仅前面一小部分作为演出空间，用隔扇分隔。

同乐园演剧时，皇帝、后妃在看戏殿中看戏，王公大臣等人则按照官级从殿两侧到围廊分别就座。回廊的两端与看戏殿及扮戏楼相接。回廊为二层，进深 3.84 米，有穿堂和戏台连通。

图 7–30　清宫大戏台搭设天棚演出图
引自：邓彦君著．图说中国戏曲史．浙江教育出版社，2001 年，第 189 页。

这种三层大戏台主要用于演出承应大戏和举行盛大仪典，其剧本也是专门编写的，演出场面宏大（图 7–30）。《昭代箫韶 · 凡例》中云："剧中有上帝、神祇、仙佛及人民、鬼魅，其出入上下应分福台、禄台、寿台及仙楼、天井、地井，或当从某台某门出入者，今悉斟酌分别注明。"[1]这些皇家大戏台演出的剧本在普通戏台上是无法演出的。

这种三层大戏台形式独特，观演形式特殊，雄伟壮观，在中国剧场史上具有非常重要的意义。但是，这种戏台形式，是为了特殊的使用者演出特定的大戏，缺乏普遍的使用价值，也不曾推广。即使在清代的宫廷演出中，其使用率也并不高。

2. 设有二层戏台的室外剧场

清代的皇家室外戏台，除了三层大戏台外，大部分则采用二层戏台的形式，即下面为表演空间，上面为阁楼，二者之间用天井相通。典型实例有故宫重华宫漱芳斋室外戏台、颐和园听鹂馆戏台、西苑南府戏台等。

（1）故宫重华宫漱芳斋剧场

漱芳斋位于故宫神武内御花园西侧，建于清乾隆年间（1736 ~ 1795 年）。乾隆六十年（1795 年）的一道谕旨称："重华宫为联藩邸时旧居，联颇加修葺，增设观剧之所，以为新年宴赉廷臣、赋诗联句，蒙古、回部、番众锡宴之地。来年归政后，联为太上皇帝，率同嗣皇帝于此胪欢展庆。太上皇帝于正殿设座，嗣皇帝从于配殿设座。"[2]

漱芳斋有前后两座厅堂，中间用穿堂相连，形成"工"字形平面。每逢元旦、寿辰等节日，皇帝常常在这里进膳。前面的厅堂面宽三间，厅堂前有庭院，对面有戏台，围合成庭院式剧场。

戏台坐南向北，上下两层。下层为演出空间（图 7–31），上层为放置砌末的阁楼。台基高约 0.9 米，用砖石砌筑。台面深和宽各约 12 米，共 12 根柱子。台前有四柱，周围设栏杆。后面则设有扮戏房。台顶天花板有天井通向阁楼，供升降演员、砌末使用。同治五年（1866 年）三月十五日李谨奏折云："奴才李谨奏，于三月十八日，奴才带领盔头作匠役人等，于卯正进西后铁门，至漱芳斋，安云兜切末。十九日奴才等于卯正至漱芳斋演云兜切末，谨此奏闻。"[3]

1　王庭章（清）撰．昭代箫韶．清内府刻本．嘉庆十八年（1813 年）。
2　参见《国朝宫史续编》．转引自：朱家溍，丁汝芹．清代内廷演剧始末考．中国书店出版，2007 年，第 52 页。
3　转引自：廖奔．中国古代剧场史．中州古籍出版社，1997 年，第 145 页。

戏台檐柱有楹联，曰："日丽瑶台寰宇休明传吹鼓；风清玉漏万方欢乐人歌谣。"横批书"升平叶庆"。上场门书"音谐"，下场门书"佾舞"。

戏台对面有看戏殿，面宽五间。东西有庑殿，并用回廊与扮戏房相通。看戏殿的东侧悬"金昭玉粹"匾额，由乾隆帝亲笔题写。

有关演戏之时，皇帝如何欣赏戏曲，如何安排座位，文献中很少有记载。难得的是，翁同龢的日记中记载了在重华宫戏台看戏的情况：

图 7–31　故宫漱芳斋室外戏台

> 同治五年三月二十三日，万寿节。巳初会齐于月华门，随诸公人，至重华宫听戏。规制甚窄。西厢极浅，诸臣由西入。其在东厢者，即从宫陛前过。余等在西边，坐次在南斋下。入座叩头一。少顷赐果盒，叩头一。又赐点心一盒，叩头一。戏约三出，赐文绮等物。诸臣立庭中，向上叩头三，即退。

这是大臣们被赏听戏时的情况，似乎完全没有民间听戏的放松和愉悦。但能在重华宫看戏，已是非常高的礼遇。乾隆五十九年，军机处上奏中论道："重华宫惟有回子、番子进内观剧，其朝鲜等国使臣向俱不预。此次荷兰使臣应亦无庸令其入内观剧。"[1]即使是外国使节也难以进入重华宫看场戏的。

这座戏台是清宫中利用率最高的戏台之一。根据升平署档案记载，嘉庆至宣统的近百年间，曾在此演出宫廷大戏《劝善金科》、《征西异传》、《铁旗阵》、《下河东》、《兴唐外史》、《普天同乐》、《忠义传》、《三侠五义》等。王芷正在《清代伶官传》中云："宫中演戏常在漱芳斋。斋在重华宫内，故或书重华宫，其实一也。"[2]

值得关注的是，京剧大师梅兰芳在《舞台生活四十年（三）》中记叙了民国 12 年（1923 年）在重华宫漱芳斋演出的感受：

> 到了唱戏这一天，我们进的是神武门，有内务府的司官和太监带着我们顺着大红墙往西走，进一个随墙门，门上包着铁皮，进了这个门又走了几个过道，在一个院子的西厢房里坐下。这个院子里都是我们戏班的人，有几个太监在这里照料，有一个有顶戴的太监，陈老夫子称他为总管，这位总管太监和陈老夫子很熟的，并且告诉他："你多年没在里边吃饭了吧，回头你尝尝。咱们一切照旧。"陈老夫子立刻喜形于色地告诉我们："你们没吃过，跟外头的味儿不一样。"后来吃午饭的时候我觉得也不过如此，没什么特别，倒是一些小菜如熏鱼、熏野鸭、熏鹿肉还不错。烙的小火烧很好，甜点心也很好。
>
> 陈老夫子还嘱咐我和姚玉芙："待会儿你们上，可不许往台下胡看哪！"后来玉芙小声和我说："到个新鲜地方还能不看看。"
>
> 我们化妆完了之后到后台正屋，看见大红漆插屏架上一个大水牌，上面写着"辰正开戏大吉"，列着一天的戏码。陈老夫子说："老规矩，早晨开戏，下午散戏。"这个后台很宽绰，院子也很大，

1　参见《清宫述闻》．转引自：朱家溍，丁汝芹．清代内廷演剧始末考．中国书店出版，2007 年，第 52 页。

2　王芷正．清代伶官考 · 例言．中华印书局，民国 26 年（1937 年）版。

东西南房也都属于后台，各箱口都摆得整整齐齐，我们几个班都是只来人、不进箱，用的都是昇平署的服装。八点多钟开戏。先《跳灵官》，十六个灵官都是勾脸、穿灵官铠，有织锦的，有缂丝的两堂。灵官跳的很热闹。最后检场的一把松香火从十六个灵官的头上飞过去，落在台口一个大铜火盆上，火盆里松柏枝和黄钱、元宝（纸制）冒出很高的火焰；同时，火盆里有一挂鞭炮也响起来。这场灵官下去。第一出是马连良和茹富兰的《借赵云》，当时马连良已经出科，还没离科班。第二出也是富连成的一个很长的戏。在这出戏中间，有太监到后台传旨："迎请！"立刻打住戏，场上有很多唢呐吹《一枝花》曲牌。原来这也是老规矩，皇帝皇后来入座听戏，就有这么一套。待一会儿又打住；又吹《一枝花》，是老太妃来了。我看见方先生（星樵）和茹先生（来卿）、锡先生（子刚）等几位场面老先生从前台下来，他们都穿着红缎绣团花袍，腰里扎着带，戴着盆式的黑毡帽，上面一根羽毛缨，原来在场上吹弹拉打的场面先生和检场的都是这种穿戴，据说这是乐部里的乐舞生的服装。方先生说"迎请"，就是接驾，照例是八只唢呐吹《一枝花》。

这出戏完了就该我的《游园惊梦》。这个台比外面戏院的台要大得多，我出场以后慢慢地迈步，顺便看一看周围，只见北面五间正房有廊檐，正中挂着金字竖匾"漱芳斋"并排三个满文。堂屋正中隐约地看见有三位梳两把头、穿敞衣的老太太（注释：指敬懿、荣惠、端康三位皇贵太妃），同坐在一张榻上。东间靠近窗户侧身坐着一个戴眼镜的青年男子，一看便知是溥仪先生。

我唱完"梦回莺啭……"一段，看见屋里缓缓走出一个十多岁小姐气派的丽人，梳着两把头，穿着大红敞衣，这当然就是皇后娘娘了。她看了一会戏又进屋，坐在西间靠窗的地方。

廊檐上满挂着大圆牛角灯、画红寿字的圆泡子，上面是金色镂花的毗卢帽，灯泡子下面有一圈很长的红丝穗子。院子里空空落落，并没有听戏的人，只在东游廊拐角上和东边门罩子下以及南廊檐上站着些人，都穿着袍褂戴着官帽，有的有顶翎，有的无翎，也有无顶的。这些人大概有些是内务府的官，有些是太监。西厢房窗户里有几位穿着官衣、坐着看戏的，据说那是被赏入座听戏的王公大臣们。

几位内务府大臣都在东门罩子两旁值班房休息、听差。每一出戏轮流换一次班，总有一位内务府大臣和一位掌印郎中分站在上下场门旁边的地方，据说这叫作"带戏的"。

这天我们的《惊梦》堆花一场，除十二花神、大花神和四个云童之外，又加十二个仙童，手执挑竿绢花灯，也是宫里箱上的，做得极精致。

《惊梦》下去，下面就是杨老板（即杨小楼）的《金钱豹》。他已经扮好了，正在大镜子前面照着；他也用的是宫里的服装，那对翎子又宽又长，翎子梢后面有些扫着地，一双豹尾在脑后垂下搭着十字，下面还与靴腰齐；一件古钱纹锦地片金开氅，真是一副五彩斑斓威猛的形象。我卸了妆，扒台帘看了他半出《金钱豹》。[1]

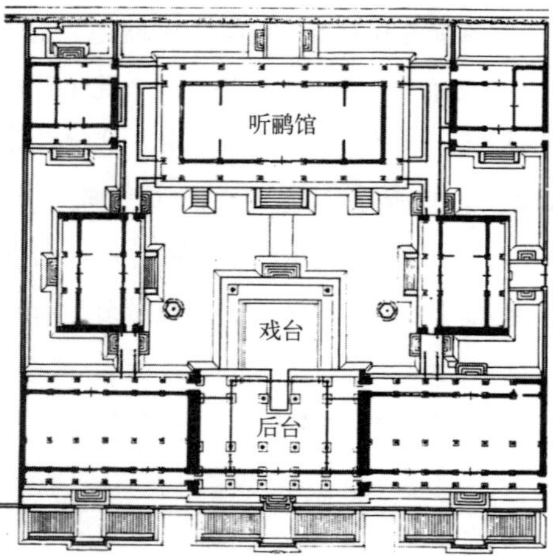

图 7–32　颐和园听鹂馆剧场平面图

梅兰芳还记述道："重华宫这个戏台虽然在院子里，可是非常聚音，台顶上有天井，台板下有一大口井，是重檐的台。"梅兰芳表达了在漱芳斋戏台上唱戏的亲身感受。这虽然是民国十二年的事，但其布置和做法仍保持了清代演戏时的传统。

（2）颐和园听鹂馆剧场

听鹂馆位于颐和园（原清漪园）西侧，建于清光绪十四年至十九年（1888 ~ 1893 年）。听鹂馆倚山傍湖，景色宜人，为皇室观戏之场所（图 7–32 ~图 7–34）。

1　朱家溍，丁汝芹．清代内廷演剧始末考．中国书店出版，2007 年，第 487 ~ 488 页。

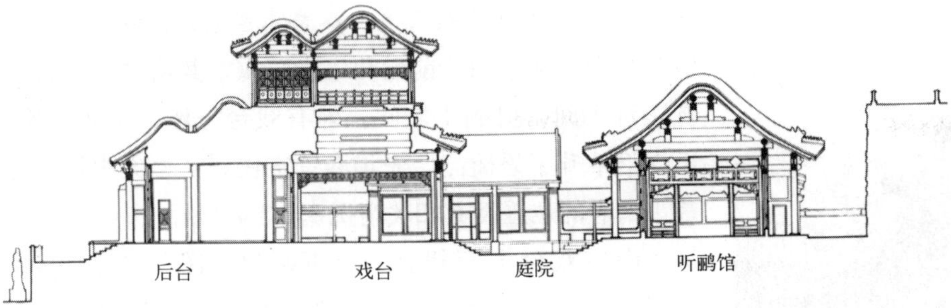

图 7–33　颐和园听鹂馆剧场剖面图

图 7–34　颐和园听鹂馆剧场庭院

图 7–35　颐和园听鹂馆戏台外观

戏台坐南向北，上下两层（图 7–35、图 7–36、图 7–37）。下层为演戏空间，台基高约 0.9 米，平面约 12 米见方，台口为两木柱台。上层为放置砌末的阁楼，中央有“天井”，上面置活动天花板，用于升降砌末和演员。演出区后侧有木制隔扇相隔，其后面则为后台。

戏台对面为帝妃看戏的“听鹂馆”，面宽五间。东西两侧有廊庑，并用回廊和戏台、扮戏殿相连，一起组成四合院的形式。

（3）南府（升平署）剧场

南府剧场位于中南海南侧的南府旧址，在今长安中学院内，建于清乾隆年间（1736 ~ 1795 年）。南府是清康熙、乾隆时期的宫廷演剧机构。清代吴长元撰《宸垣识略》称：“南花园，今改名南府，为梨园子弟所居，称‘南府学生’，出入关防甚严。”[1] 道光七年（1827 年），改称“升平署”，但职能并没有太大变化，一直持续到清朝灭亡。宣统二年（1910 年）八月，升平署上报的公

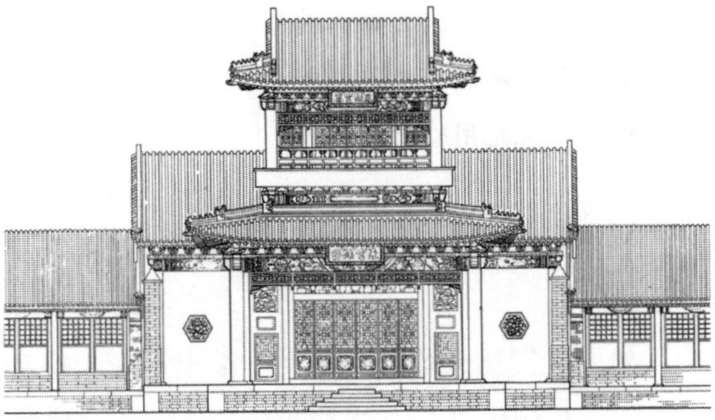

图 7–36　颐和园听鹂馆正立面

听鹂馆线图引自：清华大学建筑学院编．颐和园．中国建筑工业出版社，2000 年。

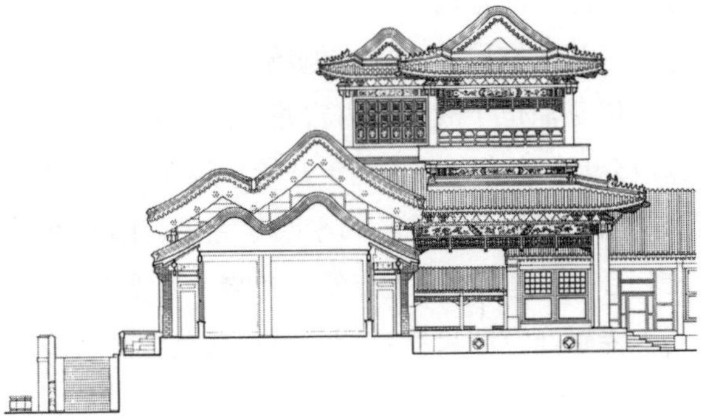

图 7–37　颐和园听鹂馆戏台侧立面

1　清代吴长元．宸垣识略（北京古籍丛书）．北京古籍出版社，1882 年。

图 7-38　西苑南府戏台（今长安中学院内）

文中称："升平署为报堂事。本署建置地方在内西华门南池子织女桥南南向，前后凡二十三重，其廨舍之数共现有三百十间，坍塌十二间。外有戏台一座、小庙一座，设立沿革升平署衙门，先年奉旨赏住。"[1] 档案中详细记载了南府的位置及其相关情况[2]。

南府戏台坐南朝北，上下两层（图 7-38）。其中下层为演出区，台基高 0.82 米，面宽三间 12.1 米，深 10.7 米，中央有方形"天井"。天井之上设有铁滑轮，用于升降阁楼上的砌末、演员。后侧有扮戏房，面宽七间，有楼梯通向上层的阁楼。

戏台的上下场门设计较为特别。上场门原为城门样式，意指"出将"；下场门原为庙门形式，意指"入相"。上下门之间的正中原有大宫门，可排仪仗。民国 21 年（1932 年），齐如山在《南府戏台志》一文对此作了较为详细的论述：

> 此本为极旧式之布置法，如傀儡宫戏（即托吼）及滦州影戏，上下场门之备法，至今皆仍如此。据戏界老辈云：当年戏台，都系此式，大致来源于出将入相四字。出将者，带兵出城，即为大将也。上场门卫出场之门，故用一城墙式之门。入相者，在庙堂之上办公，即为宰相也。下场为入场之门，故用一庙堂式门。至中间之大庙门，则其说不一：一说为各种神话戏用者；一说为搬移各种砌末用者；一说为演有砌末之戏，演员出入方便者。据老供奉唐君春明云，每年七月十五日演《迓福迎祥》一戏，其中有一段，系十殿阎君朝贺幽冥教主（即地藏王菩萨）等情节，幽冥教主即坐此庙门，极为庄严。他戏则未见用过云云[3]。

戏台对面是帝王后妃看戏之殿，面宽七间。东西两侧用围廊将戏台与看戏殿相连，组成四合院格局。

如果说三层大戏台主要用于演出承应大戏和举行盛大仪典的话，那么大部分的日常演出则是在上述二层戏台中进行。这种戏台尺度较小，剧场的规模也不大，演出方便。

3. 设有一层戏台的室内剧场

清代皇家还有一种非常典型的剧场是室内剧场。这种剧场尺度很小，亲切宜人，主要作为私人消遣娱乐之用。其中的戏台均为一层，多采用攒尖顶。现存的皇家室内剧场以故宫倦勤斋剧场、故宫漱芳斋室内剧场最为典型。

（1）故宫倦勤斋室内剧场

倦勤斋位于故宫宁寿宫花园的最北部（图 7-39），前后修建历经八年，主体结构于乾隆三十八年（1773 年）建成，并于同年开始木隔断装修。乾隆三十九年完成装修，同年内务府如意馆的画家开始绘制墙面的绘画，乾隆四十四年完成。倦勤斋在嘉庆、光绪两朝曾进行修缮："衍祺门以内俱为乾隆三十七年添建，嘉庆七年修，光绪十七年重修"[4]，但改变甚少，基本上保留了乾隆时期的形式。

倦勤斋空间尺度亲切，没有礼制性的设施，也没有明确的寝宫，不是用来居住，而主要用于休

1　转引自：朱家溍，丁汝芹．清代内廷演剧始末考．中国书店出版，2007 年，第 469 页。
2　升平署珍藏的剧本、档案、戏衣、道具、剧照等，现保存在故宫博物院内。
3　齐如山．南府戏台志（上）和（下）．国剧画报第 1 卷 39 期（1932 年 1 月 14 日）一版和第 40 期（1932 年 10 月 21 日）。
4　章乃炜．清宫述闻．北京古籍出版社，1988 年，第 891 页。

闲。乾隆时期的奏销档记载，斋内炕上有“春绸袷帐”、“春绸袷幔”、“春绸大褥”、“石青缎头枕”等物，皇帝亦可小憩休息。

倦勤斋面宽九间，进深三间，坐北向南，硬山卷棚式顶，由东五间、西四间两部分组成。其中剧场位于西四间。

戏台位于西四间室内的西端，坐西向东，四角攒尖顶，四柱支撑，平面约 3.4 米见方，围有矮的栏杆（图 7–40、图 7–41）。前柱有楹联：“寿添南极应无算；喜在嘉生兆有年。”后柱之间设隔扇，两侧有上下场门。后台极窄，宽 1 米，仅可容演员穿行，不能用于化妆。戏台前面有小的副台（或曰小戏台），无柱无顶，围以矮栏，长 3.3 米，宽 3 米。

戏台的对面为一座两层阁楼，为帝妃看戏之暖阁。阁楼坐西向东，上下均设木炕，上放置宝座，设坐垫、靠背，以便观戏。座榻后墙上贴着两副对联。

戏台周边的西墙、北墙及顶棚上形成一幅通景大画。四壁及窗皆绘竹纹。西墙上画有一段斑竹搭架的院墙，墙后远山高耸，树木成林。北墙前绘制一庭院，庭院中有两只白鹤，一只低头觅食，一只迎竹起舞，喜鹊或憩于篱上，或空中翱翔。院墙用篱笆搭建，墙上有一个月亮门，篱笆墙后有一座丹柱黄瓦高阁隔篱相望。棚顶上绘一片高大的藤萝架，朵朵藤花下垂，绿叶覆盖，透过藤萝和花叶可见湛蓝的天空。

倦勤斋为帝后与嫔妃休息娱乐之处，其空间尺度较小，不宜演大戏。20 世纪 30 年代故宫博物院章乃炜等编的《清宫述闻》载：

> 倦勤斋建有小戏台，乾隆时，尝命南府太监演唱岔曲。岔曲者，辇下小唱也，以八角鼓、三弦两者赓之，宝小岔所创，故名岔曲。厥后流传禁掖。乾隆帝命词臣就其腔调另编词句，或描景，或写情，如酒家、闲居乐、渔乐清溪、独坐幽篁里、采菊东篱下诸曲，皆极风雅，使听者移情，虽名小曲，实为太平之音。今所存仅近百种，皆本院于平署戏箱内检获者也[1]。

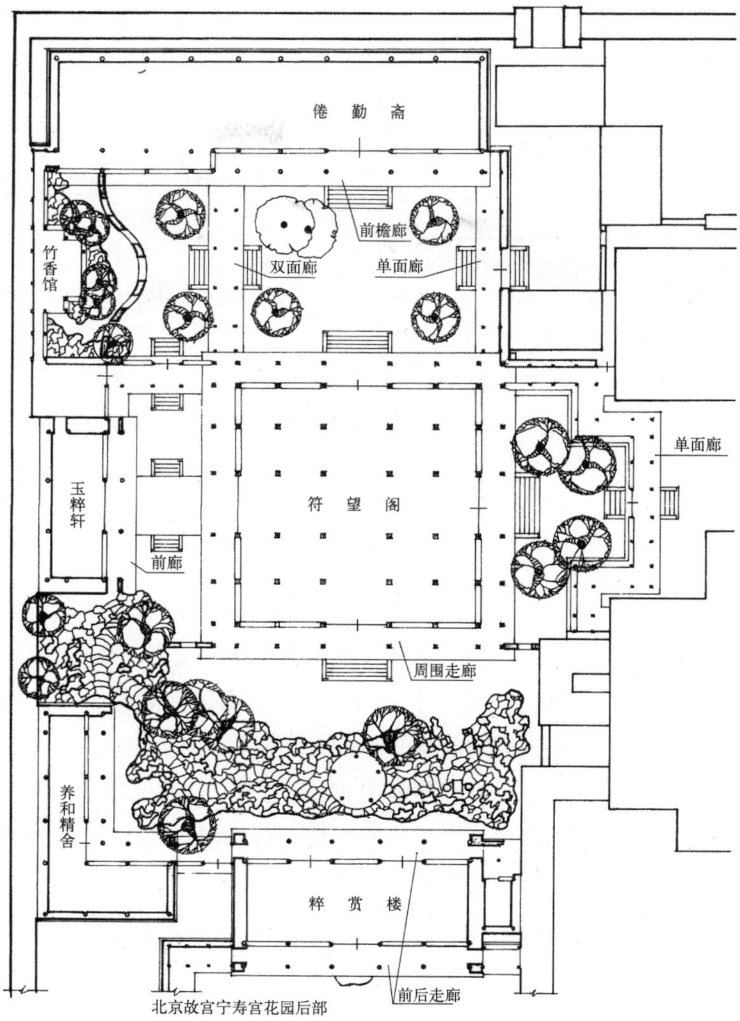

图 7–39　北京故宫宁寿宫花园后部平面图

引自：白丽娟、王景福编著．古建清代木构造．中国建材工业出版社，2007 年，第 21 页。

图 7–40　故宫倦勤斋室内戏台外观

1　章乃炜．清宫述闻．北京古籍出版社，1988 年。

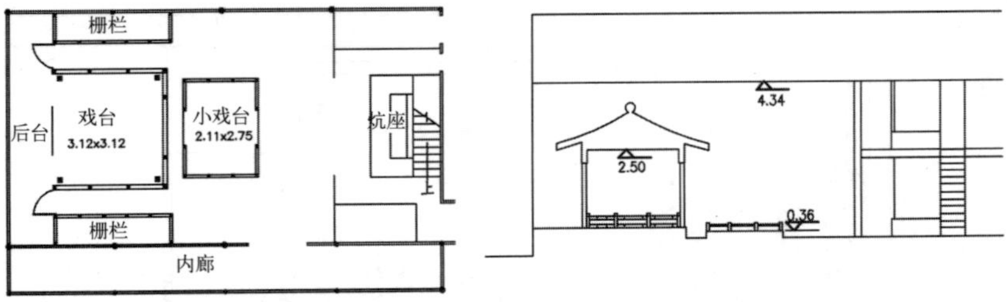

图 7–41　故宫倦勤斋室内剧场平面（左）和剖面（右）

引自：王季卿．中国传统剧场建筑考略之二—建筑特点．同济大学学报（自然科学版），2002 年第 2 期。

齐如山（1875 ~ 1962 年）也有类似的论述：

（倦勤斋戏台）并无化妆之处，不似风雅存之后台宽阔，能存若干箱笼也。可知此处绝非皇帝自己演剧之所。即命太监演戏，亦必不能完全正式化妆，则所演者不过杂耍、戏法、小唱等等耳。按乾隆皇帝最嗜戏剧，特在漱芳斋中建一小台，赐名曰“风雅存”，以便自己消遣。老来当太上皇之时，嗜剧犹昔，但若常在畅音阁观剧，未免太觉劳碌，故特在此建一小台，时常传差承应，但无大戏，大致只命太监唱御制腔、太平词（又名鼓板词）、岔曲等小戏，亦时传外边八角鼓、杂耍、戏法等玩意。台前之小台，乃专备戏法等所设，因正台距宝座稍远，看不真也[1]。

可见，这种小型的室内剧场观演便利，适合观看小型简单的演出。

（2）重华宫漱芳斋风雅存室内剧场

风雅存室内剧场位于重华宫漱芳斋内，建于清乾隆年间（1736 ~ 1795 年）。漱芳斋后面厅堂内部的西侧两间设有戏台和后台，各占一间；东侧则为看戏厅（图 7–42、图 7–43）。

戏台坐西向东，呈亭式，四柱支撑，屋顶为四角攒尖顶。台基高 0.5 米，宽 3.9 米，深 3.56 米，四周围有很矮的栏杆。台面空间高 2.22 米。两侧柱子有乾隆御题的楹联：“金掌露浮盘影动；莲壶风送漏声迟”。台口上方有乾隆御题“风雅存”匾额。台面后柱之间设木隔扇，木隔扇的中间为窗，两侧有上下场门。参照故宫收藏的《崇庆太后万寿图》中的戏台，可以判断，文武场面（乐队）的位置就在窗子的后面。

东侧看戏厅之墙壁上，挂有乾隆皇帝御题的“金昭玉粹”之匾。又有乾隆御题的楹联：“瑞景琼楼开锦绣；欢声珠阁奏云韶。”乾隆曾经常在这里欣赏戏曲。

这种小型的室内剧场，仅适合于简单小型的演出，演出的内容为清唱、说唱等。《清升平署志略》论及此类剧场，“概演几出小戏，且不用行头，或用杂耍玩艺以代，不过取助余兴而已……此承应

图 7–42　故宫风雅存室内戏台外观

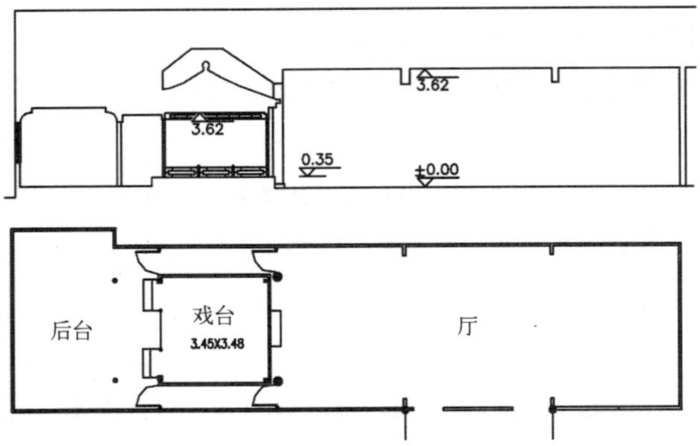

图 7–43　故宫风雅存室内剧场平面（下）和剖面示意图（上）

引自：王季卿．中国传统剧场建筑考略之二—建筑特点，同济大学学报（自然科学版），2002 年第 2 期。

1　齐如山．倦勤斋小戏台．国剧画报，1932 年 10 月 14 日。

更有特殊名词，曰帽儿排，曰坐腔，曰清唱，共分三种”[1]。其中提到的“坐腔”、“清唱”是不着戏装的演唱形式；“帽儿排”则是演员头上仅束纲而不戴帽、不穿登的演戏形式。

清代皇家固定的剧场建筑，除了上述三种主要形式外，还有一种形式是利用庭院中的抱厦作为表演空间。如西苑春藕斋剧场，就是利用临水的抱厦作为表演空间的[2]。

4. 临时剧场

民间演戏时，经常临时搭设戏台，形成观演空间。皇家也经常临时搭建戏台，以满足各种演剧的需要。曾在内廷演出的笛师曹心泉在《前清内廷演戏回忆录》中就谈到：“(寿星殿和皇极殿）均在大内，皆无戏台，演戏时临时搭设。”[3]乾隆五十八年（1893年）十一月初十日，宫内掌仪司发往南府的一份“知会单”上写道：“掌仪司为知会事。查得本年十一月二十四日绵庆阿哥聚福晋，遵旨赏戏，应用行台两架。是日营造司预备一架、掌仪司太监等预备一架。相应会知贵处，将随台之太监人等，亦即派往质郡王府搭盖可也。”[4]从中可知，乾隆之孙聚亲赏戏，不仅派出了伶人，还要预备“行台”去王府搭建。其中提到的“行台”，就是可以临时搭建的戏台。这种戏台应该是可装可拆的，其规模也不会太大。

图 7–44　《康熙万寿图卷》中的戏台

清代更为普遍的是在当皇帝或太后过寿辰之时，为渲染气氛，在宫外搭建临时剧场。而且，这种临时剧场数目众多，耗费巨大。临时剧场表演结束便会拆除，虽无实物遗存，但可根据图卷资料查询。

故宫博物院珍藏的《康熙万寿图卷》，描绘了康熙六十寿辰时的盛况，画卷中从神武门始，经西四牌楼、新街口、西直门到畅春园，沿途搭起49座戏台，形式各异，丰富多彩。如图7–44所示戏台，采用前后勾连的形式，前台单间，三面敞开，单檐歇山卷棚顶；后台和前台同宽，硬山顶。台上正在演昆曲《邯郸梦 · 扫花》，台下三面有观众围观。如7–45图所示戏台，采用前后勾连的形式，前台三面敞开，卷棚歇山式顶，后台亦为歇山顶，台上正演出昆腔《八仙庆寿》，南极仙翁在中间站立，八仙分列两旁，下场门处有一演员伸出头探视。图7–46和图7–47中的戏台亦采用前后勾连的形式。图7–48的戏台则采用单幢式，图7–49中的戏台呈上下两层。

图 7–45　《康熙万寿图卷》中的戏台

《崇庆太后万寿图卷》描绘了乾隆十六年（1751年）时崇庆皇太后六十寿辰举行庆典的盛况，画中自西郊清漪园（光绪间改名颐和园）至紫禁城西华门，一路搭设剧场数十座。赵翼《檐曝杂记 · 庆典》中记载了当时的盛况：“每数十步间一戏台，南腔北调，备四方之乐，童妙伎，歌扇舞衫，后部未歇，前部已迎，

1　王芷章编 . 清昇平署志略（全二册）. 商务印书馆，2006年。

2　照片见：国剧画报 .2期27卷，1933年7月20日头版。

3　转引自：周贻白 . 中国戏剧史长编 . 人民文学出版社，1960年，第572页。

4　转引自：王芷章编 . 清昇平署志略（全二册）. 商务印书馆，2006年。

图 7–46　《康熙万寿图卷》中的戏台

图 7–47　《康熙万寿图卷》中的戏台

图 7–48　《康熙万寿图卷》中的戏台

图 7–49　《康熙万寿图卷》中的戏台

左顾方惊，右盼复眩，游者如入蓬莱仙岛，在琼楼玉宇中，听霓裳曲，观羽衣舞也。”[1] 下面略举几例说明：(1) 图 7–50 中戏台，面阔三间，单檐歇山顶，台上有一位年高的老母，由两位侍女搀扶，两旁又各站四位侍女，台下观众甚多；(2) 图 7–51 中戏台，面阔和进深各三间，重檐攒尖顶，一武将正在表演，台下观众围合；(3) 图 5–52 中有两座戏台，路北戏台面阔进深各三间，重檐攒尖

1　转引自：朱家溍，丁汝芹．清代内廷演剧始末考．中国书店出版，2007 年，第 28 页。

图 7—50　《崇庆太后万寿图卷》中的戏台

图 7—51　《崇庆太后万寿图卷》中的戏台

图 7—52　《崇庆太后万寿图卷》中的戏台

图 7—53　《崇庆太后万寿图卷》中的戏台

顶，台上有一老翁正与一男童对话；路南戏台的后台置一桌子，桌子上放喷呐、云锣、三弦等乐器，桌旁有一人，坐于椅上，后台院内左边放两只衣箱，右边放两个衣架，台阶下有一男子在吹笛，有几位演员在等候上场；（4）图 7—53 中有两座戏台，路北戏台面阔和进深均三间，重檐攒尖顶，台上有一身穿红袍者与一丑角装扮的侍臣对话，后面有一身穿黄袍的长须老者，身后有两侍童；路南的戏台后台两边放有衣箱和衣架，演员正在候场；（5）图 7—54 中戏台面阔三间，硬山顶，台上有八位演员，中间者身材高大，身穿盔甲，为一武将；（6）图 7—55 中有两座戏台，路北的戏台具有西洋建筑风格，路南的戏台后台置一桌，桌上放喷呐（两支）、云锣、汤锣、碰铃等，桌旁有两人，

图 7–54 《崇庆太后万寿图卷》中的戏台

图 7–55 《崇庆太后万寿图卷》中的戏台

一人吹曲笛，一人弄三弦。吹笛者旁有一人坐在凳子上边击点鼓、边打板，旁还有一人脚踩在凳上击锣，后台院两旁放有衣箱，有人在后场。这些戏台形式各异，台下观众云集，一派热闹景象。

《乾隆八旬万寿图卷及图册》（图 7–56）描绘了清乾隆五十五年（1790 年）八月十三日乾隆皇帝八十寿辰时的盛况，其中圆明园至西华门沿途搭建的戏台达 80 余处[1]。《清慈禧六旬庆典点景设计图》则记录了慈禧六十寿辰庆贺的盛况，画面中有 23 处剧场，戏台所用的门帘、帐幔、椅垫等多用红云缎制作[2]。

图 7–56 《乾隆八旬万寿图卷及画册》（局部）

1、2 中国戏曲志编委会 . 中国戏曲志 · 北京卷 . 中国 ISBN 中心，1999 年，第 927 页。

这种剧场建筑是临时搭建的，屋顶可能由芦席等材料制成，然后施以彩画，檐下也不施斗栱。尽管这种剧场建筑构造简单，但由于数目很多，耗资仍非常巨大，非皇家难得有如此规模。这些画卷以写实为主，客观地记录了当时盛况。其所绘戏台形式多样，有些戏台上正有演出。据此可看出当时表演特点、乐队位置、观演关系等方面的情况，是研究中国剧场建筑的重要资料。

四、皇家剧场建筑的特征

皇家建筑和民间建筑相比，有明显的不同，如追求宏伟壮丽、奢侈气派，体现皇权伦理、政治秩序，较多采用黄红色彩、龙形图案，等等。皇家剧场建筑和民间剧场建筑比较，也有其独特之处，具体表现在下面几个方面。

其一，皇家剧场的规模大小悬殊。剧场规模之大小，取决于演戏的功能需要。清代皇家既有高大宏伟的三层大戏台，以适应演出场面宏大、气氛热烈的各种大戏，也有小巧精致、尺度宜人的小戏台，用于清唱等的小型表演，方便帝妃日常听戏。这两种剧场建筑之间的规模差别很大（表 7–2），颐和园德和园三层大戏台仅首层的面积就有 273 平方米，而故宫倦勤斋室内戏台的面积不足 10 平方米，前者是后者的 27 倍。

不同规模戏台的首层面积对比　　表 7–2

序号	名称	戏台形式	首层尺度（米）	首层面积（平方米）
1	颐和园德和园戏台	三层室外大型戏台	17×16	272
2	故宫畅音阁戏台	三层室外大型戏台	14.5×13.3	192
3	漱芳斋室外剧场	二层室外中型戏台	12×12	144
4	颐和园听鹂馆剧场	二层室外中型戏台	12×12	144
5	南府剧场	二层室外中型戏台	12.1×10.7	129
6	故宫漱芳斋室内剧场	一层室内小型戏台	3.5×3.5	12
7	故宫倦勤斋室内剧场	一层室内小型戏台	3.1×3.1	10

说明：由于测量的标准有所区别，因此表中的尺寸会有一定的出入，但基本可以反映其规模。其中序号为 2、3、4、6、7 为作者实地测量，其余则引自文献。

其二，清代皇家剧场中，戏台对面往往建看戏殿（或座位）。庙宇剧场多为奉神而建，戏台对面往往为奉神的正殿。而皇家剧场中，戏台对面一般是皇帝后妃看戏之处，一般建一层的殿宇或二层的楼阁。如故宫畅音阁戏台对面是帝妃观戏的阅是楼，上下两层，面宽五间，带有前廊（图 7–57）。颐和园的德和园戏台对面为一层的颐乐殿，又称看戏殿，也是帝妃看戏之处，前后出廊，面宽七间（图 7–58）。颐和园听鹂馆戏台对面为帝妃看戏的一层“听鹂馆”，面宽五间（图 7–59）。故宫倦勤

图 7–57　故宫畅音阁剧场内帝妃观戏的阅是楼

图 7–58　颐和园德和园剧场内帝妃看戏的颐乐殿

斋室内戏台的对面为两层“阁楼”,为帝妃看戏之暖阁，上下均设木炕，上放置宝座（图 7–60）。

其三，清代皇家庭院式剧场中，观众空间的设置不同于民间。在民间庭院式剧场中，庭院是最主要的观众区。而清代皇家剧场中，庭院一般不容纳观众。同时，由于观众数往往比演员数还少，所以在三层大戏台的对面，往往仅建一层或两层的看戏殿。而且，民间剧场往往在其两侧建二层看楼，皇家庭院剧场两侧一般仅设廊子，为侍臣观戏之处。陈夔龙（清）在《梦蕉亭笔记》“奉旨听戏”述及颐和园德和园大戏台看戏时曰：“台凡三层，楼北向，规则崇闳。两宫正殿坐，南向。东西各楹诸王大臣以次坐。”[1] 另外，皇家剧场中，皇帝后妃的看戏之处高于演员演戏之处，这和民间剧场观众一般仰视表演不同。这种特殊的空间形式，主要是由皇家礼制所决定的。

其四，清代皇家剧场的后台面积往往很大。譬如颐和园德和园大戏台（图 7–61、图 7–62）一层寿台，后台就略比前台大。到了二层禄台，表演区极小，后台面积远远大于前台。故宫畅音阁同此相似。在颐和园听鹂馆二层戏台中，后台面积也远远大于前台。采用大面积的后台是由于皇家演戏时演员众，砌末多。文献也记载了扩建后台之事，大概是由于已有的后台

图 7–59　颐和园听鹂馆剧场内帝妃看戏的“听鹂馆”

图 7–60　故宫倦勤斋室内剧场内皇帝看戏的宝座

图 7–61　颐和园德和园大戏台的背面

图 7–62　颐和园德和园大戏台后台内的木楼梯

1　清代陈夔龙，梦蕉亭笔记，山西古籍出版社，1996 年，第 111 页。

不能满足演出要求。如清内务府奏销档载："嘉庆二十二年（1817年），畅音阁后台接盖两卷抱厦扮戏楼三间。"[1]

其五，清代皇家剧场装饰华丽。皇家室外戏台的天棚均装饰有精致的彩画，如颐和园听鹂馆戏台、故宫畅音阁戏台、颐和园德和园戏台（图7–63～图7–65）。一些室内剧场装饰也非常讲究。如故宫倦勤斋室内剧场，墙壁均饰以精美的壁画，围绕戏台的西墙、北墙及顶棚上是一幅通景大画，有极高的艺术价值。遗憾的是，由于时间久远，壁画腐蚀风化严重，很不清晰，作者曾两次去倦勤斋调查，都未能拍到理想的照片，无法与读者分享。

其六，清代皇家室外戏台构造特殊。民间戏台一般只有一层，而皇家戏台则有两层，甚至三层之多，且往往设有天井。如畅音阁二层和三层均有天井（图7–66）。天井上用一条条木板覆盖。揭起木板，可看到下面的寿台。三层福台的天井四周设有栏杆，四角木柱支撑着高1.6米的木架，上面放置着铜芯滑车。特别的是，天井的南面没有辘轳，说明这是云兜或砌末、演员通向天井的通道。辘轳上每隔0.35米就设有把柄，每个辘轳上可容八至十人一字排开，通过卷动辘轳上面的绳索，就可以升"云兜"。这和《清升平署志略》的记述是一致的："线绳子上端合为一，与粗长绳接，上绳上绕于木贯井架上所钉之铜轴而斜引至辘轳梃上，作无数之回匝，用人搬动辘轳，即可将云兜下降至台上，长绳上刻有记号，放至所记之点，而云兜适已至台。"[2]作者2003年实地调研时，辘轳已经拆卸下来，放到一角（图7–67）。颐和园德和园大戏台的形制基本同此。光绪末年，著名京剧表演艺术家杨小楼（1878～1938

图7–63　颐和园听鹂馆戏台顶棚装饰

图7–64　故宫畅音阁戏台"仙楼"及顶棚

图7–65　颐和园德和园戏台顶棚

图7–66　故宫畅音阁戏台福台天井上的栏杆

1　章乃炜等著．清宫述闻．北京古籍出版社，1988年。

2　王芷章编．清昇平署志略（全二册）．商务印书馆，2006年。

图 7–67　故宫畅音阁戏台福台天井上的木制辘轳

年）在故宫畅音阁剧场和颐和园德和园剧场唱过几年戏，他在20世纪30年代曾回忆道："从宫里三层台天井上系下云兜，上坐一个神仙（由演员装扮－作者注），这在开场承应戏里也偶尔见过。"[1] 二层戏台则在一层表演区和二层阁楼之间设有天井，如故宫漱芳斋室外戏台、颐和园听鹂馆戏台、南府戏台均设有天井。

皇家剧场上下场门的设置也比民间戏台复杂。在中国民间戏台中，一般只有上场门和下场门。但在宫廷戏台中，似乎复杂的多。皇家三层大戏台中，有上、中、下三层和"仙楼"，相当于四层表演区，均有相应的上下场门。也有的戏台开三个门者，如南府戏台和纯一斋戏台，在上、下场门的正中开一个庙门式的门。清时的丹麦著作《世界演出史》中提道："（中国）舞台正面只用帷幔遮挡，上面有两个按照传统习俗设置的门，一个专门供艺人上场，另一个专门供艺人下场。有时上演内容特殊的剧，就用到第三个门，称作'妖怪门'。"[2] 当然，其中提到的"妖怪门"是不准确的，应为"佛门"，演出时用作天宫的出入口。皇家戏台开较多的门是表演的需要，特别是由于角色众多，人物复杂，相应的上下场门也需增加。

五、皇家剧场的使用

皇家剧场，自然主要是皇家观剧以及赏戏于大臣、使者的场所。同时，在看戏之时，"观众"的布置也颇为讲究。一般是皇帝和太后坐在戏台对面的看戏殿，大臣则在左右的回廊上。乾隆五十八年（1793年），英国使者噶戛尔尼来中国为清朝皇帝祝寿，在其所著的《英使乾隆觐见记》中记载道："皇帝自就剧场之前设一御座坐之。其剧场乃较地面略低，与普通剧场高出地面者相反。剧场之两旁则为厢座，群臣及吾辈坐之；厢座之后有较高之坐位用纱帘障于其前者乃是女席，宫眷等坐之，取其可以观剧，而不至为人所观也。"[3]

清代陈夔龙在《梦焦亭笔记》中描写了一次在颐和园德和园剧场看戏的情景，曰：

> 台凡三层楼，北向，规制崇闳。两宫正殿坐，南向。东西各楹，诸王大臣以次坐。凡近支王、贝勒、贝子、公，满汉一品大臣，暨内廷行走者均预；在外将军、督抚、提镇适在京者亦预。其京中一品之各旗都统，及二品满汉侍郎，均不得列入。东第一间，近支王公，次军机大臣、大学士、各部尚书、都察院左都御史等。西第一间，御前大臣，次内务府大臣，南书房、上书房翰林。将军、督抚、提镇之在京者，居于西末一间。此其大较也[4]。

翁同龢在他的《翁同龢日记》记录在丰泽园看戏的情况：

> 趋入丰泽园门，坐西厢房，尚未入座，巳时一刻，开戏，先跪安，即谢恩三叩首起。西边列条凳两行，诸臣杂坐，不甚按次序。午酉两次赏饭，未刻一次酒果，皆极丰腴鲜美。初入赐奶皮、奶饼一次。惟危坐终日，腰膂不支。戌初二刻五分始散。

1　朱家溍．清代内廷演戏情况杂谈．故宫博物院院刊，1978年第2期。
2　转引自：王遐举．中国剧场史．第五章第一节"明清农村戏台及其戏台建筑形式"。
3　转引自：朱家溍，丁汝芹．清代内廷演剧始末考．中国书店出版，2007年，第49～51页。
4　清代陈夔龙，梦焦亭笔记．民国笔记小说大观（第二辑）．山西古籍出版社，第111～112页。

《翁同龢日记》还有一条记述了在故宫阅是楼听戏的情况："光绪二十三年万寿节，群臣行礼，退诣阅是楼，恭俟人座听戏处。慈驾至，跪迎。太后在阶上立，恭邸跪奏数语，率首领跪奏。臣于阶下偏东摘帽碰头。"[1]

从上述诸多文献记载中可以看出，宫廷演戏，等级森严，座位的排列也非常讲究。皇家和太后坐于戏台的对面，各位大臣再根据官职大小，在左右依次排列。而且演出时，礼仪众多，气氛严肃，似乎完全没有民间听戏的放松和愉悦。

清代皇家演剧规模宏大，布景丰富，杂技众多。皇家剧场中常有的恢宏场面，在民间很难看到。与之相应，皇家剧场建筑除了小规模的室内剧场建筑外，更有代表性的是规模宏大的室外剧场建筑。其装饰精美，设施齐全，是中国剧场建筑的重要类型，也是中国剧场史的重要内容。

第三节 承德和沈阳的清代皇家剧场

一、热河（承德）行宫内的皇家剧场

热河（承德）行宫位于承德市区北部，建于清代康乾时期。清代前期和中期，皇帝几乎每年都来这里消夏避暑，处理政务，因而号称"塞外京都"，曾是清朝的第二个政治中心。

热河行宫当时建有一座三层大戏台，名曰"清音阁"。因民国三十四年（1945 年）冬失火焚毁，现仅存遗址。乾隆年间，满、蒙、藏、汉等官员经常在热河行宫内的清音阁观看演出。

清音阁大戏台位于"福寿园"内，于乾隆四十五年（1780 年）落成。清音阁对面是两层十间的福寿阁，为皇帝、后妃看戏之处。福寿阁东西为三间阅殿，与群楼相连，是供王公大臣、外国使节观戏的地方。清音阁两侧有扮戏房，上下两层各九间。

清音阁大戏台上下三层，三层为"福台"，二层为"禄台"，一层为"寿台"，取"福禄寿"三星吉祥之意。一层台基高 1.6 米，台面近似方形，宽 16.9 米，进深 14.8 米。二层和一层面积相近，三层稍小。各层檐下都有乾隆皇帝题写的匾额，三层为"清音阁"，二层为"云山韶濩"，一层为"响叶钧天"。柱子上悬有楹联："渔澡庆那居诗征恺乐，凤悟鸣盛世音矢游歌。"三层寿台和二层禄台的地面上有天井，连通三个台面。天井上面设有盖板，用时拉开，用后闭合。寿台台面下设有五口地井（工匠称"地雨口"），中间一，周围四。寿台下面有地道可通后台，内设木轴滑车绞盘。寿台后面有"仙楼"，高出一层台面约 3.5 米。

朝鲜李朝末期学者朴趾源（1737 ~ 1805 年）所著《热河日记》卷四《山庄杂记》中有清音阁演剧的详细记载：

> 八月十三日，乃皇帝万寿节，前三日后三日皆设戏。千官五更赴阙候驾，卯正入班听戏，未正罢出。戏本皆朝臣献颂诗赋若词，而演而为戏也。另立戏台于行宫东，楼阁皆重檐，高可建五丈旗，广可容数万人。设撤之际，不相罥碍。台左右木假山，高与阁齐，而琼树瑶林蒙络其上，剪彩为花，缀珠为果。每设一本，呈戏之人，无虑数百，皆服锦绣之衣；逐本易衣，而皆汉官袍帽。其设戏之时，暂施锦步障于戏台。阁上寂无人声，只有靴响。少焉撤帐，则已阁中山峙海涵，松娇日翥，所谓《九如歌颂》者即是也。歌声皆羽调倍清，而乐律皆高亮，如出天上，无清浊相济之音，皆笙箫篪笛钟磬琴瑟之声，而独无鼓响，间以叠钲。顷刻之间，山移海转，无一物参差，无一事颠倒。自黄帝、尧、舜，莫不像其衣冠，随题演之。

1 清代翁同龢著，陈义杰整理．中华书局，2007 年。

上述所记载的是给乾隆皇帝演剧祝寿的场面。从其可知，清音阁规模宏伟，演员阵容强大，布景设置讲究，演出内容丰富。

《朝鲜李朝实录中的中国史料》“正宗实录一”中曰：“乾隆四十五年，热河戏台，在行宫之内，屋阁宏敞，左右木刻假山，高与阁齐。”[1]

清乾隆年间官员赵翼的《檐曝杂记》中记载了去热河（承德）行宫三层大戏台看戏的事：

> 内府戏班，子弟最多，袍笏甲胄及诸装具，皆世所未有。余尝于热河行宫见之。上（指乾隆皇帝）秋猎至热河，蒙古诸王皆觐。中秋前二日为万寿圣节，是以月三六日即演大戏，至十五日止。所演戏率用《西游记》、《封神传》等小说中神仙鬼怪之类，取其荒幻不经，无所触忌，且可凭空点缀，排引多人，离奇变诡，作大观也。戏台宽九筵，凡三层。所扮妖魅，有自上而下者，自下突出者。甚至两厢亦作化人居，而跨驼舞马，则庭中亦满焉。有时鬼神毕集，而具千百，无一相肖者。神仙将出，先有道童十二三岁者作队出场，继有十五六岁、十七八岁者，每队数十人，长短一律，无分寸参差，举此则其他可知也。又按六十甲子、扮寿星六十人，后增至一百二十人。又有八仙来庆贺，携带道童不计其数。至唐玄奘僧雷音寺取经之日，如来上殿，迦叶罗汉辟支声闻，高下分九层，列坐几千人，而台仍绰有余地。

这些描述中不免有夸张之嫌，但演出场面的宏大想必是真实可靠的。热河（承德）行宫现存有一幅“热河行宫观剧图”（图 7–68），是乾隆皇帝在清音阁观剧的实况绘写。图上侧题有“乾隆己酉仲秋御笔”的诗句：“谁能不战屈人兵，战后畏威怀乃诚。黎氏可怜受天厌，阮家应与锡朝祯。今秋已自亲侄遣，明岁还称躬己行。似此输忱外邦鲜，嘉哉那忍靳恩荣。”图的右侧是热河福寿园的清音阁三层大戏台，上下三层中均布满演员，均面向左方跪着。图的左侧是观剧正殿，乾隆皇帝端坐殿内。中间庭院中是被赏看戏的大臣和内廷的侍卫、太监等，均是站立。此图大概反映的是开演前官员、演员参拜皇帝的场面。

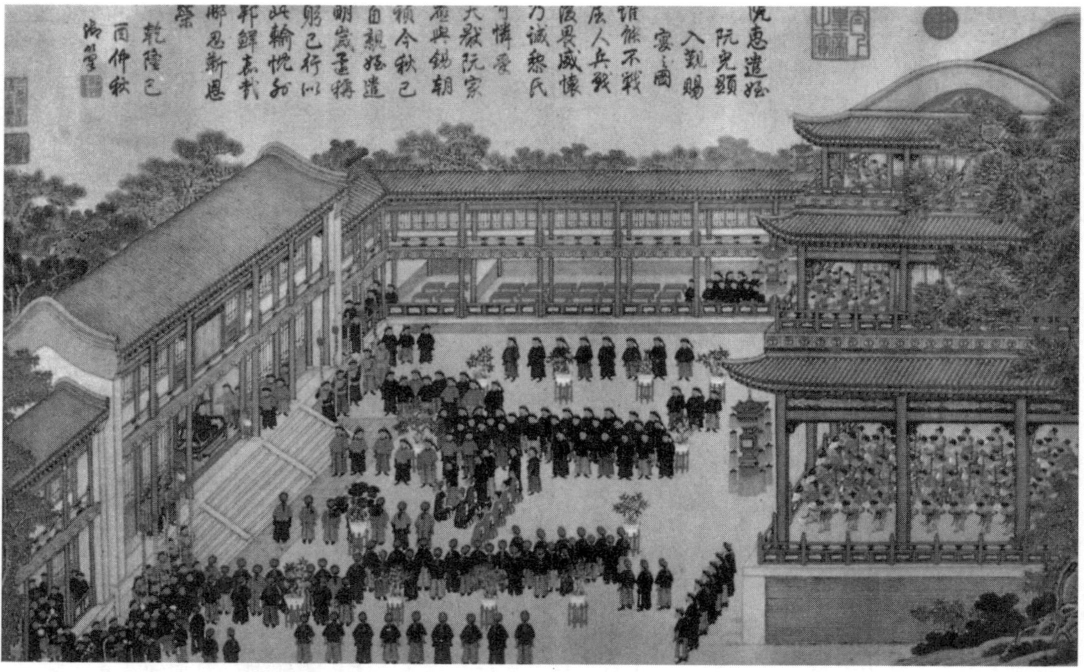

图 7–68　乾隆热河行宫观剧图

中国戏曲志编委会．中国戏曲志 · 河北卷．中国 ISBN 中心出版，1993 年，彩图版。

1　吴晗辑．朝鲜李朝实录中的中国史料．中华书局，1980 年。

另外，热河行宫现存浮片玉剧场，位于“如意洲延薰山馆”东侧“一片云”院内（图 7–69）。“一片云”为二层楼阁式建筑，是如意洲中最高的建筑物。由远处眺望，松云掩映，只见一楼高耸，似一片浮云，所谓“白云一片才生岫，瞥眼岫云一片成”，因此得名。“一片云”是当年皇帝后妃们看戏和观赏云雨变化的地方。

“一片云”（图 7–70、图 7–71）阁楼对面是“浮片玉”戏台。台口上端高悬康熙御笔“浮片云”匾额，故得名。戏台（图 7–72）建于康熙四十二年（1703 年），重檐歇山卷棚顶，坐南朝北。整个戏台以十二根木柱支撑，台口四根，两侧各四根，三面有 46 厘米高的小围栏。台中隔扇两侧设上、下场门，通往五间戏房。戏台对面的“一片云”为皇帝观戏的观剧殿（图 7–73）。

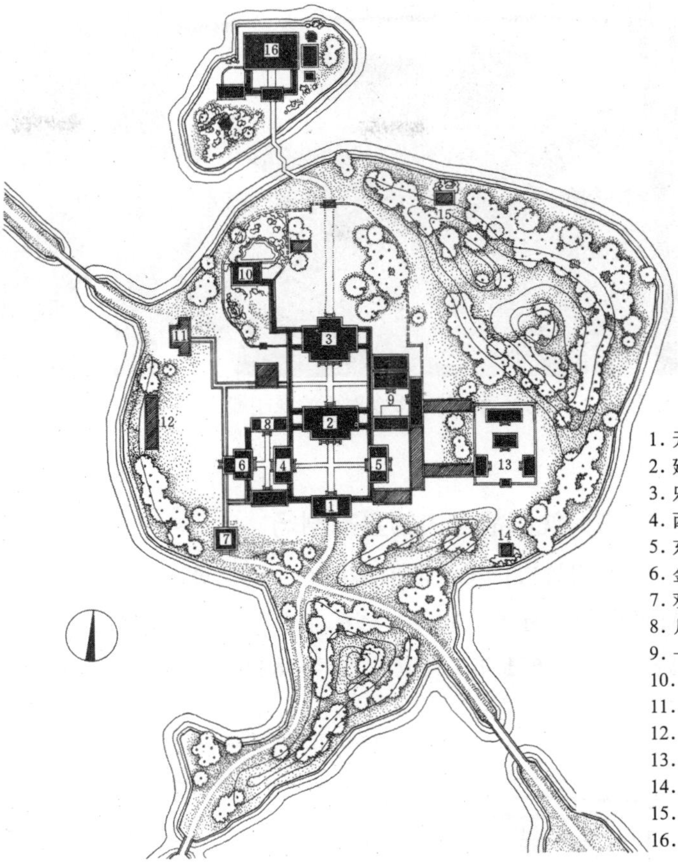

图 7–69　热河行宫如意洲总平面

热河行宫线图引自：陈宝森编著．承德避暑山庄外八庙．中国建筑工业出版社，1995 年。

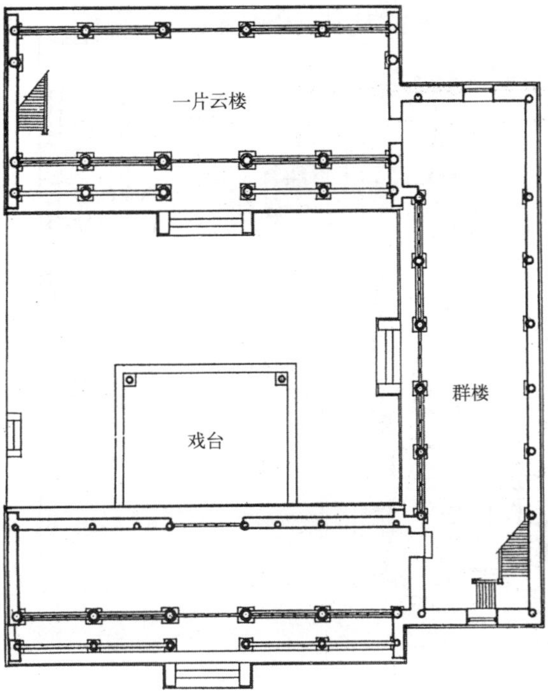

图 7–70　热河行宫一片云一层平面

天津大学建筑系．承德市文物局编．承德古建筑．中国建筑工业出版社，1982 年。

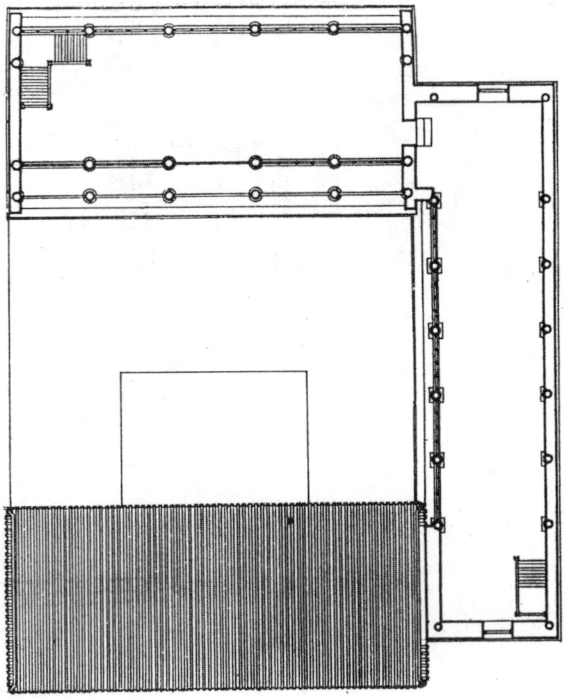

图 7–71　热河行宫一片云二层平面

图 7–72　热河行宫一片云戏台对面的观剧殿

图 7–73　热河行宫一片云戏台对面的观剧殿

二、沈阳故宫内的皇家剧场

沈阳故宫位于沈阳旧城中心，是清朝入关前的宫殿（图 7–74）。清顺治元年（1644 年）世祖在沈阳故宫称帝。同年，移都北京后沈阳故宫便成为“陪都宫殿”。乾隆、嘉庆时期又有增建。从康熙十年（1671 年）到道光九年（1829 年）间，清朝皇帝十一次东巡祭祖谒陵，均驻跸于此。

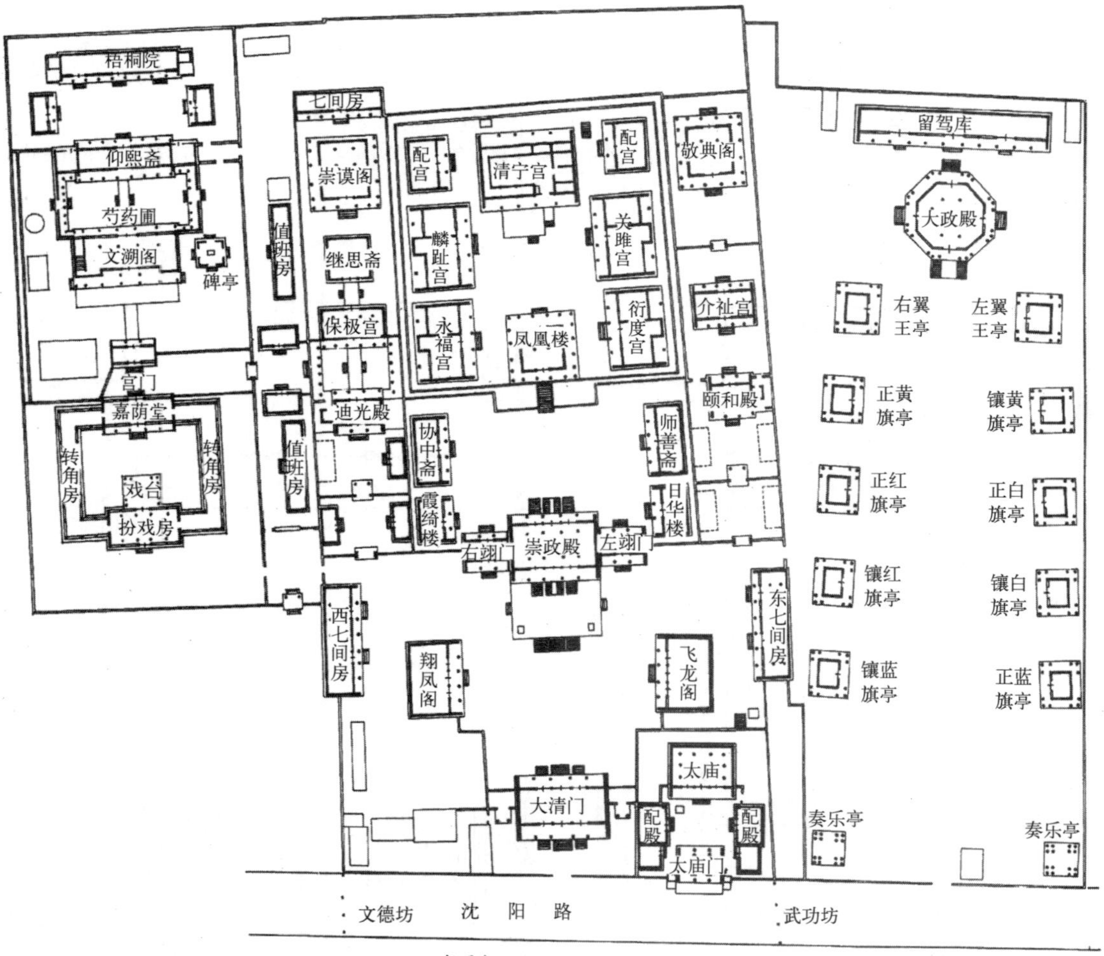

图 7–74　辽宁沈阳盛京宫殿平面图

孙大章主编．中国古代建筑 · 第五卷 · 清代建筑．中国建筑工业出版社，2002 年，第 64 页。

沈阳故宫建筑群以崇政殿为核心，分为东路、中路和西路布置。中路前后三进，前院以崇政殿为中心，前为大清门，左右有飞龙阁和翔凤阁；殿后是中院，东有师善斋和日华楼，西有协中斋和霞绮楼；再北为内宫，前有凤凰楼，后为清宁宫，左右有配宫和其他四宫。东路以大政殿为中心，两翼辅以方亭十座。西路以文溯阁为中心，前后有戏台、嘉荫堂、仰熙斋等，是皇帝“东巡”盛京时，读书、看戏之处，同时，也是存放《四库全书》的地方。

嘉荫堂内现存一座戏台（图7–75～图7–77），建于乾隆四十七年（1782年），坐南面北。前台为卷棚歇山顶，后台为硬山顶，前后勾连，筒瓦覆顶。台基高1.2米，面宽三间6米，进深7米。檐柱上书楹联：“动静叶清音智山仁水随所会；春秋富佳日凤歌鸾舞适其机。”戏台两侧为厢廊。清仁宗嘉庆起，各帝东巡谒祖时，均会在嘉荫堂内观戏。

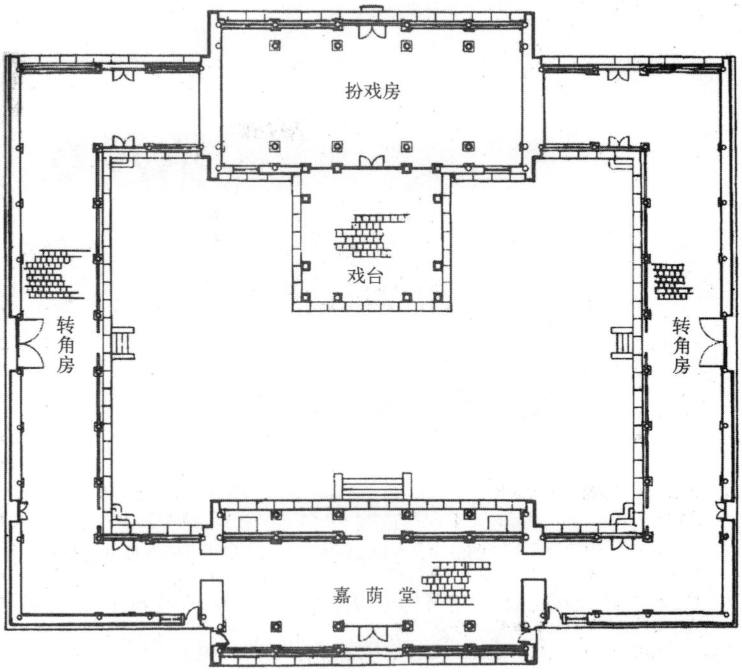

图7–75 沈阳故宫嘉荫堂平面图

沈阳故宫线图引自：陈伯超等编著．特色鲜明的沈阳故宫建筑．机械工业出版社，2003年，第76～77页。

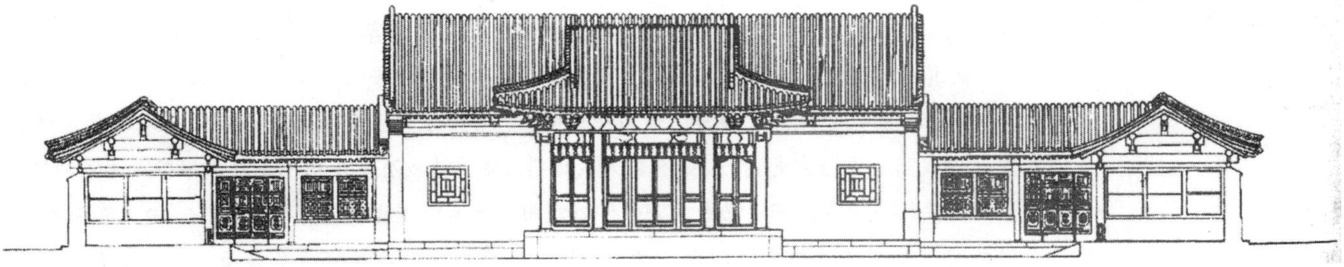

图7–76 沈阳故宫戏台北立面图

图7–77 沈阳故宫戏台

第八章　清代戏园

第一节　清代戏园概论

一、戏园的名称

清时戏园被称为“茶园”，是清代商业性的演出场所，只收茶资，不售戏票。既然名曰“茶园”，观众自然可以在看戏之时喝茶，但其主要功能则是作为演出场所。民国时期出版的《上海鳞爪》中云：“三十年前的上海戏馆，概称‘茶园’（如丹桂茶园、春仙茶园、群仙茶园等）。戏台是方式的，正厅上也用方桌和靠背小椅排列。到了民国初年，此等旧式戏馆才逐渐淘汰尽净，到如今脑海中只留一印象了。”[1]“茶园”之名的沿用，主要是由于清代宫廷曾三令五申，不准八旗当差人员进戏园看戏，因此，用“茶园”为名，可以掩人耳目。对此，民国12年（1923年）发表的《茶园名称之出处》一文中有详细的分析：

> 戏馆明明为演剧之所。昔时何以皆称茶园。虽园中循例，每客必进茶一盅，而在座之客原非为品茗而来。故其命名之意殊难索解。据闻清代乾隆盛时，前门一带戏园林立，极歌舞升平之胜。而皇室贵胄八旗子弟征歌选舞毫无顾忌，致为纯庙所闻，赫然震怒。有旨著八旗都统约束各旗，并诏五城察院勒停戏园。无论官吏兵丁，如有犯者或降罚或责革惩戒有差，稍不宽假。京师人士不闻罗绮之香、管弦之胜约一年余。嗣以皇太后万寿御制戏曲传集名伶进宫演唱，籍仲庆祝。由是禁令渐弛。前门一带昔时歌舞之场进得重振旗鼓，开台再演。惟不敢显违功令乃改头换面，避旧日戏园之名，易其市招为茶园。并称戏价，曰茶资，世世相沿，即上海戏园亦援京师成例[2]。

可见，由于朝廷对戏园的限制，使得许多戏园只好取名“茶园”。但这并没有阻碍戏园的发展。

清代戏园具有室内性、商业性、独立性等明显的特征，既是庭院式剧场的发展和改进，又为现代剧场做了很好的铺垫，在中国剧场史上具有举足轻重的地位。

二、清代各地戏园的发展情况

清代初期，由于经济、商业、戏曲文化的发展不同，各地戏园发展情况亦不尽相同。但到了清末，全国各地，从南到北，无论是大城市，还是小城镇，几乎都建有戏园。下面通过苏州、扬州、广州等几个城市，说明清代戏园发展的情况。

苏州戏园出现于清雍正年间（1723 ～ 1735年）。清徐珂《清稗类钞》云：

> 苏州戏园，明末尚无……雍正时，有郭姓者，始架屋為之，人皆称便，生涯甚盛。自此踵而为

1　郁慕侠著．上海鳞爪．“南市新舞台”．民国史料笔记丛刊．上海书店出版社，1998年。

2　戏杂志．民国12年（1923），第九期。

之者，至三十馀家。捲梢船遂废。乾隆丁亥（1767年），江苏布政使胡文伯禁戏园，商贾乃假会馆以演剧。至光绪时之戏园，则皆在阊门外矣！[1]

从而可知，雍正年间所建的“郭园”是苏州第一座戏园，此后，苏州的戏园逐渐增多。顾公爕《消夏闲记》说：“至雍正年间，郭园始创开戏馆，既而增至一二馆，人皆称便”，并云：“金阊商贾云集，宴会无时，戏馆数十处，每日演戏”[2]。乾隆三十一年（1766年）《长州县志》卷十一在谈到苏州戏园时说：“苏城戏园，向所未有，间或有之，不过商家会馆借以宴客耳。今不论城内城外，遍开戏园，集游惰之民，昼夜不绝。”清人顾禄《清嘉录》云：“盖金阊戏园不下十馀处，居人有宴会，皆入戏园，为待客之便。击牲烹鲜，宾朋满座”[3]。可见，清中叶后，苏州戏园甚为兴盛。

扬州的商业性戏园产生于嘉庆年间（1796 ~ 1820年），比苏州晚一些。清人林苏门在《邗江三百吟 · 戏馆》中云：

扬城，昔亦繁华耳，今于嘉庆十三年（1808年）春三月，仿京都式行之，馆在新城大树巷相近，曰“固乐园”，即总商余晟瑞家闲园之出赁也。是年闰五月，旧城大东门内向有“胜春园”旧肆，亦因之而改曰“阳春茶社”。六月，新城兴教寺后身岑姓废园，内极幽雅，极宽大，又相继而起名曰“丰乐园”。[4]

由此可见，嘉庆十三年（1808年），扬州出现了商业性戏园，相继建立了固乐园、阳春茶社、丰乐园三座戏园。扬州戏园的营业状况亦很好，几乎场场客满。清人袁承福曾寓居扬州，他在嘉庆十三年（1808年）所作一首《戏园歌》中写道：

燕吴有戏园，扬州无戏园。扬州繁华甲天下，繁华正若名空存。那知忽来冷眼人，居奇射利创造新。固乐、丰乐又阳春（均为戏园之名），利之所趋人妒嗔。汗浆流背不畏暑，踦者、坐者皆如堵。少犹五百多千人，百钱一号利可数。君不见，珠帘画栋起楼台，竞选新声妙舞来。冶游子弟无他事，早去园中日晚回。[5]

文中言及“踦者、坐者皆如堵。少犹五百多千人”，可见戏园演剧受到民间的热捧，观众趋之若鹜。难能可贵的是，这首《戏园歌》还描述了戏园之名、戏园规划、演剧情况。

广州的戏园则出现于道光年间（1821 ~ 1850年）。清末徐珂《清稗类钞》“广州戏园”条云：

广州素无剧场，道光时，江南史某始创庆春园，其门联云：东山丝竹，南海衣冠。未几，怡园、锦园、庆丰、听春诸园，相继而起。番禺许霞桥孝廉祻光尝招倪鸿劬辈赋观剧词，得数百首，刻之。汪芙生《观剧诗序》有云：偶来顾曲，多惨绿之少年；有客吹箫，唤小红为弟子。人生行乐，半在哀丝豪竹之场；我辈多情，无忘对酒当歌之日者，足以见一时文酒风流之盛。比年以来，闾阎物力，顿不如前，游客渐稀，诸园皆废。自客岁羊城兵燹之馀，畴昔歌场，鞠为蔓草矣。盖指咸丰朝英兵入粤及红巾扰乱言之。光绪初，惟繁盛街市之神庙，或有戏台，遇神诞建醮，始演戏，如渡头北帝庙、油栏直街某神庙之属是也。及刘学询於其所建之刘园，演戏射利，又於刘园附近建广庆戏园，是为西关有戏园之始。自是而南关、

1 徐珂编撰．清稗类钞第十一册．中华书局，第 5045 ~ 5046 页。
2 见《消夏閑記摘抄三卷》．现藏于中国国家图书馆。
3 清代顾禄撰．清嘉录．江苏地方文献丛．书江苏古籍出版社，1999 年。
4 清代林苏门撰．邗江三百吟．扬州地方文献丛刊．扬州：广陵书社，2005 年。
5 引自：中国戏曲志 · 江苏卷．中国 ISBN 出版中心，1992 年，第 873 页。

东关、河南亦各有戏园，然广庆不久即废，馀亦往往辍演也。[1]

可见，广州最早的戏园是道光年间所建的庆春园。此后，又陆续兴建了怡园、锦园、庆丰园、听春园等。

但是，就全国而言，戏园的发展主要集中在清末的光绪和宣统年间，并延续到民国时期。下文根据目前所掌握的资料，略举几例：光绪二年（1876 年），宁波始创熙春舞台，沈阳市创长发园；光绪六年（1880 年），张家口始创翠峰园；光绪十二年（1886 年），吉林始创“老戏园”；光绪二十年（1894 年），杭州创建天仙茶园；光绪二十五年（1899 年），汉口始创丹桂茶园；光绪二十四年（1898 年），佳木斯创建同乐堂；光绪二十七年（1901 年）前后，开封创建聚仙园；光绪二十八年（1902 年），桂林始创锦福园；光绪三十三年，齐齐哈尔创建德魁茶园；光绪三十四年（1908 年），长沙创建宜春茶园；宣统二年（1910 年），开封始创丰乐园，昆明始创云华茶园；宣统三年（1911 年），西安创建宜春园[2]，如此等等。

戏园的兴盛和发展主要取决于戏曲文化和城市商业市场的繁荣。如北京、上海、天津、苏州、扬州、南京（金陵）、汉口、开封等戏园就甚为繁荣。光绪二十五年（1899 年）前后，汉口租界内就建有 17 家戏园[3]。据《金陵杂志》统计，至清宣统二年（1910 年），南京已有 40 余家茶园。

这些戏园吸引了众多的观众，促进了戏曲文化的繁荣。尽管当时社会动荡，经济停滞，民不聊生，但戏园演出呈现一片繁荣景象，引人深思。忏庵在清末民初所作的《丰乐园竹枝词二十四首》中述及开封丰乐园落成时，“万人空巷。作者留连其间，殆无虚日。”[4]

三、清代戏园的主要特征

任何一种建筑类型，其所在地域不同，则文化和形式亦各不相同。清代的戏园建筑也不例外。作者仅论述清代戏园主要共同特征：

首先，戏园具有明显的商业特征。这一点有别于历史上的其他剧场。进入庙宇、祠堂、会馆中看戏，观众不需要付钱。而到戏园中看戏，虽然不用买票进场，但观众要付茶资，即相当于现在的“门票”。

其次，戏园具有相对的独立性。中国历史上的剧场多附属于其他建筑，如祠庙剧场附属于祠庙；皇家剧场附属于皇宫；会馆剧场附属于会馆；宅院剧场附属于宅院。但是，戏园则是以演出为主要功能，具有相对独立性。

其三，戏园的使用空间是封闭的（图 8–1），使得演出风雨无阻，观演条件有较大的改善。中国传统剧场如庙宇剧场、祠堂剧场、私宅剧场等，主要采用露天四合院的形式。但戏园的观演行为都在室内进行。忏庵在清末民初所作的《丰乐园竹枝词二十四首》论及开封的丰乐园时曰：“层楼高耸入中天，一室穹窿盖百廛”[5]，这种室内的演剧空间，在当时颇觉新奇。

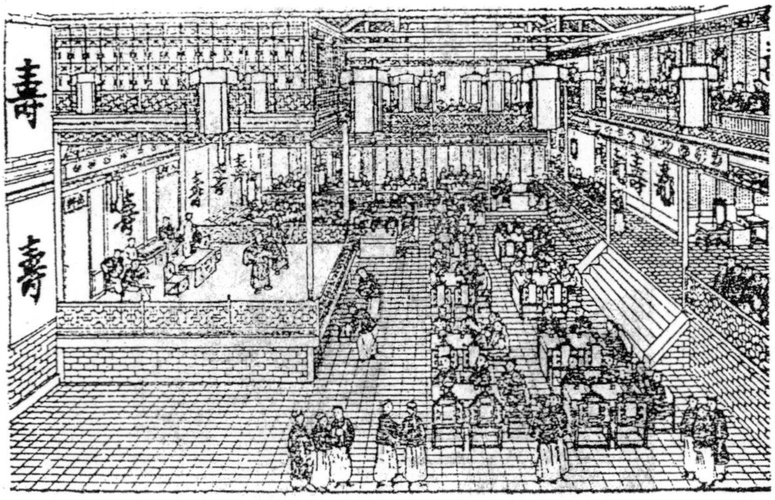

图 8–1　清《吴楚公所寿筵图》
引自清光绪十八年石印本《合肥相国七十赐寿图》。

1　徐珂编撰．清稗类钞第十一册．中华书局，第 5048 页。
2　以上资料主要根据《中国戏曲志》各卷整理。
3　中国戏曲志编委会．中国戏曲志 · 湖北卷．文化艺术出版社，1993 年，第 452 页。
4、5　中国戏曲志编委会．中国戏曲志 · 河南卷．文化艺术出版社，1992 年，第 609 页。

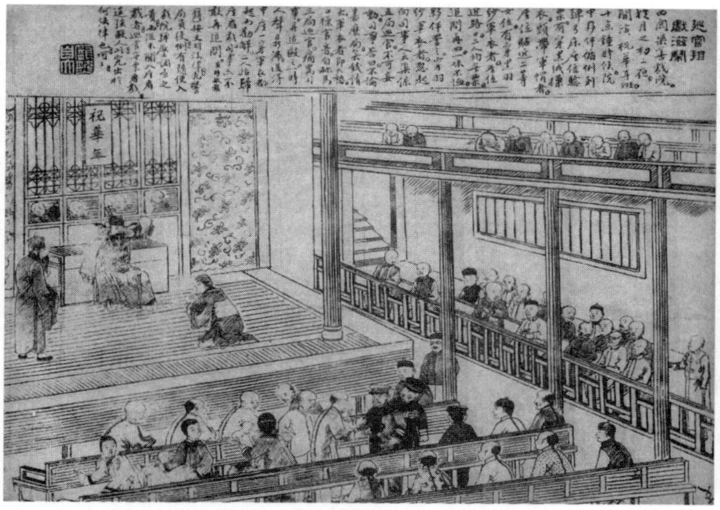

图 8–2　《赏奇画报》清末所绘《警官特权图》

引自：旧粤百态．广东省立中山图书馆藏晚清画报选辑．中国人民大学出版社，2008 年，第 30 页。

图 8–3　《时事画报》清末所绘《杂会剧班图》

引自：旧粤百态．广东省立中山图书馆藏晚清画报选辑．中国人民大学出版社，2008 年，第 110 页。

图 8–4　《时事画报》清末所载《警兵闹事图》

引自：旧粤百态．广东省立中山图书馆藏晚清画报选辑．中国人民大学出版社，2008 年，第 61 页。

图 8–5　《时事画报》清末所载《戏院闹戏图》

引自：旧粤百态．广东省立中山图书馆藏晚清画报选辑．中国人民大学出版社，2008 年，第 60 页。

其四，戏园对观众空间进行了精心组织，从尊到卑分为二楼廊内的“官座”、一楼廊内的“散座”、一楼中间的“池座”。这种分区，既是社会等级观念的影射，又有明显的商业性质：官座的茶资明显高于散座。光绪三十二年（1906 年）《赏奇画报》所刊《警官特权图》（图 8–2）和光绪三十三年《时事画报》所刊《杂会剧班图》（图 8–3）中，就可以看出这种明显的分区。

许多戏园还设专门的女座。忏庵在清末民初所作的《丰乐园竹枝词二十四首》中曰“分楼镇日女宾多，更拓侧厢待素娥。从此不倦椎立地，长廊矮槛任婆娑”，自注云：“园例女宾概集北楼，嗣以常患拥挤，磨肩叠股有望而引去者，乃将北楼下亦改女座，闺媛无向隅之叹。”[1]

《时事画报》光绪三十二年（1906 年）第三十六期所刊的《警兵闹事图》（图 8–4）和光绪三十三年第二十二期所刊的《戏院闹戏图》（图 8–5）所绘的戏院中也均设有女座。其中《警兵闹事图》中云：“院内男座女座俱惊惶，女座尤甚。旋闻多人登楼声，忽悠十余人突过女座。”

1　中国戏曲志编委会．中国戏曲志 · 河南卷．文化艺术出版社，1992 年，第 609 页。

其五，戏园内的观众一般边喝茶边看（听）戏。观众区摆有长凳，长凳方向垂直于戏台，所有观众面对面，斜向舞台。民国三十三年（1944年）出版的《冶城话旧》记载南京清末的仪凤园："门为木栅，看客所坐池子为长椅，椅后有一条木板，可以置茶具，惟第一排有桌，亦置茶果盘。所以招待贵宾也。"函璞集英书屋《邗江竹枝词》记载："邗江戏馆叫茶园，茶票增加卖百钱。茶果大包随意吃，时新正本闹喧天。"[1]

四、中式戏园和西式剧场的演剧环境

中国传统戏园最显著的特点就是注重娱乐而严肃性不足。演出之时，戏园内喧哗吵闹，有卖果子的、有抛手巾的、有谈天的、会客的。戏园不仅是观戏之所，更是娱乐消闲之所。德国著名新闻工作者基希在《秘密的中国》一书中，提到中国戏园时不无调侃地写道：

> 如果你要记述中国的戏，不管你高兴不高兴，你应该从毛巾着手。因为远在舞台上的戏剧开始以前，毛巾的戏剧早就开始了……在明亮的观众席，观众用那发着蒸汽的热布揩拭他们的前额、颈、眼睛和耳朵（因此大大地帮助了沙眼和天疱疮的流行）；除此以外，你就扇风凉，和邻座谈天，喝茶，嗑葵花籽，嗑罂粟花籽，嗑西瓜籽，吸香烟，从那不停不歇地沿着一排排座位叫卖他们的小贩那里购买巧克力和饭团[2]。

中国人则视看戏为世俗的娱乐活动，轻松弛泄，所以戏园也自然成了嘈杂无序的娱乐场所，充满了愉悦、放松、亢奋；而西方人视看戏为严肃之事，所以剧场也肃穆庄重，井然有序。光绪九年（1983年）10月17日《申报》登载《中西戏馆不同说》一文，总结了中西剧场的区别：

> 戏馆之内喧嚣庞杂，包厢正桌流品不齐。乘醉而来，蹒跚难状，一张局票，飞叫先生，而长三么二（妓女）之磨肩擦背而来者，亦且自鸣其阔绰，轿班娘姨之辈，杂坐于偎红倚绿之间。更有各处流氓，连声喝彩，不闻唱戏，但闻拍手欢笑之声。藏污纳垢，莫甚于此。若西国戏馆，则不然，其座分上中下三等，其间几席之清洁，坐位之宽敞，人品既无混杂，坐客纯任自然。观者洗耳恭听，演者各呈妙技。乐音嘹亮，按部就班。

清末民初编撰的《清稗类钞》中有"上海有外国戏园"一节，亦论述道：

> 上海有外国戏园，华人亦有往观者。而西人演戏，于唱歌、跳舞甚为注意，且男演男戏，女演女戏。如公共租界圆明园路之兰佃姆、南京路之谋得利，是也。礼查路之礼查客寓，亦有戏场，惟不常演耳。当演戏时，观者不得吸烟、食物，必俟休息时，入一别室，始可为之[3]。

五、清代戏园存在的问题

戏园作为清代最为重要的演出场所之一，有重要的历史地位，但其弊端也是显而易见的。

首先，戏园极易发生火灾。这是由于戏园多采用木构，且演戏时采用灯笼和火烛照明。北京大栅栏的多家戏院就曾经发生多起火灾。光绪三年（1877年）出台的《勘定戏园防火章程》，表明当时已经充分认识到防火和疏散之重要性，特别对通道、出入口做了详尽的规定。

1　转引自：韦明铧．维扬优伶．福建人民出版社，1999年，第169页。
2　基希（德）著，周立波译．秘密的中国．走向中国丛书．东方出版中心，2001年。
3　徐珂编撰．清稗类钞第十一册．中华书局，第5069页。

其次，观众区舒适性差，视线不畅通。民国17年（1928年）发表的《上海戏园变迁志》中云："包厢边厢之内，每间皆有屋柱，俱足障碍视线。戏台上有大木柱二，尤使观剧者兴感不便。"[1] 观众区也很狭小，拥挤不堪。而且座位排列方式使观众都斜向舞台，也不便观戏。后台的情况同样糟糕。《上海戏园变迁志》中云："后台因无布景，地位非常狭隘，除安放大衣箱，二衣箱，旗包箱，靶子箱外，演员麇集于此，化妆者，卸妆者，穿衣者，脱衣者，出场者，进场者，坐者，立者，说戏者，对词者，管事者，伺应者，几于回旋无地。春冬犹可勉忍拥挤，夏秋则汗气熏蒸，不惯者片刻不能耐。"[2]

其三，卫生条件非常差。如观众区空气不畅，厕所不卫生，观众常用的手巾不能及时清洗，等等。民国十七年（1928年）发表的《上海戏园变迁志》中云："便溺处粪秽淋漓，令人有不可向迩之慨。女厕所并不设备，只包厢尽头之后面屋内，有净桶二，任妇女自往寻觅。若至容积已满，无人为之倾涤，妇女皆望望然去之。"[3]

其四，演出不够严肃，持续时间过长。由于戏园设施较差，后台的喧哗声时时传入前台，影响演戏和看戏。一些演员在演戏的过程中，还要由检场上台送茶喝，不利于观众集中精力看戏。同时，演戏持续时间也过长，一般连续演出五六个小时，观众、演员极易疲劳。

为了改善戏园的观演条件，也为了戏园正常、安全地运行，一些地方陆续出台了有关戏园的章程或规则。现择三例，附于下文。

附1：1877年（清光绪三年）上海《勘定戏园防火章程》

租界内各戏园，大半在人烟稠密之处，且看夜戏者较多于日戏。设有火灾，千百人俱从一门逃出，必致挤拥践踏，祸实不堪设想。是以监造房屋之德和洋行与工部局管理工程之克拉克，现奉工部局命，诣各戏园会勘妥筹防火善章，共计十二款列左。诚得遵而行之，是亦防患于未然也。

一、每园须大门两个，至狭以六尺为率，门向外开，院中通门处概不准存储杂物。

一、因大门之外别无门径通大路者，故此门亦愈大愈好。

一、戏园旁墙，每旁至少开一门，每门至狭六尺。门俱向外开，不锁，只用小闩，可便于冲门而出。

一、另外各旁门应预备可避入邻家，或可破门，或撞薄墙。又恐邻近小弄尚难通达，不如在两旁门前特雇一房以备之。

一、楼板应加坚固，以防众人受惊，拥挤一处。

一、楼梯，每园须设坚固者四张，每张至狭四尺。梯边又设坚牢栏杆，以防跌下。其梯两张在大门之旁，两张在台旁。

一、自来火须与木板相离，不得如现在仅离几寸。

一、园四旁所有空地，务宜不着一物，如四围俱有空旷处所更好，盖便于看戏者之逃出，并救火者可易于行事。

一、若外墙不过三寸厚，则旁门之有无或不如墙厚之要紧。盖墙薄则易于撞破，众人可藉以躲至邻家。

一、楼上向外之壁不宜太薄，恐拥挤一处必致轧坍，在上者固因跌损不克避火，在下者亦有压伤之患。

一、楼上如外柱之间，其栏杆亦应加坚固。

一、围墙若十寸或十二寸厚，此旁门最为紧要。若墙厚而无旁门，倘大门拥断，患将不测，于

1、2、3　海上漱石生．《上海戏园变迁志》．戏剧月刊，民国17年（1928年）第1卷第1期。

妇女幼孩更为可虞。

附 2：清宣统元年（1908 年）《戏场章程》

第一条，本章程所谓戏场，凡永久开设之戏园及为迎神赛会等事临时开演者皆包括在内。

第二条，凡建设戏园者应将左列事项呈报于该管巡警局，其已建设者应补行呈报：

建设者之住所姓名年龄；

戏园之名称；

建设之处所；

房间之数目；

房屋之配置图；

戏园前面之广狭；

四邻之略图。

前列各项经巡警局查看有无妨害，受其许可方得建筑。

第三条，已受前条许可者，应于建筑时禀请巡警局查看是否合于前条报告。

第四条，戏园落成时应呈报巡警局受使用之许可。

第五条，凡戏园转卖及转赁时，应于三日前呈报巡警局。

第六条，凡建筑戏园所用材料必须坚实，以防危险。

第七条，凡戏园正门必广大，其左右或后面应另置便门，以备不虞。

第八条，凡建筑戏园对于学堂、病院、官署、兵营及其他公要之处均应取适中之距离。

第九条，戏园房屋损坏及腐朽有危险之虞者应速加修缮。

第十条，戏园内及厕所应时时扫除以求清洁。若在夏日应撒布石灰或其他防臭药。

第十一条，凡为迎神赛会等事临时演戏者应遵左列规定报告于巡警局：

首事人及经理人之姓名；

演戏之事由；

演戏之处所；

戏班之名称；

开演之月日及期限。

第十二条，凡因前条等事演戏或用戏楼或用架台均须报明巡警局查看有无危险。

第十三条，凡戏场所演戏曲应行禁止者如左：

背劝善惩恶之旨者；

涉于淫亵及惨酷者；

涉于怪诞者；

助成犯罪之方法及手段者。

第十四条，演戏时间至晚不得过午后十二钟。

第十五条，演戏时认为有害公安或有紊乱风俗者巡警官吏得命其停止。

第十六条，戏场中灯火及供演戏所用之火器应特别注意，以防火灾。

第十七条，戏场内严禁争吵、斗殴及严查一切偷盗剪绺之事。

第十八条，凡观戏者于开演时应遵守左列事项，若有违背者得禁止之或使之退场：

肆意喧哗为他人之妨害者；

滥登戏台者；

故意拥挤者；

陈列品物妨碍他人者；

酗酒滋扰者。

第十九条，遇有火灾及非常事变时得命其停演。

第二十条，有违犯本章程者应照违警律第二十三条斟酌情形处断。

第二十一条，本章程自各州县奉到通饬后为施行之期。其有应行增删改定之处当由警务处禀定颁布。

附 3：清宣统三年（1911 年）云南昆明《云华茶园规则》

一、本园花木鸟兽来宾均应护惜，不得随意攀折、玩弄，倘有不遵园章任意亏损，应令赔偿。

二、本园戏曲专检忠孝节义演唱，其淫词秽曲一律改演。

三、本园聘雇戏角、建筑茶园所费颇巨，来宾一律购票方能入园，无免票名目，以全商本。

四、本园画间十点钟开演，午后四点钟停剧：晚间六点钟开演，十一点钟停剧。

五、本园戏券分设男女售票处，来宾须购票入园。别有招待、司事在座位收票。有票照缴，无票补价，以杜含糊。

六、男女座位各分等第：头等楼座、二等正座、三等边座，其余包厢有一定价值，临时酌定票资。指定西楼为头等之女座，西楼下为三等女座，其余东楼及各处皆为男座。凡女宾座位不得夹带男宾，须本人家属亲谊如成童之男亦不得在女宾内同座，以杜流弊而免闲言。

七、男女包厢须预前知会，定座当付全价，掣取凭单，本园即书条指定处所，不租他客，不来亦不得退价。

八、本园地西除包厢外座位排定，不能摆设酒席。本园预备有各种精洁点心，用者告知茶房送入座位，另外给价。

九、本园司事及杂役人等均有标识，凡招待、售票、司事挂有徽章，杂役则有号褂。如遇招待不周或茶房伺候不到可向本公司事务处告知，本公司自有正当办法，决不有负来宾雅意。

十、来宾欲自点戏者，每出戏付洋拾元。先将戏资交招待、司事缴事务所收明，由事务所告知班长演唱。别有谢赏之角，本戏角不得谢赏，恕罪。

十一、来宾带有从人，照边座价值买座，不能在座后侍立，谅之。

十二、公园设有电话，各衙、署、局、所及军、学、官、商各界倘有在公园请客、定座、设席、预前戏园定座包厢等事须由电话知会，本园派有专管电话司事接话转达一切，决不误事。

第二节　北京清代戏园

北京作为清代戏曲艺术的中心，这一时期，剧场建筑有较大发展，特别是随着商业演出的繁荣，戏园逐渐产生并发展，成为最重要的演剧场所。戏园的发展得益于戏曲艺术的繁荣，反过来，也极大地促进了戏曲艺术的发展，特别是促进了京剧的形成，并推动其达到高潮。下文根据历史文献和实地调查，主要研究北京清代戏园的历史沿革、区位分布、典型实例、空间格局、观众构成、演出文化等。

一、北京清代戏园的历史沿革

清初时，并没有专门用于演剧的戏园，只是在一些大的酒馆中设置演剧空间。雍正三年(1725 年)四月，雍正皇帝曾对盛京（沈阳）守臣言：“朕前祭陵时，见盛京城内酒肆几及千家，平素但以演剧饮酒为事。”[1] 可见这种酒馆以饮酒宴席为主，演剧为辅。这似乎很好理解，中国向来有“以乐侑酒”之传统，酒馆为了招揽生意，就设台演剧，以戏助兴。但是，清朝统治者为了维护京师的秩序，限制和禁止这种演剧场所在北京内城的发展。康熙十年（1671 年），“议准：京师内城不许开设戏馆，永行禁止”，[2] 其中提及的“戏馆”，就应是配有演剧空间的酒馆。

根据史料，清初北京兼为演剧场所的著名酒馆，有太平园、碧山堂、白云楼、查家楼、四宜园、月明楼等。[3] 内蒙古自治区博物馆现收藏（原收藏于呼和浩特市无量寺公中仓正厅内）绘有酒馆演剧的一幅古画（图 8–6）。[4] 画中所绘为酒楼的内部空间，中间为一大厅，大厅的正面楼上有演员正在演唱，两侧有廊，有楼梯供上下，客人围坐酒桌吃席，厅内四处悬满灯笼照明。[5] 从大厅的格局和布置分析，画中的酒馆是兼有演剧空间的一座酒馆。北京清初的酒馆形式是否与其类似，尚不得而知。

根据目前所掌握的史料，北京的戏园（或称茶园）大约产生于乾隆年间（1736 ~ 1795 年）。初始时，一些茶馆亦仿效酒馆，设台演剧。后来，这些茶馆逐渐以演剧为主要功能，成为专门的演剧场所，取名“茶园”或“戏园”。乾隆十九年（1754 年）进士蒋士铨写有《戏园》诗一首，对“戏园”的形制和内部结构有详细的描述：

图 8–6　内蒙古自治区博物馆收藏的反映酒馆演剧的一幅清代画

三面起楼下覆廊，广庭十丈台中央。鱼鳞作瓦蔽日光，长筵界画分畛疆。僮仆虎踞豫守席，主客鱼贯来观场。充楼塞院簪履集，送珍行酒佣保忙。衣冠纷纭付典守，酒胡编记皆有章。砧刀过处雨毛血，酒肉臭时连士商。台中奏伎出优孟，座上击碟催壶觞。淫哇一歌众耳侧，狎昵杂陈群目张。雷同交口赞叹起，解衣侧弁号呶将。曲终人散日过午，别求市肆一饭充饥肠[6]。

这首诗中描写的戏园还具有酒馆的一些性质，所谓“送珍行酒佣保忙”，“座上击碟催壶觞”，但是，在“曲终人散”后，需要“别求市肆一饭充饥肠”，似乎已经失去了酒馆的部分职能。而且，诗里所述其空间形式和后世的戏园接近，可见，其主要功能已经由设宴转变为演剧，说明戏园建筑已初步形成。

乾隆年间的白话小说《歧路灯》中也有戏园的记载。该书第十回中，描写商人宋云岫对两位客人说：“到明日我请二位老爷到同乐楼看戏，叫你们跟班也看看好戏。”其中提及的“同乐楼”，就具有戏园的基本形式：“一张大桌，三个座头，仆厮站在旁边。桌面上各色点心俱备，瓜子儿一堆。

1　（清）鄂尔泰．张廷玉纂修．《大清世宗宪皇帝实录》卷三十一，国家图书馆收藏。

2　引自：清 · 延煦《台规》卷二十五。参见：中国戏曲志 · 北京卷，第 1277 页。

3　关于这几座酒馆戏园的历史文献如下：（1）太平园：著名戏剧家孔尚任康熙三十三年所作《燕台杂兴四十首》之八自注曰：“太平园，今之梨园部也。每闻时事，即谱新声”，见《孔尚任诗文集》；康熙二十八年（1689 年），李苍存曾写有几首《太平园》的诗作，原注云：“京师演出之所”；（2）碧山堂和白云楼：《燕台杂兴三十首》之三曰：“压倒临川旧羽商，白云楼子碧山堂”。自注云：“玉池生作《扬州梦》传奇，龙改庵作《琼花梦》传奇，曾于碧山堂、白云楼两处扮演，予皆见之”，见《孔尚任诗文集》；（3）四宜园：清 · 戴璐《藤荫杂记》卷五引《亚谷丛书》：“京师戏馆，惟太平园、四宜园最久，其次则查家楼、月明楼。此康熙末年酒园也。查楼木榜尚存，改名广和。余皆改名。大约在前门左右，庆乐、中和似其故址”；（4）查家楼：清 · 吴长元《宸垣识略》卷九说：“查楼在肉市，明巨室查氏所建戏楼。本朝为广和戏园”；（5）月明楼：杨懋建道光二十二年《梦华琐簿》中云：“余初访月明楼，无知者。戊戌夏，云梦道中老仆杨升言，月明楼即在永光寺西街，其地近枣林。世俗相传，有康熙私访月明楼之语，编为歌谣，刻为画图。虽妇人孺子皆能言其事，顾鲜有知其地者。”

4　塞 · 文都素，古画“明月楼”简介，文物，1961 年第 9 期。

5　该画高 53 厘米，宽 350 厘米，彩绘，绘制的具体年代不详。

6　张应昌．清诗铎卷二十三．中华书局出版，1960 年第一版，第 831 页。

手擎茶杯，俯首下看，正在当场，秋毫无碍。”[1] 由于桌面上为“点心”、“瓜子”而非酒席，同时“手擎茶杯”，从此可以判断“同乐楼”应是以演剧为主的戏园。

乾隆中晚期和嘉庆年间，北京的戏园有了进一步发展，“前门外戏园酒馆，倍多于前”[2]，总数“不下 30 余家”。[3] 乾隆五十七年（1792 年）《重修喜神祖师庙碑志》中，提到了 8 座戏园：万家楼、广和楼、裕兴园、长春园、同庆园、中和园、庆丰园、庆乐园[4]。根据清 · 佚名《嘉庆丁巳戊午观剧日记》记载，嘉庆二年到三年（1797 ～ 1798 年）间，天乐园、同乐园、庆春园常上演昆剧，为三多班轮转的戏园[5]。道光七年（1827 年）《重修喜神殿碑序》中，提到该殿嘉庆二十一年（1816 年）重修时，资助者中有 20 座戏园：“中和园、裕兴园、庆乐园、广和楼、三庆园、庆和园、广德楼、天乐园、同乐园、庆春园、庆顺园、广兴园、隆和园、阜成园、德胜芳草园、万兴园、太庆园、万庆园、六和轩、广成园。”[6] 另外，道光二十八年（1848 年），梨园界捐助重塑戒台寺塑像时，资助者中有 12 座戏园：“三庆园、中和园、广德楼、庆乐园、庆和园、广和楼、燕喜堂、天和馆、汇元堂、文昌馆、梨园馆、宴汇堂。”[7]

道光年间和咸丰年间，随着“四大徽班”影响的扩大和京剧的形成，北京戏园的数目有增无减。道光四年（1824 年），“御史郎葆辰奏……又外城戏园戏庄，不下十余处，嗣后毋许再行开设。”[8]

需要强调的是，清中叶，戏园开始以演剧为主，不再设宴席。道光八年（1828 年）《金台残泪记》论道：“听歌而已，无肆筵也，则曰茶园。”[9] 道光二十二年（1842 年）《梦话琐簿》云：“今戏园俱有茶点，无酒馔，故曰‘茶楼’。”[10] 这种戏园作为演剧场所，没有酒馆中过分的喧闹，更有利于观众欣赏戏曲演出。

同治、光绪年间，随着京剧的繁荣，京城戏园数目剧增，总数不少于 40 座。这一时期，著名的戏园有广和园、广德楼、庆乐园、庆和园、三庆园、同乐轩、华乐园等，被誉为七大戏园。清末翰林胡思敬（1870 ～ 1922 年）著《国闻备乘》记载清末时，“京师人好听戏，正阳门外戏园七所，园各容千余人，以七园计，舍业以嬉者，日不下万人。”[11] 光绪二十六年（1900 年），大栅栏一带遭遇大火，许多戏园、店铺被烧毁，影响颇大。陈墨香（1884 ～ 1942 年）在《观剧生活素描》中记载，这次火灾后，“那大栅栏广德楼、三庆园、庆和园、庆乐园，门框胡同同乐轩，粮食店中和园都被义和拳烧掉了，只剩肉市街广和楼了。”[12] 此后三四年，广德楼、中和园、庆乐园、三庆园、大亨轩等戏园陆续得以重建，逐渐恢复其繁荣景象。清末的北京，尽管社会动荡，民不聊生，但戏园的演出还是非常兴盛的。宣统元年（1909 年）竹枝词写道：“三十年间尚记曾，戏园加凳偶然能。而今日日却如此，中国真堪富庶称。”[13] 当时的中国实际上“堪富庶称”，而因社会风气之故，致使戏园内观众众多，经常临时“加凳”。

作者根据相关碑文以及文献等，整理了清代重要戏园一览表（表 8-1）。

---

1 清代李绿园著．歧路灯．大象文艺出版社，2002 年，第 99 页。
2 乾隆二十七年记载，见清 · 延煦等纂《台规》卷二十五，转引自：王晓传辑录．元明清三代禁毁小说戏曲史料．作家出版社，1958 年，第 42 页。
3 中国戏曲志编委会．中国戏曲志 · 北京卷．中国 ISBN 中心，1999 年，第 876 页。
4 张次溪编撰．清代燕都梨园史料．中国戏剧出版社，1988 年第一版，第 913 页。
5 清代佚名《嘉庆丁巳戊午观剧日记》，见《戏曲研究》第九辑，1983 年，第 261 ～ 280 页。
6 张次溪编撰．清代燕都梨园史料．中国戏剧出版社，1988 年第一版，第 915 页。
7 周华斌．京都古戏楼．海洋出版社，1993 年，第 156 页。
8 引清延煦《台规》卷二十五。中国戏曲志编委会．中国戏曲志 · 北京卷．中国 ISBN 中心，1999 年，第 1281 页。
9 张次溪编撰．清代燕都梨园史料．中国戏剧出版社，1988 年第一版，第 248 ～ 250 页。
10 张次溪编撰．清代燕都梨园史料．中国戏剧出版社，1988 年第一版，第 249 页。
11 清代胡思敬著．《国闻备乘》．中华书局，2007 年。
12 潘镜芙，陈墨香撰．梨园外史．宝文堂书店，1989 年，第 389 页。
13 张次溪编撰．清代燕都梨园史料．中国戏剧出版社，1988 年第一版，第 1178 页。

北京清代重要戏园一览表

表 8–1

序号	名称	位置	建造时间	备注
1	广和楼	前门外肉市街路东	乾隆年间重建	见乾隆五十七年（1792 年）《重修喜神祖师庙碑志》。夷平后重建为广和剧场
2	万家楼	不详	乾隆年间已有	见《重修喜神祖师庙碑志》
3	裕兴园	前门外抄手胡同	乾隆年间已有	见《重修喜神祖师庙碑志》。杨静亭《都门杂记》记同治年间事："裕兴园，在鲜鱼口内抄手胡同，无准转儿"。光绪年间停业
4	长春园	不详	乾隆时	见《重修喜神祖师庙碑志》
5	同庆园	不详	乾隆时	见《重修喜神祖师庙碑志》
6	中和园	前门外粮食店北口路西	乾隆年间已有	见《重修喜神祖师庙碑志》。1900 年毁于火灾。1904 年重建。后又改建为现代剧场"中和剧场"
7	庆丰园	不详	乾隆时	见《重修喜神祖师庙碑志》
8	庆乐园	前门外大栅栏东头路北	乾隆年间已有	见《重修喜神祖师庙碑志》。现址为北京杂剧团
9	方壶斋	前门外永光寺西街	乾隆嘉庆时	道光年间已不存
10	三庆园	前门外大栅栏中段路南	嘉庆年间已有	见道光七年（1827 年）《重修喜神殿碑序》。1900 年毁于火灾，后重建
11	庆和园	前门外大栅栏西头路北	嘉庆年间已有	见道光七年（1827 年）《重修喜神殿碑序》。光绪二十六年（1900 年）毁于火灾，后改建为布店
12	广德楼	前门外大栅栏西口路北	嘉庆年间已有	见道光七年（1827 年）《重修喜神殿碑序》。1900 年毁于火灾，1904 年重建。后改建为北京小剧场
13	天乐园	前门外鲜鱼口内路南	嘉庆年间已有	见道光七年（1827 年）《重修喜神殿碑序》。清光绪二十七年（1901 年）重建，并改称"华乐园"。民国三十二年改为砖木结构
14	同乐园	前门外大栅栏内门框胡同路西	嘉庆年间已有	见道光七年（1827 年）《重修喜神殿碑序》。多次遭遇火灾并被重建。民国年间起，改为同乐电影院
15	庆春园	前门外杨梅竹斜街路北	嘉庆年间已有	见道光七年（1827 年）《重修喜神殿碑序》
16	广兴园	崇文门外木厂胡同	嘉庆年间已有	见道光七年（1827 年）《重修喜神殿碑序》。道光二十二年（1842 年）《梦华琐簿》："城外小园凡五：在南城者二，崇文门外'广兴'"。民国期间被拆除
17	庆顺园	不详	嘉庆年间已有	见道光七年（1827 年）《重修喜神殿碑序》。道光二十二年（1842 年）《梦华琐簿》："宣武门外曰'广顺'"
18	隆和园	朝阳门外路北	嘉庆年间已有	见道光七年（1827 年）《重修喜神殿碑序》
19	阜成园	阜成门外桥头路南	嘉庆年间已有	见道光七年（1827 年）《重修喜神殿碑序》。道光二十二年（1842 年）《梦华琐簿》："西城一，在平则门外，曰'阜成'。"毁于光绪二十六年（1900 年）
20	芳草园	朝阳门外大街路西	嘉庆年间已有	见道光七年（1827 年）《重修喜神殿碑序》。道光二十二年（1842 年）《梦华琐簿》："东城一，在齐化门外，曰'芳草'"
21	德胜园	德胜门外关厢路西	嘉庆年间已有	见道光七年（1827 年）《重修喜神殿碑序》。道光二十二年（1842 年）《梦华琐簿》："北城一，在德胜门外，曰'德胜'"
22	万兴园	西四牌楼北路东	嘉庆年间已有	见道光七年（1827 年）《重修喜神殿碑序》
23	太庆园	不详	嘉庆年间已有	见道光七年（1827 年）《重修喜神殿碑序》
24	万庆园	不详	嘉庆年间已有	见道光七年（1827 年）《重修喜神殿碑序》

续表

序号	名称	位置	建造时间	备注
25	六和轩	不详	嘉庆年间已有	见道光七年（1827年）《重修喜神殿碑序》
26	广成园	不详	嘉庆年间已有	见道光七年（1827年）《重修喜神殿碑序》
27	燕喜堂	前门外北孝胡同	道光年间	不存。见戒台寺道光二十八年（1838年）梨园界捐献碑。现存清末燕喜堂堂的一张照片（见《清代以来的北京剧场》）
28	众乐园	虎坊桥	嘉庆年间已有	不存
29	景泰园	东四隆福寺中间路北	清中叶	不存。清末民初《便佳簃杂抄》中云："京城内城皆有戏园……最著名者，隆福寺景泰园。"民国十年（1921年）扩建后曾改名为"来福戏园。"1942年改称蟾宫影院，后又改为长虹电影院
30	文明茶园	前门外西珠市口煤市街	清末	民国时期改为"华北戏院"。1970年被拆除
31	泰华轩	东四牌楼南口路东	清中叶	不存。清末民初《便佳簃杂抄》中云："京城内城皆有戏园……最著名者，隆福寺景泰园，四牌楼之泰华轩"
32	乐春芳	地安门	清中叶	不存
33	泰和轩	旧西城果子巷内，街西	中叶	不存
34	吉阳楼	崇文门外西草厂胡同	道光年间	不存
35	广春园	旧前门外杨梅竹斜街路北	清末民国初	不存
36	久春园	今东安市场内	清后期	不存
37	天和茶园	地安门鼓楼大街	清末	不存。1921年前后停业
38	天汇茶园	西单大街路西	清后期	不存。1920年后逐渐变为民居，称天汇大院
39	广和园	前门外大栅栏西街路北	清后期	不存
40	大亨轩	前门外大栅栏西口路南	清后期	不存。改建为大观楼影院。20世纪90年被拆除
41	东广园	朝阳门外芳草园东边	清后期	不存
42	中华园	东安市场内中间路北	清后期	不存
43	东安园	东安市场内中华园北边路北	清后期	不存
44	和声园	护国寺街	清后期	不存
45	新丰园	西四口袋胡同	清后期	不存
46	庆升园	西城口袋胡同	清末	初演出说白清唱，民国后改言大戏。1929年被关闭被拆除
47	平乐园	崇文门外兴隆街	清后期	不存。民国年间倒闭
48	春仙茶园	宣武门内大街路西	清末	不存。1920年停业
49	同益园	阜成门大街阜成市场内	宣统元年时尚存	见《清代以来的北京剧场》第117页
50	天乐戏院	天桥市场内	清末	不存。1970年改建为天桥礼堂
51	吉祥茶园	东安市场北门内路东	光绪二十四年	解放后重建，被改称吉祥戏院
52	丹桂园	东安市场	清末	不存。1920年毁于火灾
53	中华舞台	东安市场	清末	不存。1920年毁于火灾
54	歌舞台	天桥南侧路东	宣统二年	民国元年（1912年）被烧毁。次年重建。民国二十四年（1935年）又毁于火灾，未重建

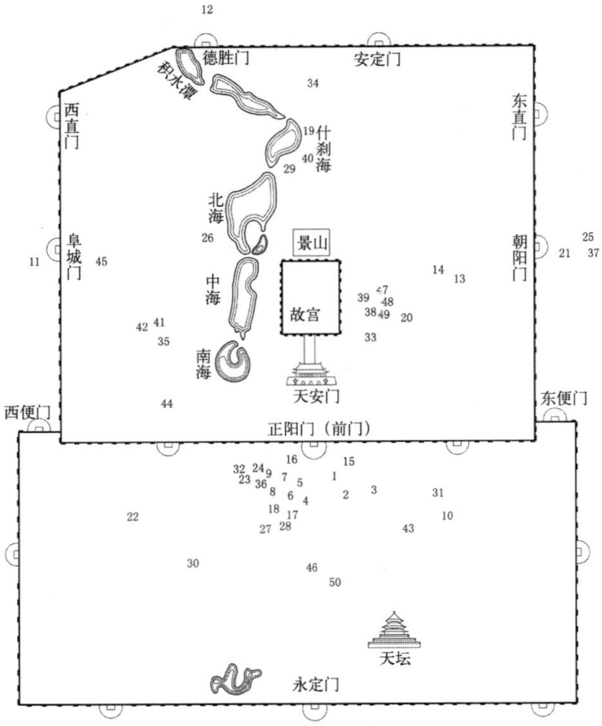

1. 广和楼	10. 广兴园	19. 吉祥园	28. 文明茶园	37. 东广园	46. 天乐戏院
2. 格兴园	11. 阜城园	20. 丹桂园	29. 乐春芳	38. 中华园	47. 吉祥茶园
3. 天乐园	12. 德胜园	21. 芳草园	30. 泰和轩	39. 东安园	48. 丹桂园
4. 中和园	13. 泰华轩	22. 方壶斋	31. 吉阳楼	40. 和声园	49. 中华舞台
5. 庆乐园	14. 景泰园	23. 庆和园	32. 广春园	41. 新丰园	50. 歌舞台
6. 三庆园	15. 燕喜堂	24. 庆春园	33. 久春园	42. 庆升园	
7. 同乐轩	16. 文明园	25. 隆和园	34. 天和茶园	43. 平乐园	
8. 大亨轩	17. 民乐园	26. 万兴园	35. 天汇茶园	44. 春仙茶园	
9. 广德楼	18. 天仙园	27. 众乐园	36. 广和园	45. 同益园	

图 8–7　清代部分戏园分布示意图

作者根据文献改绘：李畅．清代以来的北京剧场．北京燕山出版社，1998 年。

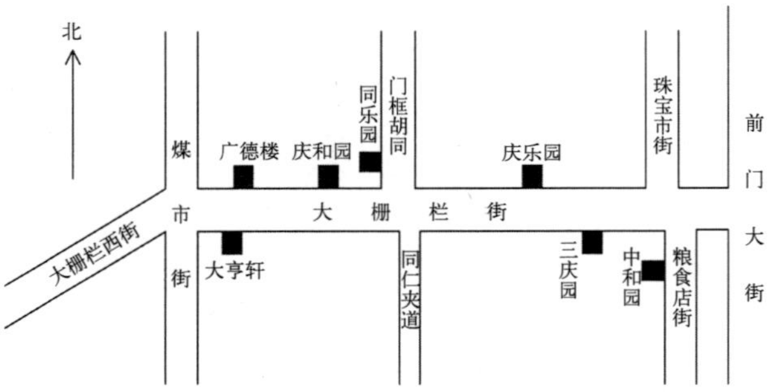

图 8–8　庚子事变（1900 年）前大栅栏戏园位置图

引自：侯希三著．北京老戏园子．中国城市出版社，1999 年第一版，第 92 页。

二、北京清代戏园的位置分布

清代的北京戏园，主要分布在前门（正阳门）外（图 8–7）。道光二十二年（1842 年）《梦华琐簿》中记载："前门外戏园多在中城，故巡城口号有'中城珠玉锦绣'之语。"[1] 特别是前门西侧的大栅栏（因胡同两头有铁栅栏而得名）一带，是戏园建筑最为集中的地方(图 8–8)。大栅栏胡同只有 270 米长，密集分布如此多的戏园，实属难得。道光八年（1828 年）《金台残泪记》中论道："听歌而已，无肆筵也，则曰茶园。园同名异，凡十数区，而大栅栏为盛"，具体分布为："地安门外茶园一，宣武门外茶园一，崇文门外茶园一，正阳门外东茶园四、西茶园七（大栅栏凡五园，即正阳门之西也）。"[2] 该书亦云："嘉庆间，御史某车过大栅栏，路拥不前。见美少年成群，疑为旦色。叱之。群怒，毁其车。今大栅栏，诸伶之车遍道，几不可行。"[3] 光绪四年（1878 年）《侧帽余潭》中云："戏园盛于大栅栏，栉比鳞次，博有十数。广厦甚旧，而无鲜朽倾欹之形。"[4] 易顺鼎（1858 ~ 1920 年）《哭庵赏菊诗》更是说："京师之盛衰关系国家之盛衰，大栅栏之盛衰关系京师之盛衰。"[5] 此话虽有言过其实之嫌，但从其中可以体悟到当时这里商业之繁荣和戏曲演出之兴盛。

除了前门一带，也有一些戏园，但分布较为分散，且规模较小。道光二十二年（1842 年）《梦华琐簿》中记载："城外小园凡五：在南城者二，崇文门外'广兴'，宣武门外曰'广顺'。东城一，在齐化门外，曰'芳草'。西城一，在平则门外，曰'阜成'。北城一，在德胜门外，曰'德胜'。皆徽班所不到，惟嵩祝偶一莅之，亦但分下包而已。"[6]

清代北京戏园之所以大部分位于外城，是由于清朝屡屡下达禁令，不许在内城开设戏园。如早在康熙十年（1671 年），"又议准，京师内城不许开设戏馆，永行禁止。"[7] 嘉庆四年（1799 年），再次下旨："奉上谕：向来京城九门以内，从无开设戏园之事，嗣因查禁不力，夤缘开设，以致城内戏馆，日渐增多。八旗子弟，征逐歌场，消耗囊橐，习俗日流于浮荡，生计日见其拮据。现当遏密之时，除城外戏园将来仍准照旧开设外，其城内戏园，著一概永远禁止，不准复行开设。"[8]

1　张次溪编撰．清代燕都梨园史料．中国戏剧出版社，1988 年第一版，第 350 页。
2　张次溪编撰．清代燕都梨园史料．中国戏剧出版社，1988 年第一版，第 248 ~ 250 页。
3　张次溪编撰．清代燕都梨园史料．中国戏剧出版社，1988 年第一版，第 235 页。
4　艺兰生，侧帽余谭．清代燕都梨园史料．中国戏剧出版社，1988 年第一版，第 601 页。
5　易顺鼎，哭庵赏菊诗．清代燕都梨园史料．中国戏剧出版社，1988 年第一版，第 735 页。
6　张次溪编撰．清代燕都梨园史料．中国戏剧出版社，1988 年第一版，第 350 页。
7　引自：清代延煦《台规》卷二十五。参见：中国戏曲志 · 北京卷，第 1277 页。
8　引自：清代延煦《台规》卷二十五。周华斌．京都古戏楼．海洋出版社，1993 年，第 79 页。

内城的戏园经常遭到朝廷和大臣的反对和抨击。李慈铭（1829 ～ 1894 年）《越缦堂菊话》中云："同治九年八月十九日：上谕：'御史秀文奏请严禁卖戏一折，京师内城地面向不准设立戏园，近日东四牌楼竟有太华茶轩，隆福寺胡同竟有景泰茶园，登台演剧，并于斋戒忌辰日期公然演唱。实属有干例禁，著步军统领衙门严行禁止'。"[1] 同书亦载："（光绪七年）闰七月七日：邸钞上谕：'御史丁鹤年奏：内城茶园违禁演剧，请饬严禁一折。'据称：'内城丁字街什刹海等处，竟敢开设茶园，违禁演剧，殊属不成事体'。"[2] 正由于此，清代内城的戏园极少。

但是，由于贯彻不力，内城戏园一直禁而不止。特别是到了清末，随着清朝的衰微，有些戏园开始在内城兴建。清末民初《便佳簃杂抄》中云："京城内城皆有戏园，嘉庆初，以言官之请，遂禁止。最著名者，隆福寺景泰园，四牌楼之泰华轩。他如东安门外金鱼胡同、北城府学胡同有戏园。"[3] 民国 21 年（1932 年）《道咸以来梨园系年小录》中云："拳匪乱吼后，各戏园纷纷临时开设，如隆福寺景泰、东四八条元明寺以及西城护国寺西口外东升等处，或邀名角出演，或由票友彩唱，均盛行一、二月。"[4] 上述文献中提到的戏园就均建于内城。内城的这些戏园为了掩人耳目，往往在名称上做文章。民国 29 年（1940 年）《都市丛谈》中云："北京从前之戏园向有定额，不准随便开设。如在额定之外，不准称为戏园，如泰华、景泰、天乐皆为杂耍馆子。同乐亦为杂耍馆，故称'轩'，不敢称'园'（庚子后始改为'同乐园'）。"[5]

三、北京清代戏园的典型实例

北京的清代戏园，现均已不存。而且，由于年深日久、社会变迁，与之相关的史料也极为匮乏。还有一些戏园，由于使用和留存的时间很短，又没有可靠的记载，现今只能知其名，而无从考证其详细情况了。下文选择一些相对影响较大的戏园，进行述评和分析。

1. 广和楼

广和楼位于前门外大栅栏西口路北。乾隆五十三年（1788 年）《宸垣识略》中写道："'查楼'在肉市，明代巨室查氏所建戏楼。本朝为'广和楼'。街口有小木坊，旧书'查楼'二字，乾隆庚子（1780 年）毁于火，今重建。"[6] 可知，广和楼即查楼。乾隆五十七年（1792 年）《重修喜神祖师庙碑志》中，提到乾隆重修时的资助者中有"广和楼"。[7] 道光二十二年（1842 年）《梦华琐簿》中记载："所见惟查楼尚存，则今前门外肉市广和楼也。对门有小巷通大街，尚榜曰'查楼口'，或讹呼'茶楼'矣。戏园招牌皆曰'茶楼'。"[8] 日本人写的《唐土名胜图荟》一书中，有一幅清代查楼图，但遗憾的是，该图为拼凑描临而成，并无历史价值[9]。盛锡珊（1925 ～）借助记忆和老照片，绘了广和楼沿街面的情况（图 8–9）。

图 8–9　盛锡珊（1925 ～）借助记忆和老照片所绘广和楼外侧
杨澄著，盛锡珊著．回望老北京．中国对外翻译出版公司，2008 年第一版，第 151 页。

1　张次溪编撰．清代燕都梨园史料．中国戏剧出版社，1988 年第一版，第 704 页。
2　张次溪编撰．清代燕都梨园史料．中国戏剧出版社，1988 年第一版，第 707 页。
3　转引自：周贻白．中国戏剧史长编．人民文学出版社，1960 年，第 602 页。
4　周明泰辑．咸以来梨园系年小录．北平：商务印书馆，民国 21 年（1932 年），国家图书馆收藏。
5　逆旅过客撰．都市丛谈．"清末民初之事"．据民国 29 年（1940 年）抄本影印，国家图书馆收藏。
6　清 · 吴长元辑．《宸垣识略》卷九．北京古籍出版社，1983 年第一版，第 164 页。
7　张次溪编撰．清代燕都梨园史料．中国戏剧出版社，1988 年第一版，第 913 页。
8　张次溪编撰．清代燕都梨园史料．中国戏剧出版社，1988 年第一版，第 348 页。
9　从"查楼"图看《唐土名胜图荟》．燕都，1989 年第 6 期。

张次溪（1909 ~ 1968 年）在民国二十二年（1933 年）中记载了当时广和楼的详细情况：

广和楼在肉市中间路东，肉市为南北胡同，其北口正对正阳门外大街牌楼东南柱，南口通鲜鱼口。广和楼戏园之楼址，为坐东朝西，其西北有小胡同，一名小三条胡同，通正阳门大街。直对西面廊房二条东口，此巷又名广和楼口，有木栅栏，上作‘广和楼’三大字，下作‘富连成社’四大字。左右有小红木牌各一，上联为‘广厦一间尽罗名士’，下联为‘和平万岁同享自由’，入此小巷，即达广和楼门矣。广和楼门之北邻天福堂酒楼，南邻福记酒店。门牌为十六号，地属外一区管辖。大门旁粘有清室私产清理室之封条，于此可考见此地属于前清内务府者非无因矣。园门仍系旧牌坊状，上悬黑色旧匾一，曰‘广和楼’，为戊申秋九月（1908 年）陈心培书。两柱有牌二方，各作本楼每月一至三十一日富连成准演各样新戏。而每柱之中端，钉有钉架，各悬木牌二个，红地金字，刻‘广和茶楼’四字，颇类旧时酒肆酒幌。园门为极坚固之木所制。每扇门上，刻四大字，做魏碑体，上扇门曰‘广歌盛世’，下扇‘和颂升平’。入门为过道，约有二丈长，旁有干果摊二个，兼售纸烟。过道上为暗楼一间，询诸该班学生杨盛椿，始知即相传清康熙帝幸临时之处矣。《梦华琐簿》中云“对门有小巷，通大街”一语，盖即今之小三胡同也。过此过道，又有铁木小牌坊一，上端有铁制聚宝盆（为铁片所制），牌楼之两旁，挂有木牌，上书‘本楼每月一至三十一富连成班准演各样新戏’。过此又有砖影壁一，旁放砌末。影壁之南，有屋一楹，额曰广顺号，小干果店也。影壁后放有大鱼缸一，此面影壁上，悬一大牌，上书‘每月一至三十一富连成顺行’。此牌之左右，则悬‘开市大吉’、‘万事亨通’之小牌各一。此小院中，北有小楼，上下各三间，名曰北柜房，供有老郎神，房檐下，别置衣箱，南房亦如之，名曰南柜房。进此则为戏场门矣。门旁亦挂‘富连成准演各样新戏’之木牌，门为细砖砌成，上有额，刻‘广寒声和’四字，下作迪生新题，又有联曰：‘广寒文明维新事迹’，‘和赓盛世上古衣冠’。门旁则有馄饨、豆腐脑各食摊。其东有小穿廊，尿池即在此处，再进十数步，路北有房一小间，为场面休息室。再进路东有空房两间，现专为放置砌末之用。再进则为小院，院中置桌椅，为学生休息处。再东往北，为厕所。学生休息处接近后台，挂有小木牌一，上书‘君子自重，后台重地，闲人免进’，至后台之设施，与各戏园同。兹不再赘。[1]

这段文字虽然写于民国时期，但由于光绪二十六年（1900 年）的大火并未烧毁广和楼，所以民国时期广和楼的格局应和清时广和楼接近，因此，这段描述甚详的文字，对了解广和楼具有较高的价值。另外，现尚存有 20 世纪 20 年代拍摄的“广和戏园”照片[2]，只是不太清晰。从照片中看，戏台台基不高，台顶直接承接裸露的屋架，台柱上下贯通，为通柱造，台上照明用汽灯。檐柱悬楹联云：“学君臣、学父子、学夫妇、学朋友，汇千古忠孝节义，重重演出，漫道逢场作戏；或富贵，或贫贱，或喜怒，或哀乐，将一时离合悲欢，细细看来，管教拍案惊奇”，横匾云：“盛代元音”。该楹联揭示了戏曲艺术的一些特征。观众席中的板凳、条桌的安排方向和戏台垂直。

光绪三十年（1904 年），梅兰芳初次登台，就在广和楼演出。另外，谭鑫培、杨小楼、王瑶卿等著名演员也经常在这里演出。光绪三十二年（1906 年）开始，著名的富连成班在就在这里演出，除中间短时间中断外，前后持续近二十年。

2. 天乐园

天乐园位于前门外鲜鱼口内路南。乾隆六十年（1795 年）《都门竹枝词》中有一首诗里写道：“半膘无事撞街头，三五成群逐队游。天乐馆中瞧杂耍，明朝又上广和楼”，[3] 其中提到的“天乐馆”应

1　唐伯弢编著，白文化修改．富连成三十年史．同心出版社，2000 年，第 243 ~ 245 页。

2　有兴趣的读者．可查阅文献：唐伯弢编著．白文化修改．富连成三十年史．同心出版社，2000 年，第 242 页。其中附有照片。

3　都门竹枝词．影印本．据清光绪三十一年（1905 年）抄本影印．双梧书屋考藏珍本丛书，国家图书馆藏。

为天乐园的前身。道光七年（1827 年）《重修喜神殿碑序》中也提及"天乐园"[1]。道光二十二年（1842 年）《梦华琐簿》中记载："旧时档子班打采，多在正阳门外鲜鱼口内天乐园。今为小戏园矣。"[2] 可见，天乐园主要是作为杂要馆的小戏园。光绪年间，嵩祝成、双顺和、万顺和等戏班曾在天乐园中演出。光绪二十七年（1901 年），田际云出资重建[3]，改名为"华乐园"。园内戏台有楹联："指掌宏图，讲孝说忠，依衣冠演出炎凉世态；明心宝鉴，尚廉崇节，凭面目做尽古今人情"，并悬两匾额："洞天乐境"和"始做曲终"。宣统三年到民国 3 年（1911 ～ 1914 年）间，梅兰芳曾在天乐园登台演出。民国 7 年（1918 年）前后，韩世昌也在天乐园登台演出。民国 31 年（1942 年），在日军占领期间，该建筑失火，后来被重建时改为砖木结构。

3．庆乐园

图 8–10　北京庆乐园内部照片

清华大学建筑系编．中国会堂剧场建筑．北京外文印刷厂，1960 年，第 17 页。

庆乐园位于前门外大栅栏内路北，始建于清代中叶。道光二十二年（1842 年）《梦华琐簿》中记载："戏园之大者，如广德楼、广和楼、三庆园、庆乐园，亦必以徽班为主。"[4] 并云："庆乐园新葺，最华眩。"[5] 该书还记载了庆乐园的一楹联："大千秋色在眉头，看遍翠暖珠香，重游瞻部；十万春华如梦里，记得丁歌甲舞，曾醉昆仑。"[6] 光绪三年（1877 年）《藤阴杂记》中，对庆乐园也有记载。光绪二十六年（1900 年），庆乐园毁于火灾。光绪三十年（1904 年）前后，庆乐园得以修复，并由宝胜和戏班演出。庆乐园临街的门口有一座牌坊，进入牌坊，穿过一条约 20 米长的窄巷子，就是庆乐园。清华大学出版的《中国会堂剧场建筑》一书中收录了庆乐园的内部照片（图 8–10），其中戏台坐南朝北，约 5.5 米见方，戏台上方画了几位老伶工的戏装图像。民国二十四年（1935 年），杨韵谱集资重修，戏台改为坐北朝南，长凳改为座椅，并在舞台下设置转轮。

4．三庆园

三庆园位于前门外大栅栏中间路南。道光七年（1827 年）《重修喜神殿碑序》中已有"三庆园"之名[7]。道光二十二年（1842 年）《梦华琐簿》中写道："戏园之大者如广德楼、广和楼、三庆园、庆乐园，亦必以徽班为主"[8]，并记载道："今日三庆园，乾隆年间宴乐居也，其地昔甚广大。其地昔甚广大，今当铺亦从此析出。又其旁有六合居，亦其地也。"[9] 光绪二十六年（1900 年），毁于大火。不久，三庆园重建（图 8–7）。园内戏台檐柱楹联云："假象写真情，邪正忠奸，试看循环之理；今时传古事，衣冠粉黛，共贻色相于斯"，横匾为"霓裳三叠"，上下场门匾额云："翔风"和"起云"。民国年间，坤伶刘喜奎在此长期登台演出。叶龙章[10] 在《北京戏院考》一文中对三庆园有较为详细的论述："它在清朝中叶就有了，后由天津人骆九莲等集资改建。它的规格由于地势关系比广德楼小一些，前后台以及台面布局大体和广德楼、广和楼一个样。观众能容八九百人，民国后也改装为横排长条椅子。"[11]

1　张次溪编撰．清代燕都梨园史料．中国戏剧出版社，1988 年第一版，第 915 页。
2　张次溪编撰．清代燕都梨园史料．中国戏剧出版社，1988 年第一版，第 350 页。
3　田际云（1864 ～ 1925 年），河北梆子演员、戏剧活动家，艺名"响九霄"，享名于梨园界，为人豪爽。
4　张次溪编撰．清代燕都梨园史料．中国戏剧出版社，1988 年第一版，第 350 页。
5　张次溪编撰．清代燕都梨园史料．中国戏剧出版社，1988 年第一版，第 354 页。
6　张次溪编撰．清代燕都梨园史料．中国戏剧出版社，1988 年第一版，第 357 ～ 358 页。
7　张次溪编撰．清代燕都梨园史料．中国戏剧出版社，1988 年第一版，第 915 页。
8　张次溪编撰．清代燕都梨园史料．中国戏剧出版社，1988 年第一版，第 349 页。
9　张次溪编撰．清代燕都梨园史料．中国戏剧出版社，1988 年第一版，第 351 页。
10 叶龙章为京剧教育家叶春善（1875 ～ 1935 年）之长子，其弟叶盛兰（1914 ～ 1941 年）、叶盛章（1912 ～ 1966 年）均为京剧著名演员。
11 叶龙章．北京戏院考．《文史资料选编》第十三辑．北京出版社，1982 年。

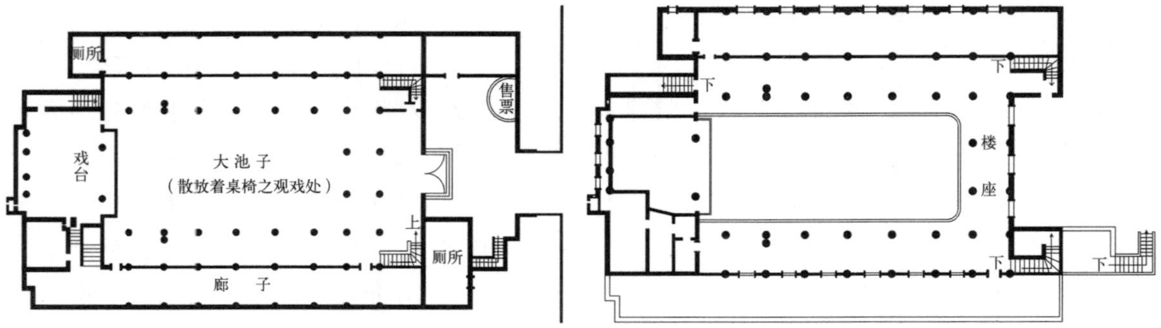

图 8–11　三庆园平面（左为一层平面，右为二层平面）

摹自：清华大学建筑系编．中国会堂剧场建筑．北京外文印刷厂，1960 年，第 16 页。

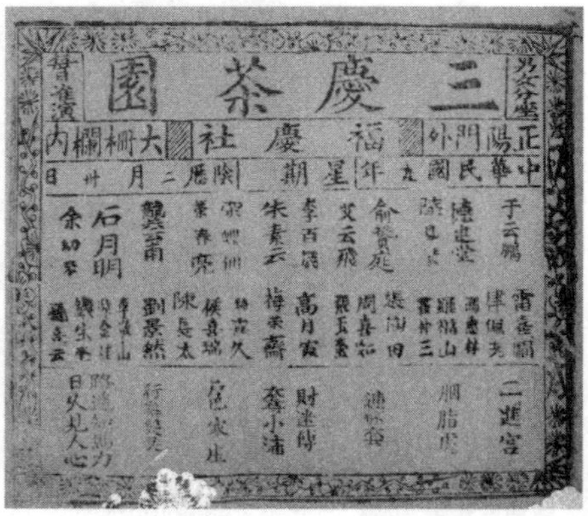

图 8–12　三庆茶园民国 9 年（1920 年）演出时的戏单

杜广沛收藏，娄悦撰文．旧京老戏单．2004 年，中国文联出版社，第 37 页。

图 8–13　三庆戏园民国 15 年（1926 年）演出时的戏单

杜广沛收藏，娄悦撰文．旧京老戏单．2004 年，中国文联出版社，第 51 页。

图 8–14　盛锡珊（1925 ～　）借助记忆和老照片所绘三庆园

引自：杨澄著，盛锡珊著．回望老北京．中国对外翻译出版公司，2008 年第一版，第 169 页。

清末时，三庆园兼演电影。光绪三十四年（1908 年）十二月《顺天时报》曾登载电影广告“大栅栏三庆园开明电影”，其中写道：“本园派人前往法国巴黎在二百余家中挑选第一最新式影片，现在大栅栏三庆园开演，以备诸君雅鉴。本园电灯最亮，备有男女座位，女客分坐。”解放前夕，三庆园改为商店仓库，后因年久失修而毁。清华大学建筑系《中国会堂剧场建筑》载有三庆园平面图（图 8–11）。杜广沛（1927 ～）收藏有三庆茶园民国 9 年（1920 年）和民国 15 年（1926 年）演出时的戏单（图 8–12 和图 8–13）。盛锡珊（1925 ～）借助记忆和老照片，绘有三庆园外观（图 8–14）。

5. 同乐轩

同乐轩，又称同乐茶园，始建于清代中期，位于大栅栏中部路北的门框胡同内。同乐轩初名同乐园，

图 8–15　盛锡珊（1925～）借助记忆和老照片所绘同乐轩

引自：杨澄著，盛锡珊著．回望老北京．中国对外翻译出版公司，2008 年第一版，第 167 页。

图 8–16　同乐园民国元年（1912 年）演出时的戏单

引自：杜广沛收藏，娄悦撰文．旧京老戏单．2004 年，中国文联出版社，第 12 页。

图 8–17　20 世纪初所拍的广德楼演出图

李畅著．清代以来的北京剧场．燕山出版社，1998 年第一版，图版页。

道光七年（1827 年）《重修喜神殿碑序》就有“同乐园”之名[1]。清末时，因为圆明园中也有一座戏台名为“同乐园”，为了避讳，就改名为同乐轩。延庆县中羊坊村泰山庙中题记，已改名为同乐轩[2]。咸丰十年（1860 年），毗邻的庆和园起火，祸及同乐轩。同乐轩被烧毁，后又重建。齐如山（1875～1962 年）所著的《京剧之变迁》一书中称：“在光绪初年（1875 年），门框胡同同乐，鲜鱼口天乐，还只演杂耍，不演正戏，后来也就都成戏馆子了。”[3] 光绪二十六年（1900 年），同乐轩又被烧毁。宣统元年（1909 年），又被重建。重建后的同乐轩，可容纳观众 800 人，戏台 5 米见方，台口有栏杆，采用伸出式。民国年间，同乐轩改为“同乐电影院”。盛锡珊（1925～）借助记忆和老照片，绘制出同乐园外侧（图 8–15）。杜广沛（1927～）收藏有同乐园民国元年（1912 年）演出时的戏单（图 8–16）。

6．广德楼

广德楼位于前门外大栅栏西口路北。道光七年（1827 年）《重修喜神殿碑序》中曾提到“广德楼”之名[4]。并述道：“余尝以盛夏，赴广德楼听春台。”[5] 广德楼内戏台坐东朝西，平面呈方形。柱子上有楹联，云：“忠义昭千古，试看一片丹心，当振今世；霓裳咏同日，共听九霄余韵，久在行云”，横额书：“和平以广德音是茂”，其中含“广德”二字。上下场门匾额书“出将”、“入相”。现存有清末所拍的一张广德楼的照片（图 8–17）。照片中的池座尚按旧式排法，长长的茶桌与戏台垂直，

1　张次溪编撰．清代燕都梨园史料．中国戏剧出版社，1988 年第一版，第 915 页。

2　周华斌．京都古戏楼．海洋出版社，1993 年，第 157 页。

3　齐如山撰．京剧之变迁．铅印本．北平国剧学会．民国 24 年（1935 年）．国家图书馆收藏。

4　引自：张次溪编撰．清代燕都梨园史料．中国戏剧出版社，1988 年第一版，第 915 页。

5　张次溪编撰．清代燕都梨园史料．中国戏剧出版社，1988 年第一版，第 376～377 页。

图 8–18　盛锡珊（1925 ～　）借助记忆和老照片所绘广德楼

引自：杨澄著，盛锡珊著．回望老北京．中国对外翻译出版公司，2008 年第一版，第 163 页。

观者相对而坐，需扭头看台上的表演。著名演员程长庚、余三胜、梅巧玲（梅兰芳先生之祖父）、余紫云、汪桂芬、余振庭、李万春等曾在这里演出。光绪二十六年(1900 年)，广德楼毁于火灾，光绪三十年（1904 年）重修。杜广沛（1927 ～）收藏有广德楼民国 16 年（1927 年）演出时的戏单（图 8–18）。盛锡珊（1925 ～）根据记忆和老照片绘有广德楼入口（图 8–19）。1957 年，广德楼被改建为前门小剧场。

7. 中和茶园

中和茶园位于前门外大栅栏东的粮食店街北口路西，通过一条窄巷和粮食店街相连。乾隆五十七年（1792 年）《重修喜神祖师庙碑志》中就提到“中和园”之名[1]。光绪二十六年（1900 年），中和园毁于火灾。光绪三十年（1904 年），按原来格局重建。中和园内的戏台原坐南朝北，民国早期重修时，改为坐西朝东，并改名为中和戏院。著名演员谭鑫培、裘贵仙、陈德霖等曾在此演出。现存有 20 世纪 30 年代所拍中和园的一张照片。[2] 杜广沛（1927 ～）收藏有中和茶园宣统二年（1910 年）演出时的戏单和民国 12 年（1923 年）演出时的戏单（图 8–20 和图 8–21）。

8. 文明茶园

文明茶园位于前门外珠市口以西路北，在天和园旧址上重修而成，于光绪三十三年（1907 年）开业。尽管该戏园仍采用旧式戏园的形式，但是其中的戏台楹联颇有维新的思想：“强弱本俄顷，愿同胞爱国正宗，此日漫谈天下事；古今无常理，结团结文明进步，他年都是戏中人”。楹联的内容体现了爱国思想和进步心态。宣统元年（1909 年），文明茶园开辟女座，允许女性到戏园看戏。宣统元年（1909

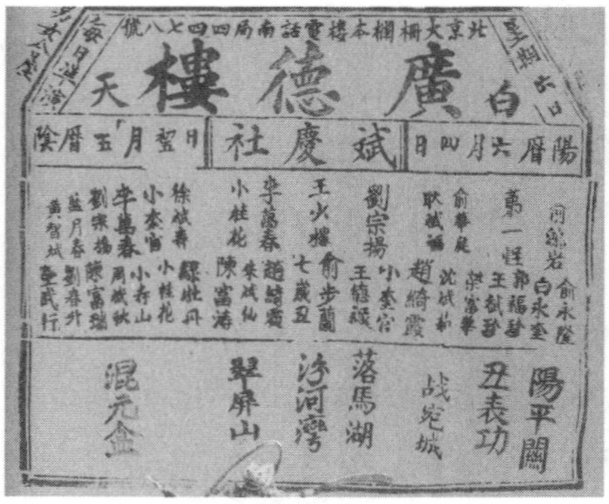

图 8–19　广德楼民国 16 年（1927 年）演出时的戏单

杜广沛收藏，娄悦撰文．旧京老戏单．2004 年，中国文联出版社，第 58 页。

图 8–20　中和茶园宣统二年（1910 年）演出时的戏单

杜广沛收藏，娄悦撰文．旧京老戏单．2004 年，中国文联出版社，第 4 页。

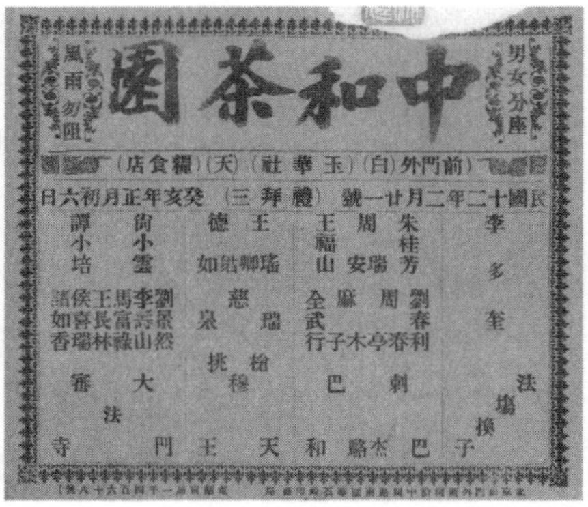

图 8–21　中和茶园民国 12 年（1923 年）演出时的戏单

杜广沛收藏，娄悦撰文．旧京老戏单．2004 年，中国文联出版社，第 40 页。

1　张次溪编撰．清代燕都梨园史料．中国戏剧出版社，1988 年第一版，第 913 页。

2　李畅著．清代以来的北京剧场．燕山出版社，1998 年第一版，图版页。

图 8–22　盛锡珊（1925 ～）借助记忆和老照片所绘文明茶园
引自：杨澄著，盛锡珊．回望老北京．中国对外翻译出版公司，2008 年第一版，第 171 页。

年）《京华百二竹枝词》中云：“园自文明创始修，开通破例萃名优。各家援例齐开演，男女都分上下楼”，并注云：“自文明茶园创立，始有妇女赴园观剧之事，男女只以上下楼别之”[1]。陈墨香（1884 ～ 1942 年）在《观剧生活素描》中记载：“自从文明茶园开锣，才有女人买座之事。”[2] 实行男女分座，既避免了所谓男女混座有伤风化，又能招揽大批的女性观众。虽然在此之前，北京戏园中亦有设女座者，但并不公开，且规模较小。另外，文明茶园也是第一个开演夜戏的戏园。盛锡珊（1925 ～）借助记忆和老照片，绘有文明茶园的入口（图 8–22）。

关于文明茶园的空间格局，光绪三十三年（1907 年）11 月 30 日《顺天时报》刊登的《文明茶园听戏记》中有详细的记载：

前门外西珠市口，煤市街南口外，新开的文明茶园所定规则都整齐得很。在下前去调查，今把内容详细情形记在下边。进园门内中央是个屏风，东边是铁栏杆，西边是楼房。楼下是票房。楼上是办事处。进二门内便是戏场。正廊和东西两廊，以及戏台左右都是散座。每人铜子 16 枚，茶水钱 4 枚，不准多要。池子内都是圆桌，每桌 1 元，可坐 6 人，茶水和椅垫钱铜子 24 枚，仍合每位 4 枚。以上说的都是楼下男座。楼座正楼、东西楼大包厢是头等。靠北边小包厢和倒座包厢为二等。正楼包厢后面是正桌。东西楼包厢后是散座。头等包厢每间 4 元，茶水椅垫钱 40 枚。二等包厢每间 3 元，茶水椅垫钱 40 枚。正桌可坐 6 人，每桌 180 枚，茶水椅垫钱 24 枚。散座每人铜子 30 枚，茶水椅垫钱 4 枚。楼座只卖堂客，不卖官客。堂客进戏园上下楼另走一门，该门在煤市街路西，因此秩序格外整齐。包厢两面都有板墙，后面又有活络门，可以随时开关，非常严密。板墙都是斜的，并不挡碍视线，办法可称完善。北京数百年来，戏班最称第一，戏园内容的野蛮也可称第一。数百年后，到 1907 年 10 月间，方才有

1　张次溪编撰．清代燕都梨园史料．中国戏剧出版社，1988 年第一版，第 1178 页。
2　潘镜芙，陈墨香撰．梨园外史．宝文堂书店，1989 年，第 403 页。

图 8–23　文明茶园民国元年（1912 年）8 月演出时的戏单

杜广沛收藏，娄悦撰文．旧京老戏单．2004 年，中国文联出版社，第 18 页。

图 8–24　文明茶园民国元年（1912 年）9 月演出时的戏单

杜广沛收藏，娄悦撰文．旧京老戏单．2004 年，中国文联出版社，第 17 页。

这文明戏园。园名文明，真是名实相符。该园成立后，每天各班轮转，于是上等社会男女界中人，随时可以前去听戏消遣了。

伶王谭鑫培（1847 ~ 1917 年）曾多次在文明茶园演出。杜广沛（1927 ~）收藏有文明茶园民国元年（1912 年）8 月演出时的戏单和同年 9 月演出时的戏单（图 8–23、图 8–24）。20 世纪 50 年代，文明茶园改建为华北剧院，主要演出评剧。现址已改建为丰泽园饭店。

图 8–25　清末《旧京醒世画报》中所绘吉祥茶园入口

清代张风纲编，清代李菊侪，清代胡竹溪绘．旧京醒世画报．中国文联出版社，2003 年第一版，第 191 页。

9．吉祥茶园

清末，随着朝廷势力的衰微以及京剧的发展，对内城建戏园的禁令有所放松。在这样的背景之下，东安市场内建造了吉祥茶园、丹桂茶园和中华舞台等三座演出场所。

吉祥茶园位于东安市场内东北隅，建于光绪三十三年（1907 年），占地约 450 平方米，外面有木坊，上悬“吉祥茶园”之匾（图 8–25）。因其建立较晚，在空间、结构和设备方面有一定的革新。戏台前部不设台柱，有利于视线畅通。台侧另建方台，布置场面（乐队），扩大了表演区。台檐两侧悬垂柱，台檐上面有“职贡图”，绘有十人，均手持宝物，表示向帝王供奉之意。戏园围墙改为砖墙，有利于防火。楼上为巨商富户、达官贵人设置包厢。每个包厢内有茶桌和凳子，可容纳 10 人左右。包厢三面有隔扇，前面敞开，后面有门，供观众出入。包厢前面有两道栏杆，二者之间有 0.5 米宽的空间，但不作为通道，而是防止楼上的杂物掉到下面的观众席。观众席后面有“弹压席”专门为维持秩序的警兵而设。民国期间，著名京剧演员梅兰芳（1894 ~ 1961 年）曾经常在这里演出。他在《舞台生活四十年》中写道：“我以前的几出古装戏《嫦娥奔月》、《黛玉葬花》、《天女散花》，首次上演都是在东安市场吉祥园。那几年我在吉祥戏园演剧的时候最多。所以排了新戏总是在那里演第一次。可以说我的舞台生活和吉祥园的关系是比较密切的。”[1]

民国元年（1912 年）、民国 4 年（1915 年）、民国 9 年（1920 年），东安市场发生三次大的火灾，每次都损失惨重，但吉祥戏园均幸免于难。梅兰芳（1894 ~ 1961 年）在《舞台生活四十年》中记载道：“1921 年以前，东安市场曾经火焚过三次，那两个园子（指丹桂茶园和中华舞台——作者注）都被烧了，只有吉祥始终很‘吉祥’的，并且一直很兴旺。”[2] 吉祥茶园历经磨难都幸存于世，却不幸于 20 世纪 90 年代被拆除。

1、2　梅兰芳著．舞台生活四十年．中国戏剧出版社，1987 年第 1 版，第三集，第 532 页。

四、北京清代戏园的空间格局

清代戏园的一个重要进步，就是演出空间呈封闭状，不受天气的影响。和露天剧场相比，其优越性非常明显。日本著名汉学家青木正儿（1887 ~ 1964 年）曾绘有戏园的平面示意图（图 8–26），勾勒出清代戏园的空间格局。清代戏园主要可分为外部空间和内部空间，其中内部空间主要为演出空间和观众空间。

1. 戏园的外部空间

戏园外面一般设置有院落，作为缓冲空间，又可以安置观众所乘坐的车马。嘉庆十八年（1813 年）《都门竹枝词》云：“轴子刚开便套车，车中装得几枝花。”[1] 可见不少观众是坐马车来的，需要专门安置。另外，戏园入口处一般是一条狭巷。观众进入戏园，需要通过这条狭巷。这应该很好理解，戏园一般位于繁华之处，寸土寸金。因此，为了节省临街的地面，戏园就从主要街道退后，然后通过一条狭巷连向主街。

戏园临街往往会悬挂招牌。道光二十二年（1842 年）《梦华琐簿》中云：“戏园招牌皆曰茶楼。”[2] 清代吴长元《宸垣识略》中述及广和楼外面有“广和查楼”之匾[3]。清代戴璐《藤荫杂记》亦云：“查楼木榜尚存，改名广和。”[4] 由于广和楼位于小胡同里面，就在广和楼前面朝向大街的巷口设置小木坊，作为标识。另外，戏园演出前，为了招引顾客，一般会在戏园外面摆设各种道具等。道光刊本《灵台小补 · 附题戏馆门设各种砌末》曰：“戏园门首胜酆都，鬼怪妖魔面具铺。引祟招邪惊稚子，升平歌舞好形模。”[5] 梅兰芳（1894 ~ 1961 年）在《舞台生活四十年》中云：“那时没有广告，本日演唱各戏里面应用的主要道具，譬如《艳阳楼》里的石锁，《仙人担》、《恶虎村》里武天虬、濮天雕所用的兵器与纸扎酒坛，《连环套》的双钩，《碰碑》的碑，《御碑亭》的亭，都陈列在戏馆的门口，让观众看了就可以明白当天大部分的戏目。”[6]

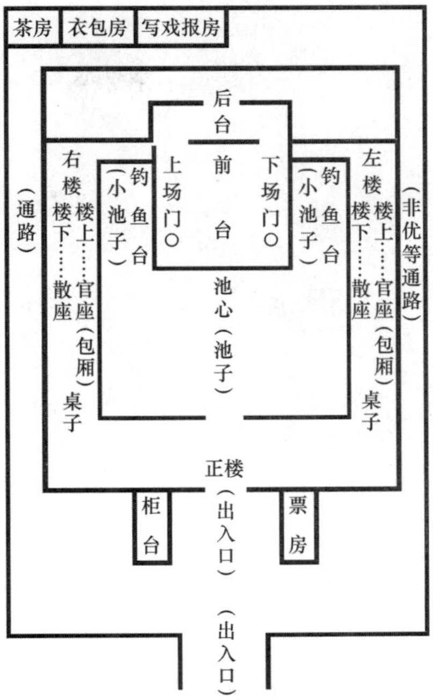

图 8–26　清末戏园的平面示意图

青木正儿（日）．中国近世戏曲史．上海文艺联合出版社，1956 年新一版，第 513 页。

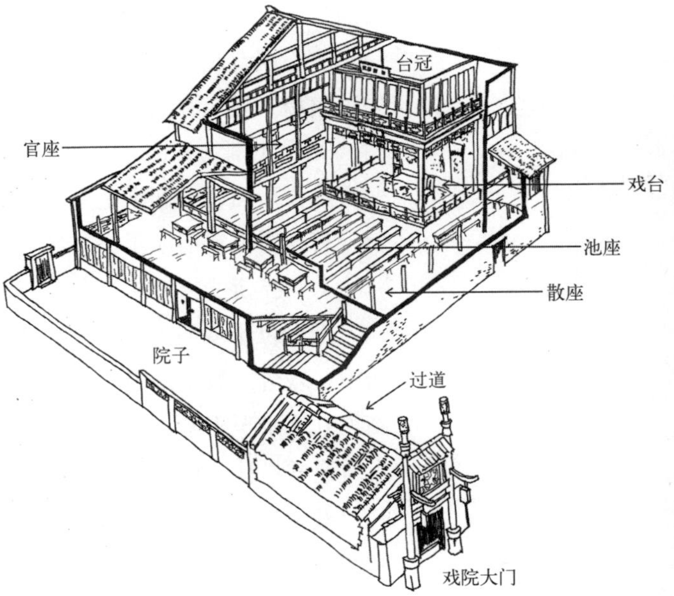

图 8–27　清代北京戏园复原图

摹自文献：李畅著．清代以来的北京剧场．燕山出版社，1998 年第一版，图版页。

2. 戏园的内部空间

戏园室内平面呈方形或长方形，一侧为表演空间（戏台），三面环以二层楼座，中间为池座，四角设楼梯（图 8–27）。清代包世臣于嘉庆十四年（1809 年）到北京，经常在茶园里看戏，他在《都剧赋序》里描述了戏园的空间形式：“其地度中建台，台前平地名池，对台为厅，三面皆环以楼。”[7]

1　张次溪编撰．清代燕都梨园史料．中国戏剧出版社，1988 年第一版，第 1173 页。
2　张次溪编撰．清代燕都梨园史料．中国戏剧出版社，1988 年第一版，第 348 页。
3　吴长元（清）辑．《宸垣识略》卷九．北京古籍出版社，1983 年第一版，第 164 页。
4　戴璐（清）撰．藤荫杂记十二卷．石印本．上海：文明书局，民国 14 年（1925 年）。
5　金连凯（清）撰．灵台小补．清道光十二年（1832 年），国家图书馆藏。
6　梅兰芳著．舞台生活四十年．中国戏剧出版社，1987 年第 1 版，第一集，第 48 页。
7　包世臣（清）．都剧赋序．转引自：中国大百科全书 · 戏曲曲艺卷．中国大百科出版社，1983 年，第 456 页。

图 8–28　光绪年间戏园演剧图

中国大百科全书编委会．中国大百科全书 · 戏曲曲艺卷．中国大百科出版社，1983 年，彩版第 15 页。

图 8–29　广庆茶园演剧图

中国艺术研究院音乐研究所编．中国音乐史图鉴．人民音乐出版社，1988 年第一版，第 160 页。

北京首都博物馆现藏有光绪戏园演剧图（图 8–28），为工笔彩绘横幅绢本。图中绘有清末戏园内景，台呈四方形、三面突出。台口二柱，台沿有矮栏杆。柱联曰："金榜题名虚欢乐，洞房花烛假姻缘。"柱侧分别挂有水牌，一曰"今日同庆班演呈，代演失街亭"；一曰"明日同庆班演呈，均演奇冤报"。台上出演的内容为武戏《溪皇庄》，是褚彪送饭后的开打场面。台面后侧桌子旁边为场面（乐队），其中伴奏者四人，各持锣、单皮鼓、板、京胡等。观众席为上下二层，有楼梯连通。一层池心摆有长桌，左右廊下亦设茶桌。桌子上放有水壶。二楼观众则倚栏站立看戏，有红包头之外国巡捕。观众有的饮茶，有的抽烟，有的谈笑，并有领座者、卖馒头者等。

和现代剧场相比，戏园中不设前厅。这是因为戏园演出时，其精彩的"压轴戏"和"大轴戏"一般放在后面，前面则是带有序幕性的演出，大部分观众是在开演之后才进入戏园，如此一来，也就没有必要设置前厅了。

3. 戏台形式

戏台位于戏园内的一侧，其平面一般为方形，伸向观众大厅，可以三面围观。由于中国露天剧场中，戏台一般坐南向北，清代戏园内的戏台大概受其影响，也多采用坐南朝北的形式。台基一般高约 0.9 米至 1 米，台沿有高约 0.6 米左右的栏杆，前檐两柱一般悬以楹联。到了清末，在檐柱的上方通常横挂一根铁棍，用于演出武戏。

戏台后面为隔扇，用以分隔前后台。隔扇两侧开有上下场门，用以联系前后台。上、下场门悬有绣帘，也称为"台帘"。台上一般有一桌二椅，桌内为内场。如北京广庆茶园演剧图中（图 8–29），台上一桌两椅，台沿有矮木栏杆，檐下悬"广庆茶园"之匾。台下观众坐于长桌旁，侧身看戏，桌上放茶具。

后台主要用于供戏班放置戏箱、砌末、把子、服装等，也是演员化妆和临时的休息的空间。后台的面积非常狭窄，这与当时演员的地位很低有关。旧时，演员和观众之间并不平等。乾隆年间，龚炜在笔记《巢林笔谈》中就认为，"卿大夫"们坐轿子是天经地义的事情，而评价戏曲演员乘坐轿子时说："以优伶之贱，竟有乘轩赴演者"，并认为是"僭滥之极"。[1]

1　清代龚炜著．巢林笔谈．卷四"优伶乘轩"．中华书局，1981 年第 1 版，第 104 页。

4. 观众分区

清代北京戏园的观众区实行较为严格的分区，一般可分为“官座”、“散座”、“池座”。官座位于二层廊内，散座位于一层廊内，池座位于一层大厅中间。道光八年(1828 年)《金台残泪记》卷三云:“凡茶园，皆有楼。楼皆有几，几皆曰‘官座’。右楼官座曰‘上场门’，左楼官座曰‘下场门’。狎旦色者，曰‘斗’，争坐下场门。楼下左右前方曰‘散座’，中曰‘池心’。池心皆坐市井小人[1]。”道光二十二年(1842 年)《梦华琐簿》亦云:“戏园客座，分楼上楼下。楼上最临近戏台者，左右各以屏风隔为三四间，曰‘官座’，豪客所集也。官座以下场门第二座为最贵，以其搴帘将入时便于掷心卖眼。”[2]

下面分别论述官座、散座和池座。

官座。“官座”是戏园中最好的座位，位于二层廊内。两侧廊内各有三或四个包厢。每座之间用屏风互相隔开。道光二十二年（1842 年）《梦华琐簿》中云:“官座倚阑干，前设短榻，后列高几，各施锦褥，别于客座。后设高座，以坐仆从。”[3] 可见，道光年间的戏园内，官座中紧靠前面的栏杆，设有一个矮桌，桌后设椅，椅后另设高凳，供仆人坐。清末民初《宣南零梦录》亦述及当时官座的情况：“楼之两旁，近戏台处，平连三桌，间以板片，谓之官座。”[4] 官座内的陈设也非常华丽。嘉庆十八年（1813 年）竹枝词中写道：“园中官座列西东，坐褥平铺一片红。”[5] 官座后面一般散摆着桌子，离戏台越远，价钱也越便宜。道光二十二年（1842 年）《梦华琐簿》说：“官座而前，短几鳞次，曰桌子。渐远戏台，价亦递杀。惟正楼不横桌，盖旧例也。”[6] 值得注意的是，戏台正对面的二楼廊内，一般不设观众座位，而多放有神位。

官座又可分为上场门官座和下场门官座，一般以下场门官座最为尊贵。包世臣在《都剧赋序》中嘉庆十四年（1809 年）的北京戏园内:“其衣冠皆登楼，而楼近台之右者名上场门，近左名下场门，呼为官座。下场门尤贵重，大率佻达少年，前期所预定。”[7] 这是由当时狎旦的风气所致。乾隆五十年（1785 年）《燕兰小谱》卷五说:“友人言，近时豪客观剧，必坐于下场门，以便与所欢眼色相勾也。而诸旦在园见有相知者，或送果点，或亲至问安，以为照应。少焉歌管未终，已同车入酒楼矣。”[8] 嘉庆十四年（1809 年）竹枝词云：“茶园楼上最消魂，老斗钱多气象浑。但得隔帘微献笑，千金难买下场门。”[9] 清 · 沈太侔《宣南零梦录》中的记载更为详细：

> 三庆、四喜、春台各班雏伶，日戏场三出开过后，咸骈立上下场门帘下向楼头瞻望，若楼上有熟客，即登楼侍坐，往往主客二三人，而侍坐雏伶多至二三十辈。旁观艳羡者有人，嫉妒者有人，当局亦扬扬自得。其实彼等心不在戏，大轴未上，已各携相好赴酒楼去矣。咏官座云:‘坐时双脚一齐盘，红纸开来窄戏单。左右并肩人似玉，满园不向戏台看。’[10]

下场门官座中，又以第二座为最贵。道光二十二年（1842 年）《梦华琐簿》中 :“官座以下场门第二座为最贵，以其搴帘将入时便于掷心卖眼。《竹枝词》，楼头飞上迷离眼，订下今宵晚饭来。”[11]

1　张次溪编撰 . 清代燕都梨园史料 . 中国戏剧出版社，1988 年第一版，第 249 页。
2　张次溪编撰 . 清代燕都梨园史料 . 中国戏剧出版社，1988 年第一版，第 353 页。
3　张次溪编撰 . 清代燕都梨园史料 . 中国戏剧出版社，1988 年第一版，第 354 页。
4　张次溪编撰 . 清代燕都梨园史料 . 中国戏剧出版社，1988 年第一版，第 804 页。
5　张次溪编撰 . 清代燕都梨园史料 . 中国戏剧出版社，1988 年第一版，第 1173 页。
6　张次溪编撰 . 清代燕都梨园史料 . 中国戏剧出版社，1988 年第一版，第 353 页。
7　包世臣（清）撰 . 都剧赋 . 包世臣全集 . 黄山书社，1991 年。
8　张次溪编撰 . 清代燕都梨园史料 . 中国戏剧出版社，1988 年第一版，第 47 页。
9　张次溪编撰 . 清代燕都梨园史料 . 中国戏剧出版社，1988 年第一版，第 1172 页。
10 张次溪编撰 . 清代燕都梨园史料 . 中国戏剧出版社，1988 年第一版，第 809 页。
11 张次溪编撰 . 清代燕都梨园史料 . 中国戏剧出版社，1988 年第一版，第 353 页。

图 8-30 《旧京醒世画报》所载戏园内景图

（清）张风纲编，清 · 李菊侪，清 · 胡竹溪绘．旧京醒世画报．中国文联出版社，2003 年第一版，第 325 页。

图 8-31 《旧京醒世画报》所载戏园内景图

清代张风纲编，清代李菊侪，清代胡竹溪绘，旧京醒世画报“有伤风化”．中国文联出版社，2003 年第一版，第 71 页。

官座采取包桌的形式，清代徐珂《清稗类钞》中云：“楼上以席计算。”[1] 包世臣《都剧赋序》中云：“茶园则池内以人起算，楼上以席起算。”[2] 清末时，女性观众增多，有些戏园在二层廊内专门设置女座（图 8-30）。

散座。散座比官座次一等，设在楼下廊内，设有桌子，客人围桌而坐。道光八年（1828 年）《金台残泪记》卷三云：“楼下左右前方曰‘散座’。”[3] 道光二十二年（1842 年）《梦华琐簿》云：“楼下周回设长案，观者比肩环坐，曰‘散座’。其后亦设高座，倚墙矯足，可以俯视。”[4]

池座。池座设在大厅中间，是戏园中最普通的座位，平民百姓多坐于此，一般摆有许多条桌。包世臣《都剧赋序》中云：“故坐池内者，多市井像侩，楼上人谑之曰下井。”[5] 道光二十二年（1842 年）《梦华琐簿》对池座有较为详细的描绘：“设案如楼下，而坐者率皆市井驵侩、仆隶舆抬，名之曰池子。余尝谓：此万人海，真乃众维鱼矣。从楼上凭栏，俯临下界，长几列如方罫，大似白袍鹄立。橐笔试有司时，特不能衔枚静无哗耳。”[6] 道光八年（1828 年）《金台残泪记》也说：“中曰‘池心’。池心皆坐市井小人。”[7] 和官座和散座不同的是，池座不按桌子计价，只按照观众人数收费。清 · 徐珂《清稗类钞》中云：“茶园则池中以人计算，楼上以席计算。”[8]

戏台两侧亦有池座条桌，称作“钓鱼台”。由于这里靠近上场门和场面（伴奏），非常喧闹，是戏园里较次的座位。道光二十二年（1842 年）《梦华琐簿》说：“夹台基曰钓鱼台，亦以下场门为贵。至于上场门，鸣钲喤聒，目眩耳聋，客不愿坐也。”[9]

清代北京戏园内的观众区不设坡度，一般用方砖铺地。为了容纳更多的观众，池座中的桌子采用条桌的形式，布置方向垂直于戏台，观众们相对而坐（图 8-31）。正是由于此，清代时北京称“听戏”而不是“看戏”。梁实秋（1903 ~ 1987 年）在《看戏》中曰：“从前在北平，大家都说听戏，不大说看戏。”[10] 梅兰芳述及 20 世纪前期戏曲演出时也曰：“那时观众上戏馆，都称听戏，如果说是看戏，就会有人讥笑他是外行了。”[11] 到了清末时，池座中的条座改为方桌，观众围桌而坐（图 8-32）。

1、8　清代徐珂．清稗类钞．中华书局，1986 年 7 月第一版，第 5045 页。

2　包世臣（清）撰．都剧赋．包世臣全集．黄山书社，1991 年。

3、7　张次溪编撰．清代燕都梨园史料．中国戏剧出版社，1988 年第一版，第 249 页。

4、9　张次溪编撰．清代燕都梨园史料．中国戏剧出版社，1988 年第一版，第 353 页。

5　包世臣（清）撰．都剧赋．包世臣全集．黄山书社，1991 年。

6　张次溪编撰．清代燕都梨园史料．中国戏剧出版社，1988 年第一版，第 353 页。

10　梁实秋．听戏．雅舍杂文．文化艺术出版社，1998 年，第 166 ~ 169 页。

11　梅兰芳著．舞台生活四十年．中国戏剧出版社，第一集，1987 年第 1 版，第 26 页。

五、北京清代戏园的文化习俗

1. 只演日戏，没有夜戏

清代北京戏园的演出时间，一般是从中午到晚六时左右。到了冬天时，结束的更早一些。清 · 徐珂《清稗类钞》“京师戏园”条记载嘉庆年间（1796 ~ 1820 年），戏园“午后开场，至酉而散”[1]。之所以没有夜戏，是由于清时北京一直实行宵禁，天黑后就关闭城门，而戏园又位于城外，这样，为了方便住在城内的观众在掌灯时可以赶回城里，就只在白天演剧。当然还有另外一个原因，就是当时戏台的照明只能采用蜡烛或油脂灯，但中国戏曲又有很多武戏，如果在晚上演出时，易于扑灭火烛或引起火灾。到了清末，宵禁稍弛，照明亦采用煤油灯，才开始演夜戏。

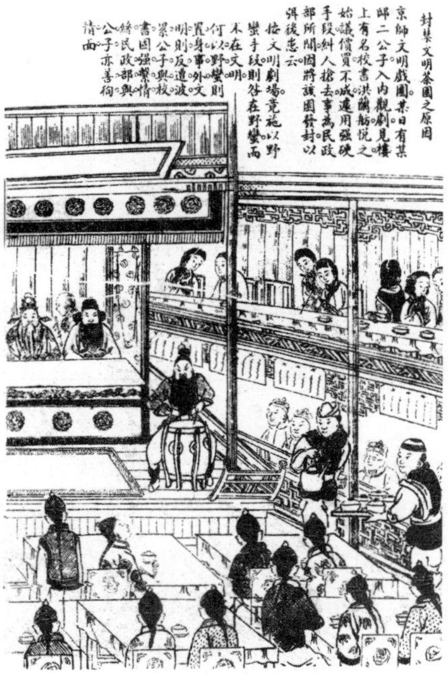

图 8–32　《光绪老画刊》所载戏园内景图

刘精民收藏．光绪老画刊“封禁文明茶园之原因”．中国文联出版社，2005 年第 1 版，第 80 页。

2. 前后三轴，中间精彩

清时北京戏园演出，一般每日上演“三轴子”，即早轴子、中轴子、大轴子。道光二十二年（1842 年）《梦华琐簿》中云：“今梨园登场，日例有三轴子。”[2]其中，早轴子的主要作用是召集和等待观众。观众未到齐之前，先开锣演出，一方面使得已到的观众不至于无聊，另一方面则催促晚来的观众迅速入场。中轴子则是演出精华部分，由戏班中最优秀的演员（所谓“台柱子”）出演。中轴子一般又分三出，其中最后一出最为精彩，称为“压轴子”。最后的大轴子则是当天的正戏，常常是连台本戏。《梦华琐簿》说：“大轴子皆全本新戏，分日接演，旬日乃毕。”[3]

清代贵族到戏园看戏，往往在中轴子开始前才来，中轴子结束后即离去。道光八年（1828 年）《金台残泪记》卷三云：“贵人于交中轴子始来，豪客未交大轴子已去。”[4]道光二十二年（1842 年）《梦华琐簿》亦云：“贵游来者皆在中轴子之前听三出散套，以中轴子片刻为应酬之候，有相识者，彼此互入座周旋，至压轴子毕，鲜有留者”，只有“大半市井贩夫走卒”，“徘徊不忍去者”。[5]

3. 不同戏园，轮换戏班

19 世纪时，欧洲已经建立起剧团和剧场合一的制度，即一个剧团长期在一个剧场演出。但清代的戏园，则主要采用轮换戏班的形式，即各个戏班轮流到不同的戏园演出若干天。道光二十二年（1842 年）《梦华琐簿》说：“《都门竹枝词》云：‘盖诸部赴各园皆有定期。大约四日或三日一易地。每月周而复始，有条不紊也’，并云：诸部周流赴戏园，大园四日、小园三日一易地，亦曰‘轮转子’。”[6]道光二十五年（1845 年）《都门纪略》中已经详细记载了四日一轮换戏园的日程（表 8–2）[7]。光绪四年（1878 年）《侧帽余潭》亦记载了光绪初年的情况：“各班数日一轮，不拘某园必演某班。”[8]

1　清代徐珂．清稗类钞．中华书局，1986 年 7 月第一版，第 5043 页。

2、3、5　张次溪编撰．清代燕都梨园史料．中国戏剧出版社，1988 年第一版，第 354 页。

4　张次溪编撰．清代燕都梨园史料．中国戏剧出版社，1988 年第一版，第 250 页。

6　张次溪编撰．清代燕都梨园史料．中国戏剧出版社，1988 年第一版，第 349 ~ 351 页。

7　清代杨静亭编．都门纪略．清道光二十五（1845）刻本．国家图书馆藏。

8　张次溪编撰．清代燕都梨园史料．中国戏剧出版社，1988 年第一版，第 601 页。

《都门纪略》记载的四日一轮换戏园的日程表 表 8-2

	1～4日	5～8日	9～12日	13～16日	17～19日	20～23日	24～27日	28～30日
广德楼	春台班	嵩祝成班	春台班	三庆班	双顺和班	四喜班	三庆班	四喜班
庆和园	四喜班	万顺和班	三庆班	嵩祝成班	四喜班	三庆班	万顺和班	春台班
庆乐园	万顺和班	三庆班		万顺和班	三庆班	小福胜班	春台班	
同乐轩		双顺和班	嵩祝成班		小福胜班	嵩祝成班	小福胜班	双顺和班
三庆园	三庆班	春台班	四喜班	四喜班	春台班	双顺和班	嵩祝成班	嵩祝成班
广和园	双顺和班	四喜班	万顺和班	春台班	嵩祝成班	万顺和班		三庆班
天乐园	嵩祝成班		双顺和班		万顺和班		双顺和班	万顺和班

但是，到了清末，戏园和戏班开始采用“合一”的形式，即某一戏班固定在某一戏园演出。戏园预先向戏班付一定定金，演出后的收入则再按比例分成。陈墨香《观剧生活素描》中记述庚子事变（1900年）前后的变化：“从前各戏园是各班轮流演唱，唤作活转儿，如今改了，一班用占一园，唤作呆转儿。”[1]

4．无需购票，需付茶资

清时北京戏园内看戏，没有“戏票”一说。品茗听戏，只付“茶资”，无需购票。实际上，茶资就相当于现在的戏票。观众随时可以入场或退场。而且，有经验的观众，都是在序幕性演出开始后方才陆续入场。观众进入戏园后，由专门的领座者，根据观众的穿戴打扮，引领到等级不同的座位。领座者又称“卖座儿的”、“看座的”、“司座”。一座戏园里有多位“领座者”，各自负责一片座位。清末《燕市积弊》说：“各地有各地的卖座儿的。余外还有个堂头。每地多少桌，由一至十的算。加空，掳凳儿，现来现说。”[2]当然，观众也可以自己选择座位。观众入座后，茶房会送上茶水。一般在“大轴”演出开始前收取茶资。茶资又称座钱，其中就包括戏价。演到压轴戏时，会检查观众是否已付茶资，名曰“查堂”。

关于北京清代戏园看戏的价格，从清中期到晚期，呈增长的态势。道光八年（1828年）《金台残泪记》卷三提道：“凡散座一座百钱，曰‘茶票’。……官座一儿，茶票七倍散座。”道光二十二年（1842年）《梦华琐簿》中云：“春台、三庆、四喜、和春，为四大徽班。其在茶园演剧，观者人出钱百九十二，曰‘座儿钱’。”[3]近人沈太侔在《宣南零梦录》中记载，光绪元年（1875年）的戏园中，“池子每座当十钱六百文，后增至八百。楼上每桌当十钱六千，后增至八千。官座由十八千，增至二十四千今日戏价。”[4]可见，到了光绪年间，官座、散座的价格和道光年间相比，都有大幅增加。

清中后期，北京各个戏园的戏价一般都是一样的，每天的戏价也基本固定不变。但是，到了清末，这种情况发生了变化。不同的戏园戏价不同，同一戏园的戏价亦经常变化。倦游逸叟《梨园旧话》中：“从前戏价各园一致，今则不然：此园之价与彼园异，今日之价与明日又异，倘恍离奇，莫可究诘。”[5]

清时北京戏园，一般无须提前预订座位。但由于官座有限，则往往需要提前预订。李绿园（1707～1790年）撰《歧路灯》第十回述及宋云岫请人看戏，前一天就“亲自进同乐楼拣的官座占定。”[6]清末民初《宣南零梦录》中云：“绅商请客，必先日定官座。”[7]清末时，有时官座比较紧张，卖座的

1 潘镜芙，陈墨香撰．梨园外史．宝文堂书店，1989年，第389页。
2 清代待余生撰．燕市积弊．铅印本．北京爱国报馆，清宣统元年（1909年），国家图书馆藏。
3 张次溪编撰．清代燕都梨园史料．中国戏剧出版社，1988年第一版，第349页。
4 张次溪编撰．清代燕都梨园史料．中国戏剧出版社，1988年第一版，第804页。
5 张次溪编撰．清代燕都梨园史料．中国戏剧出版社，1988年第一版，第836页。
6 李绿园撰．歧路灯．大众文艺出版社，2002年，第9页。
7 张次溪编撰．清代燕都梨园史料．中国戏剧出版社，1988年第一版，第809页。

人就常常索要高价。民国23年（1934年）《梨园旧话》说："甚至于观听适宜之座位，并未卖出，司座者（南方谓为案目）谬谓已为人占定。深悉其中窍要者，辄谓非运动不为功，至有贿以多资，其数浮于戏价者。"[1]

5．注重互动，嘈杂热闹

北京清代戏园内的演出，特别注重观众和演员的交流。观众在戏园中可以尽情而放松地欣赏、欢呼，演员可以从观众真实而热烈的反应中获得激情。这一点是皇家剧场、庙宇剧场无法比拟的。皇家剧场中，慑于皇家的威严，演员往往不苟言笑；而在庙宇剧场中，慑于对神灵的崇敬，演员和观众往往也不得不威严正坐；而在戏园中，观众可以在精彩之处高呼，可以在不满意时喝倒彩。道光二十二年（1842年）杨懋建《梦华琐簿》中云："茶话人海，杂遝诸伶，登场各奏尔能，征鼓喧阗，叫好之声如万鸦竞噪矣。"[2]

观众在戏园内欣赏演出时，可以喝茶、吃零食，甚至可以吃碗面。这大概是由于中国戏园来源于酒馆、茶楼，承袭了酒馆和茶楼中喧闹的特征。著名相声演员侯宝林（1917～1993年）曾在相声《关公战秦琼》中，绘声绘色地描述了戏园的情况：

> 我小时候，那戏园子里头，那么乱。那真受不了。大戏园子还好点儿，什么"吉祥"、"长安"那还好一点儿。你要到天桥那小戏园子儿，嗬！乱极啦！首先说门口儿，这卖票的，就这嚷劲儿就受不了。小戏园子儿，不登报，没广告，就指着门口儿那儿搁个人儿嚷。你听他嚷那个词儿——"看戏吧！看戏吧！又擦胭脂又抹粉儿，有男角、有坤角、有文戏、有武戏呀，又翻跟头，又开打，真刀真枪玩了命啦！""两毛一位，两毛一位。"花两毛钱，看玩儿命的。这是戏园子外边儿，就这么乱！里边儿更乱啦！戏园子里边儿有打架的。你爱听这个演员，他爱听那个演员，因为叫好，俩人打起来了。有时候，楼上跟楼下还能打起来呢。他那阵儿的楼啊，它没有护楼板，都是一棵一棵的栏杆儿。什么东西都往下掉。你掉个戏单儿啊，掉个手绢儿不要紧哪，掉个茶壶，给那位开啦！坐下就好好听戏吧！坐下聊天儿。里边儿有什么带座儿的、找人的、沏茶灌水儿的、卖饽饽点心、瓜果梨桃的，还有卖报的、卖戏单儿的。最讨厌就那扔手巾板儿的。其实夏天人出汗，擦擦毛巾是好事儿。就他这来回扔啊，弄得你眼花缭乱。就说是嘛！十几条毛巾，搁在一起，拿开水一浇，把它拧干啦，上边儿洒点花露水儿。这个角儿一个人，那个角儿一个人。这么老远扔，往起扔！扔得很高啊。那玩艺儿也是技术。哎，你别看扔那么高，上边什么东西都碰不着。扔的这主儿这个姿势。"日——！"接的那主满不在乎，"——嘣儿！"哎，准！有时候，楼上楼下离得近了也扔。离得近了，还来花样哪。扔的这主来个"张飞骗马"！"日！"上去啦！来个"苏秦背剑"——"嘣儿！"有时候弄散啦，还来个"天女散花"。你再听这卖东西、找人的——"里边瞧座！""跟我来您呐，这儿四位！""给这儿续水呀！""有人拿张票！""这儿添个碗儿"、"薄凉糖瓜籽儿烟卷儿哎"、"面包点心！""看报来看报来！当天的戏单儿！""哎哟，嗬！二婶儿！我在这儿哪！"坐下就好好听戏吧！坐下聊天儿。台上你唱你的，开场戏没人听。这聊上啦！"哟，二婶儿，你怎么这晚才来？""可不是嘛！家里有点事，要不然我早就来啦！你看今儿这天儿倒是不错，响晴白日的！哟！这挺好天儿怎么？怎么下雨啦？""嗨！楼上你们那孩子撒尿啦！"您说受得了受不了？[3]

相声由于是文学创作，自然或多或少有夸张的成分，但由于作者多方收集资料，并亲身经历戏

1　张次溪编撰．清代燕都梨园史料．中国戏剧出版社，1988年第一版，第836页。

2　张次溪编撰．清代燕都梨园史料．中国戏剧出版社，1988年第一版，第348页。

3　作者根据侯宝林先生的录音带整理。

园演出，而又时隔不久，所以还是具有较高的史料价值的。

6．人员闲杂，有扰演出

清代的北京戏园之内，除了观众之外，还有庞杂的人员，即茶水行、小卖行、手巾把行等所谓“三行”。所谓茶水行，负责烧茶和沏茶。所谓小卖行，负责卖糖果、香烟、瓜子、花生等。由于戏园演剧持续时间较长，有时观众就在戏园内买些吃的。光绪二十二年（1896 年）梨园竹枝词描述戏园内情景云：“包子凉糕奶卷儿，闷炉烧饼细酥皮。端来问遍仍端去，怪底今朝客不饥。”[1] 另外，清末时戏园里时髦“打手巾把”。由于夏天看戏时非常炎热，戏园就准备好一些热毛巾，扔给观众，并高喊“手巾把来喽！”然后观众轮流揩脸。当然，就卫生的角度而言，这是非常不好的。

可见，戏园演出时，台下有热手巾满天飞，有卖东西的人晃来晃去，台上又有捡场的人来来去去，这可谓是中国戏园的一大特征。著名戏剧家徐慕云在民国 23 年（1934 年）《改良中国戏剧意见书》论道：“（旧式戏园）惟环境不良，茶役小贩时扰观听，未免可厌，夏日，手巾把满园横飞，汗臭气触鼻欲呕，尤招外人憎厌，以至观平剧无不有乐不敌苦之感焉。”[2]

7．环境不佳，夏热冬冷

清代时戏园内并没有空调或取暖设备，所以夏天热不可耐，冬天冷冻难忍。道光二十二年（1842 年）《梦华琐簿》中，记载了夏天去广德楼看戏的情况：“至则汗出如浆，烦闷不复可耐。凭阑下瞰，万人海中，殷殷阗阗笑语，所蒸如釜中气，腾腾上触。”[3] 李慈铭（1829 ~ 1894 年）在《越缦堂菊话》中记载了同治三年（1864 年）七月十六日：“诣三庆园听戏。客座踏肩，甚不可耐。”[4] 同书又记载，同治三年七月二十三日：“出城诣广德楼，偕陈莲峰、殷实畴听戏。摩肩踏臂，嘈杂不堪。予独据一席，坐未几，芷秋来。予敛膝容之。历一时许，有旧识贱工名梅午者，亦至左右夹我，扇不得摇，热汗交下。此亦王弇州所谓‘与君说苦君不信’者也。”[5]

六、总结

进入民国以后，北京的新式剧场逐渐取代旧式戏园，其明显的变化有：前沿突出的镜框式舞台替代了正方形三面敞开的戏台；半圆形排椅代替了面对面坐的长凳；舞台大幕代替了上下场门；照明也开始采用电灯或煤油灯；名称亦由“戏园”改为“戏院”。这样，民国年间，随着现代剧场的兴起，旧式的戏园逐渐退出了历史的舞台，但是，戏园作为室内的专门性演剧场所，上承传统露天剧场，下启现代剧场，在中国戏曲史和剧场史上具有非同寻常的意义。

第三节　上海清代晚期戏园

一、上海戏园发展概论

清中叶前，上海地处海滨一隅，位置偏僻，仅为一小县城，人口不足 20 万，虽“慕苏扬余风”，然“士文近浮，农愿而近野”[6]。据《南京条约》（1842 年）规定，道光二十三年（1843 年）后，上海正式对外开放为商埠，英、美、法等国先后在上海旧城区以北建立租界。同时，由于太平天国

1　张次溪编撰．清代燕都梨园史料．中国戏剧出版社，1988 年第一版，第 1177 页。
2　中国戏曲志编委会．中国戏曲志．北京卷．中国 ISBN 中心，1999 年，第 1299 页。
3　张次溪编撰．清代燕都梨园史料．中国戏剧出版社，1988 年第一版，第 376 ~ 377 页。
4、5　张次溪编撰．清代燕都梨园史料．中国戏剧出版社，1988 年第一版，第 704 页。
6　清代应宝时修、俞樾纂．（同治）上海县志．卷一．“风俗”．同治十一年刊本。

战争（1851 ~ 1864 年）时，“江浙绅富至庶民，佥以上海为桃源，迁而居之”[1]，这样，上海很快发展成为国际性商业大城市，“来游者，中朝则十有八省，外洋则二十有四国”[2]。

开埠之后的上海，随着商业的繁荣，人口的增加，各种戏曲剧种也相继涌入，形成相互融合、相互竞争的局面。戏曲演出亦日益繁盛，发挥着极为重要的社会影响力，使得上海成为中国近代南方戏曲活动的中心之一。同时，以商业赢利为目的的戏园逐渐兴起，成为当时最为重要的演出场所。清代晚期的上海戏园，数量众多，初步统计有 100 余座，居全国之首，在中国剧场史上具有重要的意义。由于戏园多采用木结构，极易在火灾和战争中焚毁，时至今日，已无一幸存。

下文根据大量文献史料以及当时的写实性画报中的形象资料，分析了上海清代晚期戏园建筑的历史沿革、空间格局、建筑形式、观演形式等。

二、上海清代晚期戏园的历史沿革

清代晚期的上海戏曲，呈现“昆乱之争”，即昆曲、徽剧和京剧的竞争与融合。上海开埠初期，戏曲演出以昆剧为主。当时尚无营业性的戏园，主要在私家厅堂、花园以及会馆戏场、庙宇戏场中演出。咸丰初年，苏州的昆曲戏班因受太平天国的冲击，纷纷转移到邻近的上海，促进了上海昆曲的发展和繁荣。写于光绪十年（1884 年）的《名优类志》中云：“沪上昔日盛行昆曲，大章、大雅、鸿福、集秀尤为著名。”[3] 咸丰元年（1851 年），上海出现了第一家营业性的戏园，即三雅园。此后，在老城内又有几家专演昆剧的戏园开业。民国十七年（1928 年）发表的《上海戏园变迁志》载：“上海之有戏园，初在城内，所演仅昆戏。余生也晚，已不及见，不敢妄言。京剧风行，戏园斯盛且俱移设租界。”[4] 可见，上海早期的戏园多在城内，主要演出昆曲。

同治初年（1862 年），徽班的势力增强，形成昆、徽相争的局面，所谓“文武昆徽，各擅其胜”。但是，不久，京班自京津南下，受到上海的热捧，“沪人初见，趋之若狂”[5]，很快取代昆、徽的地位，独领风骚。民国 3 年（1914 年）发表的《上海四十年演剧史》中云：“上海开埠最早，京津伶界之杰出者，多乘时南下，故各种梨园中之人才，时称盛焉。”[6] 光绪二年（1876 年）刊印《沪游杂记》中：“自京班来沪，一时官场士庶强半京装，其甚者男则宽衣大袖学优伶，女则倩装效妓家，相习成风，恬不为怪。”[7] 随着京班的风靡，昆剧和徽班在上海的演出逐渐衰落。

同治五年（1866 年），仿照北京戏园的形式，上海建造了租界内的第一家茶园“满庭芳”，演出京剧，受到上海民众的热捧。光绪九年（1883 年）刊印的《淞南梦影录》中云：“沪上优伶，向俱来自苏台。同治初年，徽人开满庭芳于南靖远街，都人士簪裾毕集，几如群蚁附膻，而吴下旧伶渐若晨星落落矣。嗣后京戏盛行，燕台雏凤，誉满春江，而徽班遂无人问鼎。”[8] 同年，著名的丹桂茶园亦开业，还特意从北京请来三庆、四喜等著名京班，受到上海观众的认可，几乎夜夜座无虚席。

此后，上海戏园进入飞速发展期。同治五年到六年（1866 ~ 1867 年）期间，曾在上海停留一年的黄懋材在《沪游脞记》中回忆道：“（同治初年）夷场（指租界）大小戏园，共有卅余所，或男

1　哀梨老人．同光梨园纪略．转引自：中国戏曲志 · 上海卷．中国 ISBN 中心出版，第 1996 年，第 101 页。

2　清 · 葛元煦撰．《沪游杂记》自序．光绪二年（1876 年）书．上海世纪出版股份有限公司，2006 年，第 7 页。

3　光绪十年（1884 年）的王韬《名优类志》．转引自：中国戏曲志编委会．中国戏曲志 · 上海卷．中国 ISBN 中心出版，第 1996 年，第 12 页。

4　海上漱石生．《上海戏园变迁志》．戏剧月刊．民国 17 年（1928 年）第 1 卷第 1 期。

5　哀梨老人．同光梨园纪略．见申报．转引自：中国戏曲志编委会．中国戏曲志 · 上海卷．中国 ISBN 中心出版．第 1996 年，第 12 页。

6　乘黄．上海四十年演剧史．载《快活世界》．民国 3 年第二期。

7　葛元煦，黄式权，池志徵著．上海滩与上海人丛书——沪游杂记．淞南梦影录，沪游梦影．上海古籍出版社，1989 年。转引自：中国戏曲志编委会，中国戏曲志 · 上海卷，中国 ISBN 中心出版，第 1996 年，第 13 页。

8　黄协埙．淞南梦影录．上海：上海古籍出版社，1989 年，第 116 页。

串，或女串，或男女合串。文班则聚美轩、三雅园最著，武班则丹桂轩、满庭芳为盛。园中层楼长庑，结彩铺茵。肃客而入者曰案马，伶俐婉转，善伺人意。”[1] 同治十一年（1872 年）6 月 4 日《申报》刊登的《戏园杂谈》云：“洋泾浜戏园林立，其最著名者为丹桂茶园、金桂轩，皆京班也。”同治十一年（1872 年）7 月 9 日《申报》刊载的《戏园竹枝词》中云：“洋场（指租借，作者注）随处足逍遥，漫把情形笔墨描。大小戏园开满路，笙歌夜夜似元宵。”写于光绪十年（1884 年）的《名优类志》云：“戏院之闳丽，优伶之美备，征色选声，多材善艺，莫如上海，他省悉弗及焉。”1995 年出版的《上海黄浦区文化志》统计，仅黄浦区境内就曾有“40 余处演出戏剧的茶园，而其中因业主改换，招牌易名，其数更多达 100 余座”[2]。据 1996 年出版的《中国戏曲志 · 上海卷》统计，上海在同治年间（1861 ~ 1874 年）开业的戏园达 25 家，光绪年间（1975 ~ 1908 年）开业的戏园达 79 家，共 104 家[3]。从这些描述和统计中可以看出，上海清代晚期的戏园建筑是非常繁荣的。

尽管各座戏园的盛衰不一，但大部分戏园之中，还是观众云集。光绪九年（1883 年）刊印的《淞南梦影录》中述及戏园演出盛况时说：“上灯时候，车马纷来。鬟影衣香，丁歌甲舞，如入众香园里，令人目不暇赏。迨至铜龙将尽，玉兔渐低，而青楼之姗姗来迟者，犹复兰麝烟迷，绮罗云彩，诚不夜之芳城，销金之巨窟也。”[4] 光绪十九年（1893 年）前后刊印的《沪游梦影》对戏园描述为：“各戏登场，万头攒动，蚁拥蜂喧。”[5]

各座戏园在演出的内容和形式上也有所区别。写于光绪二年（1876 年）的《沪游杂记》一书中描述了上海清代晚期一些戏园的演出风格：“迩来京班以丹桂茶园、金桂轩为最，金桂武戏较胜文班；惟三雅园皆吴下旧伶，惜知音鲜矣！其次富春茶园，脚色有大小；天仙茶园，京、徽合演。此外，丹凤园、同乐园，亦以徽调间京腔。”[6] 可见，当时的戏园，一般都有自己擅长的剧种和剧目，甚至有特定的观众群体。

就位置分布而言，上海清代晚期戏园主要分布在老城厢内，其中，以宝善街（今广东路附近）、四马路（今福州路附近）等分布最为集中。而小东门外一条街（今龙潭路），由于新三雅园等戏园集中于此，一度被称为“戏馆街”。

三、上海清代晚期戏园的典型实例

根据历史资料，选择上海最早的戏园“三雅园”、最早的京剧戏园“满庭芳”以及被誉为清代晚期四大京班戏园的“丹桂”、“金桂”、“天仙”、“大观”戏园，作简单介绍和述评。

1. 三雅园。又称山雅园，位于当时上海县署的西侧（今南市四牌楼附近），是上海最早的具有营业性质的戏园，专演昆曲。该戏园由富户宅院改建而成，沿街为八扇门的高平房，入门有小型花园。戏台建于大厅之中，观众围方桌而坐看戏，上午卖茶，下午开戏。咸丰四年正月初一（1854 年 2 月 17 日），小刀会起义军撤退时，戏园毁于兵火。后来，又有多座戏园采用“三雅园”之名。

2. 满庭芳。位于石路（今福建中路靠近广东路一段），由英籍华人罗逸卿所建，于同治六年（1867 年）竣工，为上海第一家京戏园，也是租界内的第一家中国戏园。戏园为木结构，上下二层，仿京式戏园。演出时，采用同一票价。光绪三十年（1904 年），遭火焚毁。后改建住宅，地名称为“满庭坊”。

1　转引自：林明敏等编著．上海旧影——老戏班．上海人民美术出版社，1999 年，第 8 页。

2　上海市黄浦区文化志编委员会编．黄浦区文化志，1995 年，第 52 页。

3　中国戏曲志编委会．中国戏曲志 · 上海卷．中国 ISBN 中心出版，第 1996 年，第 665 ~ 673 页。

4　黄式权《淞南梦影录》卷二．葛元煦，黄式权，池志徵著．上海滩与上海人丛书——沪游杂记．淞南梦影录，沪游梦影．上海古籍出版社，1989 年。

5　葛元煦，黄式权，池志濈等．沪游杂记 · 淞南梦影录 · 沪游梦影．上海：上海古籍出版社，1989 年，第 157 页。

6　葛元煦，黄式权，池志徵著．上海滩与上海人丛书——沪游杂记，淞南梦影录，沪游梦影．上海古籍出版社，1989 年。

3. 丹桂茶园。老丹桂茶园位于宝善街大新街口（今广东路湖北路路口），同治六年（1867 年）由浙江定海人刘维忠建造，是上海时间最长、规模最大，影响最广的一座京班戏园。丹桂茶园和金贵轩是清同治中叶上海最大的两家京剧戏园。丹桂茶园二楼为包厢，池座内设有茶桌座位，戏园后部设有排座（图 8–33）。光绪十年（1884 年），刘维忠再次在大新街马路口（今湖北路福州路路口）新建戏园，时人习称“新丹桂”，是上海四大京班戏园之一。后几易其主，宣统元年（1908 年），改建为丹桂第一台，采用新式剧场形式。

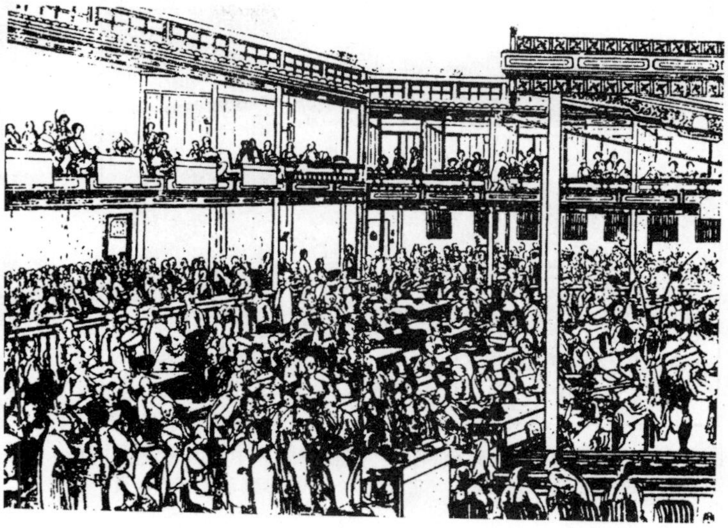

图 8–33　上海丹桂茶园戏园内部
廖奔著．中国古代剧场史．中州古籍出版社，1997 年，第 26 页。

4. 金桂轩。位于石路（今福建中路靠近广东路一段），清同治九年（1870 年）由京剧老生熊金桂创办。此后的较长时间内，和丹桂茶园齐名，报刊诗词多将“金桂”和“丹桂”并列赞誉。光绪元年（1875 年）金桂的班底转归天仙茶园，金贵轩受到较大影响，之后不得不几易其主。光绪三年（1878 年），更名为月桂轩。次年，迁至满庭芳茶园旧址，仍称“金桂轩”。

5. 天仙茶园。位于石路（今福建中路靠近广东路一段），清光绪元年（1875 年）由衙役王炳堃创办。名角孙菊仙、周凤林、董三雄、郑长泰等曾在这里演出。清宣统二年（1910 年），广东路开设新天仙茶园之后，石路“天仙”被称为“老天仙”。“老天仙”多次易主，有仁记天仙茶园、协记天仙茶园等。民国二年（1913 年），天仙茶园转与肇明公司后，改名肇明茶园。

6. 大观茶园。位于宝善街（今广东路近福建中路以东一段），清光绪三年（1877 年）由兆丰洋行买办吴蟾青联合著名京剧演员孙菊仙共同创办。开办时主要演员有老生小叫天（谭鑫培）、孙菊仙、纪寿臣，青衣常子和陆小芬等。次年春季，一批名角相继北去，戏园不得不关闭。光绪五年（1879 年）重新开张。光绪末年，大观茶园毁于大火。

四、上海清代晚期戏园的空间格局

目前，上海清代晚期戏园实物已难见踪迹。作者查阅了上海清代晚期出版的大量写实性画报，其中有戏园的不少形象资料(图 8–34 ～图 8–43)。

根据这些形象性史料，并结合文献史料，可以总结出上海清代晚期戏园的基本格局。这些戏园一般采用厅堂式，平面呈方形或长方形，戏台设于一端，呈伸出式，可三面观。戏台前部有两根角柱，前面三侧设雕花矮栏杆，柱头雕成莲花或狮头造型。观众厅周围三面建二层看戏廊，有楼梯上下。戏台和观众席采用悬挂灯笼的照明方式。戏台后侧一般为木格扇，两侧有上场门和下场门，多分别书“出将”、“入相”。上下场门后面则为演员化妆、休息的后台。

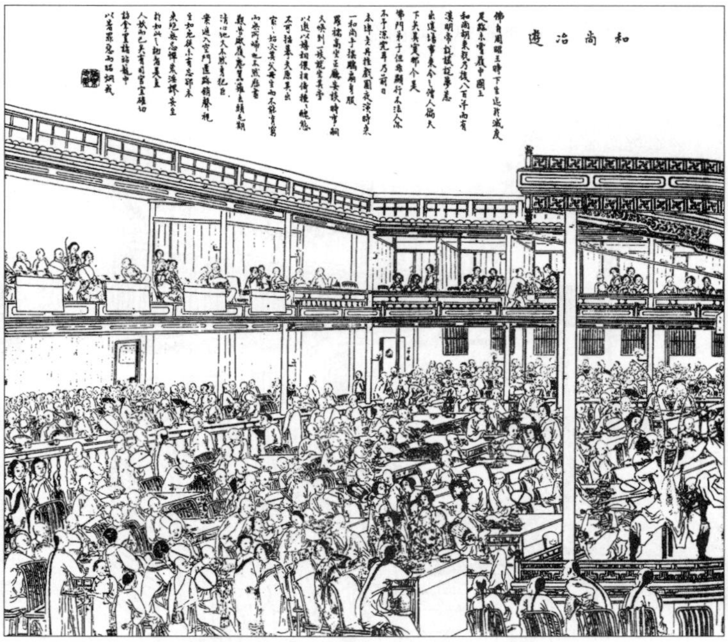

图 8–34　清代晚期画报中“和尚冶遨”图中的戏园内部
转引自：上海旧闻．古吴轩出版社，2004 年，第 12 页。

清代晚期画家吴友如（？～ 1893 年）在他的

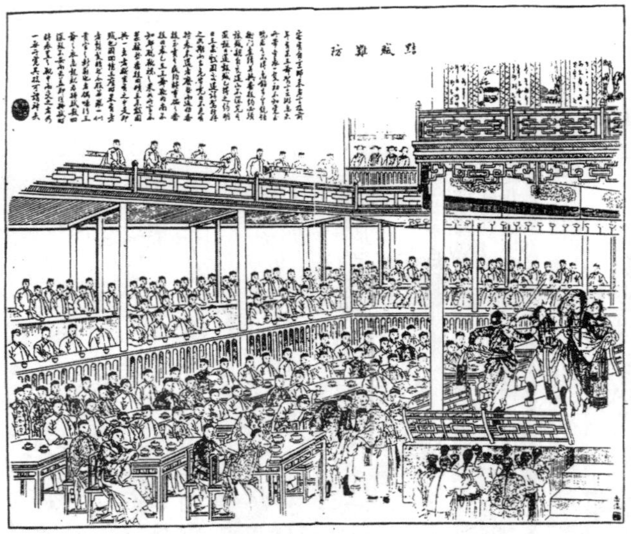

图 8–35　清代晚期《点石斋画报》“黠贼难防” 中的上海戏园内部

王世仁．北京湖广会馆建筑．北京文博，2000 年第 3 期，第 46 页。

图 8–36　清代晚期画报中的戏园内部

本节未标注的戏园图引自：清 · 葛元煦撰．沪游杂记．上海世纪出版股份有限公司，2006 年。

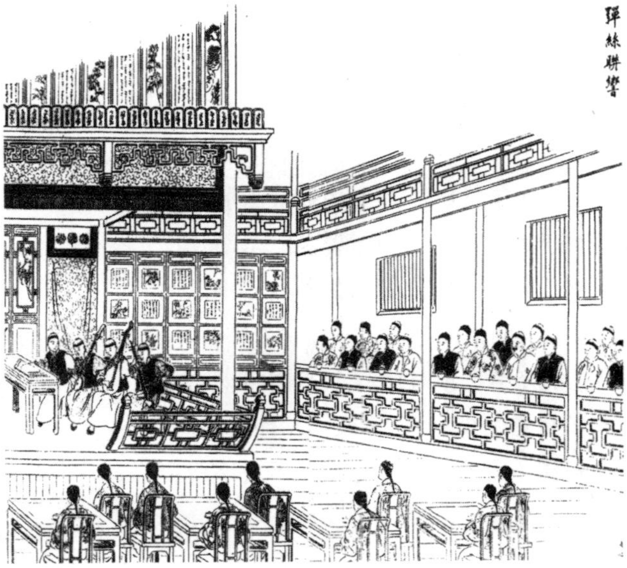

图 8–37　清代晚期画报中戏园内部

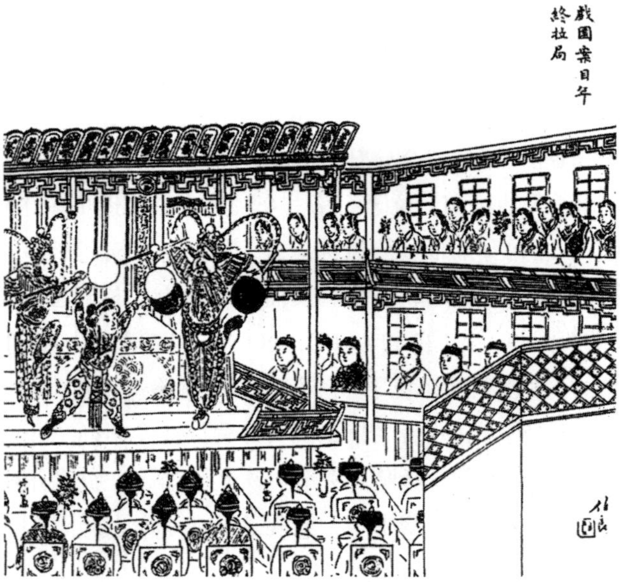

图 8–38　清代晚期画报中的戏园内部

图 8–39　清代晚期画报中的戏园内部

图 8–40　清代晚期画报中“戏园观剧” 中的戏园内部

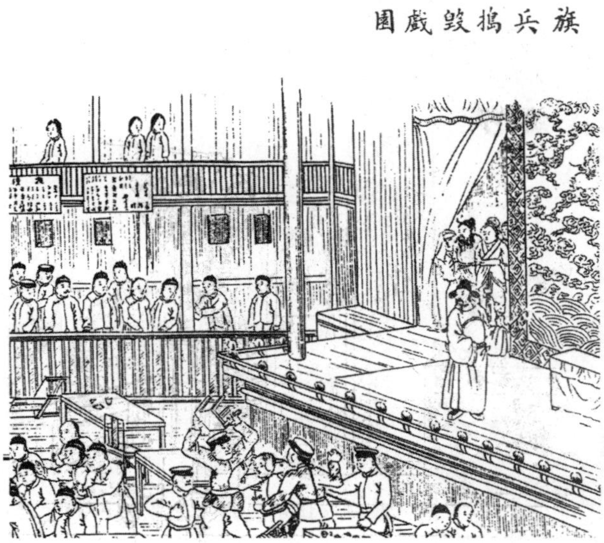

图 8-41　清代晚期画报中"骑兵捣毁戏园"的戏园内部

图 8-42　吴友如（？～1893）所绘上海福合园宴客演戏时斗殴图
廖奔著．中国古代剧场史．中州古籍出版社，1997 年，第 23 页。

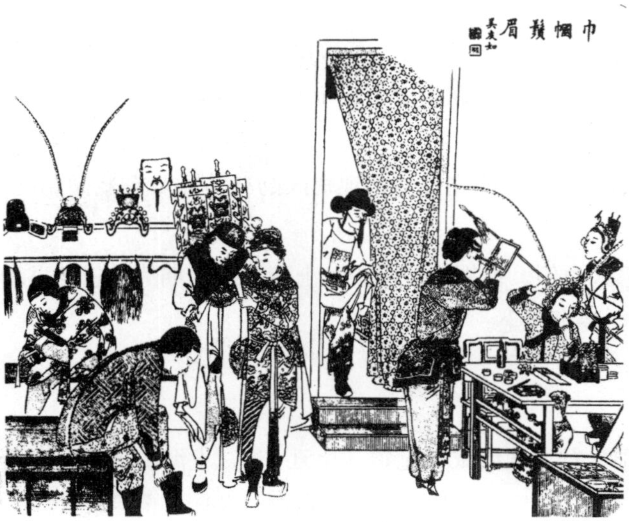

图 8-43　吴友如（？～1893）所绘后台内部及下场门

图 8-44　吴友如（？～1893）所绘《申江胜景图》中《华人戏园》图
廖奔著．中国古代剧场史．中州古籍出版社，1997 年，图版第 60 页。

《申江胜景图》里绘有一幅《华人戏园》（图 8-44），其中所绘内容就是上海戏园的内部情景。左侧为戏台，台柱悬有楹联，台口非常宽敞，台沿围有低矮的栏杆。图中演员正在戏台上方的横杆上表演特技。观众区放置着许多桌子，每排至少四张，每张桌子均为面对戏台横坐三人，侧向对坐两人。其中，第一排桌子前面另有一排椅子，为临时增加的散座。楼座被分割成包厢，楼下廊内是用栏杆与正厅隔开的边厢。边厢后面也是观众席，非常简陋，极其拥挤。边厢前面设有长靠椅，可供多人同坐。戏园内的各根柱子上，都安装着灯，台口另有五盏脚灯。观众是男女混杂的，反映了当时社会风气之开放。

上海戏园的形式主要模仿和借鉴了北京戏园的形式。清末民初编撰的《清稗类钞》中有"上海戏园"一节，称："上海戏园，向仅公共租界有之。其戏台客座，一仍京津之旧式。光绪初年（1875 年）已盛，如丹桂、金桂、攀桂、同桂，皆以'桂'名，称为巨擘。他若三雅园、天仙园、满庭芳、咏霓、留春亦著。”[1]

民国16年（1927年）《申报》刊登了《近三十年来海上剧场之变迁记》一文，文中比较了上海戏园和北京戏园之间的区别，云：

图 8–45　清代吴友如所绘清代晚期上海品玉楼书场
王世仁．北京湖广会馆建筑．北京文博，2000年第3期，第43页。

光绪辛卯春，予由闽入都，道经上海，因候轮停留数日，朋辈相约观剧。彼时海上戏园有四，曰天仙，曰丹桂，曰留春，曰咏霓。戏价或三角，或四角。楼上两旁除包厢外，楼中及楼下池座，俱列方桌，被以红缎桌面。每桌排列单靠椅六张，定为六客。客俱盖碗茶，瓜子四碟，戏半并出热点四盆，手巾频频，伺应周到，弥觉舒适，戏价外略付手巾小帐数十文，无他需索也。及抵京，南北情形则大相径庭。京中各戏园，虽悬挂茶园幌子，然并不为客备茶，更无手巾之说。客须自带茶叶，交与看座冲水，须付水钱数文。而茶壶茶碗，则殊龌龊不堪入口。座位则长凳粗桌，等于沪上之起码座。

可见，当时上海的京班戏园规模宏敞，装饰典雅，明亮舒适，观众区的环境和北京戏园相比，条件要好一些。

上海清代晚期也有不少书场，和戏园的形式类似，惟规模较小。如上海清代晚期的品玉楼书场（图 8–45），图中演员正在戏台上表演，观众亦围桌而坐。

五、总结

清代晚期的上海戏园，数量众多，居全国之首。从清咸丰元年（1851年），上海出现第一家营业性质的戏园“三雅园”，到民国6年（1917年），最后一家戏园“贵仙茶园”关闭，前后近70年，出现了百余家戏园，在中国剧场史上具有重要的意义。清代晚期上海戏园兴盛的同时，出现了以兰心戏院为代表的新式剧场的雏形，并逐渐得到观众的接受，对旧式戏园产生了挑战。进入20世纪后，随着新式剧场的建立，旧式戏园逐渐退出了历史舞台。

1　徐珂编撰．清稗类钞第十一册．中华书局，第5046页。

第九章　特殊形式的剧场

中国传统庭院式剧场，一般一院一台，即戏台为表演空间，庭院及其两侧看楼为观众空间。但也有一些特殊形式的剧场。或为了渲染热闹气氛和奉祀不同的神灵，将几座戏台组合在一起，形成所谓的连台、对台、品字台；或为了节省人力物力，一座戏台服务于几座庙宇（或祠堂、会馆），形成所谓的鸳鸯台、三面开台；或将戏台和山门、街亭等融合为一体，形成所谓的穿心戏台、过厅戏台，如此等等，不一而足。总之，这些剧场构思精巧，因地制宜，富有创造性。下文分述之。

第一节　几座戏台组合的剧场

一、对台

所谓“对台”，是指两座戏台“对立”而存在。具体的布局方式可分为两种，一种是两台口面向同一方向；另一种是两台口正好相对。

如山西五台县金刚库村奶奶庙内的两座戏台，台口朝向同一方向（图 9–1）。这两座戏台均面宽三间。

图 9–1　五台县金刚库村奶奶庙两戏台

陕西韩城城隍庙则是东西两侧分别建戏台（参见本书第三章第 24 节），东台台口向西，西台台口向东，两座戏台的台口正好相对，共用庭院空间。每年农历八月二十，系城隍庙庙会始日，当地民众必请两戏班于此对台演出。由于两台口相对，声音的干扰自然严重，听戏条件非常糟糕，可民众似乎更注重的是场面的热闹。为了热闹的气氛，也就不再苛求听闻条件了。

“唱对台戏”、“打对台”是中国传统戏曲文化的重要内容。两戏班同一时间在同一场所演戏，观众自由流动，哪边好看就站那一边，其场面之红火，气氛之热闹自不待言。对台这一特殊形式的戏台因此应运而生。一些地方庙会，亦经常临时搭建两座戏台，形成对台。

二、二连台

“二连台”是指两座戏台一字排开，连在一起。中国传统建筑的开间一般采用奇数，连台的形式亦以三连台更为多见。不过，僻壤之地，少有束缚，不拘一格，偶有采用二连台者。

图 9–2　定襄县大南庄村二连台外观

山西定襄县大南庄村关帝庙戏台（图 9–2 ～图 9–4）就是典型的二连台。这座二连台面对三座庙宇，即当地俗称的“连

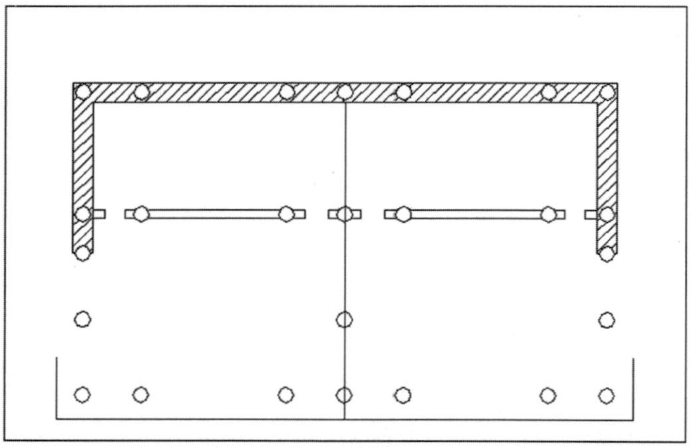

图 9–3　定襄县大南庄村二连台平面图

图 9–4　定襄县大南庄村二连台

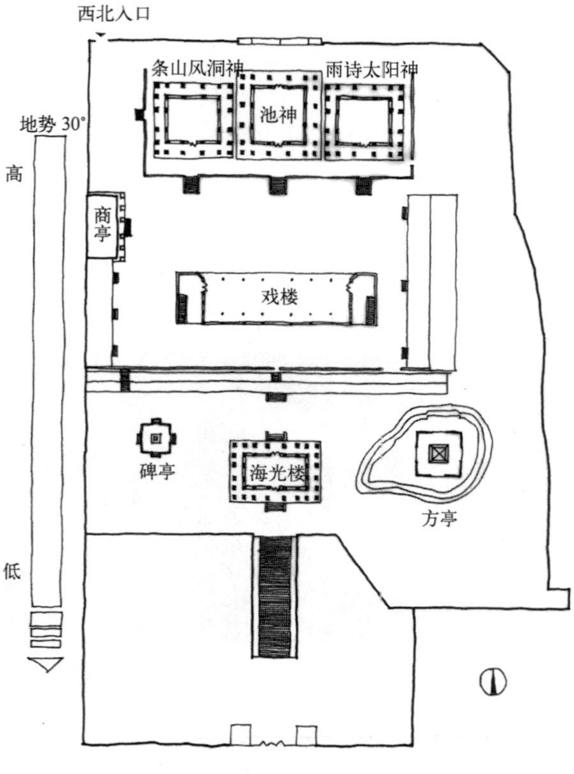

图 9–5　运城市池神庙现状平面图
高山著．运城盐池神庙建筑研究．西安建筑科技大学硕士学位论文，2004 年。

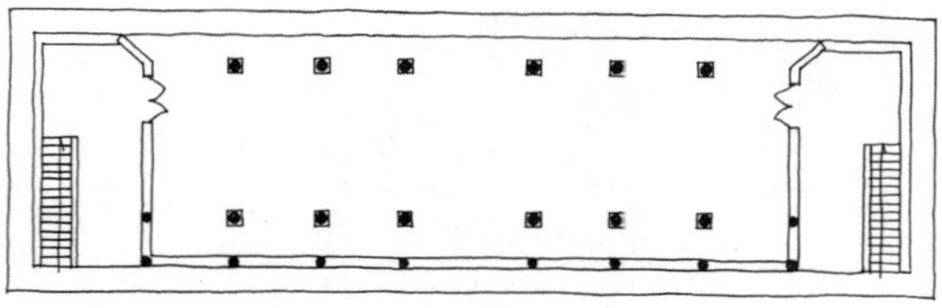

图 9–6　运城市池神庙戏台平面图

二台子三座庙”。戏台面宽六间 11.4 米，通进深 7.75 米，其中前台 4.65 米。以中间一排共用的柱子为界，分为两个戏台。每台三间，明间 3.7 米，次间 1.5 米。台基仅高 0.7 米，当地人称之为“坐观式”，观演关系密切。台口有石护栏，望柱雕莲。前后台之间的隔扇已毁，惟存框架。屋顶为卷棚悬山式，筒瓦覆顶，五椽（前三后二）六檩。尽管空间一分为二，但其屋顶和梁架仍是一个统一整体。芮城县刘堡村药王庙戏台亦采用这种二连台的形式[1]。

三、三连台

“三连台”是指三座戏台一字排开，连在一起。按其建筑形式，又可分为下面两种：

1. 利用隔断（或墙体）从空间上将一座开间较多的建筑一分为三。其特点是无论外观还是内部梁架，均为一完整的建筑。

山西运城市池神庙戏台即为这一形式。池神庙原有正殿、戏台、献殿、海光楼、配殿等，现在献殿、海光楼等已毁，仍存戏台、正殿、配楼（图 9–5）。戏台始建于明嘉靖十四年(1535 年)。明嘉靖十四年《河东运司重修盐池神庙记》曰:“为乐台二，为二门三。中门一，角门二，为间五。扁仍旧曰‘洪济’。外左右为神厨，为土地庙，各五间。大门为岑楼间五，扁仍旧曰‘海光’，外为盐风亭一，候薰风也。外折道为坊门三，后埂为官厅二，有厢池。南为南禁楼一，池外葺城暨堤。维周葺铺凡二十有六。诸场廨施工有差。于是庙貌威然，穆然，有事于斯者，敬心油然而生矣。”

现存池神庙戏台为清代遗构，面宽七间 27.6 米，通进深 9.3 米，台基高 2.9 米，单檐歇山顶（图 9–6 ～图 9–8）。中

1　芮城县志编委会编．芮城县志．三秦出版社，1994 年，第 766 页。

间台三开间，达 12.0 米，移柱造，上悬“奏衍楼”匾，下为门券，连通前后两院。东西两侧山墙前设八字墙。平柱有楹联书：“奸雄百计得便宜，难免当场唾骂；忠贞一时受困苦，须知后世称扬。”外柱亦有楹联书：“要看早些来，好文章惟争入首；须看完了去，大忠孝皆在后头。”

戏台对面为三大殿，中间殿供奉盐神；东殿和西殿分别供奉日神和风神，规模略小（图 9-9）。池神庙之所以采用三连台形式，大概是为了不偏不倚地供奉三座神殿。《中国戏曲志 · 山西卷》述及，相传每年农历六月初一举行庙会时，“邀请三个戏班演出，互相献艺竞争；台下观众流动观戏，热闹异常”[1]。

山西芮城县东吕村关帝庙戏台（图 9-10 ～图 9-12）也是一座三连台，将一幢建筑一分为三。

图 9-7　运城市池神庙戏台外观

图 9-8　运城市池神庙戏台山墙面

图 9-9　运城市池神庙正殿

图 9-10　芮城县东吕村关帝庙戏台

图 9-11　芮城县东吕村三连台背面

图 9-12　芮城县东吕村三连台梁架

1　中国戏曲志编委会 . 中国戏曲志 · 山西卷 . 北京：文化艺术出版社，1990 年，第 547 页。

图 9–13　芮城县东吕村关帝庙戏台凹槽

在分隔处屋顶上以戗脊分开，三座戏台显得泾渭分明。台口设影壁，额枋有木雕装饰。中间台的台面下面为通道，两侧边沿留有凹槽。演戏时在上面搭板(图9–13)，形成完整的台面。这座戏台规模宏大，颇有气势。在乡村僻壤之地，有如此规模大戏台，足见当年戏曲演出之兴盛。

2. 三座戏台相对独立，但又相互联系。如山西介休市关帝庙三座戏台（图 9–14 ~ 图 9–16）坐南向北，一字排开，相互之间用小开间的房间联系。中间台面对关帝庙，东侧台面对土地祠，西侧台面对吕祖庙，可谓各司其职。

三连台的产生，大概主要基于两点。其一，中国的传统庙宇往往在一座庙宇中祭祀多位神灵，当不愿冷落任何一位祭祀的神灵时，就分别设置戏台，使其“各司其职”。其二，一庙多台，几个戏班同时演戏，有利于渲染热闹的气氛。这样，以娱神为口号，以娱人为目的，就建造了连台。

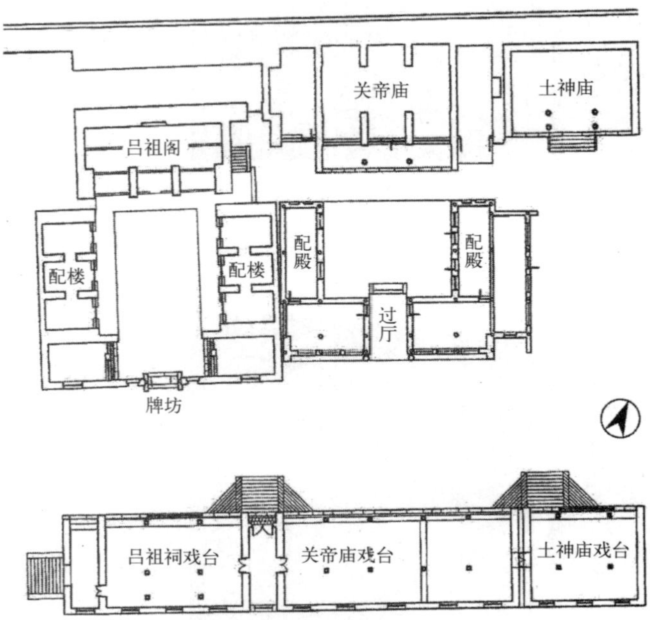

图 9–14　山西介休市关帝庙平面图

摹自：国家文物局主编．中国文物地图集 · 山西分册（上册）．中国地图出版社，2006 年，第 501 页。

四、品字台

所谓“品字台”，就是在一座庙宇中，三座戏台呈“品”字形布局。三座戏台一般均面向正殿，大概是为了取悦于神灵，显示祭祀之诚心。

山西蒲县柏山东岳庙除了中轴线山门上建戏台外，还在主殿东岳行宫东西两侧的东、西华门上分别建戏台。这样，三座戏台均面向主殿，呈“品”字形布局（图 9–17）。中轴线上的山门戏台面宽三间，进深两间四椽，大木作不施斗栱，雕刻华丽。东华门戏台和西华门戏台突出于东西看楼之前，构造简单，朴实无华。

图 9–15　介休市关帝庙三连台正面

图 9–16　介休市关帝庙三连台背面

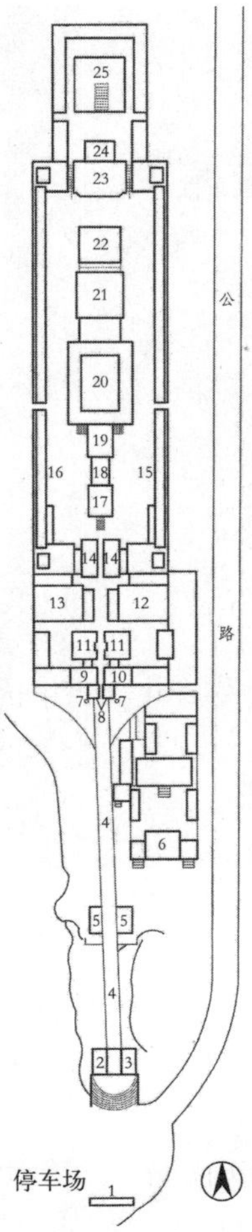

1. 影壁
2. 将军祠
3. 土地祠
4. 长虹蹬道
5. 御马厅
6. 华佗庙戏台
7. 旗杆
8. 铁狮
9. 鼓楼
10. 钟楼
11. 凌霄殿
12. 白衣庵
13. 云峰寺
14. 东岳庙戏台
15. 东戏台
16. 西戏台
17. 议事厅
18. 金水桥
19. 献亭
20. 行宫大殿
21. 后土祠
22. 昌行宫
23. 清虚宫
24. 地狱祠
25. 地狱

图 9–17　蒲县柏山东岳庙平面图
国家文物局主编 . 中国文物地图集 · 山西分册（上册）. 中国地图出版社，2006 年，第 482 页。

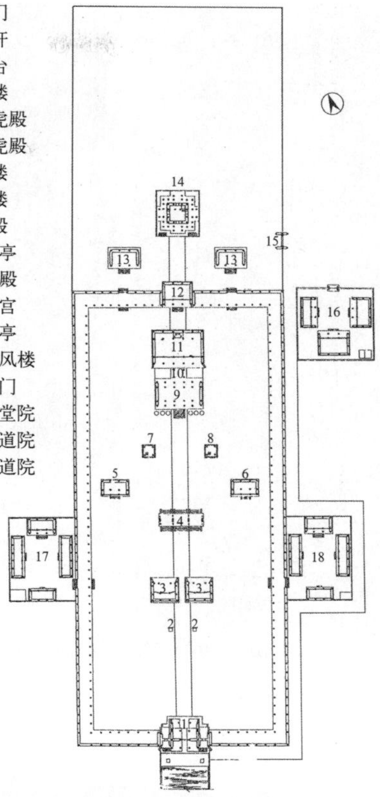

1. 山门
2. 旗杆
3. 戏台
4. 牌楼
5. 西虎殿
6. 东虎殿
7. 鼓楼
8. 钟楼
9. 献殿
10. 享亭
11. 正殿
12. 寝宫
13. 碑亭
14. 秋风楼
15. 便门
16. 客堂院
17. 西道院
18. 东道院

图 9–18　万荣县庙前村后土庙平面图
国家文物局主编 . 中国文物地图集 · 山西分册（上册）. 中国地图出版社，2006 年，第 512 页。

山西万荣县庙前村后土庙中，山门兼为戏台，和院中的两座戏台呈“品”字形布局，三座戏台台口均面向正殿（图 9–18）。其中山门戏台面宽三间，重檐歇山式（图 9–19、图 9–20、图 9–21）。山门柱子高 1.5 米处留槽，唱戏时在其上插梁，上覆木板，即成戏台（图 9–22）。后两座戏台东西向并列而建，相距仅 2.4 米，且屋顶连为整体（图 9–23、图 9–24）。东、西戏台各三开间，建筑形制相同。东戏台悬“春雪楼”匾额，西戏台悬“歌舞台”匾额，二者实际上也可看为是“连台”。相传过去每逢庙会，“同时聘请两个戏班并台演出，还有三台戏同时演出的情况”。[1]

图 9–19　山西万荣县后土庙山门（戏台背面）

图 9–20　山西万荣县后土庙山门戏台

1　中国戏曲志编委会，中国戏曲志 · 山西卷，北京：文化艺术出版社，1990 年，第 555 页。

图 9—21　山西万荣县后土庙山门戏台两侧的八字墙

图 9—22　山西万荣县后土庙山门戏台的通道

图 9—23　山西万荣县后土庙连台

图 9—24　山西万荣县后土庙连台背面

第二节　一台多用的剧场

一、鸳鸯台

所谓“鸳鸯台”，就是戏台前后两个方向均可演戏，当一面作表演区时，另一面则作后台。前后两部分互为表演区和后台。

山西繁峙县东庄村三圣寺戏台北对关帝殿，南对圣母殿。戏台中间设隔扇，将戏台分为南北两部分，南北两个台口均不砌墙。每年四月初八庙会，向北面的关帝殿演戏时，把南台口用木板堵起；每年三月十八日向南面圣母殿唱戏时，把北方台口堵起。前台和后台的互换，使一座戏台服务于两座米庙宇祭祀，构思独特，设计巧妙。

湖南浏阳县铁山界戏台位于浏阳县宝井村和江西万载县洪炉村交界之处。戏台东侧漆为黑色，位于江西境内；西侧漆为红色，位于在湖南境内，可向东西两个方向演出。有趣的是，若遇湖南一方禁戏时，可向江西方向演出；若遇江西一方演戏时，则可向湖南方向演出[1]，设计构思可谓奇特。

1　中国戏曲志编委会．中国戏曲志 · 湖南卷．北京：文化艺术出版社，1990 年，第 491 ~ 492 页。

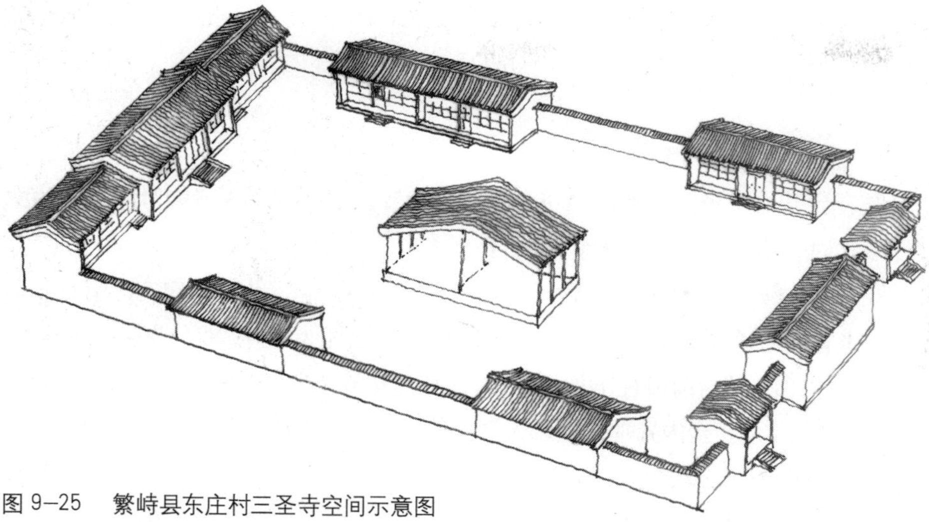

图 9–25　繁峙县东庄村三圣寺空间示意图

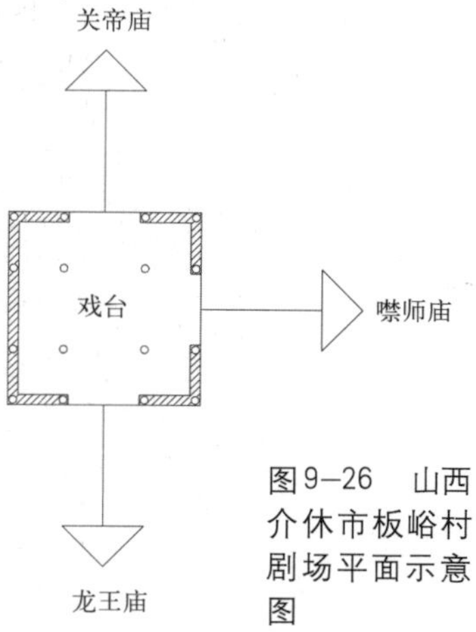

图 9–26　山西介休市板峪村剧场平面示意图

图 9–27　介休市板峪村戏台

图 9–28　介休市板峪村戏台

另外，江西的一些祠堂戏台也经常采用鸳鸯台的形式，当地又谓之“晴雨台”[1]。

二、三面开台

所谓“三面开台”，就是戏台在三个方向面对三座庙宇，利用戏台隔扇的调节，可向三个方向演戏。三面开台现仅知山西介休板峪村戏台一例。板峪村戏台南为龙王庙，北为关帝庙，东为噤师庙（图 9–26）。设计者巧妙地在戏台西侧砌砖墙，其余三面安装隔扇，如向那个方向演戏，就开启那个方向的隔扇。戏台柱子对称布置，均为三开间（图 9–27、图 9–28），通面阔 7.6 米，其中明间 3.9 米。明间上檐施垂柱，平柱插木雕龙头，华丽精巧。台基高 2.6 米，中辟山门，连通南北两院。台口两端设八字墙，须弥基座，刻有砖雕（图 9–29）。屋顶有天花，惟残缺不全，毁坏严重。

图 9–29　介休市板峪村戏台八字墙

1　黄浩等．乐平传统戏台．建筑历史和理论．第 5 辑．中国建筑工业出版社，1997 年。

第三节　戏台兼为通道的剧场

一、穿心戏台

所谓穿心戏台，就是在台基的中央设有通道，将台面一分为二。这种戏台更多的时间是作为南来北往的通道，仅在演戏之时，搭板于其上，才变为戏台。

山西清徐县大常村戏台（图 9–30 ~图 9–32）建于清代晚期，坐南向北，北对寿宁宫，南对龙王庙。戏台台基中央为 2.96 米宽的通道，用以联系南北。演戏时覆板其上，即为戏台。戏台为前后勾连式，前为卷棚歇山顶，后为单檐悬山顶。戏台前檐柱上施大额枋，净跨度达 6.2 米，粗犷有力。平面呈方形，面宽和进深各三间，旁建砖雕八字墙。台内置垂莲柱。大额枋绘彩画戏曲人物。

山西清徐县温青李村戏台亦为穿心戏台（图 9–33 ~图 9–35），惟规模小一些。中间通道宽 2.35 米。坐南向北，面宽三间，进深两间，为前后勾连式，前为卷棚歇山顶，后为单檐硬山顶。

山西高平市康营村关帝庙外戏台（图 9–36）也采用穿心戏台的形式。关于这座戏台的修建情况，庙内清同治五年（1866 年）《重修舞楼碑记》中有详细记载：

> 村东关帝庙外有舞楼一所，夹道跨修，历年已久，规模卑狭，栋宇荒芜，殊不足备歌舞而光祀典。且楼南隙地无屋宇以补修之，于村东保障亦属阙然。今有社首张淮等，从事更作，询谋佥同，捐赀募众，勇跃赴功于舞楼，增其旧制，而加以润色。外如凤阁凌虚，内似蜃楼耀彩。远而望之，巍巍乎齐云落星，以拟其高也；近而即之，郁郁乎临春结绮，以拟其华也。舞楼之南，创修楼房五间，补其缺陷而结

图 9–30　清徐县大常村戏台

图 9–31　清徐县大常村戏台

图 9–32　清徐县大常村戏台斗栱

图 9–33　清徐县温青李村戏台

图 9-34　清徐县温青李村戏台斗栱

图 9-35　清徐县温青李村戏台梁架

图 9-36　高平市康营村关帝庙戏台正面

图 9-37　高平市康营村关帝庙戏台背面

图 9-38　高平市康营村关帝庙戏台台基中间的通道

构宽宏，亦足以备祭祀演戏之用。是役也，鸠功者多人，庀材者多人，仗义而输财者又多人，于是不数月间而焕然一新焉。[1]

这座穿心戏台建于关帝庙之外，坐东向西。就建筑形式而言，似乎无更多特殊之处，但其功能有多个方面：演戏时搭板其上，用作戏台；平时撤板，用作通道；遭遇外来侵扰则关闭大门，作为关门。碑文言“南隙地无屋宇以补修之，于村东保障亦属阙然”，[2] 可见由于戏台西侧的房屋没有了，缺少赖以安全的屏障，因此戏台起到关门的作用。戏台背立面石刻“古光狼城”四字，也说明了这一点。戏台面宽三间，单檐歇山顶，屋顶举折平缓，造型端庄（图 9-36、图 9-37）。台基石砌，中央通道宽 2.58 米（图 9-38）。前檐四柱均为方形抹角石柱，方凳形柱础（图 9-39），柱头施三踩单下昂斗栱，额枋两侧雕有花鸟。另外，山西夏县大台村关王庙戏台、垣曲县刘张村戏台[3]、和顺县青城村三官庙戏台[4]也为穿心戏台。

1　王志峰．高平康营村关帝庙舞楼碑刻考述．中华戏曲第 24 辑．文化艺术出板社，2000 年，第 229 页。

2　作者 2001 年 7 月实地调研时抄录。

3　张国维．河东地区的古代路台与对台．河东戏曲文物研究．中国戏曲出版社，1992 年。

4　常亚平．略述和顺县戏台建筑的特点．古建园林技术．1993 年第 3 期。

图 9-39　高平市康营村关帝庙戏台柱础

图 9-40　河北省蔚县宋家庄村戏台

图 9-41　河北省蔚县宋家庄村戏台背面

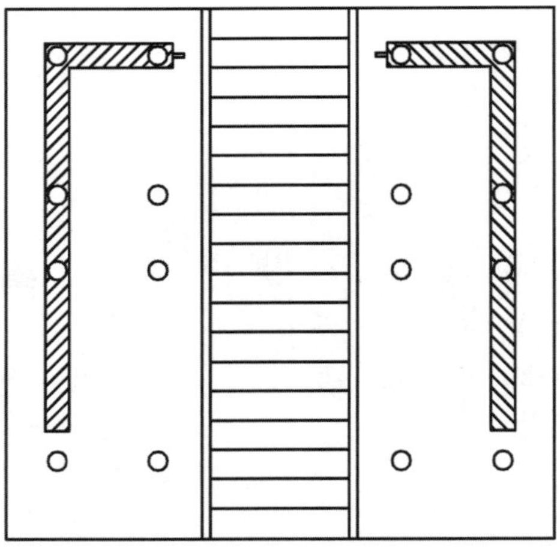

图 9-42　河北省蔚县宋家庄村戏台平面示意图

图 9-43　河北省蔚县宋家庄村戏台凹槽

图 9-44　河北省蔚县宋家庄村戏台台基中间的通道

河北的乡村也常常见到穿心戏台。如河北省蔚县宋家庄村真武庙戏台就采用这种形式（图 9-40 ～图 9-42）。戏台坐南向北，和真武庙遥相对应，采用前后勾连式，其中前台为卷棚顶，后台为硬山顶。面宽三间，其中明间 5.00 米，次间 2.08 米。进深四间。砖砌台基，高 1.15 米。台基中央设 3.19 米的通道，平时可供人和车通行（图 9-43）。台基内侧石条上凿凹槽（图 9-44），演戏之时上覆木板，形成演戏空间。明间原悬木匾，其上有清末贡生冯国华所书“观其声”三字。次间隔扇走马板上亦有楷书字，惟残迹不全。前台部分为四架梁，施有驼峰。前檐下为青石鼓镜柱础。前台西山墙绘“绿牡丹”、“花碧莲捉猴”，主景为楼阁界画，界画正中有一座楼阁，三层结构，八角攒尖顶，楼阁的檐角上绘有一只黄猴，正回首张望。阁楼檐柱书写楹联一副："挡住有边无空处；谢仪加倍足纹银。"东山墙壁绘"打金枝"戏画，惟已模糊不清。后硬山顶部分为三架梁，中置通柱。后台面南檐下的走马板上有木雕匾额，书"屡庆年丰"。台中墙面上还有 20 余条题记，如"狼山永生班[1]大光绪二十二年（1896 年）"；"金达子[2]，河北梆子"等。

穿心戏台是演戏功能和通道功能折中的一种产物。如果采用下为山门、上为戏台的形式，固然可更方便地演戏，但戏台之下的山门，则显得不太畅通。这时干脆将台基中央的覆板拆之，形成穿心戏台。

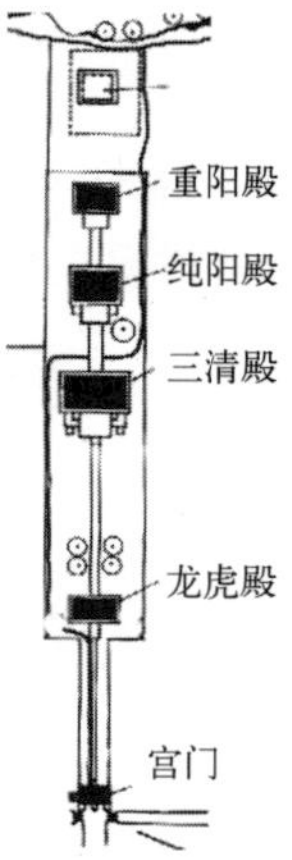

图 9-45　芮城县永乐宫平面示意图

二、过厅戏台

所谓过厅戏台，就是戏台兼起过厅的作用。这种戏台在构造上的特点是，演出方向明间的踏步缩在台基的内侧，而且在两侧边缘处凿有低于台基平面的凹槽。演戏时在凹槽上覆板，则台基形成完整的平面。

山西芮城县永乐宫龙虎殿就是这样的戏台。永乐宫是中国著名的元代宫观，原在芮城县永乐镇（旧属永济），因位于三门峡水库淹没区，20 世纪 60 年代移至芮城县北 5 里处。中轴线上从南到北依次为宫门、龙虎殿、三清殿、纯阳殿和重阳殿（图 9-45），除宫门是清代建筑外，其余四座均是元代建筑。其中三清殿等级最高，为永乐宫的主殿。景李虎在《永乐宫龙虎殿考论》一文中论及龙虎殿兼为戏台。[3]龙虎殿建于元至元三十一年（1294 年），通面宽五间 20.68 米，通进深两间六椽 9.6 米，进深二间，单檐庑殿顶（图 9-46、图 9-47）。中间一排柱子将平面分为前后两部分，中央三间装板门，梢间三面围墙。龙虎殿在建筑构造上最大的特点就是后檐（正对三清殿）明间的踏步缩至台基内侧，宽度 2.54 米，进深 2.95 米（图 9-48），而且在踏步开口两侧有低于殿内地平的凹槽，宽深均为 0.15 米。

图 9-46　芮城县永乐宫龙虎殿南面

图 9-47　芮城县永乐宫龙虎殿北面

图 9-48　芮城县永乐宫龙虎殿北面凹进去的坡道

1　永盛班，又称老狼班，班主姓裴，艺名狼山红。永盛班在张家口曾负有盛名。
2　金达子是 20 世纪 40 年代誉满天津、北京、河北一带的河北梆子名伶。
3　景李虎．永乐宫龙虎殿考论．中华戏曲第 8 辑．山西人民出版社，1989 年。

图 9-49　芮城县永乐宫龙虎殿南面凸出去的坡道

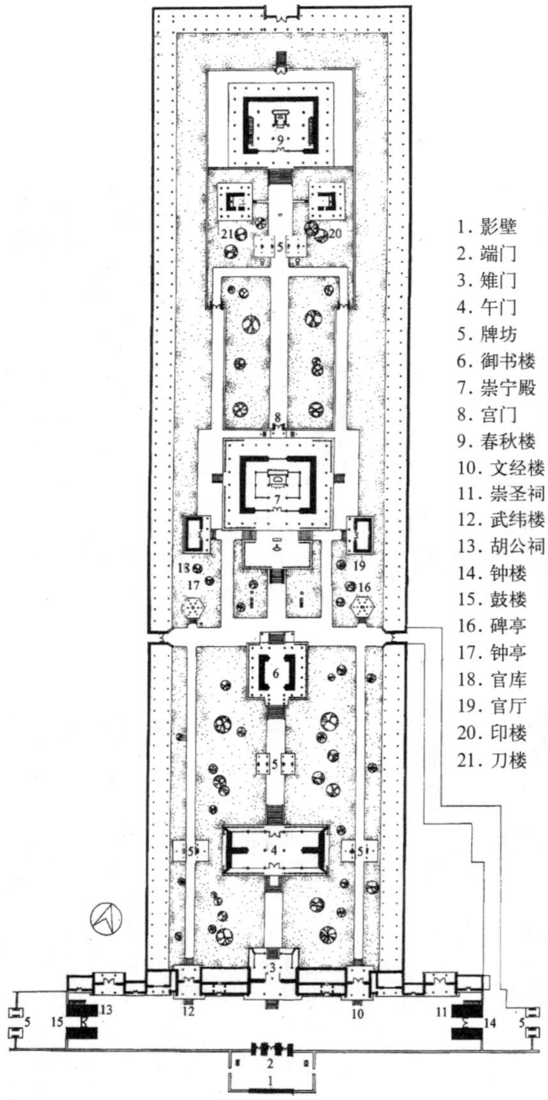

图 9-50　运城市解州镇关帝庙平面图

引自：孙大章主编．中国古代建筑史·第五卷·清代建筑．中国建筑工业出版社，2001 年，第 31 页。

如果在槽上架上木板，则正好盖住台基内侧的踏步，使殿内成为一个完整的适合于演出的空间。前檐踏步则伸出于建筑（图 9-49）。因此，根据龙虎殿后檐明间台阶的特殊形式、台阶口的凹槽、正对主殿的位置，可以推断这是一座过厅兼作戏台的“多功能”建筑。实际上，由此也须可以推断，明清时期甚为流行的山门戏台，一定程度上也受到此种戏台形式的启发。

运城市解州镇关帝庙雉门也是典型的过厅戏台。解州镇关帝庙是中国现存规模最大的关帝庙，中轴线从南到北依次为端门、雉门、午门、御书楼、崇宁殿、春秋楼等。其中，雉门兼作为戏台（图 9-50）。关帝庙的戏台原来在正殿前。庙内清乾隆二十五年（1760 年）碑刻曰：“从前乐楼逼近正殿，士女喧哗，颇觉亵渎，遂移建雉门内，而雉门复增高之。”[1] 可见，雉门在清乾隆二十五年（1760 年）中重修后就兼作为戏台，并为了演出的需要，增高了台基。嘉庆二十年（公元 1815 年），解州一带发生地震，庙宇、城墙、民宅塌之甚众，雉门受到损坏。道光四年（1824 年）和同治六年（1867 年）曾两度兴工重建，恢复原貌。光绪三十三年到宣统元年（1907 ~ 1909 年），关帝庙接连发生火灾，雉门受损。现存雉门是宣统元年（1909 年）大火烧毁后，在民国初年重建而成。民国 11 年（1922 年）《重建关帝庙大门乐楼暨东西角门东华西华各门钟楼内外廊房崇圣祠大门工程碑记》曰：

> 自光绪丁未、己酉间逮遭回禄，致将午门、大门、乐楼、东西角门、东华西华二门、钟楼及牌坊并庙内外廊房百余间，部将祠、追风伯祠、官厅、崇圣祠、大门概成灰烬……商界募款尚未交齐，民军忽起，而工止矣。计前之修成者，庙内外廊房百余间，乐楼、大门、文经门、武纬门、东华门、西华门、部将祠、追风伯祠、官厅等工，约计费银一万四千两有奇。[2]

1　作者 2000 年 12 月实地调研时抄录。

2　冯俊杰．山西戏曲碑刻辑考．中华书局出版社，2002 年，第 433 ~ 434 页。

雉门平时作为过厅，演戏之时，关闭板门，成为戏台的后墙（图 9-51 ~ 图 9-55）。戏台和雉门勾连，抱厦为戏台前台，借雉门作为戏台的后台。金柱间设隔扇，区分前后台（图 9-56），东西两侧设上下场门。隔扇上悬匾额，书写“全部春秋”四字（图 9-57），上下场门上门楣上分别书“演古”、“证今”（图 9-58）。雉门台基为砖砌。前檐（南面）台阶踏步伸出于台基之外（图 9-59），而后檐（即北面演戏方向）明间台阶则缩进台基之内（图 9-60）。台阶开口的边缘还

图 9-51　运城市解州镇关帝庙雉门戏台

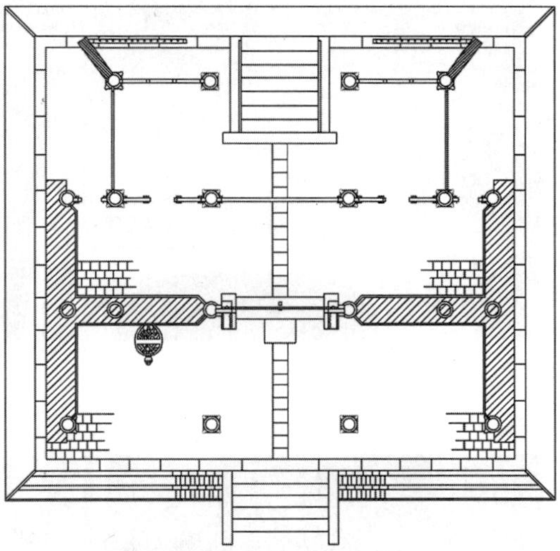

图 9-52　运城市解州镇关帝庙雉门戏台平面图

关帝庙雉门戏台线图引自：柴泽俊著．解州关帝庙．文物出版社，2002 年。

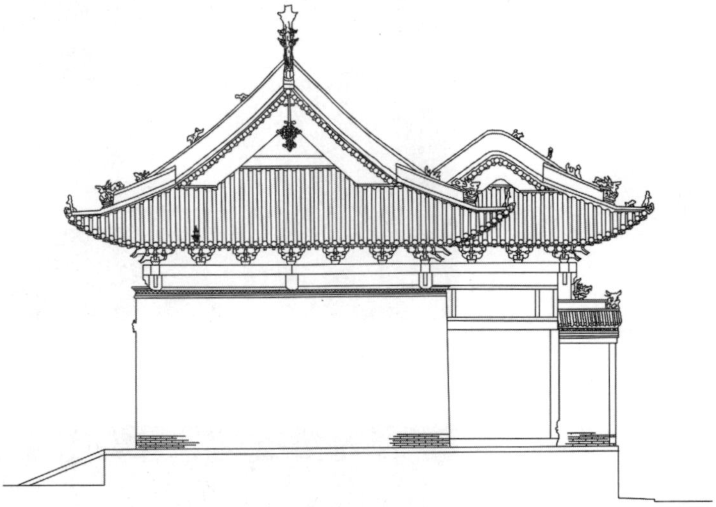

图 9-53　运城市解州镇关帝庙雉门戏台侧立面图

图 9-54　运城市解州镇关帝庙雉门戏台背立面（南立面）图

图 9-55　运城市解州镇关帝庙雉门戏台正立面（北立面）图

图 9–56　运城市解州镇关帝庙雉门戏台隔扇

图 9–57　运城市解州镇关帝庙雉门戏台匾额

图 9–58　运城市解州镇关帝庙雉门戏台上下场门匾额

图 9–59　运城市解州镇关帝庙雉门戏台背面（南面）台阶

图 9–60　运城市解州镇关帝庙雉门戏台正面（北面）台阶

有凹槽（图 9–61）。演戏之时在凹槽上搭上木板就是戏台了。由此可见，这座雉门戏台，开启中间板门，拆去南檐台阶木板，则为过厅；关闭中间板门，台阶上覆盖木板，则变为戏台。戏台两侧有八字墙（图 9–62）。

雉门面宽三间 14.22 米，其中明间宽 4.64 米，两次间各宽 4.79 米。进深两间四椽，前后檐柱间距 7.75 米，其中前间 3.9 米，后间深 3.85 米。戏台面宽略小，明间宽度与雉门明间相等，两次间外侧山柱较雉门向内各收缩 1.59 米。

图 9–61　运城市解州镇关帝庙雉门戏台通道旁的凹槽

图 9–62　运城市解州镇关帝庙戏台两侧八字墙

图 9–63　象山县爵溪镇街台

图 9–64　象山县爵溪镇街台

三、街心戏台

所谓街心戏台，就是在街道上建造戏台，平时用作通道，只有演戏时在临时搭建台面。

浙江象山县爵溪镇戏台就是非常典型的街心戏台，建于清咸丰年间（1851 ~ 1861 年）。象山县位于宁波市东南，北濒象山港，南临三门湾，三面环海，境内群山连绵。爵溪自东向西，依山而筑，呈船形，因此也有“船城”之称。戏台（图 9–63、图 9–64）位于爵溪镇十字街口，东、西、南三面是三条大街，北为五间二层戏房，是演员化妆和休息之处（图 9–65）。戏台面宽和进深均为一间，柱距为 4.88 米。四角为石柱，上饰牛腿。柱高 1.5 米处截面由方形变成圆形，即下方上圆（图 9–66）。变截面处留有凹槽。演戏之时，插横梁于其中，上铺台板，即为台面。平时撤去台板，抽去横梁，即为街亭。四角攒尖重檐顶，平身科三攒，平身科和角科均为七踩（图 9–67），内转角交接，四角悬垂柱（图 9–67）。天花饰以藻井，层层斗栱，汇合于圆形中心（图 9–68）。

图 9–65　象山县爵溪镇街台后面的戏房

图 9–66　象山县爵溪镇街台石柱

图 9–67　象山县爵溪镇街台垂花柱

图 9–68　象山县爵溪镇街台斗栱

图 9–69　绍兴市土谷祠戏台

浙江绍兴市土谷祠戏台也采用街心戏台的形式。土谷祠坐落于绍兴市塔子桥。戏台位于山门外，跨街而立。原有“恩沛东陶”之匾，额题“坊民寿怀鉴敬立”。寿怀鉴，字镜吾，是鲁迅幼年在三味书屋读书时的先生。戏台（图 9–69、图 9–70）始建年代不详，四角立柱，面宽 3.5 米，进深 4.0 米，面积仅 14 平方米。四角柱为石柱，下方上圆，下边每边长 0.31 米。1.4 米高变截面处留有凹槽（图 9–71），用以插横梁，再于上面覆板即为戏台。

图 9–70 绍兴市土谷祠戏台梁架

图 9–71 绍兴市土谷祠戏台石柱及其凹槽

第四节 和其他建筑组合而建的剧场

明清时期，戏台和其他建筑组合而建者比较多见，这是由于随着戏曲演出的频繁，许多庙宇拟增设戏台，但由于场地所限，就只好采用合建或勾连为一体的形式。下文通过一些实例予以分析。

1. 山西榆次市城隍庙剧场

榆次城隍庙位于市区东大街，坐北朝南，三进院落，占地面积 4200 平方米，中轴线上有山门、玄鉴楼、乐楼、戏台、大殿、寝殿，两侧有钟鼓楼、廊庑、配殿（图 9–72），其中大殿为元代建筑，山门、玄鉴楼、乐楼、钟鼓楼为明代建筑，其余为清代建筑。庙内的玄鉴楼、乐楼和戏台有机地组合为一完整的建筑，甚为壮观。

城隍庙的历史沿革，庙内嘉靖十四年（1535 年）《增修榆次市城隍庙显佑祠记》有详细的记载：

旧祠在北门迤南，善政坊□□形隘窄，庙貌敝陋。维时宣德六年正月，尹县者□无以妥安神栖，遂迁于县治东南向。为正殿三楹，东西庑各三楹，□□一楹。至成化十二年三月，先大父及诸老辈，复迁殿于后七八丈许为寝殿，新建显佑殿五楹于前。金碧翚翼，一邑壮□。鬼神歆享，人民和乐。弘治七年，乡民李选辈叹殿宇虽隆，而廊庑颓陋，乃复经营为两庑二十八楹以翼之。弘治十年，□吉辈又于殿之迤南，当神道正中，为阁而两廊合抱焉。正德四年，王嵩辈于阁之迤南，为门五楹。是庙也，高敞弘丽，合矩中规，举坠拾敝，宛若成算。盛哉！正德六年五月二十七日，告成于神。牲肥酒馨，□敬神悦。时流贼猖獗，奔腾太行，

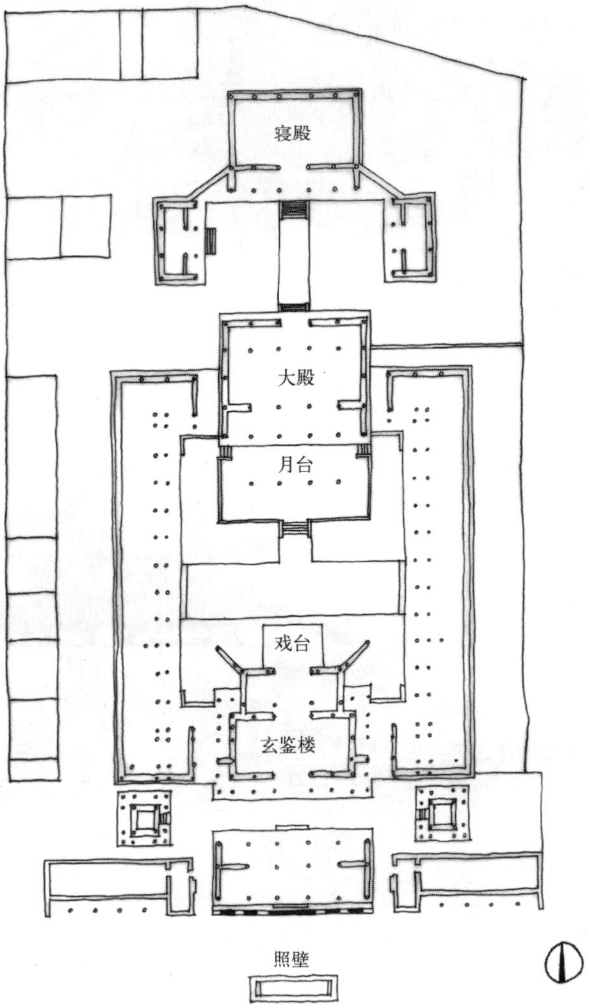

图 9–72 榆次市城隍庙平面图

榆次城隍庙线图摹自：左保国等著．山西明代建筑．山西古籍出版社，2005 年。

蹂□平阳泽潞，霍山韩侯岭之险，纵横出没，无敢撄其锋者。至榆次南三十里所，声言直由榆次径井陉之东。是时烽燧连天，杀气飕烈，民无惧意，安若平时。贼竟东入八赋岭，由辽州而去。后有自贼所来者，言贼问路，有赤衣人指此路，而曰城隍之灵而卫。无保障之灵有如是哉！于是左桂原、李弘道辈欲报神惠，起楼于阁之北面，为作乐之所。象二十四神□，两庑分司善恶，并殿阁皆绘饬焉。东庑之南，曲北向者，为斋宿所，所之西即东角门。西庑之南，曲北向者，为牲馔所。所□东即西角门。阁南东西，为守庙之舍。高卑不乖，内外完好。百十年未就之绪，一旦焕然全美矣，固神之灵明，有警惕齐□之心，亦大耆茂知，同心协力之成也。功毕告成，内外焕美矣。于嘉靖六年，孙文质、崔琮辈于庙之南□地，立屏以蔽□。十二年，赵弘、符彦明辈，又于东西竖牌坊各一座，东曰“保障”，西曰“昭假”。佥谓中夫邑人也，宜记之。记之曰：庙地南北长□十三丈五尺，东西阔一十三丈八尺，中殿庑楼阁总六十楹。[1]

图 9-73　榆次市城隍庙戏台外观

碑言及弘治十年（1497 年）“吉辈又于殿之迤南，当神道正中，为阁（指玄鉴楼—作者注）而两廊合抱焉”，即在正殿的南面建了玄鉴楼。该碑又载，正德六年（1511 年）“于是左桂原、李弘道辈欲报神惠，起楼于阁之北面，为作乐之所（指乐楼—作者注）”。就是在玄鉴楼的北侧建了乐楼，也即玄鉴楼的出厦。到了清代，当地人又匠心独具地在乐楼前建戏台。乐楼的一层充当戏台的后台。戏台的两侧为斜向的八字音壁，尺度较大。这样，玄鉴楼为重檐歇山顶，戏台为单檐卷棚顶，两侧的音壁为单檐歇山顶，几种屋顶形式高低错落形成优美的造型（图 9-73 ～图 9-78）。

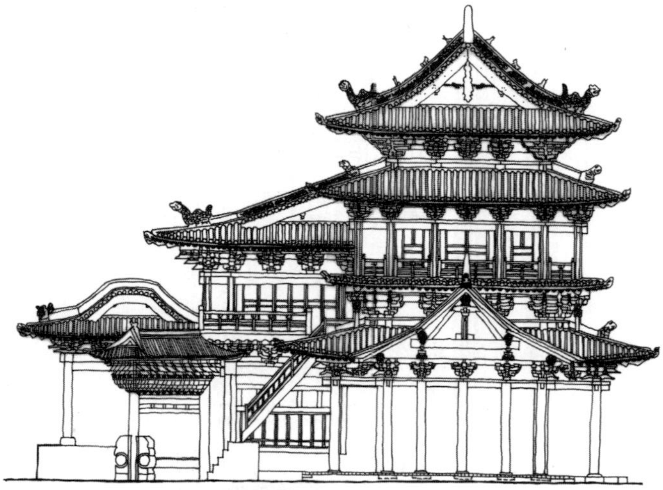

图 9-74　榆次市城隍庙侧立面图

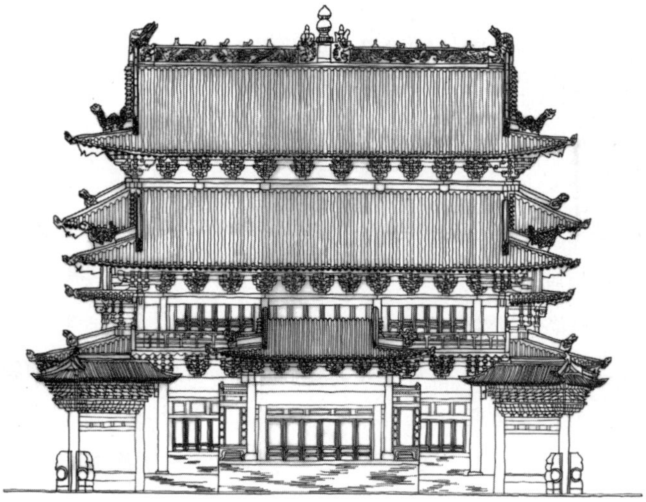

图 9-75　榆次市城隍庙戏台、乐楼、悬鉴楼正立面图

1　张晋平．晋中碑刻选粹．山西古籍出版社，2001 年，第 185 ～ 186 页。

图 9–76　榆次市城隍庙戏台八字墙

图 9–77　榆次市城隍庙戏台梁架

图 9–78　榆次市城隍庙戏台转角斗栱

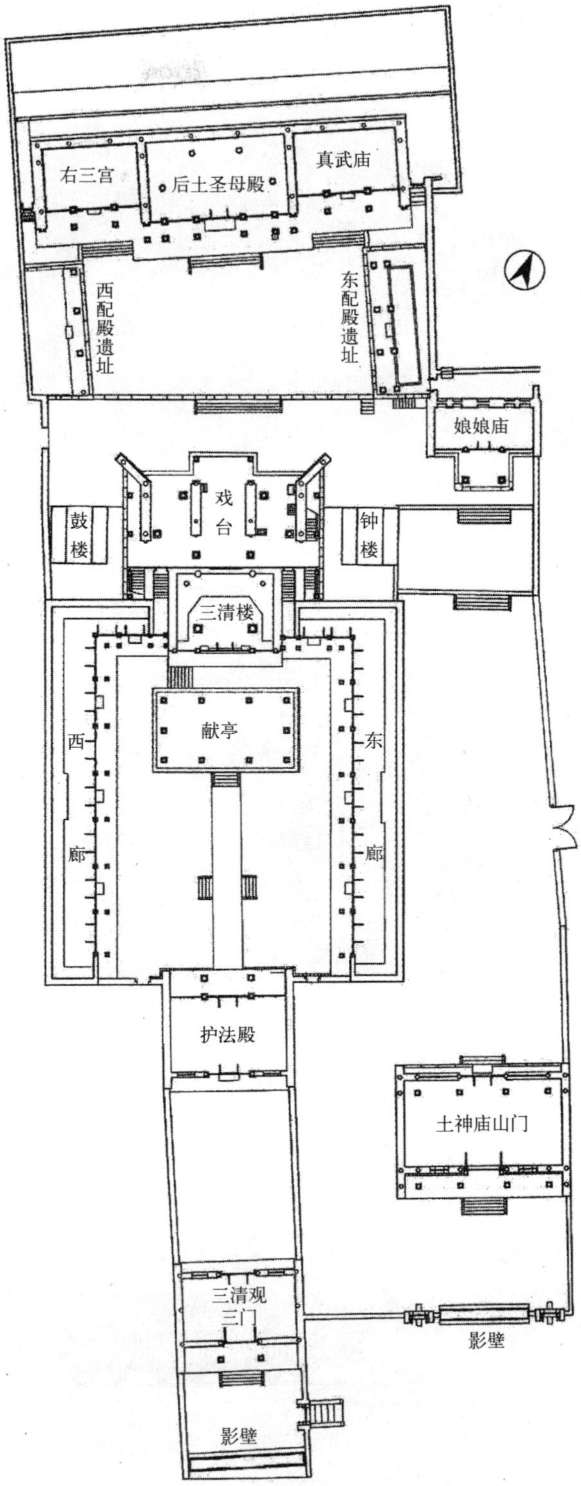

图 9–79　山西介休后土庙平面图

引自：国家文物局主编．中国文物地图集 · 山西分册（上册）．中国地图出版社，2006 年，第 501 页。

2. 山西介休后土庙剧场

后土庙位于介休城内西南角（图 9–79）。前院建阁三间，供奉三清。后院正殿面阔五间，供奉主神后土（图 9–80）。庙中的戏台正对正殿，背靠三清殿，和三清阁联为一体（图 9–81、图 9–82）。庙内存正德十四年（1519 年）碑刻《创建献楼之记》对戏台的建造有详细的描述：

图 9–80　山西介休后土庙后土圣母殿

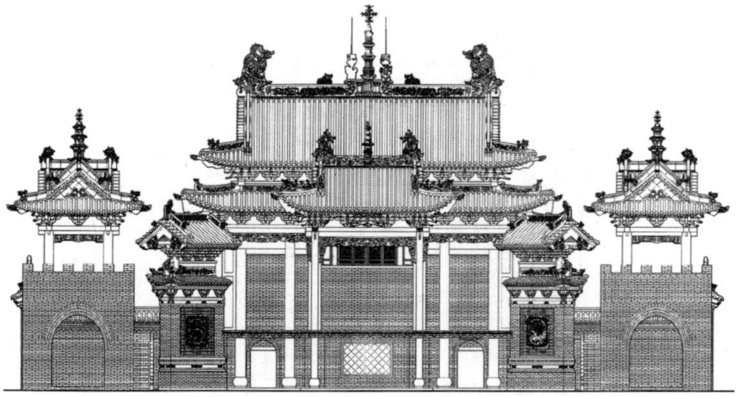

图 9–81　山西介休后土庙戏台正立面
引自：王其亨主编，古建筑测绘．中国建筑工业出版社，2006 年，第 208 页。

图 9–82　山西介休后土庙戏台

> 后土庙旧有乐棚三间，因其敝坏短窄不堪。正德丙子春，邑耆梁公讳智等欲建楼，欲建楼广阔而重修之，奈城下有三清观，与乐棚相近，建乐楼愈高而神愈下，可乎？士民薛君雄谓众曰："改三清阁筑基，与献楼同合为一，中则分之。起三清圣像于崇楼之极，前列万圣朝元，后奏献以奉后土，则神上而乐下，使人心安而神妥也。"众如其言。本庙道士张德深，告请四方贤士共建斯楼。梁公施白金数百余两，以董其事，由是施财百数者数十人，十数者百余人，五数者数百人，两数者不下千余人也。遂采绵山之木，卜日鸠工，以建崇楼。夫富者施其财，贫者助其力，工者斗其巧，三载之功，其费也大矣。是楼也，上接云霄，下连中镇，金碧丹彩，覆檐深邃。[1]

碑刻中述及"旧有乐棚三间，因其敝坏矮窄不堪"，就"欲建楼广阔而重修之"。而由于地势关系，原来戏台高于三清殿，民众恐怕这样对神灵不恭敬，即碑中所言："奈城下有三清观，与乐棚相近，建楼愈高而神愈下"。为了使"神上而乐下"，设计者就匠心独具地将戏台和三清阁巧妙地组合起来，共用一台基，中间一分为二，北为戏台，南为三清殿。戏楼略低于三清阁，使得"人心安而神妥也"。

戏台和三清殿的组合，扩大了建筑的体量，使其恢弘壮观，造型丰富。戏台柱头科和平身科皆五踩双下昂，象鼻上卷。梁枋及雀替刻满木雕、绘满彩绘。戏台两侧为砖砌八字音壁（图 9–83、图 9–84），重檐歇山顶。上檐斗栱三杪七踩，下檐单杪三踩，壁心雕神兽。后台东西墙各开一窗，采光较好。后墙通向三清殿，门扇六抹。建筑屋顶形式多样，三清殿为重檐歇山顶，戏台为单檐歇山顶，八字音壁为悬山顶，两侧钟鼓楼为十字歇山顶。屋顶组合高低错落，前后扬抑，左右呼应，十分壮观、奇特和优美。正如碑文中赞曰："孰不曰美哉，斯楼诚一方之胜景也。"

1　张晋平．晋中碑刻选粹．山西古籍出版社，2001 年，第 179 ~ 180 页。

图 9–83　山西介休后土庙戏台八字墙

图 9–84　山西介休后土庙戏台八字墙中心雕刻

图 9–85　山西介休祆神楼侧面

图 9–86　山西介休祆神楼戏台

3. 山西介休祆神楼剧场

祆神楼位于介休市三结义庙前，是戏台、乐楼、过街楼三者巧妙组合为一体的楼阁式建筑（图 9–85 ~ 图 9–87）。三结义庙历史悠久，但在清顺治十六年（1659 年）毁于火灾。清康熙五十九年（1720 年）《补修三结义庙西廊碑》云：

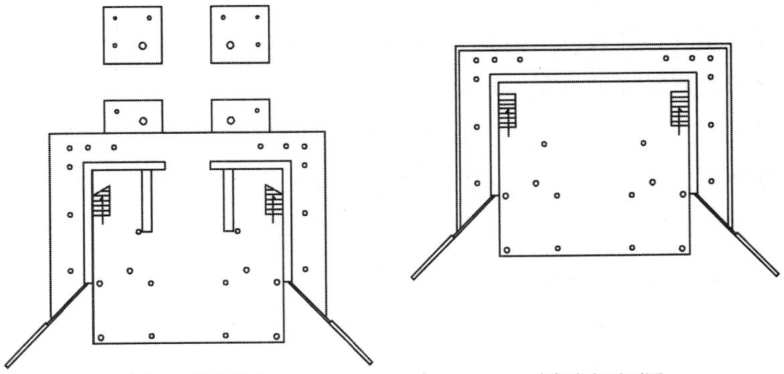

(a) 一层平面图　　(b) 戏台平面图

图 9–87　山西介休祆神楼平面图

图 9–88　山西介休祆神楼戏台八字墙雕刻

> 三结义庙殿宇辉煌，楼台巍焕，城邑中胜观也。第先年曾经回禄（回禄指火灾 – 作者注）之灾，殿宇楼台尽为灰烬，唯西廊若灵光之独存。是以他皆重建，西廊则稍为补葺而加以丹垩，遂焕然改观。[1]

祆神楼重修于清乾隆四十七年到五十一年（1782 ~ 1786 年）。庙内清乾隆五十一年《新建献亭兼修殿庑乐楼记》云：

> 天下事之兴废岂偶然哉，莫不有数焉，以存乎其间。即如三义庙之由来，昉于宋而名实更于明。至国初遭回禄（回禄指火灾 – 作者注释）而庙貌遂几不可问。若非有先辈诸君子鼓舞振兴，今虽欲求其故迹，而杳无复有所存。……虽然献亭之修固，已而正殿之凋落，两楹乐楼之倾坏，若听其颠危而不为之振，虽献亭告成，亦终与袍缦立狐貉者比。爰为之倾者扶之，缺者补之，陈者新之，是或可以妥我神灵乎！是役也，功兴于壬寅之春初，告竣于甲辰之秋季。[2]

祆神楼南端为过街楼，台基十字形。东西向为街道。南北向南为三结义庙的山门，中间为乐楼，北端为戏台。台基下为通道。整个建筑二层，十字歇山式三重檐屋顶。东西南底层和二层均有围廊，可供游人登上环视。戏台明间 4.6 米，次间 3.1 米，圆木通柱 8 根。两侧建八字墙（图 9–88）。

第五节　灯影台

中国传统灯影戏多在临时戏台上演出。以灯光的影子为演出内容，因此演出多在夜间进行。明万历年间（1573 ~ 1619 年）山阴人徐渭灯谜诗《做影戏》中曰："做得好，又要遮得好。"近人崇彝《道咸以来朝野杂记》曰："又有影戏一种，以纸糊大方窗为戏台，剧人以皮片剪成，染以各色，以人举之舞。所唱分数种，有滦州调，涿州调及戈腔。昼夜台内悬灯映影，以火彩幻术诸戏为美，故谓之影戏。"清 · 赵旭《影戏》诗中曰："白纱作幔如隔窗，中横竹案高悬缸。薄皮翦凿肖人物，陆离光怪其形庞。丙夜无风月正暗，喧阗鼓伐还金枞。二人拥案转关戾，生动妙以熟手扛。"

虽多数情况下灯影戏在临时搭建的台子上演出。但在灯影戏普及之地，则往往建有固定的灯影台。如河北、山西现仍存一些灯影台。下文略举一例。

1　张晋平．晋中碑刻选粹．山西古籍出版社，2001 年，第 307 页。
2　张晋平．晋中碑刻选粹．山西古籍出版社，2001 年，第 334 页。

图 9-89　河北蔚县苑家庄村灯影台

图 9-90　河北蔚县苑家庄村灯影台

河北蔚县苑家庄村灯影台（图 9-89 ~ 图 9-91）建于清代，背靠龙王庙。砖砌台基高 1.00 米。面宽和进深均为一间，其中面宽 3.73 米，进深 5.00 米，面积不足 20 平方米。值得注意的是，其平面的面宽小于进深，和一般戏台平面形式恰恰相反。屋顶为卷棚顶，进深四架。前檐额枋以檐柱上插出两跳华栱，外挑两层檩枋，不做横拱。各檩枋下均有花楣子，木雕草龙。明间雀替呈蝉肚形，雕有凤凰。两次间骑马雀替上雕有拐子龙。墀头砖雕喜鹊登梅、凤凰展翅图案。整个建筑造型小巧而精致。旧时，每年农历七月中旬唱三天戏，白天演木偶戏，晚上演灯影。

图 9-91　河北蔚县苑家庄村灯影台墀头

灯影台在建筑上的特点，主要表现在三个方面。其一，灯影台不面对庙宇。因为灯影台常常有庸俗的情节，人们认为亵渎神灵。而一般的传统戏台则广泛建于庙宇之中，而且往往正对正殿，以娱主神。其二，灯影台没有前后台之分。这是由灯影台的演出特点决定的，因为灯影台演出时，仅仅在台口悬挂幕布，台内表演即可。其三，灯影台比一般戏台小，开间和进深往往均为一间。而且，灯影台更多的是临时建筑，演前搭建，演毕即拆卸。

第六节　临时剧场

临时剧场在中国剧场史上具有非常重要的地位。所谓临时剧场，就是临时搭建戏台，形成演出场所。临时戏台有不同的形式和名称，如“春台”、“草台”、“花台”、“船台”等。这种临时性演出场所虽然极简陋，有些“不登大雅之台”，但从另外一个角度而言，这些临时剧场是剧场的原始形态，也是最为普遍、最为质朴、最接近民众的剧场形式。固定戏台的建造一般非常慎重，其场址的选择多有各种限制和禁忌，临时戏台就没有那么多讲究，其最大的优点就是灵活性。哪里需要戏曲演出，就搭建之，随搭随演，随演随拆。

最简易的临时戏台，就是用草木之类材料搭构而成。农民在秋收之后，想好好热闹一番，就在河边或村头，搭建这种简陋的戏台，邀请戏班演出。戏台虽然简单，但锣鼓喧天，唱声响彻，万头攒动，氛围极为难得。清 · 焦循《北湖小志》卷二曾谈到扬州城北某处“已而为演剧场，已而垦为稻田”，可谓随意。清 · 顾禄《清嘉录》卷二写道:“二三月间，里豪市侠，搭台旷野，醵钱演剧，男妇聚观，谓之‘春台戏’，以祈农祥。”《太仓州志》卷五述及：“游民四五月间，二麦登场时，醵人金钱，即通衢设高台，集优人演剧，曰扮台戏。”《水浒传》第一百零三回曰:“这里西去一里有余，乃是定山堡内段家庄。向本州接得个粉头，搭戏台，说唱诸般拼调。”清 · 汤斌《汤子遗书》中曰:“吴下风俗如遇迎神赛会，搭台演戏于田间空旷之地，高搭戏台，哄动远近男妇，群聚往观，举国若狂。”有些临时性戏台则非常华丽。清 · 《歧路灯》第七十八回写堂会生子唱堂会戏，就在街上搭了一座戏台：“门前一座戏台，布栏杆，锦牌坊，悬挂奇巧幛幔，排列葱翠盆景。”

明清时期，各地都有搭建临时剧场的习俗。《中国戏曲志 · 山西卷》述及长治地区的临时戏台，即彩台，曰：

> 长治市阴历七月初一的大会，元宵节和别的会期，都要在街头新搭设彩台。彩台用木杆做架，蓝白红黄各色布匹缠搭，又以明镜、流海、鸡毛掸子等装饰而成，俨然廊腰缦回，檐牙高啄，鲜艳美观，巧夺天工。一般是搭一层或两层；但也有搭三层的：第一层供班社演出；第二层陈列草扎戏剧人物（穿着戏衣，大小与真人相仿）；第三层则仅放大鼓一面。[1]

另外，如福建莆仙戏戏棚，也是非常典型的临时戏台（图 9–92）。

既然是临时性的戏台，那么明清时期的实物已经荡然无存了。不过，在许多明清绘画中表现了这种戏台。

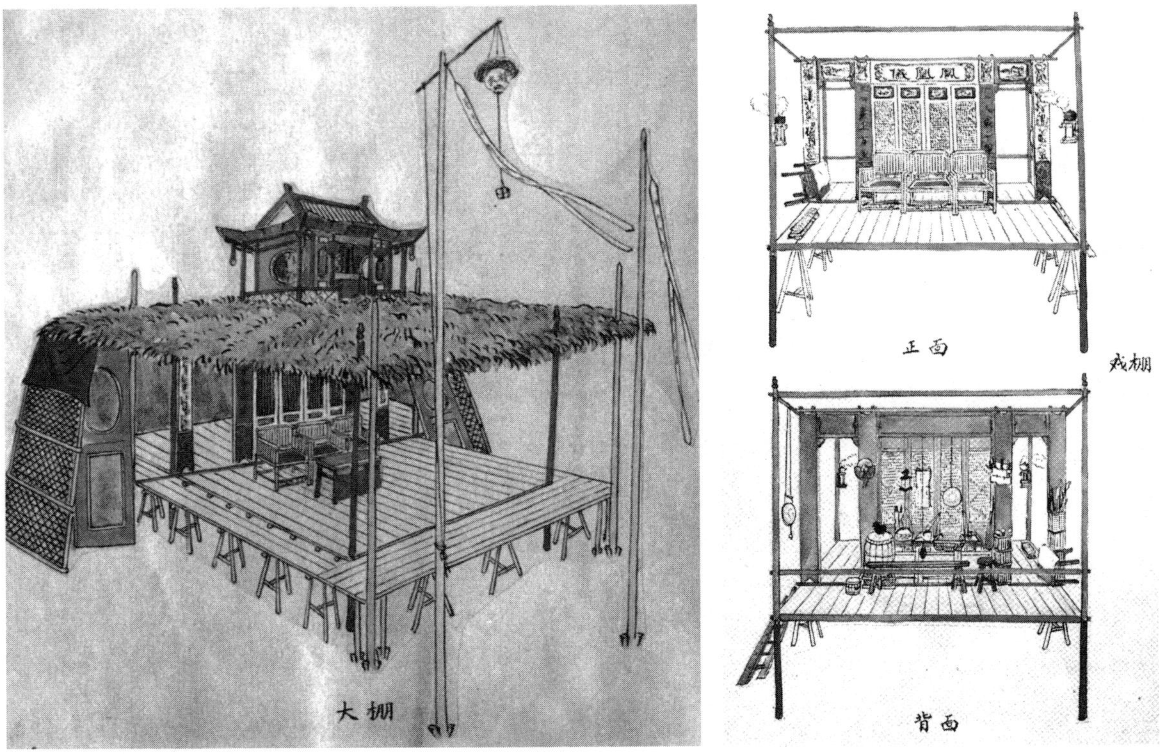

图 9–92　莆仙戏戏棚

中国戏曲志编委会 . 中国戏曲志 · 福建卷 . 文化艺术出版社，1993 年。

1　中国戏曲志编辑部 . 中国戏曲志 · 山西卷 . 文化艺术出版社，1990 年，第 557 页。

图 9–93　明代沈周《清明上河图》社戏特写
吴钊著．追寻逝去的音乐踪迹：图说中国音乐史．东方出版社，1999 年，第 322 页。

明代沈周《清明上河图》（图 9–93），[1] 描绘了江南水乡苏州城内清明节的景象，在城外靠近湖的山丘下一片树林中搭有一座戏台。台上前面有一白脸员外，手摇扇，旁边有一儿童，高举双手，上下场门间置一桌，桌旁一人在击锣，另一人在吹笛，上下场门各有一人在掀帘窥视。

图 9–94　清代《康熙南巡图》中的演剧场面
中国艺术研究院音乐研究所编．中国音乐史图鉴．人民音乐出版社，1988 年，第 159 页。

清代《康熙南巡图》（图 9–94），[2] 描绘了康熙皇帝第二次南巡时的情景，其中第九卷局部描绘了浙江绍兴府柯桥镇迎驾时演剧的场面。戏台临河而建，面宽三建，歇山顶，台沿设矮栏杆。台中似正在演出《单刀会》，中间摆一桌，桌前三人，一人扮关公，红脸长须，绿袍玉带；一人扮周仓，黑脸红须，披甲举剑；一人扮鲁肃，纱帽蓝袍，正向关公、周仓躬身作揖。桌后有四位乐工。上场门处有一人掀帘窥视。台下站满观众。

1、2　现藏辽宁省博物馆。

图 9–95　清 ·《盛世滋生图》中的演剧图
中国艺术研究院音乐研究所编．中国音乐史图鉴．人民音乐出版社，1988 年，第 144 页。

清 ·《盛世滋生图》，又名《姑苏繁华图》（图 9–95），[1] 描绘了苏州乡土风情、官府场面、市廛商情、江湖游串、民间习俗等。画中绘狮子山临时搭建的戏台，重檐歇山顶。台中似乎正在演出《红梅记》中的一出《打花鼓》，前面有演员三人，一黑衣男演员手持小铜锣，一女演员腰系花鼓，一公子模样者上前作调戏状。台面后部有乐手三人，上场门处有一人正将托一盘，准备上场。台前观众甚多，有些拥挤，有的甚至攀于树上，还有一观众攀于台沿的栏杆上。

乾隆元年（1736 年）所绘《清明上河图》（图 9–96）中，戏台位于旷野，席棚搭建，短柱支撑台面，前台三面敞开，台下观众围观。台上正在表演《吕布戏貂蝉》。远处有停泊的船只和往来的行人。

清代刘阆春于光绪元年（1875 年）所绘《农村演戏图》（图 9–97）中，戏台席棚采用仿瓦顶，短柱支撑台面。台上演员背后有伴奏者四五人，所用乐器有板鼓、拍板、锣、唢呐等。台下簇拥着许多观众。戏台两侧有看棚多座。四周有饮食摊贩。

清代时，康熙和乾隆曾数次南巡。为了接驾，每次均搭建大量临时剧场。徐鸣珂《东咏轩笔记》述及康乾时期，扬州为迎銮接驾，沿途临时搭台演戏，“由天宁寺西至平山堂，名园鳞次相接，皆悬五色灯，园门首各有戏亭演剧”。这种“戏亭”亦称“档子”，是临时的。清 · 李斗曾在《扬州画舫录》卷一中详尽地描述了“档子”的设计和构造：

> 自高桥起至迎恩亭上，两岸排列“档子”。淮南北三十总商分工派段，恭设香亭，奏乐演戏，迎銮于此。“档子”之法：后背用板墙蒲包，山墙用花瓦，手卷山用堆砌包托，曲折层叠青绿太湖山石，杂以树木，如松、柳、梧桐、十日红、绣球、绿竹。分大、中、小三号，皆通景像生。工头用彩楼，香亭三间五座，三面飞檐，上铺各色琉璃竹瓦，龙沟凤滴。顶中一层，用黄琉璃。彩楼用香瓜铜色竹瓦，

1　现藏辽宁省博物馆。

图 9–96　清院本《清明上河图》中的演剧场面

刘东升，袁荃猷编著．中国音乐史图鉴（修订版）．人民音乐出版社，2008 年，第 159 页。

图 9–97　清 ·《农村演戏图》中的临时戏台

刘东升、袁荃猷编著．中国音乐史图鉴（修订版）．人民音乐出版社，2008 年，第 160 页。

或覆孔雀翎，或用棕毛。仰顶满糊细画，下铺棕，覆以各色绒毡。间用落地罩、单地罩、五屏风、插屏、戏屏、宝座、书案、甜香几、迎手靠垫。两旁设绫锦绥络香袱，案上炉瓶五事，旁用地缸栽像生万年青、万寿蟠桃、九熟仙桃，及佛手香橼盘景，架上各色博古器皿书籍。次之香棚，四隅植竹，上覆锦棚，棚上垂各色像生花果草虫，间以幡幢伞盖，多锦缎、纱绫、羽毛、大呢之属，饰以博古铜玉。中用三层台、二层台、平台，三机四杈，中实宾铁，每出一干，则生数节，巨细尺度，必与根等。上缀孩童，衬衣红绫袄袴，丝绦缎靴，外扮文武戏文，运机而动。通景用音乐锣鼓，有细吹音乐、吹打十番、粗吹锣鼓之别。排列至迎恩亭。

从这些描绘中看出，这种戏亭虽是临时性的，但甚为华丽。

第十章　中国传统庭院式剧场的空间分析

第一节　基本格局

一、戏台位置特征

在庙宇、祠堂、会馆等内的庭院式剧场中，戏台的位置主要表现在两个方面，一是位于中轴线上；一是台口面向主要建筑（如正厅、正殿等）。

如山西武乡县监漳村会仙观，坐北朝南，中轴线上从南到北依次为戏台、关公殿、玉皇殿、三清殿，两侧为配殿、廊庑（图 10–1）。其中三清殿为金代遗构，玉皇殿为元代建筑，其余为明清建筑。戏台位于中轴线的南端，台口面向主要殿宇。

四川合江县尧坝镇东岳庙始建于明万历年间（1573 ~ 1619 年），清康熙、嘉庆、道光年间均有扩建或修葺。现存五进院落，坐北向南。中轴线上从南到北依次有山门（上面为戏台）、天王殿、大雄宝殿、东皇殿、川主庙，戏台位于中轴线的南端，台口面北（图 10–2、图 10–3）。

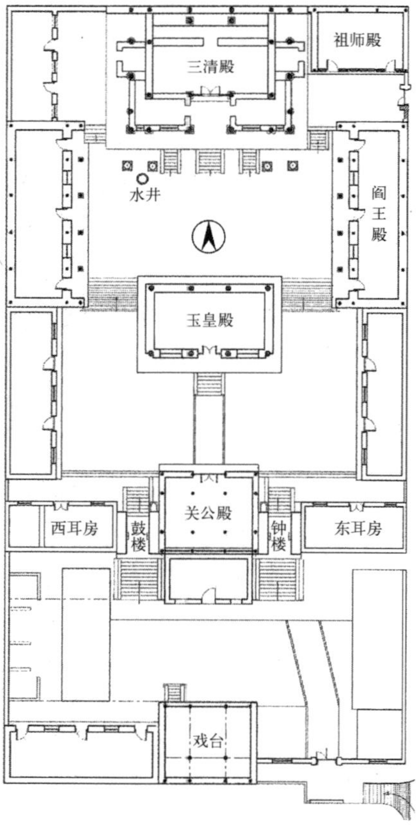

图 10–1　山西武乡会仙观总平面图

引自：国家文物局主编．中国文物地图集 · 山西分册（上册）．中国地图出版社，2006 年，第 476 页。

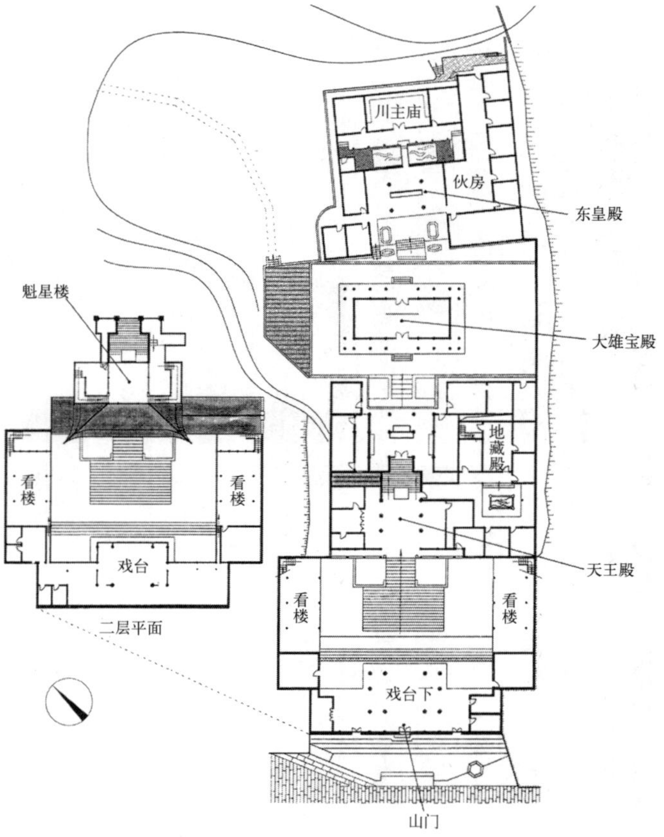

图 10–2　四川合江县尧坝镇东岳庙平面图

引自：李秋香主编．陈志华撰文．庙宇．三联书店出版，2006 年，第 185 页。

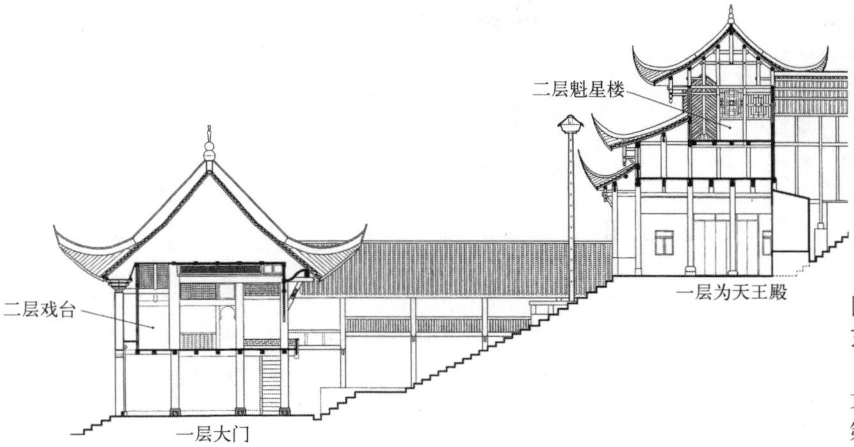

图 10-3　四川合江县尧坝镇东岳庙戏台及魁星楼剖面

引自：李秋香主编．陈志华撰文．庙宇．三联书店出版，2006 年，第 187 页。

图 10-4　浙江嵊州市清风庙剧场

图 10-5　浙江武义县俞源村俞氏宗祠剧场

图 10-6　福建永定县西陂村天后宫剧场

图 10-7　浙江宁海县城隍庙剧场

中国传统庭院式剧场的典型形式就是戏台和主要殿堂相对而建，两侧有厢房（看楼），四面围合，形成合院形式。如浙江嵊州市清风庙剧场（图 10-4）、武义县俞源村俞氏宗祠剧场（图 10-5）、福建永定县西陂村天后宫剧场（图 10-6）、浙江宁海县城隍庙剧场（图 10-7）就是非常典型的庭院式剧场。

中国传统剧场的空间格局是由演戏的祭祀性和建筑群体的轴线对称布局决定的。

首先，由于中国传统剧场中演戏具有明显地祭祀性，需要戏台台口面向主要殿宇。民间祠庙演戏，多以祭祀为幌子。大量碑文也提及建造祠庙剧场是为了祭祀神灵或祖先。在祠庙中，正殿（正厅）是最为重要的建筑，等级最高，规模最大；而戏台从其功能讲，服务于正殿（或正厅），等级相对

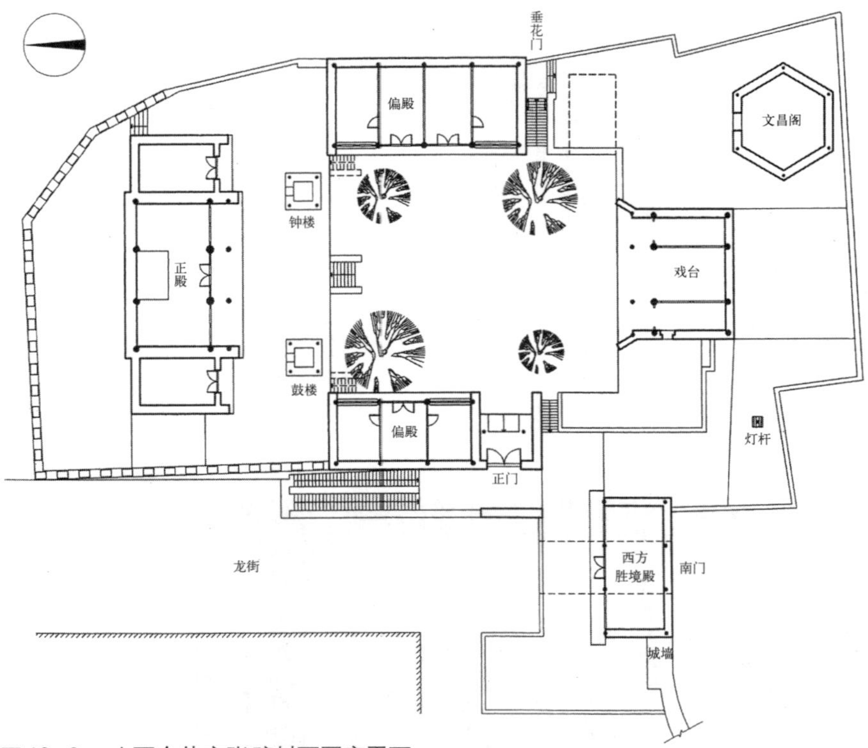

图 10–8　山西介休市张壁村可罕庙平面
引自：李秋香主编，陈志华撰文．庙宇．三联书店出版，2006 年，第 61 页。

图 10–9　清人绘《香林千纳图》演戏场面

较低，规模相对较小。所以，为了祭神娱祖，为了让神灵或祖先方便“看戏”，戏台在位置上就理所当然地正对正殿（正厅）了。山西晋城市五龙庙清顺治十七年（1660 年）《重创建五龙宫碑记》云：“兹庙之古制，正殿三楹，前列舞楼。”[1] 河南安阳县紫金山兴禅寺清乾隆年间（1736～1795 年）《重修兴禅寺碑记》中述道：“其巅有寺曰兴禅，四周石地峻……右建土地祠，对面建演戏楼。”[2] 从中可知戏台面对主要殿宇而建。

山西介休市张壁村可罕庙（图 10–8），亦为典型的庭院式剧场。可汗庙坐北朝南，创建年代不详，元延祐元年（1314 年）重建，明天启六年（1626 年）、清嘉庆八年（1803 年）重修。中轴线上南北依次有戏台和正殿（可汗殿），两侧有配殿。戏台位于中轴线上，台口面向正殿。戏台砖砌台基，面宽三间，进深三椽，单檐硬山顶。正殿面宽三间，进深三椽，前有月台。

有些戏台尽管位于山门外，[3] 但台口一般也面向祠庙方向。清人宫廷画师所绘《香林千纳图》（图 10–9）（现藏北京故宫博物院）中，戏台建于寺院外河的对面，其台口就面向寺院。戏台平面呈凸字形，重檐卷棚歇山顶，后台硬山顶。台前三面站满僧侣。

在庭院式剧场中，有时强调戏台的高度，不应超过正殿的高度。山西临县碛口镇黑龙庙民国 5 年（1916 年）《重修黑龙庙碑记》曰：“是庙规模壮阔，昭然人目，惟下院乐楼较正殿轩高，体制不合，亦无可讳言。”于是在重修时，“先从正殿经始，掀高四尺余”[4]，使得正殿高于戏台。

当几座庙宇共用一座戏台，戏台的位置也颇为讲究。如河北蔚县西古堡村南门庙宇中众有地藏殿、观音庙、三义庙、马王庙等，为了在演戏时方便各位神灵“看戏”，就把戏台建在庙宇群中路南侧，台口向北（图 10–10）。

1　郝丽霞．晋城五龙宫清顺治碑刻里的文化内涵．中华戏曲 24 辑．文化艺术出版社，2000 年。
2　杨健民．中州戏曲历史文物考．文物出版社，1992 年，第 159 页。
3　严格而言，这个剧场并非庭院式剧场。
4　作者 2003 年 10 月实地调研时抄录。

但也有例外，有些戏台位置在设计时特意远离主要殿宇。古代有些文人将戏曲看作低俗之物，不及高雅的音乐，认为用戏曲演出祭祀会亵渎神灵，也破坏了寺庙的安静。山西运城解州关帝庙清乾隆二十五年（1760年）碑刻《重修关帝庙记》曰："以前乐楼逼近正殿，士女喧然，颇觉亵渎，遂移建雉门内，而雉门复增高之。"[1]可见关帝庙为了保持正殿前庄重严肃的气氛，就将戏台移建于远离正殿的雉门之内。

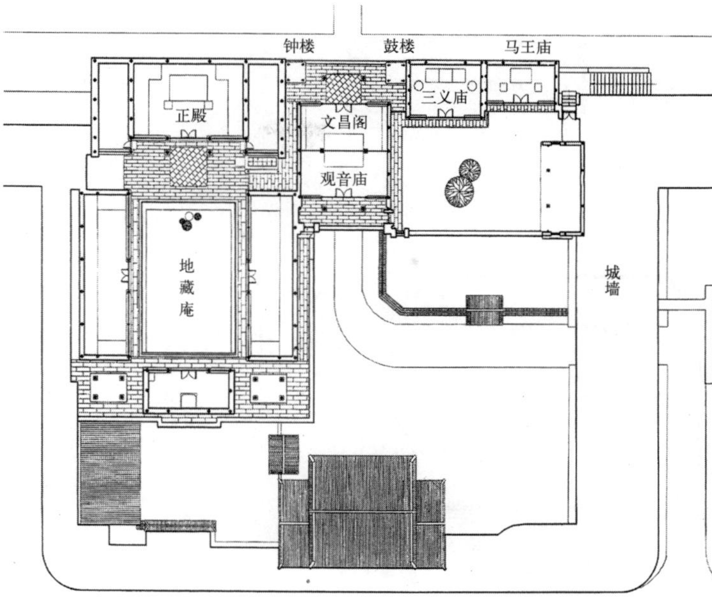

图 10–10　河北蔚县西古堡村南门庙宇群二层平面

引自：李秋香主编，陈志华撰文．庙宇．三联书店出版，2006 年，第 99 页。

其次，中国古代建筑强调坐北向南、左右对称和中轴线布局，使得戏台只能位于中轴线上。祠庙一般坐北向南，并将正殿等主要建筑布置于南北向的中轴线，左右则对称分布次要建筑。这样，戏台最合适的位置就是祠庙南部中轴线上，正对正殿（正厅）。山西平顺县东河村九天圣母庙宋建中靖国元年（1101 年）碑刻《潞州潞城县三池东圣母仙乡之碑》曰："命良工再修北殿，创起舞楼。"[2]可见早在宋时，庙宇中的戏台就位于中轴线。明 · 左光图在《重修关帝庙碑记》曰："建乐楼于南，栖行宫于北。"[3]山西明万历二十八年（1600 年）《重修扁鹊祠记》曰："于是正殿三稳，整旧更新。前为献台，空敞虚明，报祭有所。东西廊庑各一。在南为乐楼，有影壁、台榭，以便奏乐。又南为仪门。"山西汾阳县天龙庙清道光十二年（1832 年）《重修天龙庙碑记》云：

> 酬神之愿，里俗相沿，报赛之文，播诸歌乐。是盖为功于一日，利赖于当时，而□后世享自然之福者，皆前民之惠我于无穷也。馈献之无术，其何以将□忠而答神贶乎！世敬龙天，乃后稷之神，敦民稼穑之祖也。村人建庙，崇奉祭礼，其来已久。正殿居其北，两廊腋于东西，而面南则乐楼也。阅世以来，屡有修葺。庚寅之岁，忽遭地震之灾，将乐楼西南角倾陷。里人等不忍坐视。次年之春，合村化募，各捐己资，补偏救敝，不半载而焕然覆新。是非人之力，□之人为，则神之荫也。[4]

碑文中提到："正殿居其北，两廊腋于东西，而面南则乐楼也。"上述碑文中提到的这几座戏台均位于中轴线上，台口面向正殿。

因为戏台位于正殿之南，一些剧场干脆将戏台称为"南楼"。山西平遥金大定二十八年（1188 年）碑刻《大金重建超山应润庙记》载"葺弦歌之南楼"[5]。山西高平县故关村炎帝庙明崇祯十六年（1643 年）碑刻《创修演奇楼碑记》载"欲纠众创修南楼三间，以为演奇地"。碑中将雅号为"演奇楼"的戏台称为"南楼"。戏台位于中轴线南端，自然将其称为"南楼"。

下文再举几例。浙江永嘉县芙石村圣湖庙为单进院落，戏台和正殿分别位于南北向中轴线的南侧和北侧，二者相对而建，院落两侧则为廊庑（图 10–11、图 10–12）。 浙江绍兴河山桥万寿庵坐北朝南，戏台则坐南朝北，台口面向万寿庵（图 10–13）。

1　作者于 2000 年 12 月实地调研时抄录。

2　作者于 2003 年 1 月实地调研时抄录。

3　乾隆三十四年（1769）刻本《应州续志》卷九明 · 左光图《重修关帝庙碑记》。

4　王汝鹏编著．山西地震碑文集．太原：北岳文艺出版社，2003 年，第 633 页

5　清代胡聘之．山右石刻丛编．卷二十一．太原：山西人民出版社影印本，1988 年。

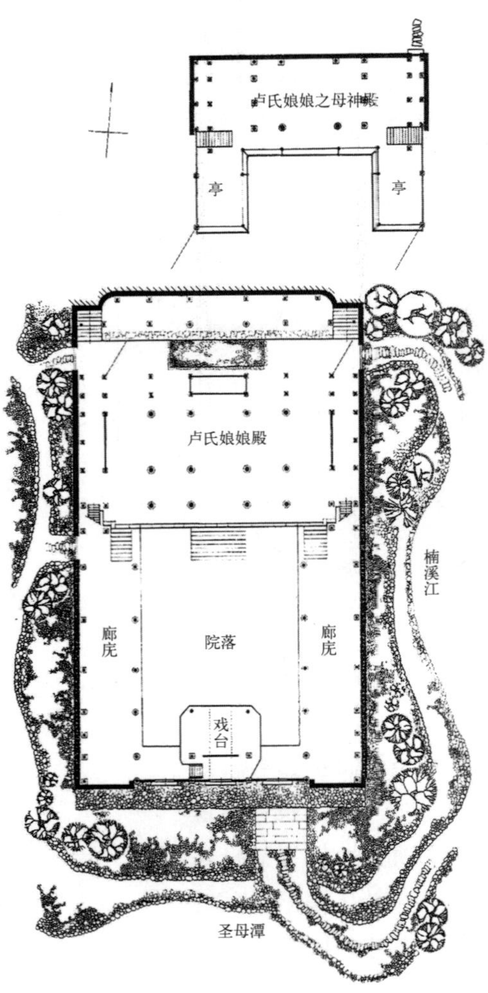

图 10–11　浙江永嘉县泰石村圣湖庙平面
引自：李秋香主编，陈志华撰文．庙宇．三联书店出版，2006 年，第 177 页

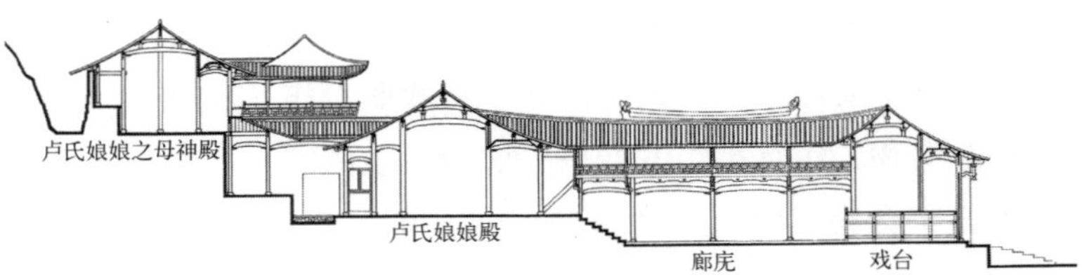

图 10–12　浙江永嘉县泰石村圣湖庙剖面
引自：李秋香主编，陈志华撰文．庙宇．三联书店出版，2006 年，第 176 页。

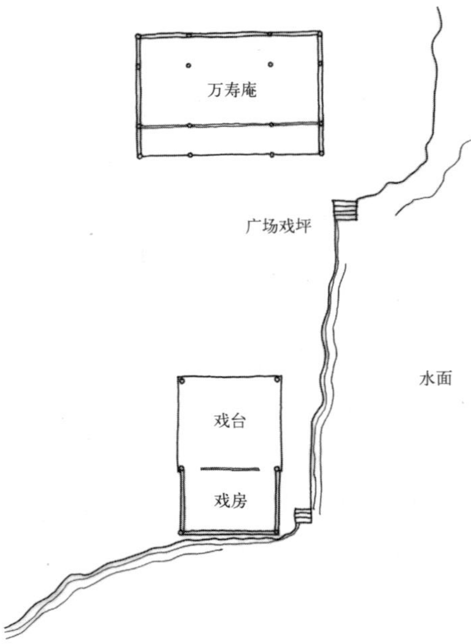

图 10–13　绍兴河山桥万寿庵剧场平面图
摹自：毛万红著．传统戏场建筑研究及其音质初探．浙江大学硕士学位论文，2003 年。

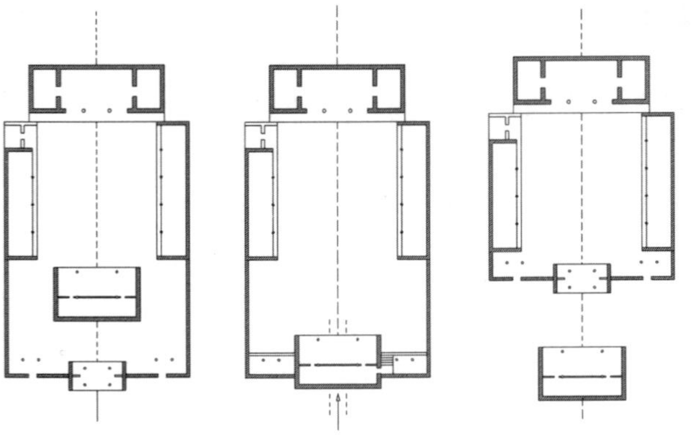

(a) 戏台位于庭院中　(b) 戏台位于山门上　(c) 戏台位于山门外
图 10–14　庭院式剧场的不同布局形式

二、剧场的空间格局

根据戏台和庭院、山门的位置关系，剧场的布局大致可分为三种，即戏台位于庭院之中、戏台位于山门之上和戏台位于山门之外（图 10–14）。

1. 戏台位于庭院中

这种剧场布局中，戏台相对独立，位于庭院之中，不与其他建筑相连属。如果去掉戏台，也不损整个建筑群体的完整性。一般进入山门，首先看到的是戏台的背面。林徽因、梁思成 20 世纪 30 年代在《晋汾古建筑预查纪略》一文中调查的汾阳县柏树村天龙庙剧场（图 10–15），戏台就位于庭院中间。该文述道：

龙天庙的平面布置南北中线甚长，南面上辟山门。门内无照壁，却为戏楼背面。山西中部南部我们所见的庙宇多附属戏楼，在平面布置上没有向外伸出的舞台。楼下部为实心基坛，上部三面墙壁，一面敞开，面向正殿，即为戏台。台正中有山柱一列，预备挂上帷幕可分成前后台。楼下阙门，有石级十余可上下。在龙天庙里，这座戏楼正堵截山门入口处成一大照壁。转过戏楼，院落甚深，楼之北，左右为钟鼓楼，中间有小小的牌楼，庭院在此也高起两级划入正院。院北为正殿，左右厢房为砖砌屋各三间，前有廊檐，旁有砖级，可登屋顶。[1]

正如文中所言：“(山) 门内无照壁，却为戏楼背面。”古代不少碑刻也记载了这种形式的剧场。明 · 吴珉在《重修河东公祠记》曰：“于庭中央建楼三楹，祭享之日伶人奏乐于上，以和神人。”[2]明 · 申章在《侯壁村重修大禹庙记》曰：“正殿五楹，东西各五楹，中建乐楼，前设重门，围以墙垣[3]。”山西泽州县周村东岳庙明隆庆四年（1570年）碑刻《泽州周村镇重修庙祀记》曰：“庙制弘敞，殿之左翼祀增福殿，右翼祀吴王，各三楹。东序祀二郎，西序祀关王，中为拜殿，南为舞亭，又南为庙门。楹数咸如正殿。”[4]山西万荣县桥上村清乾隆四十九年（1784 年）碑刻曰：“在献殿之南，山门之北，创建戏楼一座。”上述史料中提到的剧场均将戏台建于庭院之中。山西现存元代戏台四周的建筑多已毁坏，其剧场的具体布局不得而知，但从残存的痕迹看，大多采用的是这一布局形式。

2. 戏台和山门组合而建

戏台和山门组合而建，是明清常见的一种剧场形式。祠庙坐北向南，戏台位于正殿之南，山门位于正殿之南，这就使戏台和山门的合建成为可能。同时，戏台需要高的台基，而将台基贯通之就成为山门。从庭院中看是戏台；从外面看则是山门。这种布局形式节省了祠庙的面积，拓展了剧场的空间。具体的组合形式有三种，一种是戏台建于山门之上，一种是戏台和山门前后勾连，一种是戏台位于两侧山门之间。

山西盂县大王庙，坐北朝南，二进院落，中轴线上从南到北依次有山门、戏台、正殿、寝殿，两侧有钟鼓楼、配殿，其中山门和戏台前后勾连（图 10–16）。现存寝殿为金代建筑，正殿为明代建筑，余皆为清代建筑。

浙江奉化县溪口镇武山庙，中轴线上有山门、戏台、正厅，两侧为看楼，其中戏台和山门前后勾连（图 10–17）。戏台平面呈方形，面积约 16 平方米，台面高 1.6 米，台顶有藻井。

湖北红安县吴氏祠堂创建于乾隆二十七年（1762 年），同治十年（1871 年）重修，光绪二十八年（1902 年）亦重修扩建。祠堂坐南朝北，甚为少见。中轴线上从北到南依次有山门、戏台、中殿、后殿，东西两侧有厢房（图 10–18）。戏台和山门组合而建（图 10–19），山门用穿斗式结构，戏台用抬梁式结构。戏台上有题记，书“皇清光绪壬寅六年世祖趾公后裔同建”。

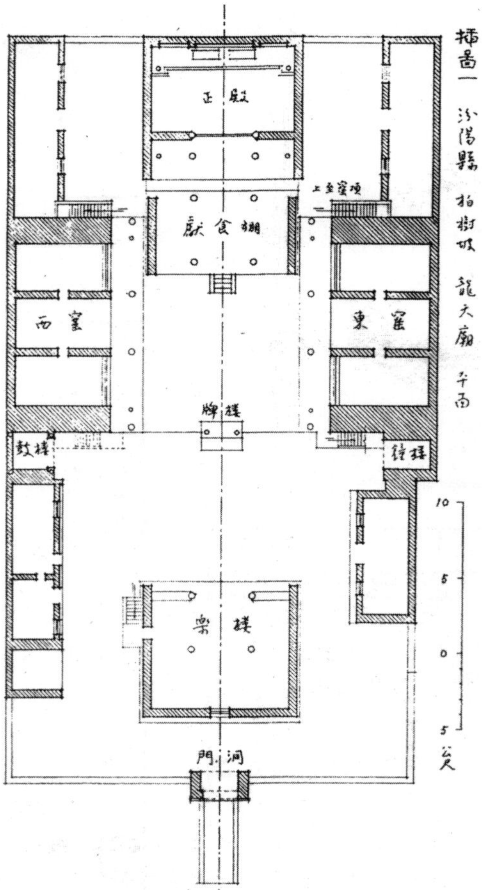

图 10–15　林徽因、梁思成 20 世纪 30 年代在山西调研时所绘制的汾阳县柏树村天龙庙剧场平面

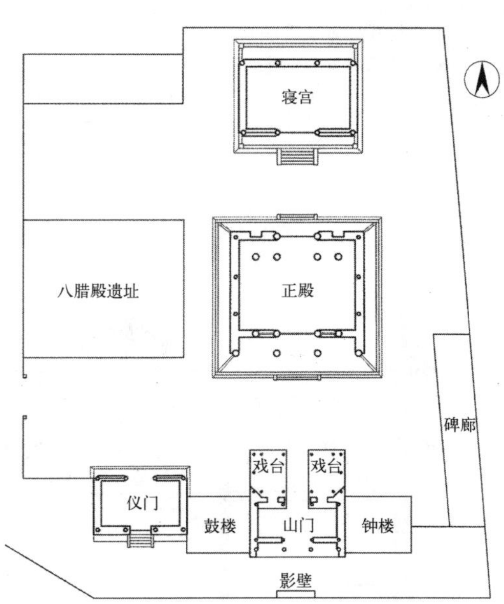

图 10–16　山西盂县大王庙平面图

国家文物局主编 . 中国文物地图集 · 山西分册（上册）. 中国地图出版社，2006 年，第 468 页。

1　林徽因、梁思成 . 晋汾古建筑预查纪略 . 中国营造学社会刊 5 卷 3 期，1935 年。

2　民国 23 年（1934）铅印本《灵石县志》卷十明 · 吴珉《重修河东公祠记》。

3　乾隆三十五年（1770）刻本《潞安府志》卷三十二明 · 申章《侯壁村重修大禹庙记》。

4　车文明 . 山西晋城周村东岳庙考 . 民俗曲艺（台湾）. 第 107/108 期，1997 年。

3. 戏台位于庭院外

将戏台建于山门之外，也是常见的一种剧场形式。特别是当需要补建戏台而庙宇内又无空地时，就将戏台置于山门之外。雍正十三年（1735年）石印本《朔州志》卷四所载的“城隍庙图”中，中轴线上最南端是戏台，其次为山门，戏台位于山门之外，最北端是正殿和寝宫（图 10–20）。

浙江永嘉县岩头村塔湖庙位于塔山脚下，内祀孝祐娘娘，建于明嘉靖年间，面阔三间。戏台位于塔湖庙外的中轴线上，台口面向塔湖庙（图 10–21、图 10–22）。

山西平遥县双林寺，坐北向南，中轴线上从南到北有戏台、山门（天王殿）、释迦殿、大雄宝殿、娘娘庙等，两侧有配殿（图 10–23），其中戏台始建于道光元年（1821 年），位于山门之外。山西泽州县大阳镇汤帝庙戏台亦位于山门外（图 10–24）。

当然，这种形式的剧场并不是严格意义上的庭院式剧场，戏台和山门之间并没有组合成庭院，但也不同于一般的广场式剧场。因为山门之外的戏台仍是庙宇不可分割的有机组成部分。

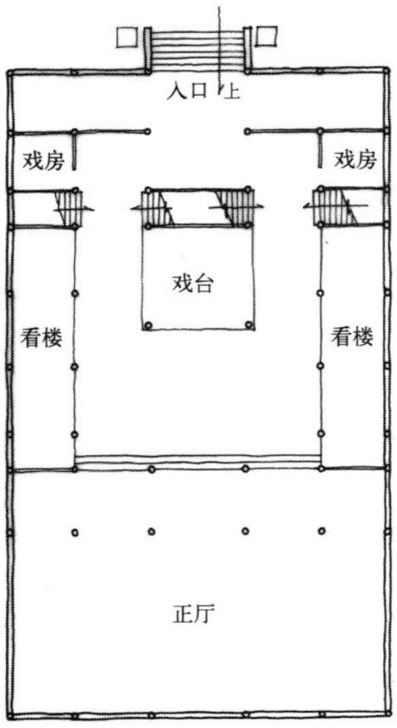

图 10–17　浙江奉化县溪口镇武山庙戏台平面示意图

摹自：毛万红著．传统戏场建筑研究及其音质初探．浙江大学硕士学位论文，2003 年。

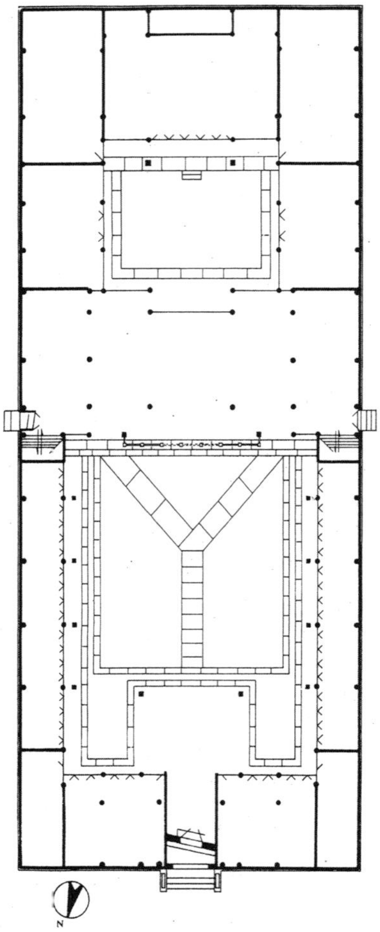

图 10–18　湖北红安县吴氏祠堂总平面

李德喜．鄂中吴氏祠堂的地方特色．建筑与文化论集（第三卷）．华中科技大学出版社，1996 年，第 106 页。

图 10–19　湖北红安县吴氏祠堂戏台（台面下为山门通道）明间梁架

李德喜．鄂中吴氏祠堂的地方特色．建筑与文化论集（第三卷）．华中科技大学出版社，1996 年，第 107 页。

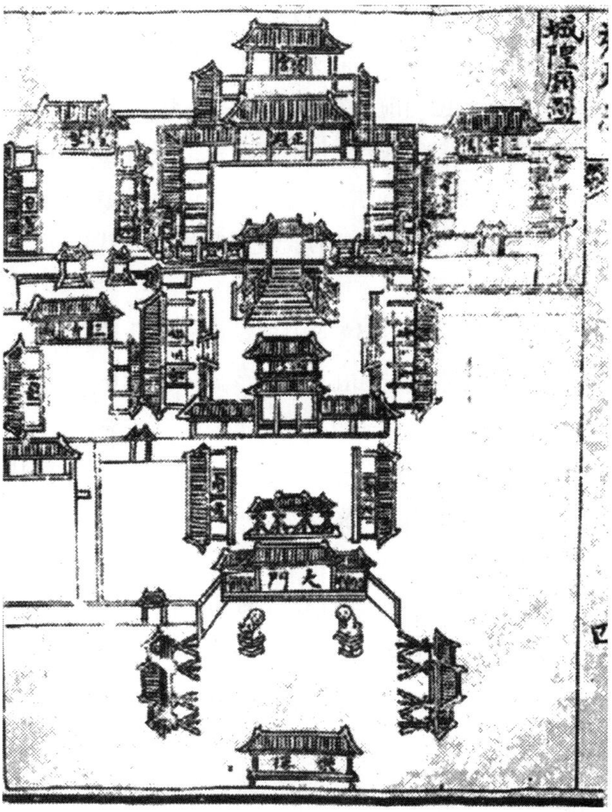

图 10–20　雍正十三年（1735 年）石印本《朔州志》卷四所载的“城隍庙图”

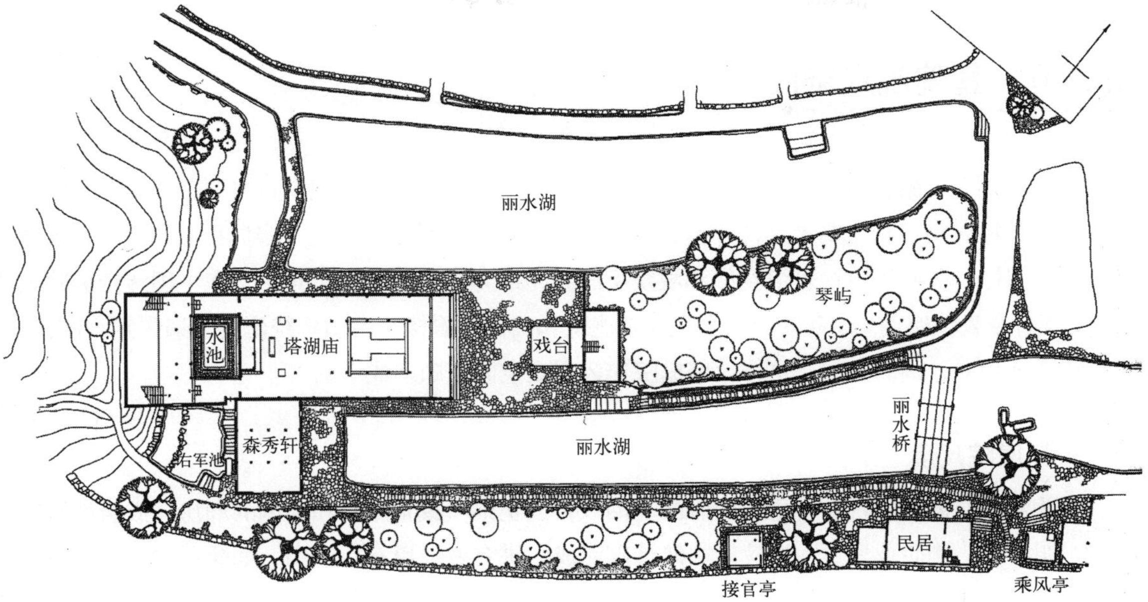

图10–21　浙江永嘉县岩头村塔湖庙总平面

塔湖庙线图引自：李秋香主编，陈志华撰文．庙宇．三联书店出版，2006年，第107页。

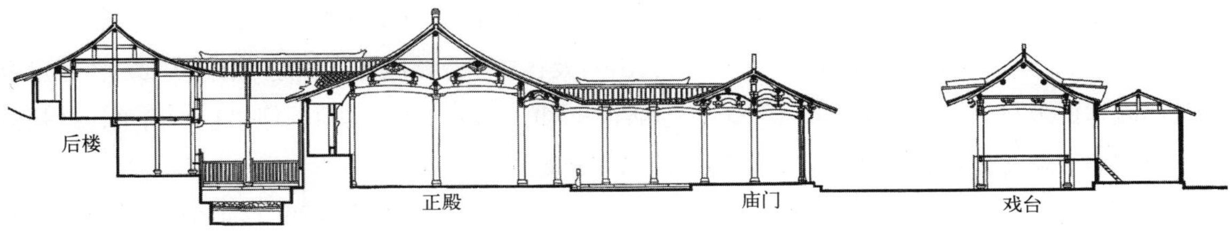

图 10–22　浙江永嘉县岩头村塔湖庙及戏台剖面

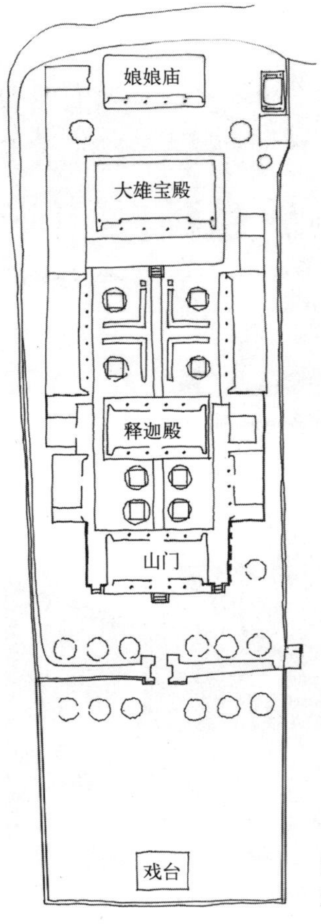

图10–23　平遥县双林寺平面

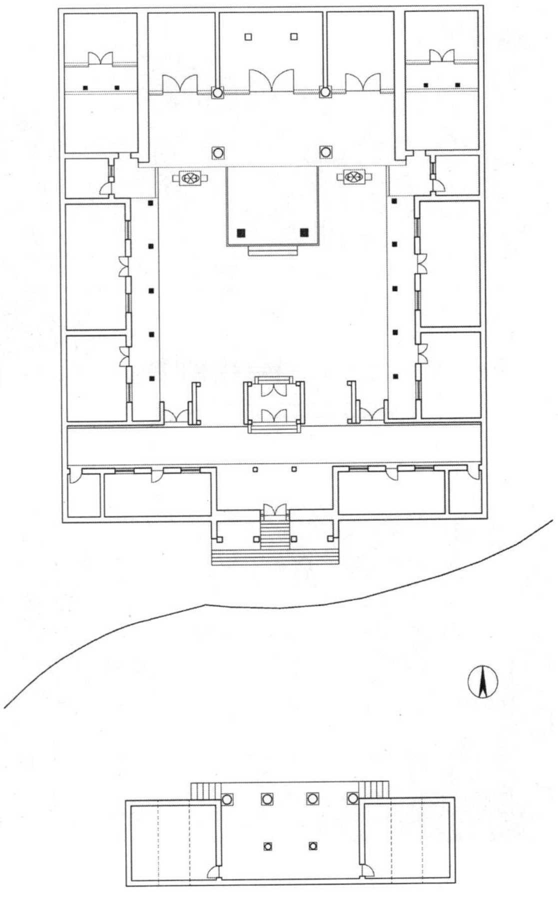

图 10–24　山西泽州县大阳镇汤帝庙平面图

第二节　庭院观众空间

关于戏剧之要素，有不同的说法：有“二要素”之说，即演员和观众；有“三要素”之说，即剧本、演员和观众；有四要素之说，谓剧本、演员、观众和剧场。可见，演员和观众是其中最基本的要素。同样，在剧场中，表演空间和观众空间成为最为基本的要素。其中，在中国传统庭院式剧场中，戏台是表演空间，而观众空间则主要是庭院和两侧的看楼。中国传统建筑普遍采用合院模式，而庭院又是相对开阔的空间，这样，将庭院作为观众空间是顺理成章的。

一、庭院尺度

作为观众空间的庭院，一般由中轴线上的戏台、正殿（或正厅）和两侧的厢房（或看楼）围合而成。明清时，制砖业发达，庭院多由砖铺砌而成，讲究者则用石板铺砌。如此可防尘土飞扬，观演条件有所改善。

就围合程度而言，一般会馆剧场、庙宇剧场的庭院比祠堂剧场的庭院开阔。如上海朱家角镇城隍庙剧场（图 10–25）、江苏苏州全晋会馆剧场（图 10–26）、湖南衡山县南岳庙奎星阁剧场（图 10–27）、浙江宁海县城隍庙剧场（图 10–28）、山西太谷县阳邑镇净信寺剧场（图 10–29）、福建永安县高陂镇西陂村天后宫剧场（图 10–30）等都有开阔的剧场庭院。其原因似乎也很简单，就是会馆剧场和庙宇剧场更具有公众性，需要容纳更多的观众。

宗祠剧场一般只是一个家族所有，所以剧场庭院一般小一些。如安徽祁门县叶源村聚福堂剧场庭院（图 10–31）、祁门县李坑村大本堂剧场庭院（图 10–32）、浙江龙游县御厅村维睦堂剧场庭院

图 10–25　上海朱家角镇城隍庙剧场

图 10–26　浙江苏州全晋会馆剧场

图 10–27　湖南衡山县南岳庙奎星阁剧场

图 10–28　浙江宁海县城隍庙剧场庭院

图 10–29 山西太谷县阳邑镇净信寺剧场

图 10–30 福建永安县高陂镇西陂村天后宫剧场

图 10–31 安徽祁门县叶源村聚福堂剧场

图 10–32 安徽祁门县李坑村大本堂剧场

图 10–33 浙江龙游县御厅村维睦堂剧场

图 10–34 浙江衢州市车堂乡吴氏宗祠剧场

（图 10–33）、衢州市车堂乡吴氏宗祠剧场庭院（图 10–34）的面积很小，实际仅为一天井，具有很强的围合感。

安徽祁门县坑口村会源堂剧场庭院（图 10–35）、浙江宁海县加爵科村林氏宗祠剧场庭院（图 10–36）、宁海县岙胡村胡氏宗祠剧场庭院（图 10–37）、宁海县潘家岙村潘氏宗祠剧场庭院（图 10–38）稍许开阔一些，但由于两侧建有看楼，剧场庭院还是具有很强围合感。

浙江武义县郭洞村何氏宗祠剧场庭院（图 10–39）之宽度较大，但台口和正厅之间的距离则较近，也使得观演关系非常密切。当然，祠堂剧场庭院也有开阔者，如图浙江宁海县马岙村俞氏宗祠剧场庭院（图 10–40）。

同一地域同一类型的剧场，有时差别也很大。如山西长治城隍庙剧场庭院的宽度（即两厢房檐柱之间的距离）达 35.08 米，长度（即戏台前檐柱到献殿前檐柱）达 41.12 米，面积为 1442.48 平

图 10–35　安徽祁门县坑口村会源堂剧场

图 10–36　浙江宁海县加爵科村林氏宗祠剧场

图 10–37　浙江宁海县岙胡村胡氏宗祠剧场

图 10–38　浙江宁海县潘家岙村潘氏宗祠剧场

图 10–39　浙江武义县郭洞村何氏宗祠剧场

图 10–40　浙江宁海县马岙村俞氏宗祠剧场

方米。如果假设每 0.4 平方米站一人，那么可容纳 2800 多人。而山西蒲县华佗庙剧场庭院的长度仅为 11.48 米，宽度为 11.20 米，面积仅 128.58 平方米。城隍庙剧场庭院面积是华佗庙的 11 倍多，相差十分巨大，前者可甚至容纳后者（图 10–41）。

中国传统庭院式剧场的规模相差很大，表现出较大的随意性。实际上，作为剧场观众空间的庭院，更多是充当庙宇、祠堂、会馆等空间的有机组成部分。只有演戏之时，观众站立于其中，才临时变为观众空间。这样，剧场规模之大小更多地取决于整个建筑的组织布局，取决于建筑的规模和等级。这一点完全不同于现代剧场，其规模大小基本上取决于观众数。而且，寺庙剧场中讲究祭祀神灵，有些剧场几乎完全不考虑观众。如山西平顺县东河村九天圣母庙中，戏台和献殿逼近，屋檐几乎连为一体，二者之间所谓的观众空间非常狭窄，实在容纳不了几位观众。且戏台高高在上，近台处观戏需高昂头才可，极不舒服。

清代寺庙剧场的规模有扩大的趋势，直接原因就是观众的增多。以山西为例，清代庙宇碑文中多提到扩建剧场的情况。如山西闻喜县吴吕村稷王庙乾隆二十九年（1764年）《重修水陆殿伯王庙东献亭西道房改建戏台西角门东角门碑记》载：“戏台和献亭逼近，地狭人广，难以多容。”[1] 山西新绛县磨头村狐仙庙光绪二十五年（1899年）碑刻曰：“庙门规模，戏台狭隘，演戏敬神，观者杂沓，不堪胜任。”山西万荣县袁家庄关帝庙清乾隆五十一年（1785年）碑刻提到：“再则院地窄狭，容人无多。村人概然动念，欲重修整新，移广基址。”[2]

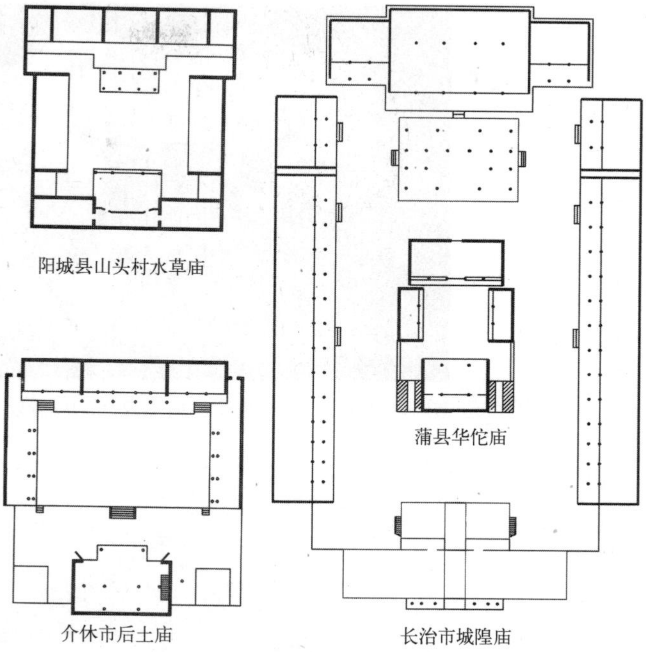

图 10–41　按同一比例所谓的四座山西庙宇剧场平面图

一些碑刻亦提到戏台南移之事，也是为了扩充剧场的规模，以容纳更多的观众看戏。山西泽州县辛壁村汤王庙清嘉庆二十二年（1817年）碑刻《重修成汤殿碑记》中就提到“舞楼南退数尺，左右配以钟鼓楼”[3]。山西河津市连伯村后土庙清嘉庆二十四年（1819年）碑刻《重修后土庙碑记》曰：“今将旧香亭北移三尺许，旧乐楼南移三步许，一切材料从新。”[4]

图 10–42　山西临县李家山村关帝庙剧场庭院

由于剧场庭院扩大，人流增加，一些剧场不得不开设更多的通道。山西晋城市贺坡村玉皇庙碑刻《创建玉皇大庙完工勒石碑记》述及万历年间（1573～1619年）修庙之事，曰：“正殿之外，以之乐神，神人喜悦者，则舞楼一座也。两侧造秀楼开便门，以为凡遇酬神献戏，出入可免聿拥。”[5] 山西河津市连伯村后土庙清嘉庆二十四年(1819年)碑刻《重修后土庙碑记》曰：“于是山门两旁置左右二塾，以便出入。又穿井于乐楼西，并建屋于井上，以防拥塞。”[6]

二、坡度或台阶的设置

由于中国传统剧场庭院多为平地，容易产生观众视线的阻挡问题。这样，有些剧场就顺应山势，设立坡度（或台阶），较好地解决了视线阻挡问题和直达声的传播，也构成亲切的观演空间。坡度一般顺应自然地势。中国传统建筑多选址于山的南坡，坐北朝南，正殿面南，位于高处，而戏台向北，位于低处，这样，自然就形成了观众区的坡度。如山西临县李家山村关帝庙剧场（图 10–42）建于陡坡之上，为了解决过大的高差，戏台下面修筑窑洞，同时，顺应山势，在庭院中设置坡度。设计者多因地制宜，自然地形平缓，则剧场平缓，自然地形较陡，则剧场也较陡，而不强求所谓的规整。如山西临县碛口镇黑龙庙剧场，位于山坡之南，顺应山势，戏台在前面的低位处，庭院的地面逐渐升高，殿宇安置较高的台阶之上（图 10–43 ～图 10–45），非常自然、协调和合理。

1　冯俊杰．山西戏曲碑刻辑考．北京：中华书局，2003年，第412页。
2　卫聚贤．元代演戏的舞台．清华大学中国文学会《文学月刊》2卷1期，1931年。
3　樊淑敏．泽州辛壁成汤庙明代乐楼碑刻考述．中华戏曲第24辑．文化艺术出版社，2000年。
4、6　霍建宇．河津连伯村后土庙明代舞楼碑刻考．中华戏曲第24辑．文化艺术出版社，2000年。
5 转引自：黄维若．宋元明三代中国北方农村庙宇舞台的沿革．戏剧．1986年第3期。

图 10–43　山西临县碛口镇黑龙庙剧场庭院

图 10–44　山西临县碛口镇黑龙庙

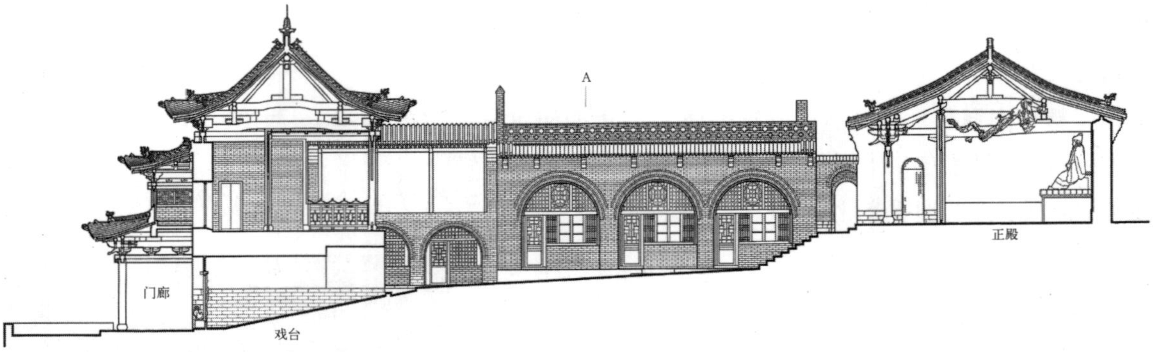

图 10–45　山西临县碛口镇黑龙庙纵剖面

引自：李秋香主编，陈志华撰文．庙宇．三联书店出版，2006 年，第 84 页。

图 10–46　陕西略阳市江神庙剧场

图 10–47　湖南永州市柳子庙剧场庭院

图 10–48　湖南长沙市郎梨镇陶公庙剧场庭院

有的剧场庭院在戏台对面的正殿前设置坡度，也构成极好的观演关系。如陕西略阳市江神庙剧场庭院（图 10–46）、湖南永州市狮子街柳子庙剧场庭院（图 10–47）、湖南长沙市郎梨镇陶公庙剧场庭院（图 10–48）等中，都设有台阶。

新绛县城隍庙戏台四周没有围合建筑，类似广场式剧场，但台前利用地形，沿山坡砌 93 级石阶，可用作观戏之看台（图

图 10-49　山西新绛县城隍庙剧场观众看席台阶

10-49、图 10-50)，构思独特。

张壁村可汗庙剧场则抬高正殿的台基，台基前面是面积很大的月台，并设有台阶，可作为观众观戏之处（图 10-51）。[1]

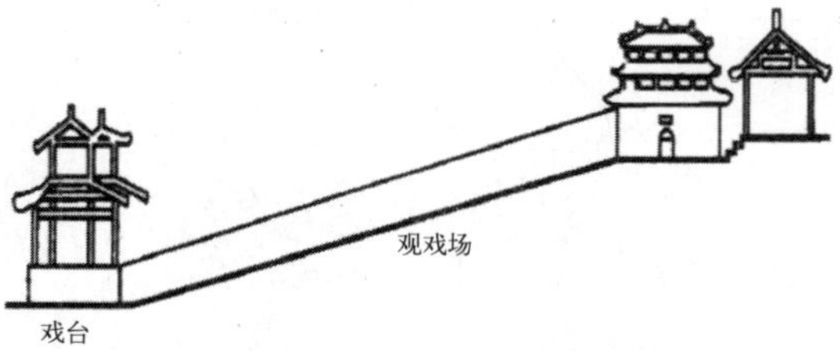

图 10-50　山西新绛县城隍庙剧场剖面示意图

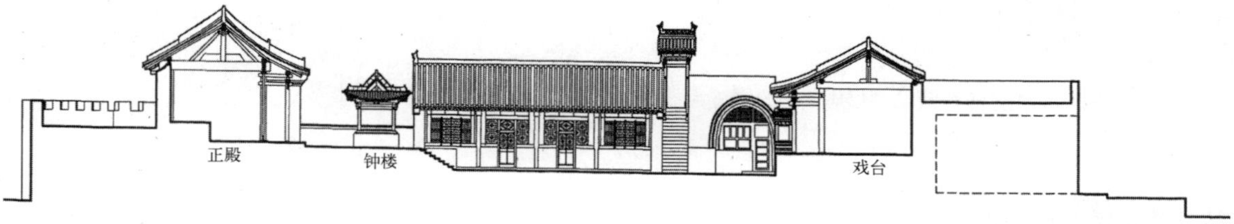

图 10-51　张壁村可汗庙纵剖面

引自：李秋香主编，陈志华撰文．庙宇．三联书店出版，2006 年，第 60 页。

三、庭院中的观众

传统庭院式剧场观众一般随意站立于庭院之中。这一点和现代剧场设置座位的情况不同。如明末刊《鼓掌绝尘》插图演剧场面（图 10-52）、清同治刊《江南铁泪图》插图神庙演剧场面（图 10-53）、清《点石斋画报》庙会演出场面（图 10-54）、清人绘戏台图中的演剧场面（图 10-55），观众均随意簇拥在台前。这一传统延续到现代的乡村演出，如湖南庙宇剧场演出照片中，大部分观众站立观剧（图 10-56）。

也有的庭院式剧场设置临时性凳子。山西阳城县泽城村汤帝庙咸丰年间碑刻《辩赛碑记》中提到“做板凳壹拾七条”[2]，这些板凳就是观众观戏时所用。清·定晋岩樵叟在《成都竹枝词》中亦提到：“会馆虽多数陕西，西秦梆子响高低；观场人多坐板凳，炮响酬神散一齐。”

图 10-52　明末刊《鼓掌绝尘》插图演剧场面

1　陈志华著．张壁村．河北教育出版社，2002 年。

2　廷保全．阳城县泽城村汤帝庙及赛社演剧题记．民俗曲艺（台湾），第 107/108 期，1997 年。

图 10-53　清同治刊《江南铁泪图》插图神庙演剧场面

图 10-54　清《点石斋画报》庙会演出图

图 10-55　清人绘戏台图中的演剧场面

转引自：刘彦君著．图说中国戏曲史．浙江教育出版社，2001 年，第 116 页。

图 10-56　湖南庙宇演出（大部分观众站立观剧）

中国戏曲志编委会．中国戏曲志 · 湖南卷．文化艺术出版社，1993 年，彩版。

第三节　看楼观众空间

一、看楼的发展

中国传统庭院式剧场中，往往在庭院的两侧的设置看楼，作为妇女、小孩的专用看戏空间。看楼的前身是临时性的“看棚”。这种“看棚”在中国剧场史上延续不断。明人绘《南中繁会图》（图

图 10-57
明代《南中繁会图》中的剧场

图 10-58
明代《南都繁会景物图卷》中的剧场

10-57）中，戏台一侧就建看棚，短柱支承台基，四角立柱上覆坡顶，四面设矮栏杆。看棚中共有五人，其中三位妇人，二位小孩，一小孩依于怀抱中。明人画《南都繁会景物图卷》描绘的是南京的繁盛景象，画中有一戏台，戏台一侧设看棚，上覆布蓬（图 10-58）。值得注意的是，为防止视线阻挡，看棚有逐渐升高的趋势。清《点石斋画报》庙会演剧图中，观剧场前方设两看棚，看棚台基架空，上覆平顶，前有栏杆，和戏台相比，形式简单，为临时搭建（图 10-59）。清代刘阆春作农村演剧

图 10–59　清代《点石斋画报》庙会演剧图

图 10–60　清代刘阆春作农村演剧图（清代）（局部）

图中，戏台两侧临时搭建多处看棚，看棚的形式相本相同，多根短柱支撑台基，四角立柱，上覆平顶，前沿施栏杆，台面正中设一红色氍毹，演员正在演出，台前数百名观众，三面观剧（图 10–60）。

古代文献中也有不少有关“看棚”的记载。明代施耐庵在《水浒传》第七十四回“燕青智扑擎天柱”述及山东泰安州东岳庙“献台”上举行的一场摔跤比赛：“偌大一个东岳庙，一涌便满了。屋脊上都是看的人。朝着嘉宁殿，扎缚起山棚，棚上都是金银器皿，锦绣缎疋。”[1]所谓“山棚”者，乃临时搭建的“看棚”，“山”者，大概言其高，“棚”意指其为临时搭建。明末清初文学家张岱《陶庵梦忆》卷六“目连戏”曰：“余蕴叔演武场搭一大台，选徽州旌阳戏子，剽轻精焊，能相扑跃打者三四十人，搬演目连。凡三日三夜，四围女台百什座”[2]，其中的“四围女台百什座”就是指临时性的“看棚”，而且数量颇为可观。日本文献《南漂记》的作者于乾隆六年（1741 年）到浙江乍蒲庙观看演出，曰：“自港口一町（合英尺一百二十码）许，北寺内有剧场，其建筑法将寺围入棚中，外围以木棚，有小门，场中三面搭稍高之看台，舞台搭于大殿对面，戏房在大殿侧面。此种临时剧场，每三十日在寺中扮演。余等如赴剧场，则南面看台约三间，请坐于其面阔一尺间装高脚之台上。”[3]近人徐珂在《清稗类钞》中曰：“广州酬神演剧，妇女杂沓。列棚以观，曰看台，又曰子台。”[4]

上述的这些“看棚”均为临时搭建。将这些临时搭建的“看棚”建筑化和固定化，就产生了清代庭院剧场中多见的看楼。从现存剧场建筑分析，看楼的出现大约在明代末期。到了清代，特别是清中叶后，更多的碑刻则记载了建造看楼之事。

总体而言，清代庭院式剧场中，看楼的设置还是非常普遍的情况。以安徽为例，作者现场调查的 15 座传统剧场中，现存有看楼的就有合肥市城隍庙剧场、亳州市大关帝庙剧场、亳州市江宁会馆剧场、歙县郑村乡堨田村吴宅剧场、祁门县新安乡珠林村余庆堂剧场、祁门县新安乡洪家村

1　施耐庵，罗贯中．水浒全传．长沙：岳麓书社，1988 年，第 596 页。
2　张岱（明）著，卫绍生译评．陶庵梦忆．吉林文史出版社，2001 年，第 123 页。
3　转引自青木正儿．中国近世戏曲史．王右鲁译本（下册）．作家出版社，1958 年，第 515 ~ 516 页。
4　徐珂编著，无谷，刘卓英点校．清稗类钞．书目文献出版社，1984 年，第 394 ~ 395 页。

有关清代剧场中看楼的碑文记载 表 10–1

序号	碑文名称	碑文内容摘录	资料来源
1	江苏吴江市济宁会馆清康熙六十一年(1722年)《大王殿置田立庙建楼台南月碑记》	(康熙)三十六年造东西看楼六间，两过楼	明清苏州工商业碑刻集，江苏人民出版社,1981年，第326页
2	山东聊城山陕会馆清乾隆三十一年(1766年)《重修戏台建立看楼碑记》	旁增看楼二座。以乾隆二十八年辛未兴工，作于仲春，考庆成于季秋	中国戏曲志·山东卷，中国ISBN中心，1994年，第629页
3	山西泽州县李寨乡陟椒村三教堂清乾隆四十年(1775年)《重修三教堂碑记序》	明嘉靖十五年创建三教堂一区。清康熙四十八年重修为一院。缘祭祀献戏之不便，于乾隆十九年接补下院舞楼上下十四间，东西看楼上下十□间	作者实地调研时抄录
4	山西泽州县周村镇约乾隆年间《重修土地祠碑文》	康熙年间重修后，以迄于今……诸公缵承修饬，以相继于有成，于正殿而崇高之，东西上为看楼，下为憩所，南改为演戏台，并大庙各殿补葺，不胜枚举	作者实地调研时抄录
5	山西蒲县东岳庙清嘉庆二十一年(1816年)《续修东神山太尉庙等处各工碑序》	其创建者自太尉庙起前列乐楼、山麓坊，次及庙院之东西看楼，门楼共一十八间	作者实地调研时抄录
6	河南周口市关帝庙现存有清道光二年(1822年)《山陕会馆春秋阁院创修牌坊两廊看楼等碑记》	/	作者实地调研时抄录
7	江苏苏州市三山会馆清道光十年(1830年)《重修三山会馆襄助姓名碑》	自水马道头石碑坊、左右鼓亭、头门、仪门、戏台、看楼、大殿、梳妆楼。……妈祖厅等，焕然一新	明清苏州工商业碑刻集，江苏人民出版社,1981年，第352页
8	山西晋城市北石店乡南石店村清咸丰六年(1856年)《虫王庙新建拜殿山门舞楼看楼记》	今且新建拜殿以肃升降，补葺两庑以称庄严，瞻彼舞楼九楹，轮奂益之。看楼一律整新	李跃忠，晋城南石店虫王庙舞楼看楼碑刻考述，中华戏曲第24辑，文化艺术出版社，2000年
9	上海南市区商船会馆清光绪十八年(1892年)碑记	吾邑商船会馆，崇奉天后圣母，其大殿、戏台创建于康熙五十四年，自乾隆二十九年，重加修葺……嘉庆十九年……崇明同人建两面看楼	上海碑刻资料选辑，上海人民出版社，1980年，第196页

敦化堂剧场（注：看楼在民国时毁）、祁门县闪里镇坑口村会源堂剧场、祁门县新安乡上汪村叙伦堂剧场等8座。

看楼的创建和流行，有多方面的原因。首先，是戏曲演出由娱神为主转变到到娱人为主的必然结果。庙宇剧场的建造，很大程度上是为了娱神。大量碑刻每当提到庙宇剧场的创建和维修时，几乎无不归于神的感召。可是，随着戏曲的发展，庙宇剧场演出中娱人的成分逐渐增加。有时甚至公开提出剧场演出就是为了取悦民众，丰富民众的生活。这一观念的转变是看楼在祠庙中产生的社会基础。否则，严肃神秘的祭神之地，绝不可为了方便观戏而建看楼。其次，看楼的出现，满足了妇女、儿童观戏的需要。庙宇剧场人众交叉，男女同区观戏不免“有伤风化”。为了“严男女之大防”，就专门建看楼，作为妇女观戏之所，男人自然不准进入。有的剧场甚至专门刻碑，作出具体的硬性规定。

看楼一般避开中轴线，位于东西两侧，即碑刻中经常提到的“东西看楼”。传统剧场中，为了让神灵更好地欣赏戏曲演出，一般南为戏台，北为正殿，台口面对正殿。也由于此，把真正的观众“人”则安置于庭院中或两侧的看楼。

庙宇剧场中，中轴线上建看楼或看厅的极少。山西万荣县解店镇东岳庙明正德五年（1510 年）碑刻《重修子孙神母殿堂记》曰："各愿施财将正殿、三门、看亭、两廊，并创建地王藏王圣像。"[1] 其中的"看亭"是否位于中轴线上，不得而知。山西蒲县东岳庙在戏台前有一"议亭"，位于中轴线上，明清时是庙会主持者议事场所，清代建戏台后，"议亭"才变成了达官贵人欣赏戏曲的"看亭"。

二、看楼的形式

在庭院式剧场中，看楼的面宽一般三到五间，大者则达到九间，多取偶数。其中以三开间者最为多见。如浙江宁海县清潭村双枝庙看楼（图 10–61）、安徽省祁门县坑口村会源堂看楼（图 10–62）、浙江宁海县加爵科村林氏宗祠看楼（图 10–63）、宁海县大蔡村胡氏宗祠看楼（图 10–64）、宁海县龙宫村陈氏宗祠看楼（图 10–65）、浙江衢州市北淤村兰氏宗祠看楼（图 10–66）、山西临县碛口镇黑龙庙看楼（图 10–67）均面宽三间。其中，山西临县碛口镇黑龙庙看楼下面为三孔窑洞，较为少见，通面阔 7.87 米，进深单间四椽 2.34 米。不施斗栱，朴实无华。

安徽祁门县珠林村馀庆堂看楼（图 10–68）（一层中间柱子为后人所加）、祁门县上汪村叙伦堂看楼（图 10–69）则一层为一间，二层则采用三间的形式，使得一层的庭院显得宽敞。

中国传统建筑的开间一般为奇数，很少有采用偶数者，但也有例外。如山西高平县康营村成汤庙看楼（图 10–70）、浙江宁海县岙胡村胡氏宗祠看楼（图 10–71）、宁海县龙宫村陈氏宗祠看楼（图 10–72）均采用四开间的形式。江苏苏州全晋会馆则采用六开间的形式（图 10–73）。

图 10–61　浙江宁海县清潭村双枝庙看楼

图 10–62　安徽省祁门县坑口村会源堂看楼

图 10–63　浙江宁海县加爵科村林氏宗祠看楼

图 10–64　浙江宁海县大蔡村胡氏宗祠看楼

1　冯俊杰．山西戏曲碑刻辑考．北京：中华书局，2003 年，第 183 ~ 184 页。

图 10–65　浙江宁海县龙宫村陈氏宗祠看楼

图 10–66　浙江衢州市北淤村兰氏宗祠看楼

图 10–67　山西临县碛口镇黑龙庙看楼

图 10–68　安徽祁门县珠林村馀庆堂看楼

图 10–69　安徽祁门县上汪村叙伦堂看楼

图 10–70　山西高平县康营村成汤庙看楼

图 10–71　浙江宁海县岙胡村胡氏宗祠看楼

图 10–72　浙江宁海县龙宫村陈氏宗祠看楼

图 10–73　江苏苏州全晋会馆看楼

图 10–74　山西阳城县郭峪村汤帝庙看楼

图 10–75　江西乐平市双田镇田里村看楼

图 10–76　河南社旗县山陕会馆看楼

一些规模较大的剧场，其看楼多采用五间或七间的形式。如山西阳城县郭峪村汤帝庙看楼采用五开间的形式（图 10–74）。

一些规模更大的剧场，其看楼的开间增大到九间或十一间，如江西乐平市双田镇田里村看楼为九开间（图 10–75），河南社旗县山陕会馆看楼为十一开间（图 10–76）。

第四节　观众空间的设计构思

一、女性观众空间

明清时期，女性是重要的戏曲观众。《奉天通志》记载，明弘治元年（1488 年），辽东隐士贺钦在他的《辞职言疏》中提到当时有些人在街头“高筑戏台，敛财作戏，致使少长观剧，男女杂乱”[1]。清代《培远堂偶存稿文檄》卷十九曰：“哀戚之时，恒舞酣歌，男女聚观，莫此为甚。”[2]清乾隆十七年（1752 年）重修的《海城厅志备遗》述及宁夏海原县庙会演戏的情况：“至期扮演设戏剧，男女纵观，夜以继日。”[3]清代西清《黑龙江外记》卷六曰：“上元，城中张灯五夜，村落妇女来观剧者，车声彻夜不绝。”[4]

1　中国戏曲志编委会 . 中国戏曲志 · 辽宁卷 . 北京：中国 ISBN 中心，1994 年，第 5 页。

2　中国戏曲志编委会 . 中国戏曲志 · 陕西卷 . 北京：中国 ISBN 中心，1995 年，第 814 页。

3　中国戏曲志编委会 . 中国戏曲志 · 宁夏卷 . 北京：中国 ISBN 中心，1994 年，第 8 页。

4《黑龙江外记》卷六 . 转引自：中国戏曲志 · 黑龙江卷 . 北京：中国 ISBN 中心，1994 年，第 7 页。

但同时，女性观众又时常受到抨击和反对，多有限制。《申报》清同治十三年（1874年）1月7日载《严禁妇女入馆看戏告示》中曰："尔等为家长者，务各约束妇女，不准入馆看戏，免伤风化。各宜凛遵毋违，特示。"同报民国7年（1918年）2月25日7版载《戏园须分男女座位》中曰："特传园主陈某列案，谕令遵章，将男女座位分别，不得混杂，如违重惩。该园主遵谕而退。"

这样，为了女性既可以观剧，但又不有伤风化，就设立特定的女性观众区。《清稗类钞》载道光时，"京师戏园演剧，妇女皆可往观，惟须在楼上耳"[1]。退醒《观剧竹枝词》曰："男座女厢分左右。"[2] 女性观众区常用帘子等分隔。清代张国华在《贵阳竹枝词》中曰："财神多寓过街楼，戏到生辰演不休。莫怪行人争觑看，红妆妇女倚帘钩。"[3] 清代林兰痴有《戏格》诗，其序云："厅屋三间，中间屏门，东西间以格扇蔽墙，加以相妃帘格，内如小巷，女眷坐此观戏最便，故曰'戏格'。"

同治八年（1869年）来华的美国传教士何天爵（英文名：Holcombe Chester）在光绪二十一年（1895年）出版的《真正中国佬》（Real Chinaman）一书中写到：

> 许多乡村的村民们会自愿筹集一小笔款子，然后请人搭起一座简易的戏台。每当中秋和春节到来之时，村里就请来一些四出流动演出的戏班子唱上一两天的戏。在这种情况下，所有的家庭成员，不论男女老幼，都可以前往观看。但是，妇女和姑娘总是小心翼翼地安坐在专门为她们保留出的位置，男女能够接触交往的机会极为稀罕。在较大一些的城市里，女子有时会上剧院看戏，但存在一个永久不变的通行做法，即她们总是必须坐在为她们单独设置的、用帘子严密遮挡的包厢里[4]。

英国特使马夏尔尼述及乾隆五十八年（1793年）和乾隆皇帝在热河行宫（今承德内）一起观戏，曰："厢位之后有较高之座用纱帘障于其前面者乃是女席、宫眷等坐之，取其可以观剧而不至为人所观也。"[5]

明崇祯年间（1628～1644年）刊的《金瓶梅词话》插图（图10–77）中，两位演员在氍毹上演出，旁有板鼓、手鼓、拍板伴奏，女性则在帘子后面观戏。清人绘堂会演戏图（图10–78）中，两位演员在氍毹上演出，前有伴奏，宾主列坐于左右。而内眷女宾则在内室透过垂帘向外观戏。

图10–77　明崇祯刊《金瓶梅词话》演出图

图10–78　清人绘堂会演戏图

1　徐珂编著，无谷，刘卓英点校．清稗类钞．书目文献出版社，1984年，第397页。
2　民国2年（1913年）十二月十日《共和滇报》．转引自：中国戏曲志 · 云南卷．中国ISBN中心，1994年，第553页。
3　录自张国华手稿《禹甸吟编》．转引自：中国戏曲志编委会．中国戏曲志 · 贵州卷．北京：中国ISBN中心，1999年，第569页。
4　何天爵（美）著，鞠方安译．真正的中国佬．光明日报出版社，1998年，第78页。
5　马夏尔尼（英），刘半农译．乾隆英使觐见记．天津人民出版社，2006年，第126页。

二、观众空间分区的形式

庭院式剧场常采用左右分区、前后分区以及设置台阶的方法划分观众空间。这些分区有时是临时设置的，即男性观众和女性观众分别在暂时划定的区域内观戏。作者在上党地区（今山西长治等地）调研时，当地老人回忆年少时到庙宇观戏，如果剧场两侧无看楼，则在剧场拉一麻绳，划分区域，或男左女右，或男前女后。

（1）左右分区

所谓左右分区，就是在庭院式剧场中，男女观众分别位于庙宇甬道的两边。这一现象在宋代的文献中就有记载。宋 · 庄绰在《鸡肋篇》中述及南宋绍兴三年（1133 年）成都戏曲演出活动，曰："自旦至暮，唯杂戏一色。坐于阅武场，环庭皆府官看棚，棚外始作高凳，庶民男左女右，立于其上如山。"[1]"庭"乃表演区，"棚"则为官人观戏之所，一般民众则坐于高凳之上。文中提到"庶民男左女右"，说明观众已经实行男女分区布置。清代戴熙述及五湖地区（今太湖一带）演社戏的情形时曰："演唱最为认真，自晨及暮，必演三四十出之多。四方驰名来睹，不计其数，填港塞路，热闹已极。男女不混，以东西分别。"[2]清代小说《歧路灯》第四回述道："那遭山陕庙看戏，甬路西边一大片妇女，只显得这巫家闺女人才出众。"第四十九回述道："进的庙院，更比瘟神庙演戏热闹，院落也宽敞，戏台也高耸。不说男人看戏的多，只甬路东边女人，也敌住瘟神庙一院子人了。"[3]小说中述说的山陕庙以甬道为界，东侧是女观众区，西侧是男观众区。

《中国戏曲志 · 黑龙江卷》提到旧时野台子演出时，也会"在台口中央拉一长绳，伸向远处，看戏观众则各占一方，南左女右，不能逾越"[4]。祁县三多堂剧场中，东西两侧厢房为家眷看戏之处，其中东厢房为男观众区，西厢房为女观众区，可谓泾渭分明[5]。

（2）前后分区

前后分区是在庭院式剧场中，将男性观众位于前部，女性观众位于后部看戏。一些地方的宗祠剧场演戏时，天井及享堂的前檐下为男子观剧场所，享堂的前檐柱之后为妇女观剧场所，两部分之间临时用矮栏杆隔开。民国《阳原县志》记载："所演故事，概多忠臣孝子一类，庄严悲烈，适合吾县民性，故社会颇欢迎之，虽在农忙，台下亦无隙地。观剧时，男立于前，女坐于后，大家眷属则各坐于自备轿车中，秩序井然。"[6]

（3）利用高的台阶划分空间

在多山地区，剧场往往沿山坡布置，这时就用台阶来划分不同的观众空间。山西阳城县郭峪村汤帝庙剧场（图 10—79、图 10—80），利用高差 2.86 米的台阶将剧场庭院分为上院和下院，并在下院两侧设看楼。村里规定：16 岁以上的成年人一律在下院看戏，女人和孩子可在上院及左右看楼上看戏[7]。

山西河津县真武庙剧场具有独特的观众分区（图 10—81 ～图 10—83），从高到低分为上、中、下三级："上级俯视，是官绅名人雅座；中级可置板凳平视，供老幼妇孺观瞻；下级为一般男性立站而仰视之。"[8]

1　宋代庄绰．鸡肋篇卷上．宋元笔记小说大观（四）．上海古籍出版社，2001 年，第 3991 页。
2　武立新．明清稀见史籍叙录．江苏古籍出版社，2000 年，第 108 ～ 109 页。
3　清代李绿园撰．歧路灯．北京：华龄出版社，2000 年，第 24 页。
4　中国戏曲志编委会．中国戏曲志 · 黑龙江卷．北京：中国 ISBN 中心，1994 年，第 350 页。
5　赵振中，杨文忠．三多堂．山西经济出版社，1998 年，第 55 页。
6　民国《阳原县志》卷 11《生活 · 娱乐》，6 页。转引自：赵世瑜．狂欢和日常——明清以来的庙会与民间社会．三联书店，2002 年，第 194 页。
7　李秋香等著．中国乡土建筑：郭峪村．重庆出版社，2001 年。
8　中国戏曲志编委会．中国戏曲志 · 山西卷．北京：文化艺术出版社，1990 年。

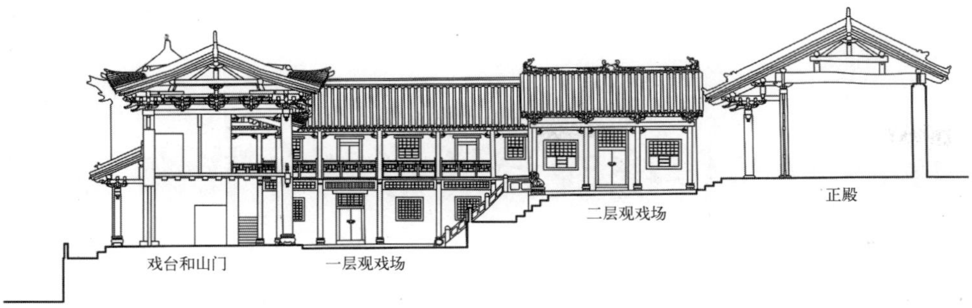

图 10–79　山西阳城县郭峪村汤帝庙剧场横剖面

摹自：李秋香等著．中国乡土建筑：郭峪村．重庆出版社，2001 年。

图 10–80　山西阳城县郭峪村汤帝庙

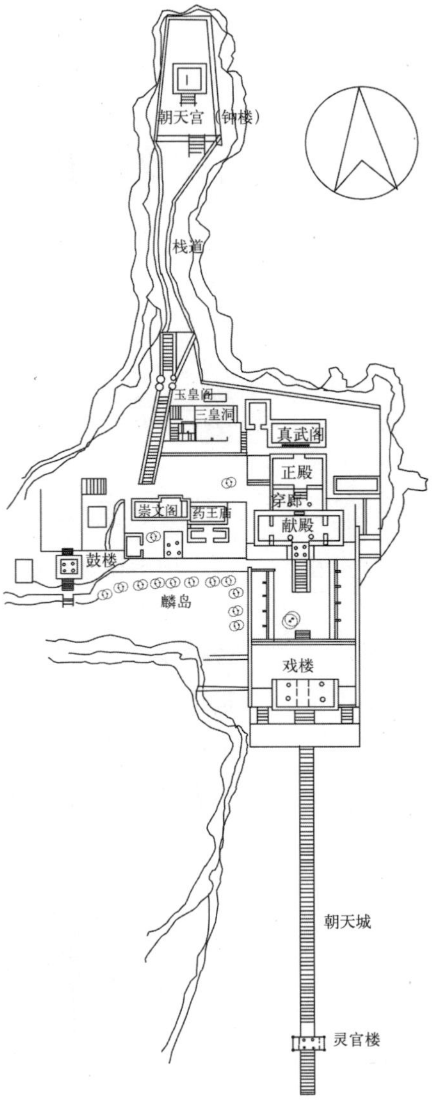

图 10–81　河津县真武庙平面图

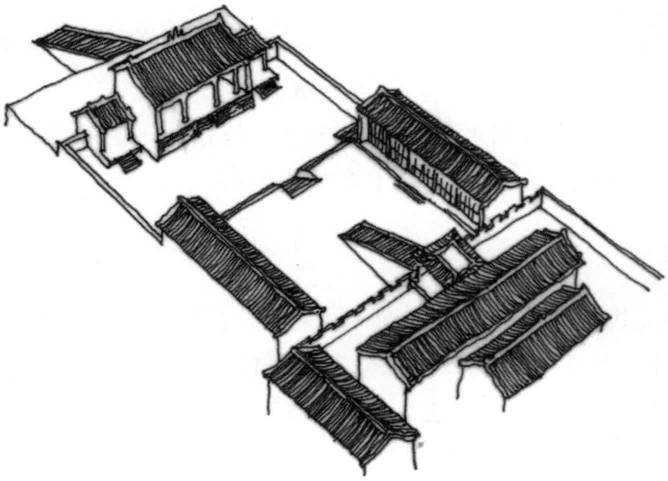

图 10–82　河津县真武庙剧场轴侧图

图 10–83　河津县真武庙剧场台阶仰视图

第十一章　中国传统戏台的形制和装饰

第一节　戏台形式和平面

一、基本形式

中国传统戏台的基本形式，大致可分为三大类型，即单幢式、双幢前后勾连式和三幢左右并列式（图 11–1）。中国古代建筑一般均为单幢式，尽管开间多少不等，但支撑结构和屋顶是一整体。传统戏台则除了单幢式外，有不少采用两幢或三幢单体的组合，这也是戏台所具有的非常显著的建筑特点。戏台之所以采用单体的组合，主要有两方面的原因。一是明清时期戏曲表演空间扩充的需要；一是戏台作为表演空间的功能特点以及前台和后台对空间封闭程度不同要求的体现。在不同的历史时期和不同的地域，不同的形式的戏台或并存，或某种形式的戏台居于主导地位。

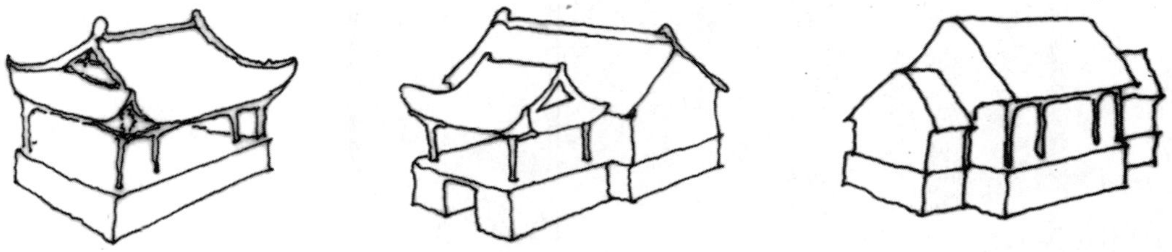
(a) 单幢式　(b) 双幢前后勾连式　(c) 三幢左右并列式

图 11–1　传统戏台的基本构成形式示意图

二、单幢式戏台

所谓单幢式，就是戏台的支撑结构、构成方式和屋顶构造是一个完整统一的整体。单幢式戏台优点是构造简单，宋元时期的戏台主要采用这一形式，直接原因就是宋元杂剧演出时演员并不多。宋 · 耐得翁《都城纪胜 · 瓦舍众伎》中曰："杂剧中，末泥为长，每四人或五人为一场。"[1] 南宋 · 周密《武林旧事 · 妓乐》中曰："且谓杂剧中末泥为长，每一场四人或五人。"[2]

由于经济条件的限制和演出规模的影响，明清时期北方乡村仍有相当一部分戏台采用单幢式。根据戏台开间的数目，又可分为单开间、三开间和五开间等，其中北方明清戏台主要采用三开间的形式。

1. 单开间单幢式

现存单开间单幢式戏台主要见于山西元代戏台。这些戏台四边基本相等，近似方形。四角柱间距一般为 7 米左右，面积约 50 平方米，平面形式和尺寸相对统一。明清时期，这种形式的戏台较少采用，偶见于宅院剧场中。南方明清戏台的前台虽然一般也为单开间和单进深，但和开间较多的

1　耐得翁（宋）. 都城纪胜 . 转引自：黄立新，沈习康编著 . 梨园撷英 . 东方出版中心，1999 年，第 9 页。

2　周密（南宋）著，傅林祥注 . 武林旧事 . 山东友谊出版社，2001 年。

图 11–2　河北省蔚县崔家寨村戏台

图 11–3　河北省蔚县水东堡村戏台

图 11–4　河南省安阳市积善村戏台

图 11–5　河南省安阳市西炉村戏台

后台一起才构成完整的戏台，和北方的单开间单幢式戏台不同。

2. 三开间单幢式

三开间单幢式戏台是单幢式戏台中最为普遍的一种形式。当元代流行的单开间戏台由于面积狭小无法满足表演需要时，就扩大之，产生了三开间的戏台。目前所知最早的三开间戏台是山西沁水县姚家村元至正四年(1344年)所建戏台[1]。

图 11–6　河南禹州市神垕镇伯灵庙戏台

明清时期，三开间戏台非常多见。如河北省蔚县崔家寨村戏台（图 11–2）、河北省蔚县水东堡村戏台（图 11–3）、河南省安阳市积善村戏台(图 11–4)、河南省安阳市西炉村戏台(图 11–5)、河南禹州市神垕镇伯灵庙戏台（图 11–6）等均为典型的三开间单幢式戏台。

三开间单幢式戏台在平面（图 11–7）上的特点主要表现在以下两个方面。

首先，平面为近似正方形或略显长方形，面积一般为 50 ～ 80 平方米。

其次，一般前台进深大于后台，即前台面积大于后台。如山西临县后寨则村戏台的前台面积为后台的 2.27 倍。因从演剧功能而言，前台要比后台重要，在二者不能兼顾的情况下，就只好缩小

1　田同旭、李来虎．新发现的沁水县元代戏台遗址．中华戏曲第七辑．山西人民出版社，1988 年。

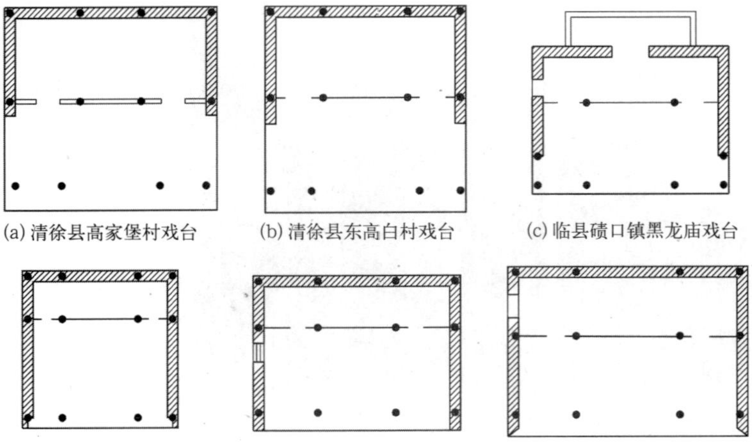

(a) 清徐县高家堡村戏台　(b) 清徐县东高白村戏台　(c) 临县碛口镇黑龙庙戏台

(d) 临县后寨则村戏台　(e) 蒲县华佗庙戏台　(f) 河津县真武庙戏台

图 11–7　山西三开间单幢式戏台平面示意图

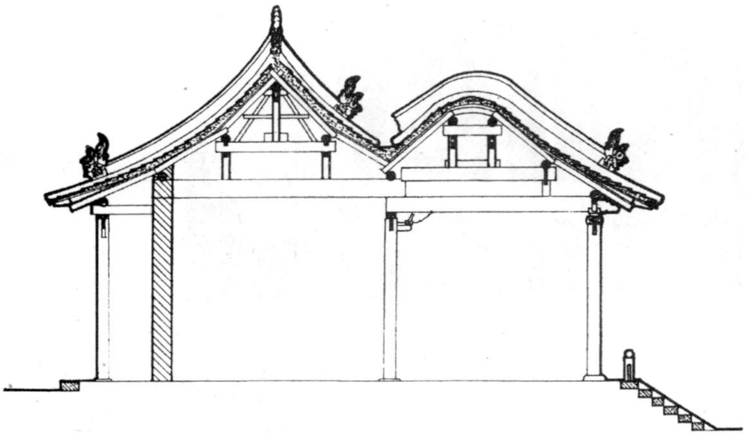

图 11–8　山西太原上兰镇窦大夫祠戏台剖面

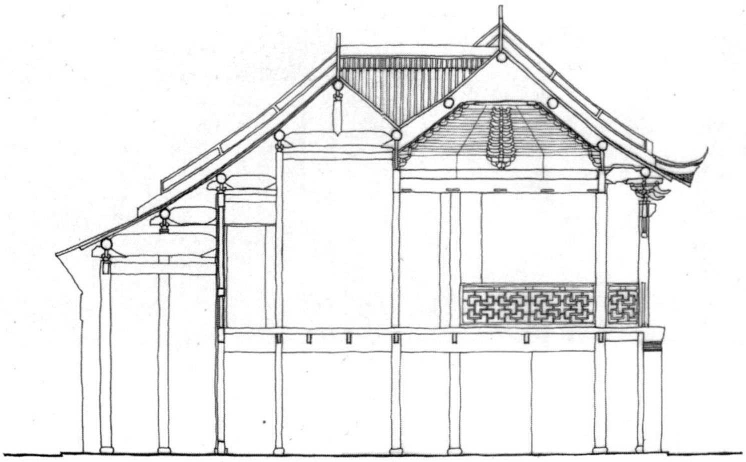

图 11–9　上海城隍庙朱家角戏台

引自：刘茜著．上海地区城隍庙建筑及其相关研究．同济大学硕士学位论文，2003 年，第 54 页。

后台的面积。

3．五开间单幢式戏台

和三开间戏台相比，五开间单幢式戏台则相对少见一些，因为过分宽大的通面阔不太适合戏曲演出。但一些庙宇，为了追求建筑的宏伟壮观和适应超大规模的演出，将戏台建为五开间。如山西新绛县阳王镇稷益庙戏台采用“明三暗五”的前檐减柱造，通面阔五间 16.8 米，面积 120 平方米。庙内明嘉靖二年（1523 年）碑刻《重修东岳稷益庙之记》曰：“正德间复增先门三稳，献庭五稳，舞庭五稳。”[1] 山西代县刘家圪洞村观音寺戏台也为五开间。

一些古代文献也提到五开间的戏台。清乾隆年间（1736 ~ 1795 年）《潞安府志》卷七《庙学》“附群祀”栏中所收录的长子县一通碑刻曰：“露台下有舞楼五楹”[2]，可见其戏台为五开间。泽州县府城村玉皇庙清乾隆二十九年（1764 年）碑刻《重修玉皇庙碑记》曰：“于山门之南创建戏楼五楹。”临汾市底镇崔村无佞侯祠康熙四十年（1701 年）《重修无佞侯神祠宇碑记》云：“重建戏楼五间。”[3]

三、前后勾连式戏台

随着演出规模的扩大，单幢式戏台暴露出面积狭窄的缺点，那么就干脆分别建前台和后台，并组合在一起，于是就产生了前后勾连式戏台。这种形式的戏台中，前台和后台不仅在空间上用隔扇分隔，而且分别用不同的屋顶和梁架。前后台连接面处多共用一排柱承重。如山西太原上兰镇窦大夫祠戏台（图 11–8）、上海城隍庙朱家角戏台（图 11–9）、浙江宁海城隍庙戏台（图 11–10），就是典型的前后勾连式戏台。

双幢前后勾连式戏台不仅适应了戏台面积扩充的需要，也很好地满足了表演区和后台对空间开敞性的不同要求。表演区三面敞开，形成开敞空间，以便于台上和台下交流。后台三面围合，形成封闭空间，以保证演员化妆和休息的私密性（图 11–11）。前后勾连式戏台有比

1　作者 2000 年 12 月实地调研时抄录。

2　冯俊杰．山西戏曲碑刻辑考．北京：中华书局，2002 年，第 3 页。

3　王汝鹏．山西地震碑文集．北岳文艺出版社，2003 年，第 458 页。

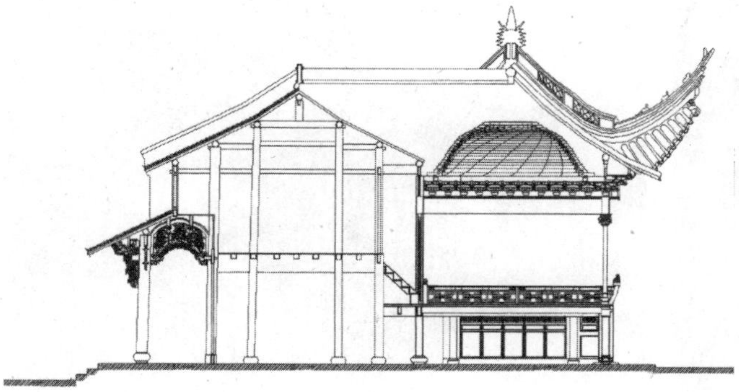

图 11–10　浙江宁海城隍庙戏台

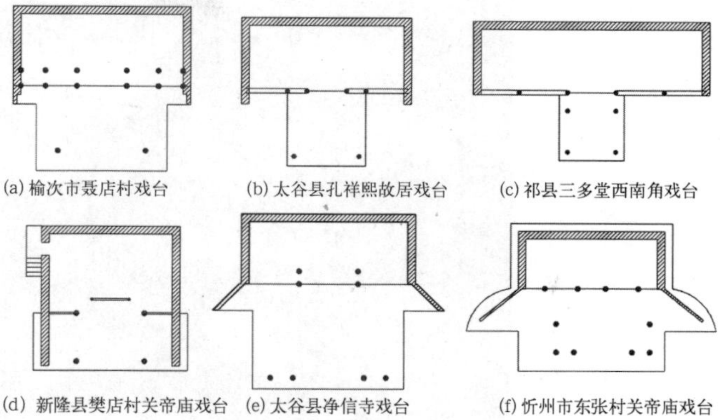

图 11–11　山西双幢前后勾连式戏台平面

较大的灵活性，不同的戏台组合方式适应了不同地域、不同性质演出活动的需要。

双幢前后勾连式在建筑上的特点主要表现为：

其一，一般后台的面积大于前台。和单幢式戏台相比，双幢勾连式戏台最明显的特点是扩大了后台的面积。明清戏曲演出时，演员增加，砌末扩充，需要大的后台空间。在前后勾连式戏台中，后台采用较大的面阔，就是为了满足这种要求。

其二，前台多为伸出式，三面敞开。前台和后台分开，使前台可采用更为自由和灵活的形式，三面敞开，伸向观众。

其三，屋顶造型更加丰富。前后勾连式戏台的前台部分多用歇山顶，后台部分多用悬山或硬山顶。这样的屋顶形式组合是有其合理性的。前台三面暴露于观众视野中，则用多方位造型的九脊歇山式。后台隐于其后，则选单脊顶。

前后勾连式戏台是中国明清戏台最为常见的一种形式。一般前台为单开间，三面敞开，后面多为三间或五间。如江苏常州万绥镇东岳庙戏台（图 11–12）、河南洛阳关林戏台（图 11–13）、山西太谷无边寺戏台（图 11–14）、山东烟台大庙戏台（图 11–15）、安徽合肥城隍庙戏台（图 11–16）、广西钟山县大田村水口庙戏台（图 11–17）、广西钟山县莲花村戏台（图 11–18）、湖北浠水县马垅镇福主庙戏台（图 11–19）、山东蓬莱阁天后宫戏台（图 11–20）、山西大同云冈石窟外戏台（图 11–21）、山西平遥县希尧村戏台（图 11–22）、上海朱家角镇城隍庙戏台（图 11–23）、浙江宁海县城隍庙（图 11–24）、山西榆次市聂店村戏台（图 11–25）等。有的戏台则采用出厦的形式，如江苏高淳县东坝镇东岳庙戏台（图 11–26）、江苏高淳县淳熙镇吴氏宗祠戏台（图 11–27）。

图 11–12　江苏常州万绥镇东岳庙戏台

图 11–13　河南洛阳关林戏台

图 11–14　山西太谷无边寺戏台鸟瞰

图 11–15　山东烟台大庙戏台

图 11–16　安徽合肥城隍庙戏台

图 11–17　广西钟山县大田村水口庙戏台

图 11–18　广西钟山县莲花村戏台

图 11–19　湖北浠水县马垅镇福主庙戏台

图 11–20　山东蓬莱阁天后宫戏台

图 11–21　山西大同云冈石窟外戏台

山西右玉县马营河村五圣庙戏台，前后面宽相同，均用三开间（图 11-28）。山西平遥县段村戏台前部为三开间，后台则比较特殊，采用窑洞形式（图 11-29）。

图 11-22　山西平遥县希尧村戏台

图 11-23　上海朱家角镇城隍庙戏台

图 11-24　浙江宁海县城隍庙戏台

图 11-25　山西榆次市聂店村戏台

图 11-26　江苏高淳县东坝镇东岳庙戏台

图 11-27　江苏高淳县淳熙镇吴氏宗祠戏台

图 11-28　山西右玉县马营河村五圣庙戏台

图 11-29　山西平遥县段村戏台

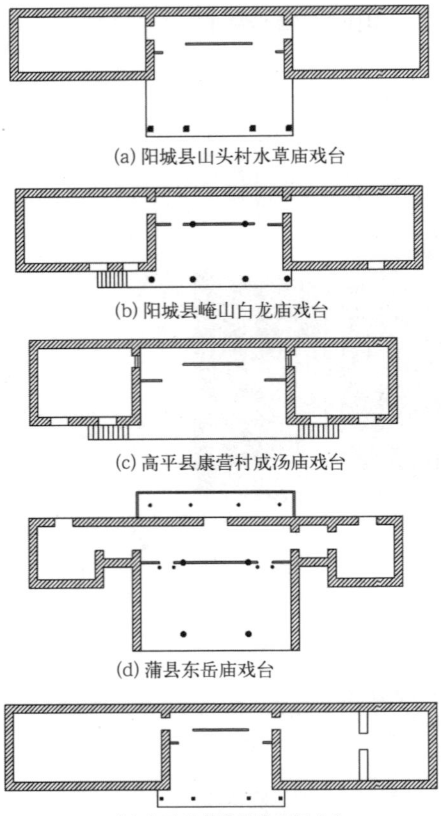

(a) 阳城县山头村水草庙戏台

(b) 阳城县崦山白龙庙戏台

(c) 高平县康营村成汤庙戏台

(d) 蒲县东岳庙戏台

(e) 高平县康营村岱岳祠戏台

图 11—30　山西几座左右并列式戏台平面

四、左右并列式戏台

左右并列式戏台是在戏台的左右两侧分别建耳房，用作后台。这种戏台形式产生的直接原因就是随着戏曲艺术的发展而要求有更大的后台。单幢式戏台虽然可以满足乡村小规模的演出，可一旦有更为隆重和盛大的戏曲演出，则显得狭小。特别是演员的扩充和砌末的增加，使后台面积更显狭窄。那么就在戏台两侧分别建耳房，用作戏房，形成左右并列式。同时台中隔扇后移，扩大表演区的面积。戏台的这一构成模式，使表演区和后台在更大程度上进行分离，原来的戏台实际上成为单一的表演空间，不再兼做“扮戏房”。

这种戏台形式在山西东南部非常流行（图 11—30）。山西阳城县下交村汤王庙明嘉靖十五年（1536 年）碑刻《重修乐楼之记》曰：“重修乐楼，一高二底（低），西转角并出厦三间，功成于正德十年乙亥。”[1] 其中“一高二低”，就是指三幢建筑并列为一排，中间为戏台，两侧的耳房用作戏房。一些耳房面积较小，用作扮戏房显得狭窄，不得不扩建之。平陆县常乐镇王村清道光二十五年（1845 年）《重修乐楼创建四方碑记》云：

岁之巳，合社人因乐楼近年瓦破檐落，几于风雨不蔽，更加每年献钱之时，耳房窄狭，不能容人，本年于二月初六日动工修理乐楼，又于□月十六日，特建耳房三间。工程告竣，欲并将前次之创建湮没者，一一属碑文以记其事，略叙其事之颠末，勒诸贞珉，以垂永久，不惟斯之来历一一可考而稽，即前人之屡次修造，有功于斯庙者，亦不致于湮没也。是为记[2]。

碑刻中提到的“耳房狭窄，不能容人”，于是“特建耳房三间”。

山西泽州县保伏村三官庙戏台采用左右并列的形式（图 11—31）。该戏台建于雍正八年（1730 年）。庙内清雍正八年碑刻《补修大殿两旁圣像并东殿舞楼西北角楼碑文》碑云：“吾乡旧有三官庙，历年已久……舞楼破坏尤甚，苟不有□补之……楼殿之破坏者焕然一新。”[3] 戏台台基砖砌，面阔三间，单檐硬山顶。前檐方形石柱四根，方凳形柱础。戏台两旁建耳房，用作后台。两侧耳房下面分别设山门。耳房的屋顶也为单檐硬山顶，略低于中间的戏台。该村的关帝庙戏台亦是典型的左右并列式戏台（图 11—32）。

图 11—31　泽州县保伏村三官庙戏台

图 11—32　山西泽州县保伏村关帝庙戏台

1　冯俊杰．明王铉〈重修乐楼之记〉的文化内涵．戏剧．1998 年，第 2 期。

2　王汝鹏．山西地震碑文集．北岳文艺出版社，2003 年，第 648 页。

3　作者 2004 年 7 月实地调研时抄录，此碑现存于三官庙内。

山西高平县三王村玉皇庙，中间的戏台已经坍塌，不过戏台两侧用作戏房的耳房倒“突出”出来（图 11-33）。

左右并列式戏台，有利于丰富造型。戏台一般高大，且向外凸出，而两侧对称布置的耳房低矮，造型上往往高低错落，有优美的天际线。

图 11-33　山西高平县三王村玉皇庙

五、山门戏台

清代戏台和山门组合而建非常普遍。戏台位于山门之上，与山门巧妙地结合为一体。戏台和山门二者相互因借，外看是巍峨耸立的山门，内观是高高在上的戏台。作者曾统计过现存的 110 座河南清代戏台中，建于山门之上的戏台为 52 个，占 47%[1]。

山门戏台大约出现于明代初期。清康熙五十二年（1713 年）刻本《徐沟县志》卷三“祠庙”载，“成化间（1465 ~ 1487 年）知县杨翱重修，庙门上建乐楼一座”。县志所载应是可信的。明中叶起，山门戏台成为一种重要的戏台形式。山西介休洪山镇源神庙明万历十九年（1591 年）碑刻《新建源神庙记》提到：“殿前数步，甓券门五洞，洞上扣砌为台，台上反宇。”[2] 山西长治市明万历二十四年（1596 年）碑刻《重修府君庙碑记》中提到“洞上舞榭，下洞处则中门也。”[3] 山西晋城市高都镇东岳庙明万历四十六年（1618 年）碑刻《创修拜厅山门记》曰“创立山门，上为舞楼。”[4] 上述碑刻中提及的这些戏台均建于山门上。

清初山门戏台更加流行，成为极具代表性的戏台形式。以山西为例，大量碑文提到建于山门之上的戏台。山西阳城县郭峪村汤帝庙顺治九年（1652 年）《郭谷镇重建大庙记》载“肇为三门而戏台在其上”。[5] 位于同一村落的西山庙清顺治十三年（1656 年）《西山庙碑记》曰：“南楼上下十八间，上正中为戏台，两旁为钟鼓楼，下正中为山门。”[6] 山西晋城市五龙宫顺治十七年（1660 年）《重创建五龙宫碑记》曰：“旧舞楼撤去，大门之上建舞楼。”[7] 山西高平市侯庄村丰乐馆康熙五十一年（1712 年）《重修丰乐馆记》中曰：“山门一座，上连舞楼三间。”[8] 山西介休市张壁村清乾隆十一年（1746 年）重修二郎庙碑记曰：“又于对面起建丁字门以通村路，门上增修乐楼以隆妥侑。”[9] 山西泽州县陟椒村三教堂乾隆四十年（1775 年）《重修三教堂碑记序》曰“舞楼上下十四间。”[10] 山西沁水县郭壁村府君庙《补修大庙记》曰：“大门上正中歌台。”[11] 山西翼城县城内三王庙清康熙十九年（1710 年）碑刻详述了剧场的情况，其中的戏台也建于山门之上，曰：

> 翼，唐封也。其东南剪桐坊，城之阴，旧有三王庙焉。居中者，世俗之所谓龙王也。左则唐侯太叔虞，石晋所封之兴安王，赵宋所封之汾东王也。右则黄河伯，明所封之金龙四大王也。正殿之南为卷棚，棚南为享殿。享殿左右各余空址数丈，其南为东、西庑，医圣明目为之东，天姥福德位乎西。又南为

---

1 薛林平．河南清代戏场建筑研究．华中建筑，2007 年第 10 期。

2 作者 2003 年 1 月实地调研时抄录。

3 作者 2006 年 7 月实地调研时抄录于长治市博物馆。

4 王福才．山西省泽州县高都镇东岳庙赛社演剧考．太行神庙及赛社演剧研究．民俗曲艺编辑部，2000 年。

5 作者 2002 年 7 月实地调研时抄录。

6 李秋香等著．中国乡土建筑．郭峪村．重庆出版社，2001 年，第 81 页。

7 郝丽霞．晋城五龙宫清顺治碑刻里的文化内涵．中华戏曲第 24 辑．北京：文化艺术出版社，2000 年，第 242 页。

8 作者 2002 年 7 月实地调研时抄录。

9 陈志华等著．张壁村．河北教育出版社，2002 年，第 157 页。

10 作者 2002 年 7 月实地调研时抄录。

11 白秀芹．沁水县郭壁村府君庙及其戏台考．民俗曲艺（台湾），第 107/108 辑，1997 年。

图 11-34　山西介休市城隍庙戏台背面

图 11-35　山西临县碛口镇黑龙庙戏台背面图

图 11-36　山西阳城县北留村关帝庙戏台背面

僧寮，与寮接者为三门，中门之上为乐楼。此其大致也。[1]

一些碑刻甚至出现“山门戏台”、“山门舞台”“山门乐楼”等字样，说明山门戏台已作为一种重要的建筑形制而存在。如山西介休市张壁村关帝庙康熙五十年（1711 年）《关帝庙重建碑记》中曰：“修建山门乐台三楹。”[2] 山西泽州县泊南村三教堂清嘉庆四年（1799 年）碑刻《重修三教庙碑记》中曰：“次又愤然努济，以成山门舞楼。”[3] 山西长子县关街村天凤寺道光二十二年（1872 年）碑刻《重修天凤寺碑记》中曰“洎山门戏台，阅四载而完工。”[4]

山门戏台的创建和流行，一方面是这一建筑形式自身的优势决定的，另一方面也与明清戏曲演出活动有关。山门位于戏台之上，二者相互因借，优势互补。对于山门而言，因借上面的戏台，扩大了山门的体量，增加了山门的气势。对于戏台而言，以下面的山门为台基，戏台高高在上，显得恢弘壮观。山门和戏台合二为一，可以节省占地面积。在宋元时，山门和戏台分开而设，无疑占用了较多的土地面积。明清戏曲演出时观众增多，往往拥挤不堪。例如山西闻喜县吴吕村稷王庙乾隆二十九年（1764 年）《重修水陆殿伯王庙东献亭西道房改建戏台西角门东角门碑记》载：“戏台和献亭逼近，地狭人广，难以多容。”[5] 为了节省面积，留下更多的观众空间，将戏台布置于山门之上，是合情合理的。山西晋城市五龙河西村五龙庙清顺治十七年（1660 年）《创建五龙宫碑记》云：“旧舞楼撤去，大门之上建舞楼。”同时，戏台位于山门之上，抬高了演出空间，可以避免观众看戏时视线阻挡。

山门（戏台背面）一般建有门楼，以强调入口，同时也起装饰和美化作用。山西介休市城隍庙戏台（图 11-34）后侧山门面仅开小窗，显得封闭，其中的门洞显得力单，似乎不足以形成构图中心，此时就在外面饰以门楼。门楼用歇山顶，尺度较小；戏台用硬山顶，尺度较大。二者在造型上的反差使门楼画龙点睛的作用更加明显，同时，屋顶均为卷棚式，琉璃修饰，相互协调。山西临县碛口镇黑龙庙剧场依山而建，戏台下为三孔拱券式山门，东西两侧为钟鼓楼，山门设有二层重檐门楼（图 11-35），和戏台屋顶组合成三层重檐，宏伟壮观。阳城县北留村关帝庙山门戏台为大面积的砖墙，用门楼强调了出入口（图 11-36）。

1　王汝鹏．山西地震碑文集．北岳文艺出版社，2003 年，第 449 页。

2　陈志华等著．张壁村．河北教育出版社，2002 年，第 155 页。

3、4　作者 2002 年 7 月实地调研时抄录。

5　冯俊杰．山西戏曲碑刻辑考．北京：中华书局，2002 年。

图 11—37　山西河津市真武庙戏台背面（山门）

图 11—38　山西平顺县东河村九天圣母庙戏台背面（山门）

有的剧场依山而建，山门外修筑台阶。山西河津市真武庙山门前修筑台阶 160 级。站于台阶上，仰望山门，戏台高高在其上（图 11—37）。山西平顺县东河村九天圣母庙山门前依山建 53 级汉白玉台阶，两侧设栏杆，望柱上雕有狮子。高高在上的戏台，台下的山门以及山门前的台阶，三者相互衬托，空间的处理可谓独到巧妙（图 11—38）。如果缺少其中的任何一要素，效果将逊色不少。

六、戏台面宽特征

中国古代建筑的开间一般为奇数。各间的面阔往往并不相等，一般明间最大，次间次之，稍间又次之。早在汉代的明器中就有明间较宽的现象。唐代建筑除了采用明间较宽的形式外，还有各间相等和中央数间相等而稍间稍窄等形式。宋代起，后二者已很少使用，更多地采用宽的明间，但各间差别并不大[1]。《清式营造则例》中提及："（面阔）按斗栱定；明间按空当七份，次稍间各递减斗栱空当一份。如无斗栱歇山庑殿顶，明间按柱高六分之七，核五寸止；次稍间递减，各按明间八分之一，核五寸止。或临期看地势酌定。"[2]

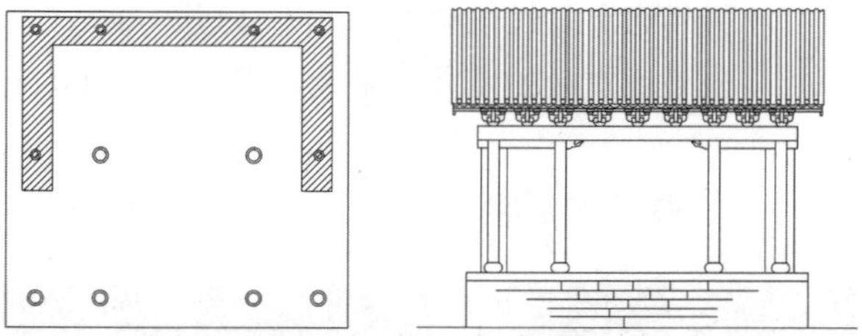

图 11—39　山西和顺县要峪村戏台平面（左）和正立面（右）

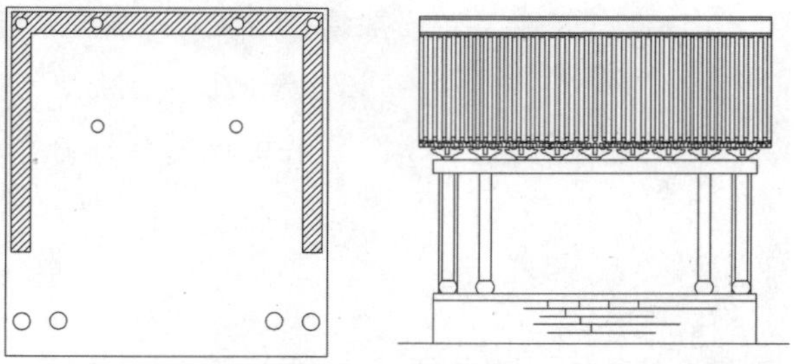

图 11—40　山西和顺县龙旺村戏台平面（左）和正立面（右）

戏台作为观演建筑，出于观演需要，明间的尺度远远大于次间和梢间，这也是戏台建筑非常明显的一个特征。如安徽祁门县磻村敦典堂戏台明间为 5.9 米，次间仅为 2.3 米，明间是次间的 2.6 倍；祁门县磻村嘉会堂戏台明间为 5.5 米，次间仅为 2.4 米，明间是次间的 2.3 倍；祁门县洪家村敦化堂戏台前檐明间更是为次间的 7 余倍。山西和顺县要峪村戏台面阔三间，明间是次间的 2 倍多（图 11—39）；龙旺村戏台面阔三间，采用移柱造，进一步扩大了前檐明间的尺寸（图 11—40）。

《宁武县发现四面观舞亭》[3] 一文言及宁

1　刘敦桢．中国古代建筑史．中国建筑工业出版社，1984 年，第 8 页。

2　梁思成．清式营造则例．中国建筑工业出版社，1981 年，第 137 页。

3　李有成，武承仁．宁武县发现四面观舞亭，戏友，1986 年，第 4 期。

图 11–41　山西定襄县董村戏台外观

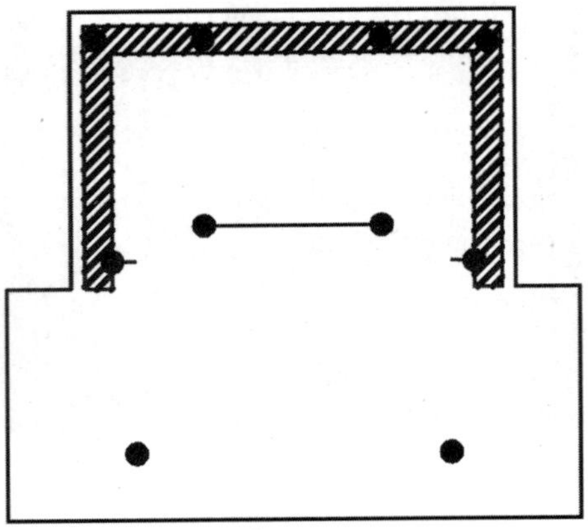

图 11–42　山西定襄县董村戏台平面图

武县二马营村戏台。文中所提的这座“木构均系明代原建”的戏台，“将两根明柱（指平柱—作者注）移向两边，使当心间宽 8.0 米，显得特别宽敞，两稍间则较窄，仅为 1.5 米”。明间是次间的 5 倍多。

一些戏台甚至去掉前檐的两根柱子，变三开间为单开间。山西定襄县董村戏台为三开间单幢式，卷棚硬山顶，面阔三间（图 11–41、图 11–42），独特之处是前檐平柱移向两侧，去掉角柱，使前台宽敞。

古建专家于振生论及介休市张壁村可汗庙戏台时说：“从村里现存的文物看，最早的就是可汗庙的戏台，初步确定为元代构架，因为戏台中间的两个柱子向两边移了，成了移柱，这种例子在元代建筑有。”[1] 他没有注意到北方明清三开间的戏台中，移柱造的现象非常多见。利用移柱造判断戏台的年代是不合适的。自然由此而得出的结论往往也不一定正确。实际上，可汗庙戏台的梁下有题记，证明其建于清代乾隆三十五年（1770 年）。

戏台采用宽敞的明间，是为了保证表演区的有效面积，方便演出。

七、隔扇和后台

图 11–43　浙江宁海县清潭村双枝庙戏台后台

中国传统戏台还有一个非常明显的建筑特征，就是用隔扇区分前后台，即前台是演出空间，后台是化妆、休息空间。前后台之间用上下场门联系。前台和后台在空间上进行分隔，有利于净化表演空间，把那些分散观众注意力的东西隐蔽起来。

后台由于位于戏台的后侧，故谓之后台（图 11–43、图 11–44）。古代碑刻和文献中，多称其为“戏房”、“扮戏房”。后台为前台演出而设，其作用表

1　于振生．山西 · 介休 · 张壁古堡高级专题论证会．小城镇建设．2001 年第 5 期．第 17 ~ 18 页。

现在多个方面。其一，后台是演员休息、化妆空间。其二，后台是服装、道具存放空间。其三，后台有时临时用作演出空间，作为前台的延伸，即所谓的暗场。其四，后台有时兼为场面（乐队）安置之处。周贻白（1900 ~ 1977年）在《中国剧场史》中论到："所谓后台，本没有什么形式可言。其最初形成的原因，只是为了便于戏剧中角色们的登场，追后"内场"的应用，竟可以予剧情以帮忙，乃成为一个固定的部分。其化妆、扎扮等事，似乎是次要的问题。"[1]

由于演员化妆、卸妆时需要较多的水，这样，后台的排水非常重要，多设有专门的排水设施。如山西太谷县胡家庄村戏台后台（图 11–45）、太谷县阳邑镇净信寺戏台后台（图 11–46）、安徽亳州江宁会馆戏台后台（图 11–47）、陕西韩城市西贾村戏台后台（图 11–48）等均有专门的排水设施。

图 11–44　广西钟山县大田村水口庙戏台后台

图 11–45　山西太谷县胡家庄村戏台后台排水设施

图 11–46　山西太谷县阳邑镇净信寺戏台后台排水设施

图 11–47　安徽亳州江宁会馆戏台排水设施

图 11–48　陕西韩城市西贾村戏台后台内排水设施

1　周贻白．中国剧场史．上海：商务印书馆，1936 年。

图 11–49 《康熙万寿图》中一戏台中一位演员正扶帘向外观看

八、上场门和下场门

所谓上下场门，就是中国传统戏台中，隔扇两旁供演员出入的上场门与下场门。上场门是演员上场的地方，位于隔扇的左边；下场门是演员下场的地方，位于隔扇的右边。中国传统戏曲以分场作为表演的基本形式，场和场之间的推进，并不是像今天那样通过幕启幕落，而是通过演员的上、下场实现。演员从上场门走出，意味着剧情的开始，从下场门进去，说明剧情告一段落。每一次上场和下场，都表示时间和空间变化。演戏之时，上下场门上往往悬以垂帘。清代《康熙万寿图》中一戏台演出场面中，一位演员正扶帘向外观看（图 11–49）。

明代朱权《太和正音谱 · 词林须知》：

勾栏中，戏房出入之所，谓之“鬼门道”。“鬼”者，言其所扮者，皆是以往昔人，故出入于谓“鬼门道”也。愚俗无知，因置鼓于门，讹唤为“鼓门道”，于理无宜。亦曰“古门道”，非也。东坡诗曰：“搬演古人事，出入鬼门道”，正谓此事。

日本藏元刊本《古今杂剧三十种》中多有“某某上”或“某某下”，所谓“上”和“下”应指出“上场门”和入“下场门”。

清代李斗《扬州画舫录》论述戏台场面时云：

戏场桌二椅四，桌陈列若“丁”字，椅分上下两鬼门八字列。场面之立而不坐者二：一曰小锣，一曰大锣。小锣司戏中桌椅床凳，亦曰走场，兼司叫颡子。大锣例在上鬼门，为鼓板上支鼓架子，是其职也。[1]

旧时，由于上下场门上有“门帘”，所以戏班中有“打门帘”行当，专门负责打门帘，即在演员上下场时，负责揎开门帘，方便演员上下场。在打上场门的门帘时，必须掌握演员出场的火候、劲头，才能起到很好的烘托作用。

第二节 戏台台基

一、戏台台基的高度

中国传统建筑台基之高度，历史上多有讲究。《墨子》谓：“尧堂高三尺。士阶三等。”[2]《礼记 · 礼器篇》曰：“有以高为贵者，天子之堂九尺，诸侯七尺，大夫五尺，士三尺。天子、诸侯台门，此以高为贵也。”[3]《周礼 · 考工记》曰“殷人重屋，堂修七寻，堂崇三尺，四阿重屋，周人明堂，

1 清代李斗 .《扬州画舫录》卷五“新城北录”. 中华书局出版，1960 年第一版，第 130 页。
2 辛志凤，蒋玉斌注 . 墨子 . 黑龙江人民出版社，2003 年。
3 子思（战国）著 . 礼记 . 华龄出版社，2002 年，第 114 页。

度九尺之筵，东西九筵，南北七筵，堂崇一筵。”[1]“堂”即台基。清 · 《大清会典事例》:“公侯以下，三品以上房屋台基高二尺；四品以下至庶民房屋台基高一尺。”[2]这些规定基本上均是等级礼制的体现。相比之下，宋 · 李诫《营造法式》关于台基的高度，更多地考虑了建筑自身尺度以及和庭院的比例关系。《营造法式》卷三“立基条”中规定：“立基之制其高与材五倍，如东西广者又加五分至十五分，若殿堂中庭修广者，量其位置随宜加高，所加虽高不过六倍。”[3]根据建筑规模之大小而采用不同的“材”，台基的高度随建筑的规模也相应地变化，保持了各部分之间适宜的比例。同时，考虑了不同规模庭院空间对台基的视觉需求。

和其他类型建筑相比，戏台较多的采用高台基的形式。作者根据实地测量，统计了山西 28 座山门戏台台基的高度（表 11–1），平均达 2.5 米，86% 高于 1.9 米，77% 的高于 2.0 米，50% 的高于 2.5 米。其中台基最低者是河津县真武庙戏台，高 1.79 米，台下勉强可供人通行。台基最高者是阳城县郭峪村汤帝庙戏台，高达 3.63 米。

山西清代“山门戏台”的台基高度统计分析（单位：米）　　表 11–1

序号	戏台名称	台基高度	序号	戏台名称	台基高度
1	河津县真武庙戏台	1.79	15	临县碛口黑龙庙戏台	2.50
2	太谷县净信寺戏台	1.80	16	高平县三王村戏台	2.50
3	阳城县水草庙戏台	1.83	17	介休市玄神楼戏台	2.50
4	芮城县东吕村戏台	1.86	18	临县克虎镇戏台	2.50
5	太原市古城营村戏台	1.95	19	运城市墙下村戏台	2.60
6	太谷县无边寺戏台	1.98	20	晋城市三教堂戏台	2.70
7	阳城县泽城村戏台	2.00	21	运城市裴介村戏台	2.75
8	阳城县南留村戏台	2.18	22	泽州西峪村戏台	2.90
9	蒲县东岳庙戏台	2.20	23	运城市盐池神庙戏台	2.90
10	高平县康营村岱岳祠戏台	2.23	24	清徐县东马峪村戏台	3.00
11	文水县则天庙戏台	2.25	25	介休市板峪村戏台	3.00
12	太原市晋源镇戏台	2.30	26	阳城县白龙庙戏台	3.30
13	平遥市财神庙戏台	2.38	27	壶关县神郊村戏台	3.30
14	晋城市三教堂戏台	2.85	28	阳城县郭峪村戏台	3.63

注：表中戏台台基的高度，均为作者实测之结果。

戏台采用高的台基，作者认为主要有以下几方面的原因：

一、为了防止演出时观众之间视线的阻挡。传统剧场庭院中一般水平布置观众，如果戏台台基太低，观众之间就会有视线阻挡的问题。

二、戏台下设置山门的需要。明清多采用下为山门、上为戏台的建筑形式。戏台下的山门，作为人行走的通道，净空最好在 2.0 米以上，这样，台基之高度就不能太低。

三、增加戏台气势的措施。明清时期，随着戏台在生活中重要性的增加，人们更加追求戏台的气势和雄伟。山西阳城县崦山白龙庙清道光二十二年(1842 年)碑刻《创建斋宫并重修四社公所碑记》提到“并高舞台以肃瞻仰”[4]。徐沟（今山西清徐县）城隍庙清康熙三十七年（1698 年）碑刻《重建城隍庙乐楼》中论及演戏之重要性，最后归结到：“得乎此，乐楼之修所系非浅鲜也。今者增高三尺，

1　钱玄等注释 . 周礼 . 岳麓书院出版，2001 年，第 430 页。

2　转引自：侯幼彬 . 中国建筑美学 . 黑龙江科学技术出版社，1997 年，第 24 页。

3　宋代李诫 . 营造法式 . 转引自：梁思成。梁思成全集第七卷 . 中国建筑工业出版社，2001 年，第 46 页。

4　作者 2001 年 7 月实地调研时抄录。

施美五彩，第见敲金戛石，换羽移宫，神之听之必居然歆矣。”[1] 山西长子县民国二年《重修戏楼并东西看楼碑记》述及光绪年间重修之事曰："歌舞楼台较前增高数尺，东西看楼虽仿旧贯而局势宏敞。”[2] 高的台基，使戏台在形象上高耸和挺拔。清代建筑举架增高，屋顶变陡，更增加了戏台高高耸立之感。

二、台基的形式

台基是中国传统建筑构成中非常重要的要素，具有防水避潮、稳固基础、调适构图、扩大体量、调度空间，标志等级等多重功能[3]。戏台作为观演建筑，台基之作用尤为重要。戏台台基有两个明显特点。其一，和其他类型建筑相比，台基在整个建筑的比例大。由于戏台多采用高台基，台基在戏台中显得更为醒目。其二，戏台台基更多地采用“空台基”的形式。一般传统建筑中的台基，往往用砖、石实心砌筑。而戏台往往和山门结合而建，台基中设置通道，就更多地采用架空的台基。

古人对戏台台基的修筑也予以关注。山西万荣县景村东岳庙元至正十四年（1354 年）碑刻《奇缘功》中就论到“舞台周遭，压基石四面，般载施功”，[4] 提到台基周围压基石毁坏而进行修复，并专立碑予以说明，足见对其重视。无独有偶，万荣县四望村后土庙明正德十五年（1520 年）碑刻中也提到“许到武（舞）殿方元压台石一百三十尺。”[5]

中国传统建筑的台基和屋顶、屋身相比，最为程式化、固定化和简单化。可对于戏台来说，台基的形式较为丰富。戏台的台基不仅仅是建筑的底座，同时还要考虑人的通行。戏台台基形式大致可分为两大类，即实台基和空台基。空台基中，又有拱券式、覆板式、柱撑式等（图 11–50）。

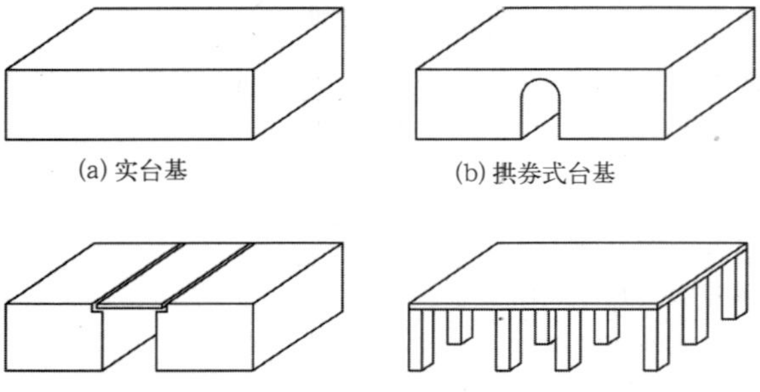

(a) 实台基　(b) 拱券式台基　(c) 覆板式台基　(d) 柱撑式台基

图 11–50　传统戏台台基的常见形式

图 11–51　山西高平市王报村二郎庙戏台

1．实台基

实台基多用砖石砌筑。中国现存的金代、元代戏台台基均采用这一形式。如山西高平市王报村二郎庙戏台台基，采用须弥座的形式（图 11–51）。这种台基形式在明清时期戏台中也非常流行，如安徽省祁门县坑口村会源堂戏台（图 11–52）、广西昭平县黄姚镇宝珠观戏台（图 11–53）、广西钟山县大田村水口庙戏台台基（图 11–54）、广西钟山县莲花村戏台（图 11–55）、河北省井陉县石头村戏台（图 11–56）均采用实台基的形式。明清制砖业发达，传统建筑也更多的用砖作为构筑台基的材料，戏台自然也不例外。不过，大部分戏台在砖砌台基的台明边沿和抱角往往使用条石。

值得寻味的一例是山西定襄县董村戏台，前台用料石，极其规整；后台用毛石，显得草率。从设计的角度说，有其合理性。正像中国传统建筑往往对可观到之处精雕细刻，而对隐蔽之处则略加修饰，以节省工料。前台台基多在观众的视线之内，对其台基多加讲究，后台台基则一般远离视线，就不费功力修饰了，此乃合理之举。

1　《徐沟县志》卷三，康熙五十一年刻本。
2　张振南，暴海燕．山西长子县《重修戏楼并东西看楼碑记》．中华戏曲第 19 辑．山西古籍出版社，1999 年。
3　侯幼彬．中国建筑美学．黑龙江科学技术出版社，1997 年，第 23 ～ 24 页。
4　墨遗萍．记几个古代乡村戏台．戏剧论丛，1957 第 2 辑。
5　卫聚览．元代演戏的舞台．清华大学中国文学会文学月刊第 2 卷第 1 期，1931 年 12 月 15 日。

图 11-52　安徽省祁门县坑口村会源堂戏台

图 11-53　广西昭平县黄姚镇宝珠观戏台

图 11-54　广西钟山县大田村水口庙戏台台基

图 11-55　广西钟山县莲花村戏台台基

图 11-56　河北省井陉县石头村戏台台基

图 11-57　山西柳林县高家塔村老爷庙戏台

2. 拱券式台基

山西的明清戏台台基，常常用砖或石砌成拱券的形式。这时，拱券就是建筑群的出入口。用拱券作为台基，就优点是明显的：其一，充分发挥了砖和石抗压性强的材料特性；其二，和同体积的实台基相比，节省了建筑材料；其三，很好地满足了设置出入口的要求。

山西柳林县高家塔村老爷庙戏台台基（图 11-57）和太谷县无边寺戏台台基（图 11-58）就是典型的拱券式台基。山西临县高家坪村戏台台基（图 11-59）和碛口镇黑龙庙戏台台基（图 11-60）则在台下砌三孔拱券，呈三门形式。其中黑龙庙戏台中间拱券比两侧宽，显得主次分明。山西介休市洪山村源神庙戏台台基亦为三门券，左右门券用作辅助用房（图 11-61）。

图 11–58　山西太谷县无边寺

图 11–59　山西临县高家坪村戏台

图 11–60　山西临县碛口镇黑龙庙戏台

图 11–61　山西介休市洪山村源神庙戏台台基

图 11–62　山西阳城县南留村戏台台基中的木梁和木板

图 11–63　河南辉县山西会馆戏台台面下通道中的支撑结构

3. 覆板式台基

所谓覆板式台基，就是在戏台中间留通道上面覆盖木板或石板作为台基。如山西阳城县南留村汤帝庙戏台（图 11–62）和河南辉县山西会馆戏台（图 11–63），均为覆板式台基，在其通道中间预留槽孔，在两边横插木梁，其上纵向铺木板，构成台面。这种板材是固定的、常设的。覆板式台基最大的优点就是施工方便，两边分别砌台基，中间再搭一板而已。另外，当板材毁坏时，替换起来也很方便，而不影响整座建筑的结构，有“装配式”的特点。

4. 柱撑式台基

所谓柱撑式台基，就是短柱支撑板材，形成戏台的台面。柱撑式台基在南北均非常多见，其原因是戏台台面下经常作为通道，这时干脆将之架空，形成柱撑式台基。河南社旗县山陕会馆戏

图 11-64　河南社旗县山陕会馆戏台台面下面

图 11-65　安徽祁门县珠林村馀庆堂戏台台面下短柱

图 11-66　安徽祁门县珠林村馀庆堂戏台台基

图 11-67　陕西省丹凤市船帮会馆戏台台面下短柱

图 11-68　江西乐平市横路村戏台台基支撑结构

图 11-69　安徽省亳州市江宁会馆戏台

台（图 11-64）、安徽祁门县珠林村馀庆堂戏台（图 11-65、图 11-66）、陕西省丹凤市船帮会馆戏台（图 11-67）均是非常典型的砖柱支撑式台基。江西乐平市横路村戏台台基（图 11-68）、安徽省亳州市江宁会馆戏台（图 11-69）、河南洛阳潞泽会馆戏台（图 11-70）在台面下用石柱，可以防腐，台面以上部分则用木柱。

南方戏台中还流行一种台基，虽属于柱撑式台基，但其特点是和戏台的主要支撑结构相对脱离，其台基拆卸起来非常方便。如浙江衢州市车堂乡吴氏宗祠戏台台基（图 11-71）、龙游县后邵村东侯陵府戏台（图 11-72）就采用这一台基形式。

浙江龙游县儒大门村三槐堂戏台（图 11-73）、安徽祁门县叶源村聚福堂戏台（图 11-74）、祁门县洪家村敦化堂戏台（图 11-75）则在中间辟有通道，只有在演戏之时，在上面搭板，形成台面。

图 11–70　河南洛阳潞泽会馆戏台

图 11–71　浙江衢州市车堂乡吴氏宗祠戏台台基

图 11–72　浙江龙游县后邵村东侯陵府戏台台基

图 11–73　浙江龙游县儒大门村三槐堂戏台台基

图 11–74　安徽祁门县叶源村聚福堂戏台台基

图 11–75　安徽祁门县洪家村敦化堂戏台台基

第三节　戏台梁架和屋顶

一、梁架形式

中国传统建筑中，最常见的两种结构形式是抬梁式和穿斗式。所谓抬梁式，又称叠梁式，即在前后檐柱间搁置大梁，梁上放短柱，其上再置小梁，逐层缩减，形成山字架。这种梁架形式在我国应用很广，多用于官式和北方民间建筑，其优点是室内少柱或无柱，可获得较大的空间，缺点是柱梁等用材较大，消耗木材较多。所谓穿斗式又称立帖式，是沿进深方向按檩数立一排柱，柱高均直达各檩，用以支承檩条，檩上布椽，每排柱子靠穿透柱身的穿枋横向贯穿起来，成一榀构架，每两榀构架之间通过斗枋和纤子联系起来。这种结构在我国南方使用普遍，优点是用料较小，山面抗风

图 11-76　河北省蔚县北方城村龙王庙戏台梁架

图 11-77　河北省蔚县北方城村龙王庙戏台梁架

图 11-78　河北省蔚县水东堡村戏台梁架

图 11-79　河南省安阳市积善村戏台梁架

图 11-80　河南省安阳市西炉村戏台梁架

图 11-81　山西定襄县大南庄二连台梁架

性能好，缺点是室内柱密而空间不开阔。

由于戏曲表演需要较为开阔的空间，所以中国传统戏台主要采用抬梁式梁架，北方尤为如此。如河北省蔚县北方城村龙王庙戏台（图 11-76）、蔚县北方城村龙王庙戏台（图 11-77）、蔚县水东堡村戏台（图 11-78）、河南省安阳市积善村戏台（图 11-79）、安阳市西炉村戏台（图 11-80）、山西定襄县大南庄二连台（图 11-81）、山西临县碛口镇西山上村戏台（图 11-82）、山西平遥县西源祠村源神庙戏台（图 11-83）、山东烟台大庙戏台（图 11-84）、山西浑源县荆庄村戏台（图 11-85）等都采用典型的抬梁式结构。

图 11-82　山西临县碛口镇西山上村戏台梁架

图 11-83　山西平遥县西源祠村源神庙戏台梁架

图 11-84　山东烟台大庙戏台

图 11-85　山西浑源县荆庄村戏台梁架

图 11-86　陕西白水县仓颉庙东戏台梁架

图 11-87　陕西白水县仓颉庙西戏台梁架

由于戏台中间设置隔扇，许多戏台在抬梁式结构中间经常用中柱，安装隔扇，类似穿斗式结构，如陕西白水县仓颉庙东戏台（图 11-86）、西戏台（图 11-87）、陕西韩城市东高门村戏台（图 11-88）、陕西韩城薛庄村观音庙戏台（图 11-89）都采用这种结构形式。

陕西勉县武侯祠戏台梁架（图 11-90、图 11-91）为彻上露明造，七架梁，上立圆形瓜柱，辅以角背进行稳定。七架梁的梁头连接悬空的垂莲柱，垂莲柱之间用花板连接。梁架均用圆木，明间为典型的抬梁式，次间的梁架非常复杂，但其结构极有逻辑性。陕西勉县武侯墓戏台和武侯祠戏台梁架相似（图 11-92）。

南方有许多戏台采用抬梁和穿斗的混合结构，一般前台为抬梁式，后台两山墙面采用穿斗式。如江西乐平市双田镇田里村戏台（图 11-93）、四川绵阳市东宣乡东岳庙戏台（图 11-94）、江西弋

图 11–88　陕西韩城市东高门村戏台梁架

图 11–89　陕西韩城薛庄村观音庙戏台梁架

图 11–90　陕西勉县武侯祠戏台梁架结构

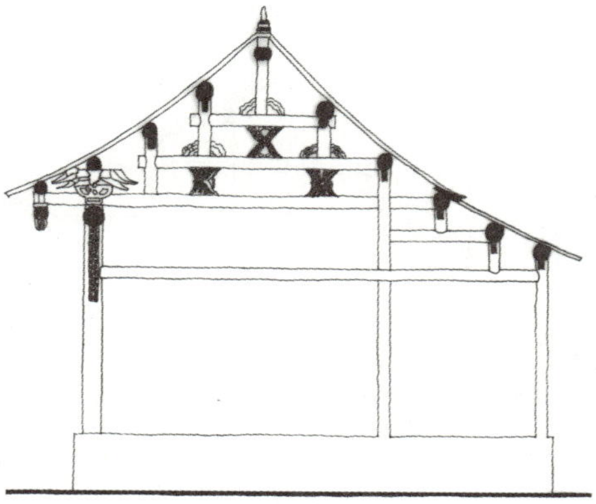

图 11–91　陕西勉县武侯祠戏台剖面图

张璐著．勉县武侯祠建筑研究．西安建筑科技大学硕士学位论文，2004 年。

图 11–92　陕西勉县武侯墓戏台梁架

图 11–93　江西乐平市双田镇田里村戏台梁架

阳县东港村汪公祠戏台（图 11–95）、弋阳县东港村汪公祠戏台（图 11–96）、四川自贡王爷庙戏台（图 11–97）均采用这一形式。

江浙一带的伸出式戏台一般采用抬梁结构，四角柱的柱头，分别用上下错口的卯口，承十字交叉的额枋。额枋上施斗栱，一般三到五攒，形制多为七踩三昂。斗栱上呈檐桁。正心桁的 1/3 处，分别斜放四根采步金。再在上面承放五架梁或三架梁，上施童柱及叉

图 11–94　四川绵阳市东宣乡东岳庙戏台梁架

图 11–95　江西弋阳县东港村汪公祠戏台梁架

图 11–96　江西弋阳县东港村汪公祠戏台梁架

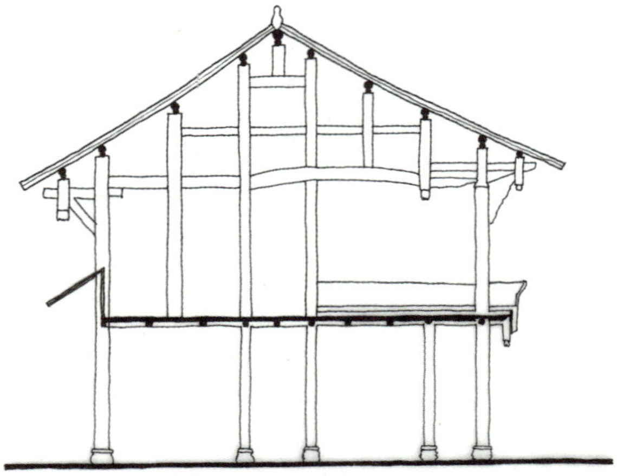

图 11–97　四川自贡王爷庙戏台剖面图

谢岚著．自贡会馆建筑文化研究．重庆大学硕士学位论文，2004 年，第 72 页。

手，承接脊檩。屋角采用发戗做法。三架梁的梁头和柱头科承载老戗。老戗和嫩戗呈 45 度。嫩戗上皮施三角木、菱登木、箴木、扁担木，形成优美的曲线。惟这种戏台梁架下有藻井，平时很难看到其梁架结构。

二、戏台和移柱造

明清时期三开间戏台或五开间戏台梁架结构的最大特点，就是比较普遍地采用移柱造或减柱造。这很好理解，作为观演建筑，需要有相对宽敞的表演空间，这时就将前檐平柱移向两侧，形成移柱造。

中国传统建筑在宋金元时期就常采用减轻、移柱的做法。山西五台山佛光寺文殊殿建于金代，面阔七间，进深四间，内柱从规则布置的 18 根减少为仅设 2 根。[1] 有些建筑甚至将移柱和减柱作法同施并用。山西大同善化寺三圣殿，面阔五间，进深四间，后檐次间内柱内移一椽，为移柱作法，同时减去前檐全部内柱。[2] 采用移柱或减柱作法，可以创造大的空间，更为合理自由地布置室内平面，达到某种实用要求或审美效果。但是，移柱和减柱中会产生大跨度的梁柱以及不规则的结构，建筑的安全性降低，所以，明、清普通建筑中已难得见到移、减柱做法。

但是，明清戏台则由于特殊的功能要求，仍广泛采用移、减柱造。采用移、减柱作法，扩大了表演区的面积。山西新绛阳王村稷益庙明代戏台采用“明三暗五”的前檐减柱造，明间面阔达 10 米，保证了台面的宽度。山西河津县樊村关帝庙明代戏台，前檐施大额枋，使平柱向两侧偏移，扩大了明间表演区的面积。山西长治市城隍庙明代戏台也采用了移柱造。山西沁水县城关镇玉皇庙是明代戏台，六根小八角柱分前后两排，其中后排四根，前排则减少为两根，上置大额枋，这样，由于不设平柱，明显扩大了表演区的面积。[3]

1　刘敦桢．中国古代建筑史．中国建筑工业出版社，1984 年，第 246 页。

2　梁思成，刘敦桢．大同古建筑调查报告，中国营造学社汇刊 4 卷 3、4 期合刊，1933 年。

3　常之坦．沁水玉帝庙舞楼并非元代建筑．戏友，1992 年第 1 期。

图 11—98　山西介休后土庙戏台

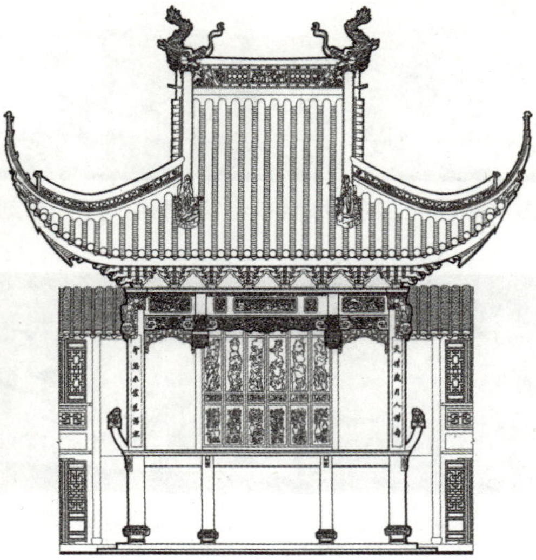

图 11—99　上海钱业会馆戏台（迁建于豫园）立面图
引自：鲁晨海主编．中国传统建筑实测集锦．上海：上海三联书店，2002 年。

三、屋顶形式

就屋顶形式而言，中国传统戏台可谓不拘一格，有歇山顶、悬山顶、硬山顶、卷棚顶、攒尖顶等各种形式。有时甚至将几种屋顶形式集中在一起，使得屋顶造型丰富。如山西介休后土庙戏台就采用不同的屋顶形式的组合（图 11—98）。

但相对而言，中国传统戏台中以歇山顶最为多见。江浙一带伸出于庭院中的戏台，几乎均采用歇山顶形式。这些戏台屋顶较陡，一般檐步五举，金步七至八举，脊步九举，形成中间下凹、两端反曲的弧形屋面。这种形式，既保证了泄水的需要，又使得屋面有一种曲线美。如上海钱业会馆戏台（迁建于豫园）戏台（图 11—99），就为单檐歇山顶，屋角高翘，比例适当，造型优美。

第四节　戏台装饰

一、概述

中国传统建筑装饰较多地表现了结构理性，各种装饰构件大多只是在结构功能基础上进行艺术创造。也就是说，每一个装饰构件，往往同时是结构构件。和其他类型建筑相比，传统戏台更注重装饰，这很大程度上是由其功能特点所决定的。戏台作为娱乐性的公共建筑，追求华丽是自然的。

尤其是清代戏台，往往雕刻精致，装饰华丽。雕饰的题材广泛，多采用传统吉祥图案，诸如树木花草、龙凤狮虎，无不可雕刻于戏台构件上。如山东聊城山陕会馆戏台额枋上雕福、禄、寿三星，两侧有飞龙、花卉、人物等，做工精细，形象生动（图 11—100）。湖北襄樊抚州会馆额枋雕吉兽、花卉等（图 11—101）。

清代戏台还热衷于将演出场面、戏曲人物、故事情节作为雕饰题材，使得装饰内容和演戏功能吻合起来。甭管戏是否在演，戏台似乎在述说着一个个戏曲故事，增加了戏台的娱乐性和装饰性。观众一进剧场，就容易被其艺术氛围所感染。如安徽亳州山西会馆戏台台沿，雕有“三英战吕布”，画面中的吕布、刘备、关羽、张飞均骑战马，甚为生动（图 11—102）。

下文分别以隔扇、雀替（牛腿）、柱础、圆窗、八字墙、屋顶装饰为例，分析中国传统戏台的装饰艺术。

图 11—100　山东聊城山陕会馆戏台明间额枋雕刻

图 11—101　襄樊抚州会馆戏台次间额枋雕刻

图 11—102　安徽亳州山西会馆戏台台沿〝三英战吕布〞木雕

二、隔扇

约在明代初期，戏台前后台的区分建筑化，开始采用木制隔扇。这些隔扇多为四到六抹，往往用木板，也有部分镂空。隔扇两侧设上下场门，中央往往悬匾额，书吉祥誉美之词。上下场门则悬小匾额，所书内容对仗，且多为两字。也有的戏台不悬匾额，而直接题字于隔扇之上。隔扇是戏台中最具装饰的部分，同时也是最易损坏的构件。作者在实地调研中发现大多戏台隔扇已荡然无存，只能从柱上的榫卯溯其踪迹。

隔扇往往利用纹理、材质、色彩、雕饰的变化，形成优美的构图。同时，隔扇的上面，往往书“金声振玉”、“作古振今”、“翻风弄月”等赞誉戏曲表演艺术的词。隔扇一般构图对称，利用匾额或题字强调中心，有的戏台在隔扇中心设图案，突出构图中心。如河北省蔚县崔家寨村戏台隔扇，中心采用圆形构图（图 11—103）。山西临县后寨则村戏台隔扇，中心则为方形抹角构图（图 11—104）。

图 11–103　河北省蔚县崔家寨村戏台隔扇

图 11–104　山西临县后寨则村戏台隔扇

图 11–105　山西蒲县东岳庙戏台隔扇上下场门

山西蒲县东岳庙戏台隔扇，明间为六扇六抹隔扇，中间四扇饰以镂空花鸟木雕，两侧格扇则绘戏曲故事（图 11–105）。其中东侧格扇下书："妲□设计害比干，畸□民国丁丑年□月□日，蒲县克城镇张效良涂"，西侧也题字，可惜无法看清。隔扇上书："神人以和"，下题"皇清乾隆十七年邑武生曹补天敬书。皇清乾隆五十二年岁次丁口季春妆"。次间设上下场门，上覆单批屋顶，檐下分别悬小匾，其中东侧书"昭华"，西侧书"云和"。并在上场门上侧分别题字，东侧为"月中来"，西侧为"天上有"。整个隔扇雕刻华丽，匾额和题字也增加了文化气息。

山西临县黑龙庙戏台隔扇(图 11–106)由多扇格扇组成，嵌以实板。中间格扇上侧书"鱼龙出听"，上下场门门楣分别书"扢雅"、"扬风"（图 11–107），均为清道光年间（1821 ~ 1850 年）永宁知州王继贤所书。

浙江武义县郭洞村何氏宗祠戏台隔扇（图 11–108），彩绘"唐明皇游月宫"，并悬"清平乐"之匾，上下场门分别书："出风"、"入雅"。唐明皇即唐玄宗，精通音律，喜欢歌舞，被戏曲行业奉为师祖爷。浙江宁海县岙胡村胡氏宗祠戏台隔扇（图11–109），中间为六扇，上侧书："飞云驻"，上下场门分别书"来兮"、"去蹄"。

陕西白水县仓颉庙东戏台隔扇（图11–110），中央雕有花卉圆形图案，两侧有楹联："画栋雕梁响遇洛阴云雨；鸾飞凤舞钟毓龙阳杰灵"，横批曰："飞凤家"。上下场门旁还有一副文字较长的楹联："栽治乱，知兴衰，遥想昔日事业蒙创，鸟章而开化，方汤历□□□；寓褒贬，别善恶，试看当局妆演非易，结绳以为书，□□□□□□□"。仓颉庙西戏台隔扇（图11–111），中央雕有花卉图案，上侧有四幅器皿图案，两侧有楹联，曰："下里巴人四目顾视，阳春白雪六书衍传"，横批曰："衍神楼"。隔扇两侧设上下场门，门楣上各有人物故事雕刻，非常传神。上、下场门旁有楹联，云："闻弦歌之声郁郁荡荡，借衣冠描出四室偈教；见羽族之美济济跄跄，因干戈□□□□□□"。

图11–106　山西临县黑龙庙戏台隔扇

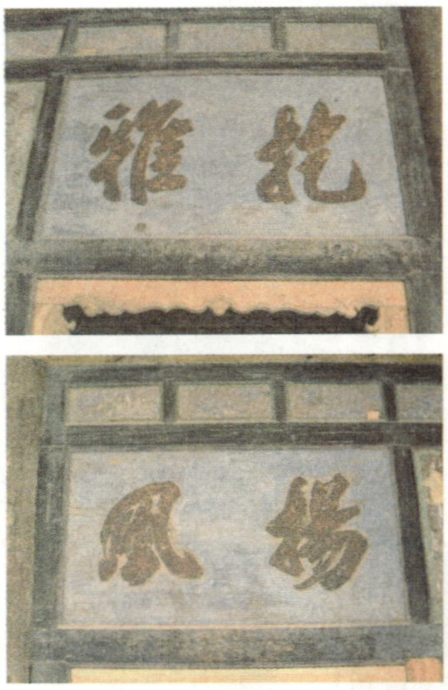

图11–107　山西临县黑龙庙戏台隔扇上下场门匾额

图11–108　浙江武义县郭洞村何氏宗祠戏台隔扇

图11–109　浙江宁海县岙胡村胡氏宗祠戏台隔扇

图11–110　陕西白水县仓颉庙东戏台隔扇

图11–111　陕西白水县仓颉庙西戏台隔扇

图 11–112　山西高平县康营村成汤庙戏台隔扇

图 11–113　山西高平县康营村岱岳祠戏台隔扇

有的戏台则将隔扇凹向后台，优化了前台的形状，扩大了表演区域的面积。如山西高平县康营村成汤庙和岱岳祠戏台，隔扇中间凹向后台。上下场门位于斜向面上。成汤庙隔扇（图 11–112）每扇的上侧绘戏剧故事，中间书三排竖字，下部为图案，上下场门门楣悬小匾额，书“阳春”、“白雪”。岱岳祠戏台隔扇（图 11–113）形式大致相同，惟下侧图案和上下场门的匾额已不存。

三、雀替（牛腿）

在中国传统建筑中，雀替是一种成熟较晚的构件。尽管在北魏已有雀替雏形，但到了宋代，还仅在室内比较多见，外檐用雀替者很少。宋代《营造法式》中也只是在论及阑额才提到了“绰幕方”，曰：“檐额下绰幕方，广减檐额三分之一。”[1] 其中提到的“绰幕方”就是后世所谓的雀替。从元代开始，雀替比较多地应用，不过仍主要运用在室内。到了明清，雀替才随处可见，极为普遍。雀替在历史嬗变中，其作用和构造也多有变化。宋元时期，雀替主要为结构构件，构造简单，形状狭长。明清时，雀替则主要为装饰构件，构造变得复杂。

山西现存的元代戏台多设雀替。临汾市魏村牛王庙元代戏台柱上施大斗，斗口内施十字雀替，前檐雀替较短，后檐雀替较长，延至辅柱。翼城县武池村乔泽庙元代戏台则将雀替直接设于柱中，上施阑额。元代戏台中的这些雀替作为结构构件，力学作用明显，可以减少梁柱相接处的剪力，防止横竖构件角度的倾斜，亦可以缩短梁的净跨。

明清时期，戏台雀替尺度变大，有的甚至雕以各种造型，装饰作用明显。如山西太原市姚村戏台雀替（图 11–114）、太谷胡家庄戏台雀替（图 11–115）、太谷无边寺戏台雀替（图 11–116）、太

图 11–114　山西太原市姚村戏台雀替

图 11–115　山西太谷胡家庄戏台雀替

1　李诫（宋）．营造法式．转引自：梁思成．梁思成全集第七集．中国建筑工业出版社，2001 年，第 133 页。

图 11–116　山西太谷无边寺戏台雀替

原晋祠钧天乐戏台雀替（图 11–117）、太原晋祠水镜台雀替（图 11–118）均采用透雕形式。清代《工部工程做法则例》规定雀替“以面阔定长短”，将净面阔“分为四分，雀替两边各得一份。”[1] 戏台为了强调雀替的装饰作用，其尺寸往往大于这一规定。

南方戏台则多用牛腿的形式，装饰内容更加广泛，既有历史典故、戏曲人物、民间神话等，也有吉祥兽禽、琴棋书画、梅兰竹菊等，可谓包罗万象。浙江衢州市北淤村兰氏宗祠戏台牛腿（图 11–119），雕一武士，一手托举，一手叉腰，昂然挺立，颇有气势。浙江武义县俞源村俞氏宗祠戏台檐柱牛腿（图 11–120），雕梅花鹿和狮子，周边衬以鸟兽虫鱼，可爱生动。安徽亳州市关帝庙戏台（图 11–121）、江苏苏州全晋会馆戏台（图 11–122）、安徽合肥城隍庙戏台中的牛腿（图 11–123），均雕以“狮子捧绣球”，线条流畅，立体感强。

图 11–117　山西太原晋祠钧天乐戏台雀替

图 11–118　山西太原晋祠水镜台雀替

图 11–119　浙江衢州市北淤村兰氏宗祠戏台牛腿雕刻

图 11–120　浙江武义县俞源村俞氏宗祠戏台牛腿雕刻

1　梁思成．工部工程做法则例．中国建筑工业出版社，1981 年。

图 11–121　安徽亳州市关帝庙戏台牛腿雕刻

图 11–122　江苏苏州全晋会馆戏台牛腿雕刻

图 11–123　安徽合肥城隍庙戏台牛腿雕刻

四、柱础

柱础又称柱顶石，或称柱础石，是柱子下面的承重构件，其作用是防止潮湿腐烂，加强柱基的承压力。柱础起源甚早。《淮南子》云："山云蒸而柱础润。"宋《营造法式》第三卷对柱础的形式、比例及装饰手法更有详细的说明："造柱础之制，其方倍柱之径，方一尺四寸以下者，每方一尺厚八寸。方三尺以上者，厚减方之半。方四尺以上者，以厚三尺为率。若造覆盆，每方一尺覆盆高一寸，每覆盆高一寸盆，唇厚一分。如仰覆莲花，其高加覆盆一倍。"清工部《工程做法则例》卷四十二则规定："凡柱顶以柱径加倍定尺寸。如柱径七寸，得柱顶石见方一尺四寸。以见方尺寸折半定厚，得厚七寸。上面落古镜，按本身见方尺寸内每尺得六寸五分，为古镜圆的直径。古镜高按见方尺寸，每尺做高一寸五分。"清代柱础开始注重装饰，其形式也非常多样。对于戏台而言，演戏之时，前檐柱暴露在观众视线中，而柱子自身的装饰有限，那么就在柱础上大做文章了。因此，戏台柱础在造型和雕饰上比较华丽。

现存的山西元代戏台的柱础装饰比较简单，多为覆盆式柱础，如临汾市东羊村东岳庙元代戏台前檐石柱下就是莲花覆盆式柱础（图 11–124）。另外，翼城县武池村乔泽庙元代戏台前檐亦为覆盆式（图 11–125），不加修饰，朴实无华。元代戏台也有采用素平柱础者，如临汾市魏村牛王庙戏台柱础（图 11–126）。总的来说，元代戏台柱础露明部分不大，其装饰也非常简单。

清代时戏台柱础趋于多样化，装饰性显著加强。除了常见的鼓形柱础外，经常采用上下组合的高柱础形式，并雕以各种吉祥图案。河南社旗县山陕会馆戏台柱础多为上下二层，上层为鼓形，下层为正方形鼓座，束腰处雕各种戏曲故事、人物、器皿等，四角一般雕有麒麟、狮子、牛、马等，非常华丽（图 11–127）。

安徽亳州山陕会馆戏台柱础，每面均雕有故事图案，这些图案均采用方形构图，内容亦非常丰富（图 11–128）。

山西翼城县樊店村关帝庙戏台柱础（图 11–129）高度约为柱径的两倍，须弥座式，层层互叠，雕刻华丽，对戏台的装饰作用自不待言。山西壶关县集店乡东岳庙戏台前檐柱础（图 11–130）高度约为柱宽的四倍，柱础上下均为方形，中间则为雕刻，玲珑剔透，单单柱础就是一件件难得的艺术品。

图 11–124　山西临汾市东羊村东岳庙戏台前檐柱础

图 11–125　山西翼城县武池村乔泽庙戏台前檐柱础

图 11–126　山西临汾市魏村牛王庙戏台素平柱础

图 11–127　河南社旗县山陕会馆戏台金柱柱础

图 11–128　安徽亳州山陕会馆戏台柱础雕刻

图 11–129　山西翼城县樊店村关帝庙戏台柱础

图 11–130　山西壶关县集店乡东岳庙戏台柱础

图 11–131　山西临县后寨则村戏台背面圆窗

图 11–132　山西蒲县华佗庙戏台背面圆窗

图 11–133　山西临县樊家沟村戏台背面圆窗

图 11–134　山西柳林县高家塔村老爷庙

五、圆窗

中国传统戏台较多采用圆窗，圆窗成为其造型的重要符号。窗是中国古代建筑极为自由、活跃的构件，形式多样。园林建筑中窗尤为如此，方形、圆形、六边形、叶形等，无所不用。戏台多选用圆窗，其缘由值得寻味。作者猜想这与古人认为圆窗与声音有关，或同时和气的流动有关。在古人看来，“圆”和声音有剪不断的联系。乐器的形状就多与“圆”有关。古代还有用圆“缸”助声的说法。

同时，圆窗有利于戏台的造型。戏台后台一般三面厚墙围合，造型显得笨重单调。这时，一个小窗，特别是形态活泼的圆窗，使得造型显得活泼、开放和明快。山西临县后寨则村戏台（图 11–131）位于一山坡上，戏台背立面中间设一圆窗，窗的面积并不大，但打破了三面围墙的单一，增加了虚实对比，活跃了建筑形象。这里的圆窗成为戏台背立面的构图中心，可谓是点睛之笔。山西蒲县华佗庙戏台背立面中间也开圆窗（图 11–132），面积很小，却丰富了戏台造型，强调了戏台的中心对称，也和下面的三孔窑洞相映成趣。

戏台的窗主要位于两侧山墙和背立面上。两山墙上开圆窗者，如山西定襄县大南庄村戏台。背立面开圆窗者多采用两种形式。一为仅开一窗，位于背立面的中央，起突出和强调戏台中心的作用，也点缀了戏台的造型，如山西蒲县华佗庙戏台。另一种方式则是，窗位于山门上部两侧，往往和山门组合构图。山西临县樊家沟村戏台背面开两窗，位于背立面的两侧（图 11–133）。山西柳林县高家塔村老爷庙戏台，背面及其耳房的背面、侧面均开圆窗，丰富了戏台造型（图 11–134）。

后台的窗一般较高，且面积不大。这自然是由空间特性决定的。后台属于私密空间，演员化装等活动具有较强的私密性，有些戏台就干脆不开窗。但是，没有窗户的空间显得压抑、沉闷。这样，一部分戏台就设置高的圆窗，可以使气韵流动，至少使人心理上得以放松。

圆窗是戏台造型的一种重要符号，多用圆窗也是戏台建筑的重要特点。当然，戏台并不局限于圆窗，方窗、六边形窗在戏台上也时常可看到。

六、八字墙

北方清代戏台比较普遍地在台口设置八字墙。这种八字墙和其他建筑中的影壁有所区别。首先，二者的适用位置不同。戏台中的八字墙建于戏台的两侧，而影壁则或位于门外，或位于门内，或位于门两侧。影壁是入口不可分割的一个组成部分。由于进出大门均需要和影壁打“照面”，所以又称之为“照壁”。其次，二者的功能不同。八字墙的主要功能是改善剧场音质，同时客观上有扩大戏台体量、美化戏台造型的作用。影壁则主要起屏障的作用，使空间得以缓冲。总之，尽管二者的建筑形态相似，可由于适用范围和功能不同，还是区别对待更为妥当。

八字墙的组成大致可分为三部分，即壁座、壁身、壁顶。壁座多为须弥座或须弥座的变体，构造繁简不同。一些木构八字墙往往不设壁座，仅有壁身和壁顶。壁身的中心和四角是八字墙装饰的重点，一般刻有汉字、兽纹、动物花卉等。山西清徐县大常村戏台八字墙中心为砖雕汉字，四角则雕以精致的花卉图案，整个八字墙显得华丽而又不失典雅（图 11–135）。壁顶的形式和尺度差别很大，有的仅施简易顶，有的则尺度很大，斗栱密布，层层外挑，宏伟华丽。

八字墙的常见的构造形式主要可分为三种。

一为砖砌者，陕西韩城堡安村马王庙戏台台口两侧的八字墙为砖砌，八字墙上书有楹联（图 11–136）。

一为木构者，如山西太谷阳邑镇净信寺戏台八字墙。八字墙两侧立柱，柱间安木板，柱间上连枋，施斗栱，上覆单檐歇山顶（图 11–137）。

一为木构支撑，砖砌墙者，如山西忻州东张村关帝庙戏台八字墙（图 11–138）。八字墙两侧立柱，柱间则用砖砌，上施五踩斗栱，覆单檐歇山顶。

八字墙除了可以改善剧场音质外，还有扩大戏台体量、美化戏台造型的作用。山西榆次市城隍庙戏台八字墙（图 11–139）两柱距约 4 米，柱间墙雕有琉璃图案。枋上施双层斗栱，上覆单檐歇山顶。

图 11–135　山西清徐县大常村戏台八字墙

图 11–136　陕西韩城堡安村马王庙戏台台口两侧的八字墙

图 11–137　山西太谷阳邑镇净信寺戏台八字墙

图 11–138　山西忻州东张村关帝庙戏台八字墙

图 11–139　山西榆次市城隍庙戏台八字墙

图 11–140　山西介休后土庙戏台八字墙

图 11–141　山西运城盐池神庙戏台八字墙

八字墙尺度大，装饰华丽，扩大了戏台的体量，使其显得更加宏伟壮观。有的戏台甚至设二层重檐的八字墙。如山西介休后土庙戏台八字墙（图 11–140），在第一层屋顶上再架枋，枋上施斗栱，上覆悬山顶，形成重檐屋顶。八字墙的宽度较大，高度和台口齐平，装饰华丽，丰富和美化了戏台造型。

当然，也有的戏台八字墙尺度较小，仅起点缀戏台的作用。运城盐池神庙戏台通面阔达 27.6 米，而两端的八字墙宽度仅 1.3 米。八字墙为砖砌，中央雕“寿”字，上覆单檐硬山顶，造型朴实（图 11–141）。由于八字墙的尺度较小，其改善剧场音质和扩大戏台体量的作用很小。此时的八字墙更多的是作为一种形制而存在，同时视觉上起戏台“收分”的作用。

七、屋顶装饰

中国传统建筑常见的屋顶形式有庑殿、歇山、硬山、悬山、卷棚、攒尖等。在传统戏台中，除庑殿外，这几种屋顶形式都可以见到，其中以歇山顶最为多见。

中国传统建筑十分注重屋顶上的装饰，其中脊兽是常见的装饰构建。脊兽由瓦制成，最初的功能是为了保护木栓和铁钉，防止漏水和生锈，对脊的连接部起固定和支撑作用。后来脊兽主要起装

图 11–142　陕西韩城市城隍庙戏台屋顶装饰

图 11–143　浙江宁海城隍庙戏台屋顶装饰

图 11–144　浙江宁海城隍庙戏台屋顶雕刻

图 11–145　云南丽江黑龙潭神龙祠戏台屋顶装饰

饰作用，并有严格的等级意义。屋顶中亦常见火炉、风狮等象征趋吉避凶的饰物。

戏台的屋顶装饰非常多样，下面略举几例。陕西韩城市城隍庙戏台采用十字重檐歇山顶，上覆筒瓦，并饰以琉璃脊，山花向前，饰以悬鱼（图 11–142）。宁海城隍庙戏台屋顶正脊中间镂空，两端正脊龙吻吞脊（图 11–143），中间塑一人物，头戴宫花，身穿状元袍，眉清目秀，应为状元，两垂脊上分别塑红将军和白将军，手执兵器，威风凛凛。状元和将军分别代表文臣和武将（图 11–144）。云南丽江黑龙潭神龙祠戏台屋顶，正脊镂空，呈花格状，正吻雕鱼尾，腾于空中（图 11–145）。广西昭平县黄姚镇宝珠观戏台，正脊饰以各色人物、花鸟砖雕，非常华丽（图 11–146）。江西乐平市徐家村戏台屋顶，正脊镂空，中间立宝瓶，两端正吻雕鱼尾（图 11–147）。江苏高淳县沧溪乡三元殿戏台，正脊两侧镂空，中间立宝瓶，正吻雕弯曲鱼尾作翻腾状（图 11–148）。

图 11–146　广西昭平县黄姚镇宝珠观及其戏台

图 11–147　江西乐平市镇桥镇徐家村戏台

图 11–148　江苏高淳县沧溪乡三元殿戏台屋顶装饰

第五节　戏台藻井

一、概论

藻井是中国传统建筑中向上凹进为穹窿状的顶棚形式，又称为天井、绮井、圜泉、云井、斗四、斗八、龙井等，具有悠久的历史。早在 2000 多年前的汉代墓室顶上，已有藻井装饰，且形制成熟[1]。汉代张衡在《西京赋》中曰："蒂倒茄于藻井，披红葩之狎猎。"[2]宋代《营造法式》中则规定有"斗八藻井"和"小斗八藻井"的确切做法[3]。藻井的等级较高，多见于宫廷建筑和大型寺庙建筑中。《稽古定制 · 唐制》中曰："王公以下屋舍，不得施重栱、藻井。"[4]沈括（宋）在《梦溪笔谈》中也指出藻井"唯宫室祠观为之"[5]。可见藻井的运用多有限制。明清以后，藻井的构造逐渐变得华丽繁琐，形式多样，有方形、多边形或圆形凹面等形式，周围一般饰以各种花纹、雕刻和彩绘。尽管藻井在一般的民间建筑中并不多见，但在民间戏台（特别是南方民间戏台）建筑中，则非常多见。即使一些规模很小的乡村戏台，也多采用这一形式。藻井一般均设在戏台明间（演出区）的正中央天花处，也是这些戏台中最华丽、最引人入胜之处，具有很高的艺术价值。

1　刘叙杰主编 . 中国古代建筑史 · 第一卷 . 中国建筑工业出版社，2003 年第一版，第 549 页。
2　陈国政编著 . 中国古代建筑文献精选 . 同济大学出版社，2008 年 1 月第一版，第 158 页。
3　李诫（宋）. 营造法式 . 卷八"小木作". 转引自：梁思成 . 梁思成全集第七集 . 中国建筑工业出版社，2001 年，第 213 页。
4　《新唐书》卷二十四，志第十四 . 转引自：侯幼彬 . 中国建筑美学 . 黑龙江科学技术出版社，1997 年，第 48 页。
5　沈括（宋）著 . 梦溪笔谈 . 时代文艺出版社，2001 年，第 173 页。

图 11–149　江苏苏州全晋会馆戏台藻井

图 11–150　浙江宁波天一阁秦氏支祠戏台藻井

图 11–151　浙江宁海县马岙村俞氏宗祠戏台藻井

图 11–152　天津广东会馆戏台藻井

二、藻井形式

传统戏台中藻井的构造，可分为井口、穹窿、井顶三部分，剖面呈倒置的喇叭形，层层里收至顶部。井口一般呈八角形，由四根正心桁和四根斜放的采步金围合而成。穹隆装修最为考究，有单层和双层之分，具体形式丰富多彩，不拘一格。井顶多为圆形的明镜形式，绘双鱼、龙头、八卦等。作者根据藻井具体形式的不同，大致可将其归纳为螺旋式、聚拢式、轩棚式、叠涩式、层缩式五种。

1. 螺旋式

所谓螺旋式藻井，就是藻井呈盘旋上升的形式，其造型具有很强的动感。如江苏苏州全晋会馆戏台藻井（图 11–149），18 条旋涡螺旋上升，栱头雕成 24 只黑蝙蝠和 306 朵金黄色云头，显得富丽堂皇。浙江宁波天一阁秦氏支祠戏台藻井（图 11–150），亦采用螺旋式形式，16 条旋涡螺旋而上，每个斗栱都雕成如意状，穹窿顶汇合于中间的明镜。

浙江宁海县马岙村俞氏宗祠戏台藻井（图 11–151），用异形栱昂组合成螺旋形，16 条旋涡螺旋上升，汇合于明镜，极富动感，非常优美。每条旋线的底部设一龙首，龙首之下雕一狮子，代替小坐斗，上面由十三个假昂组成。天津广东会馆戏台藻井（图 11–152）用变形斗栱堆砌接榫，20 条旋涡螺旋上升，造型别致，色彩华丽。

江西乐平市浒庵村戏台北面的藻井（图 11–153），以如意斗栱组成螺旋形，顶部为明镜，浮雕“二龙戏珠”，同时，藻井内还悬和尚骑狮圆雕及云朵 8 组。浙江绍兴府山公园戏台藻井（图 11–154），外侧为卷轩，用六角形的四方连续细格作装饰，内层为八角覆斗式圆井，再向内则有 16 条旋涡螺旋而上，明镜处浮雕“二龙戏珠”。

（左）图 11–153　江西乐平市浒庵村戏台藻井

（右）图 11–154　浙江绍兴府山公园戏台藻井

（左）图 11–155　浙江宁海县龙宫村陈氏宗祠戏台藻井

（右）图 11–156　安徽泾县金溪村戏台藻井

（左）图 11–157　安徽祁门县磻村敦典堂戏台藻井

（右）图 11–158　安徽祁门县珠林村余庆堂戏台藻井

2. 聚拢式

所谓聚拢式藻井，就是藻井竖向汇合于中心，造型具有强烈的向心性。如浙江宁海县龙宫村陈氏宗祠戏台藻井（图 11–155），上下共 12 圈，每二圈为一组，竖向设龙栱昂 26 道，向上延伸，其中有八条升至第六层连栱板处，其余八条直达顶部明镜，明镜上彩绘阴阳太极图。安徽泾县金溪村戏台藻井（图 11–156），九层斗栱层层收拢，汇合于明镜处，明镜上绘彩画。

3. 轩棚式

所谓轩棚式，就是藻井通过“轩”的结构逐层汇合于中心，如安徽祁门县磻村敦典堂戏台藻井（图 11–157），采用上下二层结构，28 根“S”形构件贯穿到顶，井口外方内圆，四个角上各有一块精美的蝙蝠木雕，井壁上悬“一曲昇平”匾。安徽祁门县珠林村余庆堂戏台藻井（图 11–158），亦为上、下两部分，下层四周均匀分布 32 根“S”形木筋，上层四周均匀分布 24 根“S”形木筋，上部的木筋端头汇聚于明镜，明镜上绘八卦图案，装饰性较强。

图 11-159　江西婺源县阳春村方氏宗祠戏台藻井

图 11-160　浙江象山县爵溪镇街台藻井

图 11-161　山西平遥县财神庙戏台藻井

图 11-162　浙江新昌县溪西村何氏祠堂戏台藻井

4. 叠涩式

所谓叠涩式就是利用尺度较大的斗栱层层叠落，聚拢成藻井的形式。如江西婺源县阳春村方氏宗祠戏台藻井（图 11-159），利用斗栱的层层叠落，形成穹隆顶。浙江象山县爵溪镇街台藻井（图 11-160），四角悬垂柱，中间亦是层层斗栱，汇合于圆形中心。

山西平遥县财神庙戏台藻井（图 11-161），由五重八角井组成，从下到上逐渐向内收缩，最下一重由额枋、平板枋以及每角的一根垂莲柱组成，明镜绘有阴阳八卦。浙江新昌县溪西村何氏祠堂戏台藻井（图 11-162），呈菱角牙子，层层叠叠，汇合于明镜，非常华丽。

5. 层收式

所谓层收式，就是藻井呈逐层收缩的形式，每层均用板材。如浙江武义县俞源村俞氏宗祠戏台藻井（图 11-163），用木板构筑，上下三层，逐层收缩，形式简洁，但由于饰以彩画，仍显得非常雅致。浙江武义县郭洞村何氏宗祠戏台藻井（图 11-164），亦采用这一形式。

有些戏台采用双藻井或三藻井的形式。所谓双藻井式，就是戏台沿庭院中轴线上纵向延长至两间，每间上面均有藻井，这种戏台藻井主要见于浙江宁海县。如浙江宁海县大蔡村胡氏宗祠戏台，纵向呈两间，藻井为二连贯式（图 11-165）。主台藻井（图 11-166）呈圆形，用异形栱昂组合成 16 条，层层收缩，逐层升高，以连栱板为联络。其中八条升至顶端，汇合于明镜，其余八条仅升到中部。第二个藻井（图 11-167）呈八角形，斗栱层层出挑，汇合于明镜。

浙江宁海县潘家岙村潘氏宗祠戏台，纵向呈两间，藻井为二连贯式。主台藻井（图 11-168）呈圆形，小坐斗勾连成 16 条直线汇合于中心。靠近中厅的藻井（图 11-169），外围呈轩的形式，

图 11–163　浙江武义县俞源村俞氏宗祠戏台藻井

图 11–164　浙江武义县郭洞村何氏宗祠戏台藻井

内为八边形，用重翘小坐斗逐层升高，汇合于中心，坐斗之间用镂空彩绘连栱板横向连接。

所谓三藻井式，就是戏台沿庭院中轴线纵向延长至三间，每间上面均有藻井，这种戏台藻井形式亦主要见于浙江宁海县。如宁海县岙胡村胡氏宗祠戏台，纵向的三开间均有藻井。主台藻井（图 11–170）为螺旋式，以十六个龙头状坐斗向上重叠，龙尾归汇于井顶圆形明镜，动感很强，也非常华丽。另外，井壁连栱板上雕刻水草花纹，寓意藻由水生、水能灭火。中间的藻井（图 11–171）呈圆形，以八龙、八凤形坐斗，逐层升起，凤尾停在第八道连栱板上，龙尾则汇合于井顶的圆形明镜中。镜中彩绘一条盘龙，意指一龙生九子。靠近中厅的藻井（图 11–172），亦呈圆形，外沿绘有如意花鸟图案，非常细腻。井口分内外两道，下层呈轩的形式，上层则是八个鱼状坐斗逐层升起，汇合于明镜，明镜中彩绘双鱼。

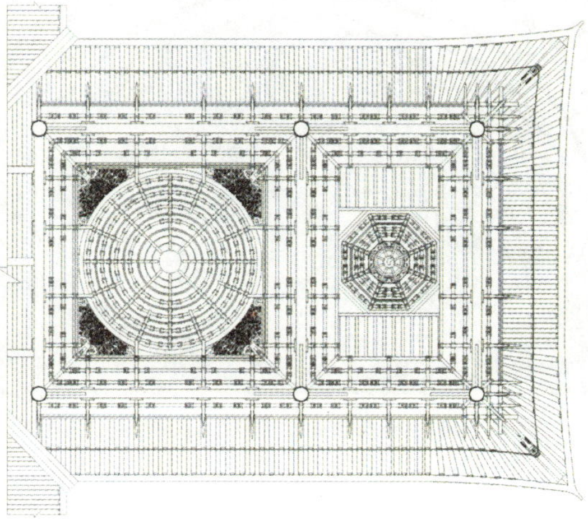

图 11–165　浙江宁海县大蔡村胡氏宗祠戏台藻井仰视图

引自：徐培良，应可军著．宁海古戏台．中华书局出版，2007 年，第 110 页。

图 11–166　浙江宁海县大蔡村胡氏宗祠戏台主台藻井

图 11–167　浙江宁海县大蔡村胡氏宗祠戏台靠近中厅的藻井

图11–168　浙江宁海县潘家岙村潘氏宗祠戏台主台藻井

图 11–169　浙江宁海县潘家岙村潘氏宗祠戏台靠近中厅的藻井

图 11–170　浙江宁海县岙胡村胡氏宗祠主台的藻井

图 11–171　浙江宁海县岙胡村胡氏宗祠戏台中间的藻井

图11–172　浙江宁海县岙胡村胡氏宗祠戏台靠近中厅的藻井

三、总结

藻井是南方传统戏台中最重要的天花。根据作者的调查，如江西乐平、安徽徽州、浙江一带现存的清代戏台，主要采用藻井的形式。而这一时期的北方戏台，则主要采用抬梁结构，将梁架暴露在外面，所谓“露上明造”，很少有采用藻井者。

传统戏台中藻井的功能，主要体现在两个方面，一是装饰作用，一是音质效果。藻井往往是戏台之精华，利用小型斗栱，或层层出挑，或盘旋上升，中心多置以明镜，四周又施雕刻，极尽华丽。同时，由于藻井呈半圆形，对声音起聚拢作用，对提供早期反射声有利，可以改善演员的自我感觉。南方戏台如此普遍地采用藻井，和声音效果是有一定联系的。不管其客观上对音质贡献之大小，古人主观上应是希望通过这种设置改进戏场的声音状况。

第六节　戏台楹联

楹联是中国传统建筑的重要造型语言。戏台和楹联的关系则更为密切，前檐柱上一般均悬楹联。即使没有楹联的戏台，在演戏之前也要临时悬挂一副。

戏台楹联多和柱子组合存在。石柱中的楹联一般直接阴刻或阳刻于柱子正面。如河南郑州城隍庙台口两方形石柱上，阳刻有楹联，云："传出幽明报应彰天道，演来生死轮回醒世人"（图 11–173）。江苏无锡城隍庙台口两侧立花岗岩方柱，镌刻楹联，云："神听和平雅奏重燔新乐府；民钦正直崇台式焕旧规模"，刻于清咸丰九年（1859 年）（图 11–174）。山东烟阳台大庙檐柱阳刻楹联，云："慈航通渤海五音兢响答神庥，宝筏渡迷津万顷安澜彰永德。"（图 11–175）山东蓬莱阁天后宫戏台前台石柱上，阴刻有楹联，云："乐奏钧天潮汐声中喧岛屿，宫开碣石笙歌队里彻蓬瀛。"（图 11–176）山西平遥县梁村观音堂戏台檐柱为方形石柱，阴刻有楹联（图 11–177）。上海三山会馆戏台前檐为两根方形石柱，石柱上阴刻有一副楹联，书："集古今大观时事虽异，得管弦乐趣情文相生。"（图 11–178）上海豫园戏台（原钱业会馆戏台）楹联前檐石柱镌刻楹联一副，书："天增年月人增寿，云想衣裳花想容"，为昆曲艺术大师俞振飞（1902 ~ 1993 年）手笔（图 11–179）。山东烟台福建会馆戏台前檐柱子上有楹联，云："以八百英

图 11–173　河南郑州城隍庙戏台楹联

图 11–174　江苏无锡城隍庙戏台楹联

图 11–175　山东烟台大庙戏台楹联

图 11–176　山东蓬莱阁天后宫戏台楹联

图 11–177　山西平遥县梁村戏台楹联

图 11–178　上海三山会馆戏台楹联

图 11–179　上海豫园戏台楹联

图 11–180　山东烟台福建会馆戏台楹联

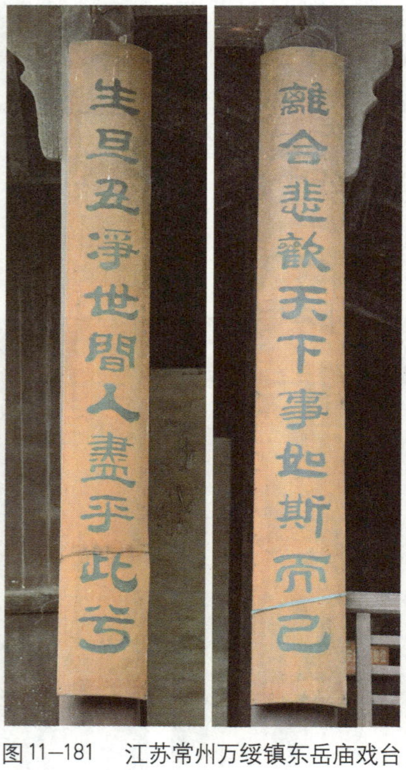

图 11–181　江苏常州万绥镇东岳庙戏台楹联

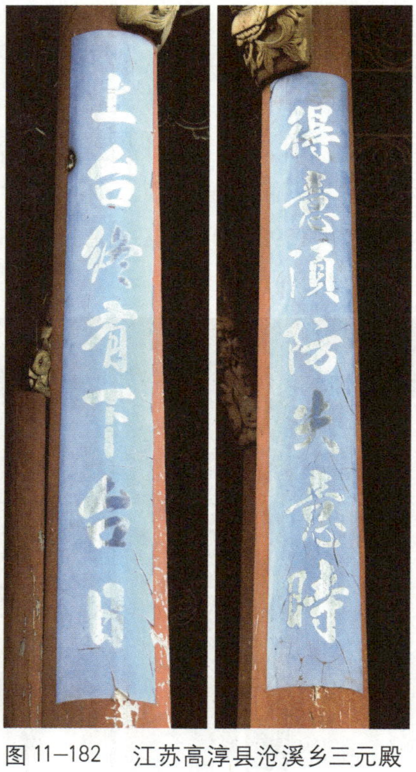

图 11–182　江苏高淳县沧溪乡三元殿戏台楹联

里航路通来，揭耳鼓闻韶，是真邹鲁海滨，何分乐界；把 20 世纪国魂唤起，放眼帘阅史，直等衣冠优孟，同上舞台”（图 11–180）。

有些戏台的楹联悬挂于柱上，即所谓的抱柱式。江苏常州万绥镇东岳庙戏台台口两檐柱上悬挂有楹联，书：“离合悲欢，天下事如斯而已；生旦丑净，世间人尽乎此矣。”（图 11–181）。江苏高淳县沧溪乡三元殿戏台悬楹联，书：“得意时须防失意时，上台终有下台日”（图 11–182）。浙江宁海县加爵科村林氏宗祠戏台台柱上书楹联，云：“事异忠奸，看人心各判；报分善恶，知天道无差”，上款为“道光戊戌桂月”，落款为“秉可、有道、德风同立”（图 11-183）。浙江武义县郭洞村何氏宗祠戏台檐柱悬楹联，云：“永团圆全福五星聚，春富贵双红百子图”，后柱亦悬楹联，书：“莫虚作传奇演旧，须学他耀祖光宗”（图 11-184）。

有的戏台更是有多副楹联。河南社旗县山陕会馆石柱上用行草镌刻两副楹联，内联是：“幻即是真世态人情描写得淋漓尽致，今亦犹昔新闻旧事扮演来毫发无差”；外联是：“还将旧事从新演，聊借俳优作古人”，这两副楹联以戏为主题，论及戏剧创作、表演，阐释了戏台的深层文化内涵（图 11-185）。

图 11-183　浙江宁海县加爵科村林氏宗祠戏台楹联

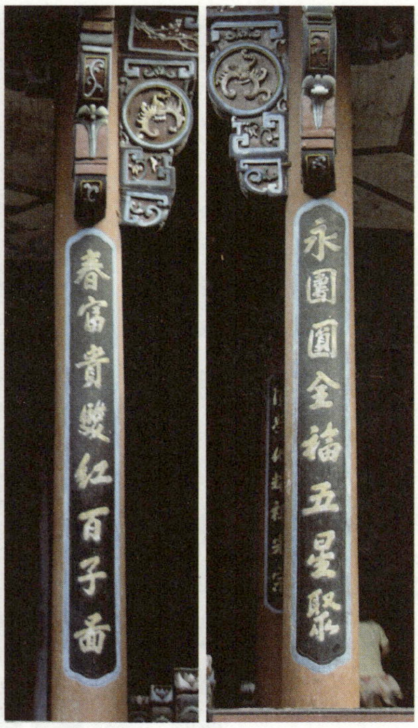

图 11-184　浙江武义县郭洞村何氏宗祠戏台楹联

山东聊城市山陕会馆戏台，四根檐柱和戏台隔扇上均有楹联（图 11-186）。其中外侧檐柱石刻楹联为：“结五万春花，奏雅宣和，无戾风骚称杰构；谱大千秋色，镂金错采，有裨世教即奇观。”[1] 内侧檐柱有石刻楹联：“宫商翕奏，赏心是金榜题名，洞房花烛；扮演成文，快意在坦道骏马，高帆顺风。”[2] 隔扇左右木柱上阳刻有楹联，云：“响遏行云，一曲笙簧欣乐利；歌翻白雪，八方舞蹈荷升平”，隔扇上方悬挂木刻匾额“云霞绚采”。楹联意指欢快的乐曲响入云霄，使得天上飘动的行云也停下来屏息倾听；四面八方的人们，在优美的乐曲中，翩翩起舞。

山西定襄县大南庄村二连台台基前沿有小望柱十一根，除中间望柱上刻“不许登台”和两边柱已毁外，其余八柱刻楹联四副。山西蒲县东岳庙山门戏台明间柱子悬楹联谓：“几声脆来余音绕画梁风竹管和松籁，数回舞罢长袖扬华栋影荡艺林带柏香。”该台山墙前

图 11-185　河南社旗县山陕会馆戏台楹联

1　上联中的“春花”，意指戏台结构精巧，色彩绚丽，绘画精致，也暗喻戏台上表演的精彩剧目；“奏雅宣和”中，“奏”是演奏，“雅”是乐器名；“风骚”，是《诗经》和《楚辞》的并称，引指为戏曲和文学艺术。下联中的“秋色”，与上联的“春花”对仗，寓指戏台金碧辉煌；“镂金错彩”，意为精彩华丽；“世教”，指当时被尊为正统思想的孔孟之道。这一楹联既赞誉了戏台，又描绘了演戏，两者巧妙结合，意寓在华丽精致的戏台上表演精彩纷呈的戏曲节目，可谓珠联璧合。

2　“金榜题名”，指科举殿试得中后，名字被写在揭晓的黄榜上；“洞房花烛”，即新婚之夜；“坦道骏马”，指良马奔驰在平坦的大道上，比喻功名有成，马到成功；“高帆顺风”脱胎于高高船帆顺风破浪，寓意一帆风顺，万事如意。

图 11–186　山东聊城市山陕会馆戏台楹联

图 11–187　山西蒲县东岳庙戏台楹联

图 11–188　广西贺州市黄田村湖南会馆戏台楹联

面也悬一副楹联，可作者调研时已模糊不清，难以辨认（图 11–187）。

一些没有常设楹联的戏台，则在演戏时临时悬挂楹联。如广西贺州市黄田村湖南会馆戏台平时并没有楹联，演剧时则用红纸临时悬一副（图 11–188）。

楹联可长可短。如《负暄联语》所载一副戏台楹联，有 116 字：“生平读野史稗官，凡可恨可悲可歌可泣之事，究竟是笔墨云烟，曷若此现身说法，借口传神，使妇人孺子牧竖耕夫，亦懂得处世当家，莫要良心辜负；终岁走名场利禄，以受饥受寒受惊受恐之躯，何曾减风尘面目，岂若今放开眼孔，停下脚跟，看忠孝褒封凶奸诛戮，尚识些前因后果，且偷片刻安闲”。有些楹联则短小精悍，如“戏台小天地，天地大戏台”，这副楹联只有 10 个字，却非常精辟地概括了戏台的特征。

楹联多出自乡儒之手，刚劲圆润，潇洒自如，内容形象生动，意味深长。楹联不仅以其遒劲有力的书法艺术对戏台建筑起点缀、装饰和美化作用，同时也以其耐人寻味的文学艺术揭示戏曲演出的形式、特点和本质，使人在看戏之余，欣赏和琢磨一番。

第七节　戏台匾额

一、概论

匾额，又称扁额、扁牍、牌额，简称为扁、匾或额，常悬挂于建筑外立面或室内，多用于标识名称或宣扬教化。匾额的历史源远流长，可追溯至秦汉。到了明清时期，匾额文化达到鼎盛。匾额的种类，按其形式，可分为横匾和竖匾；按其材质，可分为木匾、石匾、砖匾、竹匾、瓷匾、金属匾等，其中以木匾和石匾最为多见。传统戏台中的匾额则一般采用木横匾。匾额多为文人墨客书写和题记，寻章摘句，言简意赅，辞藻华美，书法精湛，具有较高的文学价值和书法价值。许多匾额的四周边框上，雕饰龙凤、花卉、图案、花纹，具有雕刻、绘画价值。匾额还反映了当时的历史背景和社会风气，具有重要的历史价值和社会价值。匾额被誉为中国传统建筑的眼睛和灵魂，起到画龙点睛的作用。中国传统戏台更是几乎有台就有匾额，似乎不悬挂匾额，就不足以显示其艺术性和重要性。

戏台中匾额的悬挂位置，多选醒目之处。一般位于以下三处：一是悬于戏台的前檐中间，赫然醒目，点缀了戏台，起到突出戏台中心的作用；一是悬于戏台中间的隔扇上侧，和隔扇浑然一体；一是悬于隔扇上下场门的门楣上，用以标识上下场门。清代的皇家大戏台中，则上下三层均悬匾额，如北京颐和园内德和园大戏台，第一层悬“欢胪荣曝”横匾，意指“为皇上献艺是欢乐和荣耀的”；第二层悬“承平豫泰”横匾，意指“天下太平，以音乐歌功颂德”；第三层悬“庆演昌辰”横匾，“昌辰”指吉日良辰（图 11–189）。

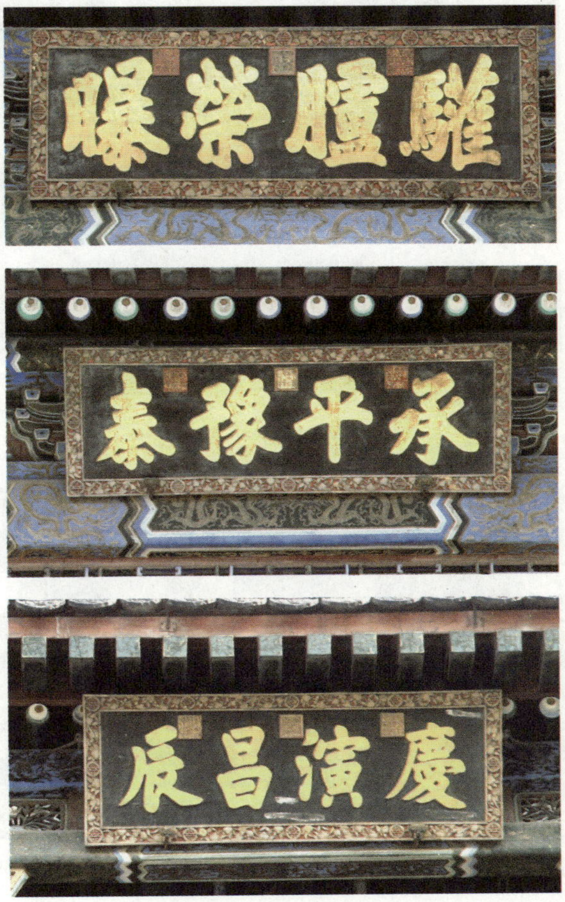

图 11–189　北京颐和园德和园大戏台第一层、第二层和第三层的匾额

二、匾额内容

戏台匾额的内容非常丰富，寓意深刻，点缀和装饰着戏台。作者根据实地调查和查阅《中国戏曲志》[1] 等文献，收集了 200 余块匾额的内容。根据这些匾额所表达的内容的不同，大致可分为如下几类：

1. 作为戏台的雅称

明清戏台中有雅称者甚多。作者在山西实地调查中，发现一些碑刻中就常常提到戏台的雅称，如泽州县辛壁村成汤庙弘治十四年（1501 年）《创建礼乐楼记》中提到“礼乐楼”，运城解州关帝庙明嘉庆十五年（1536 年）《重修碑记》中提道：“为楼以乐者，则始于国朝，弘治时其匾曰‘开颜楼’”；介休洪山镇源神庙明万历十九年（1591 年）碑刻《新建源神庙记》提到“鸣玉楼”；高平王何村五龙庙天启五年（1625 年）碑刻中提到“广云楼”；高平故关村炎帝庙明崇祯十六年（1643 年）碑刻《创修演奇楼记》中提到“演奇楼”；平顺东河村九天圣母庙同治四年（1865 年）碑刻《东峪庙重修舞楼赋》中提到“霓羽楼”[2]。这些都是戏台的雅称。戏台的雅称，一般均被书于匾额上，

1 《中国戏曲志》在 1990 ~ 1999 年间出版，每省一卷，共三十卷。

2 本文所引碑文均为作者 2000 ~ 2008 年期间实地调查时抄录。

图 11–190　山西太原晋祠戏台"水镜台"匾额

图 11–191　河南社旗县山陕会馆戏台匾额

图 11–192　山西太谷县阳邑村净信寺戏台匾额

悬挂在戏台正中。这类匾额以三个字最为多见，如“水镜台”、“报德楼”、“颂德楼”、“秦镜楼”、“遏云楼”、“金鉴台”、“醒世楼”、“歌舞台”、“报赛楼”、“驻云楼”、“衍神楼”、“春雪台”、“彩云楼”、“逅云楼”、“衍义亭”、“古鉴台”、“春秋台”、“歌舞楼”、“玄鉴楼”、“佾舞亭”、“万福台”、“风雅台”、“畅音阁”、“清音阁”、“风雅存”、“琼花台”、“奏衍楼”等。这些雅称多直接表达了民众的意愿和追求，如“开颜楼”，就非常显露地强调戏曲娱人之功能；“演奇楼”则表明民众偏爱听曲折新奇的戏曲故事。

有些雅称具有深刻的内涵，如山西太原晋祠戏台所悬的“水镜台”之匾（图 11–190），“水镜”二字取自《汉书 · 韩安国传》中“清水明镜，不可以形逃”[1]之句，意指忠奸是非，只要清水明镜一照，尽人皆知。该匾制于清乾隆年间（1736 ~ 1795年），为翰林院编修晋祠人杨二酉所书，被誉为晋祠三大名匾之一。河南社旗县山陕会馆戏台悬“悬鉴楼”之匾（图 11–191），额题“大清道光二十二年小阳月谷旦”，下落“浩生社立”及两方篆刻印章。“悬鉴”二字出自《新唐书 · 魏征传》：“以铜为鉴，可正衣冠；以史为鉴，可知兴替；以人为鉴，可明得失”[2]。据考，“悬鉴”二字为明末清初大书法家傅山之墨宝，“楼”字为叶县举人许靖所补，三字粗观浑然一体，字体刷金，衬以黑色底面，笔力遒劲，可称书中珍品，匾四周透雕“暗八仙”及书匣、灵芝、银锭等杂宝图案。

2. 强调戏曲演出的祭祀功能

中国传统戏场以庙宇戏台和祠堂戏台的数量最多，而庙宇戏台和祠堂戏台均以奉祀神灵或祭祀祖先为公开目的。这样，这类戏台的匾额经常强调演出的祭祀功能，如“神听和平”、“神人以和”、“神龙出听”、“神之听之”、“报秋新春”、“天人均庆”、“钧天乐台”、“钧天奏雅”、“鱼龙出听”等。如山西太谷县阳邑村净信寺戏台悬“神听和平”之匾，上题“侯铨同知杜大经率男县丞焕发、焕旺、孙南翊唐、安唐、□唐、绍唐，熏沐谨”，下题“大清道光四年桂月，多伦诺尔合顺成造”（图 11–192）。

1　班固（汉）撰 . 汉书 . 中华书局，2007 年 8 月第一版，第 533 页。
2　欧阳修（宋）. 宋祁（宋）撰 . 新唐书 · 魏征传 . 北京：中华书局，2000 年。

3. 强调戏曲的艺术特性

中国传统戏曲注重“唱念做打”，多采用写意、虚拟的表演手段。一些匾额就表现了中国传统戏曲的这些艺术特性，如“律奏阳春”、“妙笔春秋”、“舞奏霓裳”、“钧天雅奏”、“伶人献技”、“歌且舞”、“素韵朱弦”、“清歌妙舞”、“咫尺大千”、“古今瞬息”、“虚华实境”、“沧浪一曲”、“古今瞬息”、“千载一时”等。如浙江宁波庆安会馆前面的戏台，在其前檐悬“咫尺大千”之匾（图 11–193）。

4. 突出戏曲的教育功能

中国传统戏曲历来重视“高台教化”，尊崇“忠孝节义”，给人以启迪、教育、愉悦。一些匾额就阐释了戏曲演出的“高台教化”功能，如“观古鉴今”、“德音孔昭”、“省观世迹”、“春秋遗鉴”、“演古讽今”、“表扬忠孝”、“来物达情”、“异史传真”、“全部春秋”、“观今宣古”、“千秋金鉴”、“观腾万国”、“今知是昔”、“作古振今”、“秦铜照胆”、“以古为鉴”、“大雅元音”等。山西平遥县赵村戏台，悬光绪三十四年（1908 年）“春秋明志”之匾（图 11–194），其中“春秋”借指戏曲所演的故事，“明志”意指得到教育和启迪。

5. 赞许戏曲的演出效果

这类匾额或描述演员声音之高亢、优美或描绘演出场面之壮观、赏心，或描写演出之效果，如“威镇山河”、“声彻云霄”、“响遏行云”、“声震云霄”、“声闻于天”、“海市蜃楼”、“金声玉振”、“高唱入云”、“高山流水”、“久看愈好”、“飞霞遏云”、“熏风南来”、“山水清音”、“壶中仙籁”、“阆苑仙音”、“声灵万载”、“活画图”、“满眼皆春”、“游目骋怀”。湖北浠水县马垅镇福主庙戏台前檐，悬“云管阳春”之匾（图 11–195），其中“云管”指有云状纹饰的管乐器。唐代宋之问有诗《奉和幸神皋亭应制》云：“霜戈凝晓日，云管发阳春”[1]。

6. 描述当时的历史盛世

盛世往往也是戏曲的繁荣之时。许多戏台的匾额就歌颂、描述盛世，如“歌舞升平”、“太平景象”、“一曲升平”、“恩被群生”、“国泰民安”、“和声鸣盛”、“终和且平”、“盛世华章”、“霓裳同咏”、“世德清芳”、“既和且平”、“寰海镜清”、“永庆安澜”、“清时钟鼓”、“碧落云横”、“韵叶阳春”、“华祝衢讴”、“盛世华章”、“义关风雅”等。如河南社旗县山陕会馆戏台隔扇中间悬匾额“既和且平”（图 11–196），为清道光二十二年（1842

图 11–193 浙江宁波庆安会馆前面戏台匾额

图 11–194 山西平遥县赵村戏台匾额

图 11–195 湖北浠水县马垅镇福主庙戏台匾额

图 11–196 河南社旗县山陕会馆戏台隔扇上侧的匾额

1 引自：全唐诗第五十三卷．清康熙四十六年（1707 年）清内府编。

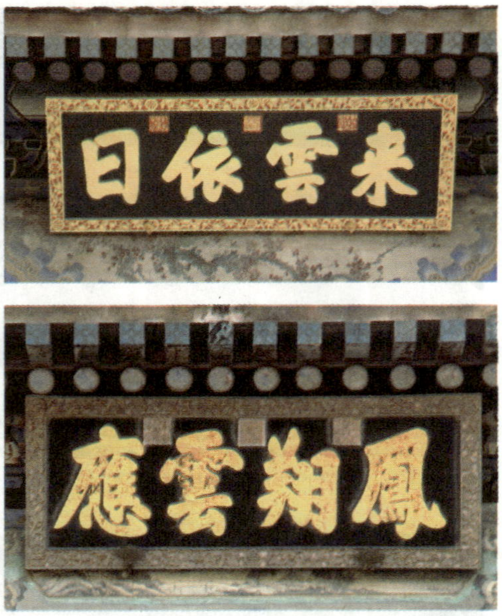

图 11–197　北京颐和园听鹂馆戏台匾额

图 11–198　北京故宫畅音阁戏台匾额

年）浩生社书，出自《诗经 · 商颂 · 那》：“既和且平，依我磬声”[1]，借指戏曲演奏要谐和安平，暗喻经商要“和气生财”，亦指社会之安定和谐，耐人寻味。北京颐和园听鹂馆戏台第一层悬“来云依日”之匾；第二层悬“凤翔云应”匾。“来云依日”匾（图11–197），出自晋代郭璞的《洞冥记》，意指盛世之下，优美的乐曲，吸引天上的行云，围着太阳。“凤翔云应”匾，“凤”即凤凰，“云”指青云、景云，“凤凰”和“青云”古时均为吉祥的象征，意指昌盛的时期，优美的表演和悦耳的乐曲吸引凤凰在空中翱翔，青云集聚空中。北京故宫畅音阁戏台上下三层均有匾额，为乾隆皇帝亲笔所书，其中第一层匾额曰“壶天宣豫”；第二层匾额曰“导和怡泰”；第三层的匾额曰“畅音阁”（图11–198），其中，“壶天宣豫”和“导和怡泰”均意指社会之稳定和昌盛。

7. 标识上下场门

中国传统戏台一般通过隔扇区分前后台，前后台之间用上下场门联系。上下场门兼有时间和空间的意义，随剧情的展开而变化。演员一般从上场门上场，表演完后则从下场门退场。上、下场门门楣匾额的内容非常丰富，二者一般对仗，语言精炼，如“来兮”、“归去”；“解颐”、“醒迷”；“出将”、“入相”；“勾相”、“元关”；“奏雅”、“歌风”；“妙舞”、“清歌”；“镜花”、“月明”；“传经”、“著史”；“金声”、“玉振”；“阳春”、“白雪”；“经文”、“纬武”；“镜花”、“水月”；“兴作”、“入息”；“妙机”、“奇观”；“麟游”、“凤舞”；“昭德”、“象功”；“琴音”、“瑟韵”；“演古”、“证今”；“金声”、“玉振”；“扢雅”、“扬风”；“金钟”、“玉嘎”；“管雅”、“琴风”；“出风”、“入雅”；“海市”、“蜃楼”；“飞燕”、“惊鸿”；“观今”、“鉴古”；“修文”、“偃武”；“龙飞”、“凤舞”；“龙吟”、“虎啸”；“东升”、“西降”；“去往”、“今来”；“入达”、“深远”；“河潺”、“海宴”；“清风”、“细雨”；“出梯”、“归去”；“突如”、“悠悠”；“歌舞”、“升平”；“吟风”、“啸月”；“想当然”、“莫须有”；“沸吾耳”、“感人心”；“云出岫”、“月沉湖”；“奏其乐”、“行其礼”；“律从凤”、“文成色”；“石蕴玉”、“水怀珠”；“曲咏霓裳”、“阳春白雪”等。如浙江衢州市北游村兰氏宗祠戏台，上下场门匾额分别书“金声”、“玉振”（图11–199）；山西阳泉市小河村关帝庙戏台，

1　引自：李家声译评．诗经全评全译．华文出版社，2002 年 1 月第一版，第 641 页。

图 11–199　浙江衢州市北游村兰氏宗祠戏台上下场门匾额

图 11–200　山西阳泉市小河村关帝庙上下场门匾额

图 11–201　陕西韩城市西贾村戏台上下场门匾额

上下场门匾额分别书“松风”、“竹月”（图 11–200）；陕西韩城市西贾村戏台，上下场门匾额分别书“知来”、“藏往”（图 11–201）。根据作者的实际地调查，戏台上下场门上最常见的匾额则是“出将”、“入相”。

三、结束语

匾额是中国传统戏台的重要组成部分，内容丰富，历代相传，见证历史，装饰精美，起到画龙点睛、锦上添花之功用，是中国传统戏曲文化、建筑文化、宗教文化、书法文化的具体体现。随着历史的发展和社会的变迁，大量传统戏台不再承担实际的演出功能，这些匾额也正逐渐从人们的视野中消失。我们有必要采取切实可行的措施，保护这些匾额，传承这些匾额文化，并使得这些匾额得到合理的利用。

主要参考文献

1. 梁思成著．中国建筑史．百花文艺出版社，1998.
2. 刘敦桢主编．中国古代建筑史．中国建筑工业出版社，1984.
3. 梁思成著．图像中国建筑史．百花文艺出版社，2001.
4. 李诫（宋）著．梁思成注释．营造法式注释．中国建筑工业出版社，1983.
5. 梁思成．清式营造则例．中国建筑工业出版社，1980.
6. 李允鉌（台湾）．华夏意匠．龙田出版社印行，1982.
7. 常青著．中国文化通志 · 建筑史．上海人民出版社，1998.
8. 侯幼彬著．中国建筑美学．黑龙江科学技术出版社，1997.
9. 罗哲文主编．中国古代建筑．上海古籍出版社，2001.
10. 林徽因著．林徽因文集 · 建筑卷．百花文艺出版社，1999.
11. 中国大百科全书编委会编．中国大百科全书 · 建筑园林城市规划卷．中国大百科全书出版社，1988.
12. 孙大章主编．中国古代建筑史 · 第五卷 · 清代建筑．中国建筑工业出版社，2002.
13. 李长杰主编．桂北民间建筑．中国建筑工业出版社，1990.
14. 赵立赢主编．陕西古建筑．山西人民出版社，1992.
15. 四川省建设委员会编．四川古建筑．四川科学技术出版社，1992.
16. 杨慎初主编．湖南传统建筑．湖南教育出版社，1993.
17. 周贻白著．中国剧场史．商务印书馆，1936.
18. 周华斌著．京都古戏楼．海洋出版社，1993.
19. 高琦华著．中国戏台．浙江人民出版社，1996.
20. 廖奔著．中国古代剧场史．中州古籍出版社，1997.
21. 李畅著．清代以来的北京剧场．北京燕山出版社，1998.
22. 黄竹三著．戏曲文物研究散论．文化艺术出版社，1998.
23. 侯希三著．北京老戏园子．中国城市出版社，1999.
24. 王强著．会馆戏台与戏剧．台北：文津出版社，2000.
25. 谢涌涛、高军著．绍兴古戏台．上海社会科学出版社，2000.
26. 陈琪、张小平、章望南著．徽州古戏台．辽宁人民出版社，2002.
27. 薛林平、王季卿著．山西传统戏场建筑．中国建筑工业出版社，2004.
28. 韦明铧撰文；张锡昌等摄影．江南戏台．上海书店出版社，2004.
29. 周利成、周雅男编著．天津老戏园．天津人民出版社，2005.
30. 邓幼明主编．张家口独特的古戏楼．党建读物出版社，2006.
31. 徐培良、应可军著．宁海古戏台．中华书局，2007.
32. 冯俊杰著．山西神庙剧场考．中华书局，2007.
33. 肖晓丽著．巴蜀传统观演建筑．重庆建筑大学硕士学位论文，2002.
34. 邓位著．四川传统观演建筑研究．西南交通大学硕士学位论文，2002.
35. 薛林平著．中国传统庭院式戏场的建筑研究及其声学分析．同济大学博士学位论文，2003.
36. 毛万红著．传统戏场建筑研究及其音质初探：暨浙江传统戏场．浙江大学硕士学位论文，2003.
37. 罗德胤著．中国古戏台建筑研究．清华大学博士学位论文，2003.
38. 侯斌超著．近代上海观演类建筑．同济大学硕士学位论文，2004.

39. 肖爱民著．临川古戏台研究．江西师范大学硕士学位论文，2006.
40. 周丰著．历史衍变下的清宫大戏台．上海戏剧学院硕士学位论文，2007.
41. 林然著．福建民间信仰建筑及其古戏台研究．华侨大学硕士学位论文，2007.
42. 段建宏著．戏台与社会：明清山西戏台研究．华中师范大学博士学位论文，2008.
43. 中国戏曲研究院编．中国古典戏曲论著集成．中国戏剧出版社，1959.
44. 周贻白著．中国戏曲发展史纲要．上海古籍出版社，1979.
45. 李华编．明清以来北京工商会馆碑刻选编．文物出版社，1980.
46. 中国大百科全书编委会编．中国大百科全书 · 戏曲曲艺．中国大百科全书出版社，1983.
47. 王安祈著．明代传奇之剧场及其艺术．台湾学生书局，1986.
48. 山西师范大学戏曲文物研究所编．宋金元戏曲文物图论．山西人民出版社，1987.
49. 中国大百科全书编委会编．中国大百科全书 · 戏剧卷．中国大百科全书出版社，1989.
50. 廖奔著．宋元戏曲文物与民俗．文化艺术出版社，1989.
51. 行乐贤等主编．河东戏曲文物研究．中国戏剧出版社，1992.
52. 杨健民编．中州戏曲历史文物考．文物出版社，1992.
53. 张庚、郭汉城主编．中国戏曲通史．中国戏剧出版社，1992.
54. 刘文峰著．山陕商人与梆子戏．文化艺术出版社，1996.
55. 张次溪编．清代燕都梨园史料．中国戏剧出版社，1988.
56. 丁汝芹著．清代内廷演戏史话．紫禁城出版社，1999.
57. 廖奔著．中国戏剧图史．河南教育出版社，1996.
58. 景李虎著．宋金杂剧概论．广东高等教育出版社，1996.
59. 中国戏曲志编辑委员会主编．中国戏曲志(湖南卷．山西卷．天津卷．河南卷．湖北卷．福建卷．江苏卷．吉林卷．安徽卷．广东卷．西藏卷．河北卷．辽宁卷．黑龙江卷．山东卷．内蒙古卷．云南卷．四川卷．广西卷．陕西卷．新疆卷．甘肃卷．宁夏卷．上海卷．浙江卷．江西卷．海南卷．贵州卷．北京卷)。
60. 吴晟著．瓦舍文化和宋元戏剧．中国社会科学出版社，2001.
61. 冯俊杰等编著．山西戏曲碑刻辑考．中华书局出版，2002.
62. 冯俊杰著．戏剧与考古．文化艺术出版社，2002.
63. 廖奔、刘彦君著．中国戏曲发展史（全四册）．山西教育出版社，2000.
64. 田仲一成（日本）著．中国戏剧史．北京广播学院出版社，2002.

后 记

回想起来，从事“中国传统剧场建筑”这一课题研究的缘起，也颇有些偶然。恩师王季卿教授从20世纪90年代开始，就一直关注这一方面的研究，搜集了大量资料，做了许多扎实的工作。在先生的指导下，我从2000年开始致力于这一课题。在我攻读博士学位期间，先生为我创造了很好的学习和研究环境，并给予热情鼓励与精心指导。2004年我完成了博士学位论文《中国传统庭院式戏场建筑研究及其声学分析》，并在2005年与先生合著出版了《山西传统戏场建筑》一书。先生68岁退休后至今的12年间，发表了学术论文近80篇(20余篇为英文)，其中约有四分之一的论文是涉及戏场建筑及其声学问题的。先生对学术追求的这份执著，永远值得学生学习，亦激励我继续从事这一课题的研究。

中国从宋元到明清，各地演戏活动非常活跃。戏曲作为表演艺术，自然需要演出场所。这样，戏曲的兴盛也促进了传统剧场建筑的发展，很多地方“有村必有庙，有庙必有台”。中华大地，传统剧场曾绵延不绝，遍及城乡，星罗棋布，灿若星辰。但是，从20世纪中叶到现在，由于传统戏曲的衰落、城市化建设以及其他原因，传统剧场一直以较快的速度消失，毁坏者甚多。以河南为例，历史上曾有3483座传统剧场，“有的县多达百座以上，一般也有五六十座，少则二三十座”；到了20世纪80年代时，留存者有419座，占原有总数的12%；20世纪90年代时，留存者约100余座，仅为20世纪80年代的三分之一；时至今日，留存者更少（以上数据根据《中国戏曲志·河南卷》、《中国文物地图集·河南分册》等资料整理）。全国目前现存的传统剧场的确切数字尚未见统计资料公布。但根据作者所掌握的资料，除山西、浙江、陕西、四川、河北、河南、江西等地保存较多外，其他省市如黑龙江、辽宁、吉林、海南、贵州、青海、宁夏、天津等省份，全省（市）现存的传统剧场少于10座；如北京、内蒙古、甘肃、上海、湖北、湖南、广东、广西等地，各省（市）现存的传统剧场也大多不超过50座。开展研究工作的时间越晚，留存的实物就越少，研究工作就越困难。就这一意义上而言，对传统剧场研究刻不容缓。

西方建筑界对古希腊、古罗马剧场的研究非常深入，论著颇多。相比之下，我们对中国传统剧场的研究较少，出版的专著不多。令人欣慰的是，近年对中国传统剧场的关注有所增加。尤其是戏曲界从20世纪80年代以来，出版了一些论著，给我们的工作提供了很好的参考。但建筑界对于这一领域的关注和研究还比较薄弱。本书乃从建筑学的角度来解析和阐述。

本研究工作有幸得到国家自然科学基金委·青年科学基金项目（项目编号：50508004，2006～2008年）的资助而顺利展开。首先，开展了较大规模的现场调查。

在 2000 ~ 2008 年期间，特别是 2006 年以后，作者实地调查了 30 多个省市的 300 余座传统剧场，包括碑文、题记、铭文等文字资料的搜集，摄影和录像以及民俗调查，亦包括访问老人对旧时演剧、使用情况和演出习俗等方面。上述第一手资料大大丰富了作者的感性知识。

其次，有关演剧场所、演剧形式的文献记载浩如烟海，作者查阅了各地方志（包括通志、府志、州志、县志、乡土志等），现场调查中搜集了大量有关传统剧场的碑文。因古代较大的修建，都会勒石以记叙其经过，故这些碑文也是研究中国传统剧场非常重要的历史资料。一些明清笔记小说也为本研究提供了参考内容。

在这一研究中，我们得到了许多方面的支持和帮助。同济大学路秉杰教授、常青教授、盛胜我教授，上海戏剧学院叶长海教授曾对这一课题的研究提出很多宝贵意见。我的同事刘捷博士通阅了全稿，提出了很好的修改建议。学生欧曼（现为同济大学硕士研究生）绘制了书中的部分插图。各次实地调研的同行者们，也都付出了辛苦的劳动。在此，向所有关心此项研究并提供帮助的各位老师、朋友表示深深的谢意！

另外，想必书中会有这样或那样的错误，敬请读者不吝垂教，提出宝贵意见 (Email：lpxue@bjtu．edu．cn)。非常感谢！

薛林平

于北京交通大学建筑与艺术系

2008 年 11 月 28 日